手づくり木工大図鑑

Woodcraft & Furniture

講談社

日本は現存する世界最古の木造建造物、法隆寺を有しており、木との関わりはたいへん永く、深い国です。山地、山林に恵まれ、日本各地に今も優れた木造家屋が残されています。一方、伝統木工芸品も今に伝えられ、その技術が受け継がれているなど、日本は木の文化を永年にわたって育んできました。

しかし、明治以降の生活の洋風化に伴い、住まいの生活スタイルは大きく変貌しました。建材も工法も変わり、生活の中には椅子やテーブルなどの洋家具が出現し、今までになかった家具が家の中に納まっています。これら洋家具の本場はヨーロッパですが、もともと優れた木工技術を持っている日本では、急速に洋家具づくりが普及しています。

現在ではさまざまな家具類がつくられるようになりましたが、その大半は大量生産によるもので、材質も合成樹脂、プラスチックなどによる安価な製品が

市場を占めています。安くて軽いという利点はありますが、これらの製品はやがて粗大ごみ化していきます。

しかし、木は朽ち果てれば土に還る自然に優しいエコロジー素材です。木は使い込むほどに歳月の味が出てきますし、耐用年数もたいへん永く、ほとんど一生もの、また代々受け継がれているものも少なくありません。木のものがあるだけで生活空間は和みますし、木の持っている温かみや優しさが伝わってきます。また、木の用途はたいへん広く、建築や家具だけに限りません。木はさまざまな可能性を持っている魅力的な素材です。

いつまでもこうした木のすばらしさに触れながら木とともに暮らすには、資源としての木の再生に取り組まなければなりません。木を守りながら木を活用し、木の魅力を楽しむことが、これから求められていることといえましょう。

相互筑波銘木市場の原木置き場。写真はケヤキの原木。

BOSCH

ヒノキ工芸のスタッフのブース。下の引き出しには各種ののみやかんな、さまざまな部品などが収納されている。

手づくり 木工大図鑑

目次 Woodcraft & Furniture

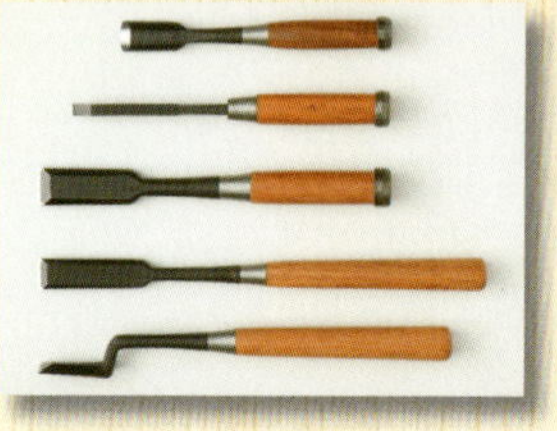

第4章 木工作例集 Examples

第5章　人と木工作品　Woodcraft Gallery

［監修］

田中一幸　東京藝術大学教授

山中晴夫　京都市立芸術大学教授

［編集委員］

須藤彰司　国際木材科学アカデミーフェロー

戸澤忠蔵　ヒノキ工芸

保坂　勇　樹木技研究房

諸山正則　東京国立近代美術館工芸館主任研究員

装丁デザイン　佐藤　浩

カバー「木工」デザイン　佐藤　浩

「木工」製作　ヒノキ工芸

撮影　講談社写真部　松川　裕

本文レイアウト・デザイン　新井達久

木工の基本をかたくなに守り、独創性に富んだ家具づくり

イギリス　デイヴィッド・サベージ・ファーニチャー

「知れば知るほど魅せられるのが木という素材」というデイヴィッド・サベージ氏が、その作品で具現化するのは自由な発想と独創性だ。そこで表現される多彩な木の表情は、彼の素材へのあくなき挑戦から生まれる。

デイヴィッド・サベージ氏

「2つの独立した個性が融合して新たな世界をつくる」というコンセプトのラブチェア。絡み合うような脚がセクシーだ。

「都会が刺激的とは限らない」。独自性と自らの手を使うことにこだわるサヴェージ氏。

David Savage Furniture

ENGLAND

ロンドンから南西へ400キロ、なだらかな丘陵地帯に牧草地が広がるデヴォン州。農道を兼ねた道は車がやっとすれ違うことができる程度で、標識にも人にも滅多にお目にかからない。デイヴィッド・サヴェージ氏の工房は、写真集で見るような緑豊かで美しいイギリスの田舎の風景の中に建つ。

サヴェージ氏独特の流れるようなフォルムの作品には都会的なエレガンスが色濃く漂う。しかし「都会が刺激的とは限らない」という彼のインスピレーションは、都市生活とは隔絶した懐深い自然の中から摘み取られる。一般的な木工家具のイメージからは想像もつかない自由な発想のデザインは、画一的なコマーシャリズムの世界とは無縁だからこそ追求できるオリジナリティなのだろう。

(上)古い農家の納屋を改造した工房。木材は地元のサプライヤーから仕入れる。(下)工房の目の前には草原が広がり牧歌的な環境から斬新なデザインが生まれる。

工房は農家の納屋を改造したもので、イギリスの伝統的なレンガ造りの建物だ。広々とした空間には作業場のほか、サヴェージ氏自身のアトリエがある。機械工具は標準的なものが3台だけ。「機械作業は全体の3割程度。残りはすべて手で行なう。機械ではできないことを成し得るのは人間の手だけ」。あくまでも手作りにこだわるサヴェージ氏は、職人として15年の経験を持つダレン・ミルマン氏とともに、斬新なデザインを次々と実現していく。

この工房では、世界各国から木工家具作家を目指す学生も受け入れている。エンジニアや家具職人など、彼らのバックグラウンドはさまざまだ。学生たちは1年間のコースで熟練した技術者の仕事を目の当たりにし、体ごと職人の技術と魂を吸収していく。「良い家具を作っても売れなければ意味がない」と考えるサヴェージ氏は、自らクライアントへのプレゼンテーションも実地訓練し、時には学生の作品が売れることもあるという。

王立芸術院の画学生から見習い家具職人へ

サヴェージ氏から受ける印象は家具職人というよりも、むしろ芸術家に近い。それもそのはずで、彼はオックスフォード大学ラスキン校でファインアートを専攻。その後はヨーロッパでも指折りの名門である王立芸術院で、3年間にわたり創作活動に没頭した。「母が風景画家で、人と違うことをする私をよく理解してくれた」という子供時代を送った彼にとって、アートは常に身近な存在だった。

画家への道を歩みながらも、心中では常に自分の才能を使って生計を立てる方法を模索していた。

もともと家具づくりには興味を持っていた。そこで考え出したのが家具工房への弟子入りだ。自ら金を払って働かせてもらうという大胆な発想で、ロンドンの工房で技術を学びはじめた。この見習い時代の経験は、彼がいま実践する学生たちへの指導に大きく影響している。

家具づくりの技術を習得したものの、サヴェージ氏はデザインが次々と

ジュエリー・ボックス（上）とテーブル（下）は学生の作品。販売された場合には100パーセント、学生に還元される。

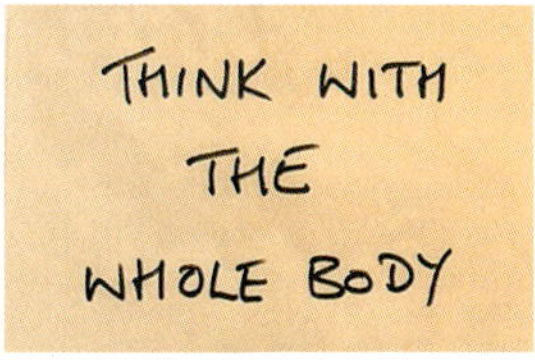

「全身で考えよう」が工房のモットー。創作にはすべての感覚を研ぎすませることが大切だ。

基本に忠実に板と板の間に桟を渡して木の養生。

大量生産しないため木材のストックは少ない。

学生たちは、熟練技術者の仕事に間近に接しながら体ごと技術を身につけていく。

「とても丁寧な仕事をしているね。仕上がりも美しい」。学生の初めての作品を手に取り、木工の基礎を教える。指導は微細にわたり、少しの妥協も許さない。入学初日から最高レベルを求めるサベージ氏は「家具には人間性が投影される」という。

機械工作には限界があるため、かなりの部分が手作業となる。遠目からは木材とは思えないほど滑らかな曲線は、手を使ってこそ実現する。

貴婦人のようにエレガントなバタフライテーブル。たんぽに昆虫の粉末を包み、表面を軽くなでながら仕上げるフレンチポリッシュは繊細な作業だ。スプレー塗装では表面が鏡面化してしまうため、シェラックニスを何層にも重ね光の反射を分散して、木肌の美しさを見せる。

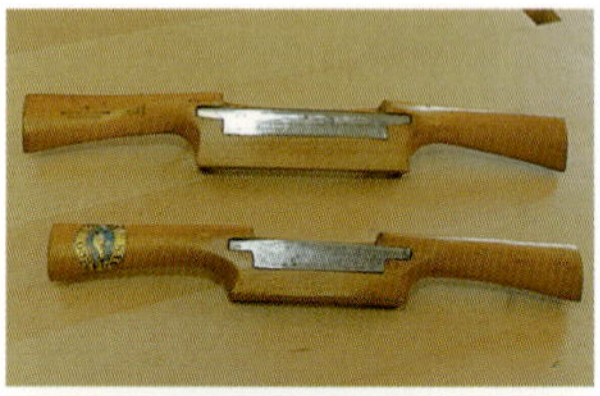

ミルマン氏が愛用する南京かんな。「繊細な作業には小回りのきくサイズが使いやすい」と気に入っている。

家具職人歴 15 年のミルマン氏。「製作プロセスの中でデザインが発展していくのが他の工房と違うところ」。

（上）砥石の手入れは欠かさない。「道具は常にベストコンディションに保っておくこと」。（中・下）完全な水平と認定された御影石《みかげいし》で砥石の表面を整える。

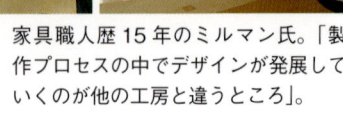

コピーされ量産品となり独創性を失っていくことに疑問を感じるようになる。

「特定のクライアントのためにオリジナル家具をつくりたい」。しかし、最初からすぐにクライアントは見つからない。サベージ氏は「競争相手がいないところで宣伝すれば注目度が高まる」と園芸見本市や馬術ショーなど、およそ家具業者が出展しないようなイベントで家具見本を展示。また作品をポストカードにして宣伝を行なうなど、ユニークなマーケティング活動で着実にクライアントを獲得していった。

サベージ氏のアトリエ。ひとりでじっくりと作品を仕上げる空間には、必要な道具がすべてコンパクトに収まっている。「クオリティを求めるなら時間を惜しんではいけない」。椅子の製作はほぼ2カ月を要するという。

ラブチェアの試作品を点検。最も こだわるのはジョイントだ。

現在の工房は83年に設立。「生きた素材の限界をほんの少しずつ広げていくのが木工の大きな魅力。時流や流行には関係のない、真のクオリティをこの手でつくりだすことが私の哲学だ」。

新しさではなく人と違うこと、独創性を求めよ

サベージ氏はテーブルや椅子、キャビネット、ガーデン・ベンチとさまざまな家具を製作する。ほとんどが1点もので、クライアントはそのハイレベルな作品だけでなく、自分のためだけに作られたオリジナル家具という究極の贅沢を手にする。斬新なデザインはしばしば〝モダン〟〝コンテンポラリー〟と表現されるが、サベージ氏はそうした言葉をいっさい使わない。「Be different, Be original（常に違うことをしろ、独創的であれ）」という精神が、創造力を掻き立てる原動力になるという。

木の限界に挑み、デザインの可能性を広げる

家具の製作行程は、まずクライア

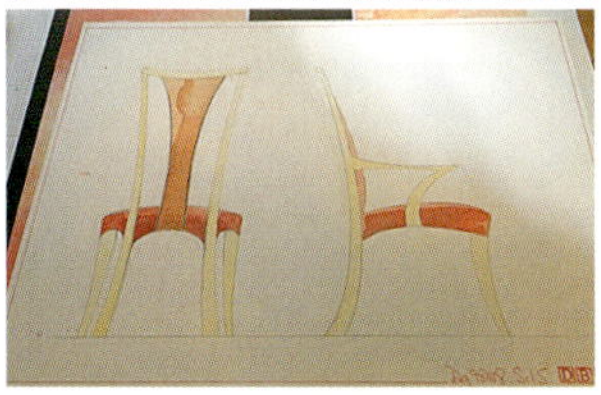

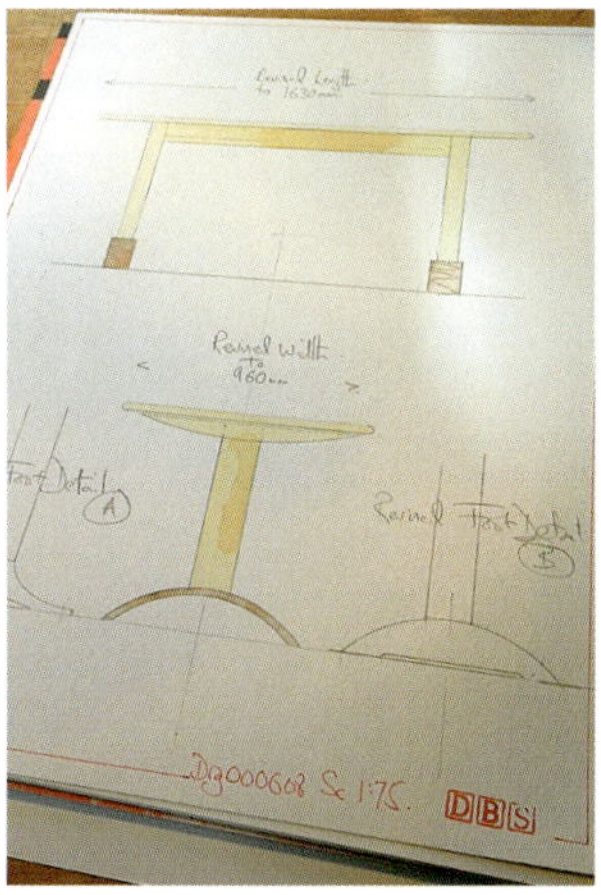

「デザインは人間の形から浮かんでくる」。湧き上がるアイデアを次々に描くことでデザインを具体化していく。「技術的に無理かもしれない」とは考えずに自由な発想を大切にしている。

ホームシネマ用の家具で、引き戸を開けると大画面テレビが現れる。ケーブルはすべて内部に収納し、画面と家具を一体化させたデザイン。乳白色の光沢を持つシカモアと赤味のあるアンボイナバールの組み合わせが新鮮だ。

リネンホールド・キャビネットは自然光が横から差し込むことを想定して製作された。トップはケヤキ、ドアはシカモアを使用。シルクが風にそよぐような躍動感のある曲線が美しい。

ントとの対話から始まる。「クライアントが何を望んでいるか。これを完全につかむために、全身を耳にする。彼らが言葉にしないことも聞き取るつもりでね」。ライフスタイルや好み、家具を置く場所。対話を通してさまざまな角度から、クライアントが要求する家具のイメージを分析するための材料を徹底して仕入れるわけだ。

ミーティングの後の2週間は、製図にまったく手をつけない。その間は集めた材料を咀嚼《そしゃく》し、少しでも不明瞭な点があればクライアントにコンタクトをとり、自らの理解が正しいかどうかを確認する。混沌としたイメージの泉から、ひとつの具体化したフォルムを引き上げるこのプロセスは、サベージ氏にとって最も重要な場面だ。

半円形で３つのシートをつなぎ合わせたユニークなベンチは、庭のオブジェでもある。

製図にかけるのは3日間。自らにプレッシャーを課し集中力を高めるため、4日後には再びクライアントとのミーティングをセッティングしておく。すべての仕事をキャンセルして、湧き上がるイメージを描き尽くす。「描けば描くほど見えてくるものがある。だからこの3日間はペンが自然に動くのに任せているんだ」。

　婦人の指を連想させる華奢で繊細なカーブ、風にそよぐシルク地のような躍動感。サベージ氏の作品で目

家のメインホールに置かれたテーブルと椅子はダークアッシュを使用。「このサイズの木材を見つけるのにイギリス中を走り回った」とサベージ氏。堂々たる存在感に圧倒される。

サンフラワー・ダイニングテーブル＆チェア。テーブルはマッカーサー・エボニー、椅子はコクタン仕上げのメープルに革張り。

ゾーイーと名付けられたダイニングテーブル用の椅子。

コクタン、ペアウッド、シカモアを使用したランプテーブル。

を見張るのは、木という素材が作り出す表現の多彩さだろう。材料が許容する範囲をほんの少しずつ広げていくことで、木の美しさを最大限に引き出しデザインの可能性も広げていく。「木というのは知れば知るほど分からなくなる。女性と同じかもしれないね（笑）。押しすぎると拒否されて痛い目にあう」。

たとえ売れ筋と分かっていても同じ家具は作らない。サベージ氏は、木工家具づくりを通して自身の奥に眠る新たな可能性をいつも探している。誰にもマネのできない世界でただひとつの家具をつくる喜び、それを手にしたクライアントの満足した笑顔。この至福の瞬間は、彼を新たなチャレンジへと駆り立てる。「ガラスや鉄など他の素材もいいけれど、少なくともあと20年は木と遊んでいたいね」。サベージ氏の全身から「才能とは神からの贈り物ではなく、人の中にあって湧き出してくるものだ」という彼自身の言葉が無言のうちに伝わってくる。

ペアウッド製のリネンホールド・キャビネット。木の個性が存分に引き出されている。

第1章

Woods

木材

木材の種類・木材図鑑

須藤彰司（国際木材科学アカデミーフェロー）

世界共通の学名が必要な理由

日常、多くの人が木材を手にしたときに、それがプラスチックや金属などと同じような非生物からの材料の一つではなく、植物の体であったことを忘れがちになる。そして、その植物の一つひとつに、国際植物会議で決められた国際植物命名規約に基づいた学名がついているというと、難しい植物分類学を押しつけられると感じるだろうか？

日常生活のなかで、植物および木材との関わり合いは長く、先人は数多くの種類があることに気づいていて個々に名前をつけていた。『日本書紀』に、素戔嗚尊《すさのおのみこと》がスギ、ヒノキ、その他の木材の名前を挙げて、その使い方を示している記述がある。

したがって、われわれが日常使っている名前だけで十分ではないか、と考えることもあり得る。

しかし、人類の生活が多様化し、国内でも世界でも、広く世界中に人々が往来するようになると、多くの植物が、多くの人々の注目を受けるようになり、同じ植物が違った名前で呼ばれる混乱を避けるために、世界的に共通の名前が必要になり、学名が採用されることになった。

学名は世界的な規約により決められているので、あらゆる植物、したがって木材の名前の基準となるものである。今日のように木材が国際的な商品になってくると、学名に頼る必要が多くなってくる。

木材の識別

通常、日本では植物にはもっともよく通用する名前を標準和名として使い、木材の場合でもそれに従っていることが多い。名前は通用しさえすれば、何を使っても差しつかえないと考えてもよいが、木材の名前を見たり聞いたりしたときには、その学名が何であるかを認識しておく必要がある。これにより、そのあとの混乱を避けることができる。

一方、残念なことに現状では、木材組織に基づく識別によって「種」までを正確に決めることは、難しいことが多い（将来DNA鑑定技術の進歩によっては可能性があるが、日常の木材識別に利用できるまでには時間がかかるだろう）ので、「属」の段階までの識別にとどまることが多い。日常の木材の利用に当たっては、この段階で木材の性質を理解すれば、ほぼ差しつかえない（属の中で、種のグループあるいは種により、それぞれの特徴を示すものもある）。

学名について

植物、したがって木材を呼ぶ名前および学名について、アカマツを使って、ごく省略して述べてみよう。

アカマツの標準和名はよく知られており、それを聞いても大抵は理解される。それでも、アカメマツ、オナゴマツ、メマツ、フタバマツ、その他も知られている。

「種」の学名は *Pinus densiflora* Siebold et Zuccarini である。*Pinus* は属名、*densiflora* は種小名で、この二つを組み合わせて種の学名とする。Siebold et Zuccarini はこの学名の命名者の名前（Sieb. et Zucc. のように略称も使われる）であるが、省略することもある（本書では省略している）。さらに「属」のいくつかを集めたのが「科」で、*Pinus* は *Pinaceae*「マツ科」の仲間に入れられている。個人の名前にたとえれば、戸籍に載っている名前が学名で、それ以外によく使う名前はあだ名、通称、屋号などのようなものの一つであることを承知の上で使っていればよい。

本書の「木材図鑑」（24〜81ページ）のなかでは、木材ごとに、複数の木材名を挙げていることが多いが、必ず学名に注目することをすすめたい。木材によっては多数の名前をもつものが少なくない上に、次の項で述べるように、植物の名前とは別の形で発想されることがあるからである。「属」の名前に注意すると、全く違う名前の木材が同じ「属」で、木材がよく似ていることがわかり、一方で、よく似た名前の木材が、違う「属」の木材で、およそかけ離れた性質をもつことがわかる。図鑑を開いた際に、木材の名前の由来についても思いを向けられたら、それも一つの読み方である。

よく使われる木材の名前

◎地域名

南洋材、北米材、ロシア材（北洋材）、中南米材、アフリカ材など地域の名前を使って、市場にある木材を総称することがある。以下に伝統的に用いられてきたものを挙げる。

南洋材　アジアの熱帯からの木材で、当然のこととして熱帯産広葉樹材が高い比率を占めている。とくに、メランチ類のようなフタバガキ科の木材（54、63、67ページ）の存在が印象的である。資源の減少とともに、太平洋地域からの木材が増えてきている（フタバガキ科の木材はほとんどないが、それ以外の樹種には、アジア産と近縁のものが多い）。

北米材　北米西海岸からのベイマツ、ベイツガなどの針葉樹材が大半を占めている。最近では広葉樹材もめだつようになった。

ロシア材　かつて、長いあいだ、北洋材（さらに以前は、サハリン、さらには、北海道から移輸入されていた木材につけられていた）といわれていた。ロシアカラマツ、トドマツ、エゾマツなどの針葉樹材を主とする。広葉樹材もある。

中南米材　どちらかといえば、銘木のように化粧的な用途に使われる木材が主である。針葉樹材のラジアタマツ（チリマツ、53ページ）は近年輸入されるようになった。

アフリカ材　どちらかといえば、銘木のように化粧的な用途に使われる木材が主である。

これらのほか、ニュージーランド材（ラジアタマツ）、欧州材（ホワイトウッド、レッドウッド：30ページ）などがあるが、南洋材のようなグループ名は確立していないようだ。

◎市場名

日本を含め伝統的に使われているものは、日本でいう標準和名あるいはそれに類するものが使われていることが多い。同じ木材であっても、分布範囲が広い場合、地域名が違うことがあることに留意しなければならない。

オーストラリア、アフリカの国々のように、旧植民地であったところでは、入植してきた人々の出身地での木材名を利用した、オーク、アッシュのような名前が数多くある。このような名前は商品名と区別しにくいことがある。

◎商品名

木材の取引のため、商品を目立たせるために意図的につけられているものが少なくない。しばしば、上述の市場名と同じように使われることがあり、事情を知らないでいると混乱することがある。

伝統的によく知られている木材の名前、マホガニー、ウォルナット、チーク、ローズウッドのようなものを使った商品名は数多い。日本でも、南洋材の針葉樹材アガチス（52ページ）を、ナンヨウカツラ、ナンヨウヒノキ、アメリカ産のスプルース類をアラスカヒノキあるいはシンカヤと呼ぶなどの例がある。

アメリカの木材会社で、社長の二人の娘の名前、ElizabethとBarbaraを融合してBethabaraという商品名を作って熱帯アメリカ産材のイペ（77ページ）につけて売り出したことがあった。現在でもこの名前は市場に存在している。このような名前づけをどう考えてよいのか、いいようがないが、このようなことがほかにもあり得るだろう。

パプアニューギニアの原木置き場

「木材図鑑」凡例

1　木材図鑑（24～81ページ）には、木工に適した木材200種を「国産針葉樹材とヨーロッパなどの針葉樹材」「国産広葉樹材」「北米針葉樹材」「北米広葉樹材」「南洋材」「アフリカ材」「中南米材」の産地別に収録し解説した。

2　木材は産地ごとに、原則的として木材名の50音順で配列した。

3　学名のspp.の表示は複数の種を表す。

4　各項目名の横に配した組織の拡大写真は筆者・須藤彰司の撮影によるものであり、木材のサンプルは（社）日本木材加工技術協会の協力により、講談社写真部が撮影したものである。

木材図鑑の解説に記述のある「ワシントン条約」について

自然のかけがえのない一部をなす野生動植物の一定の種が過度に国際取引に利用されることのないようこれらの種を保護することを目的にした条約。絶滅のおそれがあり保護が必要と考えられる野生動植物を3つに分類し、それぞれの必要に応じて国際取引の規制を行なっている。

付属書Ⅰ　絶滅のおそれがある種で取引による影響を受けており、または受けることがあるもの。学術研究目的での取引は可能（輸入国発行の輸入許可書が必要）。一部を除き、商業目的での取引は禁止。輸出国管理当局が発行する輸出許可書などが必要。

付属書Ⅱ　現在は必ずしも絶滅のおそれはないが、取引を規制しなければ絶滅のおそれのある種となり得るもの。商業目的での取引は可能。輸出国管理当局が発行する許可書などが必要。

付属書Ⅲ　締約国が自国内の保護のため、他の締約国の協力を必要とするもの。商業目的での取引は可能。輸出国管理当局が発行する輸出許可書または原産地証明書が必要。

アカエゾマツ

テシオマツ

Saghalin spruce

学名：Picea glehnii　マツ科

産地・分布：北海道ではアカマツとも呼ぶ（樹皮が赤いため）。北海道（渡島半島を除く）、利尻島、国後島、色丹島、サハリンなどに分布。植栽される。樹高 40m、直径 1.5m に達するものもある。

木材の特徴：心材と辺材の色調差はほとんどない。やや褐色を帯びた白色あるいは淡黄白色である。木材の性質はエゾマツによく似ている。成長が遅いために、年輪幅は一般的に狭く、しかも均一である。軸方向細胞間道（樹脂道）があるが、あまり目立たない。気乾密度は 0.47 ～ 0.53 で、やや軽軟。肌目は精、木理は通直である。乾燥容易、加工容易、表面の仕上がりは良い。

一般的な用途：エゾマツとほとんど同じような用途。蓄積が少なく、良質のものは入手難。楽器用材としては、バイオリンやピアノなどの材料としてエゾマツより高く評価されることが多い。

アスナロ

ヒバ

Hiba arborvitae

学名：Thujopsis dolabrata（ヒバ、ヒノキアスナロ：T. dolabrata var. hondai）とともにヒバとして取り扱うことが多い　ヒノキ科

産地・分布：北海道（渡島半島）から本州の関東北部（ヒノキアスナロ：樹高 30m、直径 1m）、本州のより南の高い山地、四国、九州（アスナロ）に分布。アスナロは木曾五木の一つ、ヒノキアスナロは日本の三大美林の一つ青森のヒバ林の構成樹種。能登半島に造林したヒノキアスナロをアテと呼ぶ。

木材の特徴：心材と辺材の色調差は少なく、木材は褐色を帯びた淡黄色で、年輪はあまり明らかではない。木材はやや軽軟で、気乾密度は 0.37 ～ 0.52。強烈な特徴的な匂いがある。心材部分の保存性が高く、よく水湿に耐える。ヒノキチオールを含む。

一般的な用途：建築（例：平泉の中尊寺）、器具、土木材、耐朽性が高いので土台用材、漆器木地（輪島塗）。

アカマツ

メマツ、メンマツ

Japanese red pine

学名：Pinus densiflora　マツ科

産地・分布：本州の北部から四国、九州を経て屋久島にまで分布。植栽される。二葉松。樹高 35m、直径 1.5 ～ 2m に達する。クロマツとの間の雑種もある（アイグロマツ）。

木材の特徴：心材と辺材の色調差はとくに明らかではなく、心材は、やや黄色を帯びた淡桃色ないし赤褐色を帯び、辺材は黄白色。気乾密度は 0.42 ～ 0.62 で、重硬。年輪は明らか。肌目は粗。直径の大きい軸方向細胞間道（樹脂道）からの、ヤニが材面を汚すことが多い。青変菌により変色しやすい。水中では耐久性がある（かつて大きいビルの基礎に使用）。

一般的な用途：建築（主として、梁、敷居、床板）、杭木、枕木、経木、木毛、薪、割箸（安価なもの）、パルプ材。皮付きの磨き丸太、形質の良い材は装飾的価値を利用した建築部材。

イチョウ

チチノキ

Ginkgo

学名：Ginkgo biloba　イチョウ科

産地・分布：中国原産とされる。日本には、室町時代から植栽され、古くから神社や仏閣に植栽。街路樹が多く、東京、神奈川、大阪などの都府県の樹にも指定。樹高 30m に達する。裸子植物。

木材の特徴：木材の組織は、針葉樹のそれによく似る。心材と辺材の色の差はほとんどなく、淡黄色である。早材と晩材の差が少ないため、年輪は明らかではなく、材面を見ると一見広葉樹材のようである。木材は均一である。肌目は精で、木理は一般に通直である。気乾密度は 0.55 で、やや軽軟。加工は容易である。耐久性は低い。製品は安定。

一般的な用途：取扱い易いことで、器具、細工、彫刻。身近なものとしてまな板（古い文献には鳥屋のまな板に重用の記録）、碁盤、将棋盤などがあるが、カヤ（26 ページ）より低い評価。

エゾマツ

クロエゾマツ、ロシアエゾマツ、スプルース

Yezo spruce

学名：Picea jezoensis　マツ科

産地・分布：北海道ではクロマツと呼ぶこともある。北海道、南千島、樺太、沿海州、朝鮮半島、中国東北部などに分布。植栽される。樹高 35m 直径 1.0m に達する。本州に分布するトウヒは変種（var. hondoensis）である。ロシアにも産するので、輸入材にも含まれている。

木材の特徴：心材と辺材はやや褐色を帯びた淡黄色で、それらの色調差はあまりないが、心材がやや桃色を帯び、長期間大気にさらされると、色が濃くなることもある。ほとんど匂いがないのも特徴。かんなをかけた面には光沢がある。年輪はやや明らかで、肌目は精である。軸方向細胞間道（樹脂道）がある。気乾密度は 0.35 ～ 0.52 で、軽軟。加工は容易。耐久性は低い。北海道では主要な木材。

一般的な用途：建築、建具、木毛、経木、楽器（バイオリン、ピアノ）用材。代表的なパルプ用材。

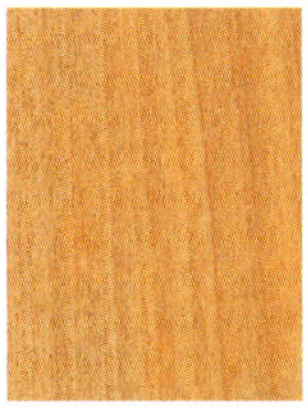

イヌマキ

マキ、クサマキ、ホンマキ

Large-leaved podocarp

学名：Podocarpus macrophyllus　マキ科

産地・分布：本州、四国、九州、さらに台湾、中国大陸南部に分布。樹高 20m 直径 0.6m に達する。沖縄では重要な樹種。変種に羅漢槇（var. maki）があり、庭木。

木材の特徴：心材と辺材の色調差はほとんどなく、褐色を帯びた黄色～暗褐色。年輪は注意しないと見にくい。肌目は精、木理は通直。気乾密度は 0.48 ～ 0.65、針葉樹としてはやや重硬。保存性が高く、白アリに対して抵抗性が高い（沖縄では貴重な建築用材）。湿気に強く、切削などの加工および乾燥はとくに難ではない。表面の仕上がりは中庸。

一般的な用途：建築、器具、土木用材などに使われる。コウヤマキと誤解されることあり（材色が異なる）。

イチイ

アララギ、オンコ、キャラボク

Japanese yew

学名：Taxus cuspidate　イチイ科

産地・分布：サハリン、千島、北海道、本州、四国、九州、朝鮮、中国東北部、シベリア東部などに分布し、温帯北部、亜寒帯に分布。最近では非常に少ない。樹高 20m、直径 1m に達する。

木材の特徴：心材と辺材の色調差は著しい。前者は濃赤褐色で、後者は、淡色、気乾密度は 0.45 ～ 0.62。一般に年輪の幅は非常に狭い。老齢のものは木理が通直。乾燥容易。保存性は高い。切削が容易。仕上げ面良好。原木の市場に出る丸太は凸凹で、細く、短いものがほとんど。製材の歩留まりが悪い。

一般的な用途：大きいものは凹凸ある丸太のまま床柱とする。多くは細工物（飛騨高山の一刀彫りあるいは花瓶）に使われる。飛騨高山産のイチイは笏の材料として有名である。鉛筆の軸にされたという記録が残っている。ワシントン条約絶滅危惧種の付属書 II にある。

コウヤマキ

ホンマキ、マキ

学名：Sciadopitys verticillata　コウヤマキ科

産地・分布：本州（福島、新潟、中部地方、近畿および中国地方)、四国、九州（大分、宮崎）などに分布。樹高30m、直径1mになる。木曾五木の一つ。日本固有の樹種で、市場で目につくことは少ない。

木材の特徴：心材と辺材の境はやや明らかで、心材は淡黄褐色、辺材は白色。年輪の幅が狭いことが一般的で、年輪が波状になっていることもある。木理は通直で、肌目は精、特有の匂いがある。気乾密度0.35〜0.50。重硬さは中庸、保存性は中庸で、水湿に対しては強いことが知られている。切削などの加工は容易で、その仕上がりは中庸。

一般的な用途：建築、器具。関西で飯櫃に、また木曾川の船に用いられたなどの記録がある。特殊なものとして、水湿に強いことを利用した風呂桶、流し板。樹皮はマキハダと呼ばれて船、桶などの隙間につめる充填材として使われる。

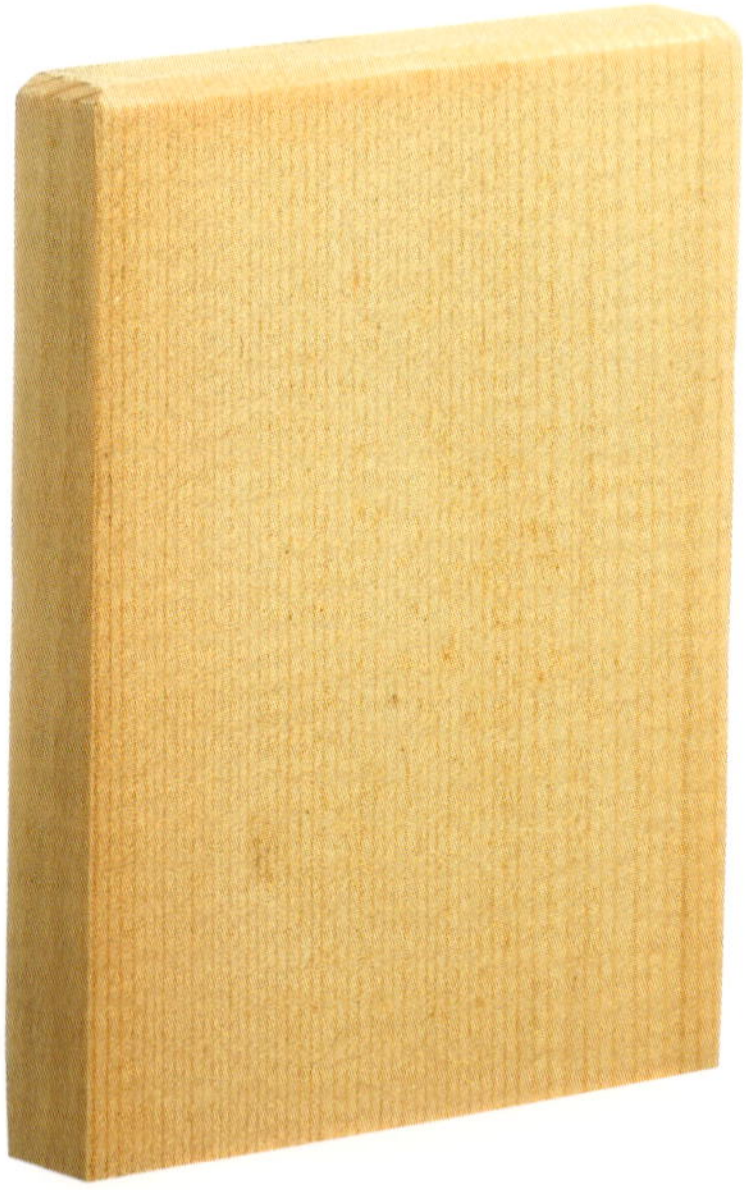

カラマツ

ラクヨウショウ

Japanese larch

学名：Larix leptolepis　マツ科

産地·分布：本州中部で海抜高1,000〜2,000mの地域に分布。北海道、東北地方、本州中部の寒冷地帯の重要な造林樹種である。日本産の針葉樹のうち唯一の落葉樹。樹高30m、直径1mに達する。

木材の特徴：心材の色は褐色で、若い木では比較的淡色だが、大木になると濃色。辺材は黄白色である。木理は一般に通直でない。年輪は明瞭。肌目は粗。ヤニの匂いがある。軸方向細胞間道（樹脂道）がある。ヤニが材面ににじみ出てくる。気乾密度は0.40〜0.60で、重硬。乾燥の際、割れや狂いが出やすく、加工は難。天然生の老齢カラマツは“天カラ”（天然カラマツの略）と呼ばれ、銘木として評価が高い。心材の保存性は中庸。水中での耐久性が高い。

一般的な用途：建築（主として表面に出ない部材)、杭、土木用、タンネージ、パレット。

カヤ

カエ、ホンガヤ

Japanese torreya

学名：Torreya nucifera　イチイ科

産地・分布：本州、四国、九州、対馬、済州島の暖帯林に分布。蓄積が少なく、また成長が遅いため、大木は少ない。樹高25m、直径2mに達する。

木材の特徴：心材と辺材の色調差は少なく、前者はやや褐色を帯びた黄色で、後者は黄白色。年輪はあまり明らかではない。肌目は精、木理は通直。切削などの加工は容易。年輪が、ところどころ途切れていることがある。気乾密度は0.45〜0.63で、やや重硬。表面の仕上がりは良好で、材面の光沢は高い。香りがある。水湿に非常に強い。白アリへの抵抗性が高い。

一般的な用途：碁石や将棋の駒を置いたときの音の良さがこの木材を使う大きな要素の一つ。生産量が少なく、大木から注意深く製材した盤を使って、高級碁盤・将棋盤などが作られている。高価なため、それら以外の用途は限られている。

スギ

Cryptomeria

学名：Cryptomeria japonica　スギ科

産地・分布：本州、四国、九州に分布する日本の代表的な樹種の一つで、樹高40m、直径2mに達する。最近では、天然産のものは少なくなり、ほとんどが人工林産。天然スギの産地として、秋田地方（アキタスギ）、屋久島（ヤクスギ）などが著名。古くから造林され、北海道南部以南の日本全土にスギの造林地があり、吉野、尾鷲《おわせ》、天竜、日田《ひた》、飫肥《おび》、智頭《ちず》などは有名産地。

木材の特徴：心材と辺材の色調差は明らかで、前者は桃色から濃赤褐色。ときには黒く（クロジン）、含水率の高いものがあり、低く評価される。材質は、幅広く変動する。特有の芳香あり（樽酒の木香、和菓子の箱の香りなどが好例）。年輪は明らかで、肌目は粗、木理は通直である。気乾密度は0.30～0.45で、やや軽軟。心材の保存性は中庸。

一般的な用途：建築材（柱、板）、天井板、磨丸太（北山産など）、家具、器具、包装、樽、下駄、割箸（高級品もある）、箱（菓子折など）、造船。

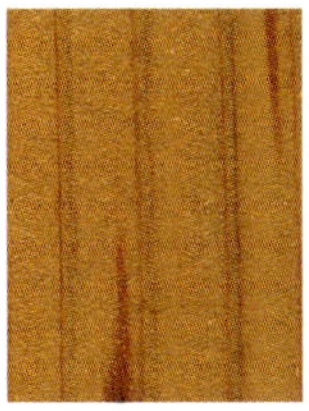

サワラ

サワラギ

Sawara cypress

学名：Chamaecyparis pisifera　ヒノキ科

産地・分布：本州の北部から九州北部に分布。木曾、飛騨などの中部山岳地帯に多い。造林もされる。樹高30m直径1mに達する木曾五木の一つ。

木材の特徴：心材と辺材の色調差は明らか。心材はくすんだ黄褐色ないし紅色を帯びた黄褐色で、辺材は淡白色。ヒノキと同属であるが、その芳香は違う。年輪は明瞭ではない。肌目は精、木理は通直。軽軟な木材で、気乾密度は0.28～0.40。保存性は中庸で、水湿によく耐える。加工、とくに割裂が容易。

一般的な用途：建築、器具、包装など。さらに割裂が容易なことを利用しての特徴的な用途として桶、台所用品（飯櫃）、浴室用品（風呂桶、手桶）などの日用雑貨の類がある。サワラは酒樽の利き木あるいは釘木、腹星、天星などの部品に使われていたという記録がある。

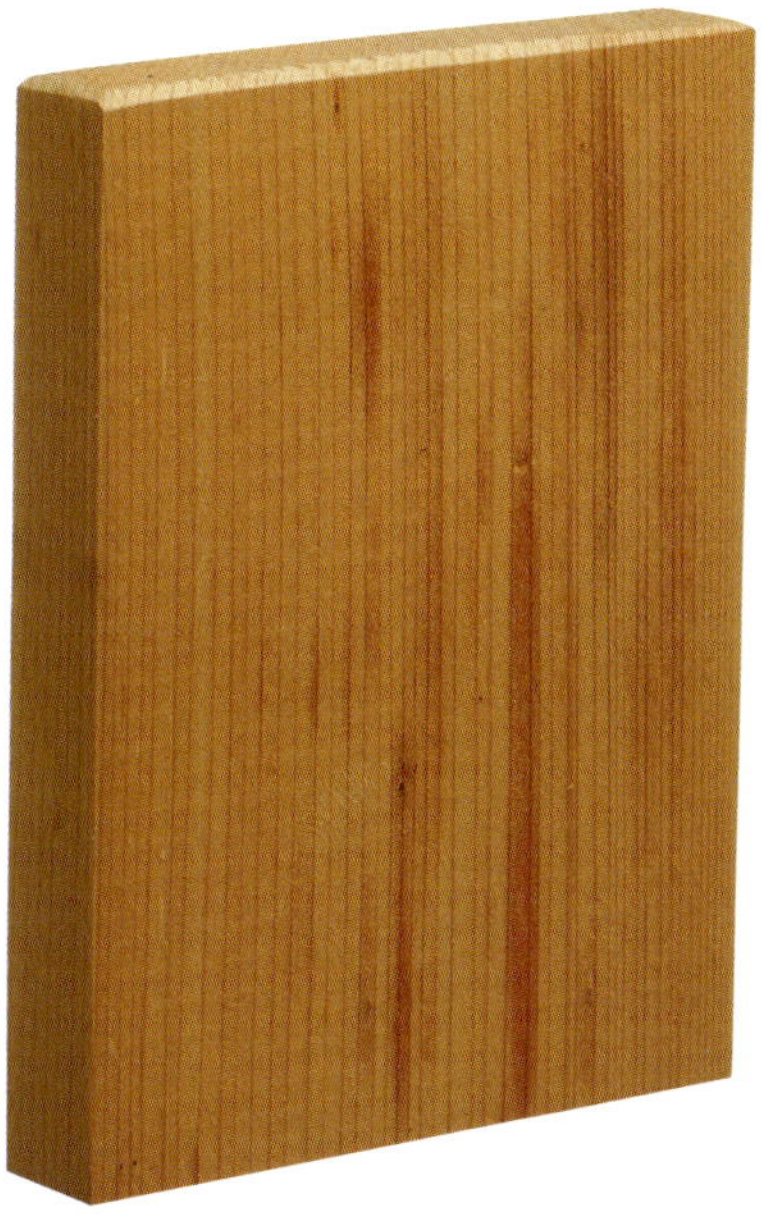

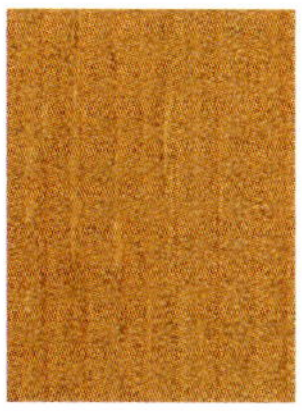

ゴヨウマツ

Japanese white pine

学名：Pinus parviflora　マツ科

産地・分布：本州中南部、四国、九州、対馬、さらに鬱陵《うつりょう》島などに分布。樹高30mに達する。五葉松。キタゴヨウあるいはヒメコマツ（var. pentaphylla）と呼ばれる変種が北海道、本州北中部に分布。

木材の特徴：心材と辺材の境界はやや明らかで、前者は淡黄赤色ないし淡紅色である。年輪は狭く、明らかではない。肌目は精で、木理は通直。軸方向細胞間道（樹脂道）をもっている。しばしばヤニが材面ににじみ出ていて、汚れて見える。気乾密度は0.36～0.56で、やや軽軟。狂いは少なく、切削加工は容易。保存性は低い。軟らかで、切削加工性がよく、製品に狂いが出にくい。

一般的な用途：木型用材。和風の指物、建物、建築、彫刻。盆栽用に著名。現在では蓄積が少なくなり、ロシアからのベニマツ（チョウセンマツ）が、同じ用途に代替。

マツとマツ類の話

日常マツ類の一つをマツと呼んでいるが、じつはマツという名前の植物はなく、類という言葉を省略している。したがって、アカマツ、クロマツなどが、個々の種の名前である。個々の種を限定する必要のある場合は種の名前、仲間を意味するときにはマツ類と呼ぶ方がよい。

マツという名前は、エゾマツ、トドマツ、カラマツ、さらには北米材のベイマツなどのように、マツ科ではあるが、マツ属以外のものにまでついている。

英語でも同様の例は多く、さらに、ナンヨウスギ科のクリンキパイン（53ページ）のようにまったく無縁なもの、その上、極端な例は、熱帯産広葉樹材のキョウチクトウ科のミルキーパイン（プライ：65ページ）という名前まである。

トドマツ

アカトドマツ、アカトド、トド

Saghalin fir

学名：Abies sachalinensis　マツ科

産地・分布：北海道、さらに南千島、サハリンなどに分布。樹高35m、直径1mに達する。北海道では植栽。本州には同属のモミ（29ページ）、その他がある。

木材の特徴：心材と辺材の色の差は、はっきりとせず、ともに白色あるいは黄白色である。早材から晩材への移行は比較的急で、年輪は明らか。肌目は粗で、木理は通直である。傷害による樹脂道ができることがある。気乾密度は0.32～0.48で、やや軽軟。欠点として、水喰《みなくい》材（心材が辺材同様、高含水率になる部分を持つ）が出る。保存性は低いが、土木用には、エゾマツよりも腐りにくいとされる。切削加工は容易、表面の仕上がりは普通。乾燥は容易。

一般的な用途：建築、土木、パルプ材、包装、電柱、坑木など、主に北海道での利用。ロシアからの輸入材中にもある。

トガサワラ

サワラトガ、アカツガ

Japanese Douglas-fir

学名：Pseudotsuga japonica　マツ科

産地・分布：日本の針葉樹のなかでは分布が限られ、蓄積が少ない。本州中部（三重県、奈良県、和歌山県）、四国（高知県）などの一部に分布。樹高40m、直径1mに達する。

木材の特徴：心材と辺材の色調差は明らか、前者は淡紅褐色で、後者は黄白色である。軸方向細胞間道（樹脂道）がある。早材から晩材への移行は急で、年輪は明らかである。肌目は粗で、木理は一般に通直である。気乾密度は0.40～0.59でやや重硬である。木材の保存性は高くないが、水中では高い。加工は容易で、仕上がり面はほぼ普通である。乾燥は容易。

一般的な用途：同属のベイマツは市場材として知られているが、トガサワラの木材の存在は一般には知られていない。産地では建築材、器具材などに使われている（古い文献にはカラマツに準じて枕木に用いると記録がある）。

ツガ

トガ、ホンツガ

Japanese hemlock

学名：Tsuga sieboldii　マツ科

産地・分布：関東以南の本州、四国、九州、屋久島などに分布する。同属にコメツガ：T. diversifolia があり、本州中部以北の亜高山帯およびわずかに四国、九州に分布。樹高35m、直径1.5mに達する。

木材の特徴：成長は一般に遅いので、年輪の幅が狭く、製材品の柾目面はいわゆる糸柾になる。削った材面を見ると白い粉状物質が筋状に認められることが多く（フロコソイドという有機物資）、ツガの特徴である。心材は淡桃褐色で、やや紫色を帯び、辺材はやや淡色。年輪は明らかで、肌目は粗。気乾密度は0.45～0.60で、針葉樹材としては重硬。保存性は中庸で、乾燥は容易にできる。

一般的な用途：建築材（古い武家屋敷などに見られる）、包装、車輌、パルプ材、枕木、器具、長押、敷居、鴨居など。材面の持つ雅致から重用されることがある。

モミ

モミノキ、モミソ

Japanese fir, Momi fir

学名：Abies firma　マツ科

産地・分布：本州の中南部から四国、九州、さらに屋久島まで分布。樹高 40m、直径 2m に達する。同属には、北海道にトドマツ（28 ページ）が、その他の地域に、ウラジロモミ、シラベ、アオモリトドマツなど。

木材の特徴:心材と辺材ともにほとんど白色(淡色の木材が必要な日用品に利用)。ほとんど無臭(食品に接するものに利用)。気乾密度は 0.35 ～ 0.52 で、やや軽軟である。年輪は明らか。肌目は粗で、木理は一般に通直。傷により外傷樹脂道ができ、やに壺、入皮、アテなどの欠点が出やすく、節が大きい。乾燥の際狂いが出やすい。木材の耐久性は低い。切削加工は容易。

一般的な用途：建築、建具、包装、器具。棺、卒塔婆など葬祭用。蒲鉾の板、パルプ材。モミ類の蓄積が減り、ほとんどが、北米産あるいはロシア産の同類で代替。

ヒノキ

Hinoki cypress

学名：Chamaecyparis obtusa　ヒノキ科

産地・分布：福島県東南部以南の本州、四国、九州に分布。樹高 30m、直径 1 ～ 1.5m に達する。檜、扁柏。天然木は、木曾、高野山、高知県西部など、造林木としては、尾鷲《おわせ》、吉野、天竜、和歌山など各地方産が有名。木曾五木の一つ。

木材の特徴：心材の色は、淡紅色で、辺材はほとんど白色。気乾密度は 0.34 ～ 0.54 で、やや軽軟である。年輪はとくに明らかではない。肌目が精で、木理は通直である。均質である(まな板用)。仕上がると、美しい光沢があり、特有の芳香があり。心材の耐朽性が高く、よく長期の水湿に耐える。国産の最高級材。

一般的な用途：建築、家具、彫刻（仏像など）、木型、曲物、桶、蓄電池のセパレーターなどが知られている。神社の建築用には重要な木材（木曾産のヒノキが伊勢神宮造営用）。風呂桶用材に重用される。

ネズコ

ネズ、クロベ、クロビ、クロベスギ、黒檜

Japanese arbor-vitae

学名：Thuja standisii　ヒノキ科

産地・分布：本州の北部から中部、中国、四国地方に分布、その中心は本州中部の山岳地帯で、木曾五木の一つ。樹高 30m、直径 0.6m になる。

木材の特徴：心材と辺材の境界は明らか、前者はくすんだ黄褐色と褐色などで、後者は黄白色。スギに似るが、材面の美しさでは劣る。早材から晩材への移行はかなり急で、年輪は明らか。肌目は精、木理は通直。気乾密度は 0.30 ～ 0.42 で、軽軟。切削などの加工は容易だが、仕上がりはとくによいとはいえない。保存性は中庸。利用は産地に限られる。

一般的な用途：材面のよいものを選んで天井板、障子などの建具材、和机、下駄、指物。木曾地方では下駄。同属である米国産ベイスギ（44 ページ）と比較して知名度は低い。

コノテカシワ

ハリギ、テカシワ、側柏

Chinese arbor-vitae

学名：Platycladus orientalis (=Thuja orientalis) ヒノキ科

産地・分布：中国北部原産。庭園樹として植栽。樹高 10m に達する。

木材の特徴：心材と辺材の境界は明らか。心材は黄褐色ないし赤褐色を帯び、辺材は黄白色。強い芳香（ビャクダンにたとえられるような）がある。年輪は明らかではない。耐朽性が高い。気乾密度は 0.57 ～ 0.66 である。木理は通直ないしやや不規則で、肌目は精。切削加工はしやすく、仕上がり面は滑らかである。

一般的な用途：大材が得られないため、小型の製品が主。彫刻（ワビャクダンという名前で仏像など：彫師の人たちが木材の芳香が仏教的な雰囲気を持つことに気づいたのだろう）、仏具、家具、建築、棺などがある。

オウシュウトウヒ

ホワイトウッド、ノルウェイトウヒ

European spruce

学名：Picea abies　マツ科

産地・分布：欧州北部から中央部にわたって分布。樹高 50m、直径 2m にも達する。欧州での代表的な造林樹種の一つ。北海道に植栽されている。

木材の特徴：心材と辺材の色調差はあまりなく、ほとんど白色。材面に光沢がある。年輪の移行は緩やか。軸方向細胞間道（樹脂道）があるが、顕著ではなく、注意すれば認められる。肌目は精、木理は通直。気乾密度は 0.36 ～ 0.43 で、やや軽軟。乾燥は良好。加工容易。保存性は低い。

一般的な用途：音響性能が適するのでピアノの響板あるいはバイオリン用材として著名（とくにルーマニア産）、建築、建具、指物、室内フローリング、骨組み、木工、パルプ。近年欧州からの輸入が目立つようになり、ホワイトウッドの名前が市場で見聞される。

オウシュウアカマツ

レッドウッド、ロシアアカマツ

Scots pine

学名：Pinus sylvestris　マツ科

産地・分布：ヨーロッパからロシアのシベリア地方まで広く分布。二葉松。樹高 30m、直径 0.6m を超える。

木材の特徴：心材と辺材の色調差は明らか。心材は赤褐色で、辺材は淡黄白色。材質はほとんどアカマツと同じだが、大径で、丸太の形質が良い。気乾密度は 0.37 ～ 0.63。年輪は明らかである。肌目は粗で、木理はほぼ通直。軸方向細胞間道（樹脂道）があり、材面にヤニがにじみ出てくる。耐朽性は中庸、加工のしやすさは中庸だが、仕上がりはあまりよくない。乾燥は良好。

一般的な用途：建築材としての利用が目立つ。建具、家具、杭木、電柱。ロシアからの輸入に加えて、レッドウッドの名前で欧州産材が目立つようになった。北米産のレッドウッドとは異なるので要注意。

ベニマツ

チョウセンゴヨウマツ、サスナケドロバヤ（露）

Korean nut pine

学名： Pinus koraiensis　マツ科

産地・分布：本州中部の亜高山地帯に分布。樹高 30m 直径 1.5m に達する。市場で取扱われているものは、ロシア産のベニマツである。中国東北部、朝鮮半島、シベリアなどに分布。

木材の特徴：心材と辺材の色調差は明らか。心材の色は淡黄赤色ないし淡紅色で、辺材は淡黄白色。一般に年輪幅は狭い。肌目は精、気乾密度は 0.34 ～ 0.51、軽軟。耐久性は中庸で、加工しやすく、割裂しやすい。乾燥容易。この類の木材は寸度の安定性があるため、古くから木型用材として使われる。軸方向細胞間道（樹脂道）があり、そこからにじみ出るヤニで材面が汚れていることが多い。大きい直径の丸太は心腐れのために、中心部が空洞になっていることが多い。

一般的な用途：鋳物用の木型、建具、建築、彫刻、器具。種子は食用。

ホワイトウッドとレッドウッドの話

そのまま日本語に訳すと、「白い木」と「赤い木」になる。世界には白い木および赤い木は多数あるから、これだけではあまり木材の印象はつかめない。最近、これらの名前をよく聞くが、両者を手にすると、木材に経験のある人は、前者がエゾマツ、後者がアカマツによく似ていると思うのではないだろうか。

それは正解で、前者はオウシュウトウヒ（30 ページ）でエゾマツと、後者はオウシュウアカマツ（30 ページ）でアカマツとそれぞれ同じ属の木材である。したがって、それぞれがエゾマツ（25 ページ）およびアカマツ（24 ページ）と近縁の木材であるから、成長の違いによる材質上の違いはあっても、木材の持つ基礎的な性質はほぼ同じと考えてよい。

今まで、ほとんど見なかった木材の突然の出現は、世界経済あるいは森林資源、あるいは両者の急変が原因なのか。

アオダモ

コバノトネリコ

学名：Fraxinus lanuginosa　モクセイ科

産地・分布：千島南部、北海道、本州、四国、九州などに分布、最も蓄積の多いのは北海道。落葉。近縁のアオダモ、ヤマトアオダモなどの木材は、同じように扱われる。樹高15m、直径0.6mに達する。運動具用に造林が試みられている。

木材の特徴：心材と辺材の色の差は一般に不顕著、辺材は淡黄白色で、心材がやや濃色な程度である。環孔材のため、年輪は明らかである。木理は通直で、肌目は粗である。加工性は普通で、保存性は中庸である。やや重硬で、気乾密度は0.62～0.84。弾力性がある。曲げ木にすることができる。

一般的な用途：器具、家具、建築用に使われている。かつてはテニスやバドミントンのラケット、スキーの板など、強靭性が必要な多くの運動具にも使われていた。現在は野球バットの材料として需要が高い。

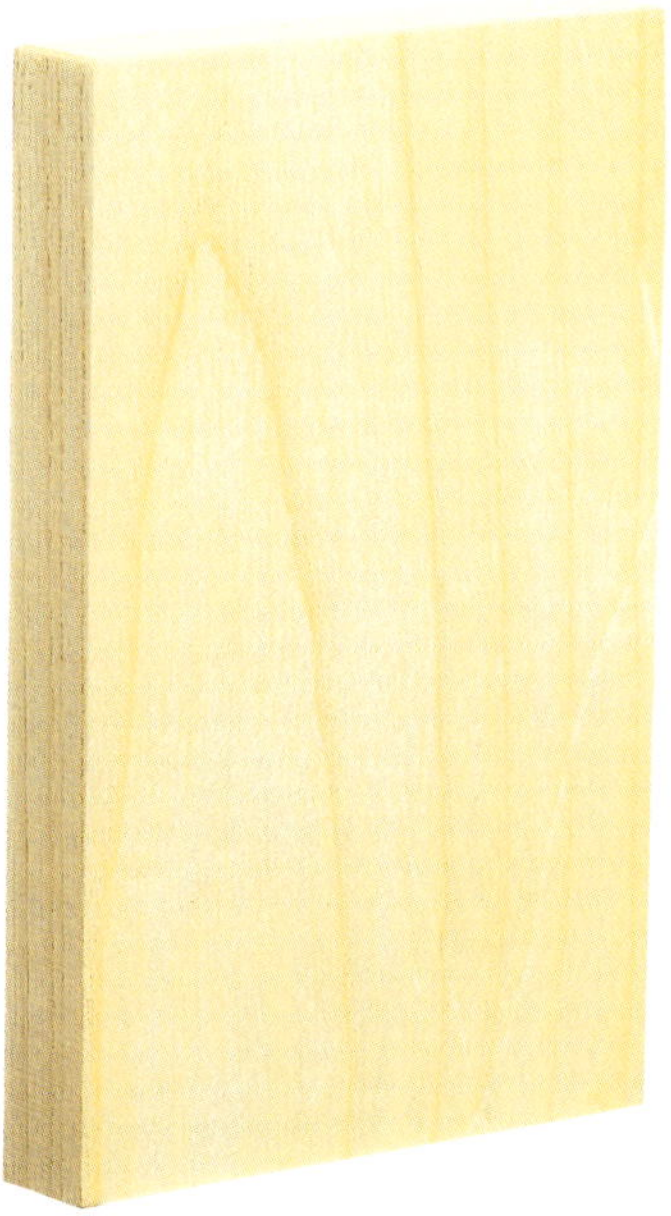

ロシアカラマツ

北洋カラマツ、シベリアカラマツ、グイマツ

Dahurian larch

学名：Larix gmelinii　マツ科

産地・分布：ロシアのシベリア、サハリン、沿海州などに分布。樹高30m、直径0.5mに達する。北海道では小規模ながら造林。

木材の特徴：心材と辺材の色調差は明らか。心材はやや黄色を帯びた褐色、辺材は淡黄白色(日本のカラマツとは違う)。気乾密度は0.52～0.91で、重硬である。保存性は中庸、人工造林の国産カラマツより密度は高く、重硬である。軸方向細胞間道（樹脂道）があり、製品の材面にヤニがにじみ出る。欠点（やに壺、入皮、もめなど）が多く出る。表面の仕上がりは良好でない。

一般的な用途:建築、土台、仮設、土木用など、材面の装飾的な品質を必要としない用途が主で、一般の消費者には馴染みの少ない木材である。カラマツを伝統的に用いている地域では、その代替材となる。

タイヒ

タイワンヒノキ、台湾扁柏、松梧、厚殻檜

Taiwan yellow cypress

学名：Chamaecyparis taiwanensis　ヒノキ科

産地・分布：台湾の中央山脈に分布。蓄積は台湾では第3位。樹高40m、直径3mに達する。

木材の特徴：心材と辺材の境はとくに明らかではなく、前者は淡紅黄色ないし黄褐色、後者は淡紅黄色。一般に年輪幅狭く、早材から晩材への移行は緩やか。肌目は精で、木理は通直。芳香がある。気乾密度は0.48で、硬さは中庸である。耐朽性や白アリに対する抵抗性は高い。加工は容易で、仕上がり面は滑らか。日本のヒノキとよく似た性質を持つが、どちらかというと芳香が強く、色がより濃い。台湾の最も優れた針葉樹材である。

一般的な用途：建築、家具、器具、彫刻、棺、鉛筆などが用途として知られている。古くから日本にも輸入されている。主として建築用に、とくに大型の、ヒノキの代替材として（神社などに）。

アサダ

アカザ、ソネ、アサナラ、ハネカワ
Japanese hop-hornbeam

学名：Ostrya japonica　カバノキ科
産地・分布：1 属 1 種。北海道の日高、十勝地方に多く、本州、四国、九州の霧島山に、また朝鮮半島から中国に分布。樹高 15m、直径 0.7m に達する。
木材の特徴：心材と辺材の色調差は明らか。前者は濃赤褐色で、後者はやや褐色を帯びた白色。年輪はとくに明瞭ではない。肌目はやや精ないし精、木理はほぼ通直あるいはねじれる。木材は重硬で、気乾密度は 0.60 ～ 0.87。耐朽性はとくに高くない。切削などの加工はやや難だが、表面仕上げは良好、材面に光沢。人工乾燥はやや難。
一般的な用途：床板、敷居など、さらに家具類、運動具、道具類、橇《そり》、靴の木型、器具の柄。割裂しにくいので、太い木材は薪炭用にはよくないといわれている。木材の色や材面の感じが比較的似ているカンバの類と同じ用途（アサダザクラという名前もあるが）。

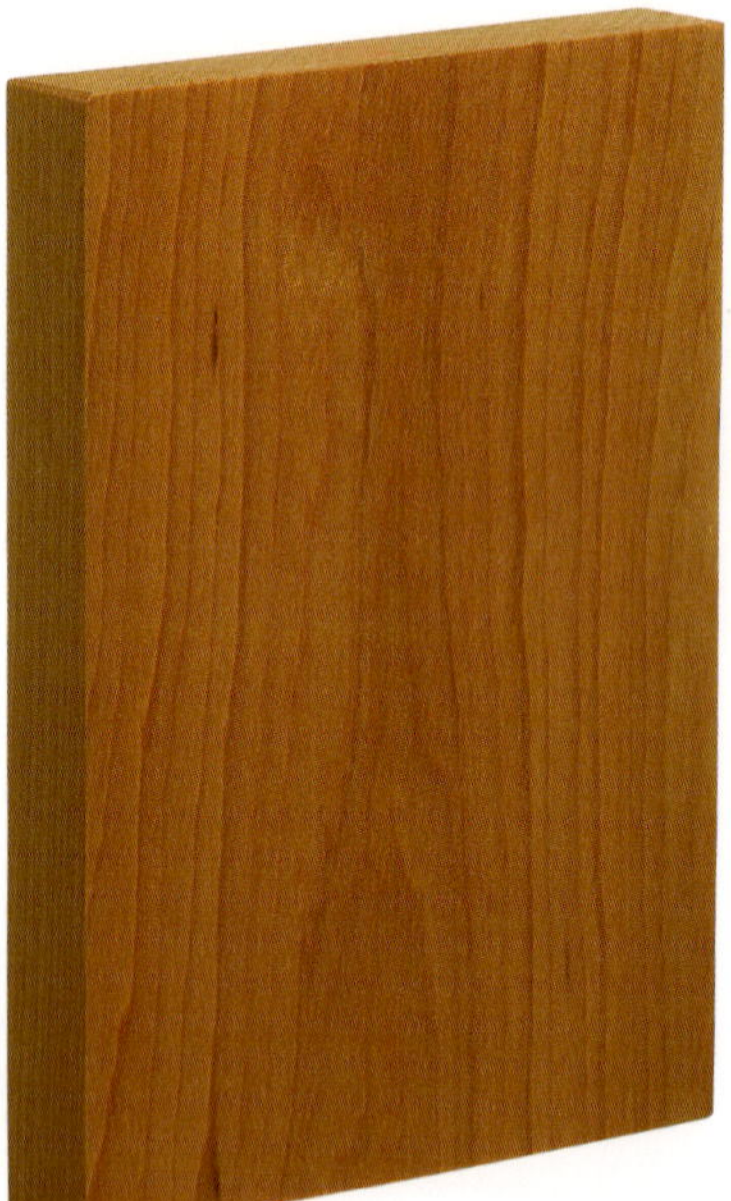

アカガシ

オオガシ、オオバガシ、マルバガシ、ホンガシ、クマガシ

学名：Quercus acuta　ブナ科
産地・分布：本州の福島県および新潟県の海岸に近いところから南へ、さらに四国、九州、済州島、朝鮮半島南部にかけての温暖帯に広く分布。樹高 20m、直径 1.0m に達する。日本産のカシ類のうちで最も海抜の高いところまで分布。国産材中最も重い部類に入る。
木材の特徴：心材と辺材の境界は不明瞭、前者が淡紅褐色から赤褐色で、後者は淡黄褐色。日本の代表的な重硬な木材の一つであり、気乾密度は 0.80 ～ 1.05 である。保存性は中庸。切削などの加工は困難な樹種の一つ。乾燥は容易ではなく、表面の仕上がりはとくに良好とはいえない。
一般的な用途：器具、車輛、機械、建築、枕木、薪炭、器具柄、足駄歯、櫓材、木刀、長刀、ゲートボールのスティック、屋内の遊具、木槌（伝統的には、アカガシを頭にシラカシを柄に使う）。

アオハダ

アズキナ、ソバコ、コウボウチャ

学名：Ilex macropoda　モチノキ科
産地・分布：北海道、本州、四国、九州、朝鮮半島、中国などに分布。樹高 15m、直径 0.5m に達する。
木材の特徴：心材と辺材の色の差はほとんどない。ほとんど白色で、仕上げると象牙のような光沢が出る。板目面を注意して見ると、胡麻のような濃色の点が多数見られるが、それは放射組織で、この類の木材の特徴である。気乾密度は 0.65 ～ 0.77。肌目は精である。早材と晩材の差は少なく、木材は均質である。加工は容易で、狂いは少ない。
一般的な用途：大きい木材が採れないので、細工ものに使われる。特徴的な白い色を生かして、寄木細工、象眼などに使われる。泥の中に埋めておくと青色に変色するので、それを寄木に使うこともある。器具材、ろくろ細工、こけしなど。樹皮からはとりもち。葉が茶の代用。

エゴノキ

チシャノキ、ロクロギ

学名：Styrax japonica　エゴノキ科
産地・分布：北海道（渡島半島以南）、本州、四国、九州、沖縄、朝鮮半島などに広く分布。樹高 10m、直径 0.3m になる。
木材の特徴：心材と辺材の色調差はほとんどなく、どちらかというと白色の木材で、やや黄白色ないし淡黄褐色を帯びている。木材は均質で、肌目は精、木理は通直。やや重硬で、気乾密度は 0.60 ～ 0.70。加工は容易で、乾燥しても割れが出にくい。木の直径はあまり大きくはならないが、加工がしやすく、われわれの身近によく見られることから、伝統的な道具、器具などによく使われている。
一般的な用途：傘の柄、ろくろ細工（和傘のろくろ）、玉突きのスティック、樽の呑み口、算盤珠、材の色が薄いので、色付けをするような用途、将棋の駒、木櫛、床柱（しぼのあるもの）、こけし材料。炭はガラス器や漆器の研磨用になる。

イヌエンジュ

オオエンジュ、クロエンジュ

学名：Maackia amurensis var. buergeri マメ科

産地・分布：北海道・本州、四国、九州（少ない）、さらに千島、朝鮮半島、台湾、中国などにも分布。樹形はよくない。樹高 15m 直径 0.6m。

木材の特徴：道管が環状に配列し、年輪は明らか。心材と辺材の色調の差は明瞭。心材は暗褐色であるが濃淡があり、特徴的な模様を形作る。辺材は黄白色で幅は狭い。肌目は粗、気乾密度は 0.54 ～ 0.70 で、やや重硬。切削などの加工はやや難。表面の仕上がりはよく、磨くと光沢が出る。心材は耐久性が高い。

一般的な用途：大きな材が少ないので、道具の柄、器具材あるいは床柱などの装飾的な建築内装材。材色や木理の美しさを利用して三味線の胴、月琴などの楽器。産地によっては、漆器の素地。ろくろ細工、アートクラフト（動物の像、ブローチ、キーホルダー、その他）の材料。、

イタヤカエデ

イタヤ、アカイタヤ、ベニイタヤ

学名：Acer mono　カエデ科

産地・分布：北海道、本州、四国、九州、さらにサハリン、千島、朝鮮半島、中国東北部と北部に分布。北海道および東北地方が主な産地。樹高 25m、直径 1.0m に達する。

木材の特徴：辺材と心材の色調差はほとんどない。木材はやや紅色を帯びた白色～淡紅褐色。肌目は精。木理は不規則なことが多く、杢（縮れ杢、波杢、鳥眼杢など）を持つことが多い。一方で、そのことが切削などの加工を難しくする。生立木の際に虫の害を受けて、木材中に傷害組織（ピスフレック）がしばしば認められる。気乾密度は 0.58 ～ 0.77 で、やや重硬。割れにくい。保存性は中庸。曲木にできる。加工の仕上がりは良好。

一般的な用途：家具、器具、合板、運動用具（ボーリングのピン）、建築、楽器（ピアノのアクション、ピン板など）。コケシの材料としても著名（山形県、秋田県など）。

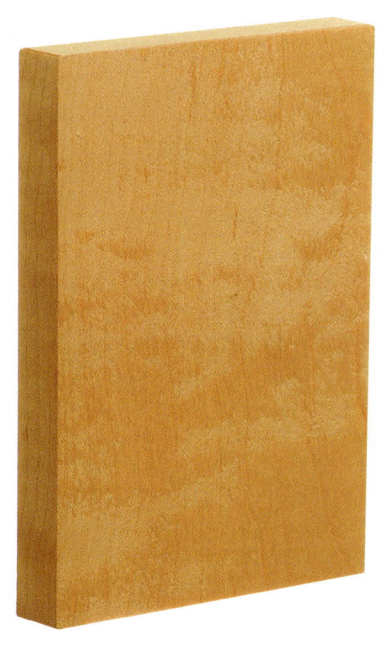

イスノキ

ユスノキ、ヒョンノキ

学名：Distylium racemosum マンサク科

産地・分布：本州の南部、四国、九州、沖縄、済州島、中国、台湾などに分布。樹高 20m、直径 0.6m に達する。鹿児島県がイスノキの産地。

木材の特徴：心材と辺材の境界は明瞭ではない。前者は紅色あるいは紫色を帯びた褐色で、ときに濃色の不規則な縞を持つ。後者は紅色を帯びた淡黄褐色である。年輪はあまり明瞭ではない。肌目は精。木理は通直か不規則。気乾密度は 0.75 ～ 1.02 で、非常に重硬。保存性は高い。重硬なため、切削などの加工はかなり難しいが、仕上がり面は良好。乾燥は難。白アリへの抵抗性は大。重硬で、加工は容易でない。

一般的な用途：特徴を生かして、家具、器具、楽器、（三味線、琵琶の撥《ばち》など）、機械、ろくろ細工、アートクラフト、フローリング。木刀の材料としては定評。立木のまま枯らし、長期間風雨にさらし、磨いて、床柱などに（ススケと呼ぶ）。

カツラ

学名：Cercidiphyllum japonicum　カツラ科
産地・分布：北海道、本州、四国、九州などに分布。北海道に蓄積が多い。樹高 30m、直径 2m に達する。
木材の特徴：心材と辺材の色調差は明瞭。前者は褐色で、後者は黄白色。色の濃いものをヒカツラ、淡いものをアオカツラと呼んで区別することもある。早材と晩材の差が少なく、均質である。肌目は精、気乾密度は 0.40 ～ 0.66 で、やや軽軟。保存性は低い。切削などの加工は容易。
一般的な用途：家具用材、とくに引出しの側板としては定評があるが、蓄積が減り、高級家具用材となっている。かつては洗濯用の張り板、和裁の裁ち板などの用途があり、馴染みの深い木材であった。碁・将棋盤に使われる。彫刻、器具などにも使われる。ナンヨウカツラはカツラではなくアガチス（52 ページ）である。

カキ

Japanese persimon

学名：Diospyros kaki　カキノキ科
産地・分布：本州中部、南部、四国、九州、伊豆七島など、また朝鮮半島、中国などに分布。栽培される。樹高 10m、直径 0.5m になる。
木材の特徴：心材と辺材の色調差はあまり明らかではない。淡色で、橙色を帯びているが、ときに黒色の条が不規則に出る。それが著しいときには、木材が黒色に近くなる。黒い心材の出たものを黒柿と呼んで装飾目的の用途に使う。リップルマークがあり（波状の模様：写真）、それに気付くと、似ている他の木材とは簡単に区別できる。気乾密度は 0.60 ～ 0.85 で、やや重硬。
一般的な用途：床柱、内部装飾などの建築材として、また、寄木、象眼、家具、彫刻などに珍重される。アメリカ産のパーシモンは同属の樹種（D. virginiana）であり、ゴルフのクラブヘッド材として著名で、カキも同じ用途に使用された。

クマシデ

オオソネ、クロソネ
Japanese hornbeam

学名：Carpinus japonica　カバノキ科
産地・分布：本州（岩手県以南）、四国、九州などに分布。シデの類には北海道、本州、四国、九州に分布するサワシバ（C. cordata）、アカシデ（C. laxiflora）、本州、四国、九州に分布するイヌシデ（C. tschonoskii）がある。樹高 15m、直径 0.6m。
木材の特徴：心材と辺材の色調差は不顕著、ほぼ白色で、光沢があり、ときに淡黄色を帯びる。横断面で年輪がギザギザに波打つのが特徴的。肌目は精、木理は多く通直でない。緻密、やや重硬～重硬、気乾密度は 0.75（クマシデ）。弾力性があり、加工は難。曲げ木になる。耐朽性は低い。
一般的な用途：傘の柄、靴型、ろくろ細工、漆器木地、家具、農具の柄、器具の柄、薪炭材、椎茸のほだ木。丸太は床柱、紡織用材（シャットル、木管など）。

オニグルミ

クルミ、オトコグルミ、オクルミ
Japanese walnut

学名：Juglans sieboldiana　クルミ科
産地・分布：北海道、本州、四国、九州などに分布。蓄積は多くない。樹高 20m、直径 1.0m になる。造林されることがある。
木材の特徴：心材と辺材の色調差は明らか。前者はくすんだ褐色で、濃色の不規則な縞が出ていることが多い。後者は灰白色。年輪は認められる。肌目は粗で、木理は一般に通直。気乾密度 0.42 ～ 0.70 で、ほぼ重硬。狂いが少なく、靭性がある。切削などの加工は容易で、表面仕上げは良好。
一般的な用途：特徴的な用途として銃床があるが、米国産のイースタン ブラック ウオルナットほど装飾的ではない。洋風家具、建築、フローリング、器具、彫刻。国産のクルミの実は果実を目的として栽培されているテウチグルミ（J. regia var. orientalis）から採取。

クスノキ

Camphor tree

学名：Cinnamomum camphora　クスノキ科

産地・分布：本州中・南部、四国、九州、さらに台湾、中国、インドシナに分布。古くから、造林される。樹高30m、直径はときに5mに達する。

木材の特徴：心材と辺材の境界は明らかではない。心材の色調はやや不均一で、黄褐色、紅褐色、部分的に緑色を帯びた褐色などで、辺材はより淡色。強い樟脳の香りを持つのが特徴で、この成分に防虫効果がある。肌目は粗。国産広葉樹材の中では珍しく木理が交錯することが多い。幹の形が悪く、凹凸があるため、木理の乱れにより、製品にすると種々の杢が出る。気乾密度は0.41～0.69で、やや軽軟ないし中庸。保存性は高く、加工は容易か中庸で、仕上がりは中庸。乾燥の際狂いが出易い。

一般的な用途：器具、家具（例：洋服簞笥の内貼りなど）、建築（社寺など）、楽器、箱、彫刻、旋作、木魚。

キリ

ニホンギリ、泡桐

Paulownia

学名：Paulownia tomentosa　ゴマノハグサ科

産地・分布：原産地は、中国中部あるいは鬱《うつ》陵《りょう》島などといわれている。北海道南部から南の各地に植栽。産地は福島県（会津桐）、岩手県（南部桐）、新潟県、茨城県など。樹高20m、直径1mに達する。輸入材もある。

木材の特徴：心材と辺材の色調差は少ない。心材は淡褐色で、辺材はそれより淡色。材面がやや紫色を帯びることがある。年輪の境界に大きい道管が帯状に疎らに配列する程度なので、年輪は明らかではないが、成長が遅いと明らかになる。肌目はやや粗。気乾密度は0.19～0.40で、国産材の中では、最も軽軟。加工は容易。

一般的な用途：製品は高い寸度安定性を持つことで、種々の家具に用いられ。表面を研磨すると光沢が出る。家具（簞笥など）、器具、建具、箱、楽器（琴など）、彫刻、下駄、羽子板。

キハダ

ヒロハノキハダ、シコロ

Amur cork-tree

学名：Phellodendron amurense　ミカン科

産地・分布：北海道、本州、四国、九州、中国、朝鮮半島、サハリンに分布。樹高25m、直径1mに達する。蓄積は少ない。市場に出ているものはおもに北海道産。

木材の特徴：心材と辺材の色調差は明らかであり、前者はやや緑色を帯びた黄褐色で、長期間大気にさらすと褐色に変化。後者は淡黄白色。環孔材で、年輪は明らか。肌目は粗で、木理は一般に通直。気乾密度は0.38～0.57で、やや軽軟。保存性は低く、切削などの加工は容易であるが、仕上がり面はとくに良好ではない。乾燥は容易。

一般的な用途：材面が特徴的なことを利用して家具や床柱、指物、器具、菓子器、花立てなどの細工物、単板、天然木化粧合板などがある。樹皮は胃腸薬とされており、ダラニスケあるいは百草などの名で家庭薬の成分とされ、また、黄色染料の原料となる。

サワグルミ

フジグルミ、カワグルミ、ヤス

Japanese wing-nut

学名：Pterocarya rhoifolia　クルミ科

産地・分布：北海道南部、本州、四国、九州に分布。樹高 25m、直径 1.0m になる。

木材の特徴：心材と辺材の境界はほとんど区別できない。ともに淡黄白色。白色で、軽軟な国産材の代表的なものの一つ。年輪はあまり明らかではない。道管の直径がかなり大きいので、肌目は粗。気乾密度は 0.30 ～ 0.64。匂いがない。保存性は非常に低く、変色、腐朽するので、とくに湿度の高い条件での利用は不可。切削などの加工は容易だが、仕上がり面は良好ではない。

一般的な用途：かつて一般的であったのはマッチの軸木だが、火を擂ったときに、道管のくぼみを伝わって煙が昇ってきて、品が悪いとされてポプラ類より低評価。染色しての利用もある。器具、経木、箸、さらに下駄。焦げにくいということで、茶道の炉縁。

ケヤキ

ツキ（槻）

Japanese zelkova

学名：Zelkova serrata　ニレ科

産地・分布：本州、四国、九州、さらに朝鮮半島、中国に分布、植栽もされる。樹高 40m、直径 2m に達する。

木材の特徴：心材と辺材の色調差は顕著。前者は黄褐色あるいは赤褐色、後者は帯黄白色あるいは淡黄褐色。大きい道管が環状に配列し、年輪は明らか。肌目は粗で、木理はしばしば乱れる。成長がよいと、密度が高く、重硬になり、表面には光沢があり、成長が悪いと、軽軟になり、光沢が減る。大径のケヤキからの製品は、いろいろな模様の杢を持ち、化粧的価値が高い。気乾密度は 0.47 ～ 0.84 で、重硬である。心材は保存性が高い。木材の強度は高い。加工のし易さは中庸、曲げ木になる。

一般的な用途：建築（大きな木材は寺社建築、かつては城建築、装飾的な部材に）、家具、臼、杵、電柱腕木、太鼓の胴、器具、彫刻、生活器具。

クリ

シバグリ

Japanese chestnut

学名：Castanea crenata　ブナ科

産地・分布：北海道南部、本州、四国、九州に分布、福島県、宮城県、岩手県、島根県などに蓄積が多いとされている。クリ採取用に植栽。樹高 15m、直径 0.6m に達する。

木材の特徴：年輪の境界に大きな道管が環状の帯に形成されている。心材と辺材の色調差は明らか。心材は褐色で、辺材はやや褐色を帯びた灰白色、肌目は粗。気乾密度は 0.44 ～ 0.78 で、重硬である。心材の保存性は極めて高い。よく水湿に耐える。重硬で、強く、しかも保存性が高い。古くから建築用材として用いられた。切削などの加工は難しく、表面の仕上がりは中庸である。

一般的な用途：建築、家具、器具、車輌、旋作、枕木、土木。水湿によく耐えるので、土台、井桁、杭、抗木、橋梁。漆器木地、彫刻。地中に埋めて、雅致が出たもので鏡台、本箱。

シナノキ

マダノキ、モウダ

学名：Tilia japonica　シナノキ科
産地・分布：北海道、本州、四国、九州に分布、とくに北海道が産地。よく似たオオバボダイジュ（T. maximowicziana）は、北海道、本州北・中部に分布。樹高 20m、直径 0.6m に達する。
木材の特徴：心材と辺材の境はやや不明瞭で、前者は淡黄褐色、後者は淡黄白色。肌目は精、木理はほぼ通直である。気乾密度は 0.37 ～ 0.61 で、軽軟。新しい材面には特有の匂い。年輪はとくに明らかではない。均質で、加工しやすく、広い用途がある。抽出成分のため尿素樹脂接着剤による接着が不良になり、セメントの硬化不良がおきる。釘などの鉄汚染が発生する。保存性は低く、水湿には弱い。
一般的な用途：キャビネット、彫刻（民芸品）、箱（洋風の菓子や紅茶の箱）、鉛筆、割箸、器具。樹皮の繊維は強く、船綱、箕、酒や醤油のこし袋などに。

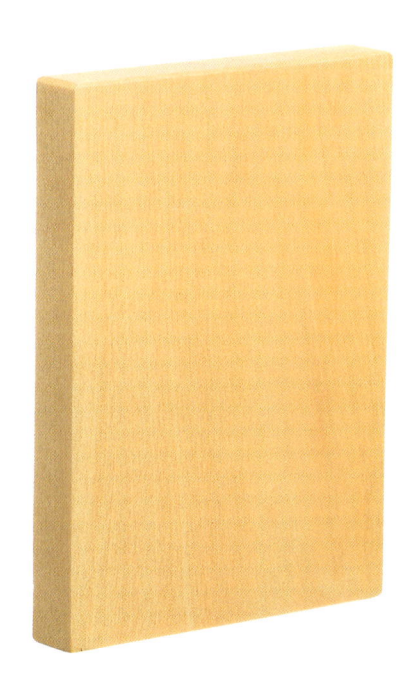

シオジ

コバチ

学名：Fraxinus spaethiana　モクセイ科
産地・分布：産地・分布：栃木県西部以南の本州、四国、九州に分布。樹高 30m。地方によってはヤチダモ（42 ページ）やアオダモ（31 ページ）をシオジと呼ぶこともある。
木材の特徴：心材と辺材の色調差は明らかで、前者は褐色、後者は黄白色である。同属のヤチダモに比較して、心材はより鮮やかな褐色を帯びる。肌目は粗で、木理は通直である。年輪の境界には大きい道管が環状に配列し（環孔材）、年輪は明らか。年輪幅が広いと、密度が高くなり、狭いと低くなる。気乾密度は 0.41 ～ 0.77 で、一般にはヤチダモより軽軟である。切削加工性は中庸。塗装性は良好。乾燥性は中庸。耐久性は中庸。辺材はヒラタキクイムシの害を受ける。ヤチダモと同様にセメントの硬化傷害がある。
一般的な用途：家具材、化粧単板、室内装飾、運動具（かつてラケットに使用）。

シラカンバ

シラカバ
Japanese white birch

学名：Betula platyphylla var. japonica カバノキ科
産地・分布：福井、岐阜、静岡各県より北の海抜の高い地域、また、北海道の各地、さらに、サハリン、南千島、朝鮮半島、中国、シベリアなどにも分布。樹高 25m 直径 0.9m になる。
木材の特徴：心材と辺材の境は明らかでない。黄白色～淡黄褐色である。肌目は精で、木理は一般に通直。立木でも、丸太でも菌の害を受けやすく、変色をしていることが多い。気乾密度は 0.60 ～ 0.64 で、やや軽軟。保存性は非常に低い。淡色で軽軟な木材の必要な用途。
一般的な用途：観光地での樹皮の美しさを利用した細工物、器具、家具、玩具、さらには削片板、パルプなどの原料。割箸やアイスクリームのスティック。他のカンバ類が持つような化粧的な価値は低い。ナメコ栽培用の原木。樹皮はよい燃料になる。

シイ

コジイ、ツブラジイ、サンカラジイ、タイコジイ（var. cuspidate）／およびスダジイ、ツノジイ、イタジイ、ナカジイ（var. sieboldii）

学名：Castanopsis cuspidate　ブナ科
産地・分布：前者は、関東以西、四国、九州、沖縄、台湾、中国中南部に、後者は福島県および新潟県以南、四国、九州、沖縄、済州島に分布。樹高 25m、直径 1.5m に達する。
木材の特徴：心材と辺材の境界はやや明らかで、前者は黄褐色、後者はくすんだ黄白色。コジイはより淡色で、辺心材の色調差はあまり明らかではない。年輪界は大きい道管が疎らな環状に配列し、明らか。肌目は粗、木理は通直ないしやや不規則。気乾密度は 0.52（コジイ）、0.50 ～ 0.78（イタジイ）。保存性は低く。切削加工はとくに難ではない。やや狂いやすい。
一般的な用途：建築内装（床板）、家具、器具、椎茸のほだ木、パルプ原料、薪炭材。コジイはスダジイより材質的には劣るとされる。

センダン

アラノキ、オウチ（楝）
Japanese beadtree,
China tree

学名：Melia azedarach　センダン科
産地・分布：本州（伊豆半島以西）、伊豆諸島、四国、九州、沖縄、朝鮮半島、中国に分布。街路樹や庭園樹もある。樹高 25m、直径 1m になる。
木材の特徴：心材と辺材の色調差は明らかで、前者はやや黄色を帯びた赤褐色、後者は黄白色。大きい道管が環状に年輪の境に沿って配列する（環孔材）ので、年輪は明らかである。肌目は粗である。やや軽軟で、気乾密度は 0.50 ～ 0.68。加工はしやすい。白アリに対する抵抗性あり。
一般的な用途：家具、器具、彫刻、下駄など。象眼、寄木細工などに桃色系の色用に用いられる。音響的によいということで、木魚、筑前琵琶の胴などに使われている。環孔材であるため、より高級なケヤキあるいはキリの模擬材。中国語の栴檀はセンダンのことではなく、白檀のことである。

セン

センノキ、ハリギリ

学名：Kalopanax pictus　ウコギ科
産地・分布：北海道、本州、四国、九州、沖縄、朝鮮半島、千島、サハリン、ウスリー、中国東北部などに分布。北海道が主産地。樹高 25m、直径 1m になる。
木材の特徴：年輪の境界に大きい道管が環状に配列して年輪は明らか（環孔材）。心材と辺材の色調差はあまり明らかではない。前者は灰褐色で、後者は淡黄白色。肌目は粗で、木理は通直なことが多い。気乾密度は 0.40 ～ 0.69 である。年輪幅が広いものは密度が高く、強いが、狂いが出やすく、加工はやや難（オニセン）。狭いものは、密度が低いが、狂いが出にくく、加工が容易なため、家具などに好まれるが、年輪幅が極端に狭いと脆くなる（ヌカセン）。保存性は低い。表面の仕上がりは良好。
一般的な用途：家具、合板、器具、建築。化粧単板、下駄。

シラカシ

学名：Quercus myrsinaefolia　ブナ科
産地・分布：福島県、新潟県以南の本州、四国、九州、済州島、中国大陸中南部に分布。樹高 20m 直径 0.8m になる。
木材の特徴：心材と辺材の色調差はほとんどない。灰色がかった淡褐色、虫害があると暗色の不規則な変色部分が出ることが多い。カシ類には特徴的な大きい放射組織があるため、板目面にはアカガシ同様に、明らかなゴマのような模様（カシ目）がある。木材は重硬で、気乾密度は 0.74 ～ 1.02。日本産材の中では最も重硬なものの一つ。保存性は中庸。切削などの加工は容易ではない。乾燥は難しい。
一般的な用途：器具、車輛、機械、建築、枕木、薪炭、器具柄、櫓材などの重硬で強靭さが必要な広範囲の用途。器具の柄、大工道具の柄など、体操の平行棒（色が白いことから好まれ）、木刀など、白い色と緻密さを利用しての食器。

ツゲ

ホンツゲ、アサマツゲ
Japanese box

学名：Buxus macrophylla var. japonica ツゲ科
産地・分布：本州、四国、九州、御蔵島など伊豆七島に分布。御蔵島では古くから、木材生産用の造林が行われている。樹高は一般的に 5m、直径 10cm 以下（まれにそれぞれが 10m、30cm）である。
木材の特徴：心材と辺材の色調差はあまり明らかではない。黄白色、黄色、黄褐色など。道管の直径が小さく、ほぼ均等に分布しているため、木材は緻密で、年輪は顕著ではない。肌目は精、木理は通直。気乾密度は 0.75 ～ 0.95。重硬で、加工しにくいが、仕上がりは良好で、材面に光沢。
一般的な用途：ツゲの櫛、印鑑は著名。将棋の駒、寄せ木細工、楽器、彫刻、木象嵌、美術品、算盤玉、また、浮世絵の版木（顔の部分）などがある。代替材のシャムツゲはタイ産のツゲではなく、クチナシ類の木材である。

ドロノキ

ドロヤナギ

学名：Populus maximowiczii　ヤナギ科

産地・分布：北海道から本州の北部、中部に分布し、さらに、シベリア、中国東北部、朝鮮半島、カムチャッカ、サハリンなど寒冷地に分布。同属にはヤマナラシ（P. sieboldii）などがある。樹高 30m、直径 1.5m に達する。

木材の特徴：心材と辺材の境界はとくに明らかではない。前者はくすんだ淡褐色で、ときに、やや濃色の縞が不規則に出る。後者はほぼ白色である。肌目はやや精。気乾密度は 0.33 ～ 0.55 で軽軟。木材の保存性は低い。白アリへの抵抗性は低い。切削などの加工は容易だが、仕上がり面はケバ立つことが多い。接着性はよい。

一般的な用途：かつてマッチの軸木として大量に用いられた。価格が低く、軽軟で加工容易、淡色などで使われた樹種の一つ。マッチの軸木、パルプ、箱、器具、包装、経木、木毛。木炭は火薬の原料になる。

トチノキ

七葉樹、オオトチ、クリトチ、トンジ

Japanese horse-chestnut

学名：Aesculus turbinate　トチノキ科

産地・分布：北海道南部、本州、四国、九州に分布。東北地方や北海道南部に多い。樹高 30m 直径 2m になる。マロニエは同属のセイヨウトチノキ（Marronnier: A. hippocastanum）。

木材の特徴：心材と辺材の色の違いはほとんどなく、やや赤みを帯びた黄白色～淡黄褐色。肌目は精で、仕上げた材面には絹のような光沢がある。大木の幹にはコブ、凹凸があるため、木理が乱れ、種々の杢が出る。気乾密度は 0.40 ～ 0.63 で、軽軟。保存性は非常に低い。切削などの加工容易で、仕上がり面はよい。乾燥の際狂いが出易い。木材の要素が層階状に配列して、明らかな波状の模様（リップルマーク：写真）を形成。軽軟で、加工容易。

一般的な用途：器具、玩具。家具（民芸家具）。装飾的な用途。観光地土産の茶道具、日用品、春慶塗。

タブノキ

イヌグス、タマグス、アオキ、タマノキ、楠

学名：Machilus thunbergii　クスノキ科

産地・分布：本州、伊豆七島、四国、九州、沖縄、台湾、朝鮮半島南部、中国などに、海岸沿いのところでは太平洋側では岩手県南部、日本海側では青森県南部にまで分布。樹高 15m、直径 2m を超える。

木材の特徴：心材と辺材の境界は明らか、前者は紅褐色で、後者はやや褐色。より赤色のものをベニタブと呼び高く評価する。年輪は横断面ではやや明らか、縦断面では認めにくい。木理が交錯あるいは乱れ、材面に化粧的価値が出る（たぶ杢）。肌目は粗。気乾密度は 0.55 ～0.77 で、硬さはほぼ中庸。保存性は中程度で、切削などの加工はとくに難しくはない。仕上がりは中程度。耐朽性は低い。

一般的な用途：器具、家具、建築（床板、内部装飾）、化粧単板、彫刻、枕木、器具の柄（スコップ、シャベル）。温暖地域に多く、産地以外では知名度は低い。

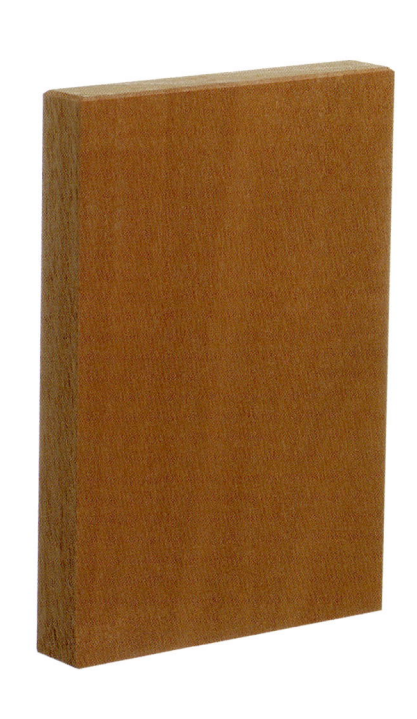

ハンノキ

赤楊

Japanese elm

学名：Alnus japonica　カバノキ科

産地・分布：北海道、本州、四国、九州、朝鮮半島、中国東北部に分布。樹高20m、直径0.9mになる。

木材の特徴：心材と辺材の色調差はあまり明らかではない。木材の色は伐採直後は鮮やかなオレンジ色であるが、時間が経過するとくすんだ色になる。辺材の色は淡黄褐色。年輪の境界はとくに明らかではない。早材と晩材の差は少なく、木材は均質である。板目面を見ると、大型の輪郭の不明瞭な放射組織が認められる（集合放射組織）。肌目は精、気乾密度は0.47～0.59で、やや重硬な木材。切削など加工はとくに難しくはない。保存性はあまり高くない。

一般的な用途：材面に特徴がないので、家具などの芯材あるいは、塗装されることが多い。器具、建築内装、家具、木製玩具、漆器木地、木象眼、寄木細工、火薬原料。米材のレッドオルダーは同属。

ハルニレ

アカダモ

Japanese elm

学名：Ulmus davidiana var. japonica　ニレ科

産地・分布：北海道、本州、四国、九州さらにサハリン、朝鮮半島、中国などに分布。樹高30m、直径1mに達する。生産地としては、北海道が著名。

木材の特徴：心材と辺材の境界は明らかで、前者はくすんだ褐色、後者はくすんだ白色。大きい道管が環状に配列するため（環孔材）、年輪は明らか。木理は通直で、肌目は粗。幹にコブのあるような場合には、杢《もく》が製品の材面に現れ、化粧的価値を高める。気乾密度は0.42～0.71で、やや重硬。保存性は低い。切削などの加工はやや難しく、表面の仕上がりはあまりよくない。曲木にすることができる。

一般的な用途：家具、器具、車輛、化粧単板。淡色の木材が内装あるいは家具などに好まれる場合に利用される。

バッコヤナギ

ヤマヤナギ、ヤマネコヤナギ、サルヤナギ

学名：Salix bakko　ヤナギ科

産地・分布：北海道、本州、四国の温帯山地に分布。樹高15m、直径0.5mになる。

木材の特徴：心材と辺材の色の違いがあり、前者は淡褐色から淡桃褐色で、後者は白色である。年輪は明らかではない。肌目は精で、木理は通直である。軽軟で、気乾密度は0.40～0.55。切削加工は容易。

一般的な用途：軟らかく、肌目が精なため、まな板（現在でも産地周辺では賞用される）、あるいは裁縫の裁ち板、小細工物、下駄、火薬用の木炭。

ミズキ

ミズクサ、カギノキ、クルマミズキ

学名：Cornus controversa　ミズキ科

産地・分布：北海道、本州、四国、九州に分布。低い山地で普通に見られる。植栽される。樹高15m、直径0.4mになる。

木材の特徴：心材と辺材の色調差はほとんどなく、白色、くすんだ白色、淡黄色など。年輪はあまり明らかではないので、木材は均質である。肌目は精、木理は多く通直。気乾密度は0.63で、やや重硬。加工性は良好だが、耐朽性は低い。

一般的な用途：古くから、ろくろ細工用材、印材、漆器木地、寄木細工（白色材として）、象眼、丸物（椀類）木地などに使われている。白箸の材料。伝統こけしの材料としての需要は高い。とくに、宮城県の鳴子のこけしの材料はミズキを多く使う。山形県のこけしの一部にも使用。箱根細工あるいは家庭用品にも利用されることがある。

マカンバ

カバ、ウダイカンバ、サイハダカンバ

Japanese red birch

学名：Betula maximowicziana　カバノキ科

産地・分布：北海道から本州北中部、また南千島に分布。樹高25m、直径1mになる。カンバ類には、ミズメ（42ページ）などがある。

木材の特徴：心材と辺材の境界は明らかで、前者は淡紅褐色、後者は黄白色。早材と晩材の差が少なく、年輪はとくに明らかではない。気乾密度は0.50～0.78。肌目は精である。木材が均質であり、重硬で、耐摩耗性があり、平らな面をいつまでも保持できるという要件を満たすので、体育館の床などに幅広く用いられる。マカンバの保存性は中庸で、加工性は中庸である。仕上がり面は良好。広葉樹の市場材の中では、均一な材面を持つことが特徴的。

一般的な用途：家具（洋家具）、建築の内装用として重用。器具、床板、合板、靴の木型。化粧単板。木材関連業界でサクラと呼ぶものは主にカンバ類。

ホオノキ

Japanese cucumber tree

学名：Magnolia obovata　モクレン科

産地・分布：北海道、本州、四国、九州、沖縄、南千島、朝鮮半島、中国中部に分布。樹高25m、直径1mになる。

木材の特徴：心材と辺材の境界はとくに明らかでない。前者はくすんだ緑色で、木材の色としは特徴的。後者はくすんだ灰色。心材は、鉄によって汚染される。年輪は淡色の柔組織の帯が境界にあり、明らかである。早材と晩材の差は著しくなく、木材は均一。木理は通直で、肌目は精。気乾密度は0.40～0.61で、軽軟。保存性は低い。切削などの加工は非常にし易く、表面の仕上がりは良好。製品の狂いは少ない。

一般的な用途：彫刻、指物、機械、箱、寄木（色を利用して、水色、帯灰白色などの材料として）、建築内装、器具、製図板、定規、刃物の鞘。まな板（定評がある）。炬燵の櫓。朴歯（下駄）。木炭は漆器、金属、石類の研磨用。

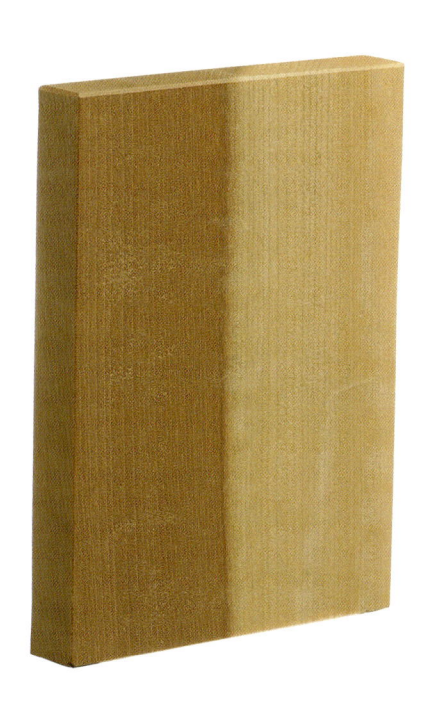

ブナ

シロブナ

Siebold's beech

学名：Fagus crenata　ブナ科

産地・分布：北海道南部（黒松内以南）から本州、四国、九州に分布。樹高25m、直径1.5mに達する。同属のイヌブナ、クロブナ（F. japonica）は、本州、四国、九州に分布。

木材の特徴：心材と辺材とも、正常な場合は白色ないし淡桃色、しばしば不斉円形の濃色の偽心材をもち、ときに菊の花の模様になる。肌目は精で、木理は一般には通直。大きい放射組織が板目面ではゴマのような濃色の点、柾目面では帯状の模様（とらふ）となる。気乾密度は0.50～0.75で、やや重硬。保存性が低く、伐採後すぐに薬剤処理をしないと、変色や腐朽をおこす。また、防腐剤の注入は難。加工性は中庸、乾燥による狂いが出易い。曲木は容易。

一般的な用途：家具（脚物家具に多く利用）、器具、合板、漆器木地、玩具、曲木、靴木型、日用品、パルプ。手作りの台所用品。

ヤチダモ

タモ　*Damo*

学名：Fraxinus mandshurica　モクセイ科

産地・分布：北海道、本州北・中部、また朝鮮半島、中国、サハリン、シベリアにも分布。樹高25m、直径1mに達する。北海道は産地として著名。本州、四国、九州に分布するシオジ（37ページ）、アオダモ（31ページ）は同属。

木材の特徴：年輪の境界に大きな道管が環状配列して（環孔材）、年輪は明らか。年輪幅が広いと密度が高く、重硬となり（運動器具によい）、狭いと軽軟となる（家具用材には加工容易）。心材は褐色で、辺材は淡黄白色である。アオダモよりやや濃色である。気乾密度は0.43～0.74で、やや重硬。保存性は中庸。切削などの加工性は中庸。辺材はヒラタキクイムシの害を受けやすい。

一般的な用途：家具、器具、合板、内部装飾、運動用具。化粧単板として広い用途。現在はロシア産のヤチダモを集成材として利用。

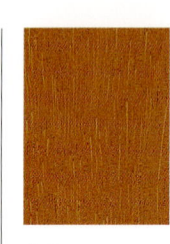

ミズメ

ヨグソミネバリ、アズサ
Japanese cherry birch

学名：Betula grossa　カバノキ科

産地・分布：本州の岩手県以南、四国、九州に分布。樹高20m、直径0.7mになる。名前にカンバが付いていないがカンバ類の一種。

木材の特徴：心材と辺材の色調差は明らか。前者は紅褐色で、後者は黄白色。心材の色がマカンバより赤色が濃いことが多い。木理は通直で、肌目はやや精。気乾密度は0.60～0.84で重硬。製品の安定性、材質の均一性などはマカンバ同様である。切削などの加工性はよく、仕上がり良好。木材の保存性は低く、辺材はヒラタキクイムシの害を受ける。マカンバと同じ用途。

一般的な用途：最も一般的な用途は家具。とくに洋家具あるいは洋風の建築の材料（床板、室内造作）として重用される。強靭であることを利用して器具の柄にしている。梓弓の材料であるアズサは、現在はミズメであるとされる。

ミズナラ

イシナラ、ハハソ、
オオナラ

学名：Quercus crispula（Q. mongolica var. grosseserrata）ブナ科

産地・分布：北海道、本州、四国、九州、さらにサハリン、南千島、朝鮮半島などに分布。樹高30m、直径1.5mになる。代表的な産地は北海道。

木材の特徴：心材と辺材の色調差は明らか。前者は褐色で、後者は淡色。年輪の境に沿って大きな道管が環状に並んでいる（環孔材）。年輪は明らか。成長がよいと道管の占める比率が少なくなるので、木材の密度は高くなり、成長が悪いと反対の理由で低くなる。放射組織は幅が広く、柾目面では“とらふ”と呼ばれる杢を形作るので、とくに洋風の家具の材料としては魅力のある木材である。気乾密度は0.45～0.90で、重硬。人工乾燥は難。心材の保存性は中庸で、加工は難しい。

一般的な用途：洋風家具、器具、床板、運動具、洋酒樽、造船、木炭、合板、化粧単板、車輛、棺材（欧州への輸出で知られる）。

スラッシュパイン

Slash pine

サザンイエローパイン、ピッチパイン

学名：Pinus elliottii　マツ科

産地・分布：米国の南部諸州に分布。造林される。樹高35m、直径1mになる。サザンイエローパイン類にはこの種のほかに、ロングリーフパイン（P. palustris）、ショートリーフパイン（P. echinata）、P. taedaなどがある。

木材の特徴：辺材は黄白色で、心材は赤褐色であるが、造林木では淡色。典型的なスラッシュパインは重硬、気乾密度は0.69。心材の保存性はかなり高いが、辺材は低い。後者は保存薬剤処理をして利用する。樹脂が出てくるので塗装はやや難しい。

一般的な用途：造林木はパルプあるいは合板用を目的。密度の高いものは大型の構造物、支柱、梁、桁、土台、さらに床板、車輌にも用いられ、密度の低いものは建築（内装、天井、羽目板、枠）、箱、包装、日用品。

ヤマザクラ

学名：Prunus jamasakura, Prunus spp.　バラ科

産地・分布：ヤマザクラは本州、四国、九州、朝鮮半島にも分布。樹高20m、直径1mになる。サクラ類にはシウリザクラ（P. ssiori：本州中部以北、北海道、南千島、サハリン、中国東北部）、ウワミズザクラ（P. grayana：北海道、本州、四国、九州）などを含む多数の種類、品種がある。

木材の特徴：サクラ類の木材は、ほぼ似ている。心材は褐色ないし赤褐色で、緑色を帯びた濃色の縞が不規則に出る。辺材は淡黄褐色ないし黄白色。年輪はかなり明らか。ピスフレックの小さい斑点が多数出る。気乾密度は0.48～0.74で、やや重硬。肌目は精、木材の保存性は高く、加工容易。

一般的な用途：器具、家具（和風）、楽器、旋作、版木、彫刻など、かつては塩田器具。木材関連業界では古くからカンバ類の木材のことをサクラと呼んでいる。ヤマザクラの樹皮を使って細工もの（樺細工）。

ヤマグワ

学名：Morus bombycis　クワ科

産地・分布：北海道から本州、四国、九州、沖縄にかけて分布し、樹高13m、直径0.6mになる。伊豆諸島にも分布（ハチジョウグワ：var.hatijouensis）。伊豆諸島の三宅島、御蔵島が著名産地。

木材の特徴：心材と辺材の色調差は明らか。前者は鮮やかな黄褐色で、後に濃い褐色になる。後者は淡黄白色。年輪は明らか。肌目は粗で、木理は不規則になっていることが多く、材面が装飾的な価値を持つことが多い。気乾密度は0.52～0.75で、やや重硬。切削加工はやや難しいが、仕上がり面は美しい。保存性は高い。

一般的な用途：種々の模様の美しい杢を持つので、特徴的な材色と組み合わせて化粧的な用途、主として、床柱、和家具（とくに、鏡台によく使われている）、指物、仏壇、彫刻、楽器、旋作物。

ベイツガ

Western hemlock
ウェストコーストヘムロック

学名：Tsuga heterophylla　マツ科
産地・分布：北米大陸のアラスカ州南部から米国の南西部までの太平洋岸の地域に分布（蓄積の多いのはワシントン、オレゴン両州）。樹高65m、直径3mに達する。日本産のツガに比較すると、年輪幅の広いものが多いので、別の木材のように感じられる。
木材の特徴：心材と辺材の色の差は少なく、白色、黄白色、淡褐色などであるが、年輪の濃色部（晩材）は、桃色、紫色を帯びるので、木材はやや紫色を帯びる。入皮が多く見られる。気乾密度の平均値は0.48。耐朽性は低く、とくに含水率の高い状態では要注意。木材が脆いため、柱の角が欠けたりすることが多い（スギなどには出ない欠点）。
一般的な用途：建築（柱、鴨居、長押、保存処理をして土台）ではスギの代替として多用、箱、器具、パルプ。

ベイスギ

Western redcedar
カヌーシーダー、シングルウッド

学名：Thuja plicata　ヒノキ科
産地・分布：最初に北米から商業輸入された樹種。米国産のスギではない。日本のネズコと同属。北米太平洋岸に沿ってアラスカからブリティッシュコロンビア、ワシントン、オレゴン、カリフォルニア州北部、アイダホ、モンタナ州に分布。樹高50m、直径2.6mに達する。
木材の特徴：心材と辺材の色の違いは明瞭。心材の色は濃い赤色で、部分的には黒ずんだ黄褐色の部分が現れたりし、色が均一でない。漂白後染色して色を均一にすることがある。年輪はかなり明瞭で、幅が狭いことが多い。木理は通直。肌目はやや粗。気乾密度の平均値は0.39で、やや軽軟、耐候性が高く、加工容易。割裂しやすい。細粉によって喘息がおきる。
一般的な用途：外壁、造作、屋根板（shingle woodの名）、建具、集成材、天井の板（スギの代替）。

セコイア

Redwood
コースタルレッドウッド

学名：Sequoia sempervirens　スギ科
産地・分布：米国の太平洋岸のオレゴン州からカリフォルニア州中部にかけて分布。樹高100m、直径5mに達する。海外に造林地がある。
木材の特徴：心材と辺材の色の差は明らか。心材は桃色、濃赤褐色で、時間の経過とともに黒色を帯びる。辺材は淡色。早材と晩材の差が顕著。木理は通直で、肌目はやや粗い。気乾密度は0.45である。心材の耐朽性は非常に高く、白アリに抵抗性がある。加工は容易だが、軽軟なので取り扱いに注意。乾燥は難しくない。
一般的な用途：建築、構造物、天井、羽目板、サッシュ、ドア、ブラインド、室内のパネル。耐久性が非常に高いので、クーリングタワー、サイロ、液糟、スタジアムのベンチ、屋根板、庭園家具。ヨセミテ国立公園にはさらに大きくなるジャイアントセコイア（Sequiadendron gigantium）が生育する。

ベイヒバ

Alaska cedar

イエローシーダー、イエローサイプラス、アラスカサイプラス

学名：Chamaecyparis nootkatensis　ヒノキ科

産地・分布：ヒノキと同属であり、植物の分類上はヒバの類ではない。北米大陸の太平洋沿岸地域の、アラスカ州南東部から、ブリティッシュコロンビア州西部、ワシントン州西部を経てオレゴン州、カリフォルニア州に分布。樹高30m、直径1.5mになる。

木材の特徴：心材の色は鮮やかな黄色で、辺材は黄白色。特徴的なヒバようの匂いがある(日本名の由来)。年輪幅の狭いものが多い。肌目は精。木理は通直である。気乾密度は0.51。加工は容易。耐朽性が高いことが特徴。乾燥による収縮は少ない。衝撃に強く、粘り強い。

一般的な用途：建築（耐朽性が高い点を利用して土台)、ボート、細工、家具。市場では日本のヒバの代替。

ベイヒ

Port-Orford-cedar

ピーオーシーダー、ローソンヒノキ、オレゴンシーダー

学名：Chamaecyparis lawsoniana　ヒノキ科

産地・分布：分布は比較的狭く、米国オレゴン州の南西部クースベイからカリフォルニア州北西部のユーリカの間。樹高65m、直径2mに達する。明治時代後半から輸入。

木材の特徴：ヒノキと同属で、材質的によく似ている。心材は淡黄褐色ないし桃褐色で、辺材は淡色。日本のヒノキに比較して濃色で、芳香がヒノキに比較してより強い。肌目は精。木理は通直である。気乾密度は0.47。耐久性は高く、手および機械加工は容易、仕上がりは滑らか。狂いが少なく、乾燥すると寸度の安定性はよい。

一般的な用途：建築（長く、大きい材料が採れる)、家具、船舶、器具、水槽、建具、床板、サッシュなど。耐久性の必要な用途。ヒノキの代替材。

ベイトウヒ

Sitka spruce

学名：Picea sitchensis　マツ科

産地・分布：アラスカの南部、南東部、さらに太平洋岸沿いに、ブリティッシュコロンビア、ワシントン、オレゴン各州を経てカリフォルニア州まで分布。同属では、この他エンゲルマンスプルース（P. engelmannii)、ホワイトスプルース（P. glauca）などが市場に出る。樹高60m、直径2mに達する。

木材の特徴：心材と辺材の色調差は少ない。心材の色は白色、淡桃褐色を帯びる（他の同属の樹種は白色)。長期間大気に曝露されると、桃色を帯びる。早材から晩材への移行は緩やかで、年輪は顕著ではない。肌目は精で、木理は一般には通直。気乾密度は0.45。乾燥・加工とも容易。仕上がり面は滑らかで光沢がある。

一般的な用途：建築、家具、器具、建具、音響的な性質がよいため楽器（ピアノ、バイオリンなど)。かつて、木製飛行機の製造。

ロッジポールパイン

Lodgepole pine

学名：Pinus contorta　マツ科

産地・分布：アラスカからバハカリフォルニアにわたって分布（ロッキー山系北部や太平洋岸地域に蓄積が多い）。樹高 30m、直径 1m になる。

木材の特徴：心材と辺材の色の差はあまり明らかではない。心材は淡黄色、淡黄褐色などで、辺材は白色、淡黄色。縦断面にはっきりとしたディンプルグレイン（小さい笑くぼのような模様）があるのが特徴。一般的にやや軽軟で、気乾密度は 0.47。耐朽性は低い。乾燥は容易で、良好、若干の欠点に注意。加工は容易で、仕上がりは良好。材面に樹脂がにじみ出ることがあり、取り扱うときには注意が必要。釘接合は良好。接着性は良好。

一般的な用途：枕木、電柱、杭（保存処理をして）、坑木、箱、包装材。大量ではないが、日本に輸入。

ベイモミ

Fir

ウェスタンファー、ホワイトファー

学名：ノーブルファー（Abies procera）、パシフィックシルバーファー（A. amabilis）、ホワイトファー（A. concolor）、グランドファー（A. grandis）、サブアルペンファー（A. lasiocarpa）、カリフォルニアレッドファー（A. magnifica）などを含む Abies spp.　マツ科

産地・分布：ブリティッシュコロンビア州、アルバータ州西部、ワシントン、オレゴン、カリフォルニアなどの各州、モンタナ州西部、アイダホ州北部に分布。樹高 50m、直径 1.2m（A. grandis）になる。

木材の特徴：心材はほとんど白色、辺材もほぼ同じ（例外樹種を除く）。肌目は粗、木理は通直。気乾密度は 0.45（A. grandis）。材質的には日本のモミ類と同じと考えてよい。耐朽性は低く、地面に接しての利用には不適。無臭。

一般的な用途：建築、建具、器具、箱、パルプ材。無臭で色が淡いことから食品に接する用途。

ベイマツ

Douglas-fir

オレゴンパイン、ダグラススプルース、レッドファー、イエローファー

学名：Pseudotsuga menziesii　マツ科

産地・分布：マツ属ではなくトガサワラ属の木材。北米大陸でカナダのブリティッシュコロンビア州からカリフォルニア州にかけて分布。樹高 70m、直径 3m に達する。

木材の特徴：心材と辺材の色の差は明らかで、心材の色は成長により違い、黄色ないし黄色を帯びた赤褐色（年輪幅が狭く、密度が低いもの：イエローファー）、赤褐色（年輪幅は広く、密度が高いもの：レッドファー）。年輪は明らか。肌目は粗、気乾密度は 0.55、重硬である。樹脂道があり、時間の経過とともにヤニが表面ににじみ出る。表面用には十分な乾燥が必要。

一般的な用途：建築（梁、桁など）、合板（米国での代表的な材料）、建具、家具、造船。長い材の必要な梁などには好適。

ベイマツの話

米国産のマツということでベイマツ（米松）にされているが、マツ類を含むマツ科の一員ではあるものの、マツ類ではなく、日本では耳慣れないトガサワラ属の木材である。

注意すればマツ類とは木材の組織が違っていることがわかる。トガサワラは、紀伊半島の一部や四国の高知県の一部にわずかに分布しているだけなので、産地の人以外には木材を知らないのではないだろうか。

一方で、アメリカ産のベイマツは、西海岸での重要な木材の一つで、大量に輸出され、日本はもとより世界の木材市場で知られている。

ペリー提督が率いた黒船艦隊が最初に日本に持ち込んでいることで、北米材の先駆者といえよう。つくばの森林総合研究所にその一部が残っている。

イエローポプラ

Yellow-poplar

ハンテンボク、ユリノキ、チューリップポプラ

学名：Liriodendron tulipifera　モクレン科
産地・分布：米国東部の落葉樹林に見られる樹木で、コネチカット、ニューヨークなどの州から南はフロリダ州まで、西はミズーリ州まで分布。樹高50m、直径2mになる。
木材の特徴：心材と辺材の色の差は明らか。前者はオリーブグリーン（しばしば濃い緑、黒、紫色などの縞が出る）、後者はほぼ白色。気乾密度は0.45でやや軽軟。肌目は精、木理は通直。乾燥は容易で、損傷は少ない。加工は容易、仕上がりがよく、釘接合は良好。塗装は容易で仕上がりは良好。軽軟で、加工がしやすいので、米国では一般木工用の木材。
一般的な用途：内装用、建具、ドア、玩具、合板。合板は家具、ピアノケース。樽、木毛。

イエローバーチ

Yellow birch

学名：Betula alleghaniensis　カバノキ科
産地・分布：カナダのニューファウンドランドから南東部を経て、米国のメイン州など北東部から五大湖地方に、さらに、ジョージア州北部とテネシー州の山地にわたって分布。樹高22m、直径1.2mになる。
木材の特徴：心材と辺材の色調差は明らかである。前者は赤褐色で後者は淡黄色であるが、個体によって色の変動がかなりある。肌目は精、木理は通直である。木材は均一で、その材質は日本産のマカンバやミズメとほとんど同じ。気乾密度は0.71で、重硬。加工は容易で、材面の仕上がりはよい。塗装の仕上がりがよく、取り扱いやすい木材。耐朽性は低い。常に一定の根強い需要がある木材といえる。
一般的な用途：家具、キャビネット、高級建具、ボートの内装、建物の内装、器具、ベニヤ、靴の木型。

アメリカンビーチ

American beech

アメリカブナ

学名：Fagus grandifolia　ブナ科
産地・分布：北米大陸の東部の比較的高さが低い地域から、アパラチア山脈の南部、さらにフロリダ州の北部にも分布（最大の生産地は大西洋岸中央部の諸州）。樹高30m、直径3.5mになる。
木材の特徴：国産ブナとの区別はしにくい、心材と辺材の色の差はほとんどなく、前者は赤褐色を帯び、後者は淡褐色。重硬で、気乾密度は0.72。肌目は精、均一。木理は、通直あるいは不規則。収縮率は大きい。乾燥は早くできるが、狂い、表面割れ、木口割れなどが出やすく、また、変色が出やすい。耐朽性は低い。加工はかなり容易だが、のこぎりをかんだり、孔あけの際に焦げる。釘をよく保持するが、割れやすい。旋作性、接着性など良好。蒸し曲げが容易。
一般的な用途：家具。床板、ブラシの柄と背、木工品、器具柄、ベニヤ、チーズボード、台所用品、樽。

コットンウッド

Cottonwood

学名：Populus deltoides、P. balsamifera、P. heterophylla、P. trichocarpa など　ヤナギ科

産地・分布：アラスカからカリフォルニア州へ、北米大陸西海岸に分布するブラックコットンウッド（P. trichocarpa、樹高 50m、直径 1.5m）、アラスカからカナダの北部を経て大西洋岸のカナダとアメリカ諸州にかけて分布するバルサムポプラ（P. balsamifera、樹高 30m、直径 2m）などがある。

木材の特徴：心材と辺材の境界は明らかでない。心材は灰白色、灰褐色で、辺材はより淡色。木理は一般に通直で、肌目はやや精。製材した面が毛羽立つことが多い。軽軟であるが、仕上がりはよくない。気乾密度は 0.40 ～ 0.43（ブラックコットンウッド：P. trichocarpa）、0.37（バルサムポプラ：P. balsamifera）。無味無臭なことが利点。

一般的な用途：木毛（とくに、無味無臭が必要な場合）、コンテナ、箱、包装材、食品の容器、合板、パルプ。

エルム

Elm

学名：Ulmus americana を含む Ulmus spp.　ニレ科

産地・分布：カナダには 3 種、米国には上述の種以外に 5 種、U. rubra、U. thomasii、U. alatam、U. crassifolia、U. serotina が分布している。樹高 40m、直径 3m になる。ソフトエルム類（U. americana など）とハードエルム類（U. thomasii など）があるが、前者について記述する。

木材の特徴：心材と辺材の色調差は明らかで、前者は淡褐色で、ときに赤色を帯びる。後者は白色である。環孔材のため、年輪は明らか。肌目は粗で、木理は通直、ときには交錯。やや重硬。気乾密度は 0.56。粘りがあり、また衝撃に対する吸収力もある。ハードエルムより強度は低い。耐朽性は変動する。加工はやや難。曲げ木になる。

一般的な用途：家具（曲げ木家具：椅子の肘掛椅子の骨組み）、農耕用の資材、桶、樽。箱、包装、コンテナ、パネルの化粧単板。

イースタンブラックウォルナット

Eastern black walnut

ブラックウォルナット

学名：Juglans nigra　クルミ科

産地・分布：米国やカナダの東部に分布。蓄積は非常に少ない。樹高 40m、直径 2m に達する。一見では区別しにくい 2 種（カリフォルニアウォルナット：J. californica、ヒンズウォルナット：J. hindsii）があり、カリフォルニアに分布。市場ではクラロウォルナットと呼ぶ。

木材の特徴：心材はチョコレート色から紫赤色、紫黒色で、一般的には色は一様でなく、縞状になり、美しい模様の材面が見られる。辺材は淡色。気乾密度は 0.62、重硬。肌目は粗、木理はしばしば不規則になり、これが材面の化粧的価値を高める。加工は容易である。製品の安定性はよい。衝撃に強い。

一般的な用途：家具、キャビネット、銃床（寸度安定処理をして）、楽器、化粧単板。

ハックベリー

Hackberry
コモンハックベリー

学名：Celtis occidentalis　ニレ科
産地・分布：アラバマ、ジョージア、アーカンソーから北へ向かって分布。樹高 18m、直径 0.6m になる。エノキと同属。
木材の特徴：心材と辺材の色調差は不顕著。心材が濃い場合は黄色を帯びた灰色か淡褐色で、黄色の条がある。後者は淡黄色から灰色、緑黄色を帯びる。エルムの類に一見よく似ている。肌目は粗で、木理は通直、ときに交錯。年輪の境に大きい道管が配列するので（環孔材）、年輪は明瞭。気乾密度は 0.58。やや重硬ないし重硬。衝撃に対する抵抗は強い。曲げ強さはやや強い。収縮率は高い。一般的にエルムの木材と同様に取り扱われている。
一般的な用途：家具、運動用具、コンテナ、箱。

ニセアカシア

Black locust
イエローロカースト、ロカースト

学名：Robinia pseudoacacia　マメ科
産地・分布：米国原産。アパラチア山脈中央部およびオザーク山地などにもともと分布（広く栽培され、北米東部、さらに西部にも）。日本で野生化。樹高 18m、直径 1.2m になる。
木材の特徴：心材と辺材の色調差は明瞭。心材の色は、生材時は緑色を帯びた黄色で、のち、褐色になる。辺材は黄白色。気乾密度は 0.77 で重硬。強度は高い。幹の形が悪く、大きな材をとりにくい。旋作容易、釘の保持力は高いが、手工具での加工はやや難。菌に対する抵抗性は高く、米国産材中で、最も耐朽性の高い木材の一つ。
一般的な用途：強さと耐朽性の高いことから、かつて造船。現在ではフェンスの支柱、枕木、燃料。工芸品の材料。日本でも国産のニセアカシアが入手できる地域では、工芸品、家具。

ソフトメープル

Soft maple

学名：シルバーメープル（Silver maple：Acer saccharinum）、およびレッドメープル（Red maple：A. rubrum）カエデ科
産地･分布：メープル類を、より重硬なもの（ハードメープル、50 ページ）とやや軽軟なもの（ソフトメープル）とに分け、上述の２種をソフトメープルと呼ぶ。カナダおよび米国の東部に分布。樹高 30m、直径 0.9m になる（A.saccharinum）。
木材の特徴：心材と辺材の差は明らかではない。前者は淡褐色、ときに灰色あるいは緑色、あるいは、紫色を帯びる。後者はほぼ白色。年輪は鮮明とはいえない。木理は一般に通直、ときに曲がることもある。気乾密度は 0.53（シルバーメープル）、0.61（レッドメープル）で、やや重硬。ハードメープルよりやや軽軟で、加工しやすい。小さい傷害組織（ピスフレックス）があるのが特徴。
一般的な用途：家具、箱類、木製品の芯、壁パネル、バターの容器。メープルシュガーが採取されるが、品質はシュガーメープルに劣る。

ヒッコリー

True hickory

学名：シャグバークヒッコリー（Shagbark hickory：Carya ovata）、シェルバークヒッコリー（Shellbark hickory：C. laciniosa）、モッカーナットヒッコリー（Mockernut hickory：C. tomentosa）、ピグナットヒッコリー（Pignut hickory：C. glabra）　クルミ科

産地・分布：北米の東半分の地域に分布（木材が多く生産されるのは大西洋岸中部と中央部）。樹高45m、直径1.5mになる（C. ovata）。

木材の特徴：心材と辺材の色の違いは明らかではない。心材は赤色を帯びており、辺材は白色であるが、一般にその幅が広い。気乾密度は0.83で、重硬。極めて強靭で、強い。衝撃の吸収力は大きい。加工のしやすさは密度の違いによるが、とくに難ではない。大きい道管が年輪の境界に配列（環孔材）するため、年輪幅が広いと密度が高くなる。

一般的な用途：衝撃の吸収力が大きいので、器具の柄に最適。運動用具、農器具、体育館の設備、ポール、家具。ヒッコリーののこ屑や木材は、肉の薫製用。

イエローポプラとイエローバーチの話

両者は北米産の有用広葉樹材としてよく知られている。黄色のポプラと黄色のカンバではない。

前者は庭園樹としてよく知られるユリノキで、木材は黄色を帯び、木材が軽軟なためポプラの名前を使っているのだろうが、どちらかといえば、材面はホウノキのそれに似ている。いずれにしても、ポプラの仲間ではない。

後者は黄色のカンバという意味ではなく、若い枝の樹皮が、黄色を帯びていることからつけられた。木材は日本のカンバ類と同じように赤褐色で、よく似ている。木材の名前が、木材の外観からつけられ、しかも他の樹種の名前を借用している。後者の場合は、木材のみでは思いつかない名前を持っている。

ハードメープル

Hard maple

学名：シュガーメープル（Sugar maple：Acer saccharum）、ブラックメープル（Black maple、Black sugar maple：A. nigrum）　カエデ科

産地・分布：メープル類のうち、より重硬な木材をハードメープルと呼び、軽軟なソフトメープル（49ページ）と区別。カナダの東部およびアメリカの中西部、北東部などに分布。樹高30m、直径1.8mになる（シュガーメープル）。

木材の特徴：心材と辺材の境界は鮮明でない。心材は淡赤褐色、ときに傷害部に緑黒色の条が出る。辺材は淡帯桃白色。気乾密度は0.70で重硬。強く、衝撃に対しても強い。収縮率はやや高く、乾燥はやや難。耐久性は高くない。肌目は精で、木理は一般に通直だが、木理が種々不規則な模様を形作り、杢（バイオリン杢、鳥眼杢など）が出る。耐摩耗性は高い。小さい傷害組織（ピスフレックス）が出る。

一般的な用途：製材品、単板、床板、家具、箱、ボーリング場、靴型、器具柄、ろくろ細工、ダンスホールの床板。

バスウッド

Basswood

アメリカンリネン、アメリカンバスウッド

学名：Tilia americana　シナノキ科

産地・分布：カナダ南部から南へ、米国のノースカロライナ州、西はノースダコタ州にわたって分布。日本産のシナノキと同属。樹高25m、直径1.5mに達する。国産シナノキとの区別は難しい。

木材の特徴：心材と辺材の境は明瞭ではない。前者は淡褐色、淡黄褐色で、後者は白色、淡褐色。シナノキの持つ独特の匂いを持つ。軽軟で、気乾密度は0.42である。弱い木材で、やや粘りはあるが、衝撃には弱い、乾燥は容易で、乾燥による変形は少ない。加工は容易で、釘打ちしても割れない。塗装性は良好、接着は容易、耐久性は低く、外気に曝露されるような用途には不適。

一般的な用途：淡色で、軽軟な木材が必要な用途。ベネシアンブラインド、サッシュおよびドアの枠、成型品、キャビネット、楽器、家具、包装、合板、樽、木毛。

ホワイトオーク

White oak

フォークリーフホワイトオーク、リッジホワイトオーク 、ステイヴオーク

学名：Quercus alba　ブナ科

産地・分布：北米大陸の東部を、南カナダからフロリダ北部へ広く分布。ホワイトオーク類はこの種以外にも８種類。樹高 35m、直径 1.5m に達する。

木材の特徴：年輪は環状に配列する大きな道管で明らか。心材は灰褐色、褐色などで、辺材はほとんど白色。大きな放射組織のため、放射断面にシルバーグレインがある。重硬で気乾密度は 0.75。一般に収縮率が大きく、乾燥の際には狂い、割れが出やすい。心材の道管にチロースが詰まっているため、木材中への液体の出入りが難（レッドオークにはこの性質はない）。樽用材として適している。心材はやや耐朽性がある。

一般的な用途：家具（欧米の高級家具材として評価）。床板、一般製材品、船舶、箱、建築、桶、樽（とくにウイスキーの樽）。化粧単板、家具、内装などの用途に使われている。

ホワイトアッシュ

White ash

ボルチモアアッシュ、スモールシードアッシュ

学名：Fraxinus americana　モクセイ科

産地・分布：カナダのケープブレトン島、ノヴァスコシアからオンタリオ南部、南へはフロリダ北部、テキサス東部に分布。樹高 25m、直径 1.5m になる。

木材の特徴：心材は褐色で、辺材はやや淡色かほとんど白色。二次林からのものは辺材が広い。気乾密度は 0.67 ～ 0.69。年輪の境界に大きい道管が配列（環孔材）、成長が遅いと、軽く、脆い。強さや衝撃に対する要求の高い用途、種々の運動具用材（プロ野球のバットが好例）、オール、器具柄（品質を一定にするために、年輪幅と密度の仕様を決めることもある）。

一般的な用途：年輪幅が狭く、密度が低く、強度の低いものは、家具などに。単板、合板。しばしばグリーンアッシュ（F.pennsylvanica）が混在。

ブラックチェリー

Black cherry

チェリー

学名：Prunus serotina　バラ科

産地・分布：ノヴァスコシアからミネソタ州、南へはテキサス州中部、さらに東へフロリダ州にわたって分布、ニューメキシコ州南部、アリゾナ州西部、さらに南へグァテマラ、ベネズエラ、ボリヴィアにまで分布。樹高 30m、直径 1.5m になる。

木材の特徴：心材と辺材の色の差は明らか。前者は赤褐色、赤色で、後者は白色ないし淡桃色。国産のサクラ類同様、不規則なやや緑色を帯びた条が出ることがある。国産のサクラ類同様、材面に傷害の組織（ピスフレック）が点々とある。気乾密度は 0.56、やや重硬。肌目は精、木理は通直である。加工は容易で、旋作しやすく、仕上がり面はよい。耐久性は中庸である。乾燥後は安定。

一般的な用途：材面が美しいので、家具、キャビネット、楽器、高級家具、床板、銃床、タバコのパイプ。ハムの薫製用。

アガチス

Agathis
カウリパイン、アルマシガ

学名：Agathis alba を含む Agathis spp. ナンヨウスギ科
産地・分布：針葉樹。この属は20種を含み、マラヤからフィリピンを経て、ニューギニア、オーストラリア、ニュージーランド、さらにフィージー、ニューカレドニアなどに分布。造林される。樹高60m、直径2.1mに達する。
木材の特徴：心材と辺材の色調の差はあまり明瞭ではない。心材は桃色を帯びた淡灰褐色ないし淡黄褐色などで、均一ではなく、辺材は淡灰褐色。しばしば、アテ材が見られ、乾燥した際、その部分が割れたり、大きく収縮したりする。また、大きな節を持つ。耐久性は低く、水湿のあるようなところでの用途には不適。肌目は精。加工は容易。平均的な気乾密度は0.52。
一般的な用途：建築、建具（ドアなど）。家具（主に机などの引出しの側板）。カツラ（34ページ）の代替として使う際にナンヨウカツラの名がある。

レッド オルダー

Red alder
オルダー

学名：Alnus rubra　カバノキ科
産地・分布：北米大陸西海岸沿いにアラスカ州南部からカリフォルニア州北部にわたって分布。8種類の同属の中で、木材として利用できるのは1種。樹高40m、直径0.75mになる。
木材の特徴：心材は淡黄色ないし赤褐色で、とくに目立つほど濃くなく、辺材との差もほとんどない。肌目は精で均一。木理は一般に通直である。気乾密度は0.45。やや軽軟で、加工はしやすいので芯材に用いるためには適している。塗装はしやすく、接着性は良好。木材は日本産のハンノキ類のそれとほぼ同じである。
一般的な用途：米国では家具、サッシュ、ドア、細工物、玩具。日本では家具や建具などの芯材として用いられている。輸入されているものは、小幅で長さも限られた板が多い。米国西海岸から、製材品として輸入される代表的広葉樹材の一つ。

ホワイトオークとレッドオークの話

北米産材で、シラカシ、アカガシの英名ではない。ＴＶのコマーシャルで「当社のウイスキーはホワイトオークの樽で寝かせて……」と言っていたことを覚えている。

両者は同じQuercus属の仲間で、いずれも複数の種からなる。名前の示すとおりに、一方は淡色で、他方は赤系統の色調を示している。木材の組織に由来している性質の違いがある。

前者では、心材の中の道管が隣の細胞が膨出してきたチロースによってふさがれているため、その中を液が通過しにくくなっている。後者ではそれがないため、液体の通導は簡単である。色の違い以上の差がある。

誰が最初に、樽を作ってウイスキーを入れたか、レッドオークの樽に入れて、漏れ出したことがあったかどうか想像するのもおもしろい。

レッドオーク

Red oak
ノーザンレッドオーク

学名：Quercus rubra（Q. borealis）　ブナ科
産地・分布：上記の種以外にQ. coccinea、Q. velutina、Q. palustris、Q. phellos、Q. schumardii などがある。樹高25m、直径1.5mになる。米国東部、ミシシッピー川下流地域、大西洋岸地域およびカナダの最南東部に分布。
木材の特徴：心材と辺材の境界は明瞭ではない。心材は桃色から淡赤褐色、ときに淡褐色、辺材は白色から灰色あるいは淡赤褐色。放射組織は大きいが、ホワイトオーク類のそれほど顕著ではない。道管はチロースによって塞がれていない。肌目は粗、重硬で、気乾密度は0.79。乾燥の際、収縮が大きく、割れ、曲がりが多く出やすい。心材の腐朽に対する抵抗性は低いか中庸程度である。衝撃には強い。
一般的な用途：床板、家具、箱、包装、農機具、棺、木工品、ボート。樽あるいは桶は不適（液が漏れる）。

ラジアタマツ

Radiata pine
ラジアタパイン、チリマツ、モントレーパイン

学名：Pinus radiata　マツ科
産地・分布：針葉樹。原産地は、米国カリフォルニア州のモントレー郡およびサンタクルツとサンタローザ島、さらにメキシコのバハカリフォルニアなど。米国ではモントレーパインと呼ばれる。広く世界に（ニュージーランド、チリ、南アフリカ）造林される。樹高35m、直径1.5mに達する。
木材の特徴：造林木の心材の色は淡褐色ないし褐色で、辺材は黄白色、両者の境界は不明瞭。髄に近い年輪は、早材と晩材の差が少なく、その判別は難しい。木理は一般には通直、髄に近いと、傾斜が著しい。気乾密度は0.45～0.58（髄周辺では0.35）。心材の保存性は接地しなければ良好。大きな節があると加工しにくい。仕上がり面はよい。青変菌の害に要注意。
一般的な用途：一般建築、家具、建具、床板、パルプ、杭、芯材、パーティクルボード、繊維板、合板。

メルクシマツ

Merkus pine

学名：Pinus merkusii　マツ科
産地・分布：針葉樹。ビルマからインドシナさらにフィリピン、スマトラにかけて分布。樹高39m、直径1mになる。二葉松の類である。木材はアカマツ（24ページ）によく似ている。
木材の特徴：心材と辺材の境界はとくに明らかではない。心材の色は黄褐色～赤褐色で、アカマツなどとほとんど同じ。年輪は明らか（幼齢の造林木の年輪は不顕著）。天然木は高く評価されるが、造林木からの木材への評価が高くない。気乾密度は0.39～0.63。保存性は低い。白アリへの抵抗性は低い。アカマツ等の日本産のマツ類と材質的によく似ている。
一般的な用途：天然産の、とくに樹齢の高いものは、化粧単板として、建築の内装などに使われる。建築、造作、杭、パレット、箱、パルプ。

ナンヨウカツラとナンヨウヒノキの話

今ではもう使われていない可能性もある名前である。

国産のカツラやヒノキの名前の前に南洋がつくのは奇妙にも感ずるのだが、木材の商品名のなかには、ときどき策略があって何を意味するのか判断できないことがある。じつは、どちらも日本に輸入されている南洋材中で数少ない針葉樹材の一つであるアガチスにつけられた名前である。

家具の引出しの側板にするときはナンヨウカツラ（カツラ：34ページは代表的な材料）、縁甲板（この名前も聞くことが少なくなったが：床板）に使うときにはナンヨウヒノキと、用途によって違った名前がつけられている。

アガチスの例は木材を商品にするときの名前づけの一つの考え方を知るのにはよい材料である。

クリンキパイン

Klinki pine
クリンキ

学名：Araucaria hunsteinii　ナンヨウスギ科
産地・分布：針葉樹。パプアニューギニア東部の山地（とくにブロロ周辺地域）に分布。樹高93m、直径2mに達する。フープパイン（Hoop pine：A.cunninghamii）とともに広い造林地。
木材の特徴：心材と辺材の色の違いはあまり明らかではなく、前者は灰褐色で、淡い桃色や紫色などを帯び、多く部分的に色が不均一。辺材は淡褐色ないし淡黄褐色を帯びる。同じ科のアガチス（52ページ）の木材によく似ているが、板目面に小さい節が出てくることが多いので、区別できる。マツ類と違って、年輪は明瞭ではない。肌目は精で、木理は一般に通直。軽軟で、気乾密度は0.39～0.45。耐久性は高くない。加工、切削は容易で、仕上がりは良好。塗装は良好。
一般的な用途：パプアニューギニアでは重要な合板用材。ベニヤの剝き芯からの割箸。名前はパインでもマツ類ではない。

イエロー メランチ

Yellow meranti

イエローセラヤ、イエローラワン

学名：Shorea faguetiana を含む Shorea spp.（Rechetioides 亜属に属するもの）フタバガキ科

産地・分布：約30種あるとされ、マラヤ、スマトラ、ボルネオ、フィリピンなどに分布。樹高70m、直径1.5mに達する。

木材の特徴：心材は緑色を帯びた黄褐色で、辺材は淡黄白色、丸太のときは両者の区分は明らかだが、乾燥するとやや不鮮明。肌目はやや粗で、木理は交錯する。表面の仕上がりは他のメランチ類に比較して劣る。セメントの硬化障害をおこすので、コンクリートパネルとしては不適。気乾密度は0.40～0.82。辺材は虫の害を受けやすく、耐久性は低い。白アリの害を受ける。手および機械加工は容易。接着性および釘接合は良好。

一般的な用途：家具、建具、指物、合板。表面に出るような用途には歓迎されない。

イエロー ターミナリア

Yellow terminalia

学名：Terminalia calamansanai　シクンシ科

産地・分布：マレーシア、フィリピン、ニューギニア、ソロモン群島などに分布。樹高36m、直径1.2mになる。

木材の特徴：心材と辺材の境界は明らか。心材は緑色を帯びた黄褐色、のち褐色になっていく。辺材は黄白色。柔組織が発達し、淡色の帯が規則的に長さを変えるので、成長輪があることがわかる（赤褐色のターミナリア類の木材とは、この点でも違う）。木理は交錯し、肌目は粗である。やや重硬で、気乾密度は0.31～0.75。耐久性は高くない。加工は容易。乾燥は容易。青変菌の害を受ける。接着性は良好。釘および螺子の接合は良好。仕上がり面は良好。一般的に利用しやすい木材。

一般的な用途：軽構造用材、造作、合板（芯板）、集成材、家具、木工、梱包材、器具柄。

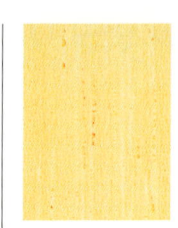

アンベロイ

Amberoi

学名：Pterocymbium beccarii　アオギリ科

産地・分布：ニューギニア、ニューブリテン、ブーゲンビルなどの低地の降雨林地帯に分布。樹高45m、直径1.2mに達する。インドネシアには、同属に Kelumbuk（P.tubulatum）。同属の樹種の木材はほとんど同じ性質を持つ。

木材の特徴：心材と辺材の境界はほとんど不明。心材はクリーム色で、辺材はほとんど白色。木理は通直で、肌目は粗である。軽軟で、気乾密度は0.23～0.38。青変菌の害を受けやすく、注意しないと、白い木材が黒変する。ヒラタキクイムシの害を受けやすい（芯材としての利用には要注意）。加工は容易で、接着は良好。ろくろ細工には不適。放射組織が大きく、柾目面で幅の広い帯、板目面では紡錘形の点となる。

一般的な用途：合板、種々の製品の芯材。浮き木、箱、マッチ軸木。淡色で、軽軟な木材が必要な用途。

エリマ

Erima

ビヌアン

学名：Octomeles sumatrana　ダチスカ科

産地・分布：フィリピン、スマトラ、ボルネオ、スラウエシ、モルッカ諸島、ニューギニア地域などにわたって分布。樹高 50m、直径 1.5m を超える。熱帯地域での造林樹種の一つ。

木材の特徴：心材と辺材の色調差はあまり明らかではない。木材は淡黄白色、淡黄褐色で部分的に赤色ないし紫色を帯びる。あまり材面の美しい木材ではない。木理はやや交錯、肌目は粗。気乾密度は 0.27 ～ 0.46。変色菌の害を受けることが多いので、迅速な乾燥が必要。生材には独特の強い臭気。手および機械加工は容易。表面の仕上がりは良好でない。保存性が低い。

一般的な用途：家具に使われるが、枠材、芯材などが主。マッチ軸木、箱、浮き木、合板。保存処理をして家屋の下見板にもされる（オーストラリア）。南洋材の中で、軽軟な木材の代表的なものの一つ。

ウリン

Ulin

ベリアン

学名：Eusideroxlon zwageri クスノキ科

産地・分布：ボルネオさらにインドネシアの島々、フィリピンなどに分布。樹高 40m、直径 1m に達する。

木材の特徴：心材と辺材の色調差は明瞭。心材は黄褐色ないし赤褐色で、辺材は淡黄白色ないし黄色である。木理は通直ないしやや交錯。肌目は精である。非常に重硬。気乾密度は 0.83 ～ 1.14 である。緩やかに乾燥すれば、表面割れを防ぐことができる。高密度にかかわらず、加工しやすいが、釘接合には孔あけが必要。接着性は良好ではない。心材は非常に耐久性が高く、産地では最高の木材である。白アリには抵抗性が高いが、海虫には無害ではない。

一般的な用途：保存性の高い性質を利用して、海水中の杭、桟橋、造船、屋外家具などに使われる。もちろん、産地では屋根板用に欠かせないものである。どちらかといえば、産地で利用価値がより高い木材。

イースト インディアン ローズウッド

East Indian rosewood

シタン、ローズウッド

学名：Dalbergia latifolia　マメ科

産地・分布：ヒマラヤ山麓から南へインド、インドネシアのジャワ島に分布。樹高 43m、直径 1.5m になる。

木材の特徴：心材と辺材の色の差は明らかである。心材は、赤色、褐色、紫色、黒紫色などが混在して不規則な縞になり、材面は装飾的な模様を持つ。辺材は黄白色である。木理は交錯し、肌目はやや粗である。新しい材はバラの花のような芳香を持つ。重硬で、気乾密度は 0.77 ～ 0.86 である。手および機械加工はやや難であるが、仕上がりは良好で、光沢がある。接着性は良好。

一般的な用途:装飾的な価値を利用して、家具、キャビネット、建具、建築、ブラシの柄、ナイフの柄、彫刻、唐木細工、化粧単板。最近ではシタン類の多くを占める。

カランタス
Calantas

学名：Cedrela kaluntus　センダン科
産地・分布：フィリピンに分布。樹高 20m、直径 1.8m になる。
木材の特徴：心材と辺材の色調差は明らか。心材は赤褐色で、辺材は淡赤色である。肌目は粗で、木理は通直ないしやや交錯する。大きい道管が成長輪の境界に配列している（熱帯産材の中では例の少ない環孔材の一つ）。生材時にはシーダーのような芳香がある。軽軟で、気乾密度は 0.43。加工は容易である。乾燥の際欠点の出る可能性がある。釘および螺子による接合は容易で、接着は良好である。耐久性はややあるが、白アリおよびせん孔虫の害を受ける。保存薬剤の処理はとくに難ではない。
一般的な用途：高級葉巻の箱として賞用された。家具、建物の内装、キャビネット、楽器、化粧単板、船の内装、彫刻。

ファルカータの話

日曜大工の専門店などで、よく目にする木材の一つである。この木材はマメ科の Paraserianthes falcataria からのもので、かつて Albizia falcate という学名がつけられていたため、木材を取り扱う業界では、この種小名をそのまま使い、ファルカータと呼んできている。本書ではセンゴンラウト（61ページ）の名称で表記した。

天然林からの木材を目にすることはほとんどないと思われるが、インドネシアでは、畑地のようなところに造林している。成長が速く、植栽後、数年のうちに利用できるような大きさにまでなる。特別に材面が美しいわけでもないが、軽軟で、加工しやすいので、芯材として利用するために接着して寸法の大きい板にする。農地で作られる木材である。

カメレレ
Kamerere
カマレレ

学名：Eucalyptus deglupta　フトモモ科
産地・分布：パプアニューギニア、インドネシア、フィリピンなどに分布。熱帯の造林樹種として世界的。樹高 30m、直径 2m になる。
木材の特徴：心材の色は淡赤褐色ないし赤褐色で、辺材が桃色を帯びているため、心材と辺材の境界は不明である。樹齢の低い造林木では心材が未形成で、ほとんど淡褐色である。大径の天然木は多く大きな空洞を持つ。肌目はやや粗で、木理は通直かやや交錯する。天然木の場合はやや重硬（気乾密度：0.62 ～ 0.69）で、造林木はより軽軟（同：0.42 ～ 0.45）。製材や機械加工は容易である。仕上げた面は良好。旋作すると表面が毛羽立つことがあるが、仕上げると平滑になる。
一般的な用途：天然木は家具（芯材）、屋内建具、壁パネル、箱、梱包、パレット、合板。造林木はパルプ原料が主。

カプール
Kapur
カポール、ボルネオカファーウッド

学名：Dryobalanops lanceolata を含む Dryobalanops spp.　フタバガキ科
産地・分布：7種あり、スマトラ、マラヤ、ボルネオなどに分布。樹高 75m、直径 2.7m に達する。
木材の特徴：心材と辺材の境界は明瞭。心材は淡赤褐色ないし濃赤褐色で、辺材はやや桃色を帯びた淡黄褐色、ときに部分的に黄色。組織中にシリカを含む。製材や加工の際、刃物にステライトの溶着が必要。生材時、強い芳香を持つ（D. fusca、D. keithii、D. rappa などでは弱い）。高湿度の条件で、鉄と接触していると材面に濃色の汚染。保存性はとくに高くはない。気乾密度は 0.74 ～ 0.81（D. aromatica）、0.56 ～ 0.83（D. lanceolata）などで重硬。保存処理は難。
一般的な用途：建築、床板、車輌、構造物、家具、比較的早い時期から合板。木材から高い芳香を持った樹脂採取（龍脳）。

グバス

Gubas

ニューギニアバスウッド

学名：Endospermum malaccense および E.peltatum など　トウダイグサ科

産地・分布：東南アジア、太平洋地域に分布。フィージーには Kauvula:E.macrophyllum がある。樹高 25 ～ 45m、直径 0.7 ～ 1m になる。造林樹種の一つでもある。

木材の特徴：心材と辺材の色の差はほとんどない。心材の色は黄白色～淡黄褐色で、辺材はさらに淡色。青変菌の害を受けて変色することが多いので、迅速に乾燥する必要がある。気乾密度は 0.30 ～ 0.65 で、軽軟な南洋材の代表の一つ。肌目はやや粗で、木理は通直あるいはやや交錯する。保存性は非常に低い。孔あけ、旋削、切削などの加工は容易で、仕上がりがよい。淡色であること、軽軟であることなどが必要な用途に好まれて使われている。

一般的な用途：マッチの軸木、板、旋作、造作、箱、玩具、枠材などに使われ、靴のかかと、合板、割箸の材料にもされる。

クインズランドウォルナット

Queensland walnut

学名：Endiandra palmerstonii　クスノキ科

産地・分布：オーストラリアのクインズランド州の北部に分布。樹高 40m、直径 1.5m に達する。

木材の特徴：心材と辺材の色調差は明瞭。心材は、ほぼ褐色であるが、均一ではなく、部分的に濃淡、色の変化がある。ときに、濃黒褐色の縞を持つ。辺材は淡黄白色。肌目はやや粗。木理は通直あるいは波状（波状になった場合は装飾的価値を高める）。気乾密度は 0.59 ～ 0.76 で、やや重硬。乾燥は遅く、欠点が出やすい。シリカを組織の中に含み、その量が多く、乾燥材の切削加工では、刃物の摩耗が早い。生材時、スライスあるいはロータリーベニヤ切削は可能。接着性は良好。蒸し曲げができる。心材の屋外での耐久性は低い。接着には問題はない。旋作の際欠点が出やすい。

一般的な用途：材面の装飾的な価値を生かして、化粧単板、家具、ろくろ細工。

カリン

Narra

ナーラ、ニューギニアローズウッド

学名：Pterocarpus indicus　マメ科

産地・分布：熱帯アジアおよびニューギニアなどに分布。樹高 30m、直径 0.9m になるが、幹の形は悪い。街路樹にもされる。

木材の特徴：心材と辺材の色調差は明らか。心材は黄褐色、橙褐色ないし赤褐色で、色の濃淡による縞状の模様がある。ニューギニア産のものは多く褐色を帯びる。辺材は黄白色。大きな道管が成長輪界に疎に配列。削片の水滲出液を太陽光線にかざすと、著しい蛍光が出る（かつて薬用にされた）。木理は交錯（リボン杢が顕著）、肌目はやや粗。気乾密度は 0.56 ～ 0.67 で、やや重硬。手および機械加工に難はなく、旋削は容易。仕上がりは良好。

一般的な用途：装飾的な価値により唐木細工用材として貴重。家具、キャビネット、楽器、建物の壁面用のパネル、化粧単板、指物、面の彫刻。

ケンパス

Kempas

インパス

学名：Koompassia malaccensis マメ科

産地・分布：マレー半島、スマトラ、ボルネオなどに分布。樹高 54m、直径 1.5m に達する。

木材の特徴：心材と辺材の色調の違いは明瞭。心材は赤褐色、辺材は黄白色である。中心から少し離れた部分から、材内師部という特殊な組織が、断続的ではあるが、同心円状に現れる。肌目は粗で、木理は交錯する。柔組織の白い帯が多数縦断面で見られ、心材の色との対照が目立つ。重硬で、気乾密度は 0.84 ～ 0.93。耐久性は低いが、保存薬剤の注入はしやすい。乾燥は容易で（材内師部を除けば）、加工は容易ではないが、仕上がりはよい。釘打ちには孔あけが必要。

一般的な用途:防腐処理をして枕木、重構造物、材面の美しさを利用して家具、室内装飾、床柱、器具柄、座卓などの天盤、パレット、ダンネージ。

ゲロンガン

Geronggan

学名：Cratoxylon arborescens　オトギリソウ科

産地・分布：ビルマ、マラヤ、スマトラ、ボルネオなどにわたって分布。樹高 30m、直径 1.4m になる。

木材の特徴：心材と辺材の色調差は明瞭。心材は淡桃色、赤褐色、橙褐色などで、金色の光沢を持ち、辺材は淡黄白色。肌目は粗で、木理は交錯しており、ときに、併せて波状になる。脆心材部分が多い。気乾密度は 0.43 ～ 0.61 で、一般に軽軟。欠点は少ない。組織の中にシリカを含むが、少量なためか、加工にはあまり影響はない。乾燥は良好。耐朽性が低いが、防腐剤の注入は非常にやりやすい。加工は容易で、ロータリー切削がしやすく、釘や螺子での接合は良好。合板用材に適する。

一般的な用途：強さと耐久性がとくに必要でないメランチ類などと同様な用途。合板、家具、パレット、梱包材、一般製材品、宝石箱、オルゴールの箱。

クルイン

Keruing

アピトン、ヤン、ヤウ、チュテール、ガージアン

学名：Dipterocarpus grandiflorus、D. alatu を含む Dipterocarpus spp. フタバガキ科

産地・分布：属には 70 種類以上あり、インド、スリランカ、ビルマ、タイなどを経てインドシナ、フィリピン、スマトラ、ボルネオ、バリに分布。樹高 60m、直径 1.8m に達する。

木材の特徴：心材は濃灰褐色、赤褐色で、長期の曝露で濃色。ヤニが滲出する。組織の中にシリカを含む。ヤニが滲出することとシリカの存在は、加工を難にする。気乾密度は 0.64 ～ 0.91（マラヤ産クルイン）、0.75 ～ 0.86（カンボジア産チュテール）、0.60 ～ 0.66（フィリピン産アピトン）。耐久性は中庸。保存薬剤の注入は容易。

一般的な用途：保存薬剤の処理をして枕木。重構造物、防腐処理をして埠頭、橋、枕木、床板、羽目板、トラックの車体、合板。

ジェルトン

Jelutong

学名：Dyera costulata および D. lowi　キョウチクトウ科

産地・分布：マラヤ、スマトラ、ボルネオなどに分布（パプアニューギニアやフィリピンにはない）。樹高 40m、直径 1.0m になる。

木材の特徴：心材と辺材の色の差はほとんどなく、木材は黄白色。肌目はやや粗、木理は通直である。プライ（65 ページ）と同じように乳跡があるため、木材の板目面に大きなレンズ状の孔が出現する。使用時は多く表面に出さない。気乾密度は 0.42 ～ 0.52。軽軟な南洋材の代表的なものの一つ。切削など加工は容易。保存性が非常に低いので保存処理が必要である。また乾燥の際変色に要注意。プライと同じように家具などの芯材として使われる。

一般的な用途：合板（芯材）、箱、彫刻、天井板の枠、模型、額縁、ハイヒールのかかと、箸（割箸を含む）など。乳液がチューインガムのチクルになる。

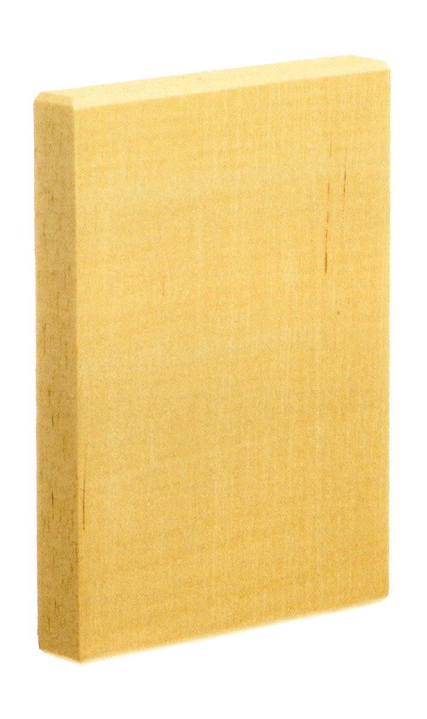

ゴム

Para rubber tree

パラゴムノキ

学名：Hevea brasiliensis　トウダイグサ科

産地・分布：ブラジル原産で、今ではゴムを採取するため熱帯アジアを中心として熱帯の各地域に広く植栽される。樹高 40m、直径 1.0m になる。ゴムの採取が不適になった幹の木材を利用する（一般には直径 0.3m 程度）。

木材の特徴：心材と辺材の色調差はほとんどなく、淡黄白色で、種々の色に塗装することが容易である。変色菌の害を非常に受けやすく、迅速に乾燥をする必要がある。肌目はやや粗で、木理はほとんど通直である。気乾密度は 0.56 ～ 0.64 で、硬さは中庸な木材。切削などの加工容易。大きい直径の丸太は得られないので、家具の材料が代表的なものである。産地で乾燥され、部品に加工されたものが日本へ輸入される。

一般的な用途：量産家具の製品にラバーウッドと表示がある。

コクタン

Ebony

黒檀　エボニー

学名：Diospyros philippensis、D. ebenum などを含む Diospyros spp.　カキノキ科

産地・分布：属としては世界の熱帯、亜熱帯を中心に、東アジアにも分布。コクタンと呼ばれる木材は、果物のカキを作る樹種を含むカキノキ属からのもので、アフリカ、アジア、太平洋地域などに産し、特徴的な黒色を示すものである。

木材の特徴：心材と辺材の色調差は明らか。心材は樹種により桃色と黒色による縞状（D. philippensis：写真）から真黒色（D. ebenum）に至る黒色を主とした色調を持ち、その模様は樹種による違いがある。辺材はほとんどが灰白色。一般に木材は重硬で、気乾密度は 1.09（D. philippensis）、1.05（D. ebenum）などである。肌目は精、木理は通直であるが、不規則なこともある。光沢が美しい。唐木細工の代表的な木材の一つ。

一般的な用途：彫刻、旋作、象眼、弦楽器の部品、ピアノの鍵、ブラシの柄、化粧単板、家具。

ジャラ
Jarrah

学名：Eucalyptus marginata フトモモ科
産地・分布：オーストラリアの西部の海岸地帯に分布。樹高 39m、直径 1.5m に達する。
木材の特徴：心材と辺材の色の差は明瞭。心材は赤ないし紫色を帯びた暗褐色で、色の濃淡による不規則な縞がある。大気中に長く曝露されると、濃色。辺材は淡色。ガムベインという濃色の物質を含んだ一種の異常組織の帯が、しばしば現れて材面を汚す。木理は通直、あるいは交錯し、さらに、波状にもなる。肌目はやや粗で、重硬で、気乾密度は 0.82。乾燥の際、狂いあるいは割れが出やすい。耐久性は非常に高い。切削加工は難だが、仕上がりは滑らか。釘打ちは容易ではない。接着には問題がない。耐久性が非常に高い。
一般的な用途：埠頭、橋梁、杭、枕木、屋根、羽目板、造船、単板、薬品の液槽。装飾的な価値を利用して、家具、壁パネル。

ジョンコン
Jongkong

学名：Dactylocladus stenostachys ノボタン科
産地・分布：ボルネオのサラワクおよびそれに続く西部カリマンタンの泥炭湿地林に分布。樹高 40m、直径 1.0m になる。
木材の特徴：心材と辺材の色の差は少なく、淡橙褐色ないし淡桃褐色である。板目面に虫の孔のように見えるものが多数ある。材内師部という特殊な組織が細いひものように放射方向にむかってつながり、その組織が乾燥すると収縮し、抜け落ちたあとの孔である。木材がもともと持っている性質であって、虫孔ではない。木材を表面に出して使う場合は濃色に塗装している。肌目はやや精。木理は一般に通直である。気乾密度は 0.44 ～ 0.54。乾燥は容易。加工は容易で、仕上がりは良好。保存性は低い。白アリおよび虫害に抵抗性は低い。
一般的な用途：家具（骨組材）、一般建築、細工物あるいは彫刻。

シタン
Kranghung
紫檀、パユン

学名：Dalbergia cochinchinensis マメ科
産地・分布：狭義ではこの種をシタンと呼ぶ。タイからカンボジア、ベトナムなどのインドシナに分布。樹高 25m、直径 1.5m になる。現在蓄積は減少中。広義ではこの属の樹種をシタン（類）と呼ぶ。唐木商はシタン類をさらに細別することがある。同属には、イーストインディアンローズウッド（55 ページ）、Chin-chan（Th）Tulipwood（My）：D.oliveri、Yindaik（My、Th）：D. cultrata、Shishem（Ind）、Sisso（Ind、Pak）：D.sisso などがある。
木材の特徴：心材の色は赤褐色、濃褐色、黒色などが縞になって美しい模様を作る。大気中に長く曝露されて暗色。辺材は淡黄白色。木材は重硬、気乾密度は 1.09 。肌目はやや粗。木理は交錯。加工の仕上がりは良好、光沢がある。
一般的な用途：唐木細工に定評。高級指物など。高級家具、キャビネット、内装、器具の柄。

シルキーオーク
Southern silky oak

学名：Grevillea robusta ヤマモガシ科
産地・分布：オーストラリアのニューサウスウエールズ州とクインズランド州にまたがって分布。樹高 45m、直径 1.2m に達する。アフリカで、造林樹種の一つとされている。
木材の特徴：心材と辺材の境は多く明らかでない。心材は桃色を帯び褐色あるいは赤褐色。辺材はやや淡色。放射組織が大きく、いずれの断面でも明らかに認められ、とくに放射断面で、幅の広い淡色の帯になり、オーク類に似ているために、オークの名前をつけたのだろう。肌目は、やや粗で、木理は通直である。やや重硬で、気乾密度は 0.62。乾燥は時間をかければ、問題はない。加工に問題はないが、大きい放射組織が柾目面で切削の際に壊れることがある。仕上げ面はかなり滑らか。
一般的な用途：放射組織の装飾的価値を利用した用途。キャビネット、化粧合板（最も多い）、パネル、家具、指物。

センゴンラウト

Sengon laut

モルッカンソウ、ホワイトアルビジア

学名：Albizia falcataria（=Paraserianthus falcataria） マメ科

産地・分布：モルッカ諸島から太平洋諸島が原産地。樹高 40m、直径 0.8m になる。造林樹種として知られる。

木材の特徴：心材と辺材の色の差は明らかでなく、淡黄白色で、ときに心材が桃色を帯びていることがある。肌目は粗、木理は交錯する。気乾密度は 0.23 ～ 0.49 で、軽軟。保存性は非常に低く、ヒラタキクイムシの害を受けやすい。切削などの加工性はよいが、仕上がり面はあまりよくない。軽軟で加工しやすい。

一般的な用途：保存性が必要でない用途。しかも、現在では短伐期作業で得られる小径材を利用して。種々の集成材の芯、マッチの軸木、包装、箱、合板。ファルカータという名で売られている。

セプター

Septir

セペチール、セプターパヤ、セペチールパヤ

学名：Sindora coriacea を含む Sindora spp. マメ科

産地・分布：マラヤ、タイ、インドシナ、フィリピン、スマトラ、ボルネオ、スラウエシ、ジャワなどに分布。約 20 種。Maka-tae（S. siamensis）、Gomat、Krakas（S. cochinchineensis）などがある。樹高 45m、直径 1.35m になる。

木材の特徴：樹種により心材の色が違い、比較的淡色で桃色から濃赤褐色までである。横断面にヤニが同心円状ににじみ出る。樹種により濃色の縞がある。肌目はやや粗、木理は通直か浅く交錯。加工はやや難。樹種により保存性に差、濃色で重硬なものほど高い。気乾密度は 0.83（S. supa）、0.57 ～ 0.76（Sindora spp.）。

一般的な用途：家具、キャビネット、合板、芯材、パレット。濃色の縞があると、装飾的な用途（床柱、仏壇）。

シルバービーチ

Silver beech

サウスランドビーチ

学名：Nothofagus menziesii ブナ科

産地・分布：ニュージーランドの北島と南島に分布。樹高は 30m、直径 1.7m になり、大きい材が採れる。

木材の特徴：心材と辺材の色の境は明らかではない。桃褐色あるいは桃色を帯びている。辺材は狭く、注意しないと分かりにくい。板目面では、成長輪の模様が見られる。その材面は日本産の広葉樹材によく似ている。木理は、一般には、通直で、肌目は精である。産地により密度が異なり、材質に変動があるとされている。気乾密度は 0.55 ～ 0.74。乾燥の際、損傷が出やすく、水分のムラが出やすいといわれている。耐久性は高くない。虫害には抵抗性が低い。蒸し曲げができる。

一般的な用途：家具、床板、ろくろ細工、箱、玩具、器具柄。いずれも、カンバ類（外観的にはよく似る）やブナが使われるような用途。属の和名はナンキョクブナ。

チークの話

家具用材あるいは化粧用の木材として世界の銘木の一つである。そのため、チークの名前を借用した木材が多いので、とくに形容詞のついたチークの場合は警戒をしたほうがよい。

ユーラシアンチークはペリコプシス（66 ページ）、アフリカンチーク、ナイジェリアンチークなどはイロコ（72 ページ）、ボルネオチークはカプール（56 ページ）である。材色がかなり似ていることから、こうした名前がつけられており、チークに代替されることもある。

強さ、耐久性、寸度の安定性に優れていることから、伝統的に造船用材、とくにデッキ用材として好まれる。最近ではむしろ、材面の化粧的な価値を重視して利用することが流行しており、化粧単板、あるいは家具に使われていることが多い。

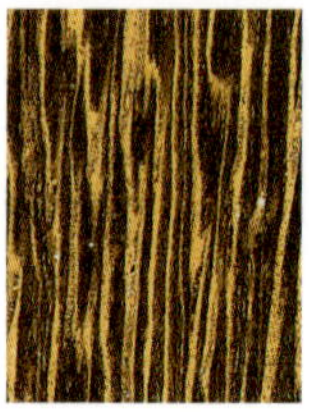

タガヤサン
Beati
鉄刀木

学名：Cassia siamea　マメ科
産地・分布：熱帯アジアに広く分布。樹高18m、直径0.4mになる。乾燥地帯の厳しい条件にも耐えるので、アフリカでも造林される。
木材の特徴：心材と辺材の色調差は明らか。心材の色は濃褐色ないし黒褐色で、淡色の細かい線が多数規則的に配列するため、両者による濃淡の縞模様が明瞭に見える。辺材は白色ないし淡黄白色である。肌目はやや粗ないし粗で、木理は交錯する。耐久性は高く、加工や仕上がりもよい。重硬で、気乾密度は0.69～0.83。加工の仕上がりはよい。心材の耐久性は高い。
一般的な用途:指物、床柱、家具、象眼、木槌、細工物、楽器、ステッキ。産地では、燃料材として重要。シタン、コクタン、タガヤサンと呼ばれる唐木類の中では比較的目にすることの少ない樹種。

ダオ
Dao
ニューギニアウォルナット

学名：Dracontomelon dao　ウルシ科
産地・分布：熱帯アジアからニューギニア地域にかけて分布。樹高36m、直径1.8mに達する。
木材の特徴：心材は生育環境によるためか、変動の幅が大きく、黄褐色、赤褐色、灰色、黄灰色で、灰黒色ないし黒あるいは緑黒色の不規則な縞を持つ。この縞の出方は、丸太によって違い、その出方によって品質が決められる。辺材は桃色、灰色など。やや軽軟で、中庸の硬さを持ち、気乾密度は0.31～0.61。木理は交錯しており、肌目は粗、加工は容易ではないが、仕上がり面は非常に滑らか。耐久性はとくに高くはない。
一般的な用途：材面の美しさを活かし、多く天然木化粧合板に利用。家具、キャビネット、壁パネル。ウオルナット風の濃色の筋あるいは縞を持つ木材の少ない熱帯アジアあるいはニューギニア産材の中で特徴的。

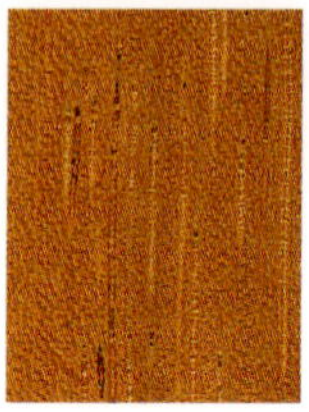

タウン
Taun
マトア

学名：Pometia pinnata　ムクロジ科
産地・分布：台湾、インドシナ、スリランカを含む熱帯アジアを経てニューギニア、ソロモン群島、サモアなどに分布。樹高45m、直径1mになる。
木材の特徴：心材は桃褐色から赤褐色まであり、辺材はやや淡色。発達した板根のため、断面が四角の丸太がある。肌目はやや粗で、木理は交錯する。気乾密度は0.58～0.79で、重硬。切削加工は良好、耐久性はややある。乾燥には注意が必要。釘接合には孔あけを要する。蒸し曲げ可能。
一般的な用途:家具、化粧単板、脚物家具の脚、小物家具、楽器の支柱、床柱、キャビネット、内装、床板、合板など広い用途に用いられる。ダンネージ、パレットなどにも用いられる。仕上がった材面がよいことなどから家具用を目的として利用されることが多い。太平洋地域産の家具用材の代表的なものの一つ。

テレンタン

Terentang
キャンプノスペルマ

学名：Campnosperma auriculata および C. brevipetiolata　ウルシ科
産地・分布：前者はマラヤ、スマトラ、ボルネオに、後者はニューギニア、ソロモン群島に分布。樹高 36m、直径 1.0m になる。
木材の特徴：心材と辺材の色調差は明らかでなく、木材は桃褐色ないし淡桃灰褐色。木理は浅く交錯、肌目はやや精。接線断面を注意してみると細かい濃色の点がある。これは放射細胞間道（樹脂道）で、これにより他の木材から容易に区別できる。軽軟で、気乾密度は 0.32 ～ 0.55。切削加工の際、ときに毛羽立つ。耐久性は低い。生材を取り扱う際にときに軽度の皮膚炎。青変菌の害を受けるので、乾燥に要注意。耐久性および強さを必要としない用途。
一般的な用途:多くは、合板の芯板に使われる。軽軟で取り扱いやすいことからマッチの軸木および箱、室内装飾、家具の枠材、ドアーの桟、額縁、包装、パレット用材。

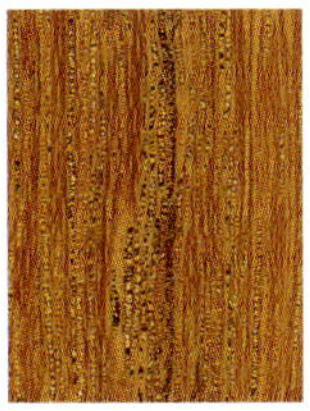

チーク

Teak

学名：Tectona grandis　クマツヅラ科
産地・分布：アジアの熱帯のうち、インド、ビルマ、タイ、インドシナなどの大陸の各地に分布（インドネシアに分布という説も）。樹高 45m、直径 1.3m に達する。世界各地に造林地（ジャワ島の造林地は著名）。
木材の特徴：心材の色は生育状態により変化し、金褐色、褐色、赤褐色などで、黒あるいは紫色の縞が出る。辺材は黄白色で、両者の差は明瞭。耐朽性が高く、白アリに抵抗性が高い。ロウ状の感触がある。機械油様の臭気を持つ。年輪は明らか。気乾密度は 0.57 ～ 0.69、重硬。肌目は粗、木理は通直。手加工および機械加工は容易で、仕上がりは良好。酸に対する抵抗は高い。
一般的な用途：装飾的な価値を利用して高級家具、キャビネット、建築内装、化粧単板、大型船の甲板。鋼鉄船が作られる以前は重要な造船材料。世界的な銘木の一つ。

ダークレッドメランチ

Dark red meranti

学名：Shorea curtisii、S. pacuciflora などを含む Shorea spp.（Rubroshorea 亜属に属するもの）　フタバガキ科
産地・分布：タイ、マラヤ、フィリピンを経てボルネオ、モルッカに分布。この類の木材は、Shorea 属の Rubroshorea 亜属の樹種のうち濃赤褐色系木材のグループ。樹高 60m、直径 1.5m になる。
木材の特徴：心材は赤褐色、濃赤褐色で、辺材は黄白色。両者の境界は明らか。肌目は粗、木理は交錯。成長が良いと淡色で、軽軟になる。気乾密度は 0.48 ～ 0.74。ライトレッドメランチ類（69 ページ）は気乾密度が 0.64 以下で、この類は 0.80 以下。手および機械加工は容易。接着性は良好。保存性はやや高い。虫害を受けやすい。防腐剤の注入はしにくい。
一般的な用途:合板、建築、建具、家具、造船、液槽。

バンキライ

Bangkirai
セランガンバツ

学名：Shorea laevis、S. robusta などを含む Shorea spp.（Shorea 亜属） フタバガキ科
産地・分布：インド、タイ、インドシナ、マレー半島、スマトラ、ボルネオ、フィリピン、モルッカ諸島などに分布。樹高 50m、直径 1.0m になる。
木材の特徴：心材と辺材の境は明らかとはいえない。心材は黄褐色から褐色である。辺材はやや淡色である。肌目はやや精で、メランチ類より緻密。木理は交錯。気乾密度は 0.90～1.00 である。製材は難しい。乾燥には長時間必要。釘うちで、割れが出る。耐久性は非常に高い。
一般的な用途：重構造物、外構材用の材料とされる。 車輌、梁、枕木、パレット、ダンネージ、矢板、器具柄、船台の盤木、階段板、脚物家具。仏教で話題になる沙羅双樹は上述の S. robusta である。

ニャトー

Nyatoh
ナトー、ペンシルシーダー

学名：Palaquium erythrospermum などを含む Palaquium spp. アカテツ科
産地・分布：属としては、台湾、東南アジア一帯、さらにニューギニア、ソロモン群島、フィージーなど太平洋地域に広く分布。樹高 30m、直径 1.0m になる。
木材の特徴：多数の樹種からなり、材質的にはかなり幅広く変動。心材は桃褐色ないし赤褐色で、樹種による違いがある。典型的な樹種はマカンバによく似る。木理は交錯。肌目がやや精。気乾密度の範囲は 0.47 ～ 0.89 で、かなり軽軟ないし重硬。耐久性はかなり低いものから、かなり高いものまで。組織にシリカを含むことがあり、切削加工の刃物を早く摩耗。耐久性は高くなく、白アリに対する抵抗性は低い。
一般的な用途：家具、内装、キャビネット、建具。カンバ類に似ているので、国産の広葉樹材の代替材とされる。しかし、軽軟なものは、家具用材としては不適。

ドリアン

Durian

学名：Durio spp. パンヤ科
産地・分布：マレーシア、インドネシア、フィリピンなどに分布するが、D.zibethinus は果物のドリアン採取のために古くから各地で栽培され、周辺の地域で野生化。樹高 50m、直径 1.3m になる。
木材の特徴：心材と辺材の色調差は明らか。心材は、赤褐色ないし灰褐色である。辺材はほぼ白色である。どちらかというとくすんだ色をしていて特徴のない材面を持っている。肌目は粗で、木理は通直ないし交錯。やや軽軟ないしやや重硬である。気乾密度は 0.48 ～ 0.72 である。製材は容易であるが、毛羽立ちがある。加工は容易で、仕上がり面はよい。保存性低く、虫害を受ける。
一般的な用途：木材に特徴がなく、加工に問題もないので、一般用材として、梱包、家具の芯材、建築造作、ドアーの芯材、天井板、建具、仏壇、パレット、合板の芯板。

ブラックビーン

Black bean

学名：Castanospermum australe マメ科
産地・分布：パプアニューギニア、オーストラリア（ニューサウスウエールズの北部からクインズランドの北部へかけて）、ニューカレドニア、ニューヘブリデスに分布。樹高 40m、直径 1.2m になる。
木材の特徴：心材と辺材の色の差は明らか。前者は濃黒褐色、チョコレート色などで、細い淡色の線が多数認められる。心材の色は均一ではなく、濃淡による縞がある。後者は淡黄白色である。やや油状の感触がある。肌目はやや粗、木理は通直ないし交錯。気乾密度は 0.57 ～ 0.81 で、やや重硬。乾燥には長時間必要。加工の際の粉塵が鼻と皮膚などの炎症をおこす。心材の耐久性は高い。
一般的な用途：装飾的な価値を利用して彫刻、キャビネット、指物、パネル、象眼、ろくろ細工、銃床、化粧単板。

プライ

Pulai
アルストニア、ミルキーパイン

学名：Alstonia scholaris、A. angustifolia、A. spathulata など　キョウチクトウ科
産地・分布：熱帯アジア、ニューギニア、さらにオーストラリア、ソロモン群島、フィージーなど太平洋地域の熱帯降雨林に分布。樹高 46m、直径 1.0m になる。
木材の特徴：心材と辺材の色の差はほとんどなく、色は黄白色。木理は通直で、肌目はやや粗。軽軟で、気乾密度は 0.38 ～ 0.47。切削などの加工は容易。乳跡があり、乾燥すると抜け落ちて、レンズ状の孔となり、利用上の欠点。変色菌の害を受ける。保存性は非常に低い。
一般的な用途：保存処理をして建築部材。合板の芯板、箱、彫刻、家具（引き出しの側板）、ハイヒールのかかと、天井の裏桟、建具（襖の枠）、マッチ軸木と箱、模型。根の木材は非常に軽く、熱帯用のヘルメット。

ビンタンゴール

Bintangor
カロフィルム

学名：Calophyllum inophyllum などを含む Calophyllum spp　オトギリソウ科
産地・分布：この属には約 100 種が含まれており、主として東南アジアから太平洋地域、さらに、マダガスカルと南米にも分布。樹高 43m、直径 0.7（1.3）m になる。
木材の特徴：心材と辺材の色調差は明瞭。前者は桃褐色、橙褐色、赤褐色で、後者は淡黄白色。接線断面に規則的な濃色の細い線がある。肌目は粗で、木理は一般に交錯。気乾密度は 0.50 ～ 0.81 で、やや重硬から重硬。天然乾燥では、損傷が出やすい。一般に製材、加工は容易だが、ときに表面が毛羽立つ。仕上がり面は滑らか。耐久性は高くはない。
一般的な用途：かつては、レッドメランチ類に混入されて、多く合板用材。樹種による材質の変動に注意しての利用が必要。家具、キャビネット、楽器、建築造作、脚物家具、床板、手摺、階段。

ホワイトセラヤ

White seraya
バクチカン

学名：Parashorea malaanonan　フタバガキ科

産地・分布：フィリピンとマレーシアのサバ州ならびに隣接したインドネシア領のボルネオに分布。樹高 60m、直径 1.5m になる。

木材の特徴：心材と辺材の色の差はあまりない。淡灰褐色ないし淡褐色であるが、丸太の横断面に 5 ～ 10cm 位の間隔で、同心円状の黒ないし灰黒色の縞がある。このことで、他の淡色のメランチ類から区別できる。肌目は粗で、木理は交錯する。気乾密度は 0.37 ～ 0.63 である。バクチカン（フィリピン産）の場合はやや密度の高いものもあったが、ホワイトセラヤ（ボルネオ産）は、材質はライトレッドメランチ類（69 ページ）とほぼ同様と考えてよい。

一般的な用途：ライトレッドメランチ類とほぼ同様の用途。

ペルポック

Perupok

学名：Lophopetalum javanicum を含む Lophopetalum spp.　ニシキギ科

産地・分布：インド、インドシナ、マレーシア、インドネシア、パプアニューギニアにかけて分布。樹高 25m、直径 0.7m になる。

木材の特徴：心材と辺材の色の差はあまり明らかではない。心材は桃色を帯びた淡灰褐色ないし淡褐色で、大気に長期間曝露されると、より褐色になる。辺材は淡色。木材の横断面を見ると、淡色の柔組織の帯が規則的に密に配列している。これを縦断面で見ると、年輪が密に並んでいるように見え、国産材を感じさせる。木理は通直ないし交錯。軽軟ないしやや重硬で、気乾密度は 0.39 ～ 0.64 である。機械加工は容易。乾燥の際青変に注意。耐久性は低い。強さや耐久性が要求されない用途は広い。

一般的な用途：家具の枠材および面材、合板の芯板、天井板、箱、ドアーの枠、額縁、テーブルの面縁、脚物家具、パネル、床板。

ペリコプシス

Pericopsis

学名：Pericopsis mooniana　マメ科

産地・分布：範囲は広く、スリランカからマラヤ、スマトラ、ボルネオ、フィリピン、スラウエシなどを経て、ニューギニア、ミクロネシアまで分布。樹高 30m、直径 0.7m になる。

木材の特徴：心材と辺材の色の差は明らか。前者は金褐色で、部分的に、より濃色な条が見られる。後者はやや黄褐色を帯びている。成長輪がかなり明らかで、板目面では材の色の違いによる模様が出る。気乾密度は 0.61 ～ 0.90 で、重硬。肌目は粗、木理は交錯している。釘打ちで割れが出る。仕上がりは良好。旋削は良好。

一般的な用途：材面の装飾的な価値を利用する用途に、とくに化粧単板の形で、家具、キャビネットなどに。チークの代替に利用され、長期間流行が続いた。

マンゴ

Mango

学名：Mangifera indica を含む Magifera spp.　ウルシ科

産地・分布：熱帯アジアから太平洋地域にかけて分布。マラヤ、スマトラ、ボルネオなどに多い。果実を採取するために植栽される。パプアニューギニアには M. minor、M. salomonensis など。樹高 30m、直径 1m になる。

木材の特徴：心材と辺材の色調に差。心材の量が少ないときは、淡色の木材と誤認される。心材は濃い赤褐色を主として、種々の色が筋状に混在。辺材は淡褐色。木理は通直ないし浅く交錯。肌目はやや粗。やや重硬で、気乾密度は 0.57 ～ 0.75。乾燥に際して、変色に注意。加工は容易だが、不規則な木理で木目剝げがでる。仕上げ面は良好。耐久性は低い。

一般的な用途：縞模様を持つものは化粧単板。建築、家具、キャビネット、床柱、合板。

マラス

Malas

学名：Homalium foetidum　イイギリ科

産地・分布：フィリピン、インドネシアを経て、パプアニューギニアに分布。樹高 45m、直径 1.0m になる。

木材の特徴：心材と辺材の色の違いは明らかである。前者は褐色ないし赤褐色であるが、その中間的な色が入り交じり不均一である。材面は装飾的ではない。肌目は精で、木理は通直ないし浅く交錯している。硬く、重いないし非常に重く、気乾密度は 0.81 ～ 0.99 である。乾燥は、割れが出やすく、難しい部類。耐久性はかなり高い。材面に装飾的な価値が少なく、しかも重硬で、加工しにくい。

一般的な用途：一般的には、表面に出ないような用途。強さと耐久性が必要な用途に使われている。建築、床板、杭、枕木、梁、根太、橋梁、土木、防舷材、パレット。日本では、塗り箸、仏壇、脚物家具、塗り物の食器にも。海外では、サッシュ。

ホワイトメランチ

White meranti

メラピ、マンガシロ

学名：Shorea bracteolata を含む Shorea spp.（Anthoshorea 亜属）　フタバガキ科

産地・分布：スリランカ、インド、マラヤ、インドシナ、フィリピン、ボルネオ、スマトラなどに分布。約 30 種。樹高 60m、直径 1.5m に達する。

木材の特徴：心材は淡黄白色、淡橙白色、淡黄褐色である（白色ではない）。辺材はより淡色、両者の境界は明瞭ではない。組織の細胞の中にシリカを含むものがあるので、切削の際、ステライトを熔着した刃物が必要。肌目はやや精。木理は交錯。気乾密度は 0.51 ～ 0.84 で、樹種による差がある。耐久性は高くはない。辺材はヒラタキクイムシの害。

一般的な用途：他のメランチ類と同様の用途（とくに淡色の木材が必要な）。建築内装、建具、家具、階段板、ドアー、化粧単板。

メルバオ
Merbau
太平洋鉄木、クウイラ

学名：Intsia bijuga および I. palembanica マメ科
産地・分布：前者はマダガスカル島からアジアを経て東はサモア島に分布。後者の分布は前者と重なるが、範囲はより狭い。樹高 40m、直径 1.0m になる。
木材の特徴：心材と辺材の色調の差は明らか。心材の褐色、金褐色、赤褐色などで、不規則な濃色の条が出ることが多い。辺材は淡黄白色。肌目は粗。木理は交錯。材面に油のような感じがある。縦断面を見ると、道管の溝の中に黄白色のチョークのような物質を含む。湿った状態で鉄に接触すると、鉄を腐食し、材面を汚すので、乾燥状件下の使用がよい。気乾密度は 0.74 ～ 0.90 で、重硬である。耐久性は高い。白アリ抵抗性は高い。防腐剤の注入は難。
一般的な用途：強さと耐久性の必要な用途に。橋梁、土台、床板、構造物、枕木用材、矢板、器具柄、床柱、仏壇。最近では家具（机、椅子）。

メルサワ
Mersawa
パロサピス

学名：Anisoptera aurea、A.thurifera などを含む Anisoptera spp.　フタバガキ科
産地・分布：ミャンマー、タイ、インドシナ、マラヤ、スマトラ、ボルネオ、ジャワ、スラウエシ、モルッカ、ニューギニアのルイシエード諸島にかけて分布し、13 種あり。樹高 60m、直径 1.3m に達する。
木材の特徴：心材と辺材の色の差はとくに明らかではなく、黄白色ないし淡黄褐色。新しい材面には桃色の縞があり、他からの区別点となるが、時間の経過とともに褐色になり、特徴は消失する。組織の中にはシリカを含み、その量も多いため、加工刃物にはステライトの熔着が必要。肌目は粗、木理は交錯する。気乾密度は 0.53 ～ 0.61（A. aurea)、0.64 ～ 0.70（A. cochinchinensis）で、重硬。耐久性は低く、接地しての利用には不適。
一般的な用途：建物の内装用、建築、床板、家具、キャビネット、合板、化粧単板。

メンクラン
Menkulang

学名：Heritiera javanica、H. simplicifolia などを含む Heritiera spp　アオギリ科
産地・分布：インドシナ、マレー半島、ボルネオ、ニューギニアにかけて分布。樹高 45m、直径 1.0m になる。
木材の特徴：心材と辺材の境界は明らか。心材は橙褐色ないし赤褐色。材面には特徴的な金色の光沢がある。辺材は淡黄色あるいは淡黄褐色。木理は交錯し、肌目は粗。気乾密度は 0.78 ～ 0.81 (H. littoralis)、0.61 ～ 0.85 (H. javanica) である。接線断面でリップルマークが明らか。耐久性はやや高いないし低い。加工および製材はやや難。シリカを組織の中に含み、刃物が早く摩耗。接着性良好。仕上がりは良好。
一般的な用途：重硬なものは、重構造材、支柱、桟橋、造船、器具。軽軟なものはレッドメランチ類の代替材。家具、室内造作、合板、器具。

ミレシア
Milletia
ムラサキタガヤサン

学名：Milletia pendula　マメ科
産地・分布：ミャンマー、タイなどに分布。蓄積は少ない。樹高 23m、直径 0.66m になる。
木材の特徴：心材と辺材の色の差は明らか。生材時は心材の色はどちらかというと、褐色あるいは金褐色であるが、大気に接すると、短時間で、外側から紫色に変わり始め、最後に全体が紫色になる。この変化を知らないと、別の木材かと思う。辺材は淡黄白色である。規則的に配列する柔組織の白色の帯が多数あり、背景の紫色とともに装飾的な材面を作っている。肌目はやや粗で、木理は通直かやや交錯。重硬ないし非常に重硬で、気乾密度は 0.95 ～ 1.03 である。乾燥の際、表面割れが出やすい。耐久性は非常に高い。加工には鋭利な刃物が必要であるが、仕上がりは良好。
一般的な用途：家具、パネルなどで装飾的な用途、床柱。

レッドブラウンターミナリア

Red brown terminalia

学名：Terminalia catappa を含む Terminalia spp.　シクンシ科

産地・分布：木材の色による市場での分類。属としては熱帯のアジア、太平洋地域、さらにアフリカ、熱帯アメリカなどに分布。樹高 38m、直径 1.8m（T. catappa）になる。

木材の特徴：心材と辺材の色の境界は明らかではない。前者は桃色を帯びた褐色で、黄色を帯びた小さい部分がその中に混在。後者は淡褐色。木理は交錯しており、肌目は粗である。ときに、淡色のレッドメランチ類によく似た材面を持つものがある。多くの樹種が含まれるので、材質の変動の幅は広い。やや軽軟なものの気乾密度は 0.45 ～ 0.53（T. catappa）。乾燥は早い。加工は容易だが、木目剝げや毛羽立ちがおきやすい。耐朽性は低く、白アリへの抵抗性は低い。

一般的な用途：多くレッドメランチ類の代替材。キャビネット、床板、一般建築、家具、包装箱、合板。

ラミン

Ramin

メラウィス

学名：Gonystylus bancanus　ゴニスチルス科

産地・分布：属としてはマラヤ、フィリピン、ボルネオ、スマトラなど、さらにニューギニア、ソロモン群島、フィージーなどに分布。他にも G. macrophyllus: Ramin、Lanutan bagio、Gaharu buaya を含め数種。樹高 24m、直径 0.6m。

木材の特徴：心材と辺材の色調差はほとんどなく、黄白色で、道管の条がその中の内容物のために赤色になって浮き出る。乾燥していない時期には、青変菌の害を受けやすく、材面が汚染されるので、早期の乾燥が必要。気乾密度は 0.52 ～ 0.78。加工および塗装は容易で、仕上がりはよい。釘打ちの際には裂けやすく、孔あけが必要。保存性は低い。病的な原因でできた濃色の材が香木とされる。

一般的な用途：内部装飾、家具、指物、器具、とくに淡色で清潔感の必要な用途（額縁の枠など）。ワシントン条約の絶滅危惧種の付属書 II に記載。

ライトレッドメランチ

Light red meranti

ホワイトラワン、レッドセラヤ

学名：S. leprosula、S. leptoclados、S. parvifolia などを含む Shorea spp.（Rubroshorea 亜属に属するもの）　フタバガキ科

産地・分布：タイ、マラヤ、スマトラ、フィリピン、ボルネオなどに分布。Shorea 属の Rubroshorea 亜属の樹種のうち、淡赤色系木材のグループ。樹高 60m、直径 1.5m になる。

木材の特徴：心材は淡灰褐色、桃色、赤褐色。辺材は淡色。同一樹種でも、心材の色は生育環境によって赤褐色になり、密度が高くなる。丸太の中心部には脆心材がある。肌目は粗、木理は交錯する。耐久性は濃色のものに劣る。辺材は虫害を受ける。木材の保存性は低く、防腐剤の注入は難。加工は容易。気乾密度は 0.42（S. almon）、0.43（S. leprosula）、0.43（S. parvifolia）。

一般的な用途：合板。建築、建具、家具。

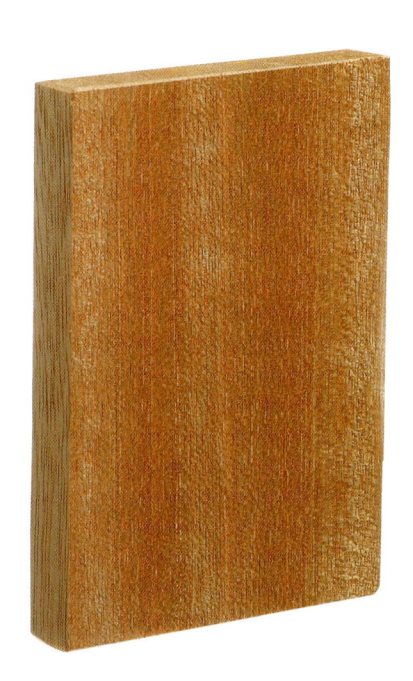

アゾベ

Azobe

エッキ、ボンゴシ

学名：Lophira　alata　オクナ科
産地・分布：西アフリカ、カメルーン、リベリア、ナイジェリア、コートジボアール、ガーナ、ガボン、シエラレオネに分布。樹高 50m、直径 1.5m に達する。
木材の特徴：心材と辺材の色調差は明らか。心材は濃赤色、チョコレート色、縦断面で、規則的に配列する白色あるいは黄色の細い線が多数認められ、特徴的。肌目は粗、木理は交錯。非常に重く、硬い。気乾比重は 1.02 ～ 1.09。耐久性が高いことが特徴。白アリや海虫への抵抗性は高い。
一般的な用途：強度が高く、耐久性が高いため、重構造物、港湾用材、枕木、工場や倉庫などの床板、庭園家具などとして評価が高い。また、材面の装飾的な価値を利用して彫刻あるいは細工物。

アサメラ

Assamela

コクロデユア

学名：Pericopsis elata（=Afrormosia elata）マメ科
産地・分布：熱帯西アフリカ、アイボリィコースト、ナイジェリア、ガーナ、カメルーン、コンゴなどに分布。樹高 45m、直径 0.9 ～ 1.8m に達する。
木材の特徴：心材と辺材の色調差は顕著。心材は黄褐色、金褐色などで、濃色の縞が不規則に現れるが（チークに似た）、時間の経過とともに濃褐色。辺材は淡黄白色。細かいリップルマークがある。肌目はやや精、木理通直あるいは浅く交錯。重硬で、気乾密度は 0.60 ～ 0.80。耐久性は非常に高い。加工は容易。釘打ちの際割れる傾向。加工の際に出る細粉が眼の炎症をおこす。乾燥には長時間を要し、わずかに狂い。
一般的な用途：材面の装飾的価値を利用して、家具、キャビネット、化粧単板など、器具の柄、床板、内部装飾。耐久性と強度により海中での利用。ワシントン条約の絶滅危惧種付属書 II にある。

レンガス

Rengas

学名：Gluta spp. および Melanorrhoea spp. ウルシ科
産地・分布：インドシナ、マレーシア、インドネシア、ニューギニアなどの熱帯降雨林地帯に分布。樹高 36m、直径 1m になる。
木材の特徴：心材と辺材の色の差は著しい。前者は鮮やかな赤、橙色などで変化に富む。ときには紫色を帯びる。後者は白色。木理は交錯、肌目はやや粗ないし粗。やや重硬。気乾密度は 0.57 ～ 0.88。細胞の中にシリカを含むものがあるので、機械加工の刃物を早く摩耗。生材に触れると、皮膚炎をおこすが、完全に乾燥すれば心配は少ない。十分に乾燥すれば、装飾的な価値があり、そのための用途は広い。
一般的な用途：家具、キャビネット、床柱、化粧単板、仏壇、寄せ木細工（赤色用）、額縁、唐木類の代替材、梱包、パレットなど。Melanorrhoea 属の樹種から漆を採取（ビルマ漆、カンボジア漆）。

アフゼリア

Afzelia

ドウシィ

学名：Afzelia spp.　マメ科
産地・分布：アフリカ西部全域から、ウガンダ、タンザニアへ分布。樹高 36m、直径 1.5m に達する。
木材の特徴：心材と辺材の色調差は明らか。心材は黄褐色、のち、赤褐色。辺材は白色ないし淡黄褐色。肌目は粗、木理は通直ないし交錯。未乾燥材は、接している紙、布などを汚染。気乾密度は 0.64 ～ 0.83 で、重硬。長時間の天然乾燥により、欠点は少ない。製材と加工は刃物を早く鈍らせ、難。曲げ木ができる。接着は容易ではない。心材は耐久性および白アリに対する抵抗性が高い。心材への保存薬剤の注入は難。辺材にヒラタキクイムシ類の害。
一般的な用途：屋外用の建具、床板、重構造物（海用の桟橋、ドック）、家具、液糟（酸に対して強い）。

ラブラ

Labula

カランパヤン、カアトアンバンカル

学名：Anthocephalus chinensis（=A. cadamba）アカネ科
産地・分布：インド、インドシナ、マラヤ、スマトラ・ボルネオ、フィリピン、ジャワ、セレベス、チモール、ニューギニア、ソロモンなどにわたり広く分布。アジアでは造林樹種として知られる。樹高 45m、直径 1m に達する。
木材の特徴：心材と辺材の色の差は明らかでない。木材は生材時、淡黄白色で、のち褐色を帯びる。肌目はやや粗。木理はやや交錯する。気乾密度は 0.35 ～ 0.53 で、軽軟。南洋材の中では、軽軟な木材の代表の一つである。手および機械加工は容易である。釘接合は容易。保存性は低く、早く乾燥しないと変色菌の害を受け、色が汚くなる。仕上がりは良好。
一般的な用途：淡色で軽軟であることを利用した用途。マッチの軸木、茶箱、合板、造作材、種々の製品の芯材、パルプ。

アボディル
Avodire

学名：Turraeanthus africanus　センダン科
産地・分布：西アフリカ、コートジボアール、ガーナ、カメルーン、コンゴ、ガボン、ナイジェリア、リベリアに分布。樹高 35m、直径 0.9m。
木材の特徴：丸太の形質はよくない。心材と辺材の色調差は不顕著。淡黄白色あるいは淡黄褐色で、時間とともに濃色。材面に、サテン様の光沢がある。肌目はやや粗、木理は通直あるいは浅く交錯、さらに、不規則にもなる。やや軽軟からやや重硬で、気乾密度は 0.50 ～ 0.66。乾燥はかなり早いが、狂いが多い。耐久性は低く、保存薬剤の注入は非常に難。機械加工は容易で、仕上がりは良好。接着は容易。釘打ちは容易で、塗装は良好。
一般的な用途：装飾的な材面を持つものは化粧単板、キャビネット、パネル、それ以外は、合板用材、家具、キャビネット、屋内造作。

アフリカン マホガニー
African mahogany
カヤ

学名：Khaya anthoteca、K. ivorensis などを含む Khaya spp.　センダン科
産地・分布：アフリカ各地の熱帯降雨林地帯に分布し、数種がある。樹高 60m、直径 1.8m に達する。
木材の特徴：心材と辺材の境界は顕著ではない。心材の色は淡桃色から濃赤褐色までの幅があり、ときにやや紫色を帯びることがある。気乾密度は 0.46 ～ 0.80、やや軽軟からやや重硬まで樹種による変動がある。肌目はやや粗、木理は交錯、リボン杢が顕著なことが多い。乾燥には時間が必要。手加工、機械加工は容易、仕上げ面に光沢、切削面が毛羽立つことも。接着、釘打ちは良好。耐久性はややある。
一般的な用途：家具、キャビネット、壁パネル、内装、ボート、高級家具、化粧単板、合板、オルガンなどの楽器、箱など、一般的にはマホガニーの代替材。

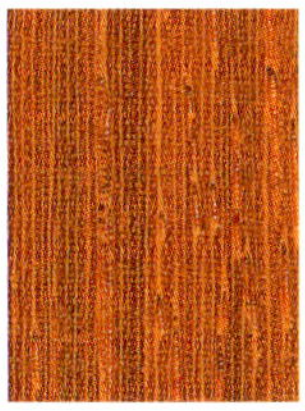

アフリカン パドウク
African padauk

学名：Pterocarpus soyauxii　マメ科
産地・分布：西および中央部のアフリカに多く分布、降雨林に一般的。樹高 30m を超え、直径はときに 1.5m。
木材の特徴：心材と辺材の色調差は明らか。心材は鮮やかな赤色、のち、濃赤褐色ないし紫褐色。辺材は白色から淡黄褐色。色の濃淡による縞がある。木理は通直ないしやや交錯し、肌目は粗。気乾密度は 0.77 ～ 0.82 で、重硬。乾燥は良好で、欠点はあまり出ない。製材は速度を下げれば問題ない。機械加工は良好だが、裂けに要注意。仕上がりは非常に良好。心材の耐久性、白アリに対する抵抗性は高い。
一般的な用途：装飾的な価値を利用して、美術工芸品、ナイフの柄、彫刻、建具、床板、化粧単板、ろくろ細工。産地では、重硬なため農器具。カリンの同類。

エヨン

Eyong
イエローステルクリア

学名：Sterculia oblonga　アオギリ科
産地・分布：西アフリカ、リベリアからガボンへかけて分布。樹高 30m を超え、直径 1m に達し、丸太の形質はよい。
木材の特徴：心材と辺材の差は明らかではない。黄白色ないし淡黄褐色。材面は独特の透明感を持つ。肌目は粗、木理は浅く交錯。放射断面で、放射組織が光沢のある細い帯状の模様が顕著。重硬で、気乾密度は 0.70 ～ 0.85 である。乾燥で表面割れ、木口割れ、幅ぞりなどが出易い。耐久性は低い。保存薬剤の注入は非常に難。白アリへの抵抗性はややある。製材および加工は容易。仕上げおよび塗装には、十分な目止めが必要。蒸し曲げ可。
一般的な用途：耐久性が不要な重構造物、器具柄、家具の部材、床板、化粧単板。

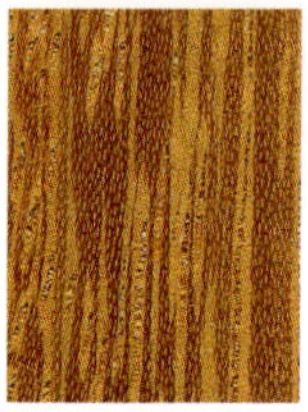

イロコ

Iroko

学名：Chlorophora excelsa および C. regia　クワ科
産地・分布：C. excelsa は西アフリカのシエラレオーネから東アフリカのタンザニアまで、アフリカを横切って分布。
木材の特徴：心材と辺材の色調差は明らか。心材は淡黄褐色から濃いチョコレート色、淡色の細い縞がある。肌目は中庸～粗、木理は交錯。材面に油状の感触がある。“ストーン”と呼ばれる炭酸石灰の塊を含むことがあり、ときに拳大にもなる。これは製材や単板切削の際に刃物を破損する。鋸屑がときに皮膚炎。気乾密度は 0.56 ～ 0.75。手工具や機械で加工かなり容易。著しい交錯木理のため裂けることがある。耐久性は非常に高く、白アリや海虫への抵抗性は高い。
一般的な用途：指物、船舶、杭、海水中の構造物、床板、家具、鉄道枕木、キャビネット、内装、屋外の家具など。ティークの代替材ともされる。

イディグボ

Idigbo
フラミレ

学名：Terminalia ivorensis　シクンシ科
産地・分布：西アフリカ、ガーナ、コートジボアール、ナイジェリア、シエラレオネ、リベリア、ギニアなどの落葉樹林、ときに降雨林に分布。樹高 45m、直径 1.5m に達する。
木材の特徴：心材と辺材の色調差は顕著ではない。淡黄色あるいは淡褐色を帯び、心材がやや濃色。ときに、やや緑色を帯びる。成長輪が認められる。肌目は粗で、木理は通直かやや交走。やや軽軟ないし硬い。気乾密度は 0.56。傷害細胞間道が接線状に現れる。乾燥は比較的簡単、狂いは少ない。切削加工は容易で、仕上がり面は良い。単板切削良好。ろくろ細工は良好、釘や螺子の保持良好。接着容易。心材の耐久性は高く、白アリへの抵抗性はややある。均一で用途は広い。
一般的な用途：合板用材として輸出される。指物、建具、屋内の床板、窓枠、ドアの框。

オペペ

Opepe

学名：Nauclea didirrichii（=Sarcocephalus didirichii）アカネ科
産地・分布：西アフリカ、シエラレオネ、コンゴ地方、さらに、ウガンダへ分布。樹高 48m、直径 1.8m に達する。
木材の特徴：心材と辺材の色調差は明らか。心材はオレンジ色、金黄色で、のちに褐色を帯びる。辺材は白色ないし淡黄色。肌目はやや粗、木理は交錯するか不規則。材面に光沢。重硬で、気乾密度は 0.70 ～ 0.89。乾燥は木取りによって欠点が出る。手加工、機械加工はやや良好だが、製材の速度は緩く。接着は良好。仕上がりは良好。心材の耐久性はよいが、白アリにはやや抵抗性がある。心材は海虫に強い。含有成分が作業に有害のおそれあり。
一般的な用途：海水中での工作物、ドック、ボート（曲線部以外）、鉄道、枕木、建築、フローリング、家具やキャビネットの部材。

サペリ

Sapelli

学名：Entandrophragma cylindricum　センダン科

産地・分布：アイボリーコーストからカメルーン、さらに東へザイールを経てウガンダにまで分布。樹高60mに達し、直径1.8mを超え、丸太の形はよい。

木材の特徴：心材と辺材の色調差は明らか。心材の色は桃色、赤色、赤褐色で、いわゆるマホガニー色。辺材は淡色である。柾目面を見ると、間隔の狭い規則的な縞があり、美しい模様を作っている。肌目はかなり精である。木理は交錯する。気乾比重は0.64、やや重硬で、やや耐久性がある。加工は手工具でも機械でもかなり容易であるが、かんな掛けや成型はやや難。釘打ちや、ねじ着は良好。接着性、塗装は良好、仕上がり面は良好。

一般的な用途：装飾的な材面を生かして、化粧単板（家具・キャビネットなど）、店舗の内装、造船、壁パネル、床板、指物。

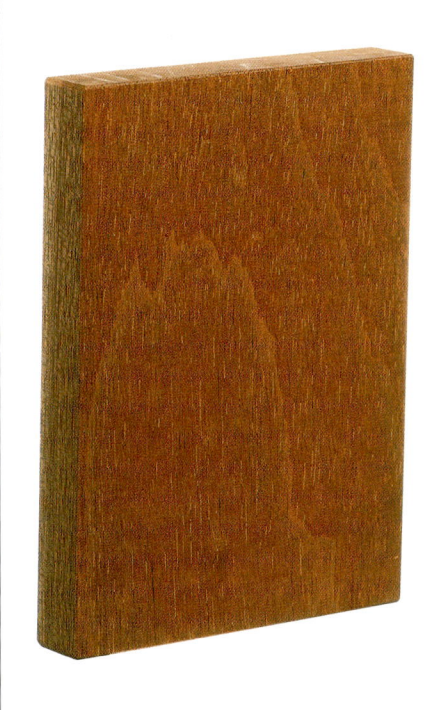

オベチエ

Obeche

サンバ、ワワ

学名：Triplochiton scleroxylon　アオギリ科

産地・分布：西アフリカに広く分布しており、ナイジェリア、ガーナ、アイボリーコースト、カメルーンなどに多く分布。樹高54m、直径1.5mに達する。

木材の特徴：心材と辺材の色調差はほとんどなく、白色から淡黄白色。仕上げた面には光沢がある。木理は交錯、肌目は粗。気乾密度は0.32～0.49で、軽軟。加工上の取り扱いは容易。色がほぼ均一で、斑のない塗装が期待できる。スライスドベニヤを着色して利用することもある。大径で形のよい丸太が得られ、製品の歩留まりがよい。耐朽性は低く、青変菌の害を受けやすい。

一般的な用途：軽軟で淡色の木材の必要な用途にはよい。建具、合板など。ヨーロッパ製のハイヒールのかかと。

オクメ

Okoume

ガブーン

学名：Aucoumea klaineana カンラン科

産地・分布：赤道アフリカのガボン、コンゴ、ギニアに分布、造林もされる。樹高は60m、直径1.8mに達し、丸太の形質はよい。

木材の特徴：心材と辺材の色調差は、あまりない。心材は桃色、淡赤色ないし赤褐色。肌目は中庸、木理は通直か浅く交錯、ときに、波状あるいは不規則。木材中にシリカを含むので、乾燥材は切削しにくい。ほとんどが合板用材とされている。軽軟で、気乾密度は0.40～0.50。耐久性は低い。白アリには抵抗性がない。接着は良好。釘打ちは良好。

一般的な用途：欧米では、熱帯アジア産のメランチ類同様に合板用材としてよく知られる（マホガニーの名前はそのための可能性あり）。家具の部材、パネル、パーティクルボード、軽構造物。

ブビンガ
Bubinga

学名：Guibourtia tessmannii を含む Guibourtia spp.　マメ科
産地・分布：アフリカの赤道地帯を、ナイジェリア南東部から、カメルーン、ガボンを経てコンゴ地域に分布。樹高 45m、直径は 2m に達することもある。
木材の特徴：心材と辺材の色調差は明らか。心材は桃色、鮮赤色、赤褐色で、紫色を帯びた比較的不規則な条を持つが、のちに、赤色を帯びた褐色になる。肌目は精で、均一、木理は通直あるいは交錯。気乾密度は 0.8 ～ 0.96 で、重硬。乾燥には長時間必要。心材は耐久性および白アリへの抵抗性が高い。重硬ではあるが、製材、加工は比較的容易。接着は良好、ろくろ細工良好。
一般的な用途：材面の装飾的な価値を利用する用途に多く用いられる。美術家具、キャビネット、化粧単板、象眼、室内の装飾、ろくろ細工。日本では和太鼓の胴として。

シポ
Sipo
ユチル

学名：Entandrophragma utile　センダン科
産地・分布：西および中央アフリカ、さらに東はウガンダにまで分布。樹高は 45m、直径 0.7 ～ 1.3m に達する。
木材の特徴：心材と辺材の色調差は顕著。心材は赤褐色あるいはやや紫色を帯びた褐色で、辺材は淡褐色。肌目はやや粗で、幅の広い交錯木理が著しく（サペリとの差）、リボン杢が顕著。気乾密度は 0.55 ～ 0.70。乾燥には時間が必要。手加工、機械加工はかなり容易。仕上げは良好、接着、釘打ちは容易。かんな掛けや成型の際、欠点が出る。耐久性、白アリへの抵抗性はかなり高い。金属を汚染する。
一般的な用途：化粧単板および合板、サペリの代替品とされ、サペリの丸太の中に混入される。家具、キャビネット、屋内用の建具、船舶や客車などの内装用。

ニャンゴン
Niangon

学名：Tarrietia utilis　アオギリ科
産地・分布：西アフリカの降雨林地帯で、シエラレオネ、リベリア、コートジボアール、ガーナ、さらに、カメルーン、ガボンなどに分布。樹高 40m、直径 1m に達する。
木材の特徴：熱帯アジア産のメンクランと同類。心材と辺材の色調差は顕著。心材は淡桃色から赤褐色で、辺材は白色。肌目は粗で、木理は一般に交錯し、リボン杢は明らか。気乾密度の変動の幅は広く、0.51 ～ 0.75。組織の中にシリカを含む。乾燥には長時間必要、割れや変形は少ない。手加工、機械加工はかなり容易だが、刃物を早く痛める。耐久性はかなり高く、ヒラタキクイムシ類の害を受けにくい。小さい曲率ならば、曲げ木は可。釘打ちで、割れる。
一般的な用途：幅広く一般建築用材、外装および内装用の建具、指物、造船、合板。

ゼブラウッド
Zebrawood

学名：Microberlinia brazzavillensis　マメ科
産地・分布：ナイジェリア、アイボリーコースト、ガボン、カメルーン、ジンバブエ、ザンビア、タンザニアに分布。樹高 40m、直径 1.8m に達する。
木材の特徴：心材と辺材の色調差は明らか。心材は黄褐色で、ほぼ黒色の縞が、密に配列する。背景の色と縞の色の独特な対照が名前の由来。辺材は白色である。肌目は粗で、木理は交錯または波状。気乾密度は 0.69 ～ 0.84 で、重硬。生材は臭気を持つ。乾燥で狂いが出やすい。製材はかなり容易。手加工や機械加工では、ときに、よい仕上がりが難しい。接着良好。単板の取り扱いは割れやすいので要注意。心材は耐久性が高く、白アリの害にも強い。
一般的な用途：家具、キャビネット、化粧単板、ろくろ細工、器具柄。スキーの板に使われたことがある。

マコレ

Makore

学名：Tieghemella heckelii（=Mimusops heckelii、Domoria heckelii） アカテツ科

産地・分布：シエラレオネ、リベリア、ナイジェリア、ガーナ、アイボリーコーストなどに分布。樹高は60m、直径3mに達する。

木材の特徴：心材と辺材の色調差は明瞭。心材は桃色、桃褐色、赤褐色、しばしば色の濃淡による縞が出る。辺材は白色ないし淡桃色。材面はマカンバに似る。肌目は精あるいは中庸、木理は一般に通直ないし交錯。木材には光沢。湿潤状態で、鉄に接すると黒く汚染する。気乾密度は0.67〜0.80、やや重硬ないし重硬。シリカを含むため、切削刃物を早く摩耗させる。微粉は喉や鼻の粘膜に炎症をおこす。心材は非常に耐久性が高く、白アリに強い。

一般的な用途：家具、キャビネット、建具、化粧単板、壁パネル、床板、造船、海水中用の合板など。日本では知名度が高い。

パオローザ

Pao rosa

ディナ

学名：Swartzia fistuloides マメ科

産地・分布：コートジボアール、ガボン、コンゴにわたるアフリカの熱帯降雨林に分布。樹高は30m、直径0.9mに達する。丸太の形は不規則。

木材の特徴：心材と辺材の色調差は明らか。心材は赤色、橙色、黄色、紫色などが縞状になり、美しい材面を持つが、時間の経過とともに、褐紫色。辺材は淡色。肌目はやや粗、木理は波状、交錯。気乾密度は1.02で、硬く、重い。心材の耐久性は高く、白アリにも高い抵抗性。乾燥には時間がかかる。機械加工は良好、かんな掛けは良好。せん孔の際焦げる、接着良好。単板切削には加熱が必要。

一般的な用途：器具柄、化粧単板、ろくろ細工、彫刻等、装飾的な用途。

ボセ

Bosseé

グアレア

学名：Guarea thompsonii および G. cedrata センダン科

産地・分布：西アフリカ、コートジボアールからナイジェリア南部には上述の2種が分布し、さらに、カメルーンへ（G. cedrata）、西のリベリアまで（G. thompsonii）分布。樹高30m、直径1mになる。

木材の特徴：心材は桃色、淡赤褐色で、のち濃色になる。辺材は淡色である。シーダーのような香。肌目はやや粗、木理は通直、波状、あるいは交錯。光沢あり。気乾密度は0.55〜0.70（ホワイトグアレア）、0.69〜0.82（ブラックグアレア）。手および機械加工は容易。仕上がり面は良好。シリカを組織中に含むので、加工用の刃物を早く傷める（ホワイトグアレア）。細かい木粉が皮膚あるいは粘膜に炎症をおこす。

一般的な用途：家具、キャビネット、内装材、造船材、単板、合板など。マホガニーの代替品にされる。

ベルリニア

Berlinia

学名:Berlinia bracteosa、B.confusa、B.grandifloraなどを含むBerlinia spp. マメ科

産地・分布：西アフリカ、シエラレオネ、ライベリア、アイボリーコースト、ガーナ、ナイジェリア、カメルーンに分布。樹高35m、直径1mに達する。

木材の特徴：心材と辺材の色調差は明らか。心材は桃褐色ないし赤褐色で、一般に濃紫色あるいは濃褐色の間隔の広い縞を持つ。辺材は白いが、やや桃色を帯びる。やや重い、ないし重く、硬い。気乾密度は0.72〜0.82（B. grandiflora）。肌目は粗、木理は交錯。乾燥は時間をかければ良好で、ときに狂いが出る程度。製材は容易、機械加工、手加工とも良好だが、交錯木理に要注意。接着は良好。蒸し曲げは可。腐朽に対する抵抗および白アリに対する抵抗性がある。辺材はヒラタキクイムシの害あり。心材への保存薬剤の注入は困難。

一般的な用途:重構造物、家具、キャビネット、化粧単板、パネルなど。

カリビアマツ

Caribean pine

学名：Pinus caribaea　マツ科
産地・分布：針葉樹。バハマ、キューバなど西インド諸島地域、ベリーズ、ホンジュラス、ニカラグア、グアテマラなどの中米地域に分布。世界各地に植栽。樹高30m、直径1m に達する。
木材の特徴：心材と辺材の色調差は明瞭で、心材は褐色、赤褐色などであるが、造林木の場合は樹齢が低いため、淡色である。造林木では年輪の境界は髄から10年輪程度までは明瞭ではない。肌目は粗で、木理は通直ないしやや交走。造林木の気乾密度は0.40～0.67。乾燥は良好。保存性はややあるが、生材時に青変菌の害を受けやすい。機械および手加工は良好。釘および螺子接合は良好。接着は良好。造林木ではねじれ、狂いが出やすい。
一般的な用途：構造物、木工、床板、建具、杭、一般用合板、紙、パルプ。日本ではフィージー産が知られている。

ラボア

Lavoa

学名：Lavoa trichilioides　センダン科
産地・分布：西アフリカ、シエラレオネからガボンにかけて分布。樹高45m、直径1.2m に達する。
木材の特徴：心材と辺材の境は明らか。心材は灰褐色、黄褐色で、しばしば黒い濃色の帯があり、ウオルナット、タイガーウッドなどとも呼ばれる。道管の中に濃色の物質がある。肌目は粗、木理は幅広く交錯し、特徴的。気乾密度は0.46～0.57で、やや軽軟ないしやや重硬。乾燥はほぼ良好。加工は容易だが、交錯木理のため、鋭利な刃物が要。蒸し曲げ可。接着は良好。サンダ仕上げの面は非常によい。目止めにより、仕上がりはよい。釘打ちは、裂けも出るがほぼ良好。心材はやや耐久性がある。シロアリ、ヒラタキクイムシ類の害がある。
一般的な用途：家具、キャビネット、化粧単板、建具、銃床など。

マンソニア

Mansonia

ベテ、アフリカンブラックウォルナット

学名：Mansonia altissima　アオギリ科
産地・分布：アイボリーコースト、ガーナ、ナイジェリア南部などに分布。丸太の形状はよく、樹高30m、直径0.6～0.9m に達する。
木材の特徴：心材と辺材の色調差は明らか。心材は黄褐色、灰褐色、褐色、濃褐色などで、一般に紫色を帯び、材面は一見ウオルナット風。辺材はほぼ白色である。肌目はやや精、木理は一般には通直。気乾密度は0.60～0.70、やや重硬。加工は容易で、仕上がり良好、塗装、釘打ち、ネジの保持良好。蒸し曲げ良好。接着良好。加工の際、細粉の吸込みで鼻や喉の炎症をおこす。乾燥はよく、ときにわずかな狂い。耐久性および白アリへの抵抗性はかなりある。ブラックウォルナットの代替品とされる。
一般的な用途：ろくろ細工、ピアノ、家具、キャビネット、室内装飾、建具などに主として化粧単板として。

パラナパイン

Parana-pine

ブラジルパイン

学名：Araucaria angustifolia　ナンヨウスギ科
産地・分布：針葉樹。パラグアイ、アルゼンチン、ブラジルに分布。ブラジルのパラナ州を中心にして蓄積が多い。
木材の特徴：マツ類と違い、年輪はあまり明らかではなく、心材と辺材の境界はとくに明瞭ではない。心材は主として淡褐色で、均一ではなく、ときに赤色を帯びた縞が現れる。辺材は黄色を帯びる。肌目は精、木理は通直。乾燥は容易ではない。アテ材の存在に要注意。気乾密度は0.50～0.60。加工は容易で、成型しやすく、仕上がりは良好。心材の耐朽性は低い。保存薬剤の吸収はよい。塗装、接着性は良好。
一般的な用途：内部造作、パネル、家具、額縁、床板、ろくろ細工、構造物、鉄道枕木、ボートの枠組み、サッシュ、ドア、単板。マツ類の一種ではない。

リンバ

Limba

アファラ

学名：Terminalia superba　シクンシ科
産地・分布：西アフリカ、シエラレオネからアンゴラ、コンゴへ分布、造林される。樹高は45m、板根の上の直径は2m を超える。
木材の特徴：心材と辺材の色調差は顕著ではない。心材の色は一般に黄褐色、産地によっては、黒褐色の不規則な縞を持つ。辺材は淡黄褐色。やや軽軟、気乾密度は0.54。肌目はやや粗、木理は通直または浅く交錯する。耐久性は低い。辺材はヒラタキクイムシ類の害を受ける。製材、手加工、機械での加工はかなり容易。接着は良好、釘打ち容易、仕上がり面は良好。
一般的な用途：欧米では、主として合板用材（縞のある化粧的な価値の高いものは表板、そうでないものは、芯材）。家具、内装用建具。熱帯アジア産のイエローターミナリア類と同類の木材。

インブイア
Imbuia

学名：Phoebe porosa　クスノキ科
産地・分布：ブラジル南部のパラナおよびサンタカタリナ州などのパラナパイン（76ページ）の森林地帯に分布。心材と辺材の色調差は明らか。樹高39m、直径1.8mに達する。
木材の特徴：心材の色は変化に富み、黄褐色、オリーブ褐色、チョコレート色などで、濃色の縞を持つこともある。光沢がある。辺材は灰色。やや重硬。気乾密度は0.59～0.76。肌目はやや精で、木理は一般には通直、ときに、波状、交錯。機械加工の際の粉塵が強度の皮膚炎のおそれ。天然乾燥は容易。製材および機械加工は良好、仕上がりはよい。心材の耐朽性は高い。
一般的な用途：室内装飾、家具、キャビネット、パネル、床板、銃床（米国産のイースタンブラックウォルナットの代替材）、化粧単板、建具、指物。ブラジルでは需要が高い。

アンブラナ
Amburana

学名：Amburana cearensis　マメ科
産地・分布：ブラジルの乾燥地帯、アルゼンチンの北部、ペルーでの乾燥地帯に分布。樹高30m、直径0.9mになる。
木材の特徴：心材と辺材の色調差は不明瞭で、前者は淡色であるが、黄色、桃色、淡褐色、あるいは橙色など不均一。大気中に長く曝露すると褐色。辺材は灰色。材面にややロウ状の触感。肌目は粗で、木理は交錯。やや重硬で、気乾密度は0.60～0.75。永続する甘いバニラ似の芳香（クマリンといわれている）。乾燥は、細かい木口割れを無視すれば、容易。切削加工は木理の乱れがないとかなり容易。生材の製材の際、材面が毛羽立つ。腐朽や虫害への抵抗性がある。寸度の安定性はよい。
一般的な用途：建築、木工、建具、床板、ボート、家具、化粧単板。

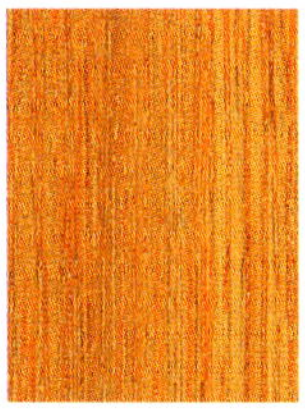

アラリバアマレロ
Arariba amarelo

学名：Centrolobium tomentosum マメ科
産地・分布：ブラジル東部のバイア州およびパラナ州に分布。樹高30m、直径1.5mに達する。同属には、数種ある（パナマ、エクアドル、ヴェネズエラ、コロンビア、ブラジルなどに）。ブラジルでは、アラリバという名前はこの属の木材の総称。
木材の特徴：心材と辺材の境界は、かなり明瞭。前者は黄色から橙色（虹色と表現されている）、長期間大気中に曝露すると褐色。辺材は黄色。肌目はやや精ないしやや粗である。木理は通直あるいは不規則である。気乾密度は0.73～0.84で、乾燥の早さは中庸、割れ、狂いなどはほとんど出ない。機械加工は容易で、仕上げ面は滑らかか、ときに毛羽立つ。耐朽性、耐虫性、耐アリ性、海虫への抵抗性などが高い。
一般的な用途：家具、室内造作、ドアー、床板、耐久性の必要な構造物、建具、指物、樽。

カヴィウナ
Cavuiuna

学名：Machaerium scleroxylonを含むMachaerium spp.　マメ科
産地・分布：この属に十数種が含まれており、各地に分布しているが、大木は少なく、上述の種は、木材が採取できる代表的なものの一つで、ブラジルの南東部に分布。
木材の特徴：心材と辺材の色の差は明らかである。心材は褐色ないし紫褐色、色の濃淡による縞が見られる。とくに光沢はない。辺材は灰白色である。肌目は精で、木理は交錯する。気乾密度は0.82である。心材の耐朽性は非常に高い。加工の仕上がりはかなり良好。製材の際の粉塵は、皮膚炎をおこすことに要注意。
一般的な用途：家具、化粧単板、床柱、ろくろ細工、工芸品、その他ブラジリアンローズウッドのような材面の装飾的価値を利用した用途。

イペ
Ipe
ラパチョ、タベブヤ

学名：Tabebuia serratifolia を含む Tabebuia spp.　ノウゼンカズラ科
産地・分布：約20種あり、チリ以外の熱帯アメリカに分布。樹高45m、直径1.8mに達する。
木材の特徴：心材と辺材の境は明瞭。前者は、黄緑色であるが、のちやや緑色を帯びた褐色。後者は黄色を帯びた灰色。道管の中に黄色の物質を含む（ラパコール）のが特徴。リップルマークがあり、細かいが明瞭。肌目は精で、木理は幅の狭い交錯。気乾密度は0.91～1.20で、非常に重硬。加工はやや難。重硬にもかかわらず寸度安定性がよい。病虫害、シロアリに対する抵抗性が高いが、海虫には弱い。製材の際、ときにラパコールが多いときには皮膚炎に要注意。
一般的な用途：非常に高い強度があり、橋梁、埠頭、ドック、床板（摩耗の激しい用途：工場の床など）、ろくろ細工、器具柄、ステッキ、弓、釣竿、化粧単板。

アンジェリック
Angelique

学名：Dicorynia guianensis　マメ科
産地・分布：南米の北部、スリナム、ギアナ、ブラジルのアマゾン地域に分布。樹高45m、直径1.5mに達する。
木材の特徴：心材と辺材の色調差は明らか。心材は、生材時には赤いが、のち、褐色あるいはやや紫色を帯びた褐色になる。市場では、濃色のものと淡色のものを区別。木理は通直かやや交錯し、肌目はやや粗。板目面には、柔組織の帯による模様がある。リップルマークが明らか。木材は重硬で、気乾密度は0.70～0.97。組織の中にシリカを大量に含むので、乾燥材の製材、機械加工は、鋸および刃物を早く摩耗させ困難。心材の耐朽性は高く、海虫への抵抗性がある。木材の乾燥は困難。
一般的な用途：強度と耐久性が高いので、埠頭およびドックなど海水中の構造物、その他重構造物。一般建築、家具、キャビネット、床板、農具、枕木。

スネークウッド

Snakewood

学名：Brosimum guianense　クワ科
産地・分布：ギアナ、トリニダード、アマゾン地域に分布。大木はない。
木材の特徴：心材と辺材の色調の差は明らか。前者は、濃赤色、濃赤褐色で、黒色の縞があり、さらに蛇のような紋の模様があり、木材の名前の起源となっている。後者は黄白色である。肌目は精で、木理は通直。非常に重硬で気乾密度は 1.20 ～ 1.30 で、世界の最も重い木材の一つ。重硬なため加工は難。どちらかというと、脆くて、裂けやすい。ろくろ細工は良好、仕上がりの面の光沢はよい。腐朽やシロアリの害には抵抗性が高い。乾燥は長時間必要。
一般的な用途：特徴的な材の色と重硬さを利用した用途。象眼、ろくろ細工、高級器具の柄、ステッキ、釣り竿の柄、バイオリンの弓、ドラムのスティック、筆記具の軸。

コパイバ

Copaiba

学名：Copaifera spp.　マメ科
産地・分布：この属には、数多くの樹種がある。パナマから南へむかって、アルゼンチン、パラグアイ、ブラジルへ分布。樹高 30m、直径 1.2m に達する。
木材の特徴：心材と辺材の境界は明らか。心材は、赤褐色であるが、色は均一ではなく、濃色の条を持つことが多い。辺材はほとんど白色か、やや桃色。金色の光沢を持つ。生材時、種により、芳香がある。肌目はやや粗で、木理は一般には通直である。軸方向細胞間道が同心円状に配列し、にじみ出るガムが、材面を汚す。やや重硬ないし重硬で、気乾密度は 0.54 ～ 0.80。乾燥の速度はあまり早くない。加工は容易で、仕上がり面は滑らか。種によって、耐朽性、耐虫性、耐シロアリ性、耐海虫性などが、大きく異なる。
一般的な用途：木工、一般建築、室内装飾、家具、ろくろ細工。コパイババルサムの原料。

クーバリル

Coubaril
ジャトバ

学名：Hymenaea coubaril　マメ科
産地・分布：メキシコ南部、中央アメリカおよび西インド諸島を経て、ブラジル北部、ボリビア、ペルーに分布。樹高 39m、直径 1.8m。
木材の特徴：心材と辺材の色調差は明らか。心材は生材時、鮮赤色、橙色、のち褐色、ときに、紫色を帯び、また、濃色の条を持つ。辺材は灰白色で、幅が広い。光沢を持つ。肌目はやや粗ないし粗で、木理は交錯する。気乾密度は 0.83 ～ 0.97 で、重硬。耐朽性は非常に高い。加工はやや難だが、仕上がりは良好。旋削加工、接着は良。衝撃に対して強い。乾燥はとくに難ではなく、欠点は少ない。単板切削可能。青変菌の害を受ける。釘着は不良。
一般的な用途：製材、ろくろ細工、家具、箱、単板、合板、建築、造船用板材。

スパニッシュシーダー

Spanish cedar
セドロ

学名：Cedrela odorata　センダン科
産地・分布：メキシコから西インド諸島、さらに、チリーを除くラテンアメリカに分布。樹高 30m、直径 1.8m になる。
木材の特徴：心材と辺材の色調差は明瞭。心材は淡褐色、濃赤褐色。生長輪の境界に大きい道管が疎らに配列する（半環孔材）。材面に金色の光沢がある。肌目は粗で、木理は多く通直。軽軟で、気乾密度は 0.43 ～ 0.45。芳香があり、その成分が葉巻によい香りを与える（伝統的な葉巻の箱材料だが、現在では、多く他の材料で代替）反面、他の利用を妨げる可能性。加工は容易、接着は良好。腐朽と虫害に高い抵抗性。
一般的な用途：建築、キャビネット、彫刻、化粧単板。世界市場で、マホガニーとともにラテンアメリカ産の古典的な木材。スペイン産のスギではない。ワシントン条約の絶滅危惧種付属書 III にある。

スクピラ

Sucupira

学名：Bowdichia nitida などを含む Bowdichia spp.　マメ科
産地・分布：B. nitida はリオネグロ、アマゾン下流地域に、B. virgilioides はヴェネズエラ、ガイアナからブラジルの南西部へ分布。スクピラの名前で呼ばれる木材は他にもある。樹高 45m、直径 1m になる。
木材の特徴：心材と辺材の色調差は明瞭。前者はチョコレート色ないしは濃い赤褐色、後者は白色。白い柔組織の細い帯が多数あり、濃色の背景との対照が特徴的。光沢はあまりない。肌目は粗、木理は不規則か交錯。非常に重硬で、気乾密度は 1.00 に達する。加工はしにくいが、仕上がり面は美しい。接着は良好、耐朽性は非常に高い。
一般的な用途：産地でよく知られ、農機具、車輌用材として伝統的、一般建築、ボートの枠組み、枕木（オランダで 17 年間の使用で、健全という記録）、床板、器具柄、家具、キャビネット。

グリーンハート

Greenheart

学名：Ocotea rodiaei　クスノキ科
産地・分布：ガイアナの北中部スリナム、ブラジルに分布。樹高 39m、直径 1.2m に達する。
木材の特徴：心材と辺材の境界は明らかではない。前者は濃色のオリーブグリーンから濃褐色、ほとんど黒色、しばしば異なった色の部分が混在。辺材は淡黄褐色から緑色。産地で色の違いがある。肌目はやや精で、木理は通直。乾燥には長時間を要し、欠点が出やすい。気乾密度は 0.98 ～ 1.14。非常に重硬。加工は困難。乾燥材加工の際に出る微粉が原因の粘膜のアレルギーに要注意。強度は非常に高い。心材の耐久性は非常に高い。海虫に抵抗性が高いが、地域によって変動。高い強度と耐久性が必要な用途に世界的に賞用されている。
一般的な用途：日本へも少量ではあるが、海水中の構造物用に輸入。ドック、水門、埠頭、床材、造船、桟橋、橋梁、支柱など。

パウマルフィン

Pau marfim

学名：Balfourodendron riedelianum　ミカン科

産地・分布：ブラジル南部のサンパウロ州、パラグアイの北部および中央部、アルゼンチンなどに分布。樹高 24m、直径 0.9m になる。

木材の特徴：心材と辺材の区別はほとんどない。木材の色はほとんど白色、あるいはやや黄褐色を帯びる。ときに、やや緑色を帯びる。肌目は精で均一、木理は通直である。重硬で、気乾密度は 0.75 ～ 0.83。製材および加工は難しくはないが、刃物を早く鈍らせる。旋削は容易。仕上がり面は滑らかで、光沢がある。接着性は良好。心材の耐朽性は低い。保存薬剤の注入は非常に難しい。乾燥は良好。強く、弾力がある。

一般的な用途：農機具、器具柄、ろくろ細工（緻密で、肌目が精であるから）、家具、オール、カンバ類およびハードメイプルの代替品。

バルサ

Balsa

学名：Ochroma lagopus　パンヤ科

産地・分布：熱帯アメリカに広く分布（西インド諸島、メキシコ南部から中米を経てブラジル、チリー）。世界の熱帯各地に造林地。天然木の樹高 27m、直径 1.2m になる。

木材の特徴：心材と辺材の色調差は不明瞭、ほぼ白色、7 ～ 8 年生で桃色を帯びた淡褐色。有色の木材は低評価のため、多く比較的若い樹齢で利用。肌目は粗、木理は一般に通直である。材面にはビロードのような感触がある。加工は容易だが、軟らかいため、鋭利な刃物を使わないと表面が毛羽立つ。気乾密度は成長の良否で変動し、0.13 ～ 0.23。軽いほど高評価。

一般的な用途：熱、音に対する絶縁性が必要な用途に、広い範囲で利用。ブイ、救命具類、サンドウィッチ構造物の中芯用、模型。造林木は小径で、幅広の板が必要なときには幅はぎをする。世界一軽い木材として話題にされる。

セイバ

Ceiba

カポック

学名：Ceiba pentandra　パンヤ科

産地・分布：原産地は熱帯アメリカとされているが、世界の熱帯各地に植栽、アジアでもよく知られる。樹高 45m、直径 2.1m に達する。

木材の特徴：心材と辺材の色調差は明らかではない。淡色で、やや褐色を帯びる。肌目は粗で、木理は通直あるいはやや不規則。横断面は触れるとザラザラ感がある（バルサとの違い）。非常に軽軟で、気乾密度は 0.29 ～ 0.44。乾燥は容易、機械仕上げは容易だが、仕上がり面はよくない。成型、孔あけ、旋削などで、毛羽立ち、裂けがおきるが、かんなおよび研磨仕上げは良好。釘および螺子の保持は不良。単板切削は良好。菌および虫害に抵抗性がない。

一般的な用途：合板、包装、芯材、軽構造物。木材利用より、種子の長い毛をカポック（パンヤ）として利用することで知られる。

パープルハート

Purple heart

バイオレットウッド

学名：Peltogyne densiflora を含む Peltogyne spp.　マメ科

産地・分布：メキシコから中米を経て、ブラジル南部に分布し、その中心はアマゾン周辺地域。樹高 50m、直径 1.2m に達することもある。

木材の特徴：心材と辺材の色調差は明瞭。前者は、伐採直後は褐色で、のち鮮やかな紫色になる。後者は灰色を帯びた白色、幅が広い。肌目はやや精ないしやや粗。木理は通直、やや不規則、交錯。重硬で、気乾密度 0.80 ～ 1.05。乾燥は容易で、欠点は少ない。機械、手加工ともに難。旋作の仕上がり良好。接着性良好。耐朽性は非常に高く、シロアリに対して強いが、海虫には抵抗性が低い。

一般的な用途：ろくろ細工、寄木細工、象眼（紫色用に使う）、キャビネット、床板、器具柄、彫刻、ビリヤードのキュー。強さと耐久性が要求される重構造物、造船。日本では装飾的な用途。

パウアマレロ

Pau amarello

学名：Euxylophora paraensis　ミカン科

産地・分布：分布範囲は比較的狭く、ブラジルのパラ州に限られる。樹高 39m に達する。ほとんどが、産地利用。

木材の特徴：心材と辺材の境界はとくに明らかではない。心材は鮮やかな黄色、のち濃色。辺材は黄白色。肌目はやや粗ないし粗で、木理は通直ないし不規則。光沢がある。気乾密度は 0.81。乾燥は容易。加工は良好。材面の仕上がり良好、接着良好。耐朽性は高くない。

一般的な用途：家具、キャビネット、床板（主としてパーケットにして、他の色の濃い木材と組み合わせて）、ブラシの柄、器具の柄、スポーツ用品、ろくろ細工。アマレロあるいはサテンウッドという名前は他にも多いので要注意。

マホガニー

Mahogany

学名：Swietenia macrophylla　センダン科

産地・分布：メキシコ南部から、コロンビア、ベネズエラ、ペルー、ボリビア、ブラジルに分布。重要な造林樹種の一つで、熱帯各地に植栽。樹高 45m、直径 2m に達する。

木材の特徴：心材と辺材の色調差は明瞭、心材は桃色ないし赤褐色、（マホガニー色は、西インド産の同属の S. mahagoni の木材の色に由来）、光沢を持つ。辺材は黄白色。肌目はやや粗、木理は多く通直。気乾密度は 0.48 ～ 0.81。加工容易、乾燥良好、仕上がり良好。耐朽性はかなり高いが、海虫には抵抗性が低い。寸度安定性が高い。

一般的な用途：古典的な高級家具（家庭用、事務室用）、建築内装、キャビネット、楽器、彫刻、単板、高級器具、造船、木型、ろくろ細工、理化学器械の箱。世界の古典的な銘木の一つ。ワシントン条約の絶滅危惧種付属書 II にある。

ブラッドウッド

Bloodwood

学名：Brosimum paraense　クワ科

産地・分布：ブラジル、ペルー、スリナム、ガイアナ、パナマ、ベネズエラなどに分布。

木材の特徴：心材と辺材の色調差は明瞭。前者は血の色のような赤色。このためにブラッドウッド（血の色の木材）の名がある。光沢がある。後者は淡色で、黄白色を帯び、幅は広い。放射組織の中に、放射乳管があり、赤色の内容物を含む。重硬で、気乾密度は 0.90 ～ 1.05。肌目はやや精ないしやや粗で、木理は通直ないし不規則。加工は容易で、仕上がりはよい。接着は良好。

一般的な用途：家具、寄木、象眼、ろくろ細工、化粧単板。少量、日本に輸入され（現在は不明）、独特な木材の色を利用して装飾的な用途。辺材の量が多く、利用の歩留まりは低い。

ブラジリアンローズウッド

Brasilian rosewood

学名：Dalbergia nigra　マメ科

産地・分布：ブラジルのバイア州からリオデジャネイロにかけて分布。樹高 75m、直径 1.2m で、幹の形はよくない。資源が枯渇している。

木材の特徴：心材と辺材の境界は明瞭で、前者は褐色ないし黒色で紫色を帯びており、不均一な縞状になるため装飾的な価値がある。後者はほぼ白色。かなり永続性のある芳香を持つ。材面にはロウ状の感触がある。木理は一般的には通直で、肌目はやや粗である。気乾密度は 0.75 ～ 0.89 で、重硬である。加工性は良好で、単板切削は良好である。菌害および虫害に対して抵抗性がある。

一般的な用途：家具、建具、指物、キャビネット、内装など、装飾的な用途。ワシントン条約の絶滅危惧種付属書 I にある。

プリマベラ

Primavera

学名：Cybistax donnell-smithii　ノウゼンカズラ科

産地・分布：メキシコ南西部、グアテマラ、エルサルヴァドルの太平洋岸地域、ホンジュラス中西部などに分布。樹高 30m、直径 0.9m に達する。

木材の特徴：心材と辺材の色調差は明らかではない。心材は黄白色、クリーム色、淡黄褐色で、色の濃淡の縞がある。辺材はやや淡色である。木理は交錯し、放射断面でリボン杢、あるいは不規則になり斑の杢が出る。肌目はやや粗である。やや軽軟で、気乾密度は 0.45 ～ 0.55。加工は容易で、仕上がりは良好で、材面は美しい。単板切削は良好。虫害を受ける。耐久試験の結果は変動している。

一般的な用途：美術家具、キャビネット、化粧単板、室内装飾。米国ではかつて家具用材として知られていた（市場名ホワイトマホガニー）。

ブラジルウッド

Brasilwood

学名：Caesalpinia echinata　マメ科

産地・分布：ブラジル東部の海岸沿いの森林に分布。樹高 30m、直径 1m になる。国の名前が付いている珍しい木材。

木材の特徴：心材と辺材の色調差は明瞭、前者は生材時には鮮やかなオレンジないし橙赤色で、大気中に長期間曝露されるとワインのような濃赤色になる。仕上げた際には美しい光沢がある。気乾密度は 0.90 ～ 1.25 で、極めて重硬。肌目は精で、均一、木理は通直ないし不規則。加工は難しくはない。耐朽性は非常に高い。木材から染料が採れる。

一般的な用途：現在でも、バイオリンの弓に用いる最高の木材とされている。パーケットフローリング、構造材への利用もある。

リグナムバイタ

Lignamvitae
グアヤック、ユソウボク

学名：Guajacum officinale および G. sanctum ハマビシ科

産地・分布：フロリダ南部、西インド諸島など、メキシコから中米さらにコロンビア、ベネズエラなどに分布。樹高 9m、直径 0.3m。世界で最も重い木材ということでよく話題にされる。

木材の特徴：資源は枯渇。心材と辺材の色の差は顕著で、心材は木材としては珍しく濃緑褐色で、ときには、ほとんど真黒色にもなる。辺材は黄白色である。肌目は非常に精、均一で、木理は著しく交錯する。手で触れるとロウ状の感触がある。100℃以上の水の中で熱すると木材中から樹脂が滲出する（この性質を使って、かつて船のスクリューのシャフトのベアリングを製作したので造船用に不可欠な木材、現在は合成樹脂製品で代替）。気乾密度は 1.20 ～ 1.35。金属の加工機械で加工する。

一般的な用途：かつてボーリングのボール、軸受け、滑車。ワシントン条約の絶滅危惧種付属書 II にある。

モンキーポッド

Monkeypod

学名：Samanea saman（=Pithecellobium saman） マメ科

産地・分布：メキシコ、中米、南米の北部に分布。熱帯各地に造林。庭園樹あるいは街路樹としてはレインツリーと呼ばれる。樹高 37m、直径 1.2m になる。

木材の特徴：心材の色は褐色、金褐色などで、濃色の条が見られる。辺材は黄白色である。やや軽軟ないし、やや重硬で、気乾密度は 0.53 ～ 0.61。肌目は粗、木理は著しく交錯する。加工の際毛羽立つことがある。乾燥には狂いが出やすい。耐朽性はかなり高く、シロアリに対しても強い。木理の変化と、濃色の条によってできる装飾的な材面を利用する。

一般的な用途：主として、細工物、家具、キャビネット、彫刻、ろくろ細工、弦楽器の胴、化粧単板。樹形はテレビコマーシャルの「この木なんの木」で周知のことだろう。

ペロバローザ

Peroba rosa

学名：Aspidosperma polyneuron、A. peroba を含む Aspidosperma spp. キョウチクトウ科

産地・分布：ブラジル南東部とアルゼンチンの一部に分布。樹高 37m、直径 1.5m になる。

木材の特徴：心材と辺材の境界はとくに明瞭ではない。心材は赤色から黄色で、不均一。ときに紫色あるいは褐色の条がある。長期の曝露によって褐色になる。辺材は黄色。肌目は精で、均一、木理は通直ないし不規則。硬く、やや重く、気乾密度は 0.70 ～ 0.85。耐朽性は高いが、シロアリの害を受ける。保存薬剤の吸収は悪い。加工はとくに難ではない。仕上がりはよい。木理が著しく不規則な場合、かんな掛けに注意。接着には問題ない。乾燥の際に狂いが出る。

一般的な用途：無垢の木材あるいは単板の形で、種々の用途に幅広く利用。建築（産地）、家具、建具、床板、枕木、化粧単板。

マホガニーの話

世界の銘木の一つである。実際に木材を手にしたことはなくても、この名を知る人は多いはずだ。

マホガニーの名前を借用した木材は多く、フィリピンマホガニーのように元来の産地以外の形容詞がついているときは、紛い物を一応疑ってみたほうがよい。

スペイン人によって西インド諸島から輸出されたのがはじまりで、欧州人に好まれ、世界に広がっている。日本にも、明治時代に輸入された記録がある。色の形容をする言葉にマホガニー色があるのも、木材がよく知られていたからだろう。

当初は造船に使われたが、のち、建築用材として知られ、現在では家具用材として賞用されている。

スペインのエスコリアルの大建築は欧州でマホガニーを使った最初の例とされている。

自然がつくった造形美

杢のいろいろ

材面に浮かび上がる装飾的な模様「杢《もく》」。多くは生育の異常によるもの。
自然が偶然につくりだした造形美・杢のうち代表的なものを紹介する。

須藤彰司（国際木材科学アカデミーフェロー）

異常な成長の結果現れる

しばしば木材の材面を見た人が、〝これは杢がいい〟あるいは、〝この杢はちょっとね〟ということを聞く。よく使う言葉であるが、材面の装飾的な模様を表現している言葉で、一つひとつを正確に学術用語のように定義するのは難しい。

木材学会では、杢とは〝材面に現れた木材構成要素の不規則性に基づく装飾的模様〟としている。

樹木が正常な成長をしても、木取りのやり方によってできる装飾的なものがあるが、木材を形成する細胞の配列が、種々の原因で、通常とは違って三次元に錯綜してできるもの、小さい芽の断面が材面に出ているものなど、異常な成長をした結果、形成されたものが多い。

どちらかというと、材の商品価値を高めるために、商業的な慣習に基づいて名づけられていることが多いので、呼び名の表現の仕方に違いがあることがある。

代表的な杢

代表的な杢に、次のようなものがある。牡丹《ぼたん》杢（牡丹の花のような模様）、うずら杢（うずらの羽の模様に似た杢）、泡杢（接線断面で見られる小範囲の泡のような凹凸による丸い輪郭をもった杢）、こぶ杢（種々の原因で、繊維が錯綜してこぶのような模様になる杢）、鳥眼杢（鳥の目のような模様の杢で、カエデの類でよく知られる）、バイオリン杢（波状木理による杢で、バイオリンによく使われる）、如鱗《じょりん》杢（魚鱗のような杢）、玉杢（円環を連ねたような模様、または渦巻きのような模様の杢）。

通常の成長をした樹木であっても現れるものに、リボン杢（交錯木理《こうさくもくり》をもつ樹種の放射断面で、木理の配列がかなり規則的に交錯するために現れる杢、好例・カリン：57ページ）、虎斑《とらふ》（大きい断面をもつ放射組織が放射断面で表す模様、シルバーグレインが英語での表現、好例・ミズナラ：42ページ、シルキーオーク：60ページ）など。

カエデのバイオリン杢

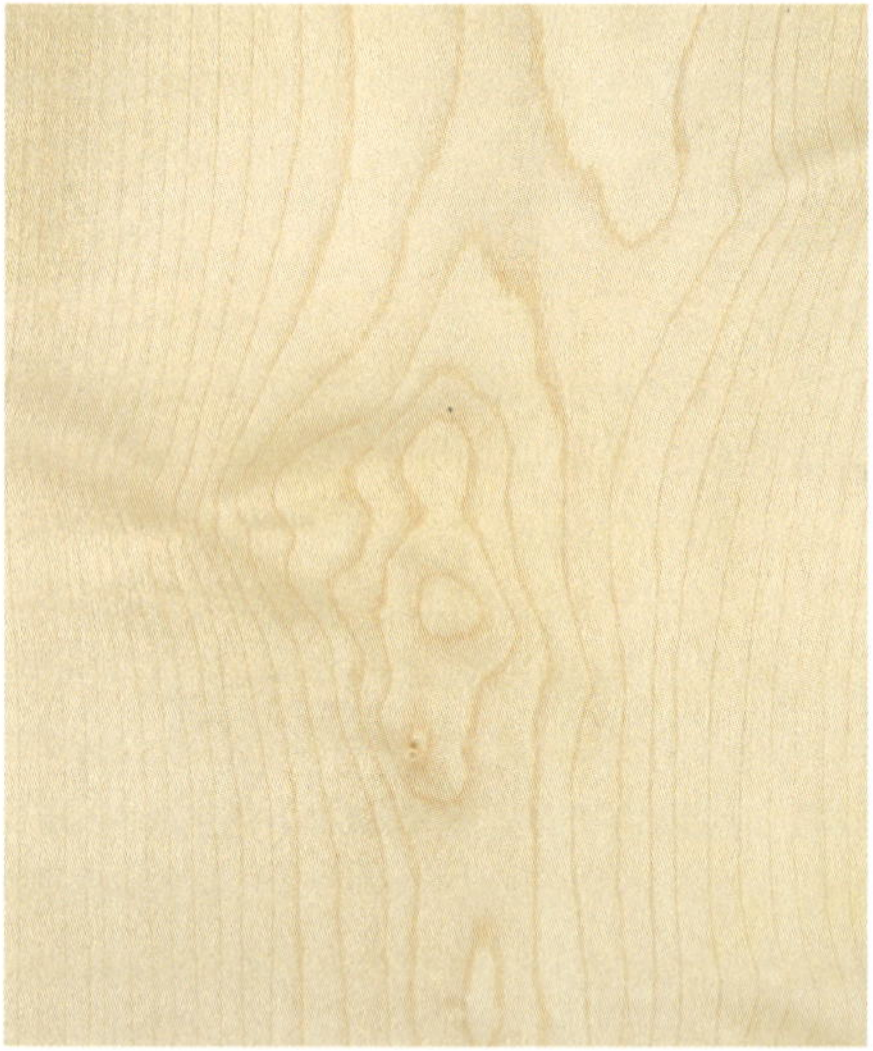

シカモアの杢

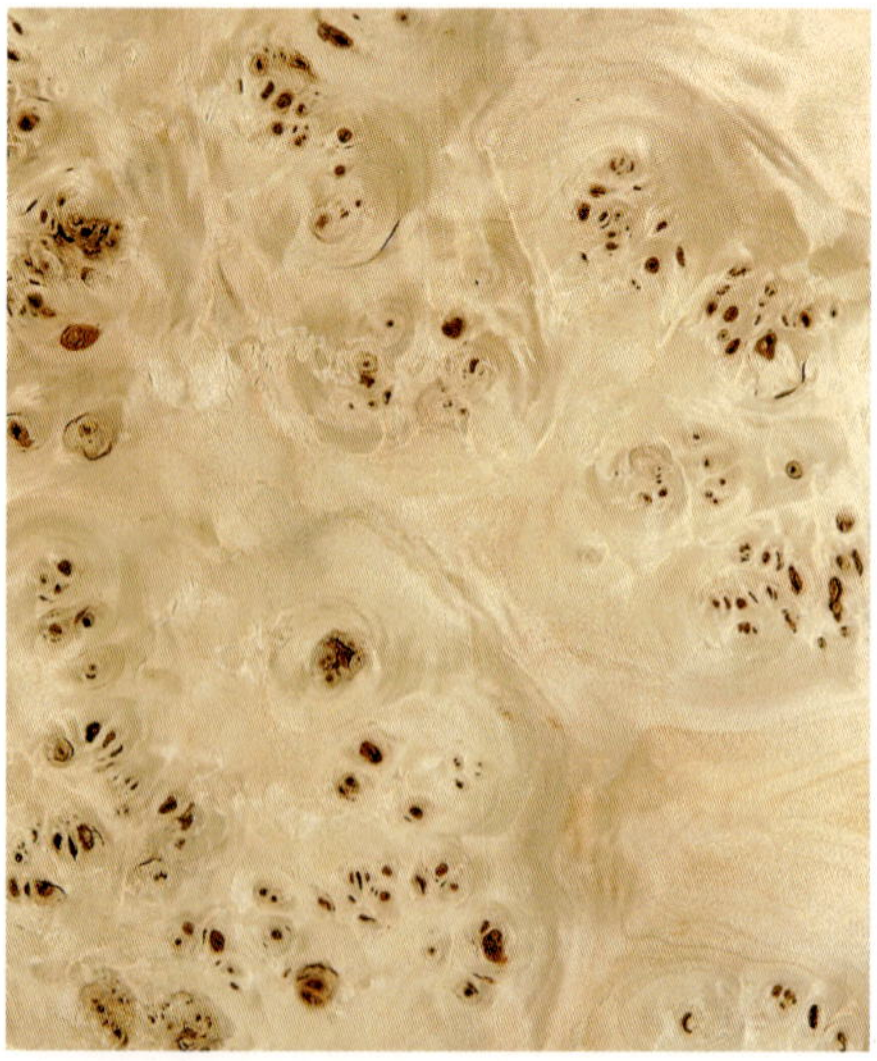

バーチの杢

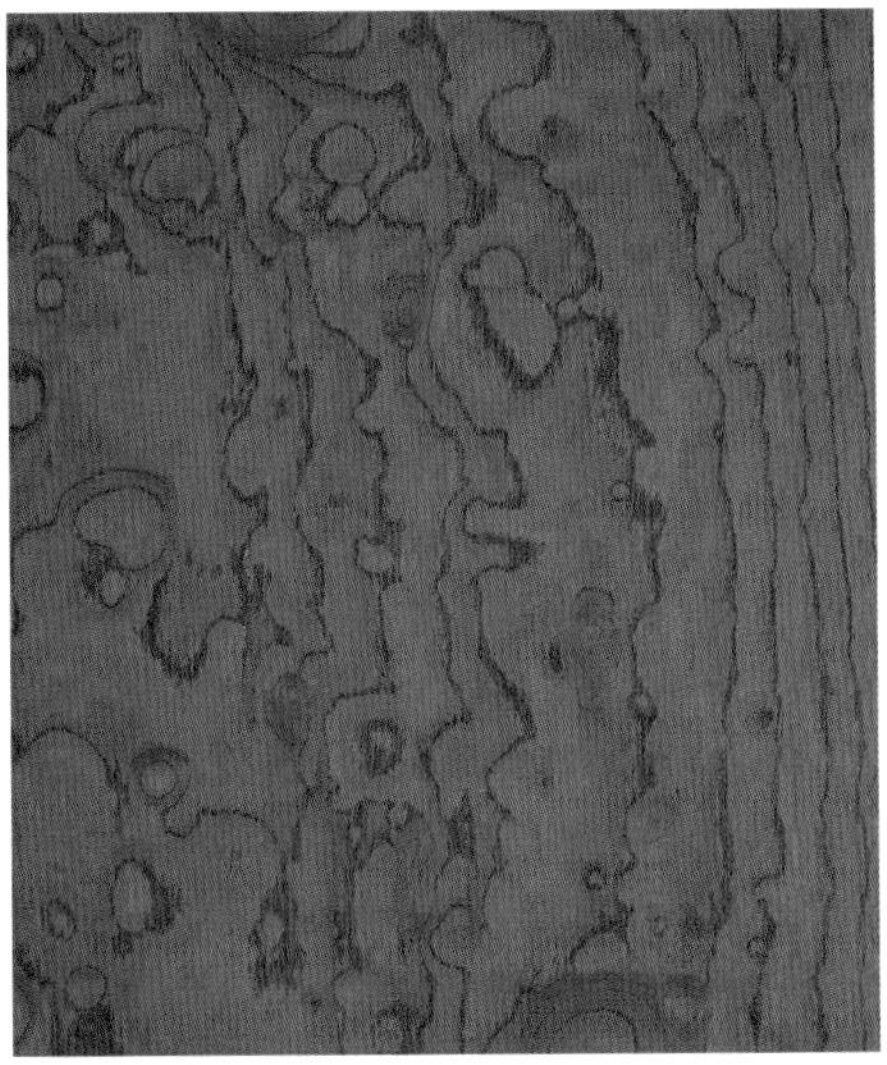

ケヤキの杢

カエデの杢

カエデの鳥眼杢。英語ではバーズアイの表現

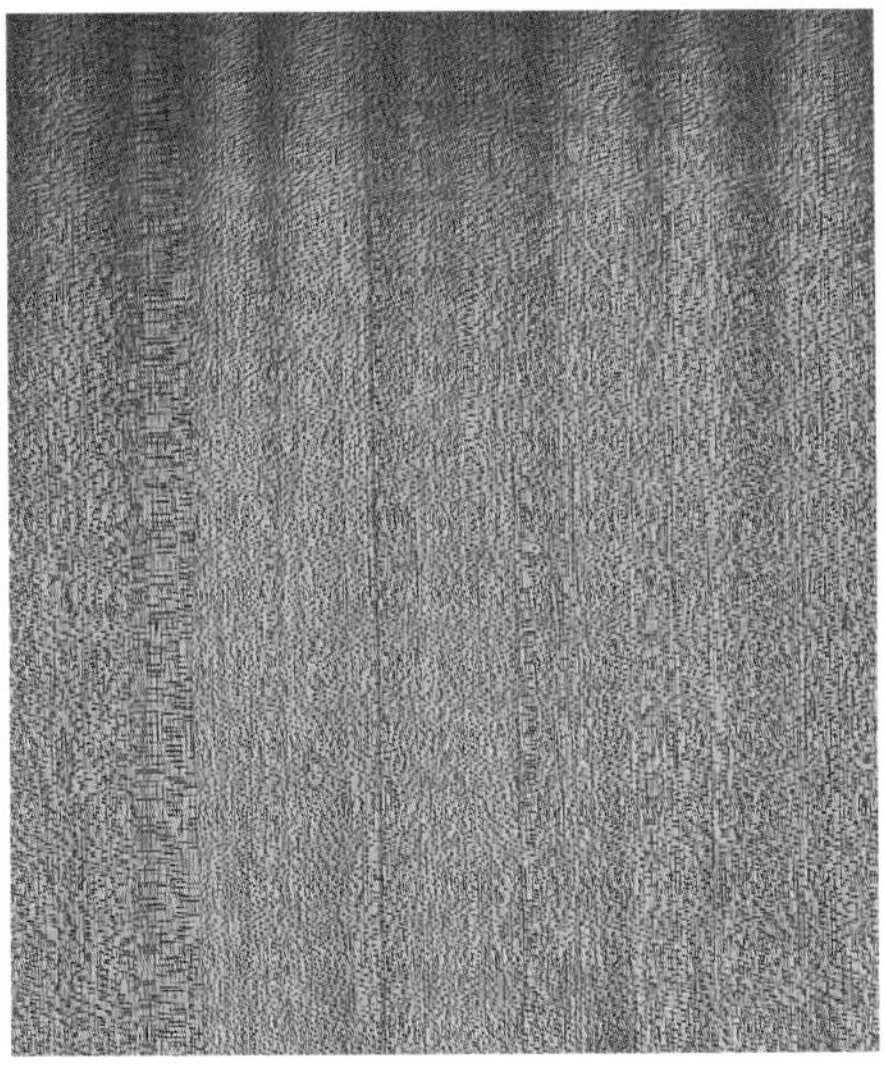

アフリカ材サペリのリボン杢

カバの杢

トチの杢

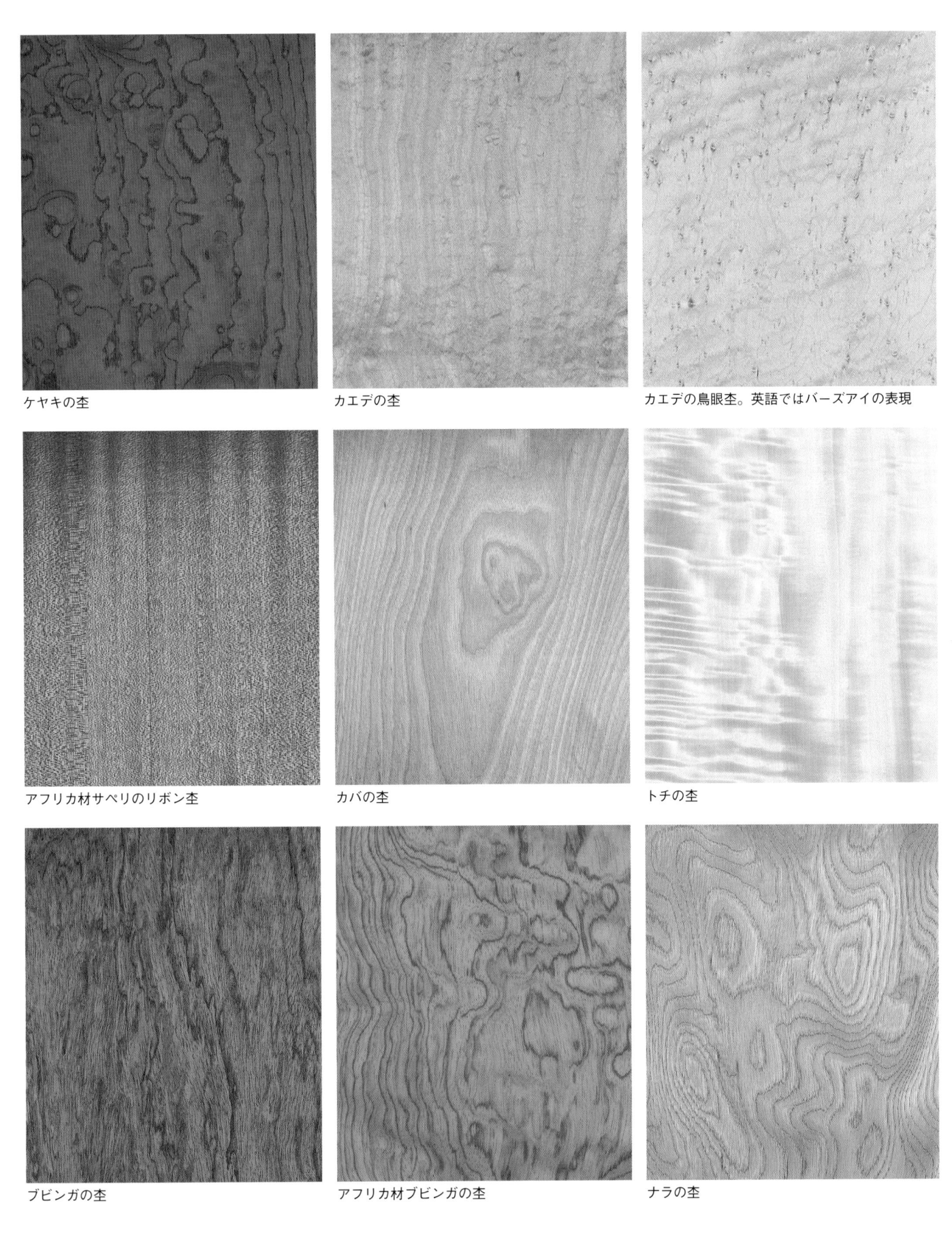

ブビンガの杢

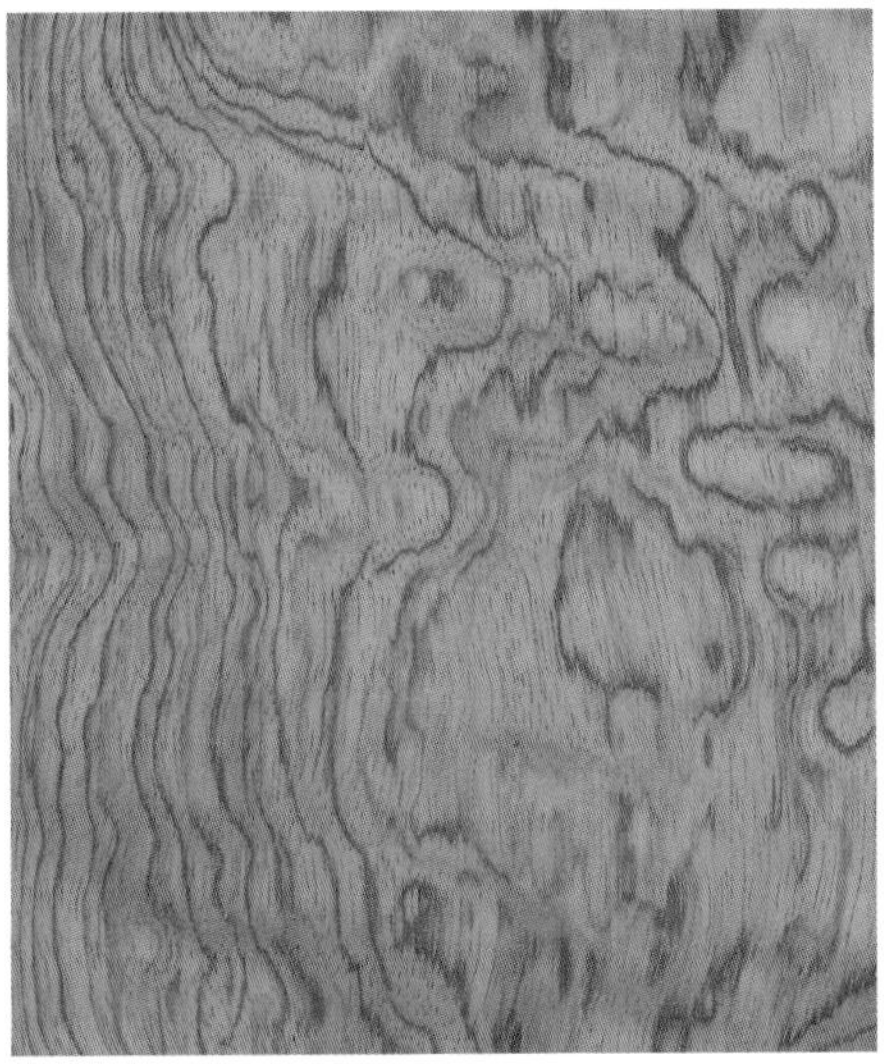

アフリカ材ブビンガの杢

ナラの杢

天然木材にはない木質材料の合理性

木質材料の特長

天然木材の欠点は、狂いやすく、材質にばらつきがあること。
木質材料はこの点を克服し、天然木材にはない長所をもっている。

海老原徹（社団法人日本木材加工技術協会）

木材の欠点を克服するために

木材は、軽量でその割には強度が大きく（比強度が大きい）、適度の吸湿性、断熱性を有し、加工が容易などの特性を有する。

一方、方向により収縮・膨張および強度の差が大きく（直交異方性材料である）、さらに生物材料であるため強度等性能のばらつきが大きいなどの欠点をもっている。

われわれはこの木材を加工して新しい材料、すなわち木質材料を開発してきたが、そのおもな理由として次の3点があげられる。

①木材は再生可能な資源であるが、大径材、優良材が枯渇しており、低質材、未利用樹、工場廃材などの利用を図ることが必要になってきた。木質材料の開発は、これらの低質材料からの製品化を実現した。

②天然の木材からは、長尺材、大面積の板などが得にくい。

③木材には使用上不都合な点が多くあり、上記のような短所を改良することが望まれ、強度のばらつきの少ない材料、異方性を改良した材料などが開発されてきた。

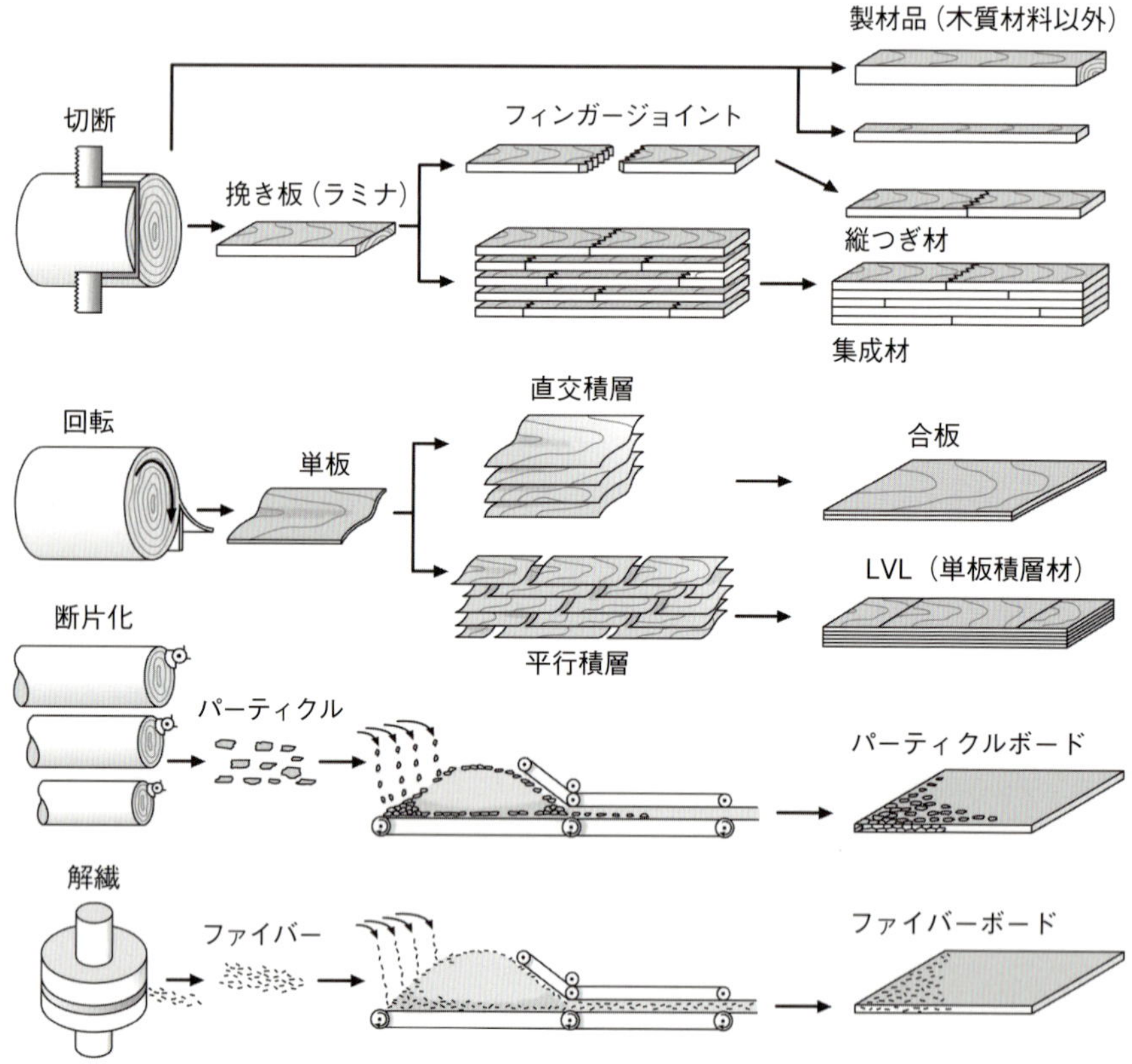

代表的な木質材料とその製造工程の概念図（林知行：エンジニアードウッド、日刊工業新聞社（1998年３月））

すべての木質材料は、原料である木材をチップ（削片）やファイバー（繊維）などに細分化し、これを接着剤で再構成した材料である。原料を細分化するので原料木材の選択範囲が広がり、低質材、廃材の利用が可能となった。製材廃材や合板廃材も細分化してチップやファイバーにすれば、パーティクルボードやファイバーボードに転換できる。

原料を細分化して得られたものはエレメントと呼ばれるが、各木質材料について独自の名称がつけられている。おもな木質材料とエレメントの組み合わせは、集成材：ラミナ、合板：単板、LVL：単板、PSL：単板ストランド、OSB：ストランド、パーティクルボード：パーティクル（木材小片）、ファイバーボード：ファイバーである。

木質材料の一般的製造工程は、「エレメントの製造→ エレメントの乾燥→ 接着材の塗布→ 圧締（エレメントどうしを密着させる）→ 接着剤の硬化→ 仕上げ」を経て製品となる。

さまざまな木質材料の構造と特性

木質材料のいろいろ

薄くスライスした板を貼り合わせた合板から、木材繊維を成形したファイバーボードまで、製造法と特性を解説する。

海老原徹（社団法人日本木材加工技術協会）

合板（ごうはん Plywood）

木材を薄くむいた板、すなわち単板を図に示すように何枚も積み重ね、接着剤で貼り合わせて1枚の板にしたものである。

通常は各単板の繊維方向（木目の方向）を1枚ごとに直交させ奇数枚合わせとする。また、単板の組み合わせ方は、合板の安定性を図るため厚さの中央に対して対称構造をとるのが普通である。

合板の一般的特徴としては、①比重の割に強度が大きい、②含水率変化による収縮・膨張が小さい、③板面内の異方性が小さい、④割れにくいなどが挙げられる。強度、寸法安定性、耐水性、加工性など、合板は他の木質系ボード類に比べてはるかに優れており、建築・家具用材としてなくてはならない材料である。

合板には多くの種類があるが、普通合板、コンクリート型枠用合板、構造用合板、天然木化粧合板、特殊加工化粧合板の5種類について日本農林規格（ＪＡＳ）において品質が規定されている。

合板は単板《たんぱん》を接着してできているので接着の程度は合板の生命線であり、ＪＡＳでは接着層の耐水性の程度によって特類、1類、2類に類別している。特類は、屋外または常時湿潤状態となる場所において使用することをおもな目的としたもので、フェノール樹脂接着剤が使用される。1類は、コンクリート型枠用合板および断続的に湿潤状態となる場所において使用することを想定したもので、おもにユリア・メラミン共縮合樹脂接着剤が使用される。2類は、ときどき湿潤状態となる場所で使用することを想定したもので、おもにユリア樹脂接着剤が用いられる。

わが国の合板は、ラワン材に代表される東南アジアからの南洋材で生産されていた。また、国産材ではブナ、カバ、セン、シナなどが用いられていたが、最近では表面に貼られる化粧単板に使われることがある程度である。熱帯材資源の枯渇に伴い、合板用原木の針葉樹化が進められ、針葉樹合板は近年には国内生産シェアの大部分を占めるようになり、原木としてロシア産カラマツ、ニュージーランド産ラジアタマツなどが使用された。また、スギ、カラマツなどの国産材も使用されるようになってきている。

合板は主として建築内装・下地材、家具材料、仮設材料、梱包材、その他の一般材として用いられてきたが、現在では耐力壁の下地材、屋根・床下地材など耐力を必要とする各種構造用材料としての使用も多くなってきている。

3プライ合板（右）と単板（左）。※3

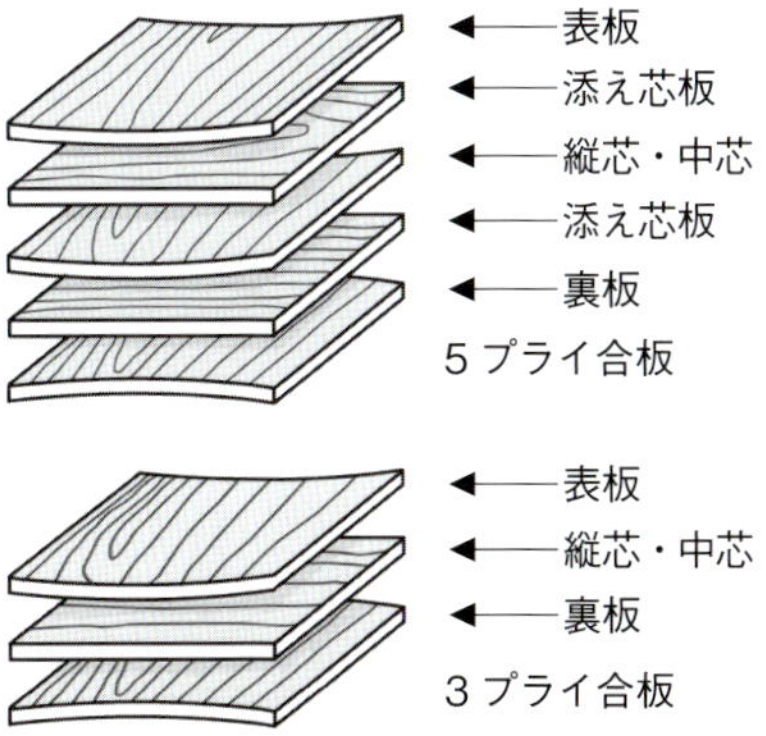

合板の単板構成と単板の名称

パーティクルボード（Particleboard）

木材の小片をおもな原料として、接着剤をもって成形熱圧した板。小片にはその形状により、ファイン、フレーク、ウェファー、ストランドなどの呼称のものがある。

ファイン（fine）は、のこ屑、プレーナ屑から摩砕によって得られる短い通直な繊維束で表層用に用いられる。フレーク（flake）は、長さと厚さを規制して切削された長さ10～30㎜の中形の長方形の小片である。ウェファー（wafer）は、一般に厚さ0.4～0.6㎜、長さ40～80㎜の正方形状の大形フレークで、ストランド（strand）は厚さ、長さはウェファーと同様であるが、長方形状（長さが幅の2倍以上）をしている。JIS（A 5908）ではOSB、ウェファーボード（87ページ参照）をパーティクルボードに含めている。

パーティクルボードは用途に応じて多くの種類が生産されている。製品の品質はJISにより規定されており、①表裏面の状態、②曲げ強さ、③接着剤、④ホルムアルデヒド放出量、⑤難燃性の相違によって区分されている。

パーティクルボードを建築用途に使用する場合には、その耐水性がきわめて重要となる。使用目的に応じてボードを選択できるようにするため、JISでは耐水性の程度に応じて、Uタイプ、Mタイプ、Pタイプの3つのグレードに区分している。

Uタイプ・パーティクルボードには、おもにユリア樹脂系接着剤が使用される。耐水性に乏しいため建築構造部材など耐久性の要求されるところには使用できず、家具、キャビネットなどの用途に適する。

これに対し、MタイプやPタイプは耐水性を高めた製品で、Mタイプにはユリア・メラミン共縮合樹脂、Pタイプにはフェノール樹脂接着剤が使用され、建築用途（床下地、屋根下地、内壁下地）にはこれらを用いなければならない。

ボードは製造の熱圧時に大きな圧縮応力を受けているため、とくに吸湿した場合にボードの厚さ方向の膨張が大きいのが欠点の一つであり、使用上注意が必要である。また、板面に平行方向の寸法変化も床下地などに用いる場合にも留意する。1800㎜の長辺は含水率が3％増加すると1.6㎜程度伸びることになり、ふくれが生じないよう目地を開けて施工する必要がある。

用途は、家具木工用、建築用、電気機器用が大部分である。建築用途としては、プレハブ住宅の床下地、乾式遮音置床用パネルとしての使用が多い。厚さ別の需要としては、15㎜、12㎜、20㎜の順に多い。

ファイバーボード (Fiberboard)

木材をおもな原料とし、これを繊維化してから成形した板状の製品の総称をファイバーボードというが、繊維板とも呼ばれる。水または空気を媒体として繊維の成形を行なうが、このうち水によって抄造《しょうぞう》・成形する製法を湿式法（Wet Process）と呼び、気流によって成形する製法を乾式法（Dry Process）と呼んでいる。

ファイバーボードは、用途に応じて密度は広範囲のものがあり、JIS（A 5905）では密度によりインシュレーションボード（0.35g/㎤未満）、MDF（0.35g/㎤以上0.80g/㎤未満）、ハードボード（0.80g/㎤以上）に区分している。

1）インシュレーションボード (Insulation Fiberboard)

インシュレーションボードは、湿式法により抄造・成形（フォーミング）したものを熱圧せずにそのまま乾燥したもので、木繊維がからみあった多孔質のボードとなっている。このため断熱性、吸音性を併せもち、

パーティクルボード（左）とその原料（右）。※2

3種類のファイバーボード、上からインシュレーションボード、MDF、ハードボード。※1

3種類のファイバーボード（木口面）、上からインシュレーションボード、MDF、ハードボード。※1

インシュレーションボードを用いた畳。※3

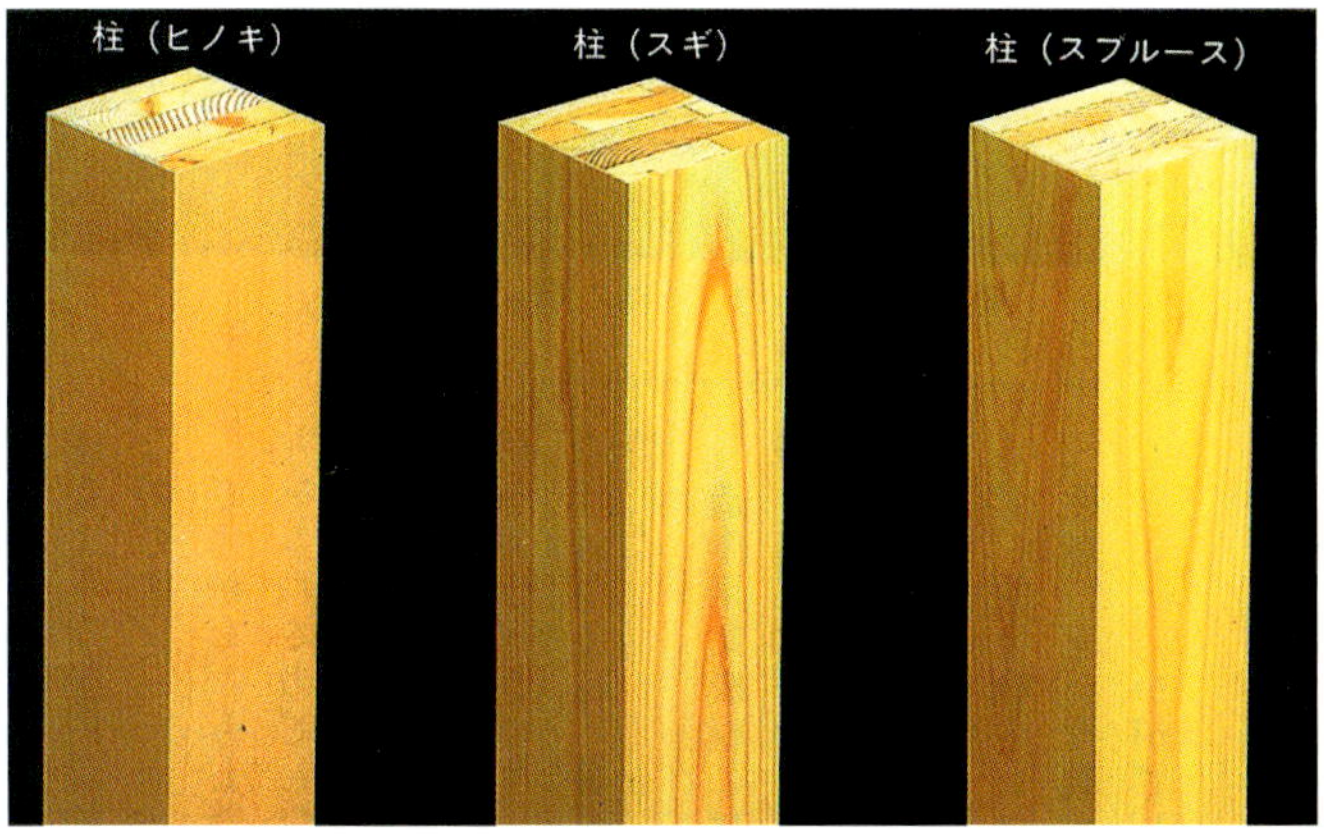

化粧貼り構造用集成柱。※２

ハードボードを用いた自動車内装。※３

大断面構造用集成材（ベイマツ）の断面（木口面）。※３

OSB（左）とその原料（右）。※３

調湿性に優れている。用途により次の3種類がある。

A級インシュレーションボードの素板は、断熱、防音層として屋根、床下地に使用される。化粧加工や穴あけ加工を施したものなどは天井、壁の仕上げ材として使用される。

タタミボードは、インシュレーションボードにクッション性をもたせた密度0.27g/㎤未満の畳床用のボードで、畳の芯材としてワラ床に代わりタタミボードを重ねて畳に仕上げる。へこみにくく、均質であるため、歩き心地がよい。また、ダニの発生がなく衛生的であるため、普及が進んでいる。

シージングボード（sheathing board）は、インシュレーションボードにアスファルトを含浸させ耐水性、強度を向上させたもので、おもに外壁断熱下地材として使用される。

2）MDF（Medium Density Fiberboard）

MDFは、乾式法により作られるため、製品の厚さは薄物からかなりの厚物まで製造できる。わが国では、2.7～30㎜の製品が作られている。JISでは用途に応じて使い分けができるように、①曲げ強さによる区分、②接着剤による区分、③ホルムアルデヒド放出量による区分、④難燃性による区分がある。

MDFは、材質が均質で表面が硬く平滑であり、しかも木口が緻密なことから、塗装仕上げとか単板・樹脂含浸紙などを貼って化粧仕上げをする場合の基材に適している。このため、家具・木工用、住宅設備機器（システム収納家具、システムキッチン）に多く使われている。

3）ハードボード（Hard Fiberboard）

湿式法、乾式法の製品がある。湿式では熱圧時にマットの水分の脱水と蒸発を容易にするためにウェットシートの下面に金網を挿入するので、片面に網目がついている。乾式法では両面平滑ボードが得られる。

ハードボードは密度が高く、板厚の割に強度が高いのが特徴であり、また打ち抜き加工、曲げ加工性に優れていることから自動車内装用としての需要が多い。また、3.5㎜が標準的な厚さであり、弱電、家具木工、建築をはじめ、梱包、雑貨分野など幅広い用途に使われている。

ウェファーボード（Waferboard）

北米で開発された構造用面材料の一種で、ウェファー状の削片をランダムに配置して接着剤を用いて成板したボード。

アスペン、サザンパインを原料として製造される。

強度的特性からOSBに代わられ、現在はほとんど生産されていない。

OSB
(Oriented Strand Board)

北米、EUで製造されている構造用面材料で、ストランドを配向させた（一方向にそろえる）層を合板のように直交するように配置したボードで、多くは3層構造をもつ。原料としてアスペン（ドロノキ）、サザンパイン、雑広葉樹などが使われる。

北米では針葉樹合板に替わる構造用面材料として生産量が著しく伸びている。用途は木造住宅の屋根、壁、床下地用がおもである。わが国では、梱包用のほか、表面にストランドの模様が浮き出ることから内装に利用される例もある。

大断面LVL。※1

PSLとOSL。※1

ランバーコア合板の種類

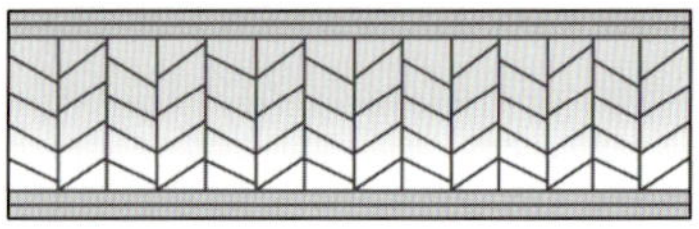

ラミンボード

ブロックボード

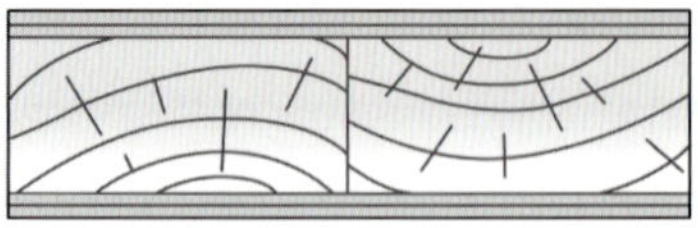

バッテンボード

ランバーコア合板

幅の狭いひき板（ストリップスと呼ぶ）を幅はぎしたものを芯材とし、その両面に単板や薄い合板を貼って厚板としたもの。テーブルトップなど家具用材、ドア、楽器部材などに用いられる。

欧米では、コア（芯材）となるひき板の幅によって、7㎜以下のものをラミンボード、その上25㎜位までのものをブロックボード、さらにその上75㎜位までのものをバッテンボードと分けている。

集成材 (Laminated Wood, Glued Laminated Timber, Gluelam)

ひき板、あるいは小角材などのエレメント（ラミナ）を繊維方向がほぼ平行になるようにして接着剤を用い、長さ、幅、厚さの方向に集成接着した材料で、多種多様な製品がある。集成材は、ひき板を積層接着したものなので、やわらかさや、あたたかさなど木材の優れた特徴を保持しているばかりでなく、製材品では得られない次のような性能が付加されている。

①要求される寸法、形状の材料、とくに大断面、長尺の材を比較的自由に作ることができる。

②ラミナは乾燥後接着されるので、製材にみられるような割れ、狂いなどを生じにくい。

③ラミナの段階で節、腐れなどの欠点を除去するとともに、積層によってそれらを分散させることにより強度が大きく、性能のばらつきの小さい製品を作ることができる。

④強度、化粧の目的でそれぞれに応じたラミナ構成をとることができる。たとえば、品質のよいラミナを最外側に配置するなど、断面の設計が可能である。

⑤建築用のアーチ材など曲率をもった材を製造できる。

⑥化粧単板を表面に貼ることによって外観の美しい材料が得られる。

日本農林規格（JAS）によれば、建物の内部造作など（非耐力部材）に用いる造作用集成材と建物の骨組みなど（耐力部材）に用いる構造用集成材に分類し、さらにこれを素地のままのものと、美観を目的として薄板を貼りつけた化粧貼り集成材に分けている。接着剤は、造作用および化粧貼り用にはユリア樹脂や水性高分子イソシアネート樹脂、構造用にはレゾルシノール樹脂接着剤が多く用いられている。

化粧貼り集成材の芯材にはエゾマツ、ベイツガ、スプルース、ロッジポールパインなどの外材が、化粧

大断面構造用集成材を用いた建物の一例。※1

単板にはヒノキ、スギなどの国産材、スプルース、ベイツガなどの外材が使用されている。素材のままの集成材では、造作用の場合、ナラ、タモ、カバ、ゴムなどの広葉樹が多く、構造用にはベイマツ、ベイツガ、スプルース、スギ、カラマツなどが使用されている。

集成材の用途は、造作用では針葉樹集成材芯材に化粧貼りを施した柱、長押、敷居、鴨居、素地のままの広葉樹集成材を用いた階段、手すり、フロアなど多岐にわたる。一方、構造用では木造住宅用の化粧貼り集成柱が大半を占めるが、最近では大規模木造建築用の梁やアーチなどの大断面の集成材が増えている。

単板積層材（LVL、Laminated Veneer Lumber）

単板を繊維方向が平行になるようにして積層接着した製品である。単板を縦つぎして積層接着工程を連続とすることにより、無限に長い厚板が製造可能であること、大量生産が可能であることなどの特徴がある。

エレメントとして合板と同様に単板を用いるが、単板の繊維方向をほぼ同一にそろえること、用途が梁などの軸材料であるところが異なる。

JASでは、単板積層材（造作用）と構造用単板積層材の2種類がある。

構造用単板積層材は、構造物の耐力部材として使用されるもので、接着剤はフェノール樹脂が主として用いられる。JAS規格では、等級（特級、1級、2級）ごとに最低積層数などの品質基準を規定している。また、製品は曲げヤング係数で区分され、ヤング係数区分・等級ごとに許容応力度が割り当てられている。

単板の厚さは2～6㎜程度が用いられるが、薄い単板を多数枚積層することにより、強度、剛性が高く、ばらつきの少ない製品が得られる。狂いを防止するため、直交単板を挿入する場合もある。LVLの製造には以前はラワンに代表される南洋材が用いられたが、近年は、ベイマツ、ラジアタマツ、カラマツ、スギなどの針葉樹が使用されている。

製品は、建築の構造材（大梁、まぐさなど）、足場板などに用いられるほか、合板、金属パイプと組み合わせた複合梁（I型梁）の弦材に使用されている。この複合梁は北米では、住宅用のほか、倉庫、スーパーなどの大スパンの架構材として用いられている。日本では現在のところ構造用としての使用が少なく、LVLの芯材に化粧単板を貼った階段ユニット、長押、鴨居、敷居などの造作用、脚物家具の脚部、箱物家具の芯材などに利用されている。

PSL（Parallel Strand Lumber）

比較的最近開発された材料である。単板（厚さ2.5㎜程度）を幅方向に裁断した細長いストランドに接着剤を塗布し、長さ方向に配列させた後、高周波連続プレスを用いて厚板に熱圧成形した製品である。

比較的品質の悪い造林木から、高能率に製材品より強い材を製造するシステムとしてカナダで開発された。LVLと同様強度のばらつきが少なく、希望の断面寸法、長さをもつ製品を製造でき、柱、梁などLVLと類似の用途に使用される。

OSL（Oriented Strand Lumber）

OSBと類似の製法で作られる軸材料製品である。アスペン（ドロノキ）などから長さ30㎝程度のストランドを採り、これを繊維方向が平行になるように配向させ、厚板に接着成形したもの。商品名として、LSL(Long Strand Lumber）とESL(Engineered Strand Lumber）がある。用途は、家具や建具などの枠材であるが、将来的には構造用途も目されている。

写真提供
※1（独）森林総合研究所　林知行
※2 日本集成材工業協同組合
※3（独）森林総合研究所　秦野恭典

森林の実状と林業の過去・現在

日本の林業と木の育成

南北に長い日本列島はさまざまな気候帯に属し、豊かな森林資源に恵まれている。これまでどのように木の育成が行なわれてきたのだろうか。

河原輝彦（元東京農業大学教授）

日本の森林

世界の森林の減少や劣化が地球的規模で環境問題となっているなかで、わが国では先人の努力もあって豊かな森林が維持されている。

わが国の森林面積は、およそ２５００万haで、国土面積の67%を占めている。その内訳は天然林およそ１５００万ha（53%）、人工林およそ１０００万ha（41%）、その他１４０万ha（６%）である。

これらのおよそ6割は個人や企業が所有する私有林、3割が林野庁が管轄する国有林、残り1割が市町村などが所有する公有林である。

天然林

天然林は、自然の力でできた森林の姿であり、日本のように雨量が十分ある地域では、おもに気温の違い（緯度の違い）によって構成する樹種が異なる。

亜熱帯林：南西諸島や小笠原諸島など年平均気温が21℃以上の地域で、ガジュマル、アコウ、ビロウ、マングローブなどのような亜熱帯性の樹木が多い。

暖温帯林：屋久島から北で、本州のなかほどまでの低地で、年平均気温が13～21℃の範囲で、シイ類、カシ類などからなる常緑広葉樹林（照葉樹林）が極相となる地域である。やや標高の高いところではモミ、ツガなどの針葉樹が多くなる。現在では、長いあいだの人間の利用の結果、アカマツ林やアラカシ林、または、スギやヒノキ人工林となっている。

冷温帯林：北陸地方、東北地方、北海道の渡島半島の低い山と西日本の山地で年平均気温6～13度の地域で、ブナ、ミズナラ、イタヤカエデ、トチノキなど落葉広葉樹林になる。ここでも現在ではコナラ林やアカマツ林、スギやヒノキ人工林となっているところが多い。

亜寒帯林：北海道の大部分には、ミズナラ、ハルニレ、カンバ類などの広葉樹とトドマツやエゾマツなどの針葉樹が混ざり合った針広混交林が広く分布し、年平均気温が6℃以下のところである。

人工林

天然林は自然の力を最大限に利用されるのに対して、人工林では人の手を継続的にかける必要がある。

すなわち、苗木を植える前に林地を整理する地拵え、苗木の植栽（平均３０００本／ha）、下草刈り（植栽後毎年1回を6～7年間）、つる切り、除伐（目的樹以外のものを取り除くこと）、間伐（抜き切りにより植栽樹の本数を減らすこと）などの作業によって作り上げられ、そして、50～60年生で伐採・搬出されて木材として利用される。

わが国の気候は温暖・多雨であるために、林地に生育する植物の種類も非常に多く、生育も旺盛であるため、植栽木との競争が起こる。その競争を緩和させるために下刈りの回数が多くなり、保育コストの占める割合が大きく約45%を占めている。

わが国の主要な人工林の樹種は、本州ではスギ、ヒノキ、カラマツ、アカマツ、北海道ではカラマツ、トドマツ、エゾマツ、アカエゾマツである。これらの人工林の多くは、戦後の拡大造林時代に植栽された40年生前後の未だ生育途上であり、間伐を必要とする林が非常に大きな比率を占めている。

わが国の人工林の仕立て方は、現在では日本全国でそれほど大きな違いは見られないが、古く藩政期から木材生産を目的で各地で古くから発達してきた先進林業地では、おもに植栽本数と間伐による本数調節によって木材生産の目標が異なり、それぞれに特徴がみられる。ここでは最も特徴のある林業地について簡単に説明する。

吉野林業：灘《なだ》・伊丹《いたみ》の酒造地帯の酒樽生産を目標とし、スギを中心に植栽本数は８０００～1万本／haの超高密度で植え、間伐を頻繁にくり返し、約２００年の高齢伐が行なわれてきた。その歴史は３００年以上になる。しかし、現在ではこの育て方は次第に減少している。

北山林業：京都北山でスギ磨き丸太の生産を目標として行なわれている林業で、さし木苗で、完満無節《かんまんむぶし》（下部直径と上部直径との差が小さく、節のない材）の通直な材を生産するために強度の枝打ちをくり返している。材は和風建築などの床柱など装飾用材である。

尾鷲《おわせ》林業：三重県尾鷲地方を中心にしたヒノキの生産を目的としている。生産される材は、小角材の生産を第一の目標とし、40年前後の短伐期密植林業であり、植栽本数は６０００～1万本／haである。

飫肥《おび》林業：宮崎県日南地域で、温暖多湿、肥沃な土壌であるためスギの生育に適し、成長が早いところである。この林業の特徴は、植栽本数を１５００本／ha前後の低密度植とし肥大成長が促進された。材は弁甲材《べんこうざい》と称され造船用として生産されたが、最近では舟材の材料が変わったこともあって、この材の生産は皆無となっている。

日本の林業の現状

わが国の森林蓄積量は、39億㎥で、人工林を中心に1年間に９０００万㎥ずつ増加している。

スギを主体とする人工林は、全体の７割が40年生前後であり、保育・間伐などを適切に行なう必要がある。人工林のほとんどは、将来、木材生産することを目的に育てられてきたものであるから、目標とする生産目標に達した適切な時期に伐採して木材として利用するとともに、再び植栽や保育、間伐など適時適切に行ない、健全で活力ある森林を育てていくことが重要である。

しかし、林業は、木材価額の長期低迷と生産コストの上昇による採算性の悪化、それに伴う森林所有者の経営意欲の低下により、生産活動が停滞した状態にある。

林業生産活動の停滞により林業就業者も減少し、昭和35年の44万人から平成16年には６万人へと大幅に減少している。

また、林業就業者に占める65歳以上の割合は、４％から30％へと増加し、高齢化が進んでいる。

これらの理由により、わが国の1年間の木材消費量は増加量と同じ約９０００㎥であるが、その自給率は昭和41年に67％あったものが、平成16年では18％まで減少している。

わが国の1年間の木材生産量のうち、パルプ・チップ用材として天然林資源も使われているが、約70％が人工林資源である。人工林から持続的に資源を供給していくためには、過密になった立木の一部を抜き伐りし、健全で活力ある林に育てていく必要があるが、その間伐が進んでいない手入れ不足の人工林が多く見られる。

この大きな原因として、木材価額の低さ、林業作業員の減少および老齢化などがあげられる。間伐の手遅れは、木材生産面ばかりではなく環境保全面からみても大きなマイナスになる。すなわち、適切に間伐が行なわれていれば、林内に林床植生が繁茂し土壌の流亡や崩壊の防止となり、土壌流亡を防ぐことは、水源かん養機能の発揮や森林の生産力の維持にも有効である。

間伐を進めるためには、間伐材の利用を促進させていく必要がある。最近では、複層林化、針広混交林化、あるいは伐期を延長して高齢林化へと進んでおり、このような人工林は生物多様性のレベルでも、天然林に近いレベルになってくる。

日田（大分県）の人工林

貴重な森林資源を維持するために

国産材、輸入材の現況と環境保全

世界的に見て、森林資源は減少の一途をたどっている。環境保全における森林の役割と、森林保護のためのさまざまな試みについて紹介する。

天野正博（早稲田大学教授）

森林資源と木材供給

◎世界の森林資源

有史以前には陸地の大部分を占めていた森林も、人口増加による農地の拡大や過度の森林の利用などにより減少し続けている。

２０００年の国連食糧農業機関（ＦＡＯ）の統計によれば、先進国では毎年３００万haの森林が増加しているのに対し、途上国では日本の森林の半分にあたる１２００万haの森林が消失している。森林は気候帯により北方林、温帯林、熱帯林と区分され、森林減少は熱帯林に集中している。この熱帯林は地球上でもっとも生物多様性に富んでおり、森林減少に伴い多くの生物種が日々、地球上から消えている。

長い人為活動により多くの森林が消失した結果、現在では図１に示すように特定の地域に森林が偏在する状態になっている。

世界の森林面積は38億haであり、毎年34億㎥程度の木材が伐採されている。伐採木材の半数は途上国において薪炭材として利用されており、残りの半数が建築用材やパルプ用材として利用されている。

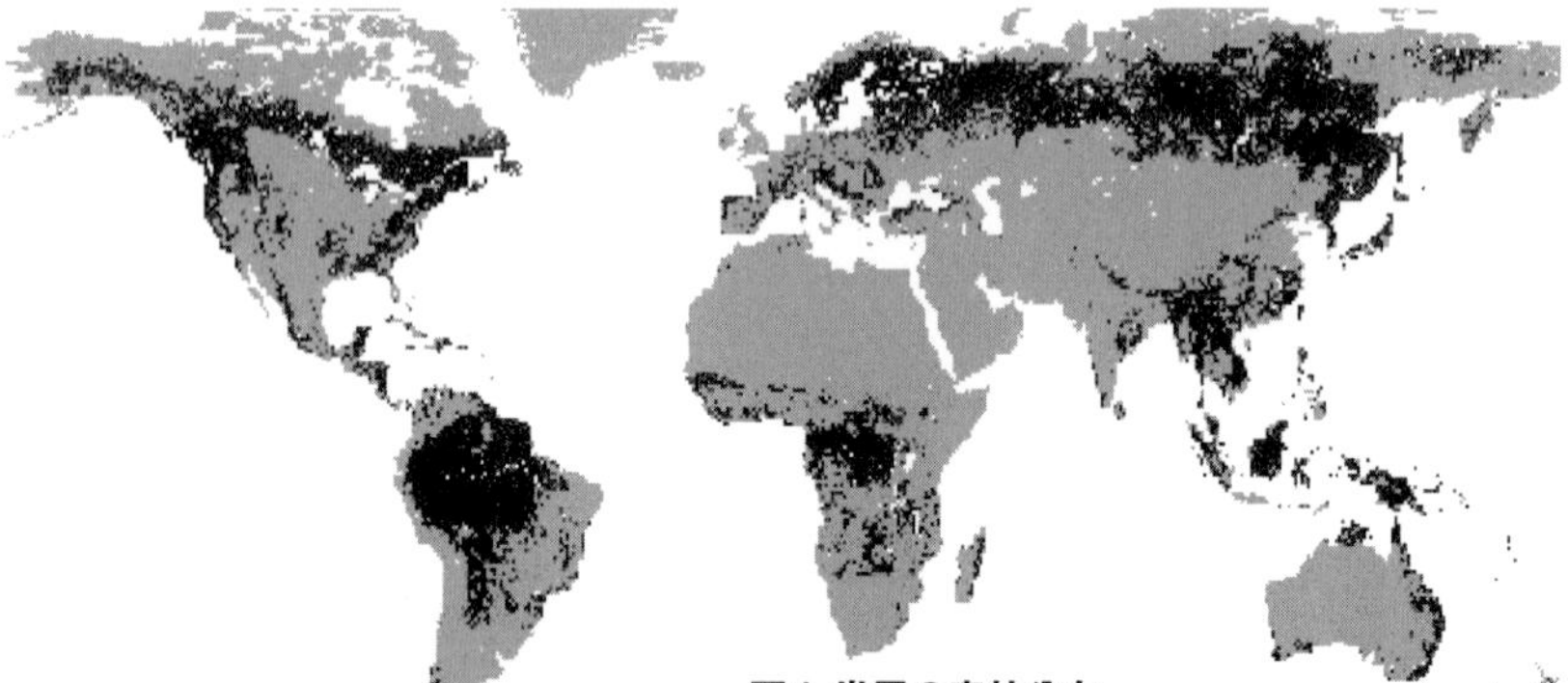

図1 世界の森林分布
FAO:Global Forest Resources Assessment 2000

◎日本の森林資源

温暖多雨で樹木の成長に適した気候帯に位置している日本の森林面積は２５１２万haであり、国土に占める森林の割合は67％とフィンランド、スウェーデンに次いで森林率が高い国である。このように森林資源に恵まれた国だからこそ、木と紙の文化が育まれたといえよう。

日本の森林蓄積は図２に示すように年々増加し、現在は約40億㎥となっている。増加量の多くはスギ、ヒノキを中心にカラマツ、エゾマツなどの針葉樹がほとんどを占める人工林であり、広葉樹の蓄積はそれほど変化していない。

木工製品に使用されることが多い広葉樹の大多数は天然林に区分されている。天然林の内訳を示すと樹種としてはブナ、クヌギ・ナラ類が多いが、それでも天然林全体の12％にすぎず、日本の天然林にはさまざまな樹種が混交して生育している。

日本の人工林の伐採適期は45～60年生であり、すでに一部の森林は伐採適期に達しており、これから10～20年のあいだに多くの森林が伐採適期を迎えることになる。

図2 日本の森林蓄積の推移

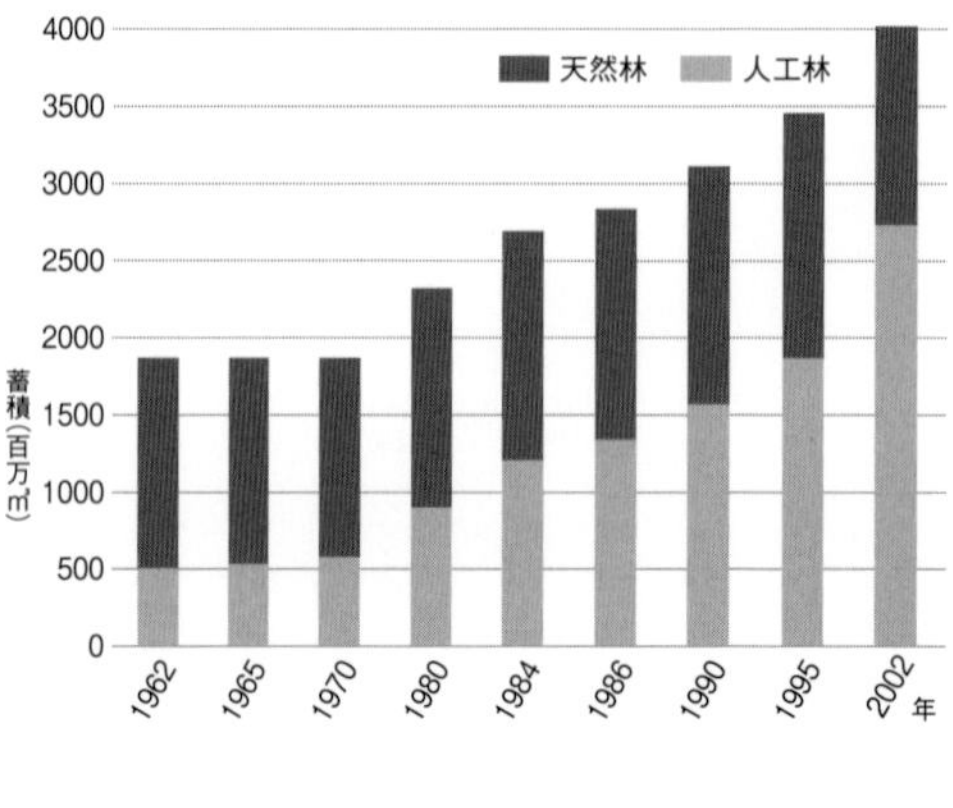

図3 天然林の樹種別蓄積

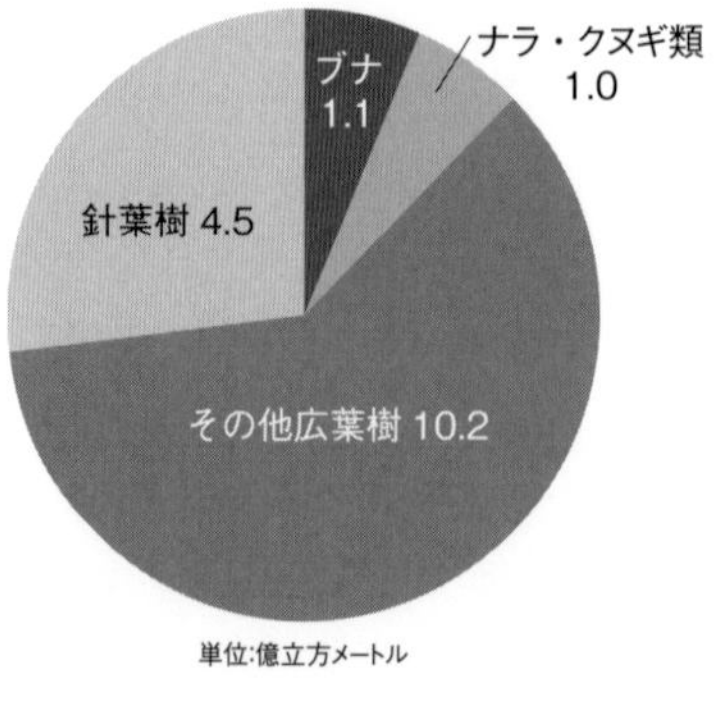

単位:億立方メートル

天然林の林齢構成をみると、2つのグループに分かれる。ひとつは90年生以上の森林で、奥地山岳地帯や北海道に拡がる天然林がある。もうひとつに45~60年生で、かつて薪炭材生産に利用され、1960年代の燃料革命以降は放置されている里山林がある。

奥地山岳林は国立公園や脊梁山脈、北海道に分布しており、水土保全や野生動物の生息地、景観保全など、さまざまなサービスや機能を発揮している。

一方、里山林は古《いにしえ》から人間の手が入ることによって維持されてきた森林であり、このまま放置され続ければ、現状のクヌギ・ナラ林からシイ・カシなどの常緑広葉樹林に変わるなど、これまでとは異なる樹種から構成される森林となる。

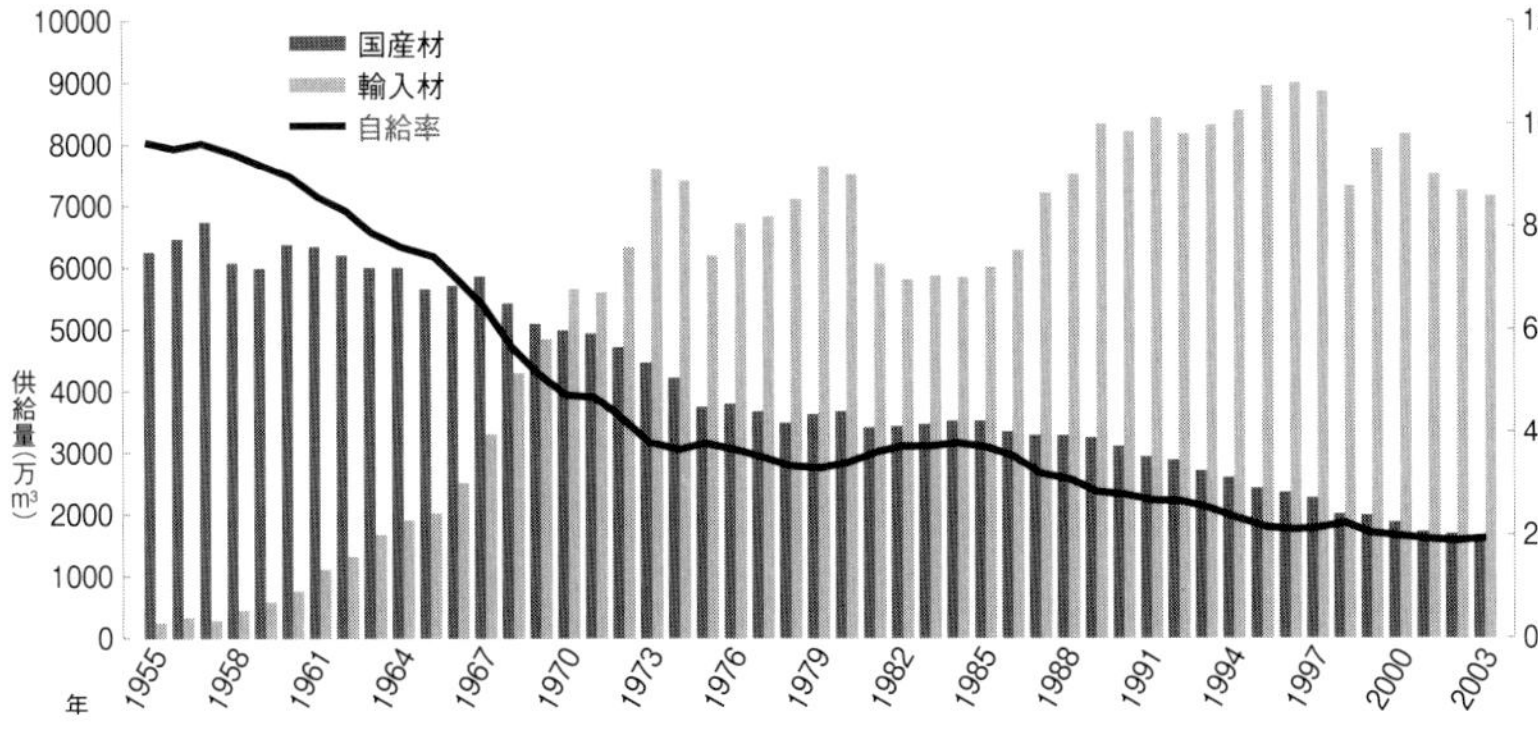

図4 国産材、輸入材の供給動向 林業統計要覧より

◎国産材、輸入材の現況

日本は関東大震災の復興時も含め戦前から木材を輸入していたが、本格的な木材輸入は、戦後の復興期に国内からの木材供給が追いつかず、木材輸入の自由化政策を始めた1960年代に入ってからである。

その後は増加する木材需要に対応するための成熟した人工林が国内に少なかったこと、円高による輸入材の価格低下などがあって図4に示したように木材自給率は下がり続けた。

人工林が成熟しだした近年は、国産材が輸入材に比べ乾燥しにくいこと、輸入材に比べ生産効率が悪いことから、国産材の供給量に増加傾向は見られない。

こうした林業不況の要因に加え、山村過疎により林業後継者がいなくなり林業従事者が減少し続けるだけでなく、残った林業従事者が高齢化してきていることもあって、森林資源が成熟したからといって国産材供給が増加するような展望は開けていない。このため、わが国の木材自給率は20%である。

2003年時点での日本の木材生産量は1517万㎥、針葉樹、広葉樹別にみると針葉樹が1261万㎥、広葉樹が257万㎥である。日本の木材生産が最盛期にあった1960年代後半には広葉樹生産量は1850万㎥前後、針葉樹は3000~3500万㎥程度であった。

とくに広葉樹供給量の減少が大きい理由として、2つが考えられる。

ひとつは広葉樹が中心であったパルプ材を製紙会社が海外の資源に求めるようになり、パルプ材としての広葉樹の需要がなくなったこと。

ふたつめの理由として、建築用材の供給量を増すため広葉樹天然林をスギ・ヒノキ人工林に転換する際に、副次的に広葉樹が伐採され市場に供給されていたが、10年ほど前から人工林を拡大する政策が終わったことがあげられる。

環境保全における森林の働き

◎森林資源の循環

かつて地球上に豊富に存在していた森林は今から100~200年ほど前までは温帯地域を中心に、そして現在は熱帯地域において急速な勢いで減少しつつある。

森林の減少は、単に木材資源の減少だけでなく、減少時に大量に放出される二酸化炭素による地球温暖化の促進、遺伝資源の消失、地域の気候の変化、水不足など我々の生活や経済に深刻な影響を与えている。こうした事態を打開するために、資源を持続的かつ有効に利用していくシステムを確立することが望まれる。

そのためには、

①生物多様性に富む天然林からの収奪的な木材生産を減らし、成長が旺盛な人工林を造成し、伐採から植林というサイクルを持続的に実施していく資源の循環利用を確立する。

②木質資源としてだけでなく森林のもつさまざまな機能、サービスを継続して維持していくため、可能な場合は皆伐という大規模な人為的攪乱を避け間伐や抜き伐りを多用する。

③森林から木材を生産する際に最終的に柱材として活用される部分は全バイオマス量の3割程度である。そこで、伐採現場で発生する枝条、末木、辺材などを木材チップや燃材として利用する。さらに、製材工場で焼却あるいは廃棄される端材を木材資源として活用するとともに、家屋の解体材などを再利用し廃材をバイオマス燃料とするなど、木材資源を有効利用することにより、森林資源の浪費を防ぐ。

④森林資源を我々の世代だけで使い切るのではなく、将来の世代も同様に森林資源の恩恵にあずかれるような持続的な利用形態を確立する。

◎森林管理のための基準と指標

森林資源を循環させながら持続的に利用しようという概念は、木材資源の継続的な利用という見方に限れば、早くから西洋、東洋などの世界各地で現れていた。

　しかし、森林は木材資源としてだけでなく、温暖化を引き起こす大気中の二酸化炭素の吸収、水土保全、レクレーション利用、景観保全、野生生物の生息場所を含めた生物多様性保全、といった多様な働きをしている。

　こうした木材生産以外の機能を考慮し、環境保全や多目的な機能を将来の世代に引き継ごうという立場から、森林資源を持続的に管理しようという概念が、1980年代後半に国連が打ち出した持続的開発という政策から始まった。

　1992年にブラジルで開催された国連環境開発会議において持続可能な開発をキーワードとして、

①気候変動枠組み条約
②生物多様性条約
③森林原則声明

という3つの国際的な合意がなされたが、どれもが森林に深く関わる取り決めであった。

　たとえば、地球温暖化をもたらす温室効果ガスの20％は森林を伐り拓き、農地など他の土地利用に転換する際に森林を燃やし、森林土壌を攪乱することにより排出されている。陸域で生物多様性がもっとも豊かなのは森林生態系である。

　これを受けて国あるいは流域レベルでの持続的な森林管理のための議定書が、世界の各地域ごとに1990年代に9つ作成された。目的やアプローチ方法はどの議定書もほぼ同じであり、2000年末には149ヵ国がどれかの議定書に参加している。

　日本は温帯地域の12ヵ国が参加しているモントリオール議定書に入っており、

①生物多様性保全
②森林生態系の生産力維持
③森林生態系の健全性と活力維持
④土壌・水資源の保全と維持
⑤地球的炭素循環への森林の寄与の維持
⑥長期的・多面的な社会・経済的便益の維持・増進
⑦森林保全と持続可能な経営のための法的・制度的・経済的枠組み

という、7つの基準に沿った森林管理をすることになっている。これらの基準を改善する方向で森林が管理されているかどうかを、67の指標でモニタリングしている。

◎新たな指標「森林認証」

　議定書は国レベルあるいは流域レベルでの持続的な森林管理を目指す枠組みであるのに対し、個々の森林経営体による持続可能な森林管理を推進するため、1993年に世界自然保護基金が主体となって森林管理協議会（FSC）が立ち上げられ、持続的な管理が行なわれている森林を認証し、そこから生産された丸太や木材製品にその旨を証明するラベルを付けるシステムが始まった。

　FSCによる具体的な森林認証事業が動き始めると、それに刺激され、他の類似の認証システムが動き出した。そのおもなものを表1にあげておく。

　FSCの本来の狙いは、熱帯林の急速な消失、生物多様性の劣化、違法伐採といった地球レベルでの森林に係わる環境問題の高まりを受け、とくに熱帯地域での持続的な森林経営を後押しするものであったが、現在は先進国も含めて認証を受けた森林が拡がっている。

　図5はFSCの認証面積の拡大を表しているが、他の制度で認証を受けた森林面積も合わせると2006年時点でその面積は約2億7000万haになっている。

　現時点では、森林認証が本当に必要な地域は先進国ではなく急速に劣化しつつある森林資源をもつ途上国であることを忘れてはならない。世界の森林の半分以上は途上国に存在し、そこから出てくる木材が持続可能な森林管理に基づいて生産されている確率は高くないのに加え、違法伐採による木材も多く含まれている。

　しかし、認証森林の大多数は先進国に存在しており途上国での普及が遅れており、途上国で受け入れやすい認証システムの開発が必要である。

　消費者が価格面だけで購入する木材を決めている限り、略奪的な森林経営や違法伐採による木材の供給を止めることは難しい。こうした問題を解決するためには価格が多少高くても認証材を選んで購入する意識を消費者がもち、木材の消費サイドから市場に認証材の流通を求めることが重要である。

表1 代表的な森林認証制度

認証制度名	開始年	対象地
Forest Stewardship Council（FSC）	1993	全世界
UK Woodland Assurance Scheme（UKWAS）	1999	英国
Finnish Forestry Certification System	1997	フィンランド
American Forest and Paper Association: Sustainable Forest Initiative（SFI）	1994	米国
Pan European Forest Certification（PEFC）	1999	欧州、北米
「緑の循環」認証会議（SGEC）	2003	日本

図5 世界のFSC認証面積（単位：万ha）

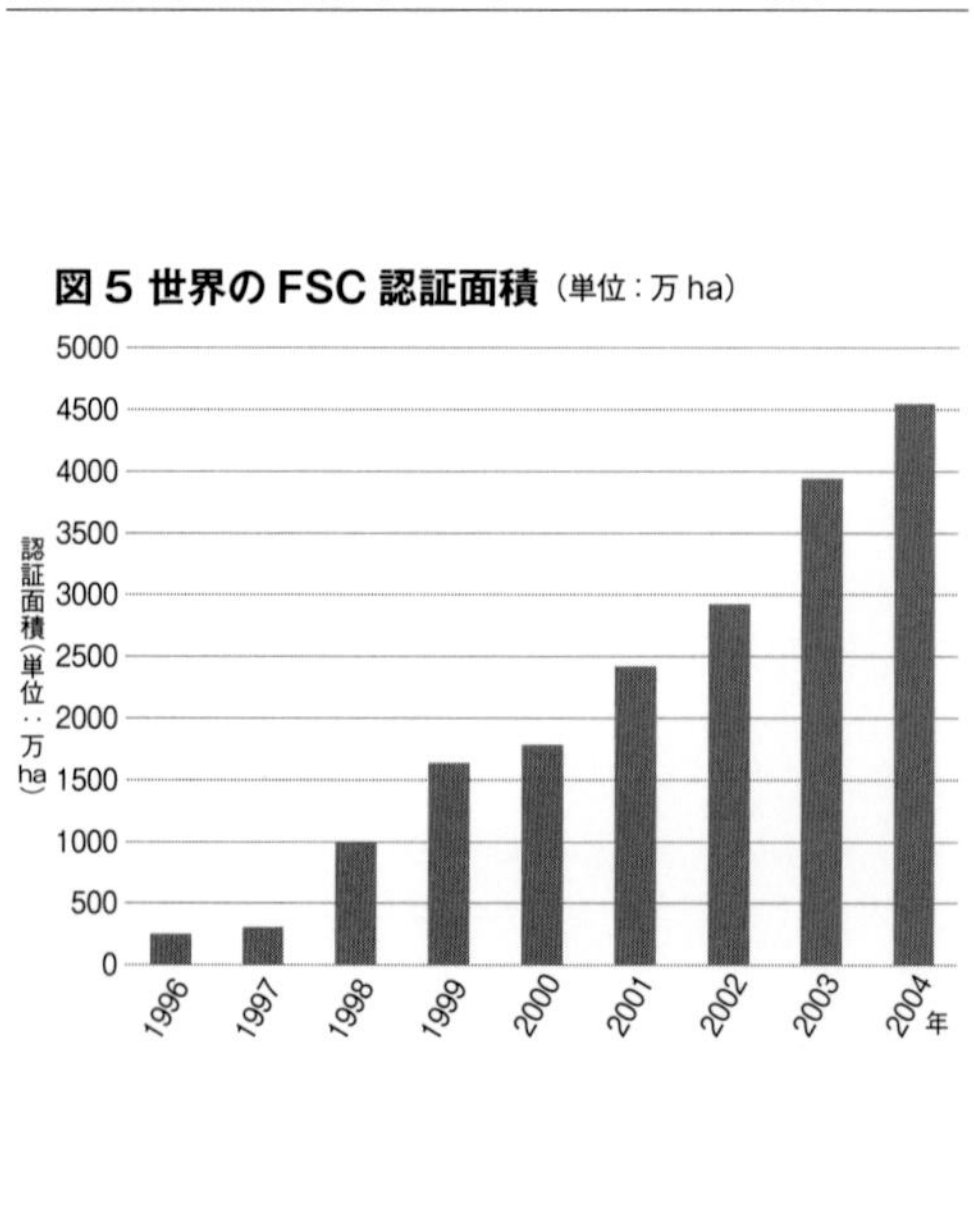

立木の伐採から製材品への加工まで

木材ができるまで

伐採された立木はさまざまな行程を経て加工され、製材工場から出荷される。樹木が木材に加工されるまでのプロセスを順を追って見ていこう。

村田光司（森林総合研究所　木材機械加工研究室長）

伐倒、造材、集材

日本国内の森林に生育している樹木（立木）は、どのようにして木材（製材品）へと加工され、木工作業の材料となるのであろうか。本節では、立木が製材品へと加工されるまでの流れを簡単に説明する。

立木を伐倒して造材し（伐採）、集材積み込み地点（山土場）に集材することを素材生産といい、森林所有者や立木購入者から作業を請け負った素材生産業者や森林組合が素材生産を行なうのが一般的である。

日本国内の森林はそのほとんどが山間部に分布しているため、素材生産は傾斜地での危険作業である。

伐倒は、チェーンソーなどにより立木を地上数cm～数十cmの部分で切り、倒す作業で、材の損傷を少なくすること、作業員の安全の確保、その後の作業の能率などを考慮して行なわれる。

傾斜地での伐倒の方向は、一般に、横向きが理想で、斜め下向きもよいとされている。

伐倒にあたっては、伐倒方向を確実にして材の割裂を防ぐために伐倒方向側に受け口（伐根茎の4分の1以上の深さ）をもうけ、その反対側に追口を入れて、切り進み、直径の10％程度を残し、くさびを打ってチェーンソーを抜き、さらにくさびを打ち込んで徐々に倒す。

伐倒木は、その枝を払われ、用途に応じた所定の長さに玉切られる（造材）。

造材された材を素材（丸太、原木）といい、集材機（ウインチ）やトラクタなどで山土場に集材された後、トラックなどで原木市場などへ運搬される。

なお、素材生産の効率化および低コスト化を図るため、フェラーバンチャ（立木を伐倒し、伐倒木を集積する伐倒機）、スキッダ（伐倒木を牽引集材する牽引集材車）、プロセッサ（全幹伐倒木を林道や山土場などで造材する造材機）、ハーベスタ（伐倒、造材、集積を行なう伐倒造材機）、フォワーダ（素材を荷台に積んで集材する積載集材車）、タワーヤーダ（移動可能なタワー付き集材機）、といった高性能林業機械による素材生産も行なわれてきている。

原木土場とはく皮

森林（林地）において生産された

スギの伐倒作業。チェーンソーで幹の反対側にもうけた受け口に向けて切り進む（上）。伐倒されたスギの立ち木。傾斜地の斜め下向きに倒されている（中）。伐倒された材の枝を払う作業（下）。

丸太の２ヵ所を同時に挽くことができるツイン帯のこ盤（上)。樹皮をむかれた原木（下)。

仕分けされ、山積み（椪積み）されたスギの原木。製材されるまで原木土場に保管される。

素材は、直接製材工場へ出荷されるものと原木市場や木材販売業者へ出荷されるものとがある。

原木市場では、入荷した素材を長さ、径や曲がりなどにより仕分けし、ロットごとに山積み（椪《はい》積み）し、市売りする。

なお、素材の日本農林規格（JAS）では、末口径14cm未満のものを小の素材、14～30cmを中の素材、30cm以上を大の素材という。また、一般に、末口径16～18cmの直材を柱適寸材（柱適寸丸太)、末口径が20cmより太い中の素材を中目材（中目丸太）と呼んでいる。

製材工場に搬入された丸太（製材工場では素材を丸太もしくは原木と呼ぶことが多い）は、まず原木土場に保管され、製材されるのを待つ。この間、製材工場によっては、丸太を長さ、径や品質により仕分けする。

製材に先立ち、のこの損傷を少なくし、材面の欠点を判別しやすくなるように、丸太の樹皮をリングバーカ、カットバーカといったはく皮機でむく。

挽き材――製材品への加工

はく皮丸太は、大割り、中割り、小割り、耳すりなどという工程を経て、製材品に加工される。

丸太をある程度の大きさの製品・半製品に挽き材する大・中割りには一般に自動送材車付き帯のこ盤が使

木材（製材品）のできるまで

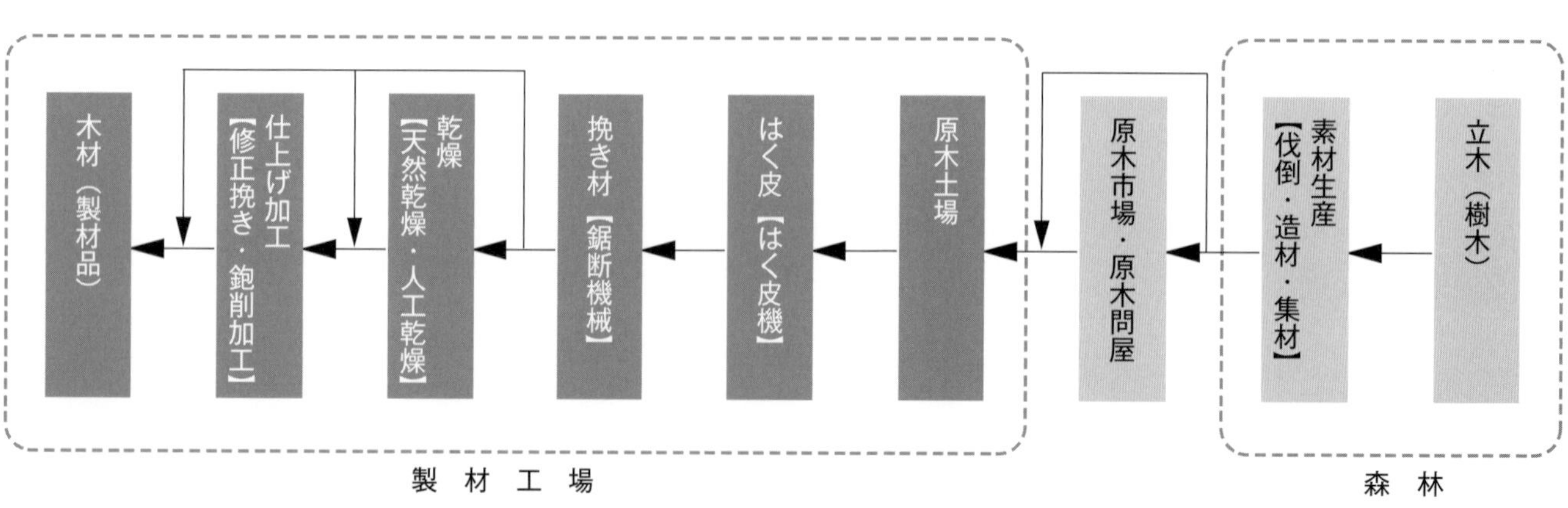

丸太の木口面に木取りのラインが描かれている銘木の挽き材（上）。製品に挽き材する小割り作業（下）。

蒸気式乾燥機に搬入される木材（上）。仕上げ加工され、製材工場から出荷される（下）。

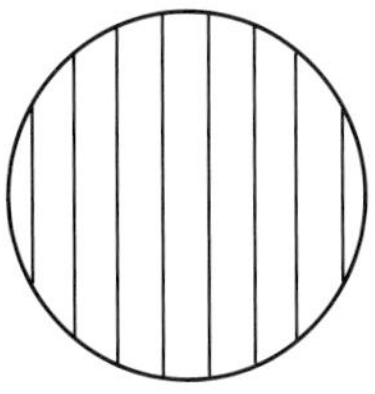

だら挽き
もっとも単純な木取りの方法。

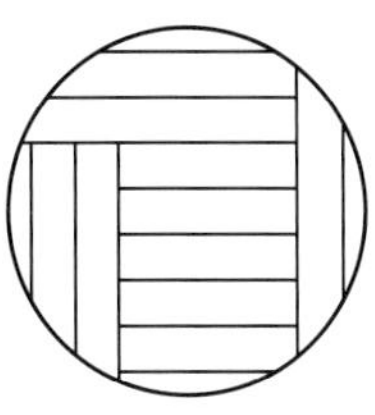

まわし挽き
欠点を考慮して、まわして挽く。

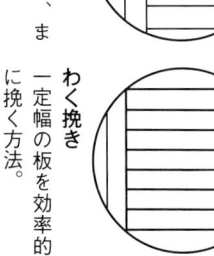

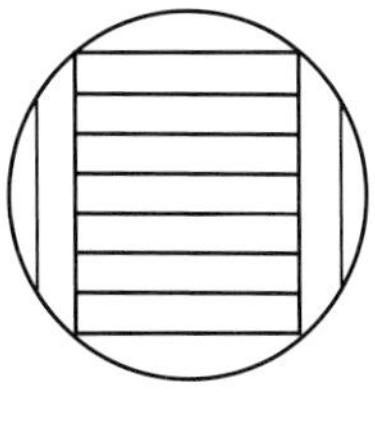

わく挽き
一定幅の板を効率的に挽く方法。

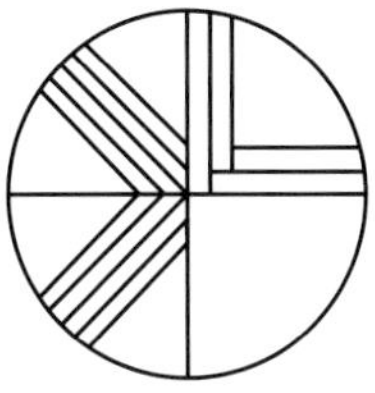

柾目挽き
化粧価値が重視される柾目板を挽く。

用されるが、帯のこ盤を２台向かい合わせに設置して、丸太の２ヵ所を同時に挽き材するツイン帯のこ盤、同様な丸のこ盤であるツイン丸のこ盤を使用する製材工場もある。

　半製品を製品に挽き材する中・小割りには送りローラで半製品を送材する自動ローラ帯のこ盤やテーブル帯のこ盤が使用されており、板の丸みを落とす耳すりには２枚の丸のこで挽き材するダブルエッジャが使用される。また、小割りに複数の丸のこからなるギャングリッパやギャングエッジャを使用する製材工場もある。

　ところで、丸太の形質を考慮して、丸太のどの部分からどのような製材品をどの鋸断機械で挽き材するかを決定すること、およびそれに基づいて挽き材することを「木取り」という。

　木取りは、製材生産の能率や歩止りに影響する重要な作業である。柱適寸丸太から芯持ち正角を一丁挽き材する場合や、同じ厚さの板だけをだら挽きする場合の木取りは単純であるが、銘木級の大径丸太から多品種の製材品を挽き材する場合には複雑な木取りが使用される。

乾燥から出荷まで

　樹木は土壌中の水分を吸い上げているため、多量の水分を含んでおり、伐倒後徐々に水分量が減少するものの、製材時にもかなりの水分を含んでいる。

　木材の水分量は、温湿度に平衡となるように減少するが、水分量の減少に伴い木材は収縮して寸法が変化する。また、木材が水分を多量に含んだ湿った状態にしておくとカビや腐朽が生じやすくなる。

　そこで、使用中に寸法が変化することを防ぎ、カビや腐朽が生じにくくするために、木材を乾燥する。

　乾燥の方法には、木材を屋外または簡単な屋根掛けした場所に桟積み・放置して自然に乾燥させる天然乾燥と、機械を使って強制的に乾燥する人工乾燥がある。

　人工乾燥機としては、蒸気式乾燥機、除湿式乾燥機、減圧（真空）式乾燥機、高周波式乾燥機などがある。乾燥材の含水率（木材だけの重さに対する含有水分の重さの比をパーセントで示したもの）の基準（ＪＡＳ）は、針葉樹の建築用材で15～20％、広葉樹製材品で10～13％、フローリング材で13～15％、集成材で15％となっている。

　木材は乾燥すると収縮し、異方性材料であるので反りやねじれといった変形をする。これらの変形を取ったり、木材表面を平滑にしたりするのが仕上げ加工である。仕上げ加工には、修正挽き用のこ機械、プレーナ、モルダなどが使われる。

　仕上げ加工された木材は、製造者、等級、乾燥の有無などが表示されて製材工場から出荷される。

木材加工と供給の中核

製材所、材木市場の役割

消費者には普段関わりの薄い製材所も材木市場も重要な役割を担っている。それぞれの種類と木材供給と価格形成における役割について。

西村勝美（木構造振興株式会社、農学博士）

製材所の種類と役割

◎国産材製材工場と外材製材工場

製材所とは、丸太やある大きさの断面をもった木材を、動力付きののこぎり機械を数台用いて次々と所定用途の大きさに切断する工場のことで、かつては木挽《こび》き所、製材所ともいっていたが、現在では、一般に製材工場と称している。

現在、国内には大小合わせて約9000の製材工場があるが、ほとんどが丸太を原料としている。丸太が国産のものか海外産のものかによって、工場タイプは国産材工場と外材工場に大きく二分され、前者はおもに国内の林業地や木材集散地に、また後者は木材の輸入港湾地帯に多く存在している。

国産材工場は、スギ、ヒノキ、アカマツ、カラマツなどの針葉樹を対象とするもの、ナラ類、カバ類、タモ類、ケヤキなどの広葉樹を対象とするものに区分され、前者を針葉樹工場、後者を広葉樹工場と称する。

また外材工場では、ベイマツ、ベイツガなどを対象とする米材工場、ロシア産のアカマツ、カラマツ、エゾマツ、トドマツなどを対象とする北洋材工場、熱帯産のラワン、ラミンなどを対象とする南洋材工場、ニュージーランドやチリ産のマツを対象とするラジアタパイン工場などに分けられる。

◎あらゆる木製品の素材供給源

日本の製材工場では、原料丸太の55%は国産材、45%は外材を用いており、国産材、外材とも針葉樹の利用ではその75%までが柱、土台、梁《はり》、桁《けた》など、住宅などの建築材料を生産している。また建築用以外では、土木材や梱包材、それにわずかだが建具材や家具材の原板を生産している。

これに対して、内外産の広葉樹利用では家具材や建具材の原板生産が多く、ラジアタパインに限っては梱包材をおもに生産している。

そしてまた、これら用途の材料を取った残りの部分からは、たとえばスギやヒノキでは簀の子、割り箸、下駄、花器、民芸品などの原料として、それぞれの製造工場へ転売している。そのほかの樹種の利用でも最終的に残ったものは、製紙用や木質ボード用、ボイラー燃料用の木材チップ、木質燃料としての薪《まき》や、ペレット、木炭などの原料として有効利用されている。

このように、製材工場では国民生活に必要な住宅用資材や産業用資材を供給するだけでなく、私たちの日常生活に身近な木製品類の提供にも直接的、間接的に係わっている。

さらに製材工場の生産活動は、直接的な就労機会の創出だけでなく、原料や副資材、製品輸送での雇用促進や関連産業との共存とともに関係者の生活物資の購買・消費などからも、地域産業経済にも大きく貢献している。

とくに国産材工場では地域森林・林業の健全な発展に寄与するなど、環境保全の側面からもその存在は社会・経済的にも重要な役割を果たしている。

◎求められる国産材の積極的な活用

日本の森林は、戦後造林のスギ、ヒノキ、カラマツなど針葉樹の人工林が全国的に成熟過程に入っており、21世紀前半には利用可能な木材として大量な生産供給が期待されている。

これまで長いあいだ、国内の木材需要は輸入材に大きく依存してきたが、今後は国内森林資源の充実と、その今後の再生、さらには環境保全と国土保全上からも、国産材の利用拡大を促進していく必要がある。

このために、その利用の第一段階では、製材工場が大きな役割をもつことになるが、またそれには住宅など建築分野をはじめ、他の産業でも今後における国産材利用の積極的な取り組みが必要になっている。

木材市場の種類と役割

◎価格形成と在庫調整の機能

木材市場は、正式には木材市売市《もくざいいちうりいち》場《ば》という。

木材市売市場は、もともと小規模分散的に存在する木材生産者（原木では森林所有者や森林組合、原木生産者など、製材品や材木では製材業者や木材加工業者など＝荷主）が、自己で生産した木材を市場にもちより、定例日に購入者（＝買い方）を集めて、競《せ》りや入札によって現物取引を行なうためのもので、生産者と購入者の便宜を図る卸売組織のことを指す。

　このように市場は、流通機構における卸売組織として、価格形成や在庫調整の機能をもつ意味から市場が認める者以外は荷主、買い方に参加させないのが原則になっている。

　したがって木材市売市場の買い方は小売業になり、木材を直接使う工務店や一般の消費者などは市に参加できない。

◎機構と取り扱い木材による違い

　木材市売市場は、その組織には民間会社と協同組合の経営によるものがある。またその機構によって「単式市売市場」と「複式市売市場」に、さらに取り扱う木材によって「原木市売市場」と「木材製品市売市場」に分けられる。

　単式市売市場は、市場が荷主からの販売委託材を集荷して展示し、買い方を募って木材を販売するもので、集荷、販売、集金、荷主への代金決済などの業務は市場の責任において行なう。単式市売市場では、多くの場合、取り扱う木材の対象が原木丸太を主体にしている。したがって、その市場は、木材の産地や集積地に開設されている。

　原木の市売りでは、集荷した原木を土場で樹種別、長径別、直曲別などに仕分けし、一定ロットに椪《はい》積みして買い方（製材業者など木材加工業者）に供覧し、競りもしくは入札によって販売する。

　競りや入札で、予定価格に達しないもの、あるいは買い手がつかないものを、元落《もとお》ちといい、これは入札でいう不落《ふらく》に相当する。このような木材は、市の終了後に特定の買い方と直接交渉して販売する方法がとられ、これを相対《あいたい》取引と称している。

　なお、原木市売市場での販売ロットは、一般製材用丸太では椪積みだが、役物製材用や特殊製材用、銘木クラスの広葉樹丸太では、多くの場合、1本ごとに競り、あるいは入札にかけられる。

　現在の製材用丸太の市売りでは、荷主から販売金額に対して5～7％の手数料と600～800円／㎥の椪積み料を徴収し、買い方からは依頼を受けた場合に限り、売却材の積込料として300～500円／㎥、積込機械の貸与料として200～300円／㎥を徴収している。

　市場としては、この徴収額を事業収益として運営することになる。

◎単式市売市場での売買

　単式市売市場の製材品市売りでは、荷主から販売委託されたものを林場《りんば》と称する陳列場に立てかけるか、横積みして買い方に供覧し、競りあるいは入札にかける。

　この場合、その製材品には樹種名、寸法、品等、販売単位となっている本数または枚数、材積などを表記した明細書が添付されているが、これを手板《ていた》と称する。

木材の流通過程

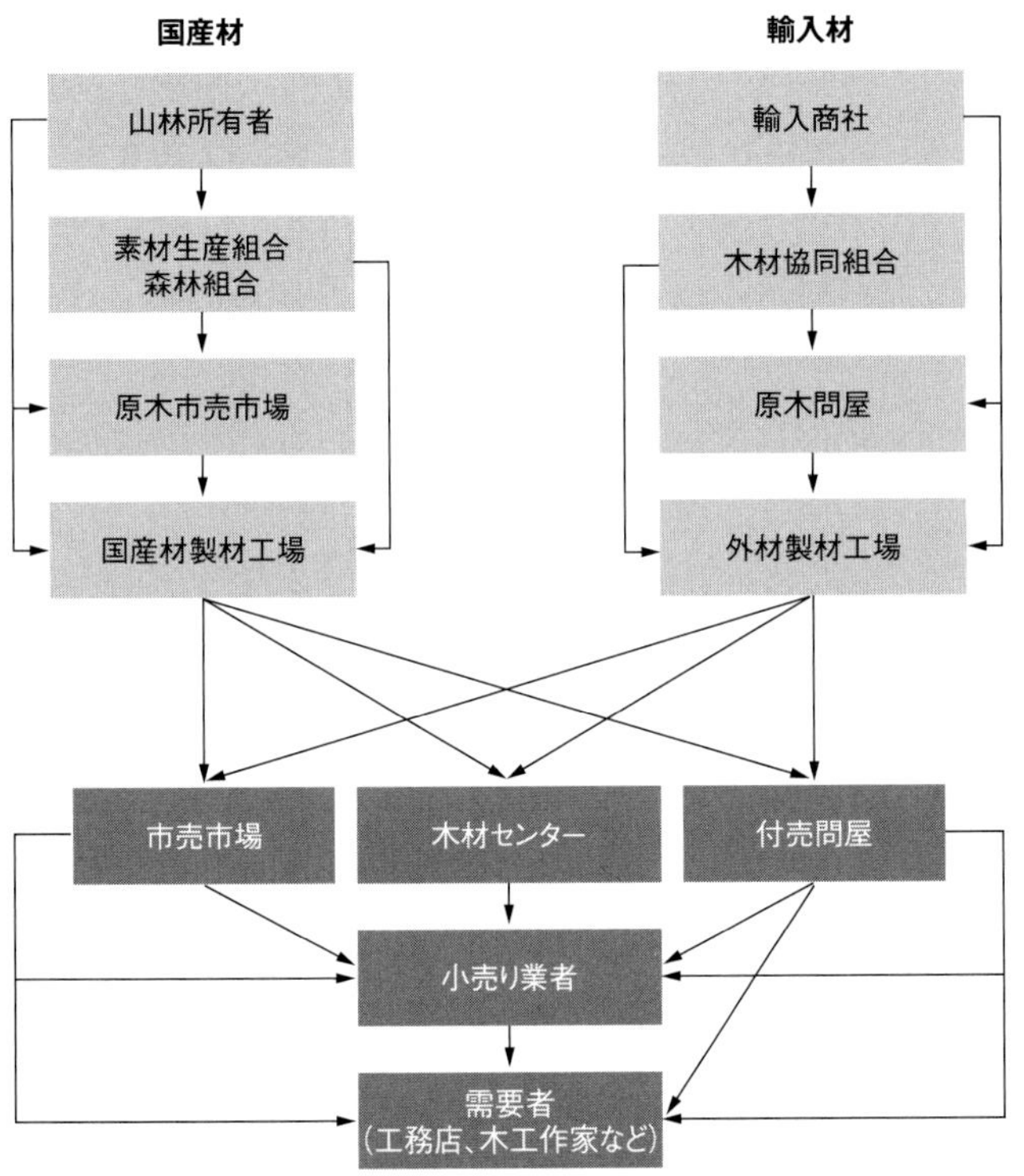

『木材活用事典』（産業調査会事典出版センター刊）より

◎複式市売市場での売買

　複式市売市場とは、複数の木材問屋や仲買業者に店舗を有料で提供し、入居している業者が販売した代金の回収を代行し、これから一定の手数料を差し引いて精算するなど、金融業務を併わせて行なう市場のことである。

　複式市場には、秋田スギや青森ヒバ、木曾ヒノキ、吉野スギ、尾鷲《おわせ》ヒノキ、道産広葉樹材などの銘柄製材品、あるいは天井板、床柱《とこばしら》、長押《なげし》、そのほかの銘木類などを専門に扱う問屋が店舗を構えており、この問屋を市売問屋、もしくは浜《はま》問屋と称している。なお、市売問屋や浜問屋で扱う木材は、自己の責任で産地から仕入れるが、市売りは市場が設定した市日で行なう。

　いずれにしても、木材市場は卸売組織の一つとして、木材の価格形成や品ぞろえ、在庫調整などの機能の役割を果たしており、農産物や海産物の流通と同様に生産者と消費者の便宜を図る場として重要な存在になっている。

材木市場の実際

南東北から関東一円の木材の供給ターミナルのひとつ・相互筑波市場、隣接する「日本屈指のケヤキ市場」として名高い相互銘木市場を取材した。

超大型市場・相互筑波市場

研究学園都市として再開発が進むつくば市。広大な区画をもつ東光台研究団地に木材市場がある。昭和55年に開場した超大型木材市売市場・相互筑波市場である。運営する市場会社は、㈱東京木材相互市場。

安定した住宅資材を供給する拠点として、関東圏はもとより、南東北の福島から中部地方の長野まで、広範な地域の材木小売商に販売を行なう複式市売市場だ。市場は問屋に場所を提供し、問屋が集荷・販売を行なうスタイルである。

この市場が提携している市売問屋は8社。問屋は地元の茨城のほか、東京、名古屋など、広範囲にわたる。また、製材所からの委託販売、仕入れも市場独自で行なっている。

市場で扱っているのは、ヒノキ、スギ、マツ類などの国産材と、北米材、南洋材などの外材。国産材が65パーセント、残りの35パーセントを外材が占める。

製品のほとんどが住宅用資材といっていいほどで、大屋根が掛けられ、端から端まで100m以上はあろうかという広大な林場《りんば》には、見渡す限り、柱や土台などの構造材、敷居や内壁に使われる造作材などが、積み上げられ、立て掛けられている。

どの木材製品にも、「杉」「檜」「特等」「無節」「4.5×12㎝」「長3m」などというように、木材の種類、品質、サイズ、さらに産地、取り扱い業者名などが表示され、素人目にもわかりやすく映る。

こうして建材が並ぶなかに、ときにスギ、ときにケヤキの大板が見受けられる。テーブルなどの天板として求められるのだという。

競りが行なわれる市日は毎週水曜日、買い方である材木商（小売商）20〜30人ほどが訪れる。取材した日は、お盆明けの酷暑ということもあり、訪れる業者も少なく、残念ながら活発な競りのようすを見ることはできなかった。

市場で商品を仕入れるためには鑑札が必要で、東京築地の魚市場のように一般消費者向けの場外市場があるわけではない。当然、消費者は直接購入することはできないが、頼めば見学することはできる。

週1回の市日以外に、記念市と呼ばれる市が月1回立てられる。この日に売り出される木材は、質・量を伴っていて、通常の2〜3倍の数の業者が、茨城のほか、近隣の埼玉、栃木、東京など関東一円から訪れ、秋田スギ、木曽ヒノキ、青森ヒバなど、商品価値の高い木材を中心に競りが行なわれる。

ケヤキで名高い銘木市場

相互筑波市場が開場した翌年の昭和56年、相互筑波市場の隣接地に、ケヤキ原木専門市場として相互筑波銘木市場が開場した。

相互筑波銘木市場は、単式で運営されている。つまり、市場を運営する㈱東京木材相互市場が、集荷・販売を一手に担っているのである。

現在はケヤキだけでなく、スギ、マツなどの優良原木（丸太）を取り扱っている。月2回の市日には、関東だけでなく、ケヤキの需要が多い関西から銘木業者が遠路、買いつけに集まる。

原木置き場では、基部の直径がゆうに1mを超えるケヤキや、椪《はい》積みされた直径30〜40㎝のマツの原木を見ることができた。銘木はほとんどが化粧材として扱われるが、とくに珍重される杢が取れる木材かどう

相互筑波市場の広大な林場正面。この奥、写真右手に銘木市場がある。

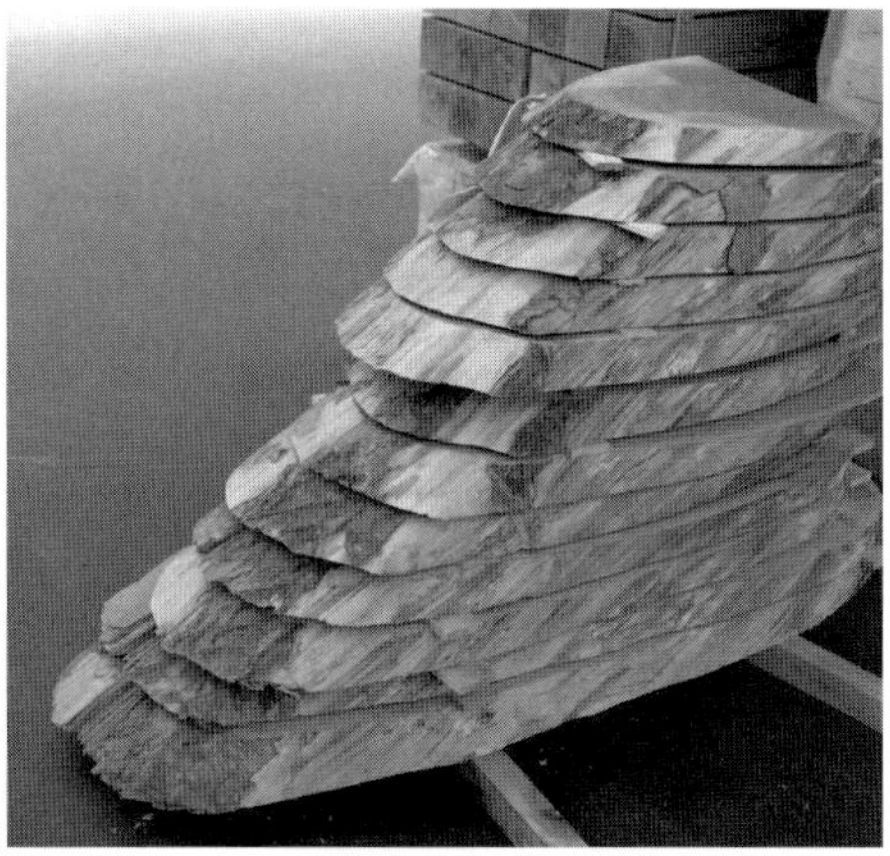

高く積み上げられた構造材（右上）。天板に向くスギの板材（右中）。銘木市場、マツの原木（右下）。広大な林場には見渡すかぎり商品が並ぶ（中央上）。材の断面がモザイクのように美しい（中央中）。銘木市場、ケヤキの原木（中央下）。長さ３～４ｍの柱材が並ぶ（左上）。競りのようす、この日は４、５人でこぢんまり（左下）。

か、プロは原木の形状で判断する。

　ケヤキは植樹をして人工林で育てることはないのだそうで、自然に芽生え、育ったものを見つけ、買いつける。樹齢２００～３００年にならないと商品価値が出ないというから人工的に植林しないというのも、もっともである。バブル期には、50～１００万円／㎥の値がついたケヤキも、現在は20～30万円／㎥だ。

もっと木材を使ってほしい

「かつてのような活気に乏しい」と、取材に応じてくれた㈱東京木材相互市場の宇鉄《うてつ》氏は嘆く。健全な価格形成に重要な競りでの落札が減り、相対販売が多くなっているという。不振の要因はいくつか数えられる。

　ひとつに伝統的な在来工法（木造軸組工法）の減少。構造材に木材を使わないＲＣや軽量鉄骨はもちろん、ツーバイフォーに使われる木材は市場を通らずに流通する。同様に大工も減っている。製材所であらかじめ決められた部材に仕上げるプレカット（相互筑波市場の木材は半製品）が増えている。林業従事者や材木商の高齢化も拍車をかける。

「木はいいですよ。日本の気候風土に合う国産材を使った家や家具のよさを、もっと多くの人に知ってもらいたいですねぇ」

　木材生産と供給にかかわるすべての人たちの思いに違いない。

木材変形のメカニズムと木材選びの目安

木材の特性

木材は、成長応力や乾燥による収縮によって変形する。
反りにくく、変形しにくい木材選びのための目安を知ることが大切である。

岡野 健（NPO木材・合板博物館館長）

木の動き——成長応力

木が太くなるのは樹皮の内側にある形成層の分裂によるものだが、分裂した細胞は樹皮を押し広げながら成熟する。その結果、木には成長応力が蓄積される。木を伐り倒したり、丸太を玉切ったりすると割れるのは成長応力によるものである。また大きい材をのこぎりで挽くと刃がくわれたり、挽いた材が反ったりするが、いずれも成長応力によるものである。

成長応力は、材を加熱する、あるいは時間をおくことによって少なくすることができるが、あらかじめ材の成長応力の程度を知ることは容易ではない。また、大きな成長応力をもっている樹種があるが、特殊なものに限られている。立木を伐り倒して使う場合や、丸太から作業をはじめる場合は注意が必要である。

収縮——板目板の反り

木の生理的な役割は根から葉に水を運ぶことである。したがって木は大量の水を保持できるように作られている。木の含水率は水をまったく含まない状態の重さを基準にして％で表す。立木では２００％以上の含水率であることが多い。

木を放置しておくと乾燥してその場の温度と湿度によって定まる含水率（平衡《へいこう》含水率）になる。年間平均では軒下で約15％、室内では約12％であるが、暖房の効いた冬の居間では、５～６％にまで下がる。木の製品を使う場所の温湿度と含水率を推定して、その含水率に調整しておくと狂いを少なくすることができる。

木は含水率が30％以下になると収縮する。含水率１％当たりの収縮率が平均収縮率で、接線方向の平均収縮率は半径方向の約２倍である。

そのため板目板を乾燥すると木表側に反る。板目板は湿度の変化に応じて反りが変わるので、天板として使う場合などは変形防止のための副木《そえぎ》が必要である。柾目板は反らない。

生材を含水率０％に乾燥したときの収縮率が全収縮率で、樹種によって違う。ところが収縮率は木の密度にほぼ比例しているので、軽い木のほうが重い木より変形しない。人工乾燥材は天然乾燥材に比べて変形しにくい。

よい木材、悪い木材

のこ挽きが容易でかんなの仕上がりがよく、ドリル穴がきれいでバリが出にくく、塗装の上がりがよい材が木工に適している。

本書の木材図鑑には、木理が通直か交錯か、肌目が精か疎か、加工や塗装が容易か、など記載がある。

木理が通直であれば逆目はでない。肌目が精なら一般に仕上がりがよい。肌目が疎であると材はコントラストが強く、個性的である場合が多い。針葉樹材は年輪のなかの早材と晩材の密度差が大きいので、密度差がほとんどない広葉樹材の方が加工しやすい。ただし広葉樹材は一般に針葉樹材より密度が大きく、とくにデッキに使われる材は歯が立たないといっていいほど硬いので適さない。

割れやすい木、もろい木、色が変わる木なども適さない。これらも木材図鑑に記載がある。

節や〝あて〟（風や雪などで曲げられた樹幹がもとに戻ろうとするとき形成される特異な組織）など、欠点のある木も適さない。節は一見して分かるが、あてはわかりにくい。針葉樹材のあては色でわかる場合が多い。広葉樹材ではあてはへこんでいたり毛羽立っていたりする。あては加工しにくく、仕上がりにも影響する。あては樹木が成長していく上では必然的なものだが異常な組織である。

幅の狭いラミナを貼り合わせた造作用集成材は、ラミナの木取りが板目や柾目《まさめ》や追柾《おいまさ》など、さまざまであることから反りにくく、天板などに使う場合は、無垢板よりも安定している。

木材の収縮による変形
破線はもとの形、実線が変形後。

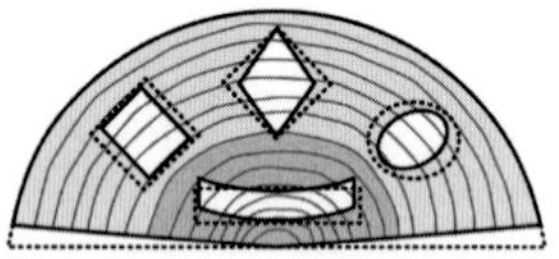

木材の構造と名称

木材の性質は、その木材が原木のどこから取られたのかによって決まる。木材の組織や構造について知ることは、よい木材選びに大いに役立つ。

須藤彰司（国際木材科学アカデミーフェロー）

木材の構造

◎木材の断面

樹の軸に対して垂直の断面を横断面と呼ぶ。日常的にはこの断面の状態を表現する際、「木口《こぐち》」と呼ぶことが多い。

樹幹が正常に形成された場合に、正円形をした断面の中心部に髄がある。この髄を通って幹の縦断面を切断すると、そこに放射断面が見られる。日常的にはこの断面の状態を表現する際、「柾目《まさめ》」、この面を「柾目面」と呼ぶ。

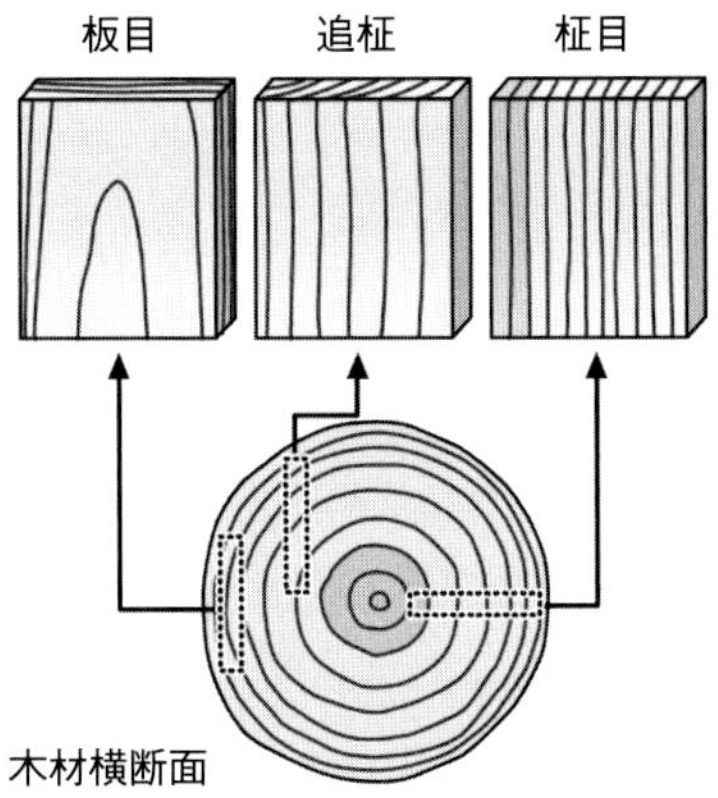

この放射断面に垂直に切断した縦断面を接線断面と呼ぶ。日常的にこの断面の状態を「板目《いため》」、この面を「板目面」と呼ぶ。

柱のような製品では、正確な放射断面でなく、接線断面との中間的な断面にしばしば出会うが、これを「追柾《おいまさ》」と呼んでいる。この例としてカラマツ（26ページ上）の縦断面を見ると、接線断面（右側）から放射断面（左側）への移行があり、追柾になっているのが見られる。

◎形成層

幹の横断面を見ると、樹皮と木材のあいだには「形成層」がある。形成層は樹木が生活しているときには、活発に活動して、内側に木材（二次木部）、外側に樹皮（二次師部）の細胞を分裂している細胞の層である。この層の細胞分裂によって樹木は肥大する。

◎年輪・成長輪

一成長期間のあいだに形成された材の層を成長層といい、これを横断面で見たとき、「成長輪」という。

温帯産の木材の場合、一年間に形成された成長層を横断面で見た場合「年輪」と呼ぶ。成長輪のなかで、成長期のはじめに形成され、密度が低く細胞の直径が大きい部分を「早材」、後期に形成され、密度が高く細胞の直径が小さい部分を「晩材」と呼ぶ。針葉樹材の場合、早材は淡色で、晩材は濃色である。

熱帯産の木材では多くの場合、年輪は確認できないが、注意すれば、成長輪は認められることが多い。また、熱帯産でもチークのように年輪が認められる樹種もある。

◎心材

樹木が幼齢のあいだは幹の木材はほとんどが白色、あるいは着色していても淡色であるが、成長を続けて一定の期間が経過すると、多くの樹種で、幹のなかに、中心部から外側に向かって有色の部分が円錐形にできてくる（樹種によっては色調にほとんど差が出ない）。

この部分では、樹木が生立時、すでに生活細胞を失い、細胞の内容物（デンプンのような）を失うか、それが着色した物質に転化してしまっている。この着色物質のためにこの部分の木材が有色になる。

この部分を「心材」と呼ぶ。心材のことを赤身と呼ぶこともあるが、赤い色の心材が多いことからいわれるのだろう。場合によっては、「着色心材」と「無色（淡色）心材」という言葉が使われる。商業的な慣習では、心材という言葉は辺材から視覚的に区別される色調の明らかな濃色の材に限られている。

◎辺材

生立時に生活細胞とデンプンのような貯蔵物質をもっていた部分である。この部分を商業的習慣では、色調が白色あるいは淡色なことから「白太」と呼ぶ。

◎成熟材と未成熟材

木材に成熟した部分と未成熟の部分があることは、専門家以外では言及されることが少ないようだ。

１０５ページのスギの丸太の写真を見ると、中心部に髄があり、それから十数年輪くらいまでが未成熟材で、それから外側は成熟材と考えられる（条件によってその境界は変動するので、どの場合も同じように明瞭な境界線を引けるわけではない。一つの概念として考えてよい）。この部分は一般には強度が弱く、ねじれ、狂いなどが出やすい部分である。したがって、この部分の使用に当たっては、成熟材部分とは違った扱いをする必要がある。

強度の一覧表を参考にする際は、それが、一般には成熟材の試験片を使っての試験結果であることに注意したほうがよい。とくに最近のように、直径の小さい木材を利用することが多くなってくると、忘れてはならないことである。

木材組織の分野では〝成熟期の形成層によって形成された木部を成熟材、未成熟期の形成層によって形成された木部を未成熟材〟と定義している。未成熟材と成熟材の違いは、針葉樹材では比較的明らかで、よく研究されているが、広葉樹材ではまだ明らかでないことが多い。

◎木理と肌目

木理（もくり）

材面を見ると、木材によってその構成要素がどのような配列をし、どのような角度を向いているかを示す言葉。また、年輪幅の広い・狭い、および均一・不均一の関係にも用いられることがある。

通直木理――繊維の方向が樹幹あるいは製材品の軸方向に平行な木理。

斜走木理――繊維の方向が材の長軸に平行していない木理。

らせん木理――樹幹の繊維が樹軸に対してらせん状に走り、樹幹がねじれた外観をもつようになる木理。

交錯木理――繊維の走行が連続して交互に反対方向になる木理。

波状木理――繊維が波のように凹凸して配列することによる木理。

肌目

材面で見られる木材構成要素の相対的な大きさ、あるいは性質をいう。精・中庸・粗、あるいは均一・不均一、平滑・粗などで表現する。

粗肌目――木材の構成要素が大きい場合（道管が大きい場合）、年輪幅が広い場合など。

精肌目――木材の構成要素が小さい場合（道管が小さい場合）、年輪幅が狭い場合など。

杢（もく）

材面に現れた木材構成要素の配列による装飾的な模様。これらは正常な成長をした場合に元来持っているものと、部分的に不規則に成長をした結果形成されたものとがある。どちらかというと商業的な慣習に基づいて使われているので、表現の仕方に違いがあることがある（82・83ページ参照）。

◎節

樹幹が肥大成長していくことによって、ついている枝が幹材の中に包み込まれた部分をいう。材面に現れた形から、「丸節」「楕円節」などと呼んだり、製材方法によって断面が枝の軸方向に沿う場合には、双曲線形になるので、「流れ節」と呼ぶ。腐った節を「腐節」、抜けやすい節あるいは抜け落ちて節穴となったものを「抜節」と呼ぶ。

葉節――ごく細かい節で、多くは集合しているもの。

死節――枯死した枝からの節で、周囲の組織とのつながりがないもの。一般に濃色である。

生節――生きている枝の節で、周囲の組織とつながりのあるもの。周囲との色調の差は少ない。

◎傷害組織

樹種によっては比較的頻度が高く出現するため、特徴となる。

ピスフレック――材のなかに存在する不正常な（しばしば傷害による）柔組織の部分で、横断面では短い接線状の狭い帯、または線、縦断面では木理に沿った筋としてあらわれる。樹種により出現する頻度の高いもの

広葉樹材の３断面で見る細胞

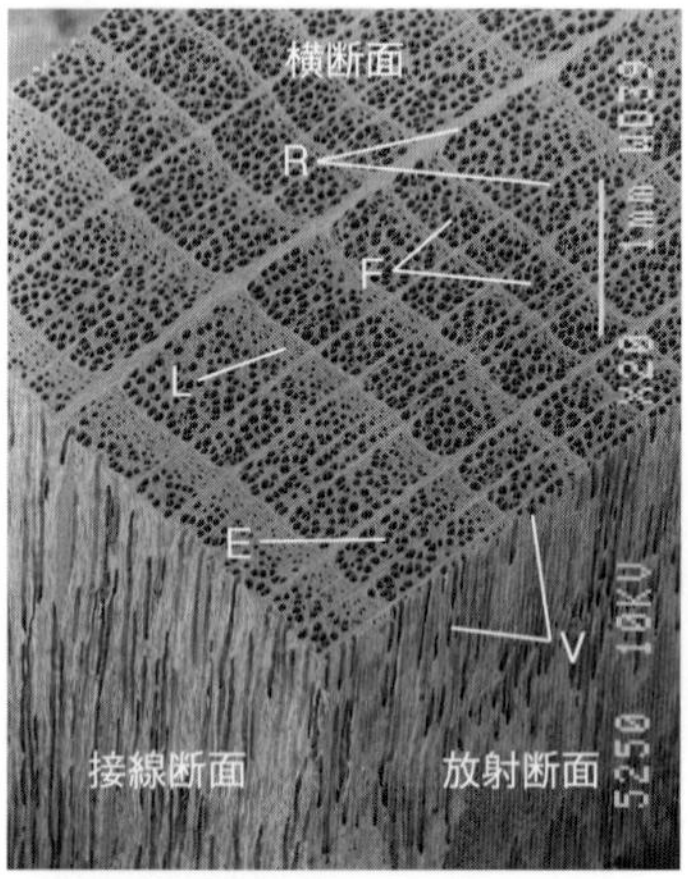

図２　ブナ 散孔材

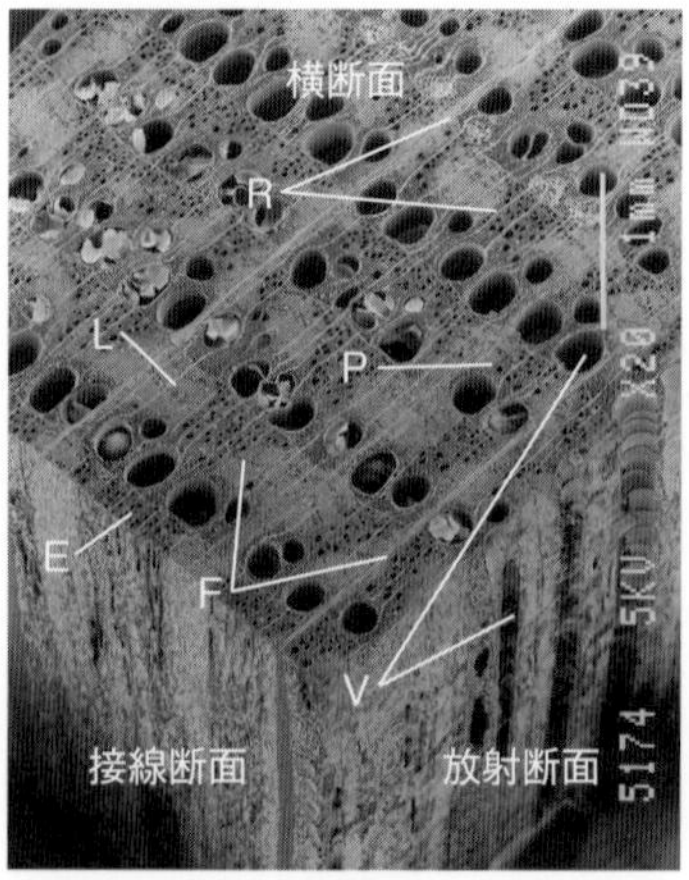

図３　ミズナラ 環孔材

針葉樹材の３断面で見る細胞

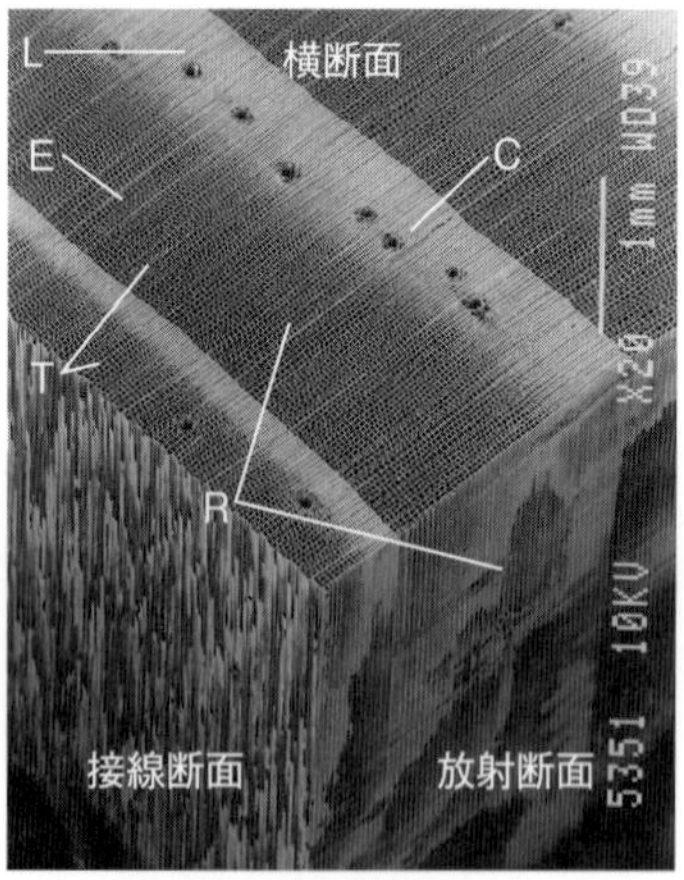

図１　アカマツ 針葉樹材

E：早材
L：晩材
T：仮道管
R：放射組織
C：樹脂道
F：木繊維
V：道管
P：柔組織

（藤井智之氏提供）

がある。正常な部分と比較すると、色調が異なる。

入皮——木材中に巻き込まれた樹皮。

◎木材の細胞の構成

木材は大きく針葉樹材（一般的には裸子植物であるイチョウの木材を含む）（図1）と、広葉樹材（図2）に分けられる。この両者を構成する細胞には大きな違いがある。

前者を構成する細胞の大部分は仮道管（繊維状の細胞）であるため、外観は単純である。一方、後者はより多種の細胞から成り立っているので、その外観は変化に富んでいる。

右ページには、針葉樹材（図1）と、広葉樹材（散孔材・道管Vがほぼ均一に分布している：図2、環孔材・大きい道管が年輪の境界に環状に配列している：図3）の3断面を示した（低倍率のため柔組織はほとんど確認できない）。

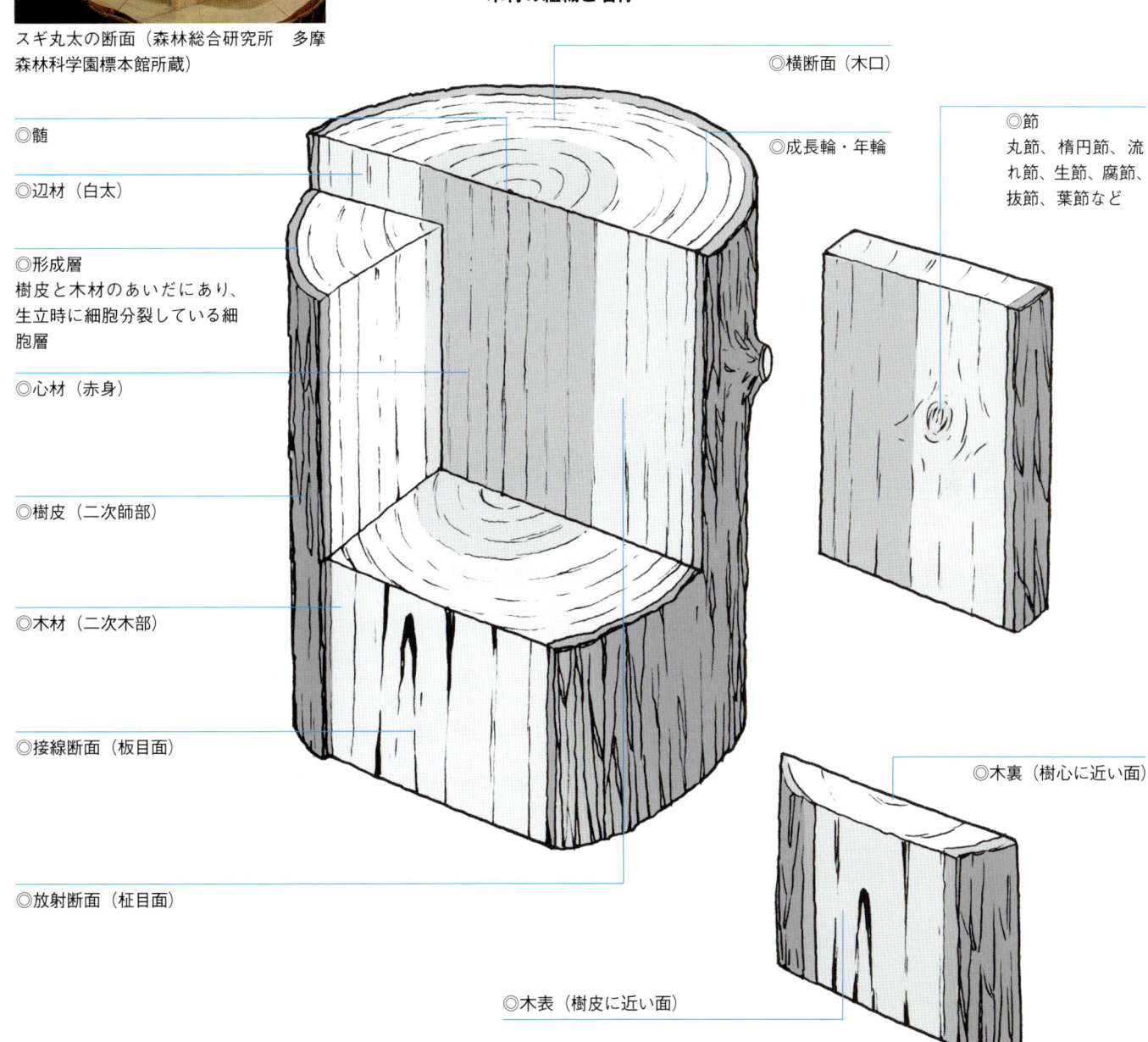

スギ丸太の断面（森林総合研究所　多摩森林科学園標本館所蔵）

木材の組織と名称

ウェグナーと共同制作、時を超えて愛されるシンプルな椅子

デンマーク　PPモブラー

1953年創業の伝統ある工房PPモブラーは、デンマークを代表する家具デザイナー、ウェグナーの椅子を数多く手がけ、その高品質に絶大な信頼が寄せられる技術集団だ。時代とともにしなやかに変化しながらも、なお頑固に匠の世界を守り続ける。

展示フロアーには製作にこだわる職人の姿を写真にしたパネルとモブラー製作の椅子が並ぶ。

家具や写真が展示される空間。創業以来、同じ場所に建つ工房は時代とともに拡張してきた。

PP MØBLER

DENMARK

そのシンプルな木製の椅子は何時間、座っていようともいっこうに疲れを感じさせない。ＰＰモブラーとデンマークを代表する家具デザイナー、ハンス・Ｊ・ウェグナーのコラボレーションによる名作「ザ・チェア」。誕生から50年を経たいまも完成された椅子として少しもスタイルを変えることなく、その芸術性は高く評価されている。

誰にも真似できない 真のクオリティを追求する

創業者のアイナーさん（上）と2代目経営者ソーレンさん（下）。高品質へのこだわりがモットーだ。

世界でも指折りの高い技術力を持つＰＰモブラーは、コペンハーゲンから列車で1時間ほどの閑静な住宅街に建つ。工房の設立は１９５３年。創業者であるアイナー・ペダーセンとラース・ペダーセンの兄弟は、芸術家やデザイナーとの実験的な家具づくりをとおして木工家具の可能性を広げてきた。デンマークでも残り少なくなった職人技の伝統にこだわる工房だ。

　ウェグナーとの共同制作を始めたのは６０年代。当時、30歳前後で売り出し中のデザイナーだったウェグナーが、アイナーさんのもの作りに対する熱意と手を抜かない仕事ぶりに惚れ込んで共同制作を始めた。「彼も私と同じように頑固な職人でね。家具に関しては絶対に妥協を許さなかった」とアイナーさんは振り返る。

　デザイナーのビジョンを具現化するのは職人の優れた技だ。美しさと機能性の追求は、同時に品質面で頂点を極めるための厳しいプロセスでもある。

「父はＰＰモブラーの仕事を心から信頼していました」。ウェグナーの娘であるマリアンさんは、職人の腕の確かさと徹底した品質追求の姿勢がこの工房の今も変らぬ素晴らしさだ、という。

　デンマークは数多くの優れた木工家具を生んできた。しかし「50年前に比べると、木の良さを活かし、職人の技術を大切にする昔ながらの工房は少なくなってきた」とアイナーさんが語るように、外国産の安価な家具が市場を席捲しているのも事実だ。

　そんな時代の流れの中でも、ＰＰモブラーが敢えて守り続けるクラフトマンシップ。それは誰にも真似のできない真のクオリティを追求する姿勢であり、創業当時から連綿と引き継がれている第一級の職人の技術なのだ。

　アイナーさんは98年に長男のソーレンさんに経営を引き継いだ。だが第一線を退いた現在でも、自らのもの作りへの情熱と技術を若い職人に伝えるため工房にやってくる。

職人の手仕事をもとに 開発した先端技術を導入

　２代目経営者のソーレンさんは、コンピューター制御の新技術導入により工房の一部近代化を図った。「自らの手を使ってこその高品質にこだわる父を説得するのに数年かかった（笑）」。工房の新たな発展を目標に掲げる彼は、機械化が必ずしも品質低下を招くわけではないと説く。

　あらゆるもの作りの現場では、新たなテクノロジーの導入とともに、製作プロセスから人間が携わる部分を省き効率化と生産力アップを成し遂げてきた。しかしＰＰモブラーが機械化により目指すものは、マス・プロダクションの世界とは明らかに一線を引いた「より高度な品質」の実現だ。

　ここで製作される家具は6割が機械作業、4割が手作業だ。ソーレン

3,000を超えるパーツが納められている在庫室。木材にわずかな歪みも生じさせないよう湿度調整を徹底している（上）。

展示コーナーに飾られたハンス・ウェグナーの写真。手にはケネディ大統領が使用したことから、「ザ・チェア」と呼ばれる椅子（ラウンドチェアPP503　1950年）の背もたれ（右）。右はPP502、左がPP503

ウェグナーがデザインした椅子（スビベルチェアPP502）の背もたれの原型が今も保存されている。

さんが求める機械化とは、「職人の手仕事をもとに開発した先端技術を職人が操ること」。

木という生きた素材は、最初から正しく扱わなければ家具の寿命を左右してしまう。機械を使う裁断や旋盤などの下作業の段階から優れた技術を持つ職人が関わるからこそ、高い品質を保つことができるのだ。

細い木材を大胆に湾曲させるための伝統的な手法であるスチーム機械、ソーレンさん自らも開発に関わったというコンプレッサーなど、工房には大小の機械が整然と並んでいる。

ウェグナーの娘、マリアンさん。「PPモブラーは父が絶大な信頼を寄せた工房」。

コンピューター・ナビゲーション・コントロール（CNC）という最新テクノロジーを駆使した彫刻ロボットも導入している。複雑で高度な精密さを要する3D作業に適したこのロボットは、驚くほどフレキシブルな動きで次々と椅子のパーツを成型していく。まさに職人の手作業を見ているようだ。

これらの機械はすべてその技術を習得した職人が操作する。あくまで

高熱と湿度で木材を柔軟にし、型にはめて曲げていくスチーム法曲げ木。椅子の腕部や背もたれに用いられる。

創業当時から同じ場所で営まれる工房。販売先はデンマーク国内が主流で、日本や北米市場への輸出も多い。機械化を導入しているものの、細部は職人の手により制作されるため納期は約５ヵ月かかる。

（左上）７９歳で現役のヘンリー・フィスカーさん。０４年に職人歴５０周年を迎えマグレーデ２世女王から勲章を授与された。（右上）アイナーさんは時に工房を訪れ職人の指導にあたる。

テーブルの縁材にはデザイン性や耐久性に優れるムク材を使用。

手作業の一部を請け負わせる、いわば機械は職人の道具と同じ位置づけなのだ。

使い込むほどに味わい深くなる木工家具は素材選びから始まる

クオリティの追求は素材選びにも反映されている。木材の吟味に厳格を極めるソーレンさんは「仕入れの価格交渉は一切しない」という。彼は自らの職人経験から、優れた木材は使いやすく、むだが少ないことを熟知しているのだ。

木材の大半はシェラン島で調達しているが、マホガニーはその美しさへのこだわりからホンジュラス産を使用。明るい木肌で光の少ない環境でも見事なコントラストを放つメープルはデンマーク産だ。ウェグナーがデザインしたパレット・チェアやＰＰ７０１の背もたれにはメープルを使用している。

2D・3D に対応する複製旋盤機。ザ・チェアの背もたれの一部やテーブルの脚などに使われる。

PP201 アームチェア（ウェグナー／ 1969 年 PP203 の改良版。
サイズ、アーム部分は同じで、座面、脚部の形が違う）

PP505 カウホーンチェア（ウェグナー／ 1952 年）

PP203 アームチェア（ウェグナー／ 1969 年）

PP66　チャイニーズチェア（ウェグナー／ 1945 年）

徒弟制度が残るデンマークでは、子供が幼いうちから親が弟子入りを依頼しておくケースもあるという。時代を超越した伝統が優れた木工家具を生む土壌を作る。

接ぎ手部分など見えないところにこそ、手作りの精密さが要求される。木工家具の本場デンマークでも職人の技術を大切にする工房は少なくなった。

ファブリックの裁断をはじめ家具作りのすべての行程をひとつの工房で行うのは、品質管理の重要なポイントだ。

かるかやの根や和箒の繊維を円筒状に束ねた“うづくり”。木材の表面をこすり年輪を浮かび上がらせる。

材と材の接ぎ手は波形（凹凸形）

デンマークの木材資源は歴史の変遷とともに変化してきた。１８００年代初頭のイギリスとの戦いにより木材が不足。そのため当時、植林したオークが２００年を経て見事に成長し、現在、良質の材料として使われている。19世紀半ばのドイツとの戦争以前は、同国から品質の良いオークの苗木を輸入していた。戦後はオランダ産の苗木に切り替わったが、残念ながら品質がいまひとつ。

工房は職人が自由な創作の場としても使えるよう開放されている。見事な仕上がりのカヌー。

これが成長して材料として出回るのは、20～30年後のことだ。「将来は良質な木材の調達が困難になるかもしれない」。ソーレンさんの不安は、世界中の木工家具愛好家が懸念するところでもある。

　この工房では椅子の他に机やテーブルも製作している。「家具は使いこなすほど、ますます美しくなる」。ソーレンさんは、数百年という時をかけて成長する木と同じように、長

PP701 アームチェア（ウェグナー／ 1965 年）

PP550 ピーコックチェア（ウェグナー／ 1947 年）

PP250 バレットチェア（ウェグナー／ 1953 年）

PP130　ホープチェア（ウェグナー／ 1986 年）

い間生き続ける家具をつくることを理想とする。「心の年輪は木の年輪と同じで、厳しい条件の中で確かな歩みを重ねることで熟成していくものだ」という彼の言葉から、人間の寿命を遥かに超える木の生命力に厳粛に向かい合う、神聖な想いが伝わってくる。

職人同士の信頼関係と人間的な成長が家具づくりに反映される

アイナーさんとソーレンさん。親子2代の職人が口を揃えて語る木工の魅力は「木という自然素材が持つ可能性への挑戦をとおして、自らが学び向上していくこと」。

工房には、家族主義的なぬくもりと働く人々同士の親密感が漂う。それは家族経営が醸し出す雰囲気というよりも、人間的な成長が家具づくりに活かされるという、創業当時からのポリシーが実を結んで生まれた信頼関係なのだ。

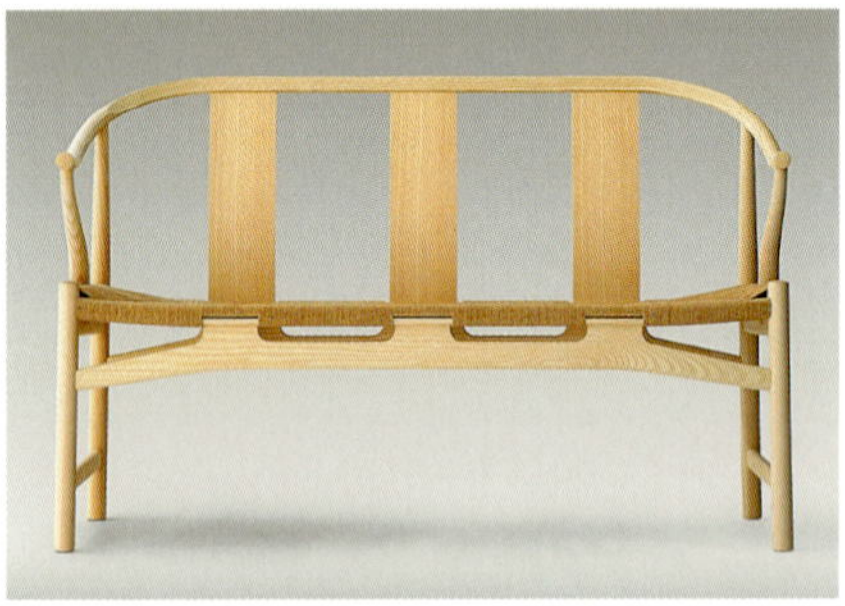

ウェグナーが1946年にデザインしたチャイニーズベンチ（PP266）。背もたれから腕部にかけての優雅な曲線が美しい。

職人たちに鍵を渡し、いつでも自由に出入りできる工房は、彼らの創作活動の場として開放されている。「家具づくりを通して人間的にも成長していく。そうでなければ工房は単なる工場になってしまう」というソーレンさんの言葉は、父の代から引き継がれている工房の哲学だ。

良質の材料を安定して仕入れるには、材木商との人間関係を築くことが大切だという。

モノが溢れる現代。使い捨てにも後ろめたさを感じない風潮がある中で、一生つき合える家具とともに暮らす。愛でるように磨き込みながら使うほどに体に馴染んでくる感覚は、自然と職人の技が見事に融合した逸品を手に入れた者にしか味わえない贅沢だ。

職人たちは一級品を世に出す誇りを胸に、それぞれの持ち場で卓越したクラフトマンシップを発揮する。

家具づくりのすべての局面でプロフェッショナルの目や手、そして心が素材と真剣に取り組む。この流儀は創立以来、少しも変ることはない。ＰＰモブラーの名が〝品質〟と同義語で語られる所以《ゆえん》がここにある。

第2章

Tools

木工工具

木工具の種類と使い方

技術指導：手工具――保坂　勇（樹木技研究房）
電動工具――ヒノキ工芸

一昔前から比べると、木工作業の環境が著しく変化している。とくに各種電動工具の進化がめざましく、コンパクトで高性能な製品が各種作られ、木工作業の現場では電動工具を使う機会が一段と大きくなっている。組み手や形の成形などもコンピュータにデータを入力すれば可能な時代である。

しかし、従来の手工具の役割が無くなった訳ではない。昔は手工具だけでさまざまなものに対応し、繊細で精巧なものを作ってきた。今でも各種の手工具は必携である。計測したり、細部を整えたり、仕上げのときなどには欠かせないものであり、手工具でこそ可能な作業もまだまだ多い。手工具を使うことによって製品のでき映えも違ってくるといわれるほどである。

木工作業では、製作工程ごとにさまざまな工具が使われる。部材の寸法を測る定規類、部材を切るのこぎり類や部材を削るかんな類、溝や穴を彫るのみ、のみや釘を打つげんのう。仕上げや磨きにも異なった工具が用いられる。一つの製品を作るには、少なくとも十数種の工具が必要となってくる。同じ工具でも形や大きさの違いから使用目的や使い方が変わってくる。

本章では、木工製作に使われる手道具、電動道具の種類と機能、その基本的な使い方を紹介した。

〈工具を選ぶにあたって〉

工具を選ぶ際には、まず工具についてよく知る必要がある。どのような種類があるのか、どう使うのか、それぞれの機能や特性を把握する。また、作業目的を明確にし、単品を作るのか、同じものを複数作るのかなど作業規模を考慮して工具を選ぶことも大切である。工具の多くは大が小を兼ねないし、またその逆も兼ねない。むりな使用は仕上がりに影響するばかりでなく、工具を破損することもあるので、サイズにあったもの、用途にあったものを選びたい。プロの作業場では、作業目的に合わせたかんなやのみなどの工具を特注製作することもある。良い工具は良い仕事を呼ぶといわれ、昔から職人たちは競って質の高い工具を入手してきた。

一般のユーザーの場合とプロとでは、作業規模や工具の使用頻度が異なる。プロの場合は工具の作業効率性や耐久性など高品質なものが求められ、使用工具も一般ユーザーとは異なった視点で選ばれるが、手工具、電動工具ともに廉価品は耐久性や機能性などの性能面で劣る場合があるので注意が必要である。

〈工具を使うときの注意〉

使う工具の性能、機能を良く把握し、正しく、安全に使うことが何よりも重要である。部材を切ったり、彫ったりするときは、必ず部材の安定を図り、クランプなどで固定してから作業する。とくに電動工具を使うときは安全に気を配る必要がある。正しい姿勢で構え、刃先の周りには手を近づけない。電動工具のコードは後ろから肩越しに掛け、刃先の周りから遠ざける。服装も機械に巻き込まれないように、体の線にフィットした作業服を着用することが望ましい。

両口げんのうの頭ができるまで
コークスの中で炭素鋼の丸棒を約1000度に熱する（上）
自動鍛造機で全体を八角形に成形する（中）
たがねで中央に穴を開ける（左）
手打ちのハンマーで形を整える（下）
撮影協力　相豊ハンマー

定規《じょうぎ》

作業中に部材や工具の寸法および角度を測る頻度は非常に高い。計測工具はさまざまな作業に合わせて開発されてきた。それぞれに特化した機能を持つため、工具間の使いまわしや大小での兼用がしにくい。目的に合った機能の高い工具を選び、常に正確な作業を心がける。

安全な場所に保管し、定期的に精度を確認することも重要である。

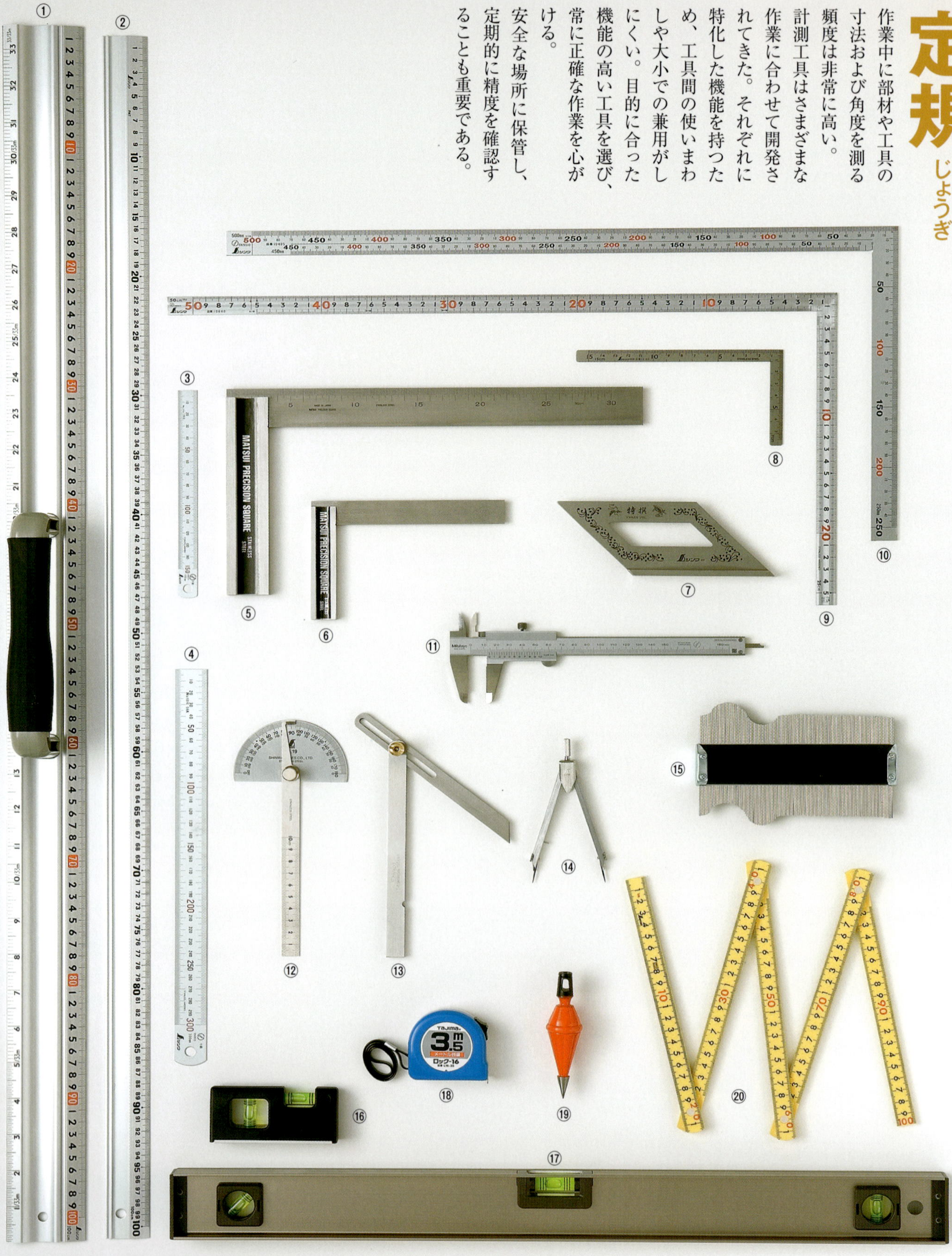

コンベックス

別名巻尺、メジャー。ロール状の薄い鉄またはステンレス製定規を、必要な長さに引き出して使う。大まかな寸法の見積もりや直定規では難しい広い空間を計測できる。墨付けはできない。

ロック：定規をのばしたまま、任意の場所で固定できる。
爪（ゼロ補正機構）：爪のガタつきは、爪の厚さ分の誤差を補正し、正確な寸法を出す機構。

◉長さを測る

先端の爪を測りたい場所（基点）にかけ、定規を一直線に引き出す。定規を張った状態で計測する（上）。箱物の辺（中）や対角線（下）も手軽に測ることができる。

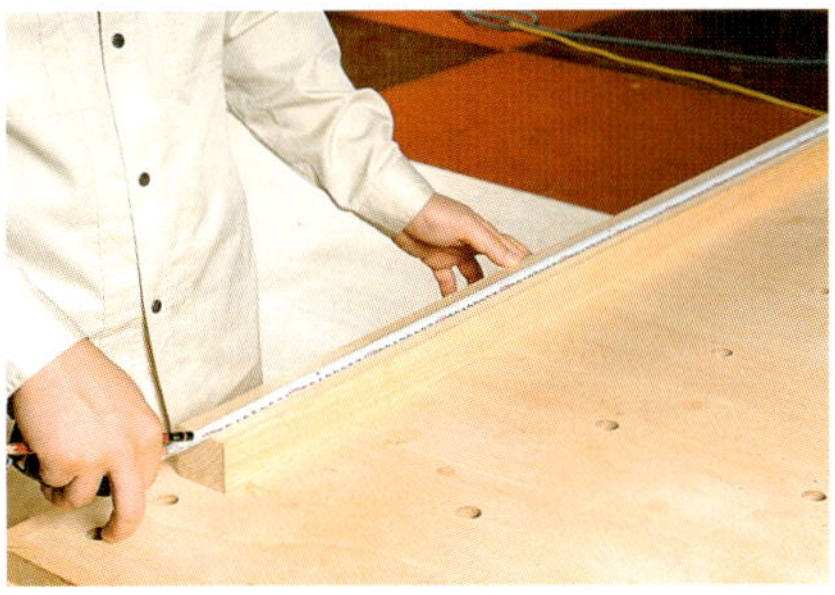

直定規

直線の長さを測る定規。墨付けや切断作業にも用いる。軽く扱いやすいアルミ製、重量があり安定感がある鉄製、硬く精度が保ちやすいステンレス製など、各種の素材がある。通常木工製作ではプラスチック製は使用しない。大小異なるサイズを用意し、測る場所や作業用途に合わせて使い分ける。

反りやすいため、必ずぶら下げて保管する。

◉長さを測る

定規先端を基点に確実に合わせる。

◉墨付け

定規や墨線がずれないように注意する。

持ち手付き直定規

ベニヤなど薄板カットに向く。壁紙クロス切断用に開発されたアルミ製定規。持ち手付きで安定しやすい、刃が食い込まないようステンレスを貼ってあるなど、カッターを使った作業に適するように工夫がされている。

◉カッターで切る

部材に定規を押し付けて、一気にカッターを引く。ずれないように注意する。

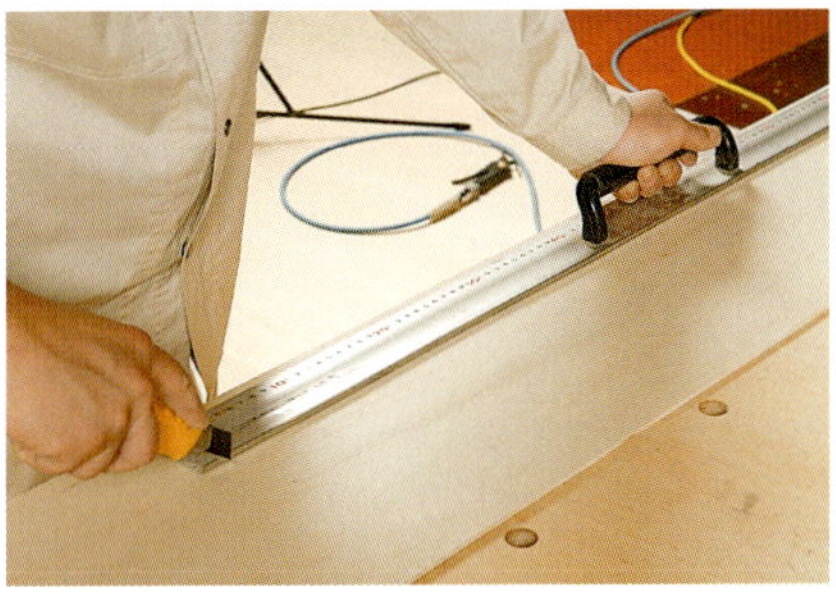

《 測る工具の種類 》

計測工具は長さや角度を測る、水平垂直を確認する、形を写し取るなど、作業別に特化している。１つの工具の中でも、大小・材質など種類が多い。数やサイズをそろえておき、使い分ける。

いろいろな定規（右ページ）

長さを測る
①持ち手付き直定規（アルミ製・１ｍ）
②直定規（アルミ製・１ｍ）
③直定規（ステンレス製・150mm）
④直定規（鉄製・300mm）
⑱コンベックス（3.5m・ロック付き）
⑳折尺(折りたたみ式直定規・大まかな見積もりや携帯に用いる)
直角を測る
⑤スコヤ（300 × 170mm・ステンレス製・目盛り付き）
⑥スコヤ（150 × 95mm・ステンレス製・目盛りなし）
⑧曲矩《さしがね》（特小）
⑨曲矩（内基点目盛り付き）
⑩曲矩（外基点目盛り付き）
角度を測る
⑦留め定規（45°）
⑫プロトラクター
⑬自由定規
径・深さを測る
⑪ノギス
形を写す
⑭ディバイダー（両先端が針のコンパス）
⑮型取りゲージ
水平垂直を測る
⑯水平器（特小）
⑰水平器（600mm）
⑲下げ振り

留め定規

別名止め定規。「留め」とは日本古来の角度の呼称で、45°を指す。使用頻度が高い特定の角度（45°・60°・90°）などが設定されていて、計測・墨付けを行なう。複数回墨付けする際に便利。ステンレス製。

◉自作の留め定規・蟻定規

木で作る定規は精度の狂いや材の歪みを、簡単に修正できる。蟻定規 70°～75°（上）。蟻溝用の定規。留め定規 45°（下）。

◉留め型スコヤ

立体型で、45°・30°・90°など複数の角度を設定できる。2面を同時に測り、垂直も出せる。定規を部材に密着させて位置を決め、墨付けを行なう（下）。

自由定規

別名自由スコヤ、自由矩（じゆうがね）。同じ角度で複数回墨付けする、角度を写し取るときなどに用いる。角度を自由に合わせ、ねじで固定する。目盛りがなく、現物合わせで写し取る。ステンレス製。

プロトラクター

分度器付き自由定規。精密な角度を設定できる。使い方は自由定規と同様。ステンレス製。

ケガキゲージ

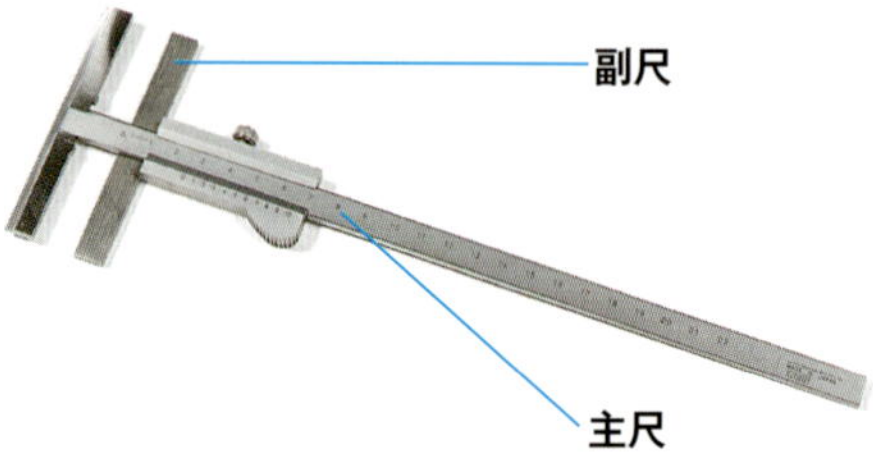

主尺または副尺をスライドさせ、副尺先端を部材側面に当てて、採寸や墨付けを行なう。ノギス同様、部材の径や溝の幅を計測することもできる（123ページ参照）。ステンレス製。

主尺:T型バー。平行方向に目盛りが付いている。

副尺：スライドさせ、寸法を合わせてねじで固定する。主尺と完全に重ねられる。

◉計測する

副尺を部材側面に当て、主尺をスライドして寸法を合わせる（上）。ノギス同様、副尺目盛り0に対応する主尺目盛りの数字が、計測した数値である（123ページ参照）。

◉墨を付ける

副尺上部を部材側面に当て、平行線を墨付けする（上）（中）。木端の墨付けも可能（下）。

①第１基準面

②第２基準面

③３本目の墨線

④４本目～完成

●墨を付ける順番

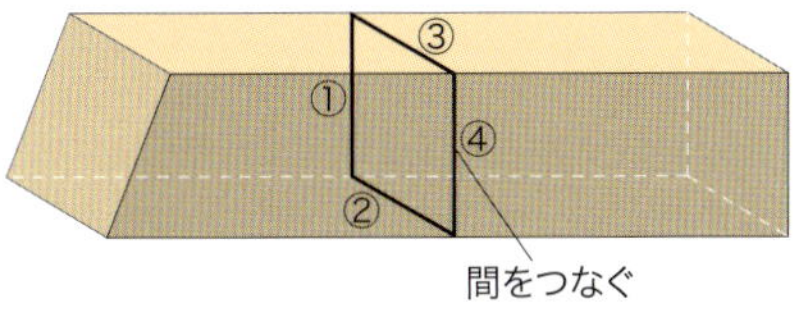

◉悪い例

スコヤと材の面が斜めにずれないように注意する。スコヤの角を持つと重心が狂い、不正確になりやすい。

◉墨付け

鉛筆またはしらがきを用いる。スコヤを部材に押し当て、一定の太さで一気に線を引く。墨線がずれないよう注意する。

◉工具の直角確認

電動工具のテーブルや回転軸など、さまざまな部位の直角確認にも多く使われる。

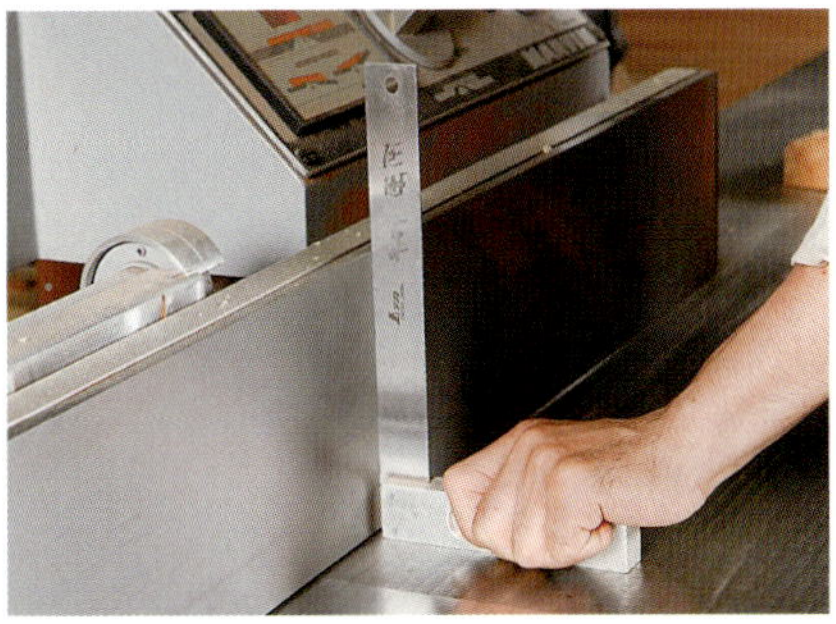

◉基準面の墨付け（左写真）

①第１基準面：基準面を正確に削り出した後、スコヤで部材側面に対して正確な垂直線を墨付けする。
②第２基準面：第１基準面の後、そのまま隣接する面に垂直線を引く。
③部材を裏返し、第１基準面の始点（引き始めた点）から線を引く。
④②と③の間をつなぐ。

スコヤ

ステンレス製の直角定規（英 try square）。部材や工具の直角確認、平面の検査、墨付けに用いる。内外角ともに正確な直角に作られている。曲矩と似ているが、肉厚で重く安定しやすいため精度を長く保つことができる。

全体形状や目盛りの有無、サイズに多数の種類がある。大型部材を小型スコヤでは計測できないため（逆も同様）、大小数種類用意しておき、状況に応じて使い分ける。

落としたりぶつけたりしないよう、扱いや保管には細心の注意を払う。

◉木矩（きがね）

木製のスコヤ。通常自作する。写真の工具は狂いを防ぐために、側面に硬いコクタンが使われている。

◉直角の確認方法

①妻手（短かい辺）を持ち、部材側面に沿わせながら徐々に垂直に下ろす。
②水平垂直を強く意識しながら、部材２面とスコヤ２辺を合わせる。面が完全に合えば直角が出ている。すきまがあれば直角ではない。

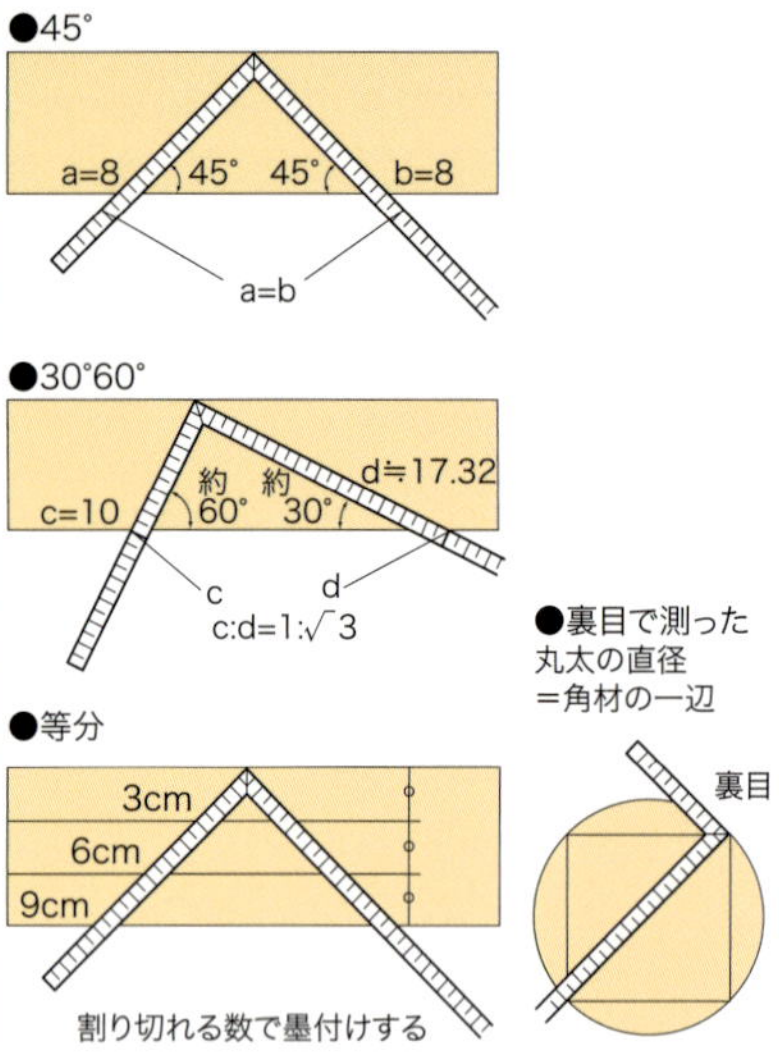

型取りゲージ

現物合わせで曲面を複製する。面に合わせて櫛歯を押し付けて型を取り、墨付けする。歯が大変細かいため、複雑な面にも対応できる。

曲矩の知恵

曲矩・差金・指矩・曲尺・勾尺・曲金・壺矩・矩尺。すべて「さしがね」の呼称である。さしがねは地方や職種で呼び方が全く異なり、読みも「きょくじゃく」「まがりがね」など多数存在する。

曲矩には呼称だけでなく、機能も非常に多い。曲矩を使った技術は古くから発展し、「規矩術（きくじゅつ・曲矩の勾配を使った計算術）」など、一冊の本にまとめられているほど広く複雑である。

曲矩の製法には、時代ごとに最先端の技術が使われている。玉鋼から現代のステンレスに至るまでの変遷は、製鉄技術の歴史でもある。

●線を引く

直線：曲矩を部材に押し付け、一定の太さで線を引く。

曲線：長手をしならせて部材に当て、ゆるい曲線を引く。

平行線を効率良く引く：外基点目盛りを利用し、曲矩を平行移動させる。

角が丸い材の寸法：内基点目盛りを使う。

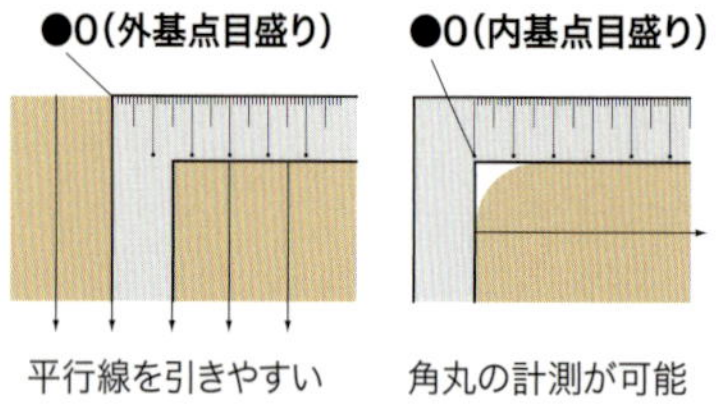

●角度を出す（左上・中）

45°：長手妻手同一の数字で位置を合わせ、二等辺三角形を作る。

30° 60°：長手：妻手＝2：1の数字で位置を合わせ、直角三角形を作る。

※その他の角度も、目盛りを組み合わせて算出可能。

●等分する（左下）

欲しい等分数で割り切れる数まで（3等分なら9cmなど）曲矩を斜めに動かし、墨付けする。

●裏目盛りで計算する（左下）

複雑な計算を読み取ることができる。

角目（表目×√2）

丸太から正方形の辺を算出する。

丸目（表目×1/3.14）

円の直径を算出する。

●多角形を描く

複数の目盛りを組み合わせて、正八角形など多角形を描くことができる。

曲矩（さしがね）

日本伝統の直角定規。計測や墨付けを行なうほか、分割や勾配など各種計算を行なう、材の歪みを確認するなど、非常に幅広い用途を持つ。ステンレス製。

精度が狂いやすいため、こまめに矩手《かねて》（接合部分）の直角を確認する。

◉種類と単位

メートル法や尺貫法や大小サイズ、片面目盛り、左利き用など多種類の製品が開発されている。関西式は7寸×1尺5寸8分。関東式の方が大きく、8寸強×1尺5寸強。メートル法式では、500（長手）×250（妻手）mmが広く使われている。目盛りは1mmまたは2mm間隔。

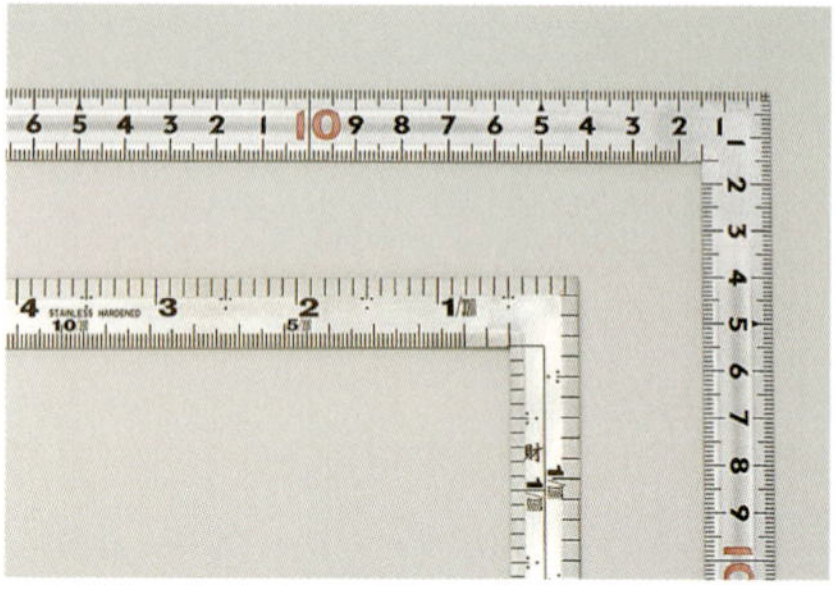

◉各部の名称・機能

長手（長辺）と妻手（短辺）が、矩手（接合部分）で直角に接合され、目盛りが刻まれている。目盛りの単位・設定に種類がある。

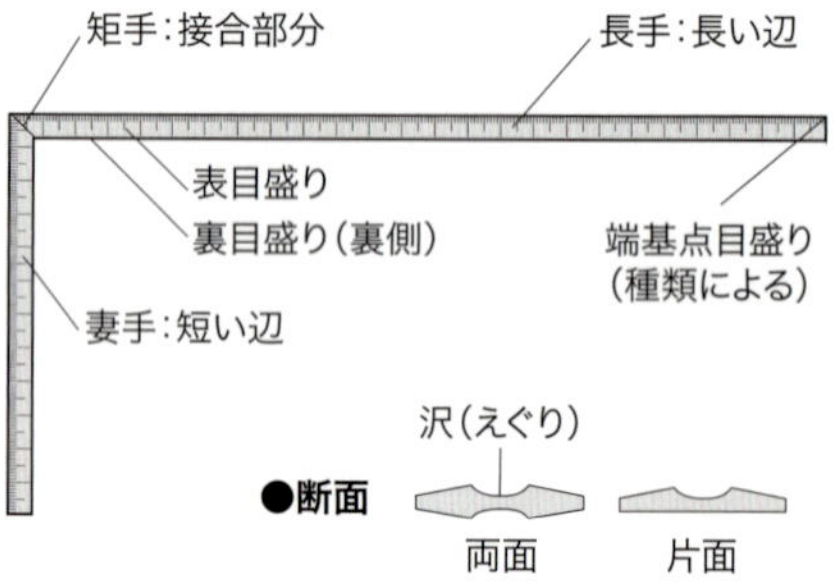

長手（ながて）：別名長枝・長子。長い辺。通常妻手の2倍の長さ。

妻手（つまて）：別名短枝・横手。短い辺。

矩手（かねて）：長手、妻手の接合部。

沢：別名えぐり。つまみやすいよう、両面に凹みが付けられている。片面もある。

表：曲矩を左手に持ち、妻手が自分側に向いた状態。mmまたは尺目盛りが付いている。通常山型。表裏がない機種もある。

裏：表の逆。平らな面。裏目盛りには円周率など日本独特の複雑な目盛りが付いている。

内基点目盛り・外基点目盛り・端基点目盛り：目盛りの始まる位置（基点＝0）によって、読み方や測る場所が変わる。製品によって異なる。

ノギス

穴や溝など、他の工具では測りにくい場所を、高い精度で計測できる。

1本の中に3種類の計測機構がある。先端のくちばしは大小2種。大きい方の外測用ジョウは対象を挟み、外径や外測を測る。小さい内測用ジョウはくちばしを穴や溝に差し込んで、内径や内測を測る。工具後方のデプス（depth）バーは、副尺をスライドさせて深さを測る。

目盛りの読み方にこつがあり、2種類の目盛りを組み合わせて計測する。

◉各部の名称・機能

Ⓐ**外測用ジョウ**：直径や幅など外測を測る。
Ⓑ**内測用ジョウ**：穴の内径や溝の内測を測る。
Ⓒ**デプスバー**：深さを測る。
Ⓓ**主尺**：本体。目盛りが付いている。
Ⓔ**副尺**：別名スライダー。平行移動させて測りたい場所に合わせる。
Ⓕ**止めねじ**：副尺を固定する。
Ⓖ**主尺目盛り**：大まかな寸法を測る。
Ⓗ**副尺目盛り**：別名バーニヤスケール。主尺目盛りを補助し、より小さい単位（0.05mm）を測る。

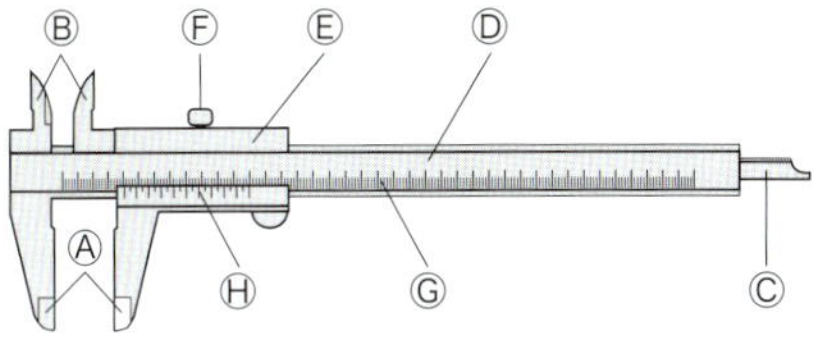

◎目盛りの読み方

主尺には1mm単位、副尺には0.05mm単位の目盛りが付いている。2つの数値の合計が計測した寸法である。
①副尺目盛りの0に対応する主尺目盛りを読む。この場合は11mm。少し余りがある。
②副尺目盛りが主尺目盛りと最初に一致する場所を探す。
③一致する点を読み取る。副尺が0.55mmの位置で両方の目盛りが一致している。
④11mm＋0.55mm＝11.55mmが測定値である。

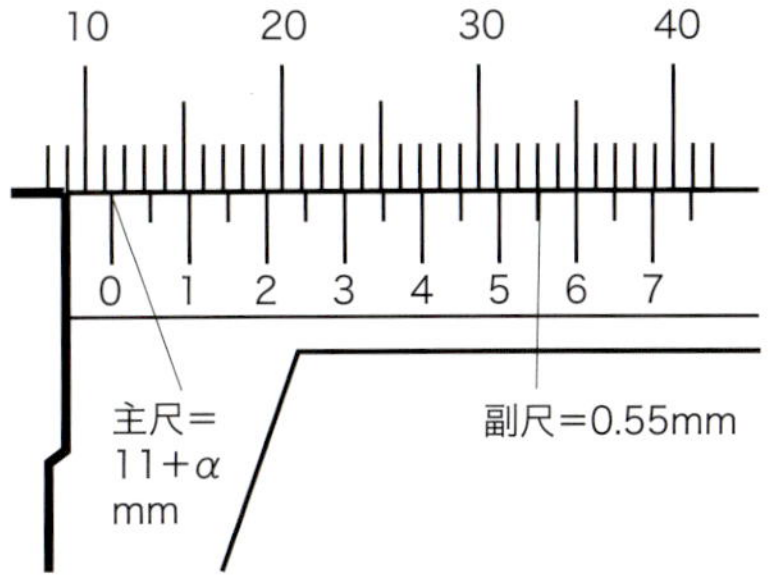

主尺＋副尺＝11mm＋0.55mm＝11.55mm

◎さまざまな測り方

ノギスはたいへん精密な工具である。少しの狂いでも大きな誤差につながるため、使う姿勢や設置場所の水平垂直に充分注意する。

◉注意

・ジョウやバーを当てた時に、斜めに傾かないよう注意する。
・必ず利き手で副尺を動かし、余分な力を入れない。
・使用前に主尺と副尺の基点が完全に合っているか、くちばしのすき間の有無など精度を確認する。問題があれば修正する。

◉外寸を測る

部材や工具先端ビットなどの幅は、外測用ジョウを開き、水平にはさんで目盛りを読み取る。

◉内寸を測る（上）段差のある幅を測る（下）

溝の内寸（上）は、内測用ジョウを差し込んで開き、段欠き（下）は主尺先端と内測用ジョウ上部で測る。水平に当てるよう注意する。

◉深さを測る
主尺先端を縁に当て、副尺をスライドさせてバーを底まで垂直に伸ばす。

水平器

別名水準器、レベル。本体底面を測る面に密着させ、気泡管内の気泡の位置で、水平・鉛直・勾配を確認する（垂直は計測不可）。

大小各種の本体に、気泡管（液体が入った小さなカプセル）が縦・横・45°に1〜3個取り付けられている。

レーザー光線を発射し、水平垂直を確認する機構が付属している機種もある（レーザー単独の機種もある）。

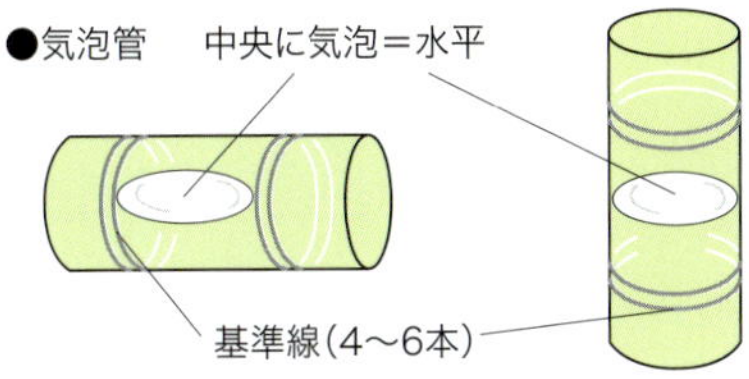

◉水平を測る

一度測った後、左右を入れ換えて測り直す。数回繰り返すと精度が出る。

◉鉛直

地球の重心の方向。傾いている面に対する垂直は、水平器では出すことができない。

◉注意

・底に木屑などが入り込まないよう注意する。
・衝撃にたいへん弱いため、取り扱いや保管には細心の注意を払う。

下げ振り

円錐形のおもりを糸でぶら下げ、糸の角度や、糸から壁まで2点の距離で鉛直（垂直ではない）を確認する。落下しないよう確実に固定する。

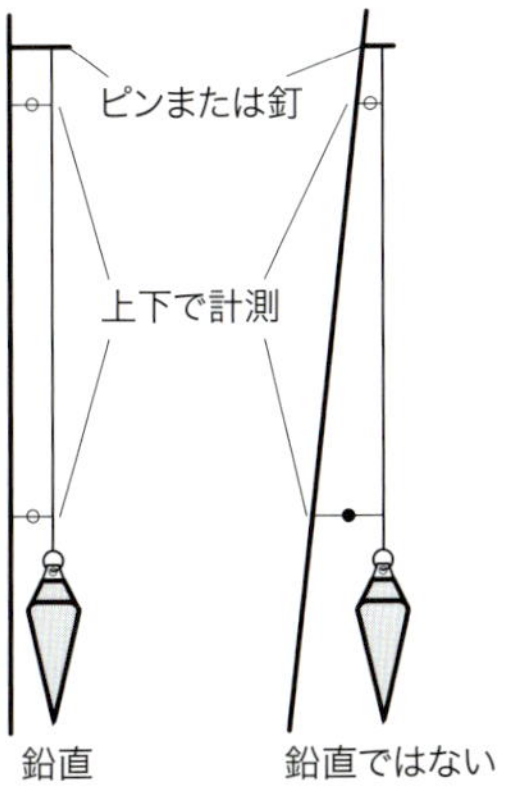

罫引き《けびき》
白書き《しらがき》

古くから使われている墨付け用工具。鋭い刃で材に刻みを入れるため、高い精度の美しい墨線を得られる。

けびき（またはけひき）は、一度寸法を設定すれば片手だけで何本でも同じ幅の線が引ける。

しらがきは別名白引き（しらびき）。小刀の一種で、墨付け以外に削り作業もできる一丁、平行線の墨付けができる二丁がある。

①筋けびき
最も一般的なけびき。
材に鋭い平行線を引く。

②二丁筋けびき
２本の平行線を一度に引く。

④二丁鎌けびき（左上）アカガシ装飾　⑤（右）コクタン装飾
筋けびきと用途はほぼ同じ。装飾として定規板に異なる色の板を貼り合わせてある。一丁もある。

③割けびき
薄い板を挽き割る
大型のけびき。

⑥ほぞけびき
⑦二丁ほぞけびき
ほぞ穴の印付けに
使う。

⑧一丁しらがき（右上）墨付けの他、小刀としても使う。
⑨二丁しらがき（右下）ねじで刃幅を調整。溝、ほぞに用いる。

◎割けびき

墨付け用ではなく、薄い板を挽き割る切断工具として使う。筋けびきよりも大型で、安定して移動できるよう定規板に段差がある。

板目と平行方向に深く一定幅の切れ目を入れる。のこぎりでは切りにくい合板や薄板も簡単に切断できる。厚めの板の場合は、表裏両面から作業する。

◉各部の名称・機能

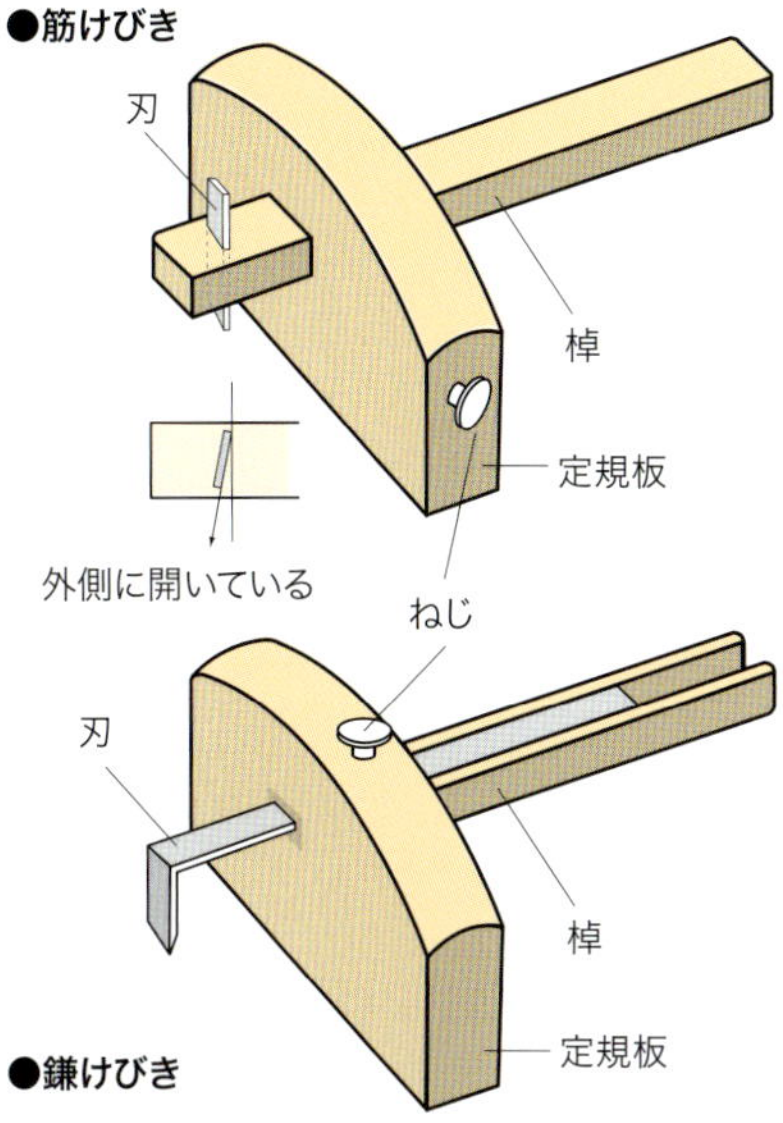

定規板:持ち手。木端にあてて、平行移動する。
刃:硬く鋭利なハイス鋼製。木目によるずれを防ぐため、若干外側に開いている。
棹:出し入れして、幅を調節する。

しらがき

別名白引き(しらびき)。薄く鋭い刃で部材に切り込みを入れて墨を付ける。けびきが使えない複雑な場所や、あらゆる繊維方向に使える。

一丁しらがきは墨付けの他、小刀としても使う。二丁しらがきは2枚の刃幅をねじで調整し、平行線を同時に引く。

小刀同様本体は軟鉄で、先端に鋼が付いている。常に刃を鋭利に研いでおく。

繊維に直交方向も線引き可能。力を入れずに一気に手前に引く。

◎鎌けびき

棹が鉄製で先端がＬ字状。刃と棹先端の位置が合っているため、寸法合わせが楽。筋けびきが入らない狭い場所などにも墨付けできる。

◎二丁筋けびき・二丁鎌けびき

刃が同方向に２本付いていて、同時に２本の平行線を引く。溝の墨付けなどに便利。

溝の幅に合ったのみを選び、２本の刃と間隔を合わせる（上)。一丁と同様に手前に引いて墨を付ける（下)。

◎ほぞけびき

ほぞ穴の印付けに用いる。棹が１本または２本付いている。棹にはそれぞれ異なる幅の針を仕込む。針は釘などを埋め、先端を尖らせて使う。

持つ方向を変えると針幅も変わるため、数種類の墨付けを素早く行なえる。

けびき

木端に沿って平行線を墨付けする。中心線や２等分線を導き出す作業にも用いる。

寸法を合わせて、棹をねじ（または楔）で固定し、棹先端の刃と定規板を一定間隔に保つ仕組み。片手で定規板を持ち、棹の先に付いている刃で、部材表面に軽く刻みを入れるよう手前に引き、線を引く。

本体は木材でカシが一般的。刃は硬い全鋼製で、長持ちするが研ぎにくい。切れ味が鈍ったら、刃を取り外して研ぎ直す。

◎筋けびき

木製の棹先端に全鋼の刃が付いている。部材繊維と同方向に、墨付けする。

材表面に薄い傷を付けるように軽く動かして、墨を付ける。凸凹になったり、力を入れ過ぎたりしないよう注意する。

棹がより長い「棹けびき」「長棹けびき」も筋けびきの仲間。

(上）ねじをゆるめて棹を出し入れし、定規で寸法を合わせる。楔で固定する機種もある。
(中～下）棹を固定した後、定規板を木端に沿わせ、力を均一に入れて一気に手前に引く。

墨壺《すみつぼ》

木製の墨壺は現在ほとんど使われなくなり、軽く高性能なプラスチック製墨壺またはチョークラインが主流になっている。墨差しや鉛筆など、墨付けにはさまざまな工具が用いられる。

墨壺（木製・鶴亀型関東式の簡略化）

墨壺（プラスチック製）

墨差し（ステンレス製・上、竹製・下）

墨・墨差し

墨：昔は硯ですったが、現在では墨液を使う。消えにくく、耐水性がある製品もある。
朱墨：赤色顔料「弁柄（べんがら）」製。水で洗い流せるため、おもに仕上げ部材表面に使う。
墨差し：先端を墨に浸して筆のように使う。ささら状（細い割り込み）の先端は線引きに、もう片方の棒状部分で文字や記号などを記す。

鉛筆：記号や文字は消しやすく軟らかい2B、墨付けには線が鋭利で硬い2Hを使う。芯を平削りにすると、線の太さが変わりにくい。
シャープペンシル：芯の出し入れが便利。

チョークライン

チョークライン
墨の代わりにチョーク粉を使う現代式墨壺。部材の粗取りや通常の墨線が見えにくい濃色の材などに使う。使い方は墨壺と同じ。
チョーク：蛍光色など見やすく鮮やか。粉はチョークラインに、棒は部材に印を付ける。

墨壺

長い部材に、正確で素早い墨付けを行なう。プラスチック製の墨壺は軽く扱いやすく廉価で、現在ほぼシェア100%。

伝統的な木製墨壺は、地方により形状や仕組み、部分名称が全く異なる。

墨を含ませた糸を引き出し、伸ばした先で軽子（針）を固定する（左上）。糸を強く押さえながら指ではじいて墨を付ける（左下）。

小刀

こがたな

部材の角を削る、曲面を削り出す、くりぬいた穴の内部を整える。地味な道具だが、小刀にしかできない作業は多い。

（上）さや入れ小刀（中）くり小刀（下）共柄（ともえ）小刀

自作工具

上の写真は、本書編集委員保坂勇氏の手によるけびきと小がんなである。工具を自分で作る作業は、自分の手に合う工具が作れるだけでなく、工程自体が技術の上達に役立つ。
刃物の自作も可能である。各地で鍛冶体験が可能な公的施設が運営されている（453ページ参照）。

使い方

小型工具だが非常に切れ味がよいため、取り扱いには細心の注意を払い、正しい姿勢で作業を行なう。とくに刃の進行方向に手指を置いてはならない。木目の方向にも留意する。

◉安全な削り方

①右手で小刀を持ち、左手で部材を強く押さえる。
②両手親指をそろえ、または右親指の上に左親指をあてながら、前に押し出すように削る。

小刀

部材の角を削る、曲面を整えるなど、さまざまな切断、削り、細工に用いる。
鋭く研いだ鉄製の刃が、木製の柄に差し込まれている。さや先端の角が落としてある側に刃が付いているため、抜く時に注意する。

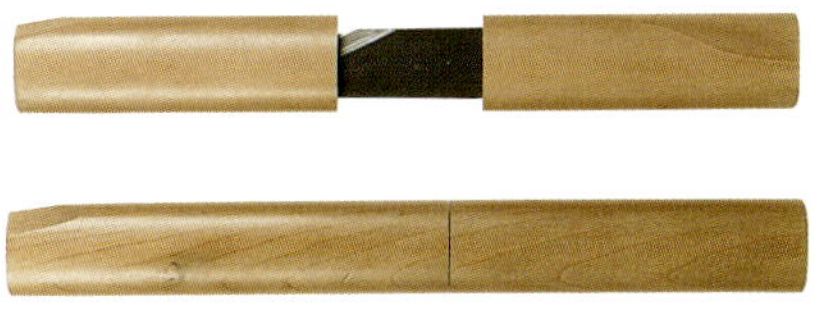

◉種類

切り出し小刀（さや入れ・共柄）
刃が斜めで大きく、柄は木製（柄がない種類もある）。左右勝手、両刃あり。

くり小刀
切り出しよりも刃先端が鋭角（10～15°）で、穴の内部や入り隅など、狭い場所に細かい細工ができる。左右勝手、両刃がある。

鋸《のこぎり》

日本ののこぎりは手前に挽いて切る。部材の繊維方向によって縦挽き・横挽き、使用目的が異なる両刃・畔挽き・挽きまわしなど、さまざまな種類があり、用途によって使い分ける。

　現在では手入れがしやすい替え刃式が主流になっている。

① ② ③ ④ ⑤

①替え刃式のこ
②胴付きのこ
③挽きまわしのこ
④畔挽きのこ
⑤両刃のこ

【各部の名称・機能】

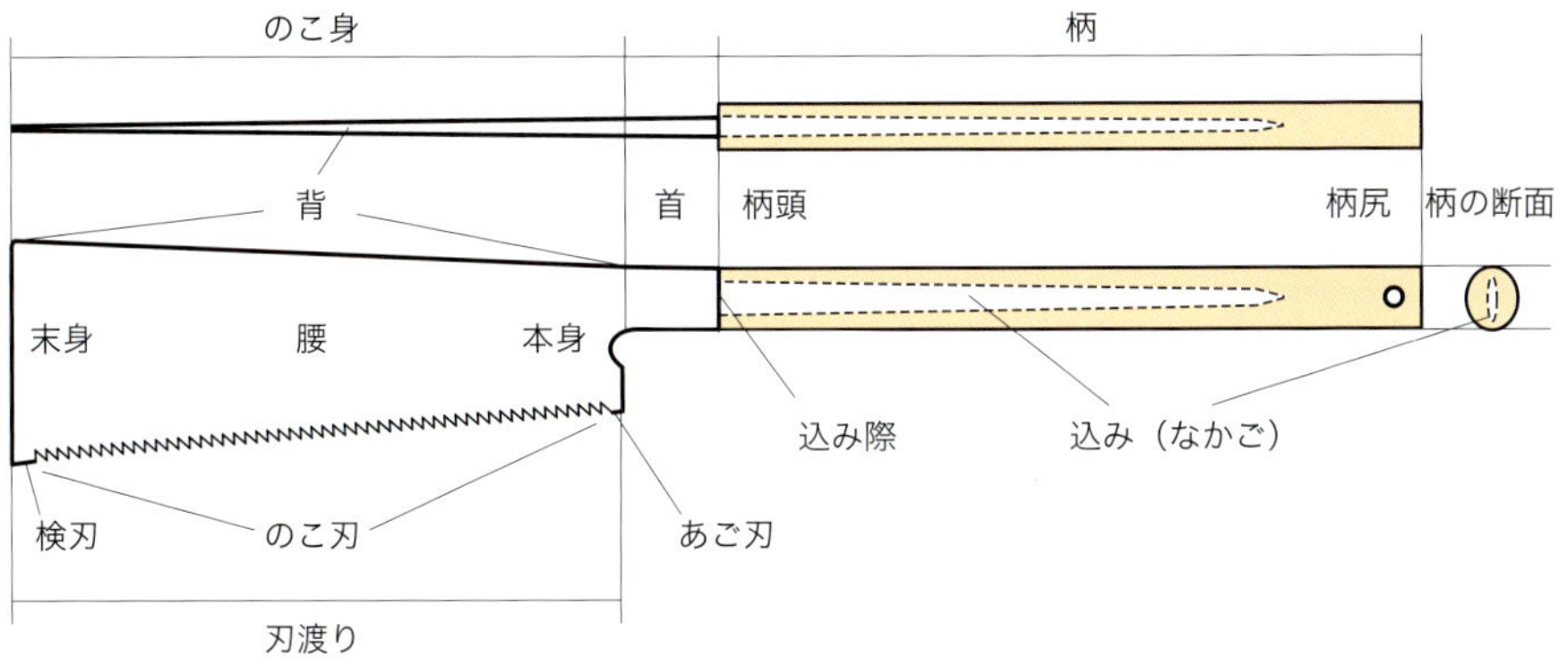

《 機能と仕組み 》

刃が付いたのこ身と柄で構成されている。

のこ身は弾力性がある薄い鋼板で、片側または両側に細かいのこ刃が多数刻まれている。のこ刃は「目」という単位で数える。部材の繊維方向や作業の目的によって、形や数が異なる。切る効率を上げるために 刃の形状やあさりなど、さまざまな仕組みがある。

柄にはキリなど軽い材が使われる。すべり止めに籐を巻いたもの、プラスチック製やゴム製など取替え式の柄も各種ある。

常にのこ身の直線を保ち、目立てと呼ばれる調整作業（あさりの調整・刃の研磨・刃先並べ）が必要。現在では目立ての煩雑さや目立て職人の減少から、替え刃式が主流になっている。

《 切る仕組み 》

手前に挽く作業に適するよう、刃が付いている。少ない力で速く効率よく切るために、刃の形や角度に各種仕組みがある。

◎切削角

細かい刃の前側を上刃（うわば）、後ろ側を裏刃（うらば）と呼ぶ。上刃と裏刃の角度を切れ刃角、挽き線と切れ刃角の計が切削角である。部材を挽く角度によって、切削角を自由に設定できる。硬材には大きい、軟材には小さい切削角を用いる。

●硬材用切削角

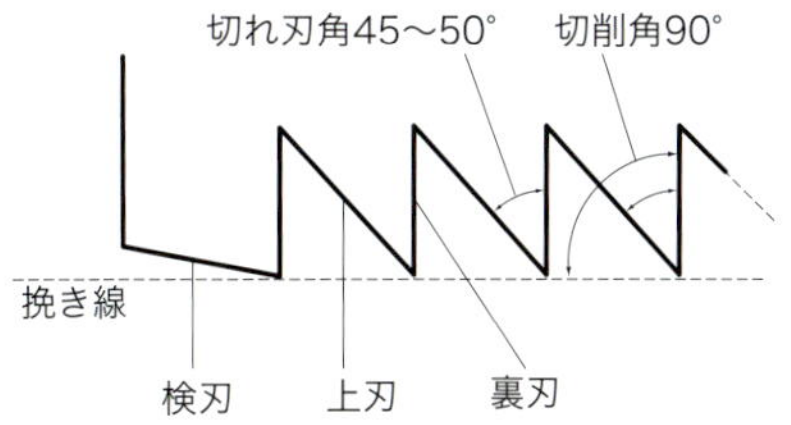

●軟材用切削角

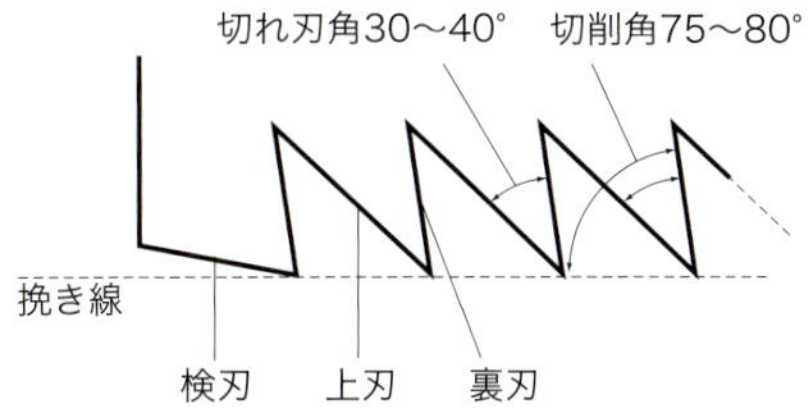

◎刃の形状

部材の繊維を切断する方向によって、刃の形が異なる。

◎縦挽き

部材の繊維に縦方向に切る。

刃は三角形で、上刃と裏刃２辺に刃が付いている。裏刃先端で部材を削り取り、繊維方向に沿って溝を掘るように切り進める。

●縦挽き：横（上）と上（下）から見た図

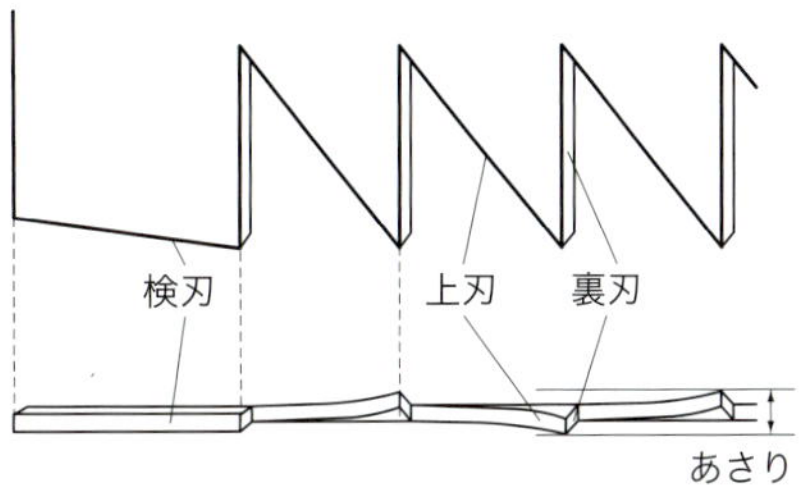

◎横挽き

部材の繊維に横方向に切る。別名江戸目。

刃は四角形で上刃と裏刃、上目の三辺に刃が付いている。縦挽きよりも切る力が大きい。裏刃先端で部材を削り取ると同時に、上刃で直交する部材の繊維を切断する。

●横挽き：横（上）と上（下）から見た図

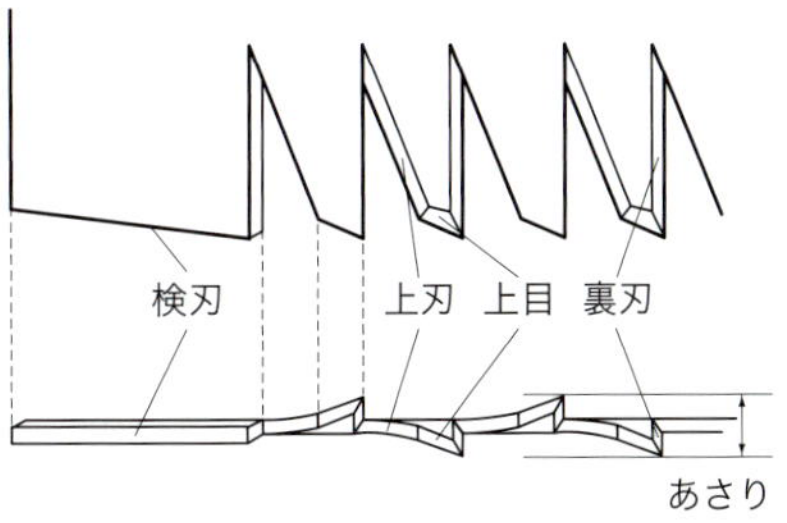

◎茨目

縦横兼用。切削角が小さくのこ身と部材との摩擦が少ない。繊維方向に関係なく切断可能。

●茨目：横（上）と上（下）から見た図

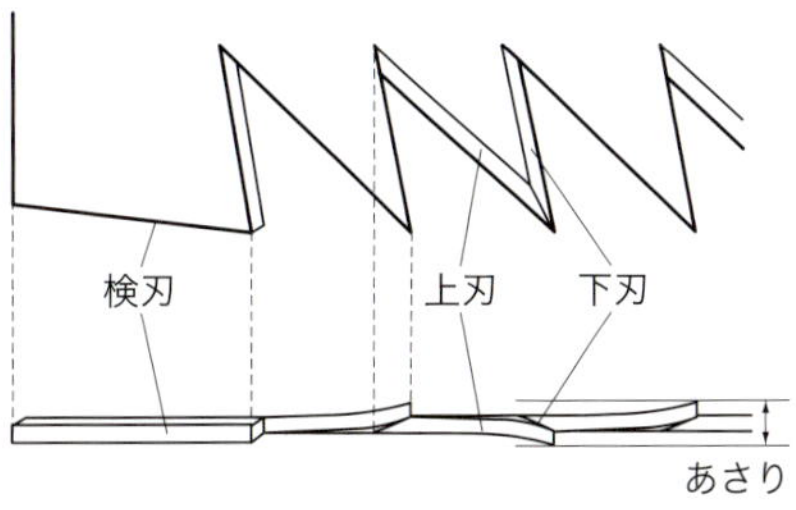

◎あさり

別名刃振り、目振り。刃を一枚おきに外側に振り分け、刃の厚み以上の厚みを付けている。刃の摩擦を減らし、効率良く切り屑を出すための仕組み。あさりが狂ってくると、切り線が曲がるなどの問題が起きる。

のこぎりの種類によってあさりの幅や形も異なる（イラスト内のあさり幅はイメージ図。通常の刃の厚みに対して 1.3 ～ 1.8 倍）。

切り屑が出にくい軟材や生木には大きい、硬材や乾燥材には小さいあさりを使う。

◎その他

検刃
のこぎり先端の一番初めの刃。平らになっている。刃の検査に用いることがある。
あご刃
のこぎり最終部の刃。切り始めのきっかけに用いる。
刃渡り
のこぎりの寸法は刃渡りで表される。
210mm=8 寸、240mm ＝ 9 寸。

《 手入れ・保存 》

手入れを怠ると錆が生じて使えなくなる。使用後は必ず水気を拭き取り、目に詰まった切り屑を完全に落とし、機械油を薄く引いておく。

のこ身は常に歪みがなく、平らでなくてはならない。使わない時には、防錆紙（布・新聞紙）などに包み、安全な場所に吊り下げて保管する。

切れ味が鈍る、またはのこ身が反った場合には刃を交換する。交換式ではない場合には、専門の業者に目立てや修理を依頼する。

◎姿勢

目線、のこの軸（中心線）、挽き線（墨線）が同一線上になるように構える。脇をしめ、体全体を使う。軸がずれると挽き線も曲がるので注意。

◉座り姿勢

①部材の端をやや突き出して、のこ台にのせる。
②左足を前に出し、右足はあぐらをかくように折り曲げる。
③左手で部材を強く押さえ、右手でのこぎりを正しく持つ。
④上半身を前方に傾け、脇をしめる。墨線に沿って、一直線に手前に挽く。

◉立ち姿勢

①部材の端をやや突き出して、のこ台にのせる。
②左足を前に出し、部材を踏んで押さえる。右足は半歩後方に下げ、足先を墨線の内側に合わせる。体重は左足にかける。
③のこぎりを正しく持ち、墨線に沿って、一直線に手前に挽く。

目線・のこ身の中心線・墨線の三つが同一線上になるよう構える。

◎準備

部材は手で強く押さえる、またはクランプなどで固定する。作業用テーブルかのこ台（下）を用いる。

◎持ち方

◉片手で持つ

柄の楕円を横向きに持ち、中央で軽く握る。

◉両手で持つ

剣道の持ち方と逆、右手は柄の尻、左手は伸ばして頭を軽く持つ。強く握り過ぎたり、人差し指の位置が外側にずれると、挽き線が曲がりやすくなるので注意する。

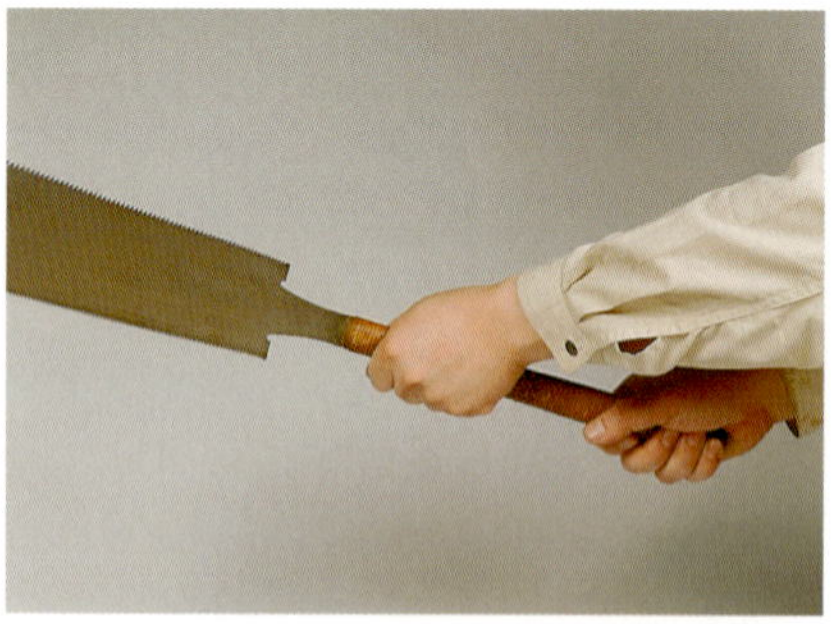

◉胴付きのこ

人差し指を伸ばして持つ。柄の中央を軽く握り、人差し指とのこの軸に合わせる。

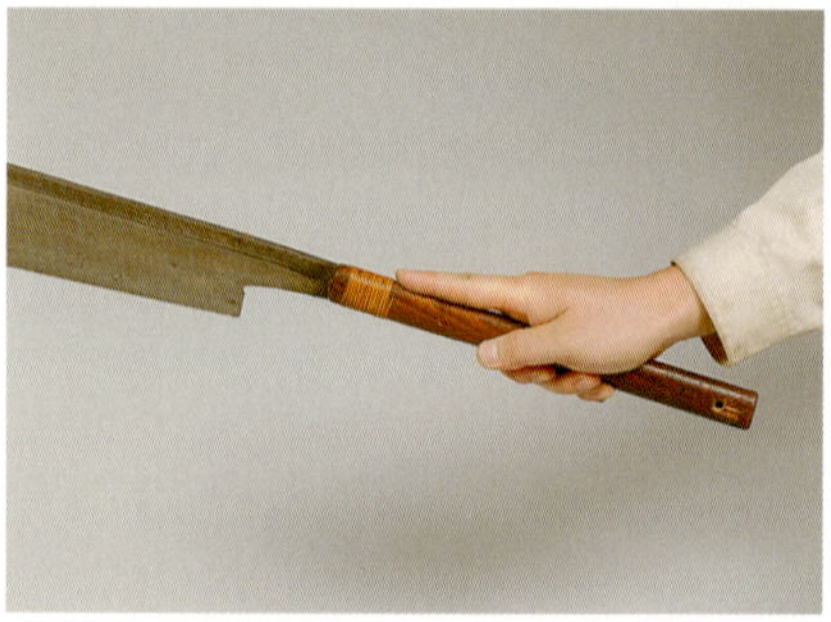

《 のこぎりの種類 》

部材を直線に切る一般作業用と、溝彫りやくり抜きなどを行なう細工切り用に大きく分かれる。板を挽く製材用のこは現在ほとんど使われていない。

両刃
のこ身両側に縦挽き、横挽き双方の刃が付いている。大工が便利に持ち歩けるよう一本で2つの機能を持たせたと言われている。替え刃式が主流。

縦挽き・横挽き
現在ほぼ100%が替え刃式。関西式は末身が角ばっている。関東式は緩い曲線形状。

畔（あぜ）挽き
独特の形をしている。部材中央から切り始められるため、溝彫りや切り抜きが可能。縦挽き横挽き、片刃両刃がある。

挽きまわし
のこ身が狭く厚く、細長い。横挽きで茨目、あさりがない。部材に垂直に立てて挽く。曲線挽き・くり抜きなどの精密作業に使う。

ほぞ挽き
縦挽き。ほぞの加工に用いる。

胴付き
非常に刃が薄く、細かい刃できめ細かく美しい挽き肌を得られる。
横挽きで、のこ身を補強する背金が付いている。ほぞや組み手など精密な細工に用いる。

替え刃式
現在はほとんどの現場で主流になっている。ありとあらゆる種類の全体形状・大きさや目数・あさり機能に対応している。

旧式ののこぎり
古くからたくさんののこぎりが使われてきた。電動工具の普及によって、現在ほとんど使われなくなった種類ののこぎりもある。穴挽き（粗切りなど）・弦掛け（小細工・竹細工）・大鋸（おが・製材用大型縦挽き）など。

使い方

挽く方向に力を入れて、戻す時には力を抜く。目線・のこの軸（中心線）・挽き線（墨線）が同一線上になるように切る。
部材の硬軟や厚み、のこぎりの種類によって、挽く角度や使い方が異なる。

◎横挽き（立ち姿勢）

①のこ道を作り、徐々に挽き始める。挽き始めの角度は約15°。

②安定したら速度を上げ、約30°に角度を付ける。

③挽き終わりに近づいたら、刃の角度を水平に近づける。

④切り落とす時に部材の重みで折れないよう注意する。手や端材で部材を押さえておいてもよい。

種類別使い方

◎縦挽き（立ち姿勢）

①正しい姿勢で構え、左手親指先をのこぎりに沿えてのこ道を作る。

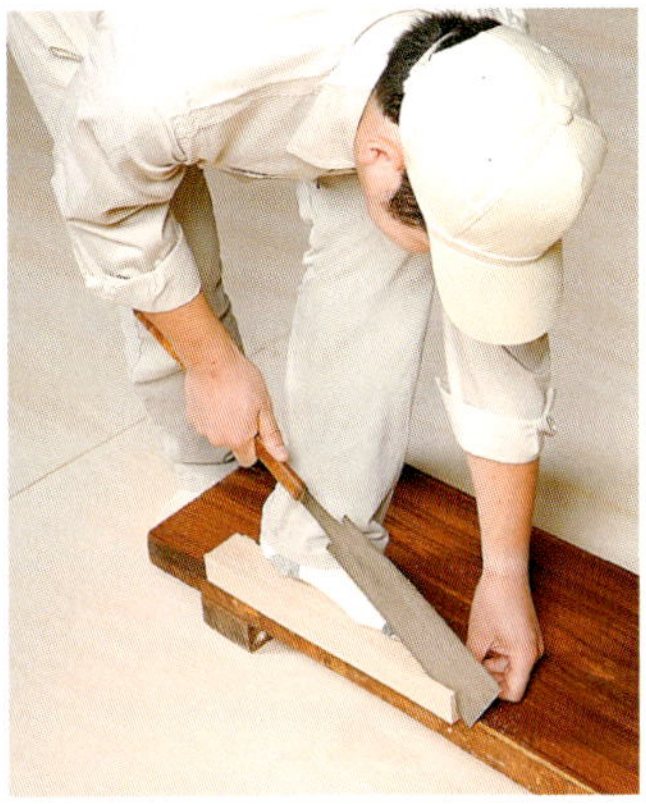

②正しくのこ道ができたら、徐々に挽き始める。挽き始めの角度は約30°。

③安定したら速度を上げ、約45°に角度を付ける。のこ刃全体を使い、挽く。

④挽き終わりに近づいたら速度を落とし、欠けや割れに注意しながら静かに作業を終える。

●立ち姿勢（作業テーブル使用）

①部材の端をやや突き出して、のこ台にのせる。
②左手で部材を強く押さえ、右手でのこぎりを正しく持つ。クランプなどで固定してもよい。
③上半身を前方に傾け、脇をしめる。墨線に沿って、一直線に手前に挽く。

◎作業手順

①部材をのこ台に置き、正しい姿勢で構える。
②左手親指をそえて、刃を部材に当てる。
③あご刃で数回軽く挽き、のこ道を作る。
④のこ道ができたら親指を離し、あご刃で徐々に挽き始める。横ぶれしないよう注意。
⑤作業が安定したら、速度を上げて刃全体を使って挽く。挽く角度は作業によって異なる。
⑥終わりに近づいたら速度を落とし、徐々に角度を小さくして水平または約ー15°にする。
⑦静かに挽き終わる。重みで部材が折れないよう注意する。

切り始めの墨線に左手親指先をあて、ガイドとして用いる。

その他の鋸

その他ののこぎり

挽きまわしなど伝統的な形状を簡易化したのこぎりや、ビニール管や生木を切る・だぼ切り専用など、のこぎりには機能を特化させたその他多数の種類がある。

左ページで紹介しているのこぎりはごく一部。非常にたくさんの種類がある。

《 各種のこの種類 》

便利のこ（通称）
先端形状や刃型に非常にたくさんの種類がある。替え刃式または使い捨てで、粗切りや古釘が隠れている可能性がある場所にも使うことができる。（①②⑨）

ピラニアンソー
ピラニアの歯のように細かく鋭利な刃が多数付いている。刃は背板で補強されていて丈夫。棒や竹、ビニール管まで幅広く切断できる。（④）

中ぐりのこ・挽きまわしのこ
薄板や厚手の段ボールなど各種素材に対応。穴開けや切り抜きを行なう。（③⑤⑧）

大型カッター
薄ベニヤの切断、簡易な削り作業が可能。のこ刃もある。（⑥）

糸のこ
細い刃を使って、くり抜きや窓開け作業を行なう。刃を下向きに取り付ける。刃が折れやすいので注意。（⑩）

だぼ切りのこ（通称）
飛び出しただぼ切り専用のこ。極薄で弾力性のある刃をしならせて、不用なだぼ先端を切り落とす（下）。（⑦）

◎畔挽き

部材中央から切り始められるため、溝彫りや穴開けなど細かい作業が可能。

首が長く不安定なため、挽き線とのこ軸が一直線になるよう常に注意する。当て木や治具を用いると挽き線が安定する。

◎挽きまわし

部材にドリルで穴を開け、そこにのこ身を入れる。垂直に立てて部材をくり抜き、穴を開ける。のこ身が長く、軸がぶれやすいため、常に視線と刃の向きを一直線に保つよう注意する。

◎替え刃式

目立ての必要がなく、常に良い切れ味を保つことができる。切れ味が鈍る、刃が反るなど問題が出たら新しい刃に交換する。

刃の種類は大きさ、適する部材などにより多種ある。

取替え式の柄も多種多様。使用頻度や好みに合わせて使い分ける。

どちらも取り付け部分の規格に注意する。

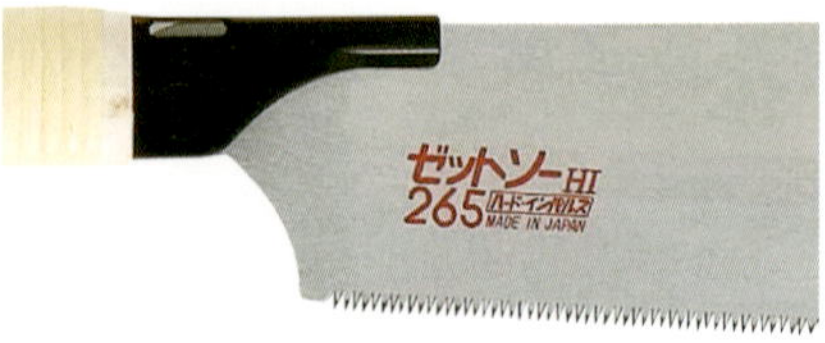

◎横挽き（座り姿勢）

手順は立ち姿勢同様。正しい姿勢で構え、挽き始めは約 15°（上）、徐々に角度を大きくする（下）。

◎胴突き

人差し指を伸ばして持つ。

のこ身が背板で補強されているため反らない。

手順は横挽きのときと同じ。

斜め切りの際には、治具をあてる。

①便利のこ（通称）

②便利のこ（通称）

③挽きまわしのこ（中）

④ピラニアンソー

⑤中ぐりのこ

⑥大型カッター

⑦だぼ切りのこ　⑧挽きまわしのこ（小）　⑨便利のこ（通称）

⑩糸のこ

切る電動工具

手持ちで使えるジグソー、切り抜きなど細工用の糸のこ盤、直線切りや緩い曲線切りにはバンドソー、高速で安定した直線切りには丸のこ、効率を求めるならば昇降盤などがある。用途や作業性によって使い分ける。

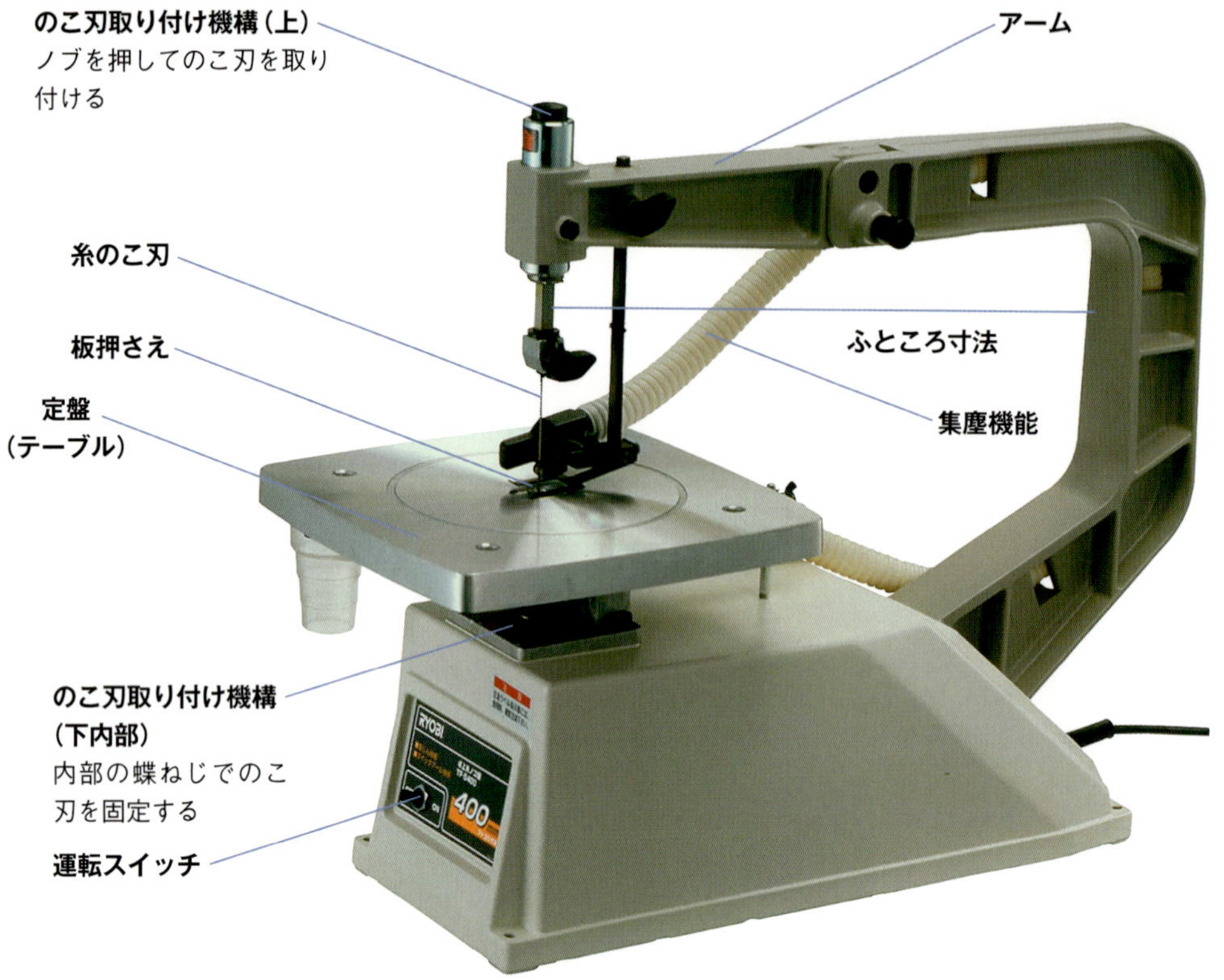

糸のこ盤

のこ刃を上下させ、細かな曲線や切り抜きなど精密な細工切りを行なう。

部材を定盤にのせ、刃に向けて手動で送り出す。刃が薄く細いため、複雑な切り線を得られる。正確な直線切りには向かない。

速度調整機能や窓抜き用に上に折れ曲がるアームなど、機種によってオプションがある。

【各部の名称・機能】

糸のこ刃（169ページ参照）

アーム

奥行きによって部材の切断可能寸法が決まる。

板押さえ

別名ストッパー。ミシンの送り機構のように、部材を押さえて安定させる。

安全カバー

切り屑や折れた刃が飛び散らないよう、カバーが付いている機種もある（左写真）。

定盤（テーブル）

部材をのせる台。中央に通し穴が開いている。簡易な定規になる刻み付きの機種もある。

のこ刃取り付け機構

上：ノブを押し下げて刃上部をはさみ、固定。

下：刃下部を蝶ねじで締め付ける。

集塵機能

木屑を吹き飛ばす、または吸い込む。

使い方

上下運動する細い刃に部材を押し当て、ミシンのように押し切る。定盤を傾け斜め切りも可能。

定盤正面に体を向け、部材を手で支える。切り線の形状によって支え方が異なる。

刃が折れやすいので、無理に曲げたり力を入れすぎたりしてはならない。刃は緊張しすぎると折れやすく、ゆるすぎると曲がりやすいため、刃の張り具合にも注意。

◎準備

◉刃の着脱

刃下部を蝶ねじで完全に固定した後、ノブを押し下げて上部を固定する。ノブは自動的に戻り、刃も引き上げられて緊張する仕組み。取り外しは逆の手順で行なう。

①電源コードを抜く。

②刃を定盤中央の穴に通し、蝶ねじをゆるめて刃下部を差し込み、締め付けて固定する。

③上部ノブを押し下げて、刃上部を固定する。

④刃の向きや刃の張り具合を確認する。

⑤電源を入れて試運転する。刃のぶれ、固定の状況などを確認する。

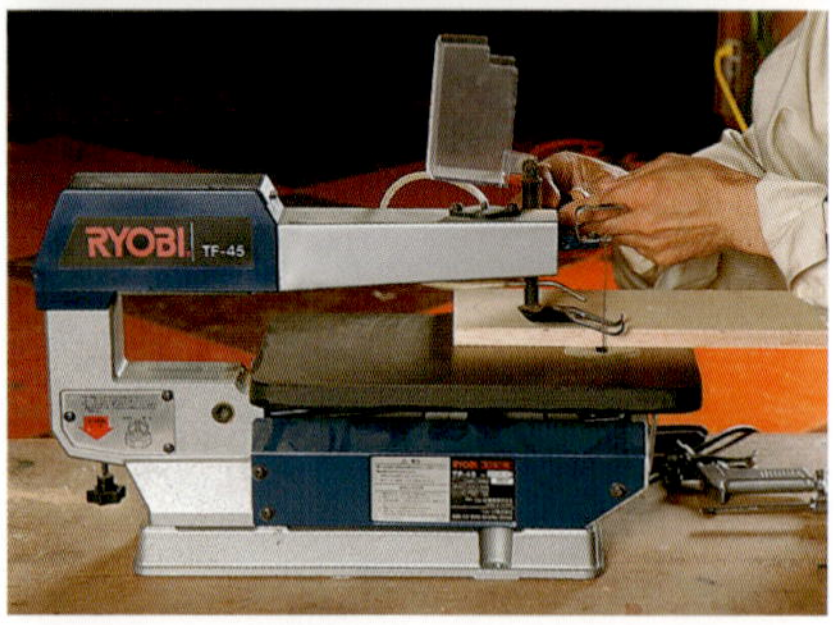

◉定盤の水平確認

定盤面の水平も重要。定盤が傾いていると切り口も曲がる。必ずスコヤで水平を確認後、作業を行なう。

◎角を切る

①角に刃が到達したら作業を中断する。
②切り線が手前に向くように部材を回す。
③ねじれた刃を手前に向け、作業を再開する。
鋭角の場合には、角に丸穴を開けてから切る(下)。

◎窓抜き

部材中央に窓を開ける場合には、小さい穴を開けて刃を通す。通す際には刃を一度外す。
①ドリル、きりなどを使ってのこ刃が通る径で、通し穴を開ける。できるだけ小さな径で、目立たないよう角などに開けるとよい。
②刃下部を外して穴に通し、改めて取り付ける。
③作業を再開する。

◎象嵌（ぞうがん）

①色違いの板を２枚重ね合わせ、同時に切り抜く。定盤をやや傾けて、切り面にゆるい傾斜を付けると、美しい合わせ目が得られる。
②抜いた型を互いに嵌め込む。傾斜の向きと嵌め込む向きが一致するように注意する。

◎曲線を切る

曲線切り用の刃を使う。

目線を一定に保ち、左右それぞれの押す力を微調整し、板を回しながら切る。両手で回さず、片手を交互に動かすと制御しやすい。

曲線がきつくなってきたら、余白を切り落とし、いくつかのパーツに切り分ける（下）。その後同様に切り進める。

◎作業手順

①電源を入れ、起動させる。刃の動きが一定になるまで待つ。集塵機能の位置を合わせる。
②定盤の上に部材をのせ、両手で強く押さえながら押し進めて切る。完全に切り終えるまで手をはなしてはならない。
③切り終えたら、電源を切る。

◉注意

・回転や振動、音などに異常がないかどうか常に確認する。問題があったらすぐに停止する。
・絶対に切り線の先に手を置いてはならない。
・稼動中に切り屑を手で払ってはならない。必ず集塵機能を使う。
・必ず電源コードを抜いた後、刃の交換や清掃を行なう。

◎直線を切る

一直線に切るためには、左右の手に均等に力を入れるよう強く意識する。切り線（墨線）と板押さえの方向が平行になるよう、目線を一定に保つ。定盤の水平確認も重要である。

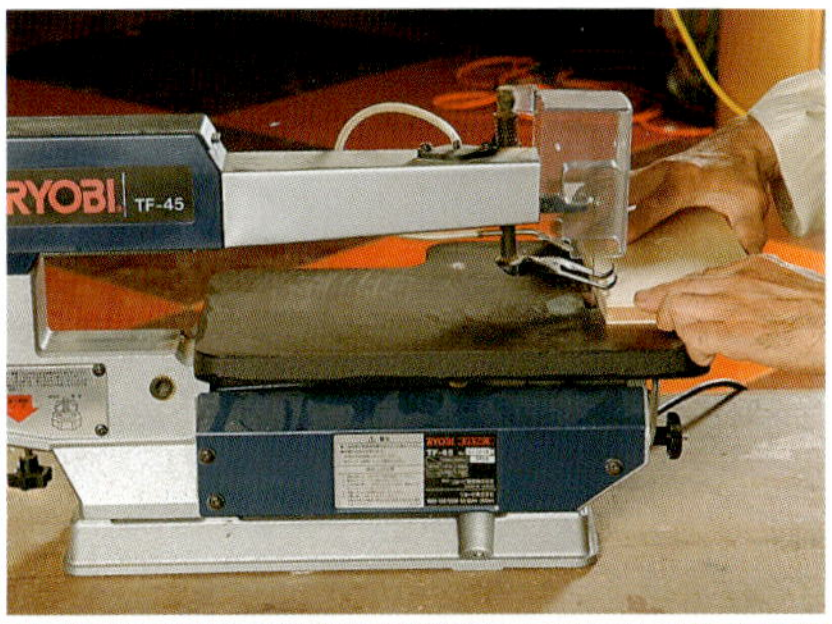

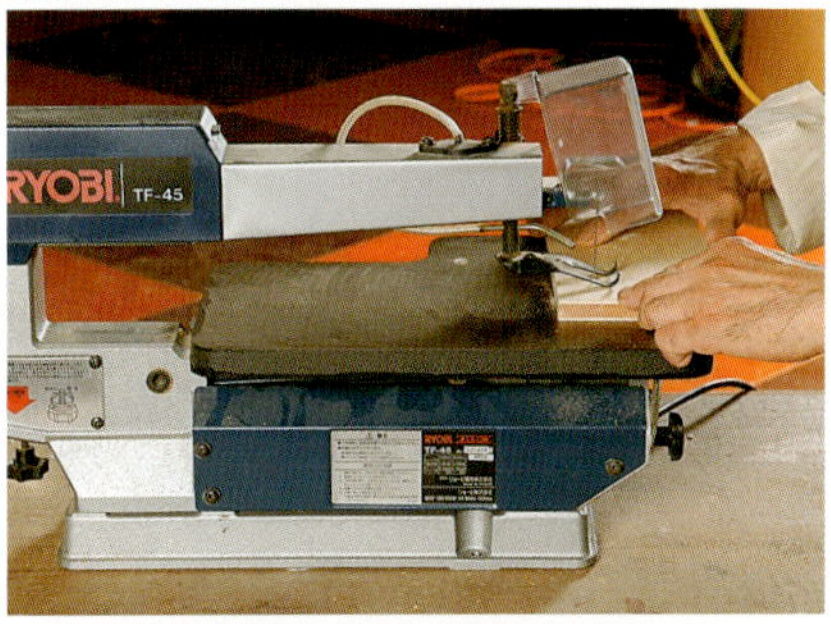

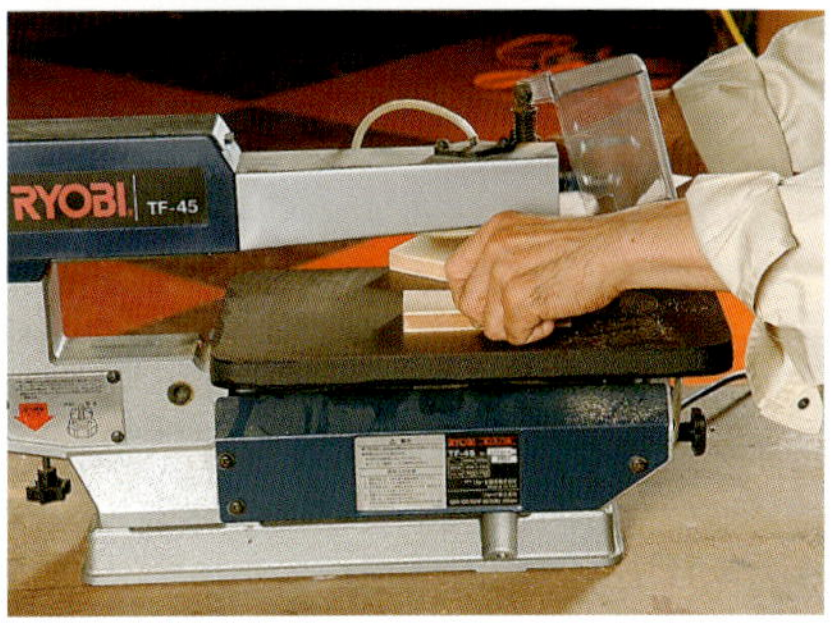

バンドソー

別名帯のこ盤。輪になっているのこ刃を高速で循環させ、定盤上の部材を手動で送り出す。パワーが大きく、なめらかで美しい切り線を得られる。

直線切りの他、浅い曲線切りや斜め切りも可能。複雑な曲線切りや窓抜きはできない。

DIY 用から木工機械まで大小ある。のこ刃には刃数･大きさなど種類がある(169ページ参照)。

使い方

循環するのこ刃に部材を押し当て、切断する。定盤正面に体を向け、手で部材を確実に支える。刃が一方向に動くため、比較的部材がぶれにくく、反動も少ない。

直線の切断には幅が広い刃を、曲線の切断には幅が狭い刃を用いる。

パワーが非常に強いので充分注意し、必ず電源コードを抜いた後、調整や清掃を行なう。

◎準備

電源を切り、昇降ハンドルで刃を緊張させ、傾斜調整レバーで定盤角度、セリガイドで刃を微調整する。

使用前に試運転し、刃の状況などを確認する。

【各部の名称・機能】

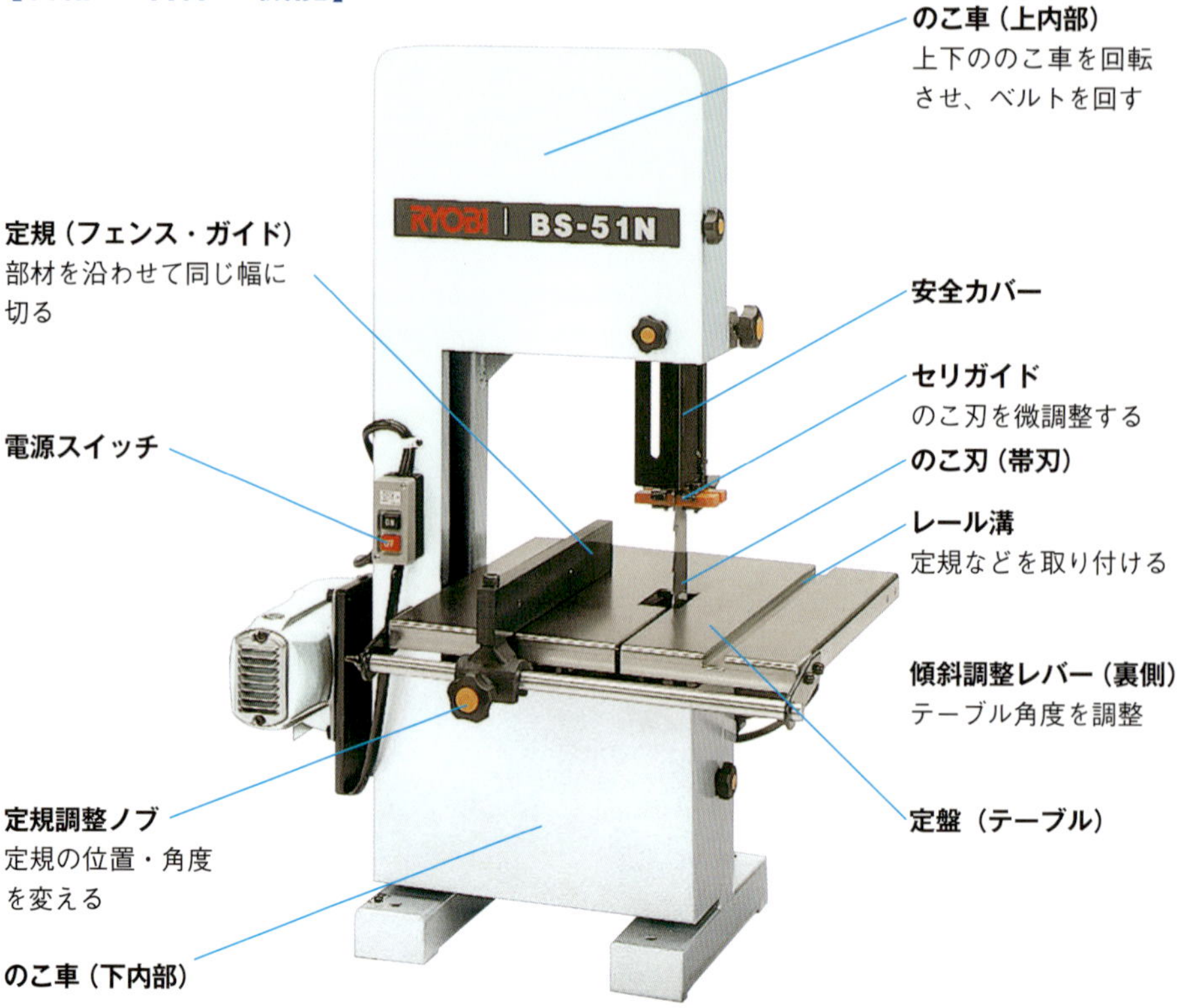

◎直線を切る

①電源を入れ、起動させる。刃の動きが一定になるまで待つ。
②両手で部材を強く押さえ、盤面に滑らせるように前方に移動し、押し切る。

◎曲線を切る

幅が狭い曲線切り用の刃を用いる。

刃のたわみを利用して、ゆるい曲線を切ることができる。

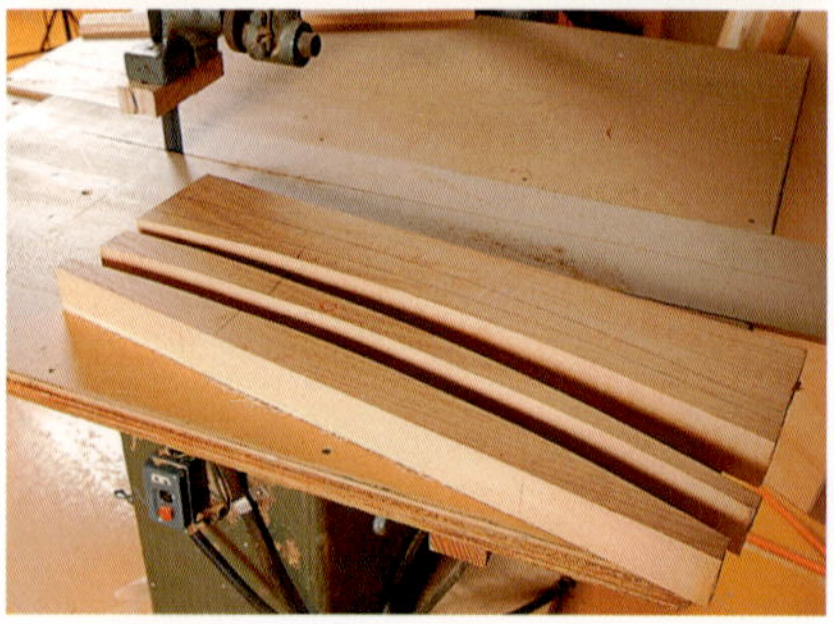

ジグソー

上下するのこ刃を手動で移動し、部材を切る。部材の粗切りやゆるい曲線切りなど下作業に適し、粗い直線や大きな窓あけ加工も可能。パワーが小さいため切断能力は丸のこなどに劣るが、軽くて音も静か、手軽に扱える比較的安全な工具である。

駆動方式に種類があり、機種によって刃の着脱方式などが異なる。刃は極めて多種多様。部材の種類や厚さ、用途に合わせて使い分ける（169ページ参照）。

◉駆動方式の種類

刃の速度が1種類の単速式と、低速・高速の2種類の2段変速式、より細かい細工に向く無段変速式がある。

刃の動きに楕円（しゃくり）運動を加えるオービタル式は、切断能力が高く、厚板加工に向く。複雑な曲線や鋭角には向かない。

【各部の名称・機能】

使い方

刃を部材に当て、ベースを部材に密着させて押し切る。刃が傾いたり、ベースが部材から離れたりしてはならない。適度な速度を保ち、切る速度が速すぎないよう注意する。曲線や入り組んだ場所は速度を落とす。

必ず電源コードを抜いた後、刃の交換や清掃を行なう。コードを切断したりまきこんだりしないよう、扱いに注意する。

◎準備

①電源を切った後、刃を外側（進行方向）に向けて取り付ける。
②電源を入れ、試運転する。刃のぶれや固定状態などを確認する。
③部材を固定する。刃が上下運動できるよう、部材の下面に充分に空間を開けておく。

◎直線を切る

直線切り用の刃を使う。正確な直線切りが必要な場合は、丸のこや昇降盤を用いる。
①電源コードやクランプの位置を確認する。
②ハンドルを握り、もう片方の手で前方を軽く支える。
③ベースを部材にあて、電源を入れる。刃の動きが安定するまで待つ。
④ベースを部材に密着させながら、押さえ付けるように工具を移動、押し切る。

◎曲線を切る

曲線切り用の刃を使う。速度を落とし、体全体の向きを変えながら慎重に切る。より正確に切るには、治具を用いる。

◎直線を切る

①電源を入れ、刃の動きが安定するまで待つ。集塵機能を稼動させる。
②部材固定機構またはクランプなどで部材を押さえ、ハンドルを押し下げる。
③ハンドルを奥方向に押してスライドさせる。

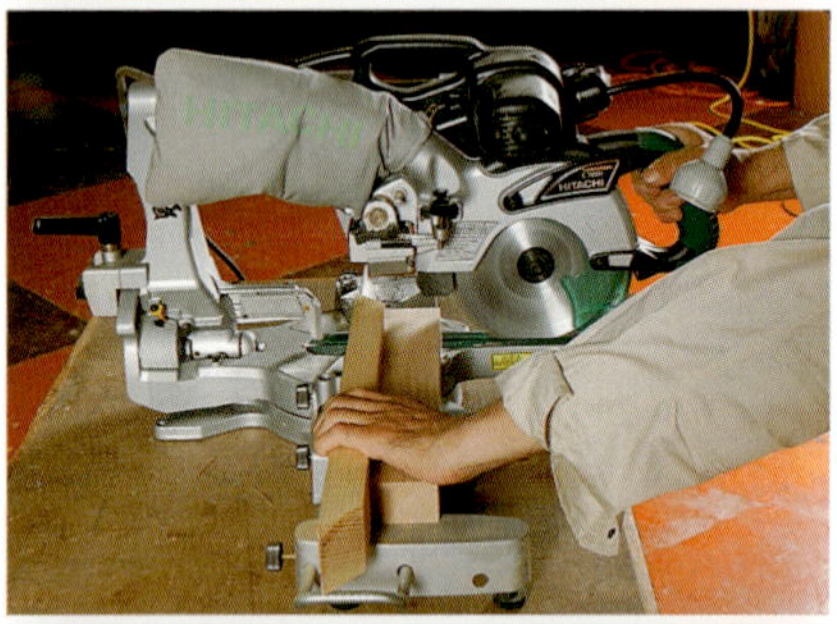

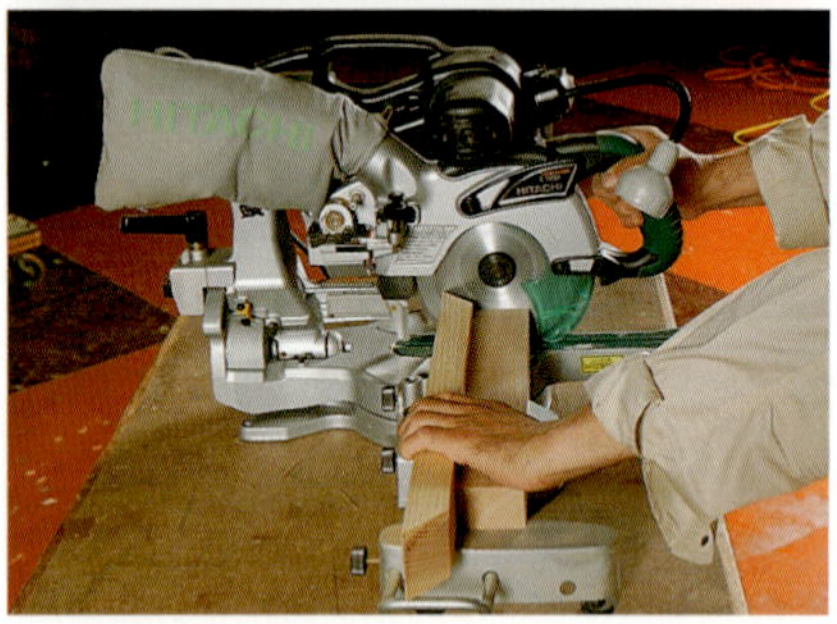

◎斜めに切る

定盤を左右に回す、または刃を傾けて、縦横2方向の角度切りが可能。

【各部の名称・機能】

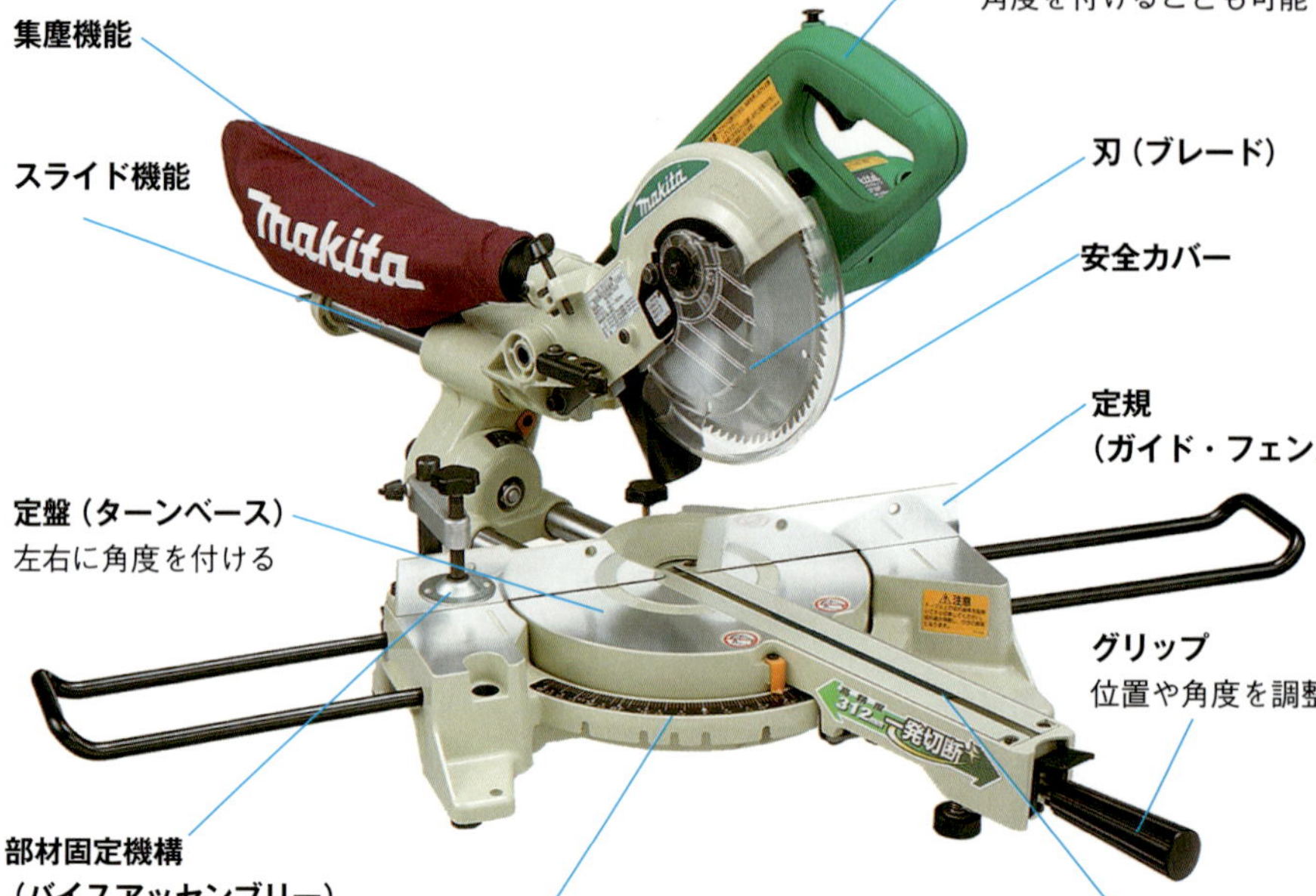

使い方

部材を定盤に固定し、角度や位置を設定する。刃がかなり厚いため、必ず刃の厚みを計算に入れて墨を付ける。

必ず電源コードを抜いてから、刃の着脱、切断位置の設定を行なう（下）。非常に強力で高速で回転するため、極めて危険である。作業の際には万全の注意を払う。使用前に試運転し、刃の状況などを確認する。

丸のこ盤
（テーブル丸のこ）

直線切り専門。正確な直線切りを迅速に行なう。

高速回転するのこ刃を押し下げ、定盤上の部材を切る。パワーが大きく、大変美しくなめらかな切り面を得られる。

斜め切断や同じ寸法の連続切りも可能。刃の移動範囲が限られ、長い部材の切断はできない。

◉スライド丸のこ

のこ刃を押し下げるだけでなく、奥方向にもスライドできるため、その分長い距離を切れる。刃は径と材質、刃数などによって種類が分かれる（169ページ参照）。

◉注意

非常にパワーが強く、高速で回転するため、取り扱いには細心の注意を払う。部材はクランプまたは工具付属の固定機構で完全に固定し、絶対に刃に手を近づけてはならない。

【各部の名称・機能】

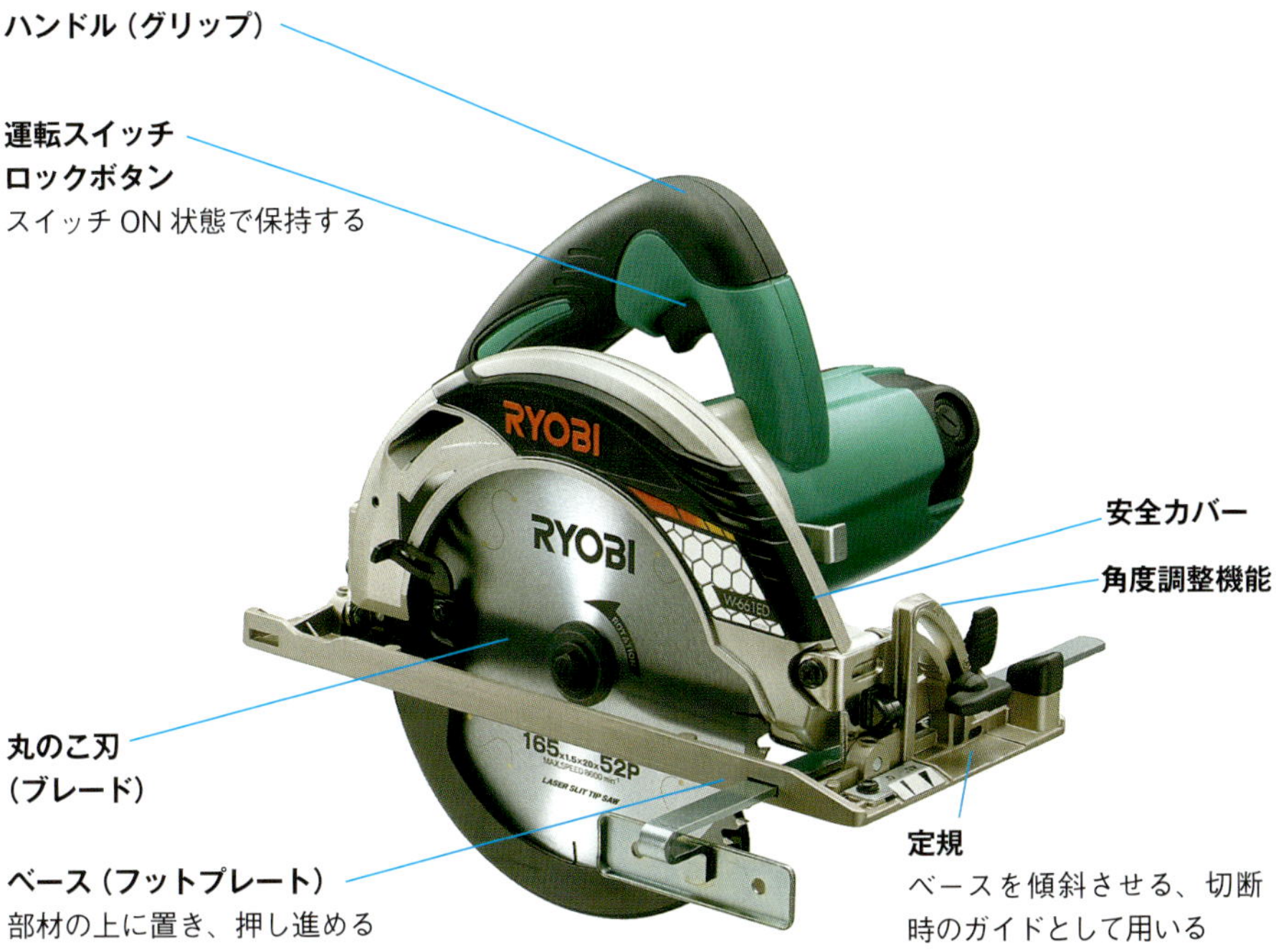

◎作業手順

①電源コードを肩にかけ、クランプの位置を確認し、電源を入れる。
②ベース先端を部材にあて、起動させる。刃の動きが安定するまで待つ。
③ベースを部材に密着させながら、押さえ付けるように移動、押し切る。ベース下部の付属定規または治具を利用し、一定の幅で正確に切る。
④切り終わりに近づいたら、部材の重みで割れないように注意する。

丸のこ

丸のこ盤同様直線切り専門。高速回転する刃を手動で移動して、部材を切る。切り面はたいへんなめらかで美しく、長い部材の切断や定盤を傾けて斜め切りも可能。

切断パワーが非常に強力で、移動する際にのこ刃が部材に引っかかる、節に当たって前のめりになる可能性があるなど、極めて危険。常に安全対策に万全の注意を払う。

使い方

部材をクランプで完全に固定し（下）、ベースを部材に密着させて押し切る。慎重に遅めの速度で作業する。刃が傾いたり、ベースが部材から離れたりしてはならない。

コードを切断したりまきこんだりしないよう注意する。必ず、電源コードを抜いた後、刃の交換や清掃を行なう。

◎切り欠き

短時間に同寸法で、多数の切り込みを入れる技法。溝を簡単に彫ることができる。
①複数の切れ目を入れる。
②切り込み先端を、のみで叩き落とす。
③④のみで溝の断面を仕上げる。

◎準備

電源を入れ、起動させる。刃の動きが一定になるまで待つ。

①定盤より刃が約 10mm 出るように、刃の高さを調節する。

②スコヤで定盤、刃、平行定規の水平垂直を確認する。狂いがあれば、完全に修正する。

③あさり幅と刃の厚みを計測し、切り幅寸法に加える。

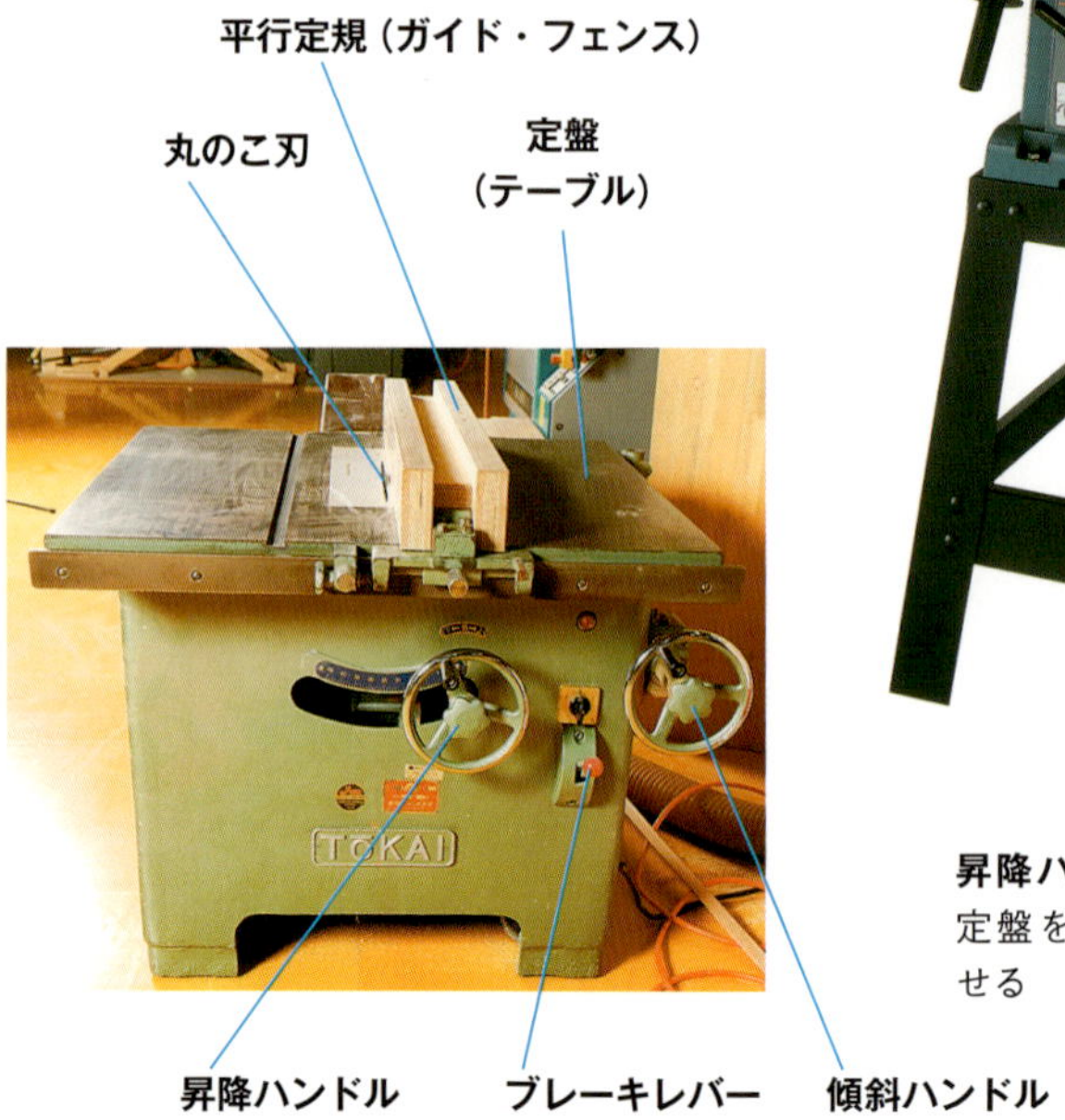

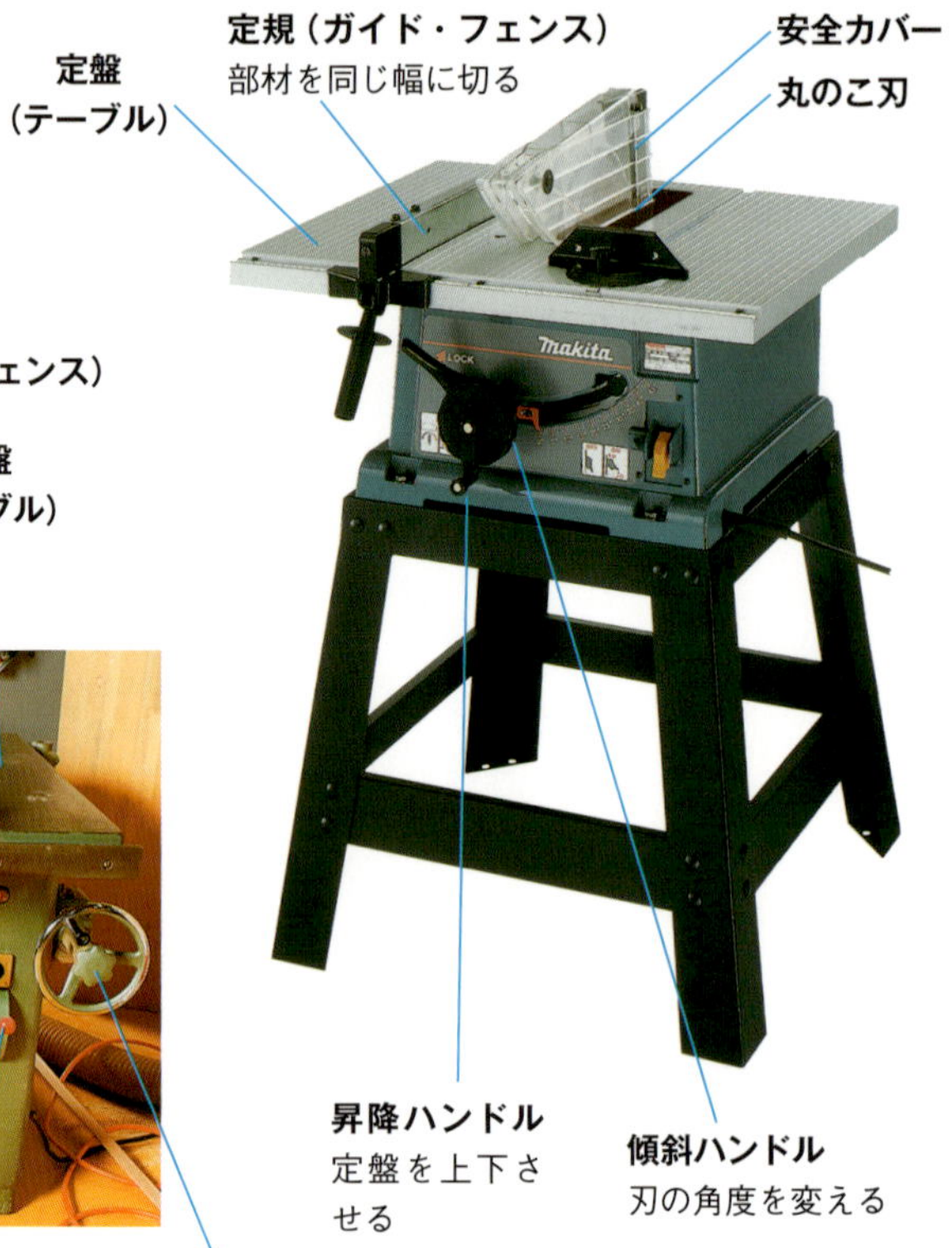

使い方

高速回転する刃に向かって、部材を手動で送り込む。台上に設置されている付属の定規に沿わせ、正確な幅を保ちながら切断する。部材の切り幅は手動で設定する。

直線切りは定規や治具に沿わせて、部材を一直線に送る。角度切りには２種類の方法がある。

・刃を傾斜させて、角度を付ける（上）。

・角度定規を傾斜させて、平行定規に対して角度を付ける（下）。

●のこ刃を傾ける

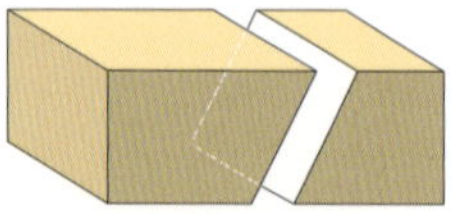

●角度定規を傾ける

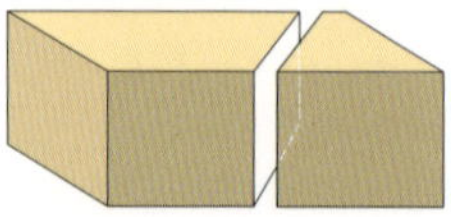

◉注意

・絶対に手を刃に近づけてはならない。

・途中で停止したり、引き戻したりすると部材があばれてたいへん危険。刃から部材が十分離れるまで、部材を離してはならない。

昇降盤

定盤上の丸のこ刃が上下に移動する大型木工機械を、一般に昇降盤と呼ぶ。刃が左右に傾斜する機種や定盤本体が傾く機種など種類がある。

直線切り専門で、広い定盤面と正確で堅牢な付属定規を用い、効率よく正確に部材を切断する。同じ寸法の連続切りや、大型の部材にも対応できる。

部材を送り込む角度または刃や定盤を傾斜させて角度切りも可能（機種により機構が異なる）。治具を用いる場合もある。刃を専用カッターに替えて、溝彫りも可能。

軸傾斜昇降盤

刃を昇降して切削の深さを、左右に傾斜させて角度を調整する昇降盤。固定式定盤上の刃に、部材を手動で移動して切断する。軸の角度や定規を調整して、部材の切り幅や角度を調整する。

◉大型土木機械とＤＩＹ用機種

出力が小さい一般向けの簡易型から重量も出力も大きいプロ用の大型機械まで幅広いグレードがある。作業性や使用頻度、設置場所から判断し、機種を選ぶ。中古市場が充実し、ハイグレードな機械も入手しやすくなった。

横切り丸のこ盤

別名テーブル移動丸のこ盤（昇降盤）。手動で部材を送る軸傾斜昇降盤とは異なり、定盤（テーブル）本体をスライドさせて部材を切断する。おもに横挽きに使う。斜め切りも可能。

①移動式定盤を手前に完全に引き戻し、部材を定規に密着させる。
②部材を確実に押さえ、定盤ごと体重をかけて押し出す。完全に切れるまで押す。
③切り終わったら、棒材などで部材を取り除く。絶対に部材を手で取り除いてはならない。

パネルソー

ホームセンターのカットサービスなどで見かける大型機械。丸のこ本体が自動的に上下移動し、縦型テーブル（パネル）に設置した部材を切断する。切り幅は数値で入力する。大きな面積の合板やボードの切断に向く。

◎斜め切り

①傾斜ハンドルを回し、刃の角度・高さを調整する。
②切断手順は直線切り同様。

③２面を斜めに切る場合、材を裏返す（下）、定規の角度を変えるなどで対応する。

◎直線を切る

定盤上に平行設置されている定規に部材を沿わせて、部材を手動で送る。
①電源を入れ、起動させる。刃の動きが一定になるまで待つ。
②平行定規に木端を当て、沿わせながら部材を徐々に押し出す。部材後方をやや持ち上げ、刃の周辺で部材を定盤に密着させる。

③作業が進むにしたがって、刃が手に近づいてくるため、刃の位置により注意する。状況に応じて棒材などで部材を押し出す（上）、角度定規で支える（下）。

大鉋

おおがんな

大がんなとは、平たい厚板の台にかんな刃が仕込まれている平かんなの総称。台を手前に引き、部材表面を薄く削り出す。
かんなの扱いは、手工具の中でも熟練を要する。材の種類、硬軟などに合わせ、刃の角度や台の仕込みを変えて使う。

長台かんな
台の大きさが1尺以上もある大型のかんな。台の長さをガイドにして、部材表面を幅広く正確な平面に削り、部材の歪みやむらを取る。一枚刃と二枚刃がある。

一枚刃かんな
木口削りや横削りに用いる。切削角が小さく、刃の抵抗が少ない。削り肌が美しいが、逆目が起きやすい。

二枚刃かんな
一般的な平面削りに用いる。二枚刃式は日本独特の機構。裏金の効果で刃が安定し、逆目が起きにくい。一枚刃に比べ削り肌はやや粗い。

替え刃式かんな
全鋼で切れ味が良い使い捨ての刃を使う。一枚刃と二枚刃がある。

その他のかんな
飾り削りに用いる名栗（なぐり）がんな、押して削る西洋式のかんな（プレーナー）、かんなの前身の槍かんなや手斧（ちょうな）など。

●台部分名称

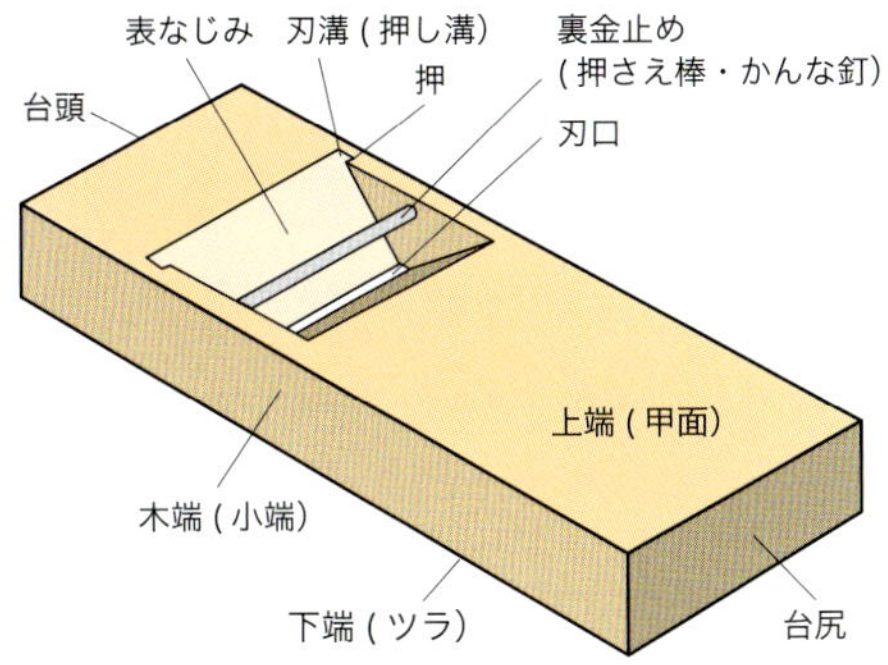

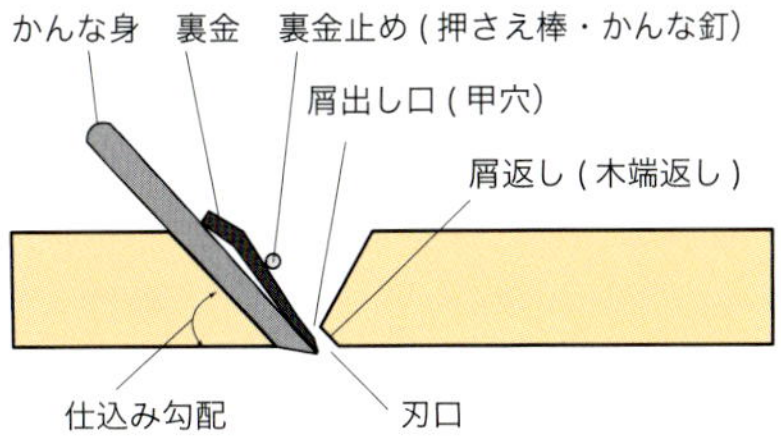

※かんな部分の呼称は、地方や職種などで異なる

●刃部分名称

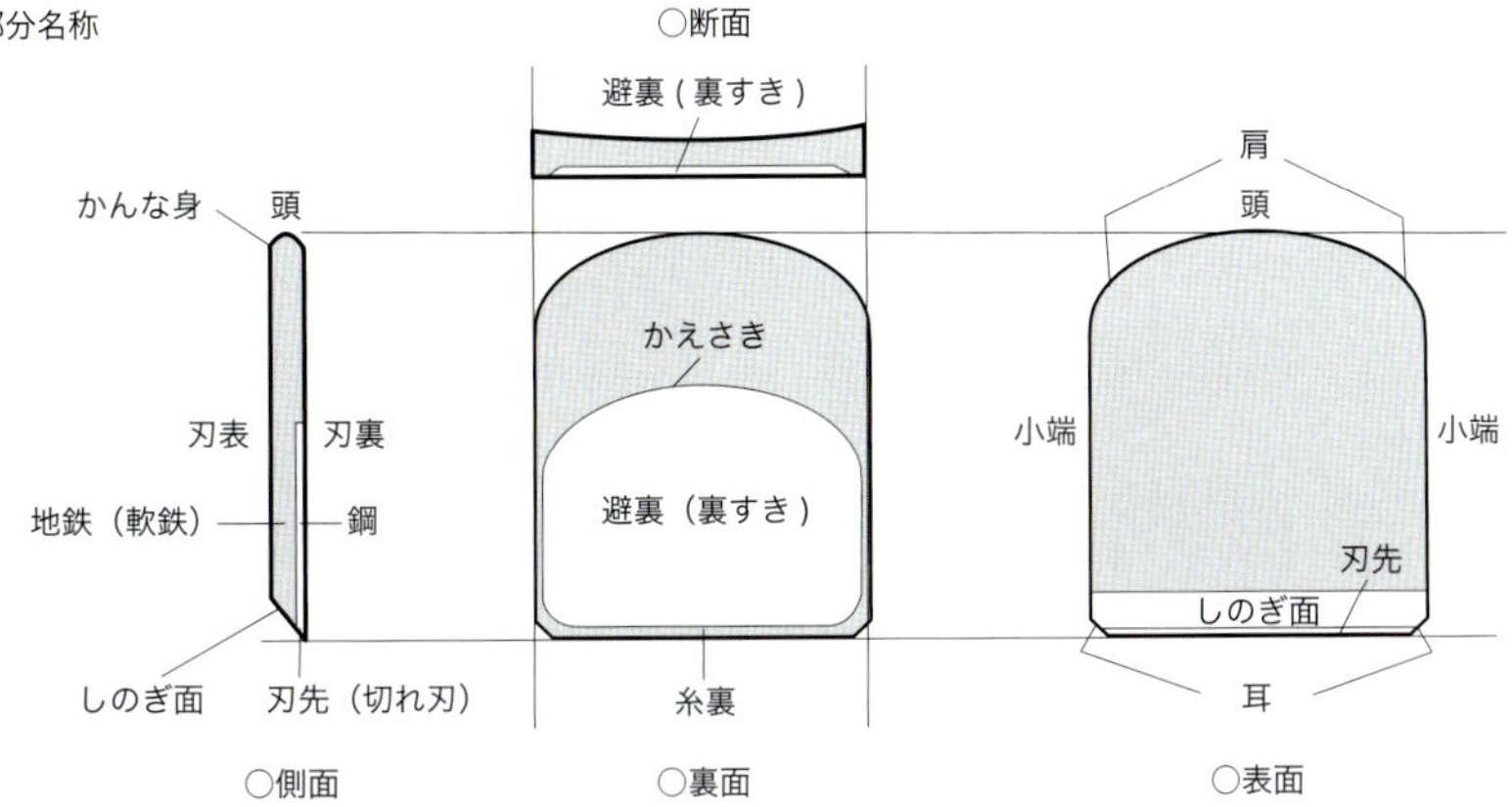

◎仕込み勾配

台にあらかじめ設定してある仕込みの角度。通常八分勾配（38～39°）。作業工程や部材の硬軟によって角度を変えて用意しておくと便利。勾配が大きくなると切削抵抗が増える。

◎刃裏の形状

裏側には大きなくぼみ（避裏・裏すき）がある。刃先端に糸裏を残してくぼみを作り、接点を極力減らす仕組みで、刃裏の平面を維持しやすくしてある。避裏や糸裏の形が崩れると切れ味や削り面に影響するので、裏出しと呼ばれる修復作業を行なう（148ページ参照）。

◎裏金の調整

裏金先端はかんな身先端からほんの少し引き込められている。間隔がずれると問題が起きるため、常に髪の毛一本分に調整する。

ガタがある場合には耳を叩いて折り曲げる・裏押しするなど修正を行なう。

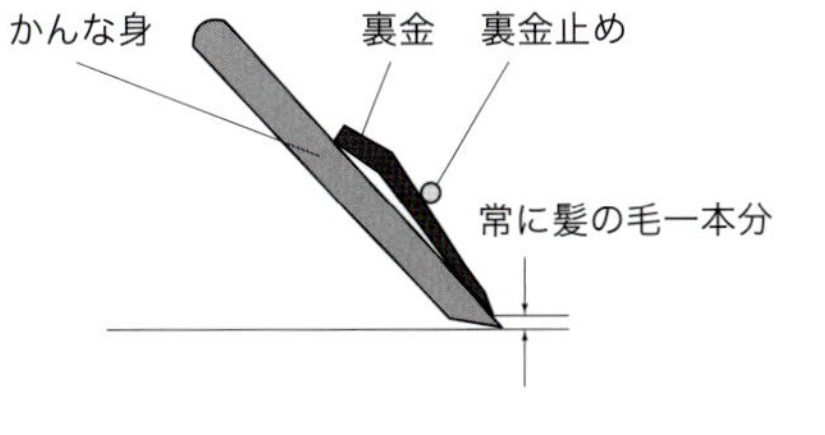

◎仕込み角

部材に刃が食い込む角度。材の硬軟や木目の状態に合わせて刃を研ぎ出し、角度を決める。通常24～30°（それ以下でも以上でも台に入らなくなる）。

仕込み角が小さいと、なめらかな削り肌を得られるが、逆目が起きやすく刃が減りやすい。大きい場合は削り肌が粗くなるが、逆目が起きにくく刃も長持ちする。硬い材にも対応できる。

◎仕込み量

刃が刃口から飛び出す長さのこと。台を鎚で叩いて出し入れし、調整する。

通常の削り作業（中仕上）では刃を髪の毛一本分ほどに仕込み、仕上げかんなではほとんど見えない程度に仕込む。

仕込み量が多くなるほど、抵抗が増す。

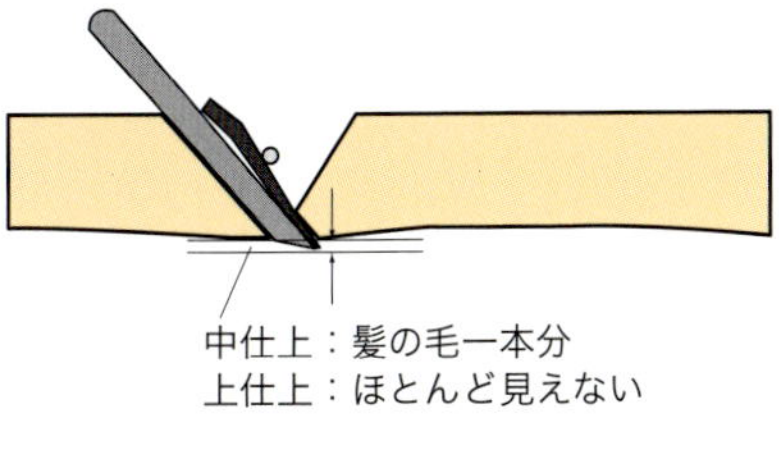

《 機能と仕組み 》

かんなは刃と台のみの単純な構造だが、削る仕組みには刃及び裏金の仕込み量や角度、台の状態など、さまざまな要素が複雑に関係している。

◉刃

かんな身と呼ばれ、分厚い鉄でできている。本体は軟鉄製で、刃先には硬い鋼が鍛接されている（はがね合わせ・145ページ参照）。

刃を任意の角度に研ぎ出し、仕込み角（切削角）を決める。刃が出る量は、台や刃の頭（上部）を叩いて調整する。

かんな身には表裏があり、裏面を台の表なじみに当て、仕込む（刃を台に入れること）。

◉裏金

二枚刃かんなの上側の刃。刃の食い込みや逆目を防ぐ日本のかんな独特の機構。仕込み角が大きくなり、刃が安定する効果もある。かんな身と重ね合わせ裏金止めで密着させて仕込む。

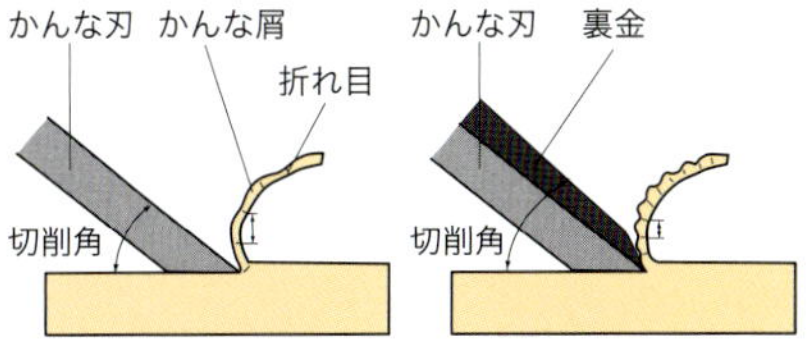

●一枚刃　●二枚刃

◉台

定規の役割を行ない、刃を一直線に送る。カシなど、完全に乾燥させた硬材を用いる。複雑な形状の穴に刃を仕込む。

《 削る仕組み 》

かんなを引くと、刃が材に食い込んで繊維を引き離し、薄い削り屑になる。引くにしたがって削り屑は長く延び、割れ目（節）ができて丸まる。節の間隔が短いほど逆目が起きにくくなるため、二枚刃式かんなでは裏金の機能で間隔を狭め、逆目を防ぐ。

仕込み角や仕込み量、仕込み勾配など、かんな各部の仕込みも作業に大きな影響を与える。

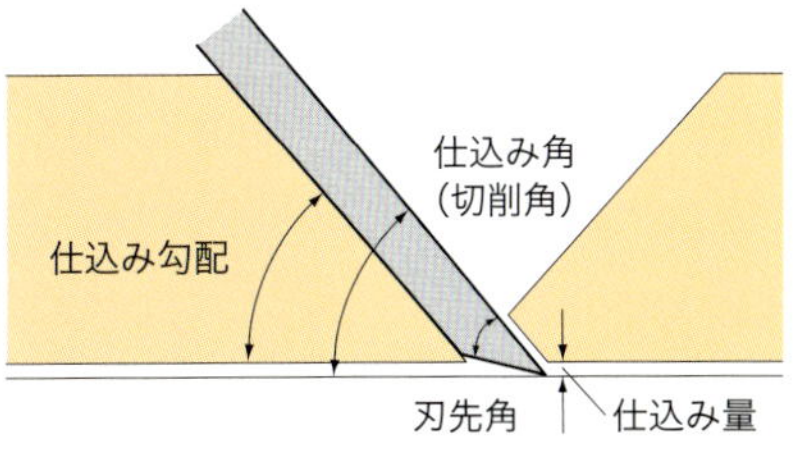

仕込み勾配と仕込み角はほぼ同角度

●下端定規の当て方

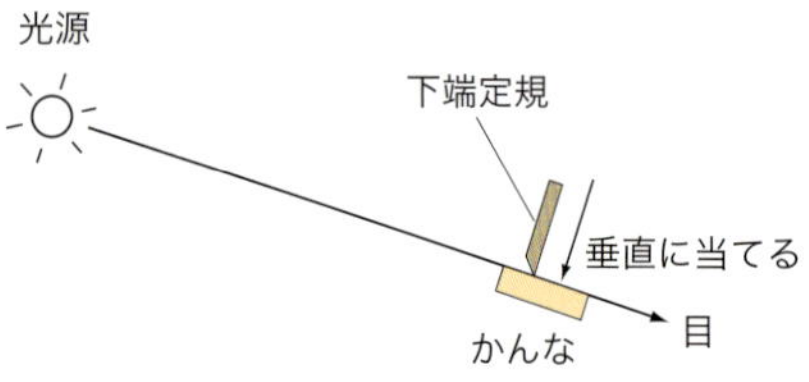

●下端の確認手順

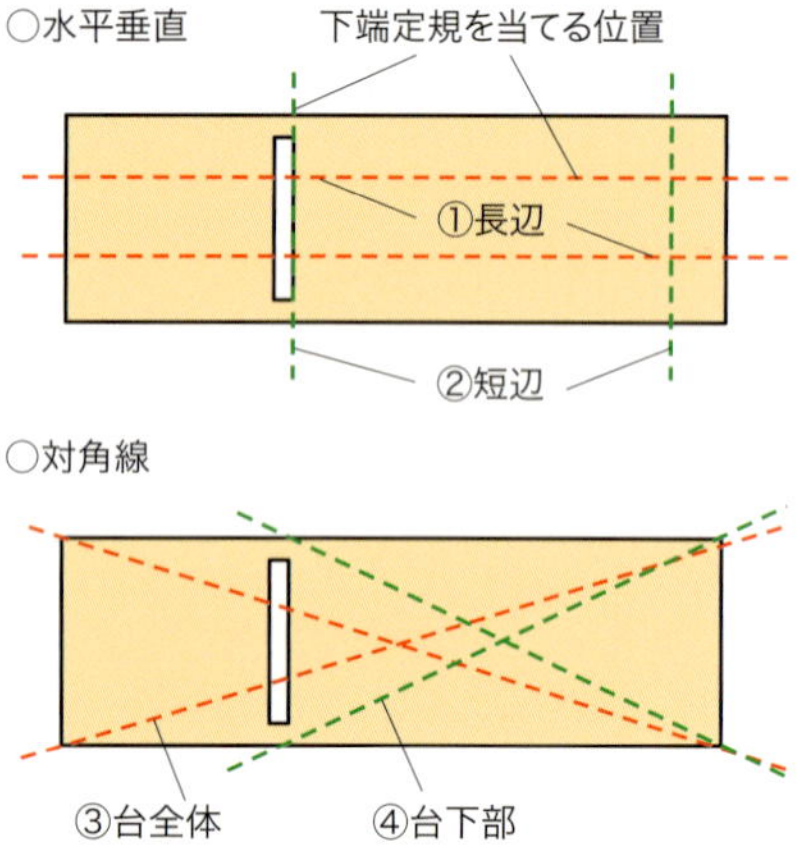

◉下端定規

下端の水平を確認する専用定規。定規精度を確認しやすいよう２枚で一対。常に２つの定規面が完全に一致するよう精度を保っておく。木製が主流。

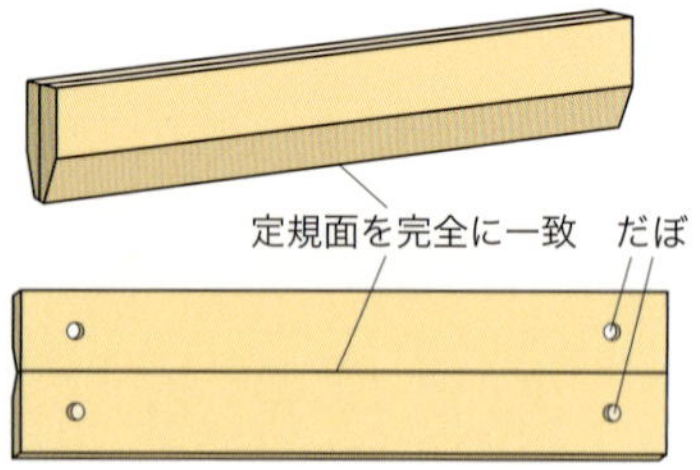

◎台直し

下端を確認後、専用の台直しかんなで下端面を修正する。台直しかんなは台長辺に直角方向に使う。下端定規で確認しながら、台の凹凸を削り落とす。

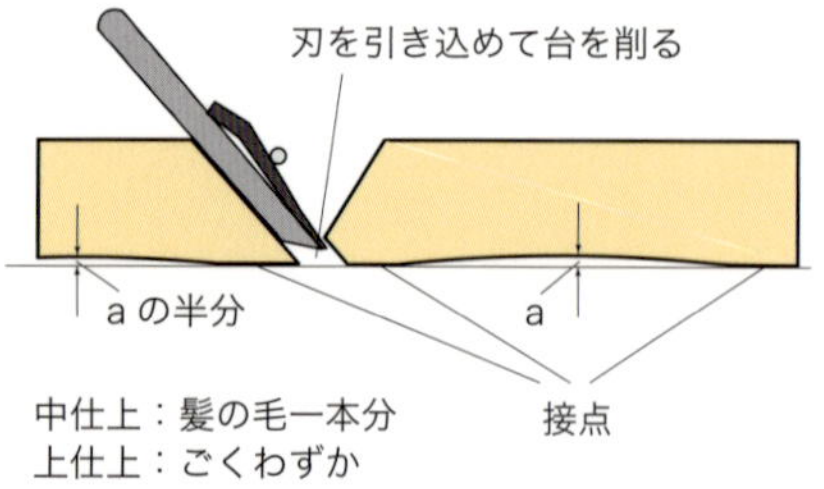

◎台の調整

台の不具合による問題もある。刃の出し入れがかたい場合は、表なじみを削り、ゆるい場合は紙を貼って調整する。

◉確認

仕込みが終わったら、目視または試し削りをして刃の出方を確認する。

◉削り屑と刃の仕込み

適正な削り屑は極めて薄く途切れずに、裏金に沿って一直線に台頭に向かって出る。問題がある場合は適度な状態になるまで調整する。

出が悪い：刃口が小さい
端のみがつまる：耳が合っていない
厚い・途切れる：仕込みが出すぎている
丸まる：裏金とかんな身の間隔が広すぎる
しわが寄る：間隔が狭すぎる

《 台の手入れ 》

◎下端の確認

台下端（底面）の状態は、切れ味に大きな影響を与える。作業前に確認し、完全な面になるまで念入りに修正を行なう。

①光の方向に向く。
②下端定規２枚を重ね合わせ、光がもれないか（すきまの有無）を確認する。もれたら定規同士の接点を削って完全に修正する。
③かんなも同様に構える。刃が台から出ないよう調整した後、下端を上にする。
④下端定規を台に直角に当てる。接する面と目の位置を合わせ、すきまの有無や位置を光の入り具合から確認する。

《 刃の仕込み 》

かんなの扱いは手工具の中でも熟練を要する。かんなの刃は、台の刃溝と表なじみ間の摩擦によって保たれている。台や刃を鎚で叩いて、刃を出し入れできる。

◉刃を抜く

①左手で刃と台上端を持ち、人差し指を刃に軽く添える。
②げんのうで台頭の左右両端を、刃と平行に交互に軽く叩く（台と平行ではない）。台頭中央を叩くと台が割れる場合があるので注意。
②反動で刃がゆるむと音が変わる。完全にゆるんだら、落とさないように手で慎重に抜き取る。

◉刃を入れる

①刃溝にかんな身を差し込み、げんのうで台頭を軽く叩く。刃の小端（側面）を叩くと刃が割れる場合があるので注意。
②ある程度入ったら、裏金を差込む。
③かんな身と裏金を交互に叩き、台に入れる。台頭の左右を叩き、偏りを修正する。

◉調整

刃や裏金、台頭を叩いて、刃の出方を調整する。台頭の右寄りを叩くと刃先の右側が引っ込む（左も同様）。

◎削り方の種類

切削角度の違いや木目方向によって、多数の技法がある。

◉削る方向別

部材の向きには、順目《ならいめ》と逆目《さかめ》がある。木の根元から成長方向に向かうのが順目、木の根元方向に向かうのが逆目。かんなをかけるときは、順目方向に削る。

順目削り

削り肌が美しい。

逆目削り

削り肌が粗く、凸凹ができやすい。節部分を順目で削ると刃が欠ける可能性がある。この場合逆目削りで削るときれいに削れる。

横削り・斜め削り

木目の向きに斜め60°または横90°方向に削ると、切削抵抗が少ないため凸凹ができにくく、薄く削ることができる。逆目が多い板や硬材を削る時に用いる。

木口削り

木の繊維をむしり取るように、木目の断面を削る。切削角が小さい一枚刃かんなを用いると、きれいな削り面を得られる。

《 はがね合わせ 》

日本の刃物は焼入れ温度や炭素含有量が異なる硬軟二層に作られている（143ページ参照）。刃の本体は軟らかい地金（じがね）、刃先は硬い鋼（はがね）と呼ばれる。地金は粘りがあり軟らかいが、切れ刃にはできない。鋼は硬く緻密で切れ味が良いが、欠けやすい。はがね合わせでは二つの特徴を生かし、地金に鋼を鍛接し、地金で鋼を支えて欠けにくくしている。硬い鋼部分が少ないため研ぎやすく、刃先角度を自由に設定できる利点もある。
西洋の刃物は全てが鋼で、切れ味が良く長持ちするが、欠けやすく研ぎにくい（149ページ参照）。

◉立ち姿勢

左足は前方に出す。右足は後方に下げる。両足を自然に開き、下半身に力を入れる（上）。上体をやや前方に傾け、腰に力を入れる。上半身全体を移動させて削る（中〜下）。削る際には、ひじから先を一定に保つ。

◎作業手順

粗削りから仕上げまで、刃の仕込み量を変えて順に削る。
①歪みや傾きなど部材の状態を確認する。削る量に合わせて刃を出す量を決め、仕込む。
②必要な厚さまで削り、正確な平面を出す。
③仕上げかんなでつやのある表面に仕上げる。

使い方

下端を部材の表面に押し付けながら、両手で手前に引いて削る。正しい姿勢で構え、必要な長さを一気に同じ調子で作業を行なう。途中で止める、力まかせに勢いを付けるなどは避ける。
台や刃をこまめに調整しながら使う。削り屑の出方や厚み、削る時の音などから、かんなの調子を探る。
作業中は刃を横にして置く。
刃を下に置いてはならない。

◎持ち方

◉右手

台上端中央に手のひらを当て、自然に包み込むように握る。削る際は台尻を強く押さえ、指を木端に当てる。

◉左手

台頭に添え、親指と人さし指で刃をつまむ。小指はガイドとして、材の木端に沿わせる。強く削る場合には人さし指と中指で刃をつまむ。

◎姿勢

◉座り姿勢

左足は前方に出す。右足はあぐらをかくように折りたたむ。上体はやや前方に傾ける。右手で台全体、左手で台頭と刃を持つ。一気に手前に引いて削る。

小鉋《こがんな》

大がんなに対し、刃や台に複雑な形状を持つ細工かんなの総称。必ずしも小型とは限らない。使い方や仕込み方、研ぎなどは大がんなとほぼ同じ。一つの工具で一種類の作業しかできないため種類が極めて多く、それぞれに対応した面取りや段欠き、溝彫りなど複雑な形状を削り出す。

①溝かんな②面取りかんな（銀杏）③面取りかんな（外丸）④面取りかんな（内丸）⑤面取りかんな（角面）⑥台直しかんな⑦南京かんな⑧反り台かんな⑨四方反り台かんな⑩豆かんな（平）⑪豆かんな⑫際かんな（左勝手）⑬際かんな（右勝手）⑭溝かんな（蟻しゃくり）⑮溝かんな（合わせ底取り）

◎溝かんな

別名しゃくりかんな。溝の底彫りに用いるかんなの総称。

かんな身も台ともに幅が狭く、刃は平らまたは斜めになっている。

蟻溝用の蟻しゃくりかんな、ねじで幅を調整できる機械じゃくりかんななど種類は極めて多い。左右勝手、脇針（けびき）、定規付きなどがある。

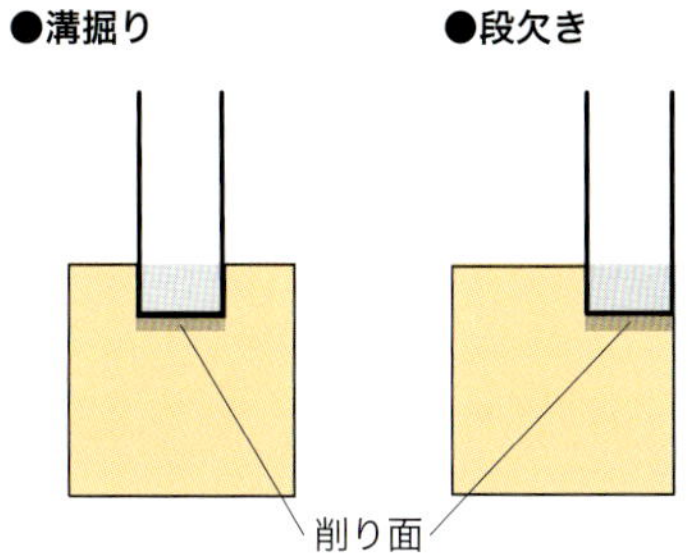

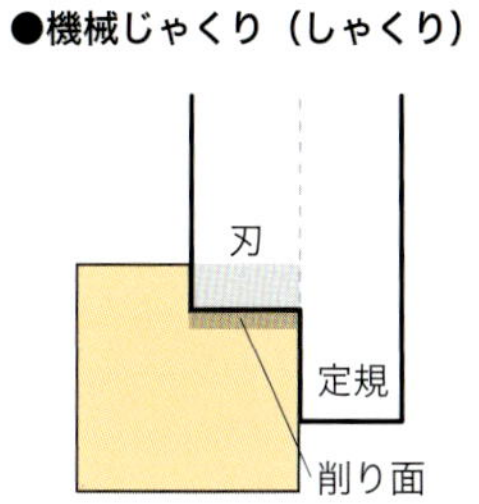

◎脇かんな

別名脇取りかんな。溝かんなの一種で、溝の脇を削り、側面や蟻溝の入り隅を削り仕上げる。際かんな同様刃先の一角が木端（台側面）から出ている。

台の幅が狭く、左右勝手がある。下端がとがっているひぶくらかんな、下部に段差があり、下端が細く平らになっている脇取りかんななどがある。

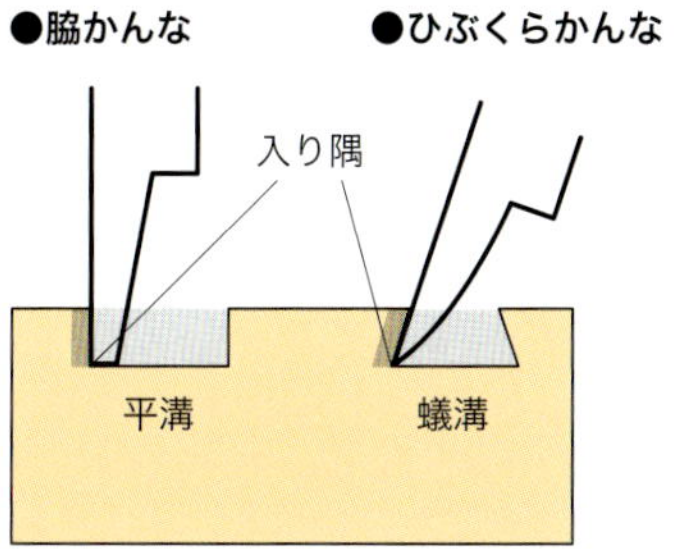

◎豆かんな

細かい細工に用いる超小型の小がんな。

◎台直しかんな

別名立ちがんな。かんな台下端（底面）を平らに修正する専用かんな。台に対して 90° または 100° に刃を仕込む。硬材削りにも用いる。

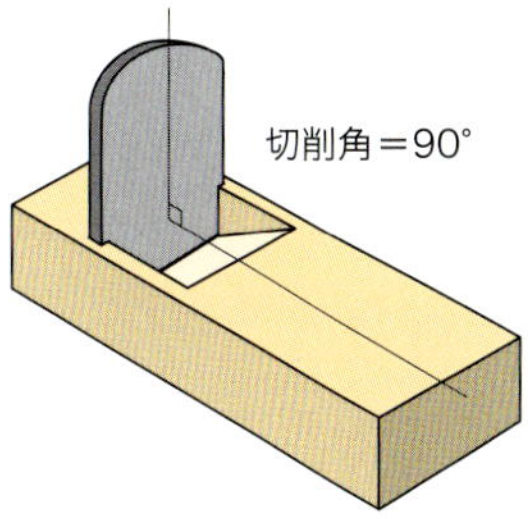

◎際かんな

段欠きや入り隅の底面を削り、仕上げる。

左右勝手、脇針（けびき）や定規付き、逆目防止の裏金付きなど種類がある。

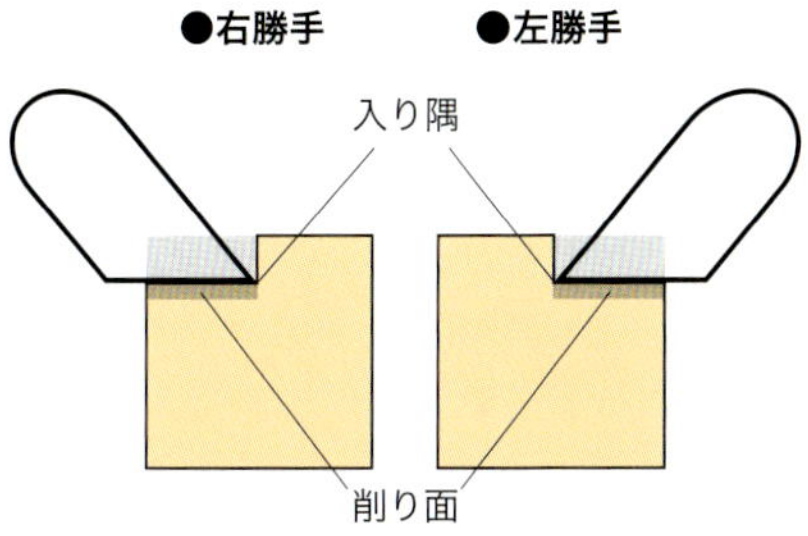

◎丸かんな

刃先と下端が円弧状で、曲面仕上げに用いる。刃の付いている向きによって外丸と内丸がある。大小さまざまな大きさがある。裏金が付いている種類もある。

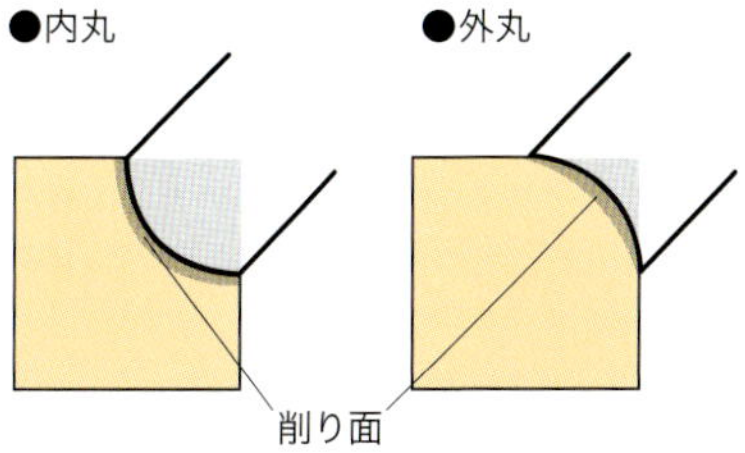

機能と仕組み

大がんな同様、基本的に手前に引いて削る。鋭利な刃で薄く部材表面を削り取るため、削り面がたいへんなめらかで美しく、ペーパーがけなどの仕上げは必要ない。

刃の仕込みや台の調整、平らな刃の研磨は大がんなとほぼ同じ。曲面形状の刃研ぎは、のみと同様。研ぎや仕込みによって、削り面の微調整を行なう。

使い方

大がんなと異なり、片手で用いる。一気に同じ調子で削る。複雑な形状の下端面と材の角度を、完全に合わせて使う。

小がんなの種類

極めて種類が多い。大きく分けて溝を彫る溝かんな、段差や溝の入り隅を仕上げる際かんな、角面を装飾する面取りかんな、かんな台下端調整専用の台直しかんな、曲面を削り出す反り台かんななどがある。

小がんなのいろいろ

《 刃の手入れ 》

大がんなと小がんなの手入れ方法はほぼ同じ。大切に保管し、研ぎや裏押し、裏出しなど刃の補修をこまめに行なう必要がある。
替え刃式は手入れ不要。切れ味が鈍ったら刃を交換する。

◎保管

作業が終わったら木屑を完全に払い落とし、油を塗る。水気を避け、布などにくるんで保管する。刃先を下端に合わせておくと、台が狂いにくい。

◎裏切れ

かんな刃は研ぐと徐々にすり減る。凸凹になり、最終的には糸裏が消えて刃裏が平ら（ベタ裏）になる。この状態を「裏切れ」と呼ぶ。

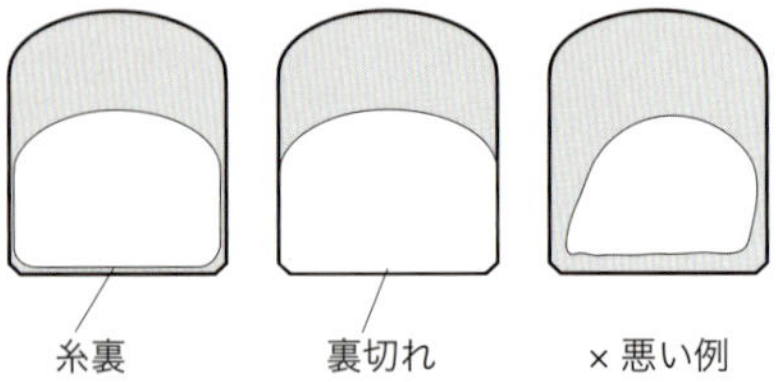

◎裏出し

別名裏打ち。裏切れした刃には修復が必要である。刃表をげんのうで叩いて押し出し、一定の厚みがある平滑な面を作る作業を裏出しと呼ぶ。叩き損ねると刃が割れることもあるため、慎重に行なわなければならない。
①左手で刃を持ち、金床（または硬材の木口）に刃を密着させる。
②げんのうで刃先をゆっくり順に叩く。げんのうの重さを利用し、位置と角度を保ちながら、軽く打つ。打つ反動で刃がはねないよう注意する。

叩く面と刃の面、金床が一直線上になるように叩く。

◎面取りかんなの切削面

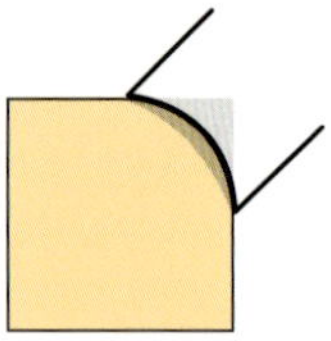

●坊主面（丸面）

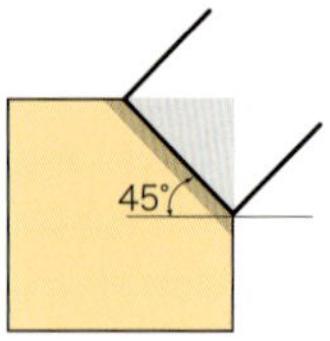

●角面

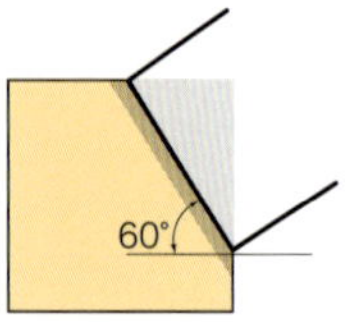

●猿面

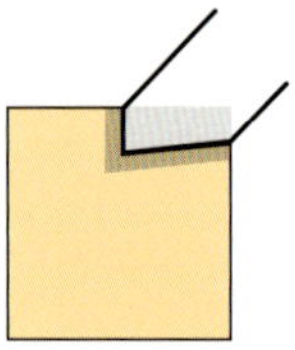

●几帳面

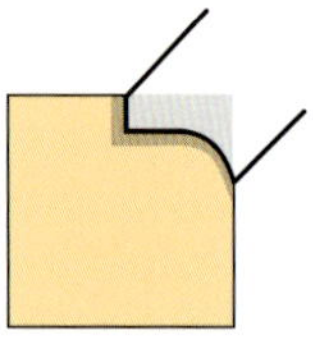

●几帳坊主面

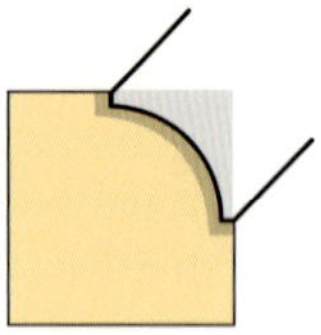

●銀杏面

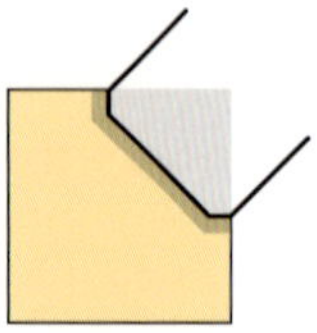

●角銀杏面

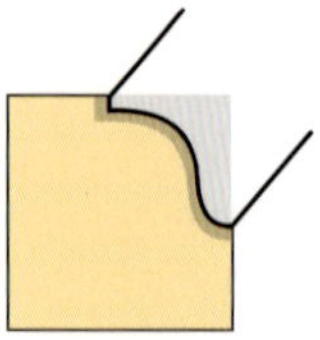

●ひょうたん面

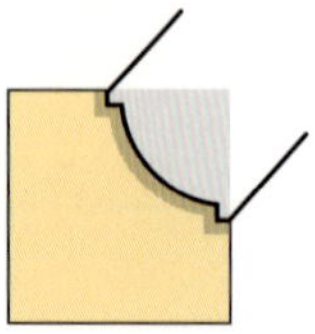

●さじ面

◎反り台かんな

曲面を削るために刃に丸みをもたせ、台の下端全体が湾曲している。

反り台かんな
台が長辺方向に湾曲、部材凹面を削る。

四方反り台かんな
長辺・短辺両方向に湾曲していて、曲面をなめらかに整える。

●反り台かんな

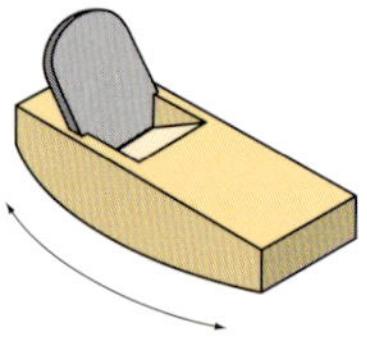

●四方反り台かんな

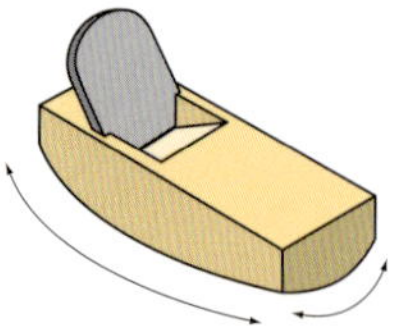

◎南京かんな

両手で支える反り台かんな。細長い棒状の台に刃が仕込んである。複雑な面削りに用いる。

◎面取りかんな

部材の角をさまざまな形に削り出す。複雑な形状の刃と、刃を両側で支える下端をもつ。定規付きは、削り幅をねじで調整可能。

◎耳の調整

刃がすり減ると、耳（刃先両端）の角度が変わり、台の刃溝に引っかかる場合がある。耳をグラインダー（または荒砥）で削り出して正しい角度に修正し、中砥で仕上げる。

西洋式かんな

広く知られているように押して削る西洋式のかんなは、日本のかんなとは機構も使い方も全く異なる。

硬いハイス鋼（全鋼）製の刃は、長持ちするが研ぎにくい。刃角度の調整はほとんどできない。

台は金属製が多く、台直しなど仕込み作業は行なわない。

③かんな身裏刃を横向きにして金盤に置く。強く力をこめて研ぐ。
④研ぐにしたがって、金剛砂は粒子が細かくなる。色の変化で研ぎの状態を観察できる。
⑤⑥より細かい金剛砂を使い、同様に研ぐ。研ぎ終わったら、中砥で仕上げる。

力が入りにくい場合には、平板をのせて体重をかけ、押し付けながら研ぐ。

◎裏押し

裏出ししたばかりの刃や、新品のかんなは刃の精度が不足している（「すぐ使い」表示は例外）。摩擦熱で刃の一部が反り、めくれ上がることもある。このように極端に劣化してしまった場合、通常の砥石では対応できない。「裏押し」と呼ばれる修正研ぎを行ない、裏刃の平面を出し、精度を上げる。

裏金が劣化した場合も同様。

●裏押しの道具

丸刃鎚（上）：金剛砂を砕く専用鎚。
金盤（中）：裏押し専用砥石。
金剛砂（下左）：天然ざくろ石の細粒。極めて細かく砕いてから使う。粒の大きさに段階がある。砕く必要がない超微細粒タイプが便利。
目振り台（下右）：金剛砂をより細かくすりつぶす。

●裏押しの手順

①金盤に金剛砂をふりかける。粒子が粗いまま使うと、刃に深い傷が付く場合があるので注意。
②指で水を数滴たらし、なじませる。

削る電動工具

正確な面を高速で削り出す。基準面出しに1セットで使う手押しかんな盤と自動かんな盤、手動で材表面を整える電動かんながある。

手押しかんな盤

部材の凸凹や反り、ねじれを削り取り、正確で均一な面を出す。基準面を出す下作業を行なう。

定盤中央に高速回転するかんな刃が設置されていて、部材を手動で送り込んで下面を削る。同時に複数の面を削る大型機械もある。

手がかんな刃付近を通過しないよう、刃の位置を常に意識し、十分に安全対策を行なう。

使い方

部材を定規に沿わせながら、手動で送り込む。部材の種類によって手順がやや異なる。

長い材（3m以上）・曲がった材
凹部を上にして送る。

面を整える
刃を少なめに出し、切削面が平面になるまで少しずつ繰り返し削る。

木端
基準面を定規面に当て、沿わせながら削る。右手を定規で押し付け、左手はテーブルに押し付ける。

【各部の名称・機能】

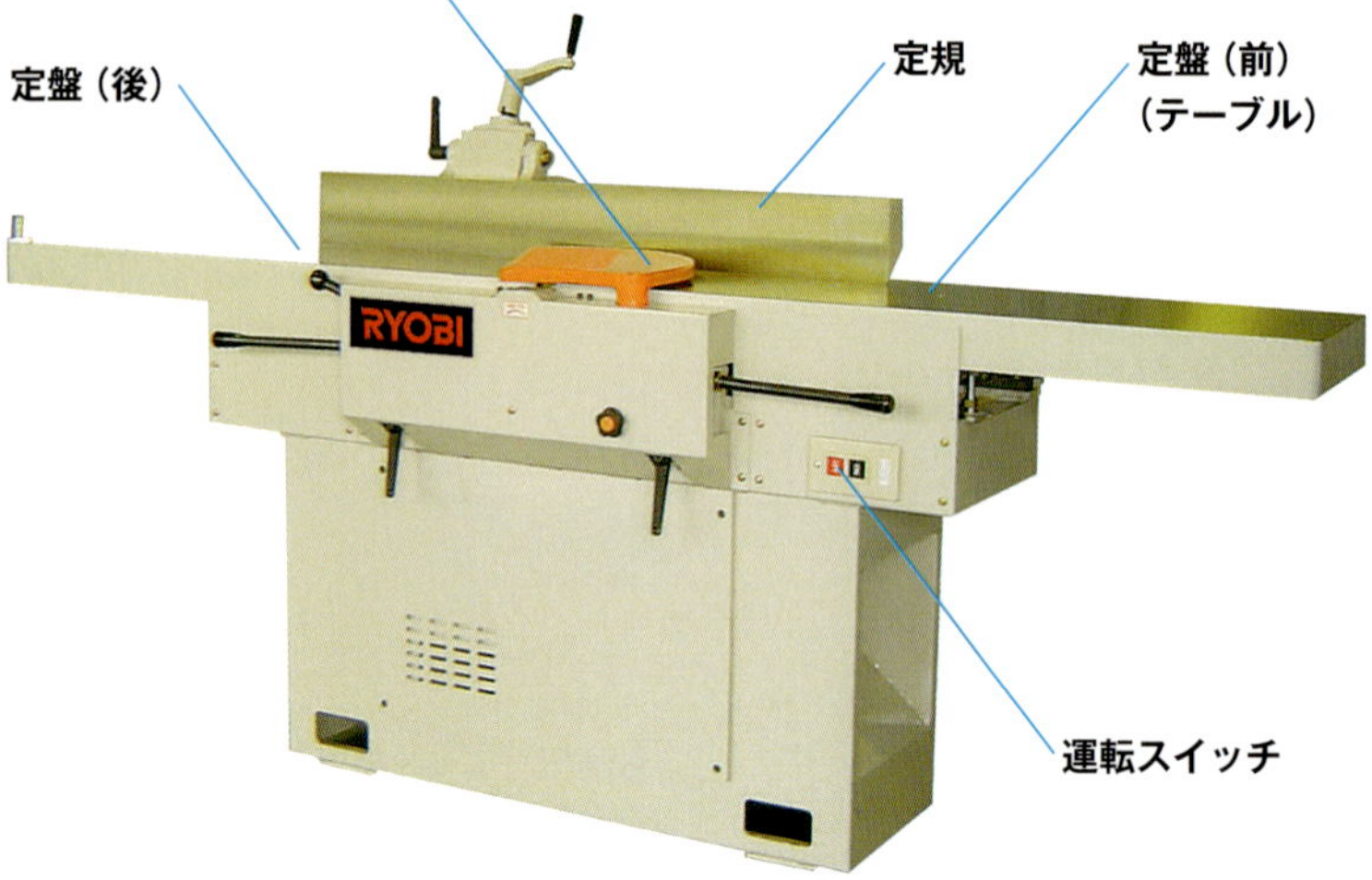

◎準備

定盤を昇降させてかんな胴の位置を調整し、部材の切削量を決める。

前定盤は後定盤よりも削り分下げた位置に設置する。定盤・定規の位置を調整後には、必ずスコヤで水平垂直を確認する（下）。

電源を入れて試運転し、刃のぶれ、固定の状況などを確認する。

◉注意

・幅が狭いなど固定しにくい部材は、当て木で押さえて削る。300mm以下の部材は使用しない。
・絶対に手を刃の近くに近づけてはならない。
・必ず安全カバーを取り付けた状態で使用し、停止時には刃口全体を覆う。

◎作業手順

①電源を入れ、起動させる。刃の回転が安定するまで待つ。部材上部をつかみ（下部を持つと危険）、後部を持ち上げるように持つ。部材先端をテーブルに密着させながら、徐々に送り込む。
②部材はローラーで自動的に送り込まれる。長く重い部材の場合、削り始めと終わりに部材の端を支えておくとよい。
③必要な厚さまで、同じ作業を数回繰り返す。徐々に削り量を減らし、より遅い速度で送り込むときれいに仕上がる。

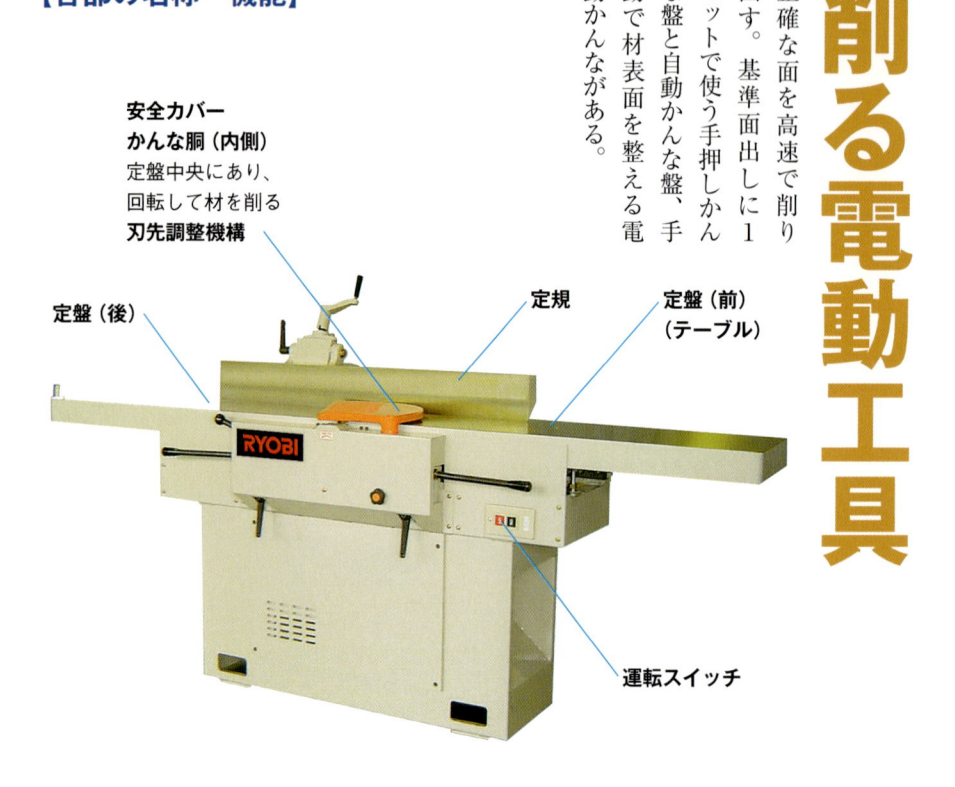

【各部の名称・機能】

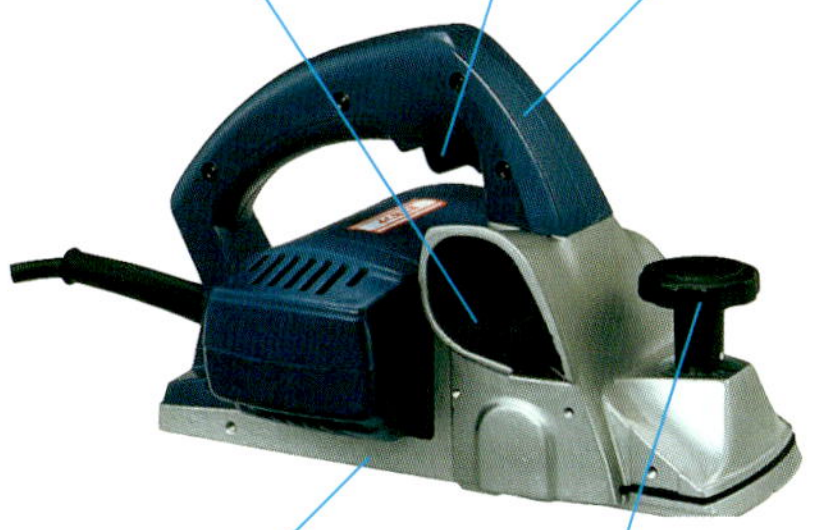

電気かんな

部材の上を手動で移動させ、高速回転するかんな刃で削り出す。大きい部材や長い部材にも対応し、面取りも可能。手工具のかんなに比べて削り面がやや粗い。節や木目に引っかかり、工具があばれる可能性があるため要注意。

（下）かんな胴にかんな刃が付いている。

◎作業手順

①ノブで切削深さを設定する。
②ハンドルとノブを握り、強く支える。
③電源を入れて起動させ、回転が安定するまで待つ。
④ベースを部材に密着させながら、体重をかけて移動する。削り始めはベース前方に力を入れ、後半はベース後方に重心を移す。徐々に削り量を減らすときれいに仕上がる。

【各部の名称・機能】

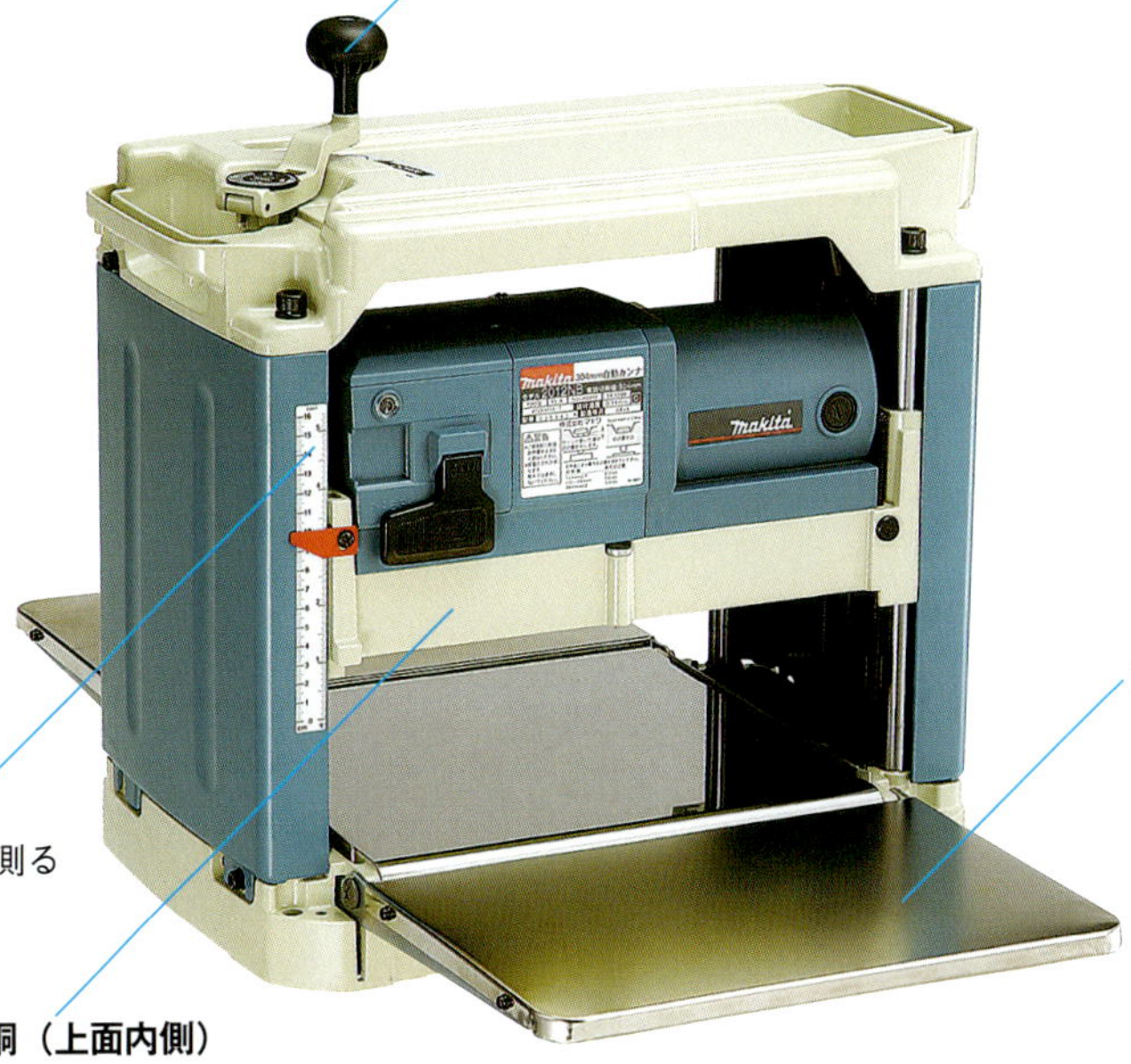

自動かんな盤

手動で部材を入れるが、ローラーで自動的に内部に送り込まれるので自動かんなと呼ばれる。手動かんな盤で均一な面を削り出した後、部材を一定の厚みに削り、正確な基準面を作る。表面を整える際にも使う。反り、ねじれは取れない。

使い方

かんな胴手前に立ち、左手で部材中央、右手で部材最終部を持ち、徐々に送り込む。

◎準備

部材の厚みを決め、切削量を設定する。切削量は手動で設定する機種と数値を入力する大型機械がある。

手動の場合、昇降ハンドルと目盛りを使って定盤位置を合わせる。

危険防止のため、短い部材（300mm 以下）は使用しない。

◎作業手順

①部材上部をつかみ（下部を持つと危険）、後部を持ち上げるように持つ。部材先端を定盤に密着させながら、徐々に部材を送り込む。
②部材が刃口から完全にはなれるまで、確実に押す。長い部材はやや上げ気味に支えると良い。
③目的の厚みになるまで、同じ作業を数回繰り返す。徐々に削り量を減らし、より遅い速度で送り込むときれいに仕上がる。

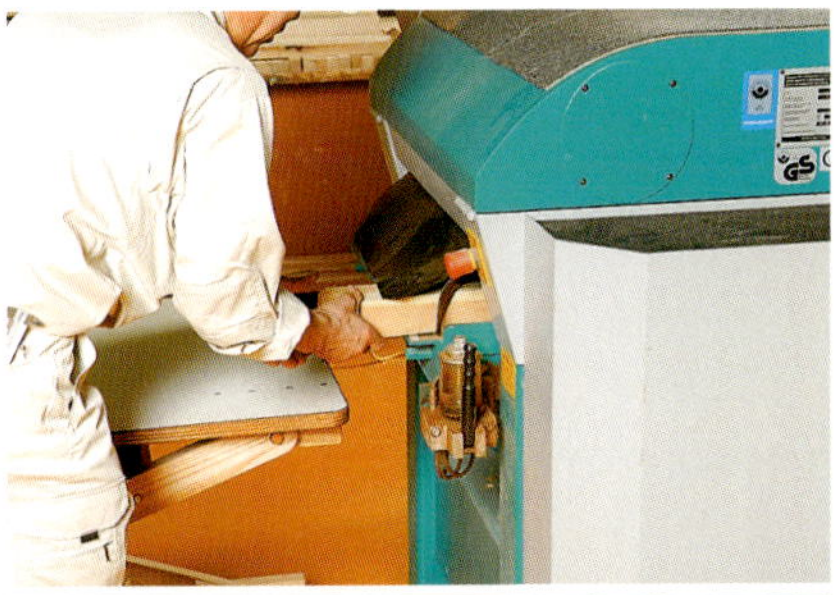

鑢《やすり》

やすりにはさまざまな形状があり、くり抜いた穴を削る、微妙な曲線を整えるなどの削り作業を行なう。のみの仕込みなど工具のメンテナンスにも用いる。

サンドペーパーは部材表面の研磨に欠かせない。スクレーパーやのこやすりなど便利な種類もそろっている。

①②③木工やすり（丸、平、平丸）
④のこやすり
⑤⑥サンダー（商品名）
⑦やすりホルダー
⑧サンドペーパー（各種）
※布ペーパー #120、耐水 #320、
空研ぎ #120
洋紙研磨紙 #80・#120・#400

スクレーパー

ステンレス製の板側面に刃が付いていて、部材表面を削り出す。板の形状はさまざまで、部材の曲面に合わせて用いる。削り肌はやや粗め。欧米ではかんなの代わりに広く使われる。

◉作業手順

部材を押さえ、スクレーパーをしならせるように表面を削る（上・中）。切れ味が鈍ったら、専用の研ぎ棒で刃を研磨する（下）。

サンドペーパー

部材表面の粗削りから仕上げまで、幅広い研磨に用いる。紙または布に細かい砥粒（金剛石細粒など多種）を接着剤で固着している。通常木工では非耐水性紙製サンドペーパーを用いる。

目の粗さは番手または＃（メッシュ）という単位で表す。砥粒をふるいにかけた際、1インチ平方内にあるふるい目の数のことで、数字が大きくなるほど目が細かくなる。

シートの形状は紙状、サンダーベースと同じサイズのロール状（下）、ベルトサンダーに用いるベルト状など。

◉作業手順

必ず粗目から細目の順に、適正な番手で段階的に用いる。目が細かすぎると研磨の効果がない。目が粗すぎると材表面を傷める原因になる。

当て木

効率良く平滑に研削するための補助具。端材で自作しても良い。使う前にペーパーを軽くなじませておくと安心。

やすり

木工やすり

部材表面や穴内部を整える、部材の角を落とすなど削り作業に用いる。金属の棒または板に細かい目が刻まれていて、形状は多種多様。目の大きさに粗目・中目・細目がある。

金属やすり

部材に直接使うことはないが、工具のメンテナンスやドリル刃の研磨などに用いる。

研削工具

取替え式のやすりや、粗削りができる素通し型など。

スチールウール

工具の錆を落とす、部材表面を整えるなど。

◉作業手順

部材を手またはクランプで固定し、やすりを押し出して使う（異なる場合もある）。必ず粗目を使って面を整えた後、細目に持ち替えて仕上げる。

（上）面や角を削る。（下）のみ柄など工具の調整にも用いる。

研磨する電動工具

手動のペーパーがけと比較して、非常に簡単かつ短時間に研磨ができる。部材の大きさ、形、仕上げの程度などで、工具や機種が変わる。

【各部の名称・機能】
（下の機種はオービタル式）

運転スイッチロックボタン
スイッチが入った状態を保つ

ハンドル（グリップ）
材を上からしっかり押さえる

フロントハンドル（グリップ）
もう片方の手で確実に保持する

集塵機能
ダストパック付きの機種もある

サンドペーパー着脱機構
サンドペーパーを挟んで固定

パッド（スポンジ部分）
スポンジで衝撃を吸収する

サンドペーパー
（153ページ参照）

サンダー

サンドペーパーを振動させ、研磨を行なう。振動方式に種類があり、大きく分けて粗研ぎ用と仕上げ用がある。各種パッドなど、機種ごとにオプション多数。

◎オービタルサンダー

仕上げ作業に用いる。四角いパッドがごく細かい円運動を行ないながら研磨する。繊細に磨くことができるため平面を損なわず、比較的安全。

（上）電源スイッチを入れ、一定の速度・間隔で左右に移動させる。
（下）部材の角を落とさないよう注意する。

◎ランダムサンダー

別名ダブルアクション式。広い面積や粗砥ぎ向き。大きな丸いパッド全体が回転すると同時に、細かい円運動も行なうため、研磨能力が高い。

起動してから動きが安定するまで待ち、部材に水平に押し付けて確実に作業を行なう。

（上）パッドに合わせてサンドペーパーを切り、取り付ける。ゆるまないよう注意。
（下）パッドに吸塵機能をもたせた機種。

【各部の名称・機能】

グラインダー

ディスクを高速回転させ、手動で部材に当て、研磨から切削、粗い切断まで幅広い用途に対応する。

木工では部材表面の研磨や粗削り、古い塗装面はがしなどに使う。先端ディスクの種類は極めて多く、作業目的に合わせて使い分ける。

使い方

パワーが大きく、極めて危険なため、防塵対策、安全な服装、部材の固定など常に注意を払いながら作業を行なう。

【各部の名称・機能】

ベルトサンダー

輪になっているベルト状のサンドペーパーを高速で循環させ、手動で部材を押し当て研磨する。強力なパワーで広い面をととのえ、角を落とすなどある程度の削り出しも可能。回転速度やサンドペーパーの粒度で削り面を調整する。
DIY 用から工房用まで大小あり、作業性、使用頻度、設置場所などから選ぶ。ベルト面の角度変更ができる機種もある。

◎作業手順

①電源を入れ、起動させる。ベルトの動きが安定するまで待つ。
②ベルト正面に立ち、部材を定盤面に押し付けながら、ベルトに当てて研磨する。強く当て過ぎないように注意し、決して手でベルトに触れてはならない。

◎準備

①ベルトの裂け目やたるみの有無（下）、水平垂直（左上）を確認する。
②昇降ハンドルで、定盤の高さを調整する。
③電源を入れて試運転する。ベルトのぶれ、固定の状況などを確認する。

鑿《のみ》

部材に穴を開ける、削る、仕上げなど、かんなよりも細かい作業に用いる。のみでは大が小をかねないため、形や大きさに極めて多数の種類があり、組で用いる場合も多い。

①追い入れのみ
②しのぎのみ
③外丸のみ
④内丸のみ
⑤向こう待ちのみ
⑥厚のみ
⑦薄のみ
⑧こてのみ

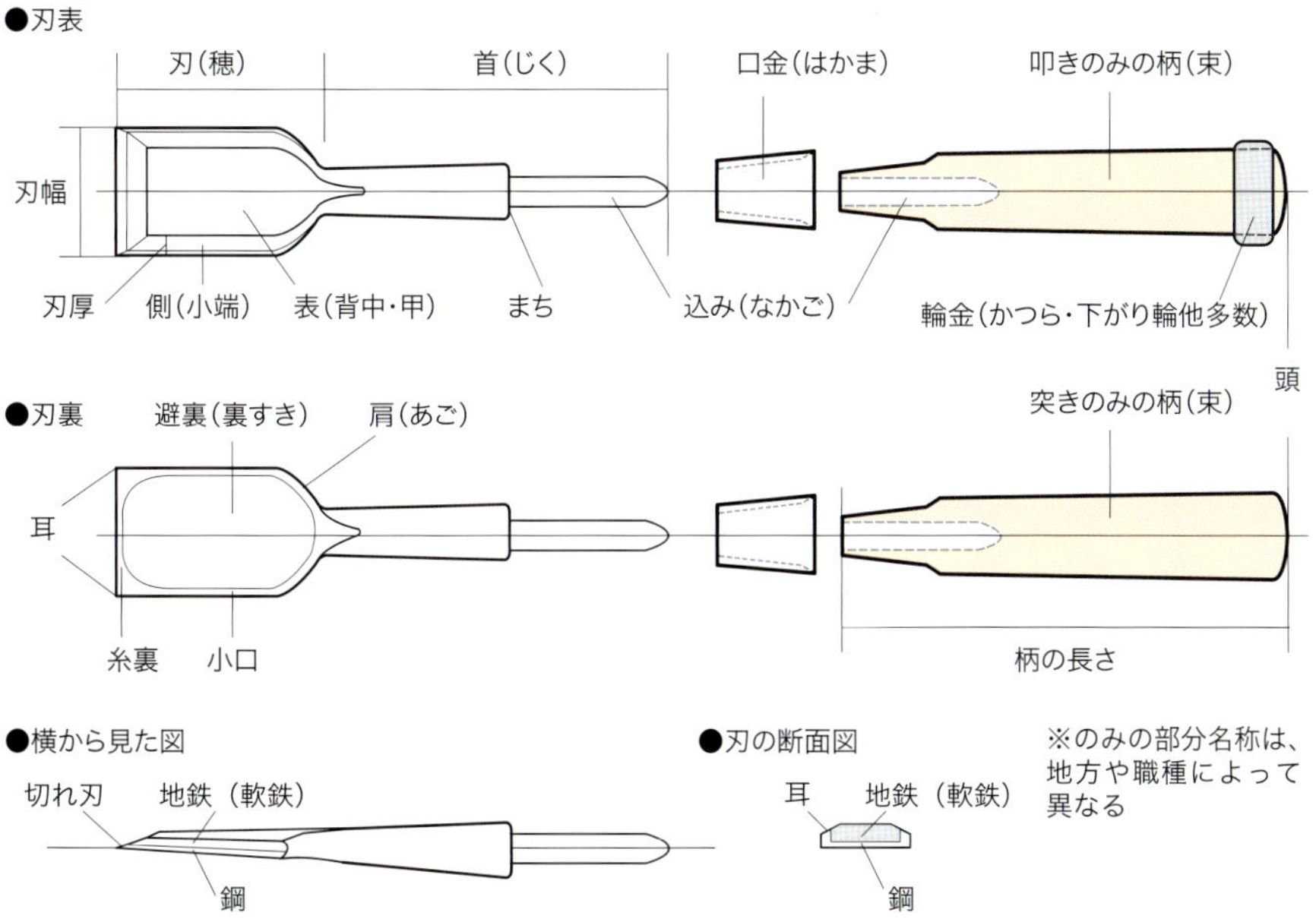

※のみの部分名称は、地方や職種によって異なる

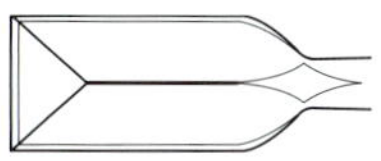

鎬（しのぎ）
溝や入り隅の仕上げ用。刃が三角形で両端が鋭角なため、蟻溝など細かい作業が可能。

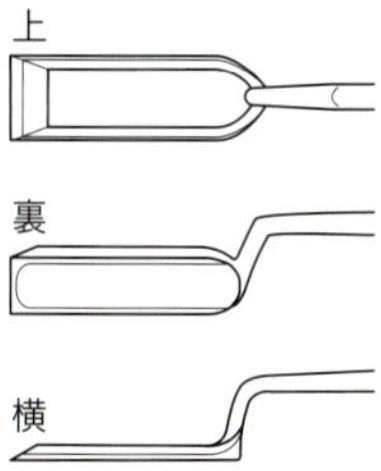

こて
左官工具のこてに形が似ている。深い溝の底や入り隅を整える。

特殊のみ

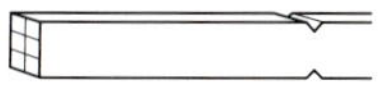

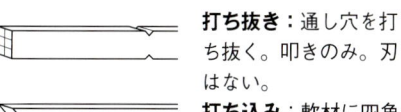

打ち抜き：通し穴を打ち抜く。叩きのみ。刃はない。

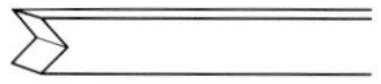

打ち込み：軟材に四角く浅い穴をあける叩きのみ。

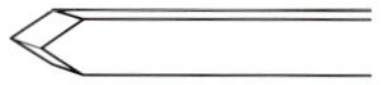

つば：深い四角形を開ける。

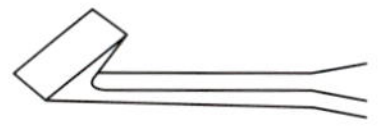

かき出し
穴部の屑をかき出す。

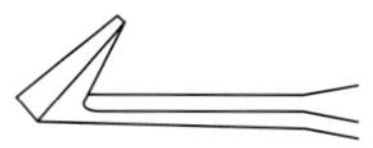

鎌
鋭角の入り隅仕上げ。

彫刻のみ

刃の形も大きさも非常に種類が多い。粗彫り用は叩きのみで、輪金が付いている。仕上げ用は突きのみで、輪金がなく柄と首が長い。

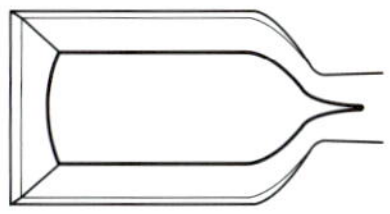

厚（あつ）
分厚く頑丈、深い穴開けに用いる。

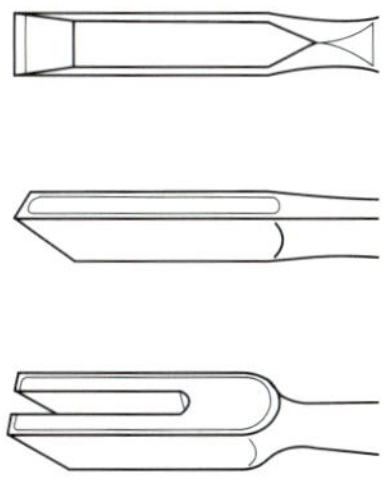

向こう待ち
狭く深い穴開け、狭い溝突きに用いる。平行する溝を同時に2本あける二丁もある。

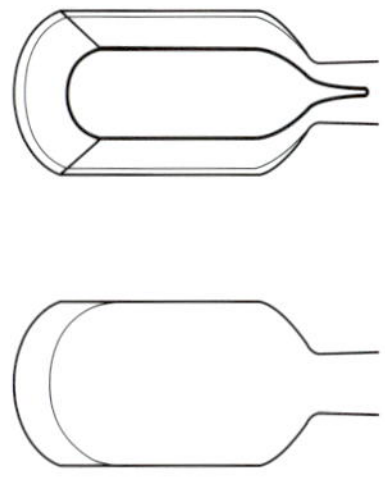

丸
刃先が円弧状。外丸（上）・内丸（下）がある。凸凹面を削るほか、底の丸い溝などに使う。

突きのみ

右手で柄を持ち、左手を刃に添えて前方に突いて削る。叩きのみに比べて首と柄が長い。輪金はない。おもに仕上げ削りや彫刻に用いる。

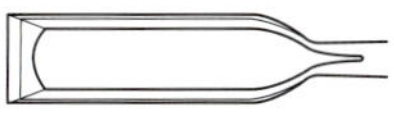

薄（うす）
長く薄い刃先を持ち、叩きのみで彫ったほぞ穴側面の仕上げなどに使う。

機能と仕組み

木製の柄に鉄製の刃が差し込まれている。げんのうで柄を叩くまたは手で押して彫る。

刃の形状には極めて多数の種類があり、同じ形で大小もある。柄先端をげんのうで叩いて使う叩きのみと、手で押して使う突きのみとに大きく分かれ、その他打ち抜きなどの特殊のみや、彫刻専用のみなど。刃砥ぎや削る仕組みはかんなとほぼ同じ。

削る仕組み

刃の面どちらかを部材に当て、げんのうで打ち込むまたは押し出して部材の繊維を断ち切る。深い穴を彫る場合には垂直に打ち込み、穴の底をさらう場合にはてこの原理を応用する。のみの切削角は切れ刃角と等しい。切れ刃角はのみの種類や材の硬軟によって異なる。

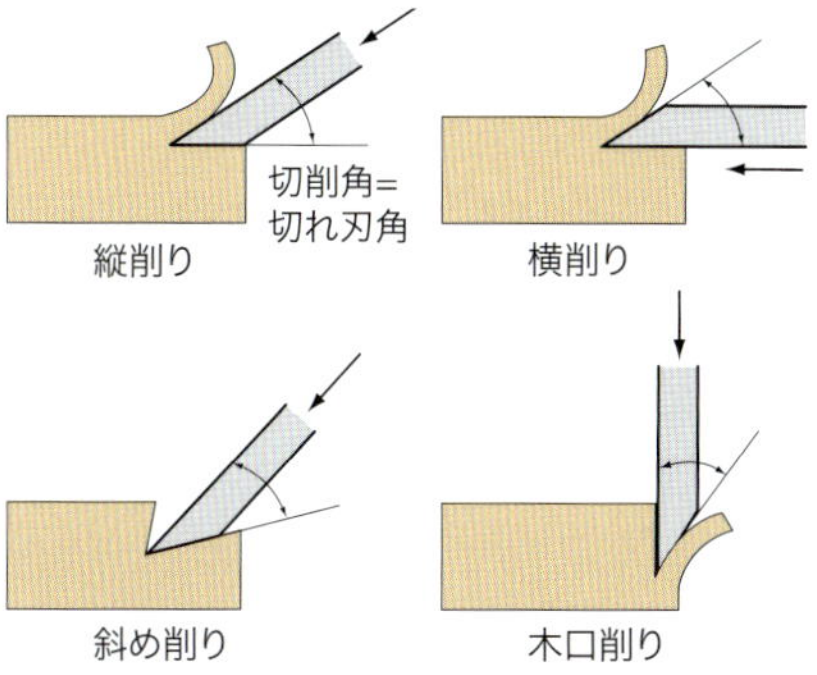

【各部の名称・機能】

のみの各部名称は、刃（穂）・柄（束《つか》）など、職種や地域によって全く異なる。

刃：大きさ・形状ともに非常に多数の種類がある。かんなと同じく両端を細く残して裏をすき取り、材との接点を極力減らしてある。装飾として2～4本の溝をすいた豪華な仕様もある。

柄（束）：木製。刃を柄に差し込み、取り付ける。

口金：打ち込む力で柄が損傷しないよう保護する。

輪金（わがね）：別名かつら他多数。叩きのみの柄に付いている鉄の輪。仕込みが必要である。

叩きのみ

げんのうで叩いて力を加え、穴を開ける。打撃による柄の損傷を防ぐために、柄頭に金属の輪（輪金）がある。最も一般的な追い入れのみ、刃が分厚い四角形の向こう待ちのみなどがある。

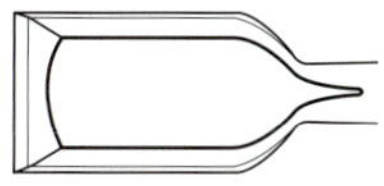

追い入れ　別名大入れ（おおいれ・おいいれ）呼称多数。最も一般的な叩きのみで、浅い穴開け、段欠きなど広範囲に用いる。

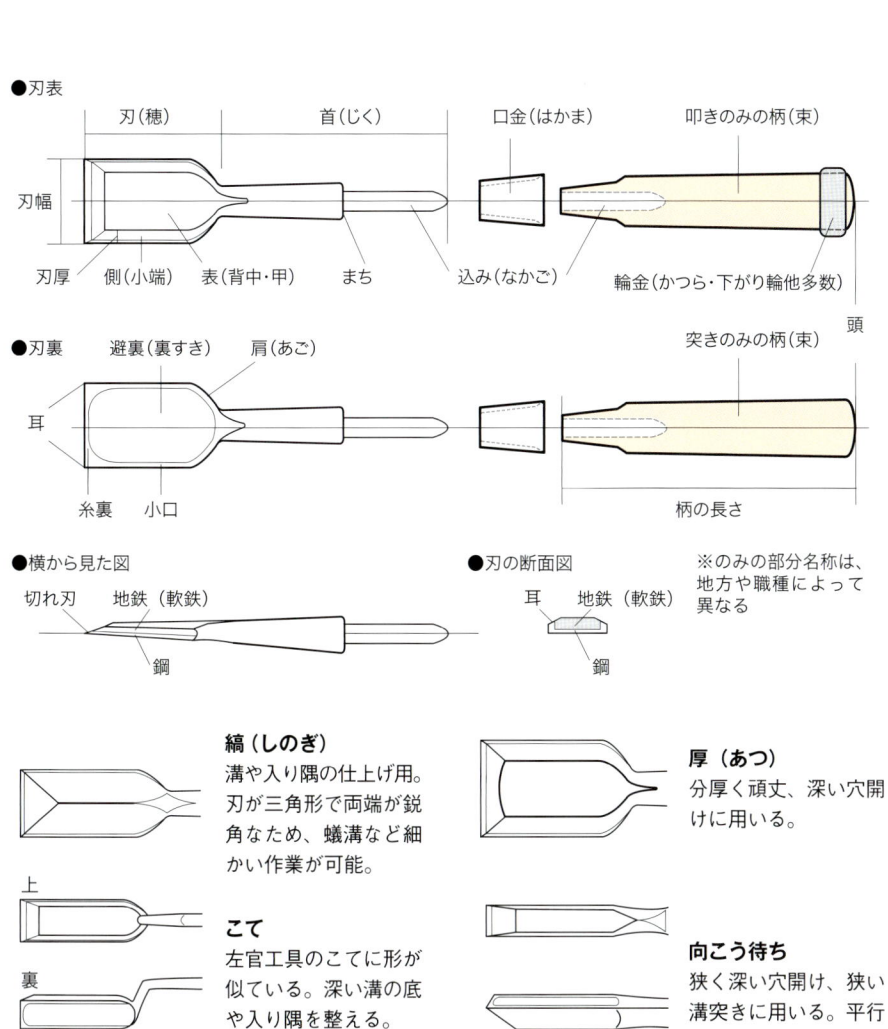

叩きのみの使い方

◎持ち方

人さし指から小指の間で柄を握り、輪金の下に親指を添える。手首と指に力を入れて持つ。柄の上部を握り、ひじの力を抜くと、打ち損じた時によけやすく、けがをしにくい。

細かい仕事をする際には、位置をやや下げて親指を立てて持つと、方向が定まりやすい。

◎げんのうの使い方

釘打ち同様に握り、頭が平らな面を用いて叩く。のみの軸と打撃面、打つ方向が一直線になるよう振り下ろす。

◎姿勢

部材に横座りする。打ち損じた場合に大動脈を傷つける可能性があるため、またがった姿勢では絶対に作業を行わない。

◎小さい部材（左ページ上）

右足は作業台の前にひざを出して曲げる。左足は部材をかかとで押さえる。（注：写真は熟練者の構え方。初心者は部材をクランプなどで固定し、より安全な構え方で作業を行なう）

◎大きい部材（下）

右足は作業台の前にひざを出して立てる。左足のももかふくらはぎで部材を押さえる。

④柄を水につけてふやかす（上）（下）。

⑤げんのうで柄の頭をていねいに叩きつぶす（上）。
⑥輪金にほぐした木部分をかぶせ、仕上げる（下）。

《 のみの仕込み 》

かんなの仕込みとは異なり、柄頭及び輪金の調整・修正作業を指す。

新品ののみは輪金が未調整（下左）である。また使ううちに輪金の端がつぶれて金属部分がげんのうに直接当たるようになる。

双方ともに放置しておくと、柄が割れたりげんのうを傷めたりする原因になるため、仕込みを行なう。

①輪金を外す。げんのうまたはハンマーを2本用意し、輪金下部に一本の頭を当て、もう片方で叩いてゆるめる。
②やすりで柄頭を輪金に合わせて削る（上・中）。中央部をやや盛り上げ、角を落とす。輪金内側に出たバリは、やすりで削り落とす。
③輪金を柄に嵌め込む（下）。

◎こてのみ

左官のこてのような形をしている（上）。普通ののみが入らない溝の底や入り隅にも刃が入りやすい（下）。

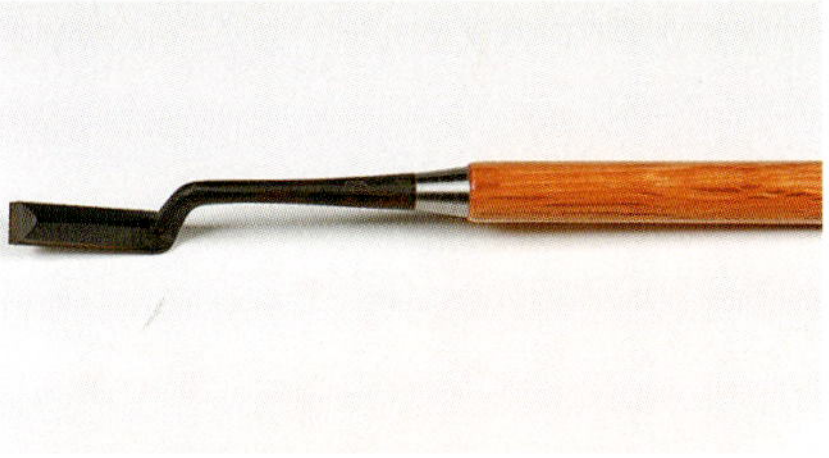

柄と口金の東西南北

◉柄の材質

一般的にはカシだが、地方や好みによって希少な材が使われることもある。
（左から）シラカシ、アカガシ、グミ、コクタン

◉口金の仕上げ

関西式（左）：口金と首の境界線をやすりがけし、溝を消してある。「柄が自然に見える」というデザイン的な好みで、機能には関係ない。

関東式（右）：口金と首の境界線に溝がはっきり見える。

◎内丸のみ・外丸のみ

形状が似ているが、刃の場所や用途、部材への当て方が全く異なる。

外側に刃が付いた内丸のみ（左・上）は、凹面を彫る、穴側面を整える。内側に刃が付いた外丸のみ（右・下）は、角を丸める、穴内部を整える。

突きのみの使い方

叩きのみよりも柄や首がかなり長く、手で押して彫る。げんのうを使わないほぞ穴の仕上げや彫刻など、細かい作業に用いる。

力が入るよう柄の先端部分を右手で握り、左手は首と刃の接点に人さし指をかけて押える。

◎作業手順

げんのうとのみの軸が一直線になるよう作業する。柄頭ではなく刃先を見るよう心がける。

①刃表を体側に向け、墨線内側に刃を垂直に立てる（上）。

②強く叩いて彫る。削り屑を掻き出す。

③刃の位置や角度を変えて作業を繰り返す（下）。墨線から２～3mmまで彫り進める。

④残した部分を軽く打ち込んで仕上げる。仕上げが粗い場合には突きのみを用いる。

角度を付けて彫る場合には、部材とのみの角度が変わっても、必ずげんのうとのみの角度を一直線に保つ。

彫刻刀

彫刻のみでも彫刻は可能だが、細かい細工には、より小型の彫刻刀を使う。

木製の柄に鋼が付いた刃が差し込まれている。込み（柄に入る部分）にも鋼が付いていて、刃が磨耗してきたら柄を削って刃先を出し、研いで刃を付けることができる。

使い方は彫刻のみや小刀とほぼ同じ。

写真左から平刀（小・中）、印刀（左・右）、丸刀（小・中・大）、三角刀（小・中）、丸角刀。

彫刻刀の種類

刃先の形や大きさには非常に多くの種類がある。
丸刀：内丸のみと同じ形状。凹曲面または平面削りに用いられる。
平刀：刃先が直角になっていて、おもに狭い凹型の底削りに使う。
切り出し：小型の切り出し小刀。平面や曲面の削り、切っ先で切り込みを付ける。
三角刀：断面が三角形で、V字型の溝を彫ることができる。浅い線彫りにも用いる。

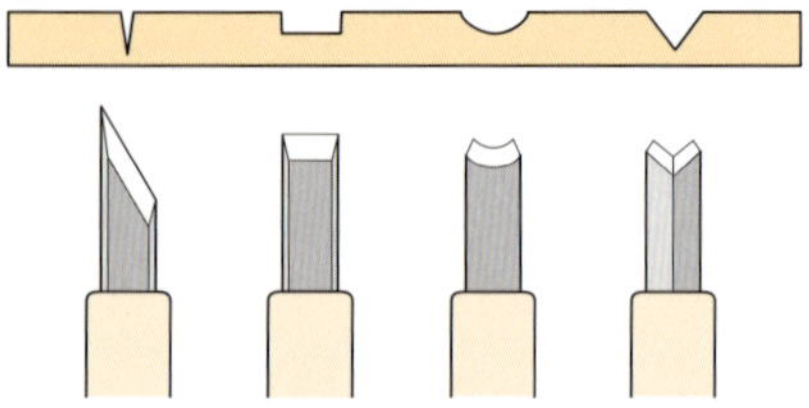

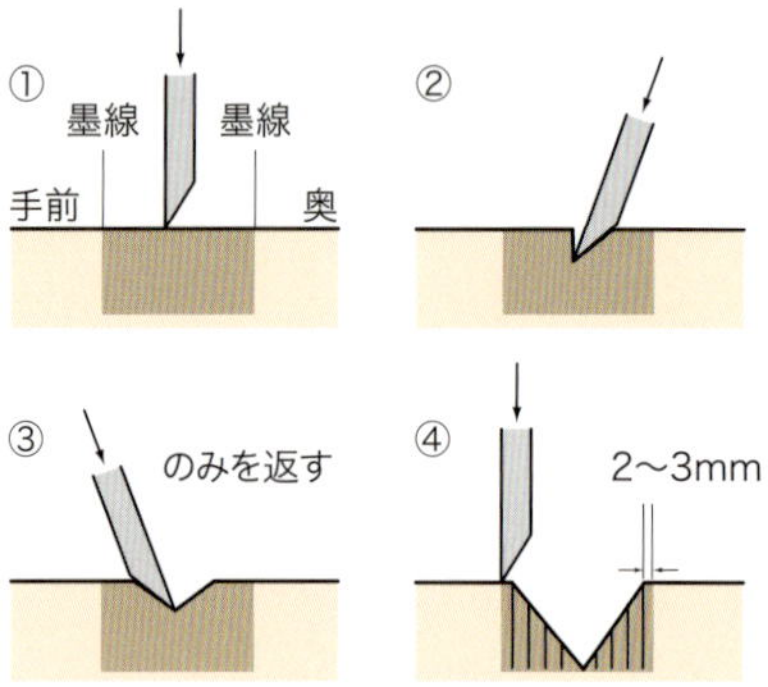

◉止め穴・山型（三角形）彫り
①刃裏を手前に構え、中央部にのみを垂直に立てて打ち込む。
②③前方より手前側に斜めに打ち込み、三角形の山形に少しずつ彫り進める。片側ができたらのみを返し、残り半分も同様に彫る。
④山形ができたらのみを垂直に立て、底を徐々に平らに彫る。
墨線まで2～3mmに達したら垂直に立て、残った部分を仕上げる。

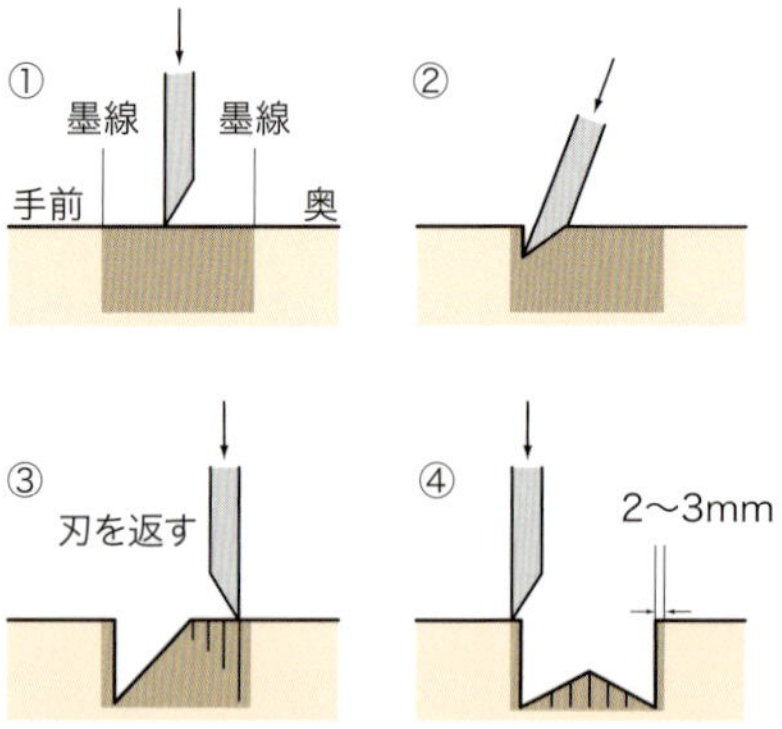

◉通し穴
①刃裏を手前に構え、中央部にのみを垂直に立てて打ち込む。
②③のみを約3mmずつ手前に動かしながら彫り進める。半分彫れたらのみを返し、同様に彫る。
④材の上下を返し、同じ要領で作業を進める。終わりに近づいたら打ち抜きのみで叩き出す。墨線の際は両面から半分ずつ軽く打ち込み、仕上げる。

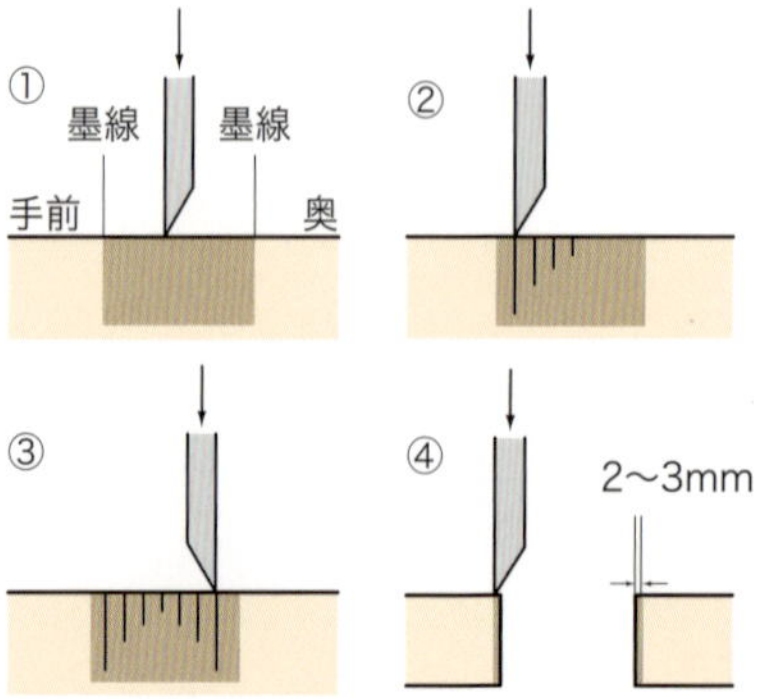

ほぞ穴の彫り方

ほぞ穴の彫り方には、大きく分けて二種類がある。中央からV字に彫り進める方法と中央を三角形の山型に残す方法である。慣れないうちは山型で、熟練すればV字の方が作業が早いと言われている。

◎作業手順

①墨線を正確に引き、溝の幅に合った刃幅ののみを選ぶ。
②刃裏を手前に、げんのうを垂直に当てて強く深く打ち込む（上）。前後に動かしながら抜くと刃が欠けにくい。
③刃の位置や角度を変えて作業を繰り返す（下）。刃をてこのように当てながら、屑を出す。
④墨線まで2～3mmに達したら、深さに注意しながら底を彫る。
⑤残った部分を軽く打ち込みながら、慎重に仕上げる。突きのみに持ちかえる場合もある。

◉止め穴・V字彫り
①刃裏を手前に構え、中央部にのみを垂直に立てて打ち込む。
②③前方より手前側に斜めに打ち込み、V字に彫り進める。半分彫れたらのみを返し、同様に彫る。
④墨線まで2～3mmに達したらのみを垂直に立て、底を平らに彫る。残った部分を仕上げる。

錐《きり》

確実な穴開け作業を手軽に行なう。電動工具が普及する前は下作業に欠かせなかった。

①穴開け位置の中心に、きりを垂直に立て、手で上から叩いて刃を食い込ませる。
②一周させ、材の繊維を断ち切る。
③柄上部を両手のひらで挟み、両手を前後に動かしてもむ。
④徐々に下部に手を移動する。

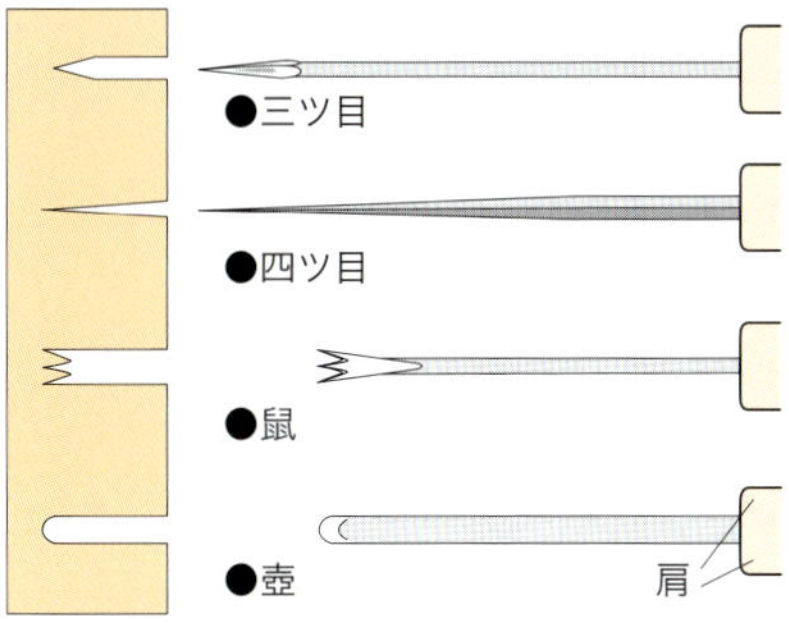

使い方

作業開始時は柄の上部を使い、より多くの回転を得る。徐々に下部に移動して力を入れる。柄と刃の中心軸が常に一直線になるよう注意する。

《 機能と仕組み 》

上部が細く下部が太い柄に、さまざまな形状の刃が付いている。

柄は木製でヒノキやキリが使われる。入り隅など入り組んだ作業の時に柄の肩が引っかからないよう、柄の肩を落としてある。

刃の形状により、穴の形が異なる。

《 きりの種類 》

四ツ目（よつめ）
別名四方（よほう）きり。刃全体が四角錐。極めて小さい穴を開ける。小さい材や竹など難しい穴開けも可能。
三ツ目（みつめ）
刃先が三角錐。摩擦が少なく、深く小さい穴開けができる。釘・ねじの下穴開け等。
鼠（ねずみ）
刃先がフォークのような三つ又に分かれていて、それぞれに鋭利な刃が付いている。中央部を穴開け位置中心に合わせ、回転させて使う。割れやすい材にも大きめの穴を開けることができる。
壺（つぼ・坪）
刃が内丸のみのような半円。刃を回転させ、部材の繊維を断ち切りながら彫る。軟材に大きく美しい円筒穴を開ける。

穴開け・彫る電動工具

のみや小がんなの作業を電動で行なう。多種多様の先端ビットを用いて、ありとあらゆる形状の穴開け、面取り、溝彫り・彫刻が可能。

ルーター

高速回転する先端ビット（刃）を手で移動し、部材を切削する。トリマーより大型でパワーが強力。

穴開け・面取り・溝彫り・彫刻など作業範囲はたいへん広い。先端ビットの種類は極めて多く（169ページ参照）、目的に適した形状を選ぶ。

切削の際に工具付属の定規（ガイド）や治具を用いると作業が安定し、高度で複雑な作業が可能になる。通常治具は自作するが、ダブテール（下）のような市販品もある。

【各部の名称・機能】

スピード調整ダイヤル

ハンドル（グリップ）
両手で押さえる

ビット（刃）
ビット取り付け機構
内部のコレットチャック（ナット）でビットをくわえて固定する

安全カバー
切り屑飛散防止カバー

電源コード
まきこまないよう肩にかけて使う

ストッパー
先端ビットが部材に入り込む最大切削深度を設定する

スイッチ

タレットストッパー（ストッパブロック）
切削深度を段階的に調節する

ベース（フットプレート）
部材の上に置き、押し進める

定規（ストレートガイド）
直線移動のためのガイド

ベースの裏側

ビット

使い方

部材の上に垂直に置き、押す方向に手で移動して、部材を削り出す。ビットを上下に調整し、削る深さを決める。

ルータービットは真上から見て時計回りに回転しているため、基本的に内外周ともに時計回りで移動する（異なる場合もある）。

◎作業手順

①電源コードを肩にかけてから、電源を入れ、起動させる。ビットの回転が安定するまで待つ。
②ルーターのビットを墨線に合わせて置く。
③両手でハンドルを持ち、押し進めて削る。

◎準備

①必ず電源コードを抜いた後、準備を始める。ビットをコレットチャックにさし込み、完全に固定する。
②試運転を行ない、ビットのぶれや固定の状態などを確認する。
③部材をクランプで固定し、切り込みの量（切削深度）を墨線に合わせて調整する。

ダブテール
鳩の尾（dove tail）のこと。溝に合わせてルーターを移動し、蟻溝を彫る専用治具。

◎作業手順

大変軽く、片手で作業を行なう以外は、ルーターと使用方法は同じ。
①電源コードを肩にかけてから、電源を入れ、起動させる。ビットの回転が安定するまで待つ。
②トリマーのビットを墨線に合わせて置く。
③片手でハンドルを持ち、もう片方で部材を押さえ、押し進めて切削する。

◉直線の溝を彫る

奥方向に一直線に押し出す。ベースを定規（または治具）に沿わせ、押し進めて切削する。

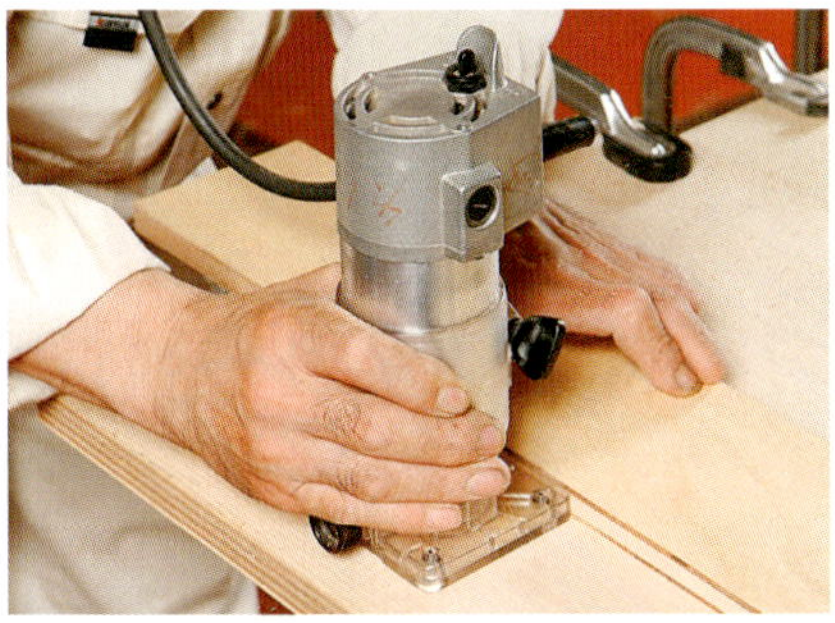

◉面取り

部材側面に、ベース下部に取り付けた治具を沿わせ、徐々に削り出す。

【各部の名称・機能】

使い方

◎準備

①必ず電源コードを抜いた後、準備を始める。ビットをコレットチャックにさし込み、付属のスパナでチャックを回して固定する（上）。
取り外す場合は逆の手順で行なう。
②試運転してガタやずれを確認する。
③ビットの出方を調整する（下）。

「トリマー」

小型のルーター。機能・使い方はほぼ同様で、使用できるビット軸径が6mm一種。軽く扱いやすいため片手で作業が可能。複雑な面取りなど精密な加工に向く。本体を上下させて、切削深度を調整する。

切り込み深さを微調整できる、ベースが透明プラスチックで加工面が見やすいなど、機種ごとにオプション機能がある。

治具

治具を手作りし、ベースに取り付ける。直線切りのガイドや、角度切りを連続する作業に便利。

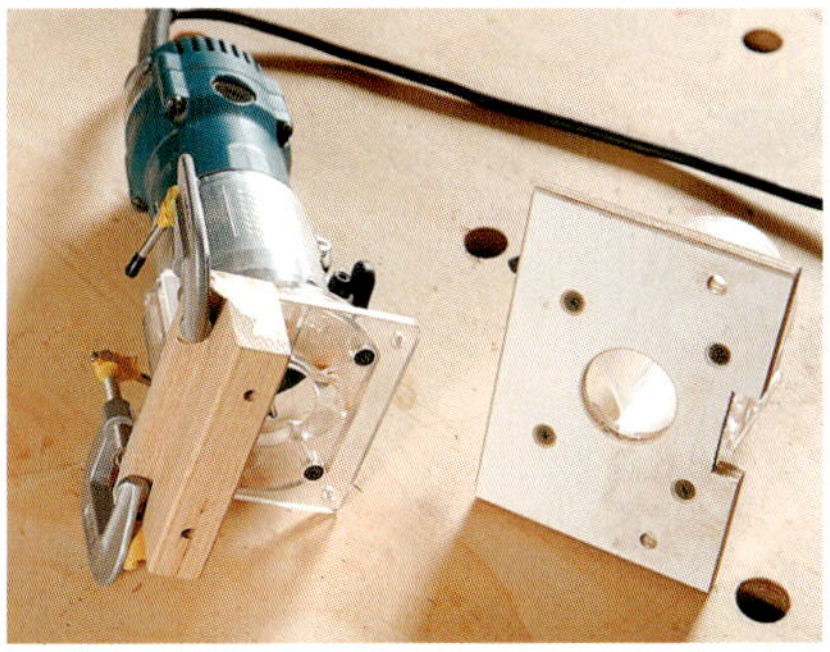

ルーターとトリマーの基本的機能

製作指導：ヒノキ工芸

ルーターとトリマーの機能はほぼ同じ。ルーターの方がトリマーより大型。各種のビットを取り付け、部材を円形に切ったり、面取りや溝彫りなどの精巧な工作ができる。ここではおもな機能を紹介。

部材の木端と平行な溝を彫る

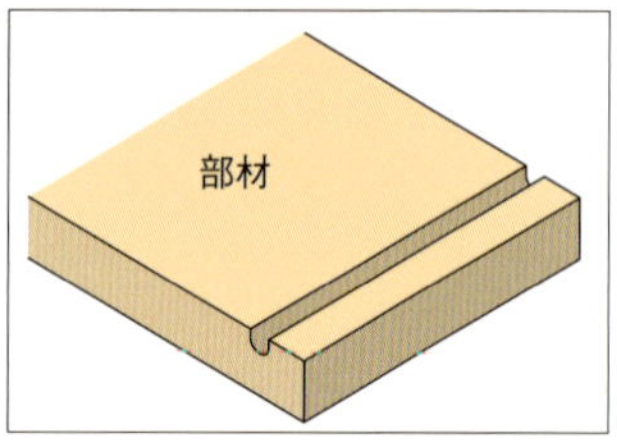

1 ノギスなどで彫る位置を決める。

2 作業台の端の穴にだぼを打ち込み、彫る部材の端がだぼに当たるようにセットする。

3 ルーターに取り付けるビット（左）。

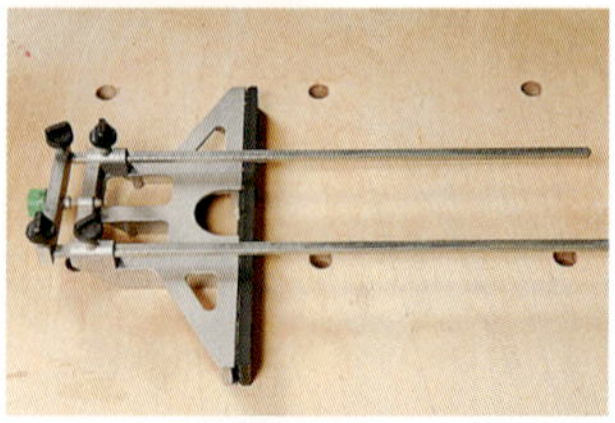

部材を彫る位置を調整し、部材の木端に沿ってルーターを移動するための平行定規。

4 ルーターにビットと平行定規を装着し、ルーターの平行定規を部材の木端に添わせる。

5 ビットの深さを決め、彫る位置にビットの刃を合わせる。

6 ルーターを部材に添わせながら前に押し切り、溝を彫る。

部材の中央に溝を彫る

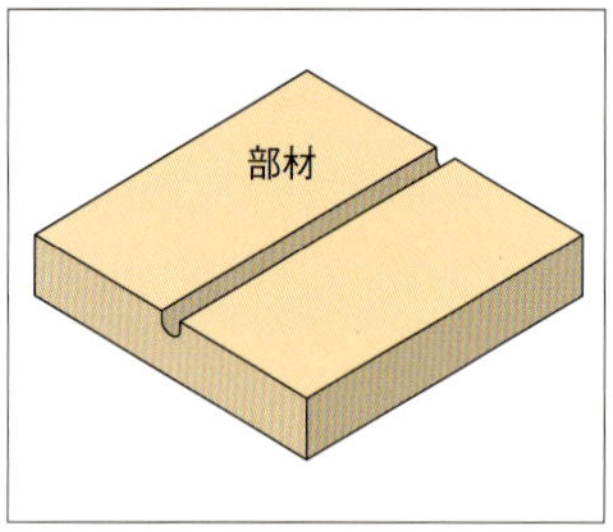

1 部材の切る位置を決めたら、ルーターのビットとベースの側面との間隔を測り、その間隔と同寸法の後方に当て木をセットし、クランプで固定する。

2 当て木にルーターのベースの側面を押し当てて、前方に押し切り、溝を彫る。

トリマーを使って装飾的な縁を作る ①

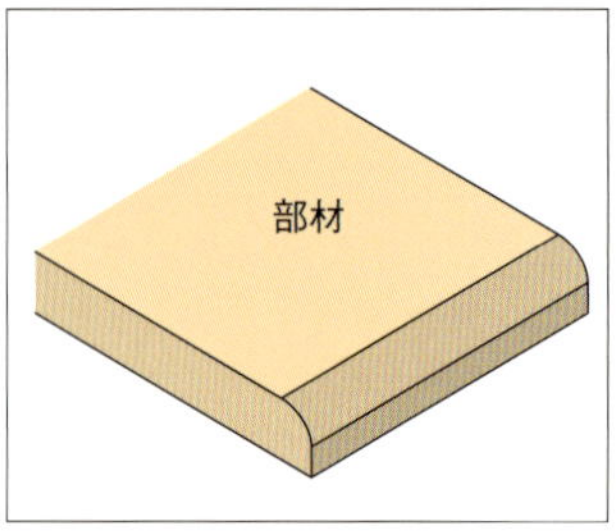

1 縁の形状に合わせてビットを選ぶ。

2 トリマーにビットを装着し、トリマーのベースから出ているビットの長さを測る。

3 ビットの刃を部材の木端に添わせ、前方に押し切り、縁を削る。

4 縁を削った状態。

ルーターで円形の盤を作る

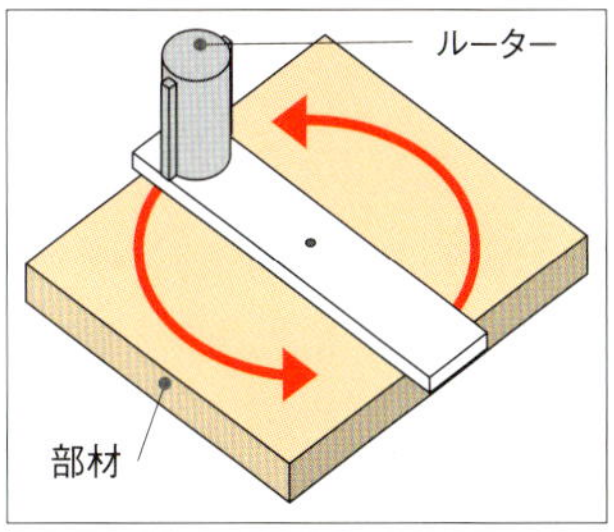

1 切る部材の中心に穴をあける。

2 円形の半径となる板材の先端にルーターを取り付ける。半径となる板材の先端には円形の穴があけられている。

3 取り付けたルーターのビットから半径の長さを測り、板材の同寸法のところにドリルで穴をあける。

5 半径の長さを測り、板材の同寸法のところに、ドリルでビスを打ち込む。

6 ルーターのビットを彫る位置に合わせ、ベースの治具を固定。

7 両手でルーターを持ち、半円を描くように前に押し切る。

大きな半円を作る。

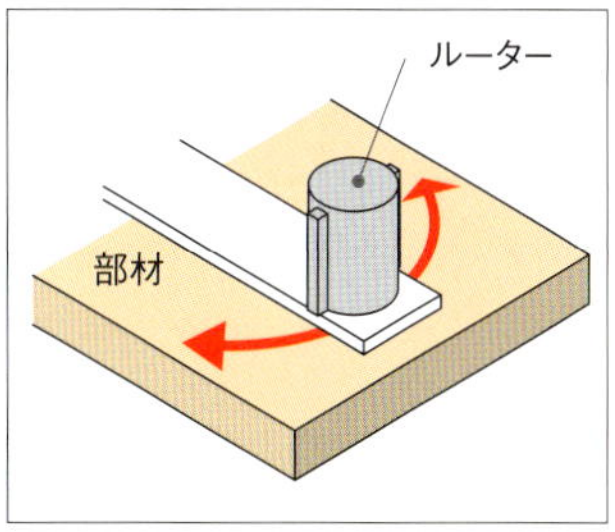

1 ルーターを固定する治具をルーターのベースに装着。

2 切る部材が動かないように部材の端にビスなどを打ち込んで固定する。

3 部材を切る位置に印を付け、半径の長さを決める。

4 半径に相当する長い部材を用意し、その先端にルーターをセットする。ルーターは上下に移動させることができるようにしておく。

トリマーを使って装飾的な縁を作る　②

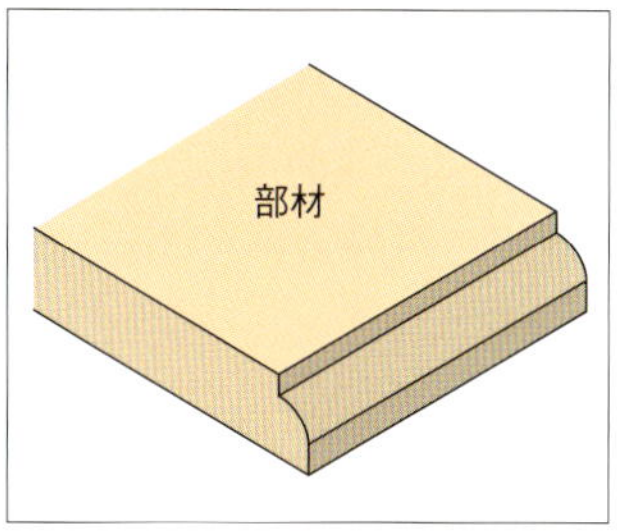

1 ビットは前ページの①と同じものを使うが、ビットの刃をトリマーのベースから①よりも長く出して段差ができるようにする。

2 部材の木端にトリマーのビットを押し当てて前方に押し切り、縁を削る。

3 縁を削った状態。

3 波形に切る部材を用意し、波形に切ったMDFを部材の上に重ね、鉛筆でその形を部材に写す。

4 バンドソーでその線の少し外側を切る。ルーターでいきなり線に沿って切るとルーターに大きな摩擦がかかるし、正確に切りにくい。

5 線の外側を切った状態。

6 MDFの型板を部材の波形の墨線に重ね、クランプで固定。切る部材のほうがMDFの型板より少しはみ出た状態。

型板を作り、型板と同形を作る

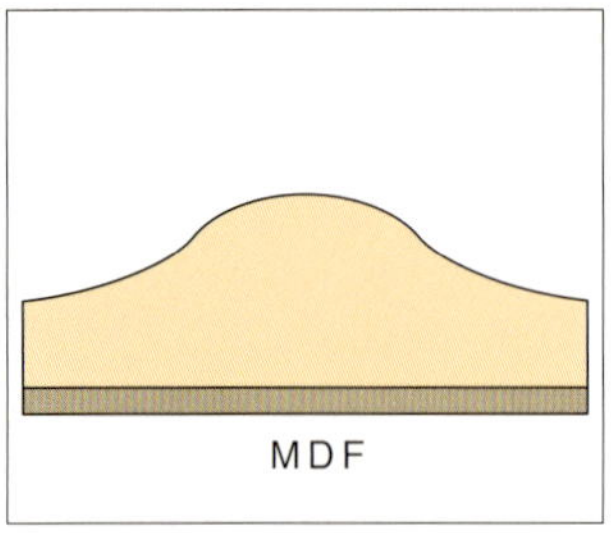

1 MDFに必要な型の線を引き、バンドソーで線に沿って波形に切る。

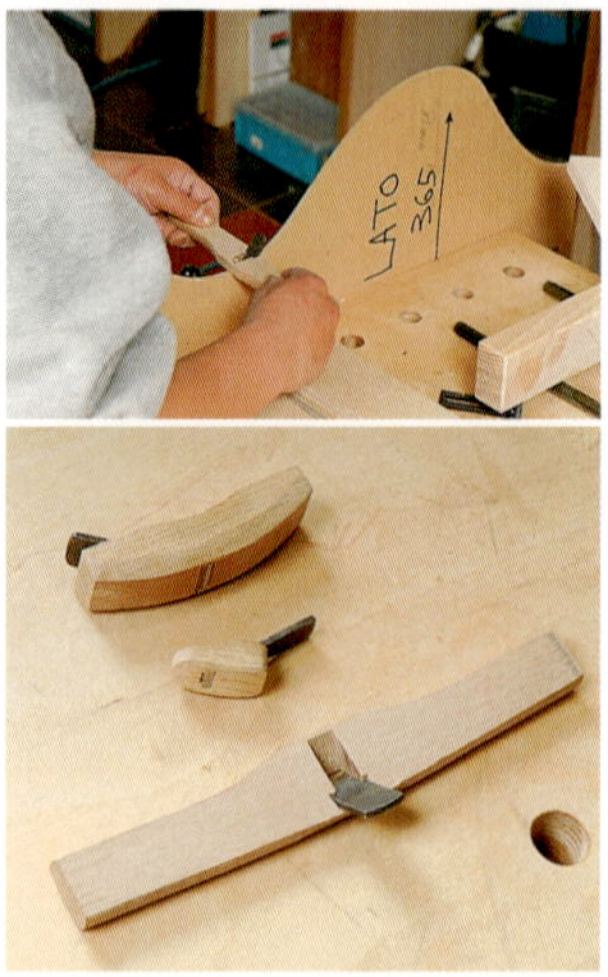

2 波形に切ったMDFを立てて固定し、南京がんな、豆がんなを使ってMDFの波形の形を整え、型を作る。

部材を水平にする

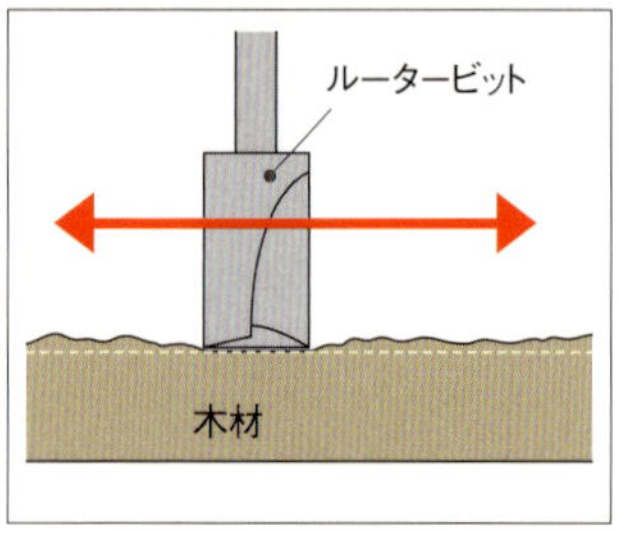

1 表面に凹凸のある部材を作業台の上に用意。

2 部材の両サイドに同じ高さの板材をセットし、その上にルーターを左右に移動できる治具(木枠上のもの)をのせる。

3 治具の上にルーターをのせ、ルーターを左右に動かし、少しずつずらしながら、前に押し切っていく。

4 水平に削り出した部材。

4 切る部材の中心の穴にだぼを打ち込む。

5 そのだぼに半径となる板材の穴を通す。

6 回転板材にルーターを取り付け、円を描きながら部材の周囲を回って円形に切る。

7 円形に切った状態。

4 弧状に削る治具の上にルーターをセットできる治具をのせる。

5 ルーターを治具にセットし、前後、左右に動かしながら部材を削る。

6 部材を弧状に削った状態。

治具を使って、弧状の部材を作る

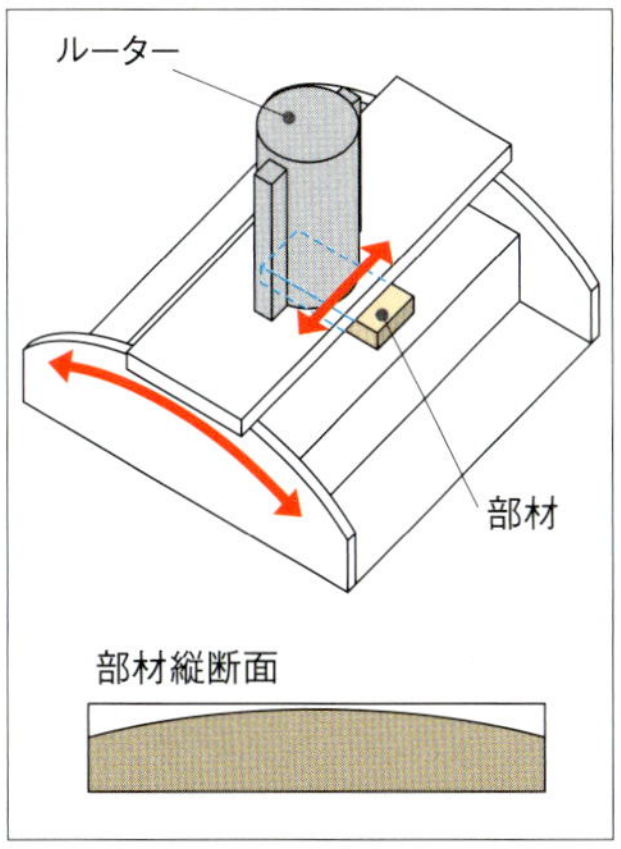

1 部材に弧状の線を引く。

2 バンドソーで線の外側を粗挽きする。

3 治具に部材をセットし固定する。

治具を使って、椅子の座面の凹部を削り出す

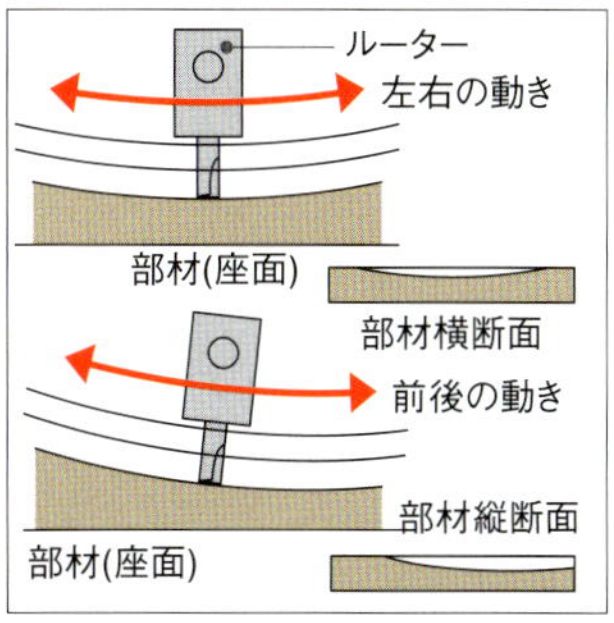

1 写真、図のような構造の治具を作る。

2 治具に削る部材とルーターをセットする。

3 ルーターを左右、前後に動かしながら凹部を削り出す。

4 凹部の半分を削り出した状態。

7 ルーターにビットを装着し、ビットのベアリング（コロ）をMDFの型板に添わせながら、部材を波形に削り出す。

8 部材を波形に削り出した状態。

◎作業手順

①片手でハンドルを持ち、もう片方で先端を押さえる。
②墨付け位置に刃を当て、スイッチを入れて溝を開ける。工具がぶれないよう強く支える。
③溝が全部開いたら、接着剤を塗り、ビスケットを入れる。
④材をつなぎ合わせる。

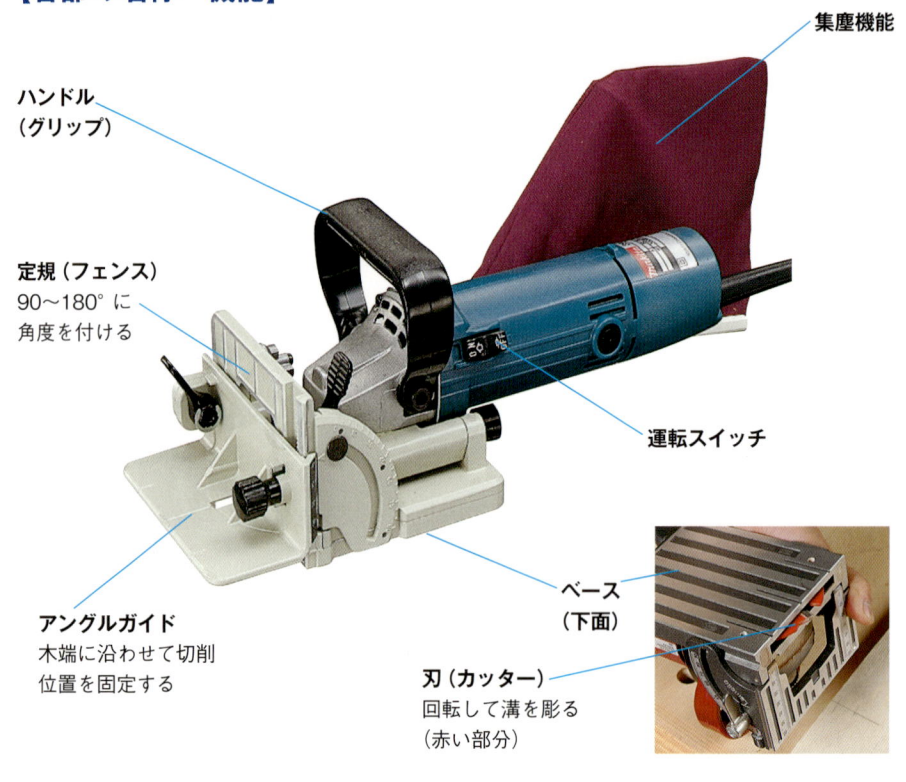

《 基本の接ぎ方 》

◎平はぎビスケット接ぎ

木端同士を平行にビスケットでつなぐ。

【各部の名称・機能】

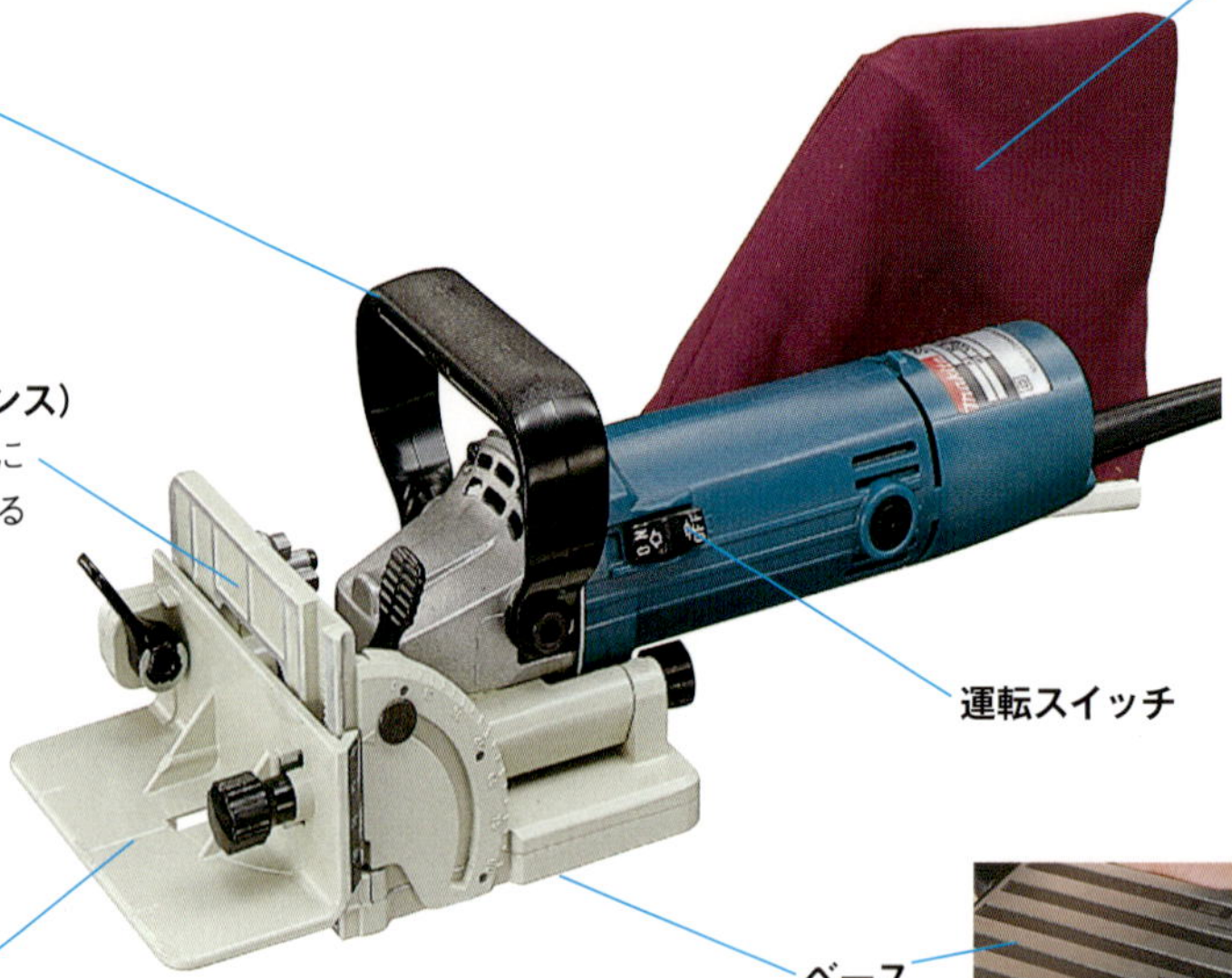

使い方

部材側面に刃を当て、起動させる。スイッチを入れると刃が前方に突き出し、溝を開ける。材の一点に高速で強い力がかかるため、両手で確実に保持する。

◎準備

①正確に墨を付ける。溝を誤った位置に彫るとやり直しがきかない。慎重に確認する。
②部材をクランプで完全に固定する。限られた場所に強い力がかかるので、数ヵ所で確実に固定する。
③試運転する。

［ジョイントカッター］

別名ビスケットカッター。接合用のビスケットパーツをさし込む溝を彫るための専用工具。ビスケットに合う大きさの溝を簡単に開ける。円盤状の刃を高速回転させ、スイッチを入れて前方に突き出し、木端や部材表面に一定の深さの溝を彫る。溝の深さは刃の出方で調整する。定規（フェンス）の角度を調整し、斜めに溝を彫ることも可能。

◎ビスケット

ブナの圧縮材製の接合パーツ。部材側面に溝を開けビスケットを入れた後、接着剤で固定すると、非常に強固な接ぎになる。形状がお菓子のビスケットに似ていることからこの名が付いたと言われている。

電動工具の先端

●グラインダーディスク
部材を削る、刃を研ぐなど、使用目的によってディスクの素材や表面処理が異なる。

●ドリルビット
ドライバードリル及びボール盤に用いる。種類多数。木工用ドリルビットには、先端に小さなねじ（誘導ねじ）が付いている。

●ドライバービット
両面に異なる形状を持つ種類が主流。

●角のみビット
ドリルビット外側に四角い刃物ガイドが付いている。丸穴を四角に成形しながら彫り進める。

●皿取りきり・埋め木きり
だぼ打ち用に２本セットで使う。皿取りきりは穴の底に木ねじ用の下穴を開ける。埋め木きりは円柱型の穴を開け、同時にだぼも作る。

●トリマー&ルータービット
極めて多数の種類がある。ルーターは６・８・１２mm、トリマーは６mmのみに対応している。輸入品はインチ（１/２in、１/４in）単位（国産メーカー品に使用可）。

ビット先端にベアリング（コロ）が付いているタイプは動きが安定し、なめらかになる。おもに面取りに使われる。溝には用いない。

溝用：四角いストレート、丸溝用U溝、三角形のV溝。
ほぞ用：ダブテールなど。
面取り用：坊主、銀杏、さじ、ひょうたんなど基本的に小がんなとほぼ同じ。
特殊成形用：継ぎ目のバリを落とす目地払いビット、皿削り用など。

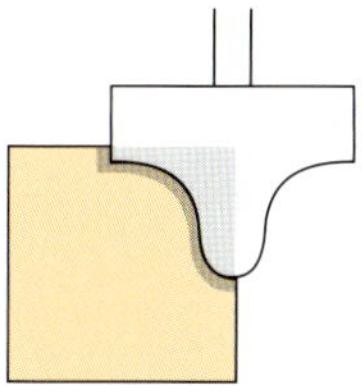

●ひょうたん面

電動工具の種類ごとに、取替え式の専用先端工具がある。それぞれの種類は極めて多く、部材の質や厚み、加工目的などで選ぶ。先端工具が適さないと、墨線どおりに作業ができない、加工結果が粗い、作業速度が遅いなどの問題が起きる。数や種類を用意しておくとよい。大小セット売りもある。

メーカーや機種によって、取り付け機構が異なる場合があるので注意する。

切り幅や穴の大きさを計算する際には、必ず刃やビットの厚み分を加えておく。

●ジグソーブレード
木工用を使用する。刃の形状・刃数・長短など数十種類がある。刃数が多くなると、薄い板向けで、なめらかな切り口になる。

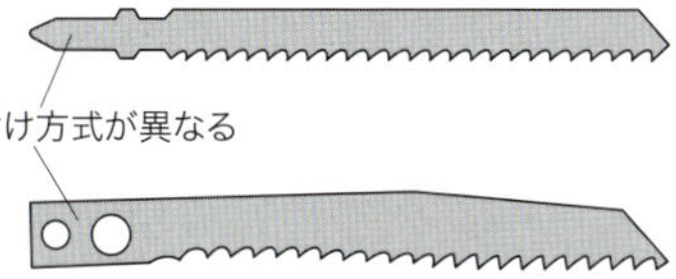

●糸のこ刃
極めて薄く細い。刃の形や間隔で直線・曲線、薄板・厚板用がある。向きに上下があり間違えやすいので取り付けの際に注意する。

●丸のこ刃
円盤状の円周に鋭利な刃が付いている。大小、刃数、素材など種類多数。切れ味を上げるため刃先にチップ（超硬合金）を接合してあるチップソーが主流。

●帯のこ刃（ベルト刃）
薄い金属板が輪になっていて、細かい刃が付いている。幅広の直線切り用、幅狭の曲線切り用がある。切断する部材の厚みに対して、山の数が２個以上かかる種類を選ぶと良い。

●かんな刃
電動かんな、自動および手動かんな盤に用いる。ドラム状のかんな胴に刃を取り付け、回転させて削る。取替え式と研磨式がある。

◎矩形ビスケット接ぎ
部材をL字形に接合する。一方の部材の木口と、もう一方の平面に溝を彫り、直角につなぐ。

◎留形ビスケット接ぎ（箱組み）
45°の木口を箱型につなぎ合わせる。

◎留形ビスケット接ぎ（框組み）
45°の木口をつなぎ合わせる。

◎打ち付けビスケット接ぎ
材をT字形に打ち付けてつなぐ。

木工旋盤

別名木工ろくろ。他の電動工具とは異なり切削機能がない。外部刃物（のみ）を使って、回転体に削り出す。

材は横位置に左右で固定され、水平軸を中心に高速回転する。刃物を移動させて切削を行なう仕組み。変速機能付きの機種もある。

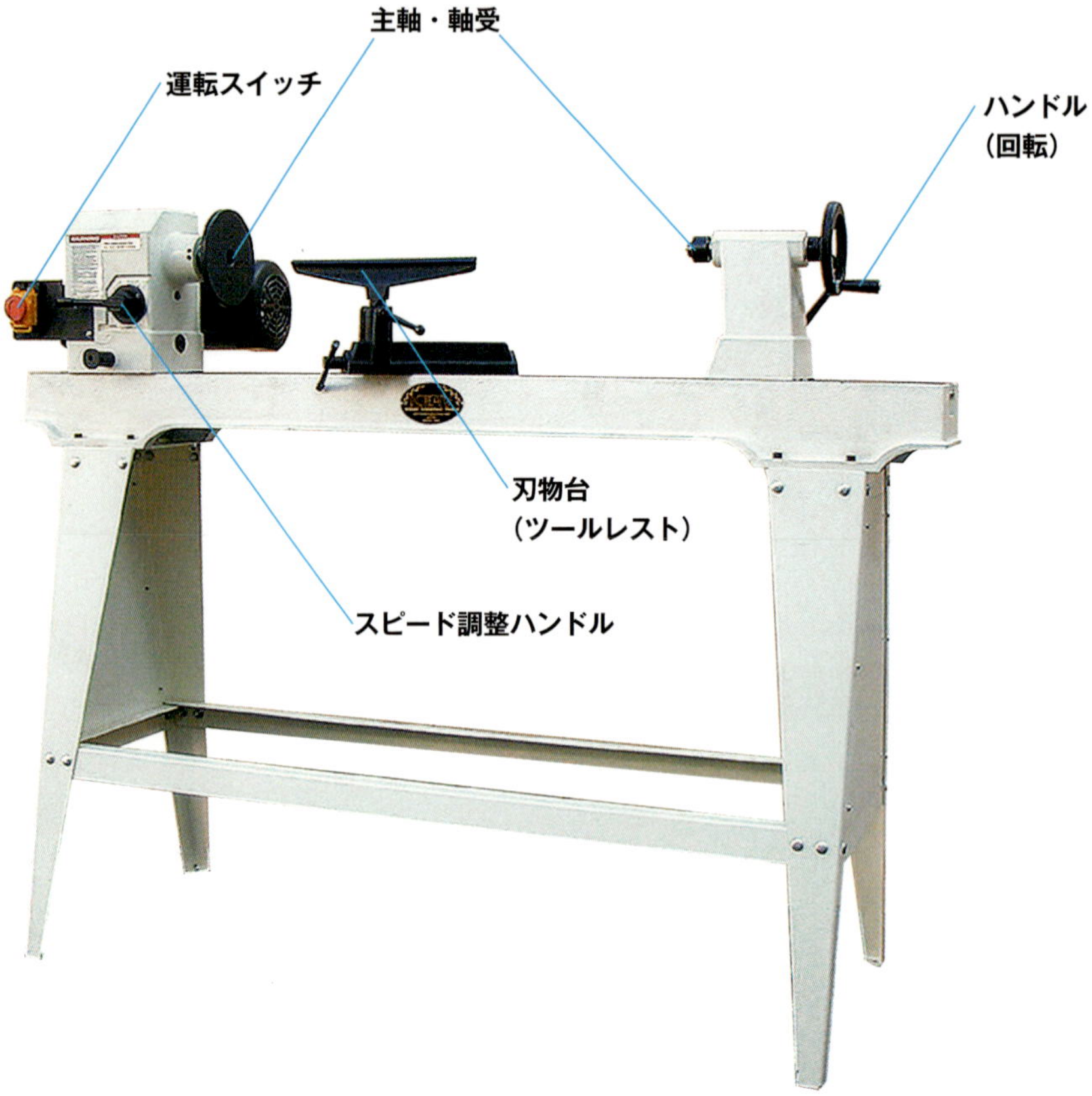

◉ボール盤と木工旋盤

ボール盤を旋盤代わりに使うことはできない。部材とビットが片側で固定されているボール盤とは異なり、旋盤は部材両端が強い力で固定されているため、強い力で刃物を当てても軸がぶれない。

【各部の名称・機能】

コントローラー（スピード調整ハンドル）：変速式のみに付属。
主軸・軸受：両端の軸。軸を中心に回転する。
ハンドル（回転）：回転させて、両軸間の距離を調整する。
刃物台（ツールレスト）：刃物を支える台。

◎専用のみ（バイト）

木工旋盤では通常旋盤専用のみ（バイト）を用いて削り作業を行なう。

一般ののみも使えるが、専用のみは刃や柄が太く丈夫で、刃欠けの心配が少ない。強い力がかかるため、頑丈なつくりになっている。

欧米からの輸入品がおもで、西洋式の全鋼製刃が使われていることが多い。全鋼製の刃は硬く、切れ味が長持ちするが研ぎにくい。刃研ぎの際には、砥石の他刃物グラインダーを用いても良い。

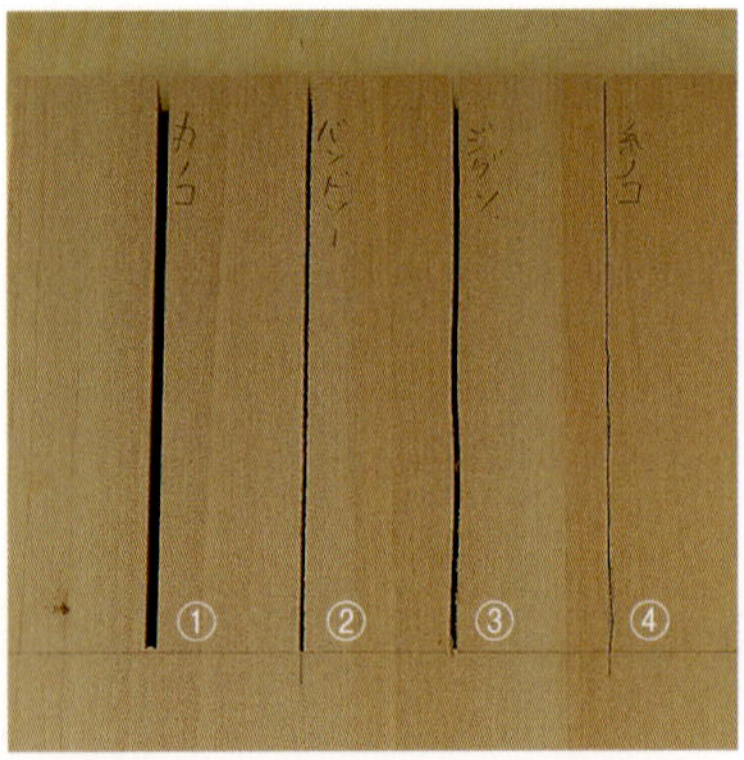

電動工具の作業結果

同じ「切る」機能を持つ電動工具でも、工具の種類によって作業結果は全く異なる。

直線
①丸のこ：非常に美しく正確な直線。刃が厚いため、切り線が太い。
②バンドソー：美しい直線。
③ジグソー：不規則で粗い直線になる。
④糸のこ盤：切り線は極めて細く、やや不安定。

曲線
⑤バンドソー：ゆるくなめらかな曲線。
⑥糸のこ盤：精密で複雑な曲線。

◎円柱を削る

①②平バイトを使って四角い材を大まかな丸棒に削り出す。

③④飾り削り用のバイトに持ち替える。バイトの種類や切削深さを調整し、切れ込みや細かい曲線などさまざまな形に削り出す。

◎作業手順

①電源を入れ、起動させる。回転が安定した後、バイトを部材表面に当てる。
②徐々に回転を上げながら左右に移動する。部材のゆがみを取り、大まかな形に削り出す。
③バイトを前後左右に移動しながら複雑な形を削り出す。回転をあまり上げずに作業する場合もある。

◎皿を削る

皿内部を削る（上）外形を整える（下）。削りすぎないよう、作業前に削り量を計算する。

使い方

削り方は大きく分けて二種類。部材外側を削り出す外丸削りと、厚板内部をくり抜く内丸削りがある。外丸削りは椅子の脚など長い部材の表面装飾に用い、内丸削りは椀や盆作りなどに用いる。

バイトの当て方は下側から支える場合と上から押さえる場合があり、どちらも徐々に平行移動もしくは前後運動を行なう。

◎準備

①軸の中心を出す。部材がぶれないよう正確に計測する。けびきを使うと簡単（上）。
②主軸に取り付けやすいよう、ポンチを打つ（下）。
③部材を主軸に取り付ける。外れないよう確実に固定する（左上）。
④電源を入れて試運転する。最低速度で回転させ、部材のぶれや固定の状況などを確認する。大きくぶれるようなら、中心点の位置や取り付け方法を改めて見直す（左下）。
⑤確認・修正後、ツールレストを所定の位置に合わせる。

【各部の名称・機能】

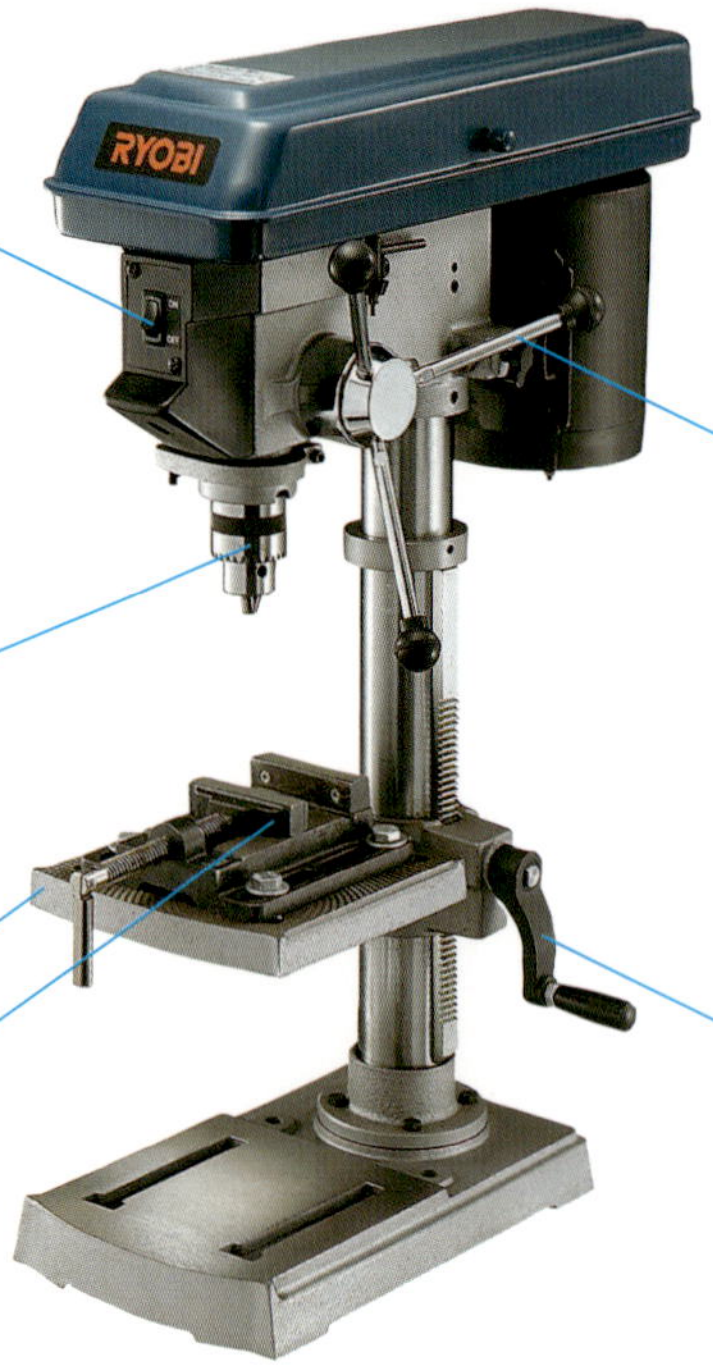

穴あけ見本

ボール盤

高速回転するドリルビット（刃）をハンドルで上下させ、垂直方向の穴開けを行なう。パワーが強力で回転軸が安定しているため、正確で美しい穴を得られる。定盤を傾斜させて斜め方向の穴開け、バイスで固定して小さい加工材の穴開けなども可能。

切削深度はハンドルの回転量や定盤の高さ、ストッパーの設定などで決まる。

板の厚み、穴の大きさ、深さにより、回転速度やトルク(回転力)を調整する。

ドリルビットは多種多様。ドリルドライバーと共用できる機種もある（169ページ参照）。

使い方

◎準備

①固定レバーをゆるめ、定盤を下ろす。
②チャック内のツメにドリル刃を取り付ける。
③ドリルビット先端と定盤間を10～20mmに調整する。台の水平垂直を正確に出す。斜め切りの場合には定盤を傾ける。
④ハンドルを回してドリルビット先端の位置（切削深度）を確かめる。
⑤試運転して軸の狂いなどを確認、修正する。
⑥部材を定盤に固定する。ドリルビットで彫る前に、部材に下穴を開けておいても良い。

◎作業手順

①電源コードを入れ、起動する。
②ハンドルを前方に回し、ドリルビットを下ろす。穴の入り口では慎重に作業を行なう。
③刃が入りにくい場合はトルク不足なので、回転を落とす。適正なら徐々に回転を上げる。
④完全に穴が開いたら、ハンドルを逆回転させてドリルビットを抜く。

◎だぼ穴

ドリルビットが部材途中で止まるように設定する。刃最深部と穴の深さ（墨位置）を合わせ（上）、刃を下ろして穴を開ける（下）。

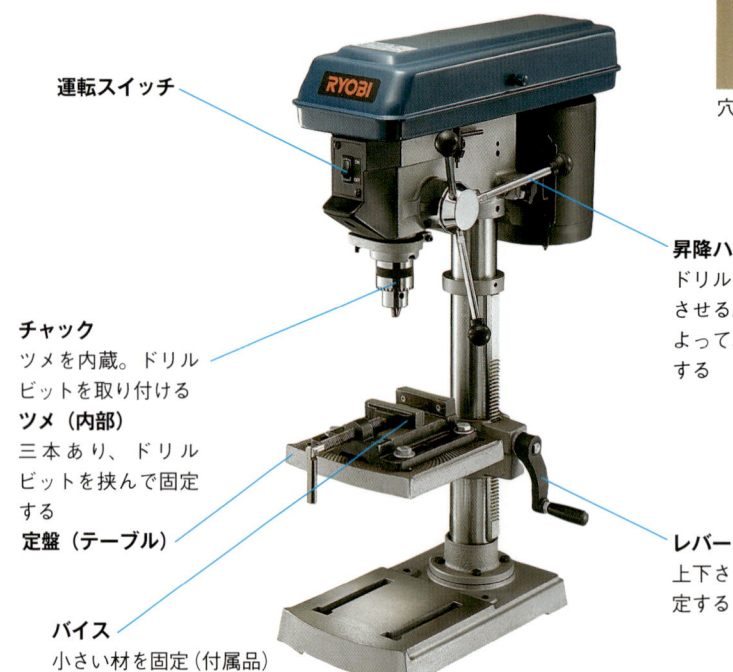

◎通し穴

ドリルビットが定盤に当たらないように部材を設置する。捨て板を下に敷き、2枚一緒に穴を開ける方法（上）と、定盤中央の穴に刃が貫通するよう設定する方法がある。

◉注意

部材を完全に固定して作業を行なう。
・トルク（回転力）が不足すると、部材が焦げる場合がある。

小型電動工具

片手で持てる大きさで、彫刻や切削加工を行なう小型電動工具もある。作業の目的に合わせ、先端ビットを使い分ける。

◎電動彫刻機

彫刻刀先端に似たビット先端を振動させて部材を削る。力を入れずに彫ることができるため、手間がかかる粗削りなどに用いる。

◎ハンドグラインダ

微細なパーツを削り出す、小さな穴の内部を整える作業などに用いる。

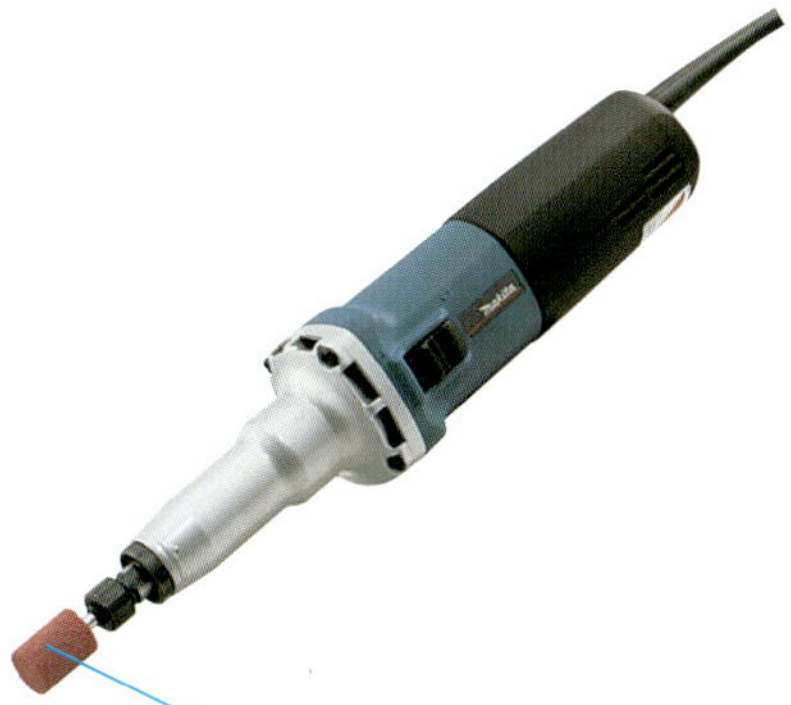

【各部の名称・機能】

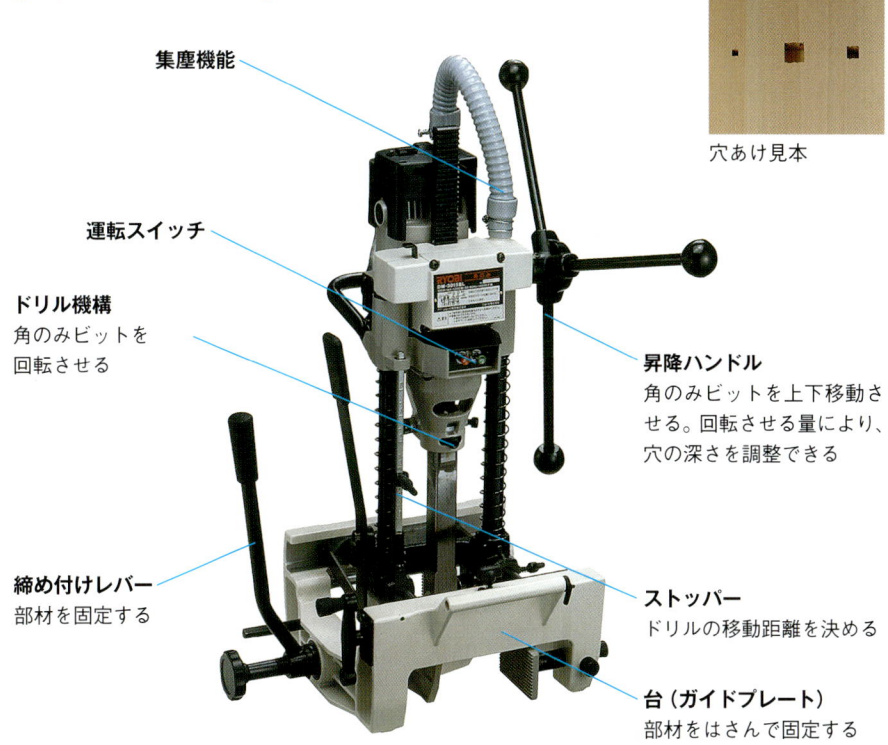

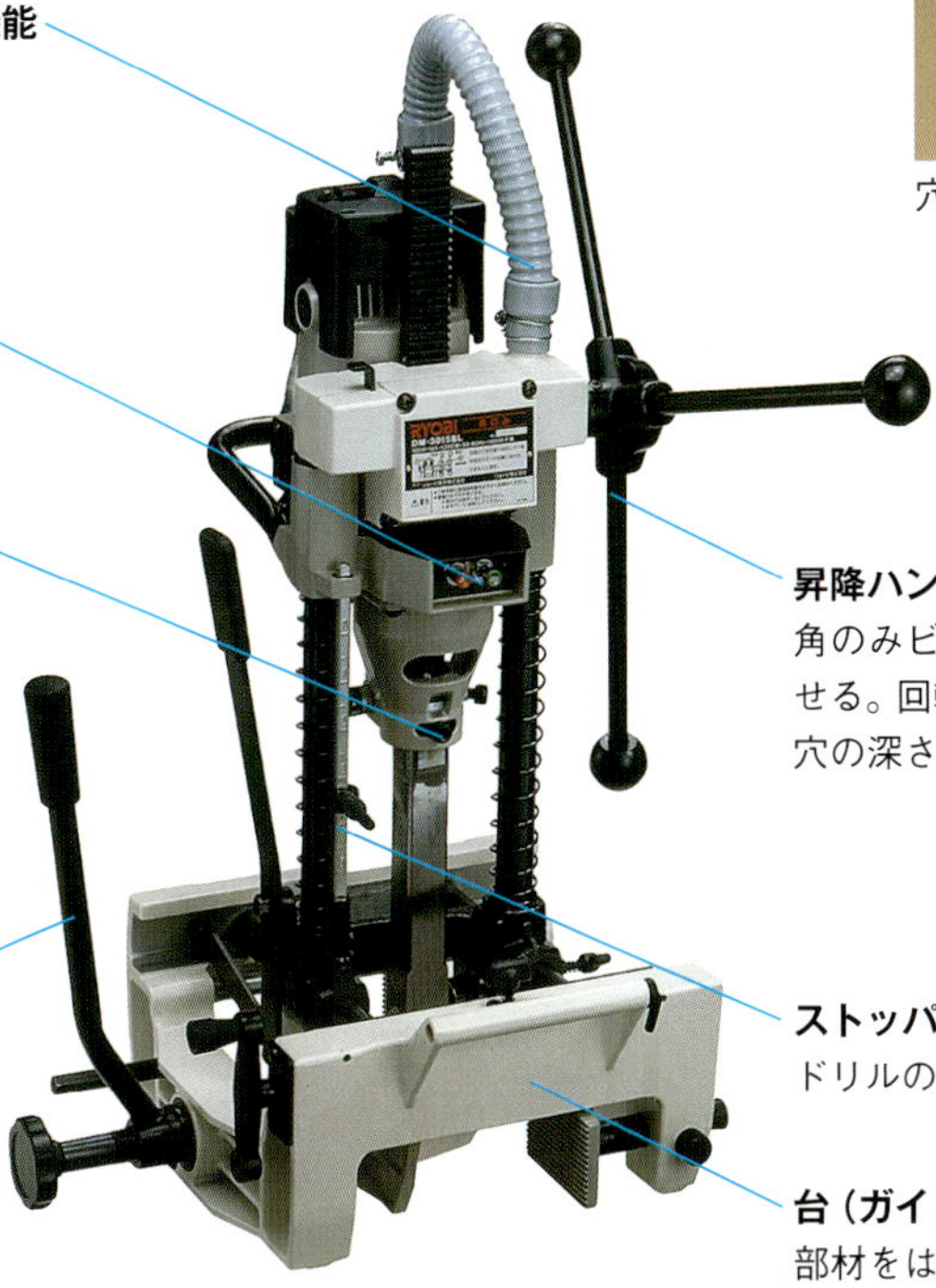

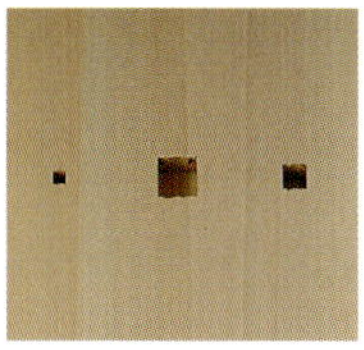

穴あけ見本

角のみ盤

角穴開け専門。高速回転する角のみビットをハンドルで上下させ、垂直方向に正確で美しい角穴を開ける。

作業手順はボール盤とほぼ同じ。切削深度を調整し、昇降ハンドルを上下して作業を行なう。板の厚み、穴の大きさ、深さにより、回転速度やトルク(回転力)を調整する。

角のみビットは、四角形の刃物内部にドリル刃が仕込まれている。

使い方

◎準備

①台の水平垂直を正確に出す。
②チャック内のツメに刃を取り付ける。
③ハンドルを回し、刃側面の四辺を墨線に合わせ、先端位置（切削深度）を確かめる。
④試運転し、軸の狂いなどを確認、修正する。
⑤部材を台付属の定規に密着させ、刃先端と部材の間をやや開けて、台を固定する。

◎角穴

電源を入れ、起動させる。角のみビットの回転が安定した後、昇降ハンドルを下げ、穴を彫る。必要以上に力をかけず、徐々に作業を行なう。切り屑が詰まらない程度が目安。彫り終わったら電源を切り、部材を外す。

◎通し穴

表側から2/3彫り、裏返して残り1/3を彫る方法と、捨て板を下に敷き、片側から貫通させる方法がある。

◎同じ深さを複数あける

ドリルビットにビニールテープを貼り、穴の深さの目安にする。

◉ドリルスタンドと手動スタンド

ドリルドライバーでは手動で切削深度や角度を手動で設定するため、正確な角度や深さの穴開けは難しい。ドリルスタンド（上）で固定すれば、正確な穴開けが可能になる。移動しやすく、大型部材の穴開けも可能。
手動ドリル（下）はドリルビットを取り付け、手回しで穴を開ける。下穴開けなどを手軽に行なう。

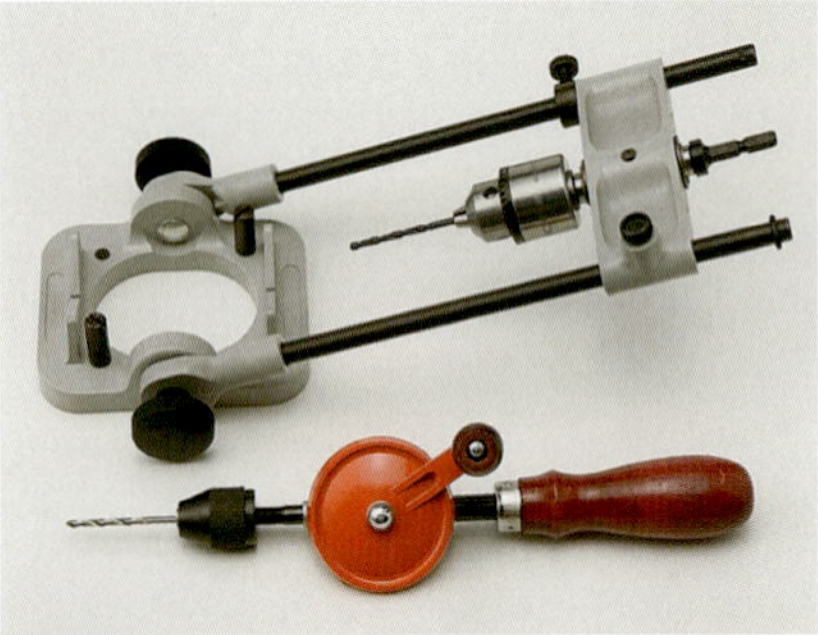

【各部の名称・機能】

クラッチ
（トルク調整ダイヤル）
小さい数字ほど力が大きく、使い始めに使う

ビット
ドライバーまたはドリル機能

チャック
先端ツメを開閉しビットを交換する。回すだけで締まるキーレスチャックが多い

ツメ（内部）
三本のツメでビットをつかんで固定

正逆転スイッチ

ロックボタン
スイッチを ON 状態で保持

正逆転スイッチ
ネジやビットをはずす時に用いる

運転スイッチ
引き金を引いて ON-OFF。押す力の強弱でスピード調整する機種もある

バッテリー（内部）
充電式が主流。電池を長持ちさせるために完全に使い切ってから充電すること。電気ドリルはコード式

◎ねじ回し

ドライバービット先端をねじ頭に垂直に当て、上から押し付けながら起動する。必ずビットとねじ山の寸法を合わせる。

◎穴あけ

①ビット径よりやや大きい穴が開く。誤差を計算に入れ、小さめのビットを選ぶ。
②作業前に下穴を開けておくと、作業が安定する。
③スイッチを入れ、穴を開ける。逆転スイッチを使い、ビットを引き抜く。

［ドリルドライバー］

ドリルビットまたはドライバービットを高速回転させ、手動で穴開けやねじ締めを行なう。軽く扱いやすいため、高所や入り組んだ場所の穴開けも可能。
運転スイッチを引く力の強弱で、回転速度を調節する。回転方向の調節は正逆転スイッチで行なう。正スイッチ（右回転）で締め付け、逆転スイッチ（左回転）でビットやねじを抜き取る。板の厚み、穴の大きさ、深さにより、回転速度やトルク (回転力) を調整する。先端ビットは極めて多種多様（169 ページ参照）。

◉オプション機能

機種のグレードによって付属のオプション機能が異なる。使用頻度や目的に合わせて選ぶ。

クラッチ機能（トルク調整）
使い始めは遅く強い力で回し、徐々に回転数を上げる仕組み。小さい数字から始め、回転が安定したら大きい数字に変える。空回りしたら数字を下げる。

締め過ぎ防止機構
必要以上の力がかかると、ビットが空転するので、ねじ山を破損しにくい。

使い方

手工具のドライバー同様、ビット先端を作業面に垂直に当て、強く押し付けて使う。

バイスクランプ

クランプは部材の固定や接着に欠かせない。多数の形状があり、目的に合わせて選ぶ。バイスは取り外し可能なベンチバイスや、部材に傷が付きにくい木工バイスなど、強力に固定できる。

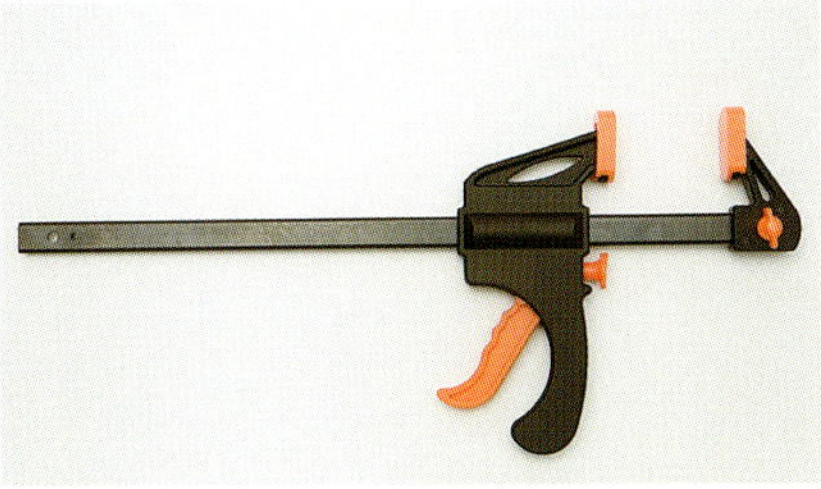

バークランプ：ハンドルを握り、スライドさせる。移動した先で離すだけで固定できる。パッド付きで部材に傷を付けにくい。

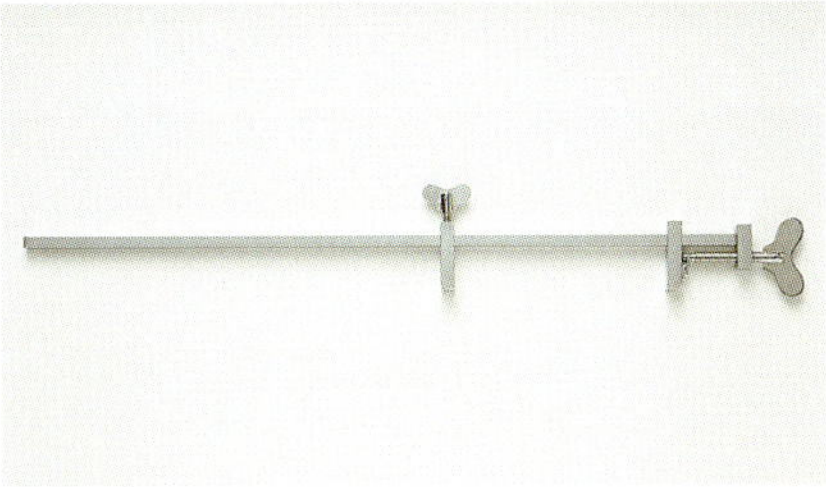

はたがね：日本の伝統的な締め具。腕が長く、板をはぎ合わせて広い面を固定できる。

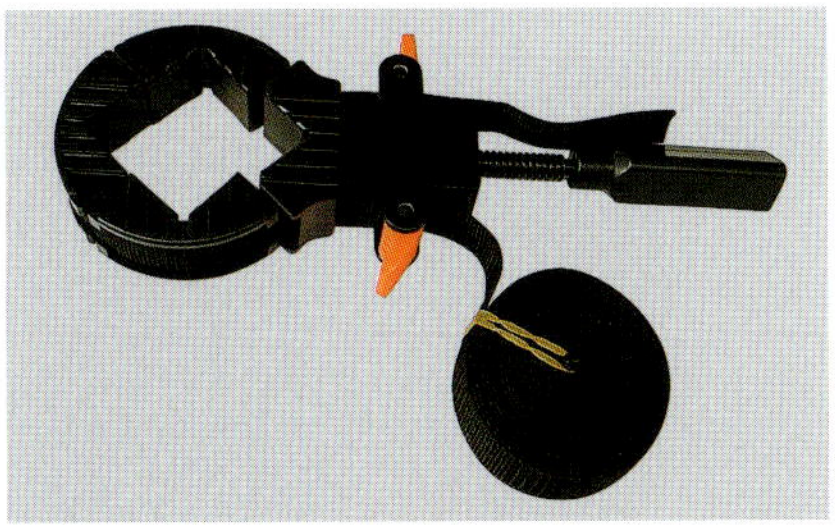

ベルトクランプ：別名バンドクランプ。側面全体を帯で締め付け、四辺を一度に固定できる。帯の長さを調整し、大小に対応。

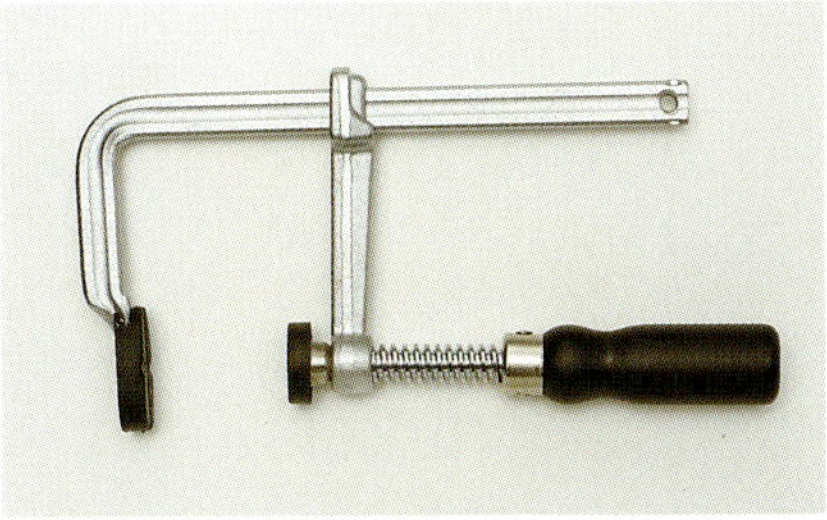

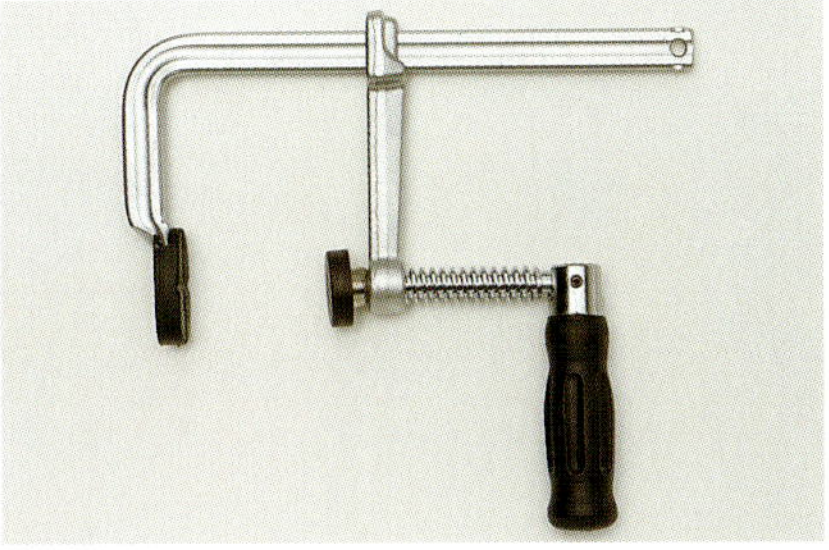

F クランプ：別名平行クランプ。アームを移動して寸法を合わせる。アームを折り曲げて強力に締め付ける機種有り。

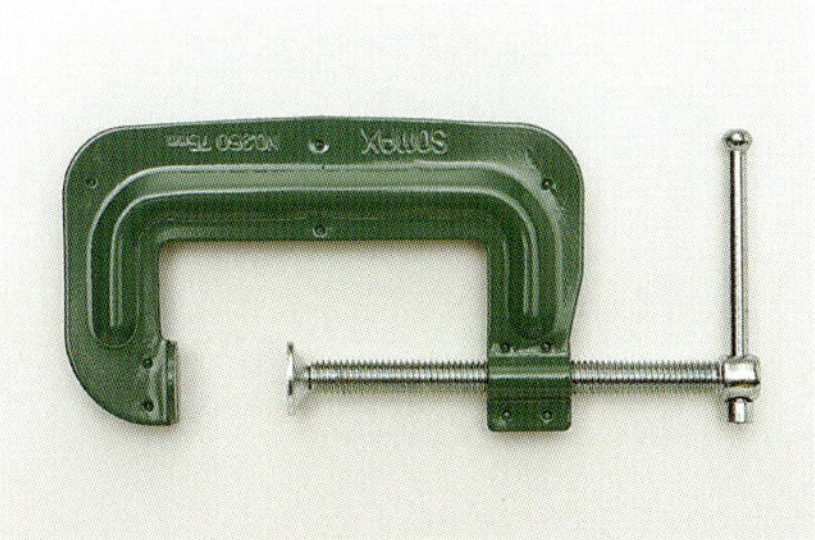

C 型クランプ：別名シャコ万力、G クランプ。ねじで一方向に締めつける。似た形状で３方から締めつけるタイプ有り。

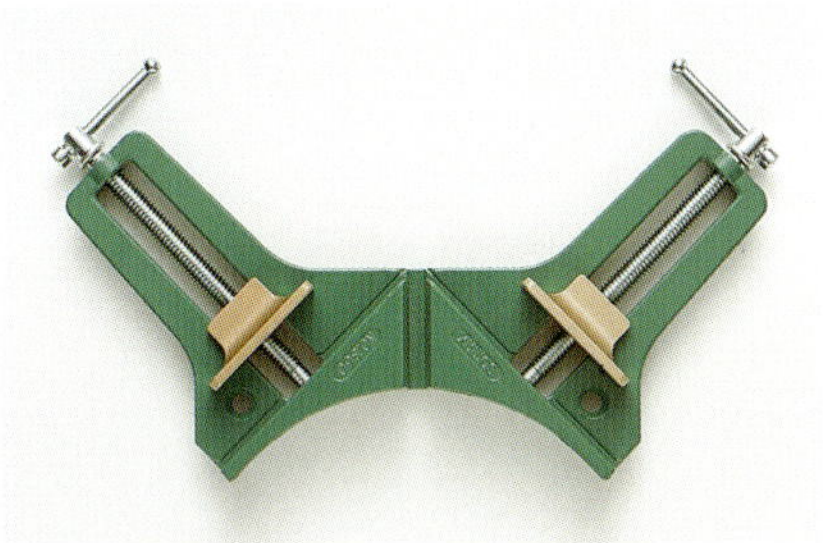

コーナークランプ：90° を２点で締め付け、固定できる。額縁など正確な直角に用いる。

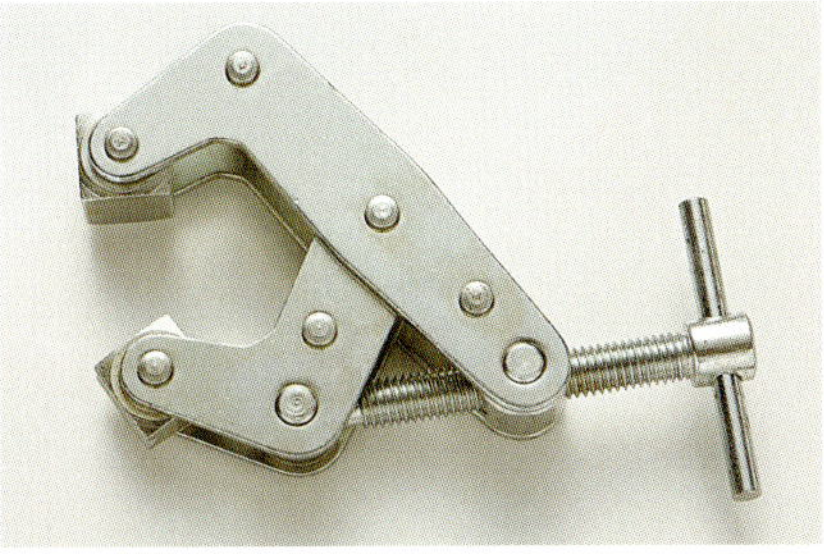

ミニクランプ：極小型のクランプ。

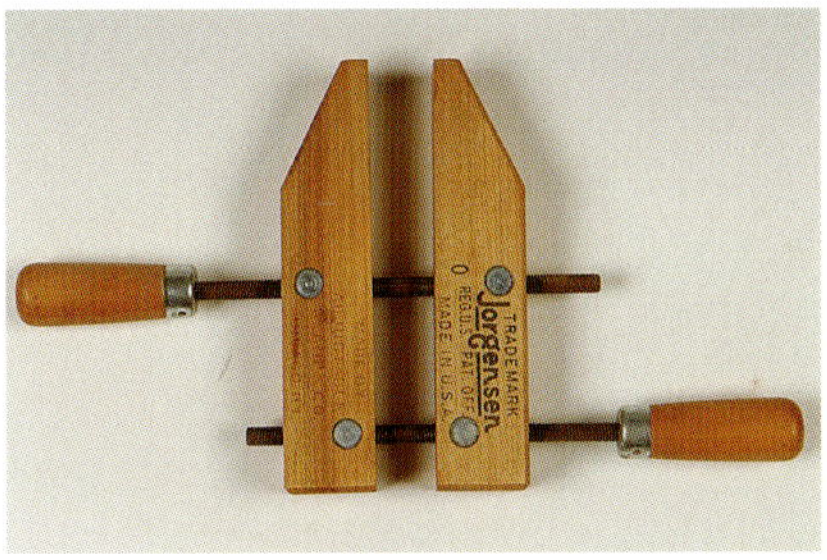

ウッドクランプ：別名ハンドスクリュー他。部材に当たる面が木製で傷を付けにくい。2 本のねじで２方向から締める。

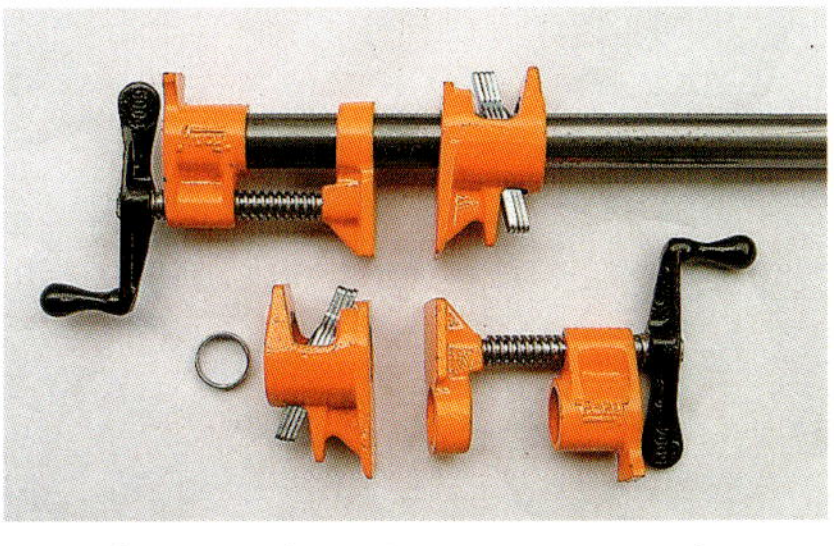

パイプクランプ：別名ポニークランプ。パイプなどに通し、開口部の幅を設定できる。

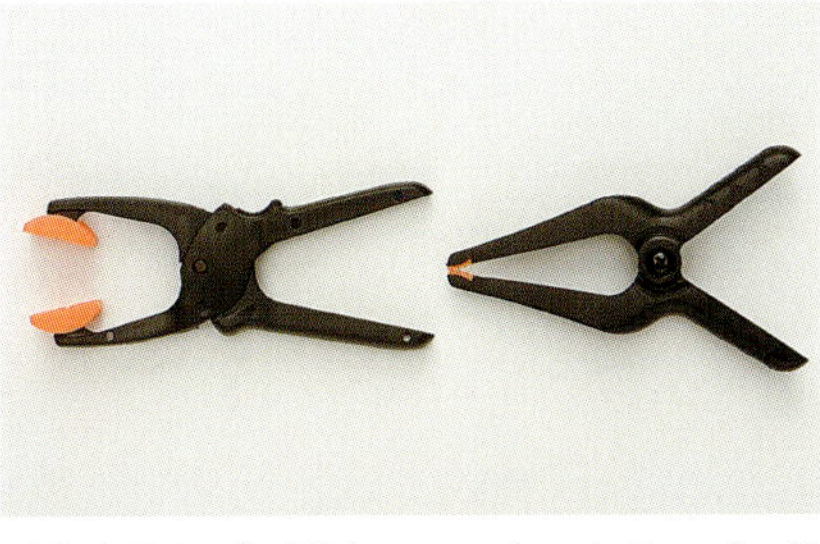

バネクランプ：別名フレックスクランプ。洗濯はさみのように挟む。暫定的な固定に便利。

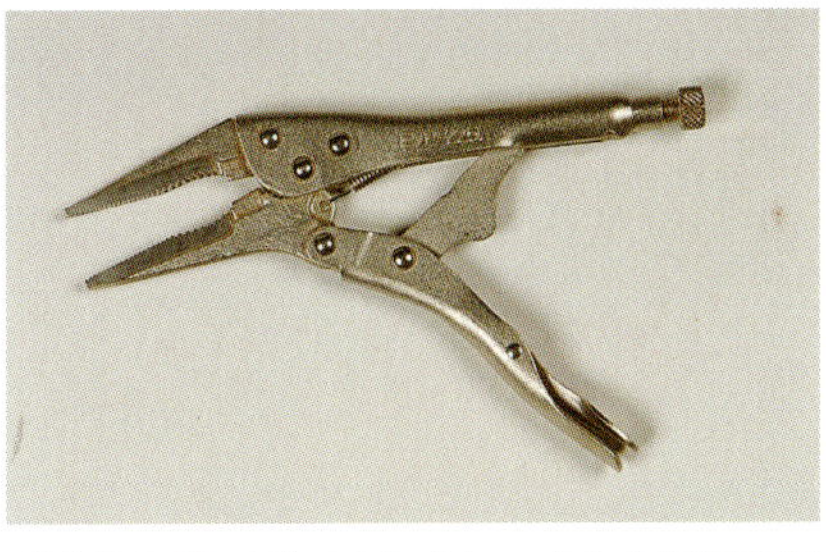

バイスクリップ：プライヤーのように口を開けて挟み、任意の場所で固定できる。

玄翁

げんのう

「玄翁和尚が、悪霊の取り憑いた岩を叩き割った」と伝えられているげんのうは、最も古い工具の1つである。釘打ちやのみの打ち込み、組み立てなどに現在でも幅広く使われている。

鉄製の頭と木製の柄でできていて、両面または片面に打撃面がある。金槌は釘打ち専門。

頭には職種や地方によりさまざまな意匠がある。

柄は複雑な断面を持つ。手に伝わる衝撃を弱め、効率良い作業に結びつける日本独特の工夫である。

両口げんのう
（上）八角げんのう（右）丸げんのう
左右両面に打撃面が付いている。地方や職種、好みによって形状が異なる。

片口げんのう
頭が円錐状で、打撃面が片面のげんのう。両口に比べて軽いため、おもに釘打ちに使う。

豆げんのう
小型の両口げんのう。
小釘打ちなど細かい作業に使う。

《げんのうの種類》

打撃面が２面の両口げんのうと、１面の片口げんのうがある。釘打ち専門の片口げんのうを金鎚と呼ぶ場合が多い（諸説ある）。

げんのうの大きさは頭の重さで表し、柄の長さは使い手の腕の長さから算出する。

◉両口げんのう
頭両側に形が異なる２種類の打撃面が付いている。のみの打ち込み、釘打ち、組み立てなど幅広い用途に使う。

◉片口げんのう
軽量化のため片側が先細りになっている。

口は片面のみで平面状。

◉金槌
釘打ちに特化した軽く小型の金属鎚。片側に釘抜きが付いた機種もある（下）。

職種によって工夫を重ね、多数の形状がある（178 ページ参照）。

◉大きさによる分類
頭の大きさによって用途が異なる（重さは目安）。
大（200 匁）：大釘打ち、組み立て、解体
中（100 匁）：のみ打ち込み、釘打ち
小（80 匁）：釘打ち、小さな細工の組み立て
豆（40 匁）：小釘打ち

《機能と仕組み》

鉄製の頭と木製の柄の単純な構造。頭中央に開いている四角形の穴に、柄を差し込んで固定している。頭や柄の形状には日本の工具独自の高度な仕組みがある。

◎各部の機能・名称

頭：鋼鉄製。円筒形が基本で、楕円や八角など各種意匠がある。
小口（口）：打撃面。
両口：打撃面は頭両側に平面・丸面２つがある。
平面はのみおよび釘打ちに用いる。
丸面は部材に傷が付きにくいため、釘打ち最後の一打や木殺し（178 ページ参照）に使う。
片口：打撃面は平面一つ。反対側は軽量化のため先細りの三角錐形になっている。
柄穴（孔・櫃他）：柄を差し込んで固定する。
柄：シラガシなど硬材製。ウシゴロシやウツギなど希少な材が使われることもある。

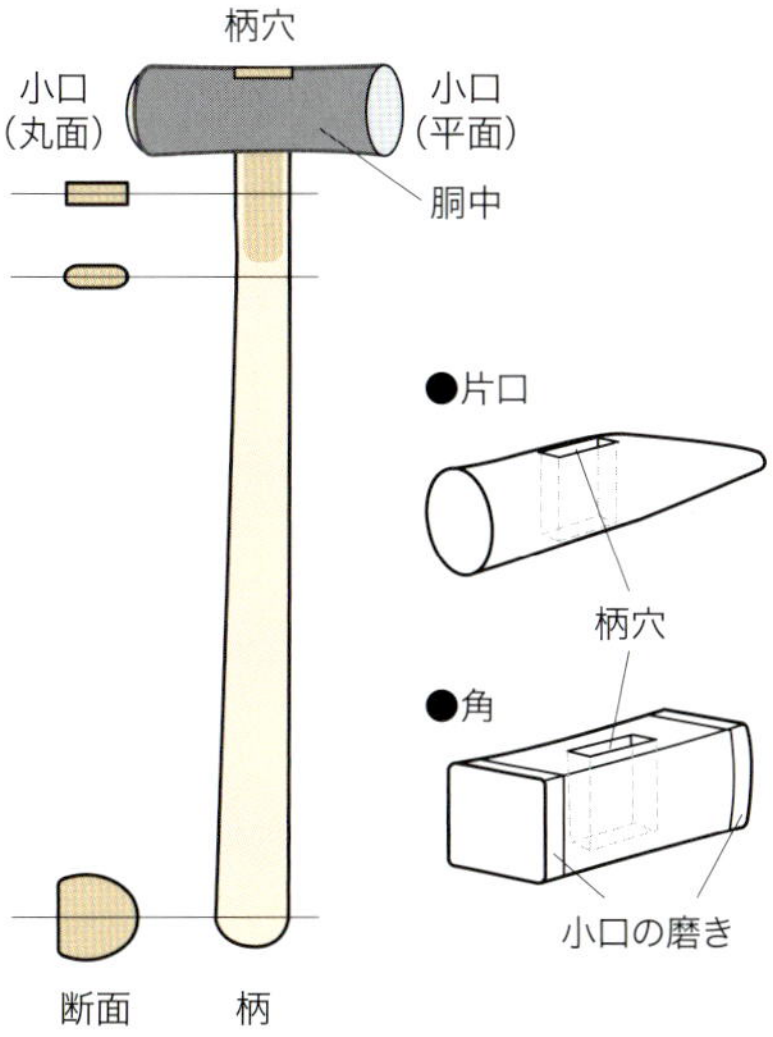

◉小口の磨き
鉄の質が良くなかった江戸時代、強度を増すためにげんのう小口にもはがね合わせ（145 ページ参照）が使われていた。現代でも品質の良さを表す意匠としての名残りがある。

◉柄の形状と機能
頭の方に向かうほど細くなることによって、衝撃を和らげ、重心が下がって手元が安定し、横ぶれしにくくなる。太い先端には、ぶら下げた時に落としにくくなる役割もある。

《げんのうの仕込み》

◎柄の長さ

手のひらで頭を握り、ひじの内側に収まる長さが、使い手にとって適正な柄の長さである。柄を抜き、接合面を削って調整する。

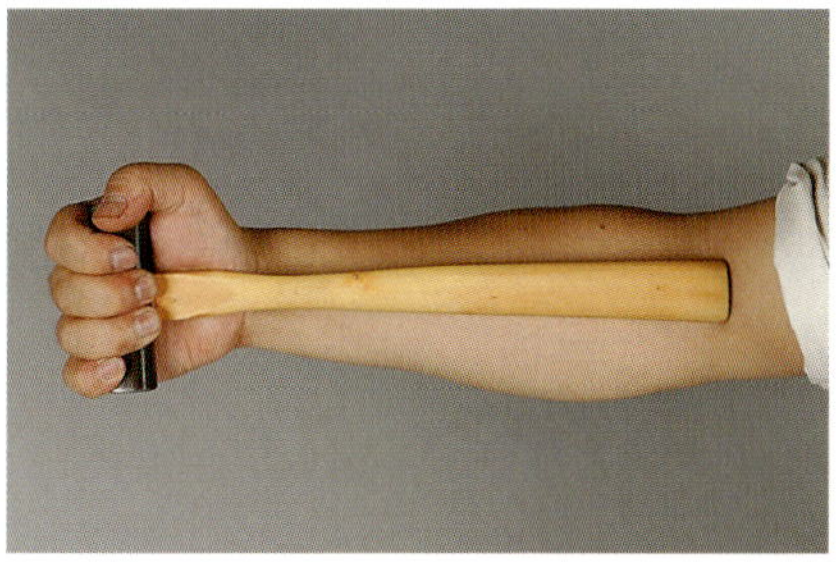

◎頭の出し入れ

頭部をはさんで固定し、柄穴に合わせて木片を当て、げんのうで叩いて外す。

入れる時には柄尻を叩く。

◎楔

おもに廉価品の頭部にゆるみ止めとして取り付けられている。柄先端が割れやすくなるため、できる限り使用しない。

頭がゆるんだ場合には、柄を外してすきまに紙（はがきなど）を挟んで、仕込み直す。

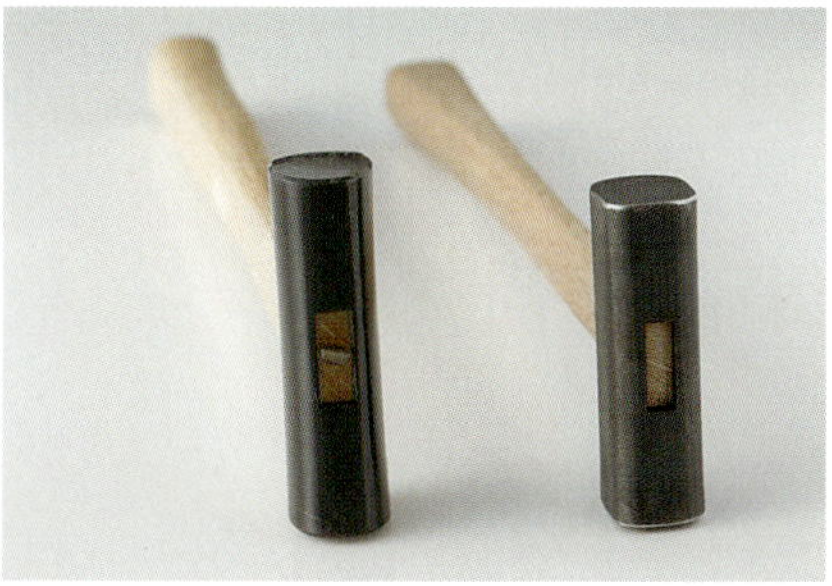

◎のみ打ち

釘打ち同様、打撃方向が一直線になるようふり下ろす。のみを入れる角度が異なっても、必ず軸が一定になるよう注意する。

◉組み立て

げんのうを用いて、組み手や仕口の接点を叩いて組み立てる。繊細な部分や絶対に傷を付けたくない場合には、必ず当て木を用いる。

◉木殺し

ほぞなど凸面部を叩いてつぶし、入りやすくする技法。組み立て時に接点がなじみやすく、合わせやすくなる。

①組み手片側または両側を叩いてつぶす。

②側面を叩き、組み立てる。

③接着剤の水分で部材がふくらみ、完全に密着する。

◉隠し釘

だぼを用いて、釘の頭を隠す。

①ドリルで穴を開け、穴の中に釘を打つ。

②接着剤を入れ、だぼをさし込む。だぼ頭が飛び出る場合には切り落とす。

げんのうの東西南北

げんのうや金鎚の頭の形には、職種由来の使い勝手から特化したものや（箱屋・屋根屋など）、地方独特の好み（関東・関西・岩国・名古屋など）で多数の種類がある。

形だけでなく細部にも好みがある。小口の仕上げや胴中の色、艶の有無に至るまで、意匠によって印象が全く異なる。

（下）左から八角げんのう・丸げんのう・名古屋式金鎚・箱屋金鎚。

◎釘打ち

釘頭に向かって、一直線にふり下ろす。作業の終わりに近づいたら丸面側の小口を用いて、部材に傷が付かないよう仕上げる。

釘の太さや部材の場所によって、げんのうの種類や打ち方を変える。

太い釘や割れやすい場所に打ち込む場合には、あらかじめきりかドリルで下穴を開けておくとよい。

◉失敗例

打ち損じると部材に三日月状の傷が付く（下）。丸い側の小口を使うか、釘締めを用いて仕上げる。

使い方

正しく構え、振り下ろす角度と釘またはのみの角度が一直線になるように叩く。

◎持ち方

柄の先端を握る。

◎姿勢

◉強く叩く

柄の先端を握り、ひじを支点に上方に構える。頭の重さを利用して大きくふり下ろし、叩く（上）。

◉弱く叩く

柄の中ほどを握り、手首を支点に小さくふり下ろす。

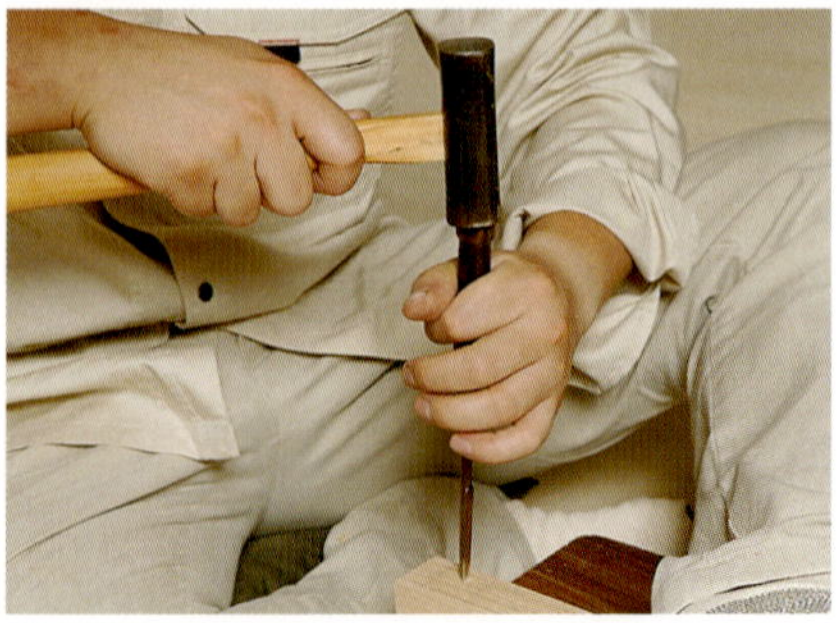

ハンマー

頭が金属製ではないハンマーも各種ある。軽くて扱いやすく、使い勝手が良い。釘打ちには、釘に押し当てて使う釘締め、釘抜きやバールを補助的に用いる。

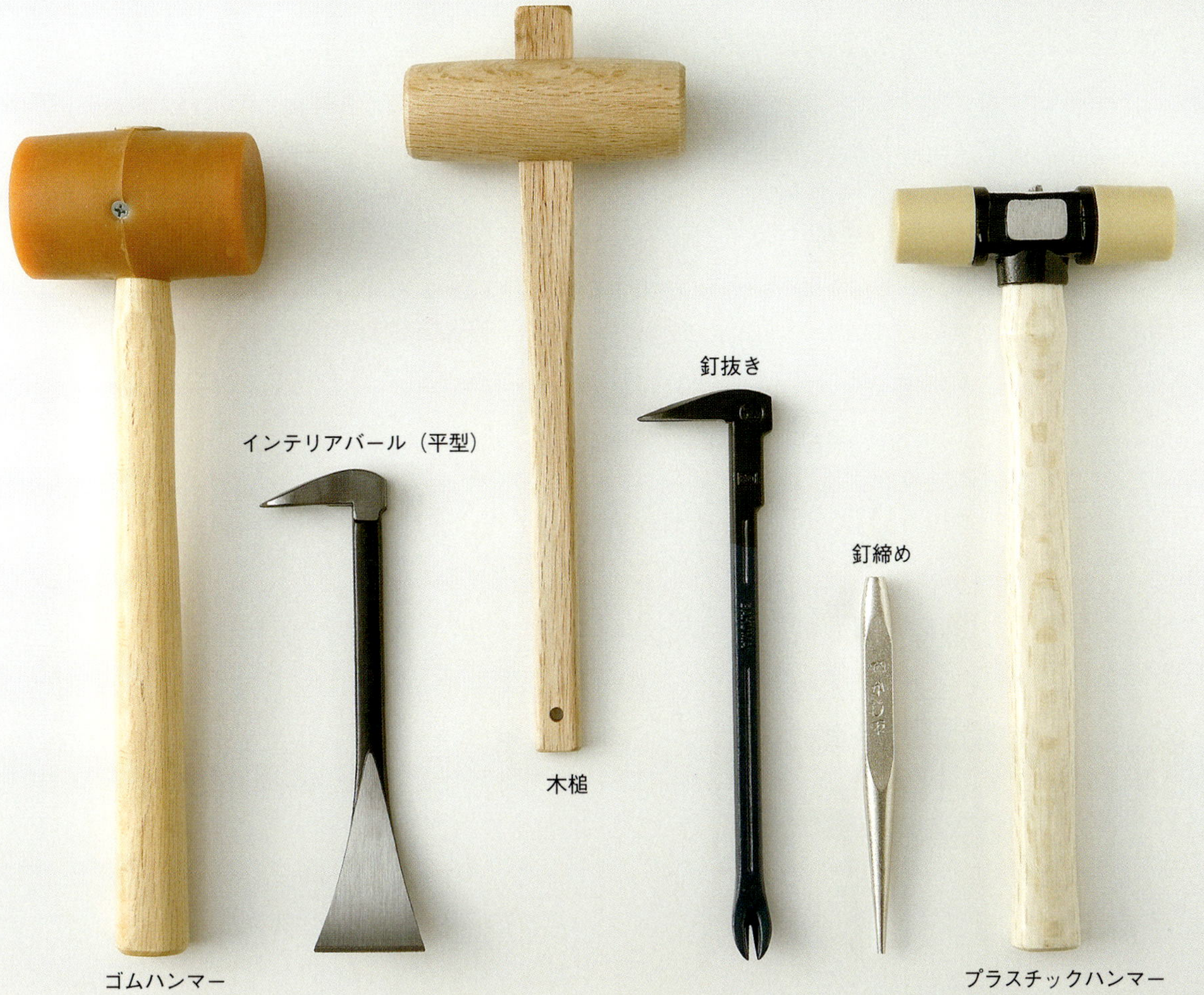

釘締め

釘打ち作業の最終段階で、釘を完全に打ち込むための補助を行なう。だぼ打ちなどハンマーが入らない場所や、部材に絶対に傷を付けたくない場合に用いる。釘頭に先端を押し当て、げんのうで打ち込む（上・下）。

釘抜き

ふたまた状の先端を釘に差し込み、てこの原理で引き抜く。工具の重みで軽く引き、部材に当たる部分に傷を付けないよう注意する。

ハンマー

木槌

工具全体が木製。おもにかんな刃の出し入れや組み立てなど、繊細な作業に用いる。

ゴムハンマー

頭部がゴム製。組み立てや解体に幅広く用いる。傷つけにくく叩く音が静か、手に当ててもけがをしにくい。

プラスチックハンマー

頭部が硬いプラスチック製。手軽に扱え、仕込みが不要。げんのうの代わりにさまざまな作業に用いる。

作業工具

部材を加工する工具ではないが、工具のメンテナンス・ねじやボルトの着脱・ワイヤーやバリの切断など、木工作業に付随するさまざまな作業に適した工具がある。

プライヤー
日本では特定のペンチをさす。ペンチよりも開口部が広く開き、支点をスライドさせて固定可能。
スライド部分を段階的に固定できる種類をコンビネーションプライヤーと呼ぶ。
ニッパー
切断専用のペンチ。先端に鋭利な刃が付けられている。ワイヤーの切断、プラスチックのばり落としなどに使う。語源はnip(挟み切る)。
くい切り
ニッパーと機能は似ているが、挟む向きが異なる。強力な力ではさみ切る（下）。

◎その他の作業工具

一つの機能に特化した作業工具も開発されている。
だぼ外し専用プライヤー（上）
だぼを抜く。先端に傷が付きにくいよう、樹脂製のカバーで保護している。
ねじ外し専用プライヤー（下）
ねじ頭をつぶしてしまったねじを抜く。

コンビネーションスパナ＆レンチ：両端に同じサイズのスパナとメガネレンチが付いている。一方向に締め付け・固定ができるラチェット機構付きもある。
その他のレンチ・スパナ：六角穴に使うL型の六角棒スパナ（ヘキサゴンレンチ他）、ボルト全体を包み込むボックスレンチ、一定の力で締め付けるトルクレンチ、パイプをはさむパイプレンチ・ウォーターポンプレンチなど。

◎ドライバー

先端をねじ頭に当て、ねじを着脱する。先端の形状や大きさは多数。必ずねじと形・寸法が一致する種類を使う。ねじを入れるときは、回すと同時に強く押し付けながら使う。回す方向のみに力を入れてはならない。ねじ頭を破損する原因になる。
貫通式ドライバー
先端が柄尻まで貫通している。柄尻をハンマーで叩き、より強い力で回すことができる。おもに外しにくくなったねじを外す時に使う。
その他一定方向に固定可能なラチェット、柄が極端に短かいスタビなどがある。

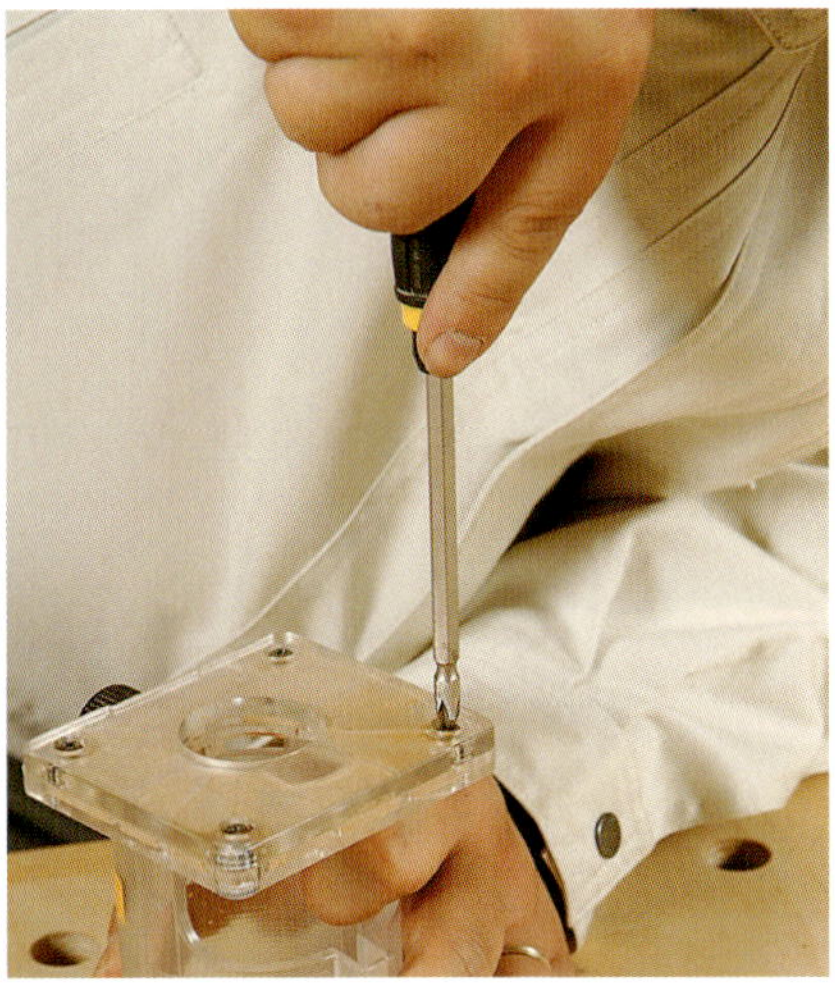

◎ペンチ・ニッパー類

ペンチとは、軸を支点に開口部を開閉して使う工具の総称。保持する・つかむ・曲げる・切断するなど幅広い用途に用いられる。
欧米では上記の構造をもつ工具全体をプライヤー（pliers）と呼ぶ。語源はpincher（はさむもの）と言われている。
ペンチ
先端が幅広で、強い力で曲げる、つかむ、切ることができる。
ラジオペンチ
電気工事用に作られ、先端が細長い。ワイヤーの加工など細かい作業に用いる。ハンドルの根元で切断も可能。

《作業工具の種類》

いろいろな工具（右ページ）

①くい切り
②ニッパー
③ラジオペンチ
④ペンチ
⑤プライヤー
⑥モンキーレンチ
⑦コンビネーションスパナ＆レンチ
⑧ねじ外しプライヤー
⑨だぼ外しプライヤー
⑩ラチェットドライバー
⑪ドライバー（－・プラスチック柄）
⑫ドライバー（＋・プラスチック柄）
⑬貫通ドライバー（－・木柄）
⑭貫通ドライバー（＋・樹脂柄）

使い方

◎レンチ・スパナ

ボルトやナットの着脱に用いる。レンチはボルトなどを回す工具の総称で、口がコの字型の種類をスパナと呼ぶ。規格はセンチまたはインチ。

必ず、回すものと口の形状・大きさを一致させる。サイズが合わない場合、工具やボルトなどの先端を傷める原因になる。

ボルトなどが外れない時には、シリコンスプレーなど潤滑剤を塗布してゆるめる。

モンキーレンチ
開口部の幅をねじで自由に調節できる。

一本で異なるサイズのボルトを回せるが、固定する力が弱い。本締めにはメガネレンチを用いる。

「モンキー」の語源は頭の形状が猿に似ているなど、諸説あり。

スパナ（英・openend wrench）

開口部がコの字型。ボルト、ナットの横方向から挟む。おもに仮締めに用いる。両口・片口がある。

メガネレンチ：両端がめがね状の輪になっている。上方向からはさむ。強く締め付けられるため、本締めに用いる。

砥石《といし》

かんなやのみの刃を研ぐ砥石には、山中から掘り出した天然砥石と、天然砥石粉末または人造砥粒を固めた人造砥石がある。裏押し専用の金盤など、機能を特化させた砥石もある。

切れ味が鈍ったら早急に刃を研ぐ。刃の状態や作業目的に合わせて砥石を選び、刃を常に一定の角度に保ち、根気良く作業を行なう。

①
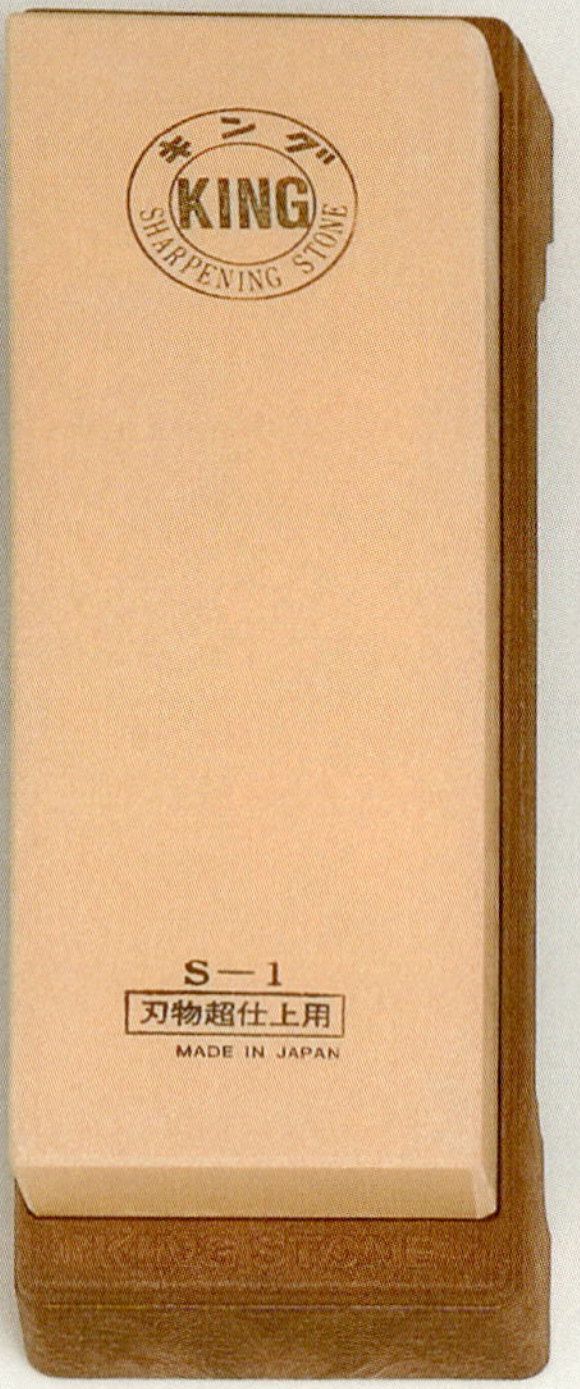

②

③

④

⑤

⑥

⑦

⑧

①人造（合成）砥石・仕上げ砥
②人造（合成）砥石・中砥
③人造（合成）砥石・荒砥
④天然砥石の裏面（参考）
⑤天然砥石 菖蒲山産・からす
⑥天然砥石 菖蒲山産・からす
⑦天然砥石 奥殿山産・巣坂
⑧金盤

のみの刃研ぎ

平たい刃の研ぎ方はかんな刃とほぼ同じ。丸い刃は凹面に削った砥石を使う。

◉平のみの研ぎ方 ①通常中砥から始める。細い刃の場合は指を前後に構え、刃先に均等に力を入れる。

②刃裏も研ぐ。仕上げ段階では砥汁を利用して研ぐ。

◉丸のみの研ぎ方

砥石を削る、または破損した砥石を再利用して丸のみ専用砥石を作る。大きめの丸のみは、一般の砥石で刃があたる場所をこまめに変えながら研いでもよい。

研ぐ仕組み

砥石表面には無数の粒子があり、刃を前後させて刃の表面を削り取る。

粒子の粗い砥石から細かく段階的に研ぎ、刃先面を整える。

砥汁（研ぎ汁）の微粒子も研ぎ結果に大きな影響を与える。仕上げ研ぎの場合、水を加え過ぎて砥汁を流しきらないよう注意する。

研ぐ際には刃の表裏両面を研ぐ。刃表は一定の角度を保ち、段や丸くなってはならない。刃裏も正しくなめらかにする必要がある。

使い方

刃の状態に合った砥石を選び、粒度が荒い砥石から作業を始め、細かい砥石で仕上げる。それぞれの段階を完全に終えてから、次の砥石に移る。

作業の際には砥石の上に刃物を載せ、前後に動かして研ぐ。刃先全体に均等に力が加わるよう、斜めになっている刃先と砥石の角度を正確に合わせる。常に一定の角度で研ぎ、刃先角度を決める。

研ぐ際には常に水をかけ、砥汁（研ぎ汁）を洗い流す。仕上げ段階では砥汁の粒子を利用して研ぐ。天然砥石と人造砥石では水の使い方が異なるため注意する。

◎姿勢

中腰で構え、体全体を使って研ぐ。両手で強く刃先を支える。細い刃は前後に構える（左上）。必ず刃の角度を一定に保ち、前後に直線移動させる。刃先が浮く、または角度がぶれてはならない。

◎作業手順

人造砥石はあらかじめ水に浸しておく。天然砥石は水をかけながら使う。天然砥石を水に浸すと割れる場合があるので注意する。

研ぎ始め　荒砥ぎ〜中砥ぎ

通常中砥から始める。刃欠けなど極端に劣化している場合は、荒砥を用いて修復する。

刃表の刃先全体を砥石にあて、押す方向に力を入れて前後に動かす。数十回くり返す。常に水をかけ、砥汁（研ぎ汁）を洗い流す。

仕上げ

面が一定になったら、仕上げ砥に変え、力を入れずに滑らせるように研ぐ。数十回繰り返す。

仕上げ段階では砥汁の粒子を利用して研ぐ。水で洗い流してはならない。

刃先を指で触れて刃返り（ごく少量反り返る）が出たら、完全に消えるまで刃裏を研ぐ。

砥石の種類

天然砥石も人造砥石も粒子の粗さによって、荒砥から仕上げ砥まで数段階に分かれる。

◉天然砥石

荒砥から中砥、仕上げ砥まで各種あるが、おもに仕上げ研ぎに使われる。

山中から掘り出した岩を成型、研磨して作る。産出する山（砥石山）によって中山・奥殿・菖蒲山(他多数)など、地層によって巣板・青砥・内曇(他多数)など、模様や色によってからす・浅黄(他多数)など、さまざまな呼称があり、粒度や使い勝手が異なる。

産地の他、希少価値や大きさ、形の違いで価格が大きく上下する。一般に均質で大きいものが良いとされ、筋や色むらのあるものは刃物に傷を付ける可能性がある。

◉人造砥石

天然鉱物または人造鉱物の細粒を、結合材で熱処理して固めて作る。粒子の粗さによって、荒砥から仕上げ砥まで各種あり、ほぼ全ての研ぎ作業に対応できる。

◉粒子の種類

荒砥

粒子が粗い。刃欠け、鍛造したばかりの刃物の刃付け、錆びた刃の回復など、大きく破損した刃の回復や下研ぎ（荒研ぎ）に用いる。

中砥

通常刃研ぎは中砥から始める。正確な角度に刃を研ぎ出す。

仕上げ砥

別名合わせ砥。非常に細かい粒子で、刃研ぎ最終工程に用いる。

◉その他の砥石・道具

ダイヤモンド砥石

ダイヤモンド細粒を電着または焼成。荒砥から仕上げ砥まであり、非常に研磨能力が高い。

金剛砂砥

金剛砂（ざくろ石等細粒）を、おもに刃の修復や全鋼刃を研ぐ際に用いる。

名倉砥

仕上げ砥の面を修正する専用砥石。

油砥石

油で研磨する仕上げ砥石。精密仕上げ用。

金盤

別名金砥。かんな刃やのみ刃の刃先の修復作業に用いる金属板（「裏押し」149ページ参照）。

砥石台

砥石を安定させるための木製の台。

研ぐ電動工具

刃研ぎ、刃付け、修復など研磨作業を強力なパワーで迅速に行なう。ディスクを交換し、荒研ぎから仕上げまで対応可能。

[両頭グラインダー]

荒研ぎ、鍛造したての刃物の刃付け、欠けた刃の修復など粗めの研磨作業を行なう。
粒度の異なるディスクを左右に設置し、同時に回転させ、ディスクに刃を当てて研磨する。刃付け後に荒研ぎするなど、一台で連続した作業ができる。削りすぎないよう、回転速度に注意。

[刃物グラインダー]

刃研ぎ専用。回転する砥石ディスクに刃を当て、刃先に水をかけながら研ぎ出す。仕上げ研ぎも可能。

◎裏刃

仕上げ段階で裏刃を研ぐ。刃の向きを進行方向に平行に、力を入れずに表面を軽くととのえるように研ぐ。

◎耳

両耳が同じ角度になるよう注意して研ぐ。

◎裏金

裏刃同様に研ぐ。平面を整える。

≪ 砥石の手入れ ≫

研ぎ作業を続けると、砥石の面も磨耗する。凸凹になった砥石面は、砥石同士をすり合わせる（左）サンドペーパーで削る（右）などを行ない、完全な平面になるまで修正する。

≪ かんな刃の研ぎ方 ≫

のみ同様、通常中砥から始める。新品の刃や刃欠けなど、極端に劣化している場合は、荒砥またはグラインダーを用いて修復する。

常に刃先全体の角度を一定に保ち、砥石に密着させながら研ぐ。刃が大きく重いため安定しにくい。作業には充分注意する。

◎中研ぎ

表刃のみで行なう。
正しく構え、押す方向に力を入れて、前後に一直線に動かす（上）。
数十回繰り返すと、次第に粒がそろった砥汁が砥石表面に浮き出てくる（下）。

◎仕上げ研ぎ

仕上げ砥に変えて、研ぐ。次第により細かく粘度が高い砥汁になる。砥汁の中をすべらせるように研ぐ。

《工具の町・三条市》

【自動化工場と手作業】

㈱スリーピークス技研は高性能のペンチ・ニッパー作りに定評がある。

最新の機械が並ぶ工場内では、工程は自動化されている。人気のない工場内の一角に数十人が集まっている。刃付けと検品工程である。鋭利な刃付けと確実な検品は、自動化が進んでも機械では行なうことができない。

小山喜一郎社長は、ペンチは刃物であると語る。量産品でありながら、一本一本人の手で刃を研ぎ出す手間を惜しまない。わずかな刃先のずれや支点のガタつきも見逃さず、高い性能を維持するなど、鍛冶職人の心が生きている。


【Gマーク】

ANEXブランドで知られる㈱兼古製作所では、商品デザインに力を注いでいる。

電話一本で金型から細かな部品、パッケージにいたるまで、簡単に入手できるフットワークの軽さも三条の特徴である。そのため小ロット多品種の商品展開が可能で、消費者の細かなニーズに迅速に対応しやすいと言う。

こうして作られた商品群は、多くのグッドデザイン賞を受賞している。


【三条から世界へ】

今回の工具撮影で全面的にご協力いただいた角利産業㈱は卸商社である。

地場各社で作られた工具は、卸商社の手で全国各地の店頭に並べられる。その際に入手した情報は各社にフィードバックされ、新たな商品開発に生かされている。

市内で作られた工具の行き先は、国内だけではない。また、ドイツを始め、海外の商社からも視察に来ると言う。

現在、欧米の木工関連書籍や通販カタログには、「Japanese tools」の項が存在するほど、日本の道具の評価は高い。


【先人の知恵に触れる】

地場の歴史を伝え技術を継承するために、多くのイベントや体験教室が行なわれている。

三条市で金物製作が盛んになるきっかけになったと言われている「和釘」を保存・研究する会では、伝統技法で作った和釘を伊勢神宮に奉納している。「三条鍛冶道場」では、刃物や和釘作りなど鍛冶仕事を体験できる。

鍛冶職人たちはすべての道具を自らの手で作る

【現代の鍛冶】

若い世代の鍛冶職人達は、伝統の技に新しい技術を取り入れるべく、日々模索している。

相豊ハンマーの工場は、大型の鍛造機や炉が並ぶ。げんのうの製造工程を見学した。

強力なコークスの炎で真っ赤に熱された鋼棒を、「はさみ」と呼ばれる工具で挟む。鍛造機に当たる位置を次々に変えながら、打つ。見る間に棒が八角形の頭に成型される。

鉄を打てる時間はわずか２～３分。炉で繰り返し熱しながら作業を行なう。鉄が冷めた状態で叩くと、たがねが破損するなど、温度管理は極めて重要である。

次に柄を通す穴を開ける。慎重に寸法を測り、中央にたがねを当て、鍛造機で徐々に叩く。穴を打ち抜くのではない。穴が広がらないよう、深く掘り進めていく。同時に膨らんだ側面を平らに修正し、こまめにノギスで穴の位置を測るなど、複雑な作業を極めて短時間に行なう。穴開けの後は、わずかに鉛筆の芯ほどの鉄片が残る。

最後に暗い赤色にまで冷えた状態でたがねを当て、手打ちのハンマーで穴を整える。

仕上げに表面を軽く削り、頭が完成する。柄はのみ同様他の職人が入れる。

相田浩樹氏によると、電動工具の普及によりげんのうでの釘打ちは激減し、現在はのみ打ちにしか使われないと言う。のみ打ちにげんのうを使う職人は、道具にもこだわる。手錬の木工職人を納得させる槌を高いレベルで作り出せるよう、相田氏は文献を探り各地の道具店を訪ねるなど、常に学び続けている。

木工職人が木と対峙するように、鍛冶職人も日々鉄と火に問いかけ続けている。

げんのう製作には、機械を使った強力なプレスが必要

【地場産業】

新潟県三条市は日本を代表する地場産業地の一つ、「金物の町」として広くその名を知られている。

市内各地では、伝統の鍛冶仕事から最先端の作業工具まで、ありとあらゆる工具が日々作られている。

本書の工具の章では、三条市内各社に工具提供など全面的な取材協力をいただいた。


【伝統ののみ鍛冶】

のみ鍛冶の田齋明夫氏は、三条を代表する鍛冶職人である。現在でも伝統的な技法を用い、一本一本手作りでのみを作り続けている。

田斎氏の工房で、実際にのみを作り出す工程を見せていただいた。

工房は火の色を見分けるために真昼でも暗い。小規模な炉が置かれていて、壁には材料となる鋼鉄の棒がつみ上げられている。

始めに炉の中のコークスを送風機を使って燃え上がらせ、温度を適度に上げておく。

次の工程は「はがね付け」である。日本の刃物は、軟鉄の地金と硬い鋼の刃先の二層構造により、鋭利になるよう工夫されている。のみの場合も同様に、地金に鋼を鍛接する。

接合材を塗った後、薄く小さい四角形の鋼を地金にのせ、赤くなるまで熱した後、叩いて接ぐ。リズミカルにハンマーを振り下ろし、のみの形に成型する。

火加減は非常に微妙で、わずかな誤差が大きな問題につながる。微妙な炎の気配を読取って加熱と冷却を繰り返す。

こうしてほぼすべての工程が、田齋氏一人の手で作られる。一見単純な作業の中に、人から人へ伝えられてきた複雑で高度な、匠の技がこめられている。

この後さらに削り出し、研いで刃を付ける。

柄や輪金の取り付けはそれぞれの専門の職人がいるが、市内ですべてまかなうことができるのも地場産地ならではの利点である。

年輪のように美しい意匠をほどこしたしのぎのみ

繊細、精緻な技法を駆使。イタリアきってのマエストロ

イタリア　ピエルルイジ・ギアンダ

偉大なる芸術家、神の手を持つ職人を数多く輩出したイタリア・ルネッサンス期。その時代の技を継承する最後のマエストロと言われるピエルルイジ・ギアンダ。彼と仕事をともにした建築家たちはその腕を唯一無二と賞賛する。

世界から集めた小物の木工品、接ぎ手のサンプルに囲まれたピエルルイジ・ギアンダ氏のアトリエ。

ミラノ郊外ボヴィジオにある工房「ギアンダ」。
1階は仕事場、2階はショールームと自宅に。

Pierluigi Ghianda

ITALY

美しい作品は木を愛することから生まれる

　ミラノから車を走らせること約30分。田園風景を目にしながらしばらく北へ向かうと、工房「ギアンダ」があるボヴィジオという街に辿り着く。広大な工房の敷地にはオフィス、アトリエ、作業場、ショールーム、自宅があり、裏庭には自ら世界各地をまわって集めたあらゆる種類の木材が積み上げられている。クルミ、ヨウナシ、ヨーロッパチェリーなど、フルーツの木を好んで使うというギアンダ氏。それらの木でつくられたサンプルや試作品がぎっしりと詰まったアトリエはまるで大きなおもちゃ箱さながらだ。

「紙の上でものをつくるのがデザイナーの仕事なら、彼らが描いた二次元の世界を立体化するのが私の仕事。それには木を熟知していなければならない。常に木に触れ、愛することが必要なんだ。木を生き物として心から尊重し、扱っていれば、最大の美しさを引き出すためにはどう仕上げればよいのか、木自体が教えてくれるものだよ」と、ギアンダ氏は微笑む。

ヨウナシの木を素材とした折りたたみ式譜面台。1935年以来、工房「ギアンダ」のシンボル的作品として親しまれている。

　技術の進歩によって正確なカットはできるようになったが、人間の手が加わらないものにはどこか冷たい感触が残る。人工素材と木の違いは製作した者の魂が作品に現れることだ。幸せな気持ちでつくったものは人に安らぎを与えるし、心がない作品には魅力がない。そう語りながらギアンダ氏が差し出したのはヨウナシの木でつくった栞《しおり》だった。表面に緩やかなカーブを描くフォルムの美しさもさることながら、まるで絹に触れているかのような滑らかさに驚かされる。「こういう手触りは機械では決してつくり出せない。触れては削り、削ってはまた確認する。手の感触だけを頼りに少しずつ仕上げていく。これこそがギアンダの技術であり、私の職人としての誇りなんだよ」。

工房で育った子供時代

「昔はどの街にも工房があって、みんなが家族同然のように暮らしていた。寝ている時以外は男も女もほとんど仕事をしていたよ。『それは女の仕事だ』とよく言うが、根気のいる細かい作業のことであって、当時は決して蔑んだ意味ではなかった。体は疲れていたが、少なくともストレスなんてない時代だったよ」。

　職人の息子は職人になるのが当たり前だったその頃は子供も同じように働かされた。「まがった古い釘をかなづちでまっすぐにするのが私の仕事だった。昔はどんなものもむだにしなかったから」と、懐かしそうに当時をふり返る。かなづちは強く握らず、手の中で踊らせるように、その重さを利用して打つことを学んだのはこの時だった。小さな手に重いかんなを抱え、木材の角に正確な丸みを出すには体重をどうかければいいのか、母親が手を添えて教えてくれた。道具にはそれぞれ扱い方のコツがある。力任せに使ったらただ疲れるだけだということを体で覚えたのは子供の頃だった。

　やがて、ギアンダ氏はその界隈で最も優れた技術を持つマレッリ工房へ修業に出される。その手にかかったらすべてが黄金に変わると言われるほどの素晴らしい作品を生み出す

作業場手前にあるピエルルイジ・ギアンダ氏のアトリエ。壁一面を埋め尽くす棚には小さなオブジェや接ぎ手の木工サンプルなどがところ狭しと並ぶ。ここから数多くの名作が誕生した。

湿気などの気候に左右されやすい木材。作品づくりの前には必ずプロトタイプを製作する。とくに接ぎ手の部分はプロトタイプによってその強度や組み合わせ方の善し悪しを測ることが何よりも重要だ。

バゲット状の木を差し込み、引き出しを滑らせる。バゲット状のものを固定しないことにより長い年月を経ても開閉がスムースに。ギアンダならではの技術。

広大なスペースの作業場はそれぞれのセクションに分かれており、熟練した12名の職人たちが製作に集中する。込み入った作業はギアンダ氏が直接指揮することも。

マエストロのもとで、彼は接ぎ手の技術を学んだ。「その頃の若い職人にとって、名の知れた工房のお墨付きをもらうことは、ハーバードを卒業したのに匹敵するほど、名誉あることだったんだよ」と笑う。

現在、工房「ギアンダ」で働く職人は12名だが、1900年代のはじめは25名の職人を抱えるほどの大所帯だった。ブリアンツァと呼ばれるその地方一帯には多くの職人が暮らしており、ギアンダ家は代々続く指物工房だった。

その後、近代化の波が押し寄せ、工房は徐々に工場へと姿を変えるようになった。職人たちはそれまで使っていた道具を捨て、オートメーションによってものをつくるようになった。作品づくりから製品を製造することへと移行していったのである。当時は、その行為が何世紀にもわたって築き上げてきたこの地域の職人文化そのものをなくすことを意味するとは誰も考えていなかったのだ。

「その時代の道具を集めて博物館をつくるというプロジェクトがあるが、そんなものを並べても意味がない。私たちが失ったものは道具ではなくて、どんな状況にも対処できる職人たちの技術と能力だったのだから」。

最後のマエストロ

工房「ギアンダ」はこれまで、ガ

ジャンフランコ・フラッティーニのデザインによる「Kyoto（1974年）」は日本を旅行中に考案された。ニューヨーク近代美術館に展示。写真：Marirosa Toscani Ballo

収納に便利な折りたたみ式本棚。素材はブナの木。木製ちょうつがいとピボットでバゲット状の木を美しく組み合わせた作品。写真：Aldo Ballo

工房オリジナルの小物入れ。ロール式の扉を開けると２段の棚と７つのさまざまなサイズの引き出しが。引き出しは取り外しが可能。

エ・アウレンティ、チーニ・ボエリ、カスティリオーニ兄弟、ジャンフランコ・フラッティーニ、ヴィーコ・マジストレッティ、ジオ・ポンティ、リチャード・サッパーなど、多くの才能ある建築家やデザイナーたちの仕事に携わってきた。メゾン・エルメスの家具を手がけるレナ・デュマはギアンダ氏を「木に対する本能的な勘を持っていて、これ以上のものはないという作品を仕上げてくれる最も信頼できるマエストロ」と賞賛し、エットレ・ソットサスは「彼がつくるものはまさに芸術品。神業に近い」と言い切る。仕上がりが完璧なことはもちろんだが、ギアンダの素晴らしさは、デザインから作品に起こす過程で直面するさまざまな技術的トラブルを解決する才能にあると、彼らは口を揃える。

「建築家と頻繁に仕事をするようになったのは、60年代に入ってから。

作業場の外にある木材置き場。通常は1cmの厚みに対し、１年間木材を寝かせるという。

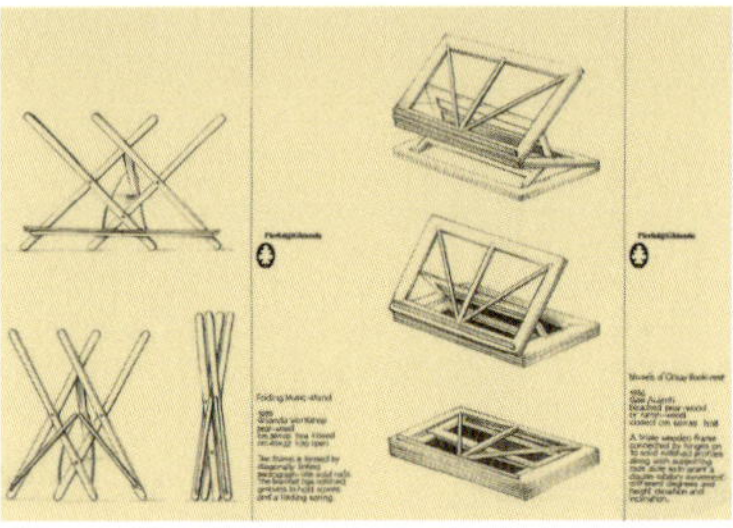

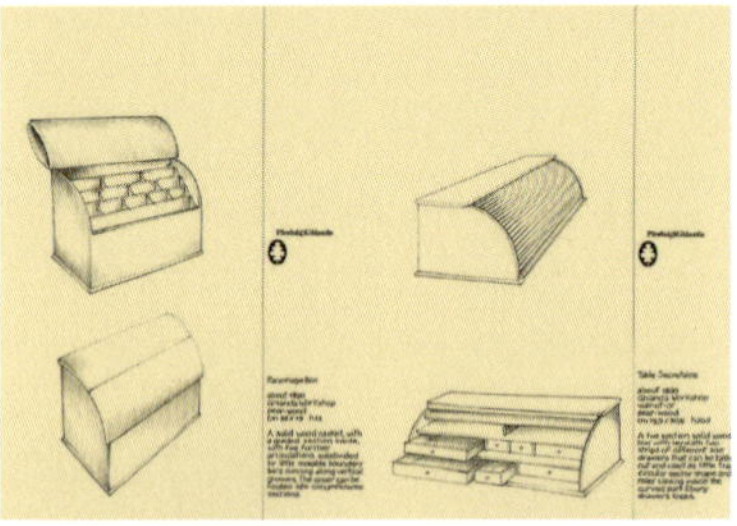

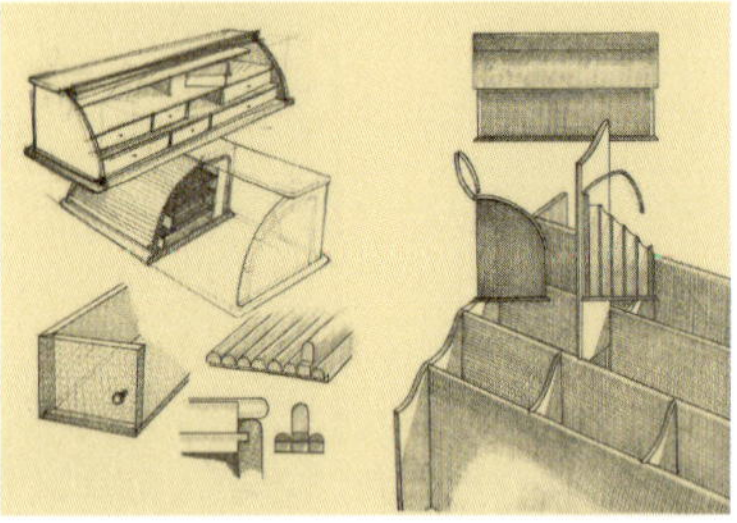

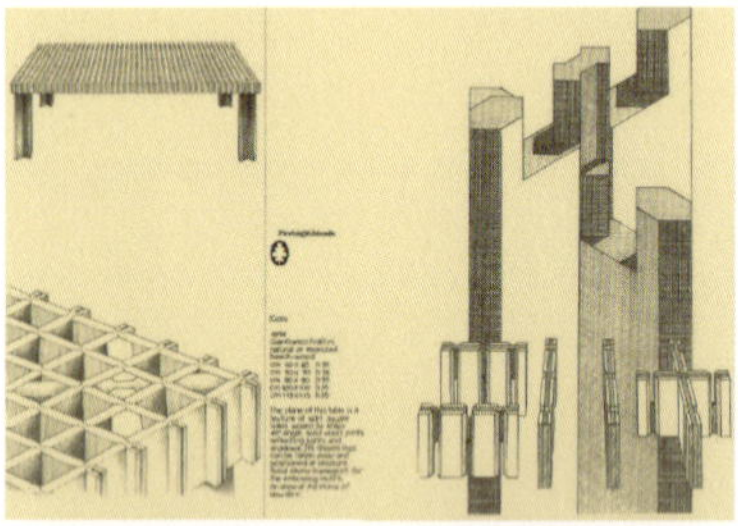

工房「ギアンダ」の数々の名作は理論がぎっしりと書き込まれた無数のデザイン画から生み出される。デザイナーと徹夜で話し合いながら完成に至った作品も数多い。

工房「ギアンダ」の素晴らしい技術を駆使したジュエリーボックス。引き出しは軽く押すだけで開閉する。下部の棚の扉は180度まで開くことが可能だ。

写真上：ピエルルイジ・ギアンダ氏のデザインによるオブジェ。
写真左：木製ちょうつがいを蓋の裏側に取り付けることで表の曲線を乱すことなく蓋が開閉できる。

3ヵ所のメインポストと3ヵ所の小さな秘書用机を一体化させた画期的な事務机。建築家ジオ・ポンティによる1934年の作品。

ショールームの棚には小さな作品が並ぶ。工房「ギアンダ」が製作するのは家具だけに限らない。エルメス発注のピルケースやポメラートのための小物入れを手がけたことも。端材もむだなく利用。

パリのオルセー美術館のためにつくられた書見台。高さと角度を変えることができる。素材はヨウナシの木。

ジャンフランコ・フラッティーニの作品「Portofino（1978年）」。ニューヨーク近代美術館に展示。
写真：Marirosa Toscani Ballo

ジャンフランコ・フラッティーニのデザインによる「Luigi（1980年）」。素材はブナの木。
写真：Marirosa Toscani Ballo

マリオ・ベッリーニの作品「Etagere（1989年）」。ニューヨーク近代美術館に展示。素材はブナの木。
写真：Aldo Ballo

それまでは注文主のアイデアを聞いて私たちがデザインを起こすことが多かった。だから、頭で考えたことと実際に形にすることの間には大きなギャップがあるという経験を嫌というほどしてきたんだ。現場でその都度起こるトラブルを解決しなければ仕事は先に進まない。ひとつの家具をつくるのにどうしても必要な部品があったら、それが特殊なものでも昔の職人は自分の頭で考えてこしらえたものだよ。部品をつくる機械まで発明する者さえいた。その頃は職人ひとりひとりが小さなレオナルド・ダ・ヴィンチだったんだ」とギアンダ氏は語る。

80歳を迎えてからペースは落ちたものの、ギアンダ氏はこれまで木材を求めて世界中を旅してきた。バッキンガム宮殿で伐採されたニレの木を買いにイギリスを訪れ、ヨウナシの木を探しにスイスの森を歩きまわった。そのようにして手に入れた木は最高の環境で寝かされ、時が訪れると美しい作品に姿を変えていったのだ。

父を早くに亡くし、後を継いだ兄も若くして他界した。それから40年間、代々ブリアンツァ地方に伝わる技術を守り続けてきたギアンダ氏の後継者はいない。人々がピエルルイジ・ギアンダを「ルネッサンス時代の技を継承する最後のマエストロ」と呼ぶ由縁である。

第3章

Techniques

木工技法

接ぎ手の技法

技術指導：ヒノキ工芸

　接ぎ手の技法は使われる部分や用途によって多種多様である。それぞれ使われる場所によって、どの接ぎ手を選ぶかは製作者の選択によるが、接ぎ手はまず十分な強度を備えていなければならないし、製作物と調和していなければならない。きれいな接ぎ手を作るには、使用する木材の特徴を知り、使用する工具を使いこなす技術が必要になってくる。ここではよく使われる接ぎ手やおもな接ぎ手を中心にその作り方を紹介した。

　昔は手工具が中心だったが、現在では電動工具の普及がめざましく、機能、性能も一段と発達している。本章の接ぎ手の紹介もおもに昇降盤や角のみ、ルーターなどの電動工具を使って製作したが、手工具を使って作る基本的な方法も掲載した。電動工具を使って製作する場合は使い方の基本を守り、安全には十分注意を払う必要がある。

　接ぎ手の種類とその作り方を紹介する前に必要な基本的なことがらを以下に記した。

部材の名称

　本書では加工する木材を部材と呼び、長方形の部材の面積の広い面を平面《ひらめん》、側面を木端《こば》、木日に対して直角に切った面を木口《こぐち》と呼ぶ。

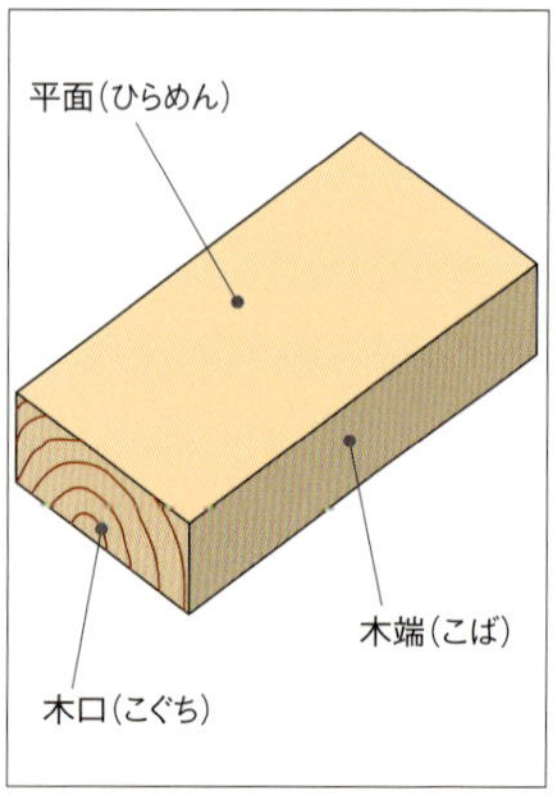

　部材を組むとき、部材は木表側に反るので、箱組みするときは、木裏側（芯側）が外側、木表側が内側になるように組む（左図参照）。部材の厚み不足を補うために二枚重ねるときは木表合わせにする。木裏側に印をつける。

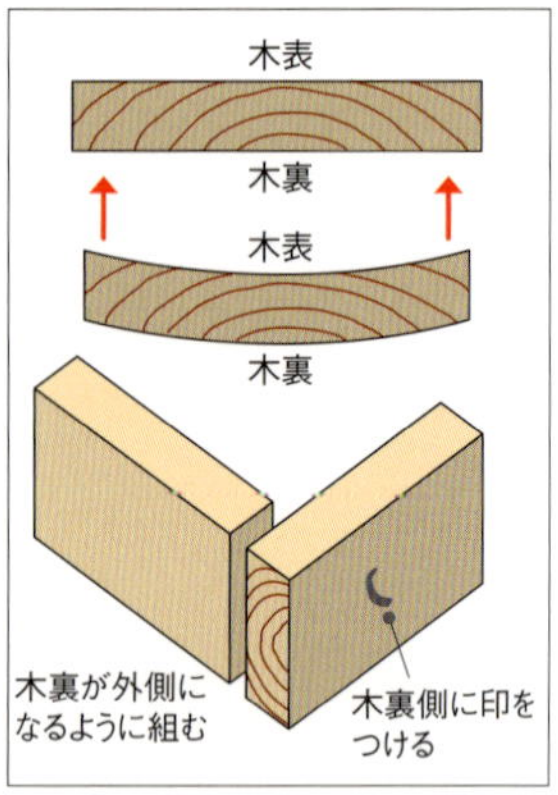

接ぎ手の分類

　接ぎ手は大きくは框《かまち》の接合、板の接合に分けられる。接ぎ手の名称は接合方法、接合部の形によって分けられる。以下に基本的な接ぎ手の方法と形を掲載。

打ち付け接ぎ

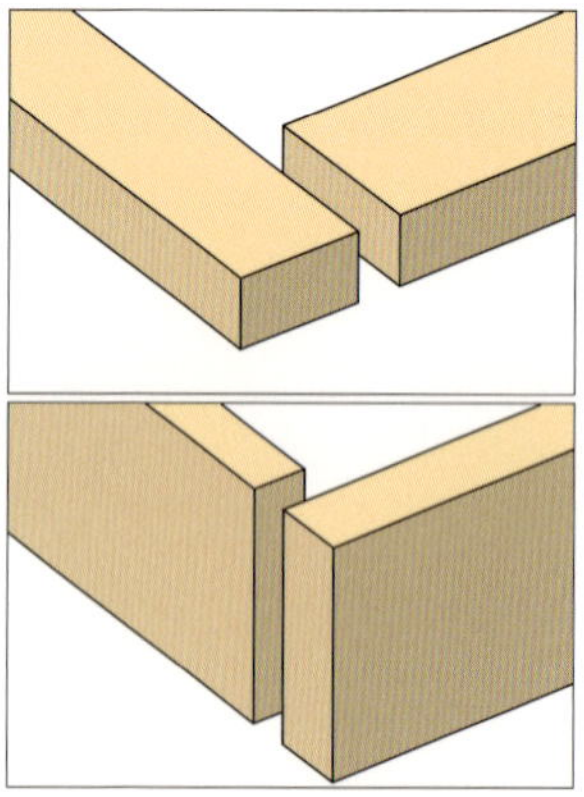

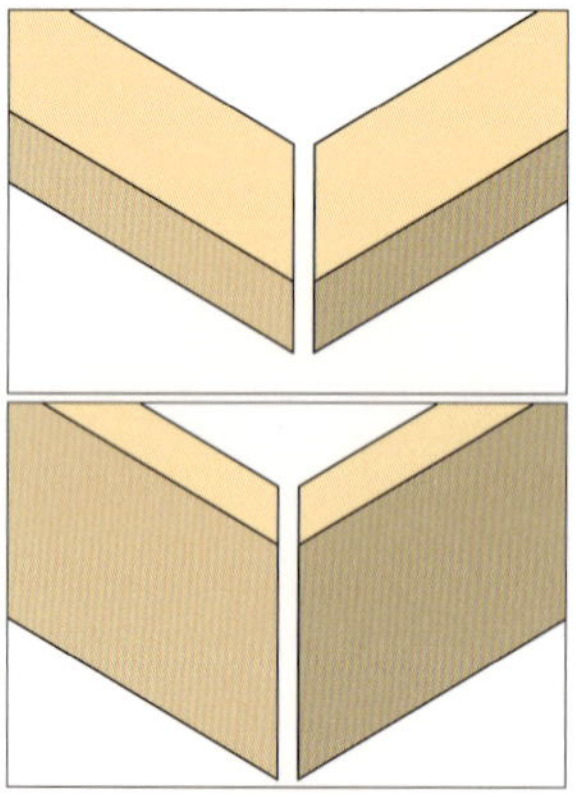

平はぎ接ぎ

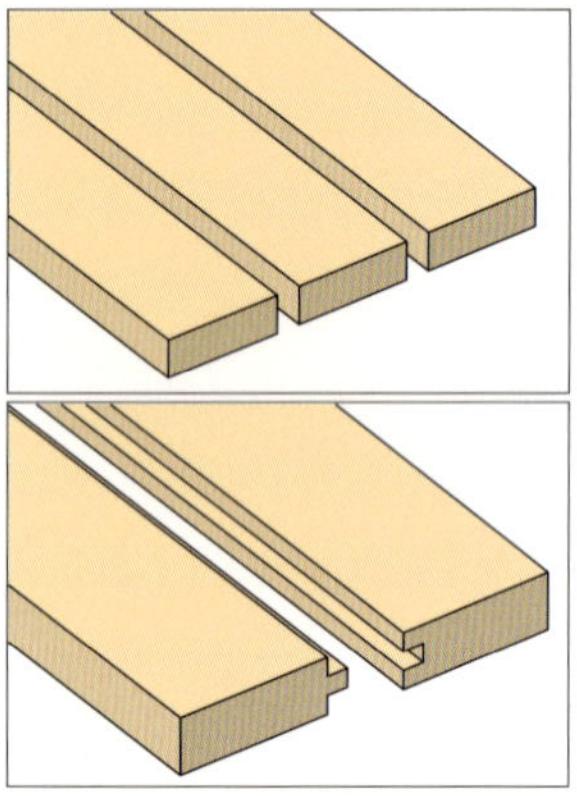

留形接ぎ

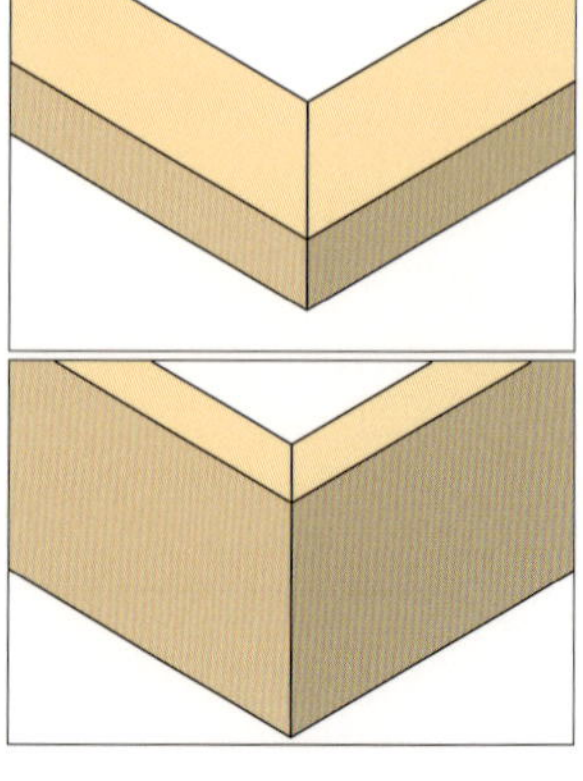

相欠き接ぎ

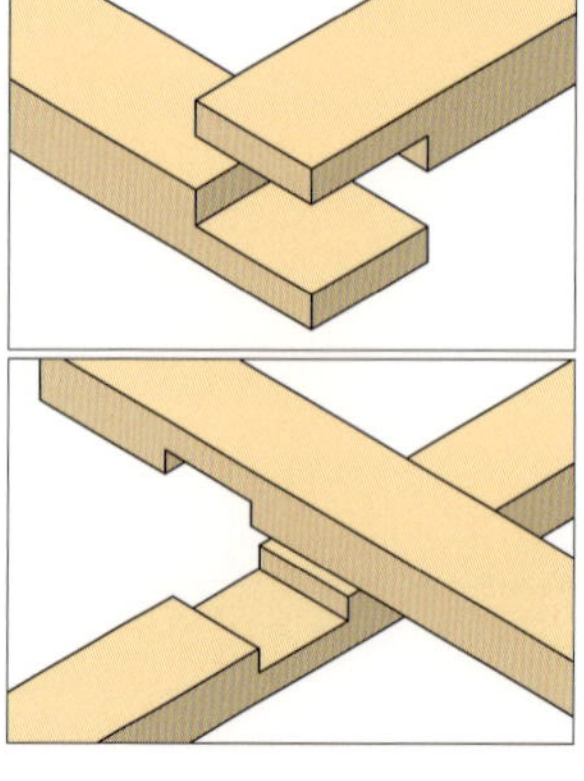

追い入れ接ぎ

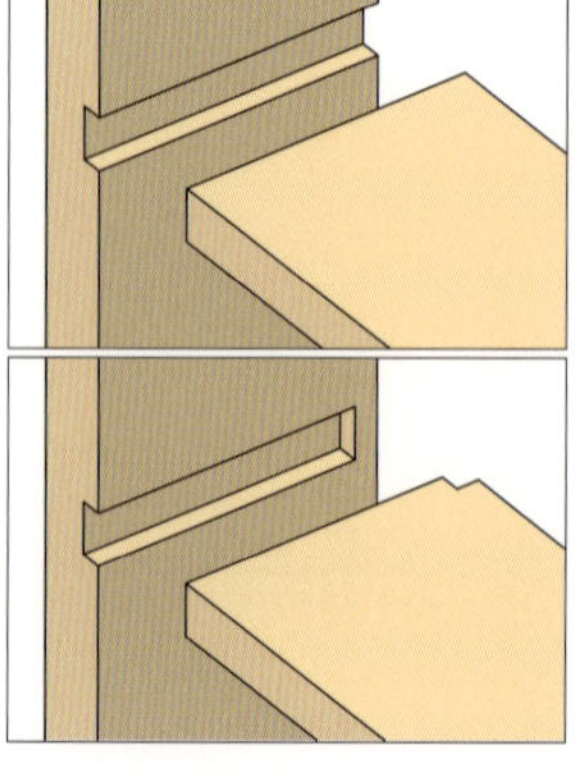

組み接ぎ

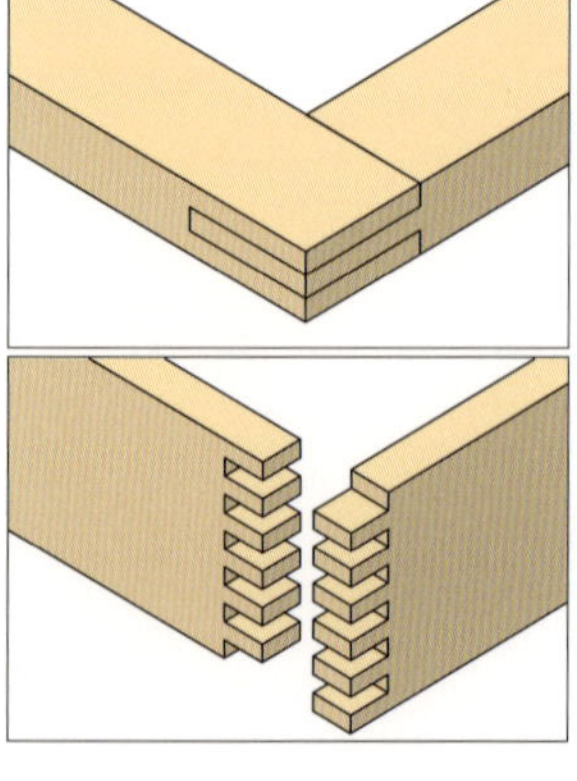

蟻《あり》組み接ぎ

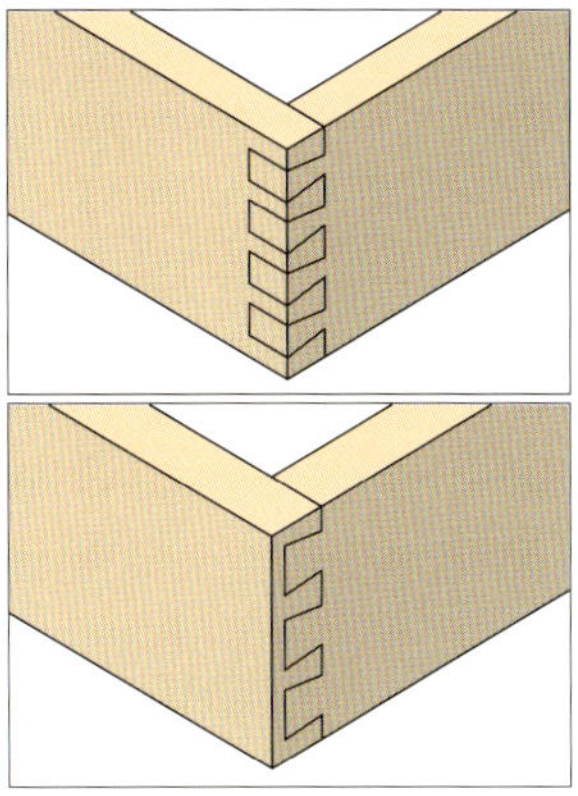

包み接ぎ

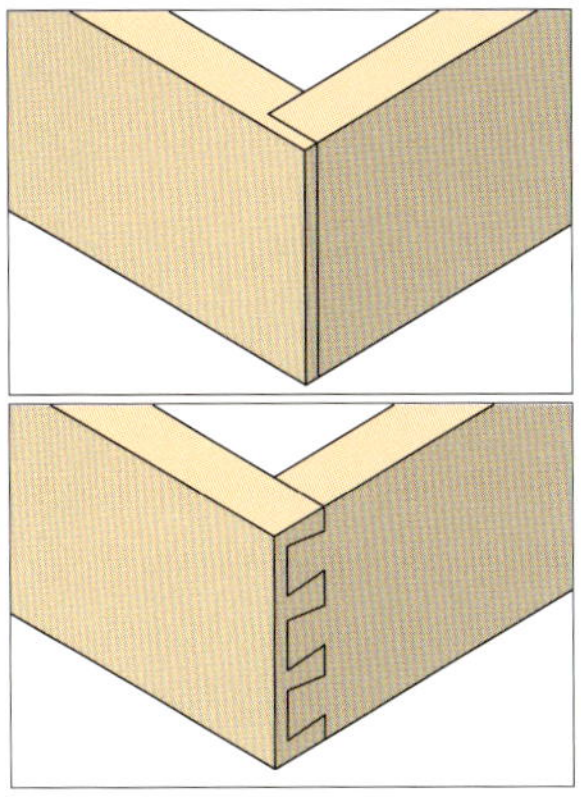

ほぞ接ぎ

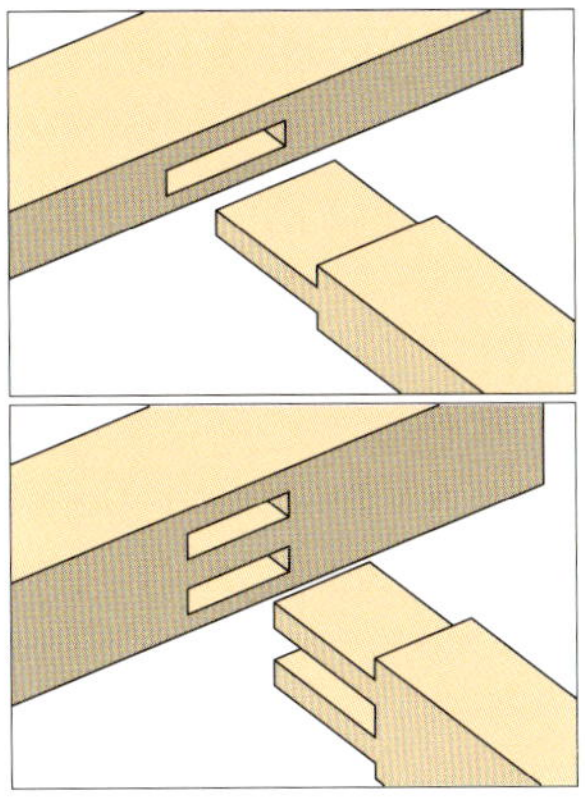

だぼ接ぎ

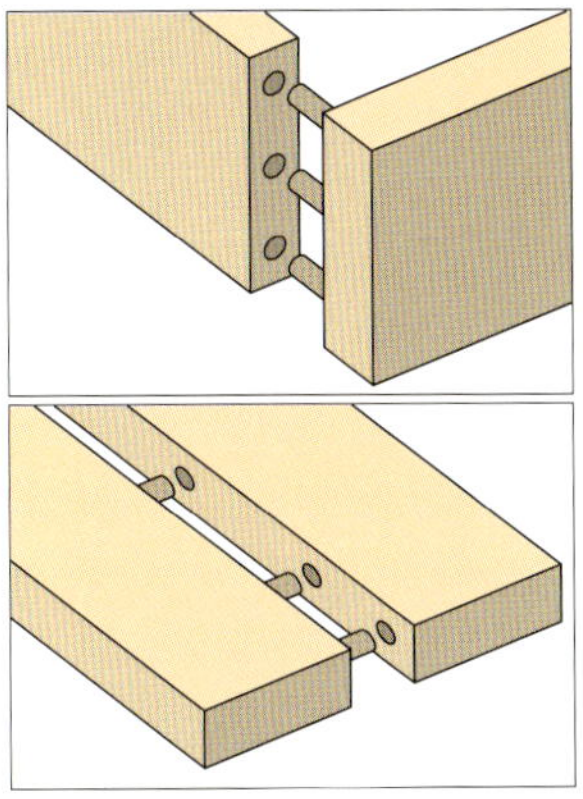

ビスケット接ぎ

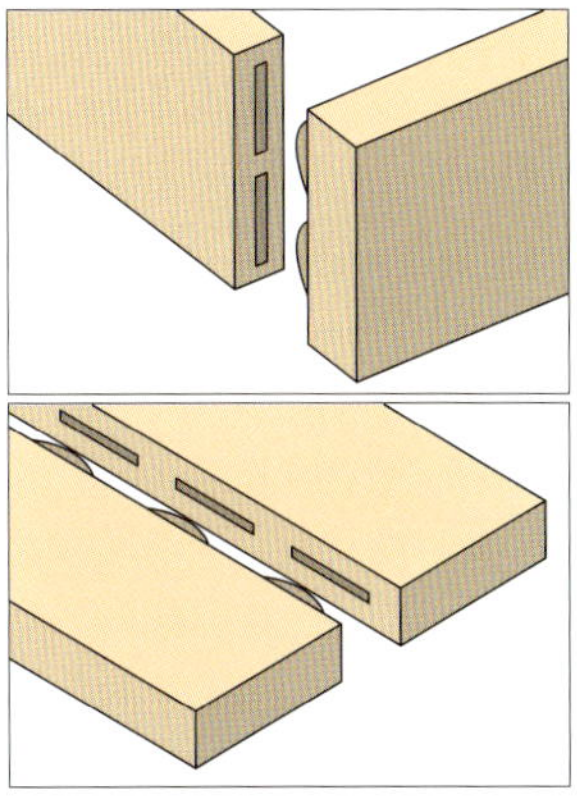

核《さね》接ぎ

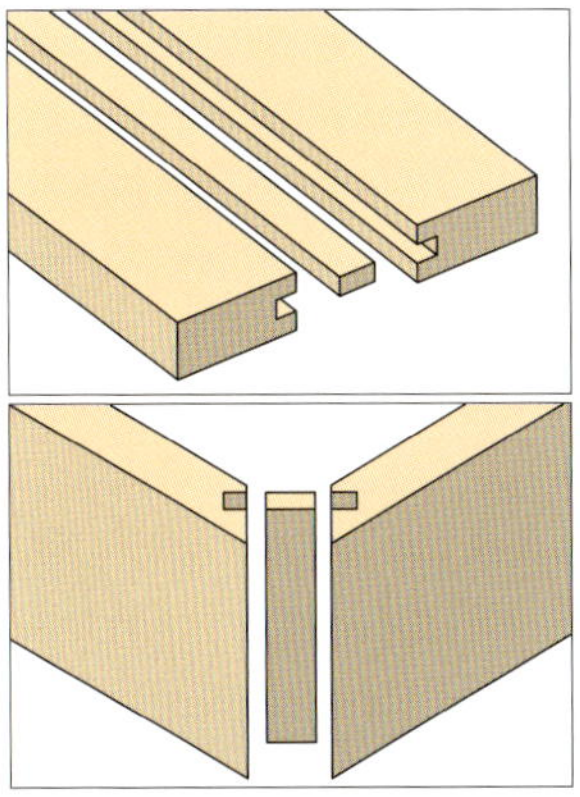

採寸の方法

各種定規で寸法を測り、しらがき、けびきなどで線を引き、その上から鉛筆などで墨線を引く。ここでは採寸の方法とその道具の使い方を紹介。（118〜125ページ参照）

ケガキゲージで寸法を測り、スコヤを部材に当て、部材の平面や木端にしらがきで直角な線を引く。

スコヤを使い、しらがきで引いた線の上から墨線を引き、分かりやすい状態にする。

ケガキゲージで寸法を測り、部材の木端に墨線を引く。

定規でけびきの刃の長さを決め、木口や木端に線を引く。

ノギスを使って部材の厚みを測ったり、長さを測る。

プロトラクターや自由定規を使って
求める角度の線を引く。

ノギスを使ってほぞ穴の幅を測る。

切り落とす部分と残す部分にそれぞれ印をつける。

留め定規を使って、部材の木端に角度45度の線を引く。

留め定規を使って、部材の平面に角度45度の線を引く。

手工具で接ぎ手を作る

本章で紹介した接ぎ手はほとんど電動工具を使用したが、ここでは手工具を使って作る基本的な方法を紹介。木材を使用する前に、使用部材が水平になっているか、平面と木端が直角になっているかを確認する。製材された木材は、乾燥によってひずみやゆがみが出るので、手押しかんな盤に通して水平、直角の部材を作る。（手押しかんな１５０ページ、ルーター１６６ページ参照）

部材を直角に切る

平面と木端の角にのこぎりの刃を斜めに
当てて切り始める。

横挽きのこぎりを使い、切る線の外側に
のこぎりの刃を当てる。

部材を斜め45度に切る

クランプで部材と治具を固定する。

45度の治具、スコヤを使って
墨線を引く。

横挽きのこぎりを使う。45度に切った写真のような治具を使って切るとブレずに切れる。

冶具にのこぎりの刃を沿わせて切る。

部材を縦に切る

スコヤを使って部材の平面に墨線を入れる。

木口と木端にけびきで線を引く。

縦挽きのこぎりを使う。作業台の角の万力に部材をやや斜めに挟んで固定する。のこぎりの刃先が上、柄側が下になるように持ち、木口と木端の角にのこぎりの刃を当てて切り始める。その後は刃先を倒して切る。

相欠きを作る

部材に墨線を引く。

部材を欠く部分の平面の両端に横挽きのこぎりを使って、切れ目を入れる。

２本の切れ目の間に数本の平行な切れ目を入れる。

部材の木端を上にして、クランプで固定。欠く部分にのみを垂直に当て、げんのうでのみをたたく。のみの刃の位置は墨線の内側。

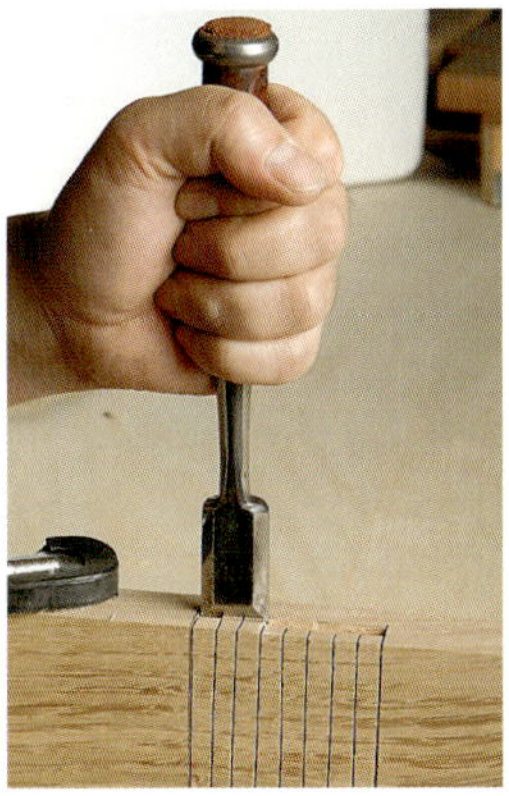

今度はのみをやや寝かせて、のみで切り込みを入れた部分を欠き取るように彫る。

これを繰り返し、少し深く彫れたら、のみを垂直に当て、不要部分を欠き取っていく。

部材を寝かせ、クランプで留め直し、欠いた表面をのみできれいに整える。

組み手を作る

部材に墨線を引く。

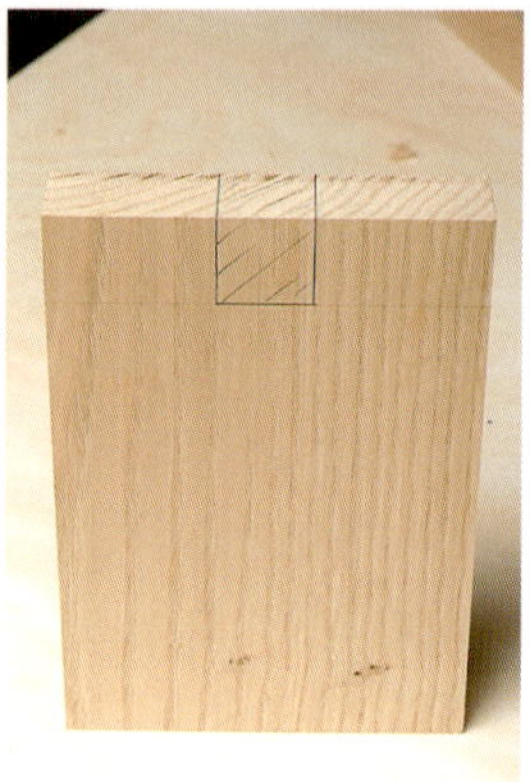

部材を作業台の隅の万力に挟んで固定し、欠き取る部分の両側に縦挽きのこぎりで切れ目を入れる。

欠き取る部分の中間にも2～3本の切れ目を入れる。こうすると、のみで欠き取るときに容易になる。

部材をクランプで固定し、溝の底になるところにのみを垂直に立て、げんのうで打ち込む。

打ち込んだ反対方向（先）からのみを斜めに寝かせて欠き取り、少し深くなるまで同じ作業を繰り返す。

ある程度深く彫れたら、作業台の隅を使って部材を固定。のみを水平に持ち、部材の木口側から切れ目を入れたところを欠き取っていく。

部材の厚みの半分近くまで彫ったら、部材を裏返し、反対方向から同様に彫り進めて貫通させる。裏返さずに一方からのみ彫りすすめると、彫る位置が狂ってしまったり、反対側の凹部の端にバリが出たりする。これを防ぐために裏返し、反対方向からも彫る。

蟻組を作る

部材に蟻形の墨付けをする。

部材を作業台の隅の万力に挟んで固定する。部材を斜めに倒し、蟻形に切る斜めの線が垂直になるように挟んで、縦挽きのこぎりで切れ目を入れる。こうすると、のこぎりを斜めにせず、垂直に挽けるので、より正確に切ることができる。

部材を反対側に傾けて固定し、蟻形のもう一方に切れ目を入れる。蟻形に欠き取る中間にも切れ目を入れるが、入れる角度は蟻形の角度と平行に入れる。

部材をクランプで作業台に固定し、のみで蟻溝部を彫る。

のみを垂直に当てて彫り、次にのみを斜めに倒して彫る。これを交互に繰り返しながら不要部分を欠き取っていく。

部材の厚みの半分ぐらいまで彫り進めたら、部材を裏返し、蟻溝の底部から彫る。

ある程度彫り進んだら、のみを水平にかまえ、木口に当て、不要部分を欠き取る。

ほぞ穴を作る

部材に墨線を引く。

部材をクランプで固定。ほぞ穴となる四隅にのみを垂直に打ち込む。のみを斜めに倒して、四隅に打ち込みながら彫り進める。

ある程度彫り進めたら垂直に彫るための治具を使う。垂直に切った分厚い治具の木口を部材のほぞ穴の一辺に重ね合わせてクランプで固定。のみの刃裏を治具の木口に沿わせて彫ると、正確にきれいに彫れる。

追い入れを作る

部材に墨付けをする。

クランプで部材を固定。溝になる先端側をのみで彫り、のこぎりを挽くことができるスペースを作る。

スペースができたら、溝となる両側の一方の線に沿ってのこぎりで切れ目を入れる。

溝となる中間にも切れ目を入れる。中間にも切れ目を入れておくと、この部分をのみを使って欠き取るときに容易になる。

溝となる反対側の線にものこぎりで切れ目を入れる。

のみを水平に構え、部材の木端側からのみを打ち込み、溝となる部分を欠き取る。のみで溝をきれいに整える。

昇降盤の使い方

本章で製作した接ぎ手は、部材を切るとき、ほとんど昇降盤を使用した。昇降盤の基本的な扱い方と安全に操作するためのポイントを紹介。

角度定規
部材を切る角度を調整

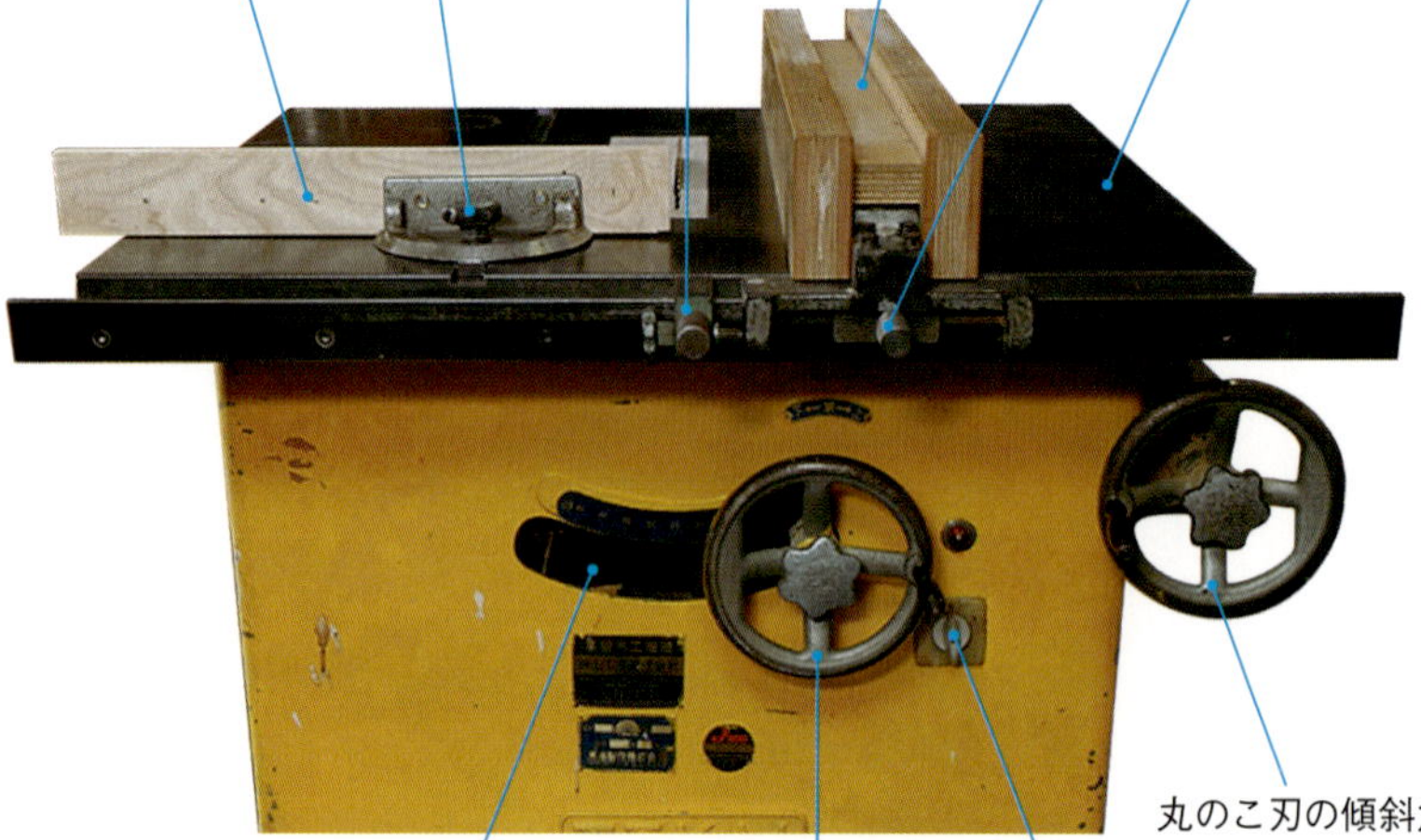

昇降盤

縦挽き丸のこ刃（下側）と横挽き丸のこ刃（上側）。部材の繊維に沿って切る場合は縦挽き、部材を直角または斜めに切る場合は横挽き丸のこ刃を使うのが基本。

縦挽きと横挽きのこが併設された昇降盤

部材を直角に切る場合の調整

平行定規が垂直になっているかをスコヤを使って確認。

平行定規が丸のこ刃に対して平行になっているかをスコヤを使って確認。

丸のこ刃が垂直になっているかをスコヤを使って確認。

角度定規と平行定規が直角になるようにスコヤを使って調整。

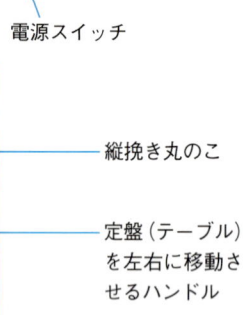

部材を直角に切り落とす場合、角度定規に当て木をセットする。部材の端にバリが出ないよう、部材とともに当て木まで切り込む。

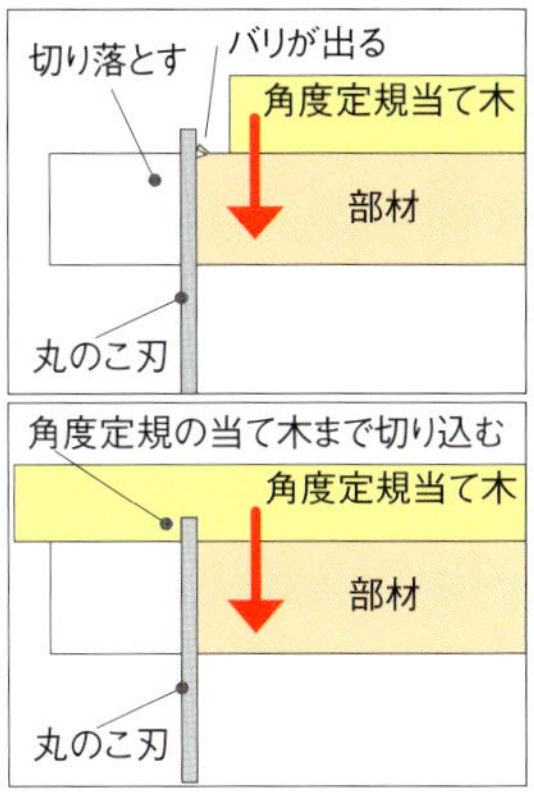

丸のこ刃を切る部材に当てる位置

部材を切るときは、丸のこ刃の厚み（本章では丸のこ刃の厚みは3ミリを使用）の内側を切る線に合わせる。

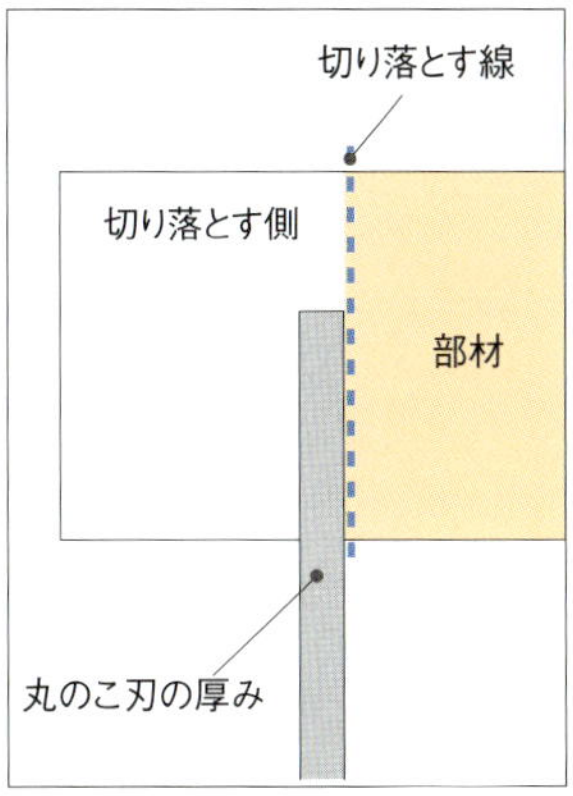

挽き方によって変わる部材の切り口

丸のこ刃に対し、部材の置き方によって切り口が変わる。丸のこ刃を45度にした場合（図1）。縦挽きのこを使用した場合（図2、図3）。

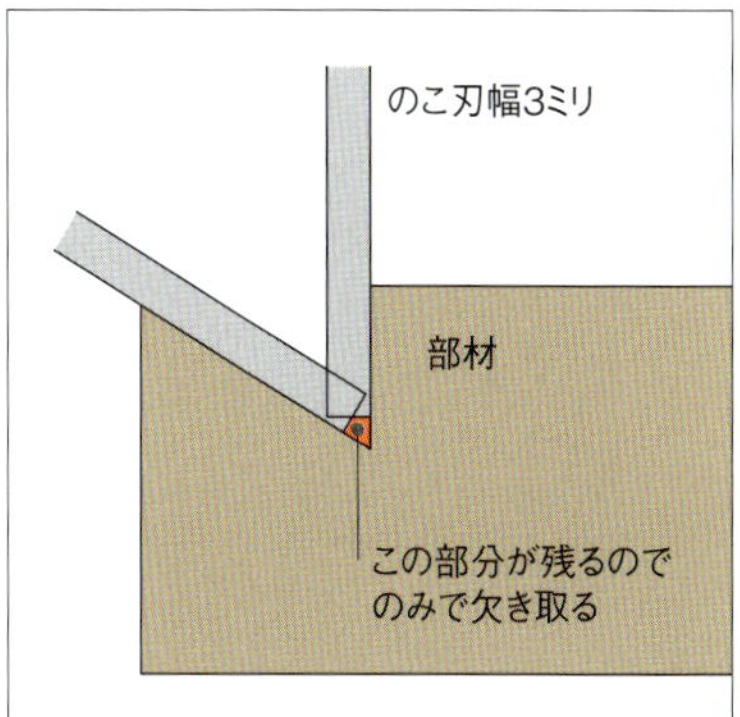

図1

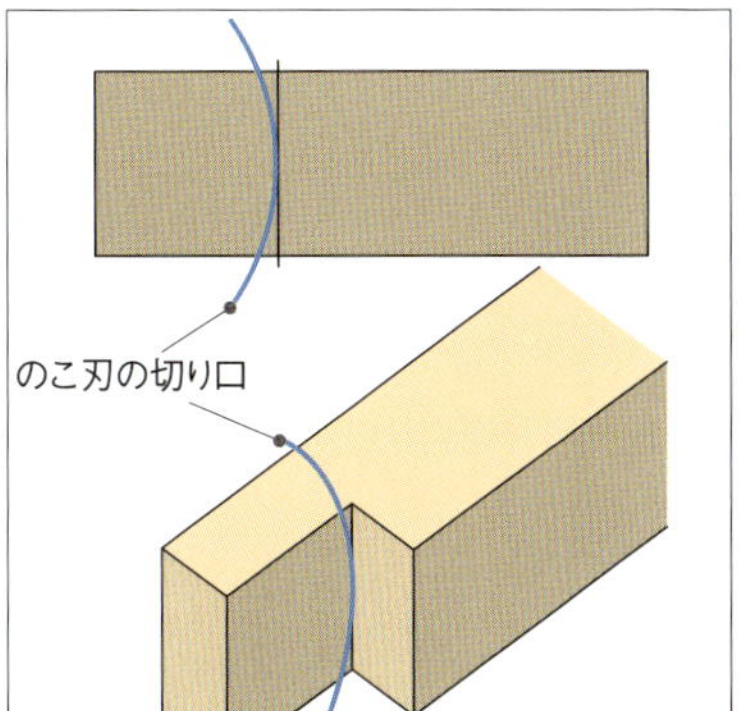

図2

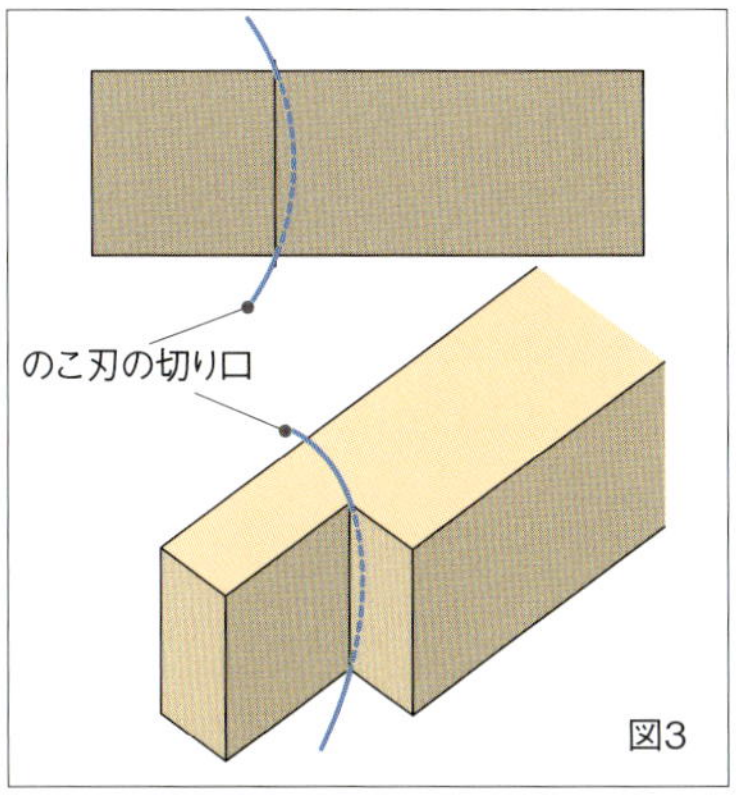

図3

部材を切り落とす場合の注意

部材を平行定規に当てて切る場合は、必ず切り落とす側の反対側を平行定規に当てて切る。丸のこ刃と平行定規の間に切り落とす部分を挟まないようにする。丸のこ刃と平行定規の間に切り落とす部分を挟むと、丸のこ刃の回転により、切り落とした部分が飛ぶので危険。

切り落とす部分が丸のこ刃の外側にくるようにセットする。

部材の両側を切る場合は、まず平行定規を丸のこ刃の左側にセットし、部材の外側から切る。それから平行定規を丸のこ刃の右側にセットし直して、反対側を切る。

部材の先端を平行定規から少し離し、先端を少しだけ切り落としてから部材を平行定規に押し当てて不要部分を切り取る。

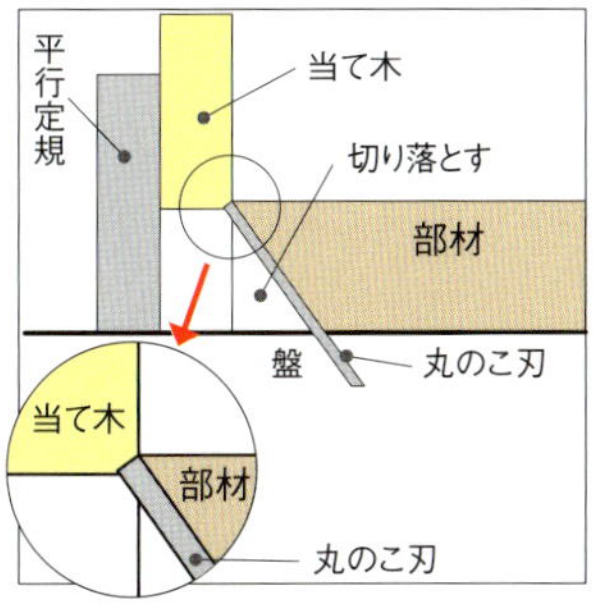

平行定規の前に別の当て木を定盤から浮かした状態で取り付け、切れ端の逃げ道を作る。

部材を縦に挽くときは、縦挽き丸のこ刃を使うのが原則。

接ぎ手の用途

以下は本章で紹介した接ぎ手のおもな用途。

椅子

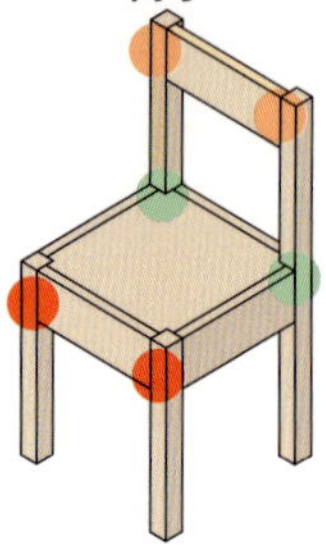

● 29、35、36
● 27、28、29、30、37
● 27、28、29、37

框

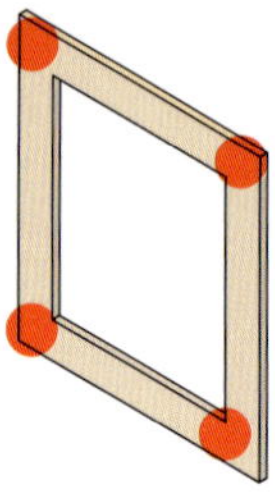

● 1、2、6、10、12、14、15、29、32、33、48、49、50
矩形だぼ接ぎ（框組み）P260
留形ビスケット接ぎ（框組み）P265

框

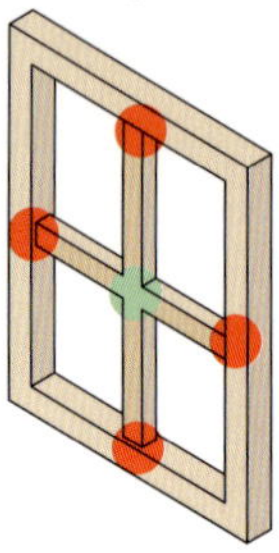

● 7、8、13、27、28、29、31、38
打ち付け接ぎ P206
● 9、11

テーブル

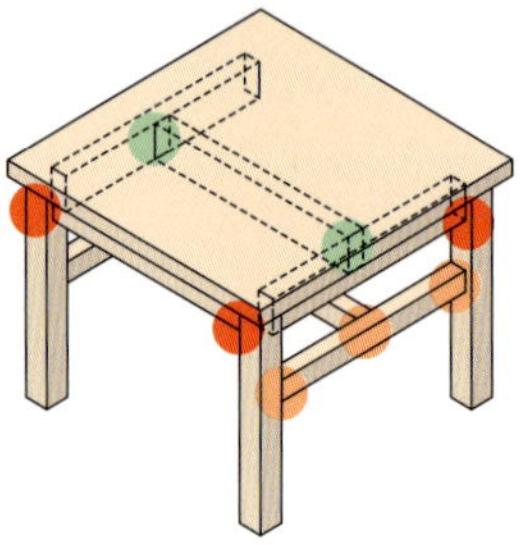

● 28、29、30、36
● 7、8、31
● 27、28、29、30、31、34

テーブル

● 7、8、13、35

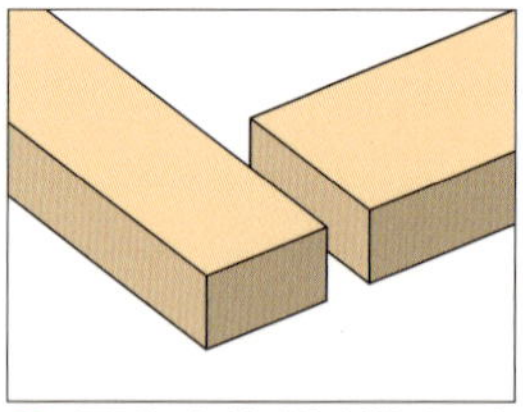

1 矩形打ち付け接ぎ（框組み）
P207

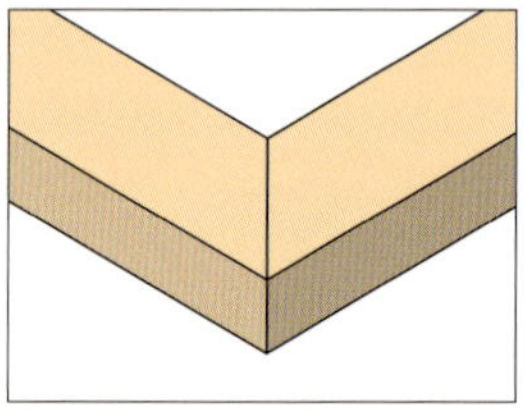

2 留形打ち付け接ぎ（框組み）
P207

3 留形打ち付け接ぎ（箱組み）
P207

4 包み打ち付け接ぎ
P208

5 留形包み打ち付け接ぎ
P208

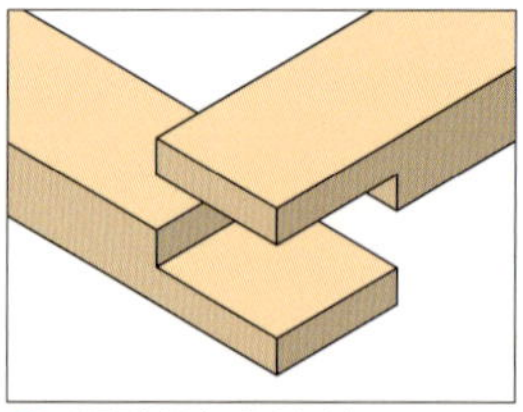

6 矩形相欠き接ぎ
P210

7 T字形相欠き接ぎ
P212

8 蟻形相欠き接ぎ
P213

9 十字形相欠き接ぎ
P215

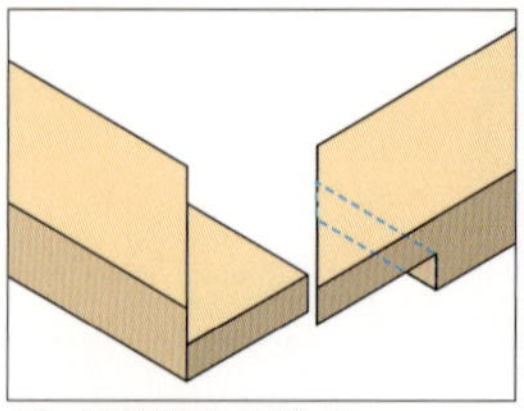

10 留形相欠き接ぎ
P215

11 十字面腰相欠き接ぎ
P217

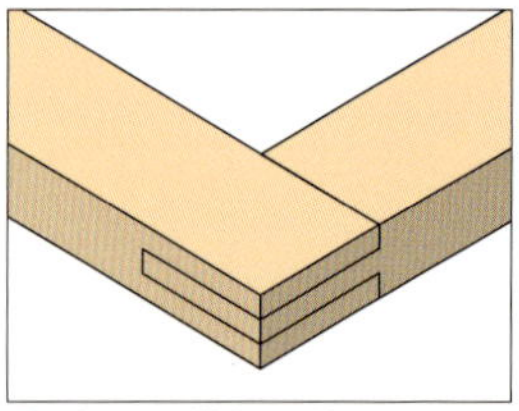

12 矩形三枚組み接ぎ
P219

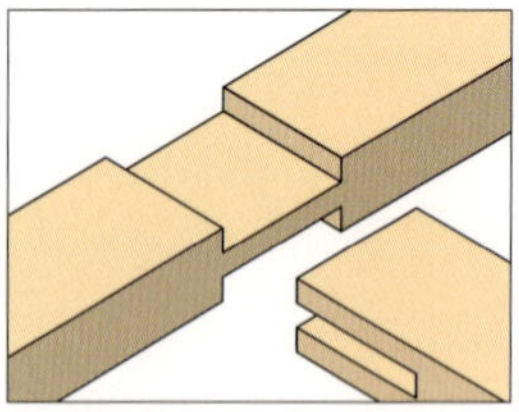

13 T字形三枚組み接ぎ
P220

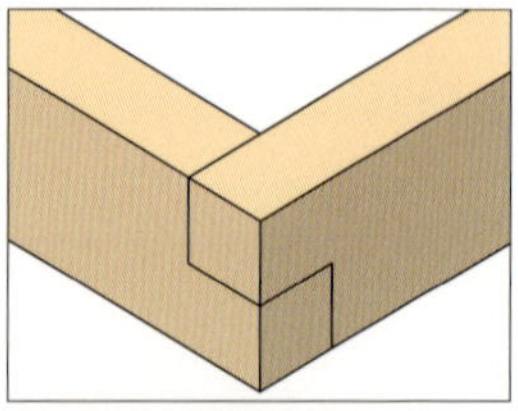

14 矩形二枚組み接ぎ
P221

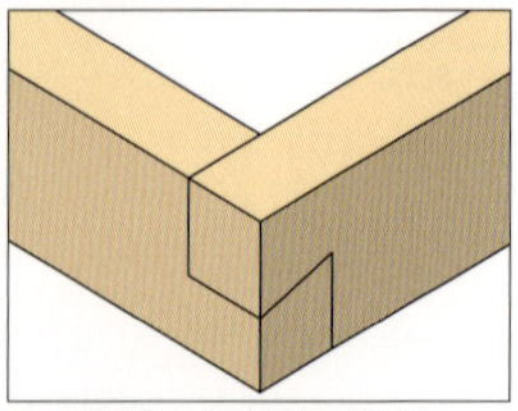

15 矩形いすか組み接ぎ
P222

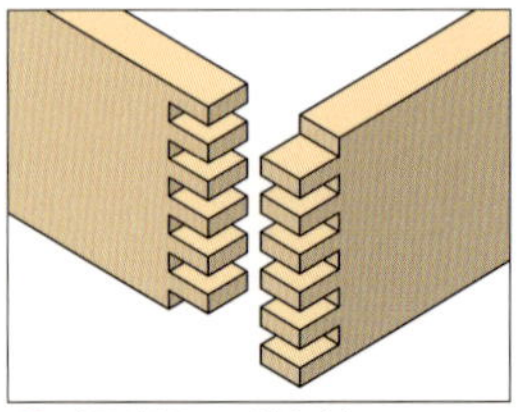

16 矩形組み手接ぎ
P223

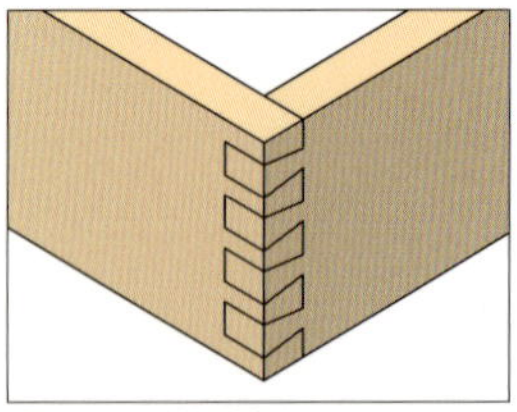

17 通し蟻組接ぎ
P224

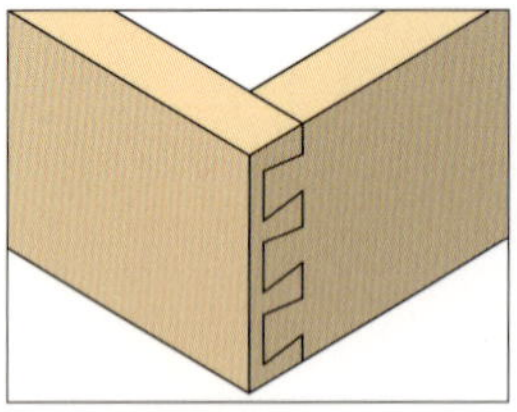

18 包み蟻組み接ぎ
P226

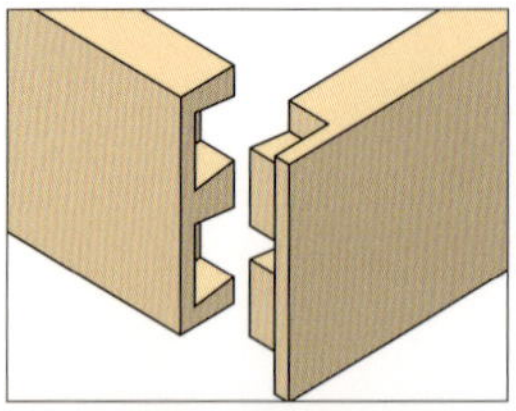

19 包み隠し蟻組み接ぎ
P229

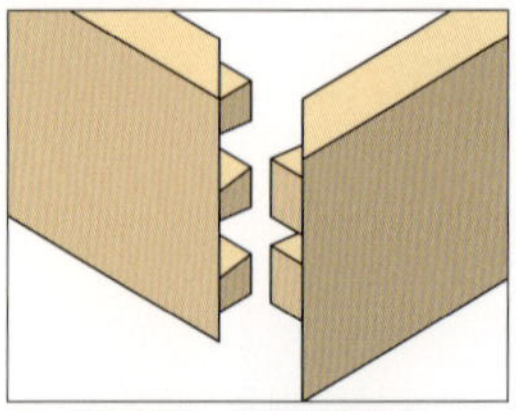

20 留形隠し蟻組み接ぎ
P231

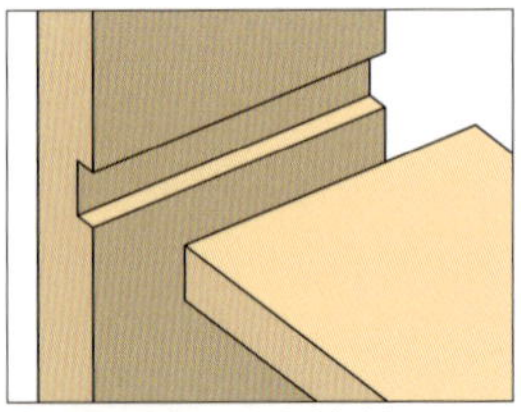

21 通し追い入れ接ぎ
P234

22 胴付き追い入れ接ぎ
P234

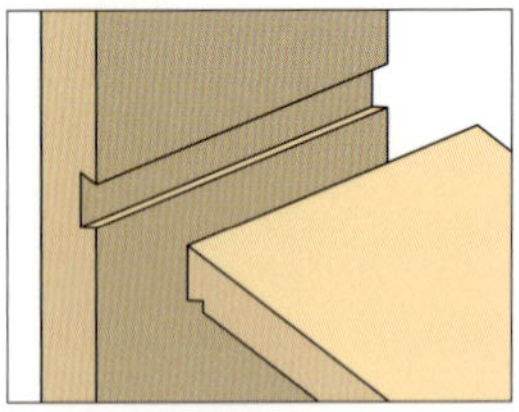

23 通し片蟻形追い入れ接ぎ
P235

24 胴付き蟻形追い入れ接ぎ
P238

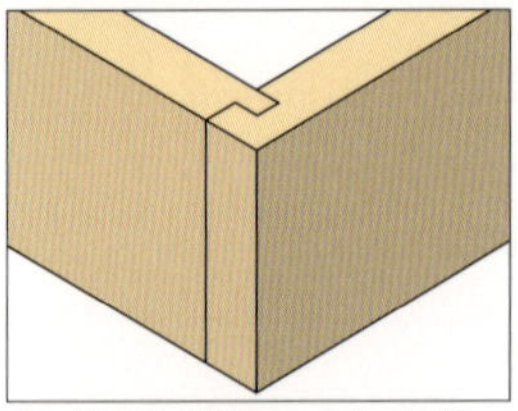

25 片胴付き追い入れ接ぎ
P239

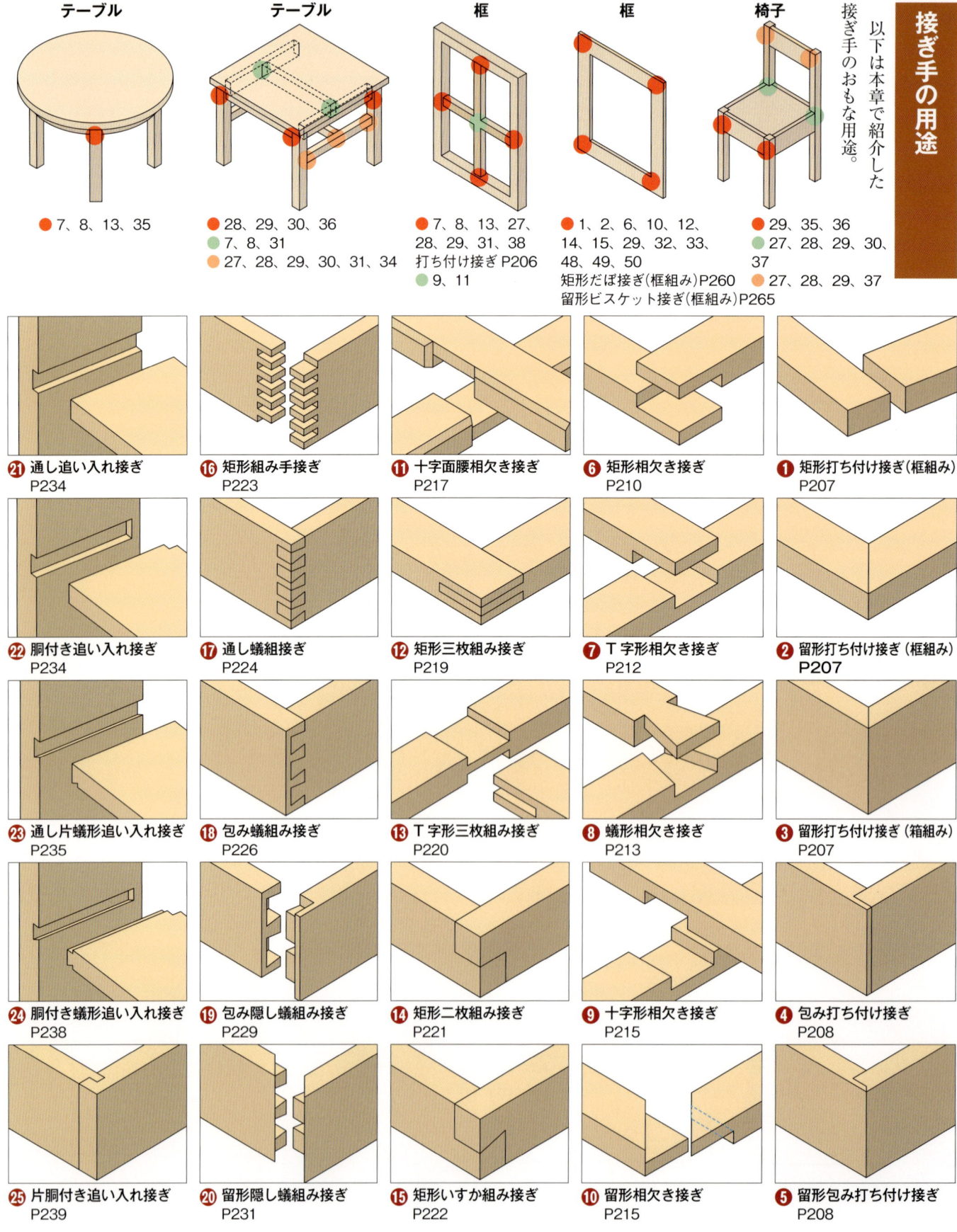

キャビネット、棚

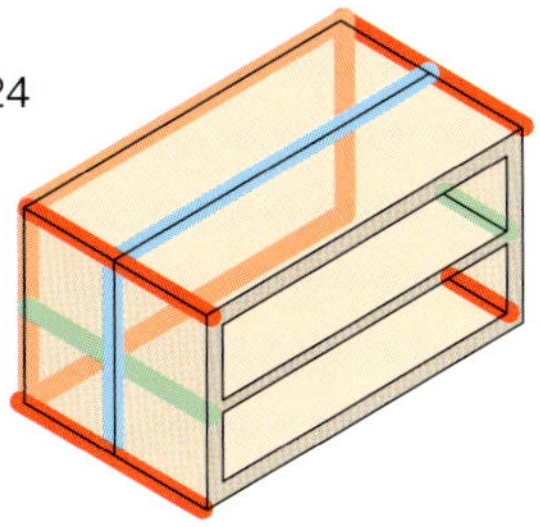

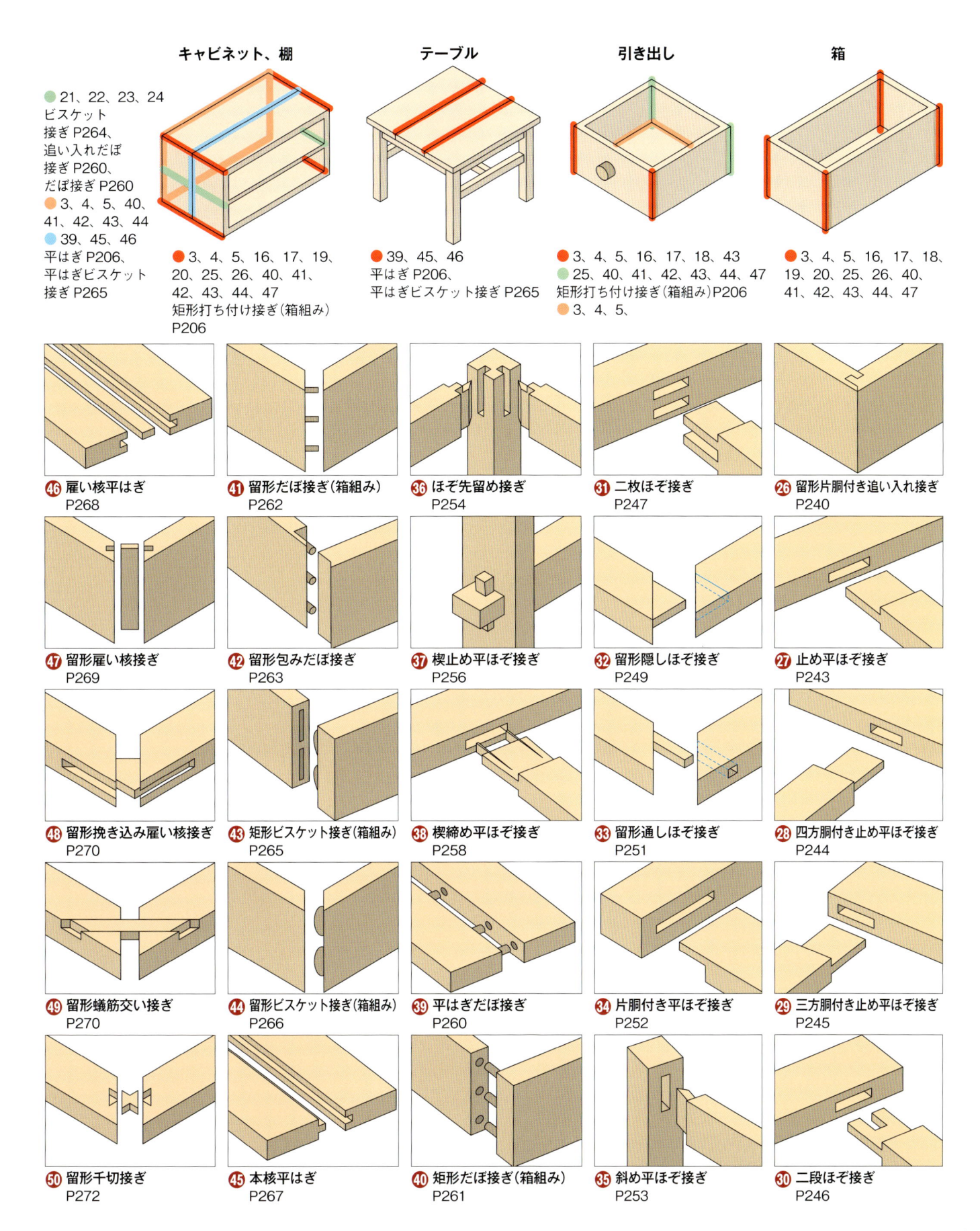

● 21、22、23、24
ビスケット接ぎ P264、
追い入れだぼ接ぎ P260、
だぼ接ぎ P260
● 3、4、5、40、41、42、43、44
● 39、45、46
平はぎ P206、
平はぎビスケット接ぎ P265

● 3、4、5、16、17、19、20、25、26、40、41、42、43、44、47
矩形打ち付け接ぎ（箱組み）P206

テーブル

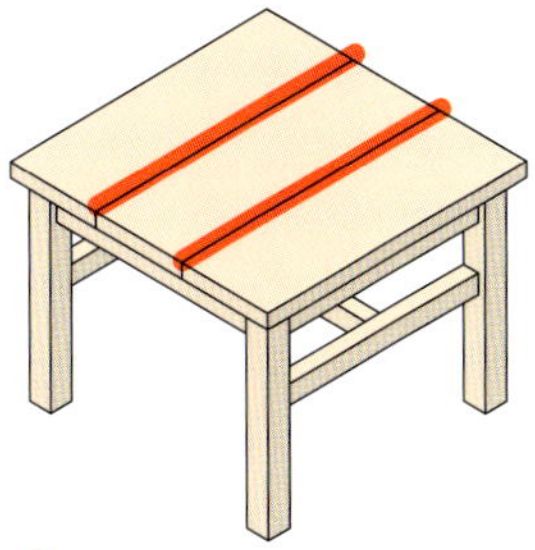

● 39、45、46
平はぎ P206、
平はぎビスケット接ぎ P265

引き出し

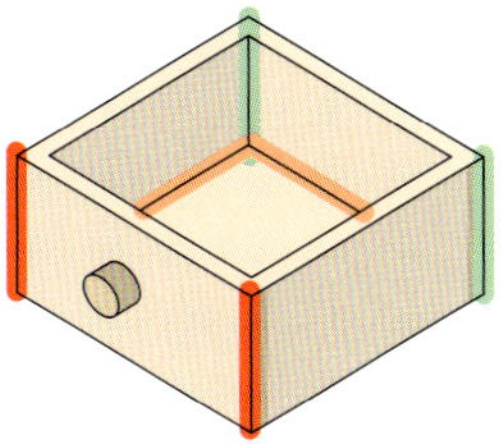

● 3、4、5、16、17、18、43
● 25、40、41、42、43、44、47
矩形打ち付け接ぎ（箱組み）P206
● 3、4、5、

箱

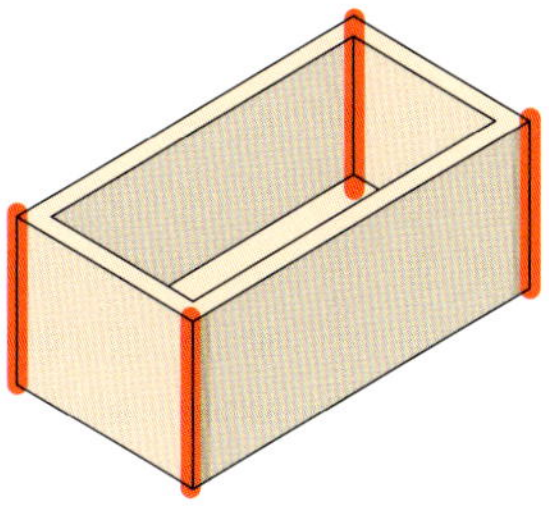

● 3、4、5、16、17、18、19、20、25、26、40、41、42、43、44、47

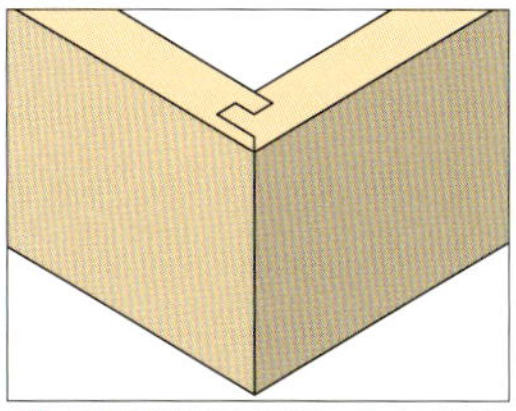

26 留形片胴付き追い入れ接ぎ
P240

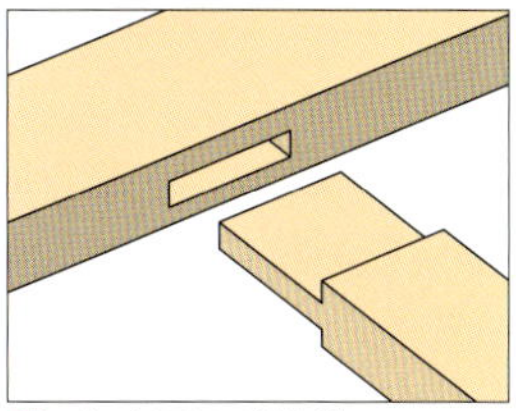

27 止め平ほぞ接ぎ
P243

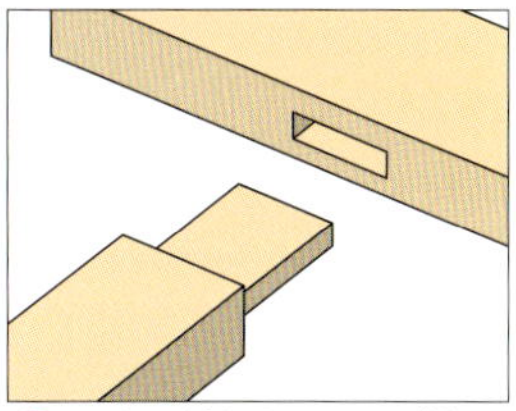

28 四方胴付き止め平ほぞ接ぎ
P244

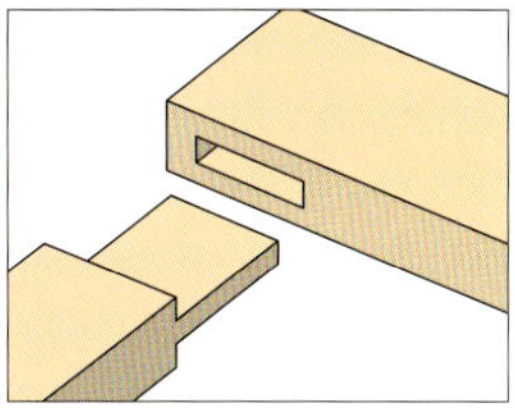

29 三方胴付き止め平ほぞ接ぎ
P245

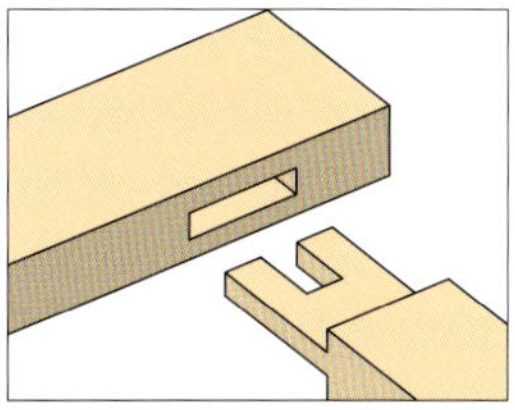

30 二段ほぞ接ぎ
P246

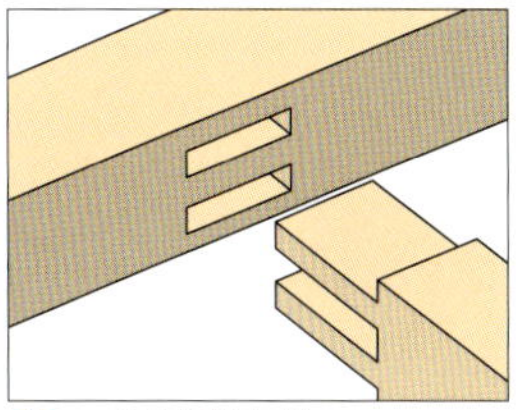

31 二枚ほぞ接ぎ
P247

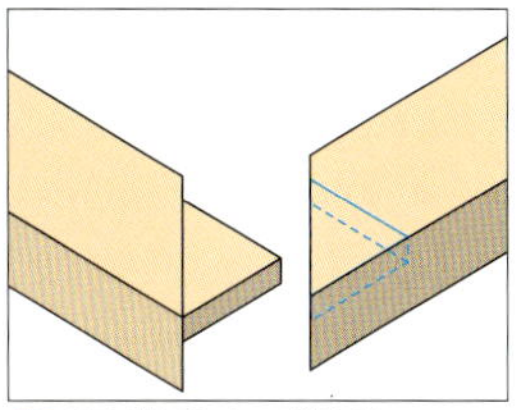

32 留形隠しほぞ接ぎ
P249

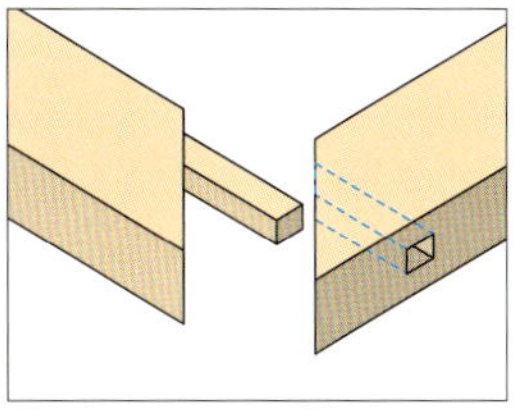

33 留形通しほぞ接ぎ
P251

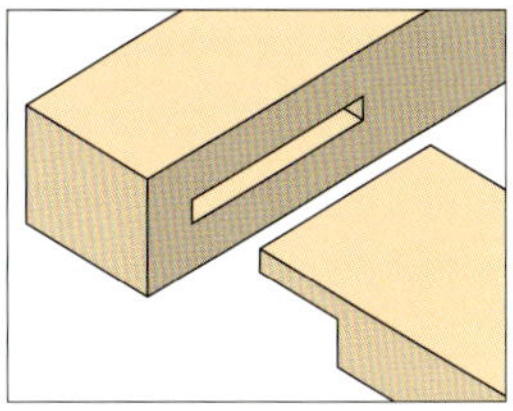

34 片胴付き平ほぞ接ぎ
P252

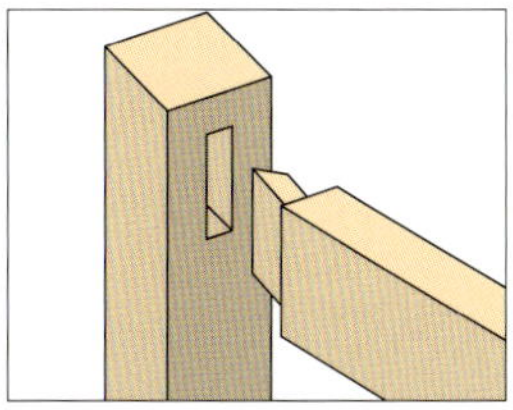

35 斜め平ほぞ接ぎ
P253

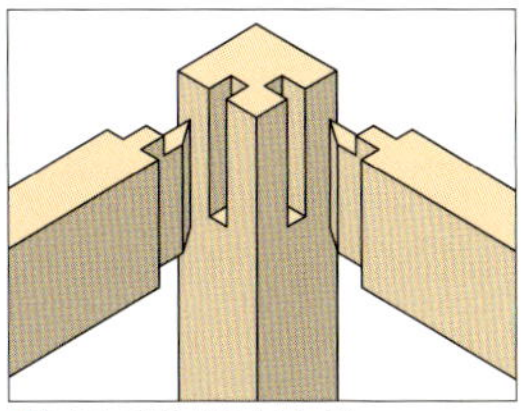

36 ほぞ先留め接ぎ
P254

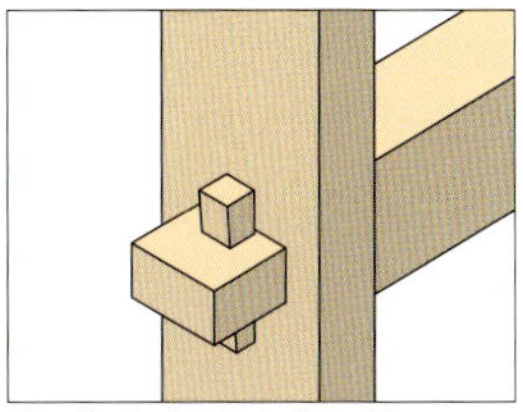

37 楔止め平ほぞ接ぎ
P256

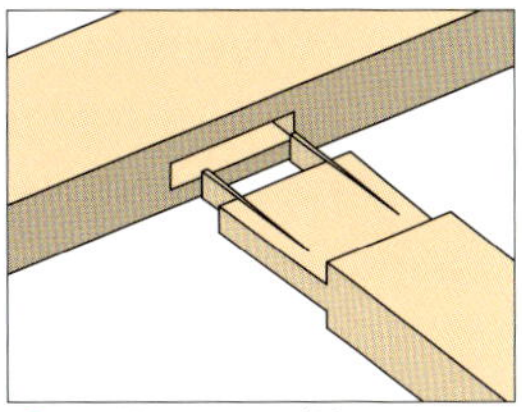

38 楔締め平ほぞ接ぎ
P258

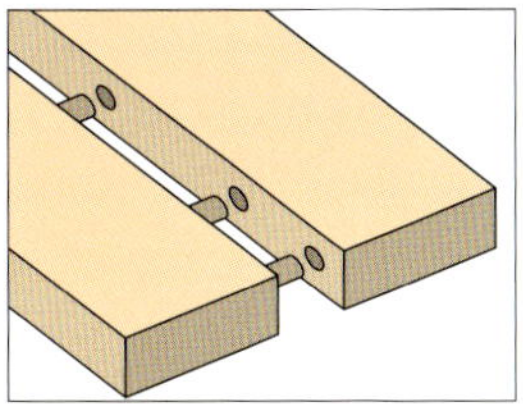

39 平はぎだぼ接ぎ
P260

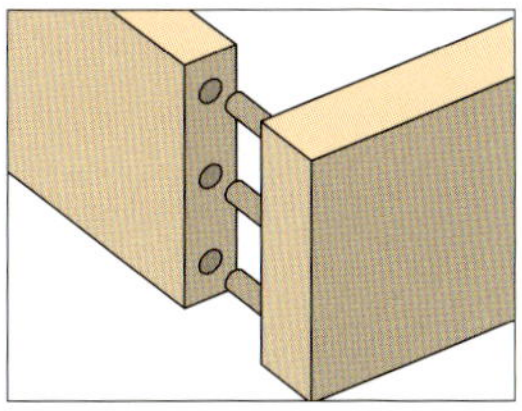

40 矩形だぼ接ぎ（箱組み）
P261

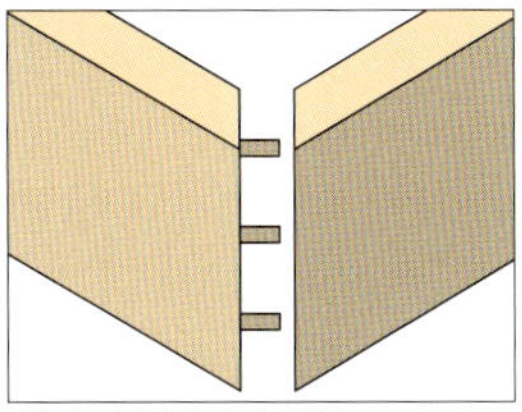

41 留形だぼ接ぎ（箱組み）
P262

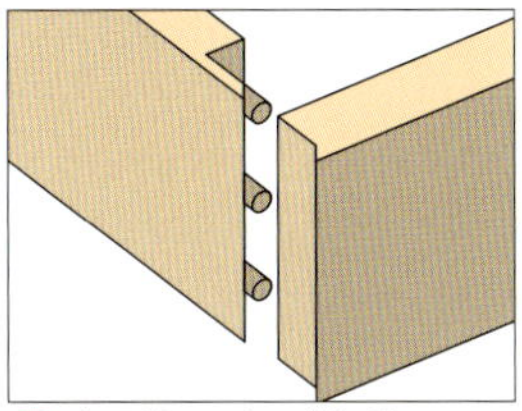

42 留形包みだぼ接ぎ
P263

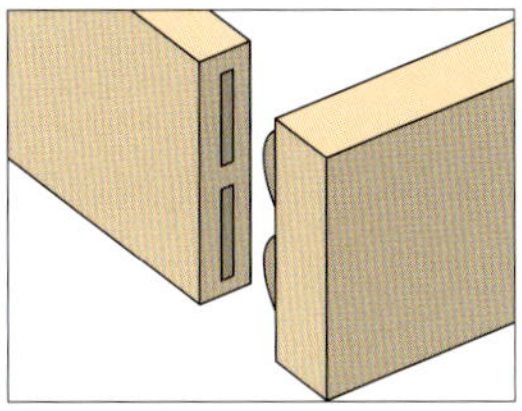

43 矩形ビスケット接ぎ（箱組み）
P265

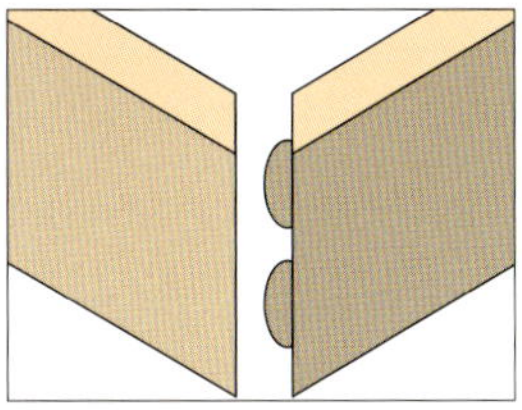

44 留形ビスケット接ぎ（箱組み）
P266

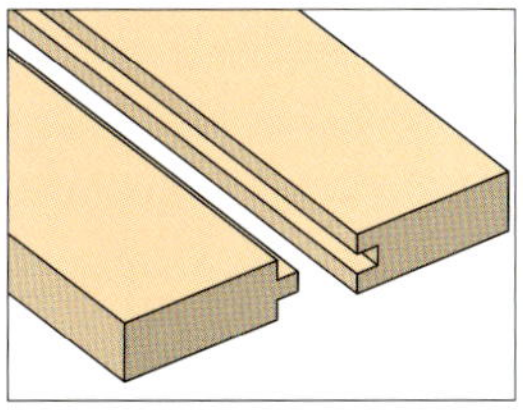

45 本核平はぎ
P267

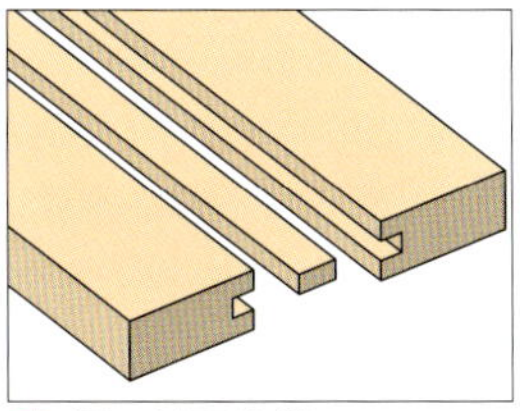

46 雇い核平はぎ
P268

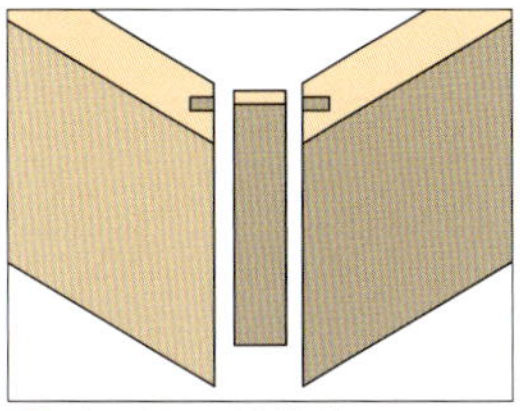

47 留形雇い核接ぎ
P269

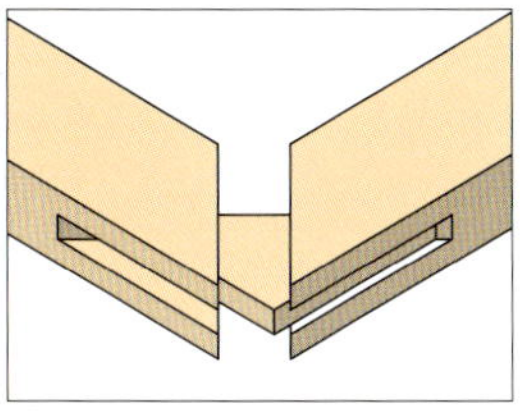

48 留形挽き込み雇い核接ぎ
P270

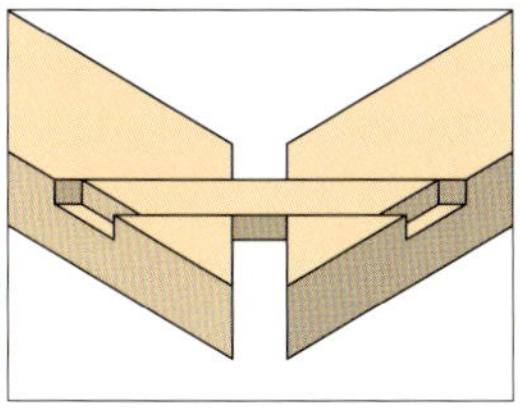

49 留形蟻筋交い接ぎ
P270

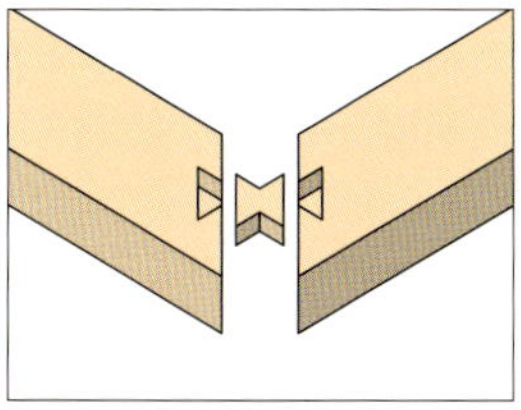

50 留形千切接ぎ
P272

接ぎ手の種類と技法

打ち付け接ぎ、平はぎ

「打ち付け接ぎ」は、矩形の部材の接合部を加工せずに接合する方法（俗に、いも接ぎと呼ばれる）と、接合部を加工する方法があるが、矩形の部材をそのまま接合し、框《かまち》組みや箱組みを作ることができる。接合部は接着剤を使うだけでも十分な強度を保つことができるが、釘やビスなどを打って補強することがある。

「打ち付け」という言葉には、「だしぬけなさま、ろこつなさま」という意味と「打ってくっつける」という意味が含まれている。

「平はぎ」は矩形の幅の狭い部材の木端どうしを接合し、より幅の広い部材を作る方法。箱組みに多く使われる。

矩形打ち付け接ぎ（框組み）

おもに箱ものを作るときや框組みにするときに、角となる部分に使わ

●平はぎ

●矩形打ち付け接ぎ（箱組み）

●打ち付け接ぎ

本章で接ぎ手を作るときに使用した工具

昇降盤、角のみ盤、ドリル盤、ルーター、トリマー、ジョイントカッター、のみ、のこぎり、かんな、計測器、治具など。

昇降盤で使用した丸のこの刃幅

刃幅３㎜の丸のこ刃を使用。

●使用部材の寸法

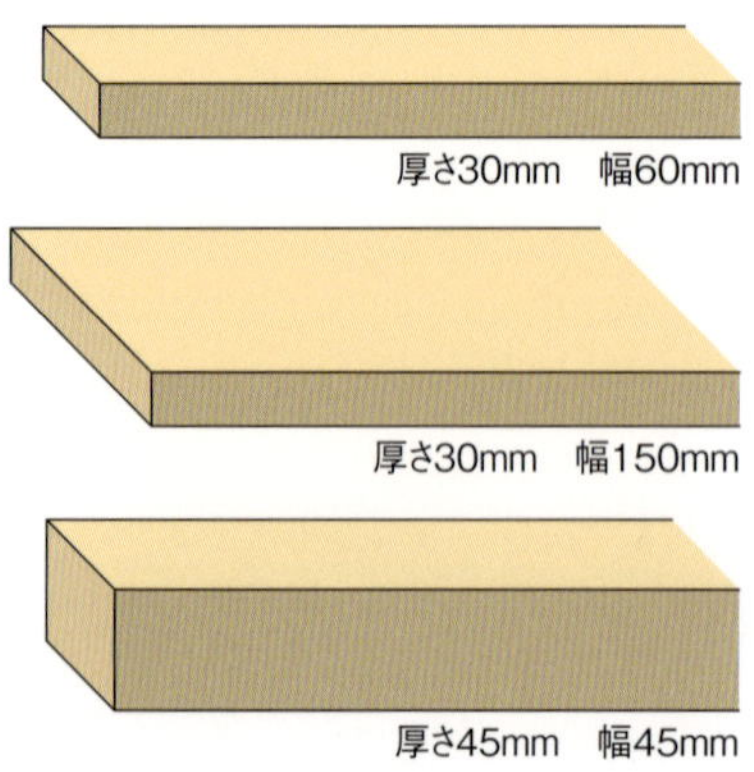

●矩形打ち付け隅木付き接ぎ

●打ち付け接ぎ

れる最もシンプルな接ぎ方。2枚の矩形の部材をそのまま生かして合わせ、2枚の部材が接するところに直接接着剤を塗布して組む。これを俗にいも接ぎと呼んでいる。現在では接着剤の強度が高くなっているので、いも接ぎでも十分な強度を保てる。一方の木材から釘を打って止めて固定したり、2枚の部材の接合部の内側に三角形の部材を当てて接着し補強することもある。

留形打ち付け接ぎ（框組み）

框組みのときに使われる接ぎ方。よく見られる例は額縁の角。木口を45度に切断して合わせ、接着剤を塗布して固定する。接着面積が「矩形打ち付け接ぎ」より大きくなる。

留形打ち付け接ぎ（箱組み）

箱ものを作るときに使われる接ぎ方。「矩形打ち付け接ぎ」と違い、組んだ角に木口が出ず、接ぎ目は垂直な線になる。部材の木口を45度に切断し、合わせ面に接着剤を塗布して、固定する。木口を45度に切断するので、90度に切って合わせる「矩形打ち付け接ぎ」よりも接着面積が大きくなる。

●矩形打ち付け接ぎ（框組み）

●部材の採寸、墨付け

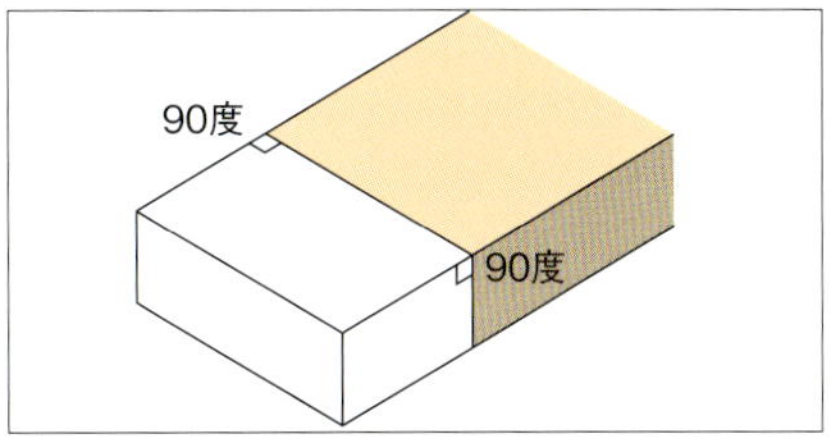

1 昇降盤を調整。ノギスで丸のこ刃に対して角度定規が直角になっているかを確認。次に丸のこ刃が垂直になっているかをノギスで確認し、丸のこ歯の高さを調整。

2 切る線と丸のこ刃の位置を確認したら、部材と角度定規を手でしっかり押さえながら、前に押し切り、角度定規に取り付けた板材（茶色の板材）まで切り込む。角度定規の板材まで切り込まないと部材の木端にバリができる。

●留形打ち付け接ぎ

●部材の採寸、墨付け

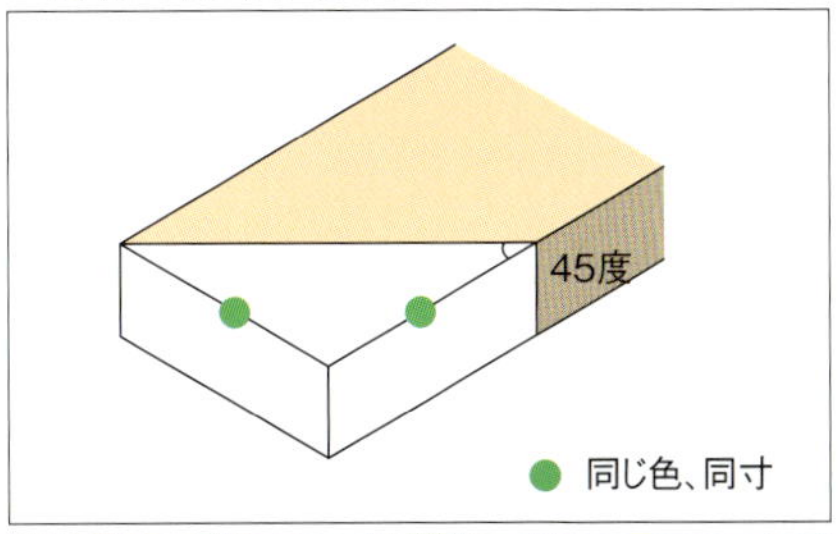

1 昇降盤の丸のこ刃に対し部材が45度に当たるように、角度定規を調整する。部材を切る位置に丸のこ刃を当てた状態で、部材の後端に当たるところにストッパーを角度定規に取り付け、クランプで固定。部材を前に押し切るとき部材がずれないようにして切る。

●部材の採寸、墨付け

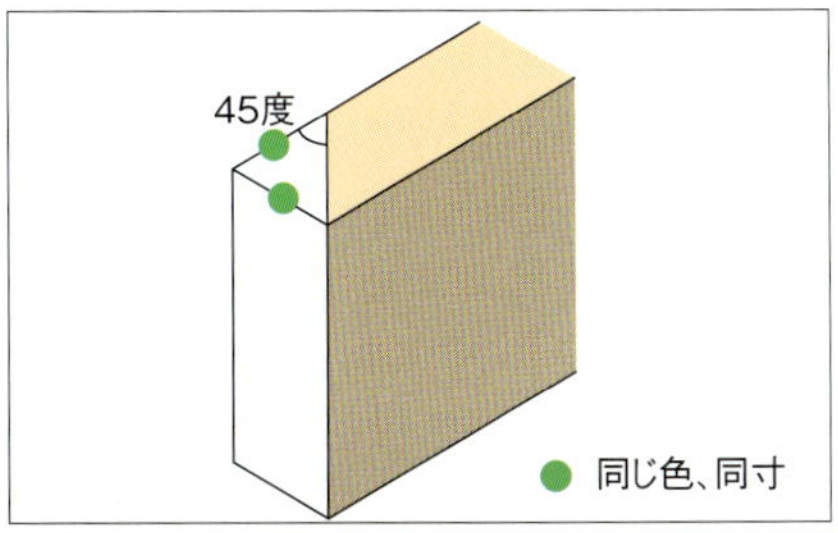

1 平行定規の前に他の平行な当て木を取り付ける。このとき、この当て木を定盤上から浮かし、部材の切れ端の逃げ道を作る。当て木は切る部材の木口の厚みよりも2mm程度低くくセットする。当て木と部材と丸のこ刃の位置関係は203ページの下段の図を参照。

2 丸のこ刃を45度に倒し、丸のこ刃の刃先の外側が部材の木口の上端に当たるように調整。

包み打ち付け接ぎ

おもに箱や引き出し、キャビネットなどの箱構造の接合部に使われる接ぎ方。「打ち付け接ぎ」よりもやや強度が強く、木口の接合部もスマートで見栄えもよい。打ち付けにする場合は矩形の部材の平面にドリルで釘穴をあけ、そこから釘を打ち込んで固定することもある。

●部材の採寸、墨付け

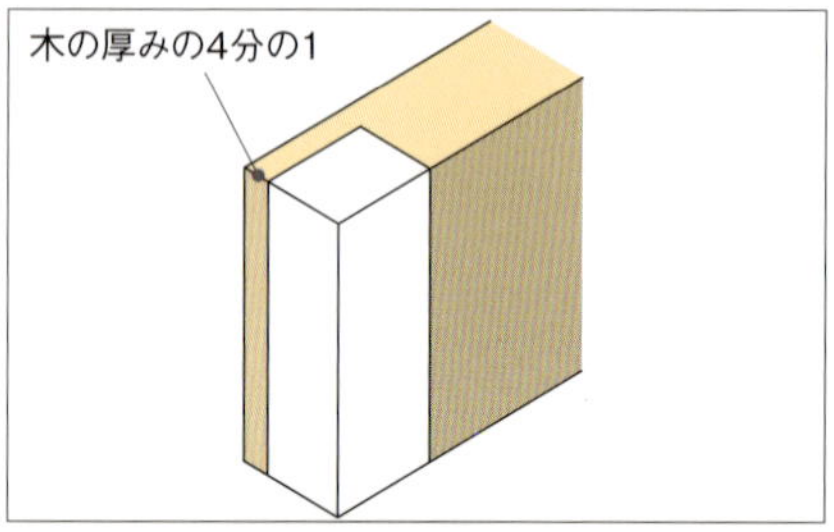

1 平行定規と角度定規が直角になっているか、丸のこ刃が垂直になっているかを確認。部材の厚みの４分の３の高さに、丸のこ刃が当たるように丸のこ刃を調整。部材の木口を平行定規に押し当てて、丸のこ刃が部材を切る位置にくるように平行定規を調整。部材を前に押し切り、木口と平行な切り目を平面に入れる。

5 両部材を留形に切った状態。組み合わせてでき具合を確認する。

3 部材の木口の上端を当て木に添わせながら前に押し切る。

4 当て木の下に空間があるので、部材の切れ端は少し後ろに移動する程度。当て木の下に空間を作らずに、部材の木口全面を当て木に押し当ててきると、丸のこ刃の回転と当て木との摩擦で部材が勢い良く飛ぶので危険。

留形包み打ち付け接ぎ

おもに箱やキャビネットなどの箱構造の接合部に使われる接ぎ方。接合部に木口が見えないのが特徴。

両部材の接合部

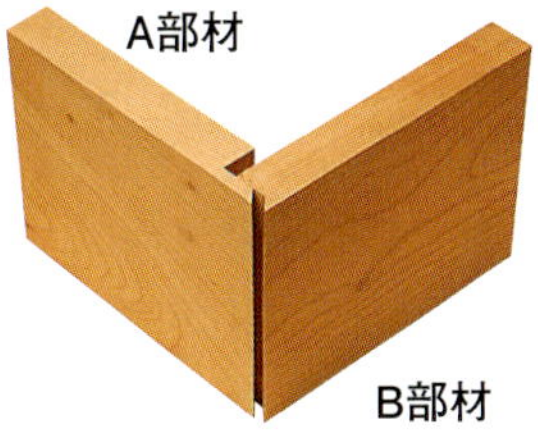

●部材の採寸、墨付け

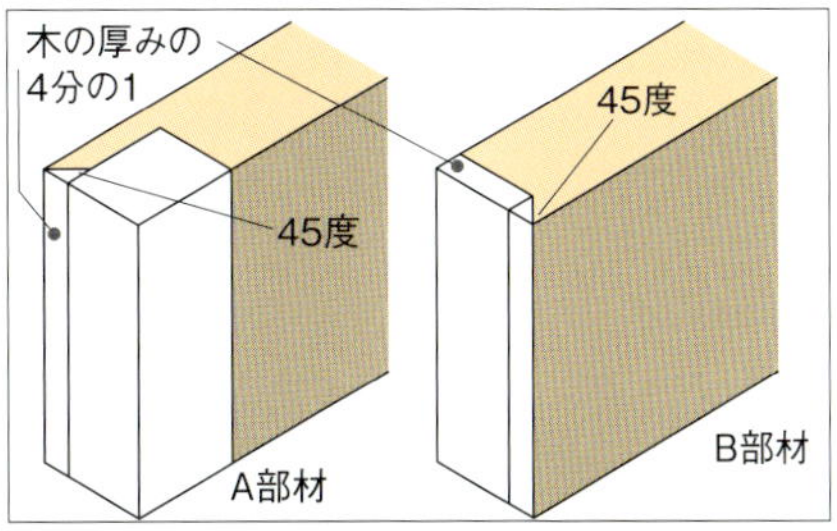

1 A部材を作る。平行定規と角度定規が直角になっているか、丸のこ刃が垂直になっているかを確認。丸のこ刃が部材の厚みの4分の3の高さに当たるように調整。部材の木口を平行定規に押し当てて、丸のこ刃が部材を切る位置にくるように平行定規を調整。部材を前に押し切り、木口と平行な切り目を平面に入れる。

2 平行定規と丸のこ刃との間隔を調整。丸のこ刃の高さを切る位置に合わせる。部材を縦に持ち、平面を平行定規に押し当てながら木端側に丸のこ刃を当てて押し切り、矩形の不要部分を切り落とす。

3 B部材を作る。丸のこ刃の高さを部材の厚みの4分の3の高さにし、部材の木口を平行定規に押し当て、平面に切れ目を入れる。

平面に切れ目を入れた状態。

2 平行定規と丸のこ刃の距離、丸のこ刃の高さを切る位置に合わせる。部材を縦に持ち、平面を平行定規に押し当てながら押し切り、矩形の不要部分を切り落とす。

3 両部材を組み合わせ、でき具合を確認する。

相欠き接ぎ

「相欠き接ぎ」はほとんどが框組みに使われる。接ぎ手の両部材は同じ厚さの部材を使う。

　両部材の厚みの2分の1を欠き、欠いたところを重ね合わせて接合する。

矩形相欠き接ぎ

　ほとんどが框構造に使われる。斜め横からの強い圧力にやや弱いので、

●部材の採寸、墨付け

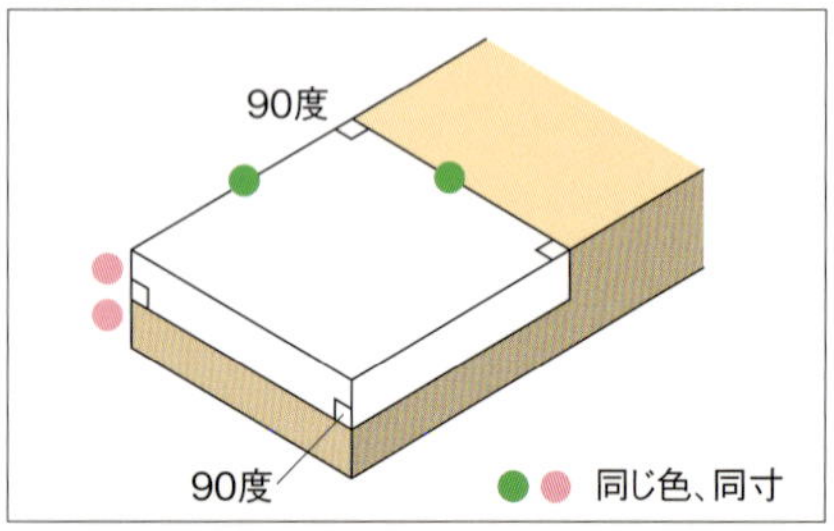

1 丸のこ刃が垂直になっているか、角度定規がのこ刃に直角になっているかを確認し、丸のこ刃の高さを部材の厚みの2分の1の高さに調整。切る部材を丸のこ刃に当てて、丸のこ刃の高さが正しいかを確認する。

4 丸のこ刃の高さを調整。部材を縦に持ち、部材の厚みの4分の1の深さの切れ目を木口側から入れ、不要部を切り落とす。

5 A部材を作る。留め先を45度に切り落とす。丸のこ刃の角度を45度に調整。切る部材の下に当て木を敷き、部材を当て木に乗せ、浮かせた状態で木口の角から切り進める。

6 B部材を作る。留め先を45度に切り落とす。丸のこ刃の角度はそのままにし、切る部材の下に5のときに使った当て木より低くし、部材を浮かせた状態で木口の角から切り進める。

7 2つの部材を組み合わせて、でき具合を確認。

小型の框組みに適している。２枚の部材を組んだ合わせ目にだぼを打ち込むと強度が増す。

両部材の接合部

2 角度定規に部材を添わせ、平行定規に木口を当てて押し切り、平面に切れ目を入れる。もう一方の部材も同様に切れ目を入れる。

3 2本の部材の平面に切れ目を入れた状態。

4 部材を縦に２分の１に切るために、平行定規の位置と丸のこ刃の高さを調整する。丸のこ刃を[3]で切れ目を入れた高さに合わせる。

5 部材を縦に持ち木口を下にし、部材の厚みの２分の１のところに丸のこ刃を合わせる。平行定規に部材の平面を押し当てながら押し切り、不要な部分を切り取る。もう一方の部材も同様に切る。

6 両部材を組み合わせて、でき具合を確認。

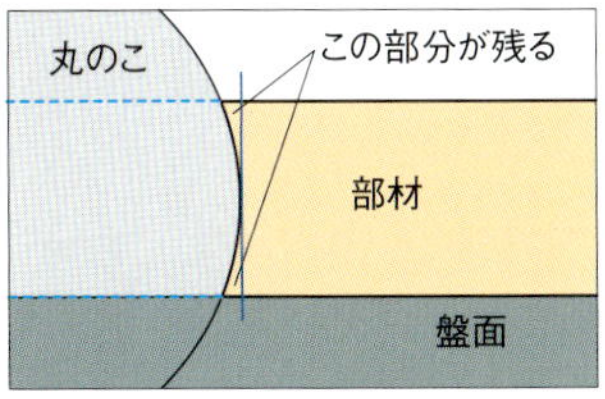

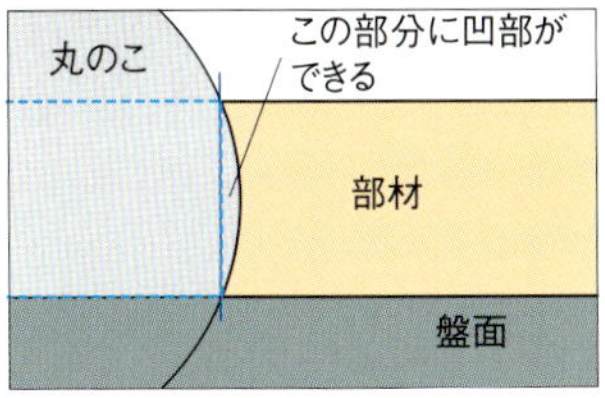

縦挽き丸のこで部材を縦挽きにした場合の切り口断面

●もう一つの方法

部材の厚みを縦２分の１に切るとき、縦挽き丸のこ刃を使う場合

1 部材を縦に２分の１に切るために、平行定規の位置と丸のこ刃の高さを調整する。丸のこ刃の高さを部材の木端の上下が切れる高さに調整。平行定規に部材を添わせて押し切り、不要な部分を切り取る。もう一方の部材も同様に切る。

2 縦挽き丸のこ刃で切った切り口。
縦挽き丸のこ刃を使うと図のような切り込み部分が出たり、切り残し部分がわずかに残る。切り残し部分はのみを使ってきれいに取り除く。

T字形相欠き接ぎ

ほとんどが框構造の中間を支えるために使われる接ぎ方。円形テーブルの幕板と脚部の接合部などにも使われる。組む部材の厚さが同じものを使う。A部材は「矩形相欠き接ぎ」と同じ。

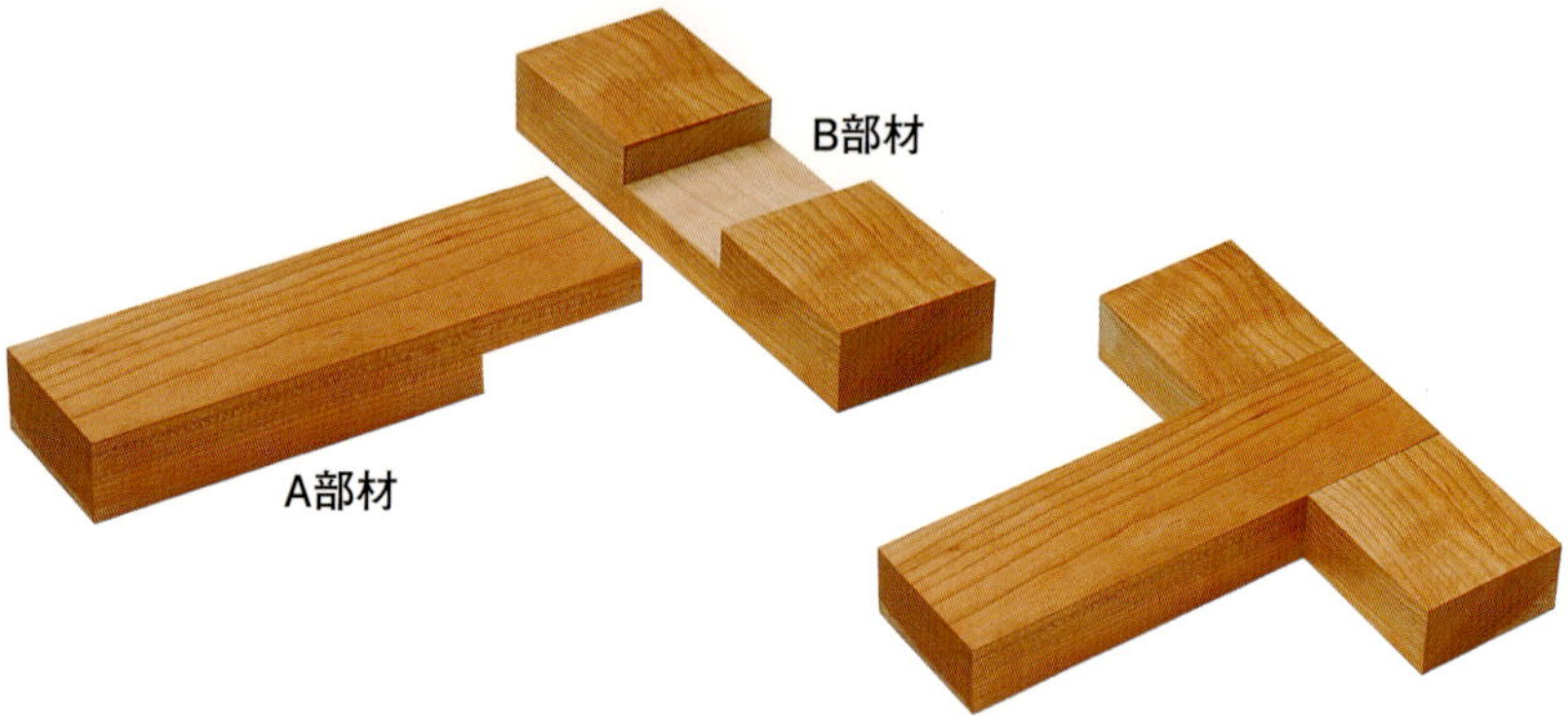

●部材の採寸、墨付け

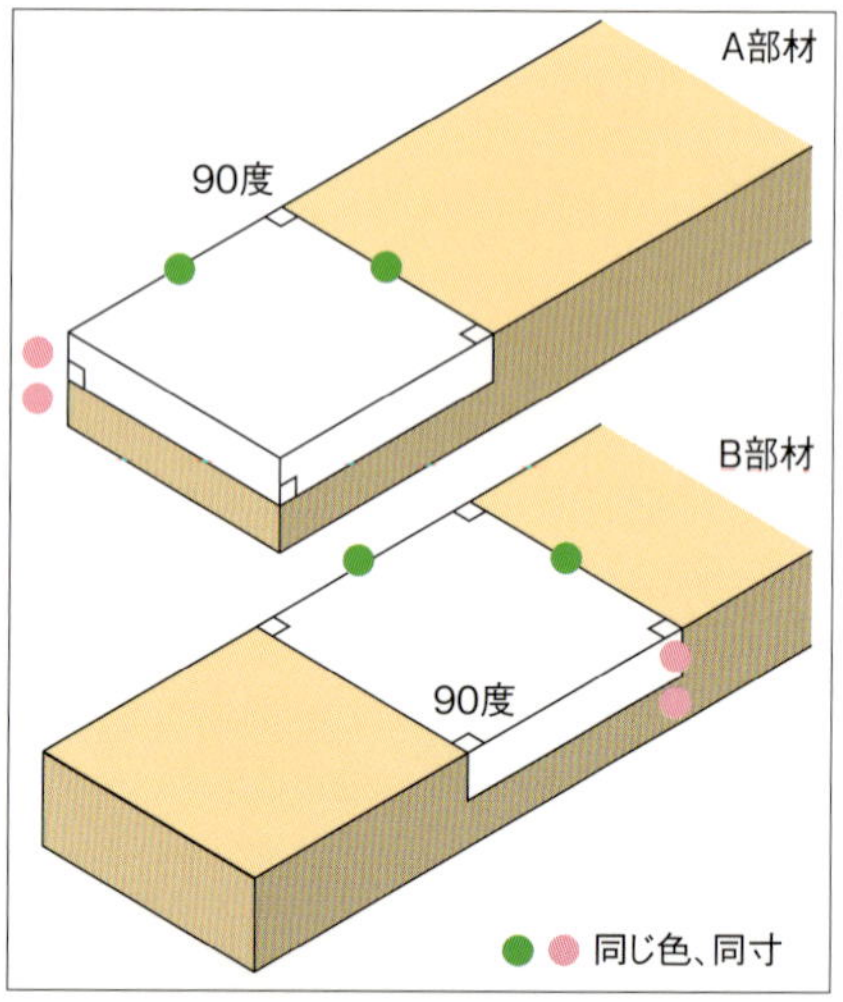

1 A部材を作る。「矩形相欠き接ぎ」(210～211ページ参照)と同様の方法で切る。

2 B部材を作る。部材を切る位置に平行定規を合わせ、丸のこ刃の高さを部材の厚みの2分の1の高さに調整。部材の木口を平行定規に押し当てながら、欠く部分の両端に切れ目を入れる。

3 部材を少しづつずらし、切れ目を入れ、中間を切り取り、溝を作る。

4 切り残したところはのみできれいに削り取る。

5 両部材を組み合わせて、でき具合を確認する。

●アジャスターカッターの替え刃

本章では3㎜幅の丸のこ刃を使用しているが、幅の広い溝を作るときは、刃幅の厚いアジャスターカッターを使用すると短時間でできる。

蟻《あり》形相欠き接ぎ

「T字形相欠き接ぎ」と同様に、ほとんどが框構造の中間を支えるために使われる接ぎ方。組む部材の厚さが同じものを使う。「T字形相欠き接ぎ」よりも強度が増す。

●部材の採寸、墨付け

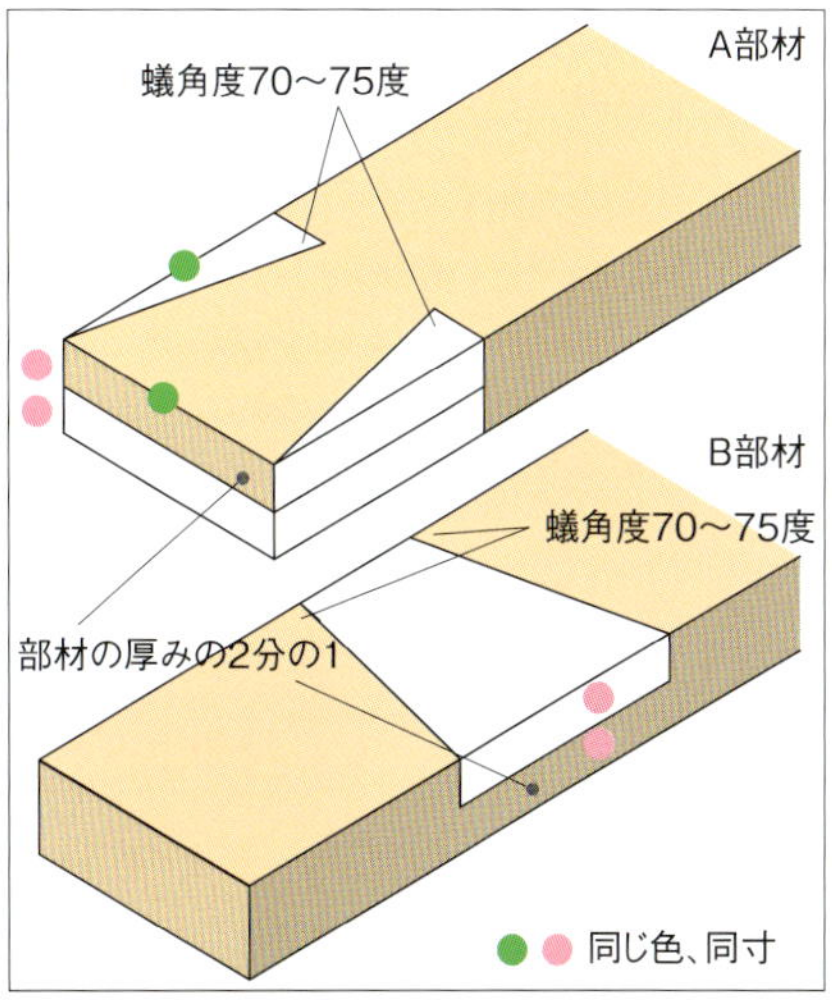

1 A部材を作る。平行定規と角度定規の直角を確認。丸のこ刃の垂直を確認し、刃の高さを調整。部材の木口を平行定規に押し当てて、蟻形の根元部分となる両側の木端に切れ目を入れる。

2 部材の平面を下にし、蟻部の根元になるところの平面に切れ目を入れる。

3 丸のこ刃の角度を蟻形の角度に合わせ、丸のこ刃の高さを調整。

4 部材を縦に持ち、切る部材がぶれないように、治具を部材に添わせて押し切り、三角形の不要部分を切り落とす。

5 蟻の根元の切り残し部分をのみできれいに整える（丸のこ刃を斜めにして切ると、部材の角にわずかな切り残し部分ができる）。

6 蟻部の厚みを２分の１に切る。部材の厚みの２分の１のところに丸のこ刃が当たるように、平行定規を調整する。部材を縦に持ち、平面を平行定規に押し当てながら、押し切り、蟻形の不要部分を切り落とす。

7 B部材を作る。A部材の蟻形部をB部材に押し当てて、B部材を切る部分を写し取り、墨線を入れる。
角度定規を蟻形の角度に調整。他の木材を使って試し切りをし、先に作ったA部材の蟻形の角度と合っているかを確認。

8 角度定規を蟻形の角度に調整し、丸のこ刃が部材の厚みの２分の１の高さのところに当たるように調整。
蟻形の溝となる側の平面を下にし、部材の厚みの２分の１のところに切り目を入れる。このとき、角度定規に他の板材をクランプで留めてストッパーを作る。このストッパーに切る部材の端を当て、最初に切る部分がずれないようにする。

9 切る部材を右のほうに少しずつずらして切り目を入れていき、蟻形の根元部分の幅の半分過ぎまで切り、凹部を作る。

10 蟻形の根元部分の幅の半分すぎまで切れ目を入れたら、角度定規の角度を逆に変えて、反対側の蟻形部から切れ目を入れる。このとき、9と同様に、角度板に他の部材をクランプで留めてストッパーを作る。このストッパーに切る部材の端を当て、最初に切る部分がずれないようにする。

11 少しずつずらしながら凹部を広げる。

12 A部材とB部材を合わせて、でき具合を確認する。きついようなら蟻形の幅をわずかに広げる。

十字形相欠き接ぎ

框組みの中を十字状に支える中桟の接合部に使われる。接ぎ手の両部材の木幅、厚みが同一のものを使うのが通例。

●部材の採寸、墨付け

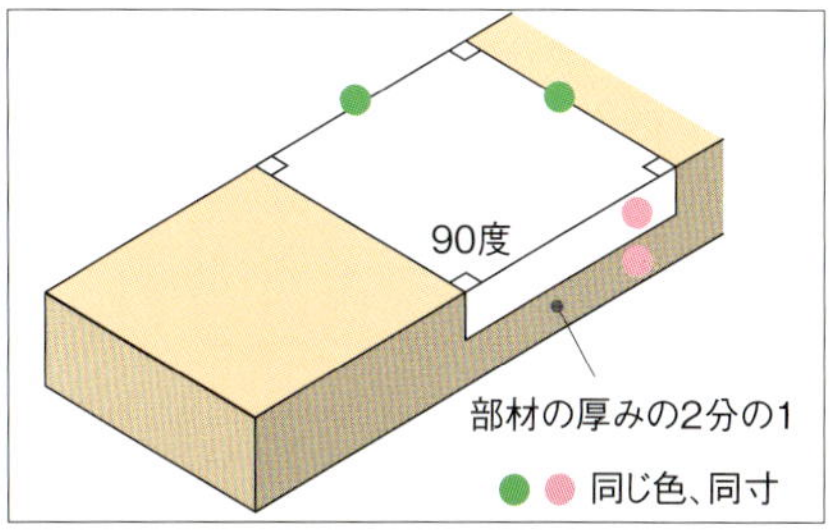

1 平行定規と角度定規が直角になるように調整。丸のこ刃を部材の厚みの２分の１の高さに調整。凹部の片方に切れ目を入れる。

2 部材の左右をひっくり返し、もう一方の凹部の端に切れ目を入れる。もう一つの部材も同様に切る。

3 部材を少しずつずらしながら押し切り、凹部を広げていく。

4 ２つの部材を合わせて、でき具合を確認する。

●斜め相欠き接ぎ

凹部が斜めに作られている。框組みを支える中桟などの接合部に使われる。

留形相欠き接ぎ

框組みの接合部に使われ、接合部の表側が留形になる。両部材の木幅、厚みが同一のものを使うのが通例。

●部材の採寸、墨付け

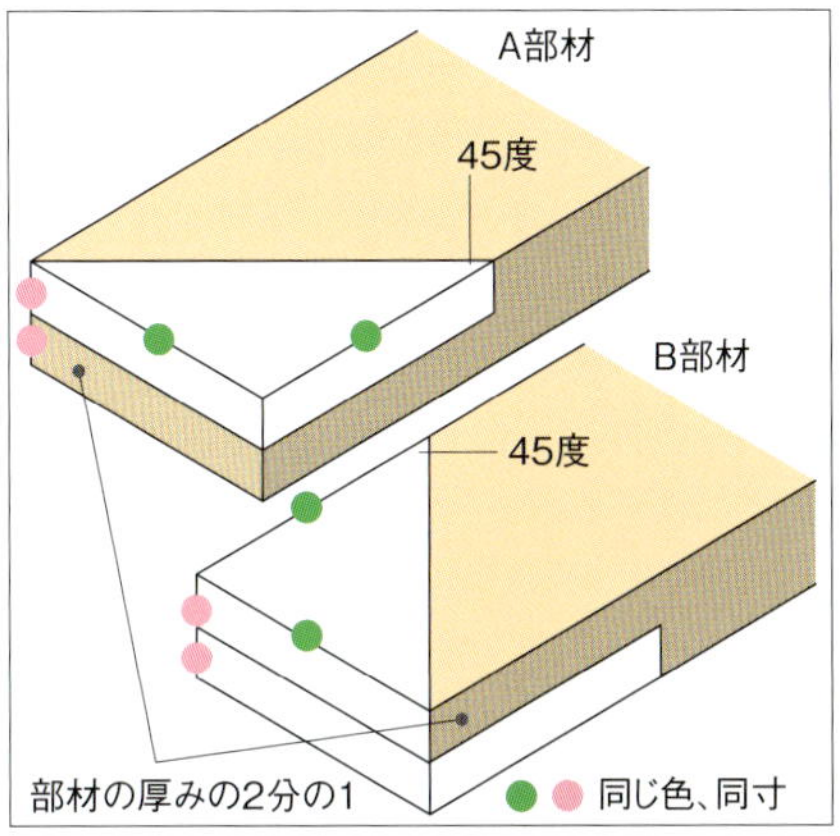

1 A部材を作る。縦挽き丸のこ刃を使う。平行定規を部材を切る位置に合わせ、丸のこ刃の高さを調整。平行定規に部材の平面を押し付け、木口から木の厚みの２分の１のところに丸のこ刃を当て、斜めの切れ目を入れる。

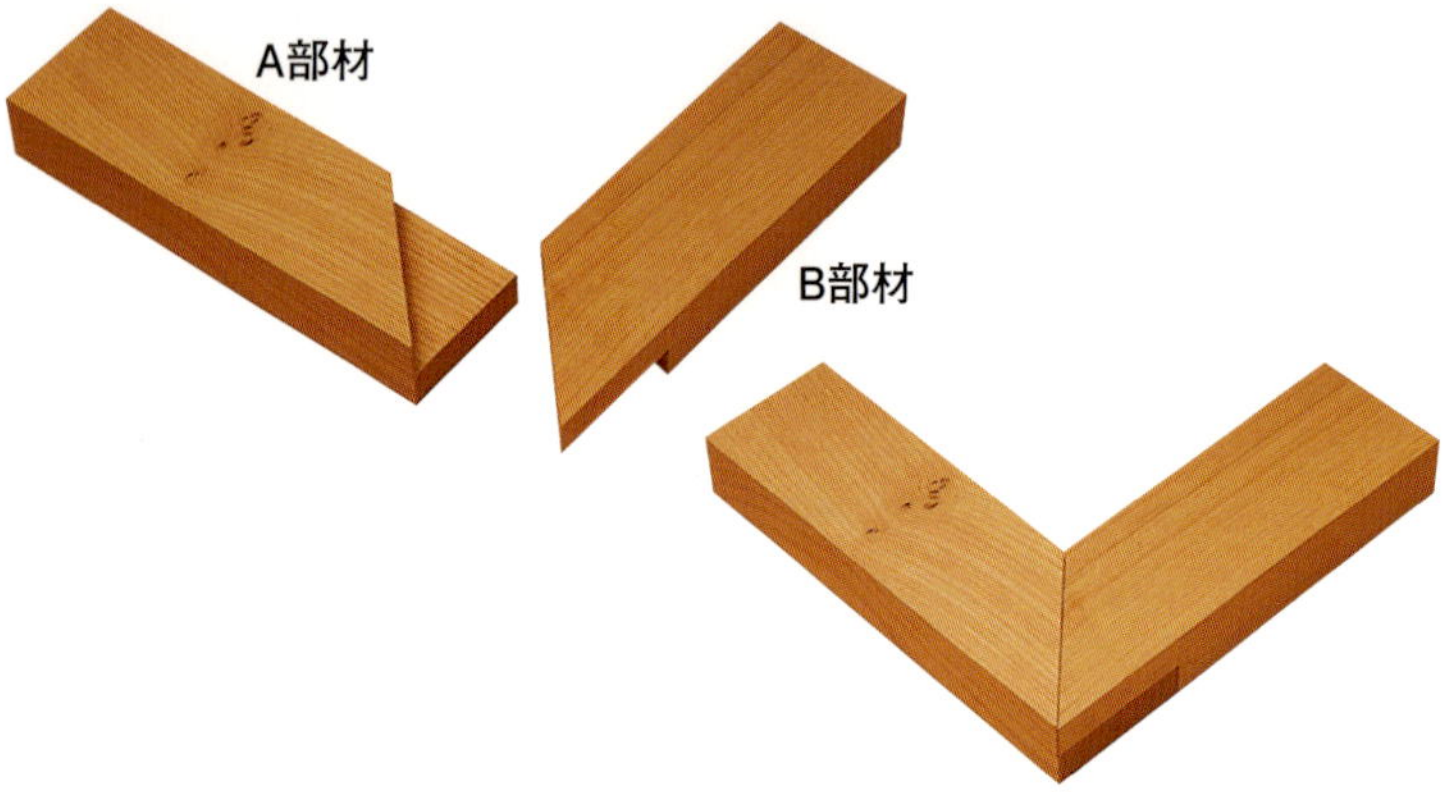

2 B部材を作る。横挽き丸のこ刃を使う。部材を切る位置に平行定規を合わせる。丸のこ刃の高さを部材の厚みの２分の１の高さに調整。部材の木口を平行定規に押し当てながら、部材の平面に切れ目を入れる。

3 部材を切る位置に平行定規を合わせる。丸のこ刃の高さを調整。部材を縦に持ち、部材の平面を平行定規に、木口を下にし、木端側から丸のこ刃を当て、欠く部分を切り落とす。

4 角度定規を 45 度にし、部材が動かないように部材の端にストッパーをクランプで固定する。

5 45 度に欠く部分を切り落とす。

6 A部材を作る。部材が動かないように部材の端にストッパーをクランプで固定し、三角形の不要部分を切り落とす。

7 両部材を組み合わせて、でき具合を確認する。

十字面腰相欠き接ぎ

おもに框組みを支える中桟の接合部に使われる。「十字形相欠き接ぎ」よりも装飾性に富む接ぎ手。

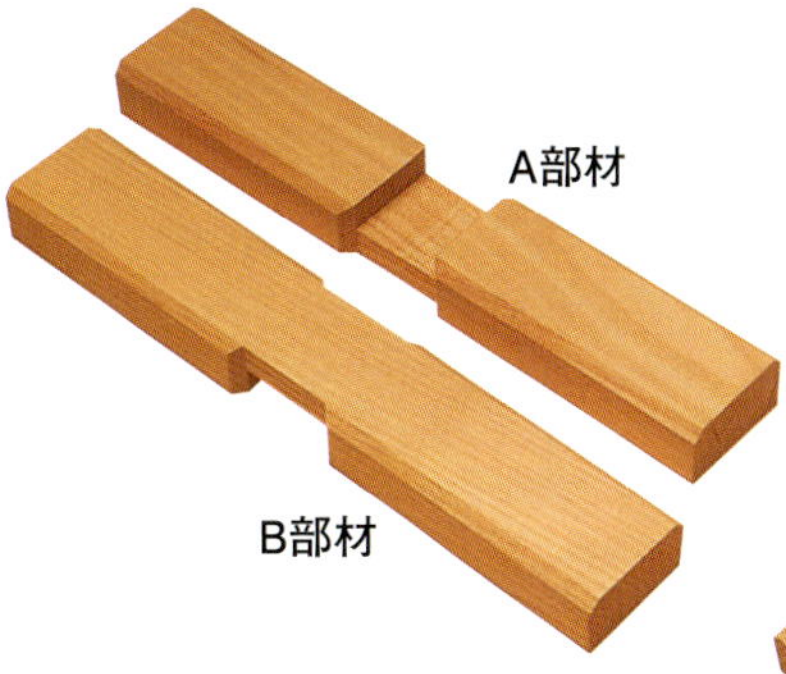

●部材の採寸、墨付け

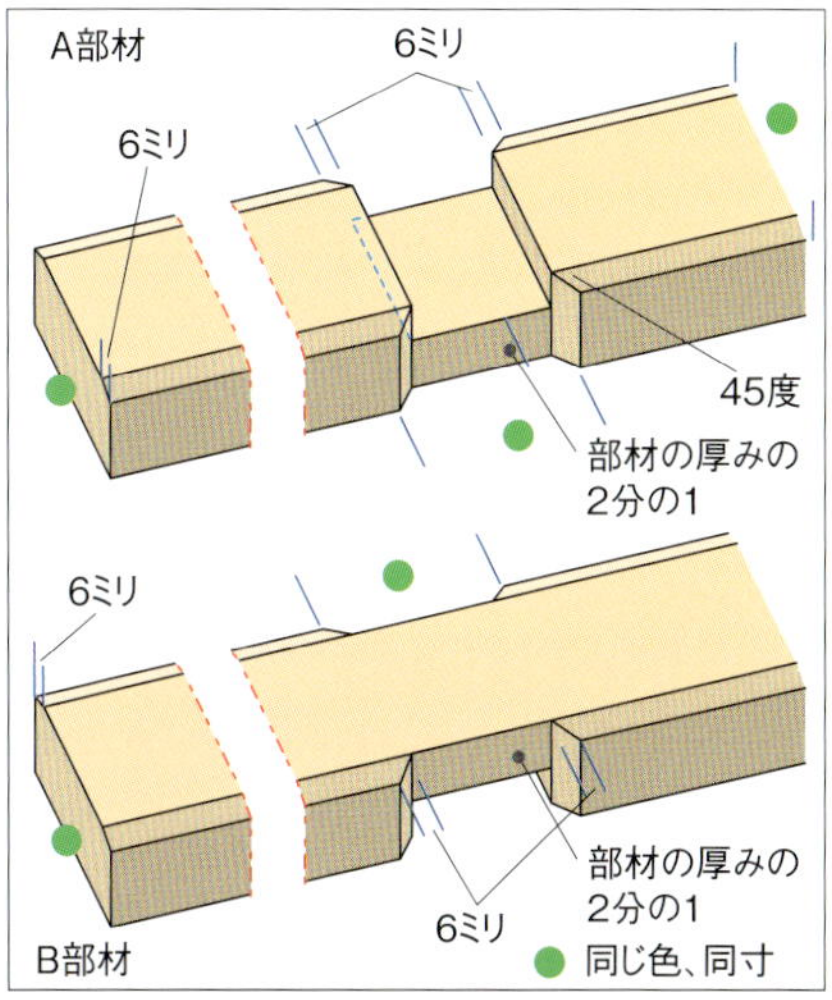

1 A部材を作る。丸のこ刃を45度に倒し、切る高さに合わせる。平行定規を切る位置に調整。木口を平行定規に、平面を角度定規に押し当てて、木端に45度の切り込みを入れる。

2 部材の左右を反対にし、同様に45度の切り込みを入れる。

3 組み合わせる部材の幅と合っているか確認。

4 反対側の木端にも同様の切り込みを入れる。

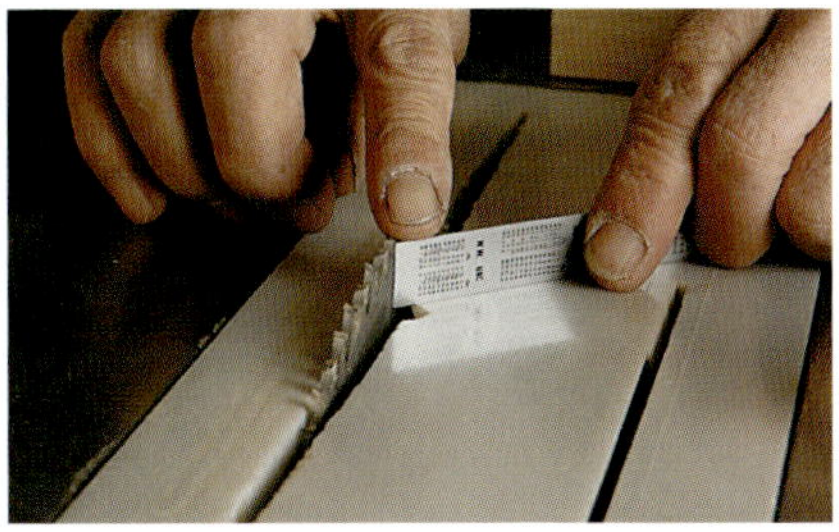

5 丸のこ刃の高さを部材の厚みの2分の1の高さに合わせる。

6 凹部となる平面に切れ目を入れ、部材を少しずつずらしながら、凹部を広げていく。切れ目を入れた部材を裏返しにした状態(下)。

7 凹部を作った状態。

8 ルーター盤を使う。部材を彫る位置に合わせて、ストッパーをルーターの定盤上に取り付ける。

9 ルーターのビットを選び、ビットの高さを調整。木端面の凹部を彫る。

10 反対側の木端面の凹部も彫る。

11 丸のこ刃を45度に倒す。平行定規にあて木を添わせる。当て木を定盤上から浮かして取り付ける(切り取った部材の切れ端の逃げ道を作るため)。部材の木端を当て木に押し当てて、部材の角を切り落とし、面取りをする。

12 写真の上のものは、部材の角を45度に削るかんなの治具。

13 45度の治具に部材をセットし、かんなで部材の角をきれいに面取りする。

14 部材の凹部をやすりで平らにする。
B部材も同様の方法で作るが、面取り側が反対になる。

15 両部材を組み合わせて、でき具合を確認する。組み合わせた部材の裏面（下）。

組み接ぎ

単純な「組み接ぎ」は框組みの接合部に、装飾性の高い「組み接ぎ」は箱組みの接合部に使われることが多く、強度もあり、見た目にも美しい。

矩形三枚組み接ぎ

おもに框の接合部に使われる。両部材の木口の厚みを3等分し、凸部材と凹部材を作り、組み合わせる。

●部材の採寸、墨付け

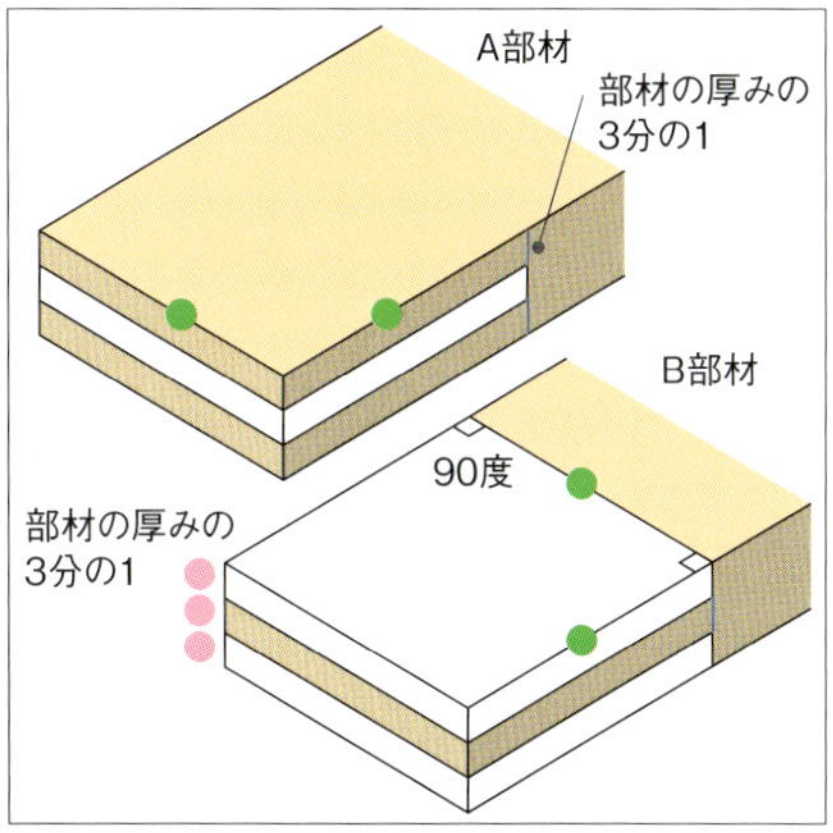

1 B部材を作る。丸のこ刃を垂直にし、丸のこ歯の高さを部材の厚みの3分の1の高さに調整。部材を切る位置に平行定規を合わせ、部材の木口を平行定規に押し当てて、平面に切れ目を入れる。

反対側の平面にも同様にして、切れ目を入れた状態。

2 A部材を作る。B部材の切れ目に合わせて丸のこ刃の高さを調整。

3 平行定規を切る位置に合わせ、部材の平面を平行定規に押し当てながら、凹部の切れ目を入れる。

4 平行定規を少しずつずらして切れ目を入れ、凹部の幅を広げる。

5 凹部の幅を測り、B部材（凸部材）の厚み幅と合っているかを確認。

6 B部材を作る。平行定規を切る位置に合わせる。部材の平面を平行定規に押し当てながら、凸部となる片側に切れ目を入れ、不要部分を切り落とす。反対側も同様にして、不要部分を切り落とす。

7 両部材を組み合わせて、でき具合を確認する。

T字形三枚組み接ぎ

おもに框の中間を支える接ぎ手。円形テーブルの幕板と脚部の接合部などにも使われる。横方向の力に対して強い。A部材は前ページの「矩形三枚組み接ぎ」のA部材に同じ。

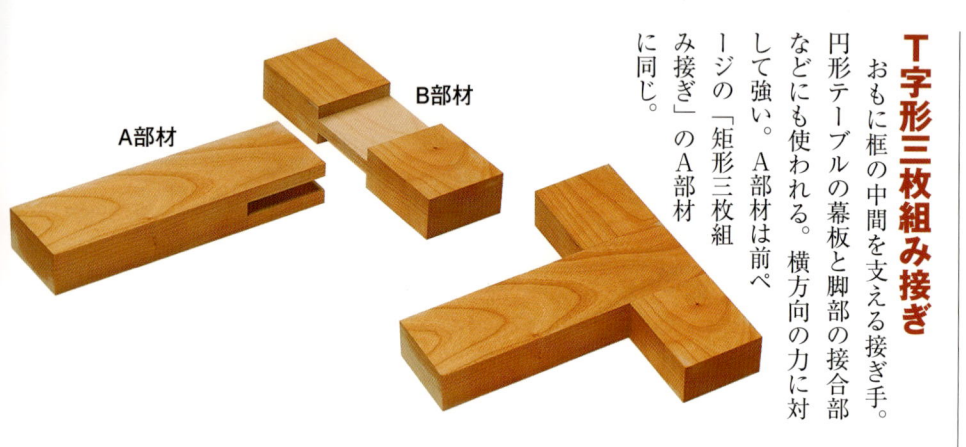

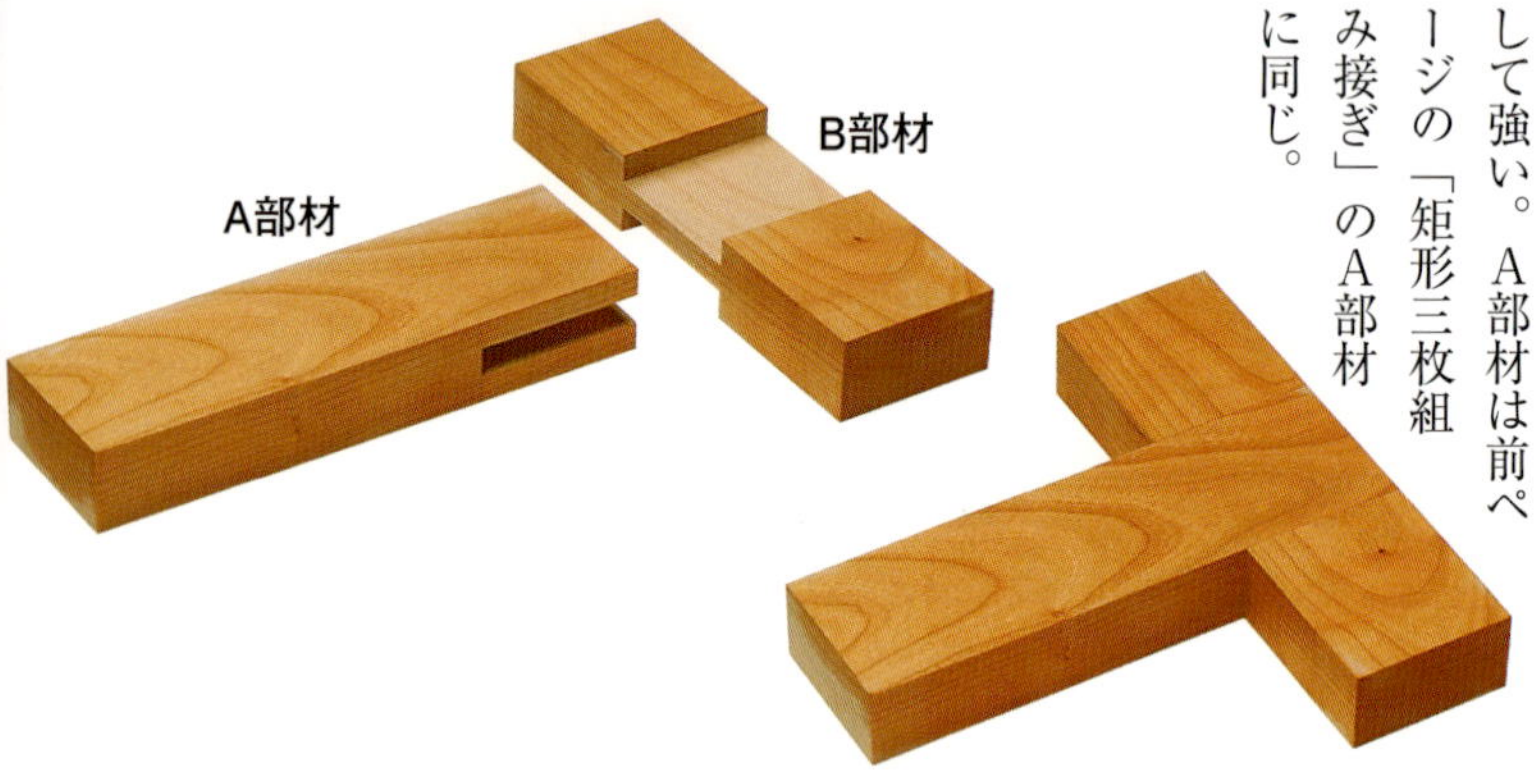

●部材の採寸、墨付け

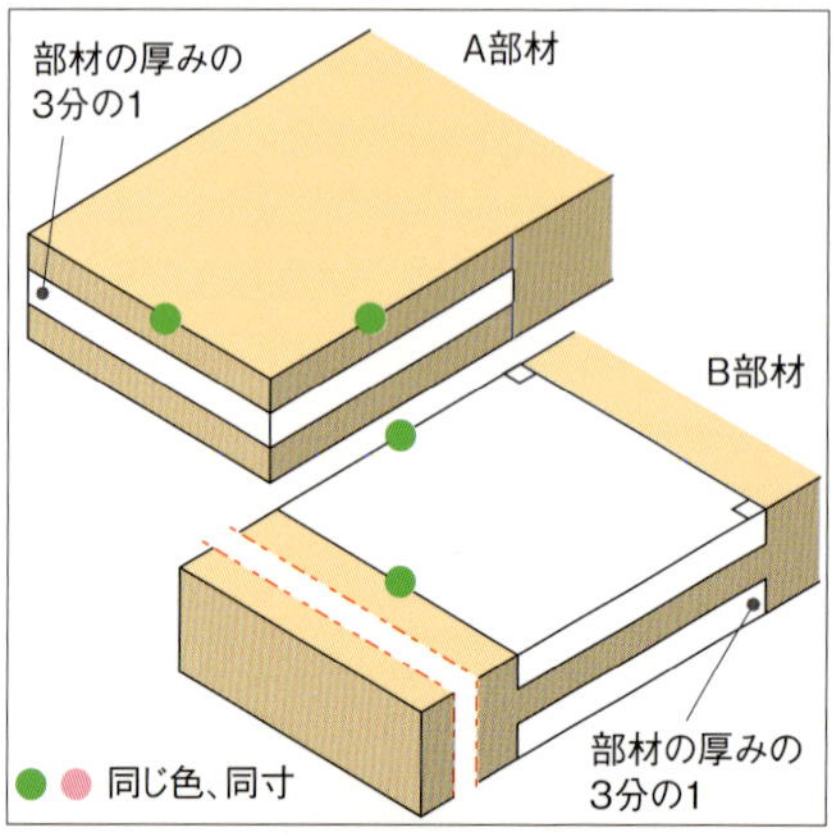

1 B部材を作る。平行定規を部材を切る位置に調整。丸のこ刃を垂直にし、部材の厚みの3分の1の高さに調整。部材を寝かせ、木口を平行定規に押し当て、前に押し切る。

2 部材の反対側にも同様に切れ目を入れる。

3 部材を左右にずらしながら、凹部を広げる。反対側も同様にして凹部を作る。

4 A部材を作る。部材と平行定規の距離を調整。丸のこ刃の高さを切る位置に合わせる。部材を縦に持ち、平行定規に平面を押し当てながら、木端から切れ目を入れる。

矩形二枚組み接ぎ

框構造の接合部に使われる接ぎ手方法。「二枚組み接ぎ」は接合部を2等分しているが、接合部を3等分したものが「三枚組み接ぎ」。

矩形二枚組み接ぎ

矩形三枚組み接ぎ

両部材の接合部

●部材の採寸、墨付け

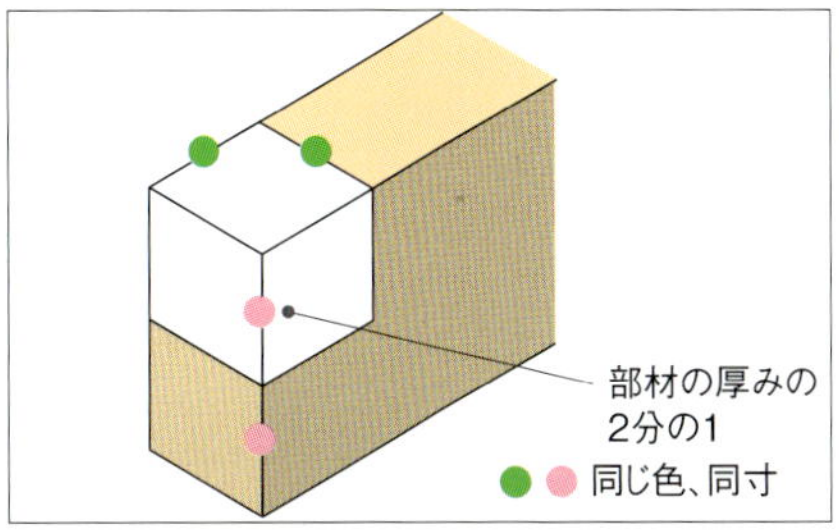

1 丸のこ刃を垂直にし、部材の幅の2分の1の高さに調整。部材を切る位置に丸のこ刃が当たるように、平行定規を調整。部材の木端を下にして、木口を平行定規に押し当て、切る部材の後ろ側に治具を添えながら、前に押し切り、切れ目を入れる。もう一方の部材も同様に切る。

2 部材を縦に持ち、平行定規と丸のこ刃の距離を調整し、丸のこ刃の高さを切る位置に合わせる。切り落とす反対側の木端を平行定規に押し当てて、切る部材がぶれないように治具を添えながら押し切り、不要部分を切り落とす。もう一方の部材も同様に切る。

3 両部材を組み合わせ、でき具合を確認する。

5 部材を返して反対側にも切れ目を入れる。平行定規をずらしながら切り、凹部を広げる。

6 両部材を組み合わせて、でき具合を確認する。

矩形いすか組み接ぎ

おもに框組の接合部に使われる。「いすか」というのは、イスカという鳥の口ばしの形状にちなむ。

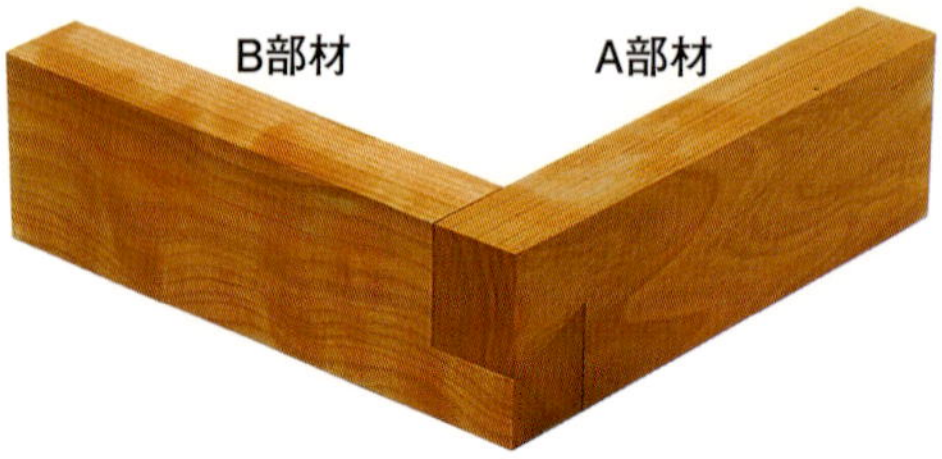

●プロセス写真の部材の採寸、墨付け

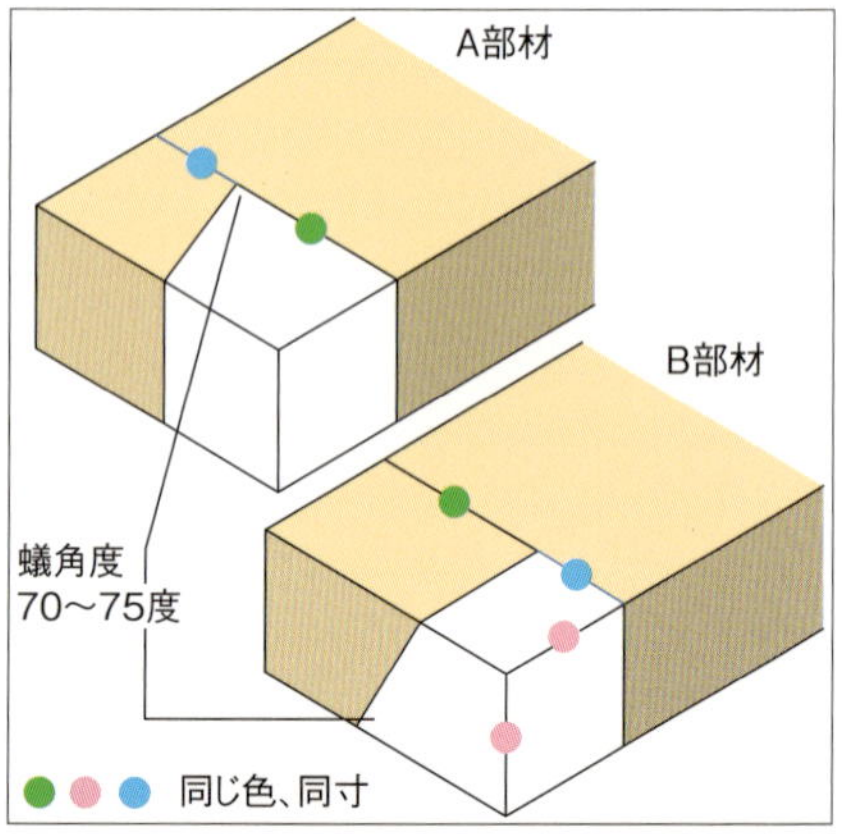

1 A部材を作る。部材を切る位置に平行定規を合わせる。丸のこ刃を垂直にし、丸のこ歯の高さを調整。部材の木口を平行定規に押し当て、木端を下にして、垂直の切れ目を入れる。

2 B部材を作る。部材の木口を平行定規に押し当て、木端を下にして、垂直の切れ目を入れる。

3 角度定規を70〜75度にし、部材を縦に持ち替える。部材の角度がぶれないように角度定規に当て木を添えてクランプで固定する。部材を前に押し切り、不要部分を切り取る。

4 平行定規をずらし、さらに内側に切れ目を入れる。

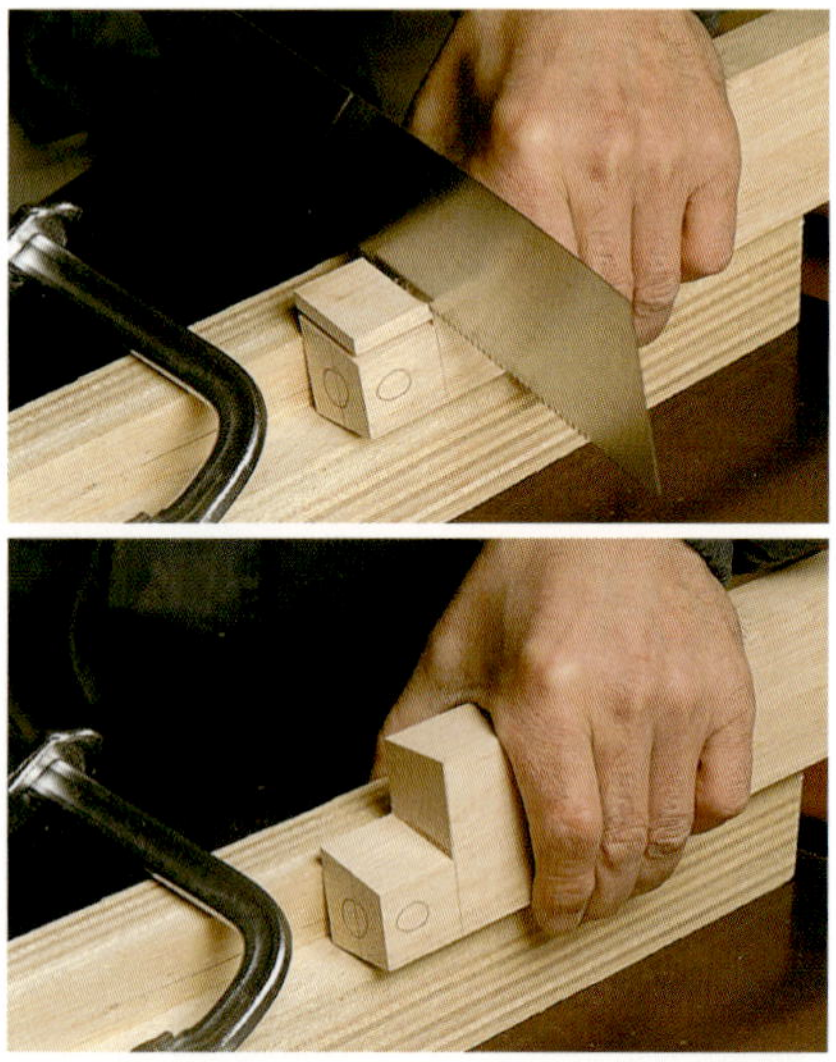

5 のこぎりで切り残し部分を切り、不要部分を切り取る。

6 切り口に丸のこ刃の切り残し部分ができる。のみで切り口をきれいに整える。

7 A部材を作る。角度定規を平行定規に対して直角にし、丸のこ刃の角度を倒して、不要部分を切り取る。

8 B部材の切り口をのみできれいに整える。

9 両部材を組み合わせて、でき具合を確認する。左がA部材、右がB部材。

矩形組み手接ぎ

「石畳組み接ぎ」「あられ組接ぎ」とも言われる。おもに箱や引き出し、キャビネットなどの箱物の接合部に使われる。櫛の歯状の接合部は強度を高めるだけでなく、装飾性の一面も持ち合わせている。治具とルーターを使って作る方法もあるが、ここでは昇降盤を使って製作した。

●部材の採寸、墨付け

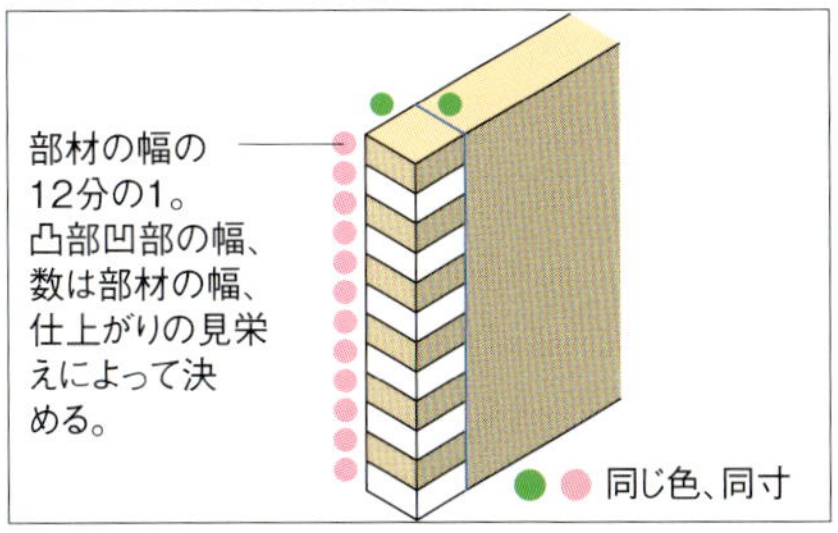

部材の幅の
12分の1。
凸部凹部の幅、
数は部材の幅、
仕上がりの見栄
えによって決
める。
同じ色、同寸

1 平行定規を部材を切る位置に合わせ、丸のこ刃を垂直にし、高さを調整。2つの部材の木口を下にし、立てて重ね、溝になる部分に切れ目を入れる。

2 部材を少しずつずらし、他の溝にも切れ目を入れながらそれぞれの溝の幅を広げていく。

蟻《あり》組み接ぎ

おもに箱や引き出し、キャビネットなどの箱物の接合部に使われる。台形をした蟻形は、たいへん強固な接ぎ手であると同時に、装飾性も兼ね備えている。蟻の勾配角度は、ほぼ決まっているが、その大きさ、数、蟻組みの形は多様である。

蟻角度の目安は70～75度。蟻組みの採寸は、まず、部材の幅に対して蟻の数を決め、個々の蟻の幅を決める。左のような写真の蟻形の治具を作っておくと便利。

●部材の採寸、墨付け

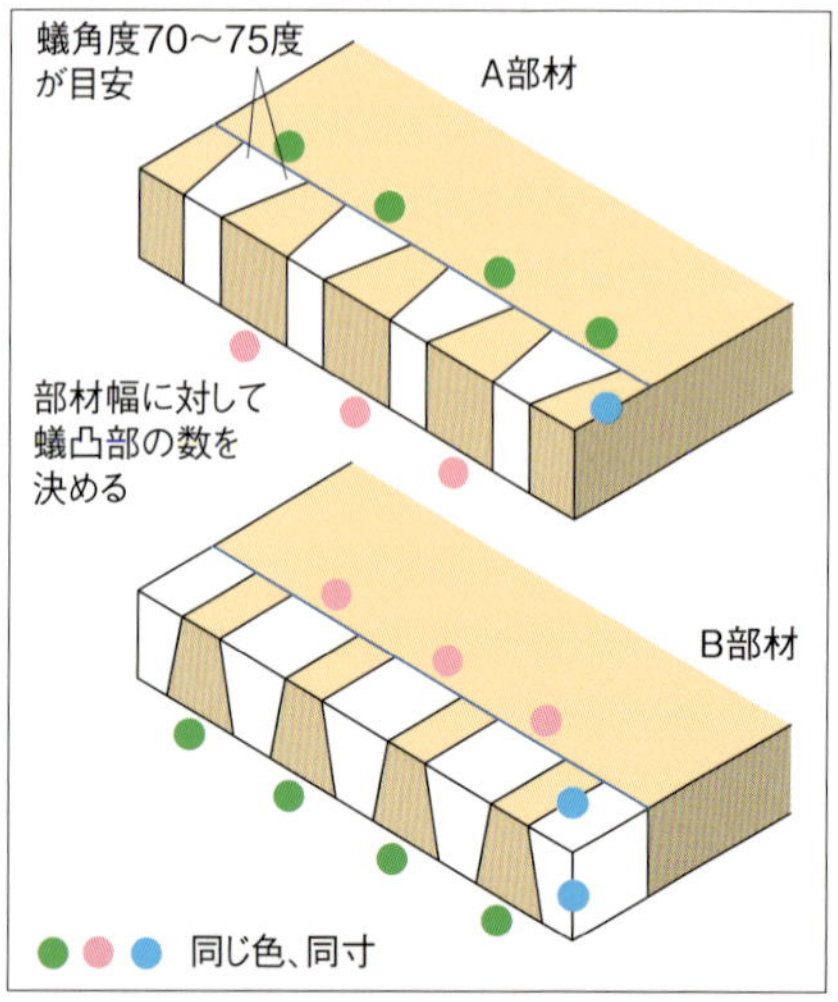

1 A部材を作る。昇降盤の平行定規を部材を切る位置に合わせる。丸のこ刃の高さ、丸のこ歯の角度を蟻角度に合わせる。部材の木端を平行定規に、平面を角度定規に押し当てながら、蟻形の凹部に切れ目を入れる。

2 部材の左右を逆にしながら、蟻形の反対勾配の凹部に切れ目を入れ、部材を少しずつずらしながら切り、蟻形の凹部を半分ぐらいまで切り広げていく。

3 平行定規の左側で部材を切った状態。

3 溝を彫り終わったら、部材の木端を下にし、部材を平行定規から少し離して、部材のいちばん下の先端を小さく切り落とす。部材の木口を平行定規に押し当てた状態で、そのまま根元から切ると、切り離された不要部分がのこぎりの回転で飛ばされる危険がある。それを防ぐために、あらかじめ短く切っておく。

4 組の根元に丸のこ刃を当てて、不要部分を切り落とす。

5 両部材を組み合わせて、でき具合を確認する。

通し蟻《あり》組み接ぎ

おもに箱や引き出し、キャビネットなどの箱物の接合部に使われる。接合部の片側に蟻の形が交互に組まれ、見た目にも美しい。

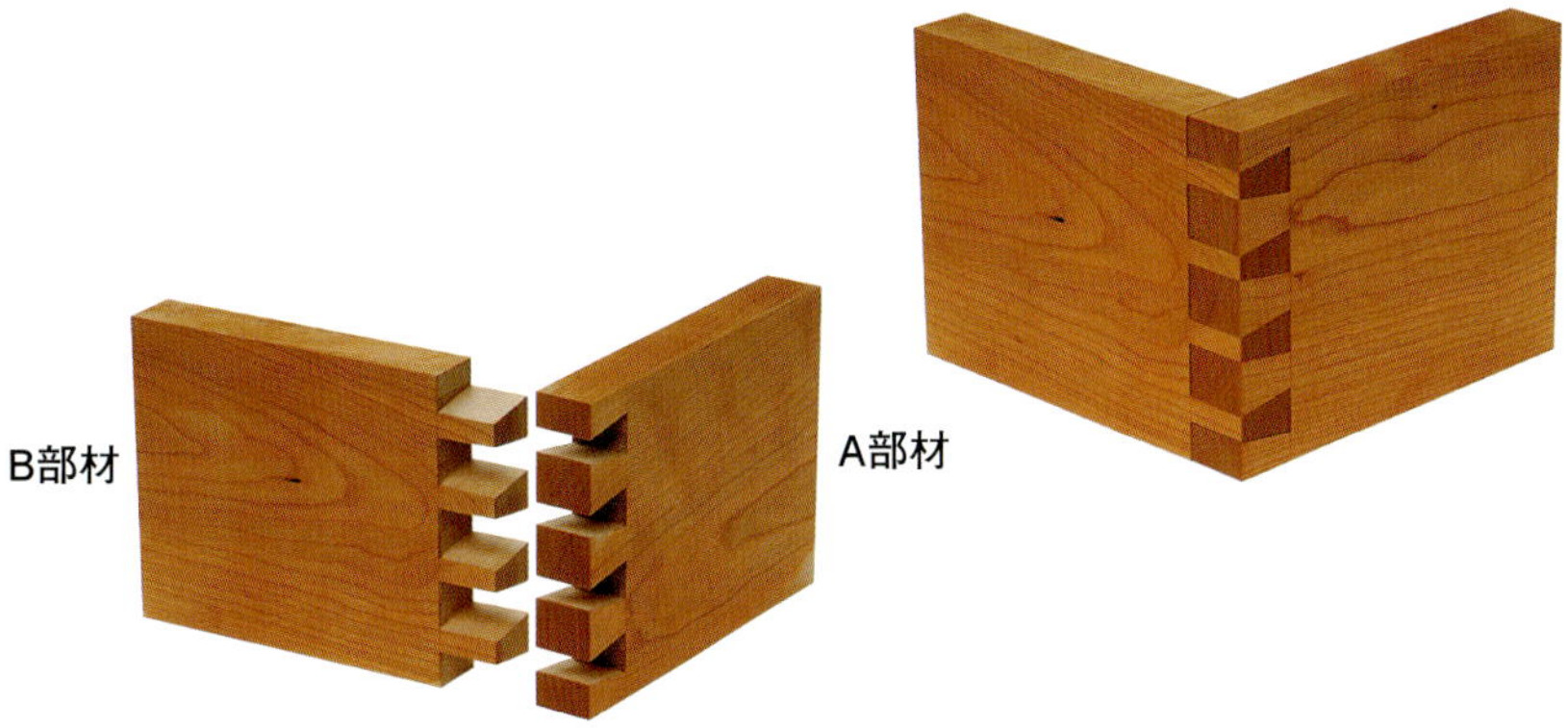

4 平行定規が丸のこ刃の左側にくるようにセットし直す。丸のこ刃を蟻角度に合わせ、蟻形の残りの凹部を切り広げていく。

5 B部材を作る。角度定規の角度を蟻形の勾配角度に合わせる。丸のこ刃の高さを調整。部材の平面を角度定規に押し当てながら、蟻部に切れ目を入れていく。

6 部材をずらしながら蟻部を半分ぐらいまで広げていく。

7 角度定規の角度を逆に変え、反対側の蟻形の勾配に切れ目を入れていく。部材を少しずつずらし、残りの蟻部の不要部分を切り取っていく。

包み蟻《あり》組み接ぎ

おもに箱や引き出し、キャビネットなどの箱物の接合部に使われる。蟻の木口部分を包んだ形。接合部の片側に蟻形が現れる。引き出しの前板と側板の接合に最適な接ぎ手。

●部材の採寸、墨付け

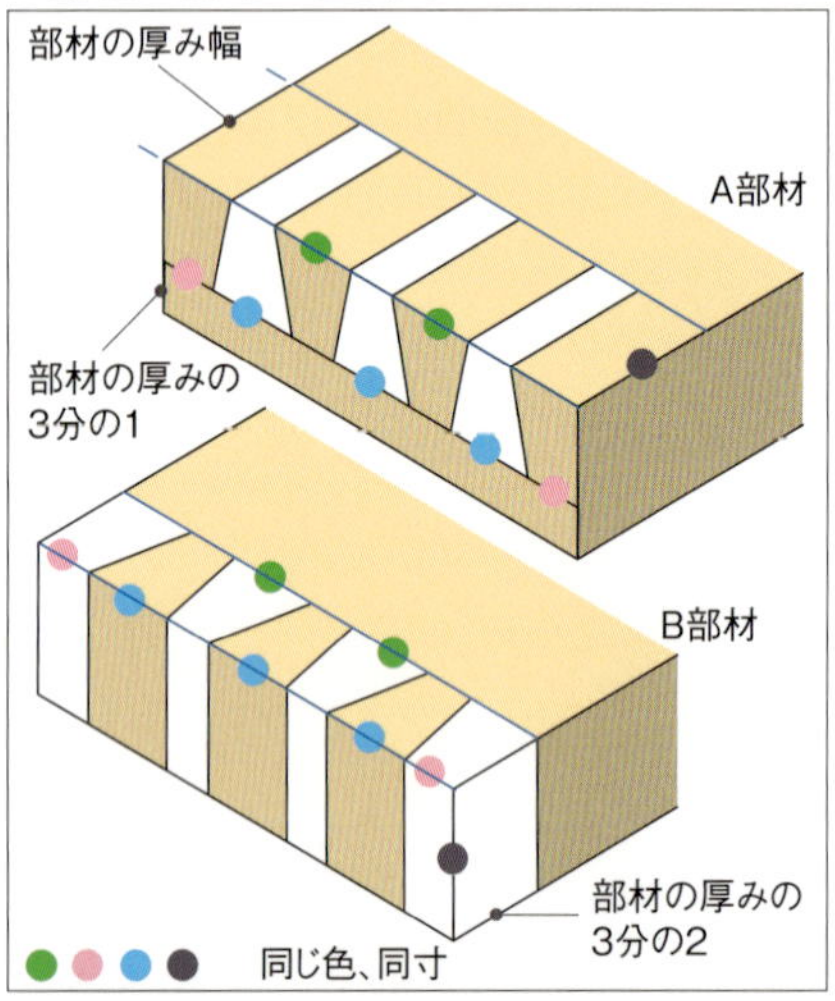

1 A部材を作る。のこぎりで蟻の勾配に沿って、部材の厚みの3分の2まで切れ目を入れる。

8 蟻部の凹部を1つ作った状態。

9 平行定規を部材を切る位置に合わせ、角度定規を直角に直す。蟻部の両端の不要部分に切れ目を入れる。

10 切り残し部分をのこぎりで切り、不要部分を取り除く。

11 両部材の蟻部の形。組み合わせて、でき具合を確認。

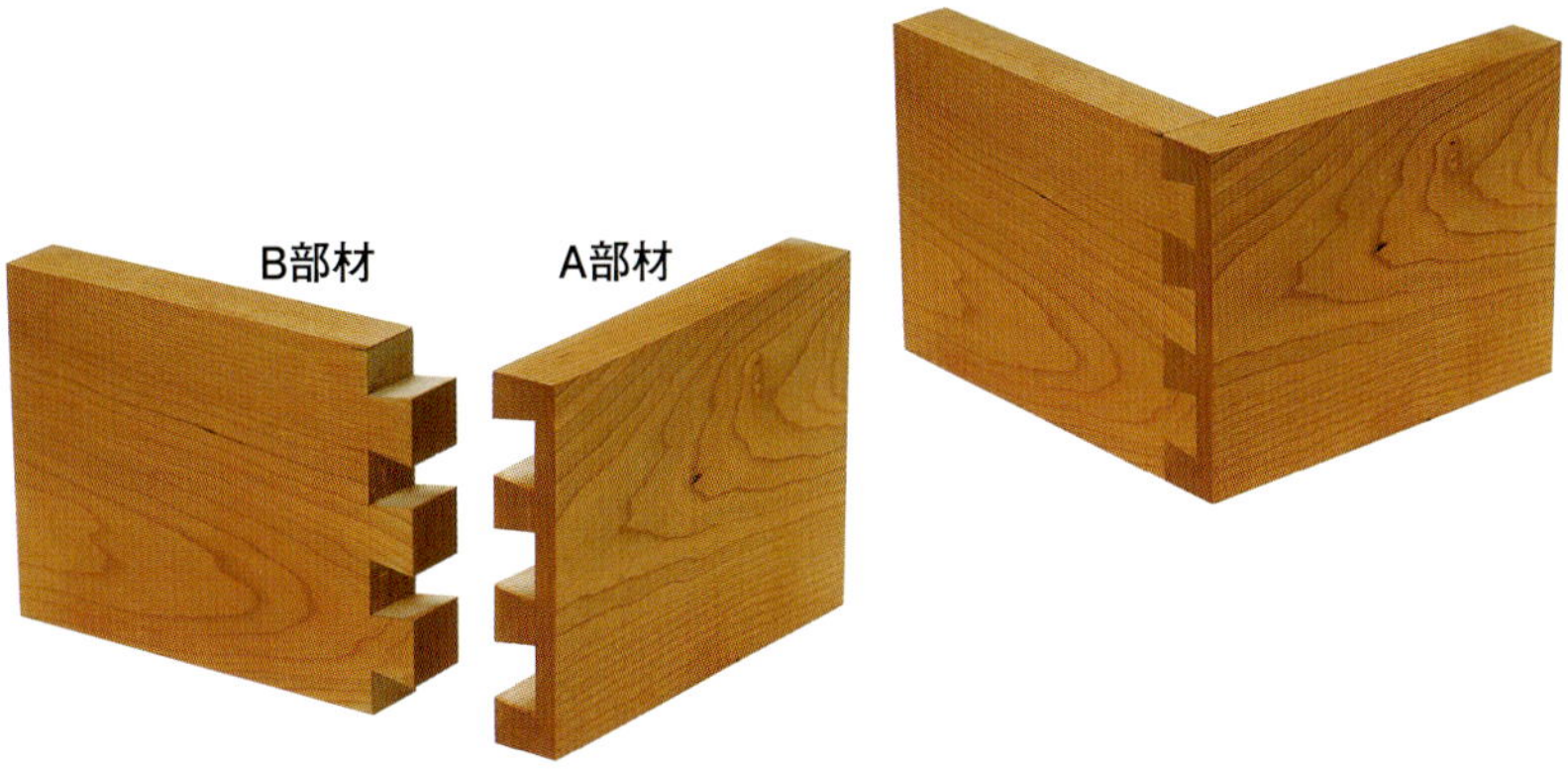

2 部材をクランプで固定し、ルーターを使って蟻部を大まかに彫る。

3 ルーターを使って部材の厚みの３分の２まで彫ったところ。

4 ルーターで彫った蟻部の凹部の彫り残し部分を蟻の形に沿って、のみできれいに削り取る。

5 Ｂ部材を作る。平行定規を部材を切る位置に合わせ、丸のこ刃の高さを調整。部材の木口を平行定規に押し当てて、蟻の不要部分に切れ目を入れる。反対側にも同様に切れ目を入れる。

6 両木端に切れ目を入れた状態。

7 丸のこ刃の角度を蟻勾配角度に合わせ、蟻部に切れ目を入れる。

8 部材の表裏を逆にして、反対側の蟻勾配に切れ目を入れていく。

9 部材をずらしながら蟻部の凹部を半分ぐらいまで広げる。

10 丸のこ刃の角度はそのままにし、平行定規が部材の左側にくるようにセットし直す。部材を平行定規から少し離し、蟻部の両端の不要部分を切り落とす。いきなり不要部分から切り込まずに、不要部分の側端を少しだけ切り取る。

11 反対側も同様に切り取る。

12 先端を少し切り落としてから、蟻部の両端不要部分を切り落とす。

13 不要部分を切り落としたら、部材の木端を平行定規に押し当て、反対側の蟻勾配に切れ目を入れていく。

14 部材の表裏を逆にして、反対側の蟻勾配に切れ目を入れる。

15 部材を少しずつずらし、蟻部の溝を広げる。

16 両部材の蟻部の形。組み合わせて、でき具合を確認する。

包み隠し蟻《あり》組み接ぎ

キャビネットなどの箱物の接合部に使われる。外見では蟻形は見えず、「包み打ち付け接ぎ」と区別はつかないが、より強固である。

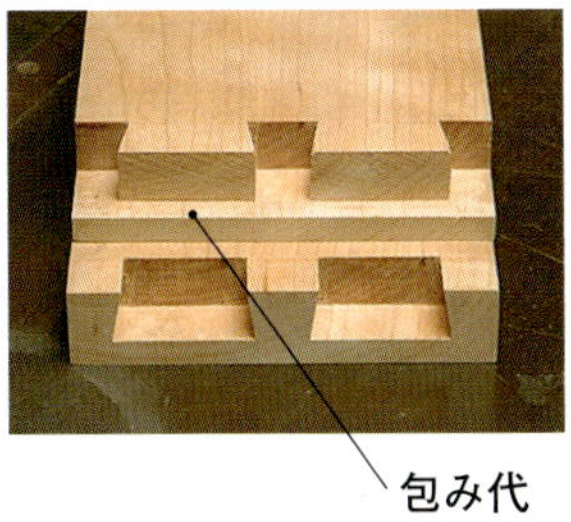

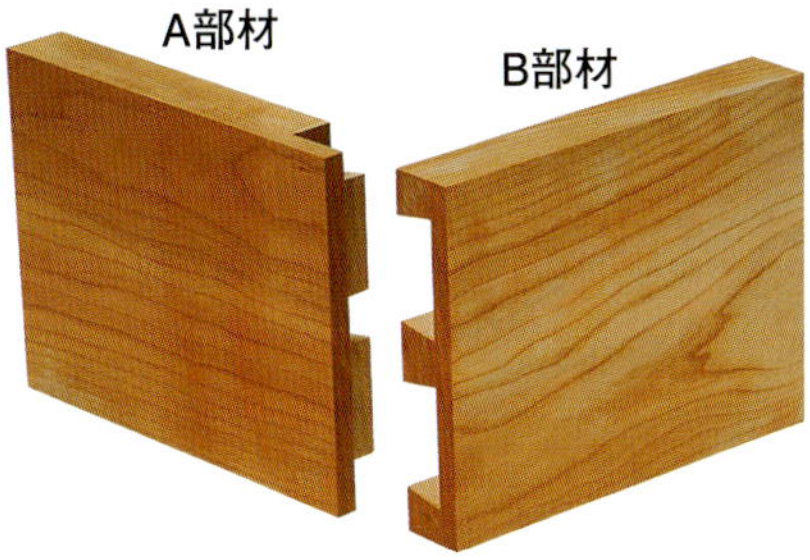

●部材の採寸、墨付け

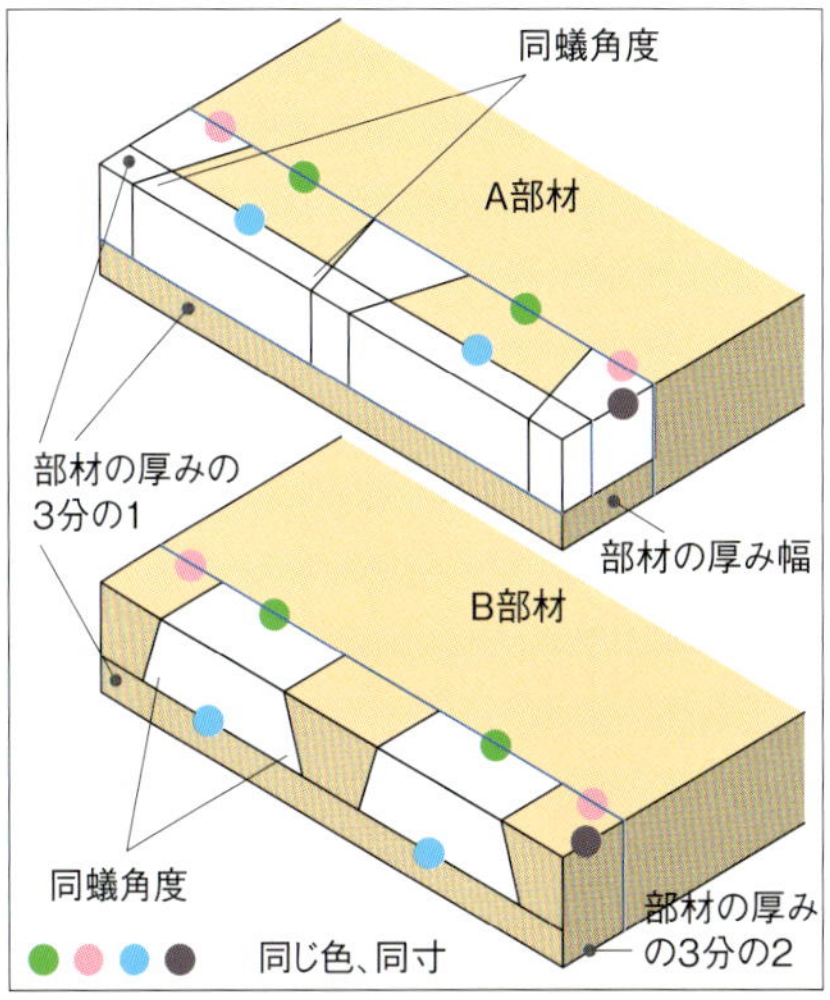

1 蟻形の治具を使って、木口と平面に墨線を引く。

2 A部材を作る。部材の厚みの3分の1を残し、蟻勾配の墨線に沿って、のこぎりで切れ目を入れる。

3 ルーターのビットを選び、ビットの深さを調整。

4 部材をクランプで作業台に固定し、ルーターで包み代をのこして蟻部を彫る。

5 ルーターで蟻部を粗削りした状態。

6 部材を作業台の隅にクランプで固定し、蟻部の底および両側の取り残しをのみできれいに削り取り、蟻部を整える。

7 平行定規の位置を調整し、丸のこ刃を部材の厚みの３分の２の高さに調整。部材の木口を平行定規に押し当てながら、包み代部分に切れ目を入れる。

8 包み代部分に切れ目を入れた状態。

9 丸のこ刃の高さを調整。蟻部の木口側を下にし、部材の平面を平行定規に押し当てながら、包み代部分に切れ目を入れ、不要部分を切り取る。

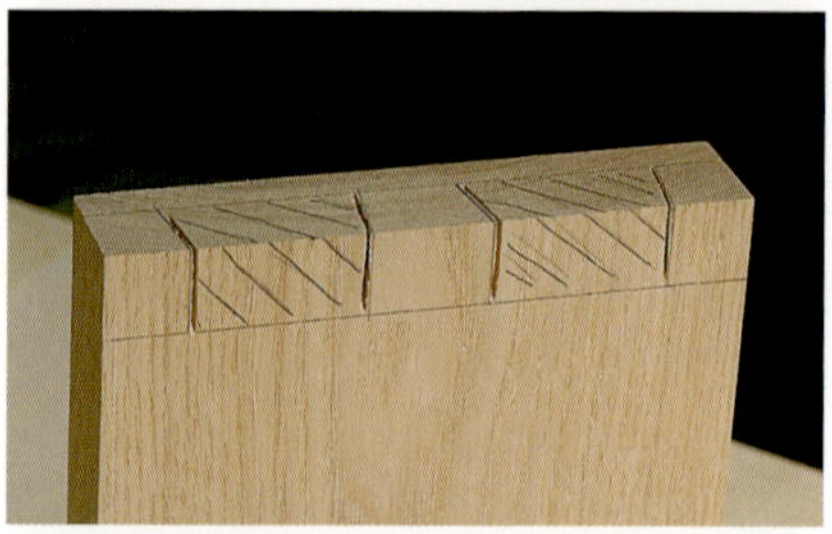

10 B部材を作る。部材の厚みの３分の１を残して蟻勾配に沿ってのこぎりで切れ目を入れる。

11 部材をクランプで固定し、ルーターで蟻の溝部を彫る。

12 ルーターで蟻の凹部を彫ったところ。

留形隠し蟻《あり》組み接ぎ

箱やキャビネットなどの箱物の接合部に使われる。接合部の外側が留形、接合内部は蟻形になっている。接合部分が見えないので、見栄えがよく、強固な接合技法。

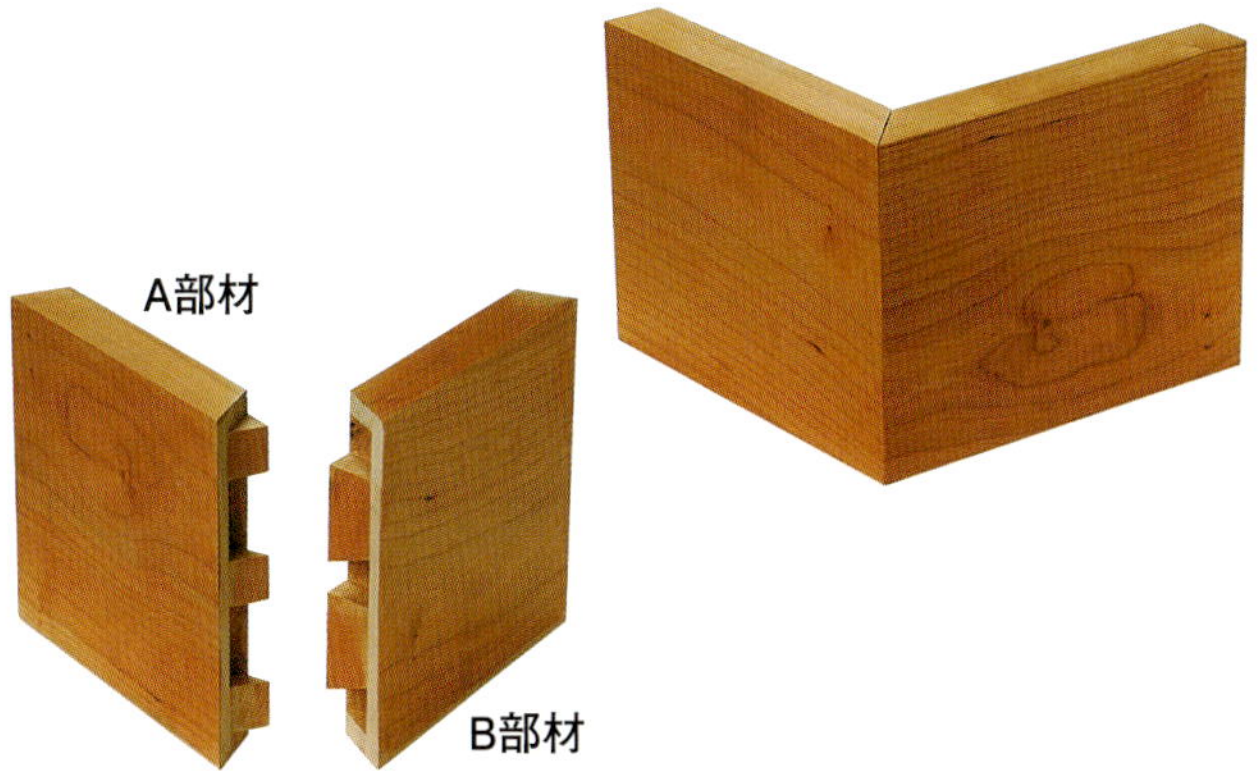

2 部材をクランプで固定し、ルーターで蟻部を彫る。

3 ルーターで蟻溝を彫った状態。

4 のみで蟻部のルーターの彫り残し部分を削り取り、蟻の形を整える。

●**部材の採寸、墨付け**

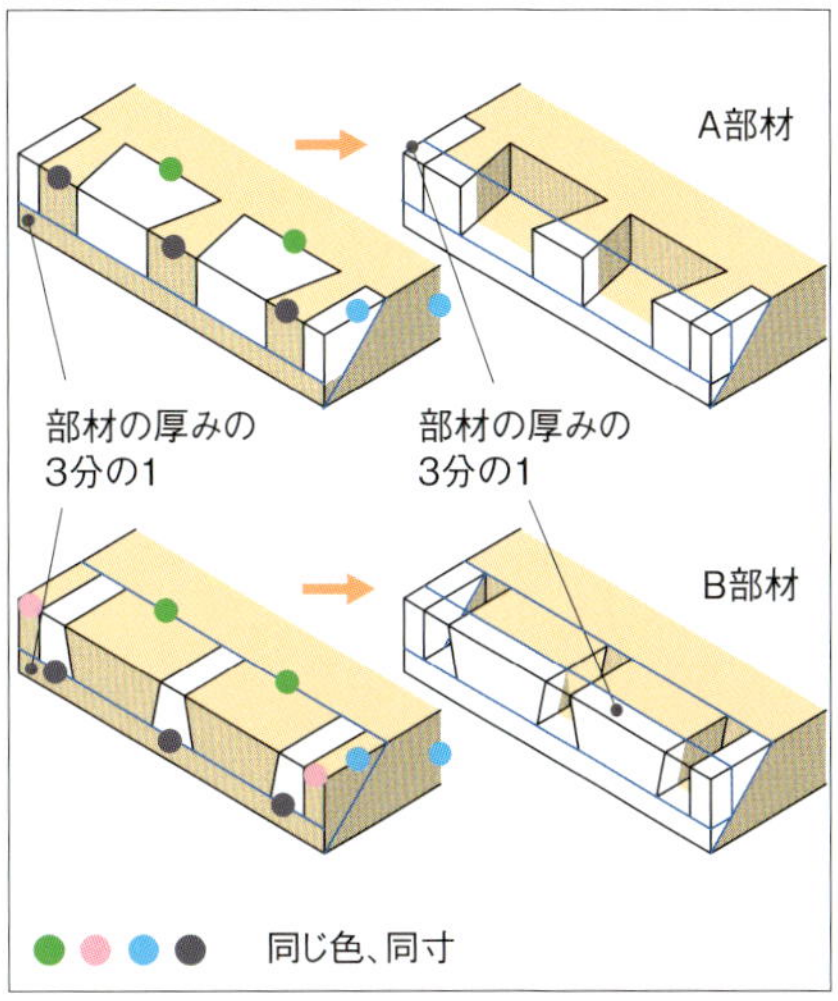

1 A部材を作る。部材の厚みの３分の１を残して、蟻勾配の墨線に沿ってのこぎりで切れ目を入れる。

13 部材を作業台の隅にクランプで固定し、蟻の凹部の底および両側の取り残しをのみできれいに削り取り、蟻溝部を整える。

14 両部材の蟻部の形。

15 両部材を組み合わせて、でき具合を確認する。

5 B部材を作る。A部材と同様に、部材の厚みの3分の1を残し、蟻勾配の墨線に沿ってのこぎりで切れ目を入れる。

6 ルーターで蟻の溝となるところを彫る。

7 のみで蟻部の取り残し部分を削り取り、蟻の形を整える。

8 部材を切る位置に平行定規を合わせ、丸のこ刃の角度を45度に調整。部材の木口を下にし、留形になる部分に切れ目を入れる。A部材も同様に切れ目を入れる。

9 A部材（右）、B部材（左）の小口の角から切れ目を入れた状態。

10 A部材を作る。丸のこ刃を垂直に戻し、丸のこ刃の高さを調整。角度定規を45度にし、蟻部の両端の不要部分に切れ目を入れる。

11 木端にも切れ目を入れた状態。

12 B部材を作る。丸のこ刃の高さを調整。角度盤はそのまま45度の状態で、蟻部の両端の不要部分を切り取る。このとき部材の木口側を平行定規に押し当てて、いきなり根元から切らずに、先端だけを少し切り落とす。木口側を平行定規に押し当てて切ると、切れ端が丸のこ刃にまかれて、飛ぶ危険がある。

13 先端を切り落としてから、根元に切れ目を入れる。

14 角度定規の角度を逆にし、部材の反対側の木端に切れ目を入れる。

15 A部材を作る。蟻部の両端の不要部分に切れ目を入れる。

16 平行定規の左側に当て木を定盤上から浮かした状態で取り付ける（切り落とした部分の逃げ道をあけるため）。丸のこ刃の高さを調整。部材の平面を下にし、木口を平行定規の当て木に押し当て、不要部分を切り取る。

17 B部材を作る。16と同様にして不要部分を切り取る。

18 両部材の蟻部の形。組み合わせて、でき具合を確認する。

追い入れ接ぎ

追い入れは部材の平面を横に彫った溝。部材の端部を追い入れの溝に差し込んで接ぐ方法。追い入れの形には、蟻形や胴付きなどがある。おもにキャビネットや収納家具などの棚の接合部に使われる。

通し追い入れ接ぎ

おもにキャビネットや収納家具などの棚の接合部に使われる。側板を横断して溝を彫り、その溝に棚板をはめ込む技法。側板の木端に追い入れの形が見える。

胴付き追い入れ接ぎ

おもにキャビネットや収納家具などの棚の接合部に使われる。側板を横断して溝を彫るが、側板の木端の少し手前で追い入れを止め、その溝に棚板をはめ込む技法。側板の木端に追い入れの形が見えない。

●通し追い入れ接ぎ

●部材の採寸、墨付け

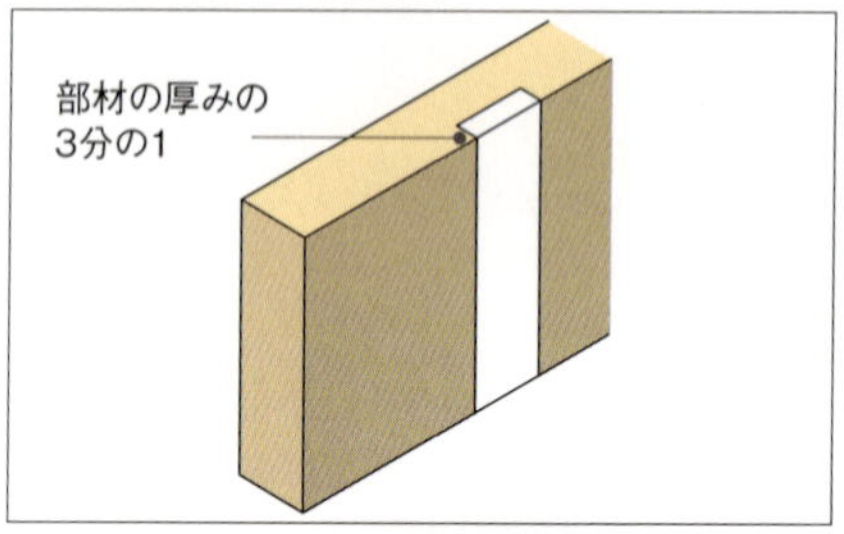

1 ルーターに取り付ける溝切り用ビットのサイズを選び、彫る深さを調整。

2 部材の木端からルーターのビットを当て、部材を前に押しながら、溝を彫る。このとき、部材の後端に当て木を添わせ、部材を彫り終わる側の木端にバリが出ないようにする。

3 当て木の木端にバリが出たところ。

4 もう一方の部材を組み合わせ、でき具合を確認。

●部材の採寸、墨付け

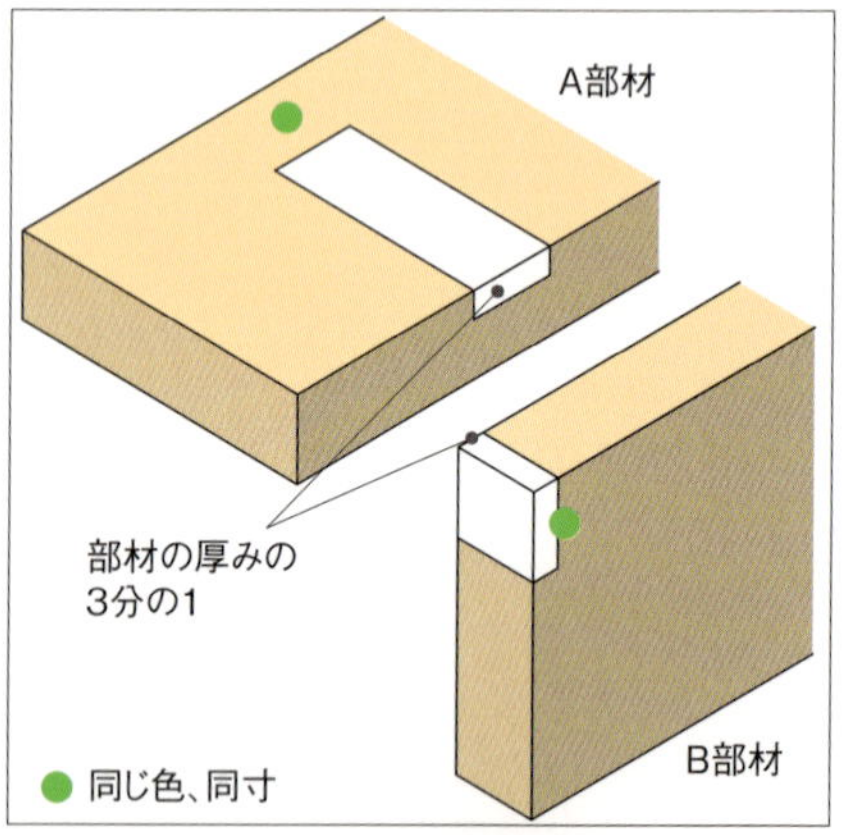

1 A部材を作る（追い入れを作る）。ルーターのビットを選び、ビットの深さを調整。

2 部材の木端からルーターのビットを当て、部材を前に押しながら、胴付き部を残し、溝を彫る。

通し片蟻《あり》形追い入れ接ぎ

おもにキャビネットや収納家具などの棚の接合部に使われる。側板を横断して片蟻形の溝を彫り、その溝に片蟻形の棚板をはめ込む技法。

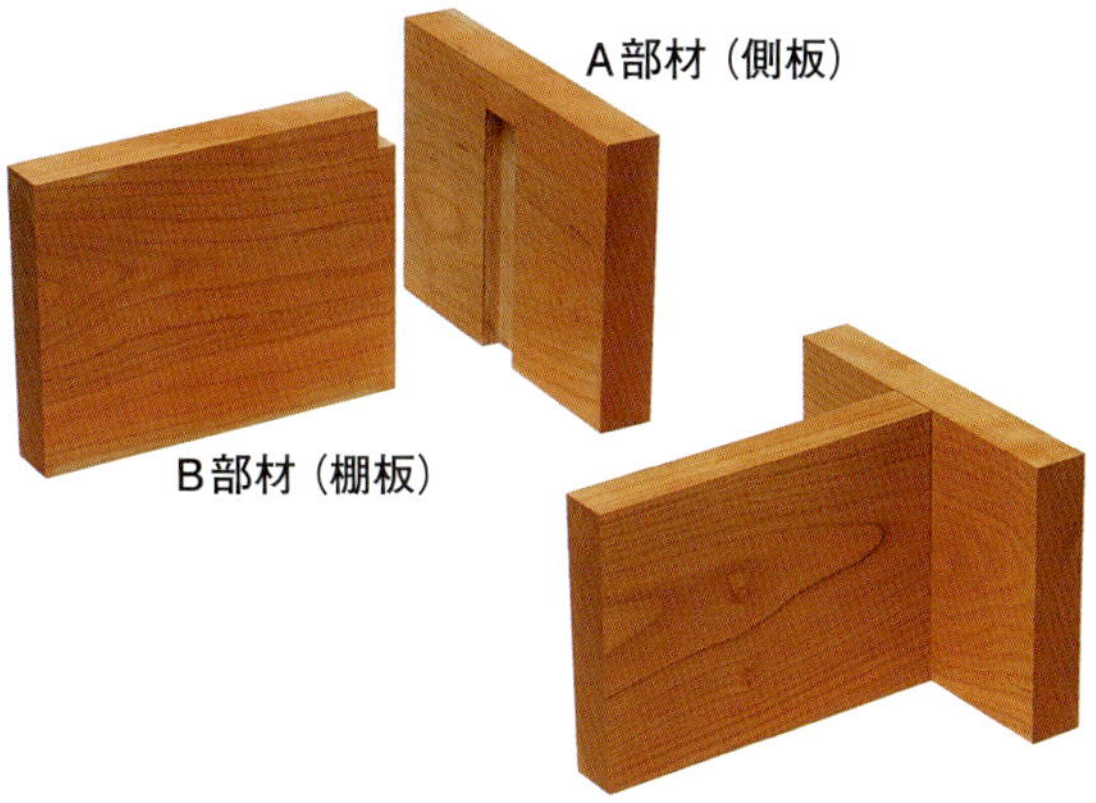

●部材の採寸、墨付け

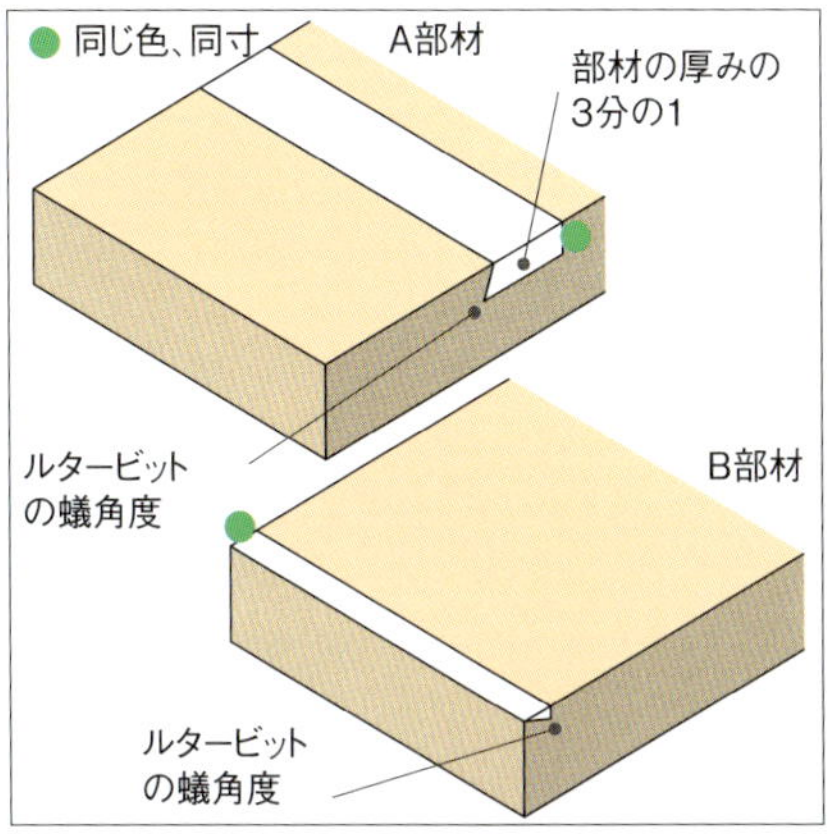

1 蟻溝用のビットをルーターに装着。ビットの深さを調整。

2 A部材を作る（追い入れを作る）。部材の木端からルーターのビットを当て、部材を前押しながら、溝を彫る。このとき、部材の後端にあて木を添わせ、部材を彫り終わる側の木端にバリが出ないようにする。

6 部材の木口を下にし、木端を平行定規から少し離して、先端を少し切り落とす。そして木端を平行定規に押し当てて、胴付き部の根元から不要部分を切り落とす。

7 でき上がった両部材（上）。組み合わせて、でき具合を確認する。

3 ルーターのビットで彫ると、彫りを止めたところは半円形になる。

4 のみで四角に整える。

5 B部材を作る。平行定規を切る位置に合わせる。丸のこ刃の高さを調整。部材の木口を平行定規に押し当てて、胴付き部となるところに切れ目を入れる。

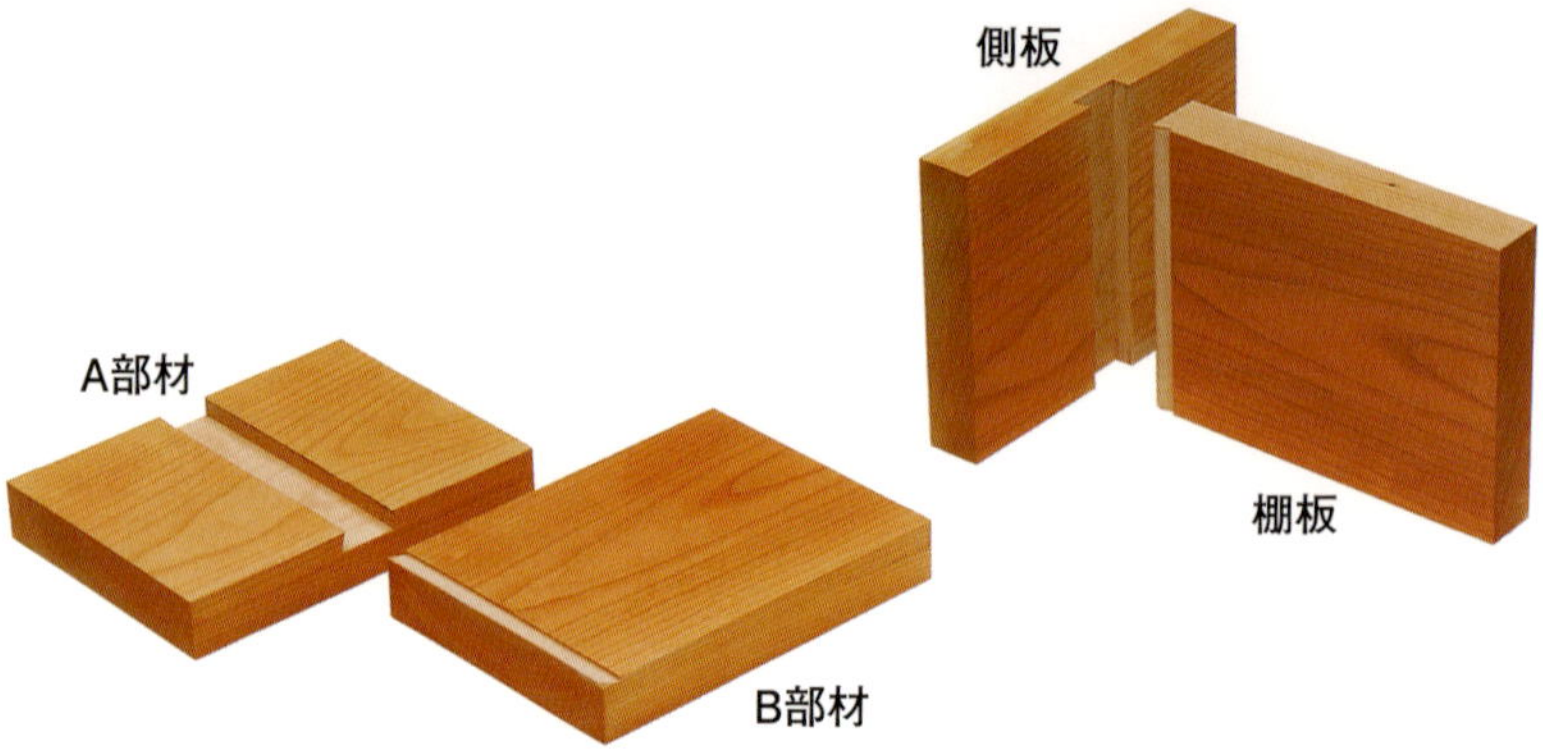

3 ルーターのビットを溝切り用に変える。

4 蟻形の溝の片側にビットを当て、蟻形の溝の側面を垂直に削る。

5 B部材を作る。昇降盤の平行定規を部材を切る位置に合わせる。丸のこ刃の高さを調整。部材を寝かし、木口を平行定規に押し当てて、平面に切れ目を入れる。

6 平行定規を部材を切る位置に合わせる。丸のこ刃の角度、高さを調整。部材の平面を平行定規に押し当てながら、蟻の角度に切る。

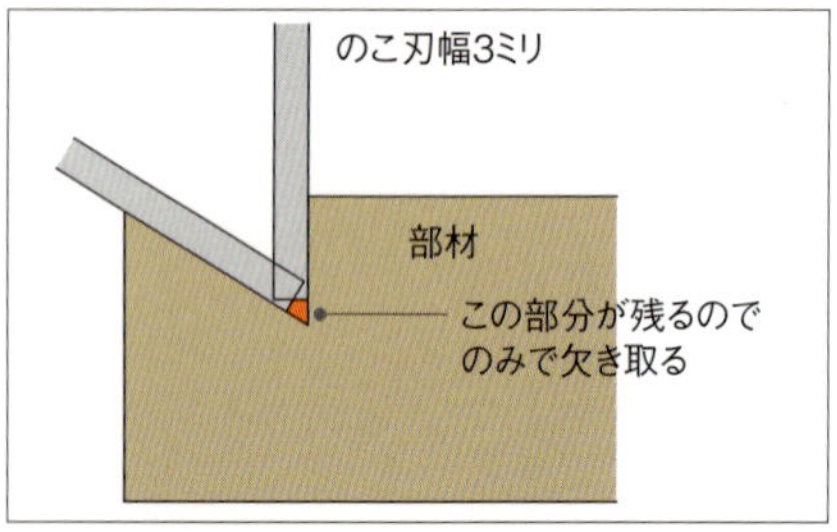

7 溝の角に切り残しができる。

8 切り残し部分をのみできれいに整える。両部材を組み合わせて、でき具合を確認する。

胴付き片蟻《あり》形追い入れ接ぎ

おもにキャビネットや収納家具などの棚の接合部に使われる。側板を横断して蟻形の溝を彫るが、側板の木端の少し手前で追い入れを止め、その溝に棚板をはめ込む技法。側板の木端に追い入れの形が見えない。

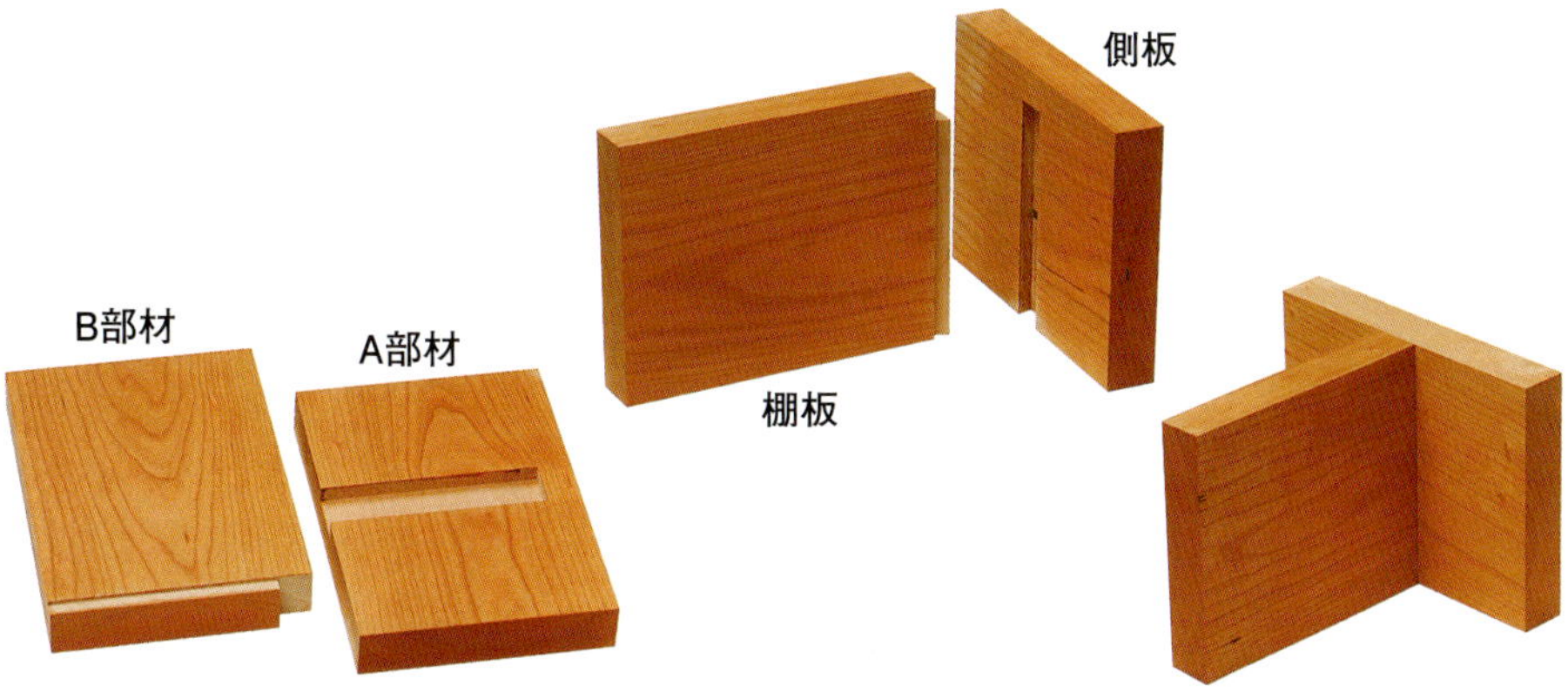

●部材の採寸、墨付け

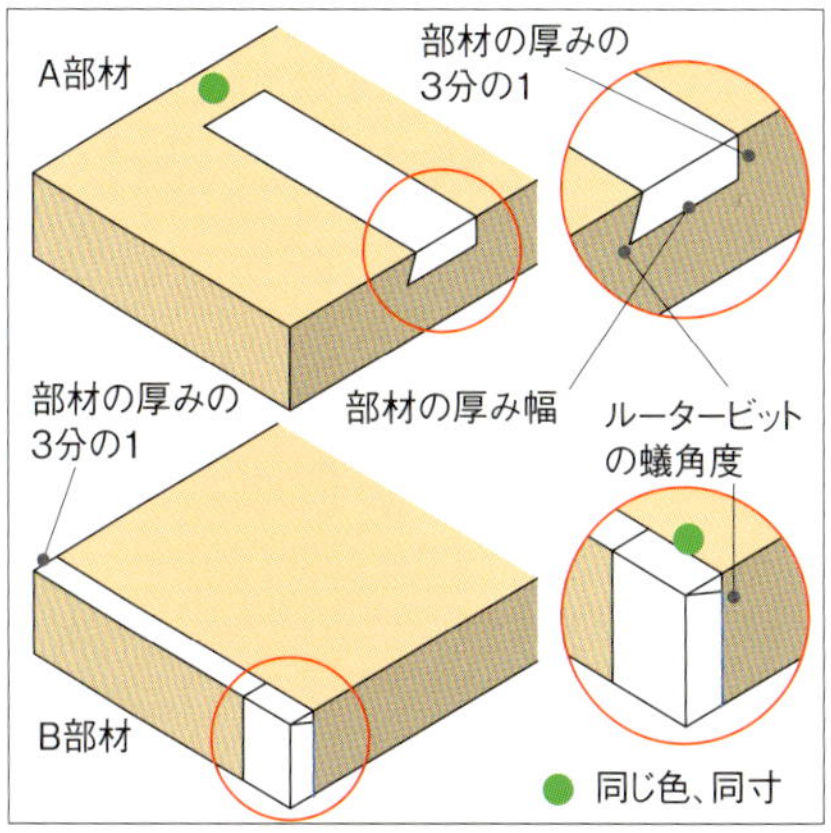

1 蟻溝用のビットをルーターに装着。ビットの深さを調整。

2 A部材を作る(追い入れを作る)。部材の木端からルーターのビットを当て、部材を前に押しながら、溝を彫る。部材の木端からルーターのビットを当て、胴付き部を残し、溝を彫る。

3 ルーターのビットを溝切り用に変える。蟻形の溝の片側にビットを当て、蟻形の溝の側面を垂直に削る。

4 ルーターで溝を彫ったところ。

5 切り残し部分をのみで四角に整える。

6 B部材を作る。前ページの「通し片蟻形追い入れ接ぎ」と同様に作る。

7 平行定規を切る位置に合わせる。丸のこ刃の高さを調整し、部材の木端を平行定規に押し当てて、胴付き部となるところに切れ目を入れる。

8 部材の木端を下にし、木口を平行定規に押し当てて、胴付き部を切り落とす。

9 切り残し部分をのみできれいに整える。

胴付き蟻《あり》形追い入れ接ぎ

おもにキャビネットや収納家具などの棚の接合部に使われる。側板を横断して蟻形の溝を彫るが、側板の木端の少し手前で追い入れを止め、その溝に棚板をはめ込む技法。側板の木端に追い入れの形が見えない。「通し蟻形追い入れ接ぎ」の場合は側板の木端に蟻形の追い入れが見える。

●部材の採寸、墨付け

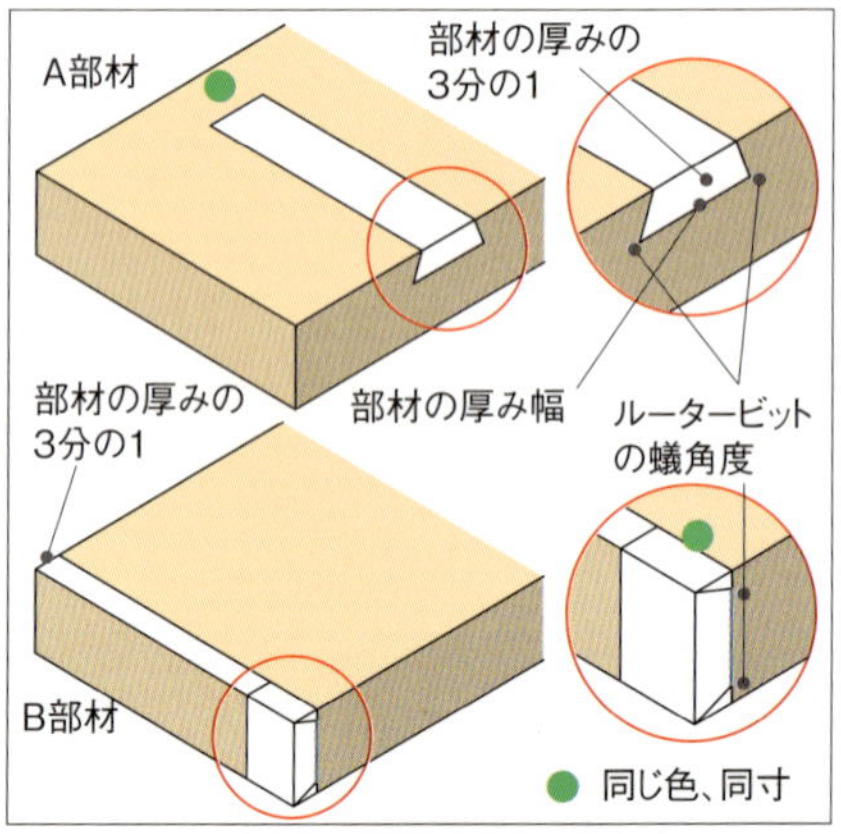

1 蟻溝用のビットをルーターに装着。ビットの深さを調整。

2 A部材を作る（追い入れを作る）。部材の木端からルーターのビットを当て、部材を前に押しながら、溝を彫る。部材の木端からルーターのビットを当て、胴付き部を残し、溝を彫る。

3 溝を彫った状態。

4 切り残し部分をのみで四角に整える。

5 B部材を作る。昇降盤の平行定規を部材を切る位置に合わせる。丸のこ刃の高さを調整。部材を寝かし、木口を平行定規に押し当てて、平面に切れ目を入れる。部材を裏返し、反対側の平面にも切れ目を入れる。

6 平行定規を部材を切る位置に合わせる。丸のこ刃の角度、高さを調整。部材の平面を平行定規に押し当てながら、蟻の角度に切る。部材を裏返し、反対側も蟻の角度に切る。

7 平行定規を切る位置に合わせる。丸のこ刃の高さを調整し、部材の木端を平行定規に押し当てて、胴付き部となるところに切れ目を入れる。

矩形片胴付き追い入れ接ぎ

おもに箱、引き出し、キャビネットなどの箱物の接合部に使われる接ぎ手。「矩形打ち付け接ぎ」よりも強度がある。

●部材の採寸、墨付け

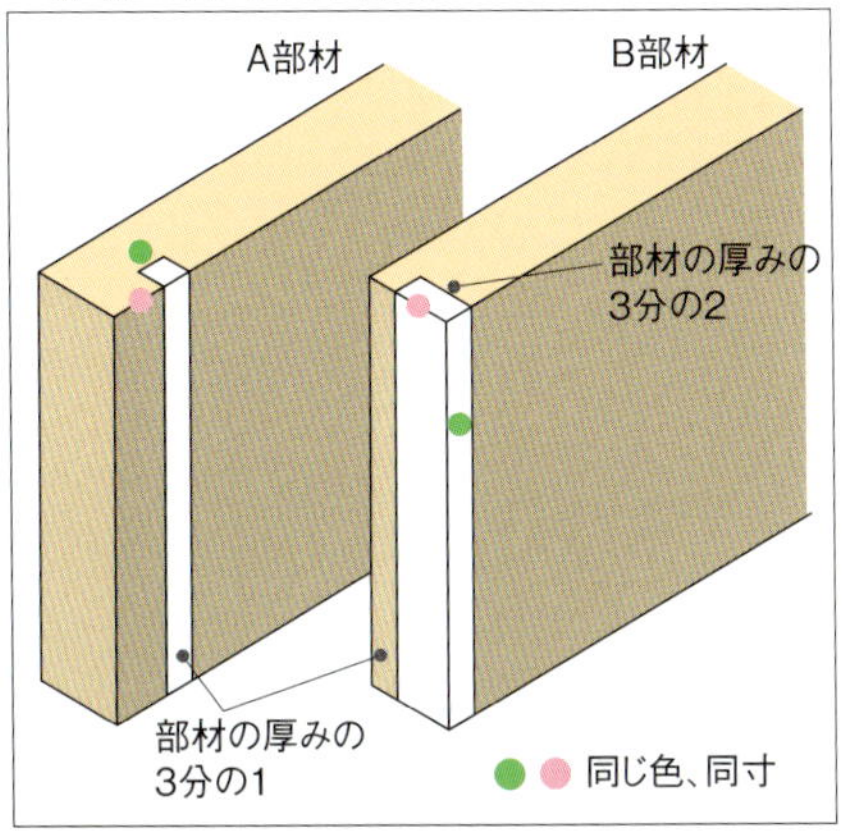

1 A部材を作る。凹部を作る。平行定規を調整して、部材を切る位置に合わせる。丸のこ刃を垂直にし、丸のこ刃の高さを切る位置に調整。部材の木口を平行定規に押し当て、部材を寝かせ、切れ目を入れる。

11 両部材を組み合わせて、でき具合を確認する。裏面の接合部（右）

8 部材の木端を下にし、木口を平行定規に押し当てて、胴付き部を切り落とす。

9 溝の角に切り残し部分ができる。

10 切り残し部分をのみできれいに整える。

留形片胴付き追い入れ接ぎ

「片胴付き追い入れ接ぎ」と同様に、おもに箱、引き出し、キャビネットなどの箱物の接合部に使われる接ぎ手。接合部に木口が見えないので見栄えがよい。「片胴付き追い入れ接ぎ」よりもさらに強度が強い。

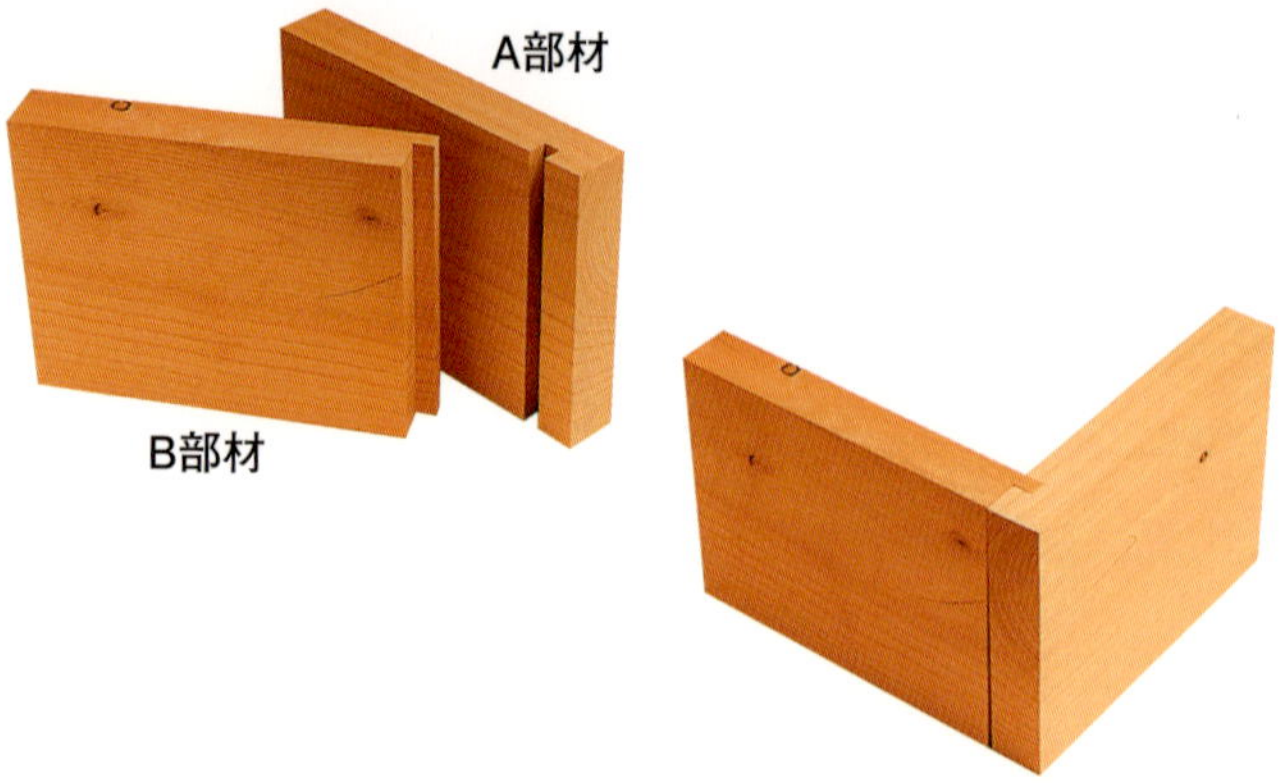

●部材の採寸、墨付け

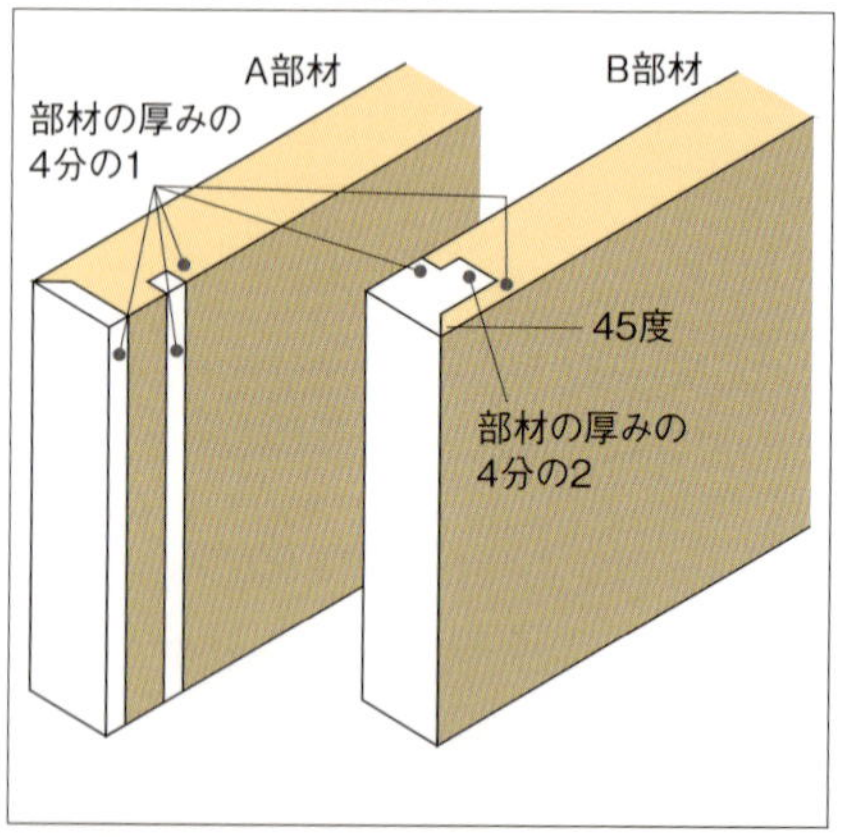

1 A部材を作る。部材を切る位置に平行定規を調整。丸のこ刃を垂直にし、部材を切る高さに合わせる。木口を平行定規に押し当てながら、平面に切れ目を入れる。

2 切れ目を入れた状態。

2 平行定規を少しずつずらしながら、凹部を広げる。

3 B部材を作る。凸部を作る。平行定規を調整して、部材を切る位置に合わせる。丸のこ刃を部材を切る高さに調整し、部材の木口を平行定規に押し当てて、平面に切れ目を入れる。

4 部材を縦に持ち直し、丸のこ刃の高さを調整。平面を平行定規に押し当てて、不要部分を切り落とす。

5 両部材を組み合わせて、でき具合を確認する。

左、A部材。右、B部材。

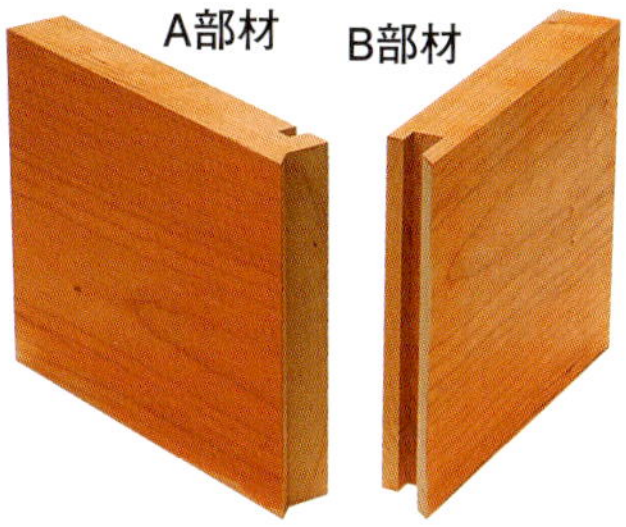

3 もう一つの凹を作る。部材を切る位置に平行定規を調整し、丸のこ刃の高さを低くする。木口を平行定規に押し当てながら、平面に切れ目を入れる。

4 部材を少しずつずらし、凹部を広げていく。

5 切れ目を入れた状態。

6 B部材を作る。部材を切る位置に平行定規を調整。部材を縦に持ち、丸のこ刃の高さを切る位置に合わせる。部材の木口を下にし、平面を平行定規に押し当てながら、切れ目を入れる。平行定規を少しずつずらしながら凹部を広げていく。

7 部材を切る位置に平行定規を合わせ、丸のこ刃の高さを調整。部材を寝かせ、一方の凸部を短く切り取る。

8 両部材を切った状態。
右、A部材。
左、B部材。

9 B部材を作る。部材を切る位置に合わせて平行定規を調整。丸のこ刃を45度に倒し、高さを調整。部材を縦に持ち、部材の下に当て木をかませ、その上に部材の木口側を乗せる。平面を平行定規に押し当てて留め先を45度に切り落とす。

10 B部材の留め先を45度に切り落とした状態。

11 A部材を作る。部材を切る位置に合わせて平行定規を調整。丸のこ刃を45度に倒し、高さを調整。部材を縦に持ち、部材の下に当て木をかませ、その上に部材の木口側を乗せる。平面を平行定規に押し当てて留め先を45度に切り落とす。

12 両部材を組み合わせて、でき具合を確認する。

ほぞ接ぎ

「ほぞ接ぎ」は古くから伝えられており、さまざまな形がある。おもにテーブルや椅子、框などの接合部に使われてきた。片一方の部材にほぞ（凸部）を作り、もう一方の部材にほぞ穴（凹部）を作り、ほぞをほぞ穴に差し込んで固定する接ぎ方。ほぞ先の四方を面取りして差し込む。

ほぞ穴の深さは部材幅の3分の2プラスのりの逃げ代を目安に彫る。

ほぞをほぞ穴に差し込むとき、ほぞの先端をかんなで面取りをする。差し込みやすくするためと接着剤が着きやすくするため。

ほぞ先の四方を面取りした状態

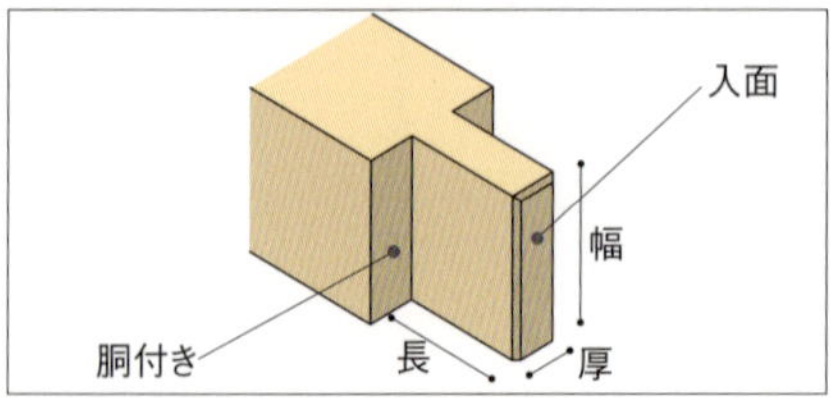

止め平ほぞ接ぎ

椅子やテーブルの脚の接合部、框と中桟の接合部などに使われる。「止め平ほぞ接ぎ」と「通し平ほぞ接ぎ」の二種あるが、「止め平ほぞ接ぎ」の場合は、ほぞ穴部材の木端にほぞが見えないので、見栄えがよい。

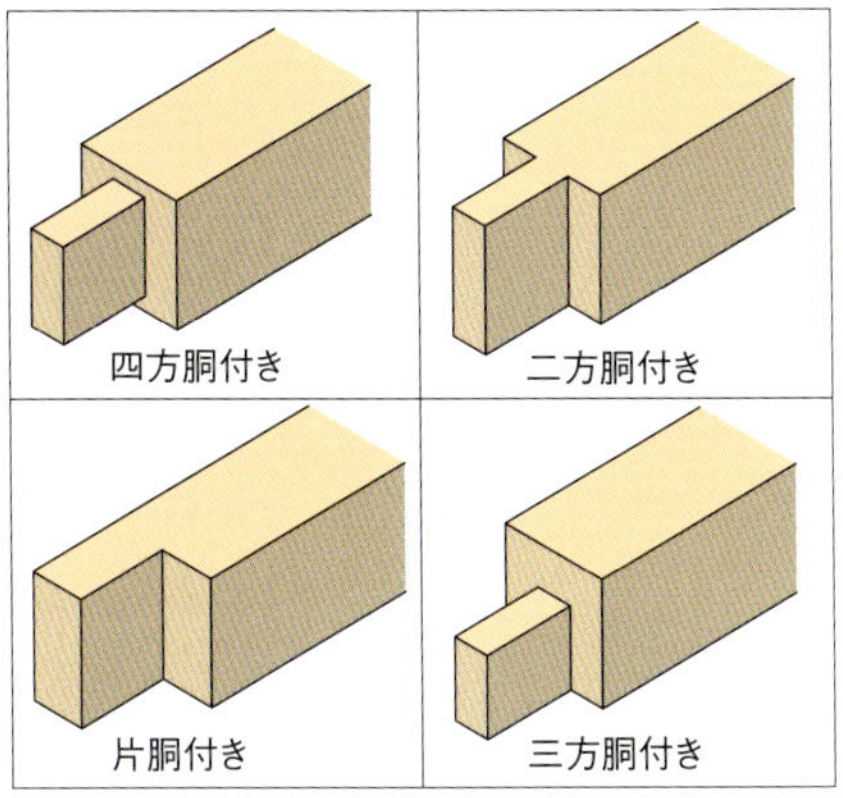

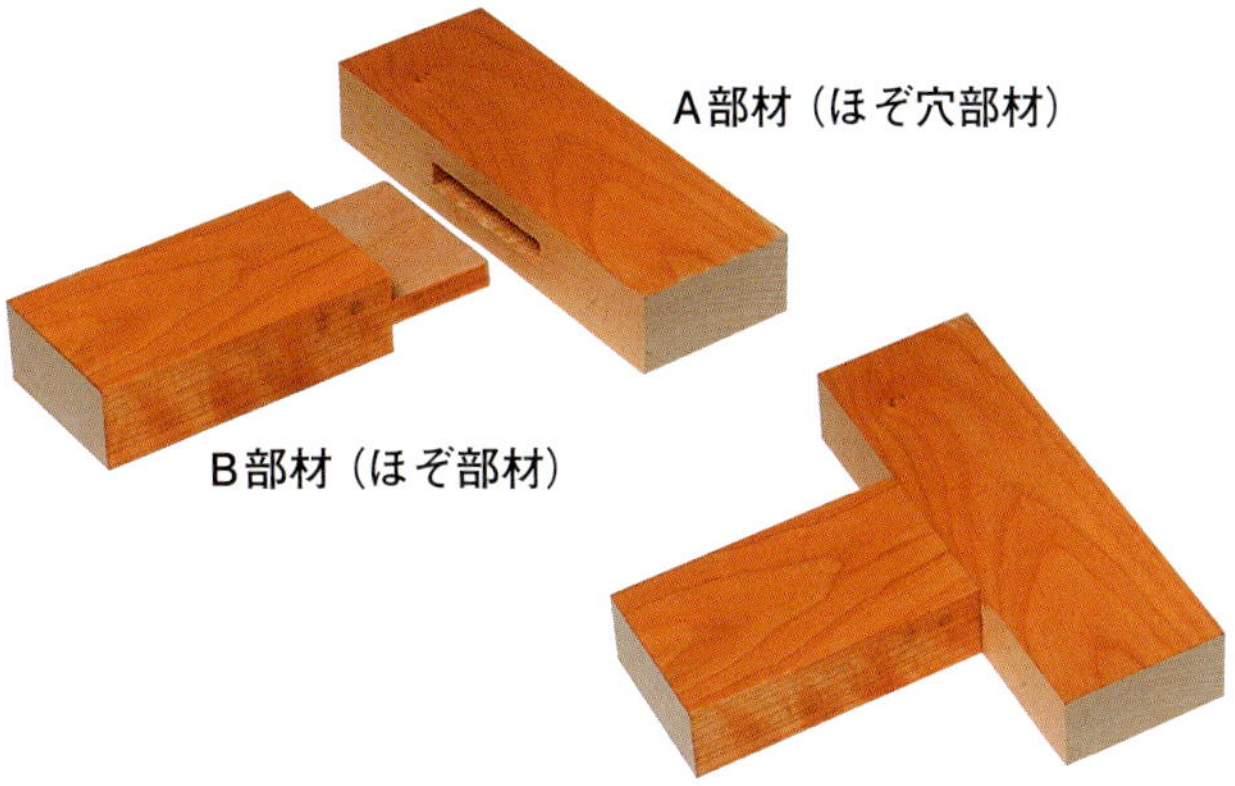

●部材の採寸、墨付け

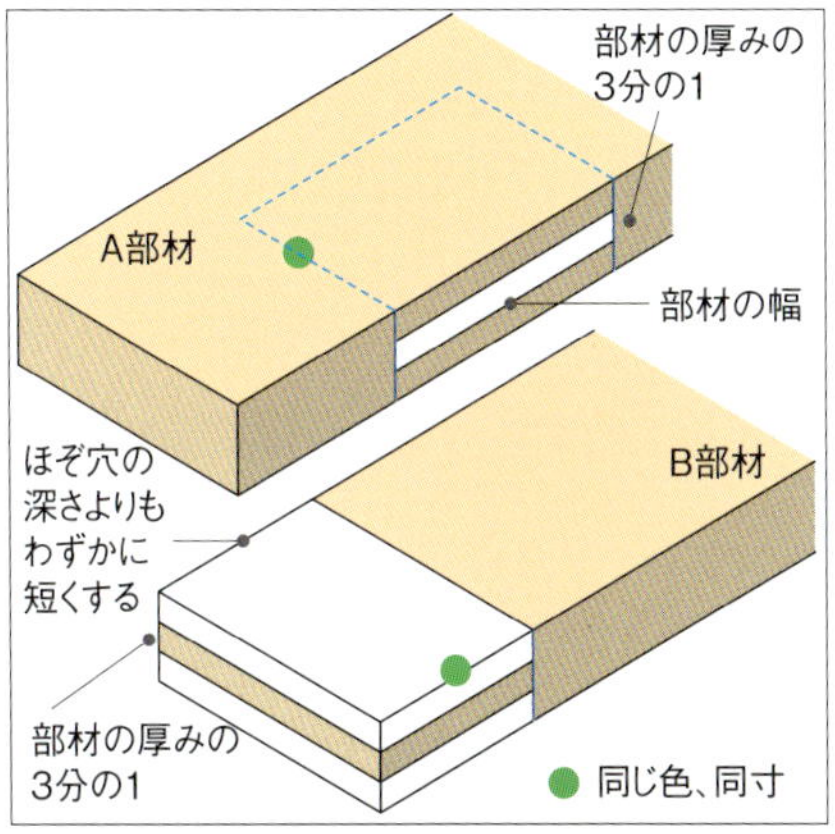

1 A部材（ほぞ穴部材）を作る。ほぞ穴の幅と同サイズの角のみを選び、角のみの最大深さを平面幅の３分の２の深さに調整。角のみをほぞ穴となる部分に押し当てて、ほぞ穴の両端を彫る。角のみの定盤を少しずつずらしながら中間部を彫り、ほぞ穴部を広げる。

2 B部材を作る。丸のこ刃の高さが部材の厚みの３分の１の高さになるように調整。部材の木口を平行定規に押し当てながら前に押し切り、部材の平面に切れ目を入れる。部材を裏返し、反対側も同様の切れ目を入れる。

3 縦引きの昇降盤でほぞの不要部分を切り落とす。平行定規の位置を調整。平行定規に部材の平面を押し当てながら、押し切り、片側の不要な矩形部分を切り落とす。

4 ほぞの片側を切り落とした状態。

5 反対側の不要部分も切り落とす。

6 両部材を組み合わせて、でき具合を確認する。組んで接着するときは、ほぞ先の面取りをする。

四方胴付き止め平ほぞ接ぎ

「止め平ほぞ接ぎ」の場合は二方胴付きだが、四方胴付きは部材のほぞとなる4面を胴付きにする。「止め平ほぞ接ぎ」よりも接合部の強度が増す。

おもに框と中桟の接合部やテーブルの脚と桟、椅子の背もたれと後脚、脚部と幕板の接合部などにも使われる。

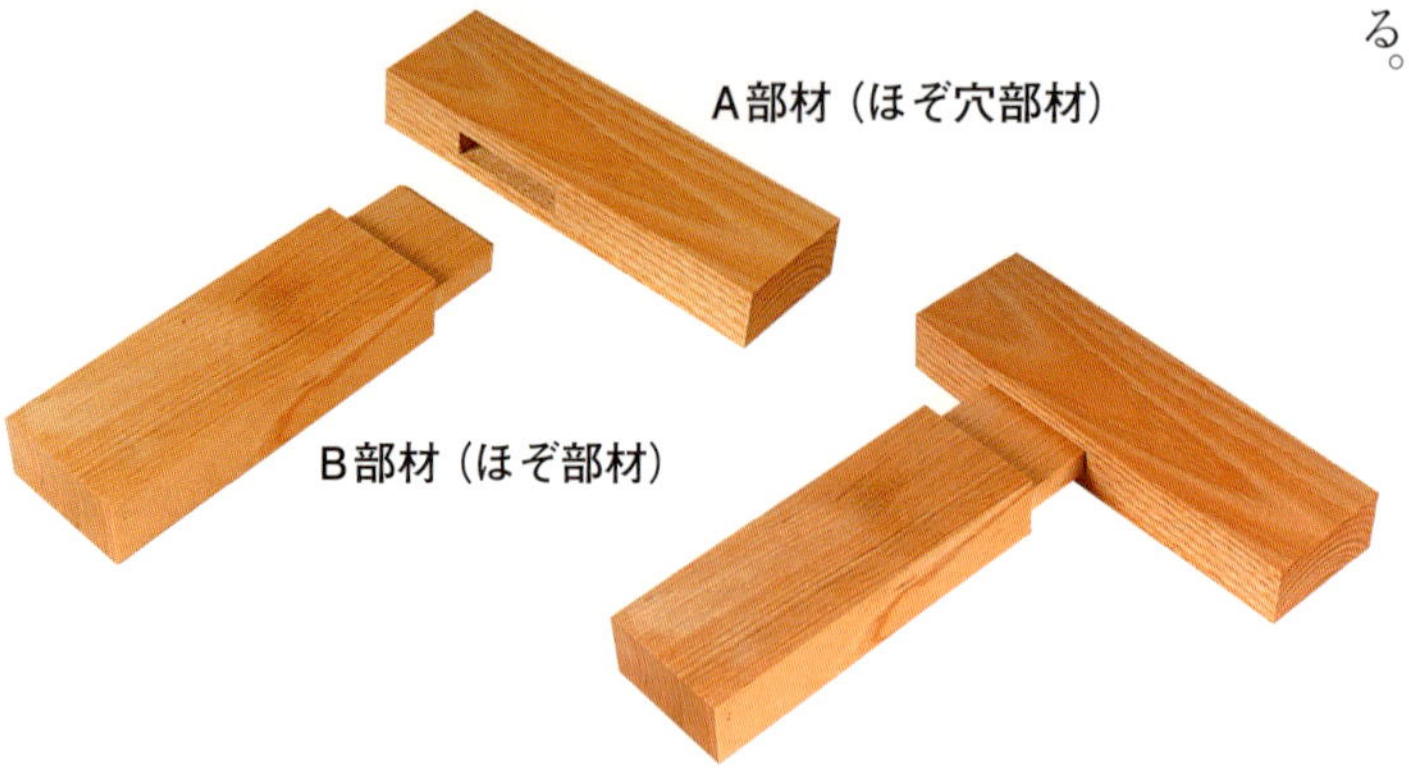

●部材の採寸、墨付け

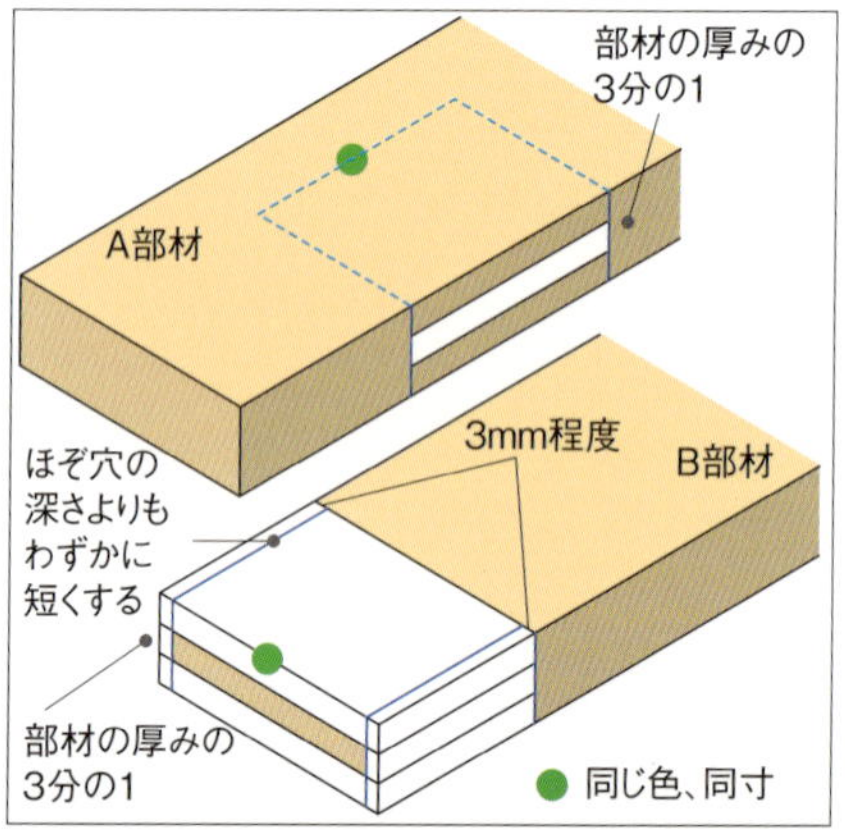

1 A部材（ほぞ穴部材）を作る。ほぞ穴の幅と同サイズの角のみを選び、角のみの最大深さを平面幅の３分の２の深さに調整。ほぞ穴の長さは、ほぞの幅に合わせる。角のみをほぞ穴となる部分に押し当てて、ほぞ穴の両端を彫り、角のみ盤を少しずつずらしながらほぞ穴を広げる。

2 B部材を作る。丸のこ刃の高さが部材の厚みの３分の１の高さになるように調整。部材の木口を平行定規に押し当てながら前に押し切り、部材の平面に切れ目を入れる。部材を裏返し、反対側も同様の切れ目を入れる。

3 丸のこ刃を低く調整。部材の木端を下にし、木口を平行定規に押し当てて木端の両側に深さ３mm程度の切れ目を入れる。

4 四方胴付きの根元になるところに切れ目を入れた状態。

5 縦挽きの昇降盤でほぞの不要部分を切り落とす。平行定規の位置、丸のこ刃の高さを調整。平行定規に部材の平面を押し当てながら、押し切り、不要な矩形部分を切り落とす。

6 反対側の不要部分も切り落とす。

7 両側を切り落とした状態。

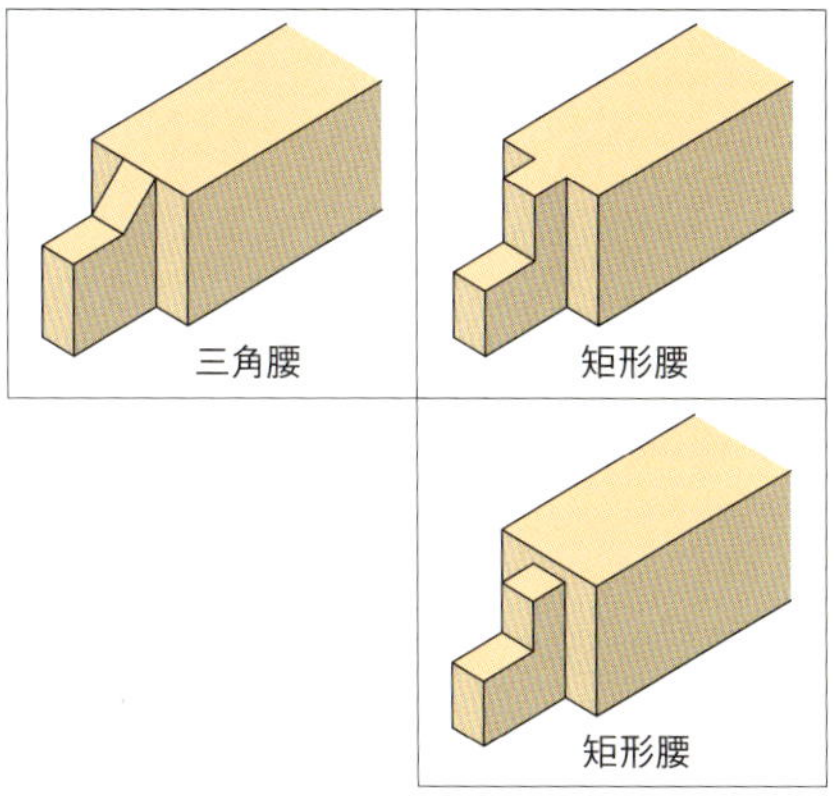

8 ほぞ部の一方の側面（木端側）を切り落とす。

9 もう一方の側面（木端側）を切り落とす。

10 ほぞ部を四方胴付きにした状態。両部材を組み合わせて、でき具合を確認。組んで接着するときは、ほぞ先の面取りをする。

三方胴付き止め平ほぞ接ぎ

「止め平ほぞ接ぎ」「四方胴付き止め平ほぞ接ぎ」などと同様に、椅子やテーブルの脚部の接合部、框の接合部などに使われる。

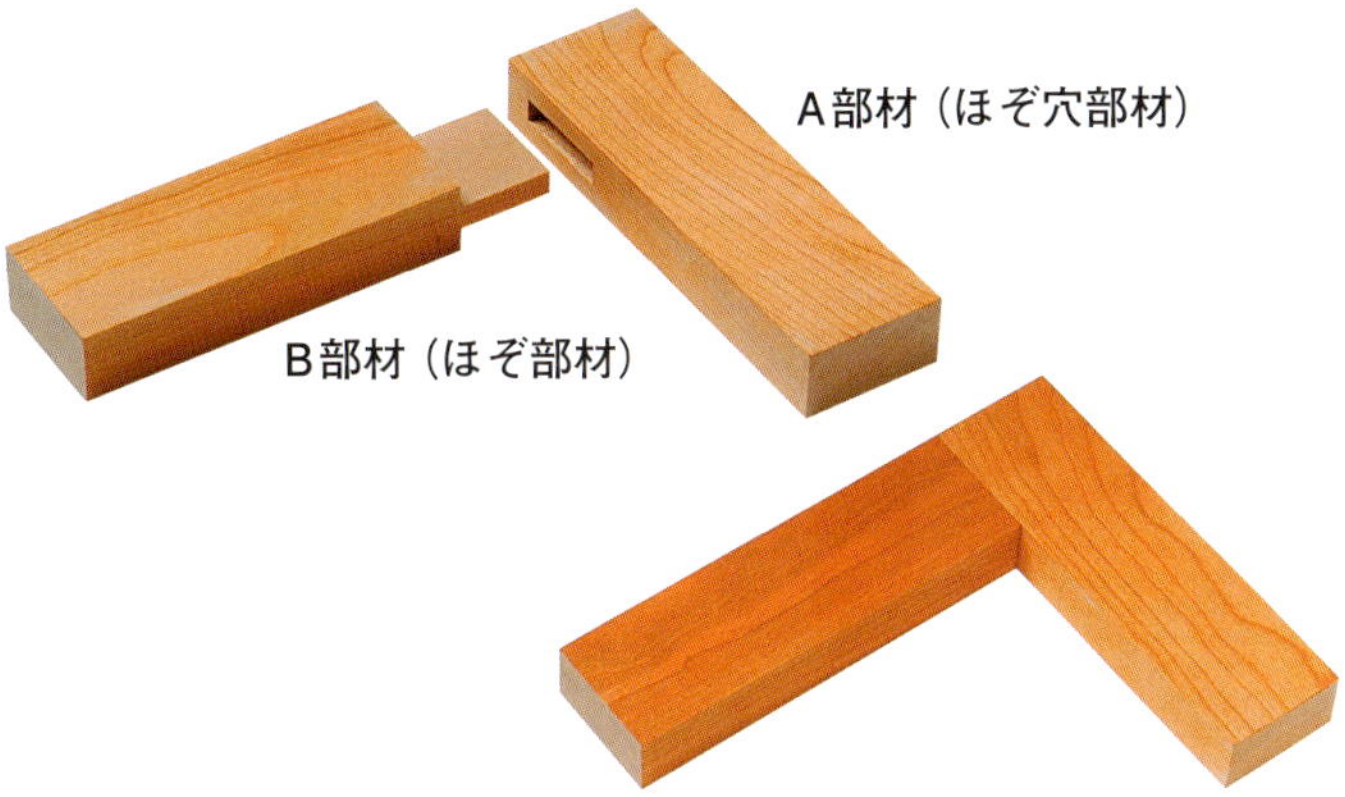

●部材の採寸、墨付け

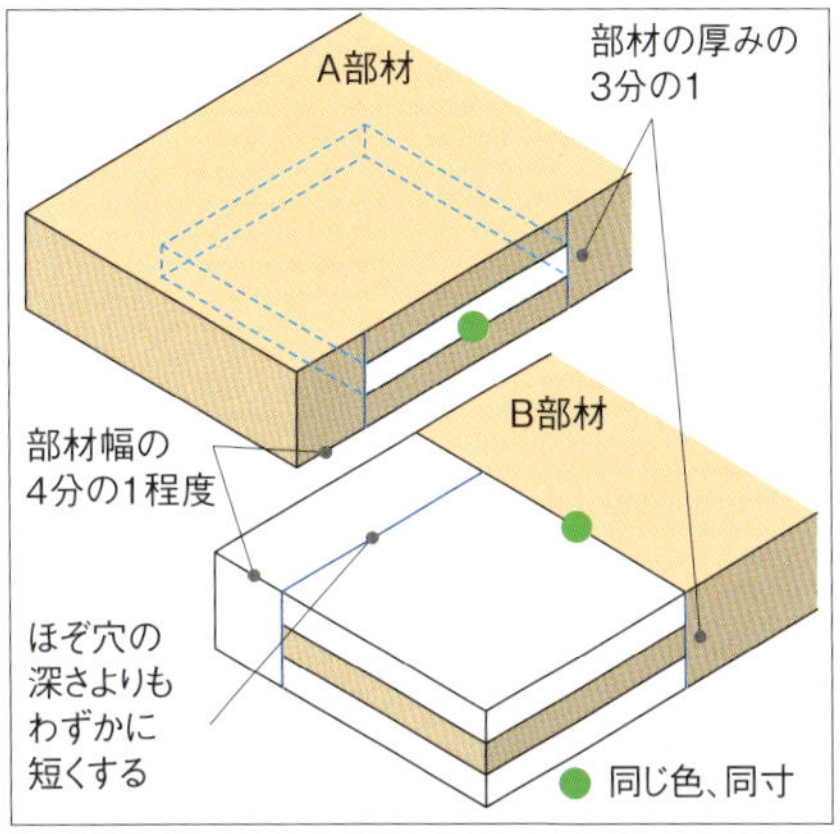

1 A部材（ほぞ穴部材）を作る。ほぞ穴の幅と同サイズの角のみを選び、角のみの最大深さを平面幅の３分の２の深さに調整。ほぞ穴の長さは、ほぞの幅に合わせる。角のみをほぞ穴となる部分に押し当てて、ほぞ穴の両端を彫り、角のみ盤を少しずつずらしながらほぞ穴を広げる。

2 B部材を作る。丸のこ刃が部材の厚みの３分の１の高さになるように調整。部材の木口を平行定規に押し当てながら前に押し切り、部材の平面に切れ目を入れる。部材を裏返し、反対側も同様の切れ目を入れる。

3 部材の木端を下にし、木口を平行定規に押し当てて、木端のほぞ部の根元に部材幅の４分の１程度の高さの切れ目を入れる。

「腰付き平ほぞ接ぎ」の接合部

4 縦挽きの昇降盤を使用。平行定規の位置、丸のこ刃の高さを調整。平行定規に部材の平面を押し当てながら、押し切り、不要な矩形部分を切り落とす。

5 ほぞの片側を切り落とした状態。

6 反対側の不要部分も切り落とす。

7 片一方の木端側のほぞの不要部分を切り取る。

8 両部材を組み合わせて、でき具合を確認する。組んで接着するときは、ほぞ先の面取りをする。

二段ほぞ接ぎ

「二重ほぞ接ぎ」とも呼ばれる。おもに框と桟の接合部、テーブルの脚部などに使われる接ぎ手。二段ほぞになっているので、接合部の固定強度が増す。

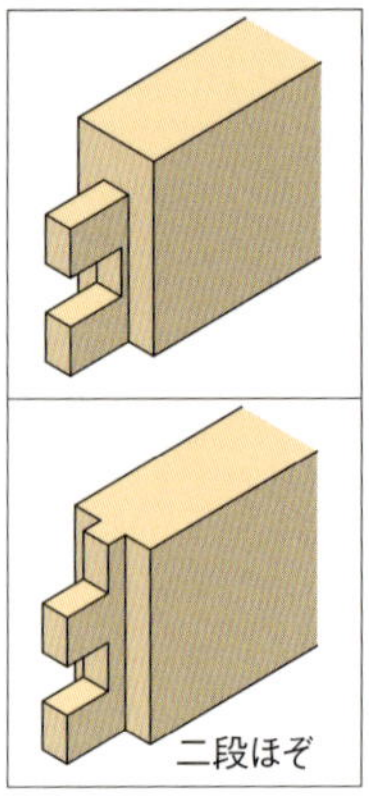

●部材の採寸、墨付け

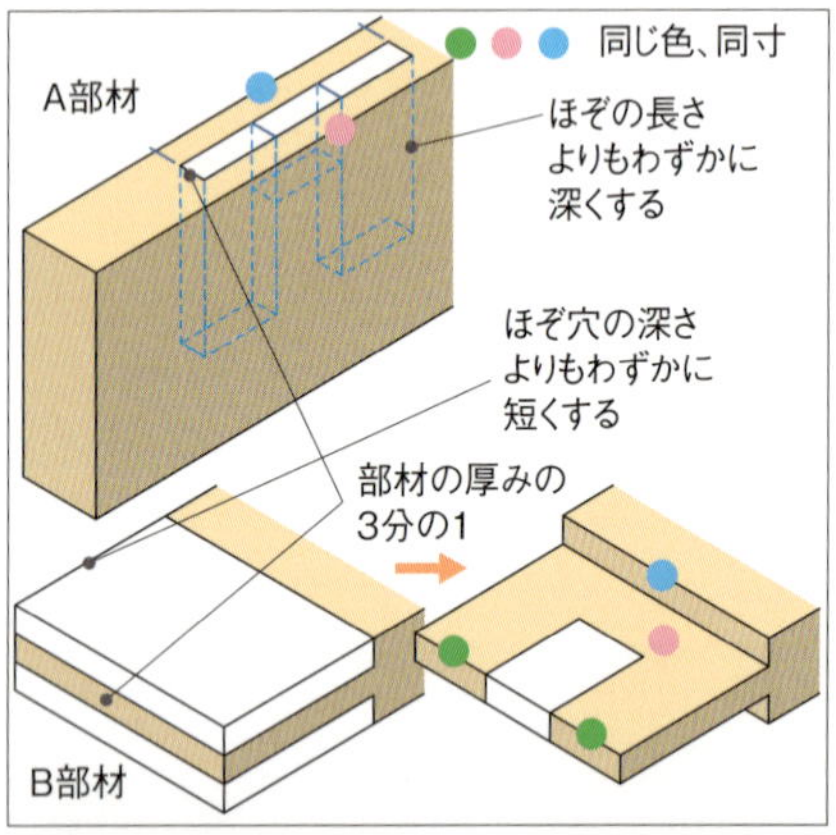

1 A部材（ほぞ穴部材）を作る。ほぞ穴の幅と同サイズの角のみを選び、角のみの最大深さを平面幅の3分の2の深さに調整。角のみをほぞ穴となる部分に押し当てて、ほぞの両端を彫り、中央の浅いところを残して、角のみ盤を少しずつずらしながらほぞ穴を広げる。

2 ほぞ穴の中央を浅くし、2段状態に彫ったところ。

二枚ほぞ接ぎ

おもに框構造の框と桟の接合部、椅子やテーブルの脚部と桟の接合部などに使われる接ぎ手方法。

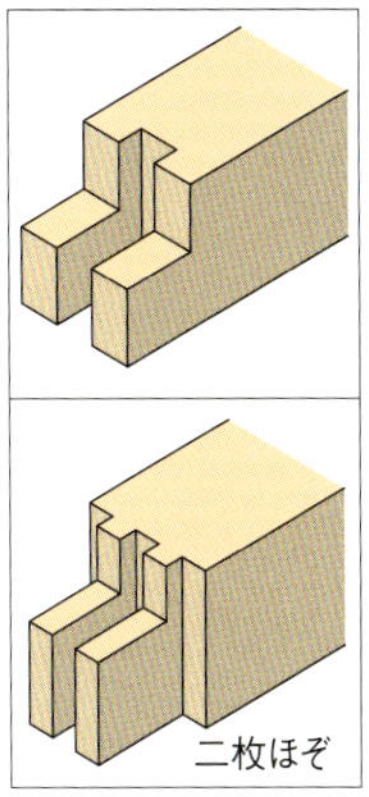

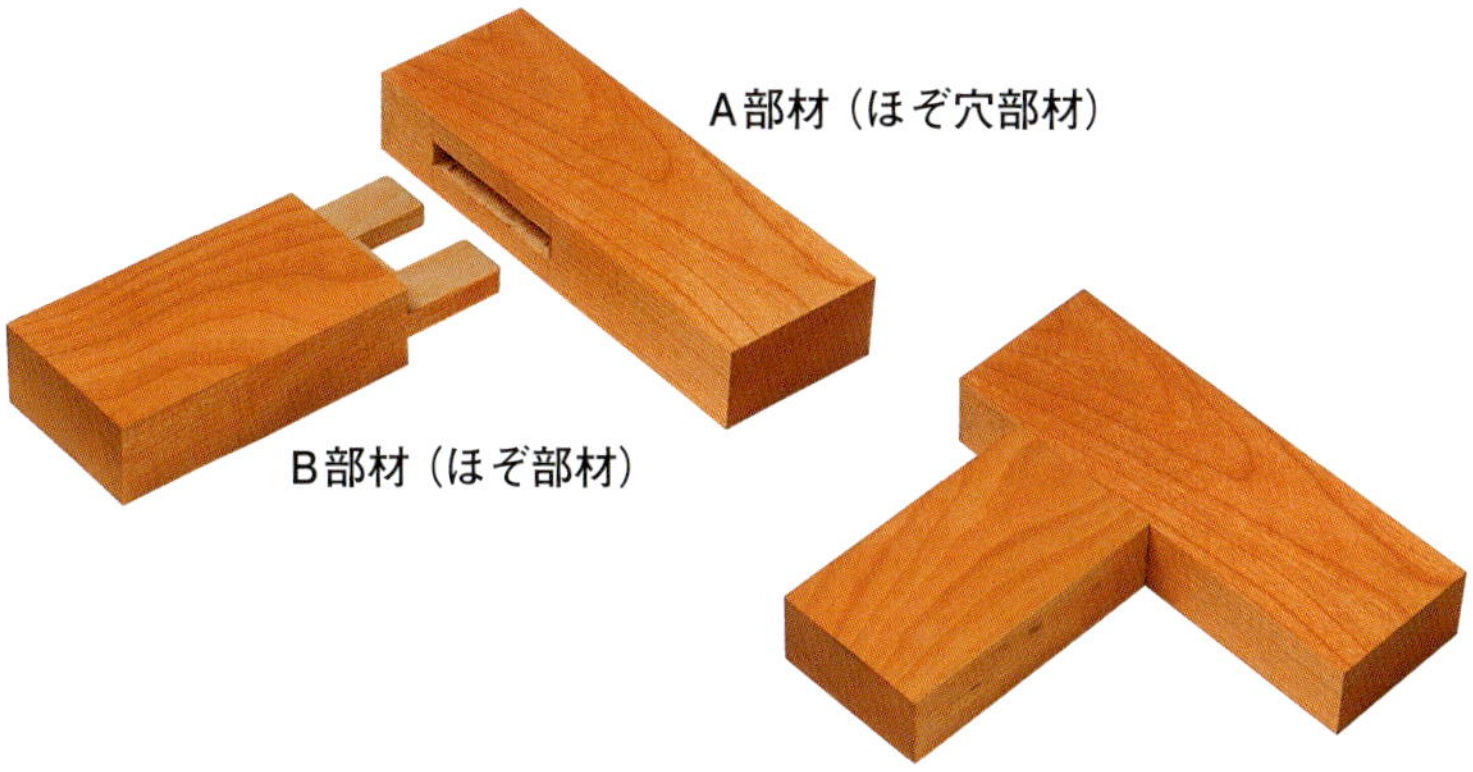

● 部材の採寸、墨付け

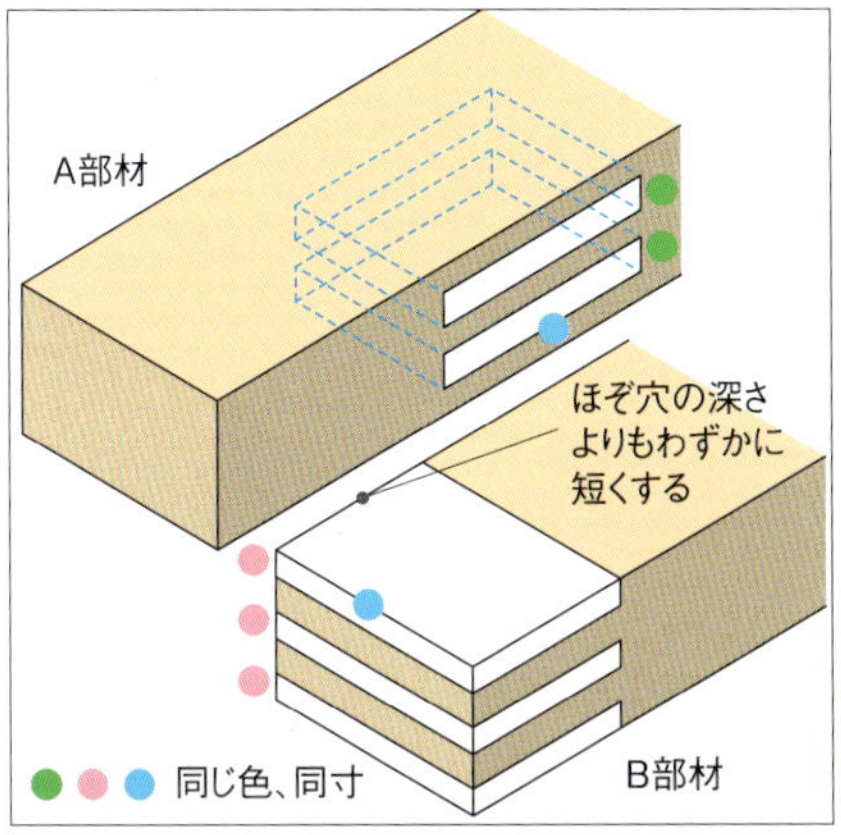

1 A部材（ほぞ穴部材）を作る。角のみの深さを調整。彫る位置に角のみの刃を合わせる。合わせたら、部材を固定し、片方のほぞ穴を彫る。

3 B部材（ほぞ部材）を作る。丸のこ刃の高さを部材の厚みの3分の1の高さになるように調整。平行定規の位置を調整。部材の木口を平行定規に押し当てながら前に押し切り、部材の平面に切れ目を入れる。部材を裏返し、反対側も同様の切れ目を入れる。

4 「止め平ほぞ接ぎ」のB部材と同様に、縦挽きの昇降盤でほぞの不要部分を切り落とす。平行定規の位置を調整。のこ歯の高さを調整。平行定規に部材の平面を押し当てながら、押し切り、不要な矩形部分を切り落とす。反対側の不要部分も切り落とす。

5 ほぞの凹部を作る。平行定規の位置、丸のこ刃の高さを調整。部材を縦に持ち、部材の後ろに治具を当て、部材の安定を図る。部材の木端を平行定規に押し当て、凹部の両端に切れ目を入れる。平行定規を少しずつずらしながら、凹部を広げる。

6 でき上がった両部材。両部材を組み合わせて、でき具合を確認する。組んで接着するときは、ほぞ先の面取りをする。

二枚ほぞ接ぎ

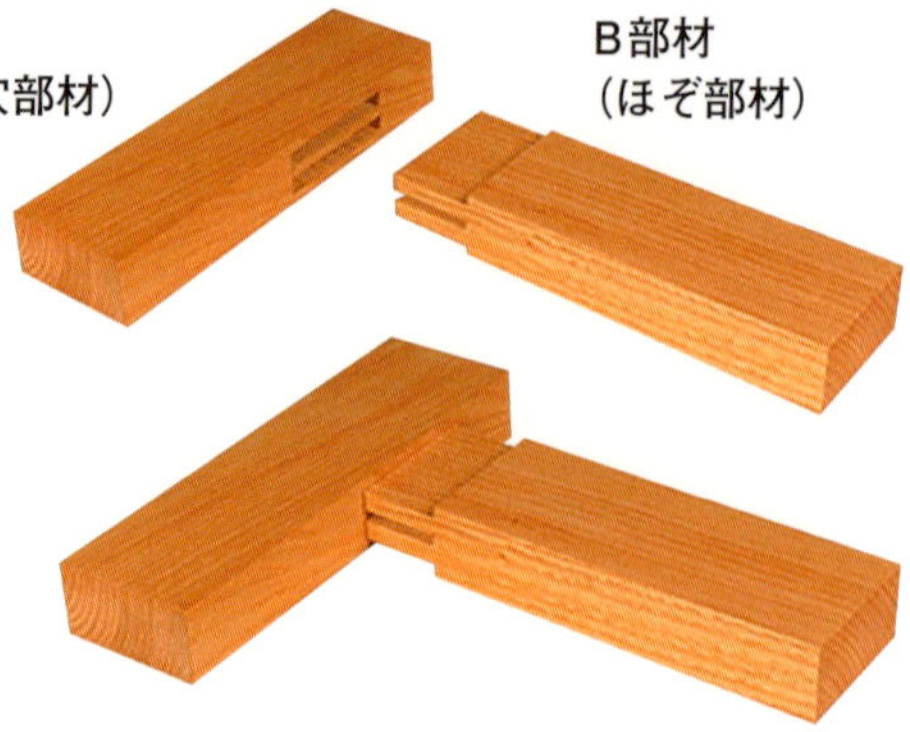

A部材
（ほぞ穴部材）

B部材
（ほぞ部材）

2 部材の向きを変えて、もう１つのほぞ穴も同様に彫る。

3 彫ったほぞ穴にほぞとなる部材を当てて、ほぞ部の採寸を確認。

4 B部材（ほぞ部材）を作る。平行定規の位置、丸のこ刃の高さを調整。部材の木口を平行定規に押し当てながら、ほぞの根元となる部分に直角に切れ目を入れる。

5 部材を裏返し、反対側のほぞの根元となる部分にも直角の切れ目を入れる。

6 平行定規の位置を調整。丸のこ刃の高さをほぞの根元の高さに合わせる。部材を縦に持ち、平行定規に部材の平面を押し当てながら、溝となる片側に切れ目を入れる。反対側の溝となるところにも切れ目を入れ、平行定規を少しずつずらしながら、溝の幅を広げる。

7 平行定規の位置を調整。部材の平面を平行定規に押し当てながら、ほぞの外側の不要部分を切り落とす。

8 部材をひっくり返して、反対側のほぞの不要部分を切り落とす。

9 でき上がり。ほぞ部材（左）とほぞ穴部材（右）。ほぞ穴にほぞを合わせて、でき具合を確認。組んで接着するときは、ほぞ先の面取りをする。

留形隠しほぞ接ぎ

おもに框組みに使われる接合方法。留形の部材の木口に三角形状の凸部と凹部を作って接合する。

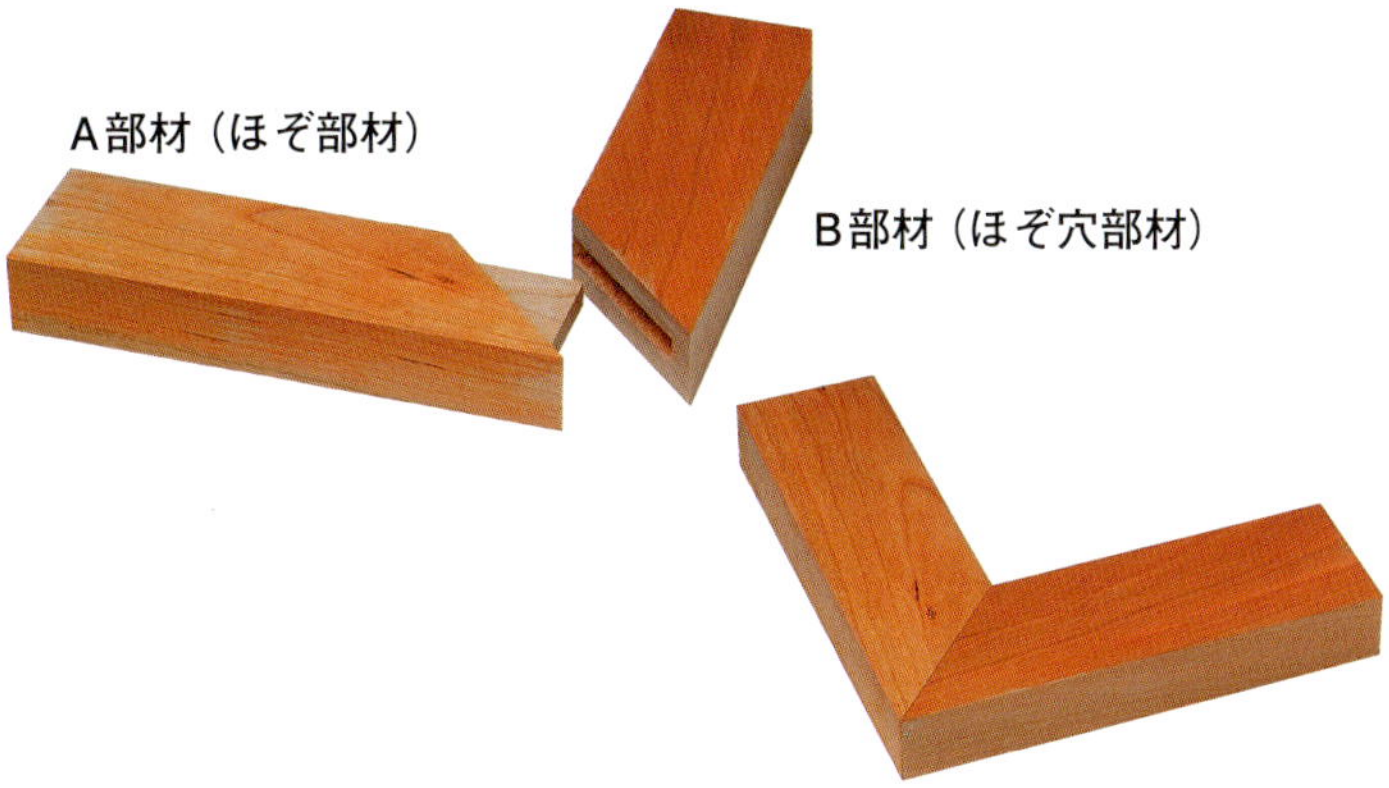

●部材の採寸、墨付け

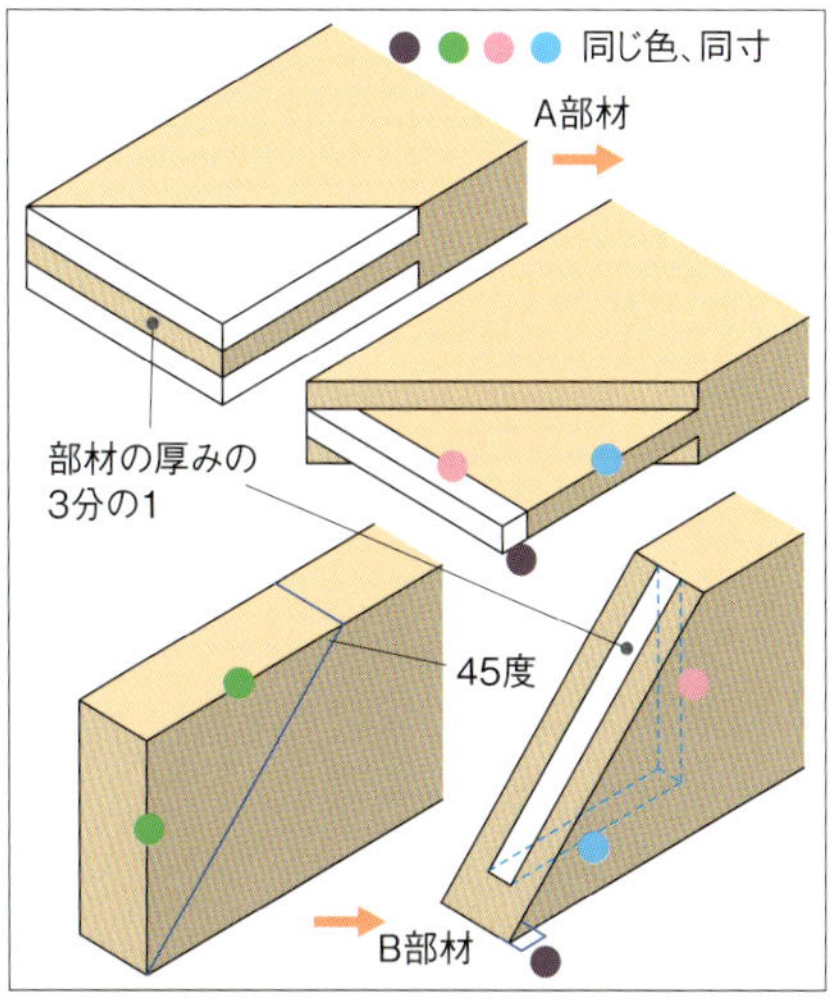

1 A部材（ほぞ部材）を作る。丸のこ刃を垂直にし、角度定規を45度に調整。平行定規と丸のこ刃の距離を調整。丸のこ刃の高さを切る位置に合わせ、部材の片方の平面に切れ目を入れる。

2 角度定規の角度を逆にし、裏面にも切り込みを入れる。

3 両面に45度の切れ目を入れた状態。

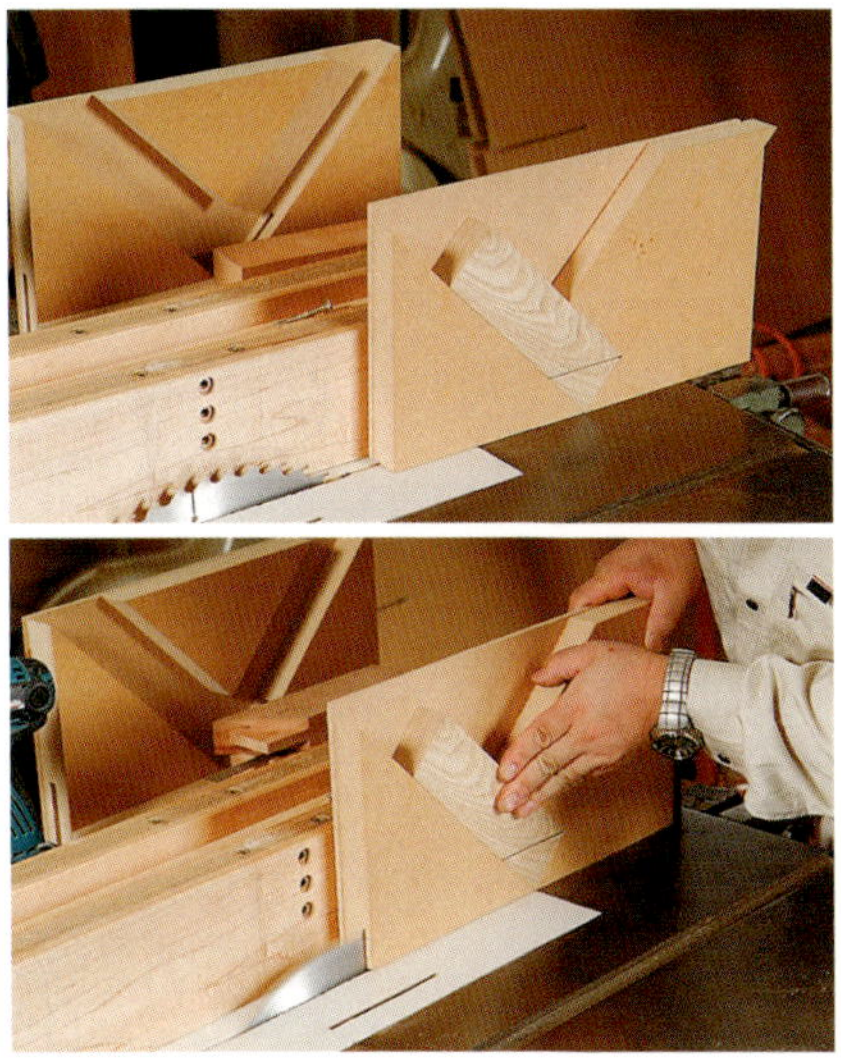

4 写真のような治具に部材をセットし、丸のこ刃の高さを調整。平行定規を切る位置に合わせ、治具を平行定規に押し当てながら切り、二等辺三角形の不要部分を切り落とす。

5 片方の不要部分を切り落とした状態。

6 5の部材を裏返して、治具にセットし直し、反対側の不要部分を切り落とす。

7 ほぞ部材の両面の不要部分を切り落とした状態。

8 治具に部材をセットし、木口の角から垂直な切れ目を入れる。

9 切れ目を入れた状態。

10 縦挽き丸のこ刃を使い、平行定規に部材の木端を押し当て、ほぞの根元まで切りすすめ、ほぞの不要部分を切り落とす。

11 ほぞ部の不要部分を切り落とした状態。

12 平行定規の位置を調整し、丸のこ刃の高さを切る位置に合わせる。部材を平行定規から少し離し、ほぞの先端を少しだけ切り落とす。それから木口を平行定規に押し当て、ほぞの不要部分を切り落とす。

13 切り落とした状態。

14 B部材（ほぞ穴部材）を作る。「留形打ち付け接ぎ」（207ページ）と同様の方法で留形を作る。角のみの定盤上に部材を移し、部材を固定。角のみの深さを調整し、ほぞ穴をあける。

15 両部材を組み合わせて、でき具合を確認する。

留形通しほぞ接ぎ

「留形隠しほぞ接ぎ」（249ページ）の変形型。「通しほぞ接ぎ」の場合は、ほぞ穴部材の木端にほぞが見えるが、「止めほぞ接ぎ」にすると木端にほぞは見えない。おもに框の接合部に使われる。

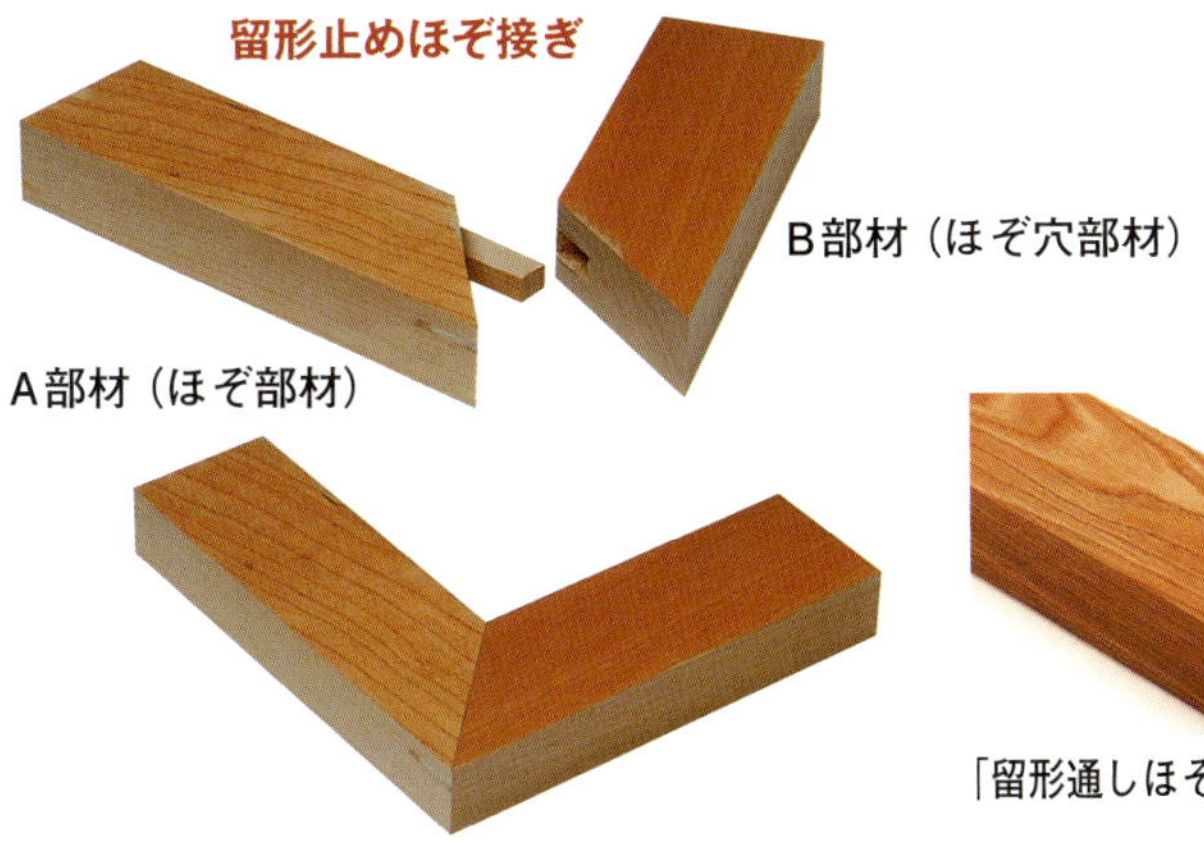

「留形通しほぞ接ぎ」の接合部

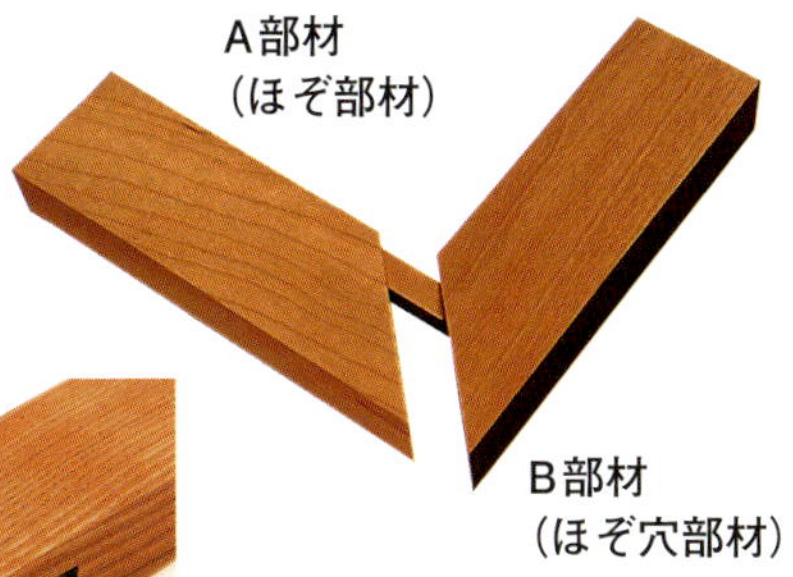

●部材の採寸。墨付け

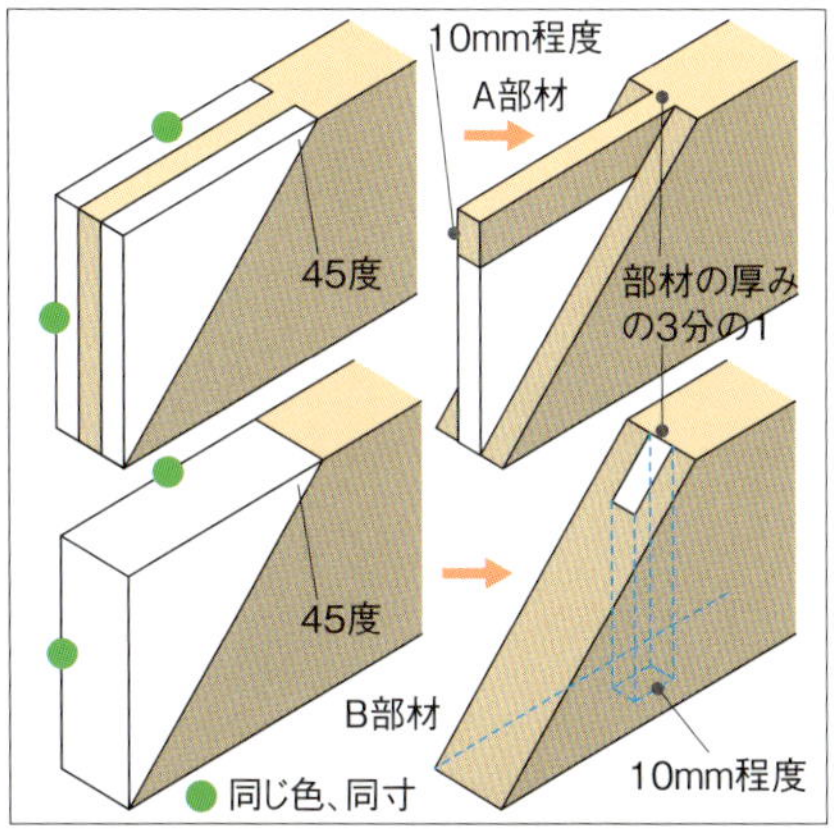

1 A部材（ほぞ部材）を作る。249ページの「留形隠しほぞ接ぎ」と同様の方法でA部材を写真の状態にする。ほぞ部材の両面の不要部分を切り落とした状態。

2 丸のこ刃の高さを調整。角度定規を丸のこ刃に対して90度に調整し、部材を切る位置に平行定規を合わせる。部材を写真のようにセットし、ほぞ部となるところに切れ目を入れる。

3 ほぞ部に切れ目を入れた状態。

4 縦挽き丸のこ刃を使い、平行定規に部材の木端を押し当て、ほぞの根元まで切りすすめ、ほぞの不要部分を切り落とす。

5 ほぞ部の不要部分を切り落とした状態。

6 B部材（ほぞ穴部材）を作る。「留形打ち付け接ぎ」（207ページ）と同様の方法で留形部材を作る。角のみの定盤上に部材を移し、当て木を部材の下に敷き、部材を固定。角のみの深さを調整し、通しほぞ穴をあける。

7 両部材を組み合わせて、でき具合を確認する。

片胴付き平ほぞ接ぎ

おもに椅子やテーブルの脚部、框と中桟の接合部に使われる接ぎ手。

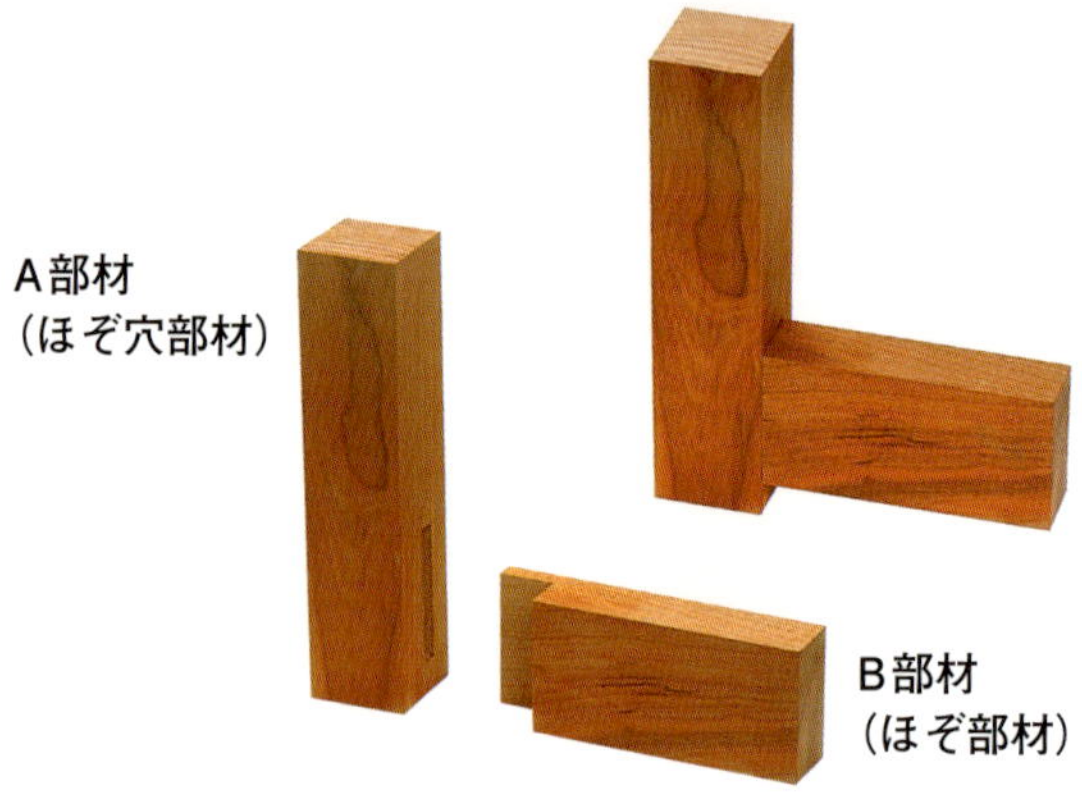

●部材の採寸、墨付け

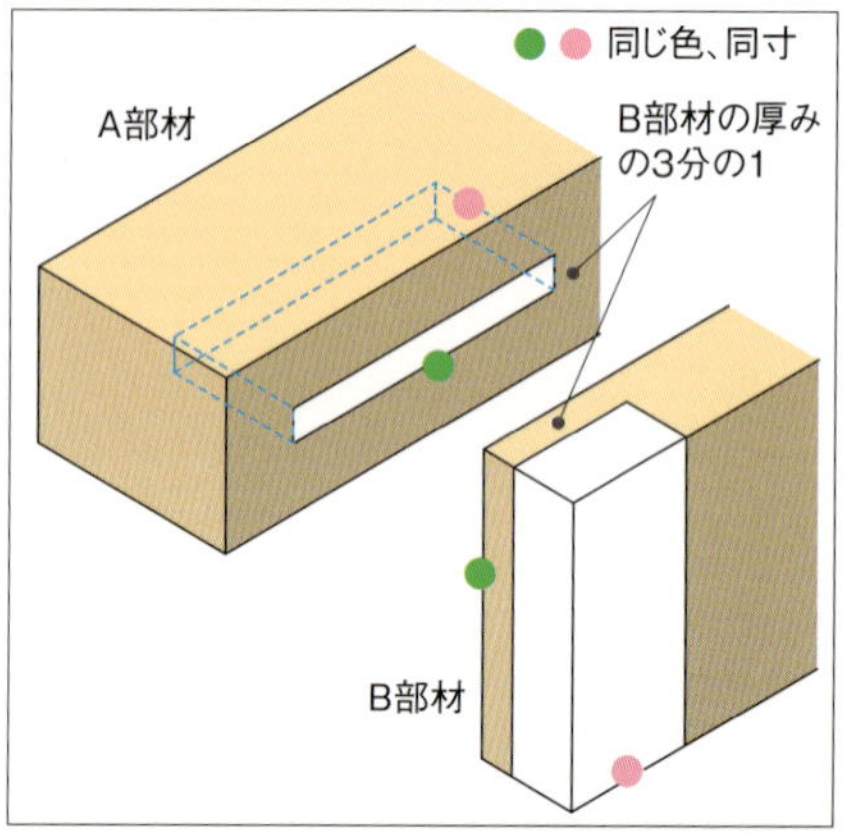

1 A部材（ほぞ穴部材）を作る。部材を固定し、角のみで彫る深さを調整。最初にほぞ穴の両端を彫る。

2 角のみの定盤を少しずつずらし、両端の間を彫る。

3 B部材（ほぞ部材）を作る。昇降盤の平行定規を部材を切る位置に合わせ、丸のこ刃を垂直にし、丸のこ刃の高さを調整。部材の平面を下にし、木口を平行定規に押し当てながら切れ目を入れる。

4 平行定規の位置と丸のこ刃の高さを調整。部材を縦に持ち、部材の平面を平行定規に押し当てながら、ほぞ部の不要な部分を切り落とす。

5 両部材を組み合わせて、でき具合を確認。

斜め平ほぞ接ぎ

おもに椅子やテーブルの脚部、框組みに使われる接ぎ手。ほぞが斜めに作られている。

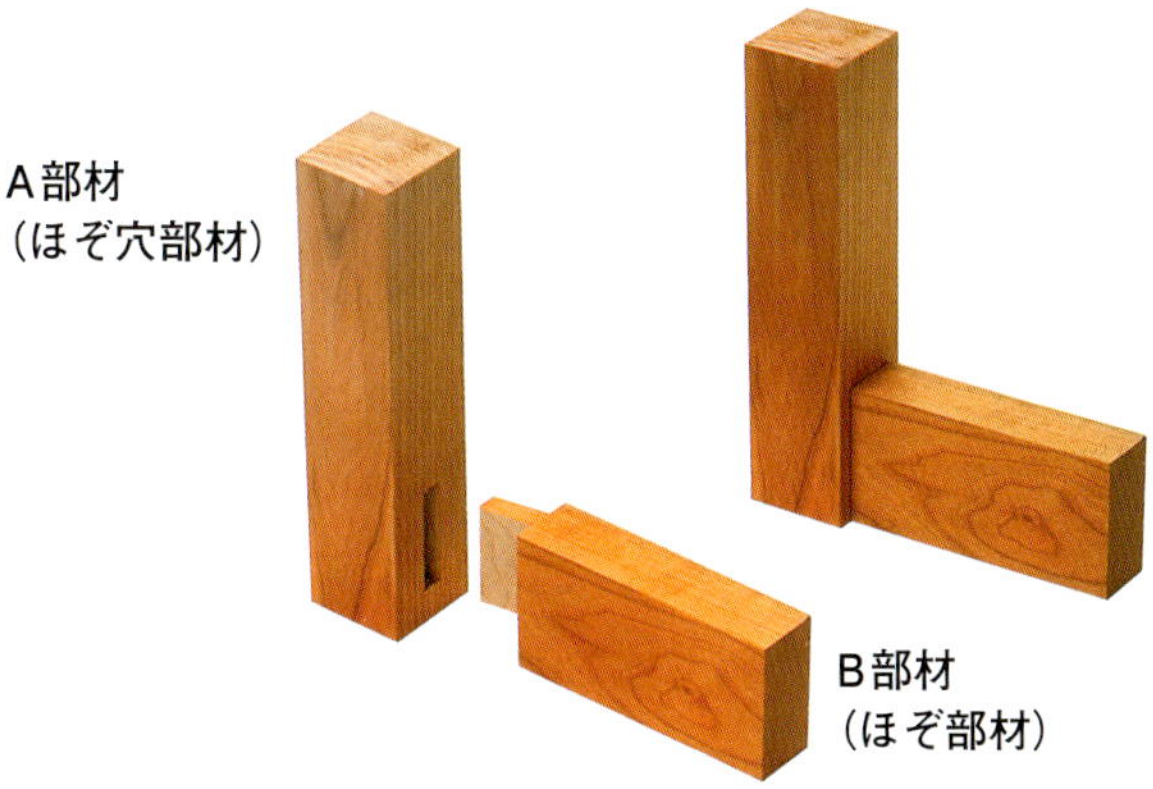

●部材の採寸。墨付け

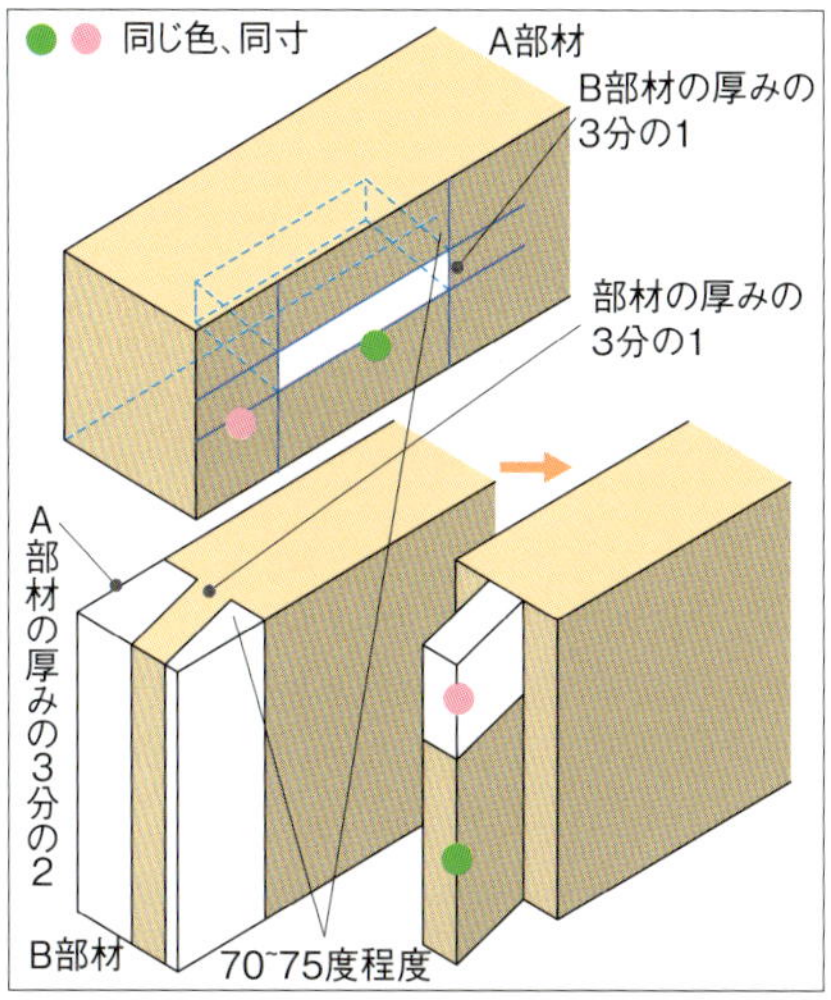

1 A部材を作る。A部材の下にほぞの角度と同じ角度の傾斜を持つ当て木を敷いて部材を固定。角のみの深さを調整し、角のみでほぞ穴の両端を彫る。

2 角のみの定盤を少しずつずらしながら、ほぞ穴の中間を彫り、ほぞ穴を作る。

3 B部材を作る。昇降盤の平行定規を部材を切る位置に調整し、丸のこ刃の高さを調整。部材の木口を平行定規に押し当てながら、部材の両平面に切れ目を入れる。

4 丸のこ刃の高さを調整。部材の木端を下にし、部材の片側の木端に切れ目を入れる。

5 平行定規が丸のこ刃の左側にくるようにセットする。部材を縦に持ち、平行定規を切る位置に合わせる。丸のこ刃の角度をほぞの角度に合わせ、部材の平面を平行定規に押し当てながら、片一方の不要部分を切り落とす。

ほぞ先留め接ぎ

椅子やテーブルなどの脚部と幕板との接合部などに使われる。ほぞ部材がほぞ穴部材の内部で出会うが、両部材のほぞの先端が45度の留形になっている。この接ぎ手には各種ある。左図参照。

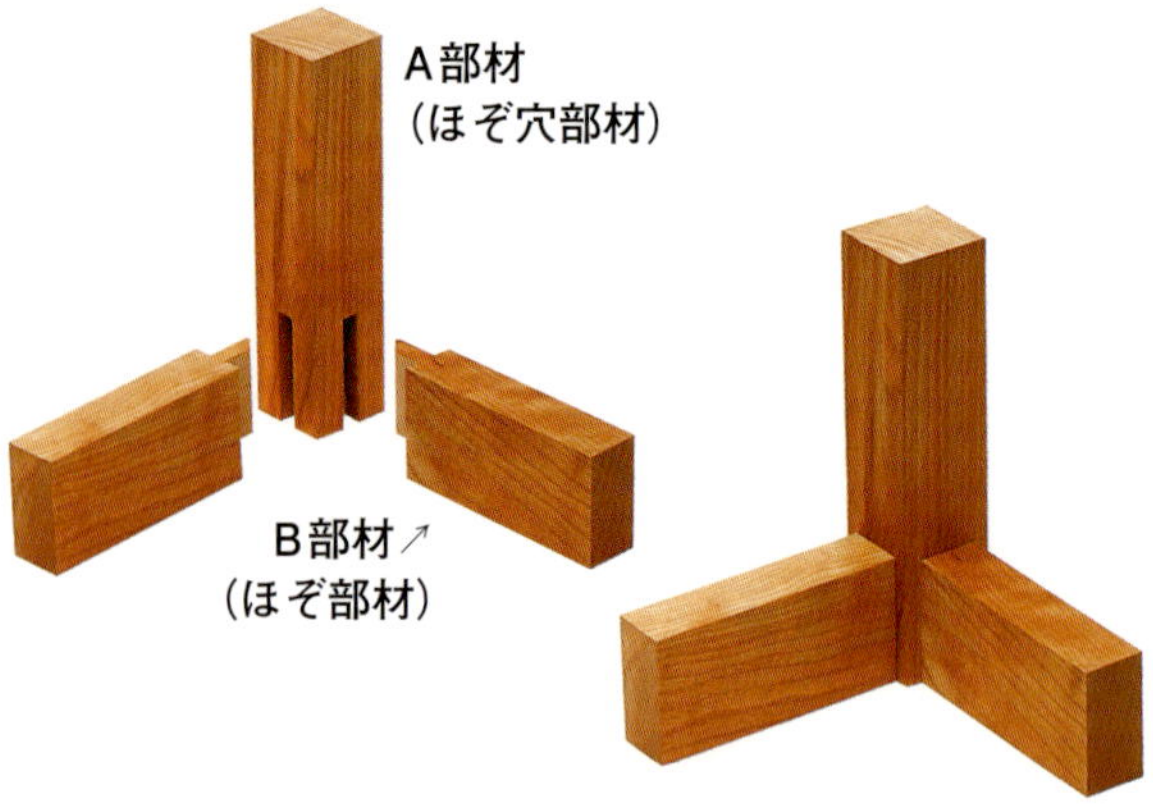

1 A部材（ほぞ穴部材）を作る。一つの部材に二箇所からほぞ穴を作るが、まず、一方のほぞ穴を彫る。部材を角のみ盤上に固定し、角のみの刃の深さを調整。この接ぎ手はほぞ穴の深さが2段になっている。最初に深いほうのほぞ穴を彫る。

2 角のみの定盤を移動させて、深い部分のほぞ穴を広げる。

3 浅い部分のほぞ穴を彫る。

●部材の採寸。墨付け

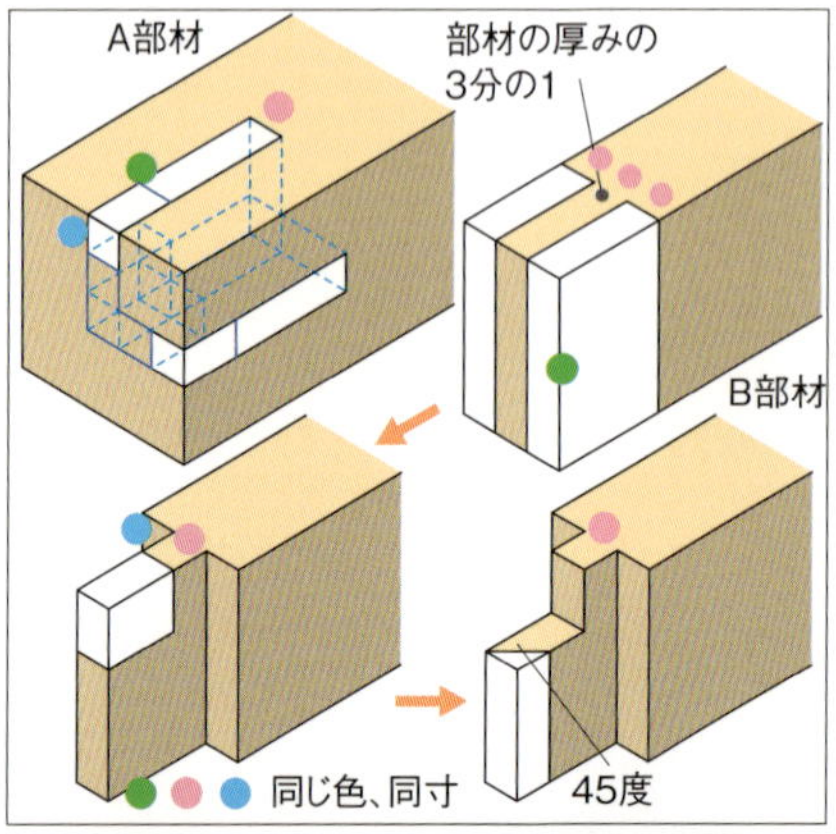

6 平行定規が丸のこ刃の右側にくるようにセットする。部材をひっくり返して、同様に不要部分を切り落とす。

7 縦挽き丸のこを使って、ほぞの不要部分を切り落とし、ほぞ穴の幅に合わせる。

8 両部材を組み合わせて、でき具合を確認。

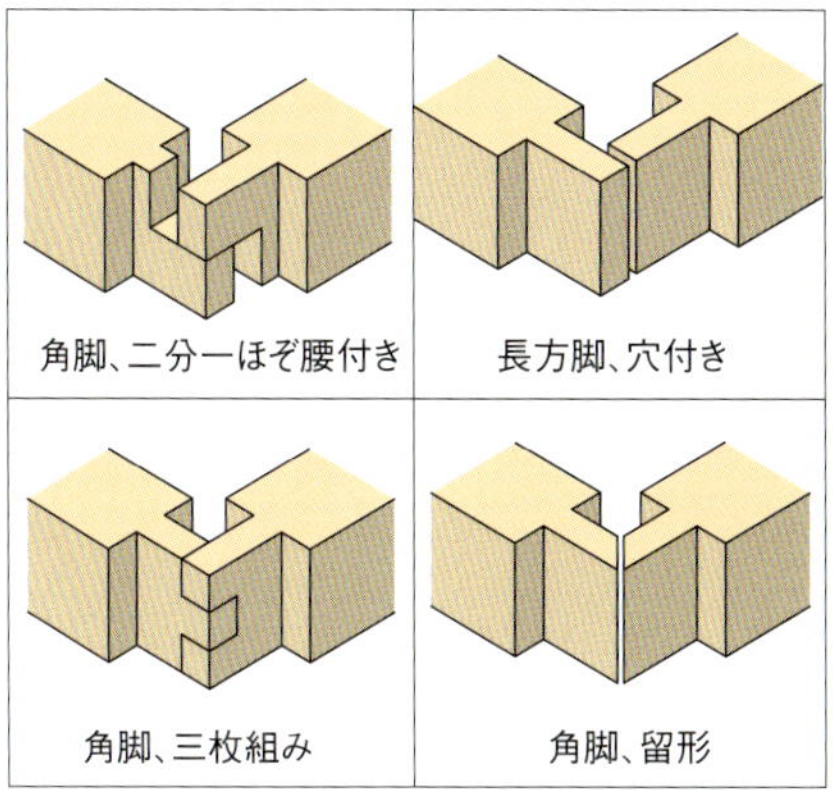

4 部材の向きを変え、1、2、3と同様にほぞ穴を彫る。

5 部材を立て、クランプで固定し、木口からのみで浅いほぞ穴部をきれいに整える。

6 B部材を作る。昇降盤の平行定規を部材を切る位置に合わせ、丸のこ刃の高さを調整。部材の平面を下にし、木口を平行定規に押し当てながら平面に切れ目を入れる。

7 部材を裏返し、同様に反対側の平面にも切れ目を入れる。

8 平行定規の位置と丸のこ刃の高さを調整。部材の木端を下にし、木口を平行定規に押し当てながら、部材の片一方の木端側に切れ目を入れる。もう一つの部材も同様の切れ目を入れる。

9 縦挽き丸のこを使う。木口に丸のこ刃を当て、片一方の不要ほぞ部を切り落とす。

10 反対側の不要なほぞ部も同様に切り落とす。

11 ほぞを2段にするために、ほぞの先端の不要部分を切り落とす。

楔《くさび》止め平ほぞ接ぎ

テーブルの脚部や棚などの接合部に使われる。ほぞ部材のほぞ部に穴を開け、そこに楔を打ち込んで固定する。

●**部材の採寸、墨付け**

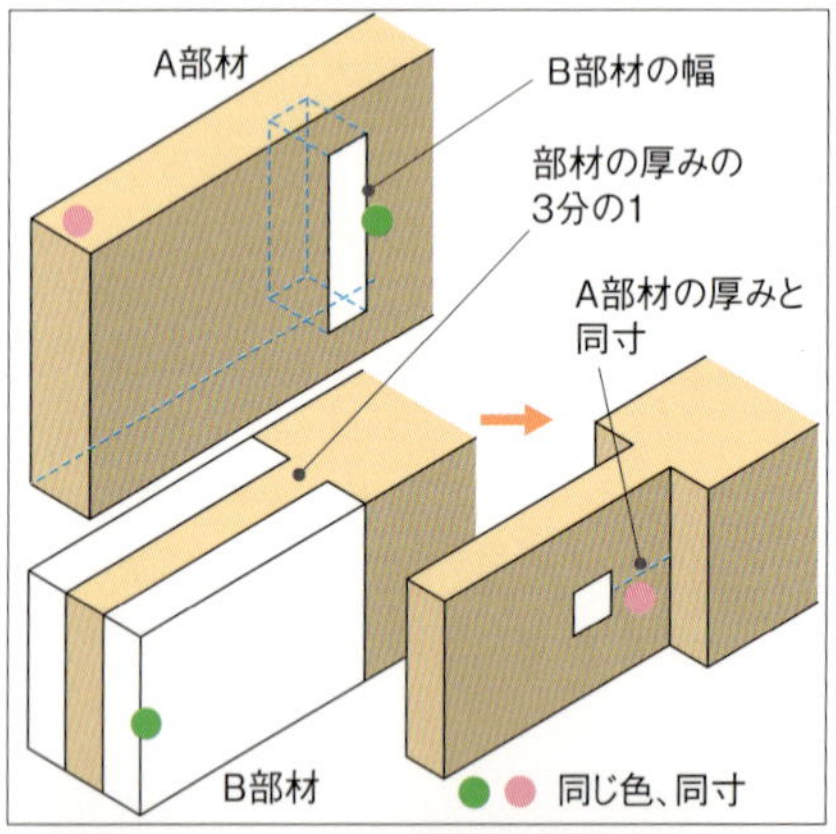

1 A部材(ほぞ穴部材)を作る。角のみの定盤上に部材を固定し、ほぞ穴の両端を彫る。

2 ほぞ穴の中間部も角のみの定盤をずらしながら彫り、ほぞ穴を作る。

12 横挽き丸のこを使う。切る角度を調整し、ほぞの先端を45度の留形に切る。

13 もう一方のほぞ部材も同様にほぞの先端を45度に切る。ただし、部材の天地を逆にした側を上にして切る。

14 縦挽きのこぎりでほぞ部を切ったときにできる切り残し部分を、のみできれいに整える。

15 でき上がった両部材のほぞ部の形。

16 両部材を組み合わせて、でき具合を確認する。

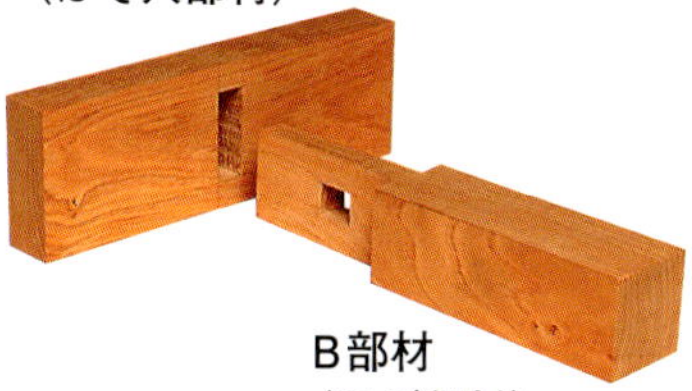

3 ほぞ穴をのみできれいに整える。

4 B部材（ほぞ部材）を作る。部材の平面を下にし、平行定規を切る位置に合わせ、丸のこ刃の高さを調整。平行定規に木口を押し当てながら、部材の両平面にほぞの根元となるところに切れ目を入れる。

5 縦挽き丸のこを使い、部材の木口から切り始め、ほぞ部の両側を切り落とす。

6 ほぞ穴部材にほぞ部材を差し込み、楔を打ち込む穴の採寸をする。

7 ほぞ部の下に当て木をかませて、ドリルを使って楔を打ち込む穴を彫る。

8 のみを使って楔を打ち込む穴を四角く整える。

9 ほぞ穴部材にほぞ部材を差し込んで楔を打ち、でき具合を確認する。

楔《くさび》締め平ほぞ接ぎ

椅子やテーブルの脚部、棚や框組みなどの接合部に使われる。

ほぞ部材のほぞ先の両端に切れ目を入れ、ほぞ穴部材に差し込み、ほぞ部材の切れ目に2本の楔を打ち込んで接合する。このとき、ほぞが扇状に開いて固定できるようにほぞ穴の両端を斜めに切り広げておく。

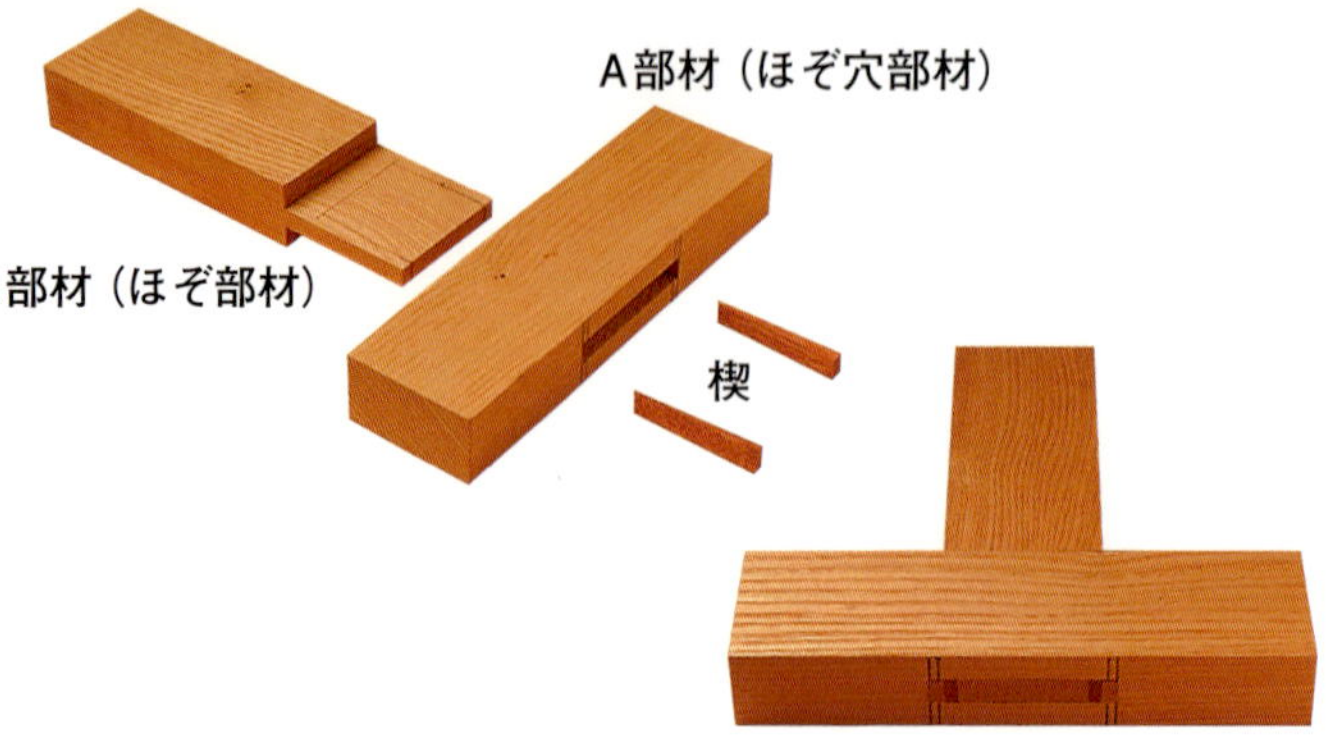

●部材の採寸、墨付け

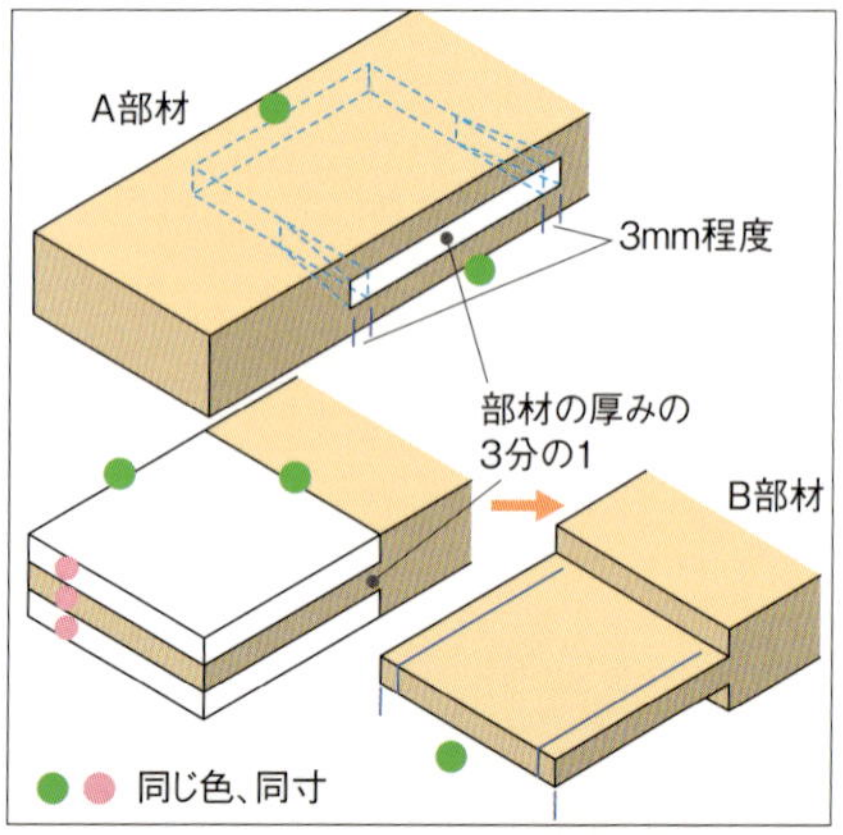

1 A部材（ほぞ穴部材）を作る。彫る部材の下に当て木を敷く。角のみの定盤上に部材を固定し、ほぞ穴の両端を彫る。ほぞ穴の中間部も角のみの定盤をずらしながら彫り、ほぞ穴をあける。

2 のみでほぞ穴の両端を斜めに彫り広げる。これは楔を打ち込んだときにほぞが外側に開けるようにするため。

3 B部材（ほぞ部材）を作る。昇降盤の平行定規を部材を切る位置に合わせる。丸のこ刃の高さを調整。部材の平面を下にし、木口を平行定規に押し当てながら、部材の両平面に切れ目を入れる。

4 縦挽き丸のこを使って、ほぞ部の片側の不要部分を切り落とす。

5 部材の向きを変えて、反対側を切り落とす。

6 ほぞ部の根元の切り残した部分をのみで取り、きれいに整える。

7 ほぞ部の左右の端から５㎜程度のところにのこぎりの切れ目を入れるための墨線を引く。

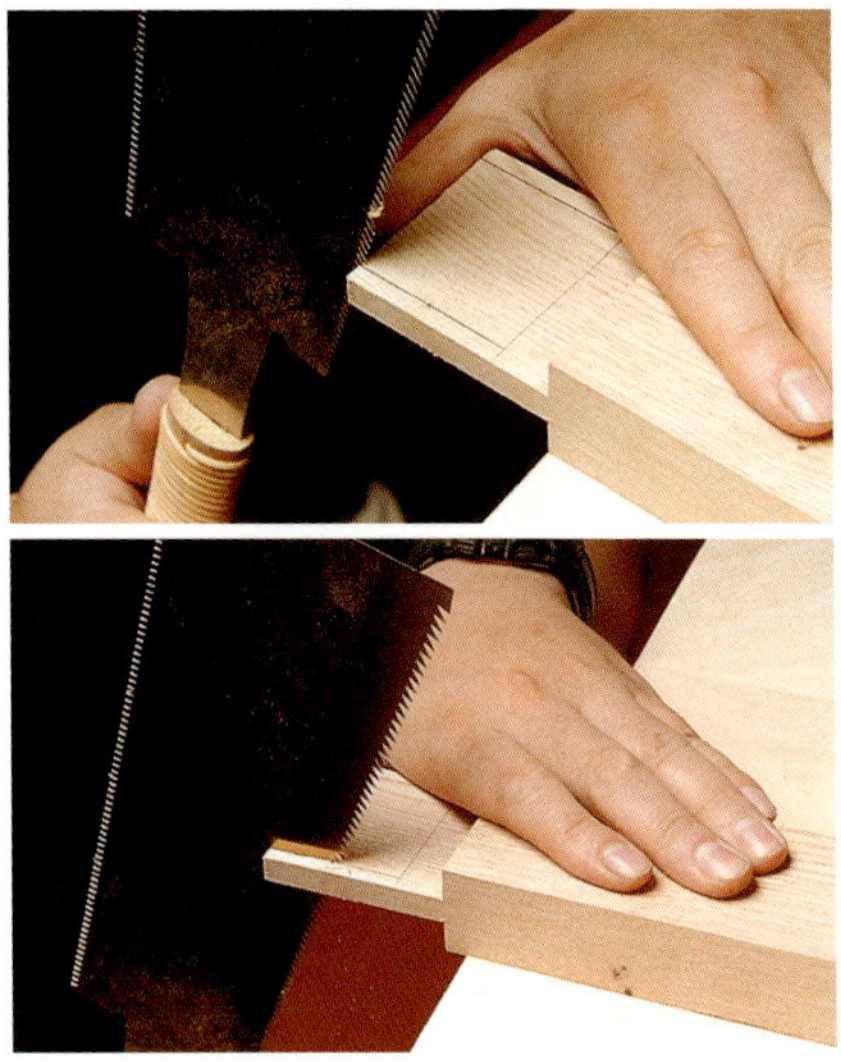

8 墨線を入れたところにのこぎりで切れ目を入れる。

9 切れ目を入れたところの先端をのみで削り、切れ目の幅を少し広げ、楔を打ち込みやすいように整える。

10 ほぞ穴部材にほぞ部材を差し込み、楔を打ち込む。楔を打ち込むとほぞが左右に広がり、締まって固定される。

11 飛び出しているほぞと楔をのこぎりで切り落とし、表面をきれいに整える。

だぼ接ぎ

「だぼ接ぎ」はおもに框組みや箱組みの「打ち付け接ぎ」「平はぎ」などの接合部を補強する目的で使われる。両方の部材にドリルで穴をあけ、そこに細い円柱状のだぼを打ち込んで接合する。

　だぼのサイズは各種ある。だぼの表面には斜めの筋状の溝が彫られており、だぼの両端にも輪っか状の溝がある。これは塗った接着剤をたまりやすいようにするためである。

　だぼ穴はだぼの直径よりも0・2ミリ大きくする。だぼ穴とだぼの直径が同じだと、だぼに接着剤をつけてだぼ穴に入れると、接着剤がしごかれて接着が弱くなる。

　ドリルで部材にだぼ穴をあけるとき、だぼ穴の中心なるところにきりで下穴を彫り、そこにドリルの刃の中心を合わせて彫る。

平はぎだぼ接ぎ

　椅子の座面、テーブルやキャビネットなどの天板、袖板、中桟など、幅の広い平面を作るときに使われる接ぎ手。部材の木端にほぞ穴を彫り、だぼを打ち込んで接合する。

●部材の採寸、墨付け

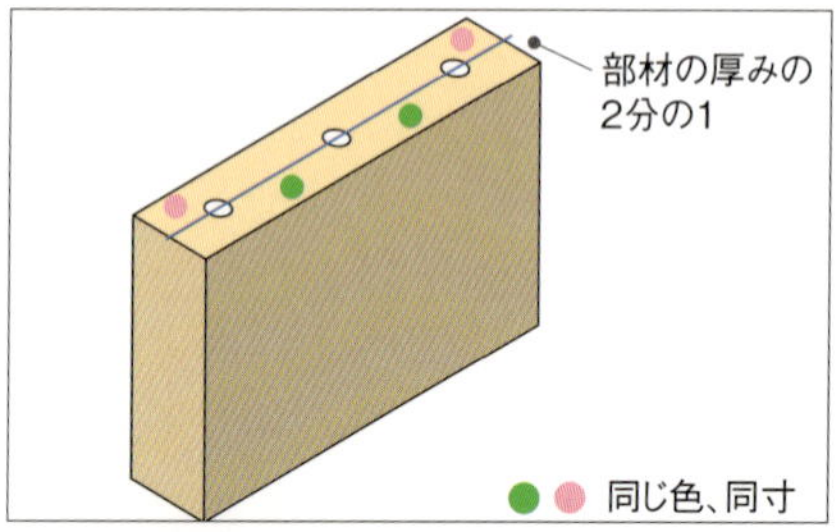

1 電動ドリルの歯を、だぼ穴の深さに調整。

2 部材の木端を上にして平行定規に押し当て、だぼ穴の中心にドリルの刃の中心を当てる。

●追い入れだぼ接ぎ

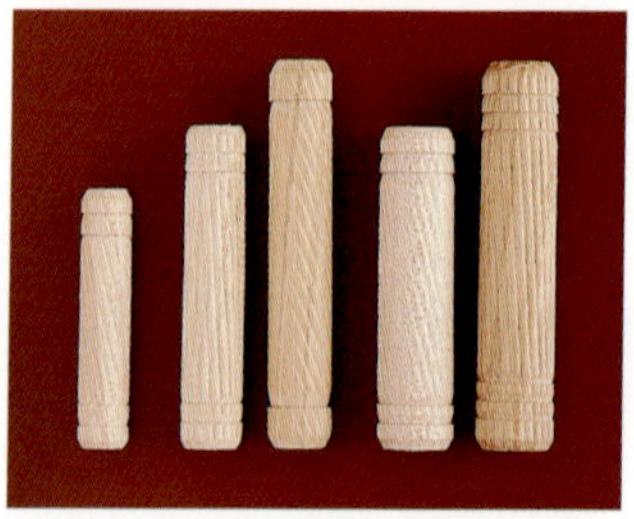

各種サイズのだぼ。接着剤をつけると、だぼが接着剤を吸収し、膨張してしっかり固定する。

●矩形だぼ接ぎ（框組み）

●だぼ接ぎ

3 ドリルを押し下げながら、だぼ穴を彫る。もう一方の部材も同様に彫る。

4 一方の部材にだぼを打ち込み、両部材を組み合わせて、でき具合を確認する。

矩形だぼ接ぎ（箱組み）

おもに引き出しやキャビネットなどの箱物の角の接合に使われる。両部材にだぼ穴をあけ、そこにだぼを打ち込んで接合する。

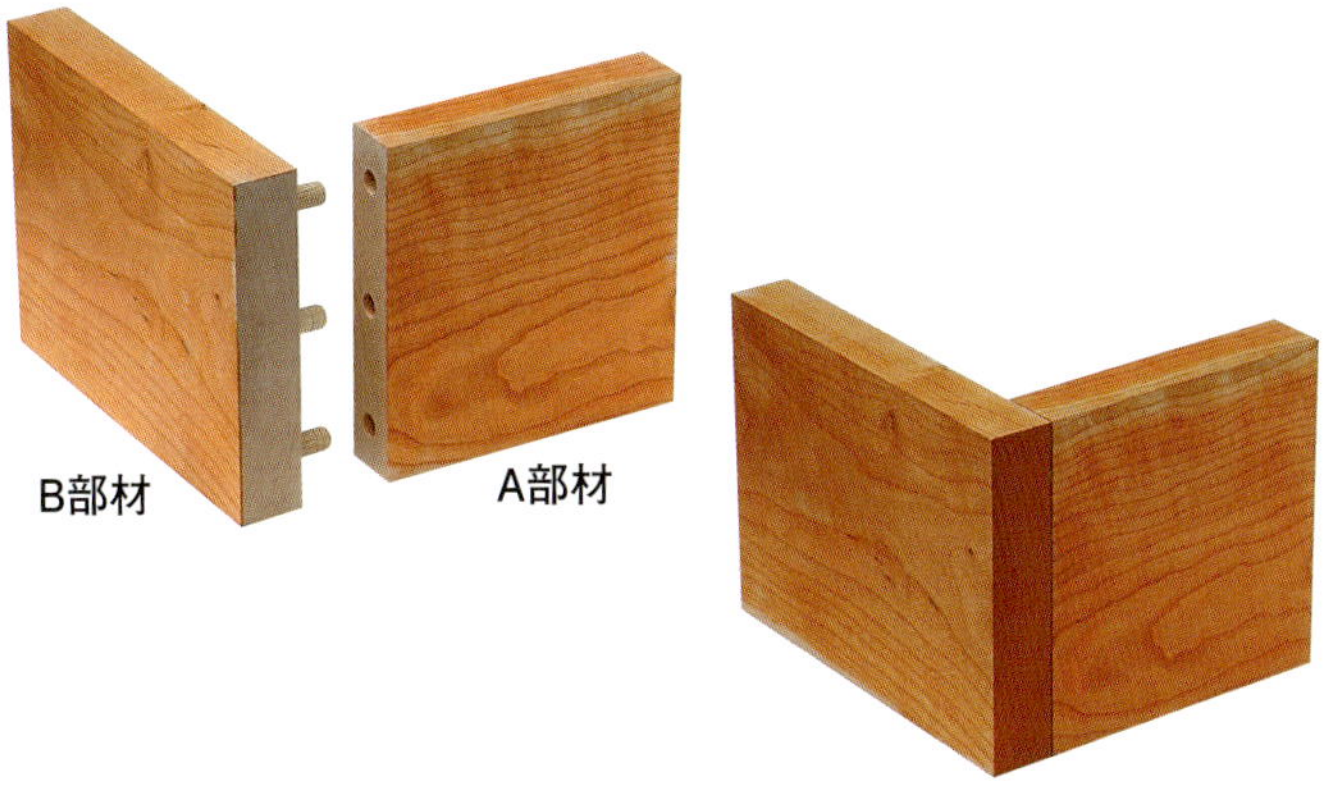

●部材の採寸、墨付け

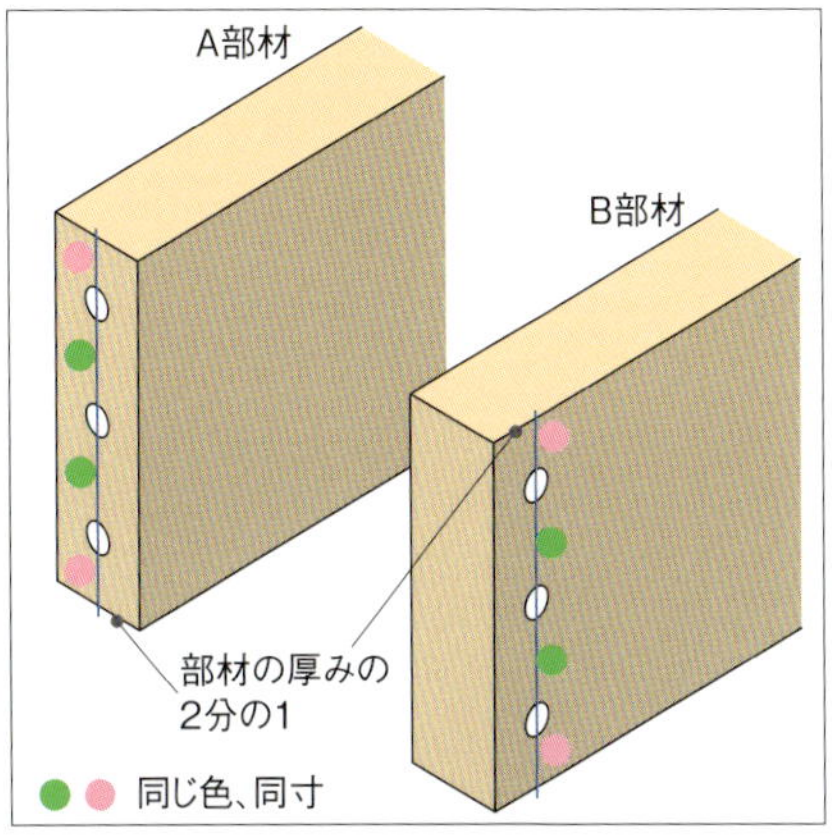

1 A部材を作る。電動ドリルの彫る深さを調整。平行定規に部材の平面を押し当て、木口のだぼ穴の中心にドリルの刃の中心を当てて彫る。

2 部材をずらして、次のだぼ穴を彫る。

3 B部材を作る。もう一方の部材の木口を平行定規に押し当てて、平面にだぼ穴を彫る。

4 片方の部材にだぼを打ち込み、両部材を組む。でき具合を確認する。

留形だぼ接ぎ

「矩形打ち付けだぼ接ぎ」と同様に、引き出しやキャビネットなどの箱物の角の接合に使われる。両部材の木口側を45度に切り、その切り口にだぼをかませて接合する。

「矩形打ち付けだぼ接ぎ」よりも接合面積が広くなるので、より強固になる。また、「矩形打ち付けだぼ接ぎ」とは違い、接合部に木口が見えないので見た目がよい。

●部材の採寸、墨付け

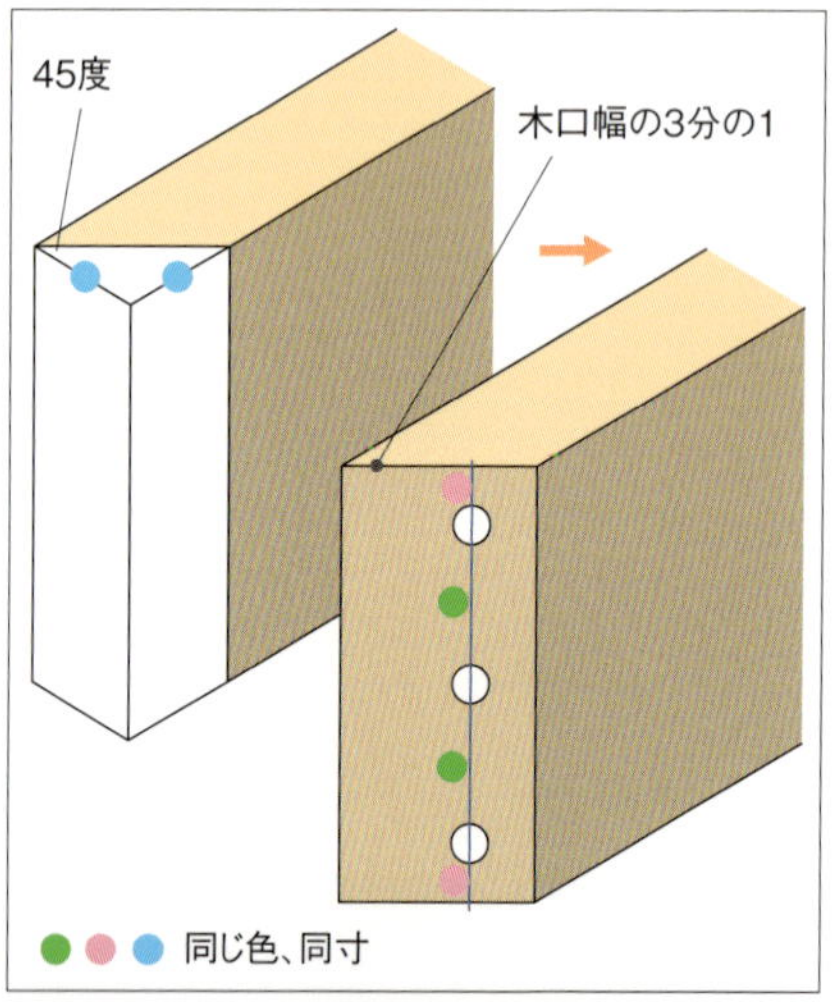

1 「留形打ち付け接ぎ」(207ページ、箱組み)のときと同様の方法で留形部材を作る。

2 45度の傾斜を持った写真のような治具に部材を添わせて固定し、反対側から当て木を当ててクランプで止め、部材が動かないように固定する。

3 電動ドリルの深さを調整。部材を治具に45度に寝かせ、電動ドリルで木口を垂直に彫る。

4 もう一方の部材も同様にだぼ穴をあけ、片方の部材にだぼを打ち込み、両部材を組み合わせて、でき具合を確認する。

留形包みだぼ接ぎ

おもに箱やキャビネットなどの箱物の接合部に使われる。接合部に木口が見えず、強度も強い。「留形包み打ち付け接ぎ」（209ページ）にだぼを差し込んだ接ぎ方。

両部材の接合部

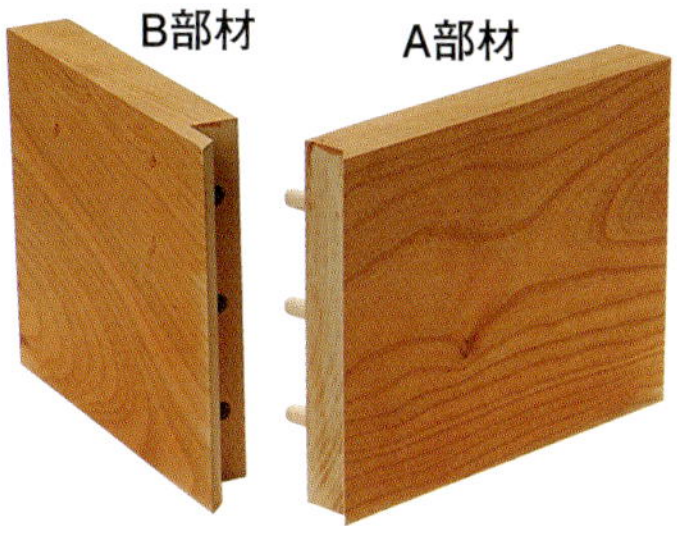

●部材の採寸、墨付け

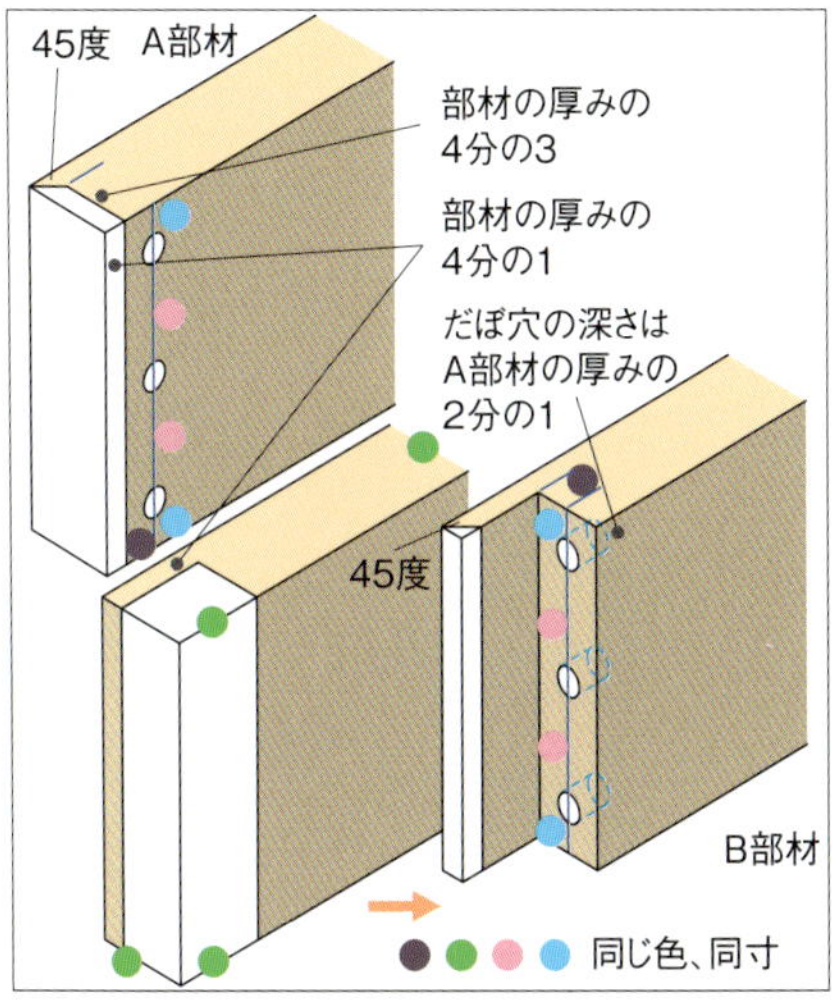

1 ここまでの部材の作り方は「留形包み打ち付け接ぎ」の1～7に同じ。（209～210ページ参照）

2 A部材を作る。部材の留め先部分を傷めないように、ドリルの定盤上に取り付けた当て木の下に薄い木材をかませ、留め先がその下に入るようにセットする。

3 ドリルの刃の深さを彫る深さに調整。

4 部材の木口側を平行定規に押し当ててだぼ穴を彫る。

5 B部材を作る。ドリルの定盤上の平行定規に幅の広い当て木を取り付け、クランプで留める。

6 その当て木に部材を添わせ、部材の木口側を上にして立てる。部材の平面を平行定規に押し当て、電動ドリルの深さを調整し、だぼ穴を彫る。

7 A部材にだぼを打ち込んで組み合わせ、でき具合を確認する。

ビスケット接ぎ

「ほぞ接ぎ」と同様に、框組みや箱組みの「打ち付け接ぎ」「平はぎ」などの接合部を補強する目的で使われる。両方の部材にジョイントカッターで穴をあけ、楕円形のビスケットを打ち込んで接合する。

ジョイントカッターの中心を示す赤い点をビスケット穴の中心に合わせて穴を彫る。

●ビスケット接ぎ

ジョイントカッターとビスケット。

ビスケットのサイズは万国共通で3サイズある。一番小さいのは0サイズ、10サイズ、20サイズと大きくなっていく。厚みはいずれも4㎜。ビスケットの表面には凹凸(のりだまり)があり、接着剤が付きやすいようになっている。接着剤を塗るとビスケットが接着剤を吸収し、膨らんで接着部を強固にする。

矩形ビスケット接ぎ（箱組み）

おもに引き出しやキャビネットなどの箱物の角に使われる。一方の部材の木口ともう一方の部材の木口寄りの平面に、ジョイントカッターで穴をあけ、そこにビスケットをかませて接合する。

●部材の採寸、墨付け

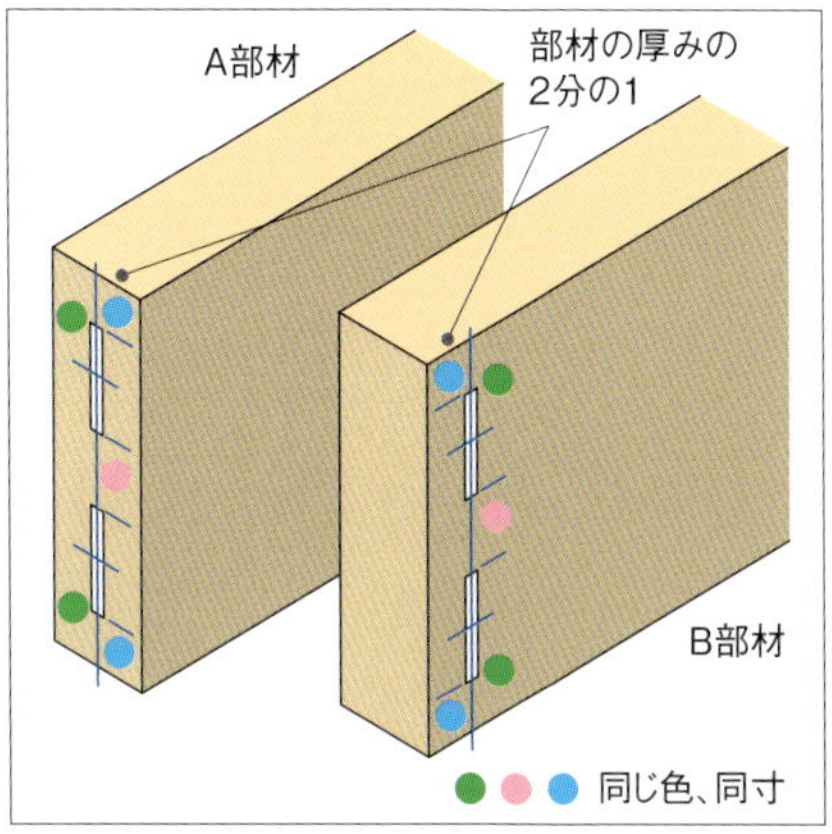

一方の部材の木口に部材の厚みの中心に縦の墨線を引く。ビスケットのサイズを決め、ビスケットの穴の位置を決める。

1 B部材を作る。部材を作業台の端に立ててクランプで固定。

2 ジョイントカッターをビスケットのサイズに合わせる。ジョイントカッターの中心（赤い点）を部材のビスケット穴の中心に合わせて平面の2ヵ所を彫る。

3 A部材を作る。部材を作業台の隅にねかせ、クランプで固定する。ジョイントカッターの中心をビスケット穴の中心に合わせ、木口の2ヵ所にビスケット穴をあける。

●平はぎビスケット接ぎ

●留形ビスケット接ぎ（框組み）

留形ビスケット接ぎ（箱組み）

おもに引き出しやキャビネットなどの箱物に使われる。両部材の木口側を45度に切り、その切り口にビスケットをかませて接合する。「突き付けビスケット接ぎ」よりも接合面積が広くなるので、より強固になる。「突き付けビスケット接ぎ」とは違い、接合部に木口が見えないので見た目もよい。

●部材の採寸、墨付け

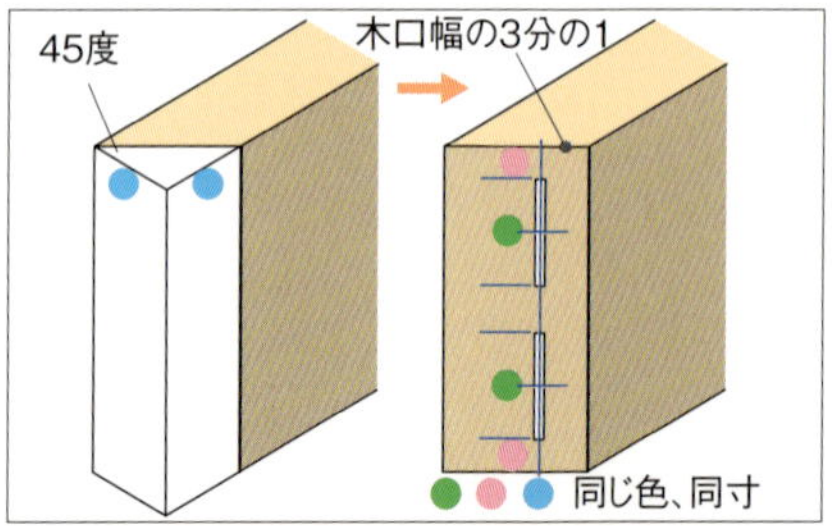

1 「留形打付け接ぎ」（箱組み、207～208ページ参照）と同様の方法で部材を留形に切る。

2 作業台の隅に部材の木口を上向きにして寝かせ、クランプで固定。ジョイントカッターの中心（赤い点）をビスケット穴の中心に合わせて穴を彫る。木口にビスケット穴をあける場合、部材の内側寄りのところにあける（外側寄りにあけると、接いだ部分がもろくなる）。

3 もう一方の部材も同様に彫り、ビスケットを片方の部材に差し込んで、でき具合を確認する。

4 片方の部材にビスケットを差し挟んで両部材を組み、でき具合を確認する。

核《さね》接ぎ

留形の框組みや箱組みの接合部、平板どうしの接合部などに使われる。両方の部材に核を差し挟む溝を彫り、そこに接合の形に合わせた核を差し挟んで接合する方法と、両部材に凹凸部を作って接合する方法とがある。

本核《ほんざね》平はぎ

テーブルの天板やキャビネットなど幅の広い板面を作るときに使われる接ぎ方。雇い核を使わずに、2枚の部材の木端に凹凸を作り、接合する。接合部の形は数種類ある。

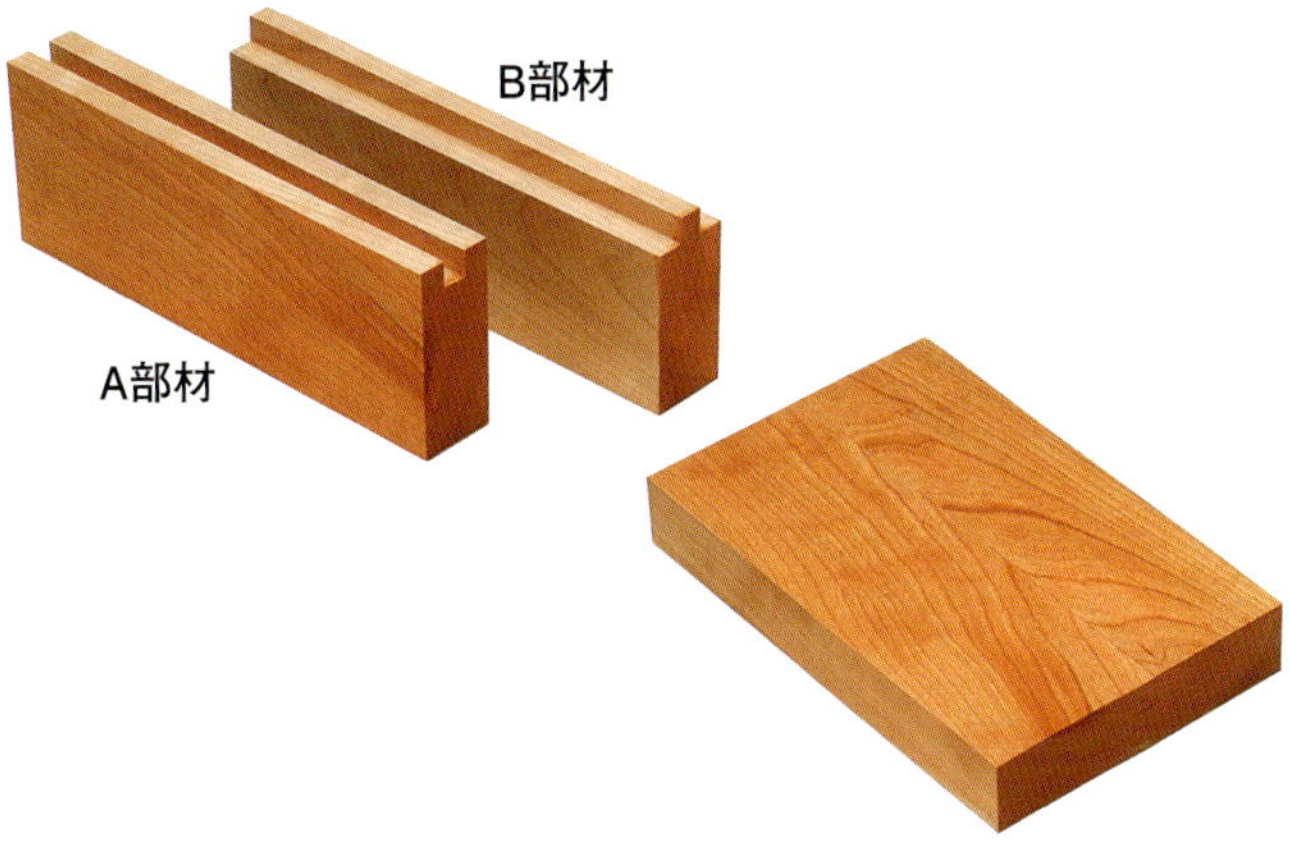

●部材の採寸、墨付け

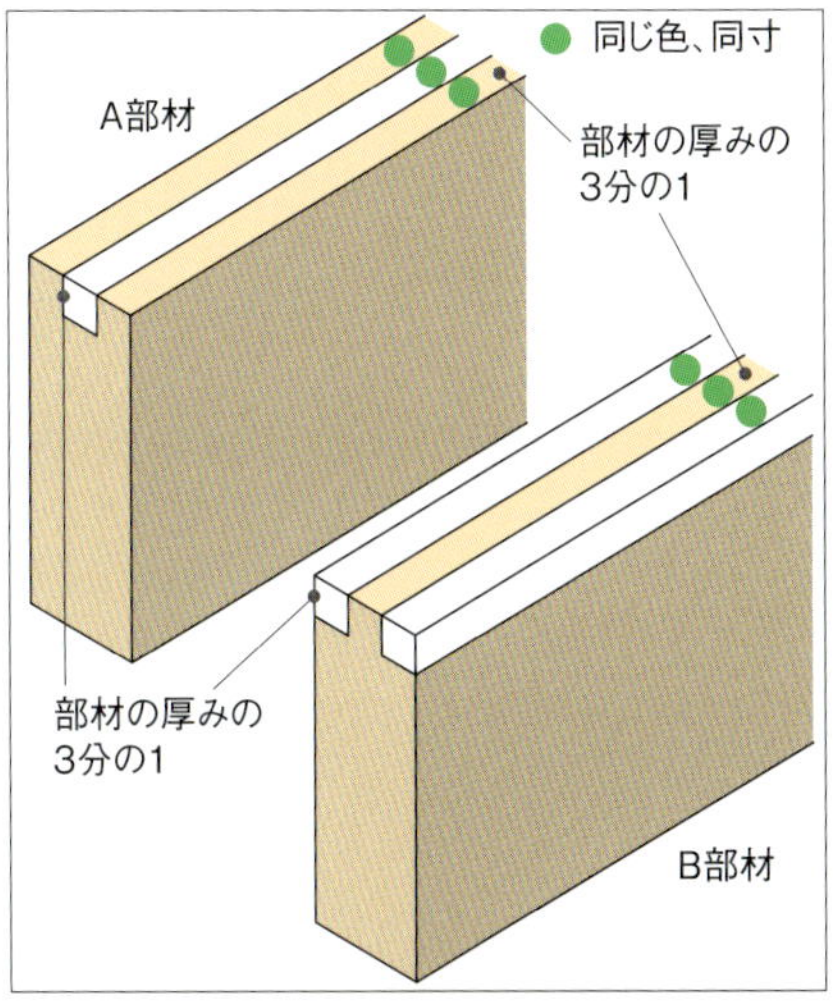

1 A部材を作る。平行定規を部材を切る位置に調整。丸のこ刃を垂直にし、高さを切る位置に合わせる。部材の木端側を下にし、平面を平行定規に押し当てながら、凹部となる両端に切れ目を入れる。

2 平行定規を少しずつずらしながら、凹部を広げていく。

木端に溝を彫った状態。

3 B部材を作る。平行定規の位置、丸のこ刃の高さを調整。部材の木端を平行定規に押し当てながら、切り落とす部分の平面に切れ目を入れる。

4 部材を裏返し、反対側の平面にも切れ目を入れる。

5 平行定規の位置を調整。部材の平面を平行定規に押し当てて、まず、外側の不要部分を切り落とす。

6 部材をひっくり返して、反対側の不要部分を同様に切り落とす。

雇い核《ざね》平はぎ

テーブルの天板やキャビネットなど幅の広い板面を作るときに使われる接ぎ方。２枚の部材の木端に同様の凹部を作り、雇い核を差し込んで接合する。

●部材の採寸、墨付け

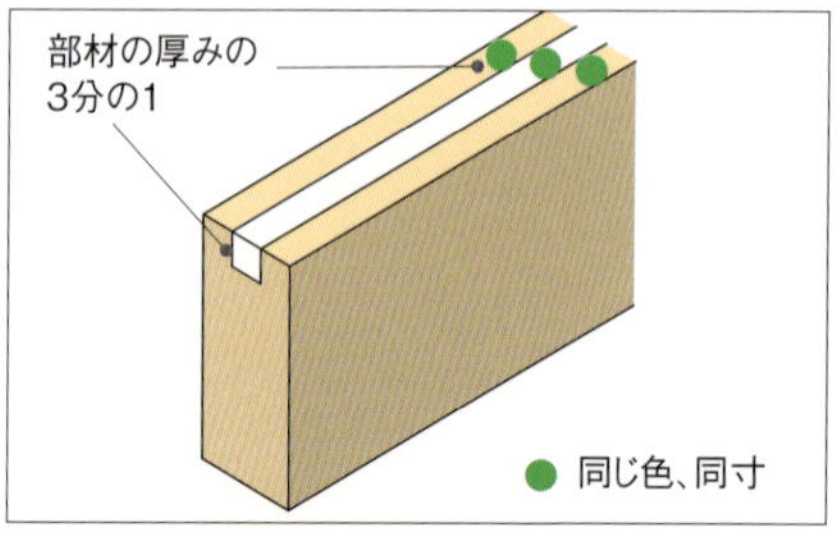

1 前ページの「本核平はぎ」のＡ部材と同様の方法で木端に凹部を作る。もう一方の部材も同様に作る。

2 凹部に合わせて、核を作る。部材が小さいので、安全のために直接部材を手で持たずに、添え木で部材を押す。

3 核の角をかんなで面取りをする。

4 核を入れて合うかどうかを確認する。

7 凸部の角にかんなをかけ、面取りをする。

8 両部材を組み合わせて、でき具合を確認する。

留形雇い核《ざね》接ぎ（箱組み）

おもに引き出しや箱、キャビネットなどの接合部に使われる。留形に切った両部材の木口に溝を彫り、核を差し挟んで接合する。框の留形の場合は核の溝を木口幅の中央に彫るが、箱組みの場合は核の溝を木口幅中央より内側に彫る。

2 平行定規を切る位置に合わせ、部材の小口の留め先を平行定規に押し当てながら、木口面に切れ目を入れる。平行定規を少しずつずらし、溝の幅を広げる。もう一方の部材も同様に切る。

3 溝を作った状態。

4 両部材に核をはめ込み、でき具合を確認する。

●部材の採寸、墨付け

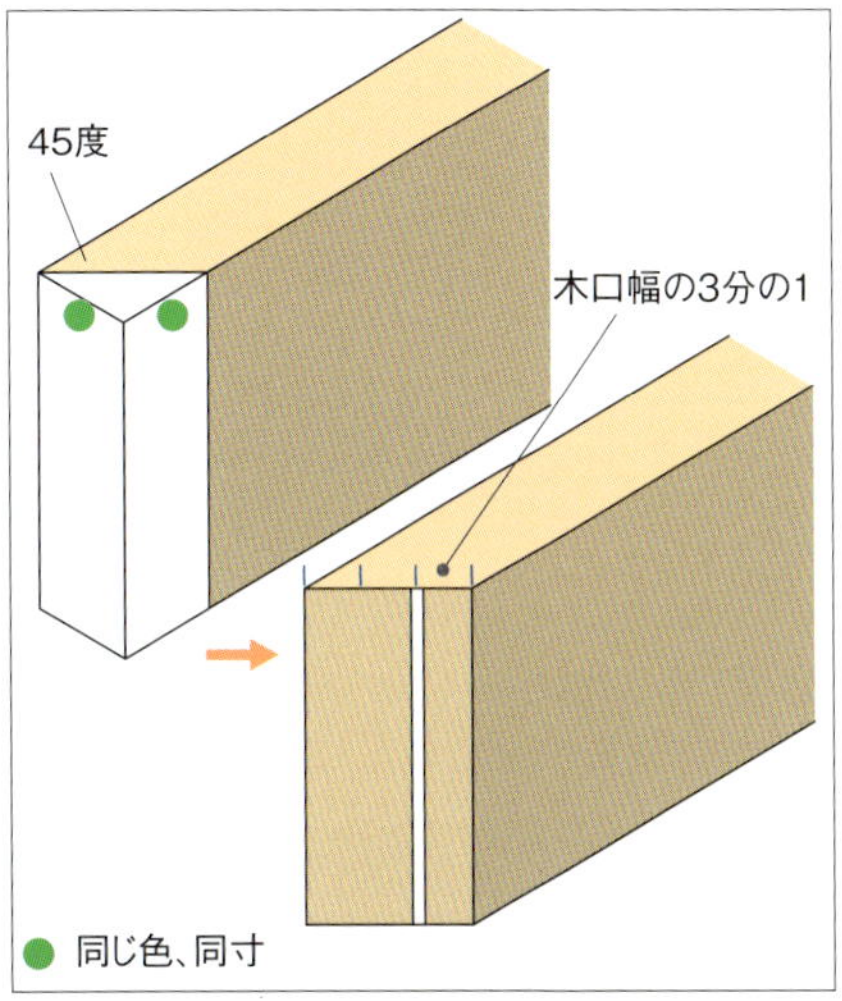

1 「留形打ち付け接ぎ」（箱組み、207～208ページ参照）と同様にして、留形部材を作る。丸のこ刃の角度を45度にし、丸のこ刃の高さを調整。

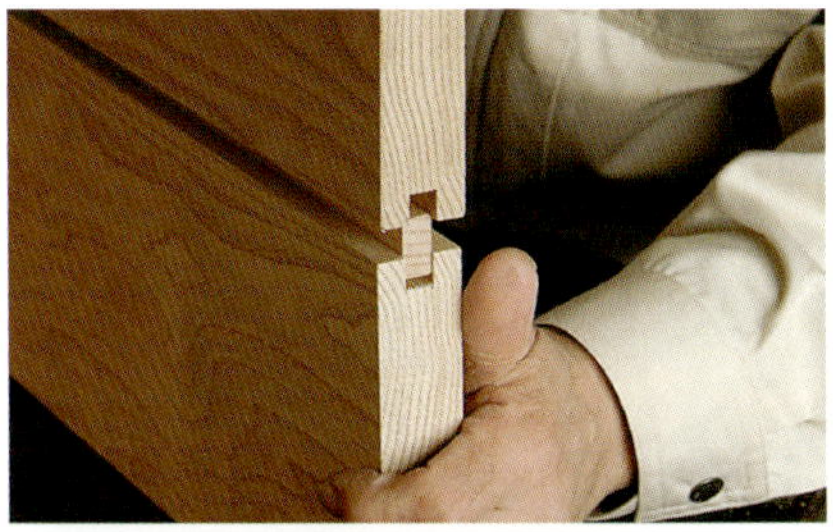

5 両部材の凹部に核を差し込んで組み合わせる。でき具合を確認する。

留形挽き込み雇い核《ざね》接ぎ

「留形打ち付け接ぎ」（框組み207ページ）の接合部に三角形の雇い核を差し挟んだ接合法。

雇い核には一枚板もしくは合板が使われる。おもに、より強度が求められる大型の框の接合部などに使われる。

●部材の採寸、墨付け

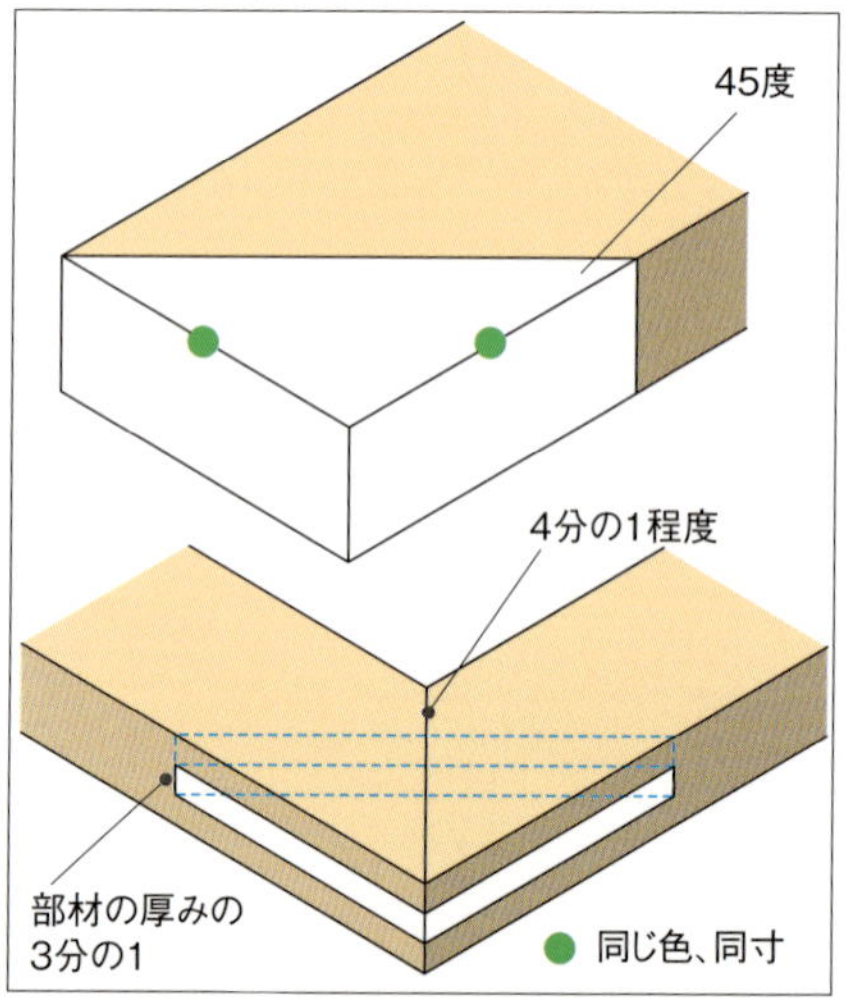

1 2本の部材を「留形打ち付け接ぎ」（框組み、207ページ参照）と同様の方法で留形部材を作る。

2 留形に切った両部材を一度に切るために、写真のような45度の傾斜を持つ治具をMDFを使って作る。

3 留形に切った両部材を治具にセットする。丸のこ刃を垂直にし、平行定規と丸のこ刃の位置を調整。丸のこ刃の高さを切る高さに調整。部材をセットした治具を平行定規に押し当てながら、雇い核を入れる溝を切る。

4 平行定規を少しずつずらし、雇い核を入れる溝の幅を広げる。

5 雇い核を差し挟んで、でき具合を確認する。

留形蟻《あり》筋《すじ》交《か》い接ぎ

「留形打ち付け接ぎ」（框組み207ページ）の接合部に蟻形の筋交いをはめ込んで、両部材を固定する接合法。おもに框の接合部に使われる。

●部材の採寸、墨付け

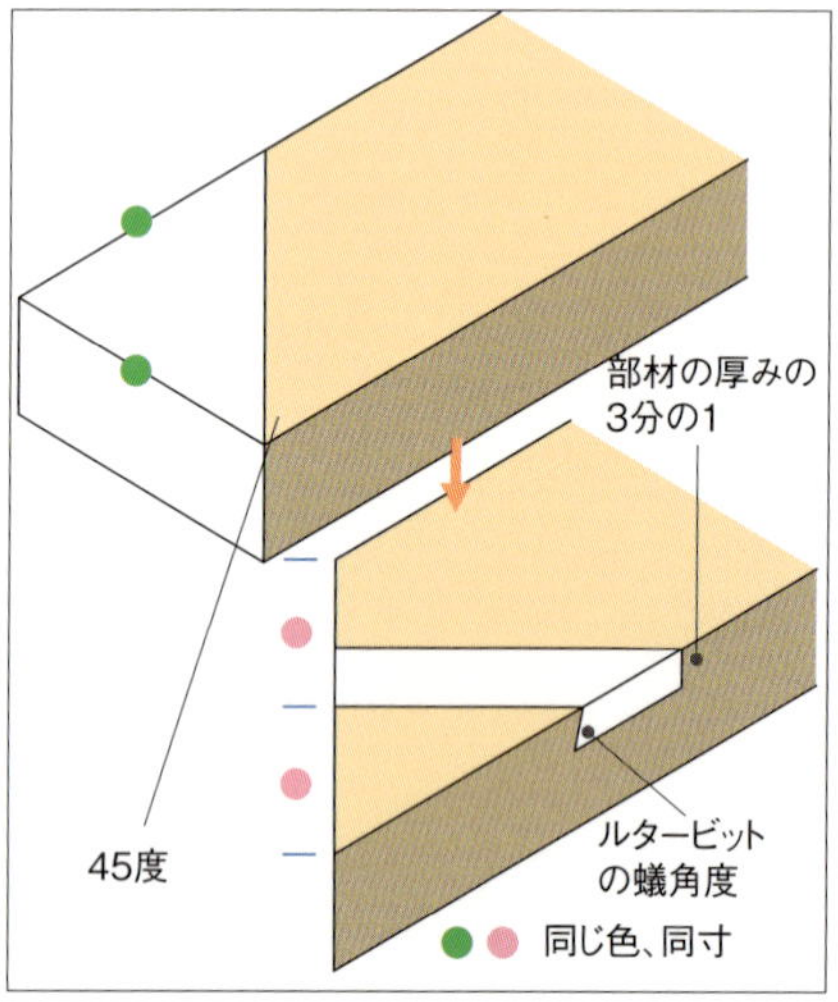

1 2本の部材を「留形打ち付け接ぎ」（框組み、207ページ参照）と同様の方法で留形部材を作る。

2 写真のような治具をMDFで作ると2本の部材を一度に切れる。

両部材の接合部

3 留形に切った部材を治具にセットする。丸のこ刃を70～75度にたおし、平行定規と丸のこ刃の位置を調整。丸のこ刃の高さを切る高さに調整。部材をセットした治具を伏せ、そのまま平行定規に押し当てて、蟻勾配の切り込みを入れる。

4 蟻勾配の切り込みを入れたところ。

5 平行定規をずらし、切り込みの幅を広げる。

6 丸のこ刃を垂直にし、丸のこ刃の高さを調整。両部材をセットした治具を伏せ、筋交いのもう一方の切り込みを入れる。
もう一方の切り込みを入れた状態（左）。

7 平行定規を少しずつずらし、筋交いの溝を広げた状態。

8 筋交いをはめ込み、でき具合を確認。

留形千切《ちぎり》接ぎ

「留形打ち付け接ぎ」（框組み207ページ）の接合部に、中央がくびれた鼓形の千切をはめ込んで接合する。千切《ちぎり》は機織の一部に使われている部品名。おもに框の接合部に使われる。

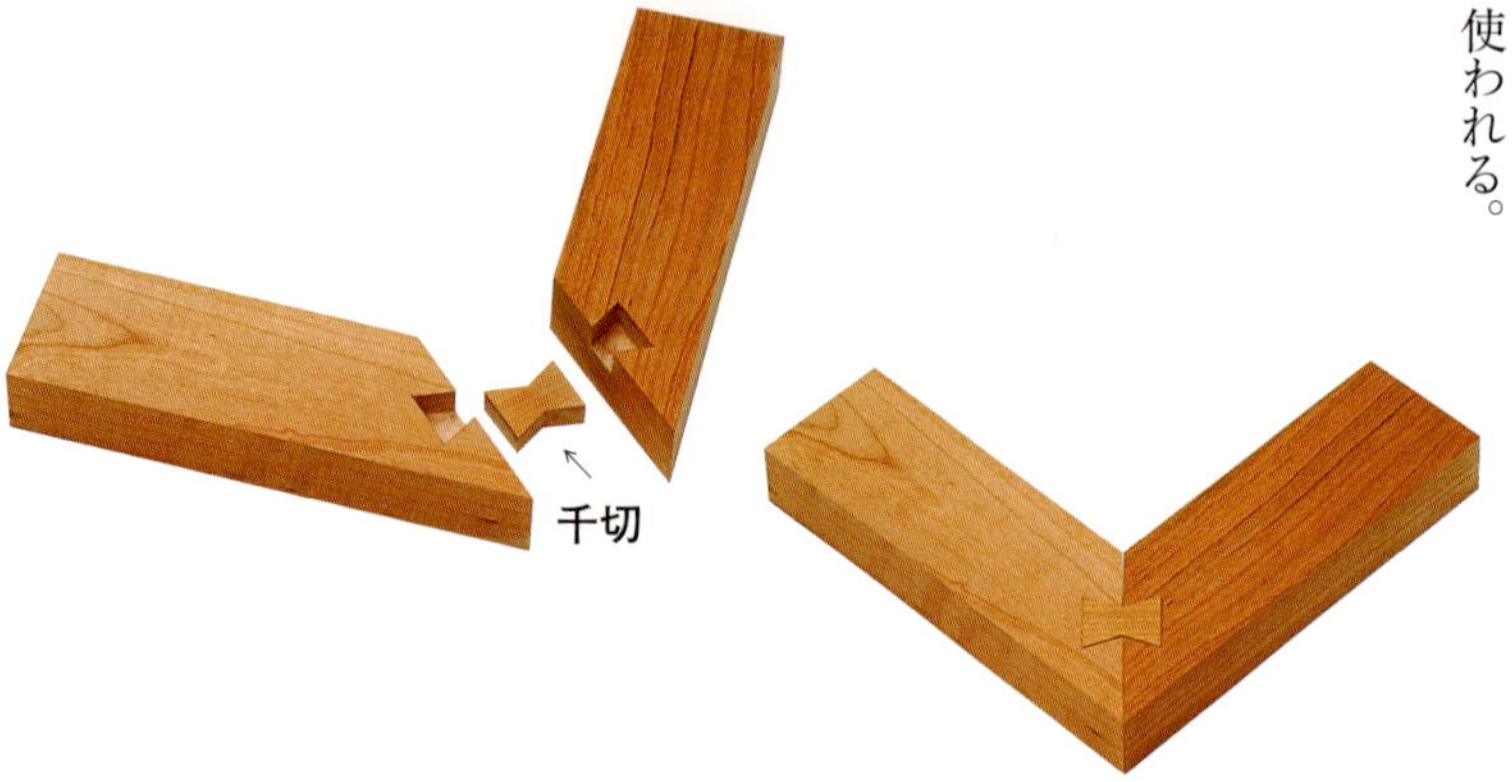

●部材の採寸、墨付け

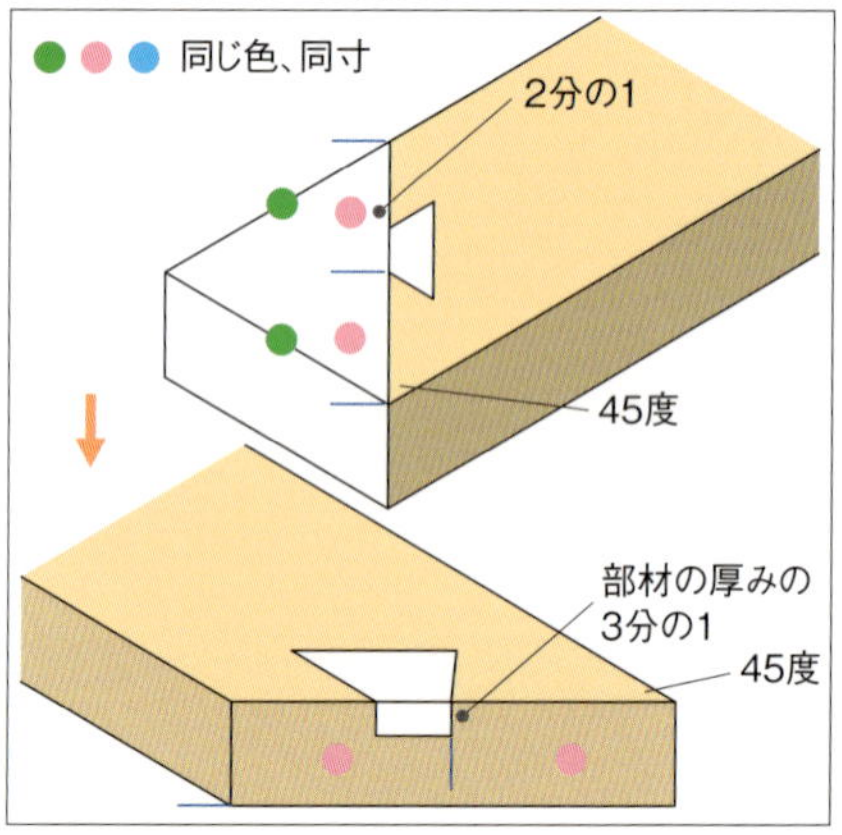

1 2本の部材を「留形打ち付け接ぎ」（框組み、207ページ参照）と同様の方法で留形部材を作る。

2 両部材を治具にセットし、部材の平面に千切の形を写し取る。

3 ルーターのビットを千切の位置に合わせて彫る。
ルーターで千切を粗削りした状態（左）。

4 のみで千切の形を整える。

5 のみで千切の形を整えた状態(上)。千切を両部材にはめ込み、でき具合を確認する。

接着剤の種類と特徴

竹村彰夫（東京大学准教授、大学院農学生命科学研究科）

木材どうしあるいは木材と異種材料間で接着を完結させるためには、接着剤は次の二つの条件を満たす必要がある。①塗付時には液体（流動する）であり、被着材の表面をよく濡らすこと。②溶媒の蒸発、冷却、化学反応などによって固化し使用される温度では固体であること。

また接着剤に要求されることとしては、接着剤の凝集力が木材のそれより大きいということがある。これは接着剤の方が木材より強ければ、接合している部分から壊れることがないということである。その他、木材用接着剤に要求される性能は良好な耐水性・耐久性、使用法の容易さ、比較的長い可使用時間、常温で固化・硬化する、良好な保存性などが挙げられる。本稿では木工用に利用される接着剤について概説する。

ポリ酢酸ビニルエマルション接着剤

いわゆる木工用ボンドとよばれるもので、ポリビニルアルコールを保護コロイドとした酢酸ビニルモノマーの乳化重合により合成する。乳白色の接着剤で米国ではホワイトグルーとよばれている。木工、建具、家具、合板の二次接着、薄いスライド単板などの接着に用いられるだけでなく、紙加工、包装、繊維の分野でも広く使用されている。

優れた点としては、水で希釈でき、作業性がよく、比較的安価であり、硬化に硬化剤や加熱を必要としない。圧締時間も比較的短くてよく、硬化皮膜は透明で木材面を汚染せず、可撓《とう》性があり、接着層が柔軟なため接着後に切削しても刃物を傷めない。常態接着強さ、耐老化性に優れており、食品包装用としても利用できるほど低毒性でもある。

一方欠点としては、長期荷重に対する耐クリープ性、耐水性、耐熱性に劣る。これらを改良するため、ユリア樹脂、レゾルシノール樹脂などとの混合使用も行なわれてきた。ただし、これらを混合した接着剤は現在のホルムアルデヒド発散建築材料の規格であるＦ☆☆☆☆（エフフォースター）の認証を受けることができない。また、低温で造膜できないため、冬期には注意が必要である。低温でも造膜できるよう可塑剤を添加した冬季用の仕様もある。

その他として保存は冷暗所、冷蔵庫が適しているが、冷凍するとエマルションが壊れて使用できなくなるため、冷凍庫に保管するのは厳禁である。また、手に付いた場合はティッシュなどで拭き取り、石けんで洗い落とす。固まってしまったときでも40℃の温水と石けんで落とすことができる。米国ではイエローグルーとよばれる変性ポリ酢酸ビニル接着剤がホワイトグルーに代わり主流となっている。この接着剤は硬化速度が速く、耐水性のあるものもある。

エポキシ樹脂接着剤

エポキシ樹脂接着剤は自動車、航空機、土木建築、電気電子などの広い分野で使用されている。その最大の特徴は、架橋による硬化が容易に起こり、高い接着強さが得られることであろう。木工用接着剤としておもに用いられるのはビスフェノールA型エポキシ樹脂であり、アミン系の硬化剤と混合し、常温あるいは加熱して架橋反応を起こして硬化する。硬化剤により硬化速度が異なり、市販のものでは硬化時間が数分のものから数時間のものまである。ただ、5分硬化といっても反応が始まるのが5分後で、実用強度に達するのには30分程度かかるので注意したい。

優れた点は、金属、プラスチックス、ゴム、木材、コンクリートを含む無機質材など幅広い被着材を接着することができ、異種材料の接着にも適している。接着剤中に溶剤などを含まない１００％樹脂なので、硬化にあたってほとんど収縮を起こさない。

圧締圧力が小さくても十分な接着ができる。したがって接着層に空隙があってもその空隙充填性によって接着可能である。水、油、ガソリン、トルエン、酸、アルカリ、塩類などの耐薬品性および電気絶縁性が良い。常温接着が可能である。また、ヘアドライヤーなどで加熱することにより硬化時間を短縮することもできる。

欠点としては、硬化したものは水などには溶解しないから、接着剤を取り扱った器具装置は（手に付いた場合なども）硬化してしまわないうちにアセトンなどの有機溶剤あるいは乳化洗浄剤で洗い流さなければならない。硬化したエポキシ樹脂には毒性は少ないが、未硬化樹脂や硬化剤（とくにアミン類）は、有害な蒸気を発散するものがあり、アレルギー性の湿しん、皮膚炎を起こす危険があるので、取り扱いには十分な換気設備のもとで、保護具の着用、これらの有害物の散乱などを防ぐ、などの配慮が必要である。また価格が比較的高く、可使時間・保存期間が短い。

その他、保存は室温でかまわないが、冷暗所の方がより良い。使用する場合、主剤と硬化剤を最初から混合しないで、チューブから混合板の上に直線上に１本ずつ絞り出し、へらで使う分だけ混ぜてから使用する。チューブの先どうしがくっついたり、蓋をまちがえてしめると硬化して使えなくなるので注意が必要。

ポリウレタン系接着剤

イソシアネート基の高い反応性を利用して硬化させる接着剤をポリウレタン系接着剤という。これは2個以上のイソシアネート基をもつ化合物を単独あるいは活性水素を含む化合物(たとえばポリオール)と混合した、1液型あるいは2液型のものがあり、いずれも常温で硬化する。エポキシ樹脂接着剤に比べ、弾性のある強靭な皮膜を形成し、高い接着強さを発揮する代表的な弾性接着剤である。

2液型は末端にイソシアネート基をもつプレポリマーをポリオールで硬化させるタイプである。エポキシ樹脂接着剤同様に収縮率が少なく、広範な材料を接着することができる。硬化時間は貼り合わせ後およそ10～20時間である。機械的特性に優れ、可撓《とう》性があり、剥離強度や耐衝撃性に優れている。また、溶剤、油などに対し優れた耐性を示す。耐熱水性、耐寒冷性、耐酸化性などが優れている。食品包装用、自動車・住宅の構造用として用いられる。

1液型は末端にイソシアネート基をもつプレポリマーが空気中の水分や材料表面の吸着水によって発泡しながら、高分子化して硬化する。生材の接着、などに利用されている。硬化時間は貼り合わせ後1～6時間ほどである。その他に、活性なイソシアネートがないことを特徴とした一液型の酸化硬化型ウレタン樹脂(金属触媒などの併用により常温硬化する)や、ウレタンエラストマーを水中に分散させた水系ウレタン樹脂接着剤もある。水系以外のものは硬化すると落ちにくいので、接着剤を取り扱った器具装置は（手に付いた場合なども）硬化してしまわないうちに有機溶剤あるいは乳化洗浄剤で洗い流さなければならない。また、一液型は蓋をしっかりしておかないと空気中の水分と反応してしまうこともあるので、貯蔵には注意が必要。

ホットメルト接着剤

この接着剤は加熱すると溶解し冷えると固まることを利用して接着するもので、エチレン・酢酸ビニル共重合樹脂（ＥＶＡ）をベースとしたものが主流であるが、その他に、熱可塑性エラストマー系、ポリアミド系、ポリエステル系、ポリオレフィン系などの熱可塑性ポリマーを利用するものもある。

ＥＶＡは比較的安価かつ熱安定性に優れ、粘着付与剤やワックスをコンパウンドし、包装紙・製本・組み立て木工分野などに広く使われる。とくに、家具・木工における小口縁貼り、隅木の接着などに使用される。エチレンと酢酸ビニルの配合比を変えることでスペックの変更も容易なのが特徴である。

優れた点は、無溶剤、無毒性、貯蔵安定性が良好、耐水性があるなどである。注意点としては、接着剤に熱をかけるために、ホットメルトガン・熱プレス機、溶融塗布機器やアプリケーターなどの特別の装置が必要となることや、塗布前に被着材を加熱する必要があることである。またオープンタイムや固化までの時間は短い、塗布量のコントロールが難しい、といった問題点がある。

最近の話題としては、熱可塑性の接着剤のため耐熱性は期待できなかったが、溶融状態および圧縮後に空気中の湿気で架橋反応を起こすウレタン変性ホットメルト接着剤もある。また、木工用ボンドとホットメルト接着剤の組み合わせによる接着がある。家具の部材におけるまき込み接着において、接着面全面に木工用ボンドを塗布した後、ホットメルト接着剤を接着面の両端部分に塗布してまき込み接着する方法がそれである。手に付いた場合は流水でよく冷やし、接着剤を固める。皮膚がやけどをしていない場合はそのままはがすことができるが、やけどをしている場合はそのまま医師の診断を受ける。

シアノアクリレート系接着剤
（瞬間接着剤）

アルキル（メチル、エチル）シアノアクリレートを主成分とする接着剤で、被着体の表面に吸着している水分によって、極めて短時間に重合して硬化する。

この反応はアルカリ性でとくに促進される。木材の表面は酸性であるため、硬化促進剤、粘度調節剤、安定剤が添加されている。

この接着剤の特長は耐候性や耐湿性に優れ、加熱・加圧の必要がない、比較的安全、作業性に優れるなどの点がある。欠点としては高価である、貯蔵安定性が悪い、固くもろいため耐衝撃性に劣る、長時間水に浸かると接着性がおちる、などの点がある。反応が速いことから、家具、楽器、工芸品に使用されている。

また多様な被着材に適応する応用性の高さから、ゴム・金属やプラスチック類・医療用だけではなく、最近では樹木接木などにも用いられる一方、皮質に馴染み易く白化する特徴から指紋判別用材料としても利用されている。硬化時間が早すぎて、日曜大工では迅速に作業を行なわないと困ることもある。また、貼り合わせてから補正することが困難であるので、貼り合わせは慎重に行なう必要がある。硬化が速いため、広い面積の接着には適さない。なお、被着材に予めゴム系接着剤を塗布し、乾燥後にシアノアクリレートで接着すると耐水性・耐衝撃性が改善される。

粘度にはいろいろなタイプがあり、木材に入ったひびの補修をするには液状タイプが浸透性もよく最適である。またゼリー状のものは垂れにくく、しみ込みにくいので木工用には最適である。木材へのしみ込みを防ぐためのプライマーが付属した製品もある。手に付いた場合は無理にはがそうとすると皮膚がはぎ取れる場合があるので注意する。40℃のお湯の中で揉むようにするとはがれてくる。それでも取れない場合はアセトンなどの溶剤を用いて溶かし取る。

第二世代アクリル系接着剤

第二世代アクリル系接着剤（ＳＧＡ）はアクリルモノマー・エラストマー・触媒などを主成分とする2液型と1液型がある。2液型は別々の被着材にそれぞれの液を塗っておいて貼り合わせることで反応が始まる接着剤でハネムーン型接着剤と呼ばれる。常温でも数分で硬化するため、大面積のものを接着する場合は硬化時間の長いものを選択する必要がある。1液型はプライマーを塗ってから使用する。

優れた点は非常に強力な剪断《せんだん》・剥《はく》離《り》接着強さを示し、耐衝撃性にも優れること、低温でも硬化性が良い、無溶剤である、異種材料の接着にも適する、などの点がある。欠点としては（最近は低臭気のものもあるが）悪臭があることであろう。手に付いた場合は、硬化してしまわないうちにアセトンなどの有機溶剤あるいは乳化洗浄剤で洗い流す。

ゴム系接着剤

天然ゴム、スチレンゴム、クロロプレンゴム、ニトリルゴム、ＳＢＲなどを基剤とし、ゴムの有する伸び、柔軟性、変形後の回復性に由来する性質を持った接着剤である。溶剤型とラテックス型（水系）があり、溶剤型では約8割がクロロプレンゴム系で、ラテックス型はＳＢＲラテックス系が量的に最も多い。

優れた点は広範な種類の物質によく接着する、初期接着力が強い、タワミ性が大きく、応力を均一に分布する、などがある。欠点としては耐熱性、耐クリープ性が劣ることである。

プラスチック、ゴム、金属と木材を接着するのに使える万能接着剤であるが、溶剤型の場合、はみ出たものを拭き取るにはシンナー（溶剤）をしみ込ませた布で拭き取らねばならず、作業性は木工ボンドより劣る。また、なるべくオープンタイムを長くとることがうまく接着する秘訣である。

手に付いた時は、ラテックス型の場合はティッシュなどで拭いた後、石けんなどで洗い流せばよい。溶剤型の場合は溶剤で拭き取り、石けんなどでよく洗い流す。また、溶剤型の場合は換気をよくする必要がある。

弾性接着剤（エポキシ・シリコン系）

ポリウレタン系接着剤も弾性接着剤の一種であるが、それ以外に重要な弾性接着剤として、エポキシ・シリコン系、シリコン系接着剤がある。主剤にエポキシ樹脂と硬化剤に特殊変性シリコンポリマーを主成分とする2液混合型のものと特殊シリコン変性ポリマーをベースとする1液湿気硬化型のものがある。いずれも硬化後に優れた弾性体となり、線膨張係数差の大きい異種材料の接着に極めて効果的である。また、表面強度の弱い石膏ボード、けい酸カルシウム板、ＡＬＣなどの接着にも有効である。手に付いた場合は、溶剤で拭き取り、石けんでよく洗う。

にかわ接着剤

ハイドグルーとよばれるが、「ハイド」は牛や馬の皮のことで、これを煮込んで作る。接着強さは非常に高く、固化時間が長い（約12時間）ので正確な位置決めを要する接着作業に適している。また、水分と熱を加えると溶けるので、固化後の分解も可能である。ギターやバイオリンなど楽器の製作や修理、修復に最適であり、ケーニングの作業などにも適している。また、ひび割れの仕上げにも使用できる。

液状タイプのものが市販されているが、冬期は固化するため、温めてから使用する。

その他の注意事項

接着剤は取扱い（換気をよくする、保護メガネをかける、手袋を着用するなど）に注意すれば危険なものではないが、トラブルが起こった場合の一般的な対処法を記す。

〈口に入った場合〉作業を中止し、飲み込まないようにし、大量の水で洗浄してから医師に診断してもらう。

〈飲み込んだ場合〉作業を中止し、大量の水か牛乳を飲んではき出させ、医師の診断を仰ぐ。溶剤系のものははき出させると溶剤が気管に入って危険なため、水でよく口を洗い、医師の診断を受ける。

〈目に入った場合〉作業を中止し、こすらずに、流水で15分程度洗い流してから医師の診断を受ける。

〈かぶれた場合〉作業を中止し、石けんでよく洗い、医師の診断を受ける。

〈畳、フローリング、じゅうたんなどに落とした場合〉直ちにティッシュや布（水系の場合は濡らして使う）などで拭き取り、石けん水や中性洗剤で濡らした布などでしごくように拭き取る。ホットメルトの場合はドライヤーなどで加熱してからはぎ取る。瞬間接着剤の場合はティッシュなどで吸い取るようにし、吸い取れなかった部分が固まった後、溶剤で溶かし取る。

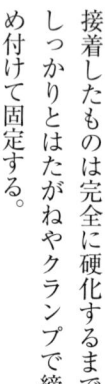

部材の接着法

製作指導：ヒノキ工芸

接着したものは完全に硬化するまでしっかりとはたがねやクランプで締め付けて固定する。

中空心構造の枠の上下に合板を接着

接着剤は木工用接着剤を使用。

1 枠心と裏表に張り合わせる合板。

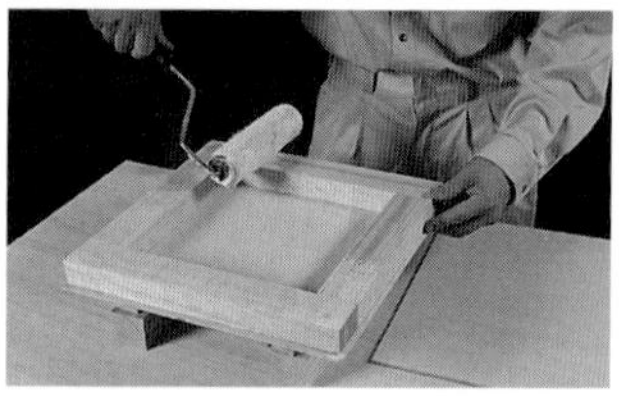

2 接着剤を均一によく練り、ローラーを転がしながら枠心の表面に接着剤を塗布。ペーパーコアを使用しない中空心構造の場合（中空に心がない場合）は貼る板材に接着剤を塗布すると、板材が反るので枠心だけに接着剤を塗布。

3 接着剤を塗布した側を合板に重ねて張り合わせる。

4 枠心の反対側にも接着剤を塗布する。

5 その上からもう1枚の合板を重ねて貼り合わせる。張り合わせた合板の上下に当て木をかませて、クランプで留める。

6 四隅をクランプで留めて固定し、乾くまで放置。

引き出しの接着

塗布面の狭い場合は瞬間接着剤を使用。

1 引き出しを組み立てる部材。

2 試し組みをして、接着するところを確認。

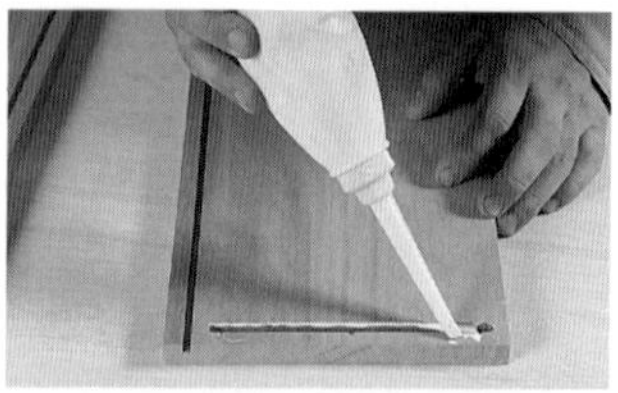

3 接着する溝に接着剤を塗布。

4 それぞれの部材を組み立てる。はたがねで接着した四隅を留め、固定する。場合により四隅にドリルで穴をあけ杭で補強。

ほぞの接着

即効性のエポキシ樹脂系の接着剤に硬化剤を混ぜて使用。エポキシ樹脂系接着剤1：硬化剤1の割合。

1 へらで接着剤を練る。ほぞ穴部材にへらでほぞ穴とほぞ部材が接するところに接着剤を塗布。

2 ほぞ部材のほぞ部分にも接着剤を塗布。

3 ほぞ穴部材にほぞ部材をしっかり打ち込む。クランプで留め固定する。

フラッシュパネルの縁材を貼る

短時間で接着できる縁材用の接着剤を使用。

1 縁材となる板の接着側を濡れた布で拭き、湿り気を与える。

2 接着剤をローラーでよく練り、縁材にローラーで接着剤を塗布。

3 フラッシュパネルの縁に縁材を貼り合わせる。

4 縁材に当て木をかませてはたがねで留めて固定する。

にかわで平はぎ接合

にかわは作業性が良く接着力も高いので、いもはぎに適している。かつては硬化剤としてホルマリンが使われていたが、今は使用禁止になっている。にかわは片方の部材だけに塗って接着。

1 材料のにかわ。

2 容器ににかわとお湯を入れて温め、水あめ状態に溶けたら、はけで混ぜる。棒を突っ込み、棒についたにかわのたれ具合を見て硬度を調整する。まだ硬いときは湯を足して調整。本核平はぎ接ぎ。

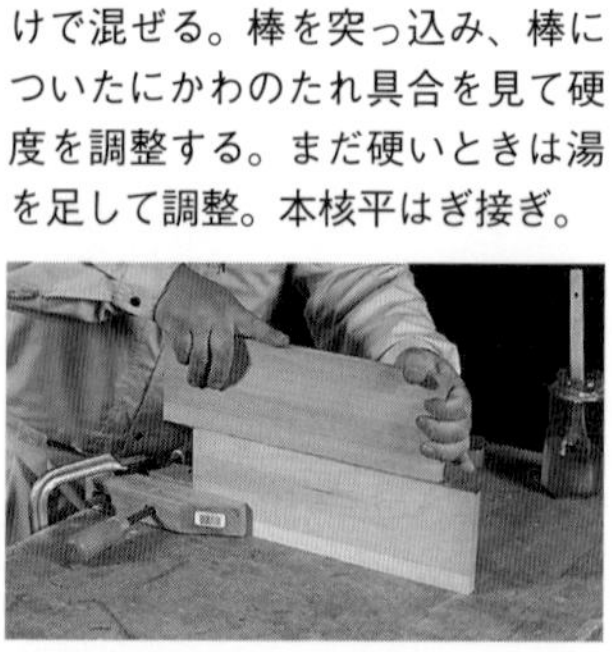

3 片方の部材の接着面ににかわを塗り、張り合わせる。

木材塗料の種類と仕上げ法

長澤良一（キャピタルペイント株式会社東京営業所所長
木材塗装研究会運営委員）

塗装とは、製品の表面に塗料を塗布して塗膜を形成させる工程をいい、塗装の目的は製品の「保護」と「美観」にある。

「保護」は木材の持つ性質である柔らかい・汚れやすい・割れやすいなどの問題を補い、木製品を長く使用に耐えられるようにするものであり、「美観」は木製品の持つ木理（木目・色・材質感など）の美しさを引き立たせる、というまさに工程の最後のお化粧というべき製品の付加価値を大きく左右するものである。

木材（木工）の塗装は、金属・モルタル・プラスチックなどの塗装に比べて遥かに長い歴史を持っており、しかも木材という天然素材ゆえの扱いの難しさもあって、他分野の塗装より工程数が多く、塗料の種類も多岐にわたっている。

塗料の分類と特徴

木工用塗料は、前述のごとく木材の美しさを生かすため、基本的にクリヤー（透明）塗料＝ワニス（Varnishからきた言葉で着色顔料の入らない塗料のこと、ニスともいう）の塗り重ねをするもので、これが他の分野の塗装と違っている。しかし、ただ単にクリヤー塗料を塗るだけではいろいろな目的の仕上げ（後述）にすることは無理であり、天然素材である木材の欠点を補い、さらに美しく仕上げるにはステイン（Stain）という透明着色剤を使用し、それと組み合わせることで工程を組み立てていかなければならない。

また、木目を生かさず（隠蔽する）に着色するものは一般に「塗りつぶし」と称し、エナメルという不透明着色用塗料（建築塗装業界ではペイントまたはペンキともいう）を使用した不透明着色仕上げもある。

クリヤー塗料やエナメル塗料には、その成分によっていろいろな種類があり、これをわかり易く分類するために表-1に「塗料の基本組成」を示し、この中の塗膜主成分（塗膜形成主要素）の原料成分による分類を表-2に示す。

日本では、古来より漆・乾性油（オイルの原料）・柿渋など天然原料の塗料が使われていたが、明治以降、洋塗装の導入に伴い油性ペイント＝ペンキが開発され、塗料の近代化が始まったとされる。

木製品の塗装では、とくに洋家具は大正時代にはラックニス（セラックニスまたはセラックワニスともいう）または油性ワニスを使用しており、昭和初期になってニトロセル

表-1　塗料の基本組成

塗料	塗膜になる成分 （塗膜形成要素、樹脂分 または 固形分、Non Volatile）	主成分	固まって膜になるもの （塗膜形成主要素：樹脂、ポリマー）
		副成分	主成分が目的の膜になるように助けるもの （塗膜形成助要素：可塑剤、添加剤類）
		顔料・染料	色をつけるもの （無色透明塗料には入っていない）
	塗膜にならない成分 （揮発分＝ＶＯＣ： Volatile Organic Compounds）	溶剤	主成分・副成分を溶かすもの
シンナー	「うすめ液」または「希釈溶剤」（塗料を塗りやすくするため、粘度や乾燥を調整するもの）		

表-2　木工用塗料の原料成分による分類

分類	塗料名	塗膜形成主要素（樹脂など）	建築塗装 業界略号
繊維素塗料	ニトロセルロースラッカー （硝化綿ラッカー）	ニトロセルロース（硝化綿） アルキド樹脂	ＣＬ
	アクリルラッカー	ＣＡＢ アクリル樹脂	ＡＣ
天然樹脂塗料	セラックニス（セラックワニス）	セラック虫分泌物樹脂	
	漆	漆 樹液	
	カシュー樹脂塗料	カシュー（ナッツ）油	
油性塗料	オイルフィニッシュ用塗料 （自然系オイル塗料含む）	アマニ油など乾性油 合成樹脂	ＯＦ
	油性ワニス（オイルクリヤー）	アマニ油など乾性油 合成樹脂	ＯＣ
	木材保護着色塗料（外部用）	アマニ油など乾性油 合成樹脂、着色顔料	ＷＰＳ
合成樹脂塗料	ポリウレタン樹脂塗料	2液型ポリウレタン樹脂 湿気硬化型ポリウレタン樹脂（1液型） 油変成ポリウレタン樹脂（1液型）	ＵＣ
	酸硬化型アミノアルキド樹脂塗料	アミノ樹脂、アルキド樹脂	
	不飽和ポリエステル樹脂塗料	不飽和ポリエステル樹脂	
	ＵＶ硬化型樹脂塗料 （Ultra Violet＝紫外線）	不飽和ポリエステル樹脂 アクリレート系樹脂	
水性（水系）樹脂塗料	アクリルエマルション塗料	アクリル樹脂	
	水性ウレタン樹脂塗料	ポリウレタン樹脂 （1液型および2液型）	

ロースラッカーが普及した。また、塗装方法もはけ塗りが一般的であり、はけ目をなくして平滑にするために「タンポ擦り（フレンチポリッシュ）」が高級塗装としてラックニスやニトロセルロースラッカーに使用されていた。

その後、スプレーガンが発明され、吹き付け塗装が確立されてからは家具をはじめとする木製品の塗装技術が格段に進歩し、それに伴い塗膜性能に優れた合成樹脂塗料が発展して今日に至っている。中でも、和塗装の漆は今も昔も塗料の最高峰といわれるが、それに対して洋塗装においては2液型ポリウレタン樹脂塗料が、その作業性・仕上がり性・塗膜性能の良さから評価が高く、現在家具・建材業界では最も多く使用されている。

木工用塗料の特徴と性能

塗料はよく半製品といわれる。それは塗料というものはそのままでは完成された製品とはいえないからであり、つまり、塗料はいろいろな乾燥の仕組みはあるものの、一般的に溶液状態で塗装されてから変化（乾燥）して硬化塗膜になり、これで初めて製品となるからである。

したがって、正常な塗料であっても、塗膜をつくる際に不都合な条件によりトラブルになることが多く、まして間違った方法では正常な塗膜にはならず、目的の塗装仕上げには到底ならない。やはりそこには正しい塗料の知識と塗装技術が必要となる。木工用塗料を良く理解するための一つの方法として、乾燥の仕組み（仕方）を知ることは重要である。

前項（表-2）で分類した塗膜形成主要素（樹脂）は、いろいろな乾燥の仕組みで塗膜となることから、表-3ではおもな木工用塗料の「乾燥の仕組み」による分類を示す。

表-3の「乾燥の仕組み」を大別すると、塗料中の溶剤が蒸発するだけで乾燥する「揮発乾燥型」と、何らかの硬化（重合）反応が伴う「反応硬化型」に分けられる。

ニトロセルロースラッカー（一般にラッカーという）に代表される「揮発乾燥型」塗料は乾燥が早くて使い勝手が良く、仕上がりの風合いも良いため、前述のごとく主役の座はポリウレタン樹脂塗料に譲ったものの、いまだに木工業界では人気が高い。さらに「反応硬化型」でなく硬化剤を必要としない1液型タイプなので塗装後の残塗料も再使用できる利点もあり、むだがなくコスト的にも有利である。しかし反面、乾燥後も溶剤（シンナー）により再溶解するということにもなるわけで、耐溶剤性など塗膜性能面では劣っている。

表-3　木工用塗料の乾燥の仕組みと分類乾燥の種類

乾燥の種類	乾燥の仕方	塗料名	乾燥時間（20〜25℃）
揮発乾燥	塗料中の溶剤が蒸発しただけで造膜（塗膜を形成）する	ニトロセルロース（硝化綿）ラッカー	1〜2時間
		アクリルラッカー	
		セラックニス（セラックワニス）	
酸化乾燥	溶剤蒸発後、空気中の酸素により重合し硬化造膜する。	オイルフィニッシュ用塗料（自然系オイル塗料含む）	16〜24時間
		油性ワニス（オイルクリヤー）	
		油変成ポリウレタン樹脂塗料	
		カシュー樹脂塗料	
	空気中の湿気から酸素を取り込み硬化造膜する。	漆	5〜6時間
湿気乾燥	空気中の湿気により重合し硬化造膜する。	湿気硬化型ポリウレタン樹脂塗料	3〜5時間
重合乾燥	溶剤蒸発後、主剤と硬化剤の反応で硬化造膜する。	二液型ポリウレタン樹脂塗料	3〜5時間
	溶剤蒸発後、硬化剤や触媒で反応し硬化造膜する。	不飽和ポリエステル樹脂塗料	3〜5時間
		酸硬化型アミノアルキド樹脂塗料	
ＵＶ乾燥	ＵＶ照射により重合し硬化造膜する。	ＵＶ硬化型樹脂塗料	2〜3秒
融着乾燥	水系塗料の水分蒸発後、分散粒子が融着現象により融合し、造膜する。	アクリルエマルション樹脂塗料	2〜3時間
	融着現象までは同上だが、さらに重合反応により硬化造膜する。	水性ウレタン樹脂塗料	3〜5時間

次に、2液型ポリウレタン樹脂塗料（一般にウレタンという）に代表される「反応硬化型」塗料は、主剤と硬化剤を混合して塗装するが、混合した溶液状態でも硬化反応が進むため、混合してしまうと使用できる時間的制限（これを可使時間という）がある。硬化後の塗膜は、溶剤（シンナー）にも再溶解せず耐久性など塗膜性能に優れた塗膜となるが、これは重合反応により架橋構造塗膜を形成するからである。

しかし、この2液型の塗料の特徴として、硬化条件の違いによって硬化塗膜の性能が異なる場合が多いということが挙げられる。たとえば、ウレタン塗料を湿度が高く低温で硬化させた塗膜は、適湿・適温で硬化させた場合より弱い塗膜となることがある。もちろん、硬化剤の規定量や種類を間違えた場合は、通常の塗膜にならないことは当然である。このようなことから、「反応硬化型」塗料を使用する場合は、温度や湿度などの乾燥条件を含めた塗装環境や作業方法に注意しなければならない。

また、ラッカーと同じ1液型のため「揮発乾燥型」と認識されがちなものにオイルフィニッシュ用塗料

（一般にオイルという）がある。この塗料は扱いが簡単で誰にでも手軽に塗装できることから、一般からプロの業者まで木工関係者には古くから愛好者が多い。とくに近年になり海外輸入品の自然系オイル塗料が住宅関連・工房関係などで広く使用されている。実際に、完璧に仕上げたオイルフィニッシュ（オイル仕上げともいう）は、木材の持つ本来の美しさと木質感を十分に引き出すことができる、素晴らしい塗装技法といえる。

　このオイルフィニッシュ用塗料以外に、油性ワニス・油性ペンキなどを含めた「油性塗料」と呼ばれる塗料は、前述のごとく乾性油を原料にしており、見かけは1液型塗料だがラッカーとは全く違う性質がある。

　油性塗料とは、樹脂（油脂）成分中に二重結合を持った不飽和脂肪酸があり、これが酸化重合反応（空気中の酸素と反応）をすることにより硬化乾燥する「反応硬化型」塗料なのである。したがって、硬化乾燥途上では化学反応によりいろいろな現象が生じることを理解しておかなければならない。たとえば、塗装作業を終了後に油のしみた布ウエスなどをまとめて放置しておくと、自然発火の原因となる（これは酸化重合反応熱の蓄積によるもの）。

　また、塗料そのものにはホルムアルデヒドが含まれていないが、塗装されてから乾燥中にホルムアルデヒドが発生する（これは酸化重合反応の一連のメカニズムによるものである＝日本塗料工業会）ことがわかっているので、換気や養生（乾燥放置期間）に注意をしなければならない。

　なお、表-2・表-3・表-4の分類や特徴の中に、ワックス（ロウ＝蠟）の記載をしていない。それは、ワックスと称するものにはいろいろな種類があるが、ワックス本来の目的は木製品の素地面や塗装品の塗面にごく薄い膜を作ることで艶出しやすべりを良くすることにあり、しかもその効果は長続きしない。そのため、塗料として扱うには無理があることから塗料分類には入れないのが一般的である。

　ワックスにはそれぞれの原料により、木蠟（ハゼの木の実）、蜜蠟（ハチの巣の殻）、いぼた蠟（イボタの木につく虫）、カルナバロウ（ヤシ科の葉）、シリコンワックス（シリコン樹脂）、パラフィンなどがあり、単独または混合物で製品化されている。

　以上、表-3の中から代表としてラッカー・ウレタン・オイルの特性を簡単に説明したが、さらに特徴を知るために乾燥後の塗膜の「性能比較」を他の木工用塗料とともに表-4に示す。

　表-4の「性能比較」からわかることは、表-3の「乾燥の仕組み」で説明した通り、「揮発乾燥型」塗料と「反応硬化型」塗料の特徴は性能的に後者が優れている点で明確である。

　現在の木工業界でウレタン塗料が最も出荷量が多いことは前述したが、このことも表中（表-3）のデータからわかるとおり、とくに2液型ポリウレタン樹脂塗料が全体の性能バランスが良いことを評価されている結果である。

木工用塗料の塗装方法

　木工用塗料にはいろいろな塗装方法がある。身近な塗装手段であり、建築現場塗装で主として使用されるはけ・ローラー及びスプレーから、工場塗装で大量生産に使用されるロールコーター・フローコーター・静電塗装・真空塗装などの機械塗装まで、多種多様である。

　塗料の性質と塗装方法には密接な関係があり、これを無視して不適切な方法を選択するのは望ましくない。

　ほとんどの塗料はむりやりであれば概ねほとんどの塗装方法での塗装ができるが、作業効率・ロスも多く、また気づかないうちに塗装欠陥・塗膜欠陥となる場合がある。前述のように、近年、木工用塗料の主流となっている2液型ポリウレタン樹脂塗料は、塗膜性能の点ばかりでなくさまざまな塗装方法に適応できるという

表-4　木工用塗料の性能比較

塗料名＼性能	乾燥性	肉持ち性（塗膜厚）	耐久性	可とう性（柔軟さ）	硬度	耐水性	耐溶剤性	耐熱性	光沢	耐酸性	耐アルカリ性
ニトロセルロース（硝化綿）ラッカー	◎	△	△	△	△	△	×	△	△	△	○
アクリルラッカー	◎	△	△	△	△	△	×	△	△	△	○
セラックニス（セラックワニス）	◎	△	△	△	△	×	△	×	△	×	×
オイルフィニッシュ用塗料（自然系オイル塗料も含む）	×	×	△	○	×	△	△	△	△	△	×
油性ワニス	×	○	○	○	×	○	△	△	○	△	×
カシュー樹脂塗料	△	○	○	○	○	○	○	◎	◎	○	○
漆	△	○	◎	○	○	○	○	◎	◎	◎	○
2液型ポリウレタン塗料	○	○	◎	◎	○	◎	◎	◎	○	○	○
湿気硬化型ポリウレタン塗料	○	○	○	○	○	○	◎	○	○	○	○
油変成ポリウレタン塗料	△	○	○	○	△	○	○	△	○	○	○
酸硬化型アミノアルキド塗料	○	○	△	△	○	○	○	○	○	○	○
不飽和ポリエステル塗料	○	◎	○	×	◎	○	◎	○	○	○	○
ＵＶ硬化型樹脂塗料（ＵＶ照射設備必要）	◎	○	○	△	◎	○	◎	○	○	○	○
水性ウレタン樹脂塗料	○	○	○	○	○	○	○	○	○	○	○

◎　○　△　×
評価：優 ――――→ 劣
（比較のための概念的評価）

点も同塗料の特徴である。

表-5に、おもな木工用塗料の適応する「塗装方法」として示す。

塗装の基本工程

木工塗装は、基本的に「塗装（塗料塗布）→乾燥→研磨」の各作業工程を1サイクルとして成り立っている。中にはオイルの一回塗りだけのものやクリヤー塗装の1サイクルのみの単純な仕上げのものから、いくつかのサイクルの繰り返しと、その中にいくつかの着色工程を取り入れた複雑で技巧の必要なクラシック家具塗装のようなものまで多岐にわたっている。

長い経験の中で、木製品として標準的な塗装仕上げを行なうための基本的工程は表-6に示すように確立されている。しかし、当然のことながら塗装する木材の種類、使用する塗料の種類、目的とする仕上がり具合などによって工程を省略（漂白は一般的でなく、また捨て塗りをせずに着色と目止めを一緒にする場合もある）したり、付け加えたりして最良の塗装面を得るよう調整しなくてはならない。

表-6の木工塗装基本工程の中で、とくに①素地調整および②着色が木工塗装をうまく完成させるための重要な工程である。

素地調整（木地あるいは生地調整ともいう）は直接、塗料や着色剤を塗装する工程ではないが、木工業界では昔から『素地研磨に勝る仕上げ（塗装）なし』あるいは『塗りは木地なり』という名言があるように、木工塗装、とくに透明塗装では製品である木材の素地のでき上がり具合が最終の仕上がりに大きく影響する。また、オイルフィニッシュやオープンポア仕上げ（open pore finish ＝薄塗りで目ハジキ塗装のこと）などは、素地調整を十分に行なっておけば後の中塗り後の研磨以外は軽い研磨で済み、作業時間の短縮にもなる。

素地調整の目的は、素地の荒れ（毛羽立ち）や汚れ・付着物などを除去し、塗装に適した素地面をつくることである。

製品である木材は、のこぎりや自動かんなで加工され、超仕上げかんなやサンダーなどで仕上げられているため、材面にかんな枕や刃物傷、逆目などの欠陥が残っていることがある。また、部材の組み立ての際に接着剤が素地に滲み出していることもある。そのうえ、材を搬入する際や現場での組み立て作業中に手垢、す

表-5 木工用塗料の塗装方法

塗料名＼塗装方法	はけ塗り	エアスプレー塗装	フローコーター塗装	ロールコーター塗装	静電塗装
ニトロセルロースラッカー	○	◎	○	○	△
アクリルラッカー	○	◎	○	○	△
セラックニス	○	○	×	×	×
オイルフィニッシュ用塗料（オイル）	◎	×	×	△	×
油性ワニス	◎	○	×	△	×
カシュー樹脂塗料	◎	○	×	△	×
漆	◎	×	×	×	×
2液型ポリウレタン樹脂塗料	○	◎	○	○	◎
湿気硬化型ポリウレタン樹脂塗料	○	○	△	△	△
油変成ポリウレタン樹脂塗料	◎	○	△	△	△
酸硬化型アミノアルキド樹脂塗料	△	◎	○	○	○
不飽和ポリエステル樹脂塗料	○	○	△	△	◎
ＵＶ硬化型樹脂塗料（ＵＶ照射設備必要）	△	○	◎	◎	○
水性ウレタン樹脂塗料	○	△	○	○	×

◎　○　△　×
評価：優 ――→ 劣

表-6 木工塗装基本工程

工程	目的	塗料用語(語源)
①素地調整	塗装前の素地（木材表面）の検査および前処理、素地研磨による平坦面仕上げ	
②漂白	素材色の除去による淡色化、均一化、シミ抜き	ブリーチ (Bleaching)
③着色	素地色の補強による美観向上	ステイン (Stain)
④捨て塗り	目止めのための素地固め（素材面均一化）	ウォッシュコート (Wash coating)
⑤目止め着色	素材面道管の充填による平滑化と木目強調	ウッドフィーラー (Wood Filler)
⑥下塗り	素材強化、塗膜物性向上	ウッドシーラー (Wood Sealer)
⑦中塗り	平滑性、肉持ち（塗膜厚）感向上	サンディングシーラー (Sanding Sealer)
⑧補色 (塗膜着色)	着色均一化、色彩深味感、各種模様付け	カラーイング (Coloring OR Glazing)
⑨上塗り	塗膜物性保持、平滑性	クリヤー(艶有り)又はフラット(艶消し) (Top coat)
⑩研ぎ出しまたは磨き	光沢調整（光沢向上）、平滑性	ラビングまたはポリッシング (Rubbing OR Polishing)

※実際には、⑥下塗り・⑦中塗りの後で塗膜研磨（研磨紙＝サンドペーパーは240番手から400番手までが一般的）工程を実施しなければならないが、ここでは省略。

表-7　針葉樹及び広葉樹の特徴と塗装性

木材	特徴	管孔の配列	樹種名（代表例）
針葉樹	全組織の95%が細い径の仮道管から成っており、肌目が密で肌が滑らかな樹種が多く、年輪（木目）が明瞭で、春材（早材）と夏材（晩材）の差が大きい。すなわち、春材（早材）は春から初夏の生長が早い時期にできるため軟質で色が薄く、夏材（晩材）は夏以降にゆっくりと生長するため硬質で色が濃くなっている。 塗装（着色）をすると、早材には濃色に着色され、晩材にはあまり着色されないため、木目の濃淡が逆転することがある。	「仮道管」	スギ、ヒノキ カラマツ、トウヒ ダグラスファー（ベイマツ） ヘムロック（ベイツガ）
広葉樹	材面に道管が存在し、その配列によって右のように分けられ、これが塗装（着色）と深く関わってくる。 材質は硬く、肌は粗いものが多い。 材色はバラエティーに富んでおり、木目も多様。	「散孔材」 道管の径が小さく、数が多く、年輪全体に平均的に分布している。 とくに濃色な素地着色塗装（目止め着色など）をすると、全体に散在している道管に色が絡んでむらになる傾向がある。透明塗装（クリヤー・白木色）か塗膜着色が適している。	カバ（バーチ）、 サクラ（チェリー）、 ブナ（ビーチ）、 カエデ（メープル）、 シナノキ、トチノキ、 ローズウッド、 マホガニー、チーク
		「環孔材」 道管の径が大きく、早材の初め（年輪の初め）に部分的に集中して分布している。素地への目止め着色塗装をすると、年輪に沿って並んでいる道管に色が入り、木目がより一層鮮明に強調される。 透明塗装でも目止め着色塗装でもどちらも適している。	ケヤキ、ナラ（オーク）、 タモ（アッシュ）、クリ、 キリ、ニレ、クワ、 ケンポナシ、 キハダ、シオジ、セン
		「半環孔材」	ブラックウォルナット
		「放射孔材」	アカガシ、シラカシ
		「紋様孔材」	シルキーオーク

り傷、当て傷がついたり、雨水で濡れることがある。これらの傷や汚れをそのまま何の処置もせずに塗装すると色むらなどの仕上げ不良となる。

　この仕上げ不良を防止するためには、塗装に入る前にスポンジなどを使って水またはお湯で全体を濡らしておくような対策を施す。また、水を塗布することで突板の接着不良なども発見できる。濡らしただけでは取れない凹み傷はその部分に濡れた布をあてがい、熱したアイロンを当てて復元させる。

　素地研磨のやり方は、塗装直前の仕上げ工程としては１２０番手から２４０番手までのサンドペーパーを用い、あくまでも木目と平行に行なう。手で行なう場合はフェルトなどのついた当て木を使い、ポータブルサンダーを使う場合は軽く押し付けるように行なう。ポータブルサンダーは木目と平行に研磨の行なえる前後運動方式のものが適しているが、円運動方式のポータブルサンダーを使う場合は回転が速いものでないと円の軌跡が痕跡として残るので注意する。

　また、仕上がり具合はサンドペーパーの粒度（番手）により違ってくるので木理に合った粒度を選択する。一般的に最終番手は２４０番手だが、比較的明るい素地色に仕上げる場合は１８０番手程度の粗めのサンドペーパーを使う。ただし、バーズアイメープルのような杢《もく》は、粒度の細かいサンドペーパーで研磨しないと杢目が浮き上がってこないので注意する。

　樹脂分が多い材（ローズウッド、ヤニマツなど）は、サンドペーパーをかける際、砥面に研ぎかすがこびりつくので、塗料用シンナー（業界用語で塗シンといって、油性塗料用うすめ液のこと）を材面に塗布したうえで研磨を行なう。この場合、電動サンダーは引火の危険性があるので、エアーサンダーを用いなければならない。

　着色工程は、前述したことだが着色剤（ステイン＝透明着色剤のこと）を使用して、木材（木理）の美しさをさらに引き立たせ付加価値を上げるために必要なものであり、したがって木材の生地をそのまま生かして仕上げようとするものにはあえて使う必要はない。

　着色工程には、③の素地へのステインによる直接着色、⑤のステインと目止め剤との混合による道管目止め着色、⑧のステインと塗料との混合による塗膜着色（補色）の３種類の方法がある。

　塗装方法としては③の素地着色ははけ塗り・スプレー塗り・浸漬塗りなど、⑤の目止め着色ははけ・スプレー塗りの後布ウエスによる拭き取り（ワイピング）、⑧の塗膜着色はスプレー塗りをするのが一般的である。

　ステインには、原料成分として「染料（ダイステイン）タイプ」と「顔料（ピグメントステイン）タイプ」があり、それぞれ水性ステイン・アルコールステイン・油性（オイル）ステイン・溶剤（ラッカー・ウレタンシンナー）ステインがある。

　これらのステインの使い方は、塗装工程の中で使用する塗料系（ラッカー系かウレタン系かオイル系かなど）に合わせて選定しなければならない。

木材の種類による塗装適正

木材を美しく仕上げるための着色塗装も、木材の種類によっては美しくも汚らしくもなることがある。たとえば、ケヤキやオークのような環孔材に目止め着色を施すと、道管部分が強調され木目がより美しく表現されるが、ブナやメープルのような散孔材では逆に着色むらが発生しやすく、汚れた感じになる。これは、木材の材質の違いによって生じることで、天然素材である木材が生き物ゆえの固有の材質の特徴である。

表-7に針葉樹及び広葉樹の特徴と塗装性を示す。

木材の塗装仕上げの種類

木材の塗装仕上げの種類は、長い木工塗装の歴史と経験の中でいろいろなものができ上がっている。それらのうち、代表的なものを表-8に示す。

表-8 木材の塗装仕上げの種類

塗装仕上げの種類			着色の状態	適合木材	建築塗装略記号
透明仕上げ	無着色	生地仕上げ （木地仕上げ）	着色せずに、生地にそのまま透明塗料を塗装するため、素材色が濡れ色となって仕上がる。	濃色な広葉樹 シタン コクタン タガヤサン カリン	OC 及び CL または UC （ワニス仕上げ）
		白木仕上げ	塗料による濡れ色を出さずに、生地の白さがそのまま表現され、あるいは強調される。塗料は無黄変タイプで艶消しが条件。	淡色な針・広葉樹 スギ、ヒノキ パイン、ブナ セン、シオジ	
		オイル フィニッシュ	オイルフィニッシュ用塗料を木材中に浸透させるため、木質感が鮮明に表現され素地色がオイルの濡れで強調される。	広葉樹全般 チーク ウォルナット ローズウッド	OF
	透明着色	一般ステイン仕上げ	素地着色、目止め着色、塗膜着色などにより素材の持ち味を生かしたり、殺したり付加価値をさらに高めるため、広く使用されている。	木材（針・広葉樹）全般	OS （または ピグメント ステイン） ↓ ワニス仕上げ
		トラディショナル仕上げ （伝統様式）	欧米のクラシック家具に見られるような、グレージング（拭き取りボカシ）やアンティーク技法を使用した着色仕上げ。	ナラ（オーク） ウォルナット マホガニー パイン	
			日本の伝統様式である漆和家具や民芸調家具に見られる着色仕上げ。	クワ、ケンポナシ、ケヤキ カバ、サクラ	
	半透明 着色	パステルカラー仕上げ	顔料着色剤に白を混合することにより、パステル調半透明着色仕上げ。	セン、ニレ、タモ	
不透明仕上げ	不透明 着色	一般エナメル 仕上げ	不透明顔料着色剤（エナメル塗料）により生地を隠蔽する着色仕上げ。 ピアノ塗装のような鏡面仕上げもある。	ＭＤＦ パーティクル ボード シナ、セン	OP または EP
		変り塗り仕上げ （加飾仕上げ）	エナメル塗料や顔料を使用した特殊技法による石目調やスエード調などの模様着色仕上げ。	ＭＤＦ パーティクル ボード シナ、ラワン	

環境対応型（ＶＯＣ対策）木工用塗料

木工用塗料のほとんど（ニトロセルロースラッカー、オイルフィニッシュ用塗料、ポリウレタン樹脂塗料など）が揮発性有機溶剤（塗料中の樹脂を溶解するものであり、うすめ液＝シンナーの原料でもある）を使用している。したがって、塗料は臭気の点でも火災の点でも危険物であり、その取り扱いには十分に注意をしなければならない。（労安法や消防法による表示が塗料缶のラベルに明記されている）

また、揮発性有機溶剤（一般には単に溶剤と称する）は、ＶＯＣ（Volatile Organic Compounds＝揮発性有機化合物の略）の一種であり、その取り扱いには法の規制がかけられている。

まず、シックハウス・シックスクール問題で端を発し、厚生労働省によるＶＯＣ（揮発性有機化合物）13物質（※）の室内濃度指針値が策定され、文部科学省による学校衛生基準改定、国土交通省によるホルムアルデヒドの放散量を定めた改正建築基準法（Ｆ☆☆☆☆＝エフフォースター）などの公的な環境基準が打ち出されている。

※ホルムアルデヒド・トルエン・キシレン・パラジクロロベンゼン・エチルベンゼン・スチレン・クロルピリホス・フタル酸ジ‐ｎ‐ブチル・テトラデカン・フタル酸ジ‐２‐エチルヘキシル・ダイアジノン・アセトアルデヒド・フェノブカルブ・ＴＶＯＣ

さらに、平成18年４月１日より、環境省による大気汚染防止法の改正、いわゆる『ＶＯＣ排出規制法』の施行が開始されており、前述のようなシックハウス・Ｆ☆☆☆☆といった室内環境の問題だけでなく、大気汚染という地球環境の問題へと拡大している。

このようなことから、塗料と塗装業界はＶＯＣ削減対策に取り組んでおり、木工業界においてもその一環として環境対応型（ＶＯＣ対策）塗料を開発して提示している。その現状を表-9に示す。

表-9　木工用環境対応型（VOC対策）塗料の種類と比較

	特　徴	長　所	短　所
ノントルエン・キシレン型塗料	有機溶剤系塗料（ニトロセルロースラッカー、ポリウレタン樹脂塗料など）であるが、ホルムアルデヒド・トルエン・キシレンを含まないで設計された塗料。 T（トルエン）・X（キシレン）フリー型とも称される。	従来の塗料と物性・作業性・仕上がりなどにおいて大きな差が出ないので、今までの塗装設備や作業方法を変更しなくても可。 木製家具・建材用として長年の実績があり、現状では主力製品。	トルエン・キシレンが他の溶剤（酢酸エチル・酢酸ブチルなど）に代替されただけなので、環境や人体への影響はわずかに軽減された程度であり、TVOC量は変わらない。 VOC規制法（大気汚染防止法）や悪臭防止法などの対応から将来性は厳しい。
無溶剤型塗料	有機溶剤の代わりに反応性希釈剤を用いて塗料化することにより、ゼロVOC化を可能にしたもの。 おもにUV塗装ラインを持つ建材メーカー工場（複合フローリング→ロールコーター、階段手摺→バキュームコーター）で使用される。	塗装ロスがほとんどない。 揮発成分がほぼゼロに近いため、金属製品に多用されている「粉体塗料」と並んでVOC排出規制適合塗料といえる。	専用の塗装設備が必要。 （現場塗装には不向き） 機械の洗浄には、有機溶剤が必要となる。 塗装作業時に人体に害を及ぼすことがある。
自然塗料	天然素材で、かつ、リサイクル可能な原料を使用する塗料であり、環境への負荷が少ないとされている。 植物性油脂を主原料とした油性（オイル）塗料が代表的で、他に蜜ロウワックスや柿渋などがある。	有機溶剤型塗料（ポリウレタン樹脂塗料など）に比べ弱溶剤のため安全性が高く、環境へ害が少ない。 塗装作業が簡単であり、浸透型であるため木材の質感を損なわず、自然の風合いを生かした仕上がりになる。 （オイルフィニッシュ）	シミや汚れなど、塗膜保護性能が劣る。 乾燥が遅く臭気が残る。 塗装後、硬化乾燥時の酸化重合によりホルムアルデヒド・アセトアルデヒドを発生する。 作業後の布ウエスの自然発火の危険がある。 高級着色塗装はできない。
水性（水系）塗料	有機溶剤に代わって、水系で設計された塗料。 ニトロセルロースラッカー及びポリウレタン塗料などの代替となり得る可能性が一番高く、業界から最も期待されている。 建築・家具向けの一般用水性ウレタンと、工場ライン向けの水性UV用がある。	人体への安全性・環境への負荷・実用性などのバランスが優れている。 有機溶剤をほとんど使用しないため臭気が少なく、硬化乾燥時のアルデヒド類の発生もないので、シックハウス対策、VOC規制適合塗料といえる。 消防法非危険物扱い。	塗装時の木材の毛羽が立ちやすい。 ヤニ・油分の多い木材では密着性が不安定。 立面ではたれやすい。 低・高温時の塗装作業性に問題あり。 廃液の処理。 塗料が高価。

オイルフィニッシュの塗装工程

撮影協力：ヒノキ工芸

オイルフィニッシュ（オイル仕上げともいう）は、素地面に厚く塗膜をつくらないで、オイルフィニッシュ用塗料を木材中に浸透させる塗装方法である。したがって木材の持ち味をそのまま生かすことになるので、塗装前の素地調整、とくに素地研磨を十分に行なうことがこの塗装で最も重要な条件である。

また、材質の色・木理・硬さが優れている木材（チーク、ウォルナット、ローズウッドなど）に使用した場合により効果が発揮される塗装方法である。

ウォルナット材の場合

ウォルナット生地。

1 素地調整　素地研磨はサンドペーパーの180～240番手を使用する。（サンドペーパーは目詰まりしにくい空研ぎ用がよい）

2 1回目のオイル塗装　オイルフィニッシュ用塗料をはけ塗りする。（素地面に十分吸い込ませるため、たっぷり塗布する。）

3 オイルの擦り込み研磨　オイルが乾かないうちに耐水サンドペーパーの400番手を使用し、擦り込み研磨をする。（磨きかすが出るまで十分に行なう）

4 オイルの拭き取り　布ウエスで最初は磨きかすを素地面の道管部分へ目止めするように擦り込み、次に全体に拭き取る。（使用後の布ウエスは酸化重合反応による自然発火の恐れがあるため、すぐ処分すること）

ウレタンステイン（着色）仕上げ塗装工程

散孔材の場合

ポリウレタン樹脂塗料を使用したステイン（透明着色剤）仕上げをするうえで、木材に広葉樹散孔材（メープル・ブナ・カバなど）を選定した場合は、下記の塗装工程が一般的である。

散孔材は道管の径が小さくて数が多く、年輪全体に分布しているので、環孔材のように目止め着色をすると着色むらになりやすいので適さない。散孔材に着色する場合は、素地着色をしないか、あるいは、なるべく淡色として、塗膜着色（中間着色）をメインとすることにより、木目を生かした柔らかい仕上がりになる。

メープル材の場合

メープル生地。

1 素地調整　素地研磨はサンドペーパーの180～240番手を使用する。（サンドペーパーは目詰まりしにくい空研ぎ用がよい）

2 捨て塗り（ウォッシュコート）　ウレタンシーラー塗料をスプレーガンにて吹き付け塗装する。

3 乾燥　2～3時間以上／20℃

4 研磨　ケバ取り研磨はサンドペーパーの320番手を使用。

5 乾燥　オイルフィニッシュ用塗料は、他の塗料（ラッカーやウレタンなど）より乾燥が遅いので、塗装後1日から2日間放置する。（その際、オイルを溶かしている溶剤（シンナー）や、酸化重合反応で発生するホルムアルデヒドなどの放散のために換気には十分気をつける）

6 2回目のオイル塗装　オイルフィニッシュ用塗料をはけ塗りする。

7 オイルの擦り込み　オイルが乾かないうちに耐水サンドペーパーの600番手を使用し、擦り込み研磨をする。

8 オイルの拭き取り　布ウエスで擦り込んだ後、全体をきれいに拭き取る。

9 仕上がり状態

＊仕上がり状態によっては3回目のオイル塗装をする場合もある。
＊道管の深く大きい木材の場合、どうしても道管のオイル吹き戻し現象があるので、そのつど布ウエスで拭き取る。もし吹き戻したオイルが硬化した場合には、耐水サンドペーパーの1000～2000番手を使用し、その部分を研磨削除する。
＊テーブルトップに使用した場合、通常のオイルフィニッシュ用塗料では、経時における耐久性の面から早期の再塗装（メンテナンス）が必要となる。メンテナンスフリーに関してはウレタンオイル塗料を使用する方法もある。

チーク材の場合

塗装の工程はウォルナット材と同じ。

チーク生地（上）、仕上がり状態（下）

ウレタンステイン（着色）仕上げ塗装工程

環孔材の場合

ポリウレタン樹脂塗料を使用したステイン（透明着色剤）仕上げをするうえで、木材に広葉樹環孔材（ナラ・タモ・ケヤキなど）を選定した場合は、下記の塗装工程が一般的である。

環孔材は道管の径が大きく、年輪中の早材の初めに環状に沿って並んでいるので、目止め着色をすることにより木目が鮮明に強調されて仕上がる。

オーク材の場合

オーク生地。

1 素地調整　素地研磨はサンドペーパーの 180 ～ 240 番手を使用する。（サンドペーパーは目詰まりしにくい空研ぎ用がよい）

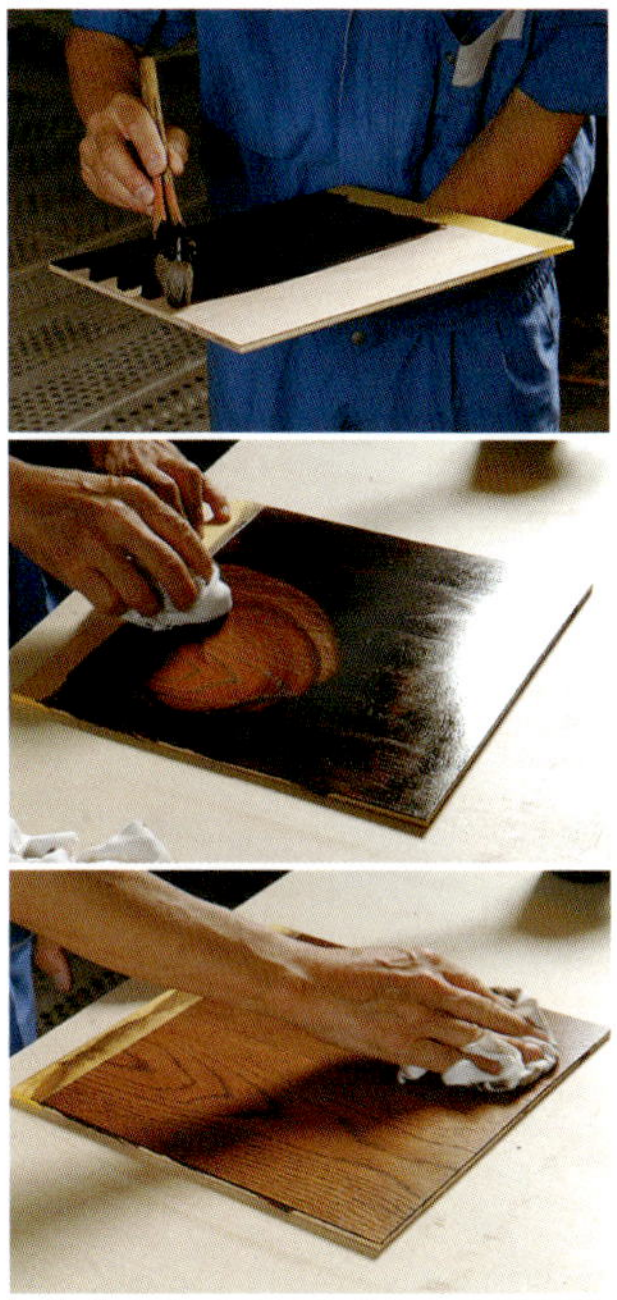

2 目止め着色（ウッドフィラー）　着色剤（溶剤系ステイン）を混合した目止め剤をはけ塗りする。布ウエスにて、素地面の道管部分へ擦り込み、その後全体を均一に拭き上げる。

3 乾燥　1～2時間以上／ 20℃

4 下塗り　ウレタンシーラー塗料をスプレーガンで吹き付け塗装する。

5 下塗り着色（シーラーステイン）　ウレタンシーラー塗料に着色剤（溶剤系ステイン）を混合着色し、シーラーステインとしてスプレー吹き付け塗装する。

6 乾燥　2～3時間以上／ 20℃

7 中塗り（サンディングシーラー）　ウレタンサンディング塗料をスプレーガンにて吹き付け塗装する。

8 乾燥　3～4時間以上／ 20℃

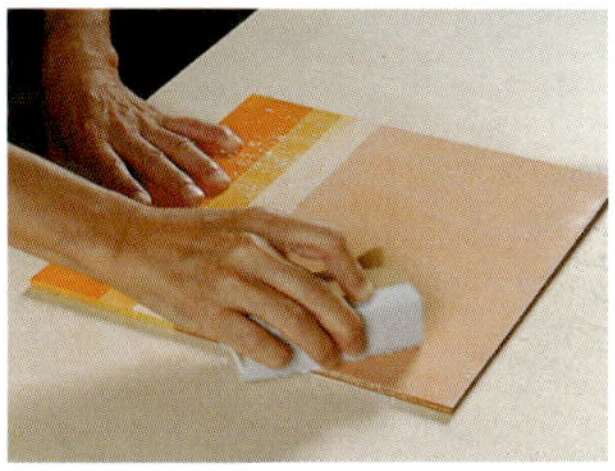

9 研磨　塗膜研磨はサンドペーパーの 320 番手→ 400 番手を使用し、塗面を平滑にする。

10 補色（カラーイング）　ウレタンフラット塗料に着色剤（溶剤系ステイン）を混合着色し、カラーフラットとしてスプレー吹き付け塗装する。

11 乾燥　1～2時間以上／ 20℃

12 上塗り（トップコート）　ウレタンフラット塗料（各種つや消し選定）をスプレーガンにて吹き付け塗装する。

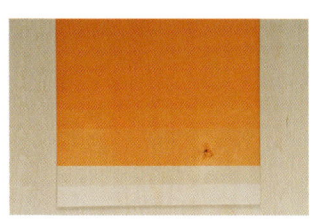

13 仕上がり状態。

ブナ材の場合

塗装の工程はメープル材と同じ。

ブナの生地（上）、仕上がり状態（下）。

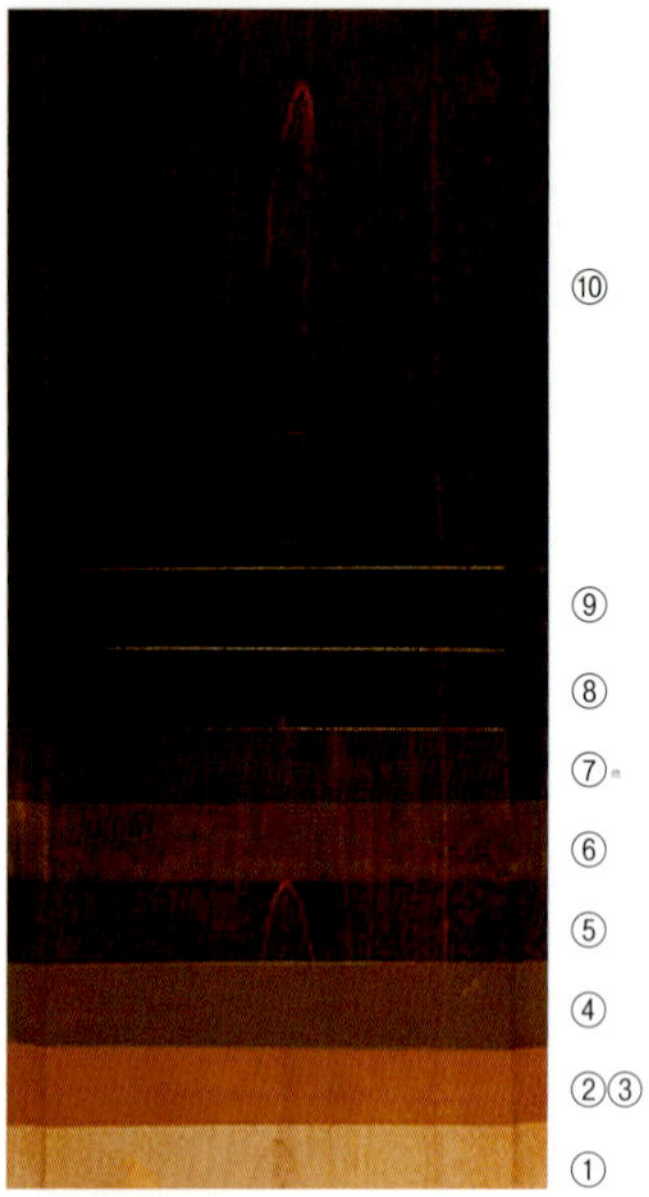

家具使用例２
民芸塗装
（ニトロセルロースラッカーシステム）
材木：ダケカンバ
協力：北海道民芸家具
　　　クラレインテリア

〈仕上げ工程〉
①素地調整（素地研磨）
②赤太・白太の色合わせ着色（サップステイン）
③素地着色（ステイン）
④目止め着色（ウッドフィラー）
⑤下塗り（ウッドシーラー）
⑥研磨（サンディング）
⑦補色修正（シェイディング）
⑧上塗り１回目（トップコート）
⑨上塗り２回目（トップコート）
⑩上塗り３回目（トップコート）

家具使用例１
クラシック塗装
（ニトロセルロースラッカーシステム）
材木：ブラックウォルナット
協力：横浜クラシック家具
　　　戸山家具製作所

〈仕上げ工程〉
①生地調整（素地研磨）
②漂白（ブリーチ）
③素地着色（ステイン）
④着色はがし及び浸透性シーラー（ストライクアウト＆ペネトレイティングシーラー）
⑤捨て塗り（ウォッシュコート）
⑥目止め着色（ウッドフィラー）
⑦下塗り（ウッドシーラー）
⑧研磨（サンディング）
⑨中間着色（グレージング）
⑩上塗り１回目（トップコート）
⑪古色塗り（スパッタリング及びディストレッシング）
⑫上塗り２回目（トップコート）
⑬上塗り３回目（トップコート）
⑭研ぎ出し（ラビング）

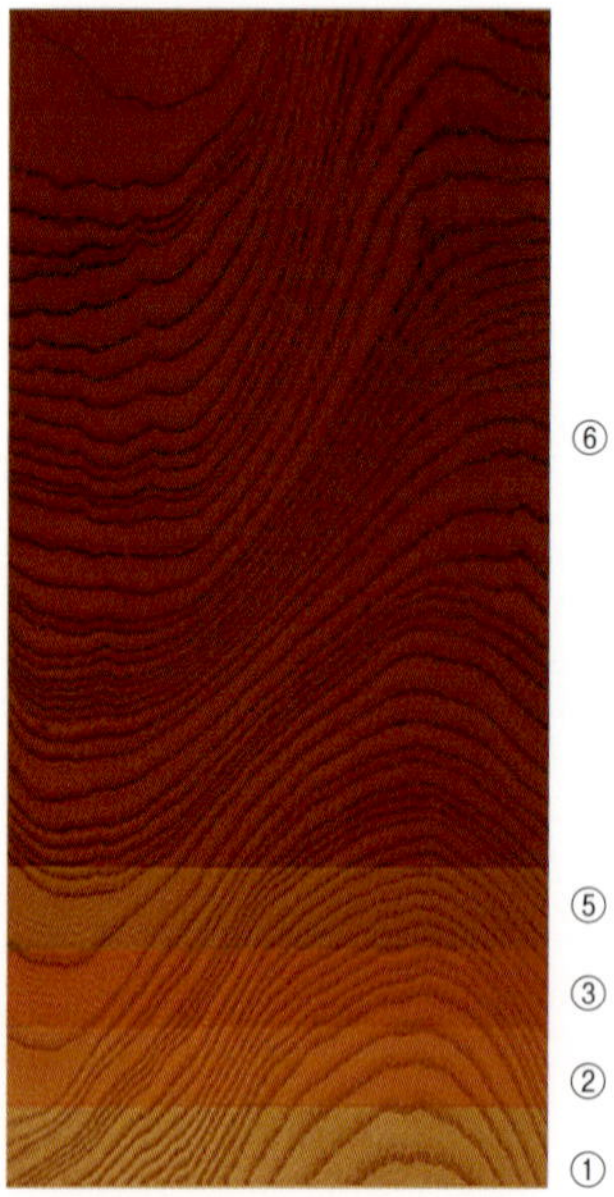

家具使用例３
民芸塗装
（ポリウレタン樹脂塗装システム）
材木：ケヤキ
協力：匣屋《はこや》深川　ニシザキ工芸

〈仕上げ工程〉
①素地調整（素地研磨）
②素地着色（ステイン）
③下塗り（ウッドシーラー）
④研磨（サンディング）
⑤目止め着色（ウッドフィラー）
⑥上塗り着色（カラートップコート）

5 乾燥　３～４時間以上／ 20℃

6 中塗り（サンディングシーラー）　ウレタンサンディング塗料をスプレーガンにて吹き付ける。

7 乾燥　３～４時間以上／ 20℃

8 研磨　塗膜研磨はサンドペーパーの 320 番手→ 400 番手を使用し、塗面を平滑にする。

9 補色（カラーイング）　ウレタンフラット塗料に着色剤（溶剤系ステイン）を混合着色し、カラーフラットとしてスプレー吹き付け塗装する。

10 乾燥　１～２時間以上／ 20℃

11 上塗り（トップコート）　ウレタンフラット塗料（各種つや消し選定）をスプレーガンで吹き付け塗装する。

12 仕上がり状態。

アッシュ材の場合

塗装の工程はオーク材と同じ。

アッシュの生地（上）、仕上がり状態（下）。

「漆」について

山中晴夫（京都市立芸術大学美術学部漆工科教授）

◎**漆とは**

漆液はウルシの樹の樹皮に傷をつけ、染み出した乳白色の樹液を採取したものである。漆を採取することを漆掻きといい、だいたい6月上旬から11月下旬まで続けられる。7月下旬から8月下旬に採取された漆は、盛物《さかりもの》または盛辺《さかりへん》といい、品質がよい。ウルシの木は日本、朝鮮半島、中国、東南アジアなどに分布しており、現在の日本では、使用する漆の99％が中国を主とする輸入漆に依存している。

漆の主成分は日本、朝鮮半島、中国はウルシオール、東南アジアはチチオールやラッコールである。同じ国内産でも産地によって大きく性質が変わる。

漆を採取したウルシの木

◎**漆の用途**

美しい漆の塗り肌を出すために、さまざまなものに漆は塗られてきた。それだけでなく、防水の役割を果たしたり、接着剤、錆《さび》止めとしても幅広く漆は利用されてきた。

蒔絵は漆の接着力を利用して、金属粉を蒔く。また甲冑などの金属には、鋳止めのために漆が焼きつけられてきた。拭き漆の場合は、水分を防ぎ、木を護り、木目の美しさを出すために使用されている。

◎**漆の性質**

【漆液の乾燥と硬化】 漆液が硬化することを漆の乾燥または乾きというが、ほかの塗料とはまったく性質が異なる。ほかの塗料では、溶剤が蒸発したあとに塗膜を形成するが、漆は多量の酸素を吸入して、漆ゴム質中のラッカーゼ（酸化酵素）が漆の主成分であるウルシオールに作用して、乾燥硬化する。

漆が硬化するためには、ラッカーゼが活発に働き、酸化作用を促進させる必要があり、温度25～30度、湿度75～85％が最も早く硬化する条件である。よって漆を塗った場合、湿度を保つことのできる機密性の棚に収容して乾燥させる。この棚を「風呂」といい、この温度や湿度を変えることにより、乾燥にかかる時間を調節することができる。また、100～150度の高温で熱すれば数時間で硬化する。この高温硬化法を利用して、金属類に漆を焼きつけることができる。

◎**漆の種類**

【原料生漆と精製漆（生漆、透《すけ》漆、黒漆）】 ウルシの木から採取した生漆は漉《こ》して、艶上げ（上擦り）、拭き漆および下地用に用いられる。

塗りに用いる漆は生漆を攪拌《かくはん》して漆の性質を均一化し、水分を少なくしていく。攪拌することを「なやす」、水分を少なくすることを「くろめる」という。なやして、くろめた漆は半透明の茶褐色であり、透漆である。精製の過程で鉄分を加えると漆は黒変する。これが黒漆である。

◎**色漆**

漆に使う顔料は、現在はほとんど人工的に生産されている。原料は朱は硫化水銀が主流で、生産されるときの加熱温度により、本朱（暗めの赤）、赤口（明るめの赤）、淡口（橙色）、黄口（明るめの橙）がある。

弁柄《べんがら》は酸化第二鉄から生産される。絵漆ともいい、蒔絵の地描きに使われる。原料は酸化チタニウムが一般的。透漆が飴色なので、完全な白にはならず、若干茶色っぽい仕上がりとなる。ほかに代表的なもので、緑、青、黄などがある。

◎**色漆のつくり方**

色漆は透漆に顔料を練り混ぜてつくる。色漆の量にもよるが、完全に練り上がるのに30分から4時間くらいかかる。色は漆と顔料の混合比、乾かす温度、湿度の条件などによって異なり、ゆっくり乾かすほうが発色がよい。顔料が多くても発色はよいが、粉っぽく、弱い塗膜になるので加減が必要である。

通常は顔料と漆を重さで等量混ぜ合わせる。朱などは顔料が重く、日数がたつと沈殿してしまうので、使用する前に軽く練り直すこと。何カ月も放置しておくと化学変化を起こし、乾きにくくなるので、新しい色漆と混ぜて使用する。とくに夏期は変化が早いので注意が必要である。

◎**漆かぶれ**

漆が皮膚に付着すると炎症を起こし、赤くはれて痒《かゆ》くなり水泡ができる。熱めの湯に手を入れると、一時的に痒みは治まる。漆が手に付着したら、菜種油、サラダ油などで拭き取ってから、石鹸でよく手を洗う。

患部にサワガニを潰した汁をつけると、治りが早いといわれている。通院せずとも1〜2週間で自然に治る。何度もかぶれるうちに免疫がつき、かぶれにくくなってくる。完全に乾いた漆であれば、触ってもかぶれることはない。漆器に触れただけでかぶれたというのは、漆が完全に中まで乾ききっていないからである。

近年「ＮＯＡ漆」という、かぶれにくい漆が開発された。生漆や黒漆、透漆があり、通常の漆より粘度があるため、塗りに使用するには技術が必要であるが、拭き漆であれば利用価値は高いだろう。

◎拭き漆の方法

拭き漆には生漆を木に染み込ませて、木の割れ、汚れなどを防ぎ、木目を美しく際立たせる効果がある。また色調もこげ茶色になるので落ち着いた感じになる。塗ってから時間がたつほど堅牢になるので、傷などがつきにくくなり、塗る回数を増やせば水に対しても強くなる。

拭き漆をする前に、まず木地を充分仕上げておく必要がある。

①木地の仕上げ

かんながけしてサンドペーパー（＃１２０、１５０、１８０、２４０）で仕上げる。あまり細かいペーパーまでかけると、漆が木目の奥まで入りにくく、仕上がりの色が浅くなる。電動工具などを利用する場合は、＃１５０くらいでやめる。

木の割れ、虫食い穴、節穴などは木片、木粉、顔料などで不自然にならないように繕《つくろ》っておく。ペーパーがけした木地を湿した布で拭き、木目に入った木粉を取り除く。これを充分にしておかないと、漆が木粉ではじかれ、木目の中に入りにくい。

冬など温度の低いときには、木地や漆を温めてから塗る必要がある。温めないで塗ると、導管の中の冷たい空気が温度の上昇につれて膨張して泡となり、噴き出してしまう。

②木の種類

拭き漆に適しているのは、ケヤキ、クリ、ナラ、タモ材、チークなどの環孔材と呼ばれるもので、木目がはっきりしていて導管部に漆が入ると、よりいっそう木目が浮かび上がって美しくなる。散孔材に属するトチノキ、カエデなど、縮み杢《もく》がある木は美しく仕上がる。

③漆の種類

生漆はウルシ科植物の樹幹から採取した樹液から、塵など異物を漉し除いたもので、拭き漆にはおもにこの漆が使用される。

赤呂色漆《あかろいろうるし》は色漆をつくるときにおもに使われるが、拭き漆に使うと赤みがかった深みのある上品な仕上がりになる。ただ、少し粘りがあるのと、乾きが遅いので注意が必要である。

上擦り漆は日本産の透明度の高い漆であるが、高価なので最後の仕上げに使うとよりよい結果が得られる。

黒中漆は中塗りに使われる黒色漆であるが、これで拭き込むと黒色の重厚な雰囲気に仕上がる。

◎拭き漆に必要な道具類

【漆風呂】 漆が乾燥するには温度25度前後、湿度75%前後の条件が必要である。そのために漆風呂が必要である。漆風呂とは写真のような、漆を乾燥させ、塵を防ぐための木製の戸棚である。しかし、拭き漆の場合は茶箱やダンボール箱、プラスチック製の衣装ケースなどでも代用することができる。そこに湿した布を敷き、温度を与えればよい。

【へら・はけ】 へら木はヒノキ、アテ（アスナロ）、マキなどの柾目《まさめ》部分を使う。漆を練ったり木地につけたりとさまざまな使い方をするが、目的に合わせて多様な形のへらをつくる必要がある。自分でつくるのが一番よいが、塗料店などで木、プラスチックのへらを手に入れることができる。

拭き漆用のはけは塗り用と異なり、少し硬さと丈夫さが必要なので、馬毛の混じったものがよい。カシューはけなど腰のあるものならよい。使用後は毛先の硬化を防ぐために、洗油（石油、テレピン）で洗い、菜種油をつけておく。

【定盤《じょうばん》】 漆の作業をするための、上部が台盤になっている小箪笥型の道具入れで、厚みのあるガラス板でもよい。

漆を乾燥させる漆風呂

漆を練るのに使うへら（左）と漆塗りに使うはけ（右）

拭き漆の手順

1 定盤の上に生漆を必要なだけ出す。へらで少し練る。

2 木地の上に手早くへらで漆をのばす。

3 はけで漆を均一に、また木目の中によく入るようにたっぷり擦り込む。

4 洗い晒した布で円を描くように漆を拭き取る。

5 乾いたらサンドペーパーで水研ぎをする。研ぎは大事であり、これをおろそかにするとよい結果は得られない。

6 サンドペーパーを16等分（約3×15㎝）したものに3×3×1㎝（厚み）くらいの当て木をして研ぐとよく研げる。

7 ＃240 ＃320で傷を完璧に取り去る。少しでも残っていると仕上がったときによく目立つ。

【綿布・麻布・モスリン】 洗い晒した下着類で薄手のものがよい。

【拭き漆】 木地が仕上がったら漆を塗る準備をする。定盤の上に生漆を必要なだけ出してへらで少し練り、木地の上に手早く漆をのばす。はけで漆を均一に、また木目の中によく入るようにたっぷり擦り込む。漆が木地に充分吸い込む間、数分待つ。梅雨どきは早く硬化するのであまり時間を置かない。

複雑な形の場合など、漆が木の中に入っていきにくいときはテレピン、樟脳油などで少し薄めてやるとよい。余分な漆はへらで取り去り、洗い晒した布で円を描くように漆を拭き取る。最初のうちはそれほどきれいに拭き取る必要はない

用意した風呂に塗った面を上にして入れる。風呂が小さかったり、湿した布が近すぎると、「焼ける」という現象が起きるので注意する。条件が整っていると一晩で乾く。乾きが悪い場合は条件が満たされていないか、はけに油が残っていたか、のどちらかである。

【研ぎ】 乾いたらサンドペーパーで水研ぎする。研ぎは大事であり、これをおろそかにするとよい結果は得られない。

まず#240のペーパーで円を描くように研ぐ。ペーパーを16等分（約3㎝×15㎝）したものに、3㎝×3㎝で厚み1㎝くらいの当て木（消しゴムでもよい）をするとよく研げる。さらに#240、320、400、500、600で傷を完璧に取り去る。少しでも傷が残っていると、仕上げたときによく目立つ。最初の研ぎは大変だが、手抜きするとよい結果は得られない。

この研ぎを#240、320と順次繰り返すが、どのあたりで止めるかは用途などにより見極める必要がある。

最後の仕上げに日本産の上擦り漆を使うと仕上がりがよい。最初の木地固めに使う漆はなるべく薄めないほうがよい。仕上がりの色が悪くなるからだ。

◎木の染色

漆を塗る前に染料で木を染める。黒色の場合は、ログウッド+木酢酸鉄溶液で、これは喪服を染める染料と同じである。赤色の場合は、スオウ（マメ科の小灌木）+ミョウバン（赤色）、灰汁（赤紫）、鉄触媒（紫）。

◎拭き漆の効用

木に充分漆を吸わすことにより、木割れを防ぐことができる。これにより汚れなどがつきにくくなり、水分や湿気にも強くなり、木目がはっきり浮かぶので木のよさが際立ち、落ち着いた雰囲気が出る。

◎漆の弱点

紫外線に弱いので、直射日光が当たらないようにすること。熱湯などにより変色することがある。

曲げ木の方法・原理

師岡淳郎
（京都大学生存圏研究所 生存圏開発創成系 准教授）

曲げ木の方法

湾曲した木材を使う場面は多い。家具、木製楽器、食器、運動具、船、照明器具、工芸品の湾曲部などがその例である。湾曲部材を得る方法としてよく知られているものは鋸挽《のこび》き法、積層法、スチーム法、煮沸法、誘電加熱法、縦圧縮前処理法などであり、一見多数の方法があるように見える。しかし、湾曲部材を得る原理によってこれらを分類すると（1）鋸挽き法、（2）積層法、および（3）スチーム法、煮沸法、誘電加熱法、縦圧縮前処理法の３種類と考えてよい。このうち真っ直ぐな木材を強制的に曲げて固定し、湾曲材を得る、いわゆる「曲げ木」と呼ばれるものは（2）と（3）である。

（1）鋸挽き法

湾曲材を得る基本的な方法は帯鋸を用いる曲線挽きによるものである。樹種や欠陥の有無を問わず、目的とする曲線形状を間違いなく得られ、強度もあり、形状も安定している。しかし、円弧の中心角が90°を超えるほど大きく曲がりこむような部材、たとえばＵ字型に部材を挽き出した場合には強度的に問題が起こる。その場合には部材の長手方向と繊維の方向が直交する部分を生じ、その部分の強度は著しく低下する。そのような目切れ部分は見栄えも良くない。また、この方法では、注意深く木取りしても、切り出した湾曲部材以外の部分はむだになることが多い。

（2）積層法

積層法とは、接着剤を塗布した薄い板（単板や突き板）を数枚重ねて同時に曲げ、固定する方法である。たとえばコピー用紙数百枚の束をＵ字型に曲げてみるとよい。隣り合う紙が少しずつスライドして全体として簡単に曲がる。もしも一枚一枚の紙に接着剤がついていれば接着層が硬化した後、曲がった形状は固定される。積層法以外の方法で得た曲げ木部材は、多湿雰囲気では時間がたつと元の真っ直ぐな状態に回復する傾向をもつが、積層曲げ材では、接着層で各単板の回復を阻止しているため回復することはない。ただし、何らかの方法で接着層を除去すると、たとえ何十年後であっても、まるで昨日のことのように、わずかな撓《たわ》みを残して各層はほぼ真っ直ぐな状態に戻る。

（3）スチーム法、煮沸法、誘電加熱法、縦圧縮前処理法

スチーム法ではスチームを導入した釜の中に気乾材を入れて１００℃付近の温度で蒸した後（経験則として１インチ角材で１時間蒸す）、釜から取り出して直ちに曲げて型枠で固定し乾燥する。曲げに際しては、後で述べる帯鉄の治具に沿わせて曲げる。煮沸法はスチーム法とほぼ同じであるがスチームの替わりに煮沸する。誘電加熱法では飽水木材にマイクロ波を短時間（通常、数分程度）照射したのち、スチーム法と同じように曲げて固定する。マイクロ波のほかに高周波を用いる場合もある。縦圧縮前処理法は上の３つと見掛けが異なる。高含水率に調湿した木材をスチームで蒸し、縦方向に材長の１、２割程度圧縮する。材を取り出してフイルム包装などで含水率を維持し冷蔵保存する。後で必要なときに常温で曲げ（コールドベンディング）を行ない、固定後乾燥して、曲げ木部材を得る。他の方法と異なり、曲げ変形時に帯鉄に沿わさなくてもよい場合が多い。

曲げ木の原理

スチーム法から縦圧縮前処理法までの4種の方法は同じ原理に従う曲げ木法である。このことを理解するためには、木材の構造と力学的性質の関係を理解しなければならない。材料が小さな力で大きく変形する状態を軟化と呼び、普段は硬い木材を、曲げる前に軟化させなければならない。木材のどの部分がどんなときに軟化するか考えてみよう。

木材の細胞壁の大部分は、直鎖状のセルロースが束になってきちんと配列して結晶し、細胞の長軸方向（繊維方向）から少し傾いて無数に整然と並んでいるミクロフィブリル部分と、その周りを充填している非結晶性のヘミセルロースとリグニン（マトリクス部分）の二つの部分からなる。ミクロフィブリルは温湿度に依らず常に剛直であり軟化することはない。マトリクス部分も乾燥状態では温度の高低に依らず硬いままである。しかし、水分が十分あると、マトリクスのうちのヘミセルロースは軟化する。水分が十分あってもリグニンは室温あたりでは軟化せず、温度が７０℃付近まで上昇すると軟化する。軟化の程度は温度が高いほど進むので常圧では１００℃で最も軟化する。したがって、木材の細胞壁は、曲げ木に有利な１００℃・高含水率状態で、硬いミクロフィブリルと軟らかいマトリクスという、力に対する性質が異なる二つのものからできていることになる。細胞壁のこの性質をどう使うかが、方法（3）による曲げ木の成否のかぎとなる。

材料の曲げ変形を観察してみよう。再びコピー用紙を束ねて今度は両端をしっかりつかんで曲げてみる。

外周側には強い引張力が、内周側には圧縮力が働くことが納得されるだろう。伸び縮みの量は一様ではなく、表層の部分で最大となる。表層から内側に向かうにしたがって、伸び縮みは少なくなり、材のなかほどには、伸びも縮みもしない層が存在する。これを中立層と呼ぶ。繊維方向への引張と圧縮のそれぞれについて、破壊を伴わないで大きな変形が可能であるかどうか考えてみよう。

引張の場合、含水率が高く、温度がマトリクスの軟化温度以上にあるなら、マトリクスは破壊せずに大きく変形可能である。しかし、同じ条件でミクロフィブリルは硬いままである。このため、木材の破壊までの伸び量はミクロフィブリルのそれによって決まり、きわめて小さい。一方、圧縮の場合には、引張と事情が異なる。マトリクスが十分軟化した状態は、剛直なミクロフィブリルの側から見れば、周りの充填物がなくなって、さながらミクロフィブリルだけが存在する状態と同じように見えるであろう。ミクロフィブリルは剛直ではあるが細長い。そのような形状のものを圧縮すると、幾重にも弓なりに撓み、破壊しないで大きな圧縮変形を与えることができる。たとえば剛直なピアノ線を引っ張ることは難しいが圧縮すれば簡単に撓み、大きく変形する（弾性座屈）。破壊を伴わないで大きな変形が可能であるのは、含水率および温度が高くて、圧縮の場合だけであることがわかる。このことは、普通に曲げ木を行なった場合には、わずかに曲げた程度で、外周側（引張側）ではじけて破壊することを意味する。破壊を伴わずに大きく曲げるには、圧縮だけで曲げる工夫をしなければならない。すなわち、中立層が外周上にくるようにしなければならない。これは、図のように帯鉄の板を当て、帯鉄と木材を一体として曲げることによって実現される（トーネット法）。

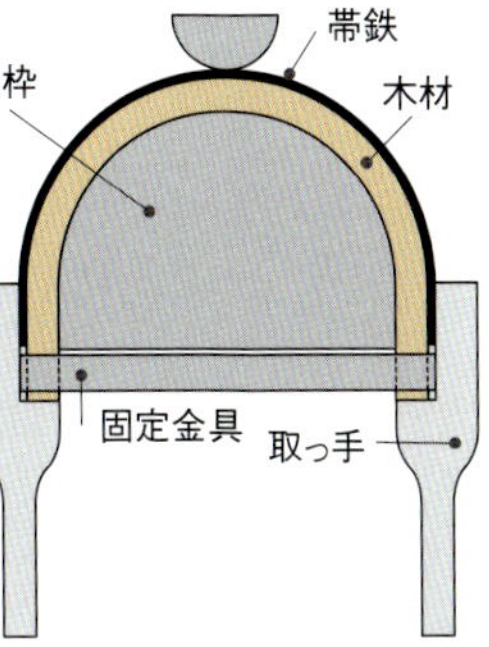

取っ手のついた帯鉄に木材を沿わせ、型枠に沿って曲げ変形を行ない、固定金具で固定した状態

これによって、木材の外周側の伸びを取っ手、即ち帯鉄の引張力で抑え、木材には圧縮力のみが働くようになる。中立層は帯鉄と木材外周との境界位置に移動する。トーネット法では圧縮ひずみの程度に、外周側で0、内周側で最大となるような傾斜がかかる。それにより部分部分は長手方向に圧縮されているだけであるにかかわらず全体的な変形としては曲げ変形となる。曲げの本質が圧縮変形であることが理解されれば、圧縮工程だけを先に行なって、曲げは後で行なうという2段階法もありうる。それが縦圧縮前処理法である。

曲げ変形の固定

曲げ変形を与えた後、すぐに力を除くと、変形はもとの状態に回復する。高含水率で曲げ変形状態での細胞壁は、座屈を起こして圧縮されているミクロフィブリルと、軟らかいマトリクスとからなっている。ミクロフィブリルの部分では、バネを圧縮したときと同じ種類のエネルギーが蓄えられる。このエネルギーが蓄積された状態で力を除くと、エネルギーは解放され、変形はもとに戻る。変形を保つには、力を除く前に冷却、乾燥する必要がある。水分の離脱によって、マトリクスの中やマトリクスとミクロフィブリルの間に水素結合と呼ばれる化学結合が生じる。マトリクス部分は、再びもとの硬い状態に戻り、水素結合でがんじがらめになったミクロフィブリルは、座屈状態でエネルギーを蓄えたまま回復できなくなる。曲げ変形は固定される（ドライングセット）。細胞壁内で生じるこの変形固定のメカニズムは、ミクロフィブリルとマトリクスの関係を、方法（2）での単板と接着剤の関係に置き換えると理解しやすいかもしれない。しかし、この変形は接着剤のように永久的ではなく、含水率や温度を高くすると、蓄積されていたエネルギーが解放され、曲げ変形は回復する。したがって、曲げ加工したものの利用にあたっては変形の固定法を考える必要があり、各種の固定の仕方が提案されている。

曲げ木に適する木材

方法（3）で曲げ木可能な樹種は方法（2）のそれより限定されていて、一般には、温帯産広葉樹は曲げやすく熱帯産広葉樹や針葉樹に曲げにくいものが多い。温帯産広葉樹としてはニレ、ミズナラ、ケヤキ、ブナ、シオジ、ホオノキ、ヤナギ材がとくに曲げやすく、熱帯産広葉樹ではゴム、タウン、チーク材が、針葉樹ではカラマツやテーダーマツ材が比較的曲げやすい。このような曲げ木の難易は湿潤リグニンの軟化温度のちがいによる場合が多いようである。温帯産広葉樹、熱帯産広葉樹、針葉樹でそれぞれ平均軟化温度は65℃、75℃、80℃付近に分布する。80℃でやっと軟化するようでは100℃であってもまだ軟化不十分であろう。65℃で軟化する場合は、100℃では相当軟化しているはずである。曲げ木の難易はこれだけではなく、ミクロフィブリルの細胞長軸方向からの傾斜の程度、放射組織、細胞壁の肉厚、結晶化度など多くの要素が関係しているようである。

〈参考〉

則元　京：マイクロ波による木材の塑性曲げ加工, 木材研究資料, No. 14, 13-26（1979）
古田裕三：飽水状態の木材の熱軟化特性, 京都大学博士論文（1998）
Lon Schleining: "The Complete Manual of Wood Bending", Linden Pub Co. Inc. ,Fresno, 2002
Compwood Machines Ltd., Denmark, 2008

フラッシュパネル工法

保坂　勇（樹木技研究房）

心材の構成により、種々の呼称があるが、総称名称は厚板心（特殊）合板、または心材特殊合板が指導現場用語。通称はフラッシュ（flush＝縁のない平面）、または練り心合板の呼称が多く使われている。

資源問題、生活様式の変貌、空調などによる木材への影響は、木材加工技術に余儀なく新しい時代の波として押し寄せている。

接着剤の驚異的進歩もまた木材加工技術を大きく変えてきた。高価、重い、狂う、広く大きな部材、そして形状に限界がある無垢《むく》材から、安価、軽い、安定性、作業性がよく、広く大きな部材を得やすく、形状も自由なフラッシュパネルによる技法こそ、時代が要求する木材加工技術と言えるであろう。そして、これからのフラッシュパネルの課題は、その利点を生かしながら、いかに無垢の味わいを出すかといった高品質に対する問題と、またそれに伴う技法である。ここでは、そのフラッシュパネルについての基本的な要点を取り上げてみた。

製作にあたっては、製品の使用目的、使用場所、大きさ、位置などをよく考えたうえで、心材料、合板、工法、構造、接着剤など適合したものを選定することが大切な条件である。

◎心構造の大別

1．中空心構造―枠心の中の心構成にペーパーコア（ロールコアとも呼ぶ）、格子など空間のある構造。

2．中実心構造―ソリッド材、合板積層、集成材、木質材料によるベタ心構造（空間のない構造）。

◎圧締方法

1．冷圧（コールドプレス）―常温接着

2．熱圧（ホットプレス）―加熱接着

◎製作方法

高級家具の場合と一般家具の場合では、製作方法、製作工程が異なり、次の方法が一般的である。

高級家具の場合は、①枠心、心材の表側と裏側に合板を貼る（台板）→②サイズどうりに切り回す→③木端化粧をする（厚い材の場合は端嵌《はしばめ》）→④目違い削り→⑤①の表側と裏側に単板を貼る→⑥表面削り仕上げ。

一般家具の場合は、①枠心、心材の表側と裏側に化粧合板を貼る（台板）→②サイズどおりに切り回す→③縁材を貼る→④目違い削り仕上げ。

木端縁材は業界では大手材、耳材とも呼ばれている。木端化粧は木端縁材を貼る場合と木端端嵌が使われる場合とに大別されるが、木端縁材が使われる場合は、材（台板）が薄い場合であり、材が厚い場合は端嵌の使用が可能となる。

端嵌は、木端化粧をする際に木端化粧材と枠心を接合するが、蟻、本《ほん》核《ざね》、雇核、ビスケットなどの仕口加工または添え木を嵌めて、木端化粧材の接着強度を高めるために使われる技法である。

端嵌は無垢材の場合は木口割れや反りなどを防ぐため。フラッシュパネルの場合は木端化粧のためなどに使われる。木端化粧の形、デザインはさまざまにある。

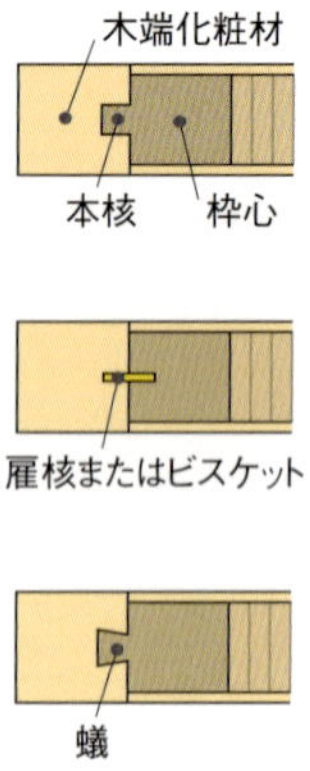

◎圧締圧力

圧締圧力は被接着剤の樹種、材質、構造、接着剤などにより、単位圧力は当然変わり、とくに注意を要するのは中空心構造パネルで、「うねりの発生がなく接着不良が生じない」という適正圧力で、目安としては1～2kg／㎠。一般の木工接着に比べ極端に圧締力の低いのが特徴。圧締力の良否は、フラッシュパネル製品の良し悪しの大きな要因の一つにあげることができる。

1．表示変更

国際的ルールにより、JIS（日本工業規格）→ISO（国際標準化機構）のSIへ。

〈例〉1～10kgの圧締力の表記

旧―1～10kg／㎠

新―0·1～1Mpa

2．接着面積と圧締圧力の求め方

①サイズ　1800mm×900mmで

心材幅40mm

②台板（基板）作りと単板化粧張りの場合

③仮圧締圧力　台板（基板）の場合＝2kg／㎠、単板の場合＝3kg／㎠

・台板（基板）の場合（図1）

枠心（ペーパーコア入り）に合板を接着してフラッシュパネルを作る場合、枠の接着面積を算出する。

・単板化粧の場合（図2）

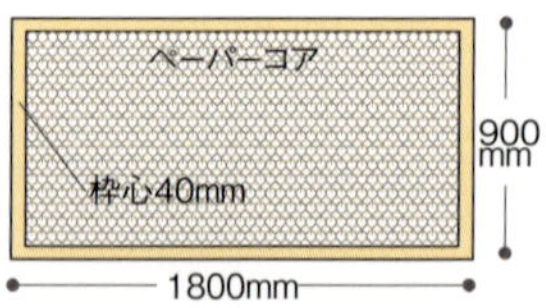

図1　台板（基板）の場合の圧締圧力の求め方

接着面積

180cm（心材の長さ）×4cm（心材の幅）×2本＝1440㎠

90cm（心材の長さ）－（4cm＋4cm（心材の幅））＝82cm

82cm×4cm＝328㎠

328㎠×2本＝656㎠

1440㎠＋656㎠＝2096㎠

圧締圧力

2096㎠×2kg＝4192kg/㎠

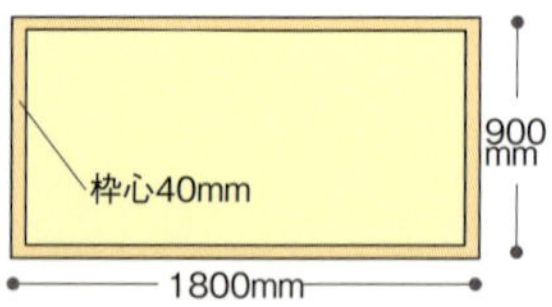

図2　単板化粧の場合の圧締圧力の求め方

接着面積

180cm×90cm＝16200㎠

16200㎠×3kg＝48600kg/㎠

圧締圧力

48600kg/㎠

フラッシュパネル（台板）に単板を

接着する場合、パネル全体の面積となり、台板に接着する場合はむら吸収、単板の腰強度など接着不良の危険性予防のため圧締力を増した。

3．加圧盤分割機械の注意点

加圧盤が2～3と分割されているプレス機械は、各加圧ごとに材面積を計算し、均等になるようにする。

加圧盤の被圧締材の中心に力がかかるよう、また変形や量的によりやむをえず空間が生じる場合は、その空間部に同厚の補助材を用いて圧締機保護を心がける。

◎接着剤塗布

被着剤、使用接着剤などにより塗布量も変わる。目安としては単板類100～130g／㎡、そのほかは150～250g／㎡ぐらいが標準だが、少なからず多からず数字にこだわらず、経験により身体で覚えることが大切。

〈例〉手作業の場合は、合板の接着面に切り込みのあるへら（切り込みの深さにより塗布量調整可）で接着剤をむらなく均等に延ばした後、ローラーで塗面仕上げをする。量産の場合は、のり付け機を使い、接着剤によっては吹き付ける場合もある。

◎プレス圧締〈粘度、堆積時間、加圧時間、養生時間〉

接着剤の粘度と水分関係にも注意し、堆積時間については、一液性の場合は湿度計なども乾期には備え、40％を切った場合は要注意、塗布した接着剤を乾燥させないように注意する必要がある。部分的硬化はやり直しがきかず、不良品となってしまう。

加圧時間はホットプレスの場合、105度の加熱で1ミリ1分強、4ミリ合板接着の場合は約4分だが安全をみて5分と作業性が良い。中空心構造の場合、温度は105度くらいが限界なので、その点は十分注意が必要。

コールドプレスの場合、環境、条件などにより異なるので、数字で覚えるより、使用接着剤を硬化サンプル用としてその場に置き、経過を見るのが最善であり、問題を起こすことがない。

養生時間は接着剤の水分が完全に発散するまで圧締しておくのが望ましいが、それは理想論であり、プレスサイクルを短縮化するためには、接着剤の硬化乾燥した時点でプレスをはずし、解圧後は表裏両面均一に通気するよう水平桟積みをして養生することが最善策である。（図3）

◎心材の選択

材種はスギ、ヒノキ、ヒバ、ツガなどの脂分の少ない針葉樹類、スプルス、ジェルトン、ジョンコン、ラワン系など、そのほか狂いの可能性の低い良質材が適材。心去り平割材、既成心材、平行合板、集成材、木質系材料（削片板＝パーティクルボード、繊維板＝ファイバーボード）なども可能である。

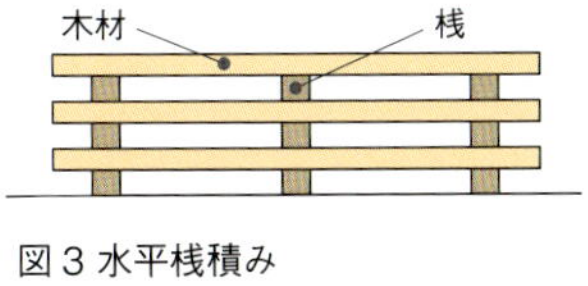

図3 水平桟積み

◎心工法

1．中空心構造

要点は軽いことが第一条件であり、心構成には使用材、加工方法などにも工夫が必要となる。

枠心の枠接合部は、矩形打ち付け、留形打ち付けなどとし、エアータッカーによるステープル（金属製、樹脂製）接合が一般的であるが、金属ステープル使用の場合は、部品加工時に刃物に接しない位置に留めるように注意しなければならない。

刃物に対して安全工法としては、立枠に上下枠幅ののこ挽きをし、それに合わせて上下枠を加工し、組み合わせる接合が安全である。（図4）

必要に応じて部分心材を入れ、空間はペーパーコアとし、木材の使用は最小限として、コストダウン、狂い予防、そして作業性などをよく考えて経験と工夫により技法の向上を図ることが大切である。

2．中実心構造

要点は心材が均一になるよう心がけ工夫をする。木質系材料、集成材などの材料は問題点が少ないが、平割材を使用するときは均質な材料を選び、小割挽き（板厚 同じ～倍くらいを目安）に挽き割り、また長さ方向は切って短材とし、心材を混成したレンガ式に並べたブロック構成により均一化して、合板を貼り合わせる。

3．注意事項

①中空心構造で熱圧（ホットプレス）で圧締接着する場合は、必ず通気孔（空気穴）が必要となる。（図5）

②心材が均一、均質でない場合は、狂い防止のため材の両面から、深さ3分の2くらい去勢（木繊維切断）のこ挽きする。（図6）

③中空心構造で枠心と中の部分心材の材質が異なる場合は、心材の動き（伸縮）調整溝を設けることも一方法。溝の深さは入り代の1.5～2倍くらい。（図7）

④心材の厚い場合は、合板を挟み込み二重構成とするのも技法の一つである。これは力の分散によって狂いを予防する工夫でもある。（図8）

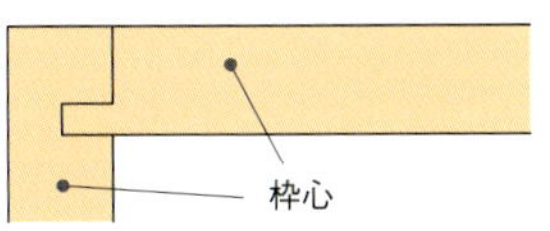

図4 安全な枠心の接合法

図5 心材の通気孔（心材の断面）
通気孔の深さ3㎜

図6 心材の通気孔（心材の断面）
通気孔の深さ3㎜

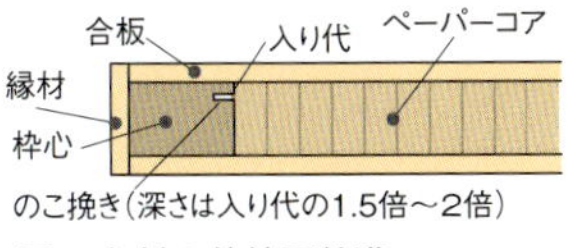

図7 心材の伸縮調整溝

A 大テーブル（厚物）の場合
〈中空心〉の例

B 小テーブル（厚物）の場合
〈中実心〉の例

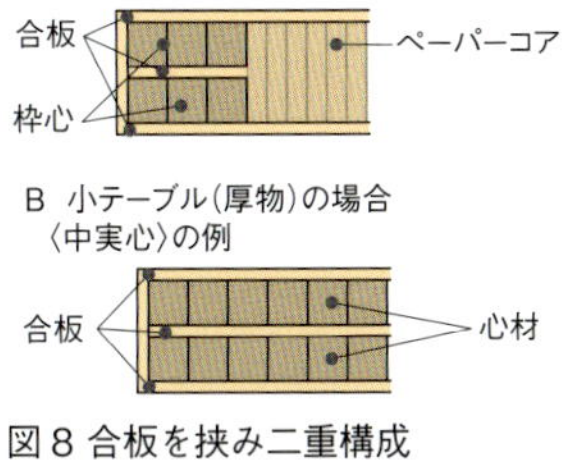

図8 合板を挟み二重構成

フラッシュパネル工法の実例

製作指導：ヒノキ工芸

中空心構造で空間にペーパーコアを使用した例を紹介。

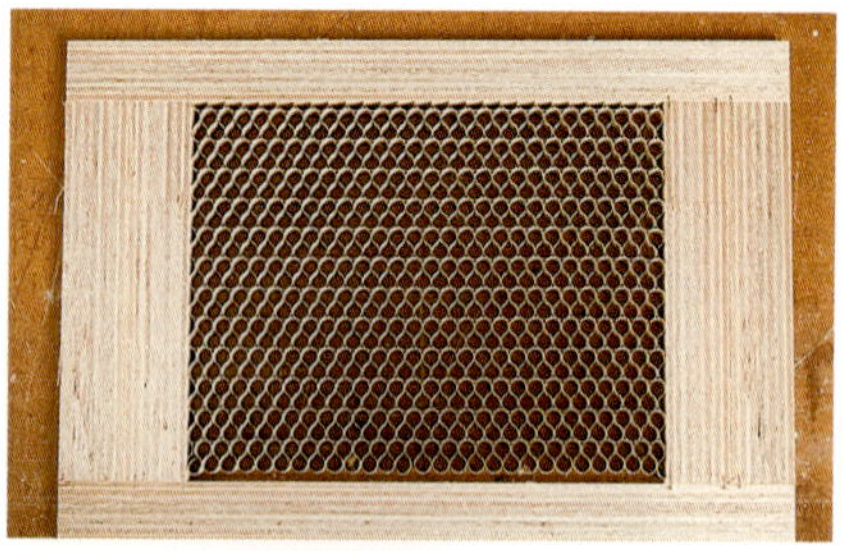

長方形の枠心とペーパーコア（上）。ペーパーコアはクラフト紙（樹脂含浸）から作られており、円筒状の集合体。縦からの圧力に強い。

枠心の４隅をステープルで止める。部分加工時に刃物に接しない位置にステープルを留る。

枠を留めるときに使われるステープル。

1 合板全面に接着剤をローラーで塗布する。

2 接着剤を塗布した合板に枠心を乗せて、ペーパーコアを枠芯の中に入れる。

3 もう一枚の合板に接着剤を塗布し、枠心の上に乗せる。

4 合板と枠心の四隅の角を合わせる。

大型のコールドプレス機

5 プレス機（コールドプレス）の下に添板接着防止と保温のために新聞紙を敷き、その上に乗せる。

6 その上から全体に圧がかかるように、薄板を乗せる。

7 プレス機に挟んで圧を加えて接着する。接着剤にもよるがプレス時間は１〜２時間。圧力は使用接着剤、中空芯（ペーパーコア、桟）、中実芯によって異なる。

第4章

Examples

木工作例集

木製品づくりの製作工程

保坂　勇（樹木技研究房）

樹木が適時に伐採され、そして製材、乾燥を経て木製品として形作られるまでの基本的な過程は、まず設計に始まり、製作図が完成され、その製作図面に基づき家具製作が始まる。

その家具の製作工程は、家具の種類、形状、寸法、材料、数量、等級、機工具設備などにより工作方法は異なるが、通常の基本製作工程は次のような作業順序で進められる。

①設計

生活に必要な家具は、生活を便利にする道具として考えられ、それぞれの目的を果たすために工夫され、生活をより豊かに、便利にするための生活用具として作り出されてきた。必要な材料、構造、費用などの見積もりや計画をたて、具体的に図面、その他の方式で示すことを設計という。

②製作図

考案、着想など自分のアイデアを使用者の立場に立って使いやすく、便利な現実の形になるよう設計の基本条件を総合して方眼紙にスケッチで表現し、寸法バランスのとれた形状とする。

スケッチで十分検討された案は、次に縮尺三面図（正面・平面・側面）に図面化し大要を決定する。他人が見ても容易に理解できる縮尺三面図と、必要に応じ、現寸図そして模型などを作り、作業がスタートする。

③木取り表作成

設計図に基づいて部材名、そして長さ、幅、厚みなど、歩増し寸法（部材の寸法を少し大きく取った寸法）で、木取り表を作成する。

木取り表例

工事番号Ａ－001　品名　テーブル　数１
主名　樹木太郎様

材木名	部品名	長さ	幅	厚み	数	適要
ナラ	甲板	1230	850	24	1	柾目
ナラ	脚	700	40	40	4	四方柾

木取り表にしたがって材料を選別し、歩止まりを考え、長いものから短いものへ、広いものから狭いものへと木取りする。（図1）

図１　木取り例

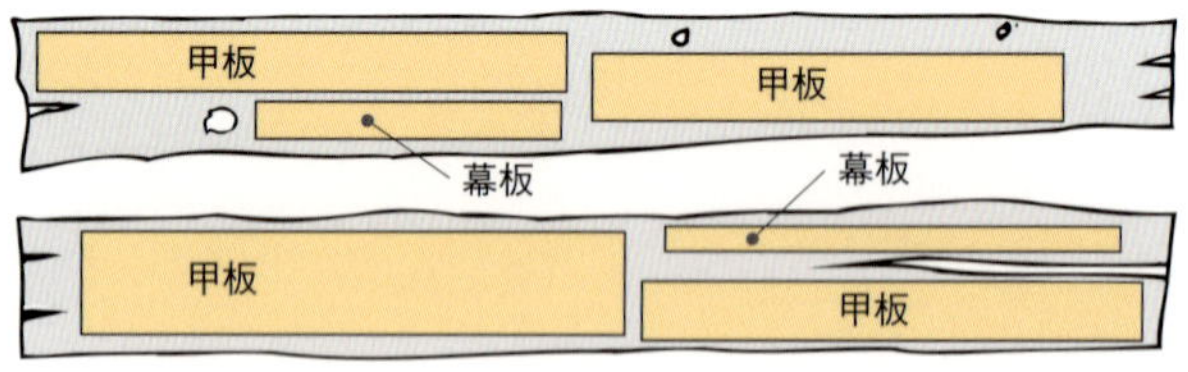

④火造り

反りや歪みのある材の場合は、凹面に水分を与え、凸面を加熱して、梃子《てこ》式修正をしてから削る。（図2）

図２　火造り

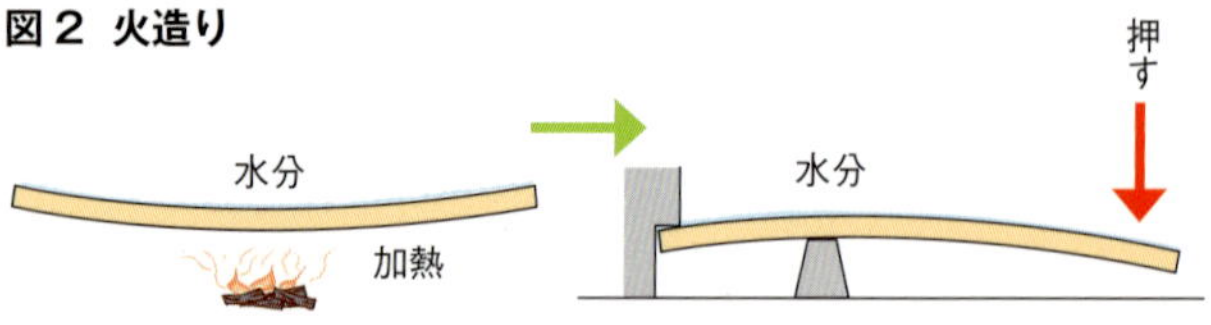

⑤木作り

木取りした材料を所定の寸法に削り加工して部品寸法にする。そのとき、部材のむら取りをし、直角、幅、厚みの順序で寸法を決める。（図3）

1．平面を正しく削り、第一基準面とする。（機械加工の場合＝手押しかんな盤）

2．木端面を直角に削り、第二基準面とする。（機械加工の場合＝手押しかんな盤）

3．幅決め＝第二基準面から両平面に所定幅寸法の墨線を引き、幅決めをして削る。

4．厚み決め＝第一基準面から両木端面に所定の厚みの寸法の墨線を引き、厚みを決めて削る。

図３　木作り

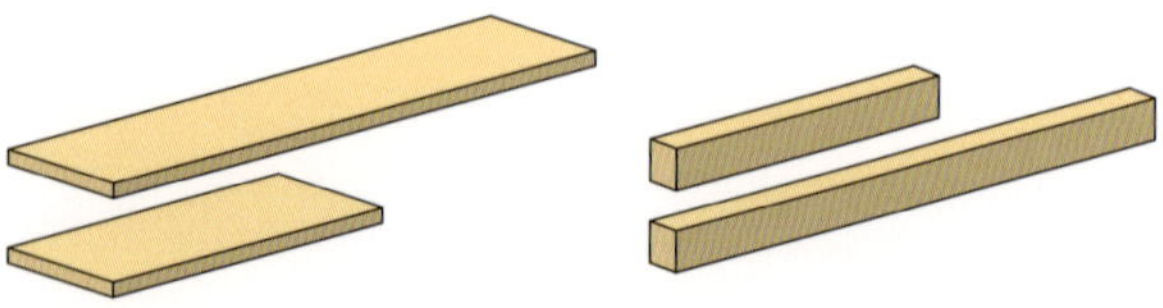

⑥墨付け

部材に印をつけることを墨付けといい、勝手墨と加工墨とがある。

〈勝手墨〉作品の位置を誤らないように使用部材に、部品名、上下、左右、合印、記号などを記し、作業し

図４　勝手墨

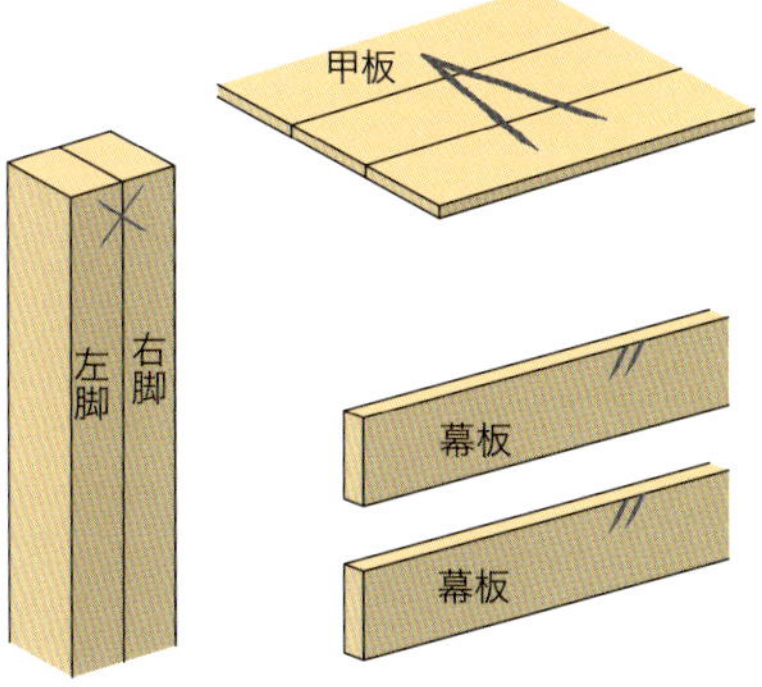

図５　加工墨

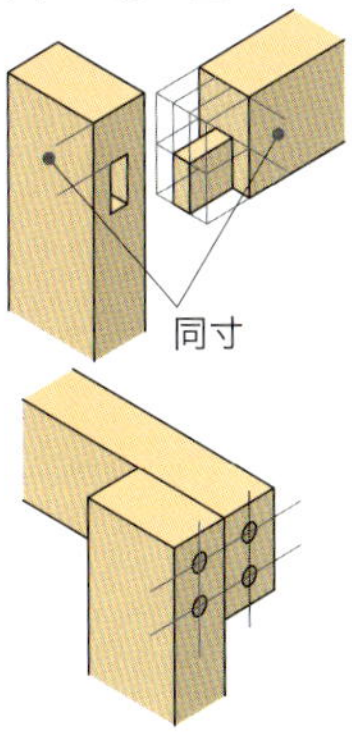

やすくする。(図４)

〈加工墨〉ほぞ、ほぞ穴、だぼの位置、溝、欠き取りの形状など接合のための凹凸（仕口）や加工に必要な線を記す。基本的にはしらがき、けびき、鉛筆などで正しく墨付けをする。(図５)

⑦加工

墨線や記号に基づいて、嵌《は》め合い度、ほぞ穴や溝の深さ、ほぞ、胴付きなどの切り込み過ぎ、位置、目違い（部材の段差）などに注意し、順序よく、正しく加工をすすめる。

⑧仮組み

複雑な構造の場合や面取り加工する場合、接着剤をつけずに仮組みし、接合部の加工精度を確かめる。また面取り加工する場合は、仮組みして目違い（部材の段差）削りした後に面取り加工するのが基本。

⑨水引き

加工中に生じた圧締や木の小片によりへこんだ部分を戻すために、部材に水または温水をたっぷりつけ、すみやかに拭き取り、乾かす。乾きが不十分な場合は木材繊維の柔軟化のため削り仕上げの場合、逆目掘れがおきやすい状態になる。(図６)

図６　水引き

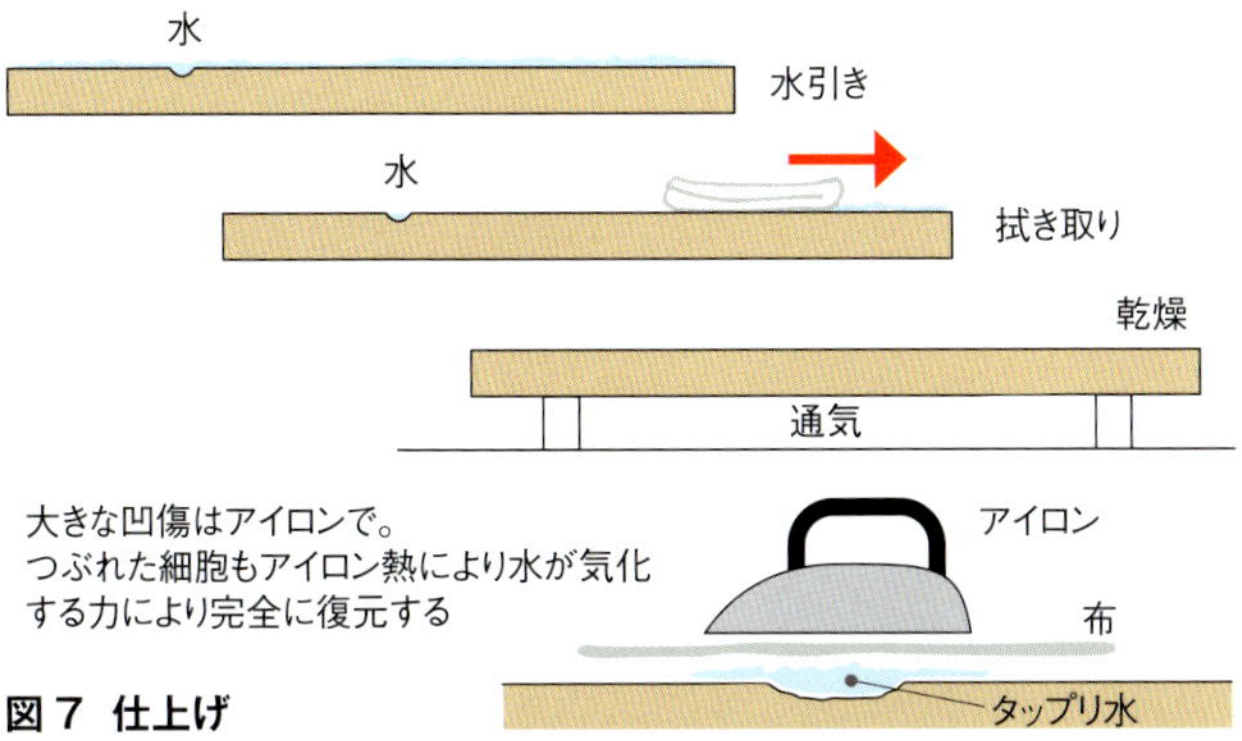

図７　仕上げ

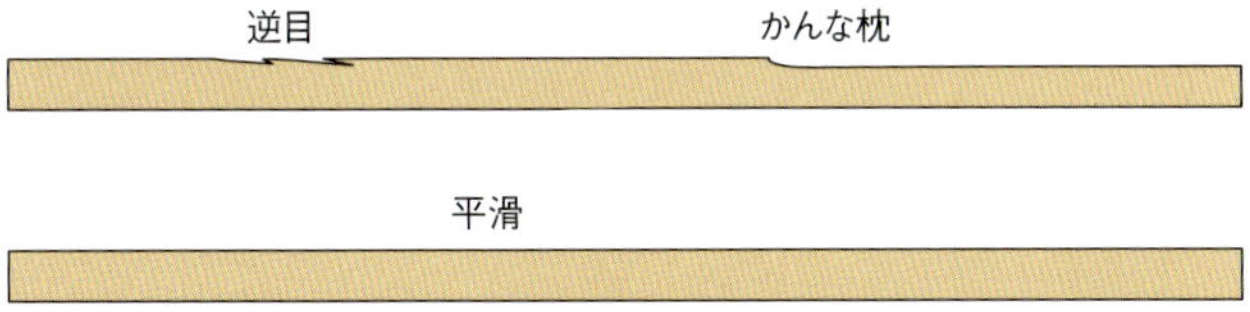

⑩仕上げ

水引きによる水分が乾いているかを確かめ、逆目、かんな枕、削りむらなどに注意し、平滑なきれいな仕上げ肌にする。必要に応じて研磨紙で研磨する。(図７)

⑪組み立て

接着剤、水、ウエス、はたがね、クランプ、定規などを準備し、作業にかかる。まず、組み立ての順序、方法を考え、両接合部に適量の接着剤をつけて組み立てる。複雑な組み合わせの場合は部分組み立てをし、そして全体組み立てへと作業をすすめる。(図８)

組み立て後は、まず、はみ出した接着剤をブラシなどで洗い落とし、布で拭き取る。接着剤の可使時間、硬化時間に注意が必要である。組み立て直後はねじれや角度を調べ、正しく組み立てられているか確認する。

図８　組み立て

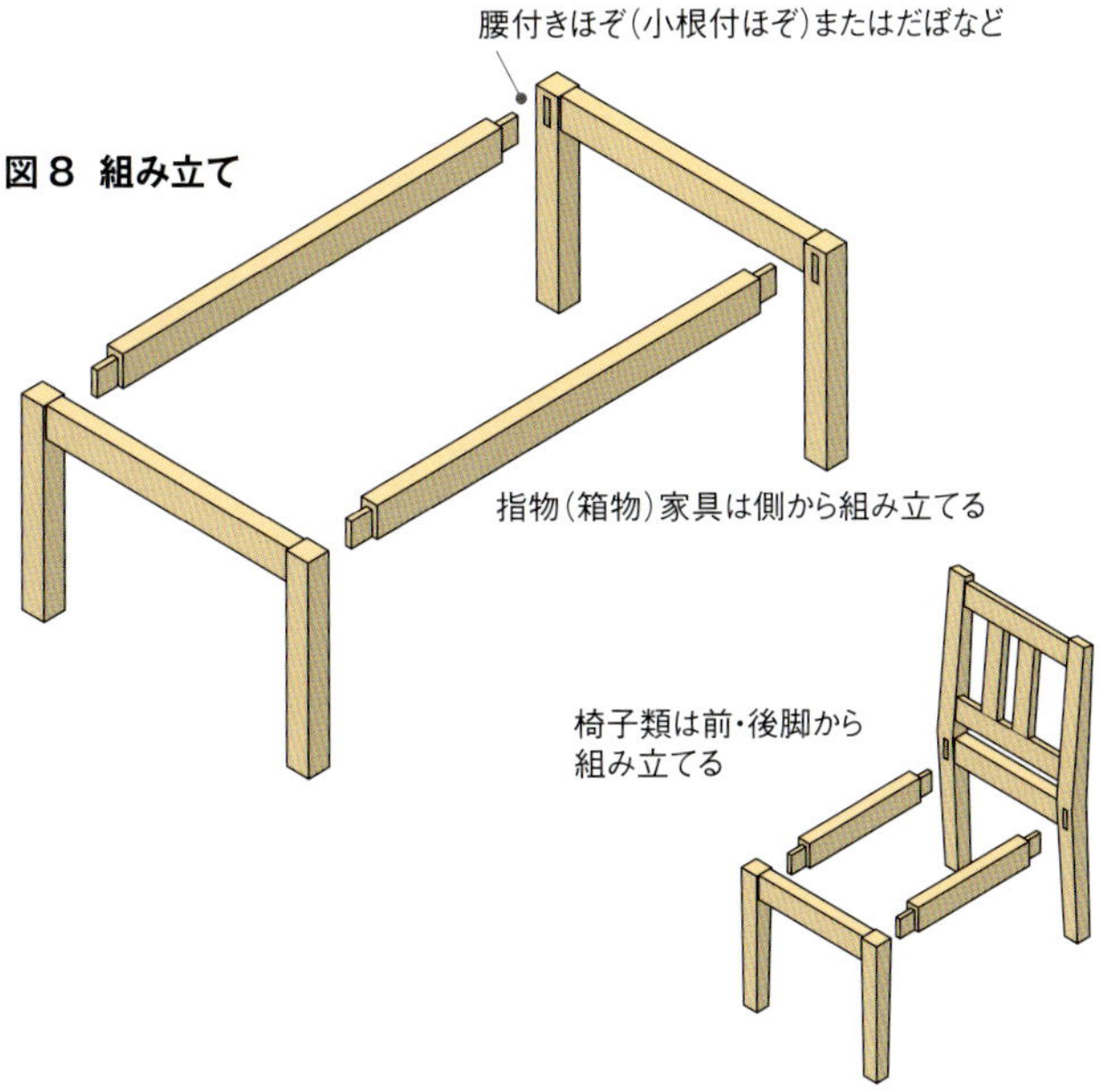

⑫塗装

塗装作業は作品の仕上げ工程で、油気、手汚れなどがある場合は溶剤、研磨紙などを用いて素地を調整。研磨するときは研磨紙を添え木に当て磨く。

素地の研磨の方向は、必ず木繊維と同方向に研磨し、研磨後はエアまたはブラシを使って導管の中まできれいにしてから塗装作業に入る。

塗装することにより、塗料が作品の表面に平均的に塗られ、それが薄い膜となって付着し、固化して、汚れや狂いなどを防ぐとともに、家具の美粧と木材の保護の役目を果たす。

滑らかな円形の座面に木の温もりを感じる

f・スツール

最もシンプルなデザインには、椅子づくりの基本技術が集約されている。強度を出すために貫を十字に組み合わせたり、蟻組みという少し高いレベルの技も！ 座面に凹面をつくるなど、座りやすさも重視したこだわりがある。

必要な材料
クルミ（座板）
ナラ（脚）
コクタン（くさび）
木工用接着剤
クリアオイル

製作：半沢清次
（木工房 風来舎）

1 座板をつくる

およそ四角に木取り、厚みを41㎜に決めてルーターで円に抜きます。直径301㎜で切れるように自作のルーターベースを使用。溝掘りはビットの刃長により調節しましょう。

図1

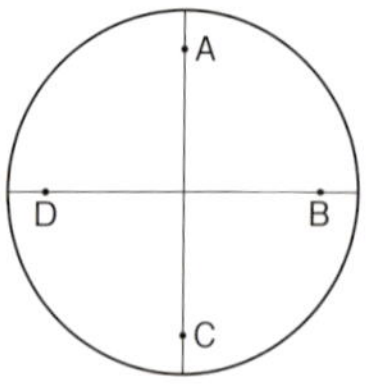

対角線と直交線を引き、縁から30㎜のところに4つの印をつける。

図2 印の拡大図

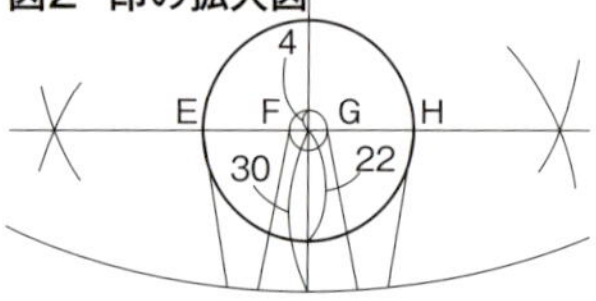

各印を中心に半径22㎜と4㎜の円を引き、図4の定規でEFとGHから蟻の角度を墨付けする。

ほぼ四角に切った板に、座面の裏側となる面に対角線を鉛筆で引く。

もう一方の対角線は交点のみを引き、円の中心にきりで印をつける。

円の外側２ヵ所をドリルで掘り、動かない別の板にねじで固定する。

ストレートビットで板の厚みの½～⅔ほどを数回に分けて溝掘り。

固定していたねじを外し、バンドソーで残りをやや大きめにカット。

ルーター作業でできた逆目を＃80～＃120のサンドペーパーで均《なら》す。

フラッシュトリムビットでバンドソーでカットした部分も円にする。

円と直角を崩さないように＃180までのサンドペーパーで研磨。

2 脚をつくる

46㎜角、天に5㎜、地に10㎜足した475㎜の長さの角材を4本用意。天の木口に蟻ほぞをつくります。見込み側は、カーブを描くようにフォルムをつくりましょう。

図3　脚墨付け全図

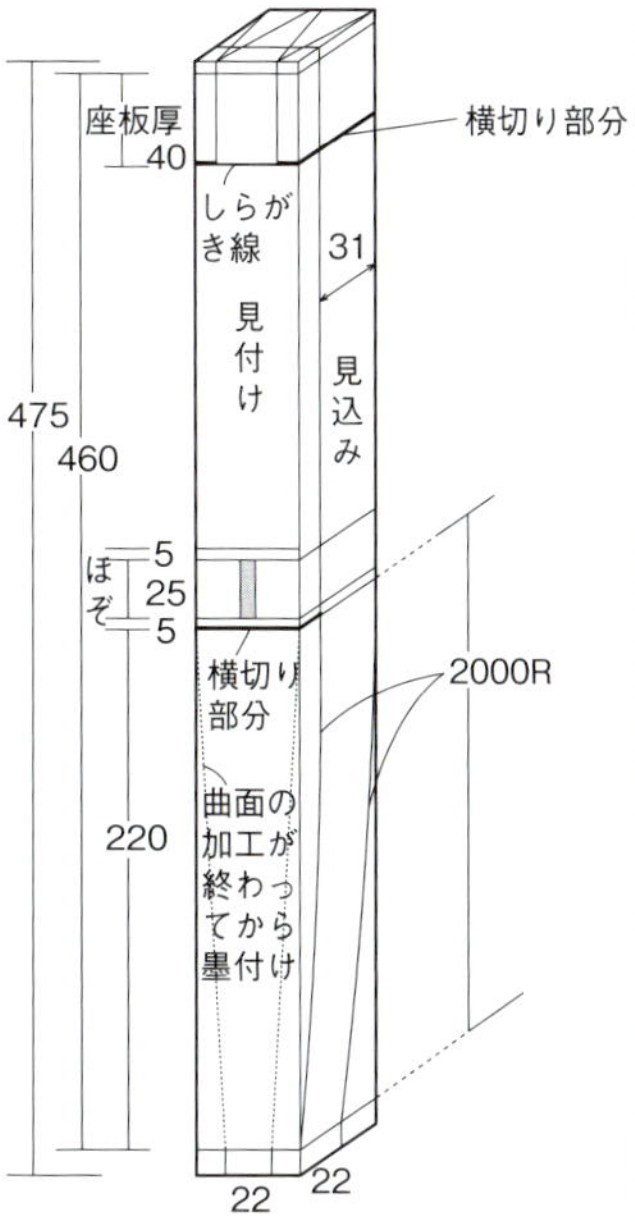

図4　蟻の角度用定規

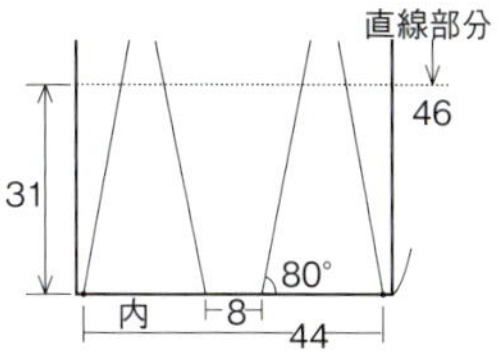

図5　脚底の墨付け図

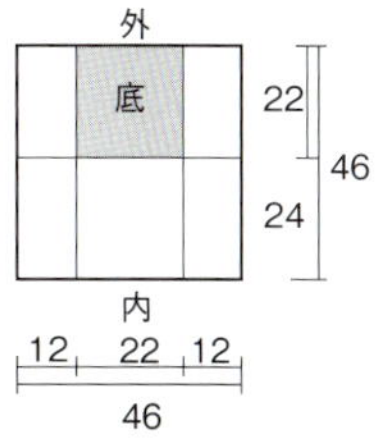

単位＝mm

見付け*に柾目がくるよう4本の向きを決め、墨付け(図3参照)。

天の木口に脚の1本だけ蟻ほぞの墨付けをする。

図3参照。蟻ほぞの一番外側をけびきでしらがき線まで縦に引く。

図3の横切り部分を15㎜の深さに昇降盤で横切り。

見込み*に2000Rの曲線定規で曲線部分を墨付け。4本とも。

十字貫用の通しほぞ穴をあける。6㎜(角のみ幅)×長さ25㎜。

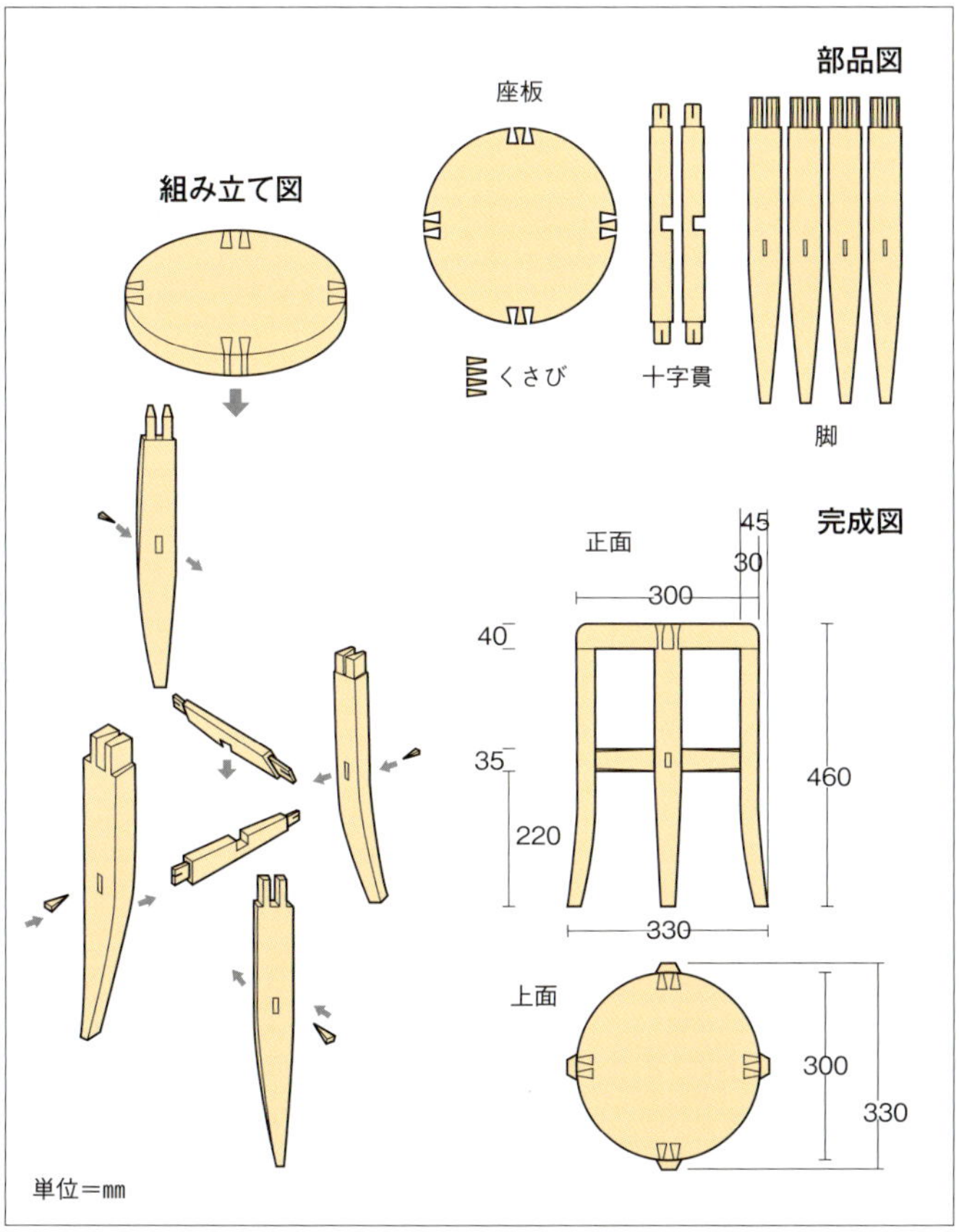

図1・2を参考に、表面に鉛筆で墨付け後、しらがきで線を入れる。

鉛筆で墨を裏に回す。表と同様にし、裏表の墨線が合うか確認する。

しらがき線を頼り、バンドソーで蟻溝の縦切り。

のみで不要な部分を取る。その後、細部を整形調節する。

切断部が平面・直角になっているか、スコヤなどで確認しておく。

座面の第一段階完成。

＊見付け：正面　見込み：奥行

4の昇降盤で横切りした15㎜の溝の横に、ほぞ穴があいた状態。

4で引いた直線の外側に沿ってバンドソーで横切り部分までカット。

見付け座面下の墨を引き直し、蟻の角度に合わせて自作した治具をガイドに沿わせてバンドソーで切る。

図6　治具の使い方

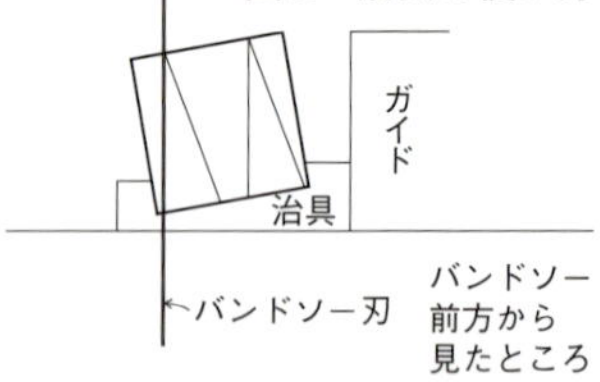

木口の墨の外側に合わせ縦切り。墨付けしていない3本も同様に。

見付けは真ん中の落とす部分のみ、しらがきを引き直す。

落とす部分は表裏から角のみで穴をあけると作業が早い。

のみなどで真ん中を取り除く。

胴付き面をきれいに整形。

脚の部分はここまで完成。これから微調整に入る。

座板の蟻溝と脚のほぞに、それぞれ番号を付けて微調整を行なう。

⅔位まで手で入るよう調節することが重要。仕上がりに差が出る。

座板の蟻溝はいじらない。脚のほぞを少しずつ削り微調整を行なう。

2000R(㎜)の曲線定規で墨付けした部分をバンドソーでカットする。

見付け側、内側ともに曲面をカットしてゆく。

4本揃えて平がんな・反りがんな・# 240のサンダーで仕上げる。

傾斜部分を墨付けして、バンドソーでガイドに沿わせカット。

かんな・サンダーで滑らかに仕上げる。

ほぞ先を面取り。

3 十字の貫をつくる

貫の長さは座板の大きさに合わせて調整します。墨付けをした後、ほぞをつくります。くさびを入れるためのスリットを長さの⅔まで入れ、相欠き部分をカットします。丸面ビットを使用して面取りをします。かんなやサンドペーパーで仕上げたら相欠きを合わせて仮組みをしてみましょう。ここまでの工程は完了です。

図7 貫の形状

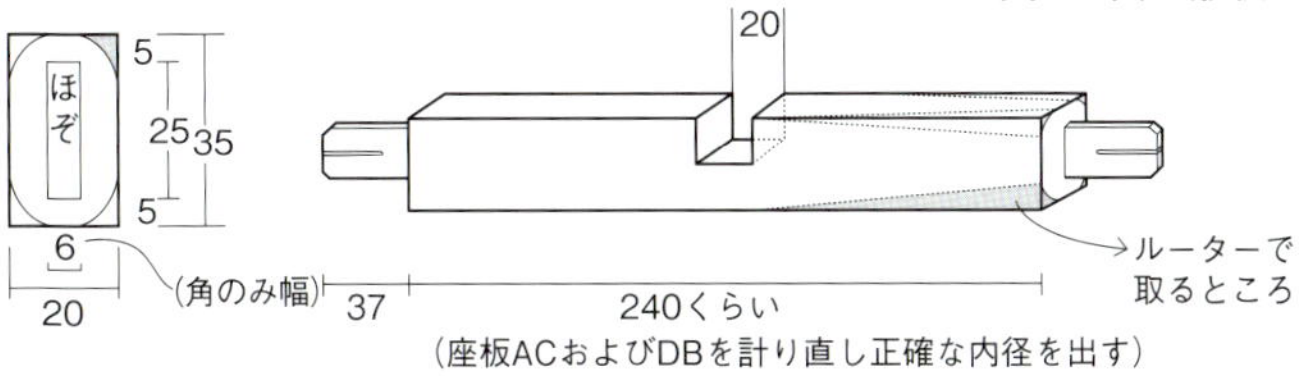

通しほぞの先端部分をそれぞれ7㎜余分に取り、長さは314×20×35㎜とする。

座板の左右に材を渡し、現物に合わせてサイズを測る。

図7に沿って、材に墨付けをする。

横切り後、バンドソーを使い縦切り。ほぞをつくる。

厚みはむりなく入るように。

くさびを入れるスリットを1ヵ所入れる。相欠き部分をカットしたら、ルーターテーブルのガイドに自作専用治具を固定して面取り。丸面ビットを使用。

貫の中央につくった相欠きを合わせて仮組みしたところ。

スリットにくさびを入れることで天地の方向に強度が出る。

4 脚と貫の組み立て

相欠き接ぎ接着の後は、完全に固定させるために一晩置きます。当て木をしてはたがねで固定したとき、脚の直線部分と貫の直角をスコヤで確認しておきましょう。

ここからは組み立てに入る。

木工用接着剤は、仮組みで3時間、完全固定で12時間の乾燥が必要。

ほぞ先を面取り後、相欠き接ぎ接着。クランプで完全固定。

貫のそれぞれの先と座板の蟻溝、脚に合い番をつけておく。

ほぞ先をげんのうでたたき木殺しする。脚のほぞも同様に。

番号を合わせて4本の脚と十字の貫を接合し、当て木して打ち込む。

貫の先にくさびを打ち込んで固定する。はみ出た接着剤は拭き取る。

当て木をして、はたがねで固定して一晩置く。

乾いたらはたがねを外し、出ているほぞ先をのこぎりで切り落とす。

9で切った部分にかんな・サンダーをかけて滑らかに仕上げる。

5 座板と貫の組み立て

蟻ほぞに合わせた当て木を自作します（写真2上参照）。番号を確認してほぞと溝を合わせて軽く入れます。クランプで脚の直線部分と平行に固定し、一晩置いて乾燥。

ほぞと溝に接着剤をつけ、脚の上に座板をのせ、ほぞと溝を合わせて軽く入れる。クランプを用い、ゆっくり４本均等に入れていく。

座板表面にほぞ先が届いたら、当て木を入れて胴までつける。

一度クランプを外して余分な接着剤を拭き取る。再度、当て木を入れクランプで固定し、一晩置く。

6 座面の仕上げ

角の面取りはルーターなどで一気にやると、蟻溝の角を欠く場合があるので注意。座面全体のサンディングは＃80→＃120→＃180→＃240の順で。

一晩置いてクランプを外した状態。ここから仕上げに入る。

天のほぞ先に紙を当ててのこぎりで端切りし、かんなで平らにする。

スツールを寝かせ、座板の側面と脚の見付け側の目違いを払う。

天と側面にかんなをかけ終わったところ。滑らかに仕上げよう。

深さを３段階に分けて、コンパスで墨付けする（図８参照）。

トリマー（ディッシュビット）を手持ちで、真ん中から順に粗取り。

中心に向かうほど、深く欠き取るように。墨線の範囲と深さに注意。

反りかんななどで滑らかな凹曲面に削り上げる。

裏返して座板側面の下から20㎜でぐるりと墨付けし、角を面取る。

角の面取りは45°に傾斜させたバンドソーで先に粗取りを。

内丸かんなとランダムアクションサンダーで座面全体を整形・サンディングする。

図8　座板凹面の形状

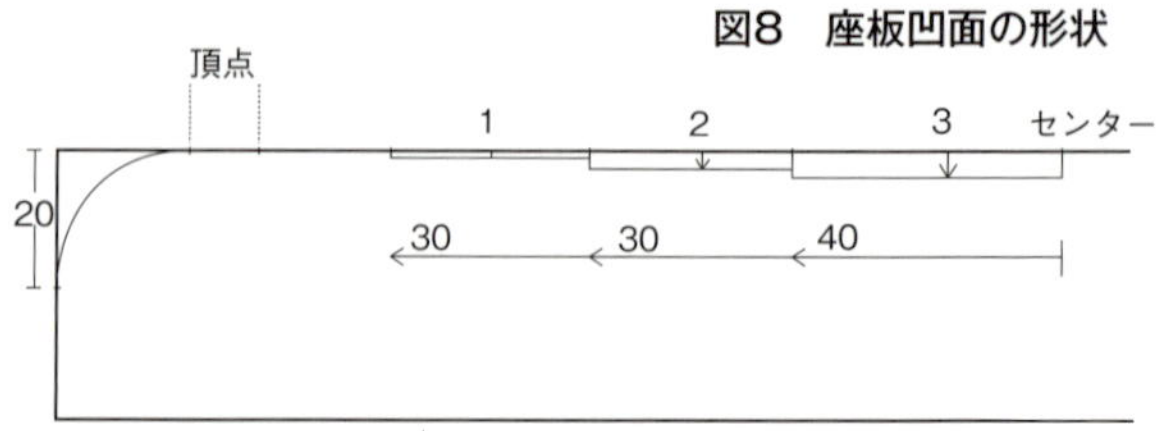

蟻溝がいかにきれいにできるかが、仕上がりを左右する。ほぞ部分にすき間が空いてしまった場合には、こくそで補修を行なおう。こくそは米粒をよく練り、茶こしで細かい木屑の粉をふりかけ、さらに練る。指で触ってもくっつかないくらいの固さになったらすき間や穴にへらで埋め込み、乾燥させればよい。

7 全体の仕上げ

平面の出るところに置き、鉛筆で脚の地の仕上げ線を引きます。端を丁寧に落とした後、がたつきがないかチェックを。全体のサンディングは＃320で行ないます。

1 9.5㎜厚の板をゲージにして、鉛筆で脚に地の仕上げ線を引く。

2 見付けをしらがきで引き直し、胴付きのこで丁寧に落とし面取り。

3 面取りを済ませたら全体を水拭きし、仕上げのサンディングをする。

4 サンディングが終了。平らな所に置いてがたつきがないか最終確認。

8 塗装

オイルで仕上げましょう。完全に乾き、塗料臭が抜けるまで2、3日放置します。脚の底にフェルトを貼り、座板裏面の中心に落款を貼って、スツールの完成です。

1 クリアオイルを塗布。拭き取り後、一晩置く。

2 乾燥後ワックスをかける。オイルやワックスは塗布後の充分な拭き取りが大切。

●作者紹介

半沢清次（はんざわ・きよつぐ）
1953年東京都生まれ。早稲田大学第二文学部美術専攻課程卒業。2000年木工房風来舎開設。2001年6月、東京・神楽坂にて初の展示会を開く。以降毎年、個展・グループ展を開催。

和の味わいをデザインに加えたオリジナルのキャビネット。

格子戸のデザインを組み込んだ、力強いフォルムのキャビネット。

曲線を多用したフォルムが体にしっくりなじむアームチェア。

●半沢清次（木工房 風来舎）☎042-982-3633

あぐら座りもできるデザインが特徴

ダイニングベンチ

円形のダイニングテーブルに合わせて考えられた、円周の4分の1をかたどったベンチ。きれいな扇形をつくれるかがポイントなので型板づくりが勝負どころ。「地獄ほぞ」やビスケットなど接着力を増すための技に注目したい。

◎必要な材料

ナラ
ウォルナット
MDF（治具用）
ビスケット
木ねじ
L字金具（甲板止め）
木工用接着剤
塗料（下地剤）
（仕上げ剤）

製作：田崎史明
（DEN造形工場）

1 座板の接ぎ合わせ

同サイズの板を3枚、ビスケットジョイントを使って接ぎ合わせます。ビスケットを入れる位置は、後で扇形に切り抜くことを考えて木口からのサイズを測るように。

完成時より1.2㎜厚めに製材した板を使用。見付けを決め印をつける。

ビスケットジョイントの穴は200㎜間隔であけていく。

板が厚いのでビスケットを1ヵ所に2枚ずつ使い強度を高める。

二液式の接着剤を混ぜ、ローラーにたっぷり含ませて接着面に塗る。

クランプと当て木で固定し、24時間圧着。平面が出ているか確認を。

2 座面加工用の治具づくり

座板を扇形に切り抜く際に使う型板を、治具を使ってつくります。材料は、加工しやすいMDF（木質ボード）。ストレートビットで削り出すので下に捨て材を忘れずに。

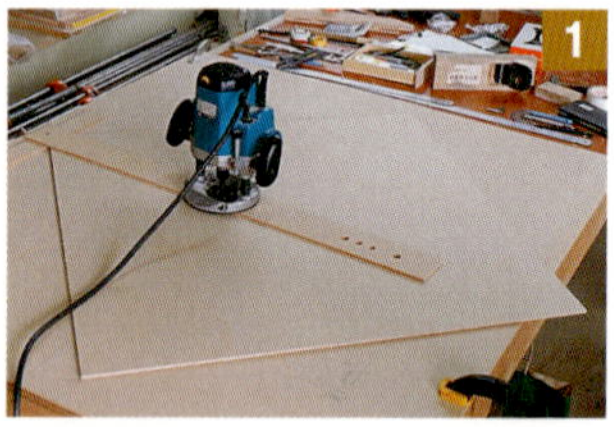

900㎜角のMDF板の角を固定。その角を支点にガイドをのせる。

座板の内外寸の位置を示したガイドの穴にルーターを設置。

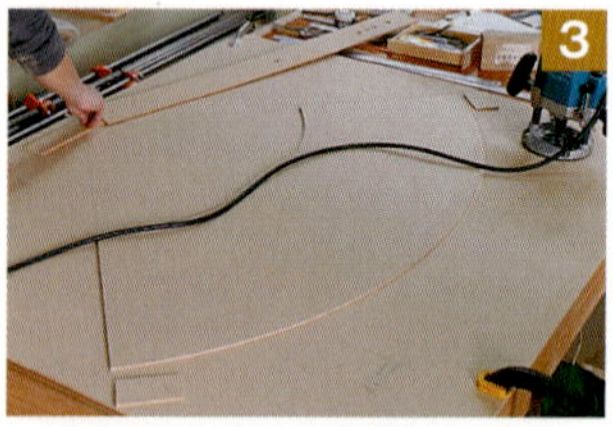

ストレートビットを使い、コンパスの要領で扇形に切り抜く。

扇形の型板の四隅をかんなやサンドペーパーで丸く成形していく。

3 座面を加工する

クランプをはずした座板に型板を当て、座板の削り出しと座面の溝加工を行ないます。溝に埋め込むウォルナットの両端の加工がきれいに仕上がるように。

接ぎ合わせた座板に型板を当て、鉛筆で墨付けをする。

墨線の2mmほど外側をなぞるようにジグソーで切っていく。

オービタルサンダーで#80、#120で縦、横に一定の速度でかける。

型板づくりに使った治具に座板を固定し、ガイドにあけられた溝の穴にルーターを設置。端を揃えて3本の溝を入れる。

型板の上に座板を置き、型板をガイドにルーターで形を整える。

5mm角のウォルナットを溝に当て長さを決め、両端を成形。

ウォルナットにローラーでたっぷり接着剤を塗る。

溝にも接着剤を塗りウォルナットをはめて木づちでたたき込む。はみ出た接着剤は濡らした歯ブラシやクロスで拭き取っておく。

4 脚と幕板をつくる

脚は長さを決め、ほぞ穴を加工します。幕板は、長いものと短いものを各2本つくり、両端をほぞ加工します。ほぞには接着後の強度を高めるため、くさび加工を施します。

脚は45mm角×長さ400mmに。2本を揃えて固定し、天から10mmの位置より、ルーターで幅8mmのほぞ穴を掘る。

幕板の両端に、丸のこで15mmの長さのほぞをつくる。

幕板数本を揃えて切る。長さは違ってもほぞのサイズは同じになる。

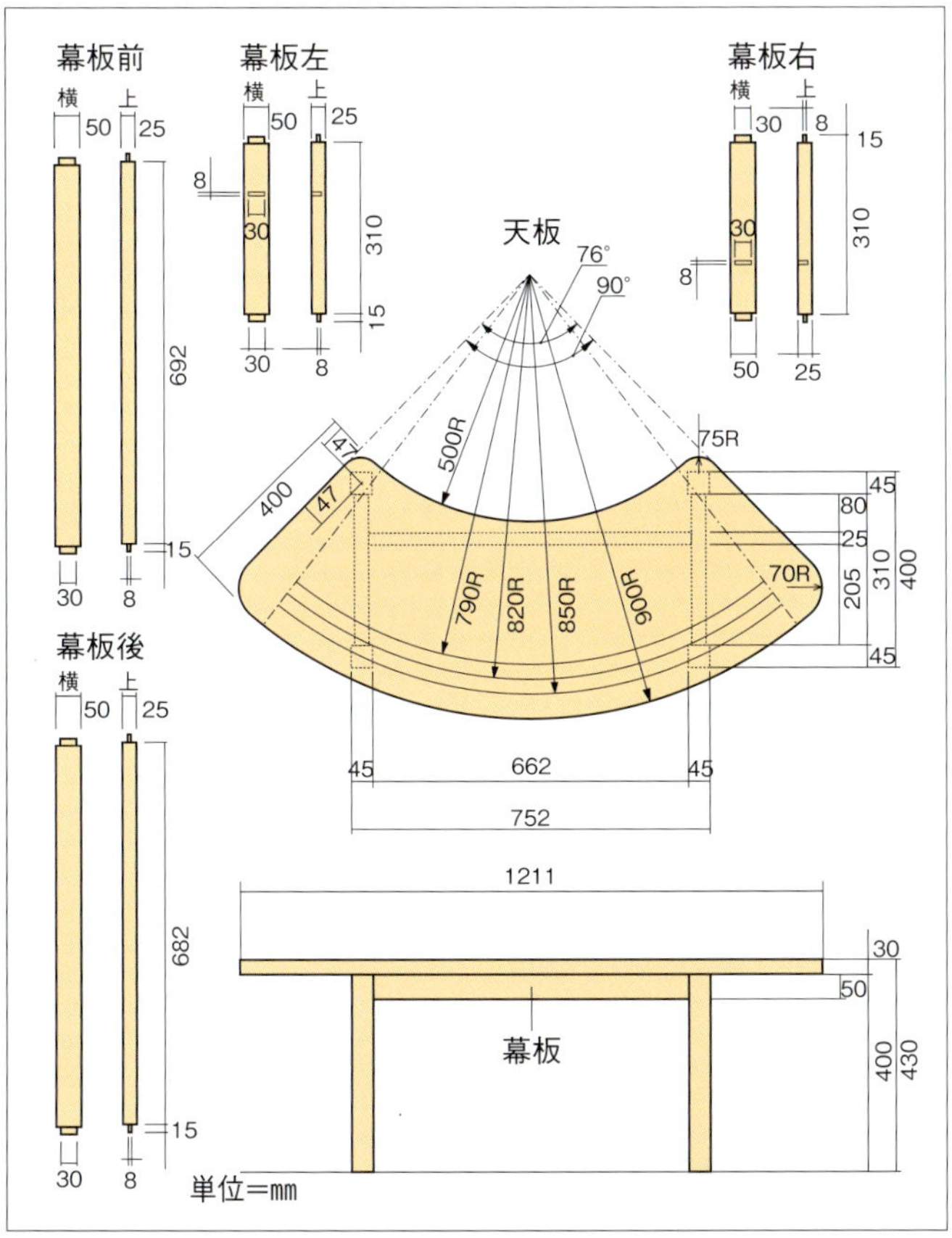

ルーターにストレートビットをつけ、幕板にほぞ穴を掘っていく。

ルーターで掘ったほぞ穴は両端が丸いので、のみで四角く仕上げる。

後ろ脚（右）は幕板が2本差し込まれるので2面にほぞ穴がある。

細い角材をのせるための溝を掘った角材を斜めに切り、治具（下）に。

治具に細い角材をのせ、かんなで削り、切断してくさびをつくる。

ほぞの先に深さ10mm端から4mmでくさび用の切り込みを入れる。

5 脚と幕板の組み立て

脚と幕板の角を面取りし、接着。ほぞはくさびが入った「地獄ほぞ」。中でくさびが開くため、より強度が増します。はみ出た接着剤はすぐ拭き取りましょう。

4Rのボーズ面ビットをつけたトリマーで各部材の面取り。

最初に脚と短い幕板を組み立てる。ほぞにくさびを入れた状態で接着。

正確に直角を出した型板にはめてクランプで固定し、1時間放置。

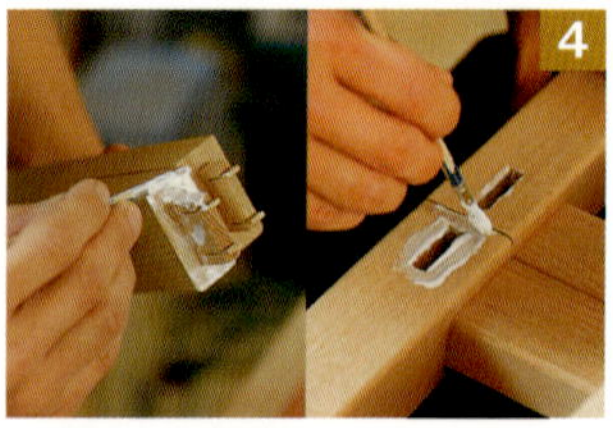

乾燥したら型板をはずし、次に長い幕板を脚に接着する。

接着する際、くさびが切り込みからはずれないようチェックを。

3と同じく直角が出た型板を当て、クランプで固定する。脚部がすべての基準となるので、型板との固定をしっかりと。

座面の仕上げ。座面とウォルナットの目違いをかんなで払う。

各溝の両端にすき間があれば、マスキングをしてパテ埋め。

ベンチのRに合わせたブロックで#120→#180のペーパーがけ。

4Rのボーズ面で面取り。裏側は1回でいいが、表側は2回やる。

湯引きではみ出た接着剤を完全に落とし、つぶれた木目を起こす。

接着剤が乾いたらクランプをはずし、はみ出た接着剤や目違いなどをかんなで払う。水拭き後＃240→＃320の順でペーパーがけ。

6 塗装する

ブロワかウエスで完全にホコリを取り、幕板の内側など目立たないところからはけで押し込むように塗っていきます。シンナーをしみ込ませた布ですぐ拭きましょう。

1 脚と幕板の接着している部分は塗料が垂れやすいのでしっかり拭く。

2 座板は木口から塗り、裏、表の順で。表と裏を塗る際ははけのストロークを長くし、かつ前のストローク分に少し重なりができるように塗ること。1回目の塗りの15～20分後に2度塗りをして仕上げる。

7 組み立て～完成

脚に座板を取り付ける際、脚をつける位置を決めますが、座った際の荷重のかかり具合を見極めることが大切。バランスのとれた位置に取り付けましょう。

1 図面で脚の取り付け位置を確認して、座板の裏に墨付けし、位置を決める。

2 短い幕板の内側に、甲板止めの金具を木ねじで取り付ける。

3 金具は前脚の少し後ろと、後ろ脚の少し前、計4ヵ所に取り付ける。

4 1の墨線に合わせて脚を置き、座板の裏側に木ねじで留めて完成。

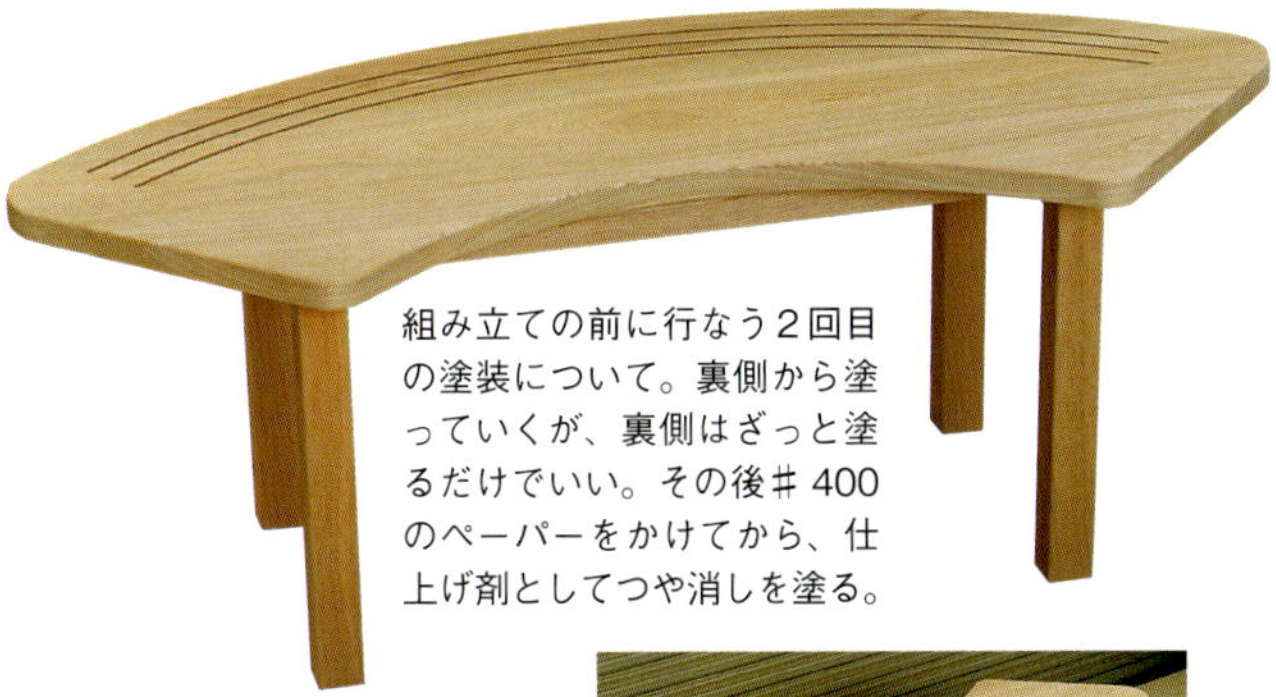

組み立ての前に行なう2回目の塗装について。裏側から塗っていくが、裏側はざっと塗るだけでいい。その後＃400のペーパーをかけてから、仕上げ剤としてつや消しを塗る。

↑後ろから見たところ。人からはこちらの面を見られるので、とくに仕上がりに注意。←側面の木口は塗装前にかんな→ペーパーで仕上げる。

●作者紹介

田崎史明（たさき・ふみあき）
1978年東京都生まれ。イギリスでリチャード・ベイトマンに家具製作とデザインを師事。帰国後、ヒノキ工芸に入社。2004年に独立。

タモとウォルナットを使った大小の椅子はオブジェとして製作。

ダイニングテーブルとしても使えるデスク。真横から見るとわかる通り、社寺をイメージしてつくられている。幅2200×奥行660×高さ700㎜。ナラとウエンジ製。

●田崎史明（DEN造形工場）☎03-6240-6318

使い込むほどに味わい深くなる

ダイニングチェア

使う人のことを考えた
ゆったりとした広い座面と軽量感。
道具としての使い心地と座りやすさを
しっかり兼ね備えている。
使い込むほどに色に深みが出る、
高級材・チェリーを使用。

◎必要な材料
チェリー
コーススレッド
（φ 3.8 × 38㎜、
φ 3.8 × 32㎜、
φ 3.8 × 25㎜）
木工用接着剤
クラフトオイルフィニッシュ

製作：長田浩成
（げんき工房）

1 墨入れ&ほぞ加工

脚の強度を保つため、背板のほぞは二段ほぞにします。アウトラインは現物合わせで墨付けを。幕板のほぞは二枚ほぞ。墨付けは素材を傷つけない鉛筆を使いましょう。

今回の椅子で使う全ての部品を木取りしておく。

各部材の向きを決める。見付け面に使う材は２つ合わせて印を。

後ろ幕板のほぞ加工。ほぞの長さ20㎜で切り込みを入れる。

両端を10㎜切り落とし、中央部に昇降盤で切れ目を入れる。

中央部分を角のみ盤で落とす。一度にやらずに何回かに分けること。

あらかじめ用意した10°の角度つき治具を使って、背板の位置決め。

位置が決まったら背板を当てて、アウトラインを現物合わせで墨付け。

脚の強度を保つため、二段ほぞに。写真は墨付けをしているところ。

後脚を２本並べて、8の墨をもう１本の脚に写す。

角のみ盤で脚に背板をはめるためのほぞ穴をあける。

後ろ脚の前面に、貫を入れるためのほぞ穴を角のみ盤であける。

2 背板の成形

背板の二段ほぞは、スッと入るくらいの厚みが適当です。きつ過ぎると割れやすくなるので、注意しましょう。ほぞの中央部分は切れ目を入れて、糸のこでカットします。

1 昇降盤で背板の両側に、ほぞの長さ分の溝を切る。

2 後ろ脚のほぞ穴に背板を当て、ほぞの厚みを現物合わせで出す。

3 厚みはきつ過ぎても緩くてもダメ。昇降盤で調整をしながら確認を。

4 厚みが決まったら、ほぞの中央部分に切れ込みを入れる。

5 糸のこを使い、中央部分を3㎜残して切り落とし、二段ほぞに。

6 背板に背中が当たるカーブを、400Rの治具を当てて墨付けする。

7 バンドソーで墨線に合わせて、背板の曲線を粗取りする。

8 ほぞの部分にかんなをかけて、面取りを行う。

3 後ろ脚の成形

見本に1本脚をつくり、アウトラインを写し取ります。テーパーは治具を使い、テーブルソーでカット→かんなで仕上げます。後ろ脚Rの粗取りや前方の直線切りも同様に。

1 後脚の成形をする。まず、見本として、先に1本形をつくっておく。

2 カットしたら、かんなで仕上げておく。

3 見本でつくった後脚から、そのアウトラインを写し取っていく。

4 後脚の天の部分に、25Rの円定規で墨付けをする。

5 バンドソーでカットする。

4 幕板の成形

座板をのせる幕板をつくります。座板は2枚の板になっており、傾いているのが特徴です。したがって幕板も座板がのる面は傾きに合わせてつくりましょう。

1 幕板の左右センターに、スコヤを用いて線を引く。

2 角までの斜めの線を墨付けして、バンドソーで粗切りをしていく。

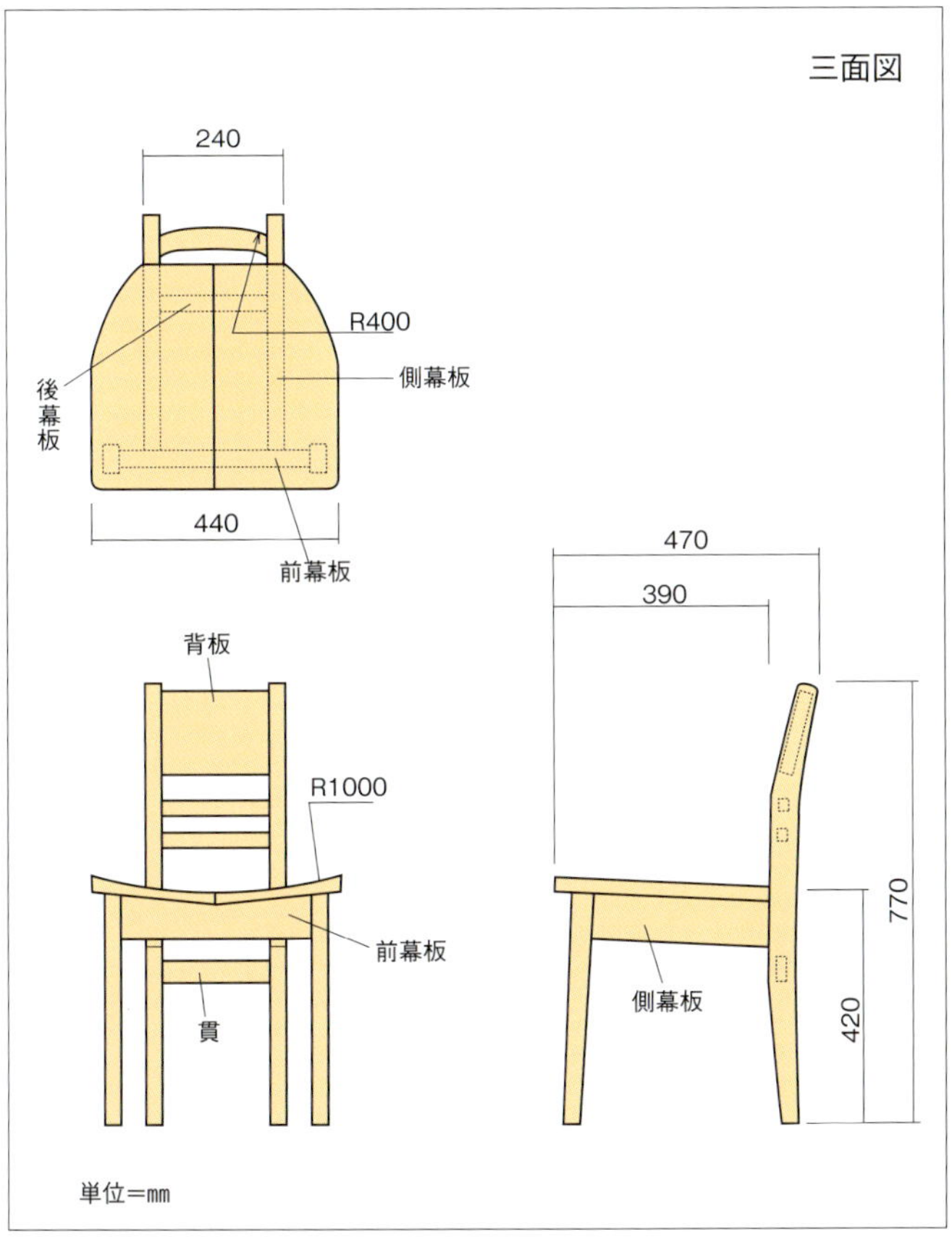

手前は粗切り前、奥が粗切り後。いくつか角度の見本をつくろう。

かんなで仕上げる。ほかの面もかんなで仕上げておくこと。

5 座板の成形

座面にカーブがついた2枚の座板を斜めにした構造。カーブは昇降盤に取り付けた18㎜幅のカッターで欠き取り、外丸がんなで仕上げ、治具を当てて成形していきます。

220㎜幅の板を18㎜幅のカッターと呼ばれる刃で欠き取っていく。

外側から内側に徐々に深くなるように、階段状に欠き取っていく。

1000Rの治具を当てながら、外丸がんなで大まかに削り取っていく。

始めは刃を多目に出し、段差が少なくなったら刃の出を少なくする。

1000Rの治具を当てて、凹凸がないように仕上げる。

6 組立て前の仕上げ

全部品に仕上げがんなをかけます。バンドソーで切った個所は、ベルトサンダーやスピンドルサンダーを使用。角部の面取りをしたあと水引きし、乾いたらサンディング。

後脚のカーブ面の仕上げ。反り台がんなを使うときれいに仕上がる。

幕板に平面が出た材を当て、傾斜の中央部分のバリを取っておく。

背板のカーブは、粗目→中目のスピンドルサンダーで面取りする。

後脚の先端のカーブはベルトサンダーで粗目→中目で面取りする。

座板後ろの300R、前面角の20Rを墨付けし、バンドソーで切る。

粗切りしたら、粗目→中目のベルトサンダーでカーブを仕上げる。

幕板の二段ほぞがつく部分にはトリマーをかけないこと。

コーナーのつなぎを切り出しで整え、座面の成形が終わったところ。

水引き後、仕上げのペーパーがけ（#180）をする。

7 組み立て～塗装～完成

座板用取り付け穴をあけます。貫通穴φ4㎜、座ぐりφ8.5㎜です。貫通穴は側幕板と前幕板の穴。前脚、後脚にはほぞを固定するための穴をあけますが、貫通させません。

全部品とも、仕上げのサンディングがすんだ状態にしておくこと。

側幕板を接合する前幕板のほぞ穴の横に、ねじ穴をあける。

前脚と前幕板を接着し、ソフトフェイスハンマーでたたきこむ。

ハンマーは硬質ゴム製で当て木は不要。クランプで固定しておく。

後脚に背板と貫を接着する。接着剤はへらで均等に塗りつける。

接着してハンマーで打ち込んだらクランプで固定する。

[4]が乾燥したらクランプをはずし、前脚と前幕板をスレッドで固定。

φ8.7㎜の棒を3～4㎜まで入れ、アサリのないのこで切って埋める。

側幕板と後幕板も、[6]と同じように固定する。

前幕板と側幕板を接合する。[9]のクランプをつけたまま作業に入る。

前幕板の下に当て木をして、側幕板と後幕板をハンマーで打ち込む。

側幕板と後幕板をハンマーで打ち込んだら、クランプで固定する。

前幕板にあけた穴で、前幕板と側幕板をスレッドで固定し、穴埋め。

後脚（[6]）と側幕板[13]を接合する。

後脚と側幕板が接合できたら、2本のクランプで固定する。

φ3.8×25㎜スレッドで接合して、穴埋めをする。

穴埋めした部分はすべてペーパーをかけて整える。

塗装はクラフトオイルフィニッシュ仕上げ。

座板は左右あるので、幕板の角度に合わせて位置を調節。

クランプで固定したら横に寝かせ、座板と幕板をスレッドで留める。

このオイルは、塗装後にすぐ拭き取る。翌日、再度塗って完成！

座面の大きなカーブが特徴。動かして使うものだから軽量感も重視。

作者紹介

『ゆらりいす』朝日新聞社主催「第一回暮らしの中の木の椅子展」入選。

ダイニングテーブル。脚部の組み方を変えると座卓としても使える。

長田浩成（おさだ・こうせい）
1954年東京都生まれ。中央大学理工学部卒。オーディオメーカー、都立品川高等職業技術専門校を経て、1990年八王子にげんき工房を開く。

●長田浩成（げんき工房）☎042-652-1219

木の持つ表情を活かし、座りやすさを追求した家具

アームチェア

等高線をイメージしたすり鉢状の座板や
腰のあたりでカーブさせたスポーク、
肘をかけやすいアームは
座り心地と美しさを兼ね備えたデザイン。
木目の美しさを大切にした座面に
作者のこだわりを感じる。

◎必要な材料
クリ、ナラ（スポーク）
15㎜厚合板
速乾接着剤
木工用接着剤
消毒用エタノール
オスモカラー（3101
ノーマルクリアー）
両面テープ

製作：野崎健一
（櫂工房）

1 木取りと刻み

座面は木目の美しさで、どちらを上にするか決めます。角のみ盤でほぞ穴をあけるときは、バリを出さないように表からある程度まで穴をあけ、裏返して残りをあけます。

木取った材料。墨付けはしらがきを使用。

畳ずりになる部分に、脚がはまる部分を墨付け（写真の斜線部分）。

脚に型板を当てて型を写し取る。曲線部はしらがき不要。

座板にセンターラインを引いた型板を当て墨付け。後ろを基準に。

角のみ盤を使い、アームに二枚ほぞの穴をあける。

脚に穴あけ。３つの穴のうち中央は貫通させる。２本同時に行なう。

角のみ盤で畳ずりに相欠きをつくる。エッジを決めて内側を削る。

ルーターに底さらいビットをつけて６㎜深に削り、手のみで仕上げ。

エッジ部分をしらがきの線に沿って、のみ（手＋げんのう）で仕上げる。

7～9と同じ手順で畳ずりの木端の部分を加工する。

2 笠木用治具づくり

板を何層にも重ねて接着し、プレスしてつくります。板は両面に接着剤を付け、木に接着剤を吸わせることで引っ張る力が強くなり、しっかり接着できます。

15㎜厚合板の両面に、ローラーで均等に速乾接着剤を塗る。

75㎜厚になるように、5枚重ねて貼っていく。

プレス機がない場合、木で合板をはさみクランプで締めて固定。

12時間以上プレス機にかけて、しっかりと固める。

3 脚をつくる①

座板に接続するためのほぞ穴のつくり込みと、アームに差し込む2枚ほぞ、畳ずりとの接続部をつくります。座面からアームまでの曲線部の美しさをつくるのがポイント。

中央部分を斜めに何回か切りながら、バンドソーで粗取りする。

現物合わせで幅決め。丸のこで中央のM部分を平らにする。

左右の脚を正面から見たところ。それぞれ外側が厚くなっている。

アームとのジョイント（二枚ほぞ）部分の高さを昇降盤で決める。

厚めの1枚ほぞの間を昇降盤で何度も切り、二枚ほぞにする。

昇降盤、バンドソーでラインの粗取り。曲線部分はバンドソーで。

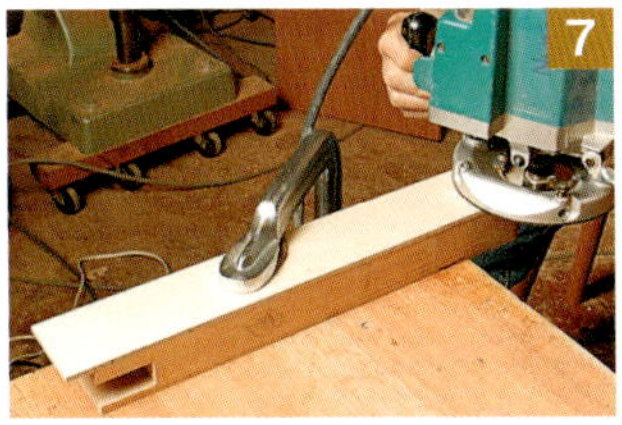

型板を両面テープで脚に固定し、ルーターで面取り。

1-⑥のほぞ穴を、φ12㎜のストレートビットで6㎜深に欠き取る。

中央の2本は、さらに6㎜深く欠き取る。

バリが出ているところをのみで落として仕上げていく。

完成した両脚。上は左脚を外側から、下は右足を座面側から見た。

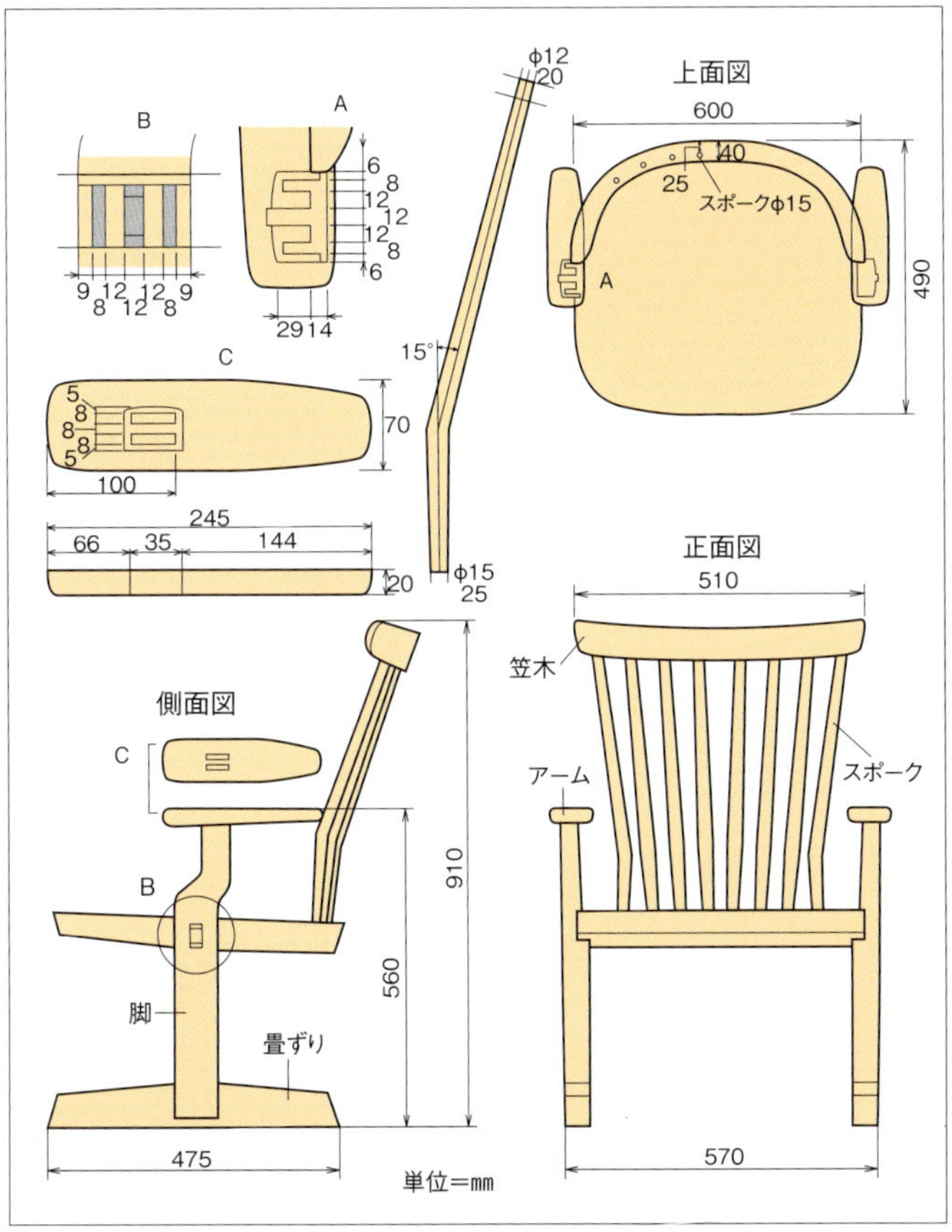

4 座板の加工 ①

座板の座面側にスポークを差し込む穴をつくるときは、けびきで線を引き、ポンチで下穴をあけ、当て木をして、φ15㎜のドリルビットで深さ25㎜の穴をあけます。

側面にほぞ加工。治具で座板を3°傾け、昇降盤で斜線部を切り欠く。

ストレートビットで５㎜分欠き取り、のみで仕上げる。

バンドソーで座面の粗切り。墨線から１～２㎜残すこと。

型板を上から当てて両面テープで固定し、ストレートビットで削る。

ストレートビットで削って、摩擦で焦げた部分をのみで削る。

角度が違う２種類のビットをかけ、写真のように面取りする。

スポーク穴の位置決め。木口から23㎜の部分にけびきを回して線を引き、ポンチで50㎜間隔の下穴をあける。

φ 15㎜のドリルビットを角のみ盤に装着して25㎜の深さまで穴あけ。

8ヵ所の穴あけ完成。中の木屑をしっかり取っておくこと。

5 笠木づくり ①

2-[4]でプレス機にかけていたブロックから、木を曲げるための治具をつくります。笠木は外側が430R、内側が410R、センターで420Rになるように。

合板に 430 Rの型板を当て墨付けしてカット。反りがんなで整える。

プレスしてつくったブロックに型板をのせ墨付けし、バンドソーで切る。

切り分けたブロック（治具メス・オス）に型板をのせルーターをかける。

治具のメス・オスそれぞれ各４ヵ所に直角の切れ込みを入れる。この平面を利用してクランプで締める。

２㎜厚の板を８枚用意し、両側にローラーで接着剤を塗る。

厚合板の表面にガムテープを貼り、メスの治具ブロックをのせて墨付け、ねじ穴をあけてメスをねじ留めにして固定。[5]をオスとの間ではさみ、クランプで徐々に締めていく。

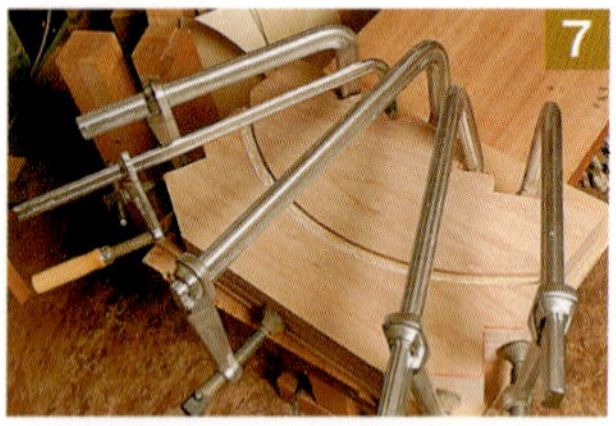

メスとオスでしっかりはさみ、クランプで固定して 12 時間放置する。

6 スポークを加工する

スポークは角材を丸く削ってつくります。削る際は横から光を当てて削るときれいに仕上がります。サンドペーパーはゴムに貼り、当たりをやわらかくして使いましょう。

木取りしておいた材に型板を当て墨付けし、バンドソーで粗切りする。

両面テープで型板を貼る。型板を下にしてルーター盤で成形。

昇降盤で切れ目を入れ、バンドソーでカット、ベルトサンダーで成形。

45°の角度がついたビットで、3段階に分けてトリマーをかける。

反りがんなをかけて仕上げ、ゴムに貼ったペーパーでサンディング。

スポークの端が穴に入りやすくなるよう面取りや木殺しをしておく。

7 脚をつくる②

アームと畳ずりを成形します。アームは型板と材のセンターを合わせて加工。畳ずりは前が78度、後ろが70度で切り、1800Rの傾斜をベルトサンダーでかけます。

畳ずりを左右2本並べて、前後につける角度を墨付け。

1本ずつ1800Rの型板を当てて、傾斜の墨付けをする。

角度をつけたガイドの角材を昇降盤に両面テープで貼り付けて、切る。

バンドソーでテーパーを粗切りし、ベルトサンダーで整える。

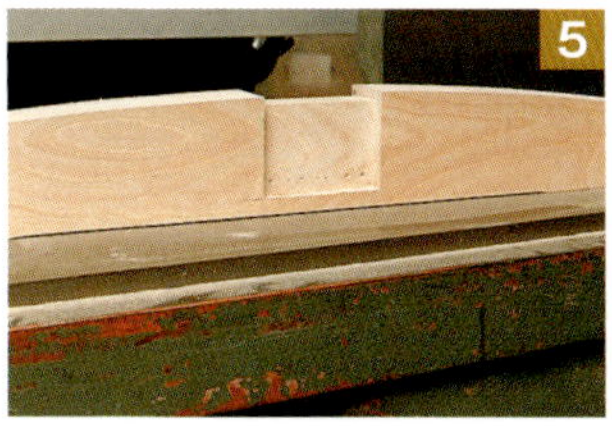

手押しかんな盤で畳ずりの下部を1～2㎜削り、床との摩擦をなくす。

アームを成形。型板を当てて墨付け後、バンドソーで粗切りする。

型板を貼り、ストレートビットを付けたルーターテーブルで面取り。

同じセッティングで、畳ずりの面取りもする。

稜線を手がんなで削って取り去り、サンディングで仕上げる。

アームにも鉛筆で稜線を墨入れし、かんなとサンディングをかける。

畳ずりの両側とアームの裏表に平がんなをかけ、サンディングする。

8 座板の加工②

座板の側面は、反りがんなや南京がんな、のみを使って作業します。バリは切り出しで取りましょう。座板の前のカーブは、南京がんなや反りがんなを使って削ります。

メジャーで直径を測りながら、手描きで座面を掘る深さを墨付け。

φ12㎜のストレートビットをルーターに付けて座面を欠き取る。

ディスクグラインダーと反りがんなで交互に削りながら仕上げる。

側面は南京がんなと反りがんな、のみを使って稜線を削っていく。

5 裏返して、前面を電気かんなで粗削りし、手押しがんなで削る。

6 角材を当てて削り残しを見ながら、反りがんなで削り平らにする。

7 座る面を上にして、前にカーブをつけるようにかんなで削っていく。

8 座って痛くないように前の部分にカーブをつけるよう削って、完成。

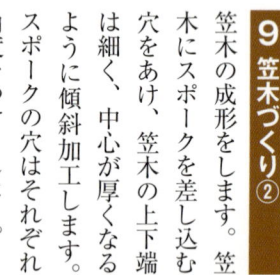

9 笠木づくり②

笠木の成形をします。笠木にスポークを差し込む穴をあけ、笠木の上下端は細く、中心が厚くなるように傾斜加工します。スポークの穴はそれぞれ角度をつけましょう。

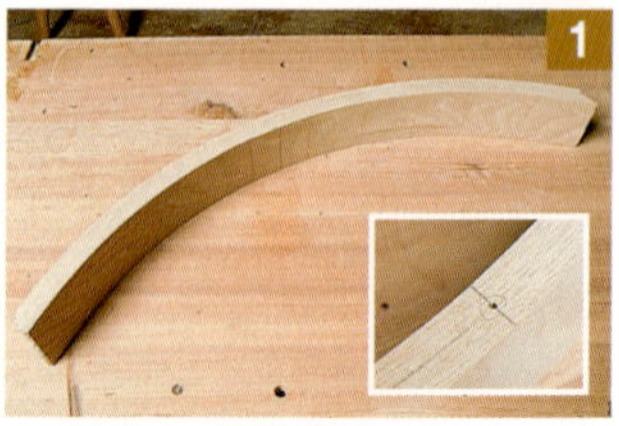

1 8本分の位置と角度を記した型板で墨付け。木口にポンチで穴あけ。

2 φ12mm×深さ25mmの穴を、ボール盤を使って左右対称にあけていく。

3 墨付けした際の角度に沿って、バンドソーで両端を切る。

4 傾斜加工してある塩ビの型板を当て、上下の傾斜の墨付け。

5 バンドソーでカットし、ベルトサンダーで曲線を滑らかに仕上げる。

6 後ろ両端に墨付けしてベルトサンダーで傾斜加工する。

7 反りがんな、＃180のペーパーで面取り。ベルトサンダーでもよい。

10 各部材の成形

パネルソーを加工した短いのこで座面のほぞにくさび用の溝を入れます。ルーターとトリマー、南京がんな、反りがんなで脚の外側に滑らかなカーブを付けるように成形。

1 座板のほぞにくさび用の溝入れ。短いのこで両端を傷つけぬよう。

2 脚の成形。脚の内側、座面からアームにかけて斜めにカットする墨付け。

3 昇降盤で直線の切れ目を入れ、バンドソーで粗く切ってサンディング。

4 ルーター、トリマーの順で面取りをする。

5 南京がんなや反りがんなをかけ、脚の外側に滑らかなカーブを。

11 組み立て・塗装・完成

座板と脚の取り付け前に、ほぞの木殺しをしておきます。座板のほぞと脚のほぞ穴に接着剤を塗り接着。くさびを打ち込み、レーザーソーで切り落とします。

1 エポキシ系接着剤を薄く均一に塗る。はみ出たらエタノールで拭く。

2 当て木をして脚を畳ずりに打ち込み、そのままクランプで固定。

3 アームを脚上部のほぞに入れ、再度当て木をしてクランプで固定。

アームから出たほぞにくさびを打ち、余分なくさびをのこで切る。

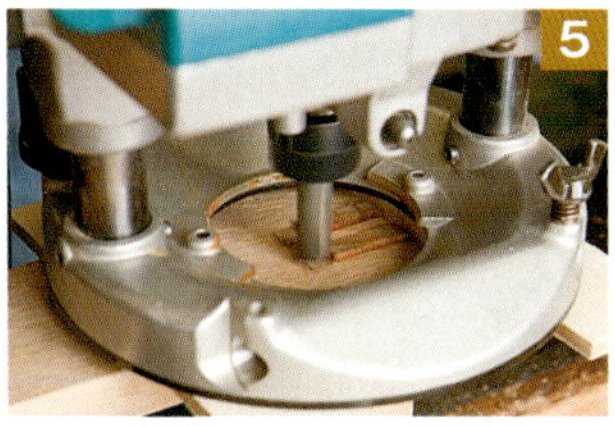

ストレートビットをつけたルーターでほぞを粗削りし、0.1㎜残す。

水で濡らして、かんなで0.1㎜のでっぱりを削って平らにする。

もう1本の脚を同じように組み立て、乾燥させる。

万力で固定した座板に脚を接着する。接着面のゴミは取っておこう。

脚から出たほぞにくさびを打ち、クランプを外してくさびをカット。

かんなで高さを揃え、のみで削って形を滑らかな曲面に整える。

座面にスポークを接着。スポークは合番をふっておいたほうがよい。

正面から見て、笠木が地面と平行になるよう、スポークに接着する。

笠木と座板との間にクランプを渡し、しっかりと締めて固定する。

オスモカラーを薄めずにはけで塗り、オイルをなじませながら磨く。

座ったときに、座面のくぼみが体にフィット。アームも肘をかけやすいデザインで座り心地がよい。

マカハのブックマッチのテーブル。斜面に育ち曲がった部分を天板のカーブに使っている。脚は共木。

●作者紹介

野崎健一（のざき・けんいち）
1952年鹿児島市生まれ。東北大学卒。1979年櫂工房開設。「木の家具展」などを毎年共催し、注文と創作による木工家具製作に携わる。

小さなテーブルスペースを持ったスタンド。木ねじで照明の高さが調節できる。

●野崎健一（櫂工房）☎0428-74-7207

トラディショナルな美しさを持つ

ウインザーチェア

17世紀後半イギリスの地方の民家でダイニングチェアやリビングチェアとして使われていた椅子が原型。脚、貫、背の棒など、すべての部材が厚い木製の座板に直接接合された形態の椅子です。

◎必要な材料

サクラ
ニレ
トネリコ
漆
砥の粉

製作：斉藤和男
（和工房）

1 脚と座面をつくる

あらかじめ用意しておいた各部材の型紙を使い、それぞれのラインを写し取って墨付けします。スピンドルや脚などのカーブは木工施盤で成形します。

1
サイズや角度、フォルムなどが細かく書き込まれた型紙を用意する。

2
該当する部材に墨付けし、ラインに沿って木工施盤で削り出し加工。

3
左から脚×4、アームポスト×2、貫×3、スピンドル長×6、短×6本。

4
板の中心に座板の型紙を置き、中心を固定してアウトラインを描く。

5
各スピンドルの位置と向き、角度を、型紙のラインに沿って印付け。

6
5でマーキングした点をそれぞれ直線で結んでいく。

7
座板を裏返し、4〜6と同じことをする。この際型紙を裏返すこと。

8
表の中心線を裏にきちんと回さないと正確さが失われるので注意。

9
バンドソーで粗切り後、座面にアームやスピンドル用の穴あけ。

10
座板を万力で固定し、側面をかんなで滑らかに仕上げる。

2 肘掛けほかの部材をつくる

肘掛けとなるアームは3つの部材を雇《やと》い核《ざね》によりつなげて切り、スピンドルを通す穴をあけて曲線を削り出します。笠木はブロックを切り、穴をあけて削ります。

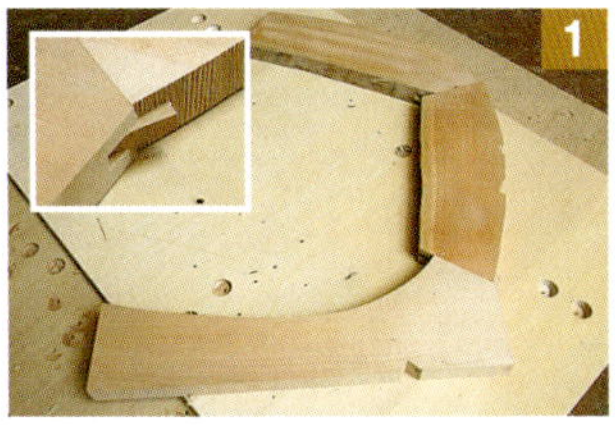

1 3つの材をU字形に組む。材同士は雇い核を使って接合する。

2 アームの型紙を当て、ラインとスピンドルをはめる穴を墨付け。

3 墨線に沿ってバンドソーで切り、スピンドルの穴をあけていく。

4 アームを万力に固定し、南京がんなを使って削りながら曲面を出す。

5 笠木は左のようなブロックに型紙を当て墨付けし切削、穴あけを。

6 1-③でつくったスピンドルの端をのこぎりで切り落としておく。

3 仮組みする

座板、スピンドル、アーム、笠木、脚のそれぞれの角度や向きが正しいかを、仮組みして確認します。脚の向きが決まったら、貫をつける位置を決め、貫の加工をします。

1 平らな台の上に座板を置き、アームポスト、アームを差し込む。

2 2本の棒を座面とアームの穴に渡して突っぱらせ、印を付ける。

3 棒を当てがい長さ決め。2本の棒の長さはスピンドルにより変わる。

4 印に沿ってのこぎりで切り落とす。切り口は面取りしておく。

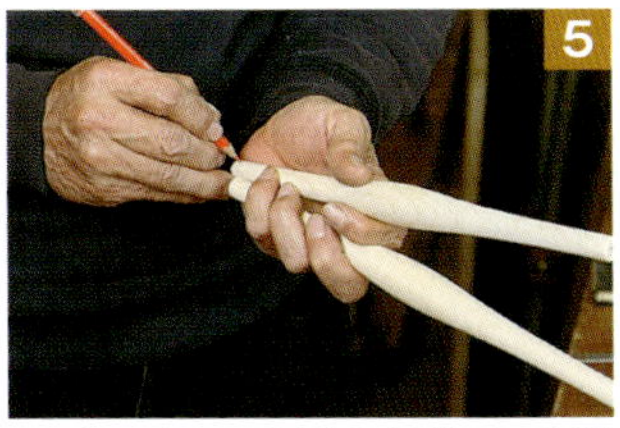

5 スピンドルの位置と見付け＊を間違えぬよう、合番をふっておく。

6 一度アームを抜き、スピンドル（長）を入れてアームを組む。

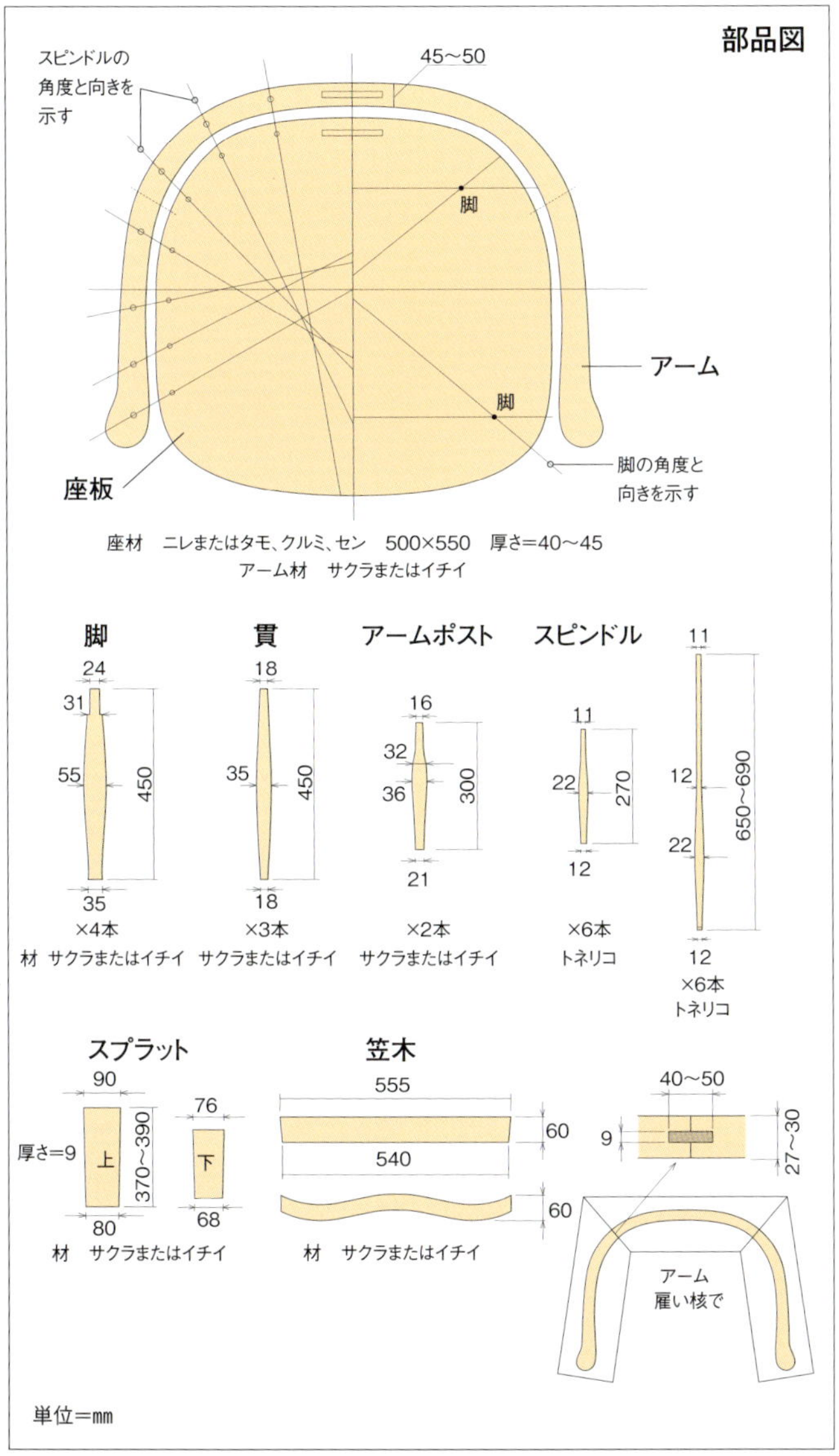

＊見付け：正面

スピンドル（長）と笠木をはめたところ。この段階で角度などを確認。

椅子をひっくり返して脚を４本差し込み、トースカンで墨付け。

墨付けした線（方向と角度がわかる）に沿って、脚に貫穴をあける。

左右の貫を差し、貫同士をつなげるための穴をあけて貫を通す。

一度分解し、脚の座面にはめる側にバンドソーで切れ込みを入れる。

4 各部材の仕上げ

座面とアーム、アームと笠木との間に入れるスプラットの加工をします。アームは南京がんなで加工。座板は反りがんなで座面を仕上げ後、南京がんなで側面を仕上げます。

上のスプラットとなる板に任意で図柄を描き、糸のこで切り抜く。

座板に角のみ盤で、下のスプラットを差し込む四角い穴をあける。

アームに２本の墨線を平行に引く。上の方を狭くしておくとよい。

アームに背中が当たる部分を丸く削るため、該当部分に墨付け。

南京がんなで面取りをしながらさまざまな曲面を仕上げていく。

アームの握り部分は上が広く、下にいくにつれ狭くなるように削る。

座面はお尻の形と深さにフィットするよう四方反りがんなで削る。

側面は南京がんなと切り出し小刀で。墨付けの線を消すように削る。

全部品を＃120～＃320までのペーパーでサンディング後組み立て。

スピンドルの角度や笠木とスプラットの接合具合などを見ながら。

座面から出た脚にくさびを差し込み、座面の部分で切断してサンディング。

5 塗装〜組み立て〜完成

部品は糊漆で接着。作業硬度まで4〜5日、完全に乾くまで10日ほど必要です。塗装は拭き漆。仮組み時も入れて7〜8回塗り重ねるため、完成までに20日以上かかります。

1 脚と貫、座面を組み、しっかり乾燥させたら漆を塗って乾燥させる。

2 上新粉でつくった糊と漆を1：1で混ぜ、木の粉を加えて糊漆に。

3 糊漆を穴と部材両方にたっぷりと塗る。

4 漆と糊漆を塗る際に気をつけたいのは、スピンドルの合番を消さないようにすること。

5 穴からはみ出した糊漆はへらで取って再利用。細かいのは拭き取る。

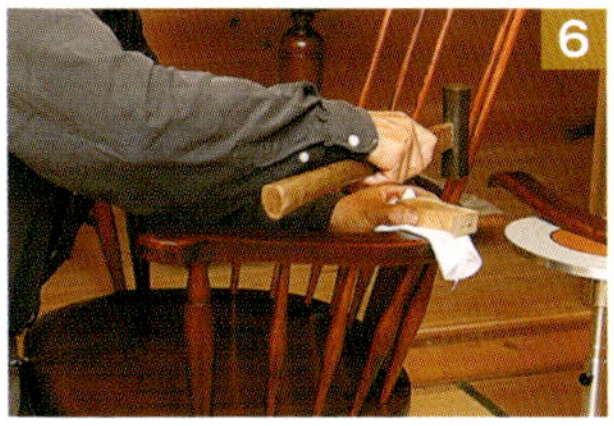

6 アームにスピンドルをはめ込んだら、当て木をして打ち込む。

7 アームが傾かないよう、座面からアームまでの高さを数ヵ所で測る。

8 アームの裏にはみ出た糊漆を処理したら笠木とスピンドルを接着。

座ったときに、笠木が首の後ろにちょうど来るようにサイズ設定を。

糊漆が固まってから、さらに仕上げとして漆を2〜3回塗って完成。

スピンドルは正面から見たときに木目がきれいに見える面を見付け*とする。

脚のくさび仕上げ。くさびは脚と共材にしておくと美しい。

座面の削り具合で自分仕様の座り心地が決まる。

●作者紹介

斉藤和男（さいとう・かずお）
1945年生まれ。歯科技工士を経て松本技術学校に入学。卒業後、家具職人に弟子入りし、後に現在の和工房を設立した。

食器（上）はケヤキ、茶杓はトチノキ、黒柿、カエデ材などを使用。和風家具（下）はケヤキ、トチノキ、サクラ、ニレ材などを使用。

●斉藤和男（和工房）☎0551-38-4332

 ＊見付け：正面

立ち座りがしやすい2本脚タイプ

ダイニングテーブル

天板の板を4枚接ぎ合わせたブックマッチング手法は、木目や色目が合わせやすく、仕上がりが美しい。幅の広い材を使った場合に比べてリーズナブルなのが魅力だ。材は、肌が緻密なサクラを使用した。

◎必要な材料
サクラ
木工用接着剤
グロスクリアオイル
シリコンスプレー
ビスケット

製作：岩崎勝彦
（家具 PLAINS）

1 天板をつくる①

材の幅や長さを整えます。傷や割れがあれば、その部分を切り落として幅を調節しましょう。数ミリ程度なら手押しがんなで、もっと差が大きいなら丸のこ盤で調節します。

1

天板は同じ丸太から製材した板材2枚ずつ計4枚を使用。木目が左右対象になるように並べ、木目や色目を揃える。

2

2枚を重ね、端が付いて中に隙間があくように手押しがんなで削る。

3

ビスケットは270㎜間隔で7ヵ所。端から100㎜に1つ目の中心がくる。

4

ビスケットジョイナーで穴をあけたあと、のみでバリを取る。

溝に木工用接着剤をたっぷり塗る。ビスケットには塗らない。

接着剤を竹串でまんべんなく広げ、ビスケットで天板4枚を接ぐ。

はたがねを真ん中から5本締め、さしがねを当てて平行か確認。

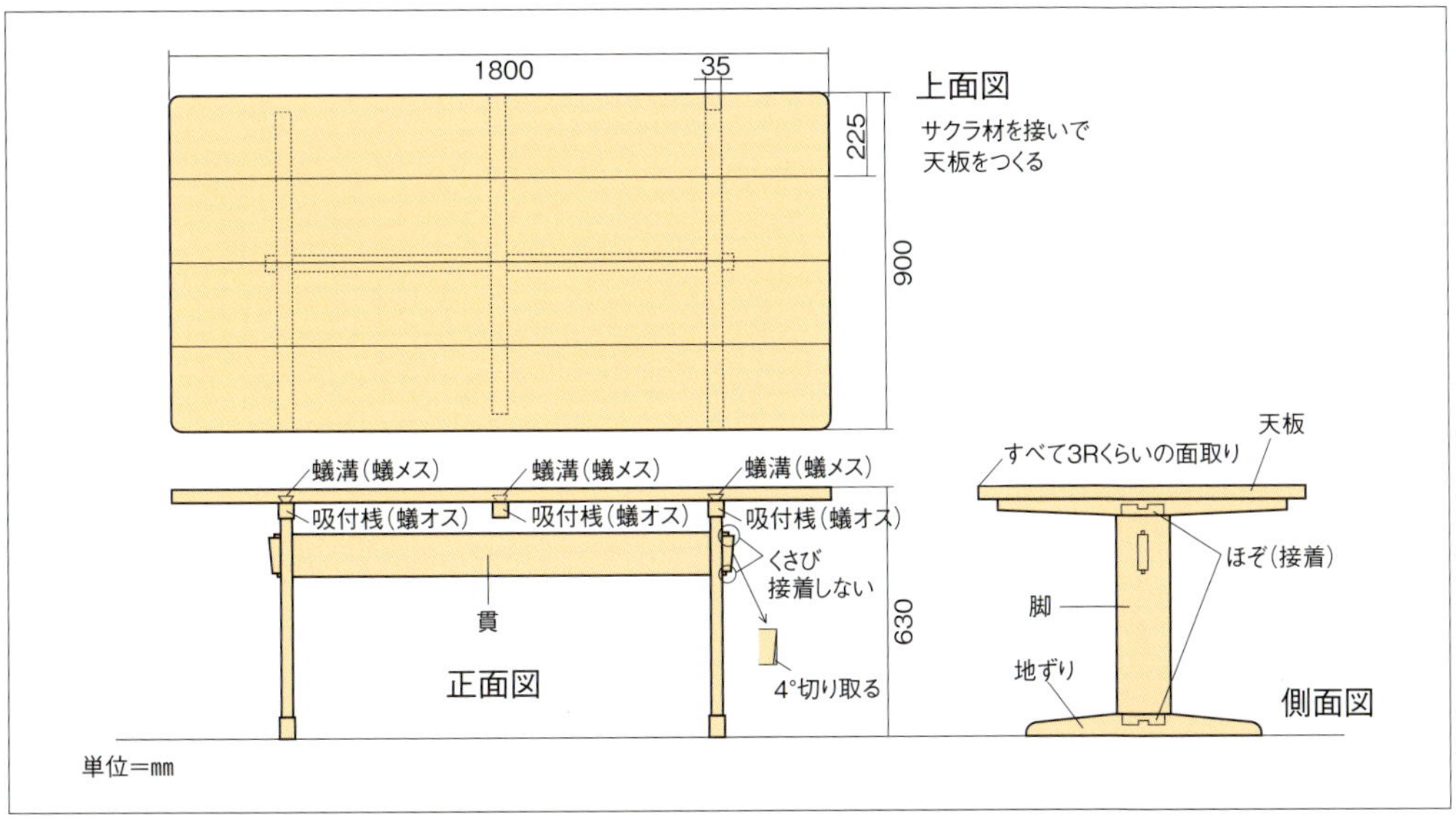

2 脚・貫・地ずり①

板脚の接合には二段ほぞを使います。ほぞ穴をつくるとき、2本一緒にセンターに墨線を引きますが、1本をひっくり返して並べても線がずれないか必ず確認しましょう。

長さ決め。貫1450㎜、反り止め800㎜、地ずり650㎜、板脚650㎜。

板脚の端から20㎜のところに、上下10.75㎜ずつ切り込みを入れる。

板脚を立て、板脚の端20㎜部分の厚みを両側から10.75㎜切り欠く。

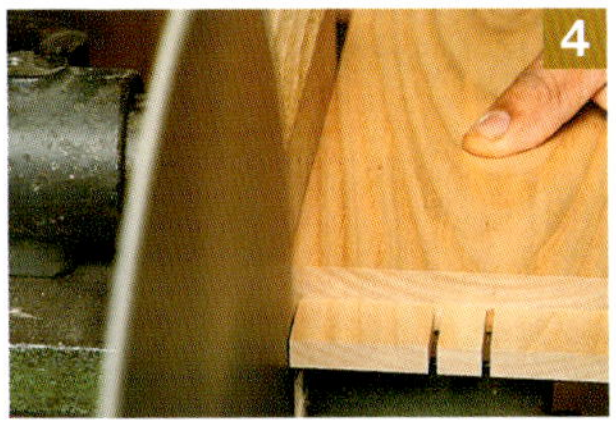

二段ほぞ加工。両端を切り欠き、真ん中10㎜の両脇に縦に溝入れ。

溝の間を糸のこで切り欠き、二段ほぞ完成。

地ずりと吸付桟のほぞ穴加工。2本揃えてセンターに墨線を引く。

線をもとに板脚の二段ほぞを当てて墨付けし、角のみ盤で穴あけ。

地ずり2本と吸付桟2本の計4ヵ所に、同じ穴をあける。

3 天板をつくる②

かんながけは余分な接着剤を取るように軽く行ない、さらによく切れる刃でかんながけします。蟻溝加工は毎回ガイドの木屑を飛ばし、バリもやすりで除きます。

接着剤のはみ出た部分をのみで削り取り、かんながけを行なう。

板にガイドをつけ、目違い払いビットを付けたルーターをかける。裏返して反対側も同様に。

横切り盤で余分を切り、ひっくり返して左右を裏返してカットする。

4 角にガイドを当て、手のこで大まかに落として、ルーターで削る。

5 クランプで天板裏に治具を固定。ルーターで溝を互い違いに掘る。

6 ストレートビットで9mm深まで掘り、蟻溝ビットで0.5mm掘る。

7 溝を互い違いに3本掘る。1回毎に木屑を飛ばし、バリも取る。

8 ルーターで3Rの面取り。④もペーパーをかけて滑らかにする。

4 脚・貫・地ずり②

水引きは組織の凹みや傷に水を吸わせることで自己修復させる機能で、たっぷり水を含んだ布で拭いていきます。ほぞや蟻溝など、仕上がり後に見えない部分は不要です。

1 吸付桟の蟻加工。天板の厚み1/3の高さの蟻オスを吸付桟につくる。

2 天板の蟻溝に吸付桟を仮組み。現物に合わせて貫のサイズを決める。

3 貫にほぞ加工をし、板脚の厚みより1mm内側にくさびの穴をあける。

4 板脚に貫を当て、現物合わせで墨付けし、板脚に貫穴をあける。

5 角のみ盤で両側から同じ場所に穴をあけて貫通させ、バリも払う。

6 あらかじめ傾斜をつけた治具を吸付桟に当てて、角度を墨付け。

7 ⑥の墨付け線をバンドソーで切り、かんなで傾斜部分を仕上げる。

8 地ずりに35Rの曲線定規で墨付けし、バンドソーで削るように切る。

9 小がんなで表面をならし、ベルトサンダーでカーブ部分を仕上げる。

10 手押しかんな盤で地ずりに隙を入れる。

11 15度の角度を横切盤上につくって吸付桟をのせて送り、端を斜めに切る。

12 ほぞの両端から20mm切る。貫のほぞの上下は豆がんなで面取りする。

13 トリマーのボーズビットを面取り盤に設置。すべての部材の面取り。

5 組み立て・塗装・完成

墨消しやバリ取り、刃跡を滑らかにするなど、完成したときに見える部分を仕上げましょう。蟻溝に脚と貫をはめ込むときには、シリコンスプレーを使うとスムーズです。

1 いよいよこれらの部品を組み立てて、塗装していく。

2 脚の組み立て。小がんな、際がんなで板脚のほぞを面取りし、げんのうで木殺しする。

3 板脚と吸付桟と地ずりを接着。少し入れて、クランプで固定する。

接着し終わった脚に、グロスクリアオイルを塗る。

残りの吸付桟・貫・天板の裏にも同様にグロスクリアオイルを塗装。

くさび加工。120㎜に切って、4度に墨付けして糸のこでカットする。

板脚につく以外のくさびの角を、かんなとサンドペーパーで面取り。

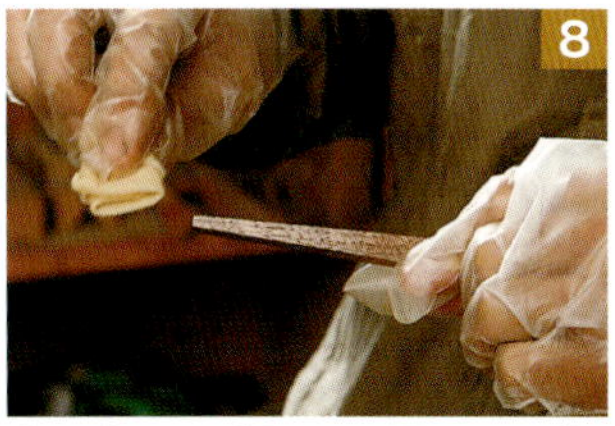

穴の出口を確認して厚みを調整。面取り後、オイルを塗る。

脚と貫を組み立てる。板脚のほぞ穴に貫を差し込む。

反対側に脚を差し込む。

板脚のほぞ穴から出た貫の穴に、くさびを打ち込む。

1本残った吸付桟の蟻の部分にシリコンスプレーを吹き付けておく。

天板裏の中央の蟻溝に、12の吸付桟を当て木をして打ち込む。

11で組み上がった脚と貫を天板裏の蟻溝にはめ込む。

蟻溝を埋めるためのふたをあらかじめつくっておく。

当て木をしながら、ふたを打ち込んでいく。

打ち込み後、かんなで目違いを払いながら他と合わせて3Rの面取り。

テーブルを引っくり返して天板の表面にオイルを塗り込み、完成。

高さが63cmと低めで、ゆったりくつろげるサイズ。天板は4枚接ぎ。板の木目が揃ってきれいな仕上がりだ。

●作者紹介

「ザブトンソファー」。座布団のよさに着目。多様なレイアウトが可能。

岩崎勝彦（いわさき・かつひこ）
1970年横浜市生まれ。2級建築士。1998年明野町に家具工房「モクレン」設立、2003年北杜市大泉町に「家具 PLAINS」設立。

左右の扉を閉じると、中央の引出しが引き出せる仕組みのチェスト。

ロッキングチェア。「暮らしの中の木の椅子展」入賞作品。

●岩崎勝彦（家具 PLAINS）☎ 0551-38-3308

蝶が羽を広げたような優美なフォルム

ダイニングテーブル

夫婦2人用にちょうどいい大きさのテーブルは、天板と脚を多くのビスでジョイントするノックダウン（組み立て）式が特徴。

独特なカーブを描く天板のフォルムはバンドソーとトリマーを使いこなしてつくりたい。

脚の構造が少し複雑なのでしっかりつくろう。

◎必要な材料

ナラ
パイン
MDF
ビスケット（10番）
タッピングビス
（φ4×70㎜）
ワッシャー
木材用接着剤
ウレタン塗料

製作　島田裕友
（H Design Factory）

1 天板の一部を接着

3種類の長さの板を各2枚ずつ用意。最も短い板を中心に、外に向かって末広がりになるように接ぎ合わせます。ここでは2枚ずつ、板を接ぎ合わせます。

34㎜厚の木を使う。木目がきれいな面を見ながら見付け*を決める。

見付けが決まったら番号をつけ、1と2、3と4、5と6を接ぎ合わせる。

ビスケット加工をしてから接着し、クランプで固定しておく。

2 加工用治具づくり

テーブルの特徴である天板のカーブは、トリマーで削っていきます。きれいにつくるために、MDFで治具をつくります。治具の出来で完成度が左右されるので慎重に。

300×200㎜のMDF（厚さ12㎜）の長辺側に切り欠きをつくる。

MDFをクランプで作業机に固定し、ジグソーで墨線を切っていく。

切り欠いた側の反対に60×280㎜のガイドを直角に打ち付けて固定。

木口に1㎜厚のポリ板を貼り完成。切り欠きは幅50×長さ100㎜。

薄いパイン材の板をポンチなどでMDFに数ヵ所固定し、曲線を出す。

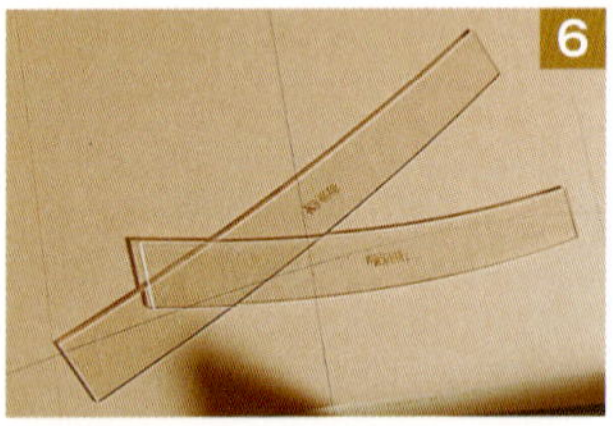

MDFにセンター線を引き、曲線定規で修正しながら最終の形を決定。

バンドソーで墨線の外側を切り、反りがんな→＃180ペーパーがけ。

＊見付け：正面

3 脚にほぞ穴をあける

このテーブルは一つの脚に一つの貫がつき、その貫に長短の貫が各一つずつつくのが特徴。さらに脚の貫には「小根《こね》ほぞ」*という技術を使うことで、強度を高めています。

1 スコヤを使って、脚に貫をつけるためのほぞ穴を墨付け。

2 刃物で削ったりするところは材が欠けるのを防ぐためけがいておく。

3 脚の幅40㎜のうち、ほぞ穴の幅は約15㎜、長さは70㎜で。

4 角のみ盤で、奥から50㎜までは深さ40㎜、残り20㎜は深さ8㎜で。

5 角のみ盤で掘ったあとは、手のみでバリを取っておく。

4 天板を接ぎ合わせる

最初に接ぎ合わせた「1と2」「3と4」「5と6」をビスケット加工をしたのちに接着、接ぎ合わせます。あとで成形することを見越して、ビスケットの位置に注意を。

1 まずはクランプをはずし、はみ出ていた接着剤をのみで取り去る。

2 板を並べ、表裏と向きを決めてマーキングし、センター線を引く。

3 ビスケットは10番（長さ65㎜）を接ぎ合わせに使う。

4 接着後の天板の大きさと重さから強度計算をした結果、5個使用。

5 両端のビスケットの位置は、木口から100㎜の位置に。

6 ビスケットの位置は、天から8㎜下になる。

7 ビスケットの穴には木工用接着剤、他の断面には二液式の接着剤を。

8 クランプで固定したら、はみ出た接着剤をすぐに拭き取ろう。

5 脚の貫の切り欠き

ここでは工程3で説明した「小根ほぞ」の穴に適合するほぞをつくります。脚の貫1、2それぞれにほぞをつくりますが、この際に使うのが、工程2でつくった治具です。

1 サドルスコヤを使い木口から40㎜に墨付けし、全体に墨を回す。

2 工程2でつくった治具を裏返してガイドとクランプで材をはさむ。

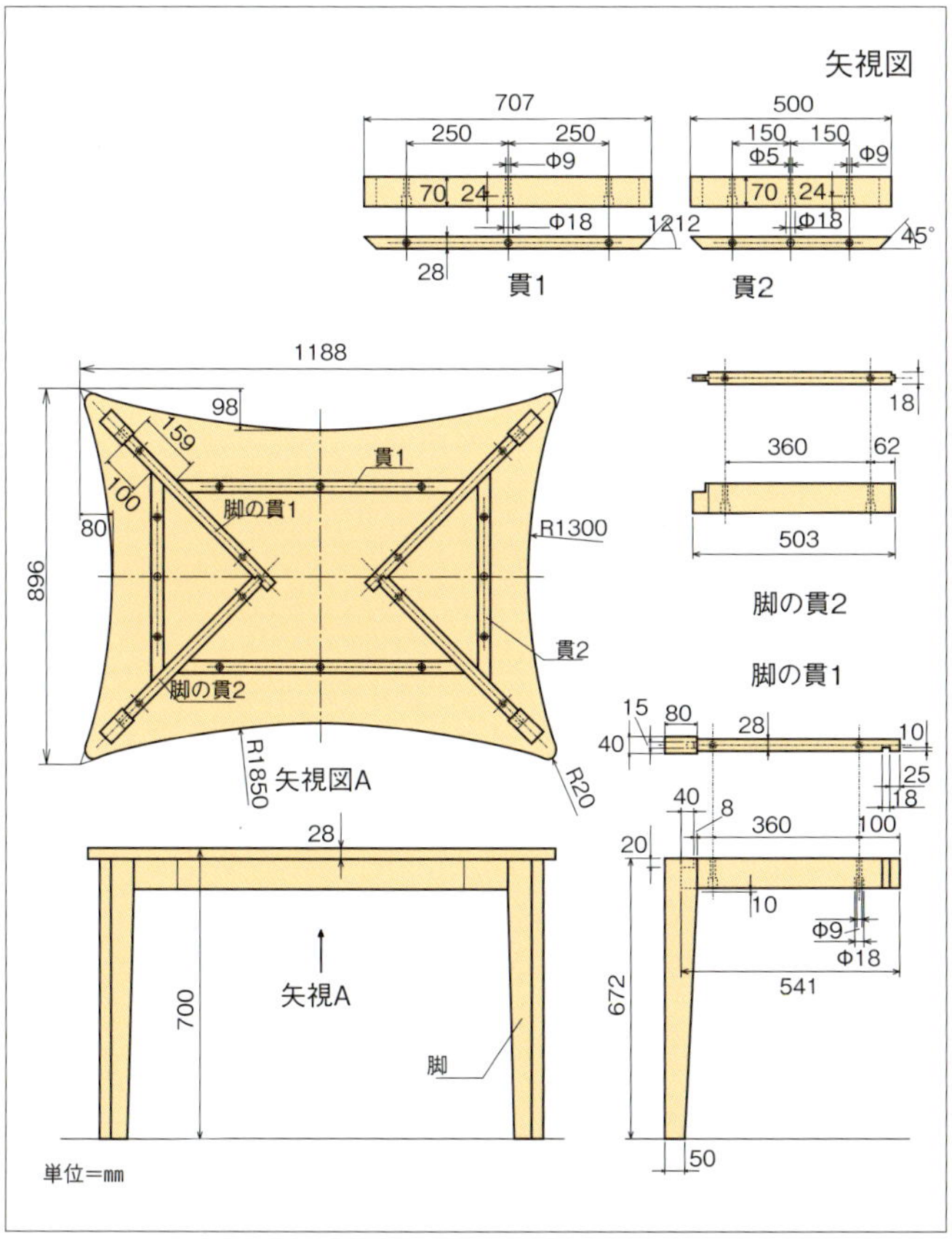

＊小根ほぞ：強度を増すために2重につくったほぞ。先端のほぞを小根、元のほぞを大根（おおね）と呼ぶ。

3 1mmのポリ板を貼った面を墨に合わせ、トリマーで切り欠いていく。

4 φ10mmのコロ付ビットを使い、6.5mmの深さで両側から削る。

5 ほぞに小根をつくるための墨付け。木口から32mm、木端から20mm。

6 墨線のやや内側をのこぎりで切り落とす。

7 脚のほぞ穴にはめながら、のみやかんななどで、ややきつめくらいまで形を調整。差し込む先端を面取りすれば「小根ほぞ」の完成だ。

8 脚の貫で小根ほぞと逆の位置に、貫同士をつなぐ切り欠きをつくる。

9 墨付けをしたら2で使った治具をクランプで材に固定し、同じようにポリ板を貼った面を墨に合わせてトリマーで切り欠く。

10 脚の貫1には溝を、脚の貫2にはほぞをつくり、貫同士が直角に接合する形となる。溝とほぞのサイズは部品図を参照のこと。

11 「小根ほぞ」は、脚の貫1、脚の貫2ともにつくるので注意。

6 貫1・貫2の加工

脚の貫に対して45度の角度で接合するよう、丸のこで両端を切り、天板にビスで接合するための穴を各3ヵ所ずつあけます。脚の貫にも同様の穴をあけます。

1 治具をガイドに、45°の角度をつけた丸のこで貫の両端を切る。

2 かんなやペーパーなどで切り口を平滑にしておく。

3 皿タッピングビスを使用。天板の板厚が28mmなので、ワッシャーが入る穴の深さを24mmとして墨付け。写真のようにビスの先が天板側に22mm出て固定する仕組み。

4 ボール盤で貫の厚みの中央に位置決めの細い穴をあける。その穴にφ9mmの穴をあけ、裏返して同じ位置にφ18mmの大きな穴をあける。

5 φ18mmの穴の奥にφ9mmの穴が見える。両側から貫通させる。

6 貫1はセンターから250mm、貫2は150mmずつ離して穴をあける。

7 脚の貫1の木口から34mmに墨付けし、3ヵ所に穴をあける。

8 貫1、貫2の両端に、脚の貫に接合するための穴を墨付けする。

9 脚の貫に直角にビスが入るよう、貫1、貫2を45°でホールドしながら、ボール盤で3ヵ所穴をあける。座ぐりの穴はφ9mmで。

座ぐりの穴は3ヵ所とも必要。細い穴と同じ45°の角度であけること。

脚に傾斜をつける角度を決め、端材で治具をつくる。

治具の当て木に脚を固定し、昇降盤で切っていく。

傾斜をつけ終わった脚。傾斜は、ほぞ穴のある面側のみ。

手前が脚の貫2、奥が脚の貫1。かんなやペーパーをざっとかけて。

工程が終わった部材は水拭きをすることでつぶれた木目が復元する。

7 天板の加工

型板のカーブを長辺、短辺に写し、トリマーやカーブに沿ったサンディングブロックで形づくります。カーブを切る際に大きく取り回すので、バンドソーを使いましょう。

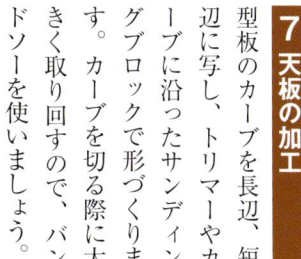

接ぎ合わせた線に直角となる基準線をセンターに引き直す。

ガイドの中心に基準線を引いて長さを測り、1の基準線に重ねる。

ガイドの両端を天板の端に合わせてクランプで天板に固定。ガイドのカーブに沿って、トリマーで深さ2mmくらいの基準の溝を掘る。

短辺の加工。専用につくったガイドを当て、トリマーで溝掘り。

長辺、短辺ともトリマーで溝掘りが終わった状態。

バンドソーに天板がのる大きさの板をクランプで固定し、天板のカーブの溝に沿って切る。溝の外に3～4mm残しておくこと。

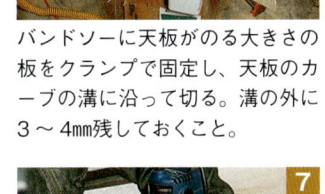

トリマーの深さを変えながら、コロ付ストレートビットで面取り。

カーブに合わせた当て木にサンドペーパーを貼り垂直にやすりがけ。

天板の四隅に、円定規で20Rの曲線を墨付けする。

手のこを使い、墨線に沿って切り落とす。墨線のやや外で切る。

小刀やかんな、＃100のサンドペーパーで面取りする。

四隅のコーナー加工と、表側の角がすべて面取りのすんだ状態。

天板を裏返し、表の基準線を裏に回し、貫の位置を示す穴を打つ。

表と同じように、裏側の面取りをトリマーで行なう。

8 脚を組み立てる

脚４本のうち２本は脚の貫１と組み合わせ、残り２本は脚の貫２と組み合わせます。天板の四隅に向かって斜めに貫が走る形に組み上げるので、正確さを出すことが必要。

脚のすべての面とほぞに仕上げのかんなをかけ、トリマーで面取り。

＃180のサンドペーパーがけ。スポンジやすりで滑らかに仕上げる。

二液式の接着剤を混ぜ、脚の貫1の小根ほぞにはけで塗る。

脚に当て木をして小根ほぞをほぞ穴に打ち込む。貫2も同様に。

曲がったりしないよう、各々2本のクランプでしっかり固定。

脚＋貫1と脚＋貫2をひっくり返して貫を仮組みする。

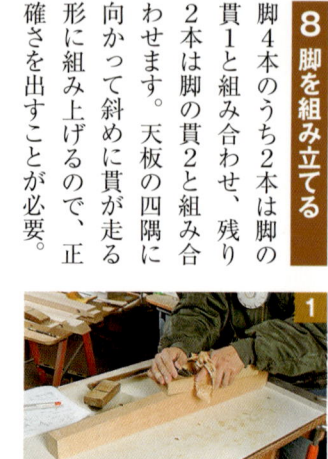

仮組みした状態で貫1と貫2をスリムビスで仮留めする。

ほぞの接合部分の目違いを、やすりをかけて面取りしておく。

9 天板の面取り

組み立て前に、天板の仕上げをします。オービタルサンダーで＃１００から＃１８０まで、表側はさらに＃２８０までかけましょう。サンダーは通常のものとミニを用意。

仕上げのかんながけ。円を描くようにかけると逆目が立たない。

天板の裏面から、通常のオービタルサンダー→ミニサンダーの順で。

ミニサンダーなら、平面から曲面まで自在にかけられる。

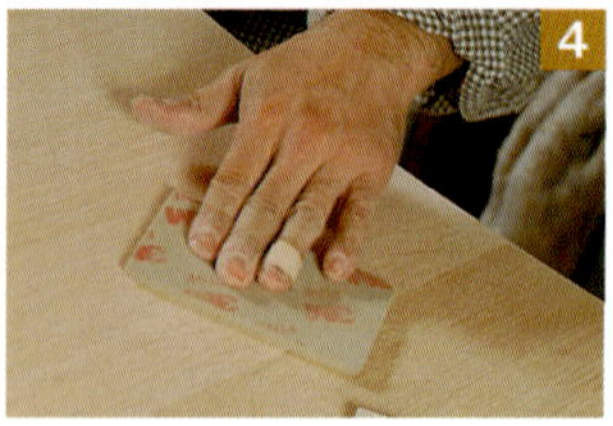

当たりが柔らかいスポンジつきサンドペーパーでサンディング。

10 塗装

塗装は木工用のウレタン塗料を使います。１度目の塗りで導管に吸い込ませて、その後サンドペーパーをかけます。翌日上塗りをしてサンディングをして完成です。

天板は裏から塗り始める。塗料はスプレーガンを使用。

脚はひっくり返して立て、目立たないところから塗装。

貫は下に当て木をして塗装する。最初の塗りは約3時間で乾燥する。

乾燥後、＃280のスポンジ付サンドペーパーを手でかける。

最後の仕上げにファインペーパーをかけてエアで吹き飛ばせば完成。

11 脚と貫の組み立て

脚に組み込まれた貫１と貫２が直角に組み合わさることで強度を高めるとともに、テーブルを斜めから見たときに脚が正面にくるという特徴を味わうことができます。

脚＋貫1と脚＋貫2を立て、作業台にクランプで固定。

脚の貫1の溝に脚の貫2のほぞを当て、下穴をあけてビス留め。

脚の貫同士をつなげる貫２の位置を現物合わせで決める。

クランプで固定し、脚の貫までの下穴をあけ３ヵ所、ビス留め。

３つの貫が三角形を形成するので、構造的にも強くなる。

貫２を取り付けた場所に近すぎない位置に、貫１を取り付ける。

5に貫１を２本取り付けた後、天板の上で位置を決める。

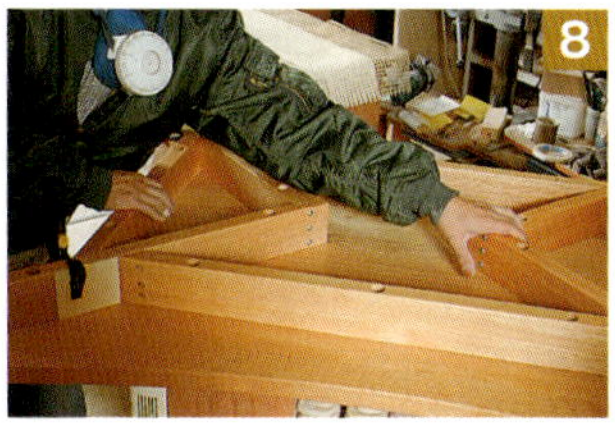

5でつくったもう一対の脚+貫を6と同じ方法で貫１とジョイント。

脚と貫をすべて組んだ状態。本工程は接着剤をいっさい使わない。

12 天板と脚の組み立て

脚とジョイントした貫にあけた穴にワッシャーを入れて、天板にビス留めします。天板にはあらかじめ24㎜深の下穴をあけておくと、ビスがまっすぐ天板に入ります。

天板を裏返して脚をのせ、貫にあけた穴付近にテープを貼る。

定規等で、天板四隅から脚までの長さを正確に揃え、固定位置決定。

貫に３ヵ所ずつあけていた穴にドリルを入れ、天板に下穴をあける。

3と同時に、脚の貫１の場所をテープでマークしておく。

貫の穴に締め付けをきつくするワッシャーを入れてからビス留め。

締め忘れをはじめ、すべてのビスの締まり具合をチェックしよう。

最後に最も細かい目のスポンジペーパーを水で濡らしてかける。

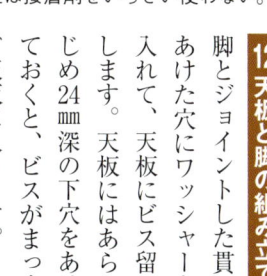

天板のカーブは外に、脚の傾斜は上に向かって広がっていくイメージ。

作者紹介

↓座面と背面にアクリルベルトを用いた『キュール・ネオ』の座椅子。リビングルームでの座り心地を重視した。

↑『キュール・ネオ』のダイニングチェア。ウォルナット、メイプル、ナラから選ぶ。

島田裕友（しまだ・ひろとも）
1968年神奈川県生まれ。職業訓練校卒後、家具会社で経験を積む。2003年に工房設立。デザインから製作までをすべて行なう。

美しいウォルナット材のローボード。曲げ木ではなく木を削り出してつくっている。扉は突き板合板を使用。

●島田裕友（H Design Factory）☎0467-75-3806

木のありのままを楽しむ憩いの家具

コーヒーテーブル

木が反るのはごく自然なこと。板が持つ反りの美しさを引き出し、木の性質を活かして家具には、素材を大切にする心が表現されている。ランダムに掘られた表面の凹凸も個性的。大人のコーヒー・ブレイクを楽しむための昆虫に似た形の遊び心のあるテーブルだ。

◎必要な材料
ナラ
ケヤキ
木工用接着剤
オスモカラーウッドワックス
（エボニー、チーク）
砥の粉
スポンジ
ビスケット
ゴム手袋

製作：柴原勝治
（KATSUJI FOREST GALLERY）

1 天板を接ぐ ①

ここでは天板4枚のうち、中央の2枚を先に接ぎ合わせますが、木目で見付け*を決めるため4枚すべて木取り、かんな盤でバランスを見ながら幅と厚みを揃えておきましょう。

4枚の板を接いで1枚の板にする。見付けを考えて板の位置を決める。

並べる順番が決まったら、板のつなぎ目に目印の線を記す。

治具をつくる。柱の断面と同じ大きさの板をつくり、対角線を結ぶ。

天板裏の中央に置き、対角線の両端にきりを打って柱の位置決め。

天板を接ぐ。端から90㎜よりジョイント加工。ビスケットは20番。

木端に接着剤をブラシでのばす。

接着剤は片方にたっぷり塗る。もう片方は穴のみに塗ればよい。

ビスケットと溝を合わせて接ぎ合わせ。板の並びと向きに注意。

＊見付け：正面

1-4と同じ治具を天板の裏中央に置き、中心にきりを打つ。

さらに柱を取り付ける穴の位置4ヵ所にきりを打っていく。

天板に墨付けして、さしがねで寸法を確認する。

3 天板を接ぐ②

工程1で天板中央の2枚を先に接ぎ合わせました。その2枚を中央にして天板を並べ、ラインを引き、ビスケット加工をして残りの天板を接いでいきます。

1で接いだ天板の両木端を手押しかんな盤で面出し。ほかの2枚も。

接いだ2枚の左右に残りの板を置き、天板のラインを墨付け。

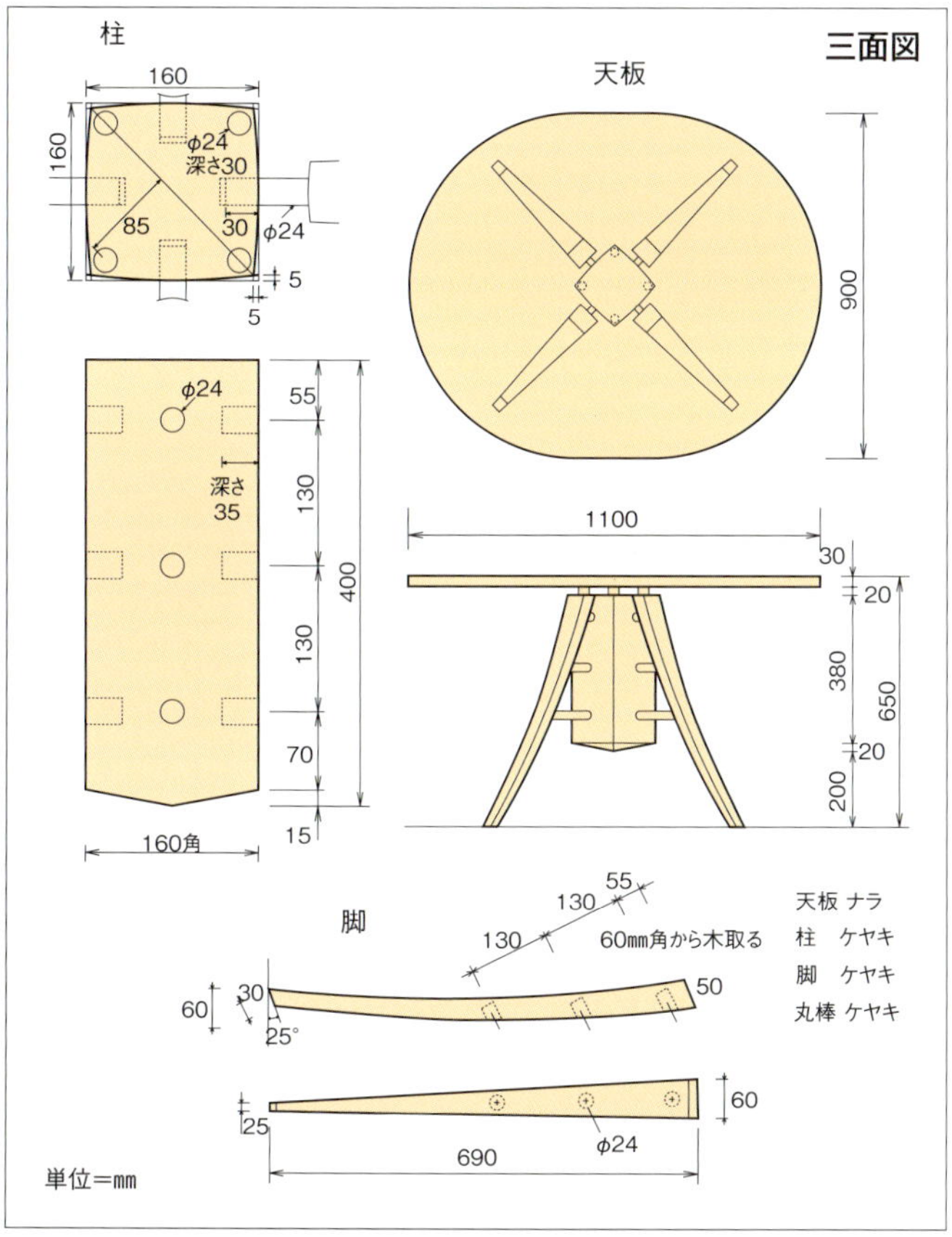

ボール盤に65°の角度をつけた板を設置。脚をのせて固定する。

これで掘ると25° の角度になる。穴の深さは25〜30㎜に。

脚の上下部分に25°の線で墨付け。

脚を並べて、厚みや角度、反り具合が揃っているか確認。

クランプで片側を留めてくさびを入れ、平面になるよう調節。

はみ出した接着剤を取り、さしがねで平面であることを確認する。

2 脚の加工①

反りが魅力の脚の加工は型板を用意し、そのラインに沿って墨付け、カットしていきましょう。ある程度の曲線はバンドソーで粗切りして、傾斜加工のあと、穴あけをします。

脚のラインをかたどった型板を墨付けして切っていく。

バンドソーに灯油を塗り、摩擦を減らし、墨線の1㎜外を粗切り。

定盤で平面を出して粗削りし、傾斜加工して曲線をつくる。

φ24㎜のドリルをセットし、ガイドを介してドリルで穴あけ。

ジョイントカッターで穴をあけ、残り2枚とビスケット接ぎ。

クランプで片側を留めてくさびを入れ、平面になるよう調節する。

表裏ともに、はみ出た接着剤をへらなどで取る。

4 脚の加工②

長さ540㎜の棒1本を3種類の長さ（×4セット）に切り分け、脚と柱をつなぐ丸い棒状に成形します。脚は銑《セン》と呼ばれる工具で削りながら表情をつけていきます。

長さ540㎜を粗切りしたあと、小がんなで丸く棒の形に整えていく。

1から130㎜、180㎜、230㎜の長さに切り分け、形を整える。

2－6、7で天地に墨付けした線に沿ってバンドソーで切っていく。

この時点で、脚の長さや形などが揃っているかチェックすること。

銑を使い、横から光を当てながら脚の4面をランダムに削る。

銑で削ったあと、細部を小がんなで削って表情を出す。

4本の脚が完成。銑で削ることで面取りも兼ねている。

ランダムに削ることで、木に表情と動きを出してくれる。

5 柱の加工

天板の下中央の柱に天板と脚が付いてテーブルの形を成します。角柱の側面を外丸がんなでランダムに削り、銑で丸みを出すことで独特の表情をつけます。下端は四角錐に。

脚の穴に4-2の棒をはめ柱に当て、現物合わせで柱の穴の位置決め。

さしがねを使って、ほかの3面にも同じ位置に穴の墨を回す。

図面に沿って柱の下端が四角錐になるように墨付けする。

1で位置決めした部分に、ボール盤で30㎜の深さの穴を掘る。

3の墨付け線に沿って、対面する2面をバンドソーで切り落とす。

90度横にして、残りの2面も同様にバンドソーでカットして四角錐に成形する。

柱側面にさしがねを当て、ランダムなガイド線を鉛筆で引く。

8

上端となる面に1-4で使った治具を置き、中心と四隅にきりを打つ。

9

きりの跡を目印にして、ボール盤で四隅に35㎜の深さの穴を掘る。

10

7で引いたガイド線に沿って、側面を幅の違う外丸がんなで削る。

11

表面に幅の違う小さな年輪模様が出た。

12

柱の四辺周辺と下端を銑で削って傾斜加工していく。

13

外丸がんなで削った年輪模様が楕円形になり、独特の表情になった。

6 天板の加工

天板の形はφ900㎜の円を2つ、内側を重ねるように並べた、少し俵型の円形です。縁を銑で削り、表面を外丸がんなで削ると独特の風合いが楽しめます。

1

左手でφ900㎜円の中心を固定し、右手で半円の墨付けをする。

2

墨線が引けたら、ジグソーで墨線のやや外側を切り落としていく。

3

銑を使って天板の木口と縁を削りながら、丸みと表情を出す。

4

天板を切り終えたところ。ほんの少し楕円形になっている。

5

天板の表面に20～30㎜幅でランダムに直線を引いて墨付けする。

6

横からライトを当て、凹凸がよく出るようにして、外丸がんなで削っていく。

7

軽く絞った雑巾で全体をひと拭きして湿らせ、木の繊維を立たせる。

7 各部材の仕上げ

ペーパーがけのとき、ケヤキの粉は喉に絡みつくので換気に充分気をつけましょう。色が変わったり、すじがついたりするので、同じペーパーで一気に磨くのがコツです。

1

外丸がんなの刃を抜き、本体に＃280のペーパーを巻き、柱を磨く。

2

水拭きして＃320のペーパーをかけ、再度水拭き後＃400で仕上げ。

3

天板も柱と同様＃280から。途中でペーパーを替えずに一気に磨く。

天板の縁の面取りをする。小さい反りがんなを使用。

脚を磨く。＃400のペーパーで全体をなでるように1～2往復する。

天板表面の縁周辺にかんなをかけて角を取る。濡らすとやりやすい。

穴に入りやすいよう、4-[1]、[2]でつくった柱と脚をつなげる12本の棒の両端をかんなで削り、傾斜加工する。少々ゆるくてもよい。

8 組み立て

木は木目方向に収縮が大きいので、接着前に木目の向きを揃えると隙間が空きません。4本の脚はそれぞれ表情があるので、正面からの見栄えを考えて組み立てましょう。

天板裏の穴に、柱を支える棒を、木目の向きを揃えて接着する。

写真のように、高さ20㎜の角材を台として支持棒の横に置く。

柱の上端にあけた4ヵ所の穴に接着剤を塗る。

体重をかけて棒に柱を押し込む。垂直に力をかけるように。

天板に対して柱が直角に入ったことを確認して約30分放置する。

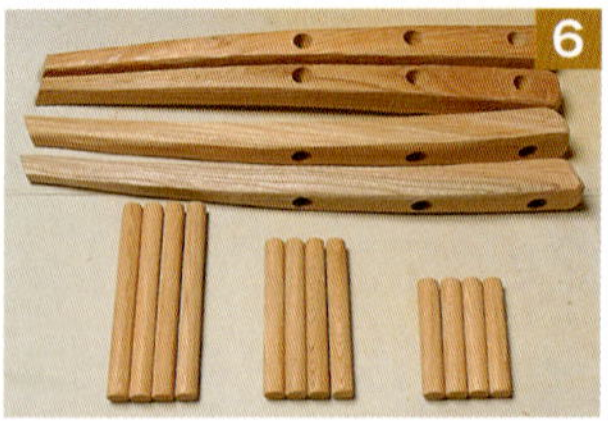

脚を組み立てる。脚が4本と、脚と柱をつなぐ丸棒が3種類12本。

脚に丸棒を接着。穴のまわりに接着剤を塗る。脚と木目を揃える。

接着剤が半乾きのうちに、柱につけて調節をしなければいけない。

自分で決めた正面からの見栄えをチェックして、脚を柱に接着する。

柱と脚の位置が決まったら、木づちで打ち込んで固定する。

脚を結んだ対角線が同距離になるように角度などを調整する。

9 調整と仕上げ

水平な場所にテーブルを置き、がたつきがないか確認します。脚の長さが違ってしまった場合は、一番短い脚に揃えましょう。水拭きをすることで塗装のむらを防ぎます。

水平な場所にテーブルをのせ、脚に沿って長さを測り不具合をみる。

一番短い脚に合わせて墨付けしてカット、面取りをする。

天板にオービタルサンダーで＃320をかける。

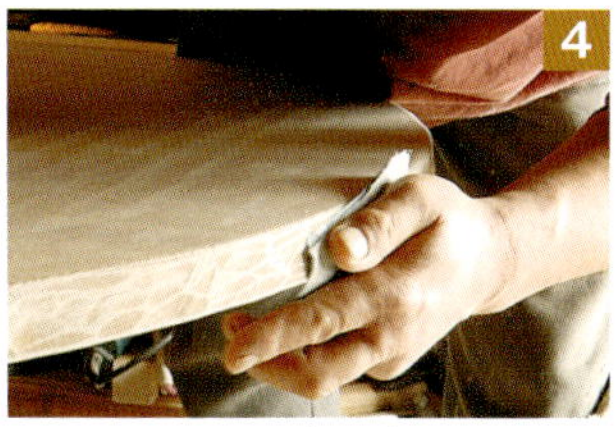

かんなで面取り後、木口を＃400のペーパーで仕上げる。

固く絞った雑巾で水拭きをして、素地の吸い込みむらを防ぐ。

10 塗装～完成

塗装はオスモカラーウッドワックス100g（エボニー60g、チーク40g）を使います。1回目の塗りのみ、砥の粉15gを混ぜます。ゴム手袋を必ずして塗装しましょう。

天板裏と柱の間など、塗りにくいところから塗装。スポンジが便利。

丸棒と柱を塗る。オイルは塗りむらが少ないので慌てなくて大丈夫。

天板の裏。ひととおり塗ったら、粗拭きで、砥の粉をすり込む。

砥の粉を一番埋めたいのは天板表。しっかり力を入れて塗り込む。

全体に仕上げ拭き。高級感がほしいなら3回以上重ね塗りを。

塗料を何回も塗ると深みが出る。砥の粉は2回目以降は不要。

銑にしろ外丸がんなにしろ、迷わずに勢いよく削ったほうがうまく仕上がる。

テーブルを真横から見たところ。天板は柱からの4本の丸棒で支えているだけなので、さながら空中に浮いているように見える。

自分の持っている刃物に合わせて溝の幅は決めればよい。

●作者紹介

（左上）ダイニングチェア。ナラ材を使用。拭き漆仕上げ。（中央）ダイニングチェア・白。タモ材を使用。クリアオイル仕上げ。

時計。材はクリ。拭き漆仕上げ。のみで削り表情を出す。素朴だが味わい深い。

柴原勝治（しばはら・かつじ）1960年生まれ。学生時代公害工学科で学ぶ。1985年、岐阜県の杣工房に入房。1991年以降は個展などに参加。1998年、神奈川県川崎市にKATSUJI FOREST GALLERYをオープン。

●柴原勝治（KATSUJI FOREST GALLERY）☎044-877-9025

大切なものを飾る、とっておきのテーブル

コレクションテーブル

天板全体に広がるガラス窓が
ジュエリー、時計などお気に入りの小物を、
鮮やかに演出してくれるコレクションテーブル。
木目の美しさが引き立つ天然木突き板の
フラッシュ構造とすることで、
軽量で、統一された風合いの作品に。

◎必要な材料
- タモ突き板
- ジェルトン芯むく材
- アガチス・むく材
- タモ単板
- タモむく材
- タモ集成材
- ステー
- ビス
- ジョイナー
- マスキングテープ
- 木工用接着剤

製作：神田昌英
デザイン：宮本真紀
(有)レフトアンドライト)

1 フラッシュの枠組み

各部材は、すべて図面より10㎜ほど大きめにつくり、後からサイズを調整します。また、中枠は木目を揃えるため一枚の突き板を切断してつくります。

1 18×45㎜のジェルトン芯材を外枠の長さに切断する。

2 各部分を表裏から、タッカーでスティープルを打ち、枠をつくる。

3 ビス留めする部分、切断する部分に補強材を入れる。

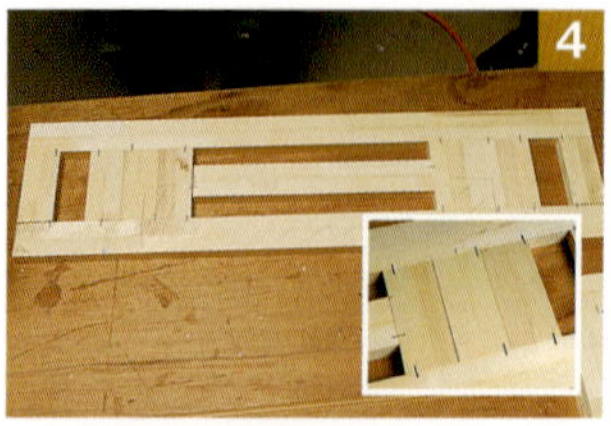

4 差し込んだ補強材もタッカーで留め、固定する。

5 本体外枠、引き出し天板も、同様の作業で作成する。

6 本体底板も同様に補強材を入れ、作成する。

7 引き出し左右の板については、幅が狭いのでベタ芯で作成。

8 本体左右側板・前後・底板、引き出し天板・左右の枠が完成。

9 タモ突き板3×6尺*板を枠より1㎝大きくパネルソーで切り出す。

10 中枠は天板＋左右側板を一枚で取り、木目が揃うよう目印をつける。

2 フラッシュを完成

プレス機を使用しない場合は当て木をし、クランプを数ヵ所使用することでも代用できます。また、同じサイズのものを重ねると手間が省けます。

*尺（しゃく）：尺貫法の長さの基本単位。1尺は約30.3㎝。

1 ローラーを使い、枠組みの表裏全体に接着剤を塗る。

2 切り出した突き板を付け、当て木をしてプレス機で８時間圧着。

3 脚をつくる

脚は長さ４７０㎜を４本、４４０㎜を４本使用します。45度にカットする際にサイズを微調整するため、最初は10㎜ほど長めに切断しておきます。

1 厚さ 40㎜のタモ集成材を50 × 480・450㎜に切り出す。

2 スライドソーで両端を 45°にカット。長さを本体と合わせる。

3 接着面に接着剤を塗り、コーナークランプで圧着する。

4 本体を組み立てる

下準備として、スライドソーで本体フラッシュを図面のサイズにカットしておきます。また前後左右がわかるように、切断面に鉛筆で記入します。

1 本体側板の下端から23㎜の部分に深さ17㎜の溝を掘る。

2 スライドソーで、先ほどの溝部分までカットする。

3 左右ともに同じ作業を行ない、17 × 23㎜が欠けた部分をつくる。

4 ２枚の本体側板の奥側も、同様の作業でカットする。

5 この段階で底板・奥板に加工した側板の溝がピッタリはまるか確認。

6 底板に中枠がはまる部分を墨付けする。

7 左右の側板に接着剤を塗り底板を取り付け、裏からビスで固定する。

8 接着剤をつけ奥板をはめ込み、ビスで底板・側板と固定する。

5 中枠をつくる

木目が揃うようにマスキングテープで上板、左右側板に印を付け、図面のサイズに切り分けます。薄い部分は、力を加えすぎないよう注意が必要です。

1 中枠上板の端から 26㎜の位置に5㎜だけ残すよう加工する。

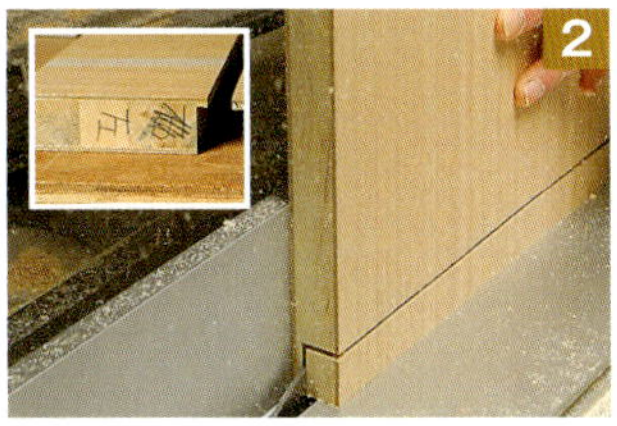

2 溝部分まで削り左右の板も5×5㎜の出っ張りを残すようにカットする。

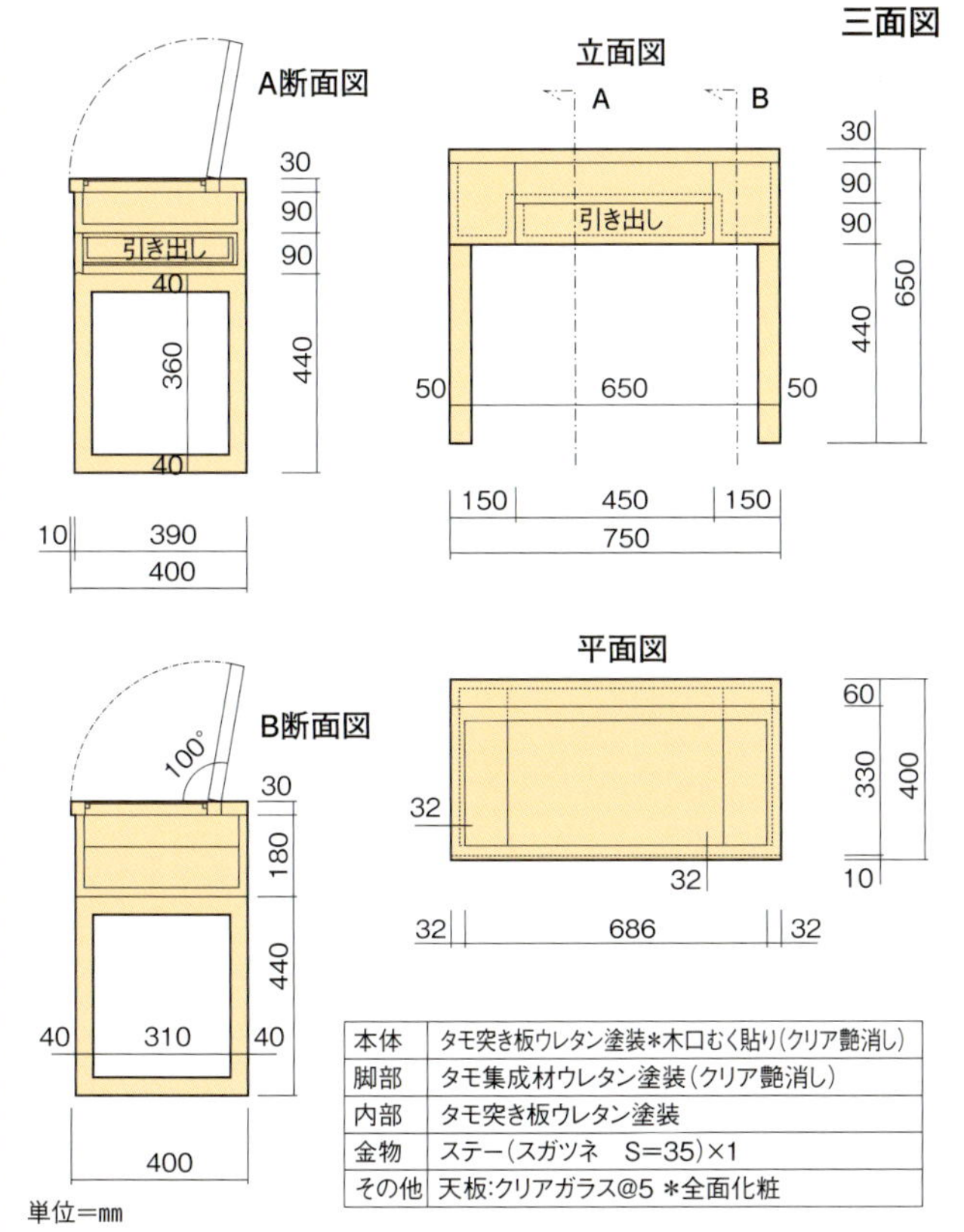

本体	タモ突き板ウレタン塗装＊木口むく貼り(クリア艶消し)
脚部	タモ集成材ウレタン塗装(クリア艶消し)
内部	タモ突き板ウレタン塗装
金物	ステー(スガツネ　S=35)×1
その他	天板:クリアガラス@5 ＊全面化粧

3 せめがんなで上板・左右側板の出っ張りを45°に削る。

4 本体底板・奥板に、ビスの位置を墨付け。仮穴をあけておく。

5 目の流れに注意し、接着剤で中枠上板と、左右側板を接着する。

6 ビスを打ち込む際に接着がはがれないよう、テープで補強する。

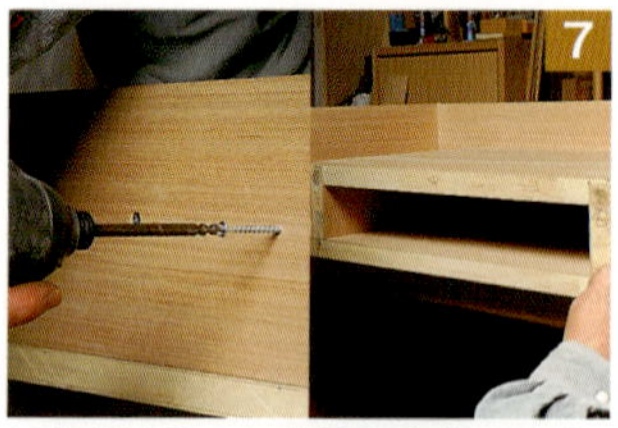
7 接着剤を塗り、中枠を本体に接着。裏側からビスで固定する。

8 各辺に4ヵ所ずつのビスを打ち込み、中枠を完全に固定する。

6 天板の部材をつくる

天板は芯材に突き板を貼りつけたものを切り分けて使用します。突き板が見える方向を基準に、すべての部分に場所と方向を記入しておきます。

1 天板用フラッシュを31×65mm・1本、31×35mm・4本に切断。

2 5×34mmのむく材に、ブラシを使い速乾接着剤を塗る。

3 天板素材の切断面片側に、むく材を接着。かなづちで圧着させる。

4 はみ出したむく材はかんなで削り、平らにする。

5 枠の、むく材を貼り付けていない側から8mmの部分に溝を掘る。

6 溝まで削り8×8mmの出っ張りを残すよう、枠材を加工する。

7 枠材を図面のサイズに調整し、45°の角度にカットする。

8 本体に固定するパーツの切断面に単板を張り、余分はかんなで削る。

9 枠より10mm短く削り、両側に速乾接着剤でむく材を貼る。

10 天板小の部分も両脇にむく材を貼り付け、かんなで削る。

11 45°の角度に切った切断面に速乾接着剤を塗り、天板大と小を接着。

12 ずれないようにコーナークランプで圧着して乾燥させる。

7 前板をつくる

前板は型枠に沿って削るため、ルーターの刃が当たる部分に合わせて型枠をつくります。角の部分は、のみで表裏から削ると仕上がりがきれいになります。

1 端材をタッカーで組み合わせ、前板の治具をつくる。

2 前板の両脇に速乾接着剤でむく材を貼り付け、かんなでならす。

3 前枠に治具をクランプで取り付け墨付けをする。

4 角部にドリルで穴をあけ、直線部分の8mm内側をジグソーで切断。

型枠をはずし、ルーターに添え木を取り付け枠に沿って前板を削る。

ジョイントカッターで本体・前板各辺にビスケット穴をあける。

前板の各辺に接着剤を塗り、単板を貼り付ける。

はみ出した単板を、のみで削り落とす。

本体内枠にサンドペーパーをかける。

前板にもサンドペーパーをかけ面取りを行なう。

接着剤を塗り、前板と本体を取り付ける。

当て木をし、プレス機で前板と本体を圧着する。

本体木口部分に単板を貼るために速乾接着剤を塗る。

引き出しをはめ込む部分に接着剤を塗り、単板を貼り付ける。

木口が見えている部分にはすべて単板を貼る。

8 脚を取り付ける

ジョイナーの一番締まる部分で脚を固定するように、墨付けします。また金具を取り付ける際は横から見て完全に隠れているか入念にチェックします。

脚部両端から50mm部分、そこから内側62mmに墨付けをする。

ジョイナーをはめ込み、ビスで固定する。

本体両端から内側25mm、前後から50mmにビスを打つ。

脚部に補強用のビスを打つための下穴、皿穴をビットであける。

51mmのビスを打ち込み、脚部を補強する。

脚部にかんなで面取りを行い、サンダーをかける。

本体外側をサンドペーパーで磨く。

本体に接着剤を塗り脚をはめ込む。

脚をスライドさせ、当て木をし、ハンマーでたたき圧着させる。

本体完成。脚が完全に固定されているか確かめる。

9 引き出しをつくる

アガチスは、厚さ15㎜幅36㎜にカットし、左右は330㎜、前後は380㎜に揃えます。また、前側は底板をはめ込むため、幅24㎜に削ります。

残りのタモ突き板の中から、前板の木目に近いものを選ぶ。

ジェルトンの芯材と圧着し、引き出し部の前板をつくる。

アガチス材の端から8㎜の部分に、幅4×深さ7㎜の溝を掘る。

木口をかんなで削り、面取りする。

左右の板に接着剤を塗り、ビスを打って後ろ板に取り付ける。

カットした底板をはめ込む。

裏側からビスで留め、枠と底板を固定する。

引き出し前板を、本体にはまるサイズにカットする。

ルーターに当て木をし、両端50㎜を残し取っ手の溝を掘る。

溝を掘った前板のバリを取り、サンドペーパーで磨く。

ビスを2ヵ所打ち、引き出しに前板を取り付ける。

10 天板を仕上げる

枠の四方に補強材として、むく材を入れます。枠の木目と平行に入れることで、強度が増します。蝶番は完全に隠れるよう微調整しながら溝を掘ります。

端材をビスなどで留め、直角に組み合わせた治具をつくる。

スライドソーで天板に深さ15㎜幅5㎜の溝を掘る。

溝に接着剤を塗り、むく材をハンマーで奥まで差し込む。

余ったむく材はのこぎりで大まかに削り落とす。

かんなを使い天板を削り、むく材と天板を平らにする。

左右両端から100㎜の位置を中心に、両脇22.5㎜に墨付けする。

端を3㎜残し、トリマーで幅13㎜×深さ5㎜の溝を掘る。

溝の中心部に、深さ14㎜×長さ20㎜の穴をあける。

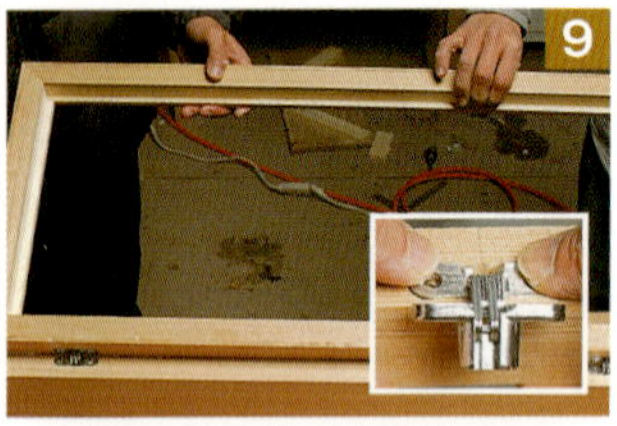

天板枠にも同様の作業を行ない、隠し蝶番がはまるか確認する。

ジョイントカッターで本体奥3ヵ所にビスケット穴をあける。

引き出しも付き、収納力抜群のコレクションボード。細部にまでこだわったタモの木目が美しい仕上がりを演出する。

ステーの位置を微調整すれば、天板の角度を変えることができる。

11

接着剤を塗り天板小部分を取り付け、クランプで圧着する。

12

厚さ8㎜のむく材を幅18㎜にカット。枠に合わせ墨付け。

13

押し縁の両端を45°にカットし、天板枠にはまるか確認。

14

乾燥したら、天板枠を本体に取り付ける。

15

添え木を固定し、トリマーで引き出し穴上に1.5㎜の溝を掘る。

16

本体に用意しておいたステー金具を取り付ける。

17

天板の角度に合わせて調整し、ステー金具を取り付ける。

18

すべてを取り付けた状態で、ゆがみなどがないか確認する。

11 塗装～完成

塗料は下地にウレタンサンジングと硬化剤を混ぜたもの、仕上げにウレタンフラットと硬化剤を混ぜたものを使用し、両方とも乾燥後3回前後吹き付けます。

1

金具をすべて取り外し、スプレーで塗料を吹き付ける。

2

それぞれのパーツにも塗装し、乾いたら上塗りする。

●作者紹介

神田昌英（かんだ・まさひで）
設置スペースや目的に合わせたオーダー家具、天然木の質感を生かしたオリジナル家具など、様々な作品を製作。顧客の要望を具現化する技術は高く評価されている。

天板のサイズ、高さが調節可能なテーブル。外したパーツもサイドテーブルとして使用できる。

洗練されたブックシェルフ。機能性に加え、遊びごころのあるデザインは、置く場所を選ばず空間の主役となる。

●神田昌英（レフトアンドライト）☎ 03-5315-3031

樹の個性を活かした永く愛せる家具

AVラック

うづくり加工という特殊な技法を使って
醸《かも》し出す、レトロ感のある木の風合いが特徴。
くぎやねじを一切使わずに
ほぞ組みだけでつくるシンプルな家具には
作者のこだわりがあふれている。

◎必要な材料
ナラ板材
天板強化ガラス
木工接着剤
墨汁
亜麻仁油

製作：いとうあきとし
（家具工房　jucon）

1 穴あけとほぞづくり

木目のきれいさで、見付け*面を決めましょう。天板に墨付けし、通しほぞやほぞ穴を加工していきます。脚は三方胴付きほぞにします。寸法は図面を参照のこと。

部材を全部切り出し、かんな盤で平滑面、垂直面を出しておく。

角のみ盤で脚と天板の穴あけ。両端を決めてから間をあけるとよい。

天板のほぞを切る。丸のこの刃を数mmずつ動かしながら欠いていく。

3のほぞ先をかんなやのみで面取り。ゆがみがないか確認、仮組み。

*見付け：正面

2 天板の加工

ガラスをはめるための欠き取りをします。仮組みをしてガラスをのせ、切り欠いた部分にサンディング、かんながけをして、凹凸などをこの段階で調整しましょう。

天板Aの両端のガラスをのせる側に長さ80mmの欠き取りをつくる。

天板A・Bを組む。Bが入り込む深さ10mmぶんの欠き取りをする。

ガラス面を下にして1の欠き取りに合わせ、9mm切り込みを入れる。

材の向きを変えてガラスをのせる10mm幅の切り欠きを行なう。

天板A・Bの仮組みをしてガラスをのせ、凹凸などを調整する。

3 貫の加工

現物に合わせて貫の長さを決めましょう。仮組みしてひっくり返して脚の間の内寸を測ることで、貫の長さが決まります。貫の横方向(高さ)を切り、かんなで面取りします。

天板と脚を仮組みしてひっくり返し、脚と脚の内寸を測る。

内寸は実際に貫に使う材を当てて、印をつけ、墨線を引く。

貫の縦方向をバンドソーで切る。82mm長×5mm厚を両面から切る。

脚の通しほぞに当て、ほぞの幅を現物に合わせていく。

貫の横方向をバンドソーで82mm長×15mm厚を両面から切り、面取り。

4 ダメージ加工①

ワイヤーブラシは木目に沿って一定のスピードで行なうのがコツ。摩擦熱で焦げることがあるので注意しましょう。ここでは天板のみにダメージ加工と塗装をします。

軽くこすりつける感覚でワイヤーブラシをかける。

手前の板が加工済みのもの。木目が浮き上がっているのがわかる。

寝かせて使うと木目を壊しやすいので、なるべく立てて使うように。

一度、材を水拭きして木屑を落としてから、墨汁で塗装をする。

ボトルキャップ3杯分の墨汁を500mlの水で薄めて塗っていく。

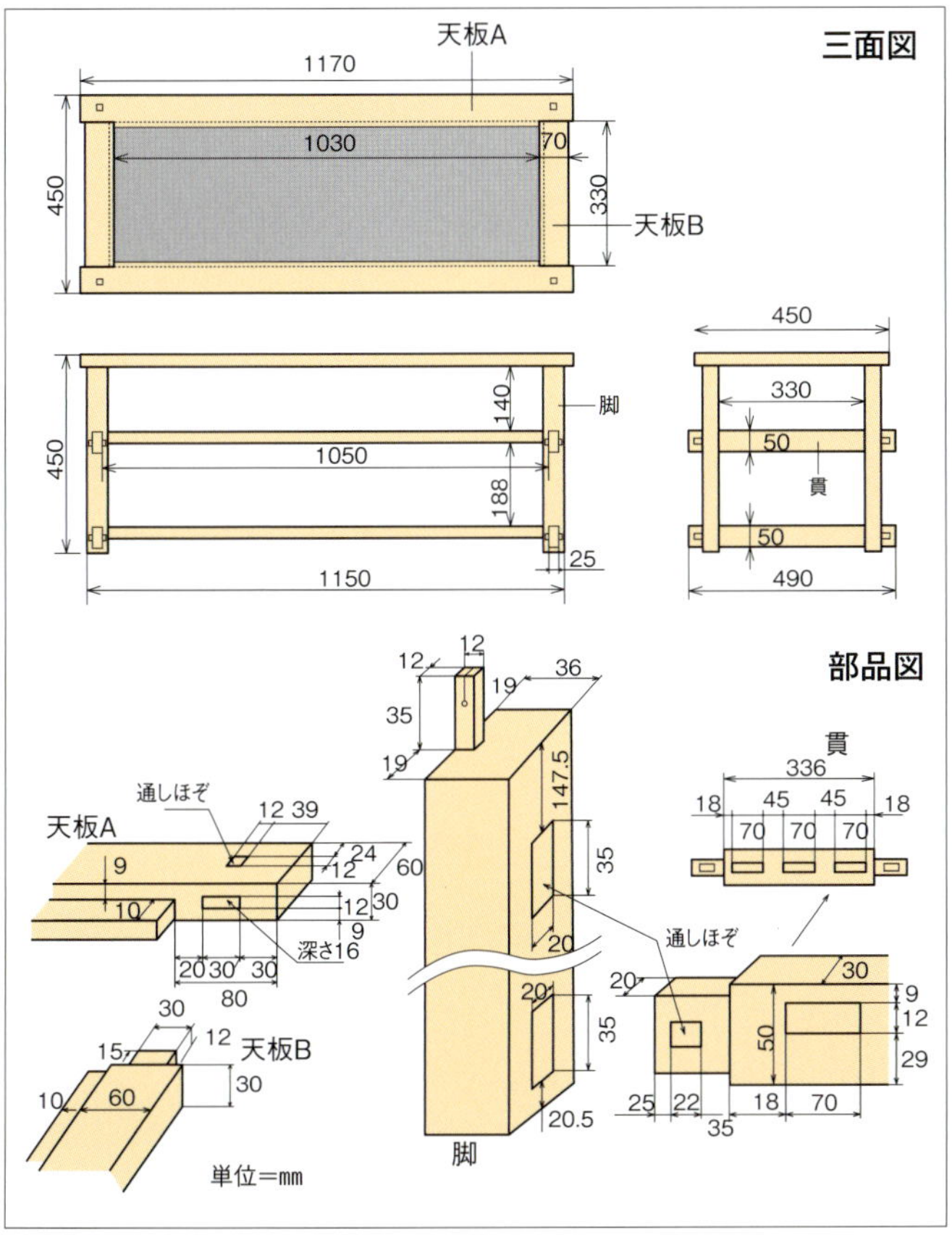

5 棚受けと棚板加工

棚板は片側を基準面として、それをもとに長さを出し、寸法を固定して基準面側をガイドに当てて余分な部分を切ります。棚板のほぞは試し切りでサイズを確認します。

貫を脚の通しほぞに通し、現物合わせでくさびの穴を墨付けする。

貫にくさびを通すため、22㎜×12㎜の穴を角のみ盤であける。

脚の内部に、貫の穴が1㎜入り込むようにすることがポイント。

貫に角のみ盤で棚板を通すほぞ穴を、全部の材の表側からあける。

棚板の長さを出し、ほぞをつくる。横挽きになるので内側に合わせる。

棚板の完成。棚板のほぞは四方胴付きにする。

6 仮組み

仮組みのときに、調節をして入ったところはドリルで合番(印)をつけておきます。仮組みが終わった段階で、がたつきはないか、不自然な隙間はないか、を確認しましょう。

貫のほぞ穴はのみで削る、面取りをするなど、調整して入れる。

木づちなどで棚板を打ち込む。接着剤を使わず仮組みをする。

仮組み完了。見付けを確認し目立たないところに合番を打っておく。

7 ダメージ加工②

材には削りやすい方向があるので、板の向きを変えながら作業しましょう。事前に板を濡らしておくと、焦げの防止と、柔らかい繊維をより柔らかくする効果があります。

棚板はわざと粗く、角にかんなをかけてダメージ加工を施すとよい。

見える部分のみ加工する。脚のはまる部分にはダメージ加工しない。

くさびを入れたときに割れないよう、3㎜の穴を脚のほぞにあける。

墨で塗装する。事前に水で濡らしてから墨を塗る。

丸一日乾燥。乾いたら、ナイロンブラシで塗装と毛羽立ちを整える。

ナイロンブラシは角にも忘れずにかけること。ダメージ加工完了。

8 くさびづくり

脚幅が50㎜なので、くさびは65㎜の長さに。天板の先から飛び出る三方胴付きほぞにつけるくさびもつくります。また、組み立てる前に、脚などを磨いておきましょう。

角度がついた治具を使い、くさびの形に切っていく。

貫用のくさびは互い違いに並べてはたがねで固定し、上下をダメージ加工。

2㎜くらいの端板をのみで薄く削る。やや長めにつくっておくこと。

9 組み立てる

6—3でつけた合番は、接着材をつけるとわからなくなるので、とくに棚板は1枚ずつ組んでいくこと。脚も間違えやすいので、前後左右を確認して組み立てます。

1 天板AとBを接着。相欠き部とほぞ穴に接着剤をつける。

2 天板AとBを接着したら、下に端材を置き、クランプで固定する。

3 はみ出した接着剤は、水で濡らした歯ブラシや爪楊枝で取り除く。

4 貫に棚板をはめ込みクランプで固定。間に木片を入れ平面を出す。

5 4は1日放置。翌日、天板と棚2枚と脚4本を組み立てる。

6 脚に棚を組み込みクランプで固定。脚の三方胴付きほぞの向きに注意。

7 脚から出た貫のほぞ穴にくさびを打ち込む。接着剤は使わない。

8 脚の三方胴付きほぞの下の広い面に接着剤を塗り、天板を打ち込む。

9 くさびを打ち込み、乾燥後にカット。角はげんのうでつぶす。

10 この状態で1日放置。がたつきなどがないか確認を。

10 オイル塗装

木の本来の色を楽しむならオイル塗装がおすすめ。亜麻仁油は完全に乾くまで2～3カ月必要。空気に触れると色濃くなるので、むく板への塗装なら経年変化が楽しめます。

1 9－9でカットしたくさびの断面を2Bなどの鉛筆で塗りつぶす。

2 亜麻仁油を裏側からはけで塗る。棚板の間はウエスを使って塗装。

＃400の耐水ペーパーをかけて、塗装後の毛羽立ちを払う。ガラスをはめ込んで完成！

●作者紹介

jucon スツール。作家として最初にデザインした作品で、後ろから見ると昆虫をイメージできる。

いとう・あきとし
1963年生まれ。神奈川県立平塚職業訓練技術学校卒業後、2003年7月に家具工房 jucon設立。2005年1月山梨県道志村に新工房設立。クラフト展にも出展。

ボロボロの天板のかたちを活かした作品。亜麻仁油で塗装。ティータイムに使いたい。

●いとう あきとし（家具工房 jucon） http://www.h4.dion.ne.jp/~jucon/

年を経るごとに増す深みに趣を感じる

座卓

木目がきれいなクルミは木地より、オイル・フィニッシュ後がきれい。目が詰まっている国産を選ぼう。水に強くて軽いので座卓に最適であり、長く使うことで経年変化が楽しめる和室に似合う座卓。

◎必要な材料

クルミ
シナ合板
木工用接着剤
（3～4時間で乾く）

製作：吉野壮太
（F WOOD FURNITURE）

1 材の下準備

各部材の寸法・数量をメモしてから資材を選択、耳付きクルミ材の木表・木裏をチェックして墨付けします。色みや木目柄、木口割れ、傷、節にチョークで印を付けましょう。

構造や寸法を確認しながら図面をシナ合板に原寸で描き写す。

パネルソーで仕上がり幅より5㎜広くカット、40㎜に厚み出しする。

2 天板を組み立てる

矢筈はぎをつくるときは、端が付いて中が空くようにメスで調整します。接着するとき、板を左右に動かしてなじませましょう。定規を当てながら締め具合を調整します。

木目がきれいに見える組み合わせと向きで、はぎ合わせを決定。

木目をそろえて3枚の板の長さを決めたら、横切りで切る。

矢筈はぎをつくるため、チョークでおよそのラインを記す。

矢筈はぎ。30°のオス部分を軸傾斜昇降盤ではぎ口加工。

内角30.5°でメスをつくる。中央を残してカットし、調整してから中央部分を切る。

オスとメスの角度を変えることで、圧着したときに強度が上がる。

接着剤で接着。はけで端に向かって塗り広げてはぎ合わせる。

クランプで固定。余分な接着剤を落としながら、締め具合を調整。

3 貫と幕板、脚の加工

幕板と長貫はカットしたあと、ベルトサンダーで平面を整えます。のみで各部分のほぞ穴のバリを取るなど掃除をしてからトリマーで面取り、ペーパーがけをします。

貫・脚・幕板の部材。幅・長さ・厚み決めが終わって並べた状態。

1-1・2の板に材を当て、寸法を写し取っていく。写真は幕板。

のこぎりを通す部分にすべてマスキングテープを貼り、切っていく。

幕板の相欠き。長さを合わせ、丸のこを数mmずつ動かしてつくる。

長貫の相欠きをつくる。すでにある幕板を合わせながらつくっていく。

角のみ盤で深さ40×幅15×長さ30mmのほぞ穴を脚にあける。

角のみ盤で幕板のほぞ穴加工。二枚ほぞなので穴も2つあけること。

ほぞ切り盤で横貫のほぞ加工。脚のほぞ穴に現物を合わせて調整。

脚の二枚ほぞを加工。幕板のほぞ穴と現物合わせで調節を。

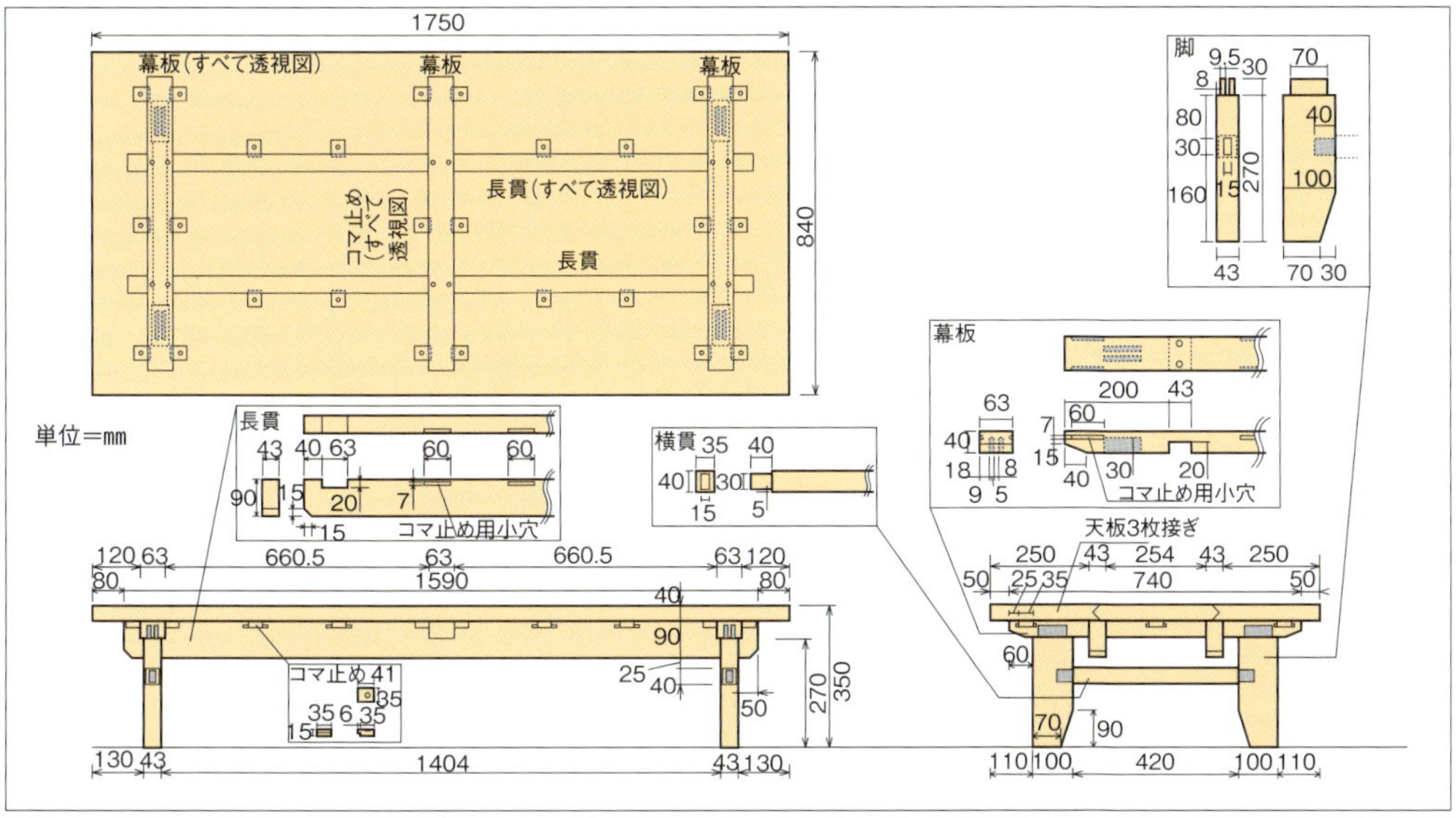

脚の下をバンドソーで切って傾斜をつけ、切断面にベルトサンダーをかける。

幕板の両端を斜めにカットし、ベルトサンダーをかける。長貫も。

3Rのボーズ面をつけたトリマーで面取り後、＃180のサンドペーパーをかける。

幕板の相欠き部の裏側にビスで留めるための下穴を2ヵ所あける。

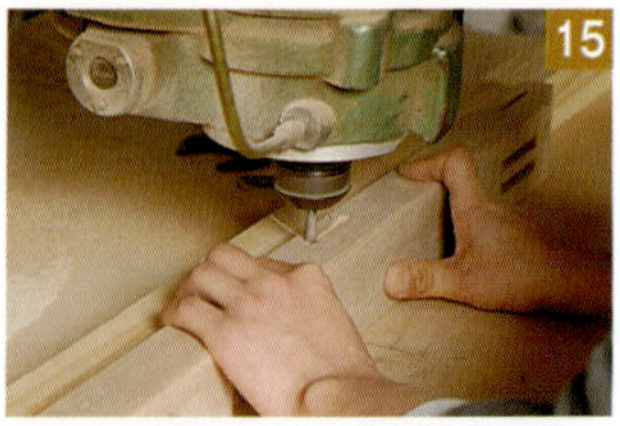

幕板、長貫にコマ止め用の溝をルーターテーブルで掘っていく。

コマ止めづくり。棒からコマを切っていく。

15の溝にはめる部分を現物合わせでつくる。中心に穴をあける。

面取り後、全体にサンドペーパーをかけて塗装し乾燥させる。

4 貫と幕板、脚の組み立て

幕板3枚と長貫2本を組み立てるとき、脚をはめない天板中央下の幕板にはほぞ穴をあけないでおきます。はみ出た接着剤は筆や歯ブラシを濡らして洗いましょう。

まずは、脚4本と横貫2本を組み立てる。

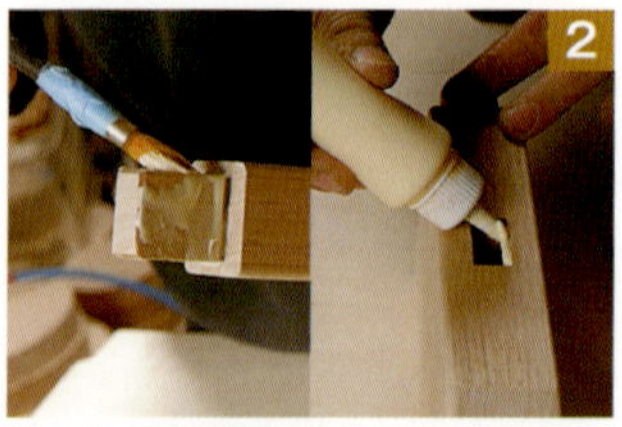

ほぞに接着剤を塗る。胴付き部分や脚のほぞ穴にもたっぷりと。

木づちで横貫を脚に打ち込み、当て木をしてクランプで固定する。

長貫と幕板の組み立て。天板中央下の幕板にはほぞ穴をあけない。

相欠き同士を組み合わせて、長貫の相欠きに接着剤を塗り接着する。

しっかりとクランプで固定してから、接合部分をビスで留める。

クランプを外して裏返し、幕板のほぞ穴と脚の二枚ほぞを接着、木づちで打ち込む。

余分な接着剤を筆で洗い、水拭きして、接着剤が乾燥するまで放置。

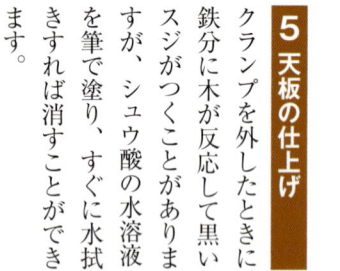

5 天板の仕上げ

クランプを外したときに、鉄分に木が反応して黒いスジがつくことがありますが、シュウ酸の水溶液を筆で塗り、すぐに水拭きすれば消すことができます。

シュウ酸の水溶液を塗り、落ちたらすぐに水拭きする。

パネルソーで天板の幅方向を、横切りで長さ方向を決めてカット。

天板の表・裏・木口・木端にかんなをかけ、目違いを払い仕上げる。

4

オービタルサンダーを＃80～＃220までかける。

5

3Rのボーズ面のトリマーで面取り後、水拭き、ペーパーをかける。

6 塗装～組み立て～完成

塗装は裏から。木口は吸い込みやすいので、むら防止のために何度か塗ります。塗装後は空拭きを。ひっくり返すときに自分が持ったところも、再度拭き取りましょう。

1

最後にフェルトを貼るため、脚の裏側にマスキングテープを貼る。

2

裏返して隙間など塗りにくいところから早めに塗装する。

3

作業台と天板の間に当て木をかまして、天板は裏から塗装開始。

4

天板裏の塗装がすんだら2を逆さまにのせ、脚、長貫の位置決め。

5

コマ止めをφ3.8㎜×45㎜のコーススレッドで留めていく。

6

天板と脚を固定したらそのまま裏返して天板の表側に塗装をする。

7
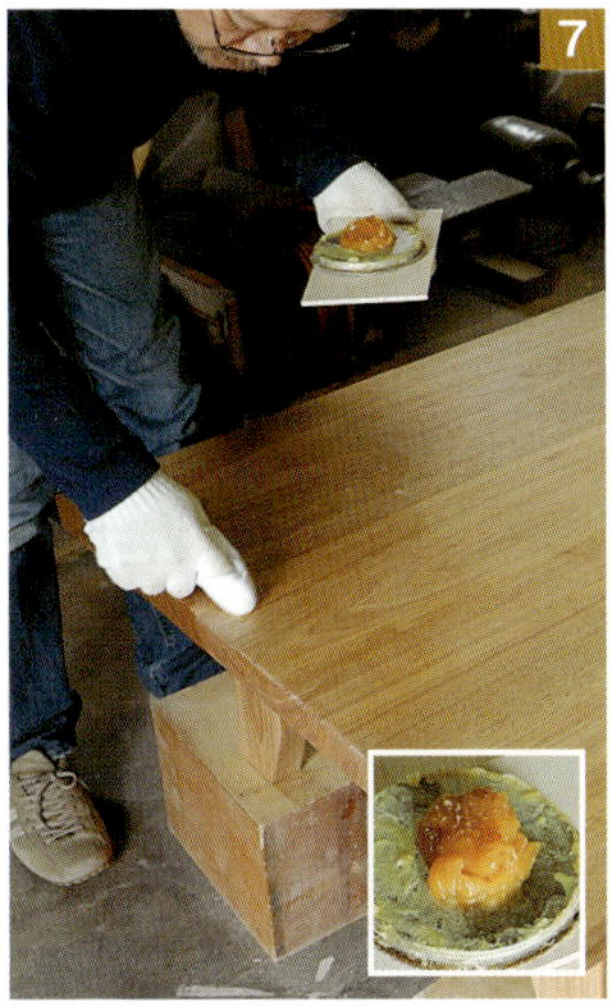

ラッペンワックスを指ですり込むように塗り、ウエスで拭き取る。

耐水と傷防止にラッペンワックスを塗り、ウエスで拭き取る。拭き取ることでツヤが出る。ウエスが軽くなるまで拭き取るとよい。

鳥居をイメージした座卓。クルミは木目がきれいで軽い。矢筈はぎは押し込むことでくいつき、接着力が高まる。

●作者紹介

吉野壮太（よしの・そうた）1960年東京生まれ。武蔵野美術学園修了後、1997年F視木工房設立。2005年から『F WOOD FURNITURE』に屋号を変更。数多くの展覧会に出展。

『ダイヤキャビネット-G』昔懐かしい"ダイヤガラス"を使用したお洒落なキャビネット。マホガニー製。

『イールS』(右)座面高が低く楽々。ブラックウォルナット製。『飾棚G』(左)。クルミ製。

●吉野壮太（F WOOD FURNITURE）☎04-2936-5301

扉のデザインが特徴的

キャビネット

「貴婦人のような凛々《りり》しい様子、〈凛《りん》とした〉という言葉を体現させた」と作家が語るイメージそのままに、優美なフォルムが特徴のキャビネット。主材料にクルミを採用。内箱は白く柔らかいイメージのキリを選んでいる。

◎必要な材料

クルミ
キリ
ローズウッド（つまみ）
シナ合板（核《さね》）
ビスケット
丸棒
ビス
オイル
グロス剤
木工用接着剤

製作：石橋 順
（羽工房）

1 天板の加工

キャビネット本体の最上部にのっている、長さ860㎜の天板は、ビスケットを使って3枚の板を接いでつくります。接着→加工で述べ2日かかる作業です。

幅860×奥行145×高さ25㎝に木取りした板3枚の向きを決める。

180㎜間隔で5ヵ所にビスケットの溝を切り、バリをのみで払う。

板を立て、ビスケット側、接合する板の木端側に接着剤をつける。

接着したら木に傷をつけないよう、上からげんのうでたたく。

はたがねで締めて水平を確認、調節し、はみ出た接着剤を拭き取る。

翌日、目違いを払い、昇降盤で切って幅と長さを寸法どおりに決める。

90Rのルータービットで面取りし、＃180～240でサンディング。

2 側板と脚の加工

貴婦人のような優美なフォルムの一翼を担う脚をいかに綺麗につくるかがポイント。正面から見た際の流麗なカーブを仕上げるため、サンダーを使って丁寧に形づくりを。

治具を使い、脚先を斜めにカット。背板をはめる溝はルーターで。

原寸大の型紙でカーブを墨付けしバンドソーで粗切り。

＃60～180のベルトサンダーで少しずつ削りカーブを仕上げる。

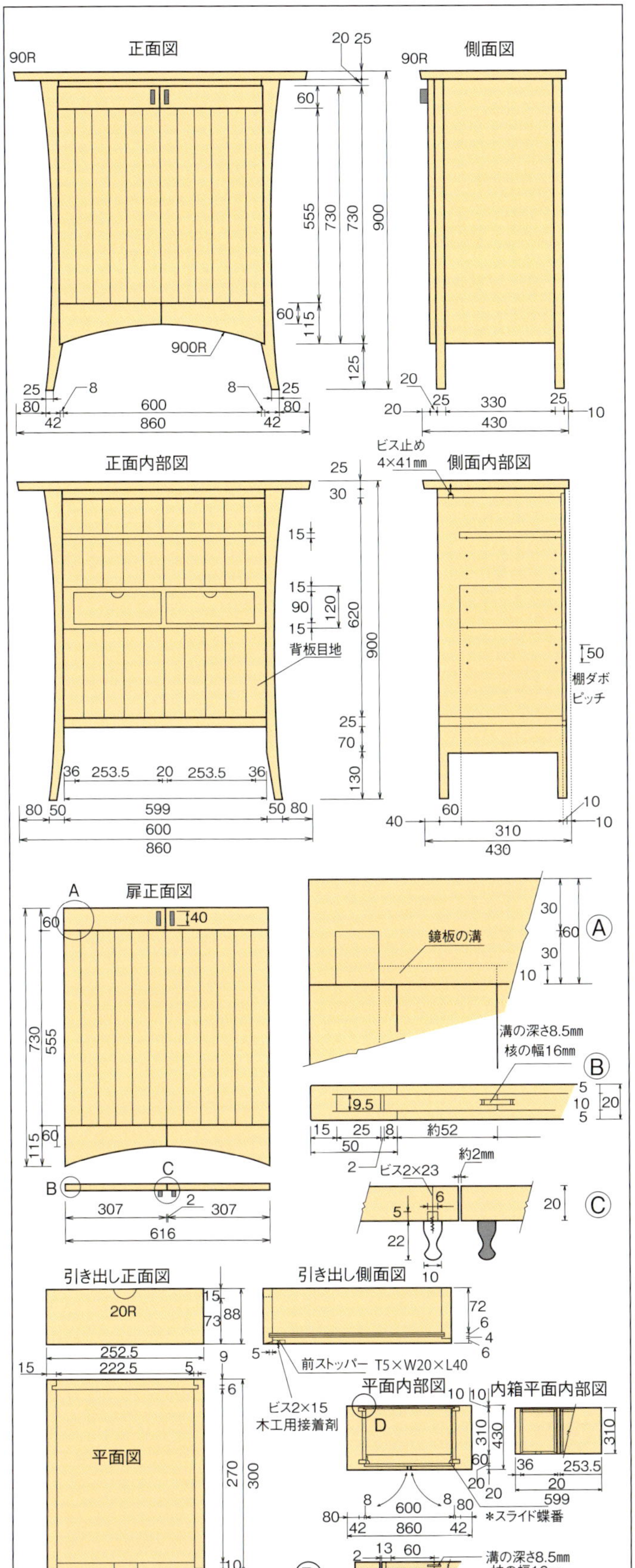

スライド蝶番 ランプ100C46SUS304B→2個(キャッチ付) 100 46 9SUS304B→2個(キャッチなし)
座金100-P3ASUS304B→4個

側板と脚にビスケット加工を施し、接着剤をつける。

側板と脚を接着後、はたがねで締め、平面が出ているか確認、修正。

ちなみに側板は、天板と同じ要領で2枚の板を接いでつくる。

翌日、側板＋脚を左右で合わせ見付けを決め、棚だぼの位置を墨付け。

位置がずれないようにドリルスタンドを使って棚だぼの穴あけ。

棚だぼ(メス)をげんのうで打ち込んでいく。

3 内天板と地板の加工

内天板は本体の天板として工程1でつくった天板を支え、地板は本体の底板となる部分です。ともにサイズは長さ600、幅380㎜ですが、厚みが違うので注意。

ルーター＋ストレートビットで背板を取り付ける部分の段欠き作業。

内天板に、天板と固定するための穴をドリルスタンドを使いあける。

穴は9ヵ所。φ9×10㎜深穴の中心にφ4㎜の穴を貫通させる。

段欠きは背板の厚み方向に10㎜、背板がのる部分が15㎜の幅。

4 扉の加工

扉は四方を框で囲み、中に鏡板を組み込んでつくります。鏡板はベニヤを使った雇い核《ざね》加工。通常の組み方とは逆で、横框が通っているデザインなので注意。

横框材に墨付け、けびき後、角のみ盤でほぞ穴を掘る。

上下の横框に昇降盤で10mm幅の溝をつける。

縦框の両端に横框にはめるため、30mm長のほぞ加工をする。

縦框の側面に鏡板を入れるための10mm幅の溝を昇降盤で加工する。

鏡板の側面に、核を入れるための3mm幅の溝を昇降盤で加工する。

3mm厚の合板を573mm長×16mm幅にした核を鏡板にはめる。

扉一枚ぶんのパーツが揃った。これから組み立てに入る。

横框（下）に縦框を入れ、次に鏡板、もう1本の縦框、の順に接着。

横框（上）を接着後はたがねで留め、余分な接着剤を拭き平面を確認。

翌日はたがねを外し、目違いを表裏ともに払っておく。

扉を2枚並べて扉用のカーブの治具を当て墨付けする。

墨線から1mm残してバンドソーで切り、ベルトサンダーで仕上げる。

扉の横框（上）につまみをつけるためのほぞ穴をルーターで加工。

のみでバリを取り、穴のコーナーを落とす。つまみも成形する。

扉の裏側にスライド蝶番のカップを入れるための穴を加工する。

♯180→♯240までサンディングし、角を面取りしたら完成。

5 つまみの加工

キャビネットの素材はクルミですが、つまみだけローズウッドにして、色としても素材としてもアクセントをつけます。つまみやすい形状を自分なりに考えてみましょう。

ローズウッドの長い材（30cm以上）をルーターで欠き取っていく。

昇降盤でほぞ加工。ほぞは幅6×高さ5mm。

♯180～240のペーパーで形を整える。3つ折りにするとよい。

必要な長さにカットした後、胴付き加工をしてほぞ穴に揃える。

凹面はφ12mmのUビット、トップは4.5Rのボーズ面を使用。

6 背板の加工

背板も扉の鏡板と同様に、雇い核でつないでいきます。後ろ脚の欠き取った部分に背板がのることを考え、10枚ある背板のうち両側のみ、幅が広くなっているので注意。

背板の側面に、核を通すための溝を昇降盤で加工し、接着剤を塗る。

核は幅、厚みともに扉と同じだが、長さは649㎜（完成時）となる。

核を入れたら接着し、はたがねで固定。はみ出た接着剤を拭き取る。

木の伸縮を考え、実際の開口寸法より左右2㎜ずつ小さくつくる。

翌日、長さを決めて切り、面取り、サンディングを施して完成。

7 内箱の加工

棚板のほかに、棚だぼにのせて使う引き出しが入っているのがこのキャビネットの特徴。まずはキリの内箱づくり。ビスケットを使うことで接着性と強度を高めます。

内箱の側板と天板、地板を重ねて固定しビスケット加工。

天板、地板、側板、仕切り板すべてにビスケット加工を。

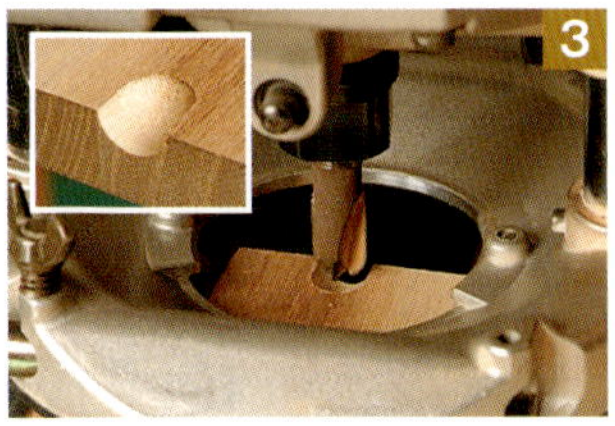

内箱地板に棚だぼ受けを欠き取る作業。だぼが半分入る深さに。

引き出しストッパーを内箱の地板にねじで留める。

側板と天板、地板、仕切り板の組み立て。接着剤を溝に塗る。

溝にビスケットを入れ、側板を立ててまたビスケットを入れる。

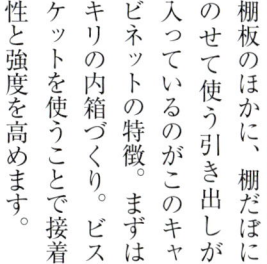

ビスケットを押し込んでから、天板を上からのせる。

クランプで固定。翌日目違いを払い面取りとサンディングで完成。

8 引き出しの加工

引き出しも内箱と同様にキリでつくります。正面から見たときに側板が見えないよう覆うのと、内箱につけたストッパーで引き出しが止まるよう調整をすることが必要。

昇降盤で前板の左右裏側に、側板と接合する部分を欠き取る。

欠き取り幅は側板厚の15㎜。前板側に5㎜残し、10㎜欠き取る。

指かけ部分のRを糸のこで粗取りし、スピンドルサンダーで仕上げ。

前板、側板、先板それぞれの裏側に底板を入れる溝を昇降盤で切る。

先板にはほぞ加工をし、側板にほぞの溝を欠き取っておく。

側板の溝に先板のほぞをはめ込み接着。天で揃えること。

7 底板をはめ、さらにもう１枚の側板を貼る。

8 前板を貼り、先板とともに側板側から25㎜長の仕上げくぎを打つ。

9 組み立て完了後スコヤで直角を確認し、接着剤乾燥後目違いを払う。

10 側面のくぎ穴をパテで埋める。木の色に合わせたパテを選ぼう。

11 パテが硬化したらのみで余分なパテを削り、すべてにサンディング。

9 本体組み立て～仕上げ

内天板と地板、側板（脚つき）を組み立てて本体にします。

1 側板の目違いを払い、天板と地板用のビスケット加工。

2 溝に接着剤を塗り、ビスケットを打ち込む。片側の天地で計６枚。

3 木口にビスケット加工をした内天板と地板に接着剤をつけ接合。

4 もう１枚の側板をつけ、当て木をしてはたがねで固定。紐は直角を修正するときに締め具合で調節できるので便利。

5 乾燥後、目違いを払う。前面と裏は本体を寝かせてかける。

6 背板の欠き込み部のコーナーが直角になるよう、のみで仕上げる。

7 ルーターで欠き取ってカーブがついていた側板のコーナーが直角に。

8 目違いを払うなどの作業で本体を寝かせるときは、地面に毛布などを敷くとよい。最後に本体のすべての面に＃240でサンディングを行い、面取りをする。逆さまにして内天板の裏、地板の裏から始め、背面、側面、前面、天の順番で。

10 塗装・全体組み立て・完成

クルミを使った本体、扉はオイル仕上げ。キリを使った内箱と引き出し、棚板は塗装しないので注意。塗装後に扉を吊り込み、天板を取り付けて完成です。

1 扉の裏→側面→表の順で塗装。はけは木目と同じ方向に動かす。

2 本体は逆さまにして内天板の裏や地板から。見付け*側は最後に。

3 下塗りをしたら拭き取って2～3日放置後、＃400でサンディング。

4 上塗りはオイルを少な目に塗り、拭き取り後2～3日乾燥。

＊見付け：正面

框組みの扉と背板が美しい。

スライド蝶番の金具のサイズを考慮して棚板と内箱の奥行が決められているので、棚だぼの位置を変えれば棚板と内箱は自在にセッティング可能。

水屋のイメージをチェストとしてデザイン。和洋問わずマッチする逸品。幅 100 ×奥行 42 ×高さ 87㎝

●作者紹介

石橋 順（いしばし・じゅん）
1950 年愛知県生まれ。1984 年埼玉県立飯能高等職業訓練校卒。1992 年羽工房設立。埼玉を中心に個展、グループ展多数。

↑あぐらをかける椅子「AGURA」幅 100 ×奥行 60 ×座面高さ 38㎝
←クルミを使った「くるみ椅子」幅 52 ×奥行 52 ×座面高さ 38 ～ 42㎝

扉裏にスライド蝶番をつける。端材で取り付け位置を揃える。

ドリルで下穴をあけてからカップを入れてねじで留める。

本体側に受けの座金を取り付ける。扉のオス金具とずれないよう注意。

本体側の座金。スライド蝶番は調整が簡単なのでおすすめ。

扉をつけて、上下のスライド蝶番を本体側座金と接続して調節する。

天板の取り付け。天板を裏返しておき、そこに本体をのせる。

内天板にあけておいたねじ穴にねじで固定する。

丸棒をのこぎりで切ってねじ穴を埋め、のみで仕上げオイルを塗る。

逆さまになっていた本体を元に戻し、背板をはめ込む。

内天板、脚、地板の欠き込み部分に下穴をあけビス止め。

扉を外し、棚板と内箱、引き出しを中に入れ、扉を戻して完成。

●石橋 順（羽工房）☎ 0493-65-1506　http://www.18.ocn.ne.jp/~hane/

昔の柱時計をイメージした　美しい収納

ウォールキャビネット

置き家具ほどスペースをとらず、
見た目も、どこか懐かしくてお洒落。
地震大国だからこそ、
転倒の心配がない家具はうれしい。
さあ、お気に入りの食器を並べよう
末永く付き合えるキャビネットに——

◎必要な材料

ナラ
ウォルナット
(取っ手)
ビスケット(0番)
木ねじ
(真ちゅう・ブロンズ)
壁掛け用金具
スライド蝶番、座金
木工用接着剤
リボスオイル
ウッドオイルクリア

製作：濱根 久
(クラフト HAMANE)

1 本体用部材をつくる

角のみ盤で天板と地板にほぞ穴を掘り、昇降盤で側板にほぞをつくります。側板には棚ダボの穴もあけます。かんながけやげんのうでたたいてほぞ先を面取りします。

1　ウォールキャビネットで使うすべての部品を木取りしておく。

2　ほぞ穴をつくる。地板の木口側から18㎜に墨付けをする。

3　側板と地板を同時に墨付け。ほぞ穴は、墨の内側を切ること。

4　ほぞ穴を16㎜の深さにあける。1㎜分は接着剤の逃げ場とする。

5　ほぞは長さ15㎜として昇降盤でカットし、ほぞ穴に当てて厚み調整→幅決め。

6　中央にしらがきを入れ丸のこで落とし、残ったバリをのみで落とす。

7　側板の背中側に、9㎜厚の背板をはめ込む段欠きをつくる。

8　側板に30㎜間隔でφ8㎜、深さ7㎜の棚だぼ用の穴をあける。

9　30㎜のピッチを記したガイドの前に側板を置き、動かして穴あけ。

10　天板と地板に面取りを。現物合わせで削り過ぎないように注意。

11　かんなをかけて水拭きした後に、サンダーでサンディング。

5 縦框に深さ30㎜のほぞ穴を角のみ盤であける。

6 扉の上框と下框の厚みを昇降盤で切り落とし、ほぞをつくる。

7 面取りカッターで、5のほぞ穴に面越しの部分をつくる。

2 縦框の内側両端に、深さ30㎜のほぞ穴の墨付け。

3 上框と下框に面越し加工のほぞをつくるための墨付けをする。

4 上框と下框の表裏に留め、定規を使い墨付け。

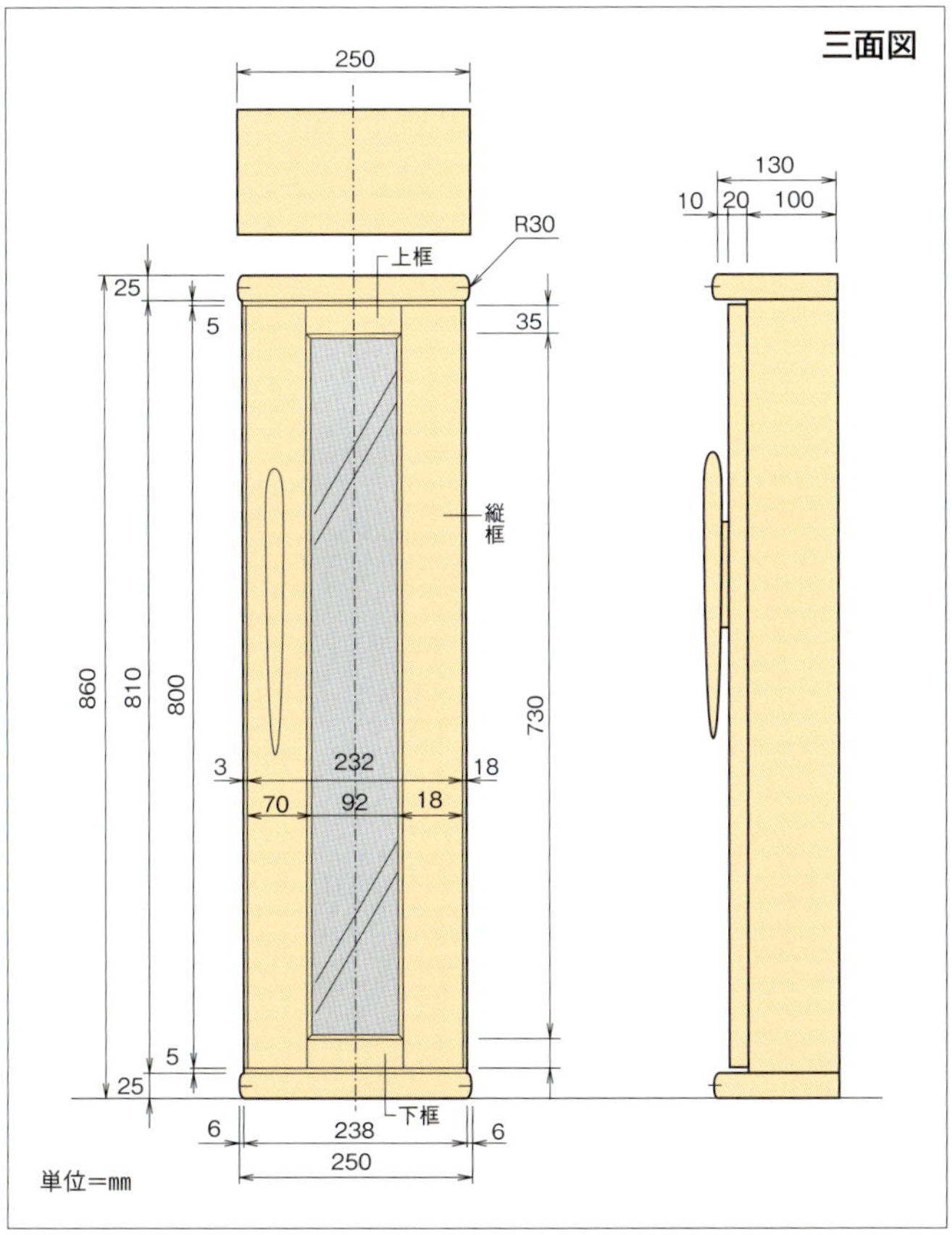

2 本体を組み立てる

側板と天板、地板を組み、当て木をしてはたがねで固定。はみ出た接着剤は水で拭き取ります。横桟を現物合わせで長さを決め、昇降盤で切り落として調節していきます。

1 側板の天地を間違えないように、側面と天板、地板を並べて置く。

2 ほぞとほぞ穴に接着剤をつけ接着(木口には接着剤をつけない)。

3 打ち込んだらクランプで固定し、三角定規を当てて直角を確認する。

4 水をよく切った歯ブラシで接着剤を取り除き、布で拭き取る。

5 ひっくり返して内寸を測り、現物合わせで横桟の長さを決める。

6 現物合わせで決めた墨線を、昇降盤で切り落とす(斜線部分)。

7 何度か現物合わせをしながら、横桟のサイズを調整する。

3 扉をつくる

扉裏にガラスをはめ込むための段欠きをつくります。ガラスは裏からはめ込み、押さえ縁で留めるので、段欠きはガラスの入り込みと厚み、押さえ縁の幅と厚み分が必要。

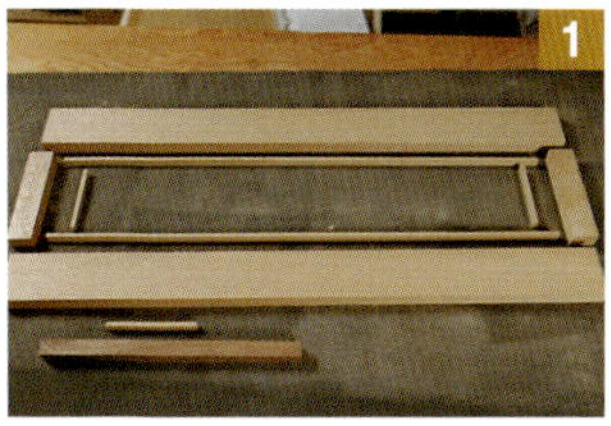

1 扉づくりに使う部品を木取りして並べる。

面取りカッターでつくった、縦框の面越しの部分。

仮組みをして目違いは修正。胴付き部分と表面内側の面取りをする。

斜線部を昇降盤でカット。扉裏にガラスを入れる段欠きをつくる。

接着したら、当て木をしてげんのうで打ち込んで組み立てる。

接着剤が乾燥するまで、はたがねで固定する。

4 背板・戸当たりの設置

本体に横桟と背板、戸当たりを設置し、各部材を仕上げます。横桟は手がんなで。背板の外側は壁について見えなくなるので、開けたときに見える、内側のみサンディング。

厚さ9㎜の背板に墨付け。右の板がオス、左の板がメスになる。

本体の背中側を上にし、2-5、6、7でつくった横桟を仮置きする。

背板の溝を昇降盤でつくる。中央の背板のほぞも同時に。

背板は本核加工。背板の面取りをしておく。

昇降盤で余分な部分を切り、背板の長さと幅を現物合わせ。

5 引き出しをつくる

自在に位置を動かせる外箱と引き出しをつくります。サンディング後、ビスケットを使って接合を。鏡板は面取りして入れやすくし、中で動けるように接着剤はつけません。

左は外箱、右は内箱（引き出し）の部品。

外箱側板のセンターに墨付けしてビスケットジョイント加工。

外箱の天板、地板にビスケットジョイントで穴あけ。

外箱の背板と引き出しの底板は、鏡板という技法を使う。

鏡板をはめる溝を側板、天板、地板に墨付けする。

鉛筆で印をつけて、背板と横桟に木ねじの穴をあける。

木ねじの頭が出ないよう、ねじ穴の皿をもむ。

上側の戸当たりを現物合わせでつくり、サンディングしてから接着。

下側の戸当たりも、同様につくり、接着していく。

接着後は乾燥するまで、クランプで固定しておく。

ルーターの溝は両端が丸いので、台の両端をかんなで削り合わせる。

扉と本体を合わせて、蝶番をつける位置を本体に墨付けする。

扉板に蝶番の位置を墨付けし、ポンチで下穴をあける。

下穴部分に直径35㎜×深さ13㎜の蝶番取り付け用の穴をあける。

6 扉まわりの仕上げ

取っ手はランダムに削ります。材はウォルナットがおすすめ。ナラより柔らかく、色もアクセントになります。押さえ縁にねじ穴をあけるときは、当て木をしましょう。

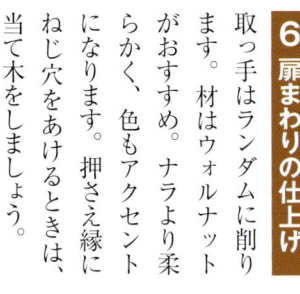

はたがねを外し、目違いや接着剤の残りをサンダーやかんなで払う。

扉の任意の位置に、取っ手の取り付け位置の墨付けをする。

取っ手の任意の位置に、取っ手の台の取り付け位置の墨付け。

ストレートビットをつけ、ガイドをつけたルーターで深さ3㎜の溝を掘り、取っ手の台をはめ込む。

接着してクランプで固定。スコヤを当て、直角かどうか確認を。外箱の製作は以上で終わり。次に引き出しの製作にかかる。引き出しは前板に穴をあける以外は外箱と構造、つくり方は同じ。

引き出し前板にφ20㎜の穴を墨付けし、バリが出ないよう下に板を置いて、ボール盤で穴あけ。

底板を段欠きし、サンディング後に組み立てて接着、クランプで固定。

目違いをかんなとサンダーで払い、トリマーで面取りする。

墨付けした溝を、昇降盤で削り取る。

鏡板を昇降盤でつくる。溝に現物合わせして。

組み立て。側板に接着剤を塗った0番のビスケットを打ち込む。

面取りした鏡板を差し込む。中で動けるよう接着剤はつけない。

ビスケットを入れて、天板と側板を接着する。

当て木をして、げんのうで打ち込む。

本体に座金を取り付ける。治具があるので位置は簡単にわかる。

扉にスライド蝶番をつける。直角を測り、下穴をあけてから固定。

スライド蝶番と座金をつなげ、本体に扉を装着する。

扉を閉めたときに隙間があかないように、座金のねじで調整する。

扉裏にマグネットキャッチを。現物を当て、下穴をあけて固定。

取っ手の台をつける溝に下穴をあけて貫通させ、裏から皿をもむ。

扉をはずし、ルーターに30Rのビットをつけて木端を面取りする。

ゴムのブロックにペーパーを巻きつけ、面取りして仕上げる。

扉にガラス3㎜厚をはめ、現物合わせで押さえ縁の加工をする。

治具を使って、押さえ縁を横切りで45°に切って合わせる。

先に短いほうを切ってはめ、次に長いほうを切ってはめる。

7 引き出しと棚板の仕上げ

引き出しは目違いを払い、内側の面取り、棚だぼ受けを欠き取り、トリマーで糸面取りをして仕上げます。棚板は棚だぼ受けを欠き取り、面取りをして、サンダーをかけて。

目違いをかんな、オービタルからランダムアクションサンダーで払う。

棚板にだぼの欠き込みをする。現物に当てて墨付け。

欠き込みはルーターで。棚板は人目にふれる見付け*面を面取り。

8 塗装～組み立て～仕上げ

＃240のサンドペーパーでならしてからウエスで塗装します。ひと晩置いて2度目の塗装を。横桟のねじは電動ドライバーで。背板のねじは折れやすいため、手でしめます。

傷などをならし、塗装が乾いたら、＃400～600で軽くサンディング。2回目の塗装をする。

塗装乾燥後、本体に棚だぼ受（φ8㎜）を打ち込み、適宜、棚だぼをねじ込む。

本体の背に、背板と横桟をねじで固定する。

背面に壁掛け用の金具を取り付けるため、現物を置いて墨付け。

＊見付け：正面

壁に取り付けると柱時計のようで味わい深い。お気に入りの器などを並べてほしい。

扉厚が20㎜で使える蝶番を使用する。スライド蝶番はしっかり直角を測り、下穴をあけて固定する。

使い込むほど味が出る家具。取っ手のデザインに凝ると、個性豊かな仕上がりに。

墨付け部分にφ10㎜のドリルで穴を2つあけ、のみで楕円に形成。

ルーターで金具の厚み分を欠き取り、コーナーをのみで仕上げる。

穴に壁掛け用の金具をはめて、ねじで留める。

扉にガラスを入れ、押し縁を真ちゅうのねじで留める。

真ちゅうのねじはやわらかいので、手で締めること。

先に箱を入れてから、扉を取り付ける。

引き出しの中箱を入れる。

棚だぼをねじ込んだ棚受けに、棚板をセットする。

取っ手はのみで好きな形に削り、ペーパーをかけてから、ねじ留め。

ティータイムキャビネット。棚には紅茶などを収納。天板下の棚にはワインが保管できる。

盛器。素材は樫。木工旋盤で削り出した作品。木の美しさと温もりが引き出されている。

サイドテーブルとスツール2脚。可動式のサイドテーブルは、本やお茶など、ちょっと置いておくのに便利。

●作者紹介

濱根 久（はまね・ひさし）
1960年生まれ。武蔵野美術短期大学工芸工業デザイン科・木工専攻卒業後、ソリウッド・プロダクツ入社。2005年「クラフトHAMANE」設立。

●濱根 久（クラフトHAMANE）☎0426-85-2662

木に照らされる、優しい間接照明

リビングライト

細部にまでいたる繊細なカーブと曲げ木により生み出された、滑らかな曲線。そこで反射される光は、今まで味わったことのない、優しさを演出する。シンプルで上質なデザインは、室内を、安らぎの空間に一変させる。

◎必要な材料

MDF
パーティクルボード
シナ合板
ウォルナット
ビスケット
木ねじ
木工用接着剤
ソケット
配線コード

製作
伊藤洋平
（伊藤家具デザイン）

1 曲げ木用補助具をつくる

半円の曲げ木をつくるので、曲げ代も含めて2/3円ほどの補助具を製作します。かなりの作業量ですが歪みのない曲げ木の完成には、終始一貫して丁寧な作業が重要です。

厚み12㎜のMDF 1枚と18㎜のパーティクルボードを大量に用意。

基準の型MDFをパーティクルボードに添えて墨付けし、バンドソーで1㎜ほど外側をカットする。

平面部を基準に2枚をねじで固定。コロ付ルーターでずれを削り、同じサイズのものをつくる。

同様の作業で、徐々に大きな補助具にしていく。

ボードを重ねた高さが65～70㎝ほどになるまで繰り返す。

2 曲げ木部分をつくる

接着剤が固まる前に固定する必要があるので、工程3まではスピード勝負。バリが出ぬよう、ルーターは刃の回転向きに合わせて動かし、内側と外側2回に分け作業します。

シナ合板に、ローラーを使い全体が均一になるよう接着剤を塗る。

合板を重ね、さらに上に接着剤を塗り合板を重ねていく。

同様の作業で６枚を接着。一周り大きな当て木を添え、車用のバンドで補助具にしっかり固定。完全に乾燥するよう、一晩放置する。

乾燥したら、余白を削るため補助具に合わせて上部に墨付けをする。

下部は上端から600㎜の位置３ヵ所に墨付けする。

曲げ木の上部、下部を削るため、ルーターに添え木を取り付ける。

墨から上が出る状態で補助具に取り付け、はみ出した部分をルーターで削る。同様に下部も削る。

さしがねで直角を出しながら、サイド部分に墨付けする。

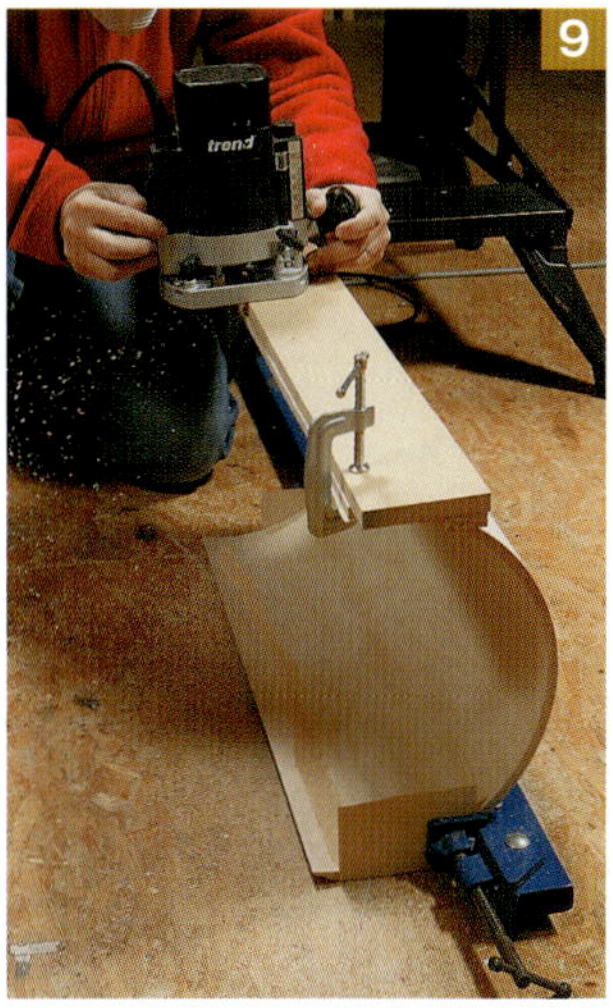

作業が行ないやすいよう、クランプなどを使い、曲げ木を床や机などに固定する。添え木をクランプで固定し、墨線に合わせて、ルーターで削っていく。

3 支柱をつくる

下部支柱は、40×60×162㎜を2つ使用し、幅6×深さ4㎜の溝を掘ります。上部支柱は、背板の接着面に3ヵ所、曲げ木との接着面に1ヵ所のだぼ穴をあけます。

下部支柱の溝から3㎜の部分にビスケット穴を２ヵ所あける。

０番のビスケットをはさみ、溝に垂れないよう接着剤を塗る。

下部支柱素材２つを重ね合わせ、溝に接着剤が垂れていないことを確認しクランプで圧着。

上側から30㎜の位置にビスケット穴、反対側にだぼ穴をあける。

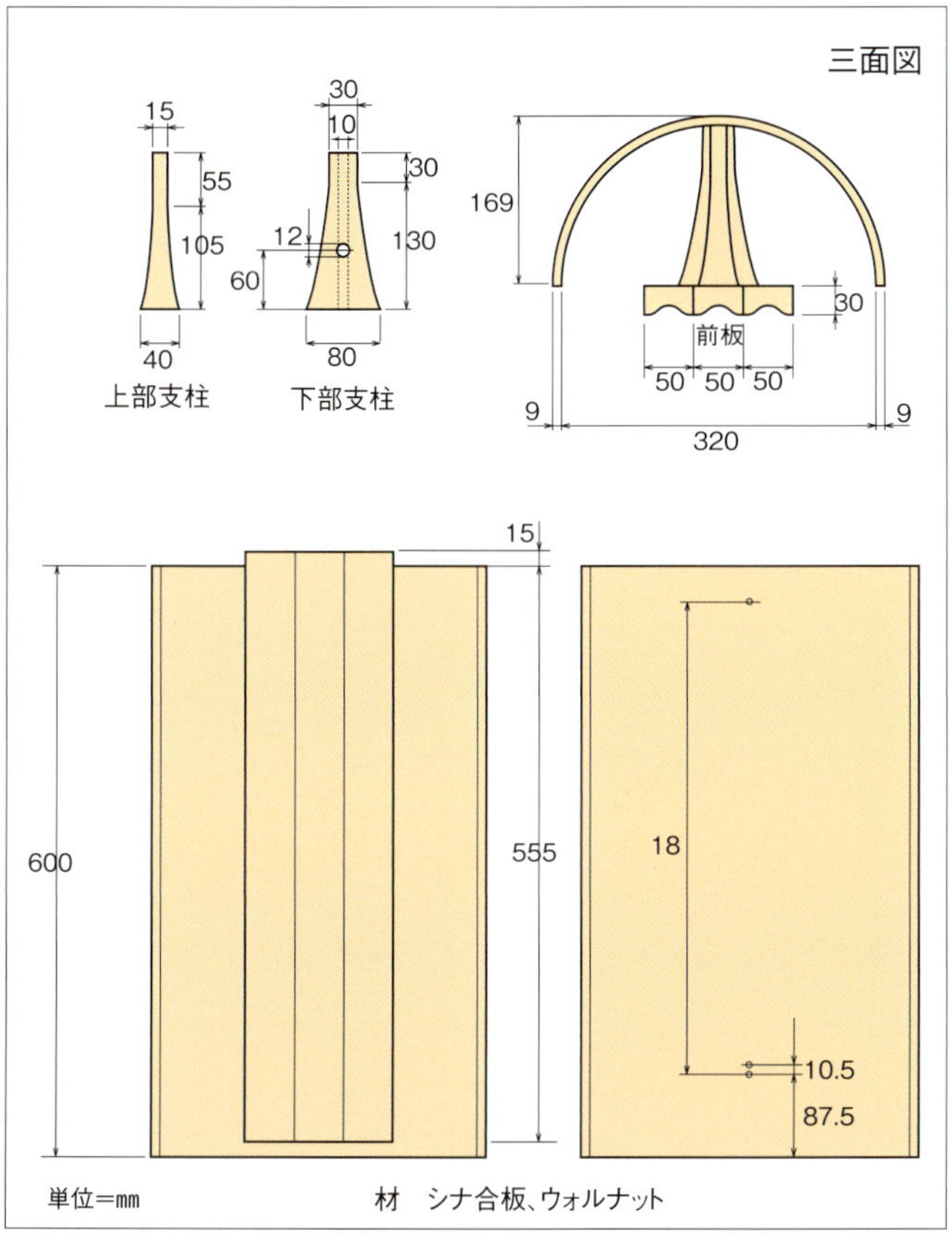

ビスケット穴側から60㎜の部分にボール盤で溝まで穴をあける。

木屑を取り、穴をあけた部分から、配線が溝を通ることを確認する。

終端30㎜になるようカーブをつけた型板を当て墨付けし、切り抜く。

バンドソーで切り抜いた部分をサンダーで滑らかに磨く。

薄い板にカーブをつけ墨付けし、終端30㎜になるよう切り抜く。

上部支柱も同様。終端15×15㎜にカーブをつけ切り抜く。

支柱の先端を曲げ木のカーブに合わせるためにその型をつくる。

下部支柱をサンダーで削り、曲げ木に合わせたカーブをつける。

同様に上部支柱にもカーブを付け、曲げ木に密着するか確認する。

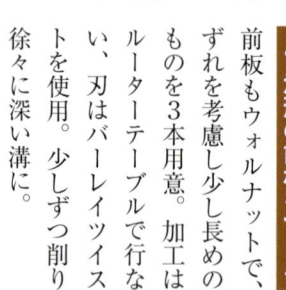

4 波形の前板をつくる

前板もウォルナットで、ずれを考慮し少し長めのものを3本用意。加工はルーターテーブルで行ない、刃はバーレイツイストを使用。少しずつ削り、徐々に深い溝に。

前板素材をルーターテーブルで最深部10㎜になるまで凹形に削る。

同様の作業を繰り返し、3本とも同じ深さで滑らかな溝を掘る。

3本のうち1本は両脇に、2本は片側にビスケット穴を掘る。

接着剤を塗り圧着。乾燥後、平面部分に軽くかんながけする。

長さ600㎜に上下を切断。下端から65㎜に墨付けする。

墨付けした位置にビスケット穴をあけ、下部支柱がはまるか確認。

同様に上端から35㎜にだぼ穴をあけ、上部支柱がはまるか確認を。

5 塗装～組み立て～完成

塗装の際は、接着部分にマスキングテープを張っておくと、作業が楽になります。また、圧着する際の当て木は、コード部分を削ったものを使用します。

曲げ木部分の下端から87.5㎜、567.5㎜に墨付けする。

曲げ木を床に固定。添え木を使い垂直に墨付け位置に穴をあける。

前板全体にサンドペーパーをかける（支柱接着部分は行なわない）。

サンドペーパーで前板の面取りを行なう。

洗練されたフォルムは、リビング・寝室など置き場所を選ばない。

波形の前板も含め、全体を曲げ木に合わせた滑らかな曲線で構成。

よどみないカーブで、やわらかい光を部屋に広げることができる。

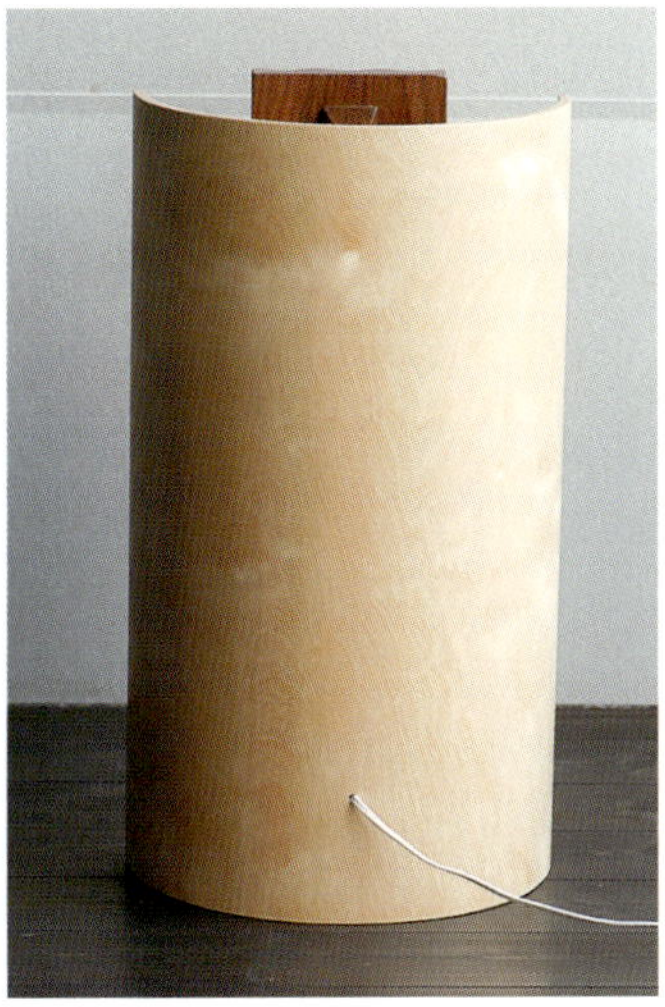

シナとウォルナットのコントラストが、シンプルな美しさを演出。

電球の種類により、明るさ・暖かさを調整でき、用途が広がる。

作者紹介

洋菓子のデコレーションからデザインを発展させた『コーヒーテーブル C1』。

自然をヒントにデザインをしたシリーズの1つ『スツール E1』。

伊藤洋平 (いとう・ようへい) 1975年東京都生まれ。'96年より家具デザインの勉強のためイギリスに渡る。曲げ木により、シンプルかつ立体的な作品を多く残している。

同様に支柱全体も接着面以外にサンドペーパーをかける。

曲げ木もサンドペーパーをかけ、部品ははけで細かい埃を払う。

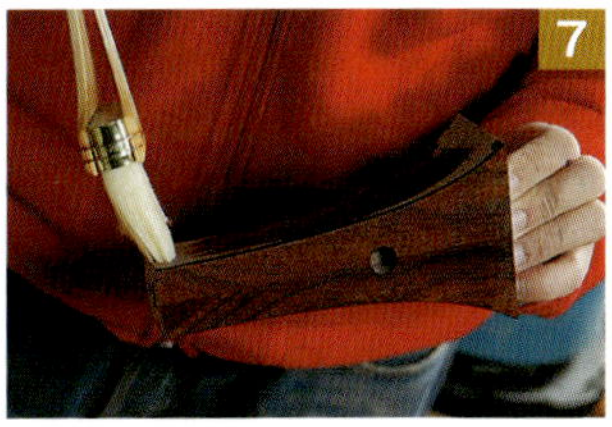

接着面以外にはけを使い、ウレタン塗料で塗装を行なう。

塗装は2度塗りなので、乾燥後もう一度塗装する。

乾燥後、下部支柱に配線コードを通しソケットを取り付ける。

上部支柱にだぼを取り付け、接着剤を塗り前板に取り付ける。

下部支柱にビスケットを取り付け、接着剤で前板に取り付ける。

当て板に布を巻き、クランプで前板と上下の支柱を軽く圧着する。

乾燥後、作業しやすいようテーブルに布を敷き、前板をのせる。

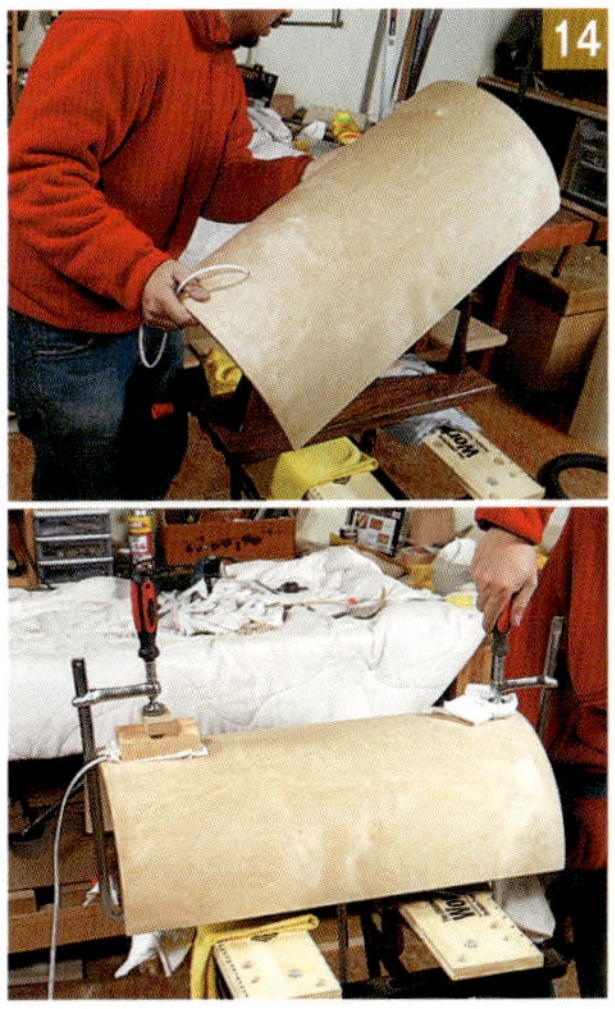

曲げ木にだぼをはめ、接着剤を塗りコードを通しながら、圧着する。

●伊藤洋平（伊藤家具デザイン）☎ 042-623-7189 E-mail:mail@itofurniture.com

素材を生かした素朴な温もりがうれしい
サラダボウルなど

同じ機材、木材、型板を使ってつくっても
自然そのままの木目、色、形、
そしてつくる人の想いによって
個性ある作品が誕生する楽しさが魅力!
丁寧につくられた天然木の食器からは
素朴なやさしさと温もりが感じられる。

◎必要な材料
サラダボウル：
作例ではクヌギ
サーバーとカトラー：
作例ではケヤキ
スプーン・フォーク：
作例ではカシ
その他
サラダ油、
蜜ろうワックス、
キッチンペーパー

製作：須田二郎
（あおぞら工房）

1 サラダボウルをつくる

チェーンソーでカットし、旋盤に固定して少しずつ掘ります。旋盤からはずし、真空チャックと刃物でつかみ代を取り、サラダ油、蜜ろうワックス、ペーパーで仕上げます。

縦に半分に切った丸太の断面に型板を当てて墨付けする。

チェーンソーで角を切り落とし、裏返してお椀型に成形する。

裏返して、木材の中央部分にねじでフェイスプレートを固定する。

チャックに取り付け、テールストックで固定する。

改良型スピンドルガウジを使い、側面のカーブを削り出す。

少しずつ削りながら形を整える。仕上げはかんなの刃で。

内側を削るためプレートを外し、逆側にチャックをつけ主軸に固定。

コーニングという刃物を使い、内側の凹部分を大きくくり抜く。

内側を仕上げる。この時点でふちの部分もチェックする。

ドライヤーで乾かしてから、サンドペーパーを当てる。

粉じん対策とサンドペーパー詰まりを防ぐためサラダ油を塗る。

サンディングブロックで内と外をはさみ込んでペーパーがけし、サラダ油→蜜ろうワックス→キッチンペーパーの順で仕上げる。

裏返してチャックのつかみ代を刃物で削り、底をつくる。その後[12]と同じように仕上げる。

[8]でくり抜いた中身の木材を使い、取り皿をつくる。

工程はサラダボウルと同じだが、足をつくらないフットレス仕上げ。

サラダ油、蜜ろうワックス、サンドペーパーの順に仕上げる。

サラダボウル。生木を使うことで時間の経過により反ったり歪んだりするが、それが味となる。口に入れても問題のないサラダ油を使用。足がついているので安定感もある。

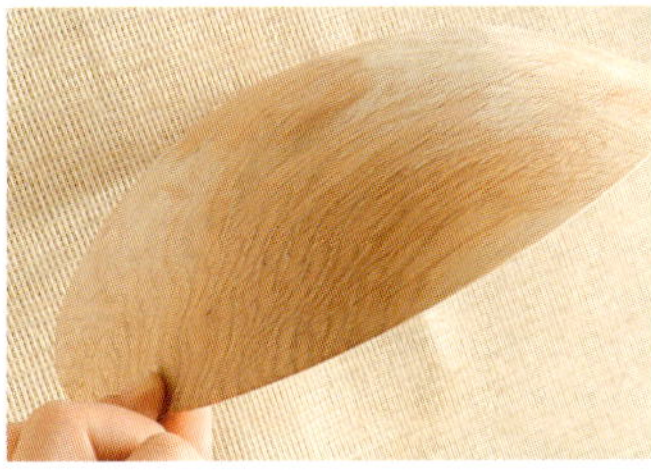
[14]〜[16]でつくった取り皿。サラダボウルもそうだが、裏が透けるほど薄く削っている。サラダボウルより小ぶりで高さがないぶん、より形が変化しやすく、表情を楽しみやすいが、割れやすいので注意が必要。

2 サーバーとカトラリー

木目と平行に型板で墨付けします。旋盤加工は主軸とテールストックの両方で角材を固定し、スキューチゼルで削ります。刃物の当て方と角度で好みの形をつくりましょう。

1

1枚の板に、型紙を使って互い違いに2本分の墨付けをする。

2

バンドソーで墨線の少し外側をカットしていく。

3

主軸とテールストックの両方で[2]を固定し、回転させながらスキューチゼルで角を取り、持ち手を丸くしていく。

4

旋盤チャックに固定する。写真(上)はチャックを正面から見たところ。(下)旋盤チャックを回転させ、中のくぼみを削っていく。

5

ベルトサンダーでふちを削り、滑らかに成形する。

6

鉛筆で大まかに墨付けし、バンドソーで手の形にカットする。

7

バンドソーで裏側の曲面を粗切りして成形する。

8

ベルトサンダー(小)でバリや角を取りながら曲面に仕上げていく。

9

サンドペーパー、サラダ油、蜜ろうワックスの順に仕上げる。

[5]までは同じ形のもの。先をギザギザに切ればフォーク風になる。

細い角材を使えば、スプーンとフォークといったカトラリーも同じ要領でできる。柄の形や飾りなど工夫すれば、オリジナリティあふれる作品に。

3 ティースプーンと茶筒

スプーン用の枝はまっすぐ伸びているケヤキがいいでしょう。茶筒はブロックから円筒をつくり、パーティングツールを奥に直進させて2つに切り分けるとうまく切れます。

1 まっすぐな枝を旋盤に固定し、φ 2.5mmの円錐の穴をあける。

2 穴に沿うように側面を形成。先端は持ち手になるように細くする。

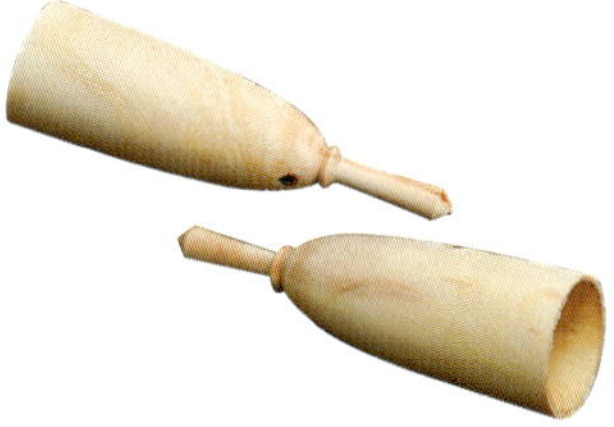

あいた穴にサラダ油を塗り、指にペーパーをつけてならす。

3 ベルトサンダーで円錐を削り、細長いスプーンになるように成形。

4 紅茶の葉をすくうのに適した形と長さのティースプーンが完成。

5 旋盤を使ってブロックを円筒に成形し、２つに切り分ける。

6 ふたからつくる。スピンドルガウジで内側を掘っていく。

7 筒をつくる。まず、ふたをはめる部分をけずる。ときどきふたをかぶせて、ぴったりはまるか確認しながら成形。まだ筒の中は削らない。

8 ふたと筒がぴったりはまったら、そのまま好きなデザインに成形していく。取っ手などは誤って切り落としやすいので、少しずつ削る。

9 ふたをはずして筒の中を削る。仕上げはサラダボウルと同じく。

●作者紹介

コーヒースプーン。ティースプーンと違い、先を球体にして中を削る。

須田二郎（すだ・じろう）
1957年生まれ。世界中を旅したあと、天然酵母パン屋、無農薬農業を経て、独学で木工を学び、現在は木工作家。多くギャラリーで個展、作品展を開催。

サーバーを器代わりに使うなど、斬新なアイデアも提供。

●須田二郎（あおぞら工房）☎ 0426-66-4210

子どもが乗って遊ぶ玩具だから安全性にも配慮

カブ丸くん

子どもが大好きなカブトムシ!
丸みを帯びたフォルムは、
車輪つきの玩具であるがゆえに、
安全性も考えたつくりとなっている。
きれいに仕上げるには、
彫刻刀や切り出しの使い方がコツとなる。

◎**必要な材料**
エンジュ
ブナ
コクタン
木工用接着剤
オイル
ステンレス丸棒
φ6×100mm　2本
φ10×180mm　3本
ハンドル取り付け
片ねじ
φ8×150mm　1本
(ナット付)
φ65mm Oリング　10個
φ10mmスプリング 2本
竹筒　1本

製作:柴田重利
(柴工房)

1 墨付け&胴体の加工

角《つの》は木目が縦方向になるように墨付けを。羽根や本体は左右の厚みや木目が揃っているものを選びます。中央仕切り板と本体を固定し三面図のように穴をあけておきます。

角の部分は自在定規を使って好みのカーブを鉛筆で書く。

ハンドルは中心に線を引き、自在定規などで左右対称に墨付け。

胴体に墨付けし、墨線近くの余分な部分をバンドソーでカット。

クランプで固定しφ10mmのドリルで20mmの深さの穴をあける。

4の穴を目印にして、ホールソーで車輪の入る部分をつくる。

のみで欠き取りバリも取っておく。残り2ヵ所も同じように。

もう片方の胴体にも、同じように車輪スペースをつくる。

胴体上にバンドソーで羽根と頭をのせる面をつくり、のみで仕上げる。

左右の胴体の間にコクタンでつくった中間仕切り板を挟んでおく。

2 羽根を接ぐ

きりで下穴をあけてからドリルで穴をあけましょう。だぼを入れて左右の羽根の間に中間仕切り板を挟んで接着。ハンマーで打ち込みクランプで固定します。

羽根と仕切り板をクランプで固定しドリルで穴をあける。

かんなで削りながら羽根らしい形に整える。もう片方も同じく。

穴にだぼを入れ、仕切り板を羽根の間に挟み接着。当て木をしてハンマーで打ち込む。

クランプで固定してはみ出した接着剤を拭き取る。約2時間乾燥。

3 羽根の形成と取付

胴体に合わせて、羽根と頭部にハンドルと胴体を接合する穴をドリルであけていきます。頭部の板のセンターに鉛筆で線を引いておくと、本体と位置を揃えやすいでしょう。

胴体に頭、羽根を固定する穴をドリルであける。

センターを揃えて頭の板をのせ、中心にハンドルの穴をあける。

本体の穴に合わせて頭と羽根の裏側にドリルで穴をあける。

お尻側の曲線をコンパスで墨付けし、バンドソーでカットする。

頭のほうもお尻と同じような工程でつくる。

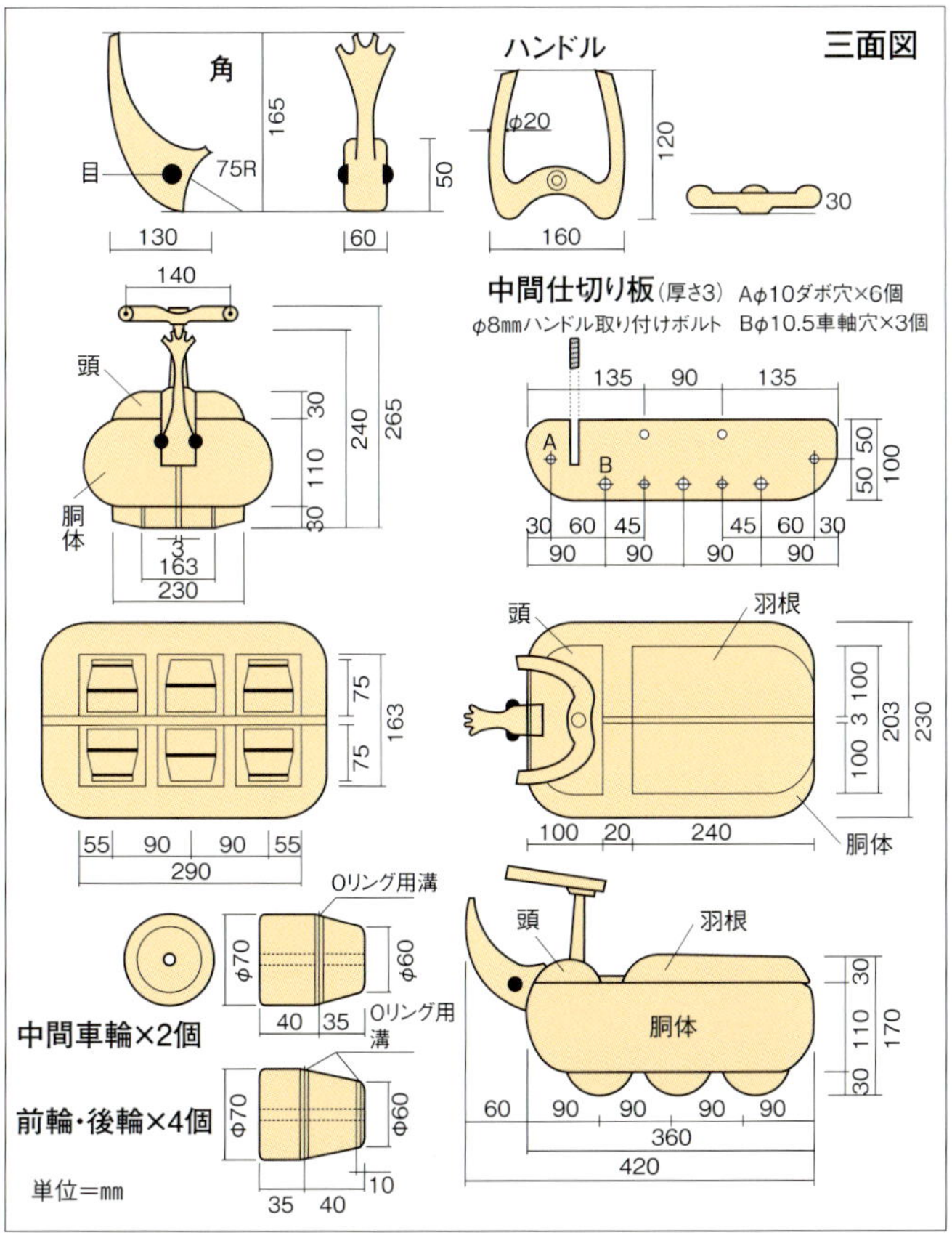

羽根用中間仕切り板（厚さ3）30×240mm

頭に合わせて胴体前後のカーブを手のことのみで形づくる。

頭の部分を彫刻刀で細かく削りながら表面を仕上げていく。

のみ、切り出し、かんなで羽根の丸味を出して整える。

胴体を裏返し、前後を電動がんな、ベルトサンダーで丸く整える。

頭・胴体・羽根の仮組み完成。全体のフォルムはこの程度に仕上げる。

実際に車軸に車輪を入れて、タイヤがきちんと回るか試しておく。

4 ハンドルの加工

バンドソーで切る前に工程2のようにガイドの穴をあけましょう。外側の墨線からカットします。外側の補強のため、ハンドルの長さより短く切ったステンレスの芯棒を入れます。

φ18㎜のホールソーで表から15㎜、裏から9㎜の深さの穴を掘る。

墨線に合わせて始めに外側の部分からバンドソーでカットする。

ハンドルを補強するため、φ6㎜の穴をあける。穴に接着剤を入れ、ステンレスの芯棒を入れて切断後、だぼで隠す。

のみやのこぎり、切り出し小刀で滑らかに成形する。

5 角の加工

左右対称に仕上げるには、コンパスを使って角の外側と内側の線を墨付けしましょう。工程2のようにドリルで穴をあけてから墨付け部分をカットするとうまく形成できます。

自在定規でつけた墨線をバンドソーでカットしていく。

正面から見て角の形を手書きで墨付け。先端に穴をあける。

万力で固定して、角の先端を写真のようにのこぎりで切る。

残りの墨線に沿ってバンドソーで切り、のみと切り出しで成形。

6 車輪をつくる

前後輪と中間車輪では、車輪の形が違います。前後輪に2ヵ所、中間車輪に1ヵ所Oリングを付けていますが、これにより、走らせたときの体重移動がスムーズになります。

φ70㎜の丸棒を75㎜の長さにカットしたものを6個つくる。

旋盤で車軸を通す穴をあけ、傾斜加工した後に溝を掘る。

溝にOリングをはめ込みでき上がり。6個とも同様に仕上げる。

7 形成しながら仮組み

頭・胴体・羽根を形成し仮組みを行ないます。目はコクタンを旋盤で削り、角に付けておきましょう。ハンドルのキャップも本体と同じ木を用いて同様に用意しておきます。

電動がんなで頭を角のカーブに合わせ形成。手がんなで調整する。

8 塗装・組み立て・完成

芯棒やだぼの穴に接着剤を入れてしっかりと固定します。はみ出した接着剤や塗料は拭き取りましょう。仕上げにきれいなウエスで余分な塗料を拭き取るとツヤが出ます。

組み立てる時点で、胴体にハンドルの芯棒は固定しておく。

ウエスに適量のオスモオイルを取り、車軸スペースから塗装する。

穴と側面に接着剤を塗り、だぼを固定。車軸と車輪をセットする。

仕切り板を入れて残りの車輪を車軸に刺し、もう片方の胴体と接着。

頭と羽根を胴体に接着し、当て木をしてクランプで固定する。

芯棒に竹筒を被せてハンドルをセット。ナットで固定して最後にキャップを接着。取り付け完了。

角の取り付け位置に合わせ、頭部と角にそれぞれ2ヵ所穴をあける。

φ10㎜のスプリングを角に接着、胴体の穴に結合して接着する。

ほかの部分もオスモオイルを塗装後、きれいなウエスで拭き取る。

スプリングで角が動く。何かにぶつかったときクッションの役目も。

側面から見て、カブトムシに見えるようにハンドルをつくることがポイント。

目を左右対称に付けるにはコンパスを使うといい。

6輪で安定感がある。車輪が回るか、仮組みのときにチェックする。

●作者紹介

加賀千代女の俳句がモチーフ。右側は「春のめざめ」。一刀彫での繊細な彫刻が見事。

柴田重利（しばた・しげとし）
1948年生まれ。アマチュア時代にクラフト展で数々の受賞歴を持つ。2002年に栃木県塩谷町へ工房を移す。繊細な彫刻物でも有名。

つくしや水芭蕉など小さな彫刻が動く、からくり仕掛けの木製オルゴール。

●柴田重利（柴工房）☎048-798-3262

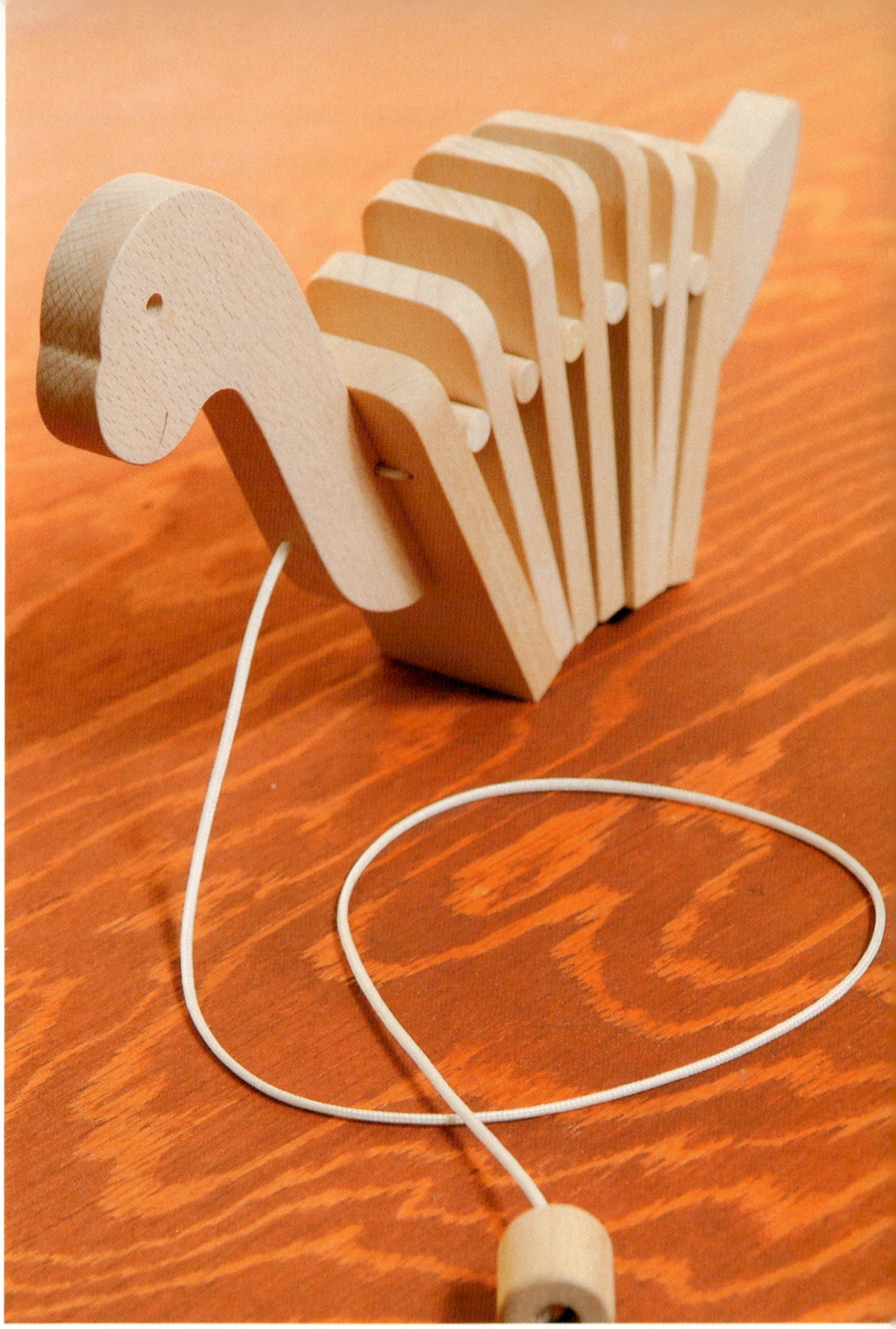

木のぬくもりを音にして伝える

ムービンザウルス

最小限の工具を利用した、愛らしさがあふれる〝玩具〟。その優しさは、素朴な音色を奏でるだけでなく外観に金属を使わないことでも表現されている。子どもが触れる機会が多いものだからこそ本当に安心できるものを……。

◎必要な材料

ブナ材板
ブナ材丸棒
M3×25㎜タッピングねじ
木工用接着剤
L=1000㎜紐

製作
中井秀樹
（有限会社 木）

1 首板と尾板をつくる

作品の顔を決める首部と尾部づくり。曲線が多いため、だぼ穴などは全体を切り抜く前にあけると作業が楽になります。木目が穏やかで、曲げにも強いブナ材を使用。

1 薄手の端材に首部と尾部の設計図を貼り付け、糸のこで切り抜く。

2 基準面を出した厚さ16㎜のブナ材に型板を当て、墨付け。

3 ドリルで図面のだぼ穴、貫通穴、下穴、紐逃げ穴をあける。

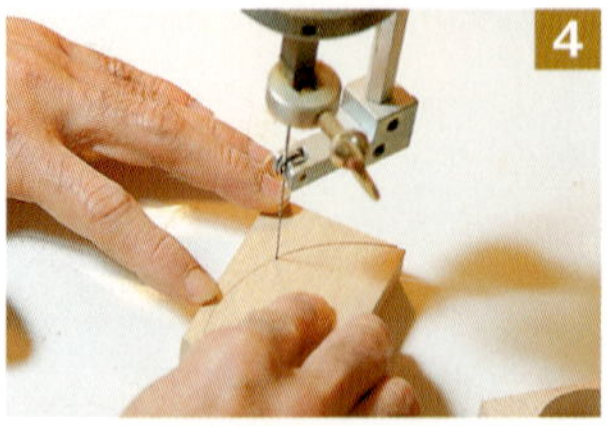

4 首部、尾部を墨付けに沿って糸のこで切り抜く。

5 φ5㎜の刃を取り付けたドリルで、目の部分となる貫通穴をあける。

6 接着部（平面が残っている部分）以外にベルトサンダーをかける。

2 前板と後板をつくる

直角を出した45㎜×100㎜のブナ材2枚を使用。次の工程で使用する中間板105㎜（2枚）、110㎜（2枚）も同時に切り出しておくと手間が省けます。

1 45㎜幅のブナ材から、長さ100㎜のもの2つを切り分ける。

2 円定規で片側2ヵ所、紐通し穴、だぼ穴の墨付けをする。

3 ドリルで貫通穴（φ3㎜、φ3.5㎜）、だぼ穴（φ6㎜）をあける。

4 前板にだぼ穴、後板に尾板固定用ビス穴をあけておく。

仮穴用のビスは、組み立ての段階まではずしておく。

3 中間板と連結丸棒

前板と同様、同じサイズのものは治具を利用し、クランプで固定することで紐通し穴の細かいずれを防止。ドリルを使ったらバリが出ないよう、入念なサンディングを。

直角に固定した治具に中間板を固定し、φ3mmの貫通穴をあける。

中間板の上部に円定規で墨付けし、サンダー等で削り落とす。

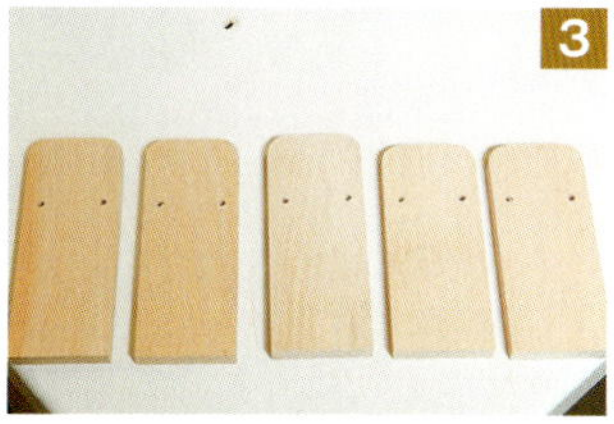

同様の手順で、5枚の中間板すべてを製作する。

φ9mmの丸棒を、長さ45mmずつ6本に切り分ける。

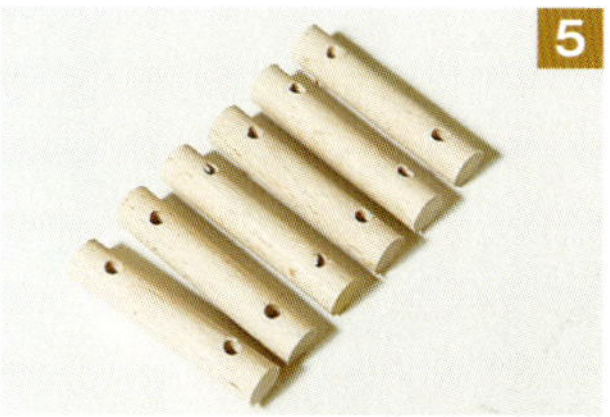

丸棒を治具などで固定し、φ3mmの貫通穴を2ヵ所ずつあける。

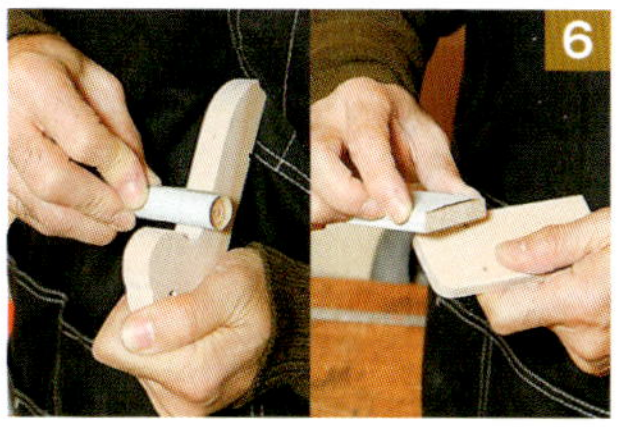

本体板の底面以外の部分や、首板、尾板にサンドをかけ面取りをする。

φ20mmの丸棒を長さ20mmに切断し、貫通穴、紐固定穴をあける。

サンドペーパーをかけ面取りを行ない、引き玉を完成させる。

4 組み立てる

長さ1mの紐を使用。完成後に緩まないよう、伸びにくい素材を選びましょう。接着時に接着剤がはみ出した部分は、楊枝を使うときれいに取り除くことができます。

すべてのパーツを確認。不備がないかチェックして作業に移る。

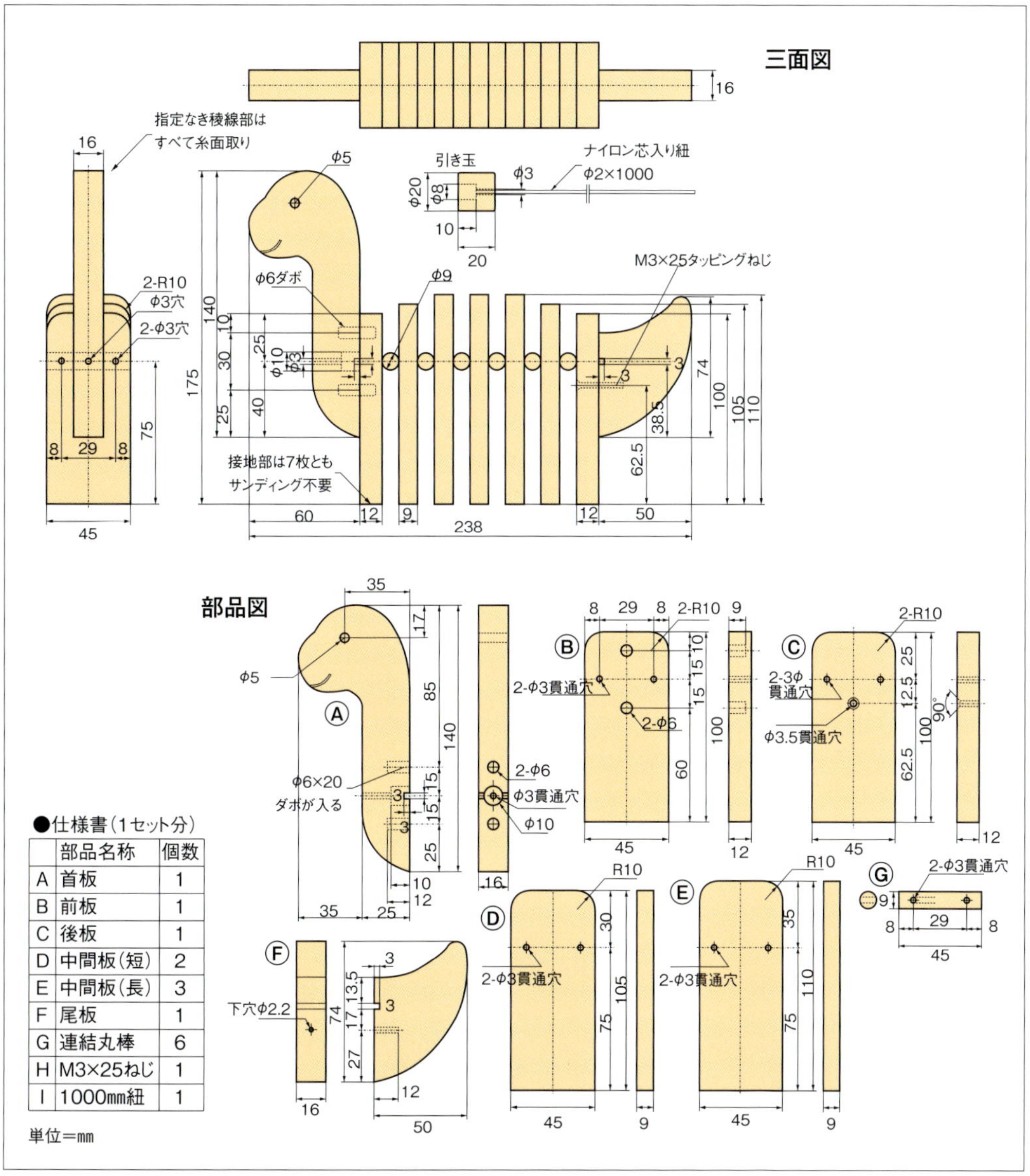

●仕様書（1セット分）

	部品名称	個数
A	首板	1
B	前板	1
C	後板	1
D	中間板（短）	2
E	中間板（長）	3
F	尾板	1
G	連結丸棒	6
H	M3×25ねじ	1
I	1000mm紐	1

単位＝mm

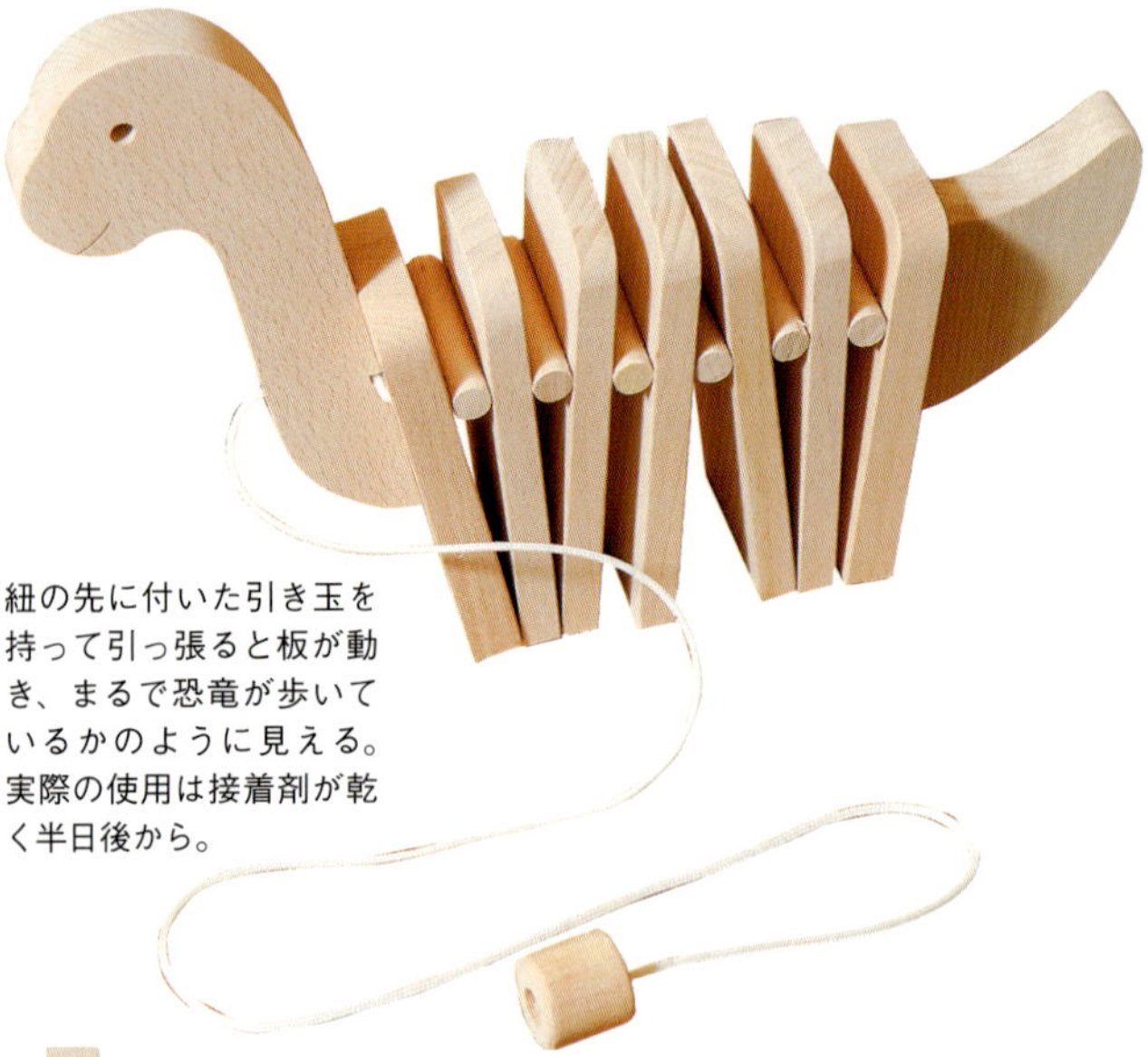

紐の先に付いた引き玉を持って引っ張ると板が動き、まるで恐竜が歩いているかのように見える。実際の使用は接着剤が乾く半日後から。

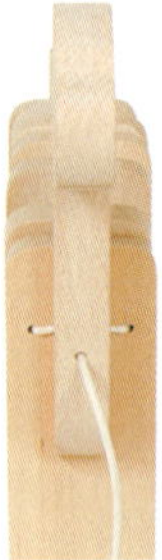

蛇腹状の本体は、紐を引くと軽快な音を鳴らす。

接地する部分は、サンドペーパーをかけないことで、滑り止めに。

紐通し穴を埋めないように、尾板に木工用接着剤を塗る。

後ろ板にビスを取り付け、尾板の取り付け位置を確認する。

後ろ板と尾板を取り付け、ビスで固定する。

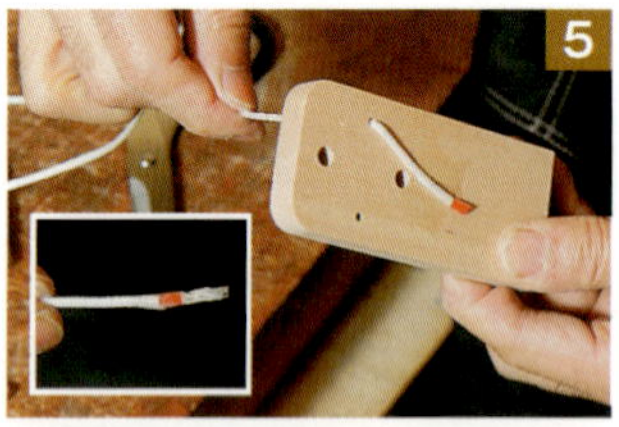

前板片側に紐を通す。両端にテープを貼っておくと簡単に通せる。

連結丸棒に紐を通す。次に中間板にも通す。

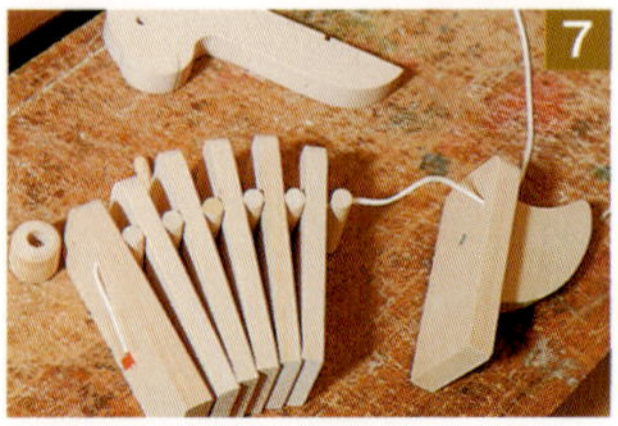

同様に中間板・連結丸棒に紐を通すことを繰り返していく。

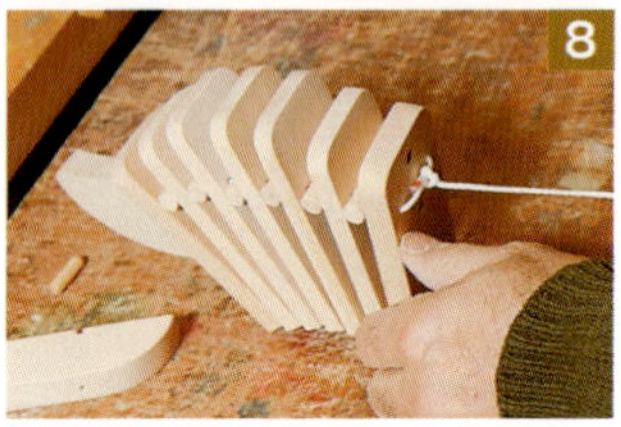

尾板を通して折り返し各板を通した紐を、前板部分で結ぶ。

緩すぎないように引き玉で紐を絞り、結び目に接着剤を付ける。

首板には後ろ側から紐を通す。もう片側は端を切断しておく。

首板に接着剤を塗る。接着面から上には塗らないように注意。

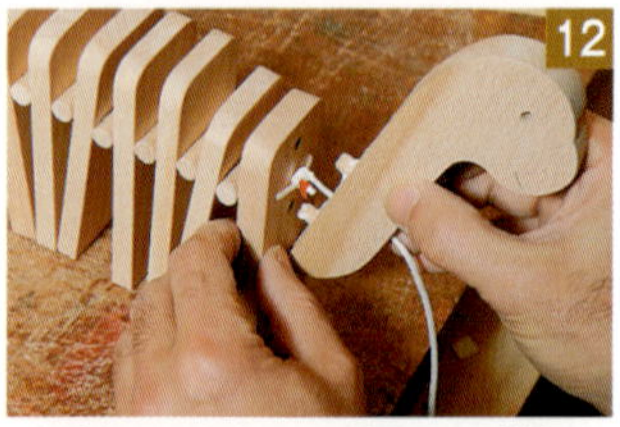

だぼを2ヵ所にはめ込み、首板と前板を固定する。

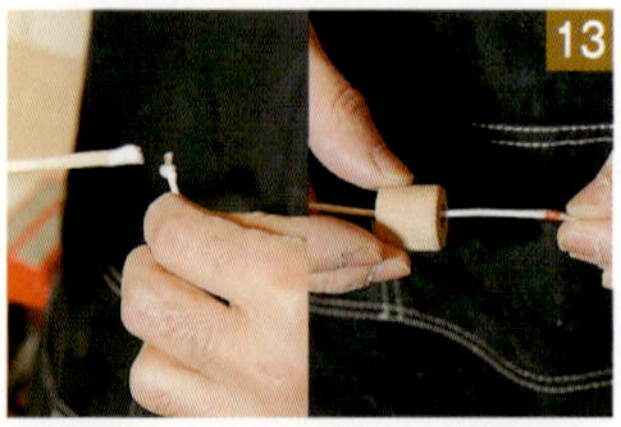

引き玉に紐を通し結ぶ。結び目に接着剤をつけ、引き玉と接着。

●作者紹介

中井秀樹（なかい・ひでき）
1952年東京都生まれ。1982年（株）木デザイン研究所・有限会社木を設立。グッドデザイン中小企業商品賞などを受賞。

投げるたびに向きが変わってしまう“わなげ”『木童（こわっぱ）』。200以上の試作の結果、何度でも遊べる作品に。

サクラ、タモ、ブビンガを使用したパズルスツール『Tree』。動物形のパーツは組み合わせると木の形に。柔軟な発想を育てる仕上がり。

●中井秀樹（有限会社 木）☎03-5363-6779

第5章

Woodcraft Gallery

人と木工作品

楽しさあふれる遊び心と
木に生命《いのち》を吹き込む匠《たくみ》の技
旭川発の創作家具

大門　巖（だいもん・たけし）

北海道の中央部・旭川空港から車で約5分、上川郡東川町の幹線道路沿いに、大門巖さんの工房「アートクラフト・バウ工房」があります。東川町は、国際写真フェスティバルが毎年夏に開催される「写真の町」として有名ですが、木製家具メーカーや個性的な木工工房が多く集まっている「クラフト工房・ギャラリーの町」としても知られています。

写真上は敷地内に置かれた板材。中央は、工房の隣にある常設ギャラリー（1993年開設）。明るい照明のもと、大小さまざまな大門作品が輝きを放つ。工房名はドイツのバウハウスから命名。下は工房で作業する大門さん。

布の風合いを精巧に削り込んだ職人技のクッション作品

工房に隣接する常設ギャラリーに入ると、作品の置かれた部屋いっぱいに木の香りが漂っています。大門作品として有名な「木《モク》ション」は、柔らかくて加工が容易なシナノキでつくられたクッション作品で、外観は布でつくられたクッションそっくりであり、シワも精巧に削り込まれています。

「布団屋に行ったとき、ある座布団に目を惹かれました。じっと眺めていると、日本の椅子の原点は座布団ではないかという思いにとらわれ、そのイメージで創作しました。現物を見ながらではなく、また図面も引かないで、自分の抱いたイメージをもとにして製作した作品です」

人の意表をつくイメージとアイディアですが、それを作品として仕上げるには熟練の職人技がなければできないことです。

大門さんは１９６９年（昭和44）に道立旭川高等職業訓練校木工学科を卒業後、地元である旭川の注文家具メーカーに就職して木工の技術を磨きました。

「同じチェストをつくるのでも、でき上がったものは家具職人によってそれぞれ違います。そこに木工という仕事の面白さを感じました」

１９７３年、20歳のときにミュンヘンで開かれた第21回技能五輪国際大会で第３位を獲得し、翌年に旭川市新人奨励賞を受賞。80年代には、日本クラフト展などで入選したほか北国の手作り大賞を受賞し、１９８８年に工房を設立しました。

遊び心と、木に対する優しい眼差しの「音の出る箱」

「木ション」と同じように、大門さんの遊び心を感じさせる作品として「き・に・な・る・箱」があります。これは１９９２年（平成４）朝日あそびの木箱賞の受賞作品で、外観は布をかぶせた箱であり、その布の下にハーモニカが隠れているかのよう

crack シリーズ華（はな）

組み立て式キャビネット。2枚のナラの板材を繋いで背板とし、左下にローズウッド製の太いくさびを打ち込み、すっきりとした立ち姿を実現。ボックスはナラ、花瓶などを載せる天板はバーズアイメイプルを使用。幅 900 ×奥行 320 ×高さ 1300㎜

1953 年北海道生まれ。70 年から木工に関わり、木という素材が持つ自然の造形美を、指物の職人技によって引き立たせたアート＆クラフトの作品づくりをめざす。近年は建築家や家具メーカーからの特注も手がける。

〒 071-1425 北海道上川郡東川町西町 9-4-1
アートクラフト・バウ工房
TEL/FAX：0166-82-2213

に見えます。そして、箱を開けたり閉めたりするときに「ブー」という音が鳴る仕掛けです。このように大門さんの作品には遊び心が随所に見られますが、同時に木に対する優しい眼差しが感じられます。

「自然の木には節や変色があったりするのが普通です。それは木の〝欠点〟ではなく、木が生長する過程で必要があってできたものです。きれいな木材よりも、そんな〝希少価値〟のあるものが好きなんです。風雨にさらされながら数十年や100年以上の年輪が刻まれた丸太の木口を見ていると、さまざまな作品のアイディアが浮かんできます」

自然素材である木材には、それぞれ異なった特徴や表情があり、「それらを生かして作品にすることが何よりも楽しい」と大門さんは言います。ウォルナットやキハダ、セン、チェリー、タモの埋《う》もれ木など20の異なった木を使ったチェスト「20の樹《き》」は、このような思いが込められた逸品です。各樹種の魅力や手触りが楽しめるほか、引き出しの前板には菊花文様が施され、上品でシックな雰囲気を醸《かも》し出しています。

「入手した木材を溜め置いて、それらを使って何かつくれないかと思って製作した作品です。外材では、色合いが美しいウォルナットをよく使います。また、国産材では、地元の北海道産のナラが好きですね」

ハードメイプルをスプリングに使った超軽量の椅子

1990年代半ばから個展を全国で展開し、2001年には椅子の製作にも取り組みました。それが、「IFDA国際家具デザインコンペ旭川2002」の入選作品「ウッドスプリングチェア」です。スプリングには薄く加工したハードメイプルを使い、それを限界まで開いて強度を持たせています。

椅子の重さは約2kgしかなく、高齢者でも楽に持ち運びができます。「何度も試行錯誤を繰り返しながら、ようやくこの形になりました。塗ってある柿渋は数年経つと茶の色が濃くなり、味わい深いものになる」そうです。

この超軽量の椅子は海外でも注目を浴び、2004年にドイツの展覧会に招待出品され、MARTA美術館のパーマネントコレクションになっています。

大門さんは、大型の木工機械とダルマストーブが置かれた工房で、後継者である息子さんとともに、最近注文が増えているナイトテーブルの製作に取り組んでいます。

20の樹（き）
17箱を重ねたチェスト。作品名は、ウォルナット（天板と台輪）、ブナ、タモの埋もれ木など、20の異なる木材で製作されたことに由来する。箱を、あえてランダムに積み重ねた外観が特徴的。箱の内部はすべてナラ。引き手部分は黒檀で、前板に繊細な菊花文様が彫り込まれている。幅400×奥行330×高さ1450㎜

格子テーブル
「国際家具デザインコンペ'99」入選作品。金属を一切使わず、格子状の天板（ハードメイプル）の穴に4本の棒（ローズウッド）を差し込み、一つに束ねて脚とすることで強度を持たせ固定する。天板は両面使える。

cat
シックで気品あるキャビネット。作品名「キャット」の由来は、入手したカバの板材の木目が猫に見えたため。自然の造形美の面白さに着目する大門さんらしい作品の一つ。本体はウォルナット、扉にカバを使用。幅1200×奥行350×高さ770mm

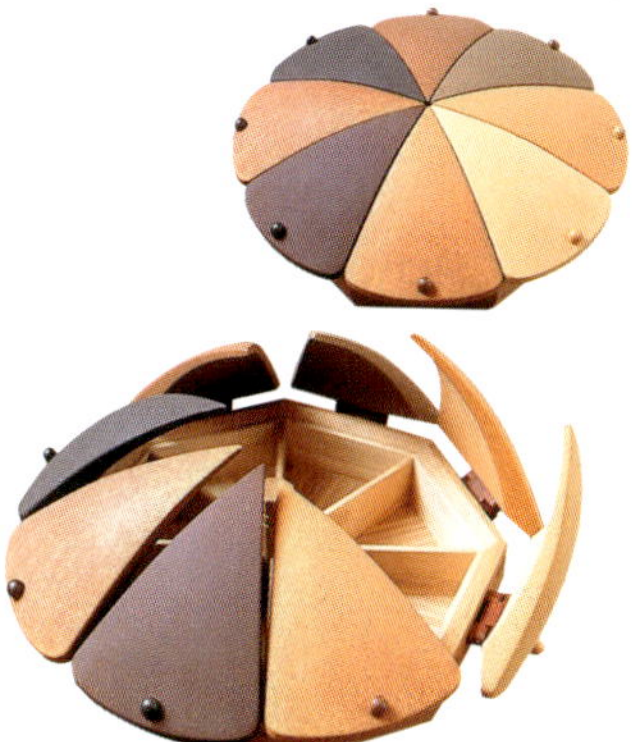

wood powder box
ユニークな円形の小物入れ。8枚に薄く切り分けた蓋の表面に木工ボンドを塗り、異種の木材を粉砕してつくった粉を、ボンドが乾く前に塗って製作したもの。箱内部はキリ。配色にもセンスのよさが表れている。直径310×高さ95mm

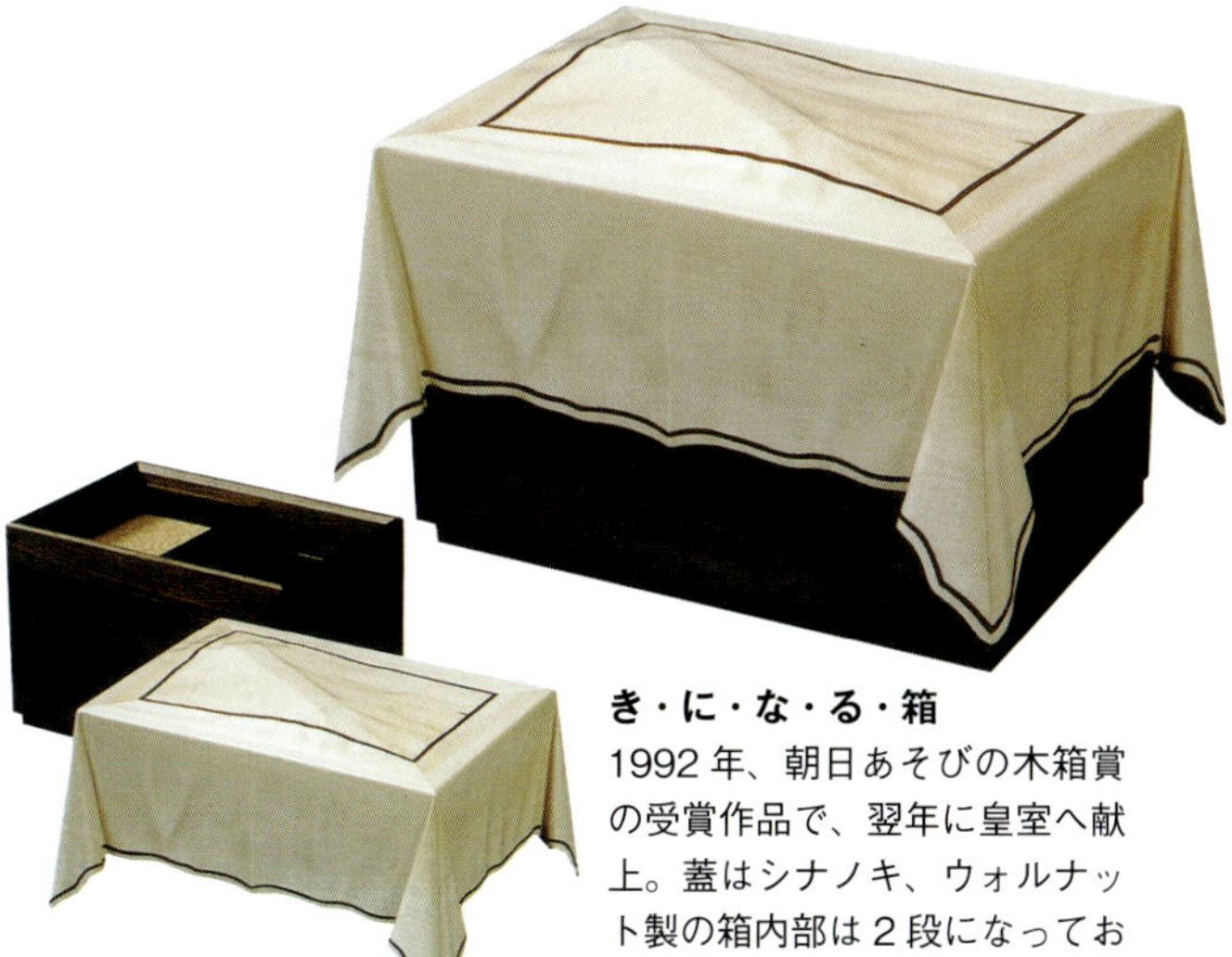

き・に・な・る・箱
1992年、朝日あそびの木箱賞の受賞作品で、翌年に皇室へ献上。蓋はシナノキ、ウォルナット製の箱内部は2段になっており、小物類が入れられる。幅400×奥行300×高さ210mm

木（モク）ション
シナノキ製。内部が空洞のものと、丸太を彫ったものとがあり、前者は縫い代の部分で4枚の板を張り合わせた指物。ラインは黒檀。幅400×奥行400×高さ90mm

Wood Spring Chair
重さ約2kgの超軽量の椅子。「IFDA国際家具デザインコンペ旭川2002」の入選作品。本体はハードメイプル、座板には光沢があり軽い素材であるキリを使用。ウッドスプリングは厚さ18mmの薄さで、狭い幅の材料にのこ目を入れ、それを限界まで開いて強度を持たせている。塗装は天然素材の柿渋。幅400×奥行470×高さ750mm

オリジナルのパーツによる小物の数々。見えないところに心を込める「箱の世界」

丹野則雄（たんの・のりお）

「ＪＲ函館本線の旭川駅から車で30分くらい、旭山動物園を目指して来てください」

という電話での指示にしたがって車を走らせ、観光名所である旭山動物園の手前を左折して数分のところに、丹野則雄さんの自宅兼工房があります。愛猫４匹が走り回る１階の工房から２階に上がると、丹野さんの作品が置かれたスペースがあり、南面の窓からは大雪山国立公園に連なる山並みが望めます。

写真上は、工房の前の赤い木の実。２階の展示スペース（写真中央）の棚には、さまざまな小物作品が置かれ、見ているだけで楽しくなる。写真下は１階の工房内部で、ルーターマシン、ベルトサンダーなどの木工機械を装備。

箱を開けると そこに別の世界がある

丹野さんの作品といえば、なんといっても箱物です。１９８１年（昭和56）、札幌の道立近代美術館で開催された「遊びの木箱展」で知人と共作した作品が奨励賞を受賞し、「このときのパーツ製作がその後のモノづくりの原点になった」と言います。翌年から95年（平成７）まで日本クラフトデザイン協会主催の「ＪＣＤＡクラフト展」で連続入選を果たし、この間の92年には、切った草木の根から出た新芽を鍵（キー）にした「蘖ーひこばえ」作品で「遊びの木箱展」大賞を受賞しました。可愛らしい新芽をつまみ上げると箱が開くカラクリ仕掛けは、作品「木の芽の引き出し箱」にも引き継がれています。

「家という建築物も大きな一つの箱と考えられます。家という箱の中は、住む人たちの暮らしや人生がさまざまに繰り広げられる空間であり世界です。同じように、わたしがつくる箱の中も、それを使う人によって自由につくられる空間です。つくる側の人間から見れば箱の中は別の世界であり、そこに使う人との出会いがあります」

オリジナルの木製パーツで つくられる身近な小物作品

丹野さんは90年代初めごろから小物の製作に取り組んでいます。六角茶筒や写真ホルダー、印鑑ケース、カードホルダー、薬ケース、名刺整理箱、メモホルダー、ペン立て、携帯用楊枝《ようじ》ホルダー、トレイ、箸《はし》置きなど、いずれもデザインはシンプルで、木の温もりを感じさせる作品ばかり。止め具（キャッチ）や蝶番《ちょうつがい》などのパーツは、すべて木でつくられたオリジナルのものであり、開閉するときにカチッと鳴る止め具の心地よい音が、使う人の心を和ませます。止め具の種類だけで50種以上もあるそうです。

木庫（きこ）
大事なものを保管するための木製の“手提げ金庫”。朝日現代クラフト展の入選作品で、鍵部分のスライドバーを左右に動かすことによって開閉する。スライドバーを既定の位置にしないと、開けられない仕掛け。本体はアメリカ産ブラック・ウォルナット、A4サイズの内部はキリを使用。幅 330 ×奥行 250 ×高さ 80㎜

1951 年北海道生まれ。独自に考案した止め具や蝶番によって、楽しさあふれる小箱作品や身近な生活道具を創作。その精密な加工技術は、海外でも評価が高い。
〒078-1271 北海道旭川市東旭川町東桜岡 166-9
クラフト＆デザイン タンノ
TEL/FAX：0166-36-5636

パズルロック BOX
1987 年、池袋西武主催「アトリエヌーボーコンペ」での準グランプリ受賞作品。パズルが鍵になっている収納箱で、本体はナラ、パズル部分はカリン、クルミ、カエデなど 9 種類の色違いの材料を使用。写真上の右にある見本板の通りにパズルを合わせると開く。幅 180 ×奥行 180 ×高さ 90㎜

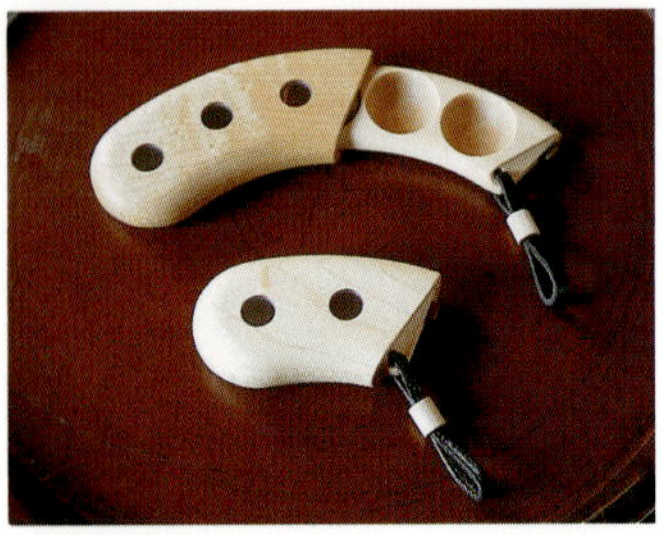

薬（ピル）ケース
透明なアクリルを貼った丸窓は、薬を飲み忘れないようにとの心配り。上のＬサイズは道産のイタヤカエデ。

メモホルダーとクリップ
メモホルダーはウォルナット、ベース板はナラ。黒色のクリップはアフリカ産ベンゲで、芯にカリンを使用。

木の芽の引き出し箱
箱上部の木の芽をつまんで上に伸ばすと、引き出しが開くカラクリ仕掛けの箱。鍵である木の芽は、刈り取った草木の根株から出た新芽をイメージしたもので、小さな生命に対する作家の愛情と豊かな遊び心を感じさせる。2001年製作。幅100×奥行100×高さ180㎜

「わたしの箱物は、つくり方の違いによって大きく二つに分けられます。一つは、無垢の木のブロックを乾燥後、くり貫いて内部に仕掛けを入れてつくる作品で、いわば一品物です。もう一つは、何枚かにカットした板材を貼り合わせてつくる指物型のもの。これは、組み手の技術によって同じ規格のものをたくさんつくる小物類の場合です。この二つの箱物製作のバランスをとりながら木工の仕事をしています」

世界に通用する日本の技術を カペラゴーデンでも指導

作品には、地元である北海道産の木が多く使われています。「イタヤカエデは木目が小さくて上品であり、匂いもなく、それにしっとりとした肌触りがあるので好きです。扱っていて気持ちのいい木はヒノキ。ブナやクルミ、ナラなども好きですね」

それぞれの樹種の個性を生かし、手作業と機械加工技術のバランスを重視する丹野さん。しかし、そうした熟練の木工技術を引き継ぐ若い人たちは、まだ少数です。丹野さんは、2006年（平成18）から、スウェーデンの近代家具デザインの巨匠カール・マルムステンが創立したカペラゴーデン校でサマースクールの講師を務めているほか、北海道立旭川高等技術専門学院の講師も引き受けるなど、次世代の人たちの育成にも積極的にかかわっています。

ルーターで加工する 木製パーツの限界に挑む

旭川生まれの丹野さんは、1973年（昭和48）に札幌のデザイン専門学校を卒業後、インテリア関連の会社に就職して家具の設計企画を担当しました。「細い溝を均一の深さで彫れるルーターマシンを使う仕事が面白かったんです。家具を自分でつくれるようになれば、デザインもできるのではないか」と思うようになり、80年に独立して工房を開設、木工作家としての才能を開花させました。

「小物には機械を使って精度を高めることが求められています。ルーターで開けられる穴の限界は2㎜。その限界に挑戦しながら、より小さな作品づくりを目指しています」

丹野さんは、最後に「これからは音の出る木工作品もつくっていきたい」と、微笑みながら語ります。

木の鞄（かばん）
丸みのあるデザインを特徴とする木製の携帯鞄。写真左の本体はカリン、右はナラを使用しているので軽くて移動に便利。いずれもコルクのシートが箱外面に貼られている。化粧道具入れとしても使え、丸い取っ手がおしゃれ。幅 250 ×奥行 180 ×高さ 120㎜

カードホルダー
名刺やカードを入れる携帯用ケース。黒いツメを指先で押すと開き、閉じるとパチンと心地よい音がする。

印鑑ケース
携帯用印鑑入れ。やや斜めの外観が特徴。ナラ、クルミなどの使用材は使い込むほどに味わいが深まる。

六角茶筒
六角形の外箱・中箱・内蓋、茶さじを組み合わせた分解可能の茶筒。外箱の中に中箱がぴったり納まり、内蓋で密閉。外箱の天板は 6 枚の板を放射状に貼り合わせたもので、茶さじ (カリン) は折り畳むことができる。写真左の本体はナラ、右は縞黒檀、内部はイタヤカエデでつくられている。幅 100 ×奥行 87 ×高さ L120・M100・S80㎜

暮らしの中から生まれるシンプルデザイン「進化し続ける椅子」を求めて

高橋三太郎（たかはし・さんたろう）

椅子が進化する？――この問いに高橋三太郎さんは、次のように答えます。

「ぼくの中では、椅子は進化し続けるものなんです。たとえば、1990年代半ばに自分なりの椅子の原型として発表した〈RAY（レイ）〉は、2年後に〈TAC（タック）〉となり、2003年には〈YAC（ヤック）〉へと進化しました。これは、さまざまなオーダーや要望に応えながら改善と工夫を重ね、数年かかってブラッシュアップしていった結果です」

モノづくりの原点は、自分のほしいと思うものをつくること

椅子の作品名の特徴は、一つの母音を入れた3文字のローマ字が使われていること。いずれの椅子も洗練されたデザインで、実際に座ってみると、左右にほどよい余裕があり、身体全体がすっぽりと包み込まれるような座り心地を実感できます。

「人間工学にもとづいた椅子づくりというより、自分の身体を定規にして製作しています。つまり、実際に座ってカラダに合うかどうかを確かめながら、自分のほしいと思う椅子をつくることが、ぼくの家具づくりの原点なのです」

近年は個人専用のパーソナルチェアの注文も受けているそうです。

「家具工房santaro」は、札幌市街から車で約20分、スキージャンプ競技場として有名な大倉山シャンツェの裏側にあたる小別沢トンネルを抜けたところにあります。山の中腹に建つ工房と自宅の2棟は森林に囲まれ、周辺は静かな里山の風情です。

この地に移転10年目の三太郎さんが工房を構えたのは、1982年（昭和57）のこと。同年に最初の個展を開き、86年に芸術の森・クラフト公募展で大賞を受賞、80年代末には「北海道クラフトグランプリ」の優秀賞とグランプリを受賞しました。

「家具は人が暮らしの中で使う道具です。家具をデザイン・製作するとき、ぼくは常に左右されないスタンダードを心がけています」と三太郎さん。では、スタンダードな椅子とはどのようなものなのでしょう。「丈夫さ、座りやすさ、美しさ、そしてリーズナブルな価格、という4つの要素を満たしたものです。あたりまえのことですが、あたりまえのことをあたりまえに考えることは、モノづくりでは大切なことです」

そんな作品の数々が、工房2階の

三角屋根の自宅正面（写真上）は、北欧の山荘ふうの落ち着いた佇まい。隣接する工房２階のギャラリー（中）には、思わず座りたくなる椅子やベンチが一堂に並ぶ。天井の高い１階工房（下）は「三太郎スタンダード」発信の創作現場。

25YEARS 25CHAIRS　高橋三太郎 木の椅子展

1997年に行った銀座松屋での15YEARS 15CHAIRS（デザインコミッティー企画展）の10年後の2007年秋、札幌の新しい文化の発信地である法邑ギャラリーにて開催。25年分の椅子製作の一区切りの展示会でした。

1949年名古屋生まれ。北海道を代表する現代木工作家の一人で、暮らしの中での道具としての家具づくりを基本に、道内の主要パブリック施設の椅子やベンチを多数手がける。日本インテリアデザイナー協会会員。
〒063-0011 北海道札幌市西区小別沢50-1 家具工房santaro　TEL：011-667-1941 FAX：011-667-1942

 http://www.santaro.net.　E-mail:santaro@japan.email.ne.jp

ギャラリーに並んで置かれています。約20坪の広いギャラリーは、木工作家をめざす若者たちや海外からの訪問者が訪れる展示場としてだけでなく、夏にはビアパーティが開かれるなど、さまざまな人との交流の場としても使われています。

建築との融合をめざす 家具デザイン・製作

三太郎さんの作品は、道内の大型施設やパブリックスペースに多数置かれ、だれでも実際に触れたり座ったりすることができます。1980年代後半に芽室町立図書館とニセコ有島記念館の椅子を手がけたのをきっかけに、室蘭NHKホール、札幌若草公園、札幌学院大学、江別市立病院、苫小牧アイスアリーナ、函館駅、網走市文化交流センター、札幌市コンベンションセンターなど、広くて大きな空間に置かれる椅子やベンチのデザイン・製作活動を90年代から本格的に開始しました。

とくに、札幌中央区にある「かでる2・7」のホワイエのためにつくられた「KAMUIフクロウベンチ」は、北海道スタイルを象徴する作品として有名です。このベンチは、北海道産の木材だけを使って製作されています。「好きな木は地元のナラ。質感があり、力強いからです。金属や石という素材も好きで、木と組み合わせた屋外ベンチも公園用としてつくっています」

また、1996年(平成8)には札幌コンサートホール「キタラ」の客席椅子のデザインを手がけるなど、建築家や製作会社とのコラボレーションにも積極的で、「建築という要素が入ると、木工という仕事がより面白くなる」と言います。

大工だった祖父の血を受け継ぎ、世界各地への3年の放浪を経て、木工の道に進んだ三太郎さん。いまは展示会を年に数回、全国で開きながら、札幌近郊の豊かな自然の中でのカントリーライフを満喫しています。

「気に入ったグラスで飲む一杯のビールに、極上の幸せを感じる。そして一脚の具合のよい椅子を手に入れることによって、変わっていく暮らしがあってもいいと思います」

木工作家という枠を超えた、三太郎さんの幅広い活動の底には、時代の変化に対応する柔軟性と、妥協を許さない力強さが流れています。

YAC（ヤック）
厚さ50㎜の丸い座面と、背の部分に丸みをもたせて背当たりのよさを特徴としたアームチェア。コンパクトで、スタッキング（積み重ね）ができる。オイルフィニッシュ仕上げ。板座と布座の２種がある。幅535×奥行520×高さ710㎜

TAC（タック）
道産のナラ（本体）と（クリ）座板を使用。座り心地を優先した結果、微妙な座ぐりの曲面とアームから背への美しいカーブが生まれた。幅580×奥行480×高さ690（座面405）㎜

KAMUI（カムイ）
玄関に置いて靴ひもを結ぶときなどに使う補助椅子。カムイとはアイヌ語でフクロウの意味で、それをモチーフとした背が北海道らしさを演出。幅350×奥行350×高さ550（座面400）㎜

SWING（スウィング）
タモの一枚板を座板に使用したベンチ。幅広の長い一枚板を４枚に切り分け、美しい木目の続く座面に仕立て、座ったとき滑らないように、座面はざらつかせてある。本体はナラ。
幅 1970 ×奥行 445 ×高さ 430㎜

KAMUI フクロウのベンチ
札幌の「かでる２・７」（北海道立道民活動センター）にあるベンチ。フクロウの顔部分などに道産の異なった無垢材を使い、ナラ材の座面はのみ跡を残して丸く仕上げられている。
幅 1700 ×奥行 450 ×高さ 620㎜

RAY（レイ）
2000 年の第２回暮らしの中の木の椅子展優秀賞の受賞作品。座面が背に向かって傾斜しているので、身体がすっぽりと納まる。どの角度から見ても美しいデザインが感動を呼ぶ。
幅 590 × 奥行 570 × 高さ 650（座面 405）㎜

ロマンを秘めて ファンクショナル・アートの 至高を求める

富田文隆（とみた・ふみたか）

富田さんの作品を見ていると、どれもこれもがロマンチックな物語を語りかけてくるように思えます。たとえば、多様な作品群のなかに作歴を超えて繰り返し登場するハイバックチェア、時計。それらにつけられた作品名からも作者のロマンチックな性向がうかがえます。

ハイバックチェアでは「化身」「昂揚」、「月の光」、時計では「時を返して」「秋の風」「夏の時」「森の人」「異邦人」などなど。しかもハイバックチェアの「化身」は番号なし、そしてⅠ、Ⅱ、「昂揚」にはⅠからⅣまであり、さらに最近Ⅴが完成。ここからいえるのは、昂揚する思いをさまざまの家具に造形し、さらに素材の木と語り合いながらイメージを絞り込み、追い込み、完成させていく作者の姿勢です。

四方八方から〝見られている〟そこが椅子デザインの原点

富田さんは東京のデザイン専門学校を卒業後、スウェーデンのカール・マルムステン工芸学校に留学しました。同校はスウェーデンの近代家具デザインの巨匠カール・マルムステンが設立した学校。ヨーロッパ最高レベルの家具デザイン学校として知られています。

この留学経験を経て富田さんの家具制作の技術、姿勢が養われたに違いないのですが、その極限にまで拡大されたなかで実現される機能とアートの融合や、そのフォルムの優雅さには、作者の個性としかいいようがないものがあります。富田さんはこんな言い方をします。

「椅子は確かに座る、腰掛けるものです。その機能抜きには考えられません。しかし、いつもそこにあり、前からも後ろからも斜めからも常に目線にさらされているもの、気になるものでもあります。ここにぼくのハイバックチェア制作の原点があります。化身とか昂揚というタイトルはぼくの好きなことばですが、観る人は観る人の好きなイメージでこの椅子を見ていただければいいと思います」

「富田ワールド」が和食レストランに進出した

こうして富田さんの家具は機能性を超えてアートへと化身します。そのフォルムには、まるで西洋音楽の楽器を思わせるような曲線が見られることもあります。

「ぼくは別に楽器のフォルムをイ

富田さんの工房は赤城山のふもと、人里離れた林の中にある。工房のあちこちを木片、木っ端が所狭しとひしめく（写真上・中）。自然に抱かれたサンルームのような作業場で富田さんは木にイメージをぶつける（下）。

椅子「化身」（上）**と「昂揚Ⅳ」**（右）
どちらも富田さんのファンクショナル・アートを代表するハイバックチェア。「化身」（1991 年作）が比較的単純な線の組み合わせであり、「昂揚Ⅳ」（2004 年作）は豊かなふくらみを持つ曲線、脚は肉感的といえるほどのフォルム。ハイバックトップの彫刻的造形は前者が腹合わせの貝、後者は烏帽子がモチーフだという。

1953年群馬県生まれ。スウェーデンの工芸学校で家具制作を学ぶ。82年赤城山麓に工房を構え、椅子、時計などを制作。最近は料理店の壁面レリーフも手がける。
〒 371-0201 群馬県前橋市粕川町中之沢 249-56
TEL/FAX：027-285-4471

メージしてつくっているわけではありません。楽器が獲得した形というのは完成度の高い機能美の形であって、家具の機能美を追求していったら、結果として似たフォルムになったのです」と富田さん。

　こうした富田さんのファンクショナル・アートが最近、和食料理店の食卓や椅子へと広がっています。東京・丸の内の「暗闇坂　宮下」や宇都宮の「石の蔵」。

「暗闇坂　宮下」は東京駅前再開発によって生まれた丸ビル最上階にオープンしました。「月下の森」をイメージしたというこの店の雰囲気は大都会に浮かぶ森林といったところ。富田さんは店の中心を占める拭き漆をほどこしたシオジの巨大なカウンターとテーブル、ハイバックチェアで協力しています。

　宇都宮市にある「石の蔵」はオーナーの先々代が残した大型の大谷石の蔵を改装し、そのイメージを残しながら、和食レストランにしています。料理プロデュースは著名な京都・菊乃井の村田吉弘氏。富田さんは家具・木工・石門で協力。トチノキほか無垢材拭き漆仕上げの大テーブル、

「大時計」
「時計シリーズ」の一つ。群馬県上野村の小さな美術館、夢學館・上野村現代美術館で静かに時を刻む。

時計シリーズ「異邦人」
トチノキの自然の文様を拭き漆で強調。長針・短針と脚には金箔が貼ってある。モチーフは16世紀の屏風絵に表された南蛮人。

キャビネット「樹影」
扉の板は10㎝厚のトチノキの板を3㎝厚まで削り、柔らかなふくらみを出した。背部も同様の処理。拭き漆仕上げによって木目の美しさがいっそう際立つ。

飾り棚
カエデを素材としてつくられた古典的な棚で、二段の棚と戸棚の組み合わせ。素材の持つ渋み、重厚な味わいを生かした造形。2004年作。高さ78㎝。

ハイバックチェアの制作のほか内装も手がけました。

この2つのレストランにある富田作品はそれ自体として個性を主張しつつ、食空間の統一イメージのなかにみごとにはまっています。

レリーフ制作によって自分の思いと木の本質を再確認

富田さんの作品を特徴づけていたひとつ、たとえばハイバックチェアのハイバックのトップに見られるような彫刻的な造形が「石の蔵」で試みた木のパッチワーク、レリーフになって発表の場を得ました。左の写真の壁面レリーフ「大地の風」がそれです。

ケヤキ、トチノキ、シオジなどの端材を組み合わせ、げんのうではつり、のみで削り、ベニヤ板の上で貼り合わせます。まるで木との格闘技。この作業をそれまでの一連の家具づくりと比較して、富田さんは次のように言っています。

「かんな仕上げは木の美しさを再確認する作業ですが、レリーフ制作は自分のイメージと木の本質を再確認する作業です」と。

壁面レリーフ「大地の風」

ケヤキ、トチノキ、シオジの端板をのこぎりで挽き、げんのうで割り、のみや丸のこではつり、ベニヤ板の上でパッチワークのように隙間なく貼り合わせる。ひたすら機能美を求めて制作する椅子などとはまったく異なる制作姿勢が要求される。縦500×横250㎝。この作品は写真右の栃木県宇都宮市の和食レストラン「石の蔵」の壁面を飾る。

蟬の彫刻

キャビネットの扉に彫り出されたもの。富田作品を特徴づける彫刻的造形のひとつで、とくに蟬はときどき登場するキャラクター。古代中国では再生のシンボルとして重用された。

木の声に耳を傾け 夢を納める、夢を形づくる 伝統の指物を継ぐ技

須田賢司（すだ・けんじ）

須田さんの工房は群馬サファリパークに近い群馬県南部にあり、周囲は牧歌的な雰囲気が漂う集落。近くにはかつて南上州の雄として名をはせた小幡氏の居城であり、群馬県を代表する山城の国峰城跡があります。

工房では須田さんがこともなげに八角形のステッキを削っていました。「ステッキをつくることなんかふつうないのですが」といってかんなをかけているのは紅木《コウキ》。正倉院宝物の工芸品にも登場する唐木です。

大きなかんなから鮮やかな紅色の削りかすがほんのすこしずつ送り出されて作業台にたまっていき、ときどき手にとっては片目をつぶって仕上げ加減を見る目は、真剣そのものです。

「ぼくらは、やすり仕事を嫌うんですよ」と須田さんは言います。

桑明の門に連なる者としての「島桑」への挑戦

須田さんは代々指物師の伝統を継ぐ木工芸家の家に生まれました。祖父・桑月は日本の近代木工芸の祖ともいえる前田桑明の工房長でした。桑明は「桑樹匠」と称され、桑のなかでもとくに材質にすぐれ、美しい木目や光沢を持つ「島桑」、つまり伊豆七島の小さな島・御蔵島の桑を使って、すぐれた工芸品を生み出した巨匠でした。

須田さんは『木の声を聴く』というエッセイのなかで次のように記しています。

「先日、倉庫の整理をした折、埃まみれの材が出てきた。疎開して難を逃れた御蔵島産桑である。小さな木端に過ぎないが、しかし試しに一枚を削ってみて瞠目した。湧き上がるような杢の極上品であった。このような材を知ってしまい、また桑明の門に連なる者として桑の仕事には中途半端には関われないという思いが強い。と言いつつ今、過去幾多の指物師、木工芸家がその存在をかけて取り組んだ仕事、ひとつのステータスの象徴というべき『桑夢殿型厨子《ずし》』に取り組んでいる。始めるにあたり逡巡することも多かった。しかし最盛期の材は望むべくもないが現代としては良い木に巡り会え、木の声を聴く毎日である。父が最晩年に選び残してくれた島桑である」

次ページの作品「御蔵島桑六角厨子」はこうして完成しました。厨子の中には新羅《しらぎ》金銅仏を安置し、その台座にならって厨子の形も扁平六角にかたどったそうです。

写真上／須田さんの工房。当て板（作業台）は昔は床に置き、その前に胡座をかいて使った指物師伝来のものを椅子式に工夫した。下／使用するために挽いた板は、湿気でそらないように、重ねないように木端立てにして干す。

御蔵島桑六角厨子
須田さんの父・桑翠が残してくれていた、日本の桑のうちでも最高のものといわれる「島桑」を使用。厨子とは仏像・舎利・経巻などを安置する容器のことで、その厨子に用いたことで、まるで極楽浄土を描いたかのように見える「島桑」の深遠な木目模様が映える。金銷《きんけし》擬《ぎ》宝《ぼう》珠《し》や銀金具類も自作。幅 280 × 高さ 368㎜。「島桑」は細かい細工に耐える材の緻密さも特徴である。

1954 年東京生まれ。祖父・桑月、父・桑翠とも木工芸家。東京都立工芸高等学校卒。20 歳頃から日本伝統工芸展をおもな舞台として活躍。79 年には正会員。現在監査委員。97 年から東京芸大非常勤講師。
〒 370-2205　群馬県甘楽郡甘楽町国峰 1654-1

道具は自分の思いを木に伝え木の声を聴きとるもの

「木の声を聴く」ということばで、須田さんは自身の木工芸に対する基本的姿勢を表現しています。

かんな、ほぞ挽きのこ、げんのう、けびき、下端《したば》定規といった愛用の道具も、ただ素材を切り、削る道具ではありません。木地の持つ自然の美しさを引き出し、高めるための道具だというのです。下端定規はかんなの刃の出る側、素材に接する面（下端）が正確な平面になっているかどうかを見る道具です。須田さんの作品を見ると、いかにこうした道具が大切かよくわかります。

道具はいずれも自作です。下端定規はかんなで削り、そのかんなの平面性を確かめ直してはまた削ることになります。こうして刃の調整次第で髪の毛ほどの薄さの削りができるようになります。須田さんにとって道具は自分の思いを木に伝え、木の声を聴きとるものだからこそといえます。

箱はすべて宝石箱・玉手箱「夢を入れてください」

須田さんの作品は箱あるいは箱状のものが多いのも大きな特徴です。ガラス工芸作家の藤田喬平は海外でこんなエピソードを残しています。展覧会に出品したガラス製の箱について「何に使うのか」と問われたとき、「夢を入れます」と答えて称賛されたというのです。須田さんも「箱に何を入れればいいのでしょう、と問われたら、夢を入れてくださいと答えたい」と述べています。

須田さんの箱には神秘的なイメージが漂います。木目模様や色調を拭き漆で最高度に生かしながら、一方でその神秘性をさらに高めるかのように象嵌《ぞうがん》や木画《もくが》などにより、さまざまな装飾がなされています。

栃拭漆小箪笥「黒い森」の飾りの凝りようは一典型でしょう。留め金は地金に銀を使って金銷《きんけし》をほどこし、その上にさらに銀箔を置いています。こうすることで下地の金が透けて品のいい光沢が輝きます。内部には繊細で愛らしい抽斗《ひきだし》や掛籠《かけご》がしまわれていて、まるで宝石箱や玉手箱のように仕上げられています。

マホガニー拭漆箱「蓮華」
短い脚付きの台を蓮花弁に見立て、その上に箱がのっている形。材の明るい色合いと木目の美しさを拭き漆で際立たせている。留め金は金銷による鍍金《ときん》。写真右は内箱。オイル仕上げ。

楓造小箪笥「風濤」
前の金具をはずすと裏の蝶番によって箱は左右に2つに分かれ、それぞれに3つずつ箱が納まっている。箱は重箱のように6つ重ねて使うこともできる。1990年作。幅386×奥行125×高さ167mm

楓拭漆嵌装箱「比翼」
カエデ材に黒い拭き漆。箱は天から左右に分かれ、それを「比翼」に見立てた。写真右は掛籠。カエデ材のオイル仕上げ。盆はシャム柿。第52回日本伝統工芸展（2005）入選作品。

栃拭漆小箪笥「黒い森」
真ん中で2つに分けることができ、中に箱を納める。幅296×奥行120×高さ210mm。留め金は銀に金銷をほどこし、その上に銀箔を置く。留め金の左右は木画。1996年作。髙島屋第2回美の予感展出品。

胡桃と楓の文机
クルミの甲板は少し胴張り。この甲板のそりや伸縮による割れを防ぐという機能面とデザイン面から、吸いつきと持ち送りに工夫が凝らされている。右はその構造。幅 1200 ×奥行 450 ×高さ 320㎜。2003 年作。現代の木工家具展（近美工芸館）、第３回九つの音色展出品。

桜造座右棚
天板は側板のほぞで組み合わされており、持ち送りは強度向上より美的効果に比重がある。天板の左右の端も半円形にうがっており、上から光が当たると持ち送りの構造が下の棚に映る。幅 710 ×奥行 290 ×高さ 400㎜。2001 年作。第 3 回九つの音色展出品。

日々、感性を鍛える
テーマが形になったときのそれが
美しいものになるように

小島伸吾（こじま・しんご）

埼玉県の西武池袋線沿いを走る国道299号線を吾野《あがの》駅手前で右折、越生《おごせ》方面に向かい、顔振峠《こうぶりとうげ》の茶店の100mほど先、急坂の下に喫茶店「忘路庵」を見つけました。「女房が喫茶店を経営していて、小島クラフト工房より目につきやすいから、それを目印に来なさい」というアドバイスを、なるほどと思ったものです。

青山の東京砂漠に太古の森の息吹を吹きこむ

小島さんの喫茶店・自宅・工房は広大な山野の一角にあります。「忘路庵」でひと休みすれば、あたりは文字どおり、もう帰る路を忘れたくなるほどの閑寂境。次ページで紹介した「音柱　森から来たスピーカー達」やオブジェ「惑星」が作者のどんな感性、志向から生まれたのか、この奥武蔵にいるとわかるような気がしてきます。

「森のスピーカー」は2002年1月に東京・青山のスパイラルガーデンに出展、その案内には次のように記されています。

「太古、かつて人々が山で鳥や獣や樹々と共存していた頃の森の息吹。この森の息吹を体感してもらう、音の柱達。近づき、立ち止まり、通り抜けて行くとき、身体中を新しい音の空気が包み込む。この音の森に足を踏み入れてみよう」

スピーカーからは川のせせらぎ、虫の音、そしてアフリカの原住民が打つ太鼓のような音がしてきます。パーカッショニスト・越智義朗によるものです。

「ガングロの女の子がしゃがみこんでじっと聞き入っていたことがあって、あれには感動しましたね」と小島さん。東京砂漠の象徴のような女性の心を太古の森の息吹が潤したのでしょうか。

ウェゲナーの椅子をレントゲン撮影して研究

この作品からうかがわれるように、小島さんはまさに個性的。「自分はひねくれもの」といってはばかりません。

かつて新幹線やジャンボ機の内装を手がけたデザイナー・豊口克平氏や島崎信氏らに師事したことがあります。しかし、工業デザインの一部を担当することにどうしても抵抗があったといいます。その後、箪笥などの量産家具を製造する木工会社に就職しますが、ここで徹底的に意識

写真上／小島さんの住居兼喫茶店「忘路庵」。「忘路庵」は奥様が経営。ときにはライブ・コンサートをすることも。中／木材置き場。2枚を重ねず、風通しをよくして干しておく。下／整然とした工房。

「音柱　森から来たスピーカー達」（上）**とオブジェ「惑星」**（右端）
写真上／ヒノキのチップをまいた床に森の大木に見立てたスピーカー高さ4.2mを1本、３mを6本、計7本置き、37チャンネルの音場を実現。右／スピーカーを組むところ。右端／3mほどのケヤキの半分を使用。太陽と7つの惑星を彫り込み、間にフレアを表現する穴を開けている。

1947年東京生まれ。武蔵野美術短期大学卒業。74年に大阪の家具メーカー松村木工に勤務。のち埼玉県飯能市に工房を設立。椅子などで機能美を追求する一方 、木製スタンド、スピーカーなど独自の領域を開拓。
〒357-0203　埼玉県飯能市長沢1661-2
小島クラフト工房
TEL：0429-78-1849

したのは「要するに自分は皆と同じことをしたくないんだ」ということでした。

　独立した頃のエピソードにこんな話があります。結婚式を挙げたところ祝い金がたくさん集まった。小島さんは材木屋へ行き、そのお金をぜんぶはたいてカバの木を買います。ひと部屋が板でいっぱいになったということです。

　それから夢中になって椅子をつくります。ハンス・ウェグナーの椅子のコレクションを医大の先生に、レントゲン撮影してほしいと頼んだこともあったとか。ほぞの切り方がどうなっているのか、どのぐらい、どのように入っているのか。

美と醜はほんのちょっとの差 その差を超えないと

　椅子づくりは学生時代に叩き込まれています。しかし小島さんの志向するものはその頃に叩き込まれた機能一辺倒の椅子ではありません。小島さんは語ります。

「顔の美醜を見てわかるように、美と醜は案外ほんのちょっとの差です。そのちょっとの差を超えることが満足につながり、自分の志向するいい椅子になると思うのです」

　小島クラフト工房で修業し、独立した人たちがいます。小島さんは、教えることが難しいのは、この「美」だと言います。そしてこんなことを言います。

「どういうところを学ぶか。極端な話、なんにもしないことを一生懸命やる。そのなかで時間の使い方を学ぶんです。美しい時の流れに耳を傾ける心を養うんです。少なくとも私はテーマが自分の感性を通して形になったとき、オートマチックに美しいものになるようなそんな訓練をしたいですね」

樺丸テーブル
一度角材にされた板からつくり出す、木の生命力を表現した独特のフォルム。径 1200 ×高さ 680㎜

ウォルナット摺り脚の椅子
絨毯を敷いた床でも前後に滑りやすい。幅 490 ×奥行 450 ×高さ 695㎜

栗のアームチェア
幅 600 ×奥行 560 ×高さ 820㎜

胡桃小椅子
むだを省き、機能美を徹底的に追求した作品。幅 410 ×奥行 470 ×高さ 690㎜

欅拭き漆座机
天板と側板を一枚の板で。組み手は隠し蟻組み。小島さんの自宅和室で。

リビングのテーブルと椅子
裸木の趣を残す、真ん中に空隙のある大きな一枚板のテーブルに小島作品のさまざまな椅子。小島さんの自宅リビングで。

制作過程の一つひとつで量産にはできない「追い込み」をどれだけするかが勝負

髙村　徹（たかむら・とおる）

高村クラフト工房は埼玉県の東武越生《おごせ》駅または八高《はちこう》線明覚《みょうかく》駅から10分ほど、都心からはだいぶ遠方にあります。高村さんは、この自宅兼工房を「ユーザーとじっくり話し合う場」と位置づけ、これまでにつくった自分の作品を見ていただきながら、使う人の生活観、趣味・趣向に耳を傾け、注文に応えていくようにしたい、と語ります。

親しさ、使いやすさに特化した「バッタチェア」

高村さんの制作姿勢、作品の基本には、こうしたユーザー志向があります。

「お客さんは目が高いです。私は手づくりをモットーとしていますからアバウトは許されません。どなたも手づくりは量産品より下のはずがないと思うはずです。制作プロセスの一つひとつに量産にはできない〝追い込み〟をどれだけできるか、実際にしているかが勝負だと思っています」と高村さん。

たとえば椅子。「バッタチェア」は、多くの人に親しみのあるバッタをイメージしています。デザインのコンセプトは、愛着が持ててダイニングチェアとして長く使用できるもの。そのため構造を単純化して軽くし、片手で簡単に運べるようにもしています。

また座るという機能を考えて、小さな椅子ながら高さ・幅・奥行はもちろん、さまざまな角度から使いやすさを追求します。脚を斜めに四方転びに組んで、平面の床に対して安定感があるようにしました。座面はお尻にフィットするように、真ん中を少し立ち上げてえぐるように削っています。

また背もたれの角度・高さも何度も試してはこうと決めたもので、リラックスできること、横座りすると背が肘掛けになるといったことも考えのなかにあったといいます。当然、ラフに使われることも考慮のうちにあり、背の支えとして丈夫なウォルナット・カバ製のスポークをつけました。

背のスポークの一本一本最後は手の感覚が磨き上げる

「ハイバックチェアⅡ」「ハイバックベンチ」は安楽椅子を意図してつくられています。座面の高さを低くしたのは、座り心地よくリラックスできるようにするため。高齢者が座面に手をついて座る場合・立つ場合の容易さも意図されています。

写真上・中／髙村さんの工房。木取り、切断、大まかな研磨には機械を使う。写真下／髙村さん愛用の道具。最終的には両手で握って扱う南京かんな、いろいろな大きさの小がんな、際がんななどを使い、ていねいに仕上げる。

1966年東京生まれ。武蔵野美術短大工芸デザイン科卒。木工作家に師事し、98年に独立。生活者の視点に立った家具づくりを目指す。展覧会入賞多数。

〒355-0363　埼玉県比企郡ときがわ町大附264-3
高村クラフト工房
TEL/FAX:0493-65-2676

ウイングテーブル（セット）

暮らしの多様な変化に応じて仕様が変えられるように設計したテーブル。写真下左・右のように普段は半分にして壁際に寄せ、リビングや仕事場のデスクとしても使える。2つ合わせたときには円形のえぐりが使い勝手。いずれもタモ材のウレタン仕上げ。1ユニットは幅1335×奥行685×高さ680㎜。ワゴンは幅250×奥行400×高さ630㎜。

背をスポークにしたのは、リビングや公共空間のなかで違和感がなく、くつろぎや快さを感じるようにとの考えから。背のスポークは一本一本、南京かんな、サンドペーパーなどを使って手の感覚で磨き上げます。

髙村さんは言います。

「設計はイメージを決めて、それをユーザーの意向に応えつつ機能性や楽しさを考えてアレンジします。木取り、切断、粗削りは機械を使いますが、機械でつくる平面・曲面はあくまで目安。仕上げに完璧さを求めると、どうしても手の感覚がなければできません。これは椅子でもテーブルでも同じです」

暮らしに応じてステップアップ多目的テーブルとデスク

「ウイングテーブル」「デルタウイングデスク」「ダイニングテーブルＳａｋｕｒａ」も髙村さんの生活者志向、ユーザー志向から生まれました。前二者に共通しているのは半円と三角形のユニットを組み合わせられるようになっていて、生活のゆとりや活用方法に応じて、また生活スタイルの変化に応じて1ユニットでも、いくつかを組み合わせても使用できる多目的性です。

たとえば「ウイングテーブル」は1ユニットで置いて、2人の食卓や忙しい朝のスナック・テーブルにすることも考えられ、2つ組み合わせれば、4人で鍋が囲める食卓にもなります。普段は一人ひとりのキッチンテーブルや裁縫テーブルにしておき、食事時あるいは来客時には2ユニットを組み合わせることも。また中央に四角形の同じ高さのテーブルを置いて、まったく異なるステップアップをすることもできます。

「デルタウイングテーブル」は部屋の角に置くと、デッドスペースの有効活用ができます。オプションでパソコン用キーボードトレイか引き出しをつけることも。複数を組み合わせると大きな三角にも四角にもなり、商談用・会議用テーブルとしても使えます。

またそれぞれに細かな工夫があります。端が円形にえぐられているのはどちらも同じで、目に心地いいというだけでなく、壁際に押しつけたときには電気スタンドやパソコンのコードの逃げになるなどの便利な利用が考えられます。「ウイングテーブル」の脚にも注目です。左右の脚の幅に合わせてテーブル用ワゴンを納めることができます。引き出しにはナイフ、フォークや小皿、カップなどを収納できます。

「ダイニングテーブルＳａｋｕｒａ」は桜の花びらをイメージしてデザインされました。囲むように座る円形テーブルの持つよさもあり、天板小口方向が逆Rになった形は意匠の趣を強調します。

ハイバックチェアⅡ
タモ材のウレタン仕上げ。朝日新聞社主催・第4回「暮らしの中の木の椅子展」優秀賞受賞。幅800×奥行600×高さ900㎜

ハイバックベンチ
タモ材のウレタン仕上げ。朝日新聞社主催・第2回「暮らしの中の椅子展」最優秀賞受賞。幅1750×奥行600×高さ860㎜

「ダイニングテーブル Sakura」と バッタチェア

どちらもタモ材のウレタン仕上げ。チェアのスポークはウォルナット・カバ。テーブルの形は円と長方形のよさを兼ね備えて。幅 1000 ×奥行 1400 ×高さ 680㎜。チェアはバッタをイメージ、軽快で愛着ある形に。幅 410 ×奥行 500 ×高さ 645㎜。

デルタウイングデスク（セット）

三角形を基本にしているので、単体でも組み合わせて使用できる。タモ材のウレタン仕上げ。1ユニット幅 1400 ×奥行 614 ×高さ 700㎜。

コートハンガー（S）

外套掛けや帽子掛け、下のようにフラワーリースを掛けて飾りにも。髙村さんが端材で遊び感覚でつくったもの。

間伐材を素材とし、年輪の渦巻き模様を浮き立たせる卓越した造形表現力

小沼智靖（こぬま・ともやす）

「素材が孕《はら》む表現性に着想し、『素材』と『手』の間にはりめぐらされるあの快い緊張と対話が観る者に伝わる作品」（陶芸家・林秀行）

これは、小沼智靖さんの2脚作品「あうん」が、２００５年（平成17）の第23回朝日現代クラフト展でグランプリを受賞したときの審査講評の一部です。

ここでの「素材」とは、山林で主要な木の生育を助けたり採光や通風をよくしたりするために切り倒される間伐材や、強風を受けて倒れた風倒木、製材所でプレスカット時にできる余材、建築廃材など、ゴミとなって捨てられていく木材のこと。

こうした木材を表現の素材とした小沼作品には、間伐材の有効利用による森林保護や、環境問題の解消にもつながる今日的なメッセージが込められていると同時に、木へのスピリチュアルな感性が感じられます。

「木材の木口《こぐち》には、年輪の木目が渦巻き模様となって刻まれています。その渦巻き模様を見ていると、自然の生命エネルギーというか、いわば『樹《き》の気』の波動を感じるのです。自然界にある木がもともと持っている生命を使って、それをなるべく傷つけないようにしながら作品にすると、その木が喜んでくれているように思えてきます」

廃棄される運命にある木材に、みずからの「手」の技術によって再び生命の息吹を吹き込む小沼さん。その作品は、渦巻き模様のある木口を上にした角材を、何本も繋ぎ合わせて大きなブロックにし、椅子や膳などの形に削り出すという独自の造形技法で製作されています。

外観と同じ白色で統一された明るい工房内部（写真上・下）。機械類はすべて黒く塗り替えられ、工房名を白文字で刻印、ここにも作家のこだわりが垣間見られる。木工旋盤は作業音が極めて静かなオーストラリア製を使用。

家族で楽しむ「小さい椅子」と漆仕上げの「木の器」

独自の技法と彫刻的なデザインによる木口シリーズは、「あうん」から「一人膳」に引き継がれ、そして「小さい椅子」へと発展しました。

「小さい椅子」というのは、子ども用サイズで設計され、子どもも大人も楽しめる椅子のこと。子どもはその上で絵を描いたり、おやつを食べたり、座って本を読んだり、また大人の場合には、踏み台として実用的に使うなど、いろいろな使い方で家族全員が一緒に楽しめます。

「椅子という従来の常識にとらわれないデザインを心がけています。たとえばこの小さい椅子のデザインの基本は箱のような四角形です」

小沼さんは仲間たちと作家集団

あうん

第23回朝日現代クラフト展でのグランプリ受賞作品。仲睦まじい夫婦の「あうん」の呼吸感を漂わす2脚作品で、大胆な曲線によるフォルムが特徴。背を高くし座面に角度をつけて座り心地のよさを実現。本体はスギ、カシュー仕上げ。幅420×奥行500×高さ950 ㎜

1965 年埼玉県生まれ。間伐材を使った椅子や器作品で一躍注目を浴び、現代木工界に新しい息吹を吹き込む。画家のほか、多彩な才能を持ち、個展やグループ展を東京で多数開催。

〒 369-0115 埼玉県鴻巣市吹上本町 4-6-7
小沼デザインワークス
http://www.kinoutsuwa.com
E-mail:info@kinoutsuwa.com

「小さい椅子」を結成し、毎年数回にわたってグループ展を東京で開催しています。

　また、小沼さんは「木の器」作家としても知られています。椀や皿など、暮らしに身近な器作品にも、年輪の渦巻き模様が浮き出ていて、漆塗りの仕上げが施されています。

　漆を扱うようになったのは、造形教室「アトリエ楽象帆《らくぞお》」で幼児や小学生たちに木工を教えたことがきっかけです。この教室は、京都市立芸術大学大学院で芸術学を学んだ妻の訓子《のりこ》さんと作家仲間が集まって１９９４年から始めたもので、「教室では子どもたちと一緒に机や箸、皿などをつくっています。子どもたちは木を削ったり、磨いたりする行為自体が好きで、その点ではぼくも同じです」と言います。

「樹の気」に触れる歓びを原点に

　木工作品づくりに本格的に取り組んだのは１９９９年ごろから。東京芸術大学大学院油画専攻を修了後、プロの画家として活動していましたが、木工による立体作品に創作意欲を掻き立てられ、木工作家への道を歩むことになりました。

　小沼作品のデザインの特徴の一つとして椅子や膳の脚が有機的なフォルムで形づくられていることが挙げられます。「脚のフォルムは、絵画で描いていた曲線と共通点があるのかもしれません。自分が美しい、心地よいと思った曲線が身体に沁み込んでいて、それがリズムになっているんですね」

　２００２年に小沼デザインワークスを設立。自宅兼工房は、ＪＲ高崎線の吹上《ふきあげ》駅から徒歩で数分の旧中山道沿いにあります。白い建物の外観は一見お洒落《しゃれ》なレストランふうで、入り口には厚いナラ材の扉が使われています。１階が工房、２階に上がると、家族団欒《だんらん》の生活スペースになっています。大きなガラス窓から日光が射し込む明るいリビングルームで最後にこう語ります。

「最近は生木《なまき》に惹かれています。日本では木材は使用前に乾燥させるのが普通です。一方、生木とは、乾燥させる前の水分を多く含んだ木材のことを意味します。生木の利用法で、たとえば椅子については、水分の多い木と少ない木を使い、乾燥したときの収縮率の差を利用して接合する技法は大変興味深いものです。また器では、生木のときに形づくり、乾燥後に自然と変化するフォルムがとても美しいと感じていますので、それを大切にしながら、仕上げの形を決めていくこともあります」

　自然界の「樹の気」が語りかけてくるものに、じっと耳を傾けることを原点に「木漆芸家」小沼さんの創作活動は広がるばかりです。

木口の踏み台
スギの間伐材でつくられた「小さい椅子」。それぞれ異なる年輪模様の表情が面白く、入れ子式なので、階段状にして踏み台に使ったり、兄弟姉妹で本を読んだり、ソファに座ったときの足置きなどにも使える。幅320×奥行240×高さ250㎜(大)

一人膳
座卓と座椅子の組作品で、工芸都市高岡2005クラフト展で優秀賞を受賞。スギの間伐材を使用し、今にも歩き出しそうな脚のフォルムが特徴的。座卓で食事を楽しみ、座椅子は飾り台にも利用できる。
座卓：幅480×奥行410×高さ280mm
座椅子：幅420×奥行320×高さ110mm

椀・箸・平皿
左の椀がカエデ、右がカツラ、箸と平皿はケヤキを使用。椀は手触りがよく軽い。

丸皿
木の柔らかい質感と、しっとりと落ち着いた風合いを特徴とする、ケヤキの丸皿。

器
かわいくてユーモラスな形の木の器。クスノキを生木のうちに削り、乾燥後の歪みを利用して仕上げている。

椀
木目を浮き立たせた漆仕上げの椀。小沼さんは椀の作品で「金沢わん・One大賞2006」準大賞を受賞。

独学で極めた技法
構造から導かれる独創の「かたち」
脚物への論理的なこだわり

木内明彦（きうち・あきひこ）

木内明彦さんは2002年（平成14）に、フロアスタンドの作品で第20回朝日現代クラフト展の優秀賞を受賞、また第3回暮らしの中の木の椅子展でもベンチで最優秀賞の栄冠に輝き、この2つの大きな登竜門での同時受賞を果たしました。

暮らしの中の木の椅子展では、ベンチとともに出品した椅子とスツールも入選、さらに2年後に開かれた第4回同展でもベンチで優秀賞を受賞し、家具作家としての地位を確かなものとしました。

作品が展示される「Art Space 丘」（写真上：TEL042-734-0334）から徒歩で数分の距離に工房がある。プレハブ造で約13坪。フライスルーターや横切盤などの大型機械が装備され、ここから創作家具の名品が生み出される。

工房開設から2年後に受賞
「自分らしい」作品を求めて

木内さんの木工技術は独学によるものです。職人の手ほどきを受けたのでもなく、専門学校などに通って学んだわけでもありません。

「中学時代に技術家庭の授業で勉強しただけですが、そのときに木材の選び方や図面の引き方、かんなの使い方、刃物の砥ぎ方といった木工技術の基礎を学びました。木工に熱心だった先生のおかげであり、その授業での体験がモノづくりを好きになる出発点となり、大学卒業後も趣味で木工を続けていました」

都内の専門学校での勤務を辞め、多摩ニュータウン郊外の里山に自分の工房を構えたのは2000年1月、43歳のときで、前述のコンペで受賞するわずか2年前のことでした。

「勤めていたころから小島伸吾さんに私淑し、自分のいくつかの作品を見ていただく機会にも恵まれました。そんななかで、プロとアマチュアとの違いを考えさせられました。たとえば、小島さんのつくった椅子は、それがどこに置かれても小島作品であることがわかります。それがプロの仕事であり、誰か風ではプロとはいえない。では、自分らしいものとは何か……ということを深く考えるようになりました」

自宅に程近い工房で、「自分らしい」作品づくりをめざして、サイドボードや飾り棚、テーブル、椅子などの製作に取り組み、2001年に初の個展を新宿パークタワーの1階フロアで開催。個展後、来場者からの受注が重なって予想外に成功し、個展に続いてコンペにも挑戦、そしてみごとに前述の大賞を受賞したのです。

「工房を構えたころは、普通の電動工具しかなく、出品作品のほとんどは手作業によるもの。これほど早く、また予想を超える評価に戸惑いもありました」と木内さん。

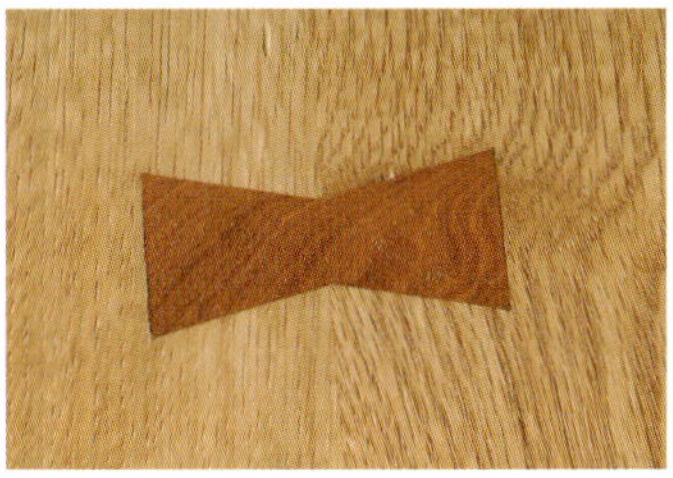

ベンチ
本体にミズナラを使用。２枚の座板は、ケンポナシを使った鼓《つづみ》形の「千《ち》切《ぎ》り」（写真左）で接合され、さらに無垢材の反りを防止するため、蟻形に彫ったほぞ穴にサクラ材の吸い付き桟（右）が差し込まれている。
幅 1800 ×奥行・高さ 400㎜

1956年北海道生まれ。独学で身につけた木工技術を生かして工房を開設、その2年後に大賞を受賞して脚光を浴びる。各種テーブルや照明家具の注文も多数手がける。

〒 206-0031 東京都多摩市
豊ケ丘 3-1-1-402
KIUCHI WORKS
TEL/FAX：042-372-9565

ベンチ
2002年、朝日新聞社主催による第3回暮らしの中の木の椅子展で最優秀賞を受賞した作品。本体はクルミ。座面と脚部を分離させて、その隙間空間に全体を支える構造上の工夫が施されている点で、高く評価された。
幅1800×奥行450×高さ410㎜

座面と脚を結ぶ蟻桟と貫構造から生まれる形

「あえていえば、テーブルを低くしたものがベンチです。子どもが寝ころがったり、机代わりに使ったり自由に使えます。椅子と違って、ベンチは人のほうが動きます」

作品の中で最も人気が高いダイニングテーブルは、4脚の椅子または2脚の椅子とベンチを合わせます。

「脚物というのは、座面の面と、それを支える脚とによる構造物です。座面と脚をどのように構造的に組み合わせるかを論理的に考えたり、そこからどんな形が引き出せるかを工夫したりすることが面白いのです」

たしかに、天板や座面を脚部と直に接合せず、反り止めを兼ねた蟻桟や貫を介してつなぐスタイルは、作品に独特の軽快感をもたらしているようです。

「好きな木は、指物にも使われる落葉広葉樹のケンポナシ。ほのかに赤みを帯び、木目が絹のように美しい点が魅力です。ほかにケヤキ、ミズナラなど国産材が主ですが、北米産のウォルナットやハードメープルも使います。家具は、使われている木材やデザインを自分の目や手で確かめて購入することが大切ですね」

木内さんの作品の一部は、工房近くのギャラリー「Art Space丘」で実際に触れることができます。

東京郊外の工房から発信されるパワフルな情熱

工房は、京王線・小田急線・多摩モノレールが交差する多摩センター駅から車で約10分、竹林のある小高い丘の上に位置しています。その隣には、家具作家仲間である加藤史典さんの工房もあります。

「ここは都心に近いので、最新の情報やお客とのコンタクトが取りやすく、良材も容易に入手できる絶好の場所です。それに、付近に人家が少ないので、作業音を気にしないで夜遅くまで仕事ができます」

さらに、「今後は脚物や照明器具の分野だけでなく、仲間たちとプロジェクトを組みながら、新しい分野にも取り組むつもりです。また、木という素材だけにこだわらないで、樹脂やガラスなどの素材も使って、どんどん表現を広げていきたいと思っています。創作活動において立ち止まるということは危険です。なぜなら、ある表現や作風に一度固まってしまうと、そこからなかなか抜け出せなくなるから。いろいろな素材を使うことは、そのような表現の殻から脱皮するきっかけになります」と話す木内さん。

その落ち着きのある語り口には、素材である天然木や仕事に対する謙虚さと同時に、パワフルな情熱が秘められています。

ダイニングテーブル

頑丈な構造を持ち、天板の下には収納スペースが設けられている。ケヤキとサクラを使用。客の要望に応じてテーブルに椅子だけ、またはベンチと椅子を組み合わせる。幅1700×奥行840×高さ680mm

椅子

「脚物は、支柱となる脚と座面とによる構造物である」と語る木内さんの椅子作品。２枚に分かれた座板は蟻桟で固定されている。すべてケンポナシ。

スツール

最小限のパーツで組み立てられたスツール。座板はケヤキ、脚には、粘りがあって丈夫なサクラを使用。脚材には木目のはっきりしない散孔材がよく使われる。

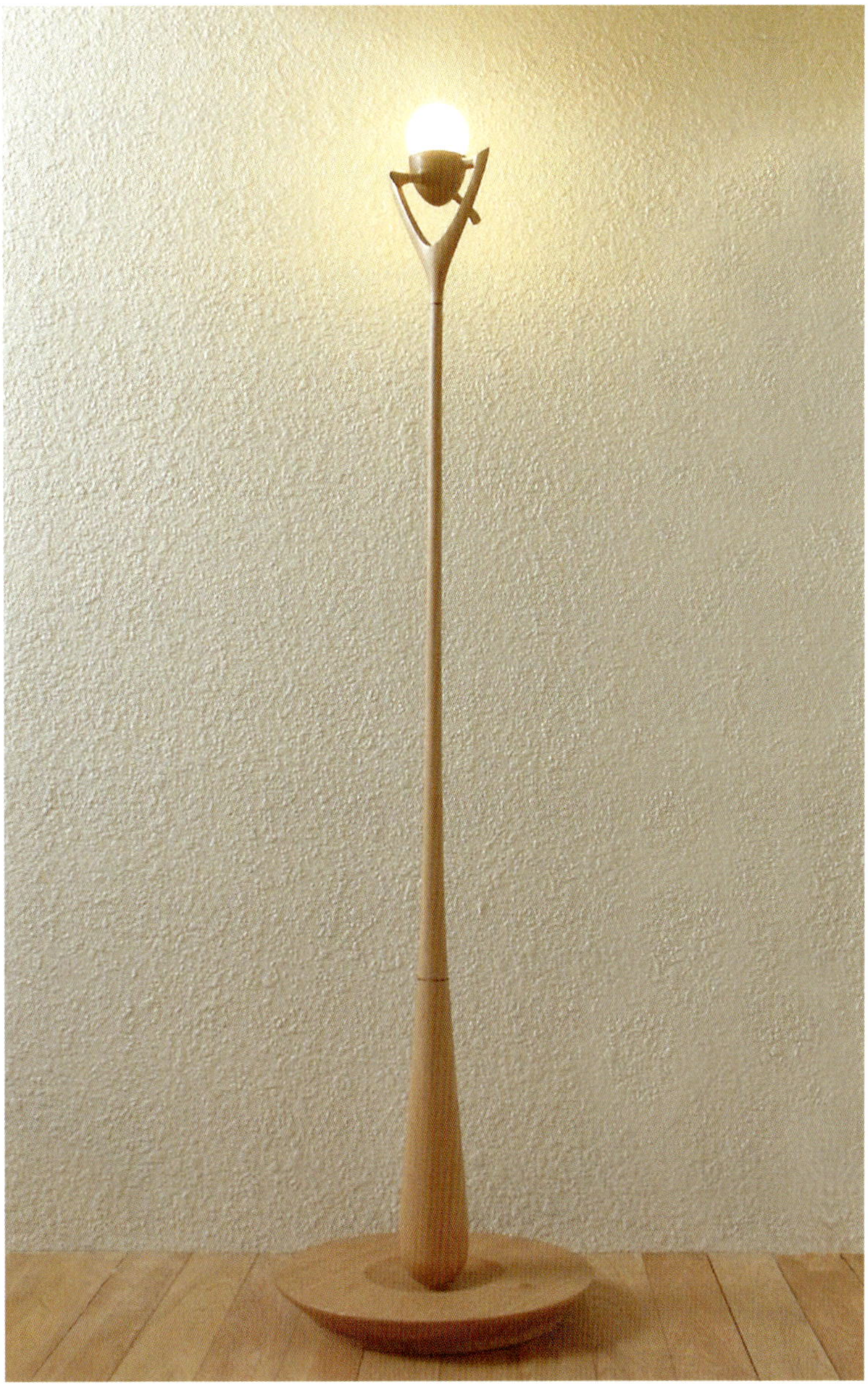

フロアスタンド

適度な堅さと耐久性に優れたタモの特質を生かしたフロアスタンド。すべて曲線によるデザインが、すっきりとした立ち姿と照明の柔らかな光を際立たせている。幅・奥行500×高さ1800㎜

テーブルランプ

人が背筋をやや斜めに傾けたようなフォルムで光源を配したテーブルランプ。イタヤカエデとサクラを使用し、木の温もりがハロゲンランプの優しい光を演出する。幅・奥行 240 ×高さ 300㎜

指物と彫物の複合技法を駆使し、観る人のこころにゆらぎを生じさせる造形作品。

田中一幸（たなか・いっこう）

田中一幸さんは、木工・鋳金の造形作家であるとともに、東京芸術大学美術学部工芸科教授として同大の取手校で木工芸を教えています。

取手校は美術学部・大学院美術研究科を中心とする芸術発信拠点（平成3年開校）で、JR常磐線の取《とり》手《で》駅からバスで約15分、利根川沿いの小高い丘に位置し、キャンパスには実技系各課の実習室と、壁画・工芸・ガラス造形等の大学院講座があります。また金工・木材・塗装・石材の共同利用施設（共通工房）があり、学部・大学院を通して利用されています。木材造形工房機械室には各種木工機械がそろえられ、別棟には小型製材機も装備されています。

「造形のプロセスで大切なことは〝先を読む〟ことです。いま自分がしている作業にどのような意味があり、次にしなければならないことは何かを考えることです。そのように考えながら道具を使って手を動かすことによって、部分から全体へと向かい、そして最後に作品全体が見えてくるようになります」

心にゆらぎを生じさせる出っ張り（突起）の表現

田中さんの造形作品は、観る人を日常の中にある不思議な世界へと導きます。「赤いｋｅｙｂｏｘ」と題された作品は、外装の鮮烈な赤色に引き込まれて、思わず手を伸ばして開けたくなるような箱物作品です。

「この作品は、かつて子どものときに通っていた駄菓子屋のガラスケースが、４本の脚に支えられた台に乗ったイメージでつくりました」

箱の窓部分にはイギリスの古いステンドグラスを切ったものが嵌め込んであり、箱には22本の木釘が使われています。木釘は頭を削って平らにするのが普通ですが、打ち込んだあとに小さな刃物で表面を丸く削り、あえて出っ張り（突起）を持たせています。出っ張りの高さは１㎜。「このわずかな出っ張りに、空気が引っかかって留まり、作品空間にある種の緊張感をもたらす」と言います。

出っ張りが空間を生み出すことに気づいたのは、佐賀大学教育学部助教授を経て芸大に移る１９８６年（昭和61）のこと。きっかけは同年に開いた個展「佇む木々・泉の風景」で、ヒノキやスギ、カツラなどの角材に出っ張りをつけ、それを枝に見立てて何本もの長短の角材を林立させた作品を発表したことでした。穂高連峰を望む上高地の大正池に佇む

各種の木工道具や作品が置かれた木工芸研究室で、パーツを組み立てる田中さん（写真上）。廊下を隔てた向かい側には実習室があり、院生たちがそれぞれのブースで課題作品に取り組む（中）。仕上げに使う愛用の手かんな（下）。

思い出の家

昔の木造の廃屋をイメージした作品で、ポールは木の電柱を模したもの。脚と台座はクス、家はムクを使用。台座を彫り込み、漆喰《しっくい》階段がつけられている。仕上げは、砥《と》の粉《こ》で白く目止め着色したあと、オイル系塗料で下塗りして塗膜を3層にし、その上に顔料で塗装してある。幅410×奥行440×高さ1250㎜

1943年神奈川県生まれ。東京芸術大学大学院美術研究科鋳金専攻修了後、佐賀大学教育学部助教授をへて、2000年から母校の美術学部教授。本書監修者の一人。

〒302-0001茨城県取手市小文間5000　東京芸術大学取手校・木工芸研究室
TEL：050-5525-2576

木々をイメージした作品であり、山奥の静けさと張り詰めた空気感をみごとに表現。１９９８年（平成10）制作のオブジェ作品「思い出の船」にも、船形の前部に小さな出っ張りが見られます。

「出っ張りは、作品を観る人のこころに〝ゆらぎ〟を生じさせます。人は普通、作品は完成されたものであると考え、そこに何らかの意味や価値を見出そうとしますが、作品に出っ張りがあると、まだ完成されていないのではないかという不安定な気持ちになるのです」

その不安定な気持ちを、作品を通して観る人が感じたり考えたりすることによって、つくる側と観る側とのコミュニケーションが成立することになります。

作品を観るとき、人はそれぞれの価値観や固定観念で判断しようとしますが、そうした日常の世界をバラバラに分解すると、そこに非日常的世界の新鮮さや不可思議さが立ち現われてくるのです。

指物と彫物の複合技法と立体の3つの方向性

作品の多くには、指物と彫物の高度な複合技法が使われています。作品「印鑑箱」は、箱部分は板を組み合わせる指物技術でつくられ、取っ手部分はクワ材を彫った4つのパーツをアーチ形につないでつくられています。また、箱は左右の横方向に、引き出しは前後の方向に、そして取っ手は斜めの方向というように、作品には3つの方向性が組み合わされています。

このように作品の方向性を考慮してつくられていることも田中作品の特徴。未発表作品である「壁の天秤《てんびん》」にも、立体の上下、左右、前後という3つの方向性が見てとれます。

赤いkey box
伝統的な指物技術と、油絵具のカドミニウムレッドを顔料としたオイルフィニッシュ仕上げによる作品。本体はサクラ。木釘の出っ張りが独特の空間感を漂わす。幅230×奥行150×高さ380㎜

人工的でなく、生命的なものへの愛着と感性

１９８０年代初めから小箱の製作を行い、後半からは木枠による「枠シリーズ」に取り組み、そして２００５年には韓国での国際交流作品展に出品。07年の東京芸術大学創立１２０周年記念の「立体造形の複眼」展には、いまにも動き出しそうな「４脚シリーズ」の木工作品２点を発表しました。

取手校の専門教育棟２階の木工芸研究室には、製作中の作品をはじめ多くの木工道具が置かれています。

机の引き出しから取り出した１本の小枝。樹皮を剝いだ生々しくも美しいその枝を手に取りながら、田中さんは「人工的でなく、生命的なものに強く惹かれるのです」と語ります。こうした自然素材の木に対する感性が、さまざまな作品を生み出す創作活動の原動力になっています。

印鑑箱
アーチ形の取っ手を特徴とする卓上木工作品。クワ材の取っ手は４つのパーツをつないだもので、引き出し棒がついた箱内部はキリを使用、後ろに空気穴の細工が施されている。

「？」の檻
得体の知れない生き物のような箱物作品。宝石などを入れる箱は、内部の見える閉じられた空間であり、後ろも開閉できる。スギ材の木目が浮き立ち、その質感が観る人に伝わる。

壁の天秤（てんびん）
上：触れるだけでも動く、微妙なバランスを保つ天秤作品。支柱はサクラ、天秤と左右の箱はヒノキ。

思い出の船
右：船体の赤いラインと三角形の帆柱が、荒波を進む船のイメージを想起させる。本体はベイスギ。

仮象の檻（かしょうのおり）
箱の前後には引き上がる格子があり、外界と行き来もかなうのだ。いったい何を入れるための檻なのだろうか。箱そのものに命があるように感じたい。2007年制作。ケヤキ製。幅475×奥行295×高さ790mm

「わが師はアメリカン・ウインザーチェア」と語るウッドワーカー（木匠《もくしょう》）の逸品。

村上富朗（むらかみ・とみお）

1979年開設の工房には、まだ使われていない各種の板材が立てかけられ（写真上）、昇降丸のこ盤や手押しかんな盤、バンドソーなどの木工機械（中）のほか、壁面には南京かんな、四方反りかんななどの道具類が並ぶ（下）。

ウインザーチェアは17世紀後半ごろにイギリスで誕生した実用的な椅子で、その後、植民地時代のアメリカにも移入され、独立宣言が行われた18世紀後半から19世紀初めにかけて、完成度の高いアメリカンスタイルのものが手仕事によって大量に製作されました。

このアメリカン・ウインザーチェアに、村上富朗さんが初めて出会ったのは１９７６年（昭和51）、27歳のときのこと。村上さんは当時、ニューヨークのキャビネットメーカーで家具製作の仕事に従事していました。

「たまたま建国２００年祭ということでフィラデルフィアにあるカーペンターズホールに行ったとき、調度品のひとつとしてアメリカン・ウインザーチェアが飾られていました。

それを一目見た途端に感動し、ほれ込んでしまいました。座面までの高さが24インチ（約61㎝）、全体の高さが53インチ（約１３５㎝）という背の高い椅子ですが、大きなわりには全体的に細くて華奢なフォルム、そしてバランスのとれた美しい姿に衝撃を受けたのです」

アメリカン・ウインザーチェアに魅了された村上さんは、アメリカ滞在中にウインザーチェアに関する文献資料を集めたり、さまざまな博物館を巡り歩いて研究を重ねました。

もともとウインザーチェアは、農民や開拓者といった民衆の生活の中から自然発生的に生まれたものであり、日本では、松本民芸家具の創始者・池田三四郎が民芸運動の一環として最初に取り組んだ洋家具としても知られています。

背もたれの曲線美を生み出す曲木《まげき》の技術と素材選び

村上さんは長野県丸子町の建具《たてぐ》屋の４代目長男として生まれ、幼いころから祖父や父親の仕事を見ながら育ちました。格子戸や障子、ふすまなどの建具をつくるには、さまざまな木材の特質を熟知したうえで、住居内の温度や湿度に考慮したものを使わなければなりません。また、建具が歪んだり、ぐらついたりしないように、その四隅をしっかり支える構造上の組み技術も必要です。村上さんは「こうした建具職人の技術がウインザーチェアの製作に役立ち、いまも家具づくりのベースになっている」と言います。

「ウインザーチェアの基本構造は、座板に開けた丸穴にほぞを通し、脚

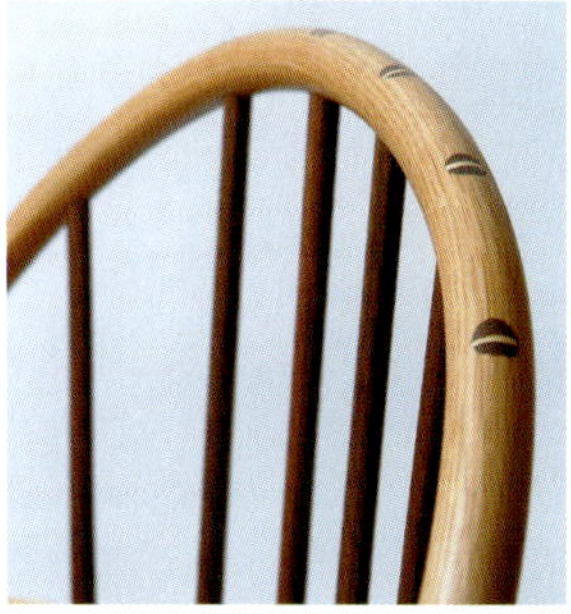

サックバックチェア

背が弓形(アメリカではサックバック)のアームチェア。座板と脚はウォルナット、そのほかはナラを使用。曲木の技術で美しい曲線を描くボウと、背もたれのスピンドルは、トネリコのくさびで止めてある(写真上)。厚さ約4㎝の座板は太い脚と貫でしっかりと支えられている(下)。幅490×奥行440×高さ920（座面430)㎜

1949年長野県生まれ。アメリカン・ウインザーチェアに魅了され、信州で“木の座を持つ椅子”づくりを続けるウッドワーカー。98年の第1回暮らしの中の木の椅子展で入選。東京での個展は主に目白の三春堂ギャラリーで。

〒389-0201 長野県北佐久郡御代田町塩野128-2
木の椅子工房・ウッドワーカー村上
TEL/FAX：0267-32-5880

やスピンドル（背棒）を接合しただけの単純なもの。背の形の違いによって2種類に大別され、弓形のものがボウバックチェア、櫛《くし》の形になっているのがコムバックチェアと呼ばれています」

　ボウバックチェアの製作には、背枠（ボウ）を弓形にする曲木の技術が不可欠であり、木材を弓形に湾曲させるためには、折れにくくて曲げやすい素材を使う必要があります。

「曲木の技術でつくられた背もたれの曲線は、身体にフィットし、座り心地が快適になります。ウインザーチェアの製作には適材適所の材料を選ぶことが重要です。

　たとえばボウやスピンドル、アームには曲げやすくて粘りのある木を、脚や貫には硬くて丈夫なもの、また座板には削りやすくて柔らかい木を使います。イングリッシュ・ウインザーとアメリカン・ウインザーの形の違いは、こうした材料の違いも大きな一因になっています」

　村上さんの作品には、北海道産のセンが多く使われています。広葉樹の中でも柔らかい部類に入るセンは「寄りかかるとき、体への当たりがいいから」だそうです。作品に使う木材は、丸太で買い、低温で人工乾燥した板材を材木屋から入手、それを常温の天然乾燥でなじませ、含水率を12％程度までに落として使っています。

和室椅子

センの木でつくられた和室用のアームチェア。身体の触れる部分に曲線を施し、背骨ラインに合った波形の背もたれと、座板のえぐりが特徴。幅 500 ×奥行 500 ×高さ 1000（座面 380）㎜

子供椅子

脚の形がかわいい子供椅子。背もたれが櫛の形になっているコムバックチェアで、センでつくられたスピンドル以外はウォルナットを使用。幅 300 ×奥行 300 ×高さ 620（座面 270）㎜

スツール

4本の脚がやや開き気味になっているのが特徴。センのはっきりした木目を引き立たせ、強度と安定感がある。ワックス仕上げ。幅 360 ×奥行 320 ×高さ 420㎜

浅間山の麓にある工房で一品ずつ丹精込めて…

「木の椅子工房　ウッドワーカー村上」のある長野県北佐久郡御代田町は、浅間山の南麓に広がる高原の町で、東は軽井沢町、西は小諸市に隣接しています。カラマツやミズナラ、白樺などの林の中に別荘が点在し、こうした静かで豊かな自然環境が作家の集中力を高めます。

　アメリカから帰国後、村上さんがこの地を工房に選んだのは、「自然の中にすべての芸術のパターンがある」という信念から。当初はアメリカン・ウインザーチェアを自分の師と仰いで製作に没頭するかたわら、シンプルなデザインと機能性を特徴とするシェーカー家具の復元にも取り組みました。

　また、20世紀アメリカの大芸術家ドナルド・ジャッドが設計した椅子を製作したほか、建築家の吉村順三や中村好文との知遇を得て、その設計による別荘の家具や椅子を手がけるなどして、日本におけるアメリカン・ウインザーチェアの第一人者と評されるまでになりました。作品は栗田美術館や竹久夢二伊香保記念館などにも納められています。

　村上さんは、工房兼自宅の横にある畑で野菜やハーブなどを栽培しながら、自分の思いを込めた家具を一品ずつ黙々とつくり続けています。

コムバックロッカー

コムバック型のロッキングチェア。明るい茶系のナラ材と、濃茶褐色のウォルナット材によるツートンカラーが上品さを漂わす。背もたれには９本ものスピンドルが差し込まれ、座面の削り込みの微妙な深さは「長年の勘による」という。幅490×奥行440×高さ1120（座面420)㎜

手仕事から生まれる木工作品の温もりと用の美。理想は自然体での家具づくり

谷 進一郎（たに・しんいちろう）

しなの鉄道線とJR小海《こうみ》線が乗り入れる小諸駅から車で約20分、浅間山の雄姿が背後に迫る工房で、谷進一郎さんは語り始めます。

「長い年月をかけて育った木を使うのですから、せめて育ってきた年数分くらいは使える家具につくってあげないと、木に申しわけない」

木工という仕事に対する強い使命感を感じさせる言葉ですが、そこには肩肘張った気負いは少しもなく、むしろ木に思いを寄せる自然観に寄り添う優しさに満ちています。「編み物椅子」は、そんな谷さんの温かい人間性が反映されている家具です。

「これは編み物を楽しむ女性のためにつくったもので、毛糸や編み物道具などを入れる籠を座面下に取りつけ、座面には飲み物や本、テキストなどを置ける広いスペースを設けています。使う人とのコミュニケーションや信頼関係を大切にしています」

このように、家具の各所に、使う人の立場に立った細やかな心配りと工夫が凝らされています。「使い手の顔が見える仕事には充実感がある」と語る谷さんが、腰痛に悩む人から頼まれて制作したというアームチェアは、使う人の体格に合わせた理想的なオーダーメイドの一品。

標高1000mの高原にある工房の正面（写真上）。裏の林にはカモシカが出没することも。木造平屋建ての工房は約40坪と広く、木の香りが漂う中で作業が行なわれる（中）。作品ごとの型板や各種かんな類は長年の愛用道具（下）。

木目の美しさを際立たせる拭き漆仕上げと李朝スタイル

谷さんは東京生まれの団塊世代。武蔵野美術大学で家具デザインを学んだあと、分業化された大量生産による家具制作に疑問を抱き、確かな手応えのある家具づくりを求めて、松本市の木工家具職人の世界に飛び込みました。

3年余の修業を経て独立、現在地に工房を構えたのは1970年代半ばのこと。その後作品を次々と発表し、その才能を開花させるとともに、90年代後半には作家の水上勉や中野孝次の注文家具を手がけたほか、NHKの「土曜美の朝」に出演するなど、マスコミからも大きな注目を浴びました。

谷さんの家具には、二つの共通する特徴が見られます。そのひとつが拭き漆仕上げ。「国産材には、やはり日本の塗料である漆が一番似合います。拭き漆仕上げは生漆を薄く塗っては拭く作業を何度も繰り返す塗装技法であり、木目の美しさが引き立ち、しっとりとした艶のある仕上がりになります。しかし熟練の専門技術を必要とするので、この仕事

編み物椅子

制作脚数が100以上を数えるロングセラーの椅子。注文主の体格や要望に応じて、座面の高さや背の位置が変えられるほか、アームをつけることもできる。座面下には、毛糸類が入れられる籠（バスケタリー作家・深井美智子さんの制作）が設けられている（写真下）。座板と背板はセン、脚はカバを使用。拭き漆仕上げ。幅700×奥行500×高さ700（座面380）㎜

1947年東京生まれ。シンプルなデザインと堂々とした存在感を作品の特徴とし、木工家のネットワーク構築や後進の指導を行なう信州木工界のリーダー的存在。国画会工芸部会員、信州木工会会員など。

〒384-0021 長野県小諸市天池4741
TEL/FAX：0267-22-1884
http://www.tani-ww.com

は長野県朝日村の漆職人である小林登さんにお願いしています」

もうひとつの特徴は、朝鮮半島における李朝時代の家具の作風が取り入れられていること。李朝家具に傾倒し、木工と漆芸で人間国宝となった黒田辰秋の作品に谷さんが大きな影響を与えられたためです。

「李朝家具には、日本の家具にはない独特な存在感があります。また、仕上げは大雑把ですが、ゆとりが感じられ、それが李朝家具の大きな魅力にもなっています」

簡素なデザインを特徴とする四方棚の複製に取り組んだほか、研究会を開いて李朝家具の勉強を続け、「家具は文化遺産でもある」という考えのもとに韓国へも数度訪問しています。手提げ箪笥やアクセサリー・チェストなどの作品には、李朝スタイルが取り入れられています。

豊かな自然と暮らしを送り届ける仕事

谷さんは、地元の木工家たちで組織された信州木工会のリーダーとして活躍するとともに、全国各地で個展やグループ展（年十数回開催）を精力的に展開しています。

「信州に工房を持つ工芸作家たちの多くは、経済的に都会と深いつながりを持っています。わたしの場合も、お客さまの7割以上が首都圏と中京圏の方々です。近年、自然志向や本物志向が叫ばれていますが、単に天然素材を使っただけのものや、未熟な技術による手づくり製品は、もはや通用しません。本来の自然のままのかたちではなく、素材を吟味し、高いレベルの熟練技術によって、都会の人たちのイメージする自然のかたちにアレンジして付加価値を高めたものでなければ、受け入れられてはもらえない厳しい時代になっています」

工房のある小諸は、まさに「豊かな自然と暮らしを都会の人たちに送り届ける」仕事に最適な場所といえます。工房は年一回は公開され、そのときには全国から50人以上の人が訪れるそうです。また、工房には常時、木工技術を学ぶ若いスタッフが働き、これまでに10人以上が独立して作家の道を歩んでいます。

2003年（平成15）には、金工作家である妻の恭子さんのプロデュースで「スタジオKUKU（くく）」が発足、合わせ鏡や携帯用茶筒、ティートレイ、皿など生活小物の数々が、工房の若いスタッフたちとともに制作されています。

谷さんは還暦という人生の節目を過ぎて、「工房の倉庫には、これまで使う機会がなかった木や、名前も分からない木がたくさんあり、それらを使った〝百樹百態〟の作品づくりにも挑戦していきたい」と、今後の抱負を熱心に語ります。

アームチェア
本などが置ける幅広いアームと、底光りする拭き漆仕上げが特徴で、使用木材はセンとカバ。このオーダーメイド椅子をもとに皆川正夫さんとの共著『オレの椅子をつくる』（講談社刊）が誕生。幅940×奥行700×高さ860㎜

籐アームチェア
通気性のよい籐を使ったアームチェア。座面（セン）は低く、背を長めにとり、座面と背の角度にも工夫が施されている。畳擦りがあるが、和洋を兼ねる。専用のオットマンがある。幅570×奥行780×高さ1050㎜

厨子
仏像などを安置する厨子。静かな祈りの雰囲気を醸《かも》し出すデザインで、両開きの扉には真鍮《しんちゅう》金具が取りつけられている。

文机
ナラの一枚板を天板に使った文机。李朝家具の机を見たときの感動をもとに、曲線によるデザインで現代風に創作したもの。幅 1200 ×奥行 450 ×高さ 300㎜

盆
ケヤキの一枚板でつくられた盆。ちょうな（釿）で板を叩くようにしてえぐり込み、その熟練した職人技の刃跡をあえて残して仕上げたもの。

仏壇
ケヤキによる拭き漆仕上げの仏壇。抹香臭い仏壇のイメージを払拭《ふっしょく》し、現代のライフスタイルに合った小型サイズで制作。幅 620 ×奥行 420 ×高さ 750㎜

ダイニングセット
トチノキの一枚板をぜいたくに使ったダイニングセット。四国産の銘木との偶然の出会いによって、谷さんの創作意欲が掻き立てられ誕生したもので、5 脚の椅子も共木。ウレタン塗装仕上げ。テーブル：幅 2600 ×奥行 1100 ×高さ 680㎜

多彩なイメージの広がりは
インテリア・木工・漆工・金工
知識と技術の集積

山中晴夫（やまなか・はるお）

山中さんは、もともと漆が専門で、京都市立芸術大学も塗装専攻科を卒業しています。現在も母校の漆工専攻教授。ところが木工の世界での活躍が目立ち、展覧会の入賞作品も数多いのです。

「大学時代に漆工を習っていたのですが、先生が木工の先生だったため、木に興味を持ち始めました。学園紛争で授業ができなかった頃は木を買ってきて、いろいろなものをつくりました。基本的な技術を必要とするものではなく、彫刻のようなオブジェです」といいます。

椅子ではできない雰囲気を盛り込める作品を

学園紛争の影響か、大学が学生に授業科目を自由に選択することを認めたため、山中さんは漆工専攻でありながら、木工も金工も学ぶことができました。これが山中さんの作品世界に大きな影響を与えることになります。

大学卒業後、山中さんはインテリアの会社に勤め、かたわら金工や彫金を教えて過ごします。やがて漆工の大学非常勤講師に職を得、作品を展覧会で発表するようになりました。この頃は木材を素材としたものだけ。やはり細工物でした。１９７４年には日本クラフト展（ＪＣＤＡ）で入選しています。

80年代には家具にチャレンジします。この頃、宇治市池尾の山中に仕事場を持ちます。家具のなかで椅子は重心、腰の位置など機能性に沿ってきちんと制作するのが難しく、技術がともなわないと見極めました。ただし、ベンチは別のようです。

「ベンチには楽しさ、存在感といった雰囲気、つまり付加価値が盛り込めますから」と山中さんは言います。この延長に、トチノキを材にしたベンチ「マリリンモンロー」のような作品が生まれました。

未来都市の不安をインテリア・オブジェに託す

山中作品は次第にインテリア・オブジェの方向に向かっていきます。素材に金属、漆、布などを加え、用いる木材もさまざま。その仕上げも一様ではありません。次ページの高層ビルを象徴化したオブジェがその典型です。発展する巨大都市の未来への不安がさまざまな材を使い、造作を借りて表現されます。作品「インテリア・オブジェ」は朝日現代クラフト展１９８４でグランプリを受

写真上／工場のような雰囲気もある作業場。電動の糸のこミシンやバンドソー、スクロールソー、さらには丸のこ昇降盤などが所狭しと詰め込まれている。下／山中さん愛用のさまざまな大きさのかんななど。

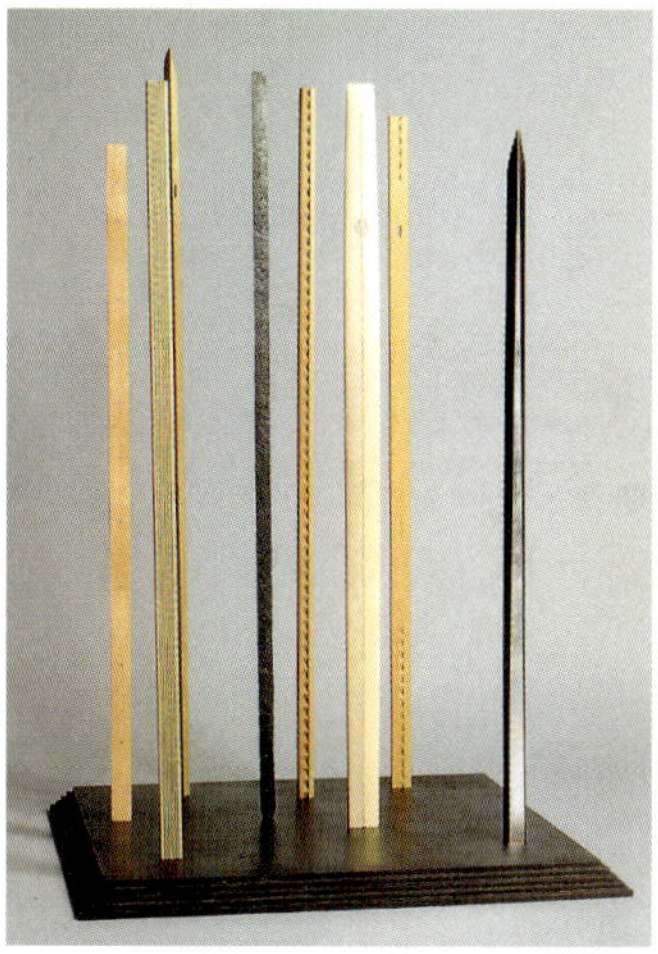

インテリア・オブジェ「都会の華」
トチノキ、カバザクラ、クリに漆、銀箔、鉄、合板、綿布拭き漆、鍛造。1992年京都工芸ビエンナーレグランプリ。高さ 1250㎜

「都会の華」
漆に銀箔。高さ 1300㎜。巨大化してゆく都市を美しいが不安定な高層ビル群で表現するシリーズの一つ。

1947 年大阪生まれ。74 年京都市芸大卒。ヘルシンキ芸術大学留学後、2001 年より京都市芸大美術学部教授。朝日現代クラフト展 1984（グランプリ）をはじめ積極的に作品を発表。

〒610-1197 京都府京都市西京区大枝沓掛町 13-6
京都市立芸術大学美術学部漆工研究室
TEL：075-334-2342

インテリア・オブジェ
巨大化する都市の不安を表現したシリーズ最初の作品。トチノキ、シオジを使用。1984 年作。土台は帝国の廃墟をイメージ。高層ビル林立の華やかさと危うさを表現。写真右はビルの窓部分を拡大したもの。2 枚の板を合わせ半分まで丸のこ昇降盤で平行に切れ目を入れ、広げて切れ目部分を合わせる。高さ 1500 ～ 1600㎜

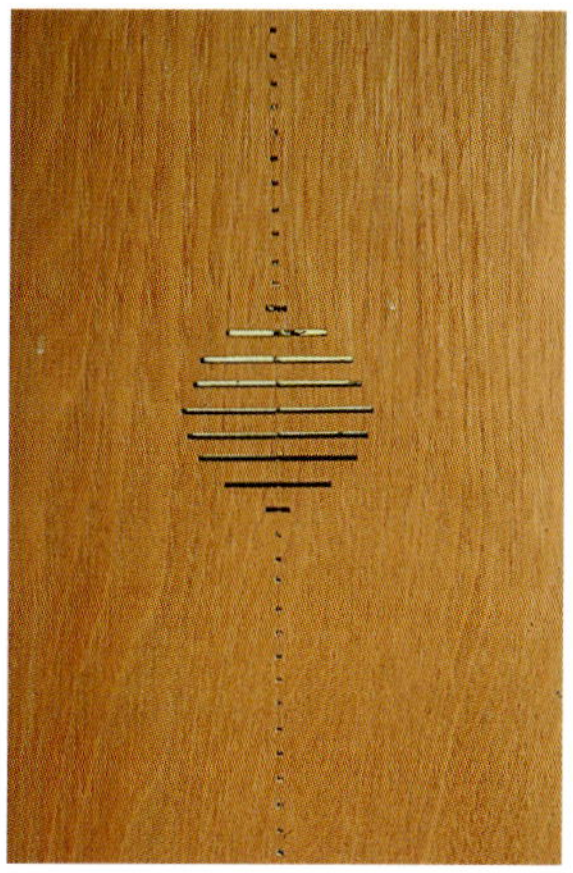

賞しました。トチノキとシオジを使い、丸のこ昇降盤の技術を駆使して仕上げた作品です。

このシリーズの92年の作品「都会の華」では多様な材を使い、98年の「都会の華」では黒漆に銀箔を用いるなどの変遷を見せ、多様に華やかに装うことで、いっそう不安感を際立たせ、作者の意図を強調しているように思えます。

94年作の「こもれび」もインテリア・オブジェです。ハンノキを薄板に仕上げて、何枚も組み合わせて白樺の葉に見立てていますが、ほんのわずかな板のすき間から洩れる背後の明かりが、あえかな表情を生み出します。

思わずにやりとしてしまうユーモア作品がある

山中さんには「巨大都市シリーズ」のような硬派なテーマとは別に、ユーモアにあふれた作品がいっぱいあります。そのなかから「ファンタジー・ボックス」「マリリンモンロー」「大根の明かり」を取り上げました。「ファンタジー・ボックス」は容器の中にファンタジーがあるのではなく、容器自体にある点がみそ。ただし細工は複雑で、寄木細工になったキューブの一つひとつに染色した模様があり、それが「部分モデル」の写真にあるように引き出せるようになっています。糸のこの扱いに熟練を要する細工です。

「マリリンモンロー」はヒールをつけた脚ばかりでなく、座板の曲線にもモンローのトルソーをイメージしています。肘掛けは彼女の腕。やさしい抱擁を込めて形づくったとか。材にトチを使ったのは感触が柔らかく、女性の肌を思わせるからだそうです。

「大根の明かり」はインテリア・オブジェです。クスノキで大根の形を

「ファンタジー・ボックス」
ケヤキでキューブをつくり、染料でいろいろな模様を描く。上からと横から糸のこミシンで模様を切り抜く。キューブを組み立てて箱をつくる。容器自体がファンタジーな箱。写真右はその拡大モデル。1981年の北海道立旭川美術館「箱で考える遊びの木箱展」に出展。幅・奥行・高さ270㎜

「マリリンモンロー」
作品名はもちろんハリウッド女優マリリン・モンローのこと。そのイメージをとらえながらトチノキを造形しオイル仕上げ。写真左は脚。ヒールをはいてモンローウォークをしている。幅1200×奥行450×高さ680（座面420）㎜

かたどり胡粉《ごふん》・岩絵の具で彩色します。葉は薄く削ったケヤキ。窓をつくっておき、暗い部屋で中に入れた明かりを点灯すると、童話の世界を見ているようなムードをかもしだします。これも山中さんの遊び心が生み出した作品のひとつです。

「私は大阪生まれなので、もっと大阪人的ユーモアを発揮したほうがいいのではないか、そうしないと木の存在感に負けてしまうのではないかと真面目に思いましてね、こういう作品をつくり始めた理由はそんなところにあります」と山中さんはいいます。

まだまだ思わず吹き出してしまうもの、あるいはそのとぼけた味わいに思わずにやりとしてしまうようなユーモア作品はたくさんあります。背が魚の骨になっているベンチ、靴下を履いた足の親指がちょんまげを結った若衆の顔になったオブジェなど、山中さんの仕事場にはそんな作品があちこちに置いてあります。

こもれび

土台は白樺の切り株。薄く細く仕上げたハンノキを重ね合わせて白樺の葉に見立てて切りそろえ、すき間から光が洩れるようにした。1994 年作。幅 1900 ×高さ 2400㎜

大根の明かり

クスノキを丸く削り大根の形をつくって、半分に切る。胡粉・岩絵の具で染色して明かりを入れ、コードを出す穴と明かりとりの穴を開け、半分ずつを合わせる。葉はケヤキを薄く削って作っている。幅 560㎜

技と美の粋を尽くした 伝統工芸の精緻、豪胆な質感と 売れる家具の両立をはかる

徳永順男（とくなが・としお）

ピアニストは、力強いフォルティシモを弾けなければ、繊細なピアニッシモを弾くことはできないという話を聞いたことがあります。徳永さんの作品を展観し、お話をうかがっているとこんなことを思わされます。目をみはるような精密な細工物があるかと思えば、木材の粗々しい質感を豪胆に生かした飾り棚やテーブルがあり、技と美の粋を尽くした作品を生む一方で、暮らしのなかにどっしりと根づく作品を次々に生み出している、それが徳永ワールドなのです。

桑の薄板に19本の象牙の線 精緻を極めた「御碁局・御碁子」

徳永さんの工房兼住居は兵庫県吉川の中国道から少し入った丘の上にあります。周囲は畑野。木材がたくさん置かれているのが目につくので、すぐそれとわかります。木材のどれも日に焼け、雨にさらされて、置き捨てられたもののように見えますが、徳永さんにとってはどれが宝物に化けるかわからない貴重なものだそうです。面白い木を見つけたらまず水につけ、そして芯まで乾かす。使えるようになるには2年以上はかかるといいます。

徳永さんの代表作に次ページに掲げた碁盤があります。盤面に桑の薄板を貼り、縦横に象牙で線をほどこし、盤面の9個のマークには象牙製の梅花文を配した精緻な作品です。この作品は福岡の太宰府天満宮が祭神・菅原道真の1100年忌を記念して「御神宝」の復元・奉製を試み、それに応じて制作したもの。

「苦心したのは、造作・細工はもちろんのこと、素材を探すことだった」と徳永さん。正倉院宝物に聖武天皇が楽しんだのではないかといわれる碁盤があって、薄い紫檀を使いながら今日に至っても少しも割れがない。それを知っていたからです。

「さんざん探し回って、中国山地にある銘木屋でやっと目的にかなう桑材を見つけました。枝分かれする木の下の部分を60cmほど分けてもらいました」

これを木口の薄板にし、のこ挽きを縦横19本、それに象牙をほどこしました。力加減を少し誤ればはじめからやり直しという緊張の連続。側面には盤面の桑材との相性を考え、黒柿の薄板を膠《にかわ》で貼り合わせて矢筈《やはず》文《もん》、石畳文《いしだたみもん》などを加飾しています。正倉院宝物の碁盤の側面にもある木《もく》画《え》という古代エジプトに源を持つ伝

写真上は「徳永工房」の遠景。左が住居、右が工房。中央は工房内部。手前に見えるような材もできるだけ自然の味わいを生かして使う。下は徳永さんの道具。右手前はかんなで、使い勝手に合わせ、形も大小もいろいろ。

「御棊局《ごききょく》・御棊子《ごきし》」

太宰府天満宮の祭神・菅原道真1100年大祭の求めに応じて奉製された脚付きの碁盤。盤面は桑の薄板。縦横の線は象牙で、9個の象牙製梅花文があしらわれている。梅花は有名な道真自作の歌にちなむ。縁は黒柿に鼈甲などを加えて矢筈文・石畳文などを加飾し膠で貼りつけた木画。写真左は上記の作品の部分模型。造作の妙がよくわかる。幅・奥行500×高さ150㎜

1952年兵庫県生まれ。正倉院宝物の調査・復元で知られる無形文化財保持者・竹内碧外に師事。日本工芸会正会員。伝統工芸の技を継承し研究しながら、売れる木工家具の制作・販売を模索する。
〒673-1119　兵庫県三木市吉川町鍛冶屋304-1
徳永家具工房
TEL/FAX：0794-73-1546

統的技法です。

古木の迫力ある質感を生かす「神代シオジ棚」

「御《ご》棊《き》局《きょく》・御《ご》棊《き》子《し》」と2つの飾り棚との違いはどうでしょう。前者が精緻とすれば後者は豪胆。

徳永さんは「木材について木目の美しさとよくいわれますが、それは木の魅力のごく一部を語っているにすぎなくて、木は時代を経るとだんだんダイナミックな質感を見せるようになってきます。それこそ木の大きな魅力だと思います」と語っています。

飾り棚に意識されているのは、まさにその年を経た木の迫力ではないでしょうか。裸木のごつごつした塊を土台にした「神代シオジ棚」はまさにそのイメージから造形されています。シオジは塩地と書き、関東以西に分布するモクセイ科の落葉高木。タモより堅く、建築材のほか、楽器などにも使われ、古木をよく見かけるのは線路の枕木です。

用と美の統一の場 ベーカリーカフェ「日月くらぶ」

こうした一見、芸術至上主義的な作品たちの詳細を語りながら、一方で力を込めて「暮らしのなかに木工芸を位置づけたい」「ひとりよがりでなく、買う人のことを考えた作品をつくりたい」、また「これからの木工作家はつくること半分、売ることが半分でないと」とまで力説するのが徳永さんらしいところです。

徳永さんの奥さんの希代子さんは、収入が不安定な夫を支えようと自家製酵母を使ったパンの製造を始め、それを徳永さんも手伝ってきました。２００６年の6月には近くの三木・湯の山街道沿いに、ついに夫婦でベーカリーカフェ「日月くらぶ」を開店しました。

周囲は豊臣秀吉が有馬温泉に湯治に行くときに通ったといわれる古い街道筋で、その道沿いの古い町家風の一軒を借りて改装。制作指揮はもちろん徳永さん。自作のテーブルや椅子、食器棚を店に配置し、用と美の統一という自身の主張を実現したわけです。パンの製造とカフェでは、希代子さんが采配をふるっています。ランチには、地元のオーガニック野菜を中心とした、ヘルシーな地産地消メニューが人気です。

徳永さんは農業に憧れて岩手大農学部に入学。木工に興味を覚えて、奈良・正倉院宝物の調査・復元に関わっていた木工作家・竹内碧外に師事したという変り種。しかし、この経歴が「用と美の統一」という主張の原動力になっているのは間違いないようです。

「拭き漆飾り棚」
韓国・清州ビエンナーレ出展作品。扉はケヤキ。周囲はホオにもみ紙を貼り、漆で拭いた。取っ手は鉄と黒柿の組み合わせ。幅700×奥行410×高さ1200㎜

「神代シオジ棚」
20年前に地中から掘り出されたシオジの埋もれ木の粗々しくまた神秘めいた素材のイメージを生かして。取っ手は黒柿。幅845×奥行440×高さ1660㎜

大テーブルと椅子
「日月くらぶ」カフェのメインテーブル。テーブルはチーク材で脚がコナラ。椅子はナラ。どちらも材の肌合いを生かしたオイル仕上げ。幅 2400 ×奥行 1070 ×高さ 700㎜

「栗拭き漆長椅子」
おもにクリ、それにケヤキ材を用い、材の質感・木目の魅力がいっそう増すように拭き漆で仕上げ。背は革張り。幅 2100 ×奥行 700 ×高さ 650㎜

「日月くらぶ」食器棚
パンの売り場とカフェの厨房をつなぐ通廊に設置。材質は北海道産のオーク。オイル仕上げで材がかもし出す質感は圧倒的。幅 2000 ×奥行 500 ×高さ 2340㎜

435　日月くらぶ　兵庫県三木市芝町 3-48（月・火曜定休）0794-82-0753

木工制作 45 年
家具づくりだけでなく
木工の可能性を追求

戸澤忠蔵（とざわ・ちゅうぞう）

「先日、18日間の南米旅行から帰ってきたばかりです。木材の買いつけが主目的でしたが、その合間に小型飛行機に乗ってアマゾン流域やボリビアの山岳地帯を見てきました。上空から見て、ゾッとしました。というのは、山火事が至る所で起こっていたからです。自然火災や焼畑、違法伐採によって豊かで広大な森林が失われ、まさに死の山の様相です」

開口一番、こう語る戸澤忠蔵さんは、特注家具の製造で国内外ともに知られるヒノキ工芸の創業者。毎年、本州の約半分の面積に当たる地球規模の森林破壊。その深刻化した環境問題を自分の目で確認したとき、木を扱う一人の人間として大きなショックを受けたと言います。

「森林保護については、家具職人も真剣に考えなければならない重要な課題です」

どのような家具でも製作するマルチな才能

戸澤さんが、これまで手がけてきた仕事は多方面にわたります。

まず皇室関係では、皇居新宮殿や東宮御所、迎賓館をはじめ、近年には特別車両と最高級車の内装を手がけました。スギ材を多用した新しい車両の内部は、落ち着きと高級感あふれるモダンな造作であり、その一部はマスコミにも公開されました。

また、国会議事堂や各省庁、各国大使館、都庁にも納入。このほか、帝国ホテル、ホテルオークラなど一流ホテルのスイートルームや、NTT本社、フジテレビジョン、東京電力など大手民間企業のオフィス家具や役員室の内装も手がけています。

大きな納入先ばかりですが、戸澤さんの仕事は、これだけに留まりません。みずからデザイン・制作する作品はもちろんのこと、数寄屋造りの茶室、市街電車の座席、湯布院の辻馬車、豪華なビリヤード台など、木製のものなら、どのようなものでもつくってしまいます。そのパワーの源は、「強い好奇心と、時代の潮流を読む先見力」だと言います。

デザイナーや建築家とのコラボレーション

青森県鰺ヶ沢町の網元の家に生まれ、幼いころから出入りの船大工の仕事を見ながら育ちました。ちょうな(釿)やなたの使い方は、そのときに盗み見て覚えたそうです。高校卒業後、青森市の総合職業訓練所で木工技術の基礎を学び、上京しました。

隣接の工房でペーパー仕上げに取り組む戸澤さん（写真上）。制作中の高級ビリヤード台（中）。約60坪の広い工場2階は、職人一人ひとりの専用ブースに区分され、道具類が棚に並ぶ（下）。

石の教会のベンチ
軽井沢にある「石の教会・内村鑑三記念堂」の入り口に設置されているベンチ（東利恵共同制作）。見る角度によっては、コマのようにも魔法使いの帽子のようにも、あるいは動物のようにも見え、滑らかな曲線と木目がつくる色と形の調和が、静寂な石づくりの教会で不思議議な雰囲気をかもし出している。幅６ｍ。撮影：吉田 誠

ローボード
ジャパニーズモダンの初期作品。すべてヒノキを使用。扉には、あえて横格子を入れずに、縦格子の美しさを際立たせた。淡黄白色の木肌が気品を感じさせ、洋室にも和室にもよく似合う。幅 4000 ×奥行 600 ×高さ 850㎜

1944 年青森県生まれ。日本を代表する家具職人の１人。皇室関係のほか、国内外の著名なデザイナーや建築家からの特注家具、茶室、最高級車の内装、国宝の復元など仕事は多方面にわたる。〒 339-0035 埼玉県さいたま市岩槻区笹久保新田 339-1 株式会社ヒノキ工芸
TEL：048-798-8921
FAX：048-798-9335

東京の木工家具会社に就職して3年目、早くも職人としての頭角を現し、全国優良家具展への出品作品が都知事賞を受賞、翌年には内閣総理大臣賞を獲得しました。その後、三越製作所や高島屋工作所など老舗の製作会社でオーダーメイド家具や内装工事の熟練技術とノウハウを身につけ、1977年（昭和52）に独立しヒノキ工芸を設立しました。

「夢とビジョンを持ち、良心的な家具、ウソをつかない本物のモノづくりをしようと思いました」

1985年、京都と東京の国立近代美術館で「現代デザインの展望―ポストモダンの地平から」と題された特別展が開催され、その際、イタリアのアレッサンドロ・メンディーニ、イギリスのピーター・クック、建築家・磯崎新のデザインによる作品製作を手がけました。こうした経験が大きな転機となり、イタリアの有名家具メーカーであるカッシーナの協力工場へとつながりました。

一方、国内では、九州新幹線「つばめ」をデザインしたドーンデザイン研究所の水戸岡鋭治さんと、鹿児島県南西端にある海の冒険館「笠沙恵比寿」の家具を共同製作。また、東利恵デザインによる家具をエコリゾート「星のや軽井沢」に納入。さらに、熟練の伝統工芸技術を買われて中尊寺の国宝の復元にも関わりました。

ハンス・ウェグナーと宮大工の西岡常一を先達に

戸澤さんは、年に数回、南米や北欧を訪れ、そのときに名も知れない天然木を仕入れ、それを薄くスライスして突き板をつくり、倉庫に多数収蔵しています。突き板は、顧客やデザイナーとの打ち合わせの際に提示し、それらを見ながら具体的なイメージを共有するためのものです。

戸澤さんが大きな影響を受けたのは、デザイナーで家具職人でもあったハンス・ウェグナーと、宮大工の西岡常一。ヒノキ工芸社長を務める長男の忠勝さんは、ウェグナーの作品を世に送り出したデンマーク有数の家具メーカー「PPモブラー」の修理認定者でもあります。

戸澤さんは、小学生や中学生にモノづくりの楽しさを教えるのが今後の夢だと目を輝かせて語ります。

Display Cabinet（上）
鉄さび塗装仕上げによるシェルフ（陳列棚）。トチを使用。古代日本の棚厨子を現代ふうにアレンジしたもので、極めて薄い棚板が技術精度の高さをうかがわせる。
幅2200×奥行550×高さ1500㎜
写真：ナカサ＆パートナーズ

Chest（下）
本体前面部は、伝統的な螺鈿《らでん》や蒔絵《まきえ》のように見えるが、これは天然木の単板を磨き上げ、美しい木理《きめ》が通るように嵌《は》め込んだものである。幅2400×奥行600×高さ700㎜。写真：ナカサ＆パートナーズ

テーブルと椅子
背に一枚板を大胆に使った椅子（写真下）には、戸澤さん命名による「ビクトリアンローズ」を使用。堅くて扱いにくい南米産の素材だが、上品な質感があり、経年変化によって茶褐色の色合いが深まる。皮革はイタリア直送のクリスチャン・ディオール製。テーブル幅 4000 ×奥行 720 ×高さ 1200㎜

Table and Chairs
ジャパニーズモダンをテーマにデザインされた作品。出身地である青森のねぶた祭りに使われるような鮮烈な赤色が印象的で、使用木材はメイプル。漆塗りを３回重ねて仕上げられおり、照明や見る角度によって赤の色合いが変化する。テーブル幅 2000 × 奥行 710 × 高さ 900㎜。写真：ナカサ&パートナーズ

車両木製模型
ヒノキ工芸では家具職人という枠を超えた幅広い活動をしている。JR 九州の新幹線「つばめ」車両のテーブルやドア、手すりなどの内装工事を請け負ったことをきっかけに、「つばめ」の先頭車両の木製模型（右／木部下地、左／完成品）も依頼され制作した。

近代の工房作家と家具

諸山正則（東京国立近代美術館工芸館主任研究員）

明治中期頃、洋画家の浅井忠や建築家の武田五一らはヨーロッパに留学し、当時のアール・ヌーヴォーやゼツェッションなどのデザインを研究・紹介し、自らの図案意匠や家具デザイン、建築に近代的な感覚を発揮した。斎藤佳三も、ドイツ留学から帰国した後、意匠や装飾美術における芸術活動を活発に行なった。生活と芸術との高度な総合を目指して「組織美術工芸」を主張し、１９２７年帝展に新設された美術工芸部門に《食後のお茶の部屋》や《日本間の寝所》といったインテリア作品を出品して注目を集めるなど、家具やグラフィックにおいてモダンで先駆的なデザインで活躍した。

梶田恵《かじた めぐむ》

斎藤佳三とともに東京美術学校図案科に学んだ梶田恵《めぐむ》（１８９０～１９４８）は、在学中に洋家具デザインへの関心を抱き、１９１１年中退して小山内薫の自由劇場で舞台美術を担当、その後寺尾商店に入って家具デザインを行なった。１９１９年独立して室内装飾や家具デザイン、木工芸を多く手がけ、１９２０年には第８回農展に資生堂が出品した《日本間装飾鏡台》を制作して褒状を受賞、第11回展、第16回展と受賞を重ねた。帝展の美術工芸部門でも１９２９年第10回展《キャビネット》や第11回展《化粧卓一組》等４回の連続入選を果たした。１９２５年パリ万国装飾美術工芸博覧会では第11回農展出品のライティング・ビューロー《紫檀材婦人用机》で名誉賞を受賞。１９３７年はフランスで開催された「国際芸術及び技術展」で金賞を受賞した。１９２３年に銀座資生堂喫茶室、１９２６年東京府美術館の便殿や貴賓室、会議室等のインテリアと家具、同年日本赤十字本社便殿・貴賓室家具、１９３４年明治生命本社家具などを手掛け、日本の家具およびインテリア・デザインの草分け的な作家として活躍した。

林二郎《はやし じろう》

１９３７年木工界初の団体として結成された工精会（会長：岡田三郎助、会員：梶田恵、林二郎、渡邊明）の第１回家具展覧会が翌年開催され、梶田恵は、サラセン風の装飾とした黒柿材の《ビューローデスク》や李朝風の装飾を施したキャビネットなど、象嵌《ぞうがん》やモザイクといった精細かつ流麗な工芸的技巧を揮《ふる》った作品を出品した。一方、林二郎（１８８５～１９９６）は、ウォルナット材による彫刻された装飾と文様のあるローマのビザンチン様式風の肘掛け椅子やイギリスのジャコビアン様式のビューローなどを出品した。専門的な修錬と工芸的な洗練さをうかがわせる梶田、渡辺とは対照的に、林はヨーロッパの歴史的な家具を範として独創が極立った制作であった。

梶田恵：明治生命本社家具
梶田作品の並ぶ歴史ある明治生命館（東京都千代田区丸の内2-1-1）は土日のみ一般公開されている。

林は、まず日本画を学んだが、スウェーデンのペザント・チェアと出合ったことで木工の世界へと転向した。独自に木工や木彫を修得し、さらに関東大震災で疎開した福井県鯖江で挽物の技術を修得して家具づくりに励んだという。そして1929年イギリスで収集してきた洋家具の展覧会を銀座・鳩居堂で開催していた浜田庄司に自作のペザント・チェアを認められたことで、木工家具の世界での自立を目指した。

林二郎：ペザント・チェア
ペザント・アートは農民芸術といわれ、スウェーデンの農夫がつくる家具がその基点となった。

1936年勅使河原蒼風の薦めで高島屋で個展を開催して好評を得、後援する支持者を獲得していった。その後、東京・世田谷に工房をかまえ、ペザント・チェアやベンチ、食器戸棚などの欧風の家具や調度類を手掛け、彫刻の造形と文様、重厚な構成のうちで、無駄を省いた率直な表現を個性とした。欧米の無名の農夫らが、楽しみつつ自前で日常使いの生活用具をつくることをいった、ペザント・アートを自身の理想として、自由な生き方と実直な姿勢を確かにして生涯を貫いた。

松村勝男《まつむらかつお》

戦後復興を成し遂げた1950年代後半以降、高度経済成長期へと突入し大量生産・大量消費のシステムが形成されていった。そのなかで、マルセル・ブロイヤーやアルバー・アールト、チャールズ・イームズらの近代デザイン史上を飾るデザインや北欧家具を代表するハンス・J.ウェグナーなどの作品が次々と紹介された。

その頃、自らの事務所内に家具工房を設けた坂倉準三をはじめ清家清や吉村順三ら建築家は、各々の住宅等の建築作品で自ら家具をデザインした。そして戦前から型而工房をおこすなど家具デザインに先鞭をつけた豊口克平や、草創期のフリーランスのデザイナーとして活躍し始めた渡辺力や剣持勇、柳宗理、長大作ら

松村勝男：アームチェア
（幅639×奥行705×高さ715㎜）
単純で簡潔な松村の椅子は、日常生活のスタンダードとして定着している。フレームにはナラ、肘掛部にチーク材を使用。（製作：天童木工 PLY）

が戦後の家具デザインを強力に発展させた。

そうしたなか松村勝男（1923～1991）は、専門的な家具デザイナーの草分けとして特徴的に活躍した。当時、家具の唯一の発表の場として作家的ムードを醸成した新制作派展建築部——1949年設立。山口文象、吉村順三、剣持勇ら——に、渡辺力らとともに松村は毎年家具を公募出品し続け、のちに会員となった。工芸作家らと結成した新工芸協会展などに提案性に富む家具作品を積極的に発表し、また吉村順三や増沢洵、清家清、篠原一男ら建築家と協同するなかで、トータルなデザインを意識する建築家に従順となるのではなく、家具デザイナーとして個性を明確に発揮して固有のアイデンティティとオリジナリティを獲得すべきとして、芸術としての表現活動を自立させていった。

松村は、東京府立工芸学校木材工芸科で学んでいた1941年にシャルロット・ペリアンの「伝統・選択・創造」展をみて感銘してデザイナーを志し、1949年吉村順三設計事務所で家具デザインを担当した。1956年渡辺力、渡辺優とQデザイナーズを設立した後、1958年に松村勝男デザイン室を設立した。

グッドデザイン運動に深く関わりつつ、日本室内家具設計家協会（後の日本インテリアデザイナー協会）設立の発起人となった。1972年個展「松村勝男の木の世界」で脱脂唐松の家具シリーズを発表して注目を集め、むくの直材による、がまで背と座面が編まれた休息椅子《ガマイス》で日本インテリアデザイナー協会賞を受賞した。松村は、天然木あるいは新素材の木の特質とその素朴な美しさを用い、装飾を抑制してナチュラルな曲線や直線的な構成による力強く清潔な家具をデザインした。そして、モダンリビングの感覚に沿って、住居と家具とが結びつく日本独自のローコストでスタンダードな家具の創造を志向した。

黒田辰秋《くろだ たつあき》

黒田辰秋（1904～1982）は、民藝運動に触発され、柳宗悦らの指導により韓国・李朝の棚物家具等を模倣・実作し、また英国・ゴシック風の家具や木工芸を独自に修業した。1928年御大礼記念東京博覧会の「民藝館」のために制作されたダイニングの《拭漆テーブルセット》や柳宗悦のために制作された《拭漆楢書斎机》（1930）などの制作を通して、表面上の技巧や装飾性ではなく欅や楢などの日本の木の特質と美しさ、木肌の表情を強く意識した木工芸の世界を開拓した。

日本伝統工芸展で優秀賞を受賞した《拭漆文欟木飾棚》（1956）や座机などの和様の拭漆家具のほか、

黒田辰秋：拭漆楢家具セット テーブル（幅181.3×奥行79×高さ37㎝）・長椅子（幅188×奥行79×高さ111㎝）・彫花文椅子（幅85×奥行79×高さ111㎝）1964年制作（豊田市美術館蔵）

黒澤明の求めに応じて制作した大作ウイング・チェア《拭漆楢彫花文椅子》（１９６４）などが代表的な作品だが、そうした素材である木の特質を強調し、豪胆な彫刻を施したり理にかなって簡潔かつ強靭な造形とした家具が高く評価され、後進の木工家らに多大な影響を及ぼした。伝統工芸の作家として活躍し、木工芸で初の重要無形文化財保持者（いわゆる人間国宝）となった。後年には表現手法そのものを様式化させ、その美や鑑賞を志向する美術工芸的な制作へと向かい自らの芸術を展開した。

ジョージ・ナカシマ

日系アメリカ人のジョージ・ナカシマ（１９０５～１９９０）は、１９３４年東京のアントニン・レイモンド建築事務所に前川國男や吉村順三らと勤めたのち、アメリカにもどり工房をかまえて家具作家・デザイナーとして活躍した。

伝統的な木工の技術と手法を駆使し、優良な素材と独自の自然観や美の感覚を発揮して、《コノイド・チェア》（１９５９）や木の天然の輪郭と木目の美しさを最も特徴的に活用した椅子やテーブルなどを手掛け、欅の国際的なブランド化とともに東洋の哲学的思考と個性的な自然観とを反映させた制作として最高の評価を獲得した。１９６４年香川県牟礼町・桜製作所で独自の用材とデザイン、一貫生産による家具制作が始まり、１９６８年以降東京で個展が再々開催されて強力な影響力をもって木工家具の世界に浸透した。

後年のナカシマは、いよいよ自然への傾倒と精神性、独自の美意識を先鋭化させていき、優良な素材によるフォルムと機能とが固有のバランスをもって一体化した制作をなした。一方でその作品は、木工家具界の工房制作が拡大するにしたがい、作家性と創作のオリジナリティに関してある種支配的といってもよいほどの象徴的イメージを形成するに至った。

そして現代の作家へ

こうした、伝統の木工芸と洋家具の感性を融合させた梶田惠や洋風家具の林二郎、家具デザインを普及させた松村勝男、今日の日本の木工家具の基盤を形成した黒田辰秋とジョージ・ナカシマらは、現代の作家性に富むスタジオ・アートとしての家具をとくに表象している。彼らと、民藝家具の池田三四郎や北欧家具デザインのハンス・ウェグナーやジェームス・クレノフらを直接的な指標としながら、用材の嗜好や表現手法で個性的創作が成るものの、概して特有の自然観による木の特質を強調し、精神性とともに哲学的な思考をイメージさせる日本の木工家具の特質が形成された。それは北欧の家具デザインやアメリカのスタジオ・ファニチャーなどの芸術とは異なる固有の発展を遂げてきた。

現代を担う木工家具の作家らは、１９７０～８０年代頃から次々と自らの工房をかまえるスタジオ・アーティストとして、自由な創作を表明して個性的な活動を繰り広げてきた。早川謙之輔を今日の木工家具作家の先駆として、小島伸吾や谷進一郎、中村好文、高橋三太郎、村上富朗、徳永順男、富田文隆、須田賢司らは、各々が固有のアイデンティティとオリジナリティを獲得し、家具という造形芸術の分野を開拓し、造形の広がりの可能性を大いに見出してきた。

ジョージ・ナカシマ：ベンチ（幅231×奥行70×高さ80㎝）木のもつ自然で美しい姿を生かしたナカシマデザインは、現代においても引き継がれつくり続けられている。（製作：桜製作所）

欧米の木工家具の歴史

文・図　中林幸夫（家具デザイナー）

イギリス

16世紀
【チューダー、エリザベサン】

チューダー朝（1485～1603年）はゴシックの末期にあたり、装飾はリネンフォールド（ひだ模様）やチューダー・ローズ（白と赤のバラを組み合わせた紋章）がある。家具の形はゴシック様式を踏襲している。

エリザベス1世（在位1558～1603年）の時代になると、本格的なルネサンス様式が導入されるようになったが、イタリアから直接ではなくフランドル経由でルネサンスの影響を受けた。建築の主流は教会堂からカントリーハウスに移り、中世のホールを万能としたものから、目的に応じた部屋が作られ、住み心地を優先するようになった。

肘掛椅子
背に細かい彫刻が施してあり、背を倒すとテーブルの甲板になる。

箱形ハイバック椅子
リネンフォールドが背と腰に彫刻されている。

肘掛椅子
力強い彫刻が印象的である。背は透かし彫りで上部にフォーコンバーク家の紋章がついている。

天蓋付きベッド
天蓋とヘッドボードに豪華な彫刻を施し、柱にはエリザベサン様式の特徴であるメロンバブルがついている。

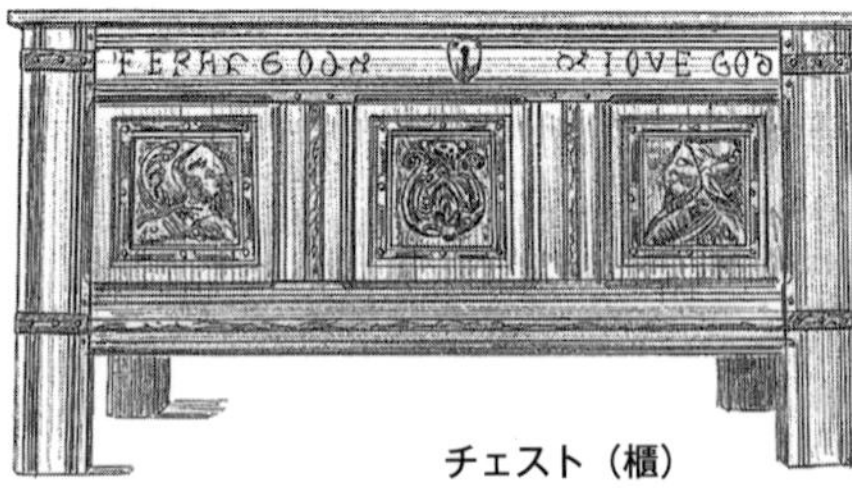

チェスト（櫃）
両側の肩に男女の横顔を彫刻した頑丈なもので、脚部にゴシック様式の影響が見られる。

17世紀
【ジャコビアン、カロライン、ウィリアム・アンド・メリー】

スチュアート朝（1603～1714年）を興したジェームス1世の時代はジャコビアン様式が栄えた時代である。この様式はエリザベサン様式の影響を強く残しつつ、やがて軽快なデザインになり、装飾も写実的なものから唐草模様や切嵌《きりはめ》式となり、菱形やL形を組み合わせたパネルが特徴になった。

王政復古でチャールズ2世が王位につくと、共和制時代に不遇をかこっていた貴族たちが再び華美で陽気な生活にもどり、この時代には、フランドル・ルネサンス様式が導入され、両様式が混合したカロライン様式が生み出された。

名誉革命（1688～1689年）により、オランダのオレンジ公・ウィリアムがメリーとともに王位に就いた時代には、オランダからの影響を強く受けた。ウィリアム・アンド・メリー様式の家具の形は、女性的で一般に小形で装飾的である。

肘掛椅子（ヨークシャーチェア）
ジャコビアン様式。17世紀にイングランド・ヨークシャーでつくられ、背は教会の建築をモチーフにした特異な形になっている。

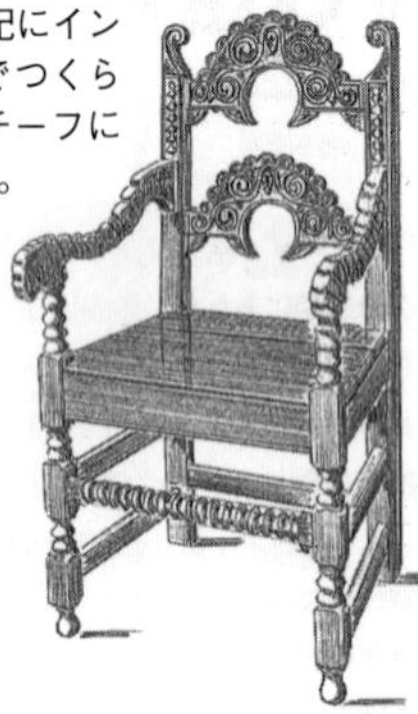

食器戸棚
ジャコビアン様式。八角形やL形、四角形のパネルに象牙の切嵌細工がある。

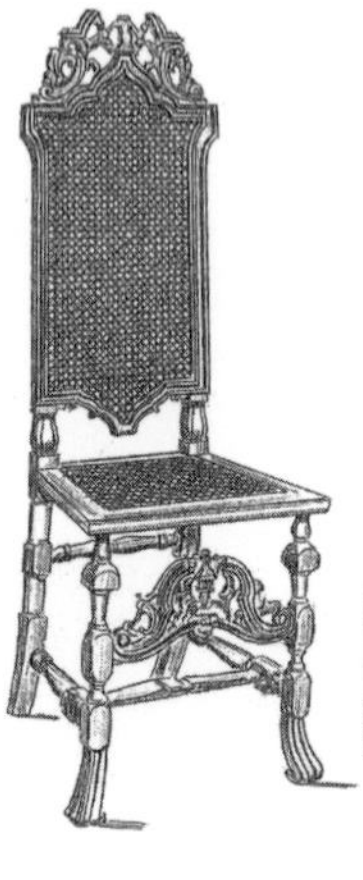

ハイバック椅子
ウィリアム・アンド・メリー様式の椅子。背の透かし彫りや脚先のスクロール（渦巻形）が印象的。

ハイバック椅子
カロライン様式の特徴であるネジリロクロのある椅子。この時代はチャールズ2世が復位した時代で、レストレーション（王政復古）様式ともいわれている。

肘掛椅子
カロライン様式。代表的な椅子。

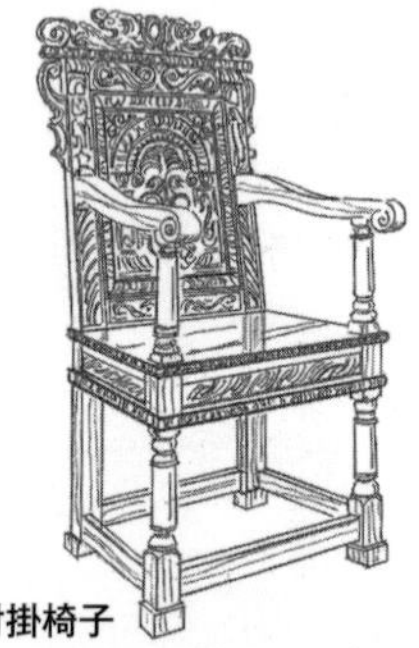

肘掛椅子
ジャコビアン様式。4本の脚は互いに連結されている。背は図案化され植物や人物が彫刻されている。

18世紀初期・中期

【クィーン・アン、ジョージアン、チッペンデール】

　ウィリアム3世の死後、皇后メリーの妹アンが1702年にスチュアート朝最後の君主となった。クイーン・アン様式はウィリアム・アンド・メリー様式よりも彫刻がふえ、背板の透かし彫りは流れるような曲線が多くなった。

　様式家具とは別にこの時代にウィンザーチエアが作られている。ウィンザーチエアは元来、車大工や挽物師が農民のために作ったといわれている。

　アン女王の没後、ジェームズ1世の曾孫がジョージ1世として即位し、ハノーヴァー朝を開き、現在まで続いている。歴代ハノーヴァーの君主名ジョージをとって、18世紀のイギリスの様式をジョージアンという。この時代はイギリスの家具の黄金期で数多くのデザイナーや工匠が活躍している。

　クイーン・アン様式の曲線はジョージ1世の時代にわずかな修正があったほかは、ほとんど変わらずにいたが、1830年代からロココ運動が活発になり、様式名に最初に名を残したチッペンデールが活躍している。その様式はクィーン・アン様式の変形で、フランスロココの影響を受けている。

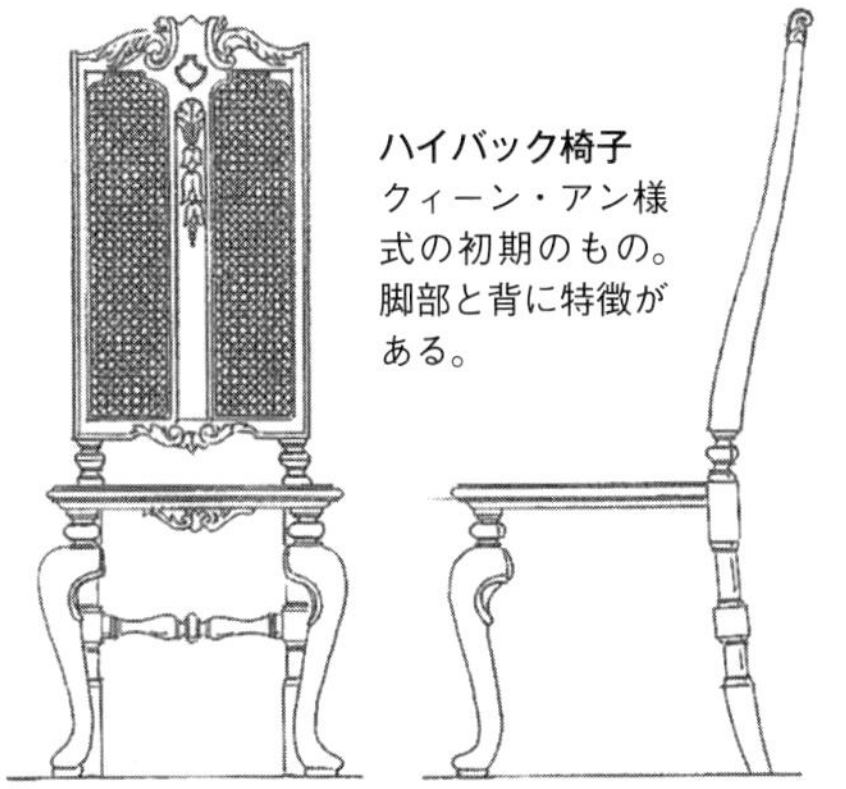

ハイバック椅子
クィーン・アン様式の初期のもの。脚部と背に特徴がある。

安楽椅子
クィーン・アン様式。ウイングチェアと呼ばれたバロック風の大ぶりな椅子。

肘掛椅子
初期ジョージアン様式。

小椅子
初期ジョージアン様式。

キャビネット
クィーン・アン様式。前板に美しい木目模様がある。

肘掛椅子
ウインザーチェア。背は弓形、ボウバックスタイル。脚の貫はカウホーン（牛角形）になっている。

肘掛椅子
チッペンデール様式。ゴシック風の背板をあしらった椅子。

肘掛椅子
チッペンデール様式。クィーンアン風の椅子。

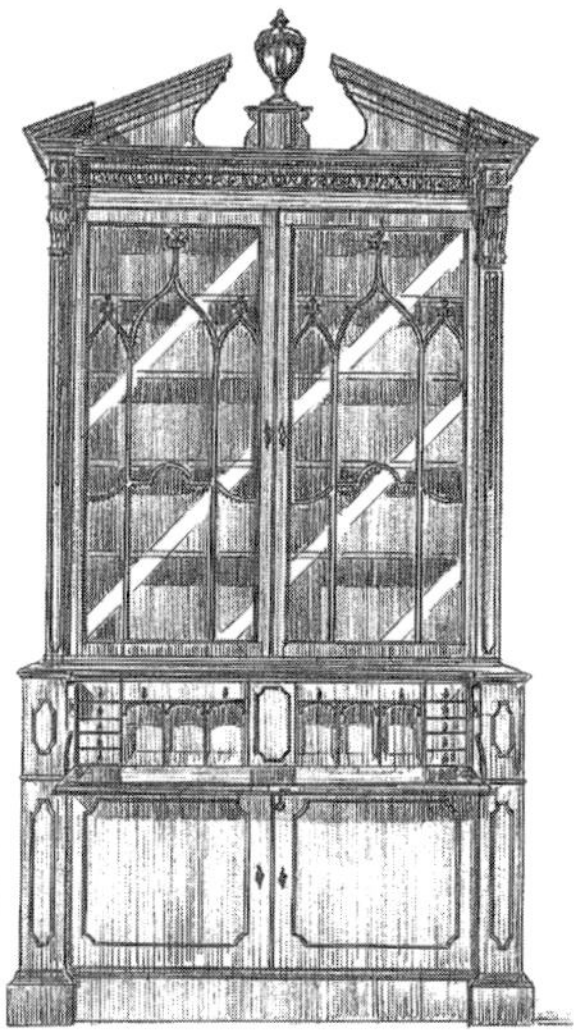

ライティング・デスク
チッペンデール様式。頭部に破風の飾りがある。

18世紀後期

【アダム、ヘップルホワイト、シェラトン】

　ジョージ朝後期を特徴づけるのがアダム様式である。スコットランド出身の建築家ロバート・アダムは古代ローマ、とくにエトルリア装飾を取り入れた独自の様式を作り出し、18世紀後半のイギリスのインテリアや家具のデザインに大きな影響を与えた。

　ジョージ・ヘップルホワイトはアダムと同時代に活躍したデザイナー・工匠である。その椅子の特徴は、背の盾形やハート形にある。

　トーマス・シェラトンの家具には棚とテーブルを兼ねたライティング・ビューローや化粧台とカードテーブルの兼用家具などで機能的に優れたものが多い。

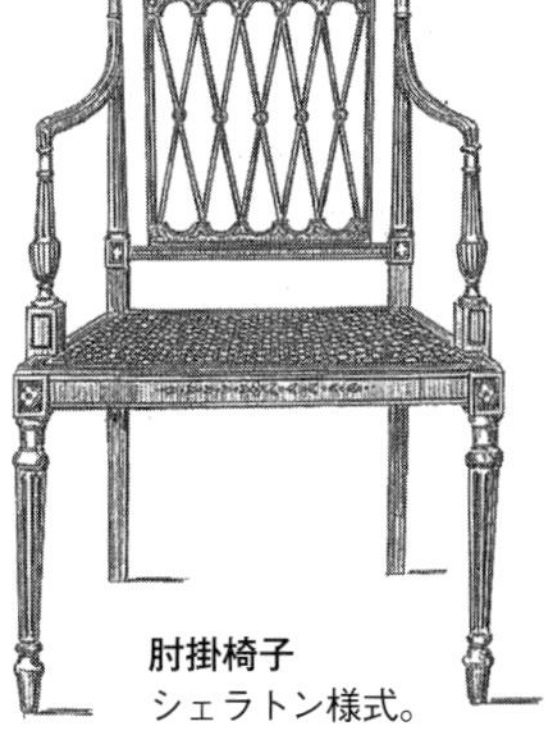

肘掛椅子
シェラトン様式。

肘掛椅子
ヘップルホワイト様式。

肘掛椅子
アダム様式。

19世紀後期

【リージェンシー、ヴィクトリアン】

後のジョージ4世がジョージ3世の摂政をつとめた時代の様式を、リージェンシー様式といい、フランス・アンピール様式の影響を大きく受け、美しい曲線と簡素な構成を特徴としている。

ヴィクトリア女王の時代は、一方でゴシック様式が復興され、他方でルネサンス、バロック、ロココの古典様式が継承されて、様式が折衷された時代である。

ヴィクトリア朝初期にはルイ14世とルイ15世の混合様式、ゴシック様式やエリザベサン様式が取り入れられた。盛期にはゴシック・リバイバルが全盛を迎え、後期はさまざまな様式が折衷されたことから、フリー・クラシック様式とも呼ばれている。

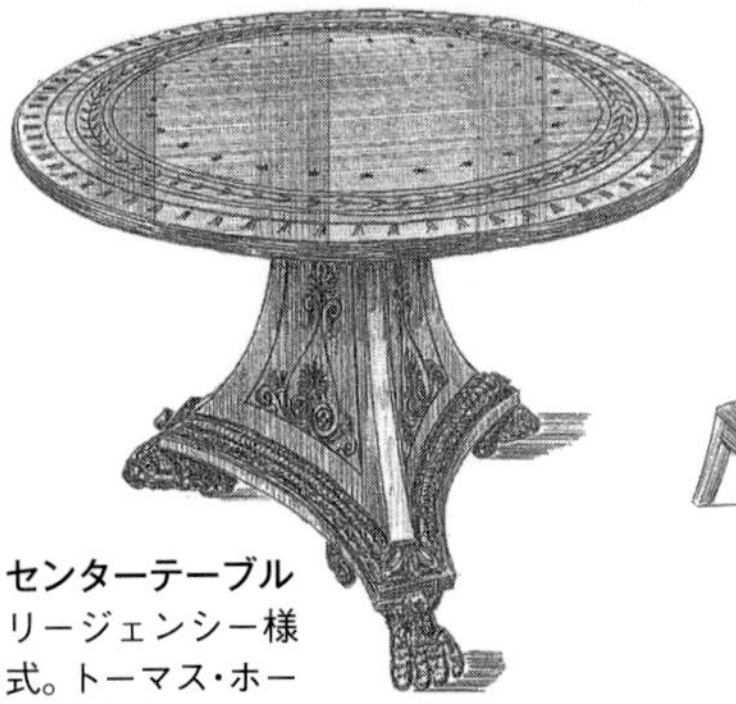

センターテーブル
リージェンシー様式。トーマス・ホープのデザイン。三角形の脚部に付けられたエジプト装飾とライオンの爪足に特徴がある。

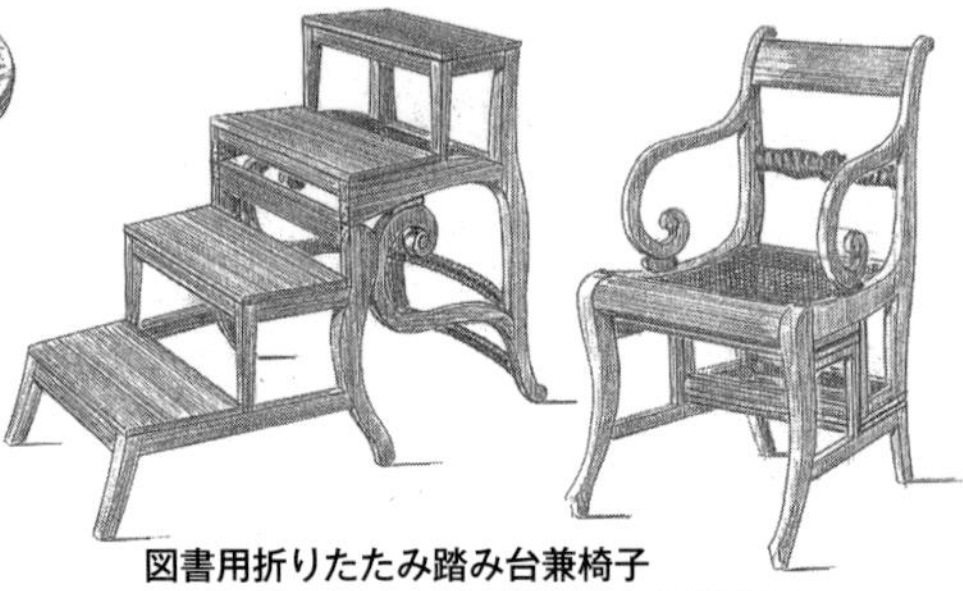

図書用折りたたみ踏み台兼椅子
左図の踏み台を起こすと右図の肘掛椅子になる。リージェント様式の代表的な家具。

ビューロー・ブックケース
ヴィクトリア朝。ネオ・ゴシック風。リチャード・ノーマンショーの作品。

小椅子
ヴィクトリア朝。ネオ・ロココ風のバルーンバックチェア。

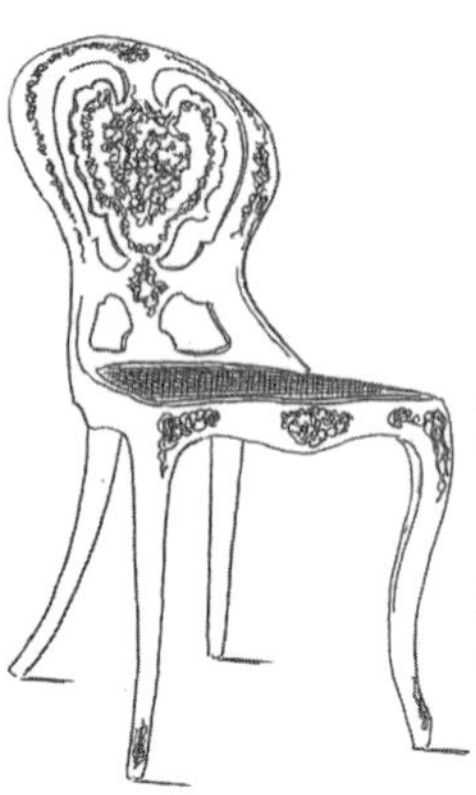

パピエ・マーシェの椅子
ヴィクトリア朝には、溶かした紙に接着剤を混合し、成形する「パピエ・マーシュ」の技法が開発された。

ヴィクトリア女王の椅子
女王の椅子に肘掛がないのは当時の貴婦人は幅の広いスカートを着用していたためである。

フランス

16～17世紀

【ルネサンス、バロック】

フランソワ1世（在位1515～1547年）の時代にヨーロッパでは最初にフランスがイタリア・ルネサンス文化を取り入れた。16世紀中頃がフランス・ルネサンスの最盛期で、数多くの高級家具が製作されている。

17世紀にはイタリアやネザーランド（オランダ、ベルギー）の影響を受けながら、独自の優雅な家具が作り出されていった。ルイ13世の時代には籐張り椅子や、脚部にスクロールやネジリロクロの入った椅子が作られている。

ローマで生まれたバロック様式はフランスでルイ14世様式として開花した。ベルサイユ宮殿はルイ14世がここで政務を行なったため、宮殿用の豪華な家具が作られている。

ルイ14世様式、コモド
アンドレ・シャルル・ブールの作品。翼をつけたスフィンクスとライオンの足に独特の形をした脚がついている。

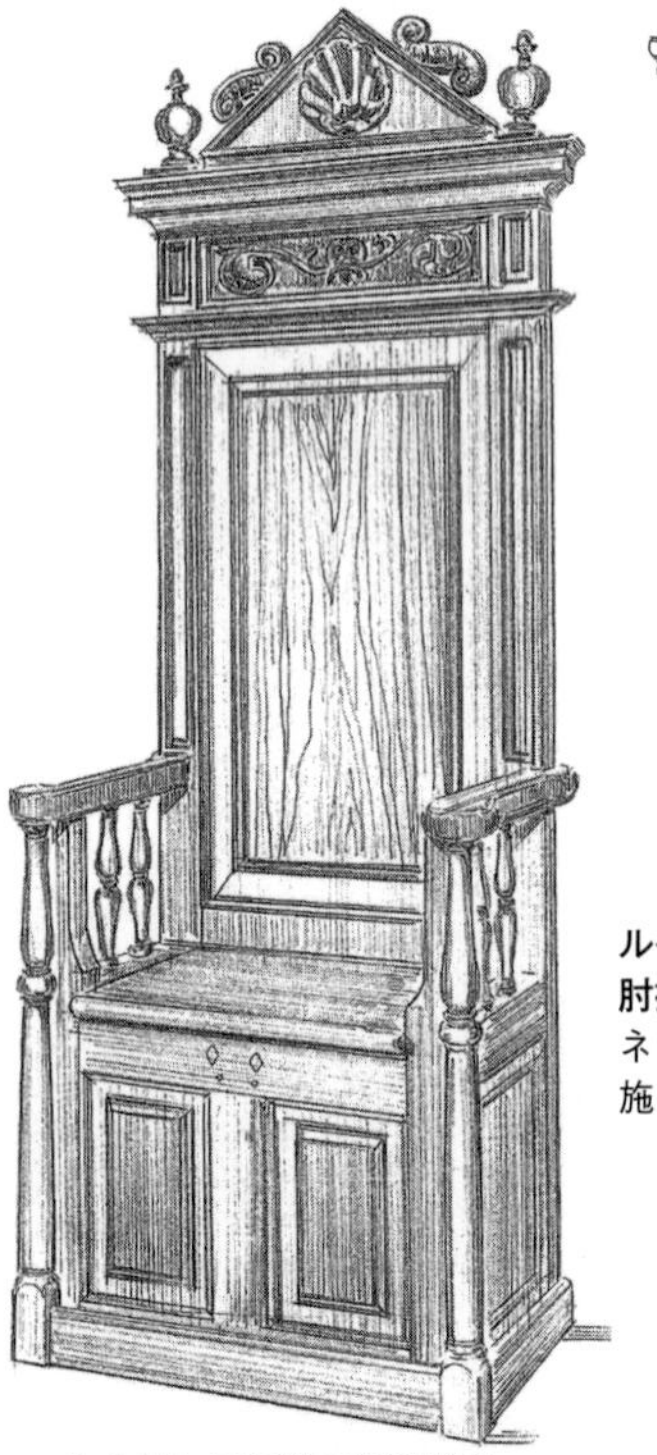

ルネサンス初期の箱形椅子
中世風な骨組みにルネサンス様式破風をつけた建築的構成の椅子。

ルイ13世様式、肘掛椅子
ネジリロクロが施されている。

ルイ14世様式、肘掛椅子

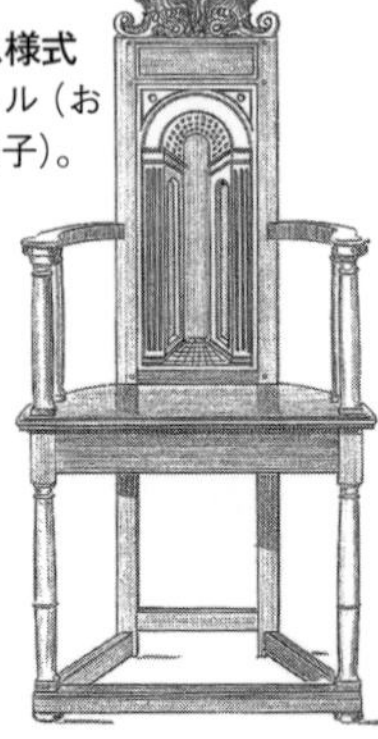

ルネサンス様式
カクトワール（おしゃべり椅子）。

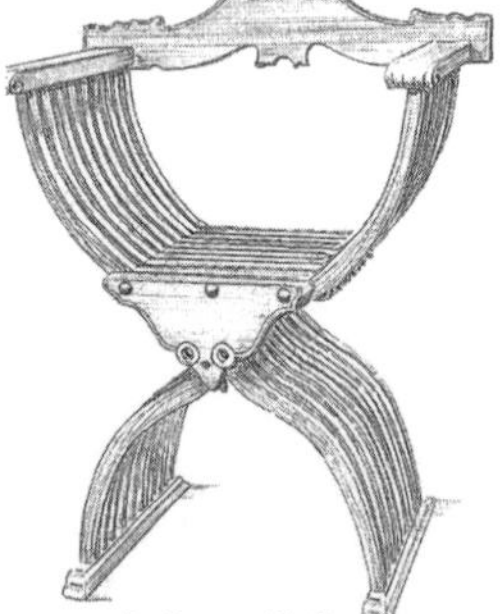

ルネサンス様式
X形折りたたみ椅子。

18世紀後期

【ルイ15世、ルイ16世】

ルイ15世（在位1715～1774年）時代の家具は、国王の名をとってルイ15世様式と呼ばれている。この様式は別名ロココ（貝殻模様の曲線をもったモチーフ）ともいわれ、デザイン的にも完成された形になっていった。

華麗で彫刻や曲線を主体としたバロックやロココ様式の家具は18世紀中頃から、しだいに衰退していき、ルイ16世時代になると、古典様式が見直されてきた。ロココの曲線に対して直線構成の厳格な線と優美さをもった新しい家具が作り出されていったのである。

ルイ15世様式、壁付きソファ
背がなく、壁にクッションをたてかけて座る。

ルイ15世様式、肘掛椅子
木部は金箔、座と背はゴブラン織り。

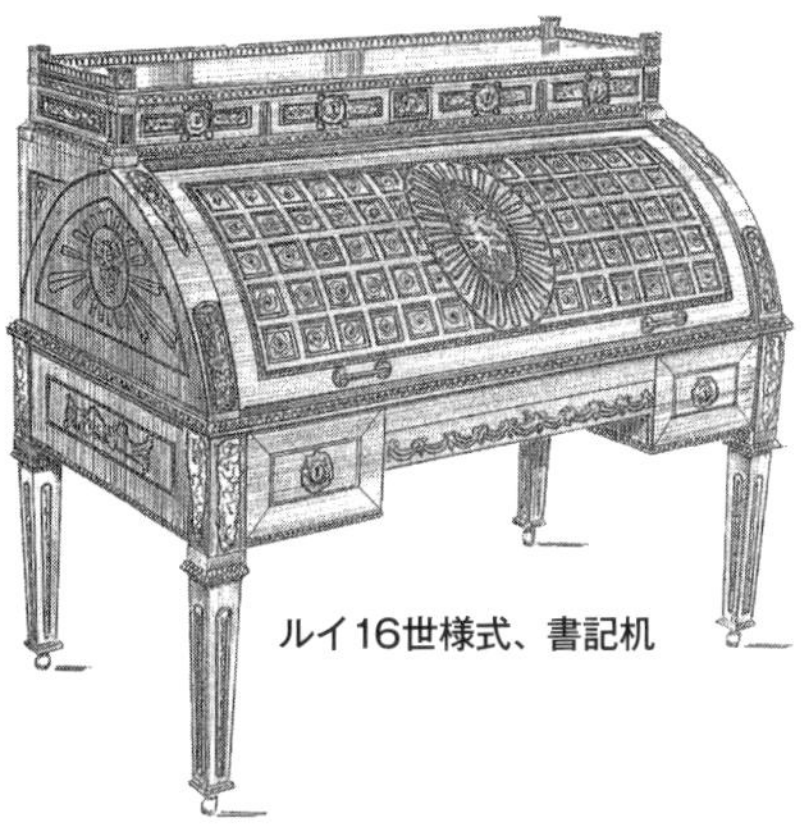

ルイ16世様式、書記机

ルイ16世様式の肘掛椅子
ルイ16世様式の最も典型的な形で木部は白地に金箔、裂地はサテンである。

マリーアントワネットの肘掛椅子
ルイ16世の皇后マリーアントワネットの化粧用に使われたものと同形で肘掛の支柱は女人像で木部はすべて金箔である。

ルイ15世様式の藤張りの椅子

19世紀

【ダイレクトワール、アンピール、王政復古、ルイ・フィリップ、ナポレオン3世】

ダイレクトワール（執政官）様式はフランス革命後、ナポレオンが帝位に就くまでの様式である。ブルボン王朝の気風を一新するために古代エジプトやギリシア、ローマの装飾を取り入れたもので、アンピール様式までの中間的スタイルである。

アンピール（帝政）様式はナポレオン1世（在位1804～1814年）の時代。ブルボン王朝滅亡後、当時の美術家たちがナポレオンの権威を誇示するために、古代の装飾様式を取り入れた。

王政復古様式はアンピール様式が衰退した後の王政復古期に起こった様式で、ルイ18世、シャルル10世の時代である。特徴はアンピール特有のオルモール（金メッキしたブロンズ金物）がなくなり、装飾は簡素化されたシエロの葉や幾何学模様が見られる。

ルイ・フィリップ様式は、ルイ・フィリップ王（在位1830～1848年）の統治下に短期間復活したルイ15世時代の流行を追った折衷的な様式であるが、ルイ15世時代の優雅さや手加工の技術には及ばない。

ナポレオン3世（第二帝政）様式。19世紀中頃から家具様式の混乱期に入り、さまざまな様式が入り混じり、復古主義的な家具が作り出されていった。また、この時代は家具の製作に機械が導入され、安い家具が量産されるようになったが、高級家具師たちは、いままでの伝統を守り、手加工での技術はそのまま引き継がれていった。

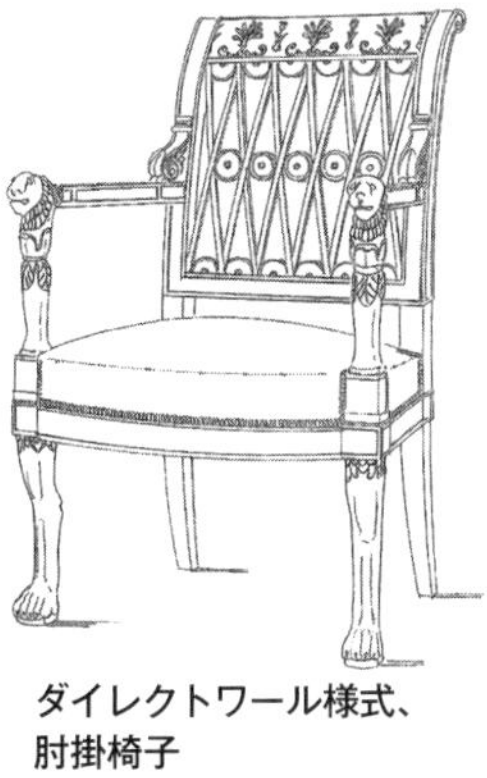

ダイレクトワール様式、肘掛椅子

ナポレオン3世様式、肘掛椅子

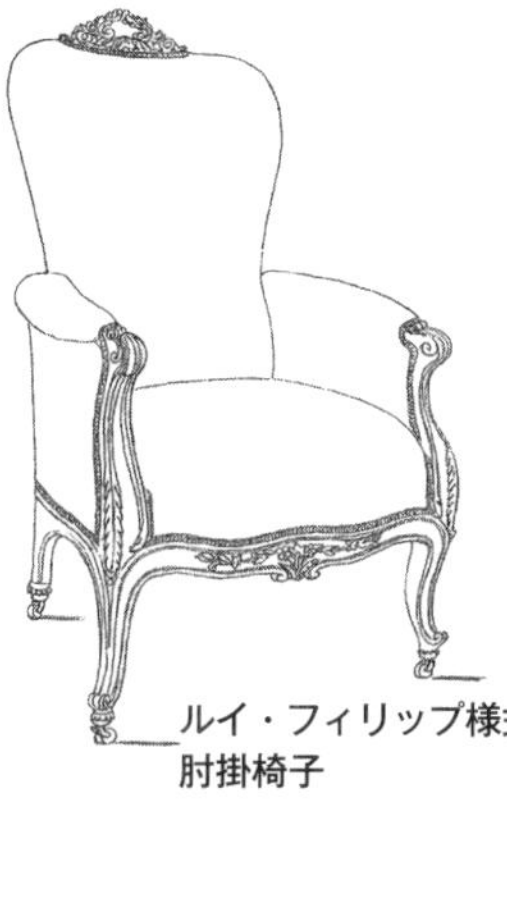

ルイ・フィリップ様式、肘掛椅子

王政復古様式、小椅子

アンピール様式、ナポレオンの玉座
深紅のビロードに金糸で、Nの文字をつけた玉座は、前脚にヘラクレスの頭部とライオンの脚を施した豪華なもの。

イタリア

15～16世紀

【ルネサンス】

ルネサンス様式はイタリアのフィレンツェが発生の地である。建築の多くは、中世では、教会を中心に建てられたが、この時代では、生活のための建造物が都市や田園に自由に作られていった。

家具の形は中世の厳格さに対して華麗な装飾が用いられ、全体に精巧な彫刻が施された。16世紀に作られた家具は、高級家具として最高傑作のものが多いが、装飾が隙間なく施され、創意や工夫が過剰な印象を与えるものが少なくない。

テーブル
（1540年ごろ、フィレンツェ）

カッソーネ（櫃）

ハイバックチェア

ズガベッロ
広間の壁際に一列に並べる飾り椅子。

ロンバルディアチェア
イタリアのロンバルディア地方で作られた椅子。

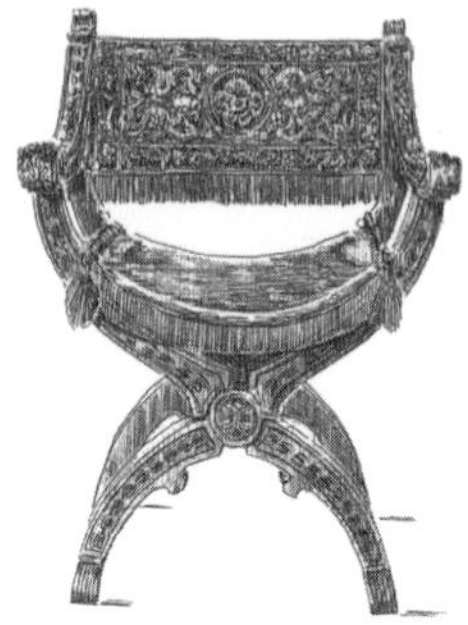

ダンテスカチェア
詩人ダンテが愛用したといわれている。現在でも数多く見られる。

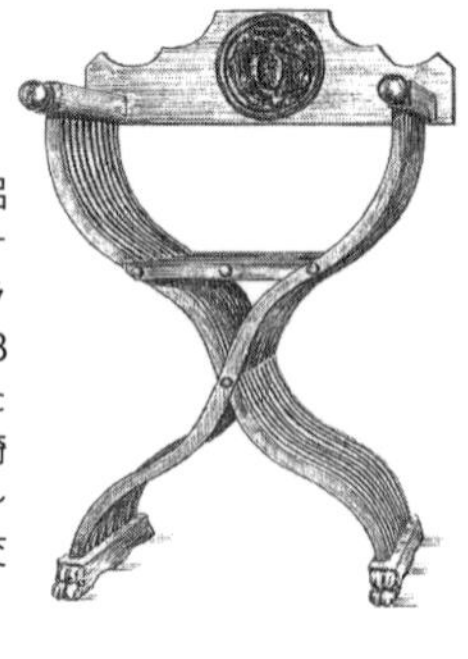

サヴォナローラチェア
イタリアの僧侶ジロラモ・サヴォナローラ（1452～1498年）からとったもの。X形の椅子で脚部は8～10本の木を交差させている。

17世紀

【バロック】

17世紀の美術を総称して、バロック様式という。バロックは美術史上はルネサンスの延長であるが、ルネサンス芸術の端正なシンメトリカルな様式に対して、感覚に直接訴える芸術である。バロックの語源は〝ゆがんだ真珠〟を意味する。

テーブル
（4人の女人像とアカンサスの葉飾りに金泥を塗り、その上に大理石をのせている）

肘掛椅子

肘掛椅子

18～20世紀初期

【ロココ、新古典主義、アンピール、リベルティ】

イタリア・ロココはフランス、ルイ15世様式（フランス・ロココ）からの発展であるが、イタリア・バロックを受け継ぎ、さらに東洋の芸術に影響されている。

イタリア新古典主義は、フランスのルイ16世様式の影響を受けながら、イタリア独自の形を作り上げていった。また、イタリア・アンピールは、やはりフランス・アンピールの影響を受けているが、柔らかい線と装飾の多い家具を作り出している。

1890年代から1910年ごろまでに、ヨーロッパを中心とした室内装飾や家具の新しい美術運動を、アール・ヌーヴォー（新芸術）と呼んでいる。この様式は蔦がからみつく形や、植物の波打つ曲線などが取り入れられた新しい芸術で、イタリアではリベルティ（リバティー）様式と呼んでいる。

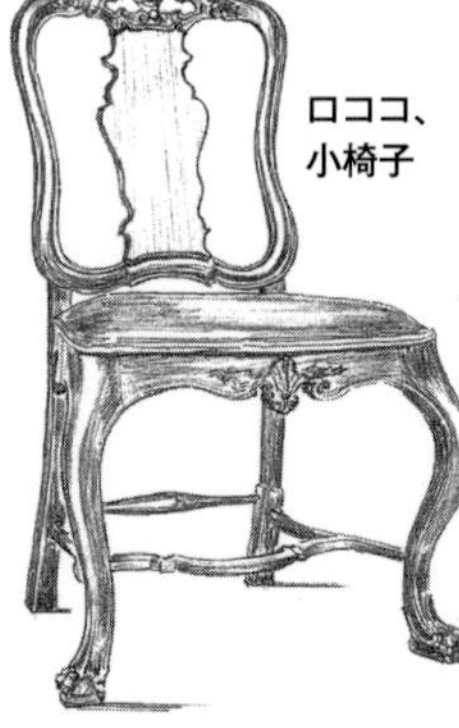

ロココ、小椅子

コモード（引き出し付きキャビネット）

リベルティ、長椅子

アンピール、
肘掛椅子

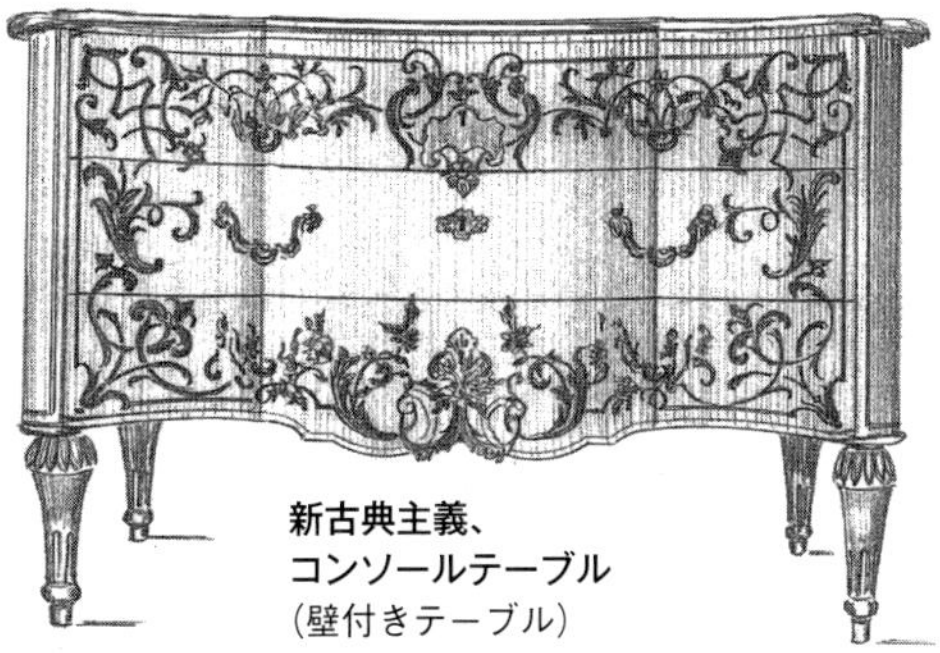

新古典主義、
コンソールテーブル
(壁付きテーブル)

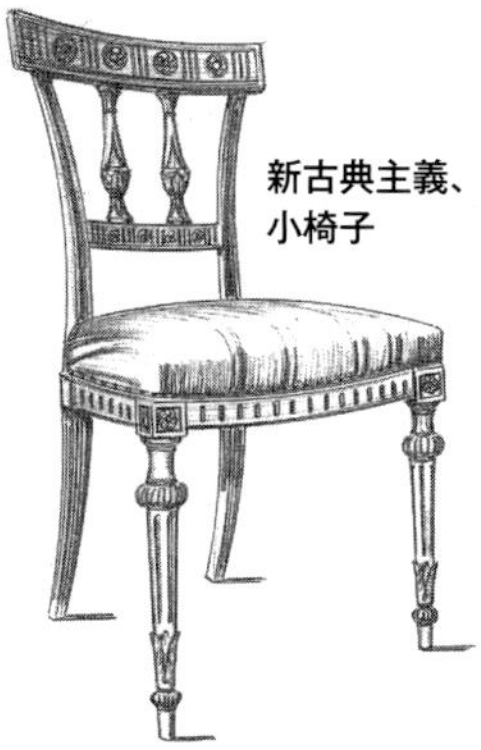

新古典主義、
小椅子

ドイツ

16～17世紀
【ルネサンス、バロック】

ドイツ・ルネサンスは16世紀から17世紀の初めまでで、イタリアに隣接している南部が早くルネサンス様式を取り入れている。北部は北フランスに近いためゴシック様式を強く残していたが、16世紀後半から、オランダ後期ルネサンスの影響を受けている。

ドイツ・ルネサンスの家具は、初期のものは単純な形で直線的なものが多く、テーブル類の脚部はX形になっている。

バロック様式は17世紀に入って、ドイツ全国に広まっていったが、その本拠地をもたなかったために、地域によって多様化していった。しかし、この時代の家具はフランス、ルイ14世様式の影響を強く受け、その様式、形式、生活までも模倣している。

ルネサンス様式、
飾り椅子

初期ルネサンス様式、
テーブル

バロック様式、キャビネット

バロック様式、
肘掛椅子
フランス、ルイ14世の影響がみられる。

ルネサンス様式、
肘掛椅子

ルネサンス様式、飾り椅子

18世紀
【ロココ、新古典主義】

ドイツ・ロココは1700～1770年にかけて続き、フランス・ロココに比べてあまり知られていないが、長期間栄えた様式である。しかし、独創性はなくバロックの延長的な形で、重量感や古典的壮麗さは薄れ、優美さと流れるような線の美しさが強調されている。

ドイツの新古典主義様式は1770～1805年頃で、フランス、ルイ16世時代に相当する。1706年のヘリクラネウムや1748年のポンペイの遺跡の発掘により、古代の美術が見直されていった。その後、フランスやオランダ、パラディオ様式(アンドレア・パラディオ、1508～1580年、イタリアの建築家、古代ローマの古典様式の研究家)の影響を受けた新古典様式を作り出している。

ロココ様式、
肘掛椅子

ロココ様式、
肘掛椅子

19世紀

【第一帝政、ビーダーマイヤー】

第一帝政様式は、フランス、ナポレオン1世の統治時代1804～1814年である。左右対称の法則を重視している。家具はイギリスの様式やフランスのアンピール様式の影響を受けている。

1814～1848年にかけてドイツとオーストリアにビーダーマイヤー様式という独特の家具様式が生まれている。ビーダーマイヤーとは、くつろぎと親しみを追求したブルジョア階級の生活を意味する言葉であった。

形はアンピール様式の影響を受けながら、より簡素で素朴である。装飾も控え目で、木の自然な木目模様が重視された。

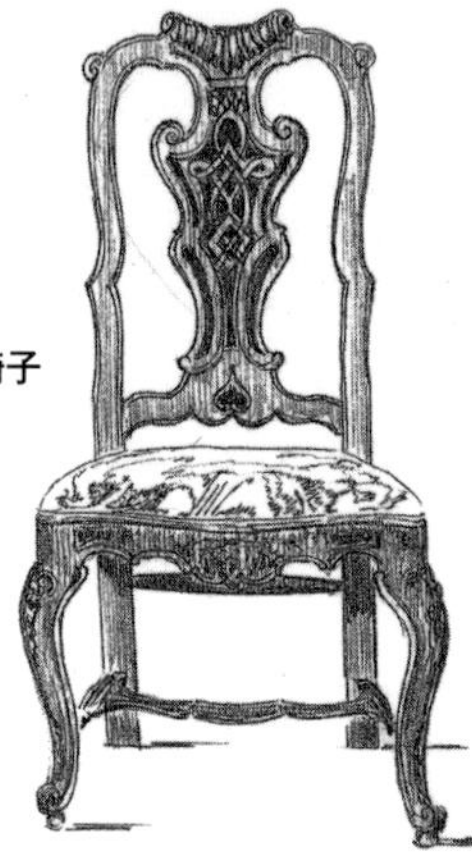
ロココ様式、ハイバック椅子

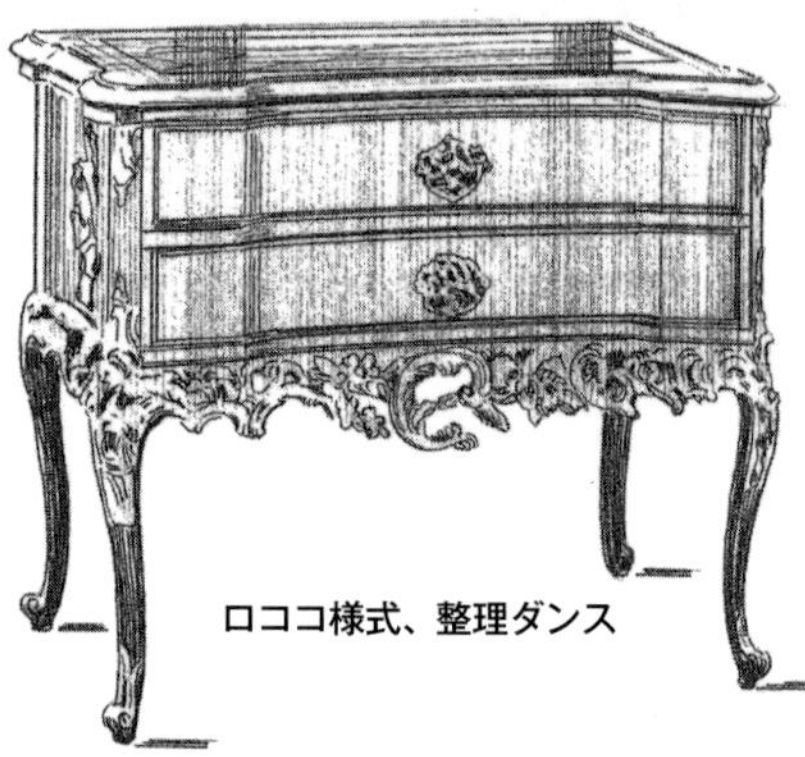
ロココ様式、整理ダンス

ビーダーマイヤー様式、デスクと肘掛椅子

ビーダーマイヤー様式、小椅子

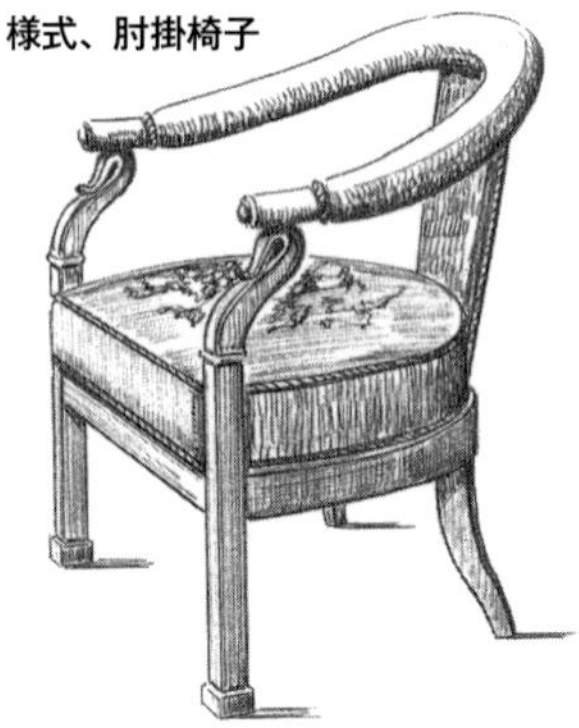
ビーダーマイヤー様式、肘掛椅子

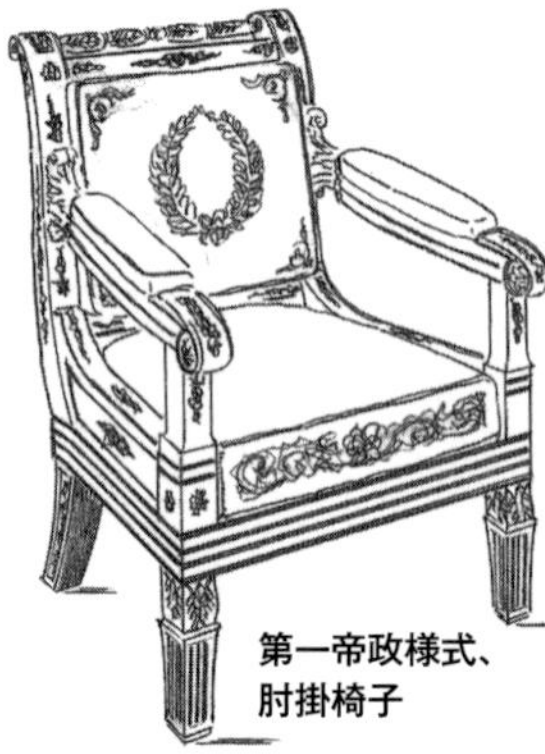
第一帝政様式、肘掛椅子

19世紀末～20世紀初期

【ユーゲントシュティル】

イギリスのウィリアム・モリス（1834～1896年）のアーツ・アンド・クラフツ（美術工芸）運動の影響を受けて、1890年代から1910年頃までに、ヨーロッパを中心に室内装飾や家具の新しい美術運動が起こった。この独特の装飾様式をアール・ヌーヴォー（新芸術）と呼んでいる。

ドイツではアール・ヌーヴォーをユーゲントシュティルと呼んでいる。この名はミュンヘンで発刊された美術誌ユーゲント（青年）に由来するといわれている。ドイツのアール・ヌーヴォーではフランスほどの曲線表現は見られない。比較的簡素で頑丈なイギリス風の家具が普及し、古びた感じのがっしりしたテーブルなどが作られている。

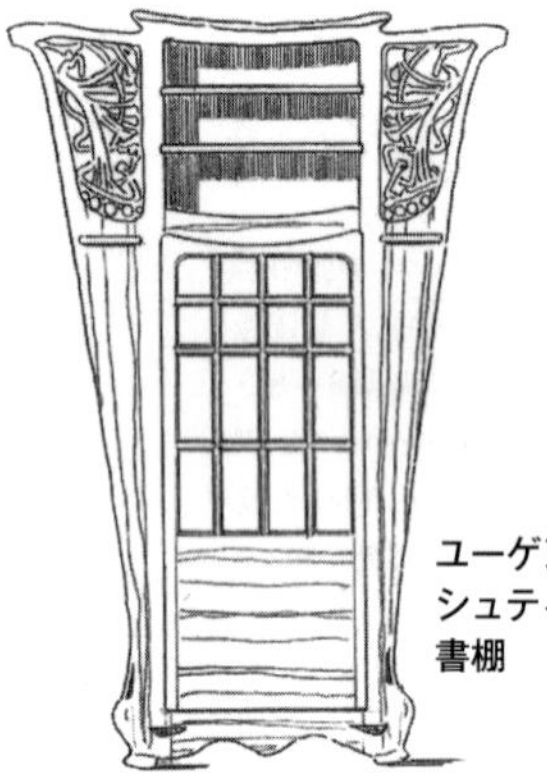
ユーゲントシュティル、書棚

ユーゲントシュティル、食器棚

オーストリア

19世紀後期～20世紀初期

【ゼツェッション、ヨーゼフ・ホフマン、ミヒャエル・トーネット】

オーストリアは、ヨーロッパ主要国の中でもアール・ヌーヴォーに参加した最後の国である。ウィーンでは、建築家ヨーゼフ・ホフマン（1870～1956年）を中心に、アール・ヌーヴォーの曲線的な形を排した幾何学的でシンプルなデザイン運動が起こった。ホフマンがフランスのアール・ヌーヴォーを否定し、そこから分離したことから、ゼツェッション（分離派）と名づけられた。

19世紀の中期から後期にかけて、オーストリアで曲げ木椅子が作られている。創始者はミヒャエル・トーネットである。この椅子は蒸気でブナ材を曲げたもので1830年に木を弓状に曲げる技術を完成させた。

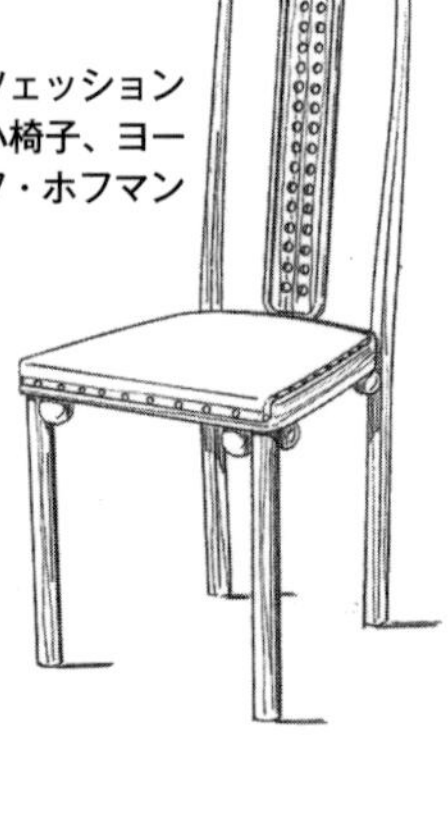
ゼツェッションの小椅子、ヨーゼフ・ホフマン

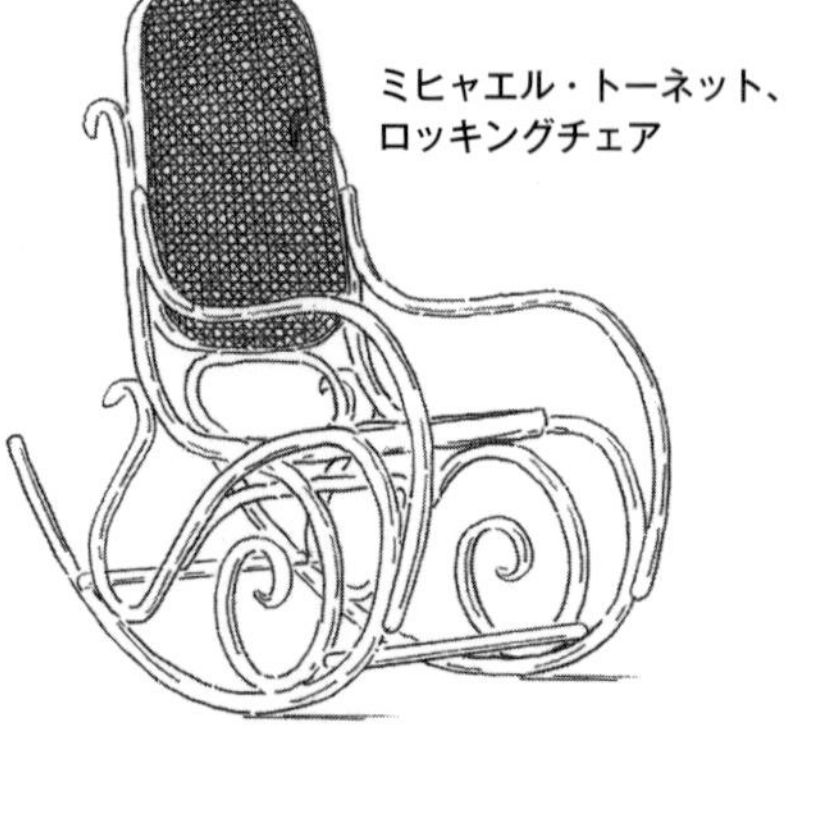
ミヒャエル・トーネット、ロッキングチェア

アメリカ

17～18世紀

［アーリー・アメリカン、コロニアル］

●アーリー・アメリカン（初期アメリカ）様式

イギリスからの初期の移住者は清教徒で、彼らの生活用品は、すべて手づくりであった。家具も自国から持ち込んだものを模倣して作られていた。また、清教徒は家具に彫刻を施すのは神の意思に反するとの考えから彫刻のない家具が作られている。

●コロニアル（植民地）様式

いろいろの国の人たちがアメリカへ移住し、その地で文化を築いていったが、当初は経済的に貧しかったため、自国の様式を生かしながら、簡単で飾りのない家具や建物を作っていった。ジャコビアン、クイーン・アン、ダッチ、チッペンデール、ウィンザーチェアなどのスタイルをアレンジしたのがコロニアル様式である。

整理ダンス
アーリー・アメリカン様式。

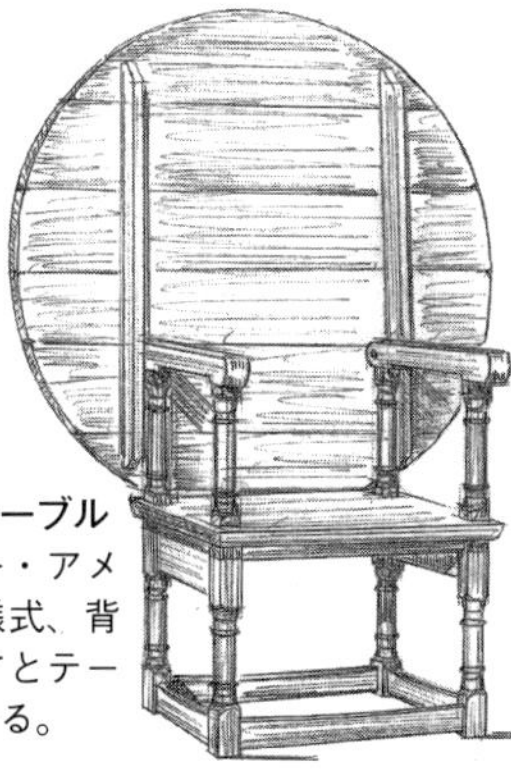

チェアテーブル
アーリー・アメリカン様式、背板を倒すとテーブルになる。

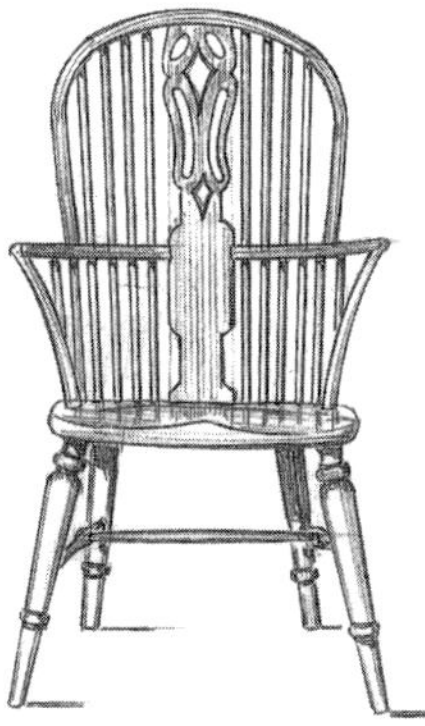

アームチェア
コロニアル様式。アメリカン・ウインザーチェア。

小椅子
コロニアル様式。チッペンデール様式よりアレンジ。

ハイボーイ
コロニアル様式。クイーン・アン様式よりアレンジ。

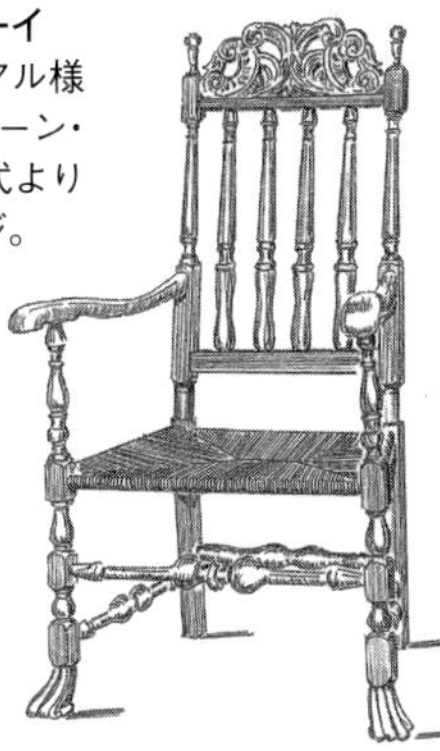

肘掛椅子
コロニアル様式。ジャコビアン様式よりアレンジ。

バタフライテーブル
コロニアル様式。

18～20世紀初期

［フェデラル、シェーカー、ヴィクトリアン、ライトの家具］

●フェデラル（連邦）様式

独立戦争後のフェデラル（連邦）時代にアメリカで流行した家具をフェデラル様式と呼んでいる。イギリスとの国交が正常化されてから、ヘップルホワイトやシェラトンのデザインがアメリカに導入された。

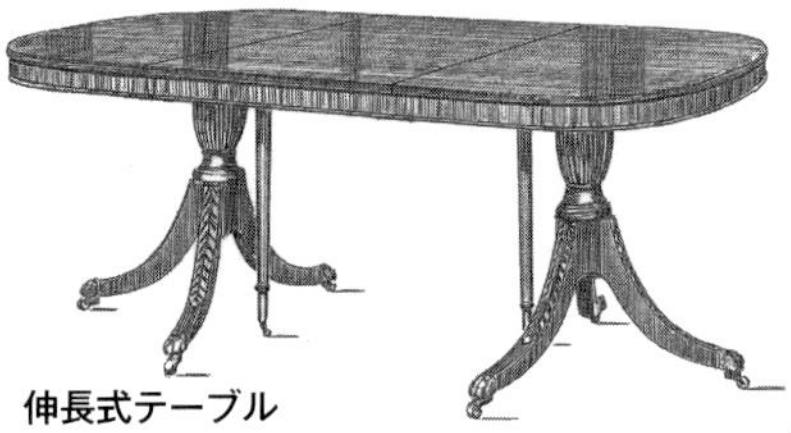

伸長式テーブル
フェデラル様式。ダンカン・ファイフ。

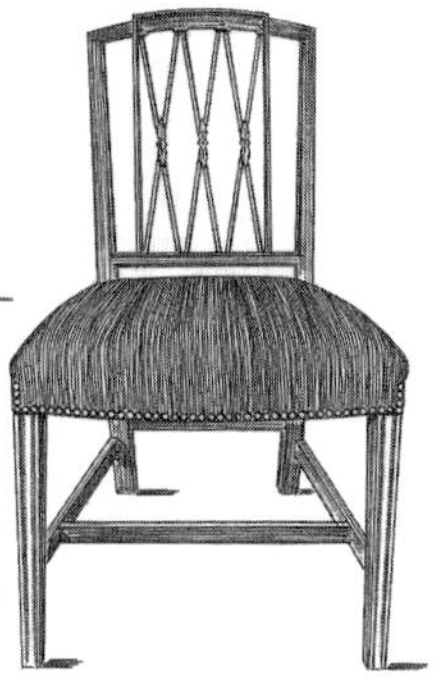

サイドチェア
フェデラル様式。シェラトン風。

サイドチェア
フェデラル様式。ダンカン・ファイフ。

サイドチェア
フェデラル様式。ヘップルホワイト風。

●シェーカー様式

アメリカで教団活動をしていたシェーカー教徒が作り出したスタイル。自給自足による修道院的な社会のなかで独自の教義のもとに家具を作り上げた。

特徴は、直線構成、装飾は皆無である。機能性を主とした素朴な形で、背はラダーバック（梯子形）で、垂直に近い。座はイグサ（藺草）のリード張りで脚部は挽物《ひきもの》が多い。

回転椅子
シェーカー様式。

ロッキングチェア
シェーカー様式。

●ライトの家具

フランク・ロイド・ライト（1867～1959年）はアメリカ中西部の建築家であり、家具デザイナでもある。彼は旧帝国ホテルの設計者として、日本人にもよく知られている。

そのデザインの特徴としては、幾何学的な形、建築と共通する構成、堅牢な造り、優れた職人技術、などがあげられる。

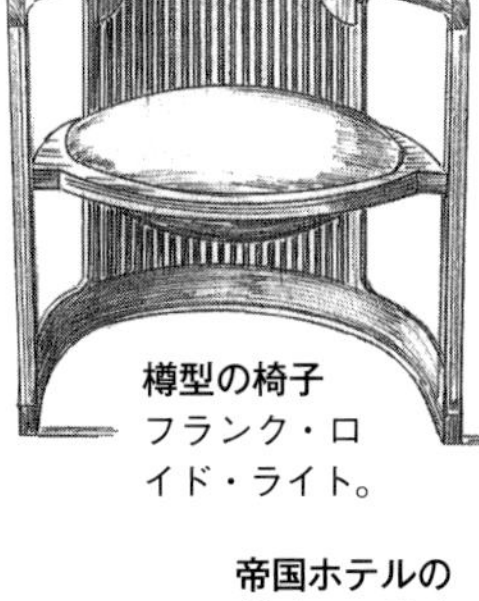

樽型の椅子
フランク・ロイド・ライト。

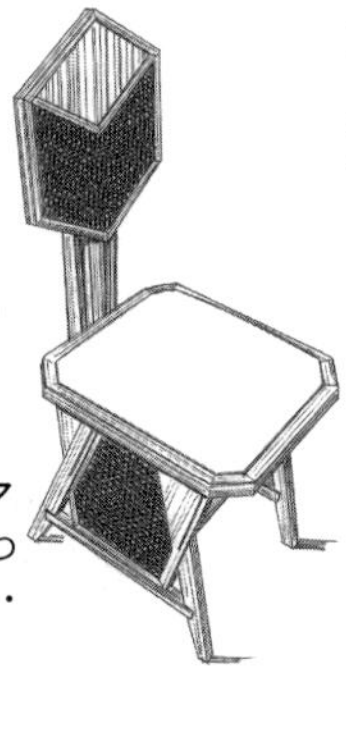

帝国ホテルのダイニングチェア
六角形の背を持つ椅子。フランク・ロイド・ライト。

【日本の家具名産地】

●現代家具の名産地

旭川家具 （北海道旭川市）	明治期にはじまった街づくりに伴って、全国から大工や家具職人が周辺に移住、旭川家具の基盤がつくられた。昭和30年頃、人口乾燥機が普及すると、北海道の豊富な森林資源を背景に家具を大量生産するようになり、日本を代表する家具産地へと発展した。デザイン性の高い大型の洋風家具が主流となっている。
旭川家具工業協同組合	〒079-8412　旭川市永山2条10丁目　TEL 0166-48-4135　http://www.asahikawa-kagu.or.jp/ メーカーの自信作を一堂に常設展示した旭川家具センターでは、30を超える旭川家具メーカーの商品を一度に見ることができる。ウェブサイトも情報充実。
静岡家具 （静岡県内）	静岡家具の起源は、徳川三代将軍・家光が浅間神社の大造営を行った際に、各地より移住してきた職人たちの漆器づくり。静岡市を中心に伝統技巧を生かした鏡台や茶箪笥の産地として、その後も栄え、桐箪笥の産地としても知られた。現在では、バラエティー豊かな総合家具産地として知られている。
静岡県家具工業組合	〒420-0042　静岡市葵区駒形通6-8-21　TEL 054-254-7201　Fax 054-254-7204　http://www.s-kagu.or.jp/index.php ウェブサイトでは、イベント情報、組合企業を一覧できるほか、家具のタイプ別に製造している企業の検索も可能。
飛騨家具 （岐阜県高山市周辺）	古くから「飛騨の匠」で知られる代表的な木づくり地域。現在の家具名産地としての基礎は、豊富なブナ材の有効活用を目指して、大正時代に「中央木工株式会社」（現在の飛騨産業）が設立されたことによって築かれた。戦後、企業数も増え、産地が形成された。椅子やテーブル、机など、脚物家具を得意とする。
協同組合飛騨木工連合会	〒506-0025　岐阜県高山市天満町5-1　高山商工会議所内　TEL 0577-32-2100　Fax .0577-34-5379　http://www.hidanokagu.jp/ ウェブサイトには、イベント情報、組合企業へのリンクのほか、飛騨でつくられた家具のブランドマークなどの紹介がある。
府中家具 （広島県府中市）	家具づくりの起源は江戸中期。昭和30年頃、「婚礼家具セット」と銘打って、日本ではじめて家具のセット販売を行ない、収納家具の産地として名を馳せた。現在も、箪笥をはじめとした収納家具を得意としているほか、リビング家具、キッチン、備えつけ家具、木製ドアなども生産し、総合産地を目指している。
府中家具工業協同組合	〒726-0012　広島県府中市中須町1648　TEL 0847-45-5029　http://www.fuchu.or.jp/~kagu/index.htm ウェブサイトには、府中家具の情報はもちろん、家具の手入れ方法や木材図鑑など実用情報も充実している。通販機能もあり。
徳島家具 （徳島県徳島市）	明治初期に、阿波藩の船大工だった職人たちが家具づくりをはじめ、明治中期から鏡台や針箱の産地として栄えた。「阿波鏡台」は、とくに関西で好評を博し、その名は全国に知れ渡った。現在では、ドレッサーを中心にさまざまな家具や木工品が生産されている。
大川家具 （福岡県大川市）	室町時代、船大工の手による箱物にはじまる長い歴史をもつ。現在の大川家具の基礎となったのは江戸後期に長崎から持ち帰られた細工技法。現在は量産家具の製造会社が多く、あらゆる家具を製造する総合的な家具産地。生産高では日本一。
大川総合インテリア産業振興センター	〒831-0016　福岡県大川市大字酒見221-3　TEL 0944-87-0035　Fax 0944-87-0056　http://www.okawajapan.jp/

●伝統的工芸品指定の産地

岩谷堂箪笥 （岩手県奥州市、盛岡市）	奥州市の岩谷堂《いわやどう》地区を中心につくられる。起源は天明年間（江戸後期）とされ、岩谷堂城主が築城のために呼びよせた大工により箪笥づくりが伝えられたという。ケヤキなどの木目を生かした漆塗り仕上げ、鍛鉄の手打ち金具などが特徴。昭和57年に伝統的工芸品に指定。
加茂桐箪笥 （新潟県加茂市）	すでに江戸後期には各地に移出された加茂桐箪笥。昭和の初めに「矢車《やしゃ》塗装」が開発されて、現在の桐箪笥の原型が完成した。加茂では全国の桐箪笥の70%を生産し、北海道から九州まで広く全国に出荷されている。昭和51年に伝統的工芸品に指定。
春日部桐箪笥 （埼玉県春日部市周辺）	日光東照宮の造営にかかわった工匠たちが日光街道の宿場町・春日部に住みつき、桐を使った指物づくりをはじめたのが起源とされる。江戸末期から桐箪笥づくりもはじまり、明治期には大量につくられ、東京方面へ出荷された。昭和54年に伝統的工芸品に指定。
江戸指物 （東京都）	徳川幕府が開府とともに全国から職人を集め、神田、日本橋周辺に職人町をつくったのがはじまり。武家用、商人用、江戸歌舞伎役者向けの指物が発達した。鏡台、火鉢、棚類など、木目を生かし、すっきりとした造形と堅牢なつくりが特徴。平成9年に伝統的工芸品に指定。
松本家具 （長野県松本市周辺）	庶民生活に使われる帳場箪笥や座敷机などの家具が生産されはじめたのは江戸末期。ケヤキ、ナラなどの無垢材《むくざい》の使用、伝統の組み接ぎ技法巧みな細工、堅牢なつくり、拭き漆仕上げが特徴。拭き漆の家具が昭和51年に伝統的工芸品に指定。
名古屋桐箪笥 （名古屋市、春日井市など）	名古屋城の築城に携わった職人たちが箪笥や長持などをつくったのがはじまりといわれ、桐箪笥づくりは江戸後期にはじめられたとされる。飛騨から産出される良質のキリに恵まれ発展。金箔画、漆塗り蒔絵が施された豪華なものも見られる。昭和56年に伝統的工芸品に指定。
京指物 （京都市）	はじまりは平安時代、室町期の茶道文化の確立とともに京指物も発展した。桐箪笥や飾り棚、文机などの「調度指物」と、茶道で使われる「茶道具指物」とに大別される。調度指物は無垢《むく》板を用い、茶道具指物には、挽物《ひきもの》、曲物《まげもの》、板物などがある。昭和51年に伝統的工芸品に指定。
大阪唐木指物 （大阪府およびその近隣）	古くから珍重された東南アジア産の銘木（シタン、コクタン、タガヤサンなど）を唐木と呼ぶ。江戸時代の鎖国期には長崎から大坂に運ばれて、唐木指物がつくられるようになり各地へ流通した。伝統的な技法を駆使した飾り棚、茶棚、座敷机、花台など高級和家具が大坂唐木指物。昭和52年に伝統的工芸品に指定。
大阪泉州桐箪笥 （大阪府和泉市、堺市など）	民間の副業として、キハダやキリの簡単な箱などがつくられたのがはじまり。江戸後期から明治にかけて桐箪笥がつくられるようになり、産地が形成された。組《く》み接《つ》ぎ技法、「矧《は》ぎ加工」が駆使された、すべて注文生産の一品物。平成元年に伝統的工芸品に指定。
紀州箪笥 （和歌山市）	江戸後期、紀州藩の振興を受けてスギやモミなどを使った塗り箪笥がつくられ、江戸末期には桐を主体にした箪笥がつくられるようになった。大阪周辺の需要を満たす地回り産地として発展。箪笥の縁などに装飾として唐木が使用される。昭和62年に伝統的工芸品に指定。

●道具博物館

※開館日、開館時間は変更になることがあります。また、開館日や時間が不定期の施設もあります。訪問される際は、事前に各施設に確認してください。

［信越］	**新潟県三条市歴史民族資料館**	〒 955-0071 新潟県三条市本町 3-1-4　TEL 0256-33-4446 地場金物産業の製造工程や変遷などを展示。鍛冶屋の仕事場再現、墨壺や握りはさみの体験コーナーなど。
	新潟県県央地域地場産業振興センター	〒 955-0092 新潟県三条市須頃 1-17　TEL 0256-32-2311 地場工房・メーカー各社の代表作や新作を展示。即売コーナーも併設。
	三条鍛冶道場	〒 955-0072 新潟県三条市元町 11-53　TEL 0256-34-8080 三条鍛冶の伝統を受け継ぐ『三条鍛冶集団』指導の下、火づくりからはじめるオリジナル刃物の製作や、刃砥ぎ体験ができる。定期的に集中体験講座も開催。
［中部］	**関鍛冶伝承館**	〒 501-3857 岐阜県関市南春日町 9-1　TEL 0575-23-3825 刃物全般、おもに日本刀やナイフ関連の展示を行なう。関鍛冶の技を今に伝える日本刀鍛錬場や技能師実演場を併設。刃物まつりなどで公開している。
	飛騨の匠文化館	〒 509-4234 岐阜県古川町壱之町 10-1　TEL 0577-73-3321 木の国飛騨の木材をテーマに、さまざまな木組みや接ぎ手を展示。文化館の建物が、釘を一本も使っていない飛騨匠の伝統の技で作られている。
［関西］	**竹中大工道具館**	〒 650-0004 兵庫県神戸市中央区中山手通 4-18-25　TEL 078-242-0216 国内最大級の道具展示館。各階にて「道具の歴史（1F）」「木と匠と道具（2F）」「道具と鍛冶（3F）」をテーマに、実物とパネルを展示。企画展･講演会･体験教室など各種イベントを開催。
	三木市立金物資料館	〒 673-0432 兵庫県三木市上の丸町 5-43　TEL 0794-83-1780 三木金物の歴史や製法に関する資料を収集、展示している。かんなやのこぎり、左官道具など伝統的な工具を多数所蔵。ふいごを使った古式鍛錬の実演も定期的に行なっている（原則毎月第 1 日曜）。
	道の駅みき 金物展示館	〒 673-0433 兵庫県三木市福井字三木山 2426　TEL 0794-82-7050 道の駅「みき」に併設されている展示館。三木金物の特色や歴史を紹介し、代表的な工具実物を展示している。地場製品の展示即売コーナーもある。
	堺刃物伝統産業会館	〒 590-0941 大阪府堺市堺区材木町西 1-1-30　TEL 072-227-1001 堺刃物の実物展示、刃物の仕上げ工程「刃付け」の実演見学や体験ができる。地場産業の紹介や刃物クリニック（修理は有料）もあり。
	兵庫県木の殿堂	〒 667-1347 兵庫県美方郡香美町村岡区和池 951　TEL 0796-96-1388 民家模型や木製民具など木由来の文化を紹介。工作室で世界中から集めた珍しい大工道具を展示している。組み木教室も開催（原則日曜・祝日）。
	越前打刃物会館	〒 915-0873 福井県越前市池ノ上町 49-1-3　TEL 0778-24-1200 越前打刃物の歴史と製造工程を紹介。近年の名工の作品も展示。工場団地内という立地を生かした工場見学も可能（要予約）。

●小規模・個人収集品の展示館

大工や職人、工務店など、個人が長年収集してきた道具や技術を展示している資料館。

墨田住宅センター 建築道具・木組資料館	〒 130-0024 東京都墨田区菊川 1-5-3　TEL 03-3633-0328（株式会社森下工務店内） 墨田区「小さな博物館」運動の一環。明治時代の大工道具や寺社に使われた複雑な木組みなど、歴史的な技術を展示。
建築道具館（㈳全日本建築士会）	〒 169-0075 東京都新宿区高田馬場 3-23-2 内藤ビル 301　TEL 03-3367-7281 内外の大工さんや職人さんが、使い込んだ愛用の道具類を寄贈。貴重な歴史的技術を継承するために展示している。
前場資料館	〒 243-0034 神奈川県厚木市船子 596（株式会社前場工務店内）　TEL 046-228-6644 日本伝統の大工道具を収集、常時 600 点を展示。その他古代瓦や大工職人に関する浮世絵など（要予約）。

●道具関連定期イベント

削ろう会（事務局）	〒 451-0053 愛知県名古屋市西区枇杷島 1-6-51　TEL 052-433-7081 「台鉋を使って、できるだけ薄く、幅広く、長い鉋屑を出そう」という趣旨で、大工道具、砥石を扱う腕に覚えのある人々が集まり 1997 年に誕生。毎年春秋 2 回全国を巡回。（年度によって開催場所が異なる）

中井秀樹（有限会社 木）ムービンザウルス
〒160-0022 東京都新宿区新宿 6-20-7　TEL 03-5363-6779
野崎健一（櫂工房）アームチェア
〒198-0002 東京都青梅市富岡 2-553-1　TEL 0428-74-7207
濱根 久（クラフト HAMANE）ウォールキャビネット
〒229-0105 神奈川県相模原市相模湖町若柳 866-34　TEL 042-685-2662
半沢清次（木工房 風来舎）スツール
〒350-1254 埼玉県日高市久保 88-5-2F　TEL 042-982-3633
吉野壮太（F WOOD FURNITURE）座卓
〒358-0036 埼玉県入間市花ノ木 107
TEL 04-2936-5301

●取材協力

Pierluigi Ghianda
P P Mobler
David Savage Furniture
株式会社東京木材相互市場
ヒノキ工芸

●道具取材協力

相豊ハンマー（げんのう）
〒955-0814　新潟県三条市金子新田工場団地　TEL 0256-34-3526
角利産業株式会社（卸）
〒955-0823　新潟県三条市東本成寺 3-3　TEL 0256-34-6111
シンワ測定株式会社（測定工具）
〒955-8577　新潟県三条市興野 3-18-21　TEL 0256-34-1412
株式会社スリーピークス技研（ラジオペンチ・ニッパー他）
〒955-0055　新潟県三条市大字塚野目 2171　TEL 0256-33-0571
鑿鍛冶 田齋（のみ）
〒955-0055　新潟県三条市塚野目 4-11-19　TEL 0256-35-1802
田巻壺静製作所（墨壺）
〒955-0845　新潟県三条市西本成寺 2-15-8　TEL 0256-35-4029
梨屋木工株式会社（けびき）
〒955-0065　新潟県三条市旭町 2-5-28　TEL 0256-33-1729
有限会社初弘（大がんな）
〒955-0823　新潟県三条市東本成寺 1572-1　TEL 0256-32-7311
有限会社広悦（小がんな）
〒955-0862　新潟県三条市南新保 18-20　TEL 0256-32-0267
株式会社フチオカ（砥石）
〒954-0111　新潟県見附市今町 8-9-1　TEL 0258-66-0600
増田切出工場（小刀）
〒955-0081　新潟県三条市東裏館 1-18-28　TEL 0256-32-1283
松井精密工業株式会社（スコヤ・スコヤゲージ）
〒955-0842　新潟県三条市島田 1-10-17　TEL 0256-33-1021
株式会社マルト長谷川工作所（ペンチ）
〒955-0831　新潟県三条市土場 16-1　TEL 0256-33-3010

●編集協力

菅原逸子―NNA EUROP LTD
中島郁子―ワイヤーファクトリー
萩原準一郎
村本幸枝―日伊文化交流サロン　アッティコ
結城順一
U-E.P.―宮本唯志　関 喜仁　浦上和雄　國松敬子

有限会社　石崎剣山
株式会社オフ・コーポレイション
クラレインテリア株式会社　三笠工場（北海道民芸家具）
〒068-2165　北海道三笠市岡山　岡山工場
TEL 01267-2-5331　Fax 01267-2-7775
桑畑晃子
崎浜秀子―デンマーク語通訳
有限会社　戸山家具製作所（横浜クラシック家具）
〒243-0423　神奈川県海老名市今里 1248
TEL 046-232-3641　Fax 046-233-7610
ニシザキ工芸株式会社
〒135-0022　東京都江東区三好 2-9-6
TEL 03-3641-1821　Fax 03-3641-1833
株式会社ニッタクス　十勝工場　佐藤正弘
〒089-0611　北海道中川郡幕別町新町 68
TEL 0155-54-213　Fax 0155-54-3019
社団法人日本木材加工技術協会
堀尾俊彰―㈱カッシーナ・イクスシー　商品開発部
ボッシュ株式会社
株式会社マキタ
リョービ株式会社

●写真協力

近藤耕次
桜製作所
独立行政法人森林総合研究所
須藤彰司
天童木工 PLY
豊田市美術館
ナカサ&パートナーズ
藤井智之
吉田 誠

●写真撮影

講談社写真部―松川 裕、林 桂多、山口隆司、杉山和行

●図版製作

川野郁代
長崎 揮
吉田朋子

●装丁デザイン

佐藤 浩

●表紙カバー「木工」作品

デザイン―佐藤 浩　製作―ヒノキ工芸

●本文レイアウト・デザイン

新井達久

協力者一覧（五十音順）

●監修

田中一幸―東京藝術大学教授
山中晴夫―京都市立芸術大学教授

●編集委員

須藤彰司―国際木材科学アカデミーフェロー
戸澤忠蔵―ヒノキ工芸
保坂 勇―樹木技研究房
諸山正則―東京国立近代美術館工芸館主任研究員

●執筆者

天野正博―早稲田大学教授、人間科学学術院
海老原徹―日本木材加工技術協会、専務理事
岡野健― NPO 木材・合板博物館館長
河原輝彦―元東京農業大学教授、地域環境学部、森林総合科学科、
　造林学研究室
須藤彰司―国際木材科学アカデミーフェロー
竹村彰夫―東京大学准教授、大学院農学生命科学研究科
長澤良一―キャピタルペイント株式会社東京営業所所長、
　木材塗装研究会運営委員
中林幸夫―家具デザイナー
西村勝美―木構造振興株式会社専務理事、農学博士
保坂　勇―樹木技研究房
村田光司―森林総合研究所、加工技術研究領域、木材機械加工研究室長
師岡淳郎―京都大学生存圏研究所　生存圏開発創成系　准教授
諸山正則―東京国立近代美術館工芸館主任研究員
山中晴夫―京都市立芸術大学教授

●技術指導

長澤良一―キャピタルペイント株式会社東京営業所所長、
　木材塗装研究会運営委員
ヒノキ工芸―戸澤忠蔵、戸澤忠勝、山本富男、高田 英、宮本浩幸、
　小林勝則、宇賀神洋一、石井 誠
　〒 339-0035　埼玉県さいたま市岩槻区笹久保新田 339-1
　Tel 048-798-8921　Fax048-798-9335
保坂 勇―樹木技研究房
山中晴夫　京都市立芸術大学教授

●人と木工作品・作家

木内明彦（KIUCHI WORKS）
　〒 206-0031 東京都多摩市豊ヶ丘 3-1-1-402　Tel・Fax 042-372-9565
小島伸吾（小島クラフト工房）
　〒 357-0203 埼玉県飯能市長沢 1661-2
　Tel 0429-78-1849
小沼智靖（小沼デザインワークス）
　〒 369-0115 埼玉県鴻巣市吹上本町 4-6-7
　http://www.kinoutsuwa.com　E-mail:info@kinoutsuwa.com
須田賢司
　〒 370-2205 群馬県甘楽郡甘楽町国峰 1654-1
大門　巖（バウ工房）
　〒 071-1425 北海道上川郡東川町西町 9-4-1　Tel・Fax 0166-82-2213
高橋三太郎（家具工房 Santaro）
　〒 063-0011 北海道札幌市西区小別沢 50-1
　Tel 011-667-1941・Fax011-667-1942
　http://www.santaro.net.　E-mail:santaro@japan.email.ne.jp
髙村 徹（髙村クラフト工房）
　〒 355-0363 埼玉県比企郡ときがわ町大附 264-3　Tel・Fax 0493-65-2676
田中一幸（東京藝術大学取手校・木工芸研究室）
　〒 302-0001 茨城県取手市小文間 5000　Tel 050-5525-2576
谷 進一郎（木工家具 谷）
　〒 384-0021 長野県小諸市天池 4741　Tel・Fax 0267-22-1884
　http://www.tani-ww.com
丹野則雄（クラフト＆デザイン タンノ）
　〒 078-1271 北海道旭川市東旭川町東桜岡 166-9
　Tel・Fax 0166-36-5636
徳永順男（徳永家具工房）
　〒 673-1119 兵庫県三木市吉川町鍛冶屋 304-1　Tel・Fax 0794-73-1546
戸澤忠蔵（ヒノキ工芸）
　〒 339-0035 埼玉県さいたま市岩槻区笹久保新田 339-1
　Tel 048-798-8921　Fax 048-798-9335
富田文隆
　〒 371-0201 群馬県前橋市粕川町中之沢 249-56　Tel・Fax 027-285-4471
村上富朗（木の椅子工房・ウッドワーカームラカミ）
　〒 389-0201 長野県北佐久郡御代田町塩野 128-2
　Tel・Fax 0267-32-5880
山中晴夫（京都市立芸術大学美術学部漆工研究室）
　〒 610-1197 京都府京都市西京区大枝沓掛町 13-6　Tel 075-334-2342

●作例集・作家

石橋 順（羽工房）キャビネット
　〒 355-0361 埼玉県比企郡ときがわ町桃木 28　Tel 0493-65-1506
　http://www.18.ocn.ne.jp/~hane/
いとう あきとし（家具工房 jucon）AV ラック
　〒 402-0200 山梨県南都留郡道志村 10027-2
　http://www.h4.dion.ne.jp/~jucon/
伊藤洋平（伊藤家具デザイン）リビングライト
　〒 192-0052 東京都八王子市本郷町 6-14　Tel 042-623-7189
　E-mail:mail@itofurniture.com
岩崎勝彦（家具 PLAINS）ダイニングテーブル
　〒 409-1501 山梨県北杜市大泉町西井出 760　Tel 0551-38-3308
長田浩成（げんき工房）ダイニングチェア
　〒 193-0812 東京都八王子市諏訪町 438-1　Tel 042-652-1219
神田昌英（レフトアンドライト）コレクションテーブル
　〒 157-0063 東京都世田谷区粕谷 4-21-13　Tel 03-5315-3031
斉藤和男（和工房）ウインザーチェア
　〒 409-1502 山梨県北杜市大泉町谷戸 6695-3　Tel 0551-38-4332
柴田重利（柴工房）カブ丸くん
　〒 339-0043 埼玉県さいたま市岩槻区城南 1-5-27-3
　Tel 048-798-3262
柴原勝治（KATSUJI FOREST GALLERY）コーヒーテーブル
　〒 216-0005 神奈川県川崎市宮前区土橋 3-23-11　Tel 044-877-9025
島田裕友（H Design Factory）ダイニングテーブル
　〒 253-0106 神奈川県高座郡寒川町宮山 2805　Tel 0467-75-3806
須田二郎（あおぞら工房）サラダボウルなど
　〒 193-0834 東京都八王子市東淺川町 615　Tel 0426-66-4210
田崎史明（DEN 造形工場）ダイニングベンチ
　〒 123-0843 東京都足立区西新井栄町 3-10-16
　Tel 03-6240-6318

手《て》づくり 木《もっ》工《こう》大《だい》図《ず》鑑《かん》

二〇〇八年 三 月二六日 第一刷発行
二〇二二年 四 月 七 日 第九刷発行

監修者　田中一幸《たなかいっこう》　山中晴夫《やまなかはるお》
発行者　鈴木章一
発行所　株式会社講談社
〒一一二―八〇〇一 東京都文京区音羽二―一二―二一
販売 電話〇三―五三九五―三六〇六
業務 電話〇三―五三九五―三六一五
編　集　株式会社講談社エディトリアル
代表 堺 公江
〒一一二―〇〇一三 東京都文京区音羽一―一七―一八
護国寺ＳＩＡビル
電話〇三―五三一九―二一七一
印刷所　大日本印刷株式会社
製本所　大口製本印刷株式会社

KODANSHA

N.D.C.583 455p 27cm

ISBN978-4-06-213588-7